KB142776

MUSHROOM SCIENCES CROP DETAILS

버섯학 각론

재배 기술과 기능성

저자 대표 유영복

(주) 교학사

버섯학 각론

재배 기술과 기능성

저자 대표 **유영복**

머리말

버섯은 미생물이면서 곰팡이로 농가에서 재배하는 작물이다. 대부분의 작물이 고등 식물인 데 비하여 독특한 위치를 차지한다. 버섯은 중생대 백악기 초기에 지구에 등장하여 전 세계 어디에서나 자생하며 거의 모든 민족이 식품, 약용으로 다양하게 이용하고 있다.

이러한 버섯은 고대 사회에서는 신의 음식이었고 중세에는 왕과 귀족의 음식이었으며, 인공 재배가 이루어진 이후 비로소 모든 사람의 음식으로 되었다. 최근의 연구에서 버섯은 동물과 식물의 영양분을 동시에 가지며 15종류 이상의 생리 활성 물질을 가지고 있는 건강 기능성 식품으로 그 가치를 인정받고 있다.

버섯은 그 종류만 30만 종이 넘으며 그중에서 인간에게 파악된 것이 15,000종이다. 하지만 실제로 인공 재배되고 있거나 식용으로 많이 이용되는 버섯의 종류는 약 50여 종이다. 이 중에서 한국에서 재배되고 있거나 앞으로 재배될 가능성이 있는 것, 그리고 재배가 어려워도 자연 상태의 버섯을 채취하여 많이 이용하는 종류를 포함한 34종류의 버섯에 대한 내용을 이 책에서 다루었다. 여기에는 양송이, 여름양송이, 신령버섯, 느타리, 큰느타리, 노랑느타리, 분홍느타리, 아위느타리, 팽이버섯, 표고, 느티만가닥버섯, 잿빛만가닥버섯, 노루궁뎅이버섯, 목이, 흰목이, 검은비늘버섯, 맛버섯, 버들송이, 잎새버섯, 꽃송이버섯, 침버섯, 잣버섯, 복령, 망태버섯, 풀버섯, 먹물버섯, 영지, 상황, 동충하초, 누에동충하초, 구름버섯, 곤봉뽕나무버섯과 공생하는 천마, 송이, 왕송이 등이 포함되어 있다.

그동안 버섯에 관한 저서들이 발간되어 버섯에 관한 궁금증을 다소 해소하였지만, 대부분 일부 품목의 재배 기술에 한정되어 있어 아쉬운 점이 많았다. 이에 필자들은 최근의 시대 변화를 최대한 반영하고 버섯의 대체 의약 식품으로서의 역할을 고려하여 각 품목에 대한 명칭 및 분류학적 위치, 재배 내력, 영양 성분과 건강 기능성, 재배 기술, 수확 후 관리와 이용으로 구성한 '버섯학 각론' 을 출간하게 되었다. 따라서 대학 교재뿐만 아니라 버섯 연구자, 재배자, 귀농인, 취미로 버섯을 재배하는 사람, 소비자 등 여러분의 유익한 참고 도서가 될 수 있을 것으로 믿는다. 그리고 유용한 새로운 버섯이 출현할 때마다 부족한 부분은 앞으로 계속 보완해 나갈 것을 약속한다.

이 개정판에서는 미국에서 발행되는 학술잡지 「*International Journal of Medicinal Mushrooms*」와 한국균학회에서 발행한 '2013 한국의 버섯 목록' 을 근거로 버섯의 학명과 이름을 변경, 수정하였다.

끝으로 이 책의 출판을 결정해 주신 교학사 양진오 사장님과 이 책이 출간되기까지 기획과 편집에 애쓰신 황정순 부장님, 그리고 편집부 여러분에게 진심으로 감사를 표하는 바이다.

저자 대표 유 영 복

차례 CONTENTS

차례

차례

29장 동충하초

30장 누에동충하초

31장 구름버섯(구름송편버섯)

32장 곤봉뽕나무버섯과 공생하는 천마

33장 송이

34장 왕송이

부록

서론

서 론

1. 버섯이란 무엇인가

버섯은 우리 주위에서 흔히 볼 수 있는 생물 자원으로, 세계 어느 지역에서나 산과 들에 자생한다. 버섯은 학술적으로 한마디로 정의하기가 어렵다. 버섯은 식물도 아니고 동물도 아닌 미생물이며 미생물 중에서 곰팡이(균계; Fungi)에 속한다. 버섯은 육안으로 볼 수 있고 손으로 만질 수 있을 정도로 큰 곰팡이다. 곰팡이 중에서도 대부분의 버섯은 담자균류(담자균문; Basidiomycota)에 속하며 일부는 자낭균류(자낭균문; Ascomycota)이다. 버섯은 독특한 자실체를 가지며 자실체는 생식 기관으로 씨앗인 유성 포자를 가진다. 우리가 먹고 재배하고 버섯이라 부르는 것이 바로 자실체이다. 대부분의 버섯은 나무와 땅에서 발생한다. 그러나 일부 버섯은 땅속에서 자란다.

생태계에서 버섯은 청소부이다. 식물은 엽록소로 광합성을 하여 유기물을 만드는 생산자이고 동물은 이 유기물을 먹이로 하는 소비자이며, 버섯은 식물이 만든 유기물인 나무, 풀을 분해하여 물과 가스로 변화시키는 분해자 또는 환원자이다. 따라서 버섯이 없다면 지구는 점점 쓰레기 더미에 묻히게 될 것이다(Buswell and Chang, 1993).

2. 버섯의 역사

1) 버섯의 기원

최초의 버섯은 약 1억 3천만 년 전 공룡과 암모나이트가 번성했던 중생대 백악기 초기에 출현한 것으로 추정된다. 버섯에 대한 가장 오래된 기록은 기원전 3500년경 알제리 나제르 고원의 동굴에 그려져 있는 타실리(Tassili)상이다. 무당의 몸 윤곽선에 버섯 모양이 있고, 무당이 손에 큰 버섯 여러 개를 쥐고 있어 버섯이 영적인 기운을 담고 있는 것처럼 묘사되어 있다(농촌진흥청, 2011).

2) 고대 사회에서의 버섯

인간은 예로부터 자연과 함께 공존해 오면서 민속 신앙과 가까이 지내 왔다. 신과 관련된 점술가, 사제, 무속인은 필요에 의해 마취 효과가 있는 각종 버섯을 이용하였고, 이를 신성시하고 소중하게 다루었다. 버섯의 일부 종은 특히 환각 성분을 가지고 있어 종교 의식이나 민속 신앙과 연관 지어 이용되기도 하였다. 고대 사회에서 부족의 제사장, 샤먼들이 마취 효과나 환각 작용을 나타내는 버섯을 이용하였다는 기록이 많다.

버섯이 왜 버섯으로 불려지게 되었는지는 명확하지 않다. 그러나 버섯은 민족에 따라 많은 의미를 지닌 용어로 사용되었다. 버섯은 마야에서 지하 세계 또는 지옥, 죽음의 세계를 의미하였다. 이는 에스파냐 사제들이 엮은 사전에 인디언들이 버섯의 환각성을 많이 알고 있었으며, 1550년 이전에 제작된 비코(Vico) 사전에 버섯을 '자이발바이 오콕스(xibalbaj okox)' 라고 부르는 데(자이발바는 지하 세계 또는 지옥 · 죽음의 세계, 오콕스는 버섯을 뜻함) 따른다. 이는 버섯의 환각성을 암시하는 것으로, 이때 '자이발바이' 는 9층으로 나뉘어져서 각각 9명의 왕이 지배한다는 마야 족의 지하 세계뿐만 아니라 그 세계의 환상도 의미한다. 따라서 버섯을 지옥이나 죽음의 세계에 대한 환상을 보게 해 주는 의미의 용어로 사용한 것이다.

버섯은 고대 문명 발상지와 화려한 명성을 떨친 곳의 어디에나 알려져 있었다. 이집트의 파라오들은 버섯이 매우 맛이 좋기 때문에 평민들이 먹어서는 안 된다는 엄명을 내리고 자신들이 독차지하려고 하였다. 로마 인들은 버섯을 먹을 수 있는 계층을 귀족으로 한정하였는데, 뒷날 버섯이 병사들의 힘을 북돋운다고 믿게 된 후로는 그들에게도 먹도록 허락하였다. 기원전 456~450년경의 이카루스(Icarus)의 이야기 속에도 독버섯의 중독 사고 이야기가 나오고, 인도의 석가모니는 열반에 들기 전에 경유지에서 춘다라는 여성이 마지막 공양으로 올린 전단나무버섯(오늘날 정확한 종은 알 수 없으나 땅속에서 자랐을 가능성도 있다고 함)을 먹었다고 하며, 로마의 네로 황제(AD 37~68)는 달걀버섯을 매우 즐겼는데 백성이 버섯을 따서 가져오면 그 무게만큼의 황금을 상으로 내렸다고 한다.

이집트 인들은 버섯을 신 오르시스가 인간에게 준 선물이라고 생각하였다. 멕시코와 과테말라의 인디언들은 특정한 버섯의 외형이 천둥 번개와 관련되어 있다고 믿었으며, 기원전 1000~300년경의 유적으로 보아 종교나 신화에서도 버섯의 흔적을 찾아볼 수 있다. 또한, 버섯 민속학의 한 분야를 주창한 미국의 왓슨(R. G. Wasson)은 중국의 영지(불로초)에 관한 내력은 인도의 릿구, 베다의 영향이 인정된다고 기술하였다. 이에 의하면, 기원전 2000~1500년경에 중앙아시아 코카서스 지방의 유목 민족인 아리아 인이 파키스탄, 아프가니스탄을 지나 인도의 펀자브 지방에 정착하여 농경을 하면서 기원전 1500~500년에는 힌두스탄 지방에서 바라몬교의 종교 문헌집인 여러 종의 성경 베다가 만들어졌는데, 이 베다에 기록되어 있다고 한다. 이들은 제사를 거행할 때 소마(Soma)를 마셨는데, 이것은 어떤 식물을 돌로 으깨어 그 즙을 우유와 섞은 것으로 마시면 환각 상태에 빠졌다고 한다. 이 식물이 바로 광대버섯으로 알려져 있다.

환각 작용을 나타내는 광대버섯을 시베리아에서는 두 가지 방법으로 먹었다. 부유한 사람은 즙을 내어 물이나 우유, 꿀 또는 약초에 섞어 마시고, 가난한 사람은 버섯을 먹은 사람의 오줌을 받아 마셨다. 오줌을 마시고 또 받아 마시고 하여 한 번 먹은 버섯으로 일주일 이상 마취를 계속할 수 있었다고 한다. 광대버섯의 환각 성분에 대한 의문은 100년이 지난 1960년대에 광대버섯(*Amanita muscaria*)에서 '무스카린(muscarine)'을 추출해 냄으로써 해결되었다. 이 무스카린은 오랫동안 환각을 일으키는 주요한 성분이라고 여겨졌으나 사실은 약간의 역할만 한다는 것이 최근에 확인되었다(Furst, P. T. 저, 김병대 역, 1992).

중국, 한국, 일본에서는 영지와 도교가 깊은 관련성이 있다고 믿는다. 인도로부터의 영향도 있고 서초(瑞草), 즉 신과 관계된 경사스런 식물이라는 견해도 있었다. 고대로부터 약초라기보다는 경사스런 버섯으로 숭앙받아 왔다. 왓슨에 의하면, 중앙아시아의 유목 민족인 아리아 인의 버섯 숭상 사상은 고대 중국 주나라 말기인 기원전 7~3년, 아리아계 인도인에 의해 중국에 전해졌다고 한다. 이때 버섯의 종류는 광대버섯에서 영지로 바뀌었으나 버섯을 소중히 여기는 사상은 변하지 않았다.

세계에서 최초로 영지라는 이름이 실린 것은 『포박자(抱朴子)』라는 책이다. 317년 한나라가 망하고 100년이 지난 진 시대에 갈공이라는 학자가 선인이 되고 싶어 많은 서적을 읽고 연구하여 한 권의 책으로 엮은 것인데, 이 책에 처음으로 영지가 기록되어 있다. 즉, 포박자의 선약편에 균지(菌芝; 영지)라는 이름으로 쓰여 있는데, 균지는 심산의 큰 나무에서 자라며 120종류가 있고, 이를 채집하기 위해서는 입산하기 전에 제를 올리고 흰 개를 데리고 찾아다니되, 발견하면 뼈칼로 잘라 음건하여 분말로 만들어 복용한다고 하였으며 중품으로 수 천년, 하품으로 천년의 수명을 얻을 수 있다고 하였다.

고대 중국인은 영지를 불로의 선약(仙藥)으로 숭상하였다. 진나라 시황제가 선인이 되기 위해 선약을 찾아 한국과 일본으로 수천 명을 보냈는데, 이 선약에는 불로초(영지)가 포함된 것으로 전해진다. 그리고 한나라의 무제는 영지 애호가로 『한서(漢書)』의 무제기(武帝記)에 기록되어 있는데, 불로불사의 신약으로 숭상하여 이것이 발견되면 궁중에서 축연과 함께 대사령을 내리고 시를 지어 읊으면서 축하했다고 한다. 당나라 현종 때의 양귀비가 절세의 미인으로서 마력을 지닐 수 있었던 것도 영지를 먹을 수 있었기 때문이라고 한다.

중국에서 가장 오래된 최초의 의 · 약학 학술 전문서인 『신농본초경(神農本草經)』에는 한방약을 365품목으로 나누고 상품, 중품, 하품의 3종으로 다시 나누었다. 상품은 "생명을 양(養)하는 목적의 것이다. 무독이며 장기간 복용해도 부작용은 없다. 이것들에게는 몸을 경(輕)하게 하고 원기를 익(益)하고 노화를 방지하고 수명을 연장하는 약효가 있다."라고 기록되어 있고 120품목을 적었는데, 그중에 청지(青芝), 적지(赤芝), 황지(黃芝), 백지(白芝), 흑지(黑芝), 자지(紫芝)의 6종의 영지를 기록하였다. 『신농본초경』은 오늘날의 생약학을 담은 내용으로, 저자는 명확히 알려져 있지 않은 전설상의 인물인 신농이 고대 중국에서 많이 사용되어 전해 내려온 약초에 관한 내용을 집대성한 저서이다.

3) 중세 사회에서의 버섯

중세기에는 버섯이 아직 인공 재배가 이루어지지 않았다고 생각된다. 서기 600년에 목이, 800년경에 팽이버섯, 1000년경에는 표고, 1232년에는 복령을 재배하였다고 하나 오늘날과 같은 방법은 아니었다. 이 시기에는 자연 상태에서 자라는 버섯을 보고 조금 더 번식될 수 있도록 인위적으로 재배 서식지나 천연 배지를 더하였을 것으로 추측된다. 따라서 버섯은 여전히 귀하여 왕이나 귀족의 전유물이었을 것으로 보인다.

4) 근대 사회에서의 버섯

1600년경에 양송이가 인공 재배되면서 버섯이 비로소 서민도 먹을 수 있는 음식이 되었다고 생각된다. 양송이는 원래 북반구 온대 지방에서 주로 자생하는 것으로, 균사는 토양층에서 부식한 유기 물질로부터 양분을 섭취하여 번식한다. 사람들은 이러한 부식질이 많은 곳이나 말똥 무덤에서 자라는 양송이를 채소로 이용하다가 1650년경 처음으로 프랑스 파리 부근에서 재배가 시작되었는데, 멜론 재배에서 나오는 퇴비를 이용하였다.

1825년에는 네덜란드에서도 동굴 재배가 시작되었고, 영국에서는 종균 개량과 재배 기술 발달로 벽돌식(brick) 종균을 만들어 미국, 독일, 덴마크, 심지어 오스트레일리아에도 수출하였다. 이것은 말똥, 쇠똥, 양토를 혼합하여 만들었으나 살균이 불충분하여 다른 곰팡이나 해충들이 많이 오염되었다. 오늘날과 같이 배지를 멸균하여 버섯균을 접종 배양하는 방법은 1893년 프랑스의 파스퇴르연구소가 개발하였고 이것은 버섯 재배 기술의 일대 전환점을 이루었다.

현재 세계의 버섯 생산량은 2,500~3,000만 톤 정도로 추정되며, 이 중 중국의 생산량이 60~70%를 차지한다.

3. 우리나라의 버섯 산업

우리나라 문헌에 버섯이 최초로 기록된 것은 김부식의 『삼국사기』(1145)로 "성덕왕 3년(704년) 정월에 웅천주(공주)에서 금지(金芝; 영지)를 왕에게 진상물로 올렸다."는 것이 시초이다.

그 후 조선 시대에 허준이 1613년에 완성한 『동의보감』에 19종류 이상의 버섯 약용법이 상세하게 기록되어 있다. 이 외에도 많은 농서에 기록되어 있는데, 대부분 허준의 『동의보감』에 포함되어 있는 내용이다.

버섯의 인공 재배는 1920년대에 일본으로부터 표고 재배 기술이 도입된 후 1930년대에 시작되었다. 그 후 1950년대에 양송이 재배 기술이 일본, 미국 등으로부터 도입되어 동굴 재배가 이루어졌고, 1964년에 양송이 가공 통조림이 처음으로 수출되면서 점차 재배가 증가하였다.

버섯 연구는 1965년 농촌진흥청 식물환경연구소 병리과에 버섯연구실이 생기면서 시작되었다. 이후 1967년 9월 8일 대통령령 제1311호에 의거하여 식물환경연구소(현재의 국립농업과학원)에 균이과를 신설하여 버섯에 관한 본격적인 연구가 착수되었다.

우리나라의 본격적인 버섯 산업은 표고와 양송이로부터 시작되었다. 초창기의 재배 방법은 흔한 나무 원목을 이용한 표고 재배였다. 이어 외화 획득에 한몫 했던 양송이의 수출이 감소하는 1980년대 초기부터 느타리 재배가 본격적으로 이루어지기 시작하였다.

1976~78년은 양송이 산업의 발달이 최고조에 달한 중흥 발전기 시대로서 농산물 중에서 잠업 다음으로 제2위를 차지할 정도로 우리나라 수출 농산물의 주역을 담당하게 되었다. 이 시기의 양송이 산업 규모는 재배 면적 86만 평, 연간 생산량 48,000톤, 수출액 5,130만 달러 수준에 이르렀다. 이후 중동의 에너지 파동과 중국산 양송이 덤핑 수출에 의한 세계 시장 혼란, 그리고 국내의 공업화 우선 정책에 따른 농업 비중 약화로 인해 버섯 재배는 인건비 상승, 에너지 가격 상승, 인력 수급 등 어려운 상황에 놓이게 되고, 70년대 중반기에 점차 버섯의 다양화가 요구되면서 국내 소비용으로 느타리 재배가 일부 시작되었다.

팽이버섯은 병재배 시스템으로 도입된 버섯으로 1990년대에 대량 생산이 이루어졌다. 큰느타리(새송이)는 1980년대 후반기에 도입되어 보급된 것으로, 가장 짧은 기간 동안 생산량이 급속하게 성장한 버섯이다. 버섯 전체의 생산량은 1995년부터 급격히 증가하여 2000년에 15만 2천 톤, 2011년에는 21만 6천 톤이 생산되었고, 현재까지 계속 20만 톤 내외가 생산되어 생산가액이 8,000~9,000억 원 정도이다. 더욱이 버섯 가공품까지 포함하면 1조가 훨씬 넘을 것으로 추정된다.

4. 버섯의 영양 성분과 효능

버섯은 동물성 영양분인 단백질, 식물성 영양분인 비타민과 무기물을 모두 가지고 있다. 따라서 바쁜 현대인들이 간단히 된장국에 버섯을 넣어 밥과 함께 먹으면 영양실조를 면할 수 있을 정도로 우수한 영양 식품이다. 이와 같이 버섯은 영양분과 기능성이 풍부하고 생산의 편리성과 요리의 간편성을 지녀 미래의 우주 식품이 될 가능성이 높은 것으로 보인다. 1999년 Wasser & Weis는 학술지 「*International Journal of Medicinal Mushrooms*(국제약용버섯학회지; 미국)」에서 버섯이 지닌 15종류의 생리 활성을 보고하였다. 항균, 항염증, 항종양, 항에이즈 바이러스, 항세균, 혈압 조절, 심장 혈관 장애 방지, 콜레스테롤 과소혈증과 지방 과다혈증 방지, 면역 조절, 신장 강화, 간장 독성 보호, 신경 섬유 활성화(치매 예방), 생식력 증진, 항만성기관지염, 혈당 조절이 그것이다.

버섯은 종류에 따라 다른 생리 활성 물질을 가진다. 우리나라 사람이 가장 즐겨 먹는 느타리는 혈압 조절, 심장혈관 장애 방지, 콜레스테롤 과소혈증과 지방 과다혈증 방지, 신경 섬유 활성화(치매 예방), 항종양, 항에이즈 바이러스 효과가 있다. 이 보고에 의하면 알츠하이머(치매)에는 노루궁뎅이버섯, 느타리, 동충하초, 버들송이, 뽕나무버섯, 연잎낙엽버섯, 영지가 효능이 있다고 한다.

버섯의 생리 활성과 항암제 개발에 관한 일본의 연구는 다른 나라에 비하여 앞서 있다. 버섯에는 항종양(항암)에 효과가 있는 물질인 베타글루칸(β-glucan) 성분이 들어 있는 것으로 알려져 있으며, 일부 곡류 등에 존재하는 것과는 구조가 다르다. 실제 일본에서는 1977년 구름버섯으로 먹는 항암제 크레스틴(Krestin/PSK/PSP; 소화기암, 유방암, 폐암), 1985년 표고로 주사 항암제 렌티난(Lentinan; 위암), 1986년 치마버섯으로 주사 항암제 시조필란(Schizophyllan; 자궁, 방광 등 경부암)을 개발하여 시판하였다(水野 卓, 川合正允, 1992). 한국에서도 1993년 목질진흙버섯(상황)으로 먹는 항암제 메시마엑스 산(Mesima-Ex, San; 소화기암, 간암)을 개발하여 시판하고 있다. 일본 시즈오카 대학의 교수였던 미즈노 타카시는 표고의 렌티난을 생체 방어 증강 물질의 대표로 정의하였다. 또한 항종양, 전이 억제, 발암 억제에 효과적이라 하였다. 버섯 항암제는 부작용이 거의 없으며 다른 항암제와 병용하는 것도 좋은 방법이라고 한다. 일본에서 실험한 결과를 보면, 상황, 신령버섯, 저령, 꽃송이버섯, 영지 등 약용 버섯뿐만 아니라 표고, 팽이버섯, 느타리, 잎새버섯, 느티만가닥버섯, 송이 등 식용 버섯 모두 항암 작용을 나타내었다. 결론적으로 평소에 꾸준하게 다양한 버섯을 먹는 것이 암을 예방하는 데 효과적이며, 버섯마다 효능이 다르기 때문에 다양한 버섯 섭취가 바람직하다.

더욱이 근래에 사회 문제가 되고 있는 만병의 원인인 비만에는 열량과 지방 성분이 매우 낮고 식이섬유가 많은 버섯이 효과적이다. 특히 시즈오카 대학의 카와기시 히로가츠(河岸洋和) 교수가 실험 중 우연히 발견한 느타리의 섭식 억제 물질이 주목받고 있다. 실험 쥐가 말라 가도 느타리가 첨가된 사료를 먹지 않아 발견된 성분으로 다이어트 식품 개발에 관련된 이 물질을 카와기시는 POL(Pleurotus ostreatus lectin)이라고 명명하였다.

마츠자와(松澤恒友)에 의하면 일본 나가노 현은 팽이버섯 생산지로 유명한데, 여기서 암 발생률에 대한 역학 조사를 하여 총 174,505명을 분석한 결과, 암 사망률이 10만 명당 160.1명인 데 비해 팽이버섯 재배 농가는 97.1명이었으며, 또한, 팽이버섯을 거의 먹지 않는 사람이 위암에 걸릴 확률이 1이라고 했을 때 주 3회 이상 먹는 사람은 0.66으로 낮았다고 한다. 이로써 버섯이 암을 예방하는 주요한 식품임에는 틀림이 없다는 것이 확인되었다(河岸洋和, 2005).

5. 버섯의 경제적 가치

지구상에 존재하는 버섯 종류는 30만 종이 넘는 것으로 알려져 있으며, 인간에게 파악된 것이 15,000종이다. 이 중에서 우리가 식용, 약용으로 이용하는 것이 100여 종이고, 실제 재배하거나 경제적인 가치가 높은 것은 50여 종이다. 현재 세계 버섯 생산량은 2,500~3,000만 톤으로 추정된다. 세계에서 가장 많이 생산, 소비하는 버섯은 양송이, 표고, 느타리, 팽이버섯 등 우리나라에서도 많이 생산되는 버섯이다. 그렇다고 이들 버섯이 가장 비싼 버섯은 아니다. 가격은 희소성과 유용성이 결합되어 매겨지기 때문이다.

가장 비싼 버섯은 서양에서는 덩이버섯, 동양에서는 동충하초이다. 프랑스, 이탈리아 등 유럽에서 캐비어(철갑상어 알), 푸아그라(거위 간)와 더불어 세계 3대 진미로 알려져 있는 덩이버섯(Truffle, 서양송로)은 버섯류 중 가장 비싼 버섯이다. 야생 덩이버섯은 참나무, 헤이즐넛, 올리브 등 활엽수의 뿌리와 공생하는 활물 공생균(活物共生菌)이어서 재배가 매우 어렵고 까다로워 현재 뉴질랜드 등에서만 재배 기술을 일부 확보하고 있다고 한다. 덩이버섯은 강하면서도 독특한 향을 가지고 있어 소량으로도 음식 전체의 맛을 좌우한다. 다른 재료와 섞어 놓으면 그 재료에 향을 옮긴다. 신장, 장, 위를 튼튼하게 하는 효능이 있기 때문에 건강에도 유효하다.

덩이버섯은 인공 재배가 어렵고 땅속에서 자라기 때문에 채취하기도 어렵다. 때문에 유럽에서는 '땅 속의 다이아몬드' 또는 '검은 다이아몬드'라고 불리기도 한다. 이 버섯을 채취할 때는 돼지나 그레이하운드 사냥개를 이용하여 냄새로 땅속에서 자라는 곳을 발견한 후 채취한다. 냄새는 돼지가 더 잘 맡지만 돼지는 먹어 버리는 경우가 있어 사냥개가 더 효율적이라 한다. 일단 이 버섯을 찾으면 농부는 손이 버섯에 닿지 않도록 조심해서 땅을 판다. 만약 덜 자란 상태라면 나중에 수확을 위해 다시 묻는다.

덩이버섯은 호두 크기에서 주먹만한 감자 모양의 덩이이며, 표면은 흑갈색이고, 내부는 처음에는 백색이나 적갈색으로 변한다. 미식가들에 의해 수세기 동안 맛있는 음식으로 평가받아 왔으며, 고대 그리스와 로마에서는 치료약이나 정력을 높여 주는 음식으로 여겨 왔다. 특유의 독특한 향과 씹을 때의 훌륭한 질감 때문에 높은 가격에도 불구하고 매년 1, 2월이면 덩이버섯을 사기 위해 모여드는 전 세계의 미식가들로 버섯이 거래되는 프랑스의 시장은 매우 붐빈다. 인기가 좋은 검은색 버섯의 경우 1kg에 300만 원 정도이며 흰 버섯은 1kg에 600만 원을 호가하기도 한다. 덩이버섯은 프랑스가 주 생산지로 알려져 있지만 이탈리아를 비롯해 에스파냐와 독일, 뉴질랜드에서도 자생한다. 그리고 중국 쿤밍에서도 발견되고 있는데, 유럽산에 비해 향기 등 품질이 낮아 가격이 저렴한 편이다.

덩이버섯은 워낙 비싼 가격에 거래되는 고가의 재료인데다 우리나라에서는 전혀 생산되지 않기 때문에 주방에서 금고에 따로 보관하기도 한다. 땅속에서 자라는 덩이버섯은 지상으로 나오면 아주 단시간 동안만 그 신선함이 유지되기 때문에 땅속과 비슷한 환경을 만들기 위해 0~2℃ 정도의 온도를 유지하고 80~85%의 습도에서 보관해야 한다. 구입 후에 가능한 빨리 사용해야 하나 냉장고에서 3일 동안 보관할 수 있다. 뉴질랜드 등에서 일부 인공 재배가 이루어지고 있으나 우리나라에서는 전량 수입되어 주로 호텔의 고급 요리에 이용되고 있다.

우리나라에서는 덩이버섯을 송로 또는 알버섯(*Rhizopogon roseolus*)으로 잘못 부르고 있는데, 송로는 소나무와 공생하는 버섯을 말하며 덩이버섯과는 전혀 다른 버섯이다. 일본에서 덩이버섯을 송로만큼 재배하기 어렵고 귀하다고 하여 서양송로라고 하는데, 이로 인해 오해가 시작되었다고 생각된다.

6. 버섯의 생태학적 서식지

버섯은 자연 상태에서 여러 양상으로 발생하고 자란다. 이들을 크게 2종류로 구분할 수 있는데, 살아 있는 식물과 공생하는 버섯(활물 공생; ectomycorrhizal mushrooms)과 그렇지 않은 버섯(사물 기생; non-ectomycorrhizal mushrooms)이다. 활물 공생의 대표적인 버섯이 살아 있는 소나무와 공생하는 송이이다. 송이는 인공 재배가 어렵거나 거의 불가능하다. 사물 기생 버섯으로는 여러 곳에서 발생하고 자라는데 나무, 풀, 변(똥), 토양, 곤충으로 나누어진다.

나무에서 발생하는 버섯으로는 느타리, 표고, 팽이버섯, 영지, 상황, 차가버섯, 잣버섯, 목이, 노루궁뎅이버섯, 꽃송이버섯, 구름버섯 등 많은 종류가 있다. 풀에서 자라는 버섯은 풀버섯이 있다. 동물의 변에서 자라는 버섯으로는 양송이, 먹물버섯, 버들송이 등이 있다. 토양에서 자라는 버섯으로는 망태버섯, 곰보버섯, 곤봉뽕나무버섯(천마버섯), 왕송이 등이 있다. 곤충에서 자라는 버섯으로는 동충하초류가 있다. 이들 중에는 땅속에서 자라는 버섯도 있다. 여기에는 참나무류와 공생하며 가장 비싼 버섯 중의 하나인 덩이버섯이 있지만 우리나라에서는 자생하지 않는다. 그리고 우리나라의 죽은 소나무에서 기생하면서 땅속에서 자라는 복령이 있다. 땅속에서 자라는 버섯은 자실체가 아니고 균핵이라 한다(유영복 외 7인, 2010).

우리가 버섯을 재배하기 위해서는 버섯의 생태학적 서식지가 매우 중요하게 작용한다. 동물의 변(똥)에서 자라는 양송이를 나무에서 자라는 느타리와 같은 배지에서 자라게 하면 재배는 실패한다. 반대로 나무에서 자라는 느타리를 양송이 배지에서 자라게 해도 마찬가지이다. 따라서 이러한 생태학적 서식지를 알고 이와 유사한 배지를 제조하여 재배하여야 한다. 또, 서식지나 환경에 따라 자실체가 생육하는 데 빛이 필요하기도 하고 필요하지 않기도 하다. 양송이는 자실체가 생육하는 데 빛이 필요 없지만 느타리, 표고, 영지 등 대부분의 버섯은 빛이 필수적이다.

7. 버섯의 재배 원리

버섯의 재배 목적은 버섯을 생산하여 고소득을 올리는 데에 있다. 버섯의 수량을 극대화하려면 첫째 유전적으로 우수한 품종을 선택하고, 둘째 최적의 환경 조건을 조성해 주며, 셋째 알맞은 재배 기술을 적용해야 가능하다.

버섯을 재배하려면 항상 자연 상태에서 버섯이 생육하는 환경을 기억해야 한다. 버섯은 영양번식 작물이기 때문에 품종은 대부분 교잡주(F_1)를 이용하여 재배한다. 따라서 고등 식물보다는 육성 기간이 단축될 수 있으며 품종 수가 많다. 환경 조건을 조성하는 데에는 자연 상태에서 버섯이 발생하여 생육하는 온도, 습도, 빛, 산소량, 바람 등의 조건을 잘 이해하고 생육에 영향을 주는 여러 가지 요인을 잘 조절할 수 있는 재배사를 갖추고 있어야 한다. 훌륭한 재배 환경을 갖춘 재배사에 배지를 제조하고 종균을 접종하며, 균사를 배양하고 원기를 형성하여 자실체를 생육하는 등 품질이 우수하고 다수확을 올리는 기술이 필요하다.

버섯은 고등 식물과는 다른 특이성이 있다. 고등 식물은 광합성을 하여 영양분을 스스로 만드는 생산자로 광합성을 위해 이산화탄소가 많이 요구되지만, 식물의 유기물을 분해하면서 생육하는 버섯은 호흡에 산소가 많이 필요하다. 따라서 다른 작물과 호환성이 떨어져 버섯 재배에 특이한 기술이 요구된다. 무엇보다 토양에 해당되는 배지가 매우 중요한데, 이 배지는 생태학적 서식지가 크게 작용한다. 버섯이 자연 상태에서 자라는 기주와 유사하게 배지를 제조하여야 한다. 또, 버섯 생육 시기별로 특별한 기술이 필요하다. 특히 온도 조절을 위해 재배사 문을 닫아야 하지만 산소 공급을 위해 문을 열어 환기를 해야 하는 어려움이 있다. 이러한 조절 기술이 어려운 문제 중의 하나이다.

참고 문헌

- 김부식 저. 이병도 역. 1989. 삼국사기(상). 을유문화사.
- 농촌진흥청. 2011. RDA Interrobang 19호. 버섯연대기.
- 유영복 외 7인. 2010. 버섯학. 자연과사람.
- 水野 卓, 川合正允. 1992. きのこの化學・生化學. 學會出版.
- 河岸洋和. 2005. きのこの生理活性と機能. シーエムシー.
- Buswell, A. and Chang, S. T. 1993. *Genetics and Breeding of Edible Mushrooms*, New York: Gordon & Breach Science Publisher.
- Furst, P. T. 저. 김병대 역. 1992. *Hallucinogens and Culture*. 동서문화 총서 – 환각제와 문화. 대원사.
- Wasser, S. P. and Weis, A. L. 1999. Medicinal properties of substances occurring in higher basidiomycete mushrooms: current perspectives (Review). *International J. of Medicinal Mushrooms* 1: 31–62.

각론

제 1 장

양송이

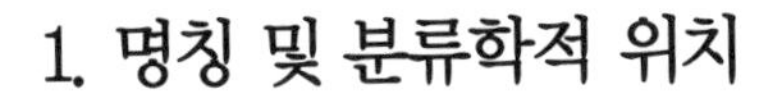

1. 명칭 및 분류학적 위치

양송이(*Agaricus bisporus* (J. Lge) Imbach)는 서구에서는 생긴 모양에 따라 'button mushroom' 으로 불리며, 맛과 향기가 뛰어나 세계적으로 가장 널리 소비되는 식용 버섯 중 하나이다. 여름과 가을에 잔디밭, 퇴비 더미 주위에 군생 또는 속생하며, 북반구 온대, 오스트레일리아, 아프리카 등지에 분포한다. 갓의 지름은 5~12cm로 처음에는 구형이나 갓이 개열되면서 점차 편평형이 되고, 표면은 백색~담황갈색이며 점차 갈색의 섬유상 인편이 생긴다. 조직은 일반적으로 백색이나 상처가 나면 담홍색으로 변한다. 포자는 길이 6~9㎛, 너비 4~6㎛의 타원형이며, 담자기에 2개의 포자만이 착생한다.

양송이는 분류학적으로 균계(Fungi) 담자균문(Basidiomycota) 주름버섯강(Agaricomycetes) 주름버섯목(Agaricales) 주름버섯과(Agaricaceae) 주름버섯속(*Agaricus*)에 속한다. 양송이는 죽은 식물의 잔해나 생물체가 분해되어 만들어진 유기물로부터 영양분을 흡수하여 균사가 생장하고 자실체를 형성하는 사물 기생균의 일종이다. 균사는 무색이고 격막이 있으며 꺾쇠연결체(clamp connection)는 없다. 균사는 많은 양의 글리코겐과 유지류를 비롯한 유기 및 무기 물질들을 함유하고 자실체와 비슷한 특유의 향을 가지고 있다. 균사는 뭉쳐서 균사속을 이루고 적당한 환경 조건이 되면 복토층에 원기를 형성시킨다. 버섯자루의 아랫부분에 연결된 균사들은 더욱 굵게 뭉쳐 원기가 형성되고 이렇게 형성된 원기가 자라 갓과 자루가 있는 자실체가 형성된다.

2. 재배 내력

양송이는 원래 북반구 온대 지방에서 주로 자생하는 종으로, 균사는 토양층에서 부식한 유기물질로부터 양분을 섭취하여 번식한다. 이러한 부식질이 많은 곳이나 말똥 무덤 부근에서 재배가 시작되었는데, 17세기경 프랑스에서 멜론 재배에서 나오는 퇴비를 이용하여 인공 재배가 시작되었다. 1910년경에는 빛이 없는 동굴에서 버섯의 생육이 양호하다는 것이 관찰되어 버섯 재배가 정원으로부터 채석장이나 석회 동굴로 바뀌어 이루어졌고, 이후 재배 기술이 발달하면서 독일, 영국, 이탈리아 등으로 전파되었다. 양송이 재배는 유럽에서 점차 아시아 국가에까지 전파되었는데 일본에서는 1920년경에 시작되었고, 우리나라에서는 1960년대 초에 일본으로부터 수입한 종균으로 볏짚을 이용한 재배를 성공시켜 농가의 소득 작목으로 정착하게 되었다. 이후 양송이 산업이 발전을 거듭하면서 1978년에는 86만 평의 재배 면적에서 4만 8000여 톤을 생산하여 5천만 달러 이상을 수출하면서 양송이 산업의 전성기를 이루었다. 현재는 충남의 부여와 보령 지역을 중심으로 생산되어 대부분 국내에서 소비가 이루어지면서 양송이 산업이 제2의 전성기를 준비하고 있다.

버섯 재배 기술은 1967년 농촌진흥청 균이과에서 연구가 시작되어 우리나라 버섯 재배의 기초가 확립되기 시작하였다. 1969년부터 농특 사업으로 근대적인 재배 및 가공 시설 확장의 지원 사업이 이루어짐으로써 수출이 증대되어 제1차 버섯 발전의 전환기를 맞게 되었다. 1971~72년에는 농수산물수출진흥법 규정에 의하여 수출 품목으로 지정 받아 재배 기술과 수출이 크게 신장되었다. 세계적인 경기 호전으로 수출량과 가격이 상승하고 재배 기술 향상, 대형 농장에 의한 기업형 가공 수출로 양송이 산업의 황금기에 접어들게 되었다. 1976~78년에는 양송이 산업의 발달이 최고조에 달하여 농산물 수출 실적이 잠업 다음으로 높았다. 1977~78년을 정점으로 연간 생산량이 4만 7000여 톤이 되고 수출액은 5천만 달러 이상이 되었으나 중동 지역의 에너지 파동과 중국산 양송이의 덤핑 수출로 버섯 생산과 수출이 점점 감소하게 되었고, 인건비 상승과 구인난으로 버섯 재배는 더욱 어려운 처지에 놓이게 되었다. 특히 팽이버섯, 새송이, 느타리 등 대형화 및 자동화 시설 재배가 가능한 버섯의 재배 확산 및 생산량 급증으로 양송이의 경쟁력도 약화되었다.

1982년부터 국가적인 대책으로 추진하였던 터널 기계화 재배법과 퇴비 제조의 생력화 방법이 부진하게 되자 국내 실정에 맞도록 개선하여 보급하게 되었다. 이와 같은 노력으로 국내 경기 활황과 더불어 고기 소비가 증가하면서 양송이의 국내 소비가 급격히 증가하고 양송이의 재배 면적이 증가하면서 양송이 재배용 퇴비의 수요도 증가하였다.

재배에 필요한 퇴비를 충당하기 위하여 퇴비 제조법은 포클레인을 활용한 간이 생력화 방법이 사용되고, 퇴비만 전문적으로 생산하는 회사도 생겨나는 등 많은 변화가 있었다. 이와 같은 변화 과정에서 2005년부터는 재배 면적이 감소하는 추세이며 수량 또한 다소 떨어지는 경향을 보이고는 있으나 아직까지는 버섯 품목 중에서 가장 안정적인 가격을 유지하고 있으며, 재배 농가의 오랜 경력으로 품질도 세계 최고를 자랑한다(유 등, 2012).

3. 영양 성분 및 건강 기능성

고대 문명사회로부터 사람들은 자연에서 자생되는 버섯을 채취하여 식품으로 이용해 왔다. 초기에 버섯은 영양적인 면보다는 기호 식품으로 인식되어 왔으나, 최근에는 영향적인 면은 물론 건강식품으로서의 관심이 높아지고 있다. 실제로 버섯에는 단백질과 필수 아미노산이 풍부하고 미량 원소도 높아 단백질 공급원으로도 중요한 역할을 하고 있다. 최근에는 각종 성인병 및 항암 효과가 입증되어 다양한 기능성 식품들이 개발되고 있다. 특히 양송이는 고기를 즐겨 먹는 서구인들이 가장 많이 먹는 버섯으로, 각종 요리에 필수 재료로 사용되고 있다.

1) 영양 성분

일반적으로 버섯은 수분 함량이 80~90%이고 단백질과 탄수화물은 각각 3.1~20%, 3~80%를 함유하고 있으며, 지질의 함량은 0.1~6%로 비교적 적게 함유하고 있다. 회분은 0.4~4.8% 정도이고, 섬유질도 많이 함유하고 있다. 특히 양송이는 송이 및 능이와 함께 녹말이나 단백질을 소화시키는 효소를 가지고 있어서 소화력을 돕기 때문에 과식하여도 위장에 장애를 주지 않는다(표 1-1).

표 1-1 양송이의 일반 성분 (농촌진흥청 농촌자원연구소, 2006) (가식부 100g당 함량)

버섯 \ 성분		에너지 (kcal)	수분 (%)	단백질 (g)	지질 (g)	회분 (g)	탄수화물 (g)	섬유소 (g)
양송이	생것	23	90.8	3.5	0.1	0.8	4.8	1.0
	통조림	23	91.8	3.1	0.1	0.3	4.7	1.1
	가루	247	9.2	24.6	2.7	9.9	53.6	7.5
큰양송이		25	90.0	4.0	-	1.1	4.9	0.7

2) 건강 기능성

양송이는 항종양, 면역 증강, 항혈전 및 강신장 기능이 알려져 있으며, 특히 표고 등과 함께 항산화능이 우수한 것으로 알려져 있다. 이와 같은 버섯에 함유되어 있는 항산화 물질들이 세포의 기능 저하나 동맥경화, 간장해 예방 및 노화 억제 효과 등과 같은 생체 조절 기능과 질병 예방 효과를 가지고 있어서 고부가 가치를 지닌 건강 기능 식품의 좋은 재료가 될 수 있다(Eisenhur, 1991; Chang, 1993; Wasser and Weis, 1999; 표 1-2).

표 1-2 버섯의 주요 약리 기능성과 성분 (Lee *et al.*, 2003; Mizuno, 1994)

약효	버섯명	주요 성분
항종양 작용	양송이, 버들송이, 목이, 저령, 팽이버섯, 말굽버섯, 구름버섯, 소나무잔나비버섯, 잔나비걸상, 잎새버섯, 노루궁뎅이버섯, 느티만가닥버섯, 풀버섯, 차가버섯, 표고, 덕나무버섯, 조개껍질버섯, 자작나무버섯, 느타리, 산느타리, 치마버섯, 흰목이, 영지버섯, 신령버섯, 목질진흙버섯	베타글루칸, 헤테로글리칸, RNA 복합체
면역 증강 (조절) 작용	양송이, 저령, 팽이버섯, 잔나비걸상, 영지버섯, 잎새버섯, 노루궁뎅이버섯, 차가버섯, 표고, 치마버섯, 흰목이, 상황버섯, 동충하초	다당류, 베타글루칸, 헤테로글리칸
항혈전 작용	표고, 영지버섯, 잎새버섯, 양송이, 신령버섯, 비늘버섯, 차가버섯	렌티난, 5'-AMP, 5'-GMP
강신장	양송이, 저령, 영지버섯, 표고, 구름버섯	

4. 생활 주기

버섯의 생활사는 크게 자웅동주성(homothallism)과 자웅이주성(heterothallism)으로 나눌 수 있다. 자웅이주성은 반드시 유전적으로 서로 다른 균주 간에 교배되어야 임성(稔性)을 가지는 것이다. 느타리, 표고, 영지버섯 등 대부분의 버섯이 이에 속한다. 양송이는 자웅동주성에 해당되는데, 이것은 교배를 하지 않아도 임성을 가질 수 있다(유 등, 2010).

양송이는 자실체의 발생에서부터 영양 생장기에서 생식 생장기로 전환된다. 자실체가 성숙됨에 따라 자실체 내의 담자기가 성숙되는데, 담자기에 유성 포자인 담자포자가 형성된다. 담자기가 성숙되면서 담자기 내에서 이질핵 간의 핵융합이 일어나며 일시적으로 이배체 상태가 된다. 핵융합 후 곧이어 감수 분열이 일어나며 염색체 교차가 일어난다. 이후 핵은 유전적으로 양친핵의 유전자가 재조합된 새로운 형태의 유전자를 가진 핵으로 나누어지고 서로 다른 2개의 핵이 담자포자로 이동된다. 자실체가 성숙되는데, 담자포자도 완숙되면 포자가 외부로 방출된다. 알맞은 온도 및 습도가 주어지면 방출된 담자포자는 발아하기 시작한다. 모든 포자는 발아하여 어느 정도 생장할 수 있는 영양분을 가지고 있다. 따라서 담자포자는 최소배지나 증류수에서도 발아하며 일정한 단계까지 생장한다. 생장하면 집락을 이루며 발아된 기점을 중심으로 둥근 원 형태로 뻗어 나가는데, 이것을 균총(colony)이라고 한다. 이러한 균총의 발달 과정에서 알맞은 온도 및 빛에 의해 원기가 유도되며 자실체가 발아된다. 양송이의 자실체는 다시 포자를 발생시키고 발아된 포자는 균사를 이루고, 균사는 생장하여 적당한 환경 조건이 되면 원기를 형성한다. 이것이 자라서 자실체가 되면 이 자실체에서는 다시 포자가 형성됨으로써 양송이의 생활사는 다시 무한 반복된다(그림 1-1).

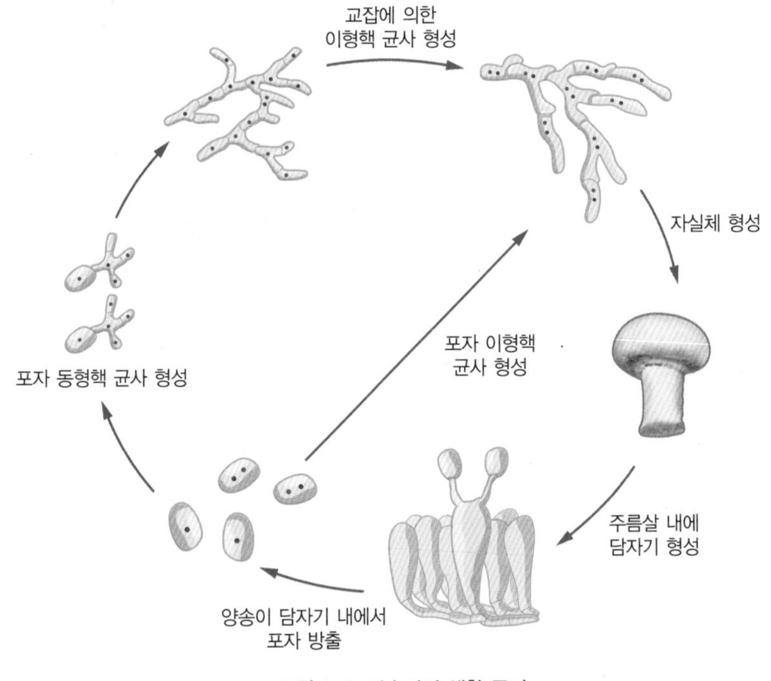

그림 1-1 양송이의 생활 주기

양송이의 염색체(chromosome) 수는 학자의 주장에 따라 다르나 일반적으로 n=13개이고 염색체 I에는 교배 관련 유전자가, 염색체 VIII에는 갓 색깔을 결정하는 유전자가 있는 것으로 알려져 있다(Sonnenberg, 2001).

일반적으로 양송이 포자의 발아율은 다른 균류에 비하여 상당히 낮은 편이다. 담자균류는 포자가 발아하면 1차균사를 만들고 1차균사가 접합하여 2차균사로 생장되며, 이것이 자실체를 형성하는 것이 보통이나 양송이 포자는 이질성(heteokaryon) 핵을 가지고 있어서 발아하는 즉시 2차균사가 되므로 단포자에서 발아된 균사도 자실체를 형성할 수 있고 2차균사에서 볼 수 있는 꺾쇠연결체가 생기지 않는 것이 특징이다. 그러나 양송이 육종을 위해서는 단핵균사의 확보가 필수적인데, 양송이 포자의 특성상 대부분의 경우 이핵성 포자와 그로부터 발아되는 이핵균사가 일반적이다. 그러나 많은 시간과 노력이 필요함에도 예외적으로 형성되는 담자기에서 단핵포자가 형성되는 경우가 있으므로 이를 확보하는 것이 불가능한 것은 아니다. 따라서 이질핵체로부터 동형핵체의 균주를 확보하기 위한 다양한 분자생물학적 방법이 개발되고 있다(Elliott,

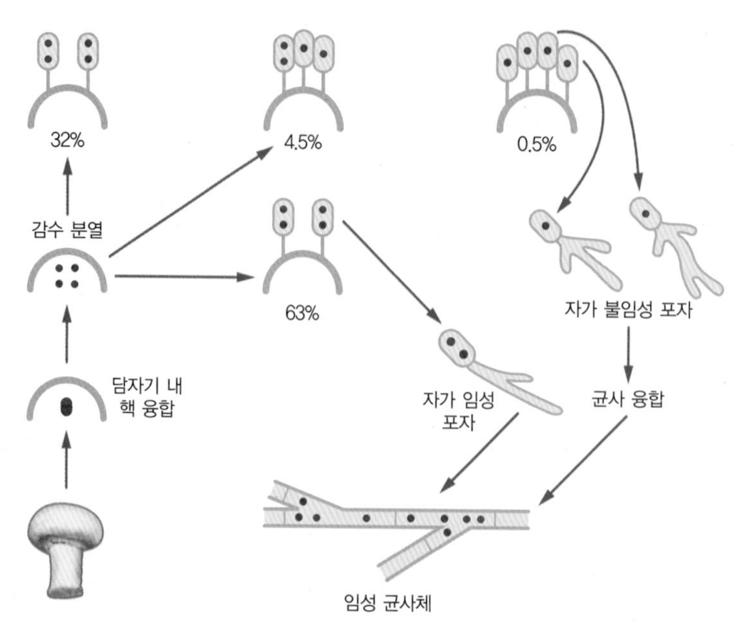

그림 1-2 양송이 담자포자 내 핵 이동 양상을 나타낸 생활 주기 (T. J. Elliott, 1985)

1985; Foulongne-Oriol *et al.*, 2010; Horgen & Anderson, 2008; Khush *et al.*, 1992; Loftus *et al.*, 2000; Sonnenberg *et al.*, 1996; Sonnenberg *et al.*, 1991; Xu *et al.*, 1993; Yadav *et al.*, 2007; 그림 1-2).

5. 재배 기술

1) 양송이의 생육 환경

양송이의 균사 생장과 자실체 형성에 있어서 온도와 습도 및 환기는 가장 중요한 환경 요인이며, 이 조건이 알맞은 곳에서 양송이를 재배할 수 있다(Van Griensven, 1988).

(1) 온도

양송이 균사의 생장 온도의 범위는 8~27℃이며 최적 온도는 23~25℃이다. 자실체의 형성 및 생장은 8~22℃의 온도에서 가능하며 품종에 따라 다소 차이는 있으나 15~18℃가 일반적이다.

(2) 습도

균사 생장에 알맞은 실내 습도는 90~95%이고, 수확 기간 중에는 실내 습도를 80~90%의 수준으로 유지하는 것이 이상적이다.

(3) 환기

양송이균은 생활 중 다량의 산소를 소모하고 이산화탄소를 방출한다. 재배사 내의 이산화탄소 농도가 0.08% 이상 되면 수확이 지연되고, 이산화탄소 농도가 0.2~0.3%이면 갓이 작고 버섯 대가 길어지는 현상이 일어난다. 그러나 균사 생장기에는 이산화탄소의 영향이 비교적 적으므로 수확기보다 환기를 자주 할 필요가 없다.

2) 퇴비 제조의 원리

양송이균은 영양원이 되는 배지의 질에 따라 균사의 생장이 좌우되며, 따라서 양송이의 퇴비 배지는 균사 생장과 버섯의 수량에 직접적인 영향을 미친다. 양송이균은 생장에 필요한 질소, 인산, 칼륨, 칼슘 등 각종 무기 · 유기 영양분을 퇴비 배지로부터 얻기 때문이다.

(1) 양송이균의 영양과 퇴비

양송이의 일생은 균사 세대인 영양 생장기와 자실체 원기가 형성된 다음 버섯이 성숙하는 생식 생장기로 구분되는데, 영양 요구 면에서 볼 때 이 두 단계는 약간의 차이를 보이고 있다. 탄소는 제1차 에너지원으로서 셀룰로오스, 헤미셀룰로오스, 리그닌으로부터 공급받으며, 질소는 특정 단백질 형태를 필요로 하고 퇴비 발효 중 미생물에 의하여 공급된다. 인산, 칼륨, 칼슘, 마그네슘, 철 등 무기 염류는 짚과 첨가 재료에 의해 공급된다.

(2) 퇴비 배지의 구비 요건

① 양송이균만 잘 자라고 다른 생물들은 자랄 수 없어야 한다.
② 양송이균의 생장 및 자실체 형성에 알맞은 영양분을 함유해야 한다.
③ 양송이균의 생장에 알맞은 물리적 성질을 갖추어야 한다.
④ 양송이균의 생장을 저해하는 유해 물질이 없어야 한다.
⑤ 양송이균의 생장을 저해하는 병원균, 잡균 및 해충이 없어야 한다.

3) 퇴비 배지 발효의 원리

양송이를 키우기 위해서는 배지의 성공 여부가 재배의 절반을 차지할 만큼 배지가 중요한 부분이다. 양송이 퇴비는 볏짚, 밀짚, 보릿짚 등 탄소원, 닭똥, 깻묵, 쌀겨 등 유기태 영양원(有機態營養源), 요소와 같은 무기태 질소원 등을 배합한 재료를 미생물에 의한 발효를 통해서 만들게 된다. 양송이 퇴비 배지를 만들 때는 재료를 배합하고 수분을 가하여 야외 퇴적과 후발효를 실시한다. 이 과정을 통하여 짚 속의 셀룰로오스와 헤미셀룰로오스는 반 이상이 분해되어 발효 미생물의 영양원으로 소모되고, 암모니아태 질소는 미생물에 의하여 단백질로 고정되는 한편 짚의 15~20%를 차지하는 리그닌과 결합하여 리그닌 단백질(다질소 리그닌 복합체)을 구성함으로써 양송이의 영양원이 된다(그림 1-3).

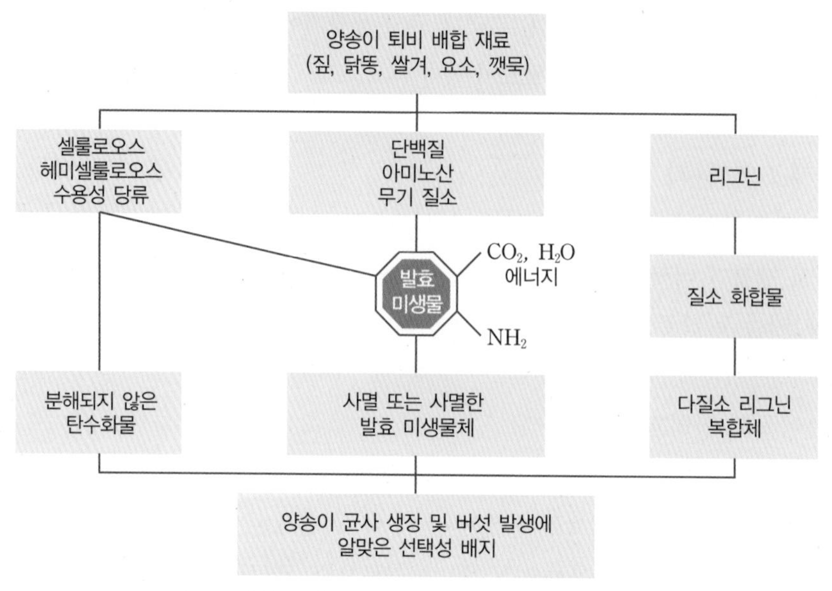

그림 1-3 양송이 퇴비 발효 모식도 (차 등, 1989; 성 등, 1998)

발효의 기본은 상부상조이다. 배지 영양분을 미생물로 하여금 잘게 부수게 하고 그것을 버섯이 이용하며, 발효는 그 미생물이 잘 자랄 수 있는 터전(퇴비)을 만들어 주는 것이다. 마치 쌀(볏짚 등)을 그대로 먹을 수 없기 때문에 밥솥(퇴비)에 넣어서 온도와 수분을 맞추어 밥(질소화합물 등)을 만드는 것과 비슷한 원리이다. 밥만 먹으면 싱거우니까 반찬(사멸 미생물체)도 같이 먹는다. 결국, 퇴비 만드는 과정은 버섯의 입장에서 보면 밥솥에서 밥을 만드는 과정과 비슷하다.

배지 발효에 영향을 미치는 주요 요인은 크게 온도, 수분, 산소 및 영양분이다.

(1) 온도

퇴비 배지의 발효에 관여하는 미생물은 45~60℃에서 생육하는 고온성 미생물이다. 좋은 배지를 만들기 위해서는 알맞은 발효 온도를 유지하는 것이 필요하다. 양송이 퇴비 배지의 발효에 관여하는 미생물은 세균, 방선균 및 곰팡이 등이다.

(2) 수분

퇴비 배지의 발효를 위하여 재료의 수분 함량을 70~75%로 조절하는 것이 알맞다. 수분 함량이 이보다 낮으면 열에너지의 축적이 부족하고 고온성 세균 발달이 미흡하여 발효가 불충분해진다. 특히 초기의 버섯 발생은 좋은 듯하나 후기에 급격히 감소하는 것이 특징이다. 반면에 수분 함량이 높으면 퇴비 배지의 표면에는 콜로이드의 분산이 심하여 물리성이 악화되고 짚 내부의 공기를 차단함으로써 발효를 억제한다.

(3) 산소

양송이 퇴비 배지의 발효에 관여하는 미생물은 호기성 균에 속한다. 퇴비 더미 내에 산소가 부족하면 혐기적 상태로 변하면서 발효는 중단되고 퇴비 온도가 떨어지며 각종 유기산과 알코올 등 좋지 않은 분해 산물이 생산되는데, 이들 대부분은 양송이균의 생장을 저해한다.

(4) 영양분

퇴비 배지의 발효가 원활히 일어나기 위해서는 퇴비 재료에 함유된 아미노산과 포도당, 과당 등 발효 미생물이 쉽게 흡수 · 이용할 수 있는 영양분이 충분해야 한다. 기온이 낮은 봄 재배 때에는 퇴비의 초기 발열이 부진하므로 발열 촉진 효과가 큰 재료를 첨가하고, 퇴비의 과열 피해가 심한 가을 재배 때는 질소나 지방 성분 등 영양원의 함량이 높은 재료를 첨가하는 것이 좋다.

4) 퇴비 배지의 재료

퇴비 재료의 종류와 품질 및 배합 방법은 발효 과정에 큰 영향을 미치고, 배지의 영양 상태나 물리적 성질 등 품질을 결정하는 요인이므로 좋은 퇴비 배지를 만들기 위해서는 재료의 선택과 배합을 합리적으로 해야 한다.

(1) 주재료

양송이 퇴비 배지를 만드는 재료는 주재료와 첨가 재료 및 보조 재료로 나누어지는데, 주재료는 주로 탄소원을 가진 것으로 볏짚, 보릿짚, 밀짚, 산야초 등 퇴비 더미의 80% 이상을 점유하는 기본 재료이다. 우리나라에서는 볏짚 및 밀짚을 주재료로 하여 합성 퇴비를 사용하며, 마분 볏짚이나 그 밖의 농가 부산물도 일부 사용되고 있다.

(2) 첨가 재료

첨가 재료는 무기태와 유기태 질소로 구분할 수 있다. 양송이 퇴비 제조 시 사용되는 무기태 질소원은 요소, 황산암모늄, 석회질소, 질산암모니아 등이 있는데 그중 요소가 권장되고 있다. 유기태 급원으로는 주로 닭똥과 쌀겨가 널리 사용되고 있으나 가용성 탄수화물, 단백질 및 지방 함량이 높은 재료인 면실박, 폐당밀, 맥주박 등 각종 농가 및 공장 부산물도 사용되고 있다.

(3) 보조 재료

주재료와 첨가 재료 이외에 배지의 물리성 개선과 산도 조절 등을 위한 보조 재료의 첨가가 필요하다. 양송이 퇴비는 끈기가 없고 탄력성이 있어야 하며 수분 함량이 알맞아야 하는데, 이러한 퇴비를 만들기 위해서는 석고 또는 지오라이트 등의 첨가가 필요하다. 석고의 첨가량은 보통 볏짚 양의 1%가 권장되고 있으나 퇴비 상태가 불량하면 3~5%까지 증가할 수 있다. 첨가 시기는 마지막 뒤집기 때 하는 것이 보통이나 퇴비 상태가 나쁘면 중간에 첨가해도 무방하다.

(4) 퇴비 재료의 배합

퇴비 재료의 배합은 재배 시기와 작업 계획 등에 따라 달라진다. 볏짚을 주재료로 할 때의 기본 배합 예는 표 1-3에서 보는 바와 같다. 그리고 재료를 배합할 때는 질소의 첨가량을 산출할 필요가 있다. 표 1-4는 기본 배합 예의 질소량을 계산한 것이다.

표 1-3 양송이 퇴비 재료의 기본 배합(예)

재배 시기	볏짚	닭똥	쌀겨	요소	석고
봄 재배	100	10	5	1.2	1.0
가을 재배	100	10	–	1.5	1.0

표 1-4 기본 배합 예의 질소 계산

재료명	총 물량 (kg)	수분 함량 (%)	건물량 (kg)	질소 함량 (%)	질소량 (kg)
볏짚	1,000	15	850	0.7	5.95
닭똥	100	15	85	2.67	2.27
쌀겨	50	15	42.5	2.44	1.04

표 1-4를 기초로 하여 볏짚 1,000kg에 대하여 닭똥 100kg, 쌀겨 50kg을 배합하고 퇴적 시 전질소 수준을 1.5%로 조절하려면 다음과 같이 계산할 수 있다. 재료의 수분 함량을 모두 15%라고 하면 건물량은 볏짚 850kg, 닭똥 85kg, 쌀겨 42.5kg이며, 이 속에 함유된 질소의 양은 다음과 같다.

볏짚: 850kg × 0.7/100 = 5.95kg
닭똥: 85kg × 2.67/100 = 2.27kg
쌀겨: 42.5kg × 2.44/100 = 1.04kg

위의 계산과 같이 재료 977.5kg에 들어 있는 전질소는 9.26kg이다. 이 경우 전질소 수준을

1.5%로 조절하려면 14.66kg의 질소가 필요하다. 질소의 소요량은 14.66 - 9.26 = 5.4(kg)으로서 요소 비료로 첨가해 주어야 할 양은 12kg이다.

5.4kg × 100/45 = 12kg

5) 야외 퇴적

(1) 가퇴적

퇴비의 퇴적 시기는 양송이의 수확 적기를 기준으로 수확 기간, 복토, 균사, 생장, 후발효 및 야외 퇴적 일수를 역산하여 결정한다. 야외 퇴적 장소는 보온 및 관수 시설이 완비된 퇴비사가 이상적이지만 노천을 이용할 경우에는 병해충 오염 방지, 기상의 악변에 대비한 조처 그리고 계절적인 영향 등에 대한 충분한 대책이 있어야 한다.

퇴비의 야외 퇴적은 가퇴적과 본퇴적 그리고 몇 차례의 뒤집기 작업으로 이루어진다. 가퇴적 과정은 주재료에 충분한 수분을 공급하여 짚을 부드럽게 하고 발효 미생물의 생장에 필요한 수분을 공급하는 단계이다. 보통 볏짚 100kg당 소요되는 물 소요량은 370L 내외인데, 최소한 전 공급량의 70% 이상을 가퇴적 때 주어야 하고 나머지는 본퇴적 때 준다. 퇴비의 수분 첨가량은 봄보다는 가을이 많아야 하며, 특히 가을에는 초기의 수분 공급에 중점을 두고 봄에는 초기 발열을 고려하면서 수분 공급을 하는 것이 좋다.

(2) 본퇴적

가퇴적을 한 다음, 봄에는 2~3일, 가을에는 1~2일이 경과한 후 퇴비 더미의 온도가 올라가지 않더라도 본퇴적을 실시한다. 본퇴적 시에는 건조한 부분에 충분한 물을 뿌리고 닭똥, 쌀겨, 깻묵 등 유기태 급원과 요소를 뿌리며 적당한 크기로 퇴비를 만든다. 유기태 급원은 전량을 짚과 골고루 혼합하여 주고 요소는 사용량의 1/3만을 뿌린다. 한꺼번에 요소를 첨가하면 퇴비의 암모니아 농도가 급격히 증가하여 발효 미생물의 활동을 감소시키며 공기 중으로 방출되므로 본퇴적과 1회 및 2회 뒤집기 때에 1/3씩 나누어 뿌리는 것이 좋다(그림 1-4).

(3) 뒤집기

뒤집기는 퇴비 재료를 잘 혼합시키고 산소 공급을 원활히 하며 퇴적의 상태를 균일하게 유지하기 위한 과정이다. 야외 퇴적 중 뒤집기 작업은 배지 상태에 따라 다르나 5~8회에 걸쳐서 실시되는데, 봄 재배의 경우 후기 뒤집기가 늦으면 산소 부족으로 혐기성 발효가 일어나기 쉽고 고온으로 인한 이상 발효가 일어나서 수량이 감소한다.

그림 1-4 양송이 퇴비 제조를 위한 야외 발효 광경

퇴비의 발효는 45~60℃ 온도에서 일어나며 55℃ 내외일 때가 가장 좋다. 따라서 뒤집기 작업은 퇴비가 최적 온도 범위에서 발효될 수 있도록 하고 산소의 공급이 부족하여 발효가 중단되기 전에 실시한다.

수분은 부족한 부분에만 약간씩 뿌려서 퇴비의 수분 함량을 75% 내외로 유지시켜 입상 시에 72~75%가 되도록 한다. 수분은 1차 뒤집기 때까지는 완전히 조절하고, 4~5차 때에는 육안으로 보아 약간 건조한 것처럼 보이는 것이 정상이므로 이를 감안하여 조절한다. 야외 퇴적 말기, 즉 마지막 뒤집기 또는 그 전 단계에서 석고를 첨가한다. 석고는 보통 볏짚 무게의 1%를 첨가하나 퇴비가 과습하고 물리성이 악화된 상태에서는 3~5%로 증량하는 것이 좋다.

6) 퇴비 배지의 후발효

양송이 퇴비 배지는 야외 퇴적만으로 만들 수 없다. 야외 퇴적 시에는 아무리 정밀한 관리를 한다고 하여도 온도, 수분 및 산소의 공급이 균일하지 않아 발효가 균일하게 되지 않는다. 완벽한 발효를 위해서 가온(加溫) 및 환기 시설 등 발효 조건이 완전한 재배사에 옮겨 최종적인 발효 과정을 거치도록 하는데, 이 과정을 후발효라고 한다.

양송이 퇴비 배지는 후발효 과정을 통하여 발효가 완성되어 영양분의 합성이 극대화하고 퇴비 중에 남아 있는 암모니아태 질소가 제거된다. 또, 야외 퇴적 중 불량 조건에서 유발된 각종 유해 물질과 유해 미생물이 제거되고 각종 병해충이 사멸되며 퇴비의 물리성이 개선된다. 퇴비 배지를 통해서 침입하는 선충, 응애류 등 각종 해충과 바이러스, 마이코곤 등 병원균의 오염은 후발효 과정을 통해 가장 확실하고 손쉽게 제거할 수 있다.

(1) 퇴비의 입상

후발효를 실시하기 위하여 퇴비를 균상에 채워 넣는 과정을 입상이라고 한다. 이때 적정 수분 함량은 70~75%이며, 적정 산도는 pH 7.5~8.0 정도이다.

입상 작업을 할 때 퇴비를 뭉쳐서 거칠게 입상하면 퇴비의 발열이 불량하고 수분 증발이 심하여 발효가 불균일하게 된다. 입상 작업의 정밀도는 곧 수량과 직결되는데, 퇴비의 입상은 자체열이 손실되지 않도록 신속히 작업하고 봄 재배 때는 퇴비의 발열이 잘되도록 마지막 뒤집기 때 퇴비 더미를 크게 쌓는다. 퇴비의 입상량, 즉 퇴비 두께는 단위 면적당 수량을 좌우할 뿐만 아니라 농가의 경영상 중요한 사안인데, 입상량은 원료 볏짚 125kg/3.3㎡를 기준으로 하여 150kg 이상을 권하고 있다(그림 1-5).

그림 1-5 **재배사 내 퇴비 입상**

(2) 후발효

퇴비의 입상이 끝나면 재배사의 문과 환기구를 밀폐하고 재배사를 인위적으로 가온(加溫)한다. 실내 가온과 함께 퇴비의 자체 발열에 의하여 온도가 상승하면 퇴비 온도를 60℃에서 6시간 동안 유지한다. 이 과정을 '정열(頂熱)'이라고 하는데, 이것은 퇴비에 있는 각종 병해충과 재배사에 남아 있는 병해충을 제거하기 위한 과정으로서 이때 퇴비 온도만을 60℃로 올리는 것이 아니라 실내 온도도 60℃로 올려야 한다.

퇴비 온도는 항상 실내 온도보다 높으므로 실내 온도를 60℃로 올리면 자연히 퇴비 온도는 그 이상이 된다. 그러나 퇴비 온도가 60℃ 이상에서 오래 유지되면 퇴비 내의 고온 호기성 미생물이 사멸하고 초고온성 미생물이 자라면서 혐기성 발효가 일어나며 올리브 곰팡이병이 발생하므로 퇴비 온도가 60℃ 이상으로 상승해서는 안 된다.

정열이 끝나면 퇴비의 온도를 55~58℃ 내외에서 1~2일 발효시키고, 그 후에 퇴비의 자체 발열이 감소함에 따라 퇴비의 온도를 낮추면서 50~55℃에서 2~3일, 48~50℃에서 1~2일간 발효시키고 45℃ 내외일 때 퇴비 상태를 보아 발효를 종료시킨다. 후발효 동안 퇴비 온도가 60℃에서 55℃, 50℃ 및 45℃로 차츰 낮아짐에 따라 퇴비 내의 미생물은 고온성 세균 – 고온성 방사상균 – 중 · 고온성 사상균으로 전환되면서 영양분이 축적되고 암모니아가 감소한다.

후발효 시에 온도 조절과 함께 또 하나 중요시해야 할 문제는 재배사의 환기이다. 후발효 기간 중의 환기는 퇴비 온도가 강제로 떨어지지 않도록 짧은 시간에 많은 문을 동시에 열어서 잠깐씩 자주 실시하는 것을 원칙으로 한다. 즉, 발효 시 환기 시간은 10~15분 이내로 짧게 해 주는 것이 좋으며, 재배사에 들어갔을 때 암모니아 냄새가 없고 퇴비에 방사상균의 짙은 백색 분말이 덮여 있으면(백화 현상) 후발효를 끝낼 적정 시기로, 이때 보통 암모니아 농도는 300ppm 이하이다.

7) 종균 재식 및 균사 배양

(1) 종균의 접종

양송이 종균은 곡립 종균, 퇴비 종균, 액체 종균 등이 있다. 곡립 종균이 개발되기 전까지는 퇴비 종균이 사용되었으나 현재는 주로 밀을 배지로 하여 제조한 곡립 종균이 사용되고 있다(그림 1-6). 곡립 종균을 접종하는 방법은 혼합 접종법, 층별 접종법, 표면 접종법, 기계로 접종하는 방법 등이 있다(그림 1-7).

종균은 사용 전 철저한 검사를 하여 잡균이 발생되어 있거나 균 덩이가 형성되고 변질된 불량 종균은 즉시 제거하도록 한다. 일부분에서 극히 적은 잡균이 발생되었다고 가볍게 생각하거나

그림 1-6 곡립 종균의 배양

그림 1-7 양송이 곡립 종균 접종기

종균의 상태가 다소 불량한데도 아까운 생각에 그대로 심을 경우, 잡균의 발생으로 직접적인 수량 감소 요인이 되므로 철저한 육안 검사로 선별하여야 한다. 종균을 접종할 때에는 균상의 양쪽 가장자리에 판자를 대고 퇴비 배지를 진압시켜 직각으로 모가 나도록 하는 것이 복토하기에도 좋고 균상 관리도 편리하며, 퇴비 배지의 수분 증발을 막는 데에도 도움이 된다. 접종하는 종균의 양은 종균의 종류와 접종 시기 및 배지의 양에 따라서 달라지나 퇴비량 125kg/3.3㎡에 약 1.5kg의 종균을 기준으로 하여 접종한다. 그러나 종균의 접종량이 증가하면 균사 생장이 빨라져서 수확 시기가 단축되고 수량도 증가하므로 실제 재배 면에서는 3.3㎡당 2.7~3.6kg을 접종하는 것이 잡균의 오염 기회를 줄일 수 있어 유리하다(Elliott & Langton, 1981).

(2) 종균 재식 후 복토 전 관리

종균을 접종하면 처음에는 종균 자체의 영양분으로 자라기 시작하고, 2~3일이 지나면 퇴비 배지에 활착되어 종균과 퇴비의 영양분을 흡수하여 이용하며, 5~7일 후부터는 퇴비 속의 영양분을 흡수하여 급속히 신장하게 된다(그림 1-8). 이 기간에는 온도와 습도를 알맞게 조절하며, 각종 병해충의 오염 방지에 신경 써야 한다. 종균 접종이 끝나면 재배사 안팎을 청결히 하고 즉시 종이류(신문지)나 비닐을 피복하여 습도가 유지되도록 해야 한다.

종이(신문지)는 보온 효과가 있을 뿐 아니라 퇴비 중의 공기 유통이 억제되어 고농도의 이산화탄소가 유지된다. 따라서 균사 생장을 촉진시키고, 수분 증발을 억제하여 퇴비 배지의 수분을 유지하며 병해충의 오염을 예방할 수 있다. 비닐은 보온이 잘 되지만 통풍이 되지 않아 균상 온도 상승, 유해 가스 축적, 내부 응결수 발생, 퇴비 과습 등으로 잡균 피해 가능성이 종이류보

그림 1-8 **균사 배양**

다 높으므로 가급적 얇은(두께 0.03mm) 것을 사용하는 것이 좋다.

❶ 온도

종균 접종이 끝나면, 떨어진 실내 온도를 높임으로써 퇴비 배지 내의 온도를 빨리 적정 온도로 유지하여 균사 생장을 촉진시켜야 한다. 이 시기의 온도 관리는 다수확을 결정하는 중요한 과정이다. 균상의 온도는 재배 시기, 재배사의 형태 및 균상의 위치, 퇴비 상태에 따라서 많은 차이가 있으나 어떠한 경우든 퇴비 온도를 적온인 23~25℃로 유지하여야 한다. 종균 접종일로부터 3~5일 동안은 퇴비의 온도가 실내 온도보다 낮을 경우가 많으므로 실내 온도를 25~27℃로 높여 퇴비 온도가 빨리 적온으로 되도록 하며, 6~7일경부터는 반대로 균사의 대사에 의한 열의 발생이 많아져 퇴비의 온도가 점차 상승하기 때문에 실내 온도를 20℃ 정도로 점차 낮추어 관리한다. 이 시기부터는 실내 온도가 25℃ 이상이 되면 재발열이 일어나기 쉬우며, 발열이 되면 균사 생장이 억제되거나 사멸되고 먹물버섯이나 푸른곰팡이병의 발생과 선충, 응애, 버섯파리 등 각종 병해충의 피해가 커진다. 반대로 온도가 너무 낮으면 균사의 생장이 늦고 불량하며, 수확 시기가 지연되고 버섯의 발생이 균일하지 못할 뿐만 아니라 주기 형성도 뚜렷하지 못하므로 수량이 감소한다.

또한, 접종 후 6~7일경부터 복토 시까지는 발열이 잘 일어나는 위험 시기이므로 실내 온도를 적온보다 5~10℃ 정도 낮게 유지해야 한다. 퇴비 온도가 28℃ 넘게 상승하여 재발열의 징후가 보이면 균상의 퇴비를 들어서 통풍이 되도록 하고, 신문지 위에는 물론 벽과 바닥에 계속 물을 뿌려서 실내 온도를 내리도록 하며, 송풍기를 설치하여 환기량을 늘림으로써 재발열의 피해를 막도록 한다. 퇴비 중의 균사가 거의 자라면, 복토 2~3일 전부터 실내 온도를 떨어뜨리고 균상 다지기 작업을 한다.

❷ 습도

퇴비 배지의 수분 함량은 양송이의 수량을 결정짓는 중요한 요인이다. 퇴비의 수분 함량은 후발효가 끝나고 종균을 심을 당시의 함량이 폐상 시까지 계속 유지되도록 하는 것이 이상적이나 재배 과정 중에 많은 양이 증발하고 버섯이 생장하면서 흡수 · 이용되므로 점차 감소한다. 그러므로 실내 온도가 높고 퇴비 표면이 노출되어 수분이 증발하기 쉬운 균사 생장 기간 동안에 퇴비 수분을 잘 유지해야만 균사의 생장이 빠르고 버섯 형성 및 생장에 필요한 물을 많이 저장할 수 있어 다수확이 가능하다. 균사 생장에 알맞은 퇴비 배지의 수분 함량은 68~70%로, 이보다 건조하거나 과습하게 되면 균사 생장이 저해되고 결과적으로 수량이 감소한다.

❸ 환기

균사가 활착되어 생장하는 동안에는 환기를 많이 하지 않아도 자연적으로 재배사의 환기량이 충분하나 퇴비 배지가 너무 과습하거나 진압을 심하게 한 경우에는 환기를 자주 하여 퇴비를 건조시키고 유해 가스가 방출되도록 한다. 또, 퇴비의 온도가 점차 상승하여 재발열의 염려가 있을 때에도 환기를 많이 하여 실내 및 퇴비 온도를 내려야 한다.

8) 복토

복토는 자실체를 형성시키고 버섯을 지지(支持)하며, 버섯의 양분 흡수 통로가 되고 수분을 공급해 주기도 한다. 특히 복토의 수분은 재배사 내의 습도 유지에 도움을 준다(그림 1-9).

그림 1-9 **복토 처리**

(1) 복토 재료의 종류

복토 재료는 크게 광질(鑛質) 토양과 부식질(腐蝕質)로 나눌 수 있으며 광질 토양을 토성에 따라 나누면 식토, 식양토, 양토, 사양토, 사토 등 12가지로 분류할 수 있는데, 양송이 재배에 알맞은 흙은 식양토이다. 부식질로는 토탄(peat), 흑니(muck), 부식토 등이 있다.

(2) 복토 재료의 선택

복토의 품질은 양송이균의 균사 생장 및 버섯의 수량과 품질에 큰 영향을 미친다. 양송이 재배에 알맞은 복토는 75~80% 이상의 공극률을 가진 단립으로 조성되어 있어서 공기의 유통이 좋으며, 보수력이 양호하고 가비중이 0.5~0.7gr./mL 정도로 가벼워야 한다. 또한, 유기물 함량이 4~9% 함유되어 있으며, 병해충이 오염되어 있지 않고 pH 7.5 정도인 흙이 양송이의 생육에 알맞다. 양송이 재배용 복토 재료로는 식양토나 미사질 식양토 또는 토탄에 석회를 섞어서 사용하는 것이 좋다.

(3) 복토 조제 및 소독

양송이 재배에 중요한 요인은 토양의 구조이며, 이 구조를 지배하는 것은 토양의 단립이다. 단립의 형성에 중요한 요인은 유기물 함량이며, 산과 철, 점토 및 부식 함량이 포함된다. 그중 부식의 함량은 5~10%가 적당하다. 복토 입자의 크기는 수량과 밀접한 관계가 있으므로 반드시 적당한 입자의 흙을 사용해야 한다. 알맞은 입자의 흙을 조제하기 위하여 흙을 먼저 9mm 체로 친 다음 이것을 다시 2mm 체로 쳐서 2~9mm의 흙을 사용하는 것이 이상적이다.

양송이의 균사 생장에 알맞은 복토의 산도는 pH 7.5 내외이며 pH가 낮은 산성 토양에서는 수소 이온이 많아 양송이 균사의 생장이 불량하고 토양 중 미생물의 활동도 미약하여 푸른곰팡이병의 발생이 심하다. 흙이 강알칼리성일 때에는 버섯 발생이 불량할 뿐만 아니라 균사 생장이 느리고, 심하면 버섯이 발생되지 않는다. 우리나라의 흙은 대부분 pH 5~6 범위의 산성 반응을 나타내기 때문에 복토를 조제할 때 pH가 안정화되기 위해 소석회나 탄산석회를 첨가하여 여러 번 산도를 교정하여야 한다.

토양 중에는 양송이에 많은 종류의 병원균과 해충들이 서식하고 있다. 특히, 균덩이병균, 마이코곤병균, 갈반병균 등 양송이에 피해가 큰 여러 가지 병원균이 토양에 의해서 전염되며 선충 및 응애, 톡톡이 등의 해충도 토양에 의해서 전파된다. 이를 막기 위해 복토 소독이 필요한데, 복토의 소독 방법에는 증기 소독법과 약제 소독법 등이 있으며 증기 소독법이 일반적이다.

증기 소독법은 생수 증기를 이용하여 복토를 소독하는 방법으로, 소독 시 열이 균일하게 복토 내에 침투되게 하기 위하여 토양을 체로 치고 가는 구멍이 뚫린 배관으로 된 증기 소독장에 토양을 50cm 정도 두께로 고르게 쌓는 방법과 상자나 비닐 포대에 넣어 소독하는 방법이 있다.

소독장에 복토 재료를 채운 다음에는 증기를 넣어 토양의 온도를 80℃까지 올린 후 1시간 동안 유지한다. 이때 증기의 압력이 낮으면 토양이 과습으로 덩어리가 되어 복토의 손실량이 많아지고, 복토 작업이 불편할 뿐만 아니라 복토 작업이 균일하지 않아 균사 생장이 불량하게 되므로 증기의 압력을 알맞게 조절해야 한다.

소독된 토양은 사용 전까지 소독된 콘크리트 바닥이나 비닐 위에 놓고 살균된 흙 위에 다시 비닐을 덮어 병해충에 의한 재오염을 방지하여야 한다. 살균이 끝난 흙을 방치해 두면 바람이나 곤충에 의하여 2차 감염이 되기 쉬우며, 살균된 상태에서 병해충이 급속도로 전파된다. 그러므로 살균이 끝나면 작업인의 손발, 작업 도구 등을 소독한 후 복토를 옮겨 주위가 청결한 곳에 비닐을 깔고 저장한 다음 그 위에 다시 비닐을 덮어 잘 보관하여야 한다.

(4) 복토 시기 및 방법

복토 시기는 종균 접종 후 균사가 퇴비 배지에서 생장하는 속도에 따라 결정된다. 일반적으로 접종된 종균이 균상 퇴비에 70~80% 정도 생장하였을 때 복토하는 것이 좋다. 퇴비의 이화학적 성질이 알맞고 관리 상태가 양호할 때에는 종균 재식 후 15일 이전에 복토하는 것이 알맞다. 일반적으로 균사 생장이 불량할 경우에는 복토를 빨리 하여야 하며, 복토 시기가 너무 늦으면 균사가 노화되어 수량이 감소하게 된다. 그리고 복토를 한 후에도 균상 퇴비 내에서 균사가 계속해서 자라므로 종균 접종 후에는 23~25℃를 유지하여야 한다.

균사 생장기에는 비닐이나 종이 등을 덮어 수분 증발을 억제하여도 복토 직전의 퇴비 표면은 건조 상태가 되는 일이 많은데, 이런 경우에는 마른 부분을 손으로 뜯어 내고 퇴비를 잘 다져 준 다음 분무기로 물을 약간 뿌려 수분을 맞추어 복토한다. 복토의 두께는 재료의 종류에 따라서 다르나 특수한 재료를 제외하고는 대체로 손가락 한 마디 길이인 2~3cm가 알맞다.

9) 균상 관리 및 수확

(1) 버섯 발생 시 균상 관리

복토 직후부터 복토층의 온도는 23~25℃로 유지하고 온도가 적온 이상으로 상승하지 않도록 실내 환기로 조절한다. 처음 버섯이 나오는 기간에는 다량의 버섯이 균일하게 발생되도록 하기 위하여 재배사 온도를 15℃ 정도로 낮추어 준다(품종의 적온보다 1~2℃ 정도 낮게 유지). 복토층에 수분이 충만할 정도로 많은 물을 뿌리며, 환기구를 개방하여 재배사의 공기가 시간당 3~4회 이상 교환될 만큼 환기를 실시한다. 환기량은 보통 균상 면적 1m²당 1시간에 10~20m³의 신선한 공기를 공급한다.

그림 1-10 양송이 재배사 내 자실체 전경

(2) 수확기의 관리

초발이(初勃爾) 후 10~15일 후면 수확기가 되는데, 이때 재배사의 온도를 16~18℃(품종의 적온)로 약간 높게 유지하여 주는 것이 일반적이나 품종에 따라서 달리한다. 관수는 자실체가 매우 어릴 때는 적게 하고, 버섯이 커 감에 따라 점차 관수량을 늘린다. 환기는 버섯의 발생량이 많은 1~3주기 때는 3~4회 정도 하는 것이 일반적이다(차 등, 1989; 성 등, 1998).

6. 수확 후 관리 및 이용

양송이는 재배 과정 못지않게 수확 후 관리 과정이 매우 중요한 요소이다. 약 16℃의 온도에서 재배되다가 수확 후 상온에 노출되면, 곧바로 갓이 벌어지고 버섯이 갈색으로 변하는 갈변현상이 진행되기 때문이다.

한편 양송이는 수확 후에도 지속적인 호흡 작용을 통해 많은 열이 발생한다. 양송이의 경우 이산화탄소 배출량은 130mg/kg/hr에 달하는데 이것은 느타리(300)와 표고(530)에 비해 낮은 편이나 딸기(96), 토마토(48), 감자(14) 등과 비교해 매우 높은 편임을 알 수 있다. 이 결과 발생하는 양송이의 20℃에서의 호흡열은 332kcal/t/hr에 달한다. 호흡 작용과 더불어 증산 및 산화작용을 통해 시간이 지날수록 양송이의 저장 양분이 소실되어 신선도와 맛(당도, 산도, 풍미)이 떨어진다.

이같은 현상은 버섯의 상품성을 크게 떨어뜨려 농가 소득을 높이는 데도 큰 걸림돌이 되고 있다. 이에 따라 수확된 양송이가 재배자의 손을 떠나 최종 소비자에게 도달하는 과정에서 신선도를 유지하고 부패를 방지하여 유통 판매 기간을 연장시키기 위한 수확 후 관리 기술이 필요하다. 예냉 처리 및 저온 운송 시스템의 도입이 필요한 이유가 여기에 있다. 농가에서 수확한 양송이는 가급적이면 빠른 시간 내에 산지 유통 센터로 입고되어, 그 즉시 예냉 과정을 거친다면 버섯의 갓 벌어짐을 방지하고 유통 기간을 1주일 이상 연장할 수 있다. 예냉은 1 · 2차로 나누어지는데 1차 예냉은 1℃의 온도로 1시간가량 진행된다. 밀폐된 공간의 공기를 빨아들여 급속히 온도를 낮추는 차압예냉 방식을 이용하고 있다. 1차 예냉이 끝난 양송이는 0℃ 환경의 저온 저장고로 옮겨 출하 전까지 2~4시간 동안 2차 예냉을 실시한다.

예냉을 마친 버섯은 200g 소포장이나 2kg 단위로 포장되는데(그림 1-11), 이때 작업장의 온도는 버섯의 재배 온도와 같은 13℃로 유지한다. 그리고 2kg 단위 포장의 경우 골판지 상자 대신 스티로폼 상자를 이용하면 버섯의 습도를 유지하는 데 도움이 된다. 포장이 끝난 버섯은 냉장 탑차를 이용해 대형 할인매장 등으로 출하되며, 운송 중에도 3℃의 온도를 지속적으로 유지하여야 한다.

그림 1-11 양송이 포장 모습

한편 버섯은 자실체를 형성하기 위해 집합된 균사체 덩어리가 갓과 대로 분화된 것이며, 다른 미생물과 마찬가지로 호흡, 생장, 노화 과정을 거치게 된다. 자실체가 노화 과정에 들어서면 갓이 개열하고, 수분 손실, 무름 현상, 변색 등이 발생하게 된다. 이와 같은 변화는 버섯의 품질 저하의 원인이 되고 저장 과정을 어렵게 만드는 주원인이 된다. 버섯의 노화와 품질 저하의 과정을 늦추기 위해서는 다양한 저장 방법뿐만 아니라 통조림, 염장, 건조 등의 형태로 가공하여 저장성과 이용성을 높이는 노력이 필요하다. 우리나라에서의 버섯 가공 제품은 술, 건조품, 분말, 스낵, 환, 조미료, 통조림, 음료, 차, 라면, 장아찌, 사탕, 약제 등의 형태로 생산 유통되고 있으나 느타리, 새송이, 송이, 표고, 아가리쿠스, 노루궁뎅이버섯, 차가버섯, 동충하초, 영지버섯 등에 집중되어 있어 양송이는 상대적으로 가공품 개발이 초기 단계에 머물러 있는 실정이다. 따라서 기존 통조림뿐 아니라 양송이이 저장성과 이용성을 높일 수 있는 다양한 형태의 가공 제품 개발이 필요한 상황이다.

〈장갑열, 오연이, 이병주〉

참고 문헌

- 농촌진흥청 농촌자원연구소. 2006. 식품 성분표.
- 성재모, 유영복, 차동열. 1998. 버섯학. 교학사.
- 유영복 외 34인. 버섯학. 2010. 자연과사람.
- 유영복 외 11인. 2012. 2011 한국버섯산업연감. (사)한국버섯생산자연합회.
- 차동열 외 12인. 1989. 최신 버섯 재배 기술. 상록사.
- Chang, S. T. 1993. Mushroom biology: The impact on mushroom production and mushroom products. In: *Mushroom Biology and Mushroom Products*. pp. 3-20. ed. S. T. Chang, J. A. Buswell & S. W. Chiu. The Chinese University Press.

- Eisenhur, R. and Fritz, D. 1991. Medicinally effective and health promoting compounds of edible mushrooms. *Gartenbrauwissenschaft* 56(2): 266–270.
- Elliott, T. J. 1985. The genetics and breeding of species of *Agaricus*. In *the Biology and Technology of the Cultivated Mushroom*. pp. 111–129. ed. P. B. Flegg, D. M. Spencer and D. A. Wood. John Wiley & Sons Ltd.
- Elliott, T. J. and Langton, F. A. 1981. Strain improvement in the cultivated mushroom *Agaricus bisporus*. *Euphytica* 30: 175–182.
- Foulongne-Oriol, M., Spataro, C., Cathalot, V., Monllor, S., and Savoie, J. M. 2010. An expanded genetic linkage map of an intervarietal *Agaricus bisporus* var. *bisporus*×*A. bisporus* var. *burnettii* hybrid based on AFLP, SSR and CAPS markers sheds light on the recombination behaviour of the species. *Fungal Genet. Biol.* 47: 226–236.
- Horgen, P. A. and Anderson, J. B. 2008. Edible mushrooms. In: *Biotechnology of Filamentous Fungi, Finkelstein*, D. B. and Ball, C. (eds.). Butterworth-Heinemann, Stoneham, USA. pp. 447–462.
- Khush, R. S., Becker, E., and Wach, M. 1992. DNA amplification polymorphisms of the cultivated mushroom *Agaricus bisporus*. *Appl. Environ. Microbiol.* 58: 2971–2977.
- Lee, S. H., Kim, N. W. and Shin, S. R. 2003. Studies on the nutritional components of mushroom(*Sarcodon aspratus*). *Korean J. Food Preserv.* 10: 65–69.
- Loftus, M., Bouchti-King, L., and Robles, C. 2000. Use of a SCAR marker for cap color in *Agaricus bisporus* breeding programs. In *Science and Cultivation of Edible Fungi* (ed. Van Griensven), Balkema, Rotterdam. pp. 201–205.
- Mizuno, T. 1994. *Food Function and Medicinal Effects of Mushroom Fungi*. Shizuoka University, Shizuoka. pp. 1–170.
- Sonnenberg, A. S. M. 2001. Strain identity in mushrooms, Working group on biochemical and molecular techniques and DNA-profiling in particular, 7th Session. Inter Union Protec New Varieties Plants. BMT/7/15: 2–19.
- Sonnenberg, A. S. M., Groot, P. W. J., Schaap, R. J., Baars, J. J. P., Visser, J. and Van Griensven, L. J. L. D. 1996. Isolation of expressed sequence tags of *Agaricus bisporus* and their assignment to chromosomes. *Appl. Environ. Microbiol.* 62: 4542–4547.
- Sonnenberg, A. S. M., Hollander, K. D., Van de Munckhof, A. P. J., and Van Griensven, L. J. L. D. 1991. Chromosome separation and assignment of DNA probes in *Agaricus bisporus*. In: Genetics and Breeding of *Agaricus*, L. J. L. D. Van Griensven (ed.). Pudoc, Wageningen, The Netherlands. pp. 57–61.
- Van Griensven, L. J. L. D. 1988. *The cultivation of mushrooms*. Darlington Mushroom Laboratories Ltd. France.
- Wasser. S. P. and Weis, A. L. 1999. Medicinal properties of substances occurring in higher basidiomycete mushrooms: current perspectives (Review). *International J. of Medicinal Mushrooms* 1: 31–62.
- Xu, J., Kerrigan, R. W., Horgen, P. A., and Anderson, J. B. 1993. Localization of the Mating Type Gene in *Agaricus bisporus*. *Appl. Environ. Microbiol.* 59: 3044–3049.
- Yadav, M. C., Challen, M. P., Singh, S. K., and Elliott, T. J. 2007. DNA analysis reveals genomic homogeneity and single nucleotide polymorphism in 5.8S ribosomal RNA gene spacer region among commercial cultivars of the button mushroom *Agaricus bisporus* in India. *Current Science* 93: 1383–1389.

제 2 장

여름양송이

1. 명칭 및 분류학적 위치

여름양송이(*Agaricus bitorquis* (Quél.) Saccardo)는 주름버섯목(Agaricales) 주름버섯과(Agaricaceae) 주름버섯속(*Agaricus*)에 속하는 식용 버섯으로서, 맛과 향기가 뛰어나 세계적으로 널리 소비되는 버섯이다. 주름버섯속 버섯은 전 세계에 수십 종이 분포하고 있다. 그중 담황색주름버섯(*A. silvicola*)과 *A. xanthodermus* 등 2종만이 독버섯이며, 주름버섯(*A. campestris*) 등 나머지 대부분의 버섯은 식용으로 이용되고 있다. 특히 *A. bisporus*, *A bitorquis* 및 *A. brunescens* 등은 인공 재배로 대량 생산되고 있으며, 경제적으로 대단히 중요한 버섯이다. 또한, *A. xanthodermus*, 주름버섯아재비(*A. placomyces*), *A. endoxanthus* 등은 항생 물질의 생산균이다. 여름양송이는 매끈하고, 흰색 갓과 다양한 주름 및 갈색 포자를 가진 단단한 자실체를 형성한다. 자실체의 크기와 형태는 다양하며, 일반적으로 갓의 지름은 5~9cm, 두께는 2~3cm이며, 하나의 반지형 턱받이를 가진 짧고 두꺼운 대는 길이가 2~5cm이고 두께가 1.5~3.5cm이다.

2. 재배 내력

여름양송이는 유럽이나 북아메리카에 주로 자생하고, 우리나라와 같은 온대 지방에서는 가을에 발생하며, 보통 습기가 있는 들판, 잔디밭 혹은 도로 옆에서 많이 발견된다. 여름양송이는

*A. bisporus*보다 다양한 병에 대한 저항성을 가지고 높은 온도와 이산화탄소 농도를 요구하며, 갓이 잘 부서지지 않는 특성을 가지고 있어 1968년에 처음 상업적으로 재배되기 시작하였다 (Van Griensven, 1988). 유전적으로 결정된 형태적 · 생리적 특성에 의한 다양한 계통을 가지고 있으며, *A. bisporus*의 재배와 유사한 방법으로 재배가 가능하다. 이런 요소들은 품종 육종을 상대적으로 용이하게 하고 미래의 대량 생산을 위해 유리한 조건이다.

우리나라 기후에서 양송이는 봄가을에만 재배가 가능하고 여름철 고온기에는 자연에서의 재배가 불가능하므로 양송이 공급이 적어 가격의 변동이 심하다. 여름철 양송이 1호는 농촌진흥청에서 유럽, 미국, 타이완 등지에서 재배되고 있는 여름양송이를 수집하여 배양적 특성을 조사한 후 재배법을 개발하여 우량 품종으로 농가에 보급하게 되었다. 최근에는 가공 제품보다는 생버섯의 소비가 증가하고 있는데, 여름양송이는 생버섯 상태에서 육질이 단단하고 상온에서 갓이 늦게 피며 보존성이 강한 특성이 있어 시판하기에 유리한 점이 많다.

3. 영양 성분 및 건강 기능성

여름양송이는 에너지 520kcal/100g, 수분 92.5%, 단백질 19.53%, 지질 36.09%, 탄수화물 39.94%, 회분 10.11%, 셀룰로오스 61.92%, 타닌 3.797mg/g을 함유하고 있으며, 비타민이나 필수 아미노산인 스테오닌 등의 영양 성분이 육류나 채소에 비해 높다. 리보플라빈 성분이 풍부하게 함유되어 있어서 피부 미용에 좋고, 비타민 D와 타이로시나제, 엽산을 많이 함유하고 있어 혈압, 당뇨, 빈혈에 효과가 있으며 특히 간암 예방에 탁월하다. 또한, 항바이러스 작용, 고혈압 강하 작용, 동맥경화 등에도 큰 효능이 있고 콜레스테롤 제거 효능이 높다. 추출물에는 항암 효과가 있는 AHCC(Active Hexose Correlated Compound) 성분이 들어 있어서 국물 요리로 조리하여 AHCC를 섭취할 수 있다.

4. 생활 주기

여름양송이의 생활사는 대부분의 담자균류와 비슷하다. 담자포자는 동종핵형을 생산하기 위해 발아하여 자가불임인 반수체를 생산하나 친화형 교배를 통한 타가수정이 가능하다. 2개의 친화형 동형핵형을 가진 계통은 교배에 의해 임성의 이질핵을 가진 이핵체를 생산한다. 즉, 이것은 영양 균사체로 무한정 생육할 수 있다. 적당한 환경에서 이핵체는 담자기를 포함한 주름살(gill)을 가진 자실체를 생산한다. 양친으로부터 생성된 두 핵은 담자기 세포에서 융합하고, 양친의 유전 물질이 재결합 및 분리되는 감수 분열이 진행된다. 감수 분열 후 4개의 핵은 담자기의 경자(sterigmata)에서 형성된 4개의 원시 포자의 하나로 이동한다. 그러므로 담자포자는 감수 분열의 산물이다. 그들은 담자기로부터 분리되어 발아하여 순환적인 생활사를 형성한다. 여름양송이는 무성 생식 과정이 없다. 균사는 다핵성이며 격막이 있고, 자실체는 반피실(半被實)이다.

여름양송이는 식물체의 잔재, 말똥 등 각종 유기물에서 부생 생활을 한다. 균사는 무색이고 매우 잘 발달하며 격막이 있고, 꺾쇠연결체(clamp connection)는 없다(그림 2-1). 균사는 많은 양의 글리코겐과 유지류를 비롯한 유기 · 무기 물질들을 함유하고, 자실체와 비슷한 특유의 향기를 낸다. 균사는 뭉쳐서 균사속을 이루기도 하며, 적당한 환경 조건이 되면 복토층에 원기를 형성시킨다(Chang and Hayes, 1978). 자실체가 생장하는 동안 버섯 대의 아랫부분에 연결된 균사들은 더욱 굵게 뭉쳐진다. 자실체는 여름양송이균의 번식 기관으로서 매우 연하고 독특한 맛과 향기를 가지며, 특히 단백질의 함량이 높다. 자실체는 원기(primordium)에서부터 발육하는데, 처음에는 대와 갓 부분을 구분할 수 없으나 차츰 자라면서 대와 갓 부분이 구별되기 시작한다. 양송이의 생장점은 대와 갓이 연결되는 부분에 있어서, 이 부분의 세포가 왕성한 분열을 하여 대와 갓이 형성된다. 버섯의 갓은 살이 두껍고 인피가 다소 있으며, 이면에는 주름살이 대에서 분리하여 방사상으로 밀생되어 있는데, 여기에서 무수히 많은 포자가 형성되기 때문에 포자가 성숙함에 따라 주름살은 담홍색으로부터 차차 갈색, 암갈색으로 변한다. 버섯의 갓이 성숙하게 되면 대의 중앙에 턱받이가 남는다. 줄기는 길이가 보통 갓의 지름과 비슷하고 강하며 충실하나, 성숙하면 섬유상이 되어 내부에 약간의 빈 구멍이 생기기도 한다.

5. 유성 양식(Genetics of sexuality)

세계적으로 가장 많이 재배되고 있는 *Agaricus bisporus*가 2개의 담자기를 가지지만, 자연에서 발견되는 대부분의 *Agaricus* 종과 마찬가지로 여름양송이는 4개의 담자기를 가진다(Hughes, 1961; Jiri, 1965). 여름양송이가 *Agaricus bisporus*와 달리 4개의 포자를 가졌다는 점은 성 형태를 결정하는 중요한 차이이며, 육종을 보다 쉽게 할 수 있는 이유이다(그림 2-1).

여름양송이의 유성 양식은 반복된 대립 유전자를 가진 단일 유전자 자리에 의해 지배를 받는 자웅이주성(heterothallism)이다(Raper, 1976a,b; Raper and Kaye, 1978). 이 유전자 자리는 전통적으로 양립할 수 없는 요소 A로 불려지며, 단포자성 균주에 있어 자가불임성은 A 유전자 자리(A1 혹은 B1)의 단일 대립 유전자의 존재에 의해 지배되어진다. 자가불임 단포자(자매)는 다핵형 세포를 가진 반수체의 동형핵체이다. 2개의 양립할 수 없는 유전자 자리(A1 혹은 B1)에 서로 다른 대립 유전자를 가지고 있는 두 단포자는 양립할 수 있고, 교배에 의해 임성을 갖게 되며 이때 형태적으로 꺾쇠연결체 형성 없이 특징적인 이핵체를 형성한다. 같은 A 대립 유전자(A1과 A2, A2와 A2)를 가진 2개의 단포자는 양립할 수 없고 임성의 이핵체를 형성하기 위한 상호 작용을 하지 못한다. 서로 양립할 수 있는 단포자 교배의 두 A형은 1:1 비율로 분리되고, 이것은 자손 중에 생식 반응의 양극성을 유발하게 된다(Raper, 1976a). 두 불화합성 양식(types)은 자연에서 수집한 같은 자실체의 자손들 중에서 분리되었다. 그러나 종종 불화합성 양식의 다른 쌍은 서로 다른 자실체로부터 분리된다. 16개의 A형을 분석한 결과 9개의 서로 다른 A형이 존재하는 것으로 밝혀졌다. 따라서 불화합성 유전자 자리는 다중 대립 유전자를 가진다. 근친 교배는 50%로 제한되고 이계 교배는 자연에 존재하는 불화합성 유전자 자리를 가진 많은 대립 유전자에 의해 이루어진다(Raper, 1976a; Raper and Kaye, 1978).

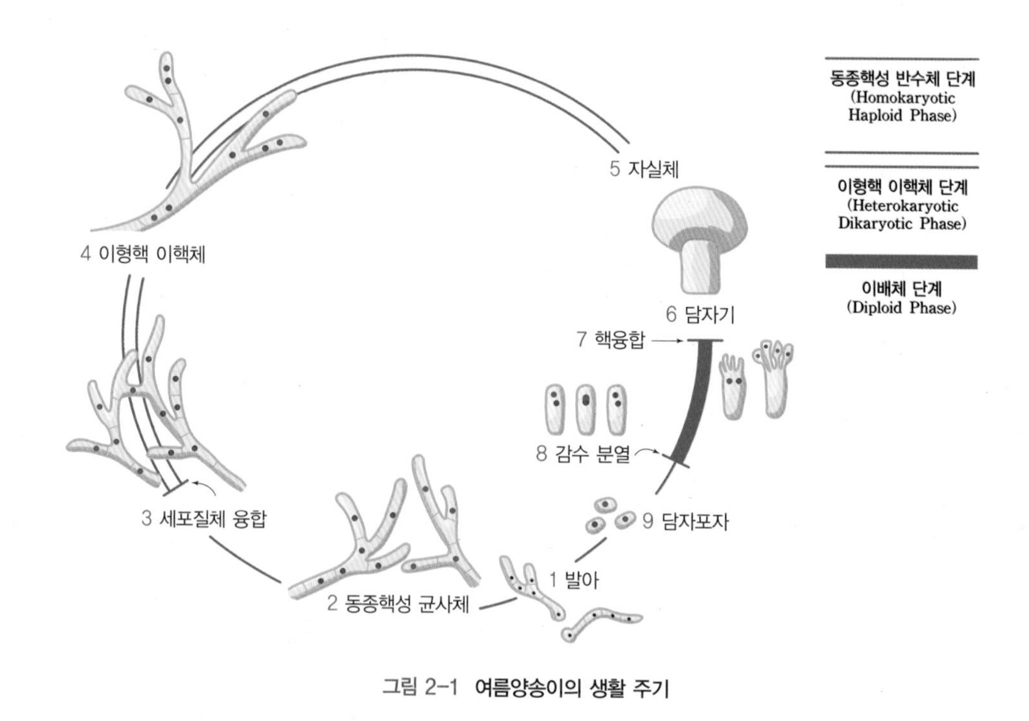

그림 2-1 **여름양송이의 생활 주기**

6. 재배 기술

1) 버섯의 특징

여름양송이의 균사 생장 적온은 25~30℃이고 자실체 생육 온도는 20~25℃로서 양송이보다 5~10℃ 높아서 여름철 재배가 가능하다. 여름양송이는 높은 온도를 좋아하지만, 양송이보다 버섯 발생 시기가 늦고 주기 형성 기간이 길다. 복토 후 첫 버섯이 발생되기까지는 22~26일이 소요되며 주기와 주기 사이에는 약 10~12일이 걸린다(표 2-1).

표 2-1 여름양송이의 특성 (박정식, 1992)

구분	균사 생장 온도(℃)	자실체 형성 온도(℃)	개체중 (g)	갓 지름 (cm)	갓 두께 (cm)	대 지름 (cm)	대 길이 (cm)
여름양송이	25~30	20~25	20.3	4.8	2.0	2.1	1.6
양송이	23~25	15~17	7.8	3.0	1.8	1.2	2.7

2) 퇴비 제조

(1) 기본 재료

여름양송이 퇴비를 만드는 주재료는 볏짚이며, 볏짚은 순황백색 상태의 것이 가장 좋은데, 신선도를 유지하면서 변질 없이 보관하는 것이 중요하다. 유기 및 무기태 질소원으로 닭똥을 이용하고 보조 첨가제는 요소, 석고 등 양송이 퇴비 제조 시 사용하는 재료와 동일하다.

(2) 퇴비 배지 제조

여름양송이 퇴비 제조를 위한 재료 배합은 양송이의 배합 비율을 기본으로 하여 약간 변형시켜 배합한다. 기본 배합비는 볏짚 100kg당 닭똥 15%, 요소 1.2%, 그리고 석고 3~5%를 첨가한다. 여름양송이는 양송이와 달리 전질소 수준이 약간 낮은 것이 유리하며, 높게 되면 오히려 수량이 감소하는 경향을 나타낸다.

또한, 고온기에 퇴비를 제조하기 때문에 석고의 첨가량도 양송이보다 많이 첨가하는 것이 퇴비의 물리성 개선에도 좋고 자실체 수량 증수에도 영향을 준다. 여름양송이 퇴비 제조는 퇴적 시 전질소 수준을 1.2%로 조절하고 입상 시 퇴비 수분이 70~72% 정도가 되도록 하는 것이 바람직하다(표 2-2).

표 2-2 전질소 수준별 여름양송이의 자실체 비교 (박정식, 1992)

전질소 수준(%)	자실체 수량(kg/3.3㎡)	
	양송이	여름양송이
1.2	29.4	61.8
1.5	20.1	41.2
1.8	28.8	32.8
2.0	29.8	28.8

3) 종균 재식 및 균사 생장

종균 재식의 준비 과정과 재식 방법은 양송이와 동일하게 실시하면 된다. 다만 종균 재식 후 퇴비 온도를 25~28℃로 유지하여야 하고 균사 생장 시 이산화탄소는 균사 생장을 촉진시키는 경향이 있으므로 종균 재식 후 피복을 잘하여 이산화탄소가 축적되도록 하여야 하며, 재배사 습도는 퇴비가 건조하지 않을 정도로 유지하여야 한다. 이 기간 동안에 환기를 특별히 실시할 필요는 없으나 퇴비 온도가 30℃ 이상 상승할 때는 환기를 하여 온도가 상승하는 것을 막아야 한다.

그리고 고온기인 여름철에 재배를 하기 때문에 종균 재식 시 퇴비 두께는 20cm 정도가 알맞으며, 퇴비량이 너무 많으면 재발열의 우려가 있고 온도 조절에 어려움이 많다. 종균 재식량은 약 2.3kg을 권장하고 있지만 이보다 종균량을 더 사용하는 것이 양호한 균사 활착과 잡균의 피해도 줄일 수 있다(표 2-3).

표 2-3 퇴비 두께와 종균 재식량이 수량에 미치는 영향 (박정식, 1992)

퇴비 두께 (cm)	종균 재식량(파운드/3.3㎡)			평균
	3	4	5	
15	20.2	20.9	24.5	21.9
20	36.1	30.8	43.9	36.9
25	11.3	23.9	25.0	20.1
평균	22.5	25.2	31.1	-

종균 재식 후 15~20일이 경과하면 복토를 할 수 있는데 여름양송이는 양송이보다 초기 균사 생장이 약하고 가늘게 보여 복토 시기를 늦추는 경우가 있으나, 복토 후 2~3주가 지나면 퇴비층 내에 균사가 하얗게 만연하므로 퇴비 내 균사가 육안으로 보아 다 자란 것 같으면 복토를 하는 것이 바람직하다.

4) 복토 균상 관리 및 수확

여름양송이의 수량은 표 2-4에서 보는 바와 같이 유기물 함량이 높은 토탄, 식양토 80% + 토탄 20%에서는 수량이 높은 반면, 유기물 함량이 낮은 식토, 식양토 그리고 사양토에서는 수량이 낮다. 따라서 여름양송이는 복토 재료의 양부(良否)에 따라 수량에 미치는 영향이 크게 나타나고 있다. 또한, 자실체 형성은 토탄구에서 촉진되었고 자실체 형성 기간이 다른 복토 재료보다 1~4일 단축되었다.

복토 재료의 적정 pH는 5.8 정도로, 이때 균사 생장이 가장 양호하였으며, pH 7 이상에서는 균사 생장이 저조하였다. 복토 시기는 종균 접종 후 온도, 습도 및 퇴비의 이화학적 성질에 따라 차이가 있으나 종균을 재식하고 14일 경과한 후에 복토할 때 높은 수량을 얻을 수 있었고, 퇴비 균사 생장 기간을 너무 오래 연장시키는 것보다는 종균 접종 후 즉시 복토하는 것이 좋았다(표 2-4).

표 2-4 복토 재료와 여름양송이 수량과의 관계 (박정식, 1992)

구분	복토 재료(%)				
	토탄 100	식양토 80+ 토탄 20	식양토 100	사양토 100	식토 100
수량(kg/3.3㎡)	38.2	42.4	17.0	14.1	6.4
개체중(g)	21.7	20.2	21.7	21.5	22.3
초발이 소요 일수(일)	36	38	39	40	43

복토 후 균상 온도는 25~28℃로 유지하고 재배사 습도는 90% 이상 유지되어야 하며, 특히 복토층 내 초기 균사 생장과 초발이 기간 중에 재배사 습도 유지에 각별히 유의해야 한다. 또한, 복토 내 균사가 빨리 자랄 수 있도록 재배사의 환기를 가급적 억제하는 것이 바람직하다. 복토 후 7일쯤 지나면 복토층에 균사가 나타나기 시작하는데, 자실체 발이 유기를 위하여 10~12일이 소요된다. 이때 퇴비의 온도는 23±2℃가 되도록 유지해야 하며, 버섯이 발이하기 시작하면서부터는 양송이의 복토 관리법에 준하여 실시한다.

첫 주기 때 균상 가장자리에서 먼저 버섯이 발생하는데, 이는 고온에서 퇴비 균사 생장 및 복토 후 부상이 되고 발이 온도도 이와 유사하기 때문에 퇴비 온도가 낮은 가장자리에서 먼저 버섯이 형성되는 것이다. 수확 기간 중에도 재배사 내 온도를 22±2℃로 유지하여야 정상적인 버섯이 형성되어 생장한다(그림 2-2). 수확 시기는 버섯이 완전히 성숙하면 주름살이 검게 변하여 품질이 급격히 손상되므로 수확 적기를 잘 결정해야 한다. 따라서 여름양송이는 갓이 개열

그림 2-2 **여름양송이의 자실체 형태**

되기 전 상태에서 수확하는 것이 생체 저장 및 보관 면에서 유리하다. 그리고 비교적 높은 재배 온도로 인해 균상에 병해충이 감염되면 빠른 속도로 번지기 때문에 수확 후 균상에 남아 있는 버섯 뿌리나 죽은 어린 버섯 등을 철저히 제거해야 한다.

7. 수확 후 관리 및 이용

여름양송이는 재배 과정도 중요하지만 수확 후 관리 과정이 매우 중요한 품목이다. 약 22℃의 온도에 있다가 수확 후 상온에 노출되면, 갓이 벌어지고 버섯이 갈색으로 변하는 갈변 현상이 진행되기 때문이다. 이러한 갈변 현상을 예방하기 위하여 예냉을 실시하며, 예냉은 1·2차로 나누어 진행한다. 1차 예냉은 33m^2(10평) 정도의 공간에서 1℃의 온도로 1시간가량 진행하며, 밀폐된 공간의 공기를 빨아들여 급속히 온도를 낮추는 차압 예냉 방식을 이용한다. 1차 예냉이 끝난 버섯은 0℃ 환경의 132m^2(40평)짜리 저온 저장고로 옮겨 출하 전까지 2~4시간 동안 2차 예냉을 실시한다.

예냉을 마친 버섯을 200g 소포장이나 2kg 단위로 포장하는데, 2kg 단위의 경우 골판지 상자 대신 스티로폼 상자를 이용하여 버섯의 습도를 유지하도록 한다. 포장이 끝난 버섯은 냉장 탑차를 이용해 대형 할인 매장 등으로 출하하며, 운송 중에도 3℃의 온도를 지속적으로 유지하도록 한다.

〈이찬중〉

참고 문헌

- 박정식. 1992. 고온성 여름양송이 재배 기술. 농촌진흥청 연구보고서.
- Chang, S. T. and Hayes, W. A. 1978. *The biology and cultivation of edible mushrooms*. pp. 95-101.
- Hughes, D. T. 1961. Chromosomes of the wild mushroom. *Nature*(London) 190: 285-286.
- Jiri, H. 1965. Cytological studies in the genus *Agaricus*. *Mushroom Sci.* 6: 80-83.
- Raper, C. A. 1976a. Sexuality and life cycle of the edible, wild *Agaricus bitorquis*. *J. Gen. Microbiol.* 95: 54-66.
- Raper, C. A. 1976b. The biology and breeding potential of *Agaricus bitorquis*. *Mushroom Sci.* 9 Part 1: 1-10.
- Raper, C. A. and Kaye, G. 1978. Sexual and other relationships in the genus *Agaricus*. *J. Gen. Microbiol.* 105: 135-151.
- Van Griensven, L. J. L. D. 1988. *The cultivation of mushrooms*. pp. 305-308. Darlington Mushroom Laboratories Ltd. France.

제 3 장

신령버섯(신령주름버섯)

1. 명칭 및 분류학적 위치

신령버섯 또는 신령주름버섯(*Agaricus blasiliensis* S. Wasser *et al.*)은 주름버섯목 주름버섯과 주름버섯속(*Agaricus*)에 속한다. 처음에는 *Agaricus blazei* Murrill ss. Heinem으로 불려지다가 학명이 변경되었다. 이는 「*International Journal of Medicinal Mushrooms*」의 편집위원장인 Solomon P. Wasser 그룹이 주장한 것이다(Wasser 등, 2002).

신령버섯의 분포 지역은 미국의 플로리다와 중남미의 중원 지대이고, 원산지는 브라질의 남서부 지역으로 알려져 있다. 브라질에서는 옛날부터 신령버섯을 '태양버섯(Cogumelo de sol)' 혹은 '신의 버섯(Cogumelo de Deus)' 이라 불렀다.

신령버섯의 분류학상 형태적 특징을 보면 일반 양송이류보다 대가 굵고 길며, 포자가 흑색으로 변하는 시기가 늦을 뿐만 아니라 향이 강하고 대의 육질은 감미가 있다. 갓 지름은 6~12cm이며, 초기 형태는 종형(鐘形)에서 반원형이 되며 후에 편평해진다. 갓 표면에는 갈색의 작은 인편이 있다. 갓 표면의 색은 발생 조건에 따라 달라지는데, 백색, 연갈색이나 갈색을 띤다. 대의 길이는 5~10cm, 굵기는 8~15mm로 기부는 굵고 상부는 가늘다. 대의 색은 백색이나, 손으로 만지거나 상처가 나면 황갈색으로 변한다. 포자는 타원형으로 크기는 5~6×3㎛이며, 암갈색을 띤다. 일본의 버섯 연구가인 이마세키(今關, 1987)는 일본산 *Agaricus*속의 종을 구분하는 2개의 특성으로 적변과 황변하는 종을 구분하며, 양송이는 적변하나 신령버섯, 즉 히메마츠다케(*A. blazei*)는 육질이 다소 황변하는 종으로 표현하고 있다.

2. 재배 내력

일본, 중국, 한국, 인도네시아 그리고 브라질을 포함한 여러 나라에서 신령버섯을 널리 재배하고 있는데, 특히 일본에서는 히메마츠다케로 불리며 1965년 이후 브라질에서 수입하고 있다. 일본의 한 버섯 회사에서 1978년에 양송이 재배법에 기초하여 처음 재배법을 개발한 후 널리 알려졌으며, 항암 효과 등 기능성이 풍부하고 아몬드향이 난다고 해서 서양에서는 수프로 먹거나 말려서 차로 마시는 등 다양한 요리 재료로 이용되고 있다. 또한, 타이완에서는 영지버섯 이후로 동충하초와 함께 가장 대중적인 약용 버섯으로 인정받고 있다.

우리나라에서는 1994년부터 농촌진흥청에서 균주 수집과 함께 재배 기술을 연구하여 1997년도에 대량 생산 기술을 확립하고, '신령버섯 1호'라는 명칭으로 선발 육성된 품종을 1998년부터 농가에 보급하였다. 이후 재배 면적이 증가하였지만 일본에의 수출이 줄어들면서 우리나라의 재배 면적은 급격히 감소하였다. 브라질에서도 유사한 경향을 보이고 있다. 현재 신령버섯은 일본으로의 수출이 감소하면서 국내의 일부 소비자층을 위한 소규모 농가에서 생산이 이루어지고 있다.

3. 영양 성분 및 건강 기능성

자실체의 일반 성분은 회분 5.46%, 조지방 0.79%, 조단백 31.48%로 다른 성분에 비하여 조단백질 함량이 매우 높으며, 생버섯의 수분 함량은 85~90%, 건조 제품의 수분 함량은 5.3% 내외이다. 무기 성분 함량은 가식부 100g당 칼슘 247.6mg, 마그네슘 700.7mg, 나트륨 139.6mg, 아연 1442.2mg이다.

신령버섯은 다른 식용 버섯과 같이 다양한 영양 가치를 지니고 있다고 볼 수 있다. 그러나 영양 가치보다는, 이 버섯의 분포지인 잉카 지역 주민들이 암 질환이나 각종 생활습관병 환자가 적으며, 장수하는 사람이 유난히 많다는 점에 주목한 일본 학자들에 의해 암과 관련한 기능성이 밝혀지면서 주목받게 되었다. 뿐만 아니라 많은 학자들에 의해 동물을 활용한 다양한 연구(송, 2000; 서, 2003)에서 항종양(최, 2004; Hong 2007: Lee 등, 2003; Lee 2009), 면역 증강(김 등, 2002), 항염(김 등, 2002), 콜레스테롤 저하 작용(오 등, 2004), 비만 억제(허, 2012), 고지혈증(오 등, 2004) 등 다양한 성인 질환의 개선과 미용 효과가 있는 것으로 밝혀지고 있다. 뿐만 아니라 미국의 펜실베이니아 주립대학 연구에서 제암 작용 등의 약효를 발표하였고, 레이건 전 미국 대통령이 복용함으로써 인지도가 더욱 높아졌다(윤, 1998). 현재 항암 작용과 더불어 면역 강화 식품으로 에이즈 치료에도 이용되고 있다. 일본에서도 내장 질환, 알레르기, 암

(Mizuno 등, 2001, 2005) 등에 여러 가지 약리 효과가 있다고 인정하고 있다.

4. 재배 기술

1) 생육 환경

균사의 생육적 특성을 보이는 생육 환경은 온도, 배지의 산도, 영양원의 종류 및 함량, 빛, 수분 함량 등을 들 수 있다.

(1) 온도

신령버섯의 균사 생장 가능 온도는 15~40℃이나 최적 온도는 25~30℃이다. 그러나 20℃ 이하 또는 35℃ 이상에서는 균사 생장이 불량하며, 45℃ 이상의 환경에서 오랜 시간 노출되면 사멸된다(박, 2000; 표 3-1).

표 3-1 온도에 따른 신령버섯의 균사 생장 (농촌진흥청, 1997) (단위: mm/12일)

온도(℃)	15	20	25	30	35
균사 생장	19.2	24.0	57.0	76.5	30.5

(2) 산도

신령버섯의 배지 산도는 pH 6~7에서 균사 생장이 양호하였으며, 강산이나 강알칼리성에서는 균사 생장이 저해되고 균사체의 양이 낮아진다(표 3-2).

표 3-2 pH에 따른 신령버섯의 균사 생장량 (농촌진흥청, 1996) (단위: mg/20일)

pH	4	5	6	7	8	9
균사체의 양	237.7	247.0	258.3	269.3	252.0	226.0

(3) 영양원

버섯최소배지(mushroom minimal media)를 기본 배지로 한 영양원 시험에 따르면 균사 생장은 탄소원으로는 다당류인 덱스트린이 가장 좋았고, 그 다음이 녹말, 만노오스(mannose)의 순이었다. 그리고 질소원은 아미노산의 일종인 트레오닌(threonine)이 가장 좋았다.

(4) 빛[光]

느타리나 표고는 자실체 형성 시 광이 필요하지만 균사 생장 시에는 억제해야 하는 등 버섯의 종류 및 생육 단계에 따라 빛의 요구도가 다른 것으로 알려져 있다. 신령버섯은 빛에 의해 균사 생장이 촉진되는 특징을 가지고 있다(표 3-3).

표 3-3 신령버섯의 균사 배양 시 빛 조사 효과

배양 조건	균총 지름(㎜)	생장률(%)	균사 밀도
암 상태	37.0	59.7	+++
명 상태	62.0	100	++++

※ 균사 밀도 - +++: 높음, ++++: 매우 높음

(5) 수분 함량

신령버섯은 양송이와 같이 퇴비를 이용하여 재배되므로 퇴비 배지 내의 수분 함량이 균사 생장 및 자실체 수량 결정에 매우 중요한 역할을 한다. 퇴비 배지의 수분 함량은 69.9%의 배지에서 균사 생장이 가장 양호하였으며, 배지의 수분 함량이 최적 수분 함량보다 낮거나 높으면 균사 생장이 저해되는 것으로 나타났다. 따라서 재배 시에는 퇴비의 수분 함량을 일정하게 유지하는 것이 매우 중요하다(표 3-4).

표 3-4 배지의 수분 함량과 균사 생장 비교

수분 함량(%)	균사 생장률(%)	균사 밀도
57.5	53.0	+++
67.9	100.0	++++
74.1	87.0	++++
87.8	32.0	++

※ 균사 밀도 - ++: 보통, +++: 높음, ++++: 매우 높음

2) 퇴비 배지의 제조

(1) 기본 배지

신령버섯은 볏짚, 밀짚, 사탕수수박 등 화본과 작물을 주재료로 하고, 폐면(廢綿), 칡(김, 2002) 등을 사용할 수 있으나 우리나라에서는 구하기 쉬운 볏짚을 주로 사용하고 있다. 그러나 축산 농가에서 볏짚을 조사료(粗飼料)로 사용하면서 가격이 상승하여 외국에서 수입한 밀짚, 사탕수수박, 폐면 등의 사용량 및 빈도가 높아지고 있다.

(2) 첨가 재료

❶ 무기태 급원

퇴비 제조 시, 무기태 급원은 요소, 황산암모늄, 석회질소 등이 사용되고 있으나 국내에서는 요소를 권장하고 있다. 황산암모늄은 퇴비 제조 과정 중에 퇴비 내 암모니아 가스가 많이 집적되어 종균 재식 후 균사 생장에 나쁜 영향을 미치는 경우가 많다. 부득이 황산암모늄을 사용할 때에는 탄산칼슘을 병용해야 한다.

❷ 유기태 급원

신령버섯의 유기태 급원으로는 닭똥, 쌀겨, 밀기울, 장유박, 면실박 등 농산 부산물을 사용할 수 있다. 주재료는 닭똥이며 그 밖에 쌀겨, 면실박, 밀기울 등의 사용량 및 빈도가 높아지고 있다.

❸ 보조 재료

퇴비의 과습으로 인한 결착에 의해 퇴비의 질이 낮아지는 피해를 개선하기 위하여 물리성 개선제인 석고가 사용된다. 석고의 사용량은 퇴비의 품질 상태에 따라 1~3%를 권장한다. 즉, 수분 함량이 높아 결착이 심한 경우에는 3% 이상을, 수분 함량이 낮은 경우에는 1% 정도를 사용한다.

(3) 퇴비 제조

신령버섯은 고온성 버섯으로 6~9월에 수확할 수 있도록 퇴적 기간을 역산하여 퇴비 배지를 제조하는 것이 좋다. 버섯 생장 적온보다 낮은 그 밖의 시기에는 기형 버섯의 발생이 심하여 재배를 피하는 것이 좋다. 퇴비 퇴적 시 전질소 수준은 1.8%로 조절한다. 야외 퇴적 기간은 기상 조건에 따라 차이가 있으나 일반적으로 15~20일 내외가 적당한데, 이 기간은 퇴비의 발효 상태에 따라 다르므로 야외 퇴적 기간의 적산 온도가 900~1000℃일 때 마치는 것이 바람직하다. 입상 시 퇴비의 수분은 72~75%가 되도록 조절해야 한다. 기타 사항은 양송이 가을 재배의 퇴비 제조법에 준하여 실시하면 된다.

❶ 재료 혼합

신령버섯의 균사 생장과 자실체 형성에는 다른 버섯과 같이 탄소, 질소, 무기 원소 및 비타민류 등의 영양원이 필요하고, 퇴비 재료의 배합 시에는 신령버섯이 필요로 하는 양분이 균형 있게 함유되어야 하며, 발효 미생물의 활동에 필요한 영양분도 있어야 한다. 볏짚을 주재료로 한 신령버섯의 기본 배합은 양송이의 경우에 준하나 전질소의 수준이 2.0%로 조금 높은 것이 수량성에 더 좋다. 퇴비의 알맞은 C/N율(탄수화물/질소의 비율)은 퇴적 시 25~30 내외, 종균 접종 시 17~20 정도이다. 신령버섯의 퇴비 배지를 제조하기 위한 재료 배합은 양송이 배지 제조의 경우를 기준으로 하여 필요에 따라 약간 변형시켜 사용한다. 기본 배합 예는 볏짚 100㎏당 닭똥 10~15%, 쌀겨 또는 밀기울 5%, 요소 1.2~2.0% 그리고 석고 1~3%가 알맞다(표 3-5). 그러나 단위 면적당 생산성을 향상시키거나 기본 재료의 질소 함량이 볏짚에 비하여 떨어지는 경우에는 질소원의 첨가량을 증가시키는 것이 좋다(표 3-6).

표 3-5 신령버섯 퇴비 재료의 기본 배합 예 (농촌진흥청, 1996)

볏짚(kg)	닭똥(%)	쌀겨(%)	요소(%)	석고(%)
100	10~15	5	1.2~2.0	1~3

표 3-6 퇴적 기간과 전질소 수준별 수량 및 개체중 비교 (농촌진흥청, 1996) (단위: kg/3.3m²)

퇴적 기간(일)	전질소 수준(%)					
	1.0		1.5		2.0	
	수량	개체중	수량	개체중	수량	개체중
15	12.3	40.9	16.5	32.5	23.7	34.9
20	22.1	36.3	9.9	32.9	12.9	35.6
25	12.9	32.1	18.1	30.3	22.5	42.1

❷ 가퇴적 및 본퇴적

가퇴적은 야외 퇴적 단계의 하나로, 주재료인 볏짚을 부드럽게 하고 발효 미생물의 생장에 필요한 수분을 공급하기 위한 작업이다. 좋은 퇴비를 만들 수 있는 첫째 요건은 주재료에 균일하게 수분을 조절하는 것이다. 최소한 전체 수분 공급량의 70% 이상은 가퇴적 시에 주고 나머지는 본퇴적 때에 공급한다.

일반적으로 가퇴적을 한 다음 2~3일이 경과하면 본퇴적을 실시한다. 본퇴적 시에는 건조한 부분에 물을 충분히 뿌리고, 닭똥, 쌀겨 등 유·무기태 질소원 전량을 볏짚과 골고루 혼합하여 사용한다. 그러나 요소는 본퇴적 시 사용량의 1/3만을 사용하며, 나머지는 1회 및 2회 뒤집기 때에 1/3씩 나누어 사용한다.

그림 3-1 **퇴비의 가퇴적**(좌)**과 본퇴적**(우)

❸ 뒤집기

뒤집기는 퇴비 재료를 잘 혼합시키고, 배지 내에 산소 공급을 원활히 하며, 발효 열과 수분의 분포를 조절하여 퇴비 상태를 균일하게 하기 위한 과정이다. 야외 퇴적 중 뒤집기 작업의 횟수는 퇴비 상태에 따라 다르나 일반적으로 5~6회인데, 뒤집기는 퇴비 온도가 60℃ 내외일 때에 실시한다. 뒤집기할 때 수분은 부족한 부분에만 약간씩 뿌려서 수분 함량이 72~75%가 되도록 한다. 수분 조절은 1차 뒤집기 때에 완전히 조절한다.

야외 퇴적 기간은 기상 조건과 재료의 배합에 따라 달라지나 일반적으로 20~25일이다. 그러나 이것도 퇴비의 발효 상태에 따라 변화가 가능하며, 야외 퇴적 기간은 적산 온도가 900~1000℃일 때에 종료하는 것이 좋다.

현재 뒤집기는 포클레인을 활용하고 있어 고른 혼합이 어려운 실정이어서 작업자가 퇴비 재료가 고르게 혼합될 수 있도록 유의하여야 한다.

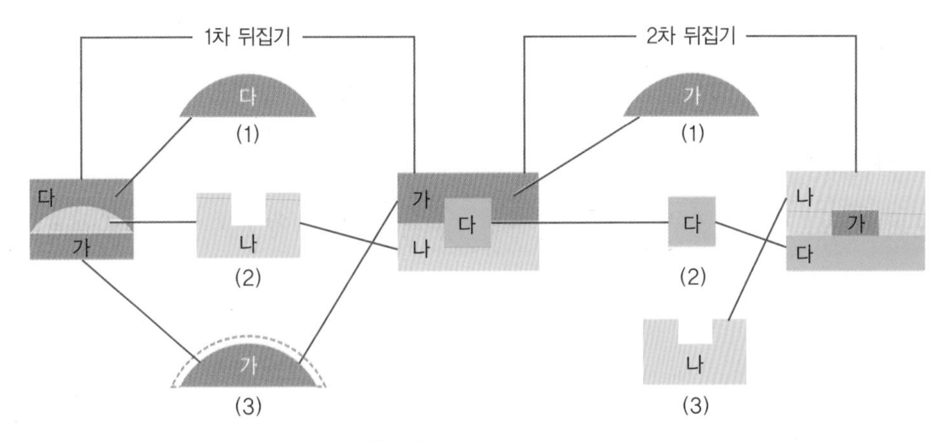

그림 3-2 퇴비 뒤집기 순서

❹ 입상, 살균(정열) 및 후발효

살균과 후발효를 실시하기 위하여 퇴비를 재배사 내의 균상에 넣는 과정을 입상이라 한다. 입상 퇴비의 수분 함량은 72~75%, pH는 7.5~8.0 정도가 알맞다. 입상량은 주원료인 건조 볏짚 기준으로 125kg/3.3㎡이나 150kg 이상을 권장하고 있으며, 단별 입상량은 1단을 많게 하고, 상단으로 올라갈수록 퇴비량을 줄이는 것이 바람직하다.

입상이 끝나면 출입문과 환기구를 밀폐하고 재배사를 가온하여 퇴비 온도를 60℃로 높인 상태에서 6시간 동안 유지하여 퇴비 배지 및 재배사 내의 병원성 미생물과 해충을 사멸시키는 과정을 거치는데, 이를 정열(頂熱)이라 한다. 정열이 끝난 후에 실시하는 후발효는 퇴비가 신령버섯균의 생장을 촉진하고, 병원균과 해충을 예방할 수 있는 우수 퇴비를 만드는 과정으로 고온성 미생물의 밀도를 높이는 과정이다.

후발효 기간 중에는 환기를 수시로 하여 퇴비에서 생성되는 암모니아 가스를 휘산시키고, 퇴비 중에 산소를 공급하여 호기성 발효가 되도록 한다. 이때 배지의 수분 함량은 68% 정도가 알맞고, 이 범위를 벗어나지 않도록 유지하는 것이 매우 중요하다. 그리고 퇴비 배지의 암모니아 농도는 300ppm 이하여야 한다.

3) 종균 재식 및 균사 생장

(1) 종균 재식

우리나라에서는 신령버섯 및 양송이에 사용되는 종균은 배지 재료로 통밀을 사용하여 제조된 곡립 종균을 사용한다.

종균 접종하는 방법은 혼합 접종, 표면 접종, 층별 접종으로 구분할 수 있으나 우리나라 대부분의 농가에서는 퇴비층을 3단계로 구분하여 종균을 접종하는 층별 접종 방법을 사용한다. 혼합 접종은 기계 접종을 하는 경우에 주로 사용하며, 표면 접종은 퇴비 배지량이 적은 경우 표면에만 종균을 접종하는 경우에 주로 사용된다.

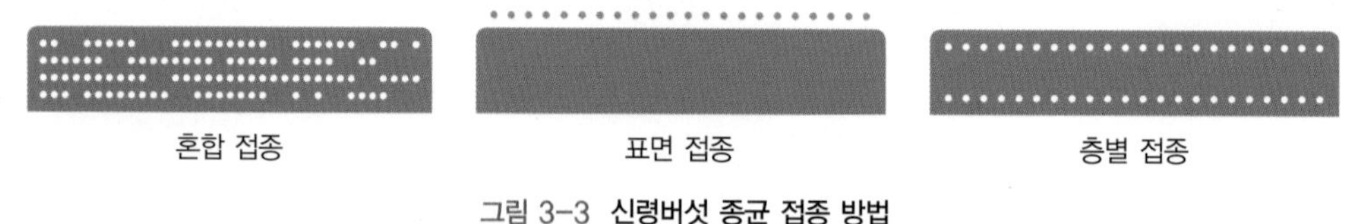

그림 3-3 **신령버섯 종균 접종 방법**

종균 재식의 준비 과정과 재식 방법은 양송이와 동일하게 실시한다. 종균 재식량은 퇴비의 양과 퇴비 상태에 따라 다르나, 일반적으로 권장되고 있는 양은 3~4kg/3.3㎡ 내외이다.

(2) 균사 생장

종균 재식 후에는 퇴비 온도를 25±2℃로 유지해야 한다. 특히 종균 재식 후 6~7일이 경과하면서부터 퇴비 내 균사 활착열이 발생하므로 이 시기부터 퇴비 내 온도를 철저히 조사해야 하며, 온도가 상승하기 시작하면 실내 온도를 낮게 유지하여 균사 생장 적온을 유지해야 한다. 한편 재배사 습도는 90% 내외를 유지한다.

이와 같이 온습도 관리를 하면 종균 접종 후 15~20일 내외의 기간에 퇴비 내에 균사가 완전히 자라게 된다. 균사 생장 기간 동안에 괴균병 및 버섯파리 등과 같은 병해충이 발생할 수 있으므로 주의 깊게 관찰하도록 한다.

(3) 복토

퇴비 내에 균사가 다 자라면 그 위에 복토를 해야 하는데, 복토 조제 및 산도 교정은 양송이의 복토에 준하여 실시한다. 신령버섯의 복토 방법은 크게 이랑형과 평편형이 있으며, 주로 균상 표면을 편평하게 고른 다음 이랑형으로 하는 것을 권장하고 있으나 작업의 편리상 농가에서는 주로 평편형을 사용하고 있다. 이랑형은 고랑 깊이를 2.5cm, 두둑 높이를 4~5cm가 되도록 한 다음 균상 표면에 신문지 등을 피복한다.

복토 후에는 균사가 복토층으로 빨리 생장하도록 관리해야 한다. 복토층으로 균사가 올라오기까지는 퇴비의 균사 생장 시와 같은 온도인 25±2℃로 유지하고, 복토층이 건조되지 않도록 피복한 신문지 위에 수시로 관수하면서 실내 습도를 90% 이상 유지해야 한다. 그러나 피복된 신문지 위에 물이 고이지 않도록 유의하여야 한다. 복토 후 균사가 생장하기까지는 약 7~10일이 소요된다.

이랑형

평편형

그림 3-4 신령버섯의 복토 방법

4) 버섯 발생 및 수확

(1) 버섯 발생

최초 버섯 발생을 유도하기에 알맞은 복토층의 균사량은 복토 재료에 따라 차이가 있으나, 일반적으로 80~90%의 균사가 복토 표면에 출현하였을 때 재배사의 환경 조건을 변환시켜 버섯 발생을 유도한다. 신령버섯은 양송이와 달리 자실체를 발생시키기 위해 재배사의 온도를 균사 생장 시와 동일하게 25±2℃로 유지하면서 복토 표면 위에 관수를 함과 동시에 재배사를 환기한다. 첫 관수 후 13~15일이 지나면 버섯이 발생하기 시작한다. 버섯의 생육 기간 중에는 재배사의 온도를 22~28℃로 유지하며, 습도를 90% 이상 되도록 관리하여야 고품질 버섯을 수확할 수 있다.

그림 3-5 신령버섯 자실체

(2) 균상 관리

버섯이 생육하는 동안 복토층이 건조되지 않도록 1일 1~2회 관수를 실시하는데, 버섯이 어릴 때는 관수량을 적게 하고 버섯이 커짐에 따라 관수량을 늘린다. 관수 후에는 반드시 버섯 표면에 묻어 있는 물이 증발되도록 재배사를 환기하여 세균에 의한 병해 및 기형 버섯(전, 2009)의 발생을 예방하는 것이 중요하다. 신령버섯은 복토 표면의 수분이 지나치게 많으면 버섯 발생이 불량하고 품질이 나빠진다.

5. 수확 후 관리 및 이용

수확은 버섯이 완전히 성숙하여 갓이 개열되기 전에 해야 상품성이 좋다. 건조 방법은 일광 건조(陽乾)나 열풍 건조(火乾)가 있는데, 전자는 외기 조건에 따라 건조 상태의 차이로 품질 변화가 발생하므로 품질 변화가 발생하지 않는 열풍 건조를 권장하고 있다. 열풍 건조 시에는 건조기의 초기 온도를 40~50℃로 하여 1~2시간 유지한 후 약 1시간에 1~2℃씩 점진적으로 올리면서 건조시킨다. 그리고 버섯이 완전히 건조된 후 60℃에서 약 2시간 동안 최종 건조 후 포장한다.

생버섯은 요리를 하는 식재료로 사용되기도 하지만 간편하게 건강식으로 섭취하는 경우도 있는데, 이때는 야쿠르트 등과 혼합하여 믹서기로 갈아 함께 복용하기도 한다. 그러나 생버섯은 저장성이 약하기 때문에 저장성이 높은 건조 버섯으로 주로 유통, 이용된다. 건조한 버섯은 건조 자실체, 분말, 과립 등으로 제조하여 차로 이용하며, 그 밖에는 음료, 캡슐, 환 등의 형태로 가공되어 유통된다.

그림 3-6 **신령버섯 차와 환**

〈전창성〉

참고 문헌

- 김주남, 서정식, 박동철. 2002. 칡 혼합 발효 배지로 생산된 신령버섯의 면역 기능성 비교 분석에 관한 연구. 한국식품저장유통학회지 9(1): 114–119.
- 박정식. 2000. 신령버섯의 생리와 자실체 생산. 한국버섯학회 학술지 pp. 212–221.
- 서부일. 2003. 신령버섯(아가리쿠스버섯, 영담)의 최신 연구 동향에 관한 고찰. 한약응용학회. 3(1): 83–89.
- 송호철, 김동희, 김성훈. 2000. 아가리쿠스버섯(*Agaricus blazei* Murill)의 효능 및 연구 동향에 대한 고찰. 대전대학교 한의학연구소 논문집 9(1): 193–200.
- 오세원, 이충언, 고진복. 2004. 신령버섯이 고지방 식이를 급여한 흰쥐의 지질 대사에 미치는 영향. 한국식품영양과학회. 33(5): 821–826.
- 윤실. 1998. 버섯을 먹으면 암이 낫는다. 전파과학사. pp. 58, 59.
- 전창성, 윤형식, 박윤정, 원항연, 유영복, 이찬중, 정종천, 공원식. 2009. 신령버섯(*Agaricus brazilensis*) 기형 증상의 발생 원인 및 조직 내 갈변에 관한 연구 7(4): 168–172.
- 최우영, 박철, 이재윤, 김기영, 박영민, 정영기, 이원호, 최영현. 2004. A 549 인체 폐암 세포의 증식에 미치는 신령버섯 추출물의 영향에 관한 연구. 한국식품영양과학회. 33(8): 1237–1245.
- 허남정. 2012. 버섯의 약리 성분이 성인병에 미치는 영향. 영남대학교 교육대학원.
- 今關六也. 1987. 原色 日本新菌類圖鑑(Ⅰ). pp. 148–149.
- Hong J. H., Kim S. J., Ravindra P., Youn K. S. 2007. Antitumor Activities of Spray-dried Powders with Different Molecular Masses Fractionated from the Crude Protein-bound Polysaccharide Extract of *Agaricus blazei* Murill. *Food Science and Biotechnology* 16(4): 600–604.
- Lee I. P. 2009. Multi-Potential Cancer Preventive Efficacy and the Current Safety Status of *Agaricus blazei* Murill Products. *Japanese Journal of Complementary and Alternative Medicine*

6(2): 75-87.
- Lee Y. L., Kim, H. J., Lee, M. S., Kim, J. M., Han, J. S., Hong, E. K., Kwon, M. S., Lee, M. J. 2003. Oral Administration of *Agaricus blazei* (H1 Strain) Inhibited Tumor Growth in a Sarcoma 180 Inoculation Model. *Experimental Animals* 52(5): 371-375.
- Mizuno, M., Minato, K., Kawakami, S., Tatsuoka, S., Denpo, Y., Tsuchida, H. 2001. Contents of Anti-Tumor Polysaccharides in Certain Mushrooms and Their Immunomodulating Activities. *Food Science and Technology Research* 7(1): 31-34.
- Mizuno, M., Morimoto, M., Minato, K., Tatsuoka, H. 2005. Polysaccharides from *Agaricus blazei* Stimulate Lymphocyte T-Cell Subsets in Mice. *Bioscience, Biotechnology, and Biochemistry* 62(3): 434-437.
- Wasser S. P., Didukh M. Ya., de A. Amazonas M. A. L., Nevo E., Stamets P., and da Eira A. F. 2002. Is a widely cultivated culinary-medicinal Royal Sun *Agaricus*(the Himematsutake mushroom) indeed *Agaricus blazei* Murrill? *Int. J. Med. Mushroom* 4: 267-290.

제 4 장

느타리

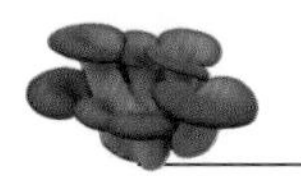

느타리과나 느타리속에 속하는 버섯류는 지구 전반에 흩어져 자생한다. 이들은 나무 기생 버섯으로 많은 활엽수가 기주이다. 우리나라에서는 포플러, 은사시나무, 플라타너스 등에서 기생한다. 느타리버섯류는 종에 따라 특정한 기후대에만 자생하는 버섯이 있다(표 4-1). 특히 열대나 아열대에서만 자생하는 종류에는 분홍느타리종, 전복느타리종, 여름느타리종 등이다. 또한, 온대 지방에서만 자생하는 버섯인데도 한국이나 일본 등의 동남아시아에서는 자생하지 않고 유럽에서 자생하는 큰느타리종이 있다.

표 4-1 느타리속 주요 종의 대륙 간 분포 (수정 Zervakis & Balis, 1996)

	유럽	아시아	북아메리카	남아메리카	아프리카	오세아니아
P. ostreatus	○	○	○	○	○	○
P. pulmonarius	○	○	○	-	-	○
P. populinus	○	-	○	-	-	-
P. cornucopiae	○	○	-	-	-	-
P. djamor	-	○	○	○	○	○
P. eryngii	○	○	-	-	○	-
P. cystidious	○	○	○	-	○	-
P. dryinus	○	○	○	-	○	○
P. calyptratus	○	○	-	-	-	-
P. purpureo-olivaceus	-	-	-	-	-	○
P. tuberregium	-	○	-	-	○	○

느타리과, 느타리속의 대표종은 느타리종(*Pleurotus ostreatus* (Jacq.: Fr.) P. Kummer)이다. 느타리는 사계절이 있는 세계의 거의 모든 지역에서 자생하며 인공 재배되어 식용하고 있는 주요 재배종이다. 다른 재배종 버섯에 비해 재배 기후대가 넓고 배지의 기질 이용도가 넓어 많은 지역의 민족들이 이용하고 있다. 따라서 점차 재배 면적이 증가하여 현재 양송이 다음으로 생산 소비량이 많으며 생산 소비 국가 수나 민족 수에 있어서는 가장 많은 버섯이다.

느타리버섯류(느타리속)는 담자기에 4개의 포자를 형성하여 4극성을 나타내며, 꺽쇠연결체(clamp connections)를 가지며, 일부의 극소수 종을 제외하고 대부분의 종이 1균사형(monomitic hyphal system)을 나타낸다. 느타리속은 전 세계적으로 분포되어 있어서 점차 새로운 종이 발견되고 있다(표 4-2).

표 4-2 느타리속의 종간 불화합성 그룹과 분류학상 동일종 또는 아종 (수정 Zervakis & Balis, 1996)

종	동일종 또는 아종	불화합성 그룹
P. ostreatus	*P. columbinus, P. florida, P. salignus, P. spodoleucus*	Ⅰ
P. pulmonarius	*P. sajor-caju, P. sapidus*	Ⅱ
P. populinus		Ⅲ
P. cornucopiae	*P. citrinopileatus*	Ⅳ
P. djamor	*P. flabellatus, P. ostreatoroseus, P. salmoneostramineus, P. euosmus*	Ⅴ
P. eryngii	*P. ferulae, P. nebrodensis, P. hadamardii, P. fossulatus*	Ⅵ
P. cystidious	*P. abalonus*	Ⅶ
P. calyptratus		Ⅷ
P. dryinus		Ⅸ
P. purpureo-olivaceus		Ⅹ
P. tuberregium		Ⅸ

1. 명칭 및 분류학적 위치

느타리버섯류의 분류 체계는 학자에 따라 다소 다르게 분류하였다. Singer(1986)는 느타리과를 Lepiotarii, Calyptrati, Pleurotus, Coremiopleurotus, Lentodiellum, Tuberregium의 6개 섹션으로 나누었다.

Imazeki & Hongo(1989)는 느타리과를 담자균문 주름버섯목으로 분류하고, 귀느타리속(*Phyllotopsis* (Gilb. & Donk in Pilat) Sing.), 느타리속(*Pleurotus* (Fr.) Quel.), 참버섯속(*Panus* Fr. em. Sing.), 잣버섯속(*Lentinus* Fr. em. Sing.), 치마버섯속(*Schizophyllum* Fr. : Fr.), 털느타리속(*Lentinellus* Karst.)의 6속으로 구분하였다.

Henderson *et al.*(1989)은 느타리과를 *Faeberia*속(Geopetalum), 귀느타리속 (*Phyllotopsis*), 느타리속(*Pleurotus*), 잣버섯속(*Lentinus*)으로 구분하였으며, 느타리속은 2개의 섹션으로 나누어, 섹션 Ⅰ은 *Lepiotarii* (Fr.) Pilat, 섹션 Ⅱ는 *Pleurotus*로 구분하였다.

이 버섯은 분류학적으로 담자균문(Basidiomycota) 주름버섯목(Agaricales) 느타리과(Pleurotaceae) 느타리속(*Pleurotus*)에 속한다.

이 속의 동의어로는 많은 속명이 사용되었는데, 나열하면 다음과 같다.

- *Agaricus* trib. *Pleurotus* Fr. (1821)
- *Crepidopus* Nees ex S. F. Gray (1821)
- *Cyclopleurotus* Van Hasselt (1824)
- *Pleurotus* Kummer (1871)
- *Pleurotus* Quel. (1886)
- *Dendrosarcus* Paulet ex Kunze (1889)
- *Omphalotus* Fayod (1889)
- *Antromycopsis* Pat. & Trabut (1897)
- *Lentodiopsis* Bubak (1904)
- *Lentodiellum* Murr. (1915)
- *Nothopanus* Sing. (1944)
- *Lampteromyces* Sing. (1947)
- *Pleurocybella* Sing. (1947)

그런데 최근 유일한 국제버섯학회지인 「*International Journal of Medicinal Mushrooms*」에서 모든 버섯의 학명을 완전하게 정하여 표기, 사용하고 있는데, 느타리속을 *Pleurotus* (Fr.) P. Karst.로 표기하고 있다. 느타리속에는 많은 종이 있고 학명이 계속 변화하여 동의어가 많이 사용되는데, 그 사항과 이들 종의 특성을 정리하면 표 4-3과 같다.

표 4-3 느타리속의 종별 특성

번호	학명	한국명	자실체 갓 색깔	특성
1	*Pleurotus citrinopileatus*	노랑느타리	노란색-밝은 노란색	1균사형
2	*P. columbinus* = *P. ostreatus var. columbinus*		짙은 회색-갈색	1균사형
3	*P. cornucopiae*	연노랑느타리	노란색-옅은 노란색	1균사형
4	*P. cystidiosus* = *P. abalonus*	전복느타리	짙은 회색	
5	*P. djamor* = *P. salmoneostramineus*	분홍느타리	분홍색	2균사형?
6	*P. dryinus* = *P. corticatus* = *P. spongiosus*		베이지 갈색-갈색	
7	*P. eryngii*	큰느타리 (새송이)	짙은 회색- 옅은 베이지	1균사형
8	*P. florida*	사철느타리	황백색	
9	*P. floridanus*		회색	
10	*P. ferulae*	아위느타리	연한 황백색-흰색	
11	*P. lignatilis*	은색느타리		
12	*P. nebrodensis*	백령느타리	연한 황백색-흰색	
13	*P. ostreatus*	느타리	짙은 회색-회색-갈색	1균사형
14	*P. populinus*		황백색-아주 옅은 노란색	
15	*P. pulmonarius*	산느타리	옅은 갈색-오렌지 갈색	1균사형
16	*P. sajor-caju*	여름느타리	옅은 갈색-갈색	
17	*P. sapidus*	맛느타리		
18	*P. serotinus* = *Panellus serotinus*	참부채버섯		
19	*P. spodoleucus*	참느타리 (느타리아재비)		
20	*P. tuberegium* = *Lentinus tuberegium*			

2. 주요 느타리속 재배종의 특성

느타리속 버섯의 생육 단계별 조건은 종에 따라 다소 차이는 있으나 근본적인 원리는 유사하다. 단지 원기 형성 온도와 생육 온도는 다소 차이가 있으며, 종 간의 뚜렷한 특성과 그 한계를 벗어나기는 어렵다. 느타리류에는 느타리종이 주요 종으로 가장 많은 품종을 차지하는데, 사철느타리종, 여름느타리종, 큰느타리종, 전복느타리종, 노랑느타리종, 분홍느타리종, 아위느타리종 등이 있으며 종 간의 특성이 뚜렷하다. 느타리류는 종에 따라 생육 조건이 크게 차이가 나는데, 생육 단계별 요구 온도 및 특성에 관한 것은 표 4-4와 같다.

표 4-4 느타리속 주요 재배종의 생육 단계별 요구 온도(℃) 및 특성

생육 단계 \ 버섯명	느타리	사철느타리	여름느타리	큰느타리	노랑느타리	분홍느타리
균사 배양	25	25~30	25~30	25	25~30	25~30
원기 형성	10~16	10~25	10~25	10~15	18~25	20~25
자실체 생육	10~18	15~25	18~25	13~18	19~25	20~25
원기 형성 시 저온 처리 요구도	필요	불필요	불필요	필요	불필요	불필요
이산화탄소 농도 (ppm)	〈1,500	800~1,500	400~1,500	〈1,500	〈1,500	〈1,500

1) 느타리

느타리(*P. ostreatus* (Jacq.: Fr.) P. Kummer)는 전 세계 모든 대륙에 자생하는 종으로 느타리속에서는 가장 많이 재배되고 있는 종이며, 우리나라에서는 주로 가을~초겨울에 활엽수에서 자실체를 볼 수 있다. 느타리속의 기본 종이기 때문에 일반적으로 느타리속 전체를 넓은 의미에서 느타리라 부르기도 한다. 느타리를 영어로 'Oyster mushroom'이라 하는데, 이는 느타리속을 가리키는 말이다.

재배상에 있어서 다른 종과 다른 점은 원기 형성 및 자실체 생육에 저온 처리가 요구된다. 또한, 생육 온도가 10~21℃ 정도로 낮은 편에 속한다. 우리나라에서도 가장 많이 재배되어 현재까지 많은 품종이 보급되었다.

2) 사철느타리

사철느타리(*P. florida* Eger (nom.nud))는 느타리종과 같이 거의 전 세계에 분포하여 온대,

아열대, 열대에서 자생하는데 한국에서는 발견된 적이 없다. 사철느타리는 느타리의 아종으로 간주되지만 화합성인 그룹과 불화합성인 그룹의 두 그룹으로 나누어진다. 일부 분류학자는 느타리에 속하는 동종으로 취급하기도 하지만 최근에 다른 종으로 나누는 경향이다. 느타리종과 불화합성인 이들 그룹은 산느타리(*P. pulmonarius*)와 화합성으로 알려져 있다. 온대에서 아열대까지 분포하는 종으로, 자실체는 황백색이고 자실체 형성 및 생육 시 느타리에 비해 고온에 강하며 자실체 형성에 저온 처리가 필요하지 않다. 느타리속 중에서 가장 자실체 생산량이 많은 종이다. 여기서의 사철느타리는 *P. floridanus* Singer와는 전혀 다르다.

3) 큰느타리

큰느타리(*P. eryngii* (DC.: Fr.) Quel.)는 유럽에 가장 많이 자생하며 아시아, 아프리카에도 분포하는 것으로 알려져 있으나 한국에서는 야생종이 발견되지 않았다. 이 종은 아종이나 유사종을 많이 가지며, 최근 중국에서 도입되어 일부 재배되는 일명 아위버섯으로 불리는 *P. ferulae*도 속한다. 큰느타리종은 최근에 새송이라는 상품명으로 판매되며 점점 재배 면적이 증가 추세에 있다. 느타리종과는 맛이 다소 달라 소비자에게 인기가 있다. 그러나 느타리보다 병충해에 약하고 재배 환경에 민감하여 더욱 정밀한 재배 조건이 필요하다. 이 종도 느타리종과 마찬가지로 원기 형성 및 자실체 생육에 저온 처리가 필요하며 생육 온도는 15~21℃ 정도가 적당하다. 느타리종과 다른 점은 균사 생장이 느려 톱밥 병재배만이 가능하고 균상 재배는 어렵다는 점이다. 상품명인 새송이로 더 많이 알려져 있다.

4) 산느타리 및 여름느타리

산느타리(*P. pulmonarius* (Fr.) Quel.)는 한국에서 자생한다. 이 종은 여름느타리와도 교잡이 되며 형태적으로 비슷하여 구분하기가 쉽지 않다. 우리나라에서는 최근에 강원도 농업기술원에서 품종을 보급하여 농가에서 재배되고 있다.

하지만 여름느타리는 농촌진흥청에서 1985년에 일찍이 보급하기 시작하여 3개의 품종을 보급, 현재까지도 일부 농가에서 재배되고 있다. 여름느타리(*P. sajor-caju* (Fr.) Singer)는 세계적으로 인도에 많이 자생하고 주로 아열대, 열대에 분포하며 한국에는 자생하지 않는 버섯이다. *P. sapidus*와도 교배가 되어 유사하나 다소 특성이 다른 것으로 알려져 있다. 우리나라에서는 주로 여름철을 기준으로 늦봄, 이른 가을까지 재배할 수 있는 종이다. 자실체가 느타리나 큰느타리에 비해 산생이고 작기 때문에 수확 노동력이 많이 소요되고 저장력이 약해 시장성이 떨어진다. 그러나 온도를 조절하지 않는 상태에서 우리나라 여름철에 유일하게 재배가 가능한 종이다.

5) 전복느타리

전복느타리(*P. cystidiosus* O. K. Mill. = *P. abalonus* Y. H. Han, K. M. Chen & S. Cheng)는 열대, 아열대에 분포하며 한국에는 자생하지 않는다. 아열대에서 많이 재배되는 것으로 우리나라에서도 일부 재배되기도 하지만 수량성이 높지 않은 편이다. 느타리속의 다른 종과 다른 점은 균사체에서 많은 분생자를 형성한다는 점이다. 이들은 무성 세대의 무성포자로서 시험관이나 샬레에 균사체를 배양한 후 빛을 조사하면 검은색 분생자 자루다발에 많은 분생자가 형성된다. 포자 형태는 유성 세대의 유성포자와 유사한 긴 타원형 모양을 가진다. 이 검은색 물질은 다소 오염된 것 같이 보이나 분생자 형성 시에 나타나는 물질이므로 형성되더라도 아무런 문제가 없다. 균사 생장이 느리기 때문에 균상 재배는 어렵고 병재배만 가능하다.

6) 노랑느타리

노랑느타리에는 3가지 종이 있는데 주로 유럽에 자생하는 *P. cornucopiae* (Paulet) Rolland, 동북 · 동남아시아에 자생하는 *P. citrinopileatus* Singer, 북아메리카에 자생하는 *P. populinus*이다. 따라서 우리나라에 자생하는 노랑느타리는 모두 *P. citrinopileatus*이다. *P. cornucopiae*와 *P. citrinopileatus*는 교잡이 되나 *P. populinus*는 위의 2종과는 교잡되지 않으며, *P. populinus* 자실체는 색깔이 황백색으로 사철느타리와 유사하다. *P. cornucopiae*를 흰느타리로 명명하였는데 수정하여야 할 것이다. *P. citrinopileatus*보다 색깔이 조금 연하지만 흰색은 아니다.

노랑느타리종은 균사의 생장 적온이 25~30℃이며 버섯 발생 적온이 19~22℃로 중 · 고온성에 속하는 버섯이다. 균 배양 완성 일수는 16일이며 초발이 소요 일수는 23일이고, 자실체 생육 일수는 5일 정도이다. 버섯의 갓은 편평형이며 노란색을 띠는 것이 특징이다.

고온성 버섯이나 생육 적온 범위 내에서는 온도가 낮을수록 품질이 양호하고, 균사 배양 및 버섯 발생 시 독특한 향이 발생하여 버섯파리가 유인되기 쉬우며 푸른곰팡이병 이병률이 높아 방제가 요구된다. 버섯 발생 후 자실체 생육 시 충분한 빛을 요구하며 갓의 육질이 약하여 잘 부서지므로 수확 시 유의하여야 한다.

7) 분홍느타리

분홍느타리(*P. djamor* (Rumph. ex Fr.) Boedijn = *P. salmonestramineus* Lj. N. Vassiljeva)는 자실체가 분홍색을 나타내는 아름다운 꽃과 같은 버섯이다. 볏짚이나 낙면(폐면) 재배 시에 자실체는 마치 나무와 같이 딱딱하여 식용으로 사용하기에는 어렵다. 그러나 톱밥 병재배를 하면 자실체가 부드러워져 식용이 가능하다. 이 버섯은 저장력이 뛰어나 여름철에 4℃ 냉장고에서 몇 주 내지 한 달을 두어도 잘 부패하지 않는 특성이 있고, 환기 요구도가 낮아 재배하기에 용이하다. 고기와 같이 요리하면 자실체 색깔이 고기와 비슷하고 맛도 유사하여 개발 가능성이 높은 버섯이며, 특히 가공용으로 개발하면 전망이 밝다.

8) 아위느타리

아위느타리(*P. ferulae* Lanzi)는 큰느타리의 변종으로 알려져 있으며, 서로 균사 접합으로 교잡이 가능하다. 중국의 아위라는 약용 식물에서 발생하는 버섯으로, 아위버섯이라고 불리기도 한다. 재배 방법은 큰느타리와 유사하다. 자실체는 큰느타리보다 향기도 강하지 않고 부드러워 어린이들도 좋아하는 편이다.

9) 백령느타리

백령느타리(*P. nebrodensis* (Inzenga) Quel.)는 중국에서 백령고라고 한다. 또한, 아위느타리와 함께 아위버섯이라고도 한다. 아마도 아위라는 약용 식물에 함께 발생하기 때문에 아위버섯으로 불리는 것으로 생각된다. 이 버섯은 자생하는 곳이 중국 등 일부 지역에 국한되어 있다. 재배 방법은 큰느타리나 아위느타리에 비해 까다로운 편으로 아직 대량 생산이 이루어지지 않고 있지만 중국에서는 점차 생산량이 증가하고 있다. 맛이 뛰어나고 자실체 모양이 독특하여 아직 희소 가치가 높다. 우리나라에서 일부 재배하면서 상품명으로 대왕버섯이라 불린다.

3. 재배 내력

느타리는 우리나라에 자생하는 버섯으로 고대 사회에서부터 이용되었다고 생각되며, 1613년 허준의 『동의보감』에도 기록된 것으로 추정된다. 1960~70년대 양송이 수출이 많이 이루어진 후 80년대 초 경쟁력 약화로 수출이 줄어들면서 느타리가 대신 재배되기 시작하였다. 1974년도 볏짚 이용 대량 재배가 개발되어 재배 면적이 급속하게 증가되었다. 그 후에 솜 재배, 봉지 그리고 톱밥 병재배가 크게 발전하였다. 현재 느타리류는 전체 버섯의 50%를 차지하며, 느타리만으로도 팽이버섯 다음으로 생산 및 소비량이 많고 병재배로 대량 생산되고 있다.

4. 영양 성분 및 건강 기능성

느타리의 일반 성분 분석 결과 단백질과 탄수화물이 높은 편이다(표 4-5). 식이 성분은 대부분 불용성이며 트레할로스 함량이 높다. 아미노산은 글루탐산, 알라닌, 아스파라진, 아르지닌 순으로 함량이 높았다. 비타민은 생것이 삶은 것보다 함량이 높았으며, 특히 엽산이 매우 높았고 비타민 C도 검출되었다. 무기질은 칼륨, 인, 마그네슘 순으로 높고 저칼로리 식품이다(표 4-6~표 4-10).

표 4-5 느타리의 일반 성분 (농촌진흥청 식품 성분표, 2006) (가식부 100g당 함량)

버섯명 \ 성분		에너지 (kcal)	수분 (%)	단백질 (g)	지질 (g)	회분 (g)	탄수화물 (g)	섬유소 (g)
느타리	생것	25	90.9	2.6	0.1	0.6	5.8	0.9
	삶은 것	41	84.01	4.8	0.1	0.6	10.4	2.5
애느타리		21	91.4	4.2	0.1	0.8	3.5	1.0

표 4-6 느타리의 유리당 및 당알코올 함량 (水野 卓, 川合正允, 1992) (단위:g/100g 건물)

버섯명 \ 성분	글리세롤	아라비톨	만니톨	포도당	트레할로스	전당	당알코올
느타리	0.4	–	4.9	0.6	8.1	8.7	5.3

표 4-7 느타리의 아미노산 조성 (농촌진흥청 식품 성분표, 2006) (단위: 가식부 100g당 mg)

버섯명 \ 성분	단백질	아이소로이신	로이신	라이신	메싸이오닌	시스틴	페닐알라닌	타이로신	트레오닌	트립토판
느타리	2.6	101	146	102	47	8	95	102	86	10

버섯명 \ 성분	발린	히스티딘	아르지닌	알라닌	아스파라진	글루탐산	글라이신	프로롤린	세린
느타리	104	60	149	166	155	194	71	97	85

표 4-8 느타리의 비타민 함량 (농촌진흥청 식품 성분표, 2006) (가식부 100g당 함량)

버섯명 \ 성분		비타민 A			티아민 (mg)	리보플라빈 (mg)	나이아신 (mg)	비타민 C (mg)
		레티놀 당량 (RE)	레티놀 (μg)	베타카로틴 (μg)				
느타리	생것	1	0	5	0.21	0.11	0.9	3
	삶은 것	1	0	3	0.14	0.08	0.8	1

버섯명 \ 성분		비타민 B_6 (mg)	판토텐산 (mg)	비타민 B_{12} (μg)	엽산 (μg)	비타민 D (μg)	비타민 E (mg)	비타민 K (μg)
느타리	생것	0.08	(2.40)	(0)	128.9	3	–	(0)
	삶은 것	0.06	2.36	(0)	71.0	2	0	0

표 4-9 느타리의 무기질 함량 (농촌진흥청 식품 성분표, 2006) (가식부 100g당 함량)

버섯명 \ 성분		칼슘 (mg)	인 (mg)	철 (mg)	나트륨 (mg)	칼륨 (mg)
느타리	생것	1	54	0.5	3	260
	삶은 것	3	102	4.5	3	274
애느타리		3	84	1.0	7	262

버섯명 \ 성분		마그네슘 (mg)	망간 (mg)	아연 (mg)	코발트 (μg)	구리 (mg)	몰리브덴 (μg)	셀레늄 (μg)	플루오르 (μg)	아이오딘 (μg)
느타리	생것	15	(0.1)	1.0	-	0.15	-	(18.4)	-	-
	삶은 것	10	-	1.4	-	0.11	-	-	-	-

표 4-10 느타리의 식이섬유 함유량 (농촌진흥청 식품 성분표, 2006)

버섯명 \ 성분	총량(g)	수용성(g)	불용성(g)
느타리	1.7	0.3	1.4

느타리속은 혈당 감소증, 혈전 형성 억제, 고혈압·저혈압과 저혈중 지질 농도 조절, 콜레스테롤 감소, 이뇨, 항종양, 항염증, 항생 물질, 보조약 및 최음제의 효력이 있다고 밝혀져 있다(Chang, 1996; Guzman, 1994; Gunde-Cimerman, 1999; 유 등 2011). 느타리는 풍병과 몸의 찬 기운을 제거하며 근육과 경락을 줄여 준다. 항세균, 항종양, 심장 혈관 장애 방지, 콜레스테롤 감소, 요추동통, 허약증, 근육 경련, 수족 마비, 혈압 조절, 항에이즈 바이러스, 면역 체계 조절, 신경 섬유 활성화로 치매 예방 효과가 있으며, 대부분의 버섯이 항암 효과가 있다고 알려져 있듯이 면역 기능을 높여 직장암과 유방암의 암세포 증식을 정지시키는 것으로 알려져 있다(김 등, 1995; 한, 2009; 劉, 1978; Wasser and Weis 1999).

카와기시(河岸洋和)는 느타리 유래 베타글루칸을 플루란(Pleuran)이라고 하였는데, 초산에서 야기된 대장염에 대해 복강 내 투여와 경구 투여에서 모두 억제 효과를 나타내었다. 또한, 느타리의 여러 효능 중에서 재미있는 것은 실험 중 우연히 발견한 섭식 억제 물질이다. 실험 쥐가 몸이 말라도 느타리가 첨가된 사료를 먹지 않아 발견된 것으로, 다이어트 식품 개발과 관련된 이 물질을 POL(Pleurotus ostreatus lectin)이라고 명명하였다(河岸洋和, 2005).

느타리는 칼로리는 매우 낮고 섬유소와 수분이 풍부해서 다이어트 식품뿐만 아니라 식사 후 포도당의 흡수를 천천히 이루어지게 함으로써 혈당 상승을 억제하고 인슐린을 절약해 주기 때문에 결과적으로 비만을 방지한다.

5. 생활 주기

느타리는 자웅이주성이며 교배 체계는 4극성으로 4개의 교배형을 가진다. 자실체에서 방출되는 유성 생식을 거친 담자포자는 하나의 핵을 가지며 대부분 임성이 없고 다른 화합성인 교배형과 교배를 통하여 자실체를 형성할 수 있는 타식성이다.

버섯의 생장과 발육은 영양 생장과 생식 생장으로 이루어져 있으며, 이러한 과정을 통하여 다음 세대를 이어 간다. 느타리의 생활 주기는 다음과 같이 9단계로 나눌 수 있다(유 등, 2010; 그림 4-1, 그림 4-2).

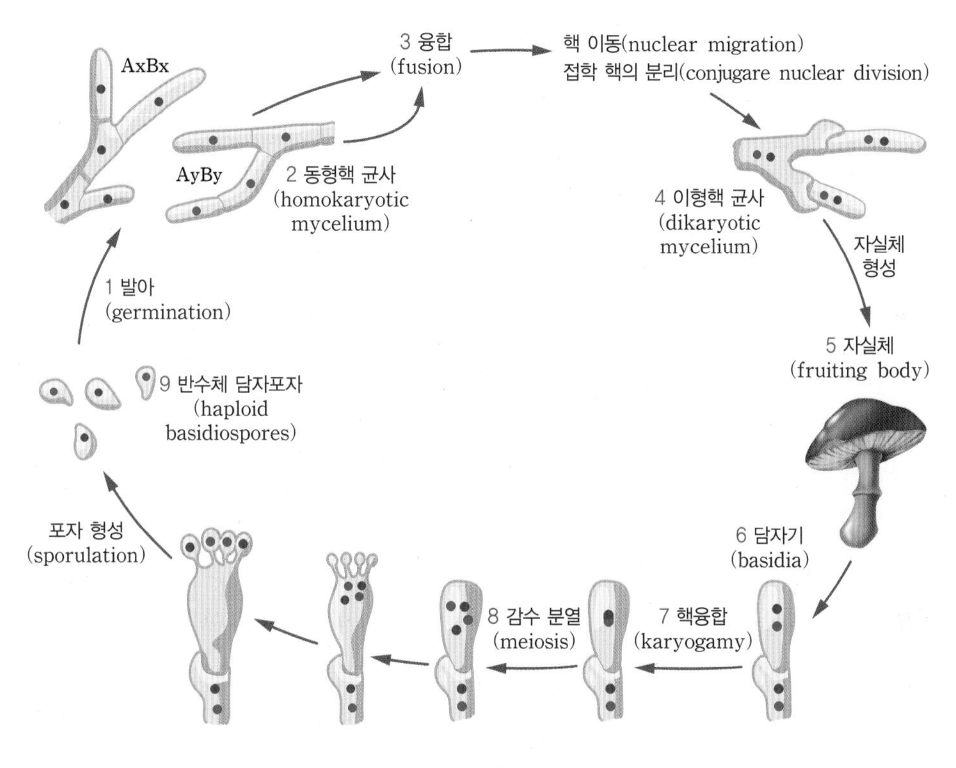

그림 4-1 느타리의 생활 주기 (Raper, 1978)

1) 담자포자의 발아

자실체에서 방출된 담자포자는 알맞은 온도 및 습도가 주어지면 발아한다. 담자포자는 발아에 필요한 영양분을 보유하고 있기 때문에 발아 배지에 영양분이 크게 필요하지 않다. 단지 발아 후 일정 기간 동안 균사체의 배양을 위해 배지에 영양 성분이 필요하다. 수분이 60% 이상이면 충분히 발아하며, 온도는 20~35℃에서 발아가 가능하다. 예를 들어, 포자를 멸균수에 담가 알맞은 온도에 보존하여도 발아하여 균사는 생장한다. 수분 80~90%, 25℃에서 느타리 담자포자는 1~2일이면 발아하여 현미경 관찰이 가능하며, 육안 관찰은 5~7일이면 가능하다.

2) 동형핵 균사

발아한 하나의 담자포자는 균사체로 자라며 세포 내에서 유전적으로 동질의 핵을 가지는 균사로 되는데 1세포에 1개의 핵을 가지게 된다.

이 단핵체의 균사는 꺾쇠연결체(clamp connections)를 형성하지 않는다. 세포가 성장하면서 핵이 이동하는 과정에 간혹 일시적으로 2개가 관찰될 수도 있지만 이들은 모두 유전적으로 동일한 핵이다.

3) 원형질 융합

느타리는 타식성으로, 반드시 교배형이 다른 균주와 교배를 하여 화합성 균주 간의 균사 접합이 이루어져야 자실체를 형성할 수 있다. 교배가 되면 두 균주 간 원형질이 융합되어 핵과 세포질의 교환이 서로 일어나고 교배한 균주 간 핵이 화합성이면 꺾쇠연결체를 형성한다.

4) 이형핵 균사

균사 접합으로 한 세포 내에 이질핵이 동시에 공존하게 되는 이형이핵 균사로 되며 각 균사의 격막에는 혹과 같은 협구가 형성되고, 버섯 자실체를 형성할 수 있는 임성 균사로 된다. 단핵균사보다 성장이 다소 빠르고 균사의 폭이 넓어지는 특성을 가진다. 자웅동주성에 속하는 버섯은 다핵균사로 되는 것도 있으며, 꺾쇠연결체를 형성하지 않는 것도 다수 있다. 이 꺾쇠연결체는 한 세포에 서로 유전적으로 다른 핵이 2개 공존하여 자실체를 형성할 수 있음을 의미한다. 느타리는 이 꺾쇠연결체를 가지기 때문에 어떠한 균주보다 교배에 관한 연구를 정확하고 많이 할 수 있는 큰 장점이 있다. 담자균류가 다른 균류에 비해 교배계를 이해하는 데 월등히 유리한 것은 이 때문이다.

5) 자실체

충분한 영양분을 지닌 균사는 발이된다. 느타리종, 큰느타리종은 저온 처리(10~15℃) 및 빛에 의해 원기가 유도되며 발이되는 반면, 사철느타리종과 여름느타리종은 저온 처리 없이 발이된다. 자실체는 생식 기관이다. 원기가 형성되고 자실체가 성장하면 자실체 속에서 생식에 필요한 기관들의 성숙이 뒤따른다.

6) 담자기

자실체가 성숙됨에 따라 자실체 내의 담자기가 성장하여 성숙된다.

7) 핵 융합

담자기 내에서 이질핵 간의 2개의 핵이 융합이 일어나며 일시적으로 이배체 상태가 된다.

8) 감수 분열

핵 융합 후 곧이어 감수 분열이 일어나며 이러한 과정에서 염색체 교차가 일어난다. 유전적으로 양친핵과 동일한 두 가지 형태와 양친핵 내의 유전자가 재조합된 새로운 형태의 핵으로 나누어지고, 담자뿔을 지나 4개의 담자포자에 이동된다. 이것이 4개의 교배형이 된다.

9) 담자포자

자실체가 성숙되면 담자기에 위치한 포자도 성숙되며, 곧 방출된다. 이러한 과정을 거쳐 생활주기는 다시 반복된다.

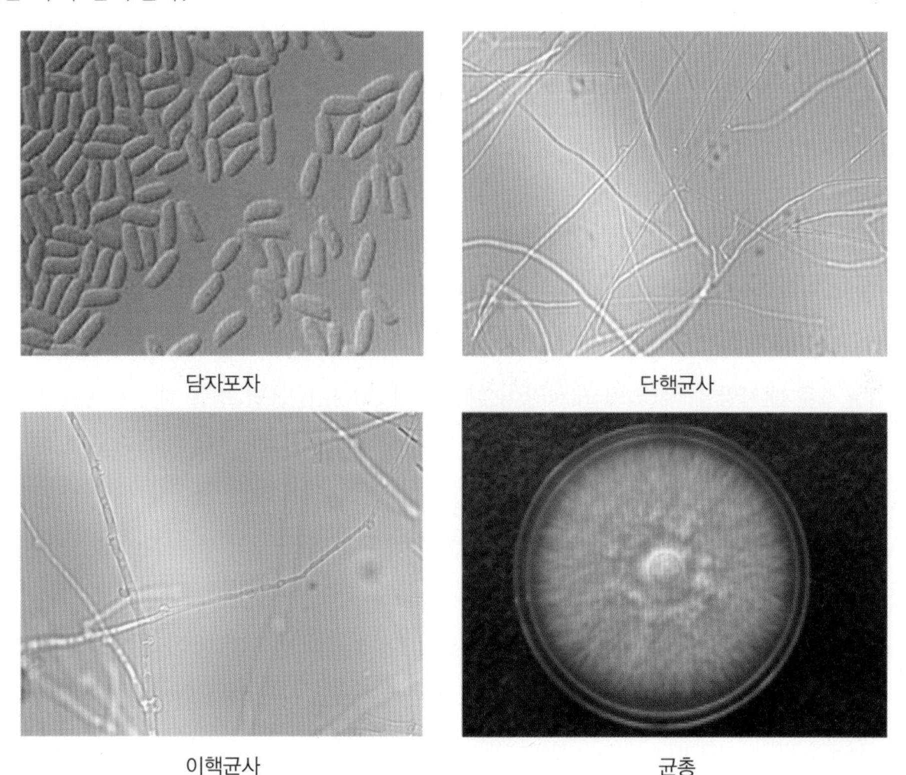

그림 4-2 느타리의 담자포자, 단핵균사, 이핵균사 및 균총 형태

6. 재배 기술

1) 균사 배양

느타리는 버섯완전배지나 감자배지에서 잘 자란다. 정밀한 실험이 요구될 경우에는 버섯완전배지가 알맞다. 감자배지는 배지가 다소 불투명하고 균사체 색깔과 구분이 명확하지 않기 때문이다. 균사 배양 온도는 25~30℃가 알맞다. 느타리는 균사 배양이 잘되기 때문에 증식을 위하여 특별히 영양 성분을 첨가할 필요가 없다.

느타리는 다른 버섯 종류에 비하여 배지 적응성이 매우 높은 편이다. 따라서 볏짚, 솜, 톱밥, 풀, 농산 부산물, 낙엽, 종이 등 다양한 유기물에서 균사 생장이 가능하고 자실체 생산을 위한 재배도 이루어진다. 종균 제조나 장기간 보존을 위하여는 활엽수 톱밥에 쌀겨 20%를 혼합하여 사용하는데, 이 배지에서 양호하게 생장한다.

2) 균상 재배

(1) 배지 제조

배지의 제조는 크게 멸균법과 발효법으로 나누어 볼 수 있다. 방법에 따라 장단점이 있으므로 잘 선택하여 사용하여야 한다.

❶ 멸균법

멸균법은 배지 내의 모든 미생물을 사멸하고 무균 상태에서 버섯 종균을 접종하여 균사를 배양하는 방법이다. 배지량이 적을 때 알맞으며 무균 상태에서 버섯균만 순수 배양할 수 있어 버섯의 병해충 예방에 유리하다. 톱밥 병재배, 비닐봉지 재배, 상자 재배에서 많이 이용되는 방법이다. 멸균법은 배지량에 따라 멸균 시간이 다른데, 1,000mL 톱밥 병은 대부분 121℃에서 90분 이상 살균하며, 살균기가 대형일수록 멸균 시간을 길게 한다. 한 예로 약 3,000병 이상의 용량일 때는 102℃에서 120분, 121℃에서 60분을 하는 것이 유리하다. 그러나 농가의 균상 재배에서 버섯을 대량 생산하는 경우에는 살균기의 용량 부족과 무균실의 부재로 이용하기 어렵다.

❷ 발효법

발효법은 배지량이 많을 때 주로 사용하는 방법으로, 농가에서 가장 많이 사용하는 방법이다. 특히 나무나 톱밥에서 생산하기 어려운 양송이는 이 방법으로 생산하고 있다.

① 발효의 원리와 목적

발효는 유기물 배지에 고온성 · 호기성 미생물을 배양하여 유기물 배지를 버섯이 이용하기 좋은 형태로 변환하는 것이다. 대부분 고온성이면서 산소를 좋아하는 호기성 미생물을 배양하여 버섯에는 이롭게 하고 버섯 외 다른 유해균은 생육을 저해하거나 방지하는 배지가 제조된다. 볏짚이나 솜은 고체 배지로, 고체 발효는 미생물 배양에 수분이 필수적이다. 수분 함량은 12% 이하일 경우에는 발효가 중단되며, 80~85% 이상이면 수분이 과다하여 유리수 형성으로 발효가 저해된다. 따라서 살균 이후 후발효 시에는 산소가 많은 신선한 공기를 재배사 아래쪽에서 계속하여 넣어 주고 산소가 적은 더운 공기는 재배사 위쪽이며 공기 유입 쪽의 반대쪽으로 빼내어야 한다. 쉽게 말하면, 공기가 들어가고 스팀이 지붕으로 빠져 나가야 양질의 배지가 만들어진다. 또한, 배지를 비닐로 밀폐하지 않도록 하고 후발효 하루 전날 또는 마지막 날 비닐을 덮는다. 이때도 한쪽으로 공기 유동이 되도록 헐렁하게 배지를 싼다. 후발효가 끝나고 식힌 후 25℃에서 종균을 접종하고 비닐을 싼다. 이러한 일련의 과정은 모두 산소를 좋아하는 호기성 미생물을 배양하는 데 목적을 두고 있다.

② 볏짚 배지 발효(그림 4-3)

㉠ 재료 배합: 볏짚은 신선하면서 병원균에 오염되지 않은 완전히 건조된 것을 사용하여야 한다. 여기에 부재료로 톱밥, 왕겨, 산야초 등을 혼합 사용할 수 있다. 볏짚단을 묶어 충분히 물에 담가 포화 상태가 되면 건져 내 물을 뺀 후 사용한다. 영양원으로는 쌀겨, 탈지강, 밀기울 등을 5% 정도 혼합한다. 볏짚만 사용하여도 재배에 문제는 없지만 발효 시 발열이 늦으며, 수량이 다소 감소될 수 있다.

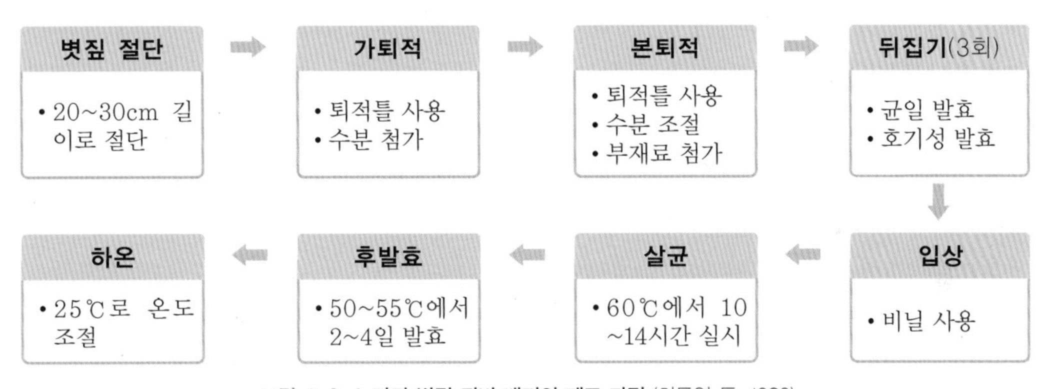

그림 4-3 느타리 볏짚 퇴비 배지의 제조 과정 (차동열 등, 1989)

㉡ 가퇴적: 양송이와 유사하게 하는데, 볏짚에 수분을 충분히 공급하고 볏짚 배지를 균일하게 하기 위해 가퇴적을 한다. 볏짚의 양쪽 끝을 절단한 후 길이 20~30cm로 잘라 묶어 사용하며, 수분은 70~75%로 조절한다.

㉢ 본퇴적: 가퇴적 1~2일 후에 실시하는데, 호기성 미생물이 충분히 배양될 수 있게 55~60℃가 유지되도록 비닐을 덮어 발열시킨다. 온도가 60℃ 이상 되어야 양호한 발효가 된다. 볏짚 배지를 균일화하고 호기성 미생물의 배양을 원활히 하기 위해 뒤집기를 하며, 양송이보다

횟수를 적게 한다. 일반적으로 1~3회 정도 하는 것이 좋다.

㉣ 퇴적 기간: 보통 7~8일 정도 하며 온도에 따라 변화시킨다.

㉤ 입상: 봄 재배나 겨울 재배 시 온도가 낮아 야외 발효가 어려울 때는 야외 발효를 생략하고 바로 입상하여 살균 및 후발효 과정으로 넘어간다. 또한, 실내에서 열을 가해 발효하는 것이 오히려 바람직하다. 본퇴적이 끝나면 볏짚 배지를 재배사의 균상이나 상자에 담아 다시 발효한다. 이때 배지를 재배사에 넣는 것을 입상이라 한다.

㉥ 살균 및 후발효: 살균은 유해 곤충이나 미생물을 죽여 그 빈도를 낮추며, 배지 전체의 균일한 발효에 그 목적이 있다. 살균은 60~65℃에서 10~14시간 정도 하고 후발효를 한다. 살균 온도를 65℃ 이상으로 설정할 경우는 버섯에 유익한 고온성 미생물이 사멸되기 때문에 오히려 유해균에 감염될 가능성이 높아진다. 높은 온도에서 장시간 처리되면 유익한 미생물이나 유해 미생물이 모두 사멸된다. 그러나 발효가 끝나고 종균 접종, 균사 배양 시에 공기나 사람의 손을 통해 많은 유해 미생물이 감염된다. 이때 무균 상태일수록 유해 미생물의 오염은 많아진다. 만약 호기성 · 고온성 미생물이 많이 증식되어 있다면, 외부로부터 감염되는 유해 미생물을 이들 고온성 미생물들이 방어할 수 있다. 후발효는 50~55℃에서 2~4일간 하는데, 특히 후발효 기간에는 환기를 일정 시간 동안 규칙적으로 하여 산소를 요구하는 호기성 미생물의 배양을 촉진하여야 한다. 만약 환기를 충분히 하지 않으면 배지가 혐기성으로 발효되어 버섯 균사의 생육이 불량하고 유해균의 번식으로 수확량이 줄어든다. 여름철에는 환기를 해도 에너지가 적게 들어 용이하다. 환기는 앞문 하나만 열지 말고, 앞쪽과 뒤쪽 윗문을 살며시 열어 계속해서 환기되도록 하는 방법이 좋다. 완전 밀폐된 재배사에서 겨울철에 에너지 절약을 위해 환기를 적게 하면 불량 배지가 제조된다. 후발효를 한 후 자연스럽게 온도를 내려 배지가 30℃ 이하가 될 때 종균을 접종한다.

③ 솜(폐면) 배지 발효(그림 4-4, 그림 4-5)

㉠ 재료 배합: 솜의 종류에는 깍지솜, 방울솜, 백솜이 있으며, 균상 3.3m²당 55~65kg이 필요하다. 폐면은 단섬유가 많아야 하고, 건조 상태가 양호하며 깨끗이 보관된 것이어야 한다. 폐면은 지방질이 많고 얇은 왁스층이 있어서 다른 기질에 비해 수분 조절이 가장 어렵다. 수분은 70~75% 정도로 조절한다. 수분 조절은 솜 터는 기계로 솜을 털면서 동시에 물을 뿌려 고루 분사되도록 한다. 몇 차례 고루 뒤적이면서 다시 물을 고루 먹인다.

㉡ 야외 발효: 이 과정을 생략하는 경우가 많으나, 가을 재배 시 외기온이 높을 때에는 야외 발효도 효과적이다. 폐면은 대부분 수입하여 사용하는데, 농약, 방부제 등이 재배 과정이나 수입 시 처리되었을 가능성이 있다고 볼 수 있다. 따라서 물을 요구량보다 다소 많이 먹여 잔류물질 제거를 위해 하룻밤 정도 두어 솜 배지로부터 물 빼기를 한다. 다음날 다시 뒤집으면서

수분을 고루 살포하여 폐면 더미를 만들고, 솜 배지를 균일하게 하기 위해 몇 차례 더 뒤집기를 한다. 이때 겨울철에 발열을 위해 담배 가루 폐기물을 2~5% 정도 혼합하면 효과적이다. 뒤집기가 끝나면 배지 더미에 보온 덮개나 비닐을 덮는다. 배지 온도가 60~65℃로 발열하면 발효가 잘 이루어지도록 비닐을 벗겨 환기를 시킨다. 이와 같이 2~4일 동안 발효한 후 입상한다.

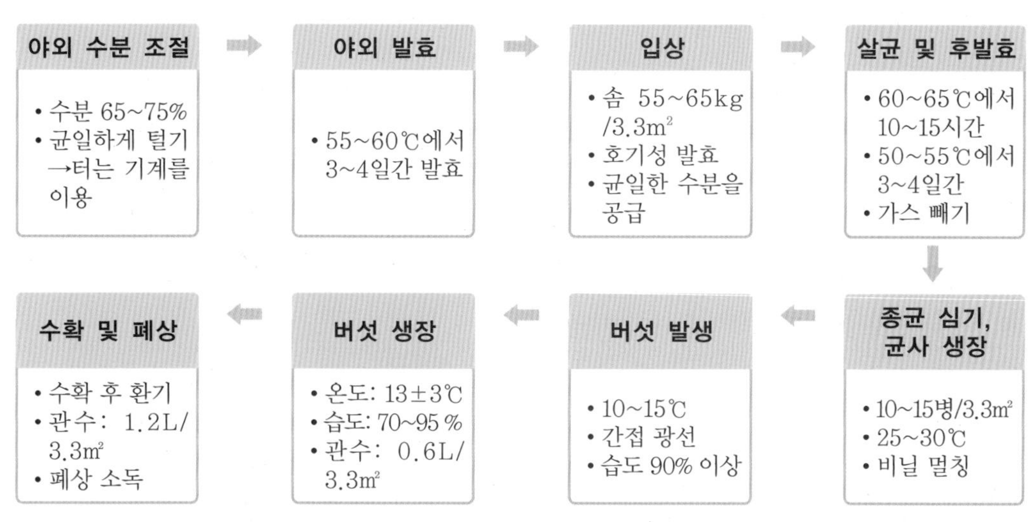

그림 4-4 **버섯의 솜 배지 재배 과정** (성 등, 1998)

① 솜 준비 ② 솜 털기 ③ 야외 발효

④ 야외 발효 배지 뒤집기 ⑤ 배지 입상 ⑥ 균사 배양

그림 4-5 **솜 배지 발효와 균사 배양 과정**

㉢ **살균 및 후발효:** 볏짚 배지와 유사하게 한다. 야외 발효를 하지 않을 때에는 실내에서 발효를 한 후 살균과 후발효를 할 수 있다. 이때에는 살균 시간을 늘려 할 수도 있다. 또한, 배지 내에 솜깍지가 많이 혼합되었을 때에도 살균 시간을 늘리는 것이 효과적이다. 이는 깍지 내의 성분을 녹여 내고, 깍지를 부드럽게 하는 효과가 있다.

⑵ 종균 접종 및 비닐 멀칭 배양

톱밥 종균은 콩알~은행 알 정도의 크기로 부수어 사용한다. 너무 잘게 부수면 종균의 활력이 감소한다. 배지 구석구석에 골고루 종균이 혼합 접종되어야 병원균으로부터 오염을 방지하고 빨리 생육할 수 있다. 구멍이 뚫린 비닐을 멀칭한 후 철사나 대를 꽂아 터널식으로 다시 비닐을 씌운다(그림 4-6). 이때 사용할 새로운 비닐 개발이 필요한데, 중간 중간 공기 유동이 되면서 필터가 부착되어진 비닐이 그것이다. 이러한 비닐을 사용하면 오염원이 들어가지 않아 버섯 균사는 생장이 빠르며, 오염되지 않고 나쁜 가스는 쉽게 빠져나와 환상적인 버섯균 배양이 완성될 수 있다.

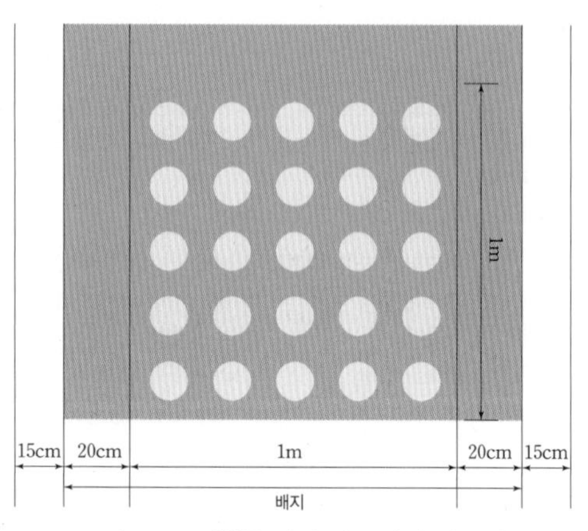

그림 4-6 멀칭용 비닐 제조 방법 및 규격

구멍 뚫린 비닐은 여름 재배 시에는 검은색이고 구멍이 다소 작은 것이 좋으며, 겨울 재배 시에는 다소 강한 빛의 조사가 필요하므로 구멍 지름이 5~10cm가 적당하다. 왜냐하면 여름느타리종은 발이 수가 많고, 여름철에는 빛의 밝기가 세고 재배사 외부로부터 빛이 강하게 들어오는 반면, 겨울철은 원기 형성에 필수적인 빛이 부족하기 때문이다. 비닐의 색깔은 흑색, 백색 또는 청색도 가능하다. 균사 배양 온도는 배지 속이 25~30℃가 되도록 배양한다. 이때 가스 빼기를 한다고 비닐을 걷었다가 덮었다가 하면 잡균 오염의 원인이 된다. 따라서 균사 배양이 배지 내에 2/3 이상 자랐을 때부터는 온도를 다소 낮추고 낮에 자연광을 조사한다. 완전히 균사가 배지에 생육한 후에 원기 형성을 본격적으로 유도한다.

눈으로 관찰하여 균사가 배지에 빈틈없이 완전히 자라고 난후 5~7일 더 배양하는 것이 원기 형성과 균의 경화 처리로 외부 환경에 대한 저항력을 높여 주기 때문에 더욱 안전하고 좋다. 이는 영양 생장에서 생식 생장으로 전환되는 과정으로, 버섯 재배에서 매우 중요하다. 고등 식물은 빛의 영향을 크게 받아 꽃이 개화하는데 장일성, 단일성으로 구분한다. 그러나 버섯은 온도의 영향을 크게 받으며, 품종에 따라 차이가 크다.

(3) 원기 형성 유도

원기란 자실체의 시원체로 버섯 갓이 하나하나 분리되기 전의 덩어리 상태를 말한다. 저온 충격은 느타리종의 품종에만 필요하며, 사철느타리종이나 여름느타리종의 품종에는 필요하지 않다. 하지만 균사 생장에 요구되는 온도 이상일 때는 사철느타리종이나 여름느타리종도 발이가 어려워진다. 원기 형성에는 많은 요인이 필요한데, 주요한 것을 요약하면 다음과 같다.

❶ 균사 생장이 정지되어야 한다

균사가 자라지 않은 배지가 남아서는 안 된다. 균사 생장은 5℃에서도 계속되기 때문에 완전히 배지에서 생장한 후 원기 형성이 이루어진다.

❷ 저온 충격과 변온이 필요하다

처리 온도는 4~5일 동안 5~10℃를 유지하고, 나머지는 10~15℃ 부근에서 지속되는 것이 좋다. 저온 처리가 끝나면 10~15℃ 범위 내에서 일정한 온도보다 낮에는 다소 높고 밤에는 낮은 자연 상태의 온도처럼 유지되는 것이 원기 형성과 발이를 촉진한다.

❸ 충분한 자연광이 장기간 필요하다

강한 빛은 균사 생장에 방해가 되지만 원기 형성에는 필수적이다. 따라서 균사가 2/3 정도 생육했을 때부터 낮에 문을 열어 충분한 자연광이 조사되도록 하여야 한다. 배지에 균사가 거의 완전히 생육했을 때에는 밤낮으로 재배사 문을 열어 온도도 낮추고 자연광도 조사되도록 한다. 균사가 완전히 생육할 때까지 캄캄한 환경에서 배양하다가 처음으로 빛을 조사했다고 해서 다음날 바로 버섯이 발생하지는 않는다.

밤에 전등을 이용하면 문제가 생긴다. 재배사 온도가 올라가고 해충이 발생하므로 반드시 낮에 전등을 이용한다. 특히 탄광 지역의 폐광 이용 재배나 겨울철 재배 시에는 검은색 비닐 멀칭보다는 흰 비닐이나 푸른색 비닐이 안전하다.

버섯 발생 시 광량이 적거나 없으면 버섯의 발이가 소량이거나 전혀 되지 않는다. 또한, 버섯의 빛깔도 매우 옅은 색깔을 띠며, 버섯의 형태에 있어서도 대(줄기)가 연약하며 길어지고 갓은 작은 부정형으로 형성되어 품질이 나빠진다. 빛의 질을 살펴보면, 버섯에 가장 좋은 색은 청색이며, 다음이 녹색, 황색, 오렌지색 순서이다. 실제 재배에서는 신문을 읽을 수 있을 정도인 80~500lx의 밝기로 전등 등을 이용하여 낮에는 불을 켜 주고 저녁에는 소등하는 것이 바람직하다.

빛은 버섯 발생과 밀접한 관계가 있으므로 비닐을 걷기 2~3일 전에 빛을 조사하면 버섯 발생이 양호하다. 자연광은 황백색에 가까우므로 청색(400~500nm)과 황백색 형광등을 혼합하여 사용하는 것이 좋다. 최근에는 발광다이오드(LED; Light Emitting Diode) 조명을 많이 사용하는데, 전구의 수명이 길고 전기를 적게 소비하는 등 장점이 많다.

❹ 충분한 습도가 필요하다

95% 이상의 습도가 요구되므로 비닐 안에서 원기 형성을 유도하는 것이 유리하다. 문을 열어 공중 습도가 낮아지면 발이가 잘 되지 않는다. 비닐을 벗기고 실시하면 원기가 형성되는 데 상당한 날이 요구되므로 그동안 균사는 마모되고 병해충에 감염된다.

❺ 환기가 필요하다

균사 배양에서 저온 충격까지는 환기가 거의 필요하지 않지만 원기 형성 시에는 필요하다. 따라서 후반기에 비닐 내에서 군데군데 원기가 형성될 때부터 비닐의 일부를 벗겨 환기를 시켜야 원기 형성이 촉진되고 발육이 빨라진다. 하지만 수분이 많이 증발되지 않도록 해야 하므로 공기의 유동만 아주 은은히 이루어지도록 한다. 바람이 세게 유동되면 오히려 해롭다. 이산화탄소(CO_2) 농도는 1,000~1,500ppm이면 충분하다. 따라서 문은 닫고 비닐을 살며시 열어 준다.

온도, 빛, 습도, 환기 등의 요인이 복합적으로 작용하여 원기는 형성된다. 그러나 이들 요인 중에 우선순위를 두어야 하는 경우가 생긴다. 예를 들면, 이들을 동시에 조절하는 데에는 서로 상반되는 일이 발생하기도 한다. 봄가을철에 온도를 내려야 하지만 빛을 조사하기 위해 전등을 켜야 하고, 전등을 켜니 재배사 내의 배지 온도가 올라가는 문제가 발생한다. 따라서 이들 요인 중에 우선순위가 필요하다. 이 경우, 온도가 더욱 중요하다. 아무리 빛을 많이 그리고 장기간 조사하더라도 온도가 낮지 않으면 원기 형성과 자실체 생육은 이루어지지 않는다. 따라서 재배사 내의 전등을 끄고 온도를 내리는 데 치중해야 한다. 재배사의 구조나, 재배 관리상 빛은 알게 모르게 출입구나 옆의 환기창 등을 통하여 항상 조금씩 조사되어 온 셈이다. 따라서 계속 문을 열어 빛을 조사하여야 한다.

(4) 균사 및 어린 자실체의 경화 처리

비닐 속에서 원기가 군데군데 형성되면 비닐을 벗긴다. 그런데 갑자기 한꺼번에 비닐을 제거하면 버섯 균사의 마모와 병의 감염이 우려된다. 왜냐하면 외부 환경에 대해 전혀 저항성이 없는 상태이기 때문이다. 따라서 외부 환경에 노출하기 전에 균사 및 어린 자실체의 외부 환경에 대한 저항성을 높여 주어야 하는데, 이를 경화 처리라 한다. 경화 처리에 관여하는 요인은 많은데, 중요한 사항을 요약하면 다음과 같다.

❶ 온도

균사 배양을 25~30℃에서 하지만 후반기에는 반드시 온도를 내려 균사를 튼튼히 해야 한다. 균사 색깔은 배양 적온이나 고온일 때 다소 살색을 띤 백색이며, 균사의 세포가 치밀하지 못한 상태로 외부 환경이나 병해균에 더욱 약한 상태이다. 따라서 온도를 10℃ 부근으로 내려 균사의 경화 처리를 해 주어야 한다. 저온 처리가 되고 저온에서 배양된 균사는 우윳빛의 백색을 나

그림 4-7 느타리의 원기 형성(왼쪽 위) 및 성숙 자실체 형태

타내며 세포 조직이 치밀하여 외부 환경이나 병해균에 저항성이 높아진다(그림 4-7). 특히 배지 불량으로 잡균이 오염되었을 때 균사 배양 적온보다 다소 낮은 20~25℃로 배양하는 것이 오염균을 다소 줄일 수 있는 방법이 된다.

❷ 빛

빛은 균사의 생육에 방해가 된다. 그러나 세포의 조직을 치밀하게 하며, 균사나 자실체의 표면에 멜라닌 색소를 집적시켜 외부 환경과 병균에 대한 저항성을 높인다. 원기 형성과 자실체 생육에 필수적이면서 경화에 큰 역할을 한다.

❸ 환기

환기는 산소를 공급하는 역할과 신진대사의 촉진, 균사나 자실체 조직을 튼튼히 하는 역할을 한다. 특히 환기를 할 때에는 비닐을 일부 제거하여 외부 환경과 동일하게 해 주어야 한다. 원기가 형성된 후, 하루에 1~3차례 정도 한 번에 1~2시간 재배사의 가장 큰 출입문을 닫은 상태에서 실시한다. 또는 환기가 계속 조금씩 은은하게 되도록 하여 경화 처리를 하여도 된다. 처음에는 환기를 조금씩 하다가 점점 시간과 횟수를 늘려 결국에는 비닐을 완전히 제거한다. 비닐을 완전히 제거하는 최적의 시기는, 환기를 시키면 먼저 원기 형성된 것부터 어린 자실체의 핀이 형성되는데, 적어도 재배 균상 1/10 이상의 면적에서 원기가 형성되어 있는 때이며, 이때 비닐이 제거되어야 균사의 마모를 줄일 수 있다. 원기 형성이 되지 않은 상태에서 비닐이 제거되면 원기 형성하는 데 많은 시간이 소모되며, 이 기간 중에 균사의 마모와 마모에 따른 병균과 유해균, 잡균의 오염으로 결국 수량이 줄게 된다.

⑸ 자실체의 생육별 관리 요령

❶ 어린 자실체

비닐 제거 후 원기 덩어리에서 어린 자실체의 갓이 뚜렷이 분리되어 품종 고유의 빛깔을 나타낼 때까지(갓이 팥알~콩알 크기)는 환기가 많이 필요하지 않다. 따라서 출입문은 닫고 공중 습도를 높여 주는 데 주의를 기울여야 한다. 이때는 비닐을 제거하는 것만으로도 충분한 환기가 된다. 비닐 제거 후 버섯이 발생되기까지는 충분한 공중 습도가 필요하므로 환기를 대폭 줄인다. 이 시기에는 이산화탄소 양이 1,000~2,000ppm이 될 때까지 환기를 억제한다. 단지 천장문이나 옆문, 아니면 출입문뿐일 때에는 한쪽 문을 조금 열어 재배사 안의 공기가 탁하지 않을 정도로만 하여 환기가 항상 은은하게 되도록 한다. 시간을 지켜 일시에 많이 환기하고 문을 꼭 닫는 것은 버섯의 생리에 매우 나쁘다. 비온 후 숲 속에서 자라 나오는 야생 버섯을 생각해 보자. 숲 속에는 습기가 많고 밤낮으로 항상 은은하게 환기가 되고 있다.

이때는 재배사 내의 공중 습도가 매우 중요하므로 온도가 높은 낮에만 과습기를 작동시켜 습도를 유지하면 좋다. 이때도 중간중간 정지하여 지나친 과습이 되지 않도록 한다. 농가에서는 대부분 과습기 없이 물을 주어 재배하는데, 이 경우 바닥이나 벽에 물을 계속 흘려 습도를 조절하면 된다. 공중 습도만 충분히 조절한다면 물을 한 번도 주지 않아도 일주기의 버섯을 충분히 수확할 수 있다.

특히 겨울철이나 온도가 낮아 생육 적온을 유지하는 데 문제가 없을 때에는 가능한 한 버섯 위에 적은 양의 물을 주고 공중 습도를 유지하여 버섯을 생육한다. 건조가 심하여 균상의 버섯 위에 물을 살포해야 될 경우에는 하루 중 온도가 가장 높을 때, 처음에는 적게 주고 다음번부터 조금씩 증가하여 물을 살포하도록 한다. 물에 대한 자실체의 저항성은 어릴 때보다 성숙된 자실체일 때가 강하므로 가능한 어린 시기에는 물을 아껴서 살포하여야 한다. 살포한 후에는 환기량을 늘려 자실체에 묻어 있는 수분을 가능한 빨리 증발시켜 세균성갈변병의 발생을 막아야 한다. 그렇다고 재배사 내에 맞바람이 들어가게 해서는 안 되며 평소보다 조금 늘려 주어야 한다. 버섯이 가장 싫어하는 것 중의 하나가 바람이다.

❷ 성숙 자실체

버섯이 성숙할수록 호흡량이 증가하여 재배사 내의 산소 요구량이 증가한다. 천장 문이나 옆문을 항상 일정하게 열어 두는 것을 조금 더 확대하여 열어 둔다. 버섯이 발생하여 점차 성숙해지면 이산화탄소의 양이 500~1,500ppm 정도가 되도록 환기를 늘린다.

또한, 자실체의 수분 증발과 수분 요구량도 증가한다. 온도가 높은 계절에 재배할 때는 수분량을 증가하여야 한다. 하루 중 온도가 높을 때 분무기와 유사하게 물의 입자를 가늘게 하여 윗부분만 적시도록 물을 준다. 이때 물의 공급이 많아 바닥의 비닐에 물이 고이면 버섯의 생리에 해롭다. 이런 경우에는 비닐을 뚫어 물을 제거하고 다음날은 수분량을 줄인다.

버섯은 고등식물과 다르다. 버섯의 균사나 자실체는 식물의 뿌리와 같이 수분을 흡수한다. 따라서 공중 습도만 충분하게 공급하면 굳이 물을 살포하지 않아도 된다. 물을 공급할 때 가장 우려되는 것은 세균성갈변병이다. 이 병은 버섯 자실체에 수분이 오래도록 고여 있거나 젖어 있으면 발병이 심하다. 또한, 생리적으로 버섯이 건강하지 못하면 발병률이 높아진다. 물을 줄 때에는 한꺼번에 많이 주지 말고 조금씩 자주 주는 것이 좋다. 병 때문에 아주 오랫동안 물을 주지 않다가 도저히 수확할 때까지 버틸 수 없어 물을 주는데, 처음부터 물을 과도하게 많이 주면 생리적으로 약해져 있는 버섯에 수분이 과다하게 공급되어 발병하기 쉽다. 이럴 때는 처음에 재배사 바닥이나 벽면에 물을 뿌려 공중 습도를 충분히 높이고, 그 다음날 매우 적은 양을 살포한다. 살포 후 환기량을 조금 늘려 버섯 위의 수분을 가능한 한 빨리 제거한다. 이와 같이 계속 매일 조금씩 증가하여 충분하게 될 때까지 수분을 공급한다.

❸ 수확

버섯에 수분을 과다하게 공급하면 버섯 무게가 늘어나 수확량은 많아지지만 품질은 떨어진다. 수확, 포장, 경매, 소매의 유통 과정을 거치는 동안 수분이 많으면 버섯이 쉽게 부서지고 분해가 빨리 진행되어 보존력이 떨어진다. 수확에 가장 알맞은 시기는 버섯 자실체로부터 담자포자가 방출되기 직전이며, 이것보다 하루 더 빨리 수확해도 좋다.

농민들은 수확량을 늘리려고 일부러 재배사 내에 포자가 안개처럼 비산되도록 하여 수확하는 경우가 허다하다. 그러나 이렇게 할 경우 전체 버섯 주기가 끝날 때까지 계산하면 이론적으로는 손해이다. 왜냐하면 이론적으로 배지량이 동일하므로 수확량은 동일하지만 버섯 포자가 방출되므로 방출되는 포자량만큼 손해이다.

버섯 포자는 생선의 알이나 새의 알과 같은 것이다. 영양분이나 항암 성분과 같은 기능성 물질이 이곳에 집중되어 있다. 특히 버섯 포자의 세포벽이 완숙되기 전에 먹어야 포자의 소화흡수율이 높아진다. 또한, 자실체 내에서 포자가 형성되기 직전이 버섯 자실체의 영양이 가장 높은 시기이다. 따라서 건강을 위하여 다소 어린 버섯을 먹도록 하여야 하며, 재배자의 입장에서도 포자가 방출되기 전에 수확해야 한다.

포자는 먹으면 약이 되지만 호흡기를 통하여 흡입되면 건강에 치명상을 입힌다. 문헌에 의하면, 포자가 호흡기로 들어가면 폐에서 걸러지지 않고 혈관 속으로 들어가 피와 함께 몸속을 돌아다니며 알레르기를 일으키는데, 꼭 독감 증상과 유사하다고 한다.

❹ 수확 후의 관리

버섯을 수확할 때 배지에 군데군데 버섯이 남게 되는 경우가 많다. 버섯이 남아 있으면 다음 주기가 그만큼 늦어지므로 가능한 빨리 남아 있는 버섯을 깨끗하게 수확하는 것이 좋다. 물론 길다란 균상 전체가 버섯이 깨끗이 제거되면 좋겠지만 그렇게 안 되는 경우도 있다. 그러나 어쨌든 산만하게 군데군데 남겨서는 안 되므로 1주기가 끝나면 일회용 비닐장갑을 끼고 버섯 부스러기를 말끔히 제거한다. 그리고 세균성갈변병이 무서워 그동안 물을 주지 않은 경우에는 한꺼번에 충분한 양의 물을 균상 바닥 비닐에 흘러내릴 때까지 주도록 한다. 물을 준 날은 환기량도 늘리고 바닥에도 가득 물을 준다. 주위의 재배사나 부근을 깨끗하게 하여 병균에 감염되지 않도록 하는 것이 중요하다.

배지에 충분히 수분을 공급한 후에는 균상 표면이 마르지 않도록 가습기를 이용하거나 또는 바닥이나 벽에 물을 뿌려서 공중 습도를 높인다. 재배사 내의 공중 습도가 유지되어야 균상의 배지 표면이 마르지 않으며, 그렇게 되어야 2주기 버섯이 발생될 수 있다. 이렇게 관리하면 처음 비닐을 벗길 때의 배지보다 다소 쭈그러들면서 줄어든다. 왜냐하면 1주기의 버섯 수확은 그만큼 배지의 성분이 분해되어 환원되었으므로 배지가 줄어드는 것이 정상이기 때문이다. 주기가 진행될수록 점차 배지는 줄어들어 최종적으로는 완전히 분해되어 없어지는 것이 가장 이상적이다.

한번 충분히 물을 준 후에는 공중 습도만 높이고, 계속해서 물을 줄 필요는 없다. 이때부터는 환기량도 처음 비닐을 벗길 때처럼 대폭 줄인다. 주의할 것은 계절이 바뀌어 외부 온도가 변함에 따라 그에 맞는 관리를 해야 한다는 것이다.

외부 온도가 자꾸 변하는데 농민들의 관리는 변하지 않는 경우가 흔하다. 예를 들면 8월에 종균 접종하여 추석 전에 1주기 버섯을 수확하고 2주기 버섯을 수확하지 못하는 농민이 많다. 날이 추워져 1주기와 동일하게 관리하면 버섯이 생리 장애를 입게 되기 때문이다. 우선 외부 온도와 재배사 내의 온도차가 심하며, 그에 따라 공기 유동이 심하고 균상과 재배사가 건조해진다. 따라서 버섯은 작아지고 비틀려 죽게 된다. 그러므로 온도가 내려갈수록 창문을 닫아 환기량을 줄이고, 맞바람이 들어오지 않도록 하며 바닥에 물을 공급하여 공중 습도와 산소를 동시에 공급해 주어야 한다. 그렇다고 해서 창문을 완전히 밀폐해서는 안 되며, 급격한 온도 변화를 피해야 한다.

❺ 2주기 버섯 발생과 생육

버섯 발생에 알맞은 배지 상태는 첫 주기 발생 때의 배지 상태와 동일하면 가장 좋은 상태이다. 비닐을 벗길 때의 배지의 수분과 관리 방법을 기억하여 그대로 실행한다. 1주기 때보다 온도가 내려갔을 때는 환기량을 줄이고 공중 습도 조절에 힘을 기울여야 한다. 과습기로 공중 습도를 조절할 때는 1주기 때보다 과습 시간을 짧게 하면서 배지의 수분 상태에 따라 조절하여야 한다. 왜냐하면 온도가 낮아 수분 증발량이 낮아지기 때문이다. 그 밖의 관리 방법은 1주기와 동일하다.

❻ 3주기 이후의 관리 방법

주기가 지날수록 외부 온도에 신경을 써서 관리한다. 생육 적온 이하로 온도가 내려가면 기름 보일러나 연탄 난로를 이용하여 가온을 해야 한다. 이때 급격한 온도 변화가 일어나지 않도록 한다.

온도와 습도는 상반되므로 온도가 올라갈수록 공중 습도를 높여 주어야 하며, 외부 온도와 더욱 차이가 나므로 공기 유동이 더욱 심해진다. 따라서 찬바람이 버섯과 직접 접촉되지 않는 방법으로 은은하게 환기되도록 하여야 한다. 하지만 아무리 날이 추워도 항상 조금의 환기는 이루어지도록 완전히 재배사를 밀폐해서는 안 된다. 예를 들어 잘 지은 밀폐된 재배사보다 낡은 헐렁한 재배사에서 버섯 생육이 양호한 것은 이러한 이유 때문이다.

연탄 난로로 가온할 때에는 연탄가스에 조심해야 한다. 연탄가스의 피해는 자실체의 색깔이 푸른 잉크색으로 변하면서 나타난다. 심하면 갈색화되면서 불에 타 버린 색깔과 양상으로 고사(枯死)한다. 이후의 관리는 앞 주기의 방법대로 하면서 외부 온도에 따라 조건을 조금씩 변화해야 한다.

3) 병재배

(1) 병재배의 특징

병재배법은 내열성 플라스틱으로 만든 850~1400cc의 병 모양으로 제작된 용기에 톱밥 등의 주재료와 면실박, 쌀겨 등 영양원을 적당한 비율로 혼합하여 입병, 살균, 접종, 배양, 생육 등 여러 단계를 자동화 기계 작업으로 수행하고, 공조 시설이 구비된 실내에서 인위적으로 환경을 조절하여 고품질의 버섯을 양산하는 집약적인 재배 방법이다. 느타리 병재배 기술은 1990년도 초기에 시도되어 느타리 병재배용 전용 배지 조성 – 톱밥+비트펄프+면실박(50:30:20) – 이 개발(박 등, 1996)되면서부터 본격적으로 보급되기 시작하였다.

병재배법의 장점은 수확 작업 등 일부 과정을 제외하고 전 과정을 기계화할 수 있으며, 자동 환경 제어 장치와 더불어 연간 생산 물량의 예측과 계획 생산이 가능하고, 연중 안정 생산을 할 수 있다는 점이다. 또한, 기계화 작업으로 품질이 균일하며 시장 시세에 신속한 대처가 가능하고 자본 회전이 빠르다. 반면 시설 투자 비용이 많이 들고, 버섯 재배 기술뿐만 아니라 공조 시설, 설비 및 장비 등에 대한 지식을 필요로 한다.

(2) 시설 및 장비

느타리 병재배를 위해 구비해야 할 시설과 장비는 다음과 같다.

❶ 재배사

재배사의 규모는 1일 입병량을 기준으로 한다. 1일 10,000병 정도의 규모일 때, 바닥 면적을 기준으로 약 1,800~2,000m^2 정도의 면적이 필요하다. 바닥 기초는 철근콘크리트를 사용하고, 벽체와 천장재는 일반적으로 우레폼 또는 스티로폼 패널이 사용된다. 벽체와 천장재의 두께는 외벽 100mm, 내벽 50~75mm 정도이다.

재배사 내부에는 냉각실, 종균 접종실, 배양실, 균긁기실, 생육실, 배지의 혼합 · 입병 · 살균 등에 필요한 작업실 등이 있어야 하며, 각 실의 배치는 작업 공정과 작업자의 동선을 고려하여 효율적으로 배치하여야 한다. 냉각실, 종균 접종실, 배양실은 같은 동선으로 연결될 수 있도록 인접하여 배치하고, 균긁기실과 생육실도 동일 동선에 배치하는 것이 좋다(그림 4-8).

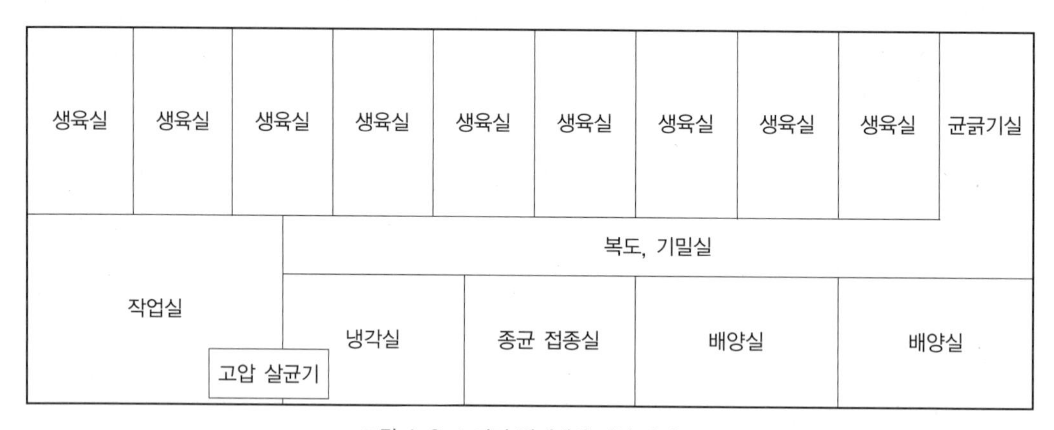

그림 4-8 **느타리 병재배사 각실 배치도**

① 작업실

작업실은 배지의 혼합, 입병, 살균이 이루어지는 공간으로 배지 혼합기, 자동 입병기, 고압 살균기 및 스팀 보일러 등이 설치된다. 작업실은 작업자의 이동이 잦고 먼지 등이 비산할 수 있으므로 환기가 잘 되도록 해야 한다.

② 냉각실

냉각실은 고온 · 고압에서 살균된 배지가 냉각되는 장소이다. 냉각실의 청정도 유지는 매우 중요하다. 왜냐하면 고온에서 살균된 배지가 약 15~20℃의 온도에 노출되면 강한 음압이 발생되는데, 이때 냉각실 내부에 잡균의 밀도가 높으면 강한 음압으로 인해 잡균이 병 내부로 쉽게 유입될 수 있다. 따라서 냉각실 내부에는 반드시 공기 여과 필터 장치를 부착해야 한다. 그림 4-9에서와 같이 냉각실 외부에서 내부로 유입되는 공기는 헤파필터를 통하게 하고 필터박스에

팬(fan)을 부착하여 상시 가동함으로써 양압을 유지하도록 하는 것이 바람직하다.

헤파필터 앞쪽에는 프리필터를 설치하여 헤파필터의 내구성을 높여 주는 것이 좋으며, 천장에 UV등을 부착하면 바닥, 벽체 등에 존재하는 잡균의 살균 효과를 높일 수 있다. 또한, 냉각실에 설치되는 냉방기의 용량은 고온의 배지에서 발열되는 온도가 매우 높기 때문에 냉각실 내부 면적 또는 부피보다 다소 큰 용량을 설치하는 것이 좋다.

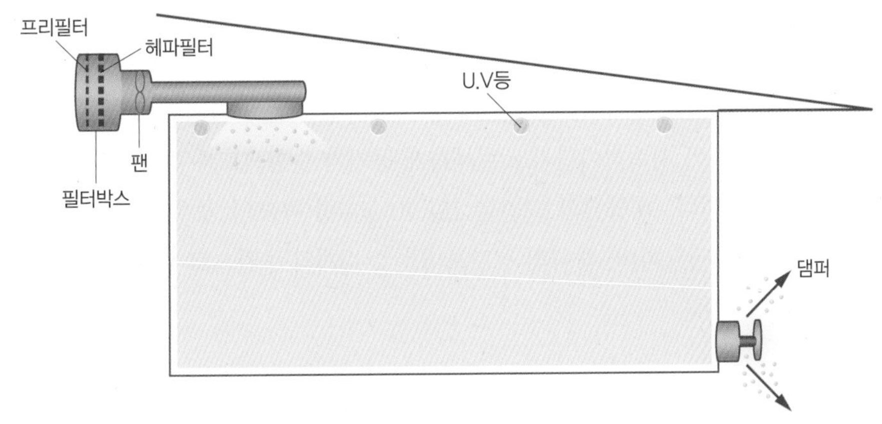

그림 4-9 **냉각실 내부 공기 여과 시스템**

③ 종균 접종실

종균 접종실은 냉각된 배지에 종균을 접종하는 장소로 냉각실과 마찬가지 방식으로 헤파필터와 UV등을 설치하여 높은 청정도를 유지하도록 한다. 종균 접종실은 냉각실과 인접하여 설치하고 그림에서와 같이 냉각실에서 냉각된 배지를 종균 접종실로 이동시킬 때에는 냉각실과 종균 접종실에 연결된 벽체에 만들어진 좁은 통로를 통해 컨베이어로 자동 종균 접종기 부스 내로 들어가도록 하는 것이 좋다(그림 4-10). 종균 접종실에는 냉난방기를 설치하고 내부 온도를 20℃ 내외로 유지시켜 작업자에게 쾌적한 환경 제공은 물론, 종균 접종 후 균사 활착이 잘될 수

냉각실 종균 접종실

그림 4-10 **냉각실과 종균 접종실 내부**

있도록 해야 한다.

④ 배양실

배양실은 종균 접종 이후 일정한 온도와 습도를 유지하면서 버섯균을 생장시키는 장소이다. 따라서 일정한 온도와 습도를 유지하기 위해 냉난방기와 가습 장치가 설치되어야 한다. 잡균 또는 응애 등에 의한 오염을 방지하기 위해서는 배양실 내부 역시 냉각실, 종균 접종실에 준하는 청정도를 유지시켜야 하며, 특히 균사 또는 배지의 냄새에 의해 유입되는 응애의 피해를 막기 위해서는 필터팬을 가동하여 내부에 양압을 유지시키는 것이 중요하다. 또한, 배양실에는 균사가 배양될 때 발열이 일어나며, 이로 인해 상부와 하부의 온도 차이가 발생하기 때문에 공기 순환 장치를 설치하여 지속적이면서도 미세하게 공기가 순환되도록 해야 상부와 하부의 균사 배양 차이가 적어진다. 배양실의 크기는 1일 10,000병 규모의 경우 바닥 면적 기준으로 600m^2 정도의 공간이 필요하며, 하나의 공간보다는 2~3개의 공간으로 나누어 운영하는 것이 효과적이다.

⑤ 균긁기실

균긁기실은 배양이 완료된 병의 상단부에 있는 노화된 접종원을 기계적으로 제거하기 위한 작업을 하는 공간이다. 따라서 배양실과 생육실 사이에 배치하는 것이 바람직하다. 균긁기실의 규모는 균긁기 기계의 크기와 1일 균긁기 물량을 고려하여 결정한다.

⑥ 생육실

생육실은 버섯 발생을 유도하고 자실체를 키우는 공간이므로 항상 높은 습도와 일정 온도의 유지가 필요하다. 냉난방기, 가습 장치, 환기 장치 등이 설치되어야 한다. 생육실에 설치되는 환기 장치에는 냉각실, 종균 접종실, 배양실에 설치되는 헤파필터 등의 공기 여과 장치는 필요하지 않으며, 느타리의 경우 짧은 시간 내에 충분한 환기가 이루어질 수 있도록 생육실의 크기에 적합한 용량의 환기팬 설치가 필요하다. 생육실의 크기는 바닥 면적 기준으로 각 실당 50~66m^2 정도가 적당하며, 생육실의 크기가 지나치게 클 경우 관리의 어려움이 있다. 또한, 생육실의 총 면적은 배양실 면적의 1.5배 정도는 확보되어야 한다.

⑦ 기타

상기의 시설 이외에 저온저장고와 기밀실 등이 필요하다. 저온저장고는 수확된 버섯을 일시적으로 저장하는 시설이다. 기밀실은 재배사 외부에서 유입되는 공기를 생육실 등으로 공급하기 전 생육실 내부의 조건과 근접한 상태로 만들어서 공급하기 위한 공간으로, 복도 상단에 별도의 공간을 확보하거나 복도를 기밀 공간으로 활용하기도 하는데 기밀실 내에 냉난방기, 환기용 팬과 덕터 등을 설치한다. 고온기와 저온기에 재배사 내부와 편차가 큰 공기가 재배사 내부로 직접 유입될 경우, 생육 관리에 어려움을 겪을 수 있으므로 기밀실 설치를 반드시 고려해야 한다.

❷ 장비 및 설비(그림 4-11)

① 자동 혼합기

자동 혼합기는 버섯 재배에 사용되는 톱밥, 면실박, 비트펄프 등 배지 재료를 일정한 비율로 혼합한 배지를 자동으로 골고루 섞어 주는 장비이며, 이때 수분 조절까지 함께 이루어진다.

② 자동 입병기

일정한 비율로 혼합되고 수분 조절이 완료된 배지가 자동 혼합기로부터 컨베이어를 통해 자동 입병기에 담기면 플라스틱 병에 일정한 양으로 배지를 담아 주는 기계이다. 기계 성능에 따라 시간당 3,000~10,000병까지 자동 입병 작업이 가능하다.

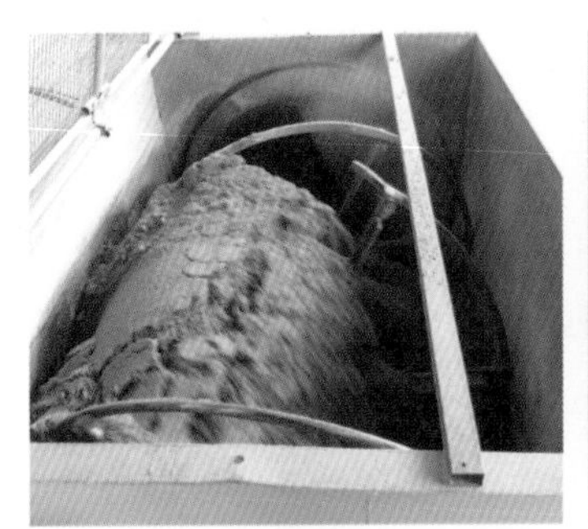
자동 혼합기

자동 입병기

고압 살균기

종균 접종기

클린 부스

액체 종균 배양기

상자 이송 및 적재기

균긁기기

탈병기

그림 4-11 느타리 병재배용 장비 및 설비

③ 고압 살균기

1.2kg/cm², 120℃ 이상의 고압과 고온으로 배지 내에 있는 잡균을 포함한 모든 미생물을 살균하는 장비이다.

④ 자동 종균 접종기

살균이 끝나 냉각된 배지에 일정량의 종균을 자동으로 접종해 주는 장비로서, 고체 종균 접종기, 액체 종균 접종기로 구분된다.

⑤ 클린 부스

클린 부스는 종균 접종 시 고도의 청결도를 유지하기 위해 종균 접종실에 설치되는데, 내부에 자동 종균 접종기를 설치하고 종균 접종 작업 중에 헤파필터 팬모터를 작동시켜 외부로부터 정화되지 않은 공기가 유입되지 않도록 해야 한다.

⑥ 균긁기기

배양이 완료된 병 상단부의 접종원을 자동으로 제거하고 병 내부에 일정량의 물을 공급하여 버섯 발생을 유도하기 위해 사용되는 장비이다. 균긁기기는 병뚜껑을 제거해 주는 부분, 접종원을 제거하는 부분, 병 내부에 물을 공급해 주는 부분 등으로 구성되어 있다.

⑦ 탈병기

버섯 수확이 끝난 플라스틱병의 재사용을 위해 병에서 배지를 제거하는 장비로서, 탈병 방식에 따라 압축 공기 방식, 회전 스크류 방식으로 구분된다. 압축 공기 방식은 탈병 속도는 빠르지만, 강한 압축 공기로 인해 회전 스크류 방식보다 플라스틱병의 파손율이 다소 높다.

⑧ 적재기

적재기는 병이 담긴 상자를 옮기거나 쌓는 데 사용되며 노동력 절감 효과를 높여 주는 장비이다.

❸ 자동 제어 장치 및 관련 장비

자동 제어 장치는 배양실, 생육실 등 온도, 습도, 이산화탄소 농도 등을 자동으로 조절하기 위해 설치되는 장비이다. 온도, 습도, 이산화탄소 농도 범위를 설정해 주면 냉난방기, 가습 장치, 환기 장치를 자동으로 작동 또는 멈추게 하여 일정한 환경 조건을 유지해 주는 장비로서 제어 방식, 운용 기술 등에 다소의 전문성이 요구된다.

① 냉난방기

재배사의 온도를 일정하게 유지하기 위해 필요한 장비로, 콘덴싱 유니트(Condensing Unit)와 실외 응축기로 구성되어 있다. 일반적으로 냉방은 냉매를 사용하는데 냉매를 실외에 설치된 응축기로 고압으로 압축시킨 후, 실내에 설치된 콘덴싱 유니트에서 압력을 낮추어 팽창시키면 온도가 낮아지게 된다.

난방은 콘덴싱 유니트 내부에 전기열선을 설치하여, 전기열선에 전기를 공급함으로써 실내 온도를 높여 준다. 생육실 같이 습도가 높은 곳에서 전기열선 등의 절연 상태가 나빠지게 될 경우, 화재 사고가 발생할 수 있으므로 정기 점검을 반드시 해야 한다.

냉난방기의 용량은 사용되는 공간의 규모나 버섯의 생육 물량 등에 따라 적절한 용량을 선택하는 것이 중요하다. 또한, 콘덴싱 유니트에 설치되어 있는 팬은 실내의 냉난방을 위한 송풍 역할 이외에 실내 공기를 순환시키는 역할도 한다. 콘덴싱 유니트 팬의 회전 속도가 지나치게 빨라 풍속이 강해지면 실내 습도가 적정 습도 이하로 낮아지게 되어 버섯 생육에 장해를 받을 수 있다. 따라서 콘덴싱 유니트 팬은 회전 속도를 조절할 수 있도록 보조 장치(인버트)를 설치해 주는 것이 중요하다.

② 가습 장치

균 배양과 자실체 발생 유도, 생육기 등 일정 수준의 습도가 필요한 시기에 습도를 유지시키는 장비이다. 버섯 재배에 사용되는 가습기 종류는 초음파 가습기, 회전원심식 가습기, 노즐식 가습기 등이 있다. 느타리 병재배에 가장 널리 사용되는 가습기는 회전원심식 가습기이다. 설치 및 유지 비용이 저렴하고 고장이 적은 것이 장점이다.

초음파 가습기는 입자 크기가 작아 자실체 표면에 물방울이 잘 응결되지 않아서 버섯 생육에 유리하지만, 다른 가습기에 비해 구입 가격이 비싸고 유지 비용이 많이 소요된다. 노즐식 가습기는 수압 또는 압축 공기와 물을 노즐을 통해 직접 분사하는 방식으로 가습 효과가 높지만, 압축콤프레샤의 소음과 노즐이 막히는 등의 불편함이 있을 수 있다.

③ 환기 장치

버섯이 생육할 때에는 버섯의 호흡에 필요한 산소를 공급하고 호흡에 의해 배출된 이산화탄소를 밖으로 배출하여 실내 산소와 이산화탄소 농도를 적정 수준으로 관리해야 한다. 환기는 흡기와 배기로 구분되는데, 이 두 가지 공정이 동시에 이루어질 때 환기 효과가 높다. 일반적으로 급기는 상단부, 배기는 하단부에서 이루어지도록 설치되며, 급 · 배기의 효율을 높이기 위해 덕터를 연결할 수 있는 환기용 팬(시로코 팬)을 사용한다.

❹ 공기 여과 장치

공기 여과 장치는 외부로부터 잡균이나 해충의 유입을 막고 실내 공기의 청정도를 높이기 위해 사용된다. 공기 여과 장치는 필터, 필터박스, 필터팬 등으로 구성된다. 필터의 종류는 헤파필터(High Efficiency Particulate Air Filter), 미디움필터(Medium Filter), 프리필터(Pre Filter)가 있다.

헤파필터는 0.3μ의 먼지 또는 세균 등의 작은 입자에 대해 100%에 가까운 제거율을 가지는 무균 필터로, 주로 냉각실, 종균 접종실, 배양실 등에 설치되며 사용 여건에 따라 다르지만 약 6개월 주기로 교환해 주는 것이 좋다. 미디움필터는 미세 먼지, 곰팡이 포자 등을 여과할 수 있고, 배양실 또는 헤파필터 전처리용으로 사용된다. 프리필터는 비교적 큰 입자의 먼지 등을 여과할 수 있으나 곰팡이 포자, 미세 먼지, 세균 등은 여과하기 어렵다. 주로 생육실 또는 헤파필터 전처리용으로 사용된다.

(3) 느타리 병재배 과정 및 방법

느타리 병재배 과정은 크게 배지 제조, 균사 배양, 자실체 생육의 3단계로 나눌 수 있다. 세부적으로는 배지 혼합과 수분 조절, 입병, 살균 및 냉각, 종균 접종, 배양, 균긁기, 발이 유도, 생육, 수확, 탈병 등 여러 단계를 거치게 되며, 각 단계별 주요 핵심 내용은 다음과 같다(그림 4-12).

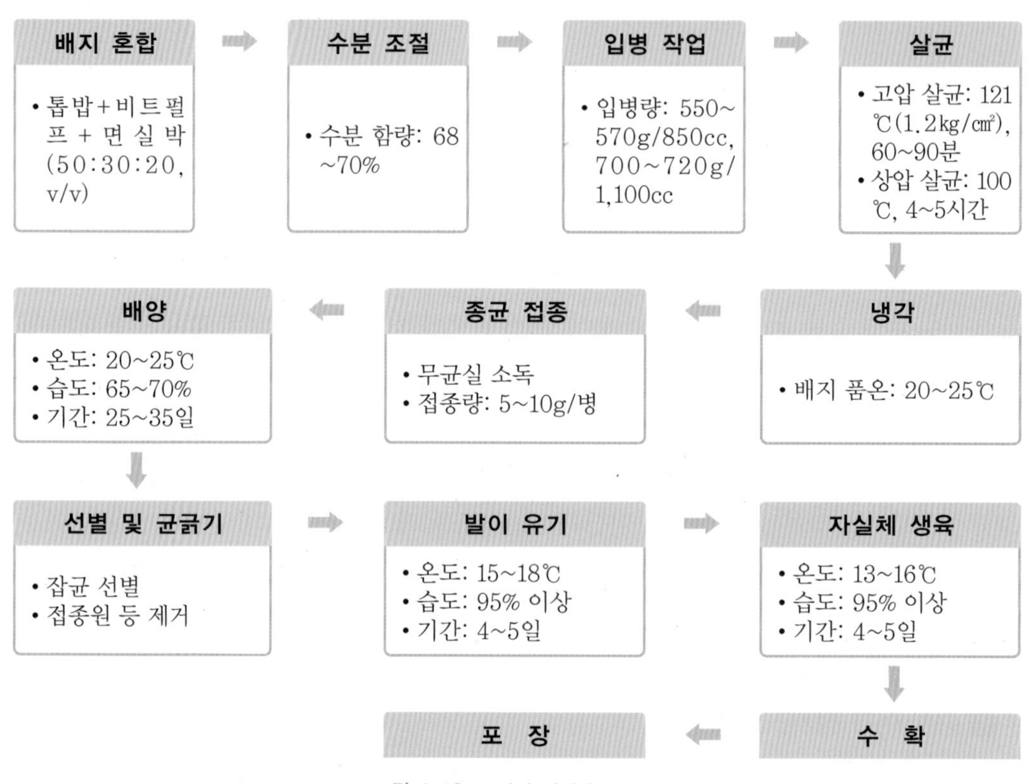

그림 4-12 느타리 병재배 모식도

❶ 배지 재료의 준비

느타리 병재배에 사용되는 재료는 톱밥, 콘코브, 비트펄프, 면실박, 케이폭박, 면실피 등이 있다. 톱밥은 주 성분이 리그닌, 셀룰로오스와 같은 고분자 탄수화물로서 버섯균에 의해 분해되어 포도당 등의 형태로 흡수되는데, 병재배와 같이 재배 기간이 짧은 재배 방식의 경우 분해 흡수율이 비교적 낮다. 따라서 톱밥은 탄소원의 역할보다는 병 내부의 공극 등 물리성을 개선해 주거나 충진재로서의 역할이 크다.

느타리 병재배에 널리 사용되는 톱밥은 은사시나무 또는 미루나무 등의 활엽수 톱밥과 침엽수 중에는 수지(resin) 성분의 함량이 비교적 적고 휘산이 잘되는 미송이 널리 사용된다. 미송 톱밥의 경우, 버들송이 등을 재배하려면 약 3개월 이상의 야적이 필요(박 등, 1996)하지만, 느타리 병재배 시에는 생 미송 톱밥을 사용해도 수량의 차이는 비교적 적은 편이다(이 등, 2002; 표 4-11). 느타리 병재배 시 생 미송 톱밥을 사용해도 가능한 이유는 톱밥의 첨가량이 약 50% 정도에 불과하여 톱밥의 영향을 적게 받고, 함께 사용되는 비트펄프에 당 함량이 풍부하여 탄소의 공급이 원활하기 때문이다.

표 4-11 야적 미송 톱밥과 생 미송 톱밥의 수량 비교 (이 등, 2002)

톱밥 종류	배양 일수 (일)	초발이 소요 일수(일)	생육 일수 (일)	배양률 (%)	수량 (g/병)	수량 지수
야적 미송 톱밥(대조)	29	4	4	100	170.1a	100
생 미송 톱밥	30	4	5	100	168.7ab	99

콘코브(Corn cob)는 옥수수의 알맹이를 제거하고 남은 공이를 건조하여 압착한 것을 수입한 것인데, 중국과 동남아시아 지역이 주 생산국이다. 콘코브는 최근 톱밥의 수요 불안정으로 느타리 병재배 시 일부 재료로 사용되고 있지만, 새송이나 팽이버섯 재배에서는 주재료로 사용된다.

비트펄프는 사탕무에서 설탕을 가공한 후 남은 슬러지를 건조하여 펠릿 또는 분쇄하여 축산 사료용이나 버섯 재배용으로 사용한다. 주로 중국 남부 지역, 동남아시아, 오스트레일리아 등으로부터 전량 수입한다. 비트펄프에는 당 성분이 풍부하고 당이 단당류 또는 이당류의 형태로 존재하여 버섯 균사체 내부로 빨리 흡수되므로, 병재배 또는 봉지 재배와 같이 재배 기간이 짧은 재배 방식에서 탄소원으로 널리 사용되는 재료이다.

면실박, 케이폭박, 면실피는 질소 함량이 풍부한 재료들로서 영양원 역할을 한다. 면실박은 목화를 수확하고 남은 목화씨에서 면실유를 착유하고 남은 슬러지를 분쇄한 것으로 질소 함량이 약 8% 정도로 풍부하다. 면실피는 목화씨와 솜 부산물이 약 절반씩 섞여 있는 재료이며, 역시 질소 함량이 높아 느타리 병재배 또는 봉지 재배 시 최고의 단백질 공급원이기도 하다. 그러나 최근 면실박과 면실피의 가격 상승으로 농가의 배지 구입 비용이 급격히 증가하고 있는 실정이어서 대체 배지를 검토한 결과, 표 4-12와 같이 케이폭박이 면실박을 대체할 만큼 효과가 있었다.

케이폭박은 케이폭나무의 열매에서 착유를 하고 남은 슬러지이다. 이 재료도 질소 함량이 풍부하여 느타리 병재배 시 면실박을 대체하는 염가 재료로 개발되어 최근 널리 사용되고 있다(표 4-13).

표 4-12 느타리 병재배 시 재료별 화학성 (원 등, 2007)

배지 재료	pH	T-C (%)	T-N (%)	C/N	조지방 (%)	오산화인 (%)	산화칼륨 (%)	산화칼슘 (%)	산화마그네슘(%)
미송 톱밥	5.1	40.0	0.1	667	0.7	0.01	0.04	0.09	0.02
미루나무 톱밥	5.2	51.7	0.1	647	0.6	0.02	0.11	0.19	0.05
콘코브	5.7	46.9	0.5	94	0.8	0.8	0.9	0.2	0.2
비트펄프	5.1	46.8	1.5	31	0.9	0.2	0.4	0.5	0.4
면실박	6.8	45.5	7.8	6	0.4	2.9	2.1	0.3	1.1
면실피	6.8	48.4	2.8	17	1.8	2.1	1.4	0.1	0.3
야자박	5.5	49.4	3.2	15	8.4	1.3	2.5	0.1	0.5
케이폭박	5.5	47.8	4.2	11	2.3	1.9	2.1	0.2	0.6

표 4-13 느타리 병재배 시 면실박 대체 배지 종류별 수량 (원 등, 2007)

배지 조합	배양률 (%)	초발이 소요 일수(일)	생육 일수 (일)	수량 (g/850cc병)	생물학적 효율(%)
미송 톱밥+비트펄프+면실박	99.2	5	4	122.0ab	64.1
미송 톱밥+비트펄프+채종박	96.8	6	4	109.6b	53.6
미송 톱밥+비트펄프+면실박+대두박	85.4	6	4	60.6c	32.5
미송 톱밥+비트펄프+야자박	87.2	4	5	129.9ab	62.1
미송 톱밥+비트펄프+케이폭박	99.5	5	5	144.6a	75.4

❷ 배지 혼합 및 수분 조절

느타리 병재배 시 재배되는 품종에 따라 재료의 종류와 혼합 비율이 다르다. 춘추느타리 2호 계통의 버섯은 톱밥, 비트펄프, 면실박, 케이폭박 등이 사용되며, 혼합 비율은 부피 비율로 톱밥(미송 또는 미루나무), 비트펄프, 면실박(또는 케이폭박)을 50:30:20으로 하거나 톱밥, 비트펄프, 면실박, 케이폭박을 50:30:10:10의 비율로 혼합하여 사용할 수 있다. 재료별로 수분 흡수 후 팽창되는 정도가 다르기 때문에 이를 무게 비율로 환산하면 톱밥(미송 또는 미루나무), 비트펄프, 면실박(또는 케이폭박)의 혼합비가 70:15:15 정도가 된다. 수한느타리 1호 계통의 버섯은 톱밥, 비트펄프, 면실피, 면실박 등이 사용되는데, 혼합 비율은 무게 비율로 톱밥, 면실피, 비트펄프, 면실박을 50:35:10:5 정도의 비율로 혼합하면 된다.

비트펄프와 면실피, 면실박은 혼합 전 배지 수분 함량이 15% 미만으로 건조한 상태이므로 수분이 충분히 흡수되도록 해야 하는데, 자동 혼합기에 비트펄프와 면실박을 먼저 넣고 일정량의 물을 공급하여 이들 재료에 수분이 충분히 흡수되도록 한다. 면실피의 경우도 비교적 입자가 큰 목화씨 껍질이 섞여 있고 씨껍질에 존재하는 지방 성분으로 인해 수분 흡수가 늦기 때문에 사용 직전에 물에 불려 사용하는 것이 좋고, 여건이 여의치 않을 경우 면실피 조직 내부에 수분이 충분히 흡수되도록 수분 조절과 혼합기 교반 시간을 늘리는 것이 좋다.

배지의 수분 함량은 68~70% 수준으로 조절한다. 수분 함량의 확인은 몇 차례에 걸쳐 하는 것이 좋은데, 이는 배지 재료들이 지속적으로 수분을 흡수하기 때문에 일반적으로 입병 전에 측정한 수분 함량이 최초 측정한 수치보다 낮기 때문이다. 따라서 수분 함량과 조절은 3~4회에 걸쳐 실시하고, 혼합기 교반 시간을 최소한 1시간 이상 유지해야 한다.

수분 함량의 측정은 자동저울에 건조 장치가 부착된 건조수분측정기를 사용하는 것이 정확하지만, 가격이 수백만 원으로 경제적 부담이 크기 때문에 농가에서 운용하기 어렵다. 그래서 간이 측정법으로 수분 함량을 확인하는 방법이 있으며, 이는 정확하지는 않지만 농가 현장에서 널리 사용되고 있다. 즉, 수분 함량이 조절된 배지의 일정량을 손에 한 줌 쥐어짜면 손가락 사이로 물이 줄줄 흘러내리지 않고, 약 3~5방울 정도의 물방울이 떨어질 정도면 적당한 수분 함량으로 간주할 수 있다.

❸ 입병

배지 혼합과 수분 조절이 완료되면 즉시 입병 작업을 실시하는데, 입병량은 용기의 크기에 따라 다소 차이가 있으나 플라스틱병 용량 100cc당 배지 65g을 입병한다. 850cc의 경우 550~570g, 1,100cc의 경우 700~720g 정도가 적당하다. 이는 병과 뚜껑 무게를 제외한 것이다. 병재배 시 사용되는 플라스틱병 종류는 850cc/60ϕ 등 5~6종 정도 있으며, 병 종류별로 수량과 회수율의 차이가 있다. 수량을 먼저 고려한다면 1,100cc/75ϕ가, 회수율을 우선 고려한다면 850cc/65ϕ가 적당하다(표 4-14).

표 4-14 느타리 병재배 시 용기 크기별 수량성 비교 (하 등, 2001)

용기 규격	배양 일수 (일)	초발이 소요 일수(일)	생육 일수 (일)	유효 경수 (개/병)	수량 (g/병)	회수율 (%)
850cc/60ϕ	21	4	6	21.7	132	69.3
850cc/65ϕ	21	4	6	20.9	152	77.8
850cc/70ϕ	20	4	6	19.9	143	72.7
1,100cc/65ϕ	21	4	6	23.5	153	70.7
1,100cc/75ϕ	20	4	6	26.2	171	73.9

❹ 살균

살균의 목적은 배지 내에 존재하는 미생물을 사멸하여 버섯균을 무균 상태에서 배양시키는

데 있다. 살균은 입병이 완료된 즉시 실시해야 한다. 입병 후 배지가 오래 방치되면 여름철 고온기에 변질되기 쉬우며 균 배양이 지연될 수 있다. 살균은 121℃, 1.2kg/cm²의 고온 · 고압에서 약 90분간 실시한다.

살균 과정을 좀 더 상세히 설명하면(그림 4-13), 100℃가 될 때까지 스팀 공급 배관과 스팀 배출 배관에 설치된 전자변(수동 시 밸브 설치)을 열고 스팀을 공급하면서 살균기 내부 공기가 빠져 나가도록 한다. 100℃에 도달한 후에도 동일한 조건으로 일정 시간(약 20분) 동안 스팀을 공급하면서 탈기시킨다.

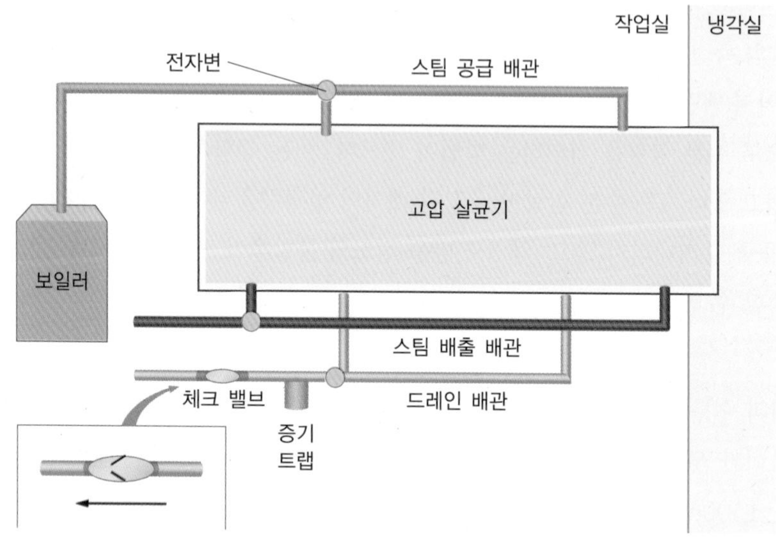

그림 4-13 살균기 및 배관 구조

탈기가 완료되면 스팀 공급 배관과 스팀 배출 배관의 전자변을 닫고 121℃까지 온도를 상승시켜 약 90분간 살균을 실시한다. 그 후 스팀 공급 배관의 전자변을 닫고, 100℃까지 온도가 내려갈 때까지 스팀 배출 배관의 전자변을 개방한다. 100℃가 되면 스팀 배출 배관의 전자변을 닫아 살균기 내부로 외부 공기가 유입되지 않도록 해야 한다. 드레인 배관에는 증기 트랩과 체크 밸브를 설치한다. 증기 트랩은 살균기 내부에서 외부로 빠져 나가는 증기를 잡아 주고 물만 배출되게 하는 장치이며, 체크 밸브는 증기 트랩에서 생성된 물이 살균기 바깥 방향으로만 배출되게 하고 거꾸로 역류하지 않도록 하는 장치이다.

일반적으로 살균기 내부의 온도가 100℃ 이하로 내려가기 시작하면 내부에 강한 음압이 형성되는데, 이로 인해 외부의 공기나 물이 강하게 역류하며 살균기 외부로부터 공기나 물이 내부로 역류하게 될 때 함께 유입될 수 있는 잡균에 의해 배지가 오염되지 않게 하기 위해서 이와 같은 장치가 필요하다.

❺ 냉각

냉각 과정은 살균이 완료된 배지의 온도를 강제로 낮추어 주는 과정이다. 살균기 내부의 기압이 완전히 낮아져 대기압과 같은 상태가 되고 내부 온도가 100℃까지 낮아졌을 때, 살균기 문을 개방하고 배지를 냉각실로 꺼내어 냉각시켜야 한다. 그 이유는 살균기에 증기 트랩 또는 체크 밸브가 설치되지 않았거나 오래 사용하여 살균기의 기밀도가 낮아졌을 경우, 살균기 온도가 100℃ 이하로 낮아질 때 생기는 강한 음압으로 인해 외부에서 유입되는 공기 중의 잡균에 의해 배지가 쉽게 오염될 수 있기 때문이며, 이럴 경우 청정도가 높은 냉각실에서 배지를 냉각시키는 것이 더 안전하다.

앞에서 설명한 바와 같이 냉각실에는 반드시 헤파필터를 이용한 공기 여과 시설이 설치되어야 하고 양압을 유지해야 하며, UV등을 달아 청정도를 높여야 한다. 또한, 냉각실로 출입하는 작업자는 위생복, 위생화 등을 반드시 착용한 후 출입하도록 해야 하고 주기적으로 70% 에탄올이나 2% 차아염소산나트륨용액 등으로 소독하는 것이 좋다.

❻ 종균 접종

배지 온도가 25℃ 이하로 냉각되었을 때 종균 접종 작업을 실시한다. 일반적으로 종균 접종은 종균 접종기를 사용하며, 종균 접종기는 클린 부스 내에 설치된다. 종균 접종 전에 종균 접종기와 주변을 70% 에탄올 등으로 소독하고, 종균이 직접 닿는 부위는 화염 소독을 한다. 종균 접종 후에는 반드시 기계 주변 또는 바닥에 낙하된 종균을 깨끗이 청소하고 소독액으로 소독을 해 둔다.

클린 부스 내부에는 UV등을 설치하여 종균 접종이 끝나면 다음 작업 전까지 항상 켜 두어야 한다.

❼ 배양

균 배양은 버섯 균사가 영양 생장을 하는 기간이며, 일정한 온도와 습도의 유지가 필요하다. 느타리 병재배 시 배양 온도는 품온(品溫)을 기준으로 25~28℃가 적당하다. 일반적으로 균 배양 시 온도 관리는 품온보다는 배양실 내부 온도를 기준으로 하고 있다. 품온은 배양실 온도보다 최대 약 7℃ 정도 높은데, 이는 균사 호흡과 대사 과정에서 에너지가 발생되기 때문이다. 그림 4-14에서와 같이 배양실 온도를 23℃로 관리하였을 때, 배지 품온은 초기부터 급격히 상승하기 시작하여 배양 시작 약 10일째 전후에 31℃ 이상의 최고 온도에 도달한 후 다시 감소하는 경향을 보인다.

이러한 점을 감안하여 배양실 온도는 품온보다 낮은 약 20~25℃ 정도의 범위에서 관리하고, 배양실 내 투입되어 있는 물량이 많거나 고온기에는 낮은 범위에서, 물량이 적어 내부 발열량이 적거나 저온기에는 높은 범위에서 차등 관리하는 것이 좋다.

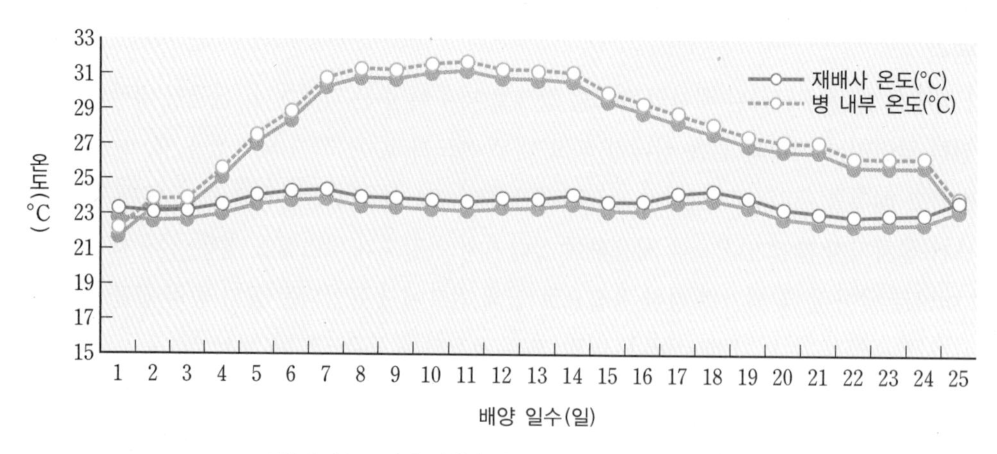

그림 4-14 느타리 병재배 배양 기간 중 품온 변화 (하 등, 2001)

한편, 균 배양 중 병 내부에서 외부로 공기 교환이 지속적으로 이루어지는데, 이는 병 내부와 외부의 온도 차이가 발생하기 때문이며, 느타리와 같이 배양 기간이 짧고 발열량이 많은 버섯은 공기 교환량이 많다. 그래서 느타리 병재배용 병뚜껑은 공기 교환이 원활하게 잘될 수 있는 것으로 선택하는 것이 좋다.

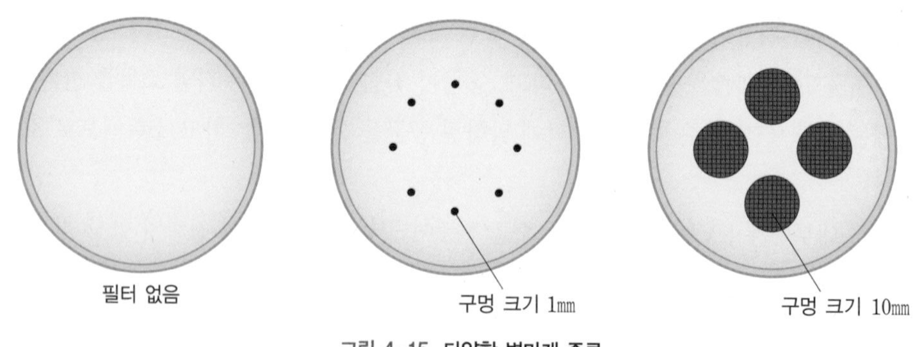

그림 4-15 다양한 병마개 종류

습도는 65% 정도로 유지하는 것이 좋다. 이는 배지 수분 함량과 비슷한 수준인데, 겨울철 저온기에 상대습도가 낮아질 경우 배지 수분이 손실될 수 있기 때문이며, 습도 유지를 위해 가습기를 설치하는 것이 좋다. 또한, 배양실 내부 상하 또는 전후 간 동일한 온도와 습도를 유지해야만 균 배양의 차이를 최소화할 수 있다. 이를 위해 앞서 언급한 바와 같이 공기 순환 장치를 설치하는 것이 좋다. 내부 공기 순환 장치 설치 시 우선 고려해야 할 점은 풍속이다. 풍속이 빠를 경우, 과도한 공기 유동으로 배양실이 적정 습도 이하로 낮아질 수 있으므로 미세하면서도 지속적으로 공기가 흐를 수 있도록 해야 한다. 그리고 배양 상자 적재 시에도 상자와 상자 사이의 간격을 띄워 공기가 원활하게 흐르게 하여 품온의 과도한 상승을 막아야 한다.

배양실 내의 적정 이산화탄소 농도 유지 범위에 대하여는 선행 연구 결과가 미흡하기 때문에 확인하기 어렵다. 버섯 균사가 영양 생장을 활발하게 하는 동안 많은 양의 산소를 소비하는 동시에 많은 양의 이산화탄소를 배출한다. 이산화탄소가 원활하게 배출되지 않으면 배양실 내에 축적되는데, 축적된 이산화탄소 농도가 지나치게 높을 경우 균사 배양에 영향을 받을 수 있다. *Fusarium oxysporum*이나 *F. eumartii*와 같이 75.3%의 농도에서도 내성을 가지는 균도 있지만, 버섯을 포함한 균류는 10~15% 농도 이상으로 이산화탄소가 축적되면 균사 생장이 억제된다고 한다(Hollis, 1948).

배양 중에는 빛이 필요하지 않다. 빛은 자실체 발생을 유도할 때 필요하다. 균사 배양 단계에서 빛이 조사되면 배양이 완료되지 않은 병에서도 자실체가 발생될 수 있으므로 배양 단계에서는 가급적 전등을 켜지 않는 것이 좋다.

❽ 자실체 발이 유도

자실체를 발생시킨다는 의미는 영양 생장 단계에서 생식 생장으로 전환시킨다는 의미이며, 자실체 발생을 유도하기 위해서는 여러 가지 환경 요인의 변화가 필요하다. 표 4-15와 같이 느타리 병재배 시 자실체 발이 유도를 위해 온도는 15~18℃ 범위로 내리고, 습도는 95% 이상으로 높이며, 환기를 소량으로 실시하여 이산화탄소 농도를 1,000~1,500ppm 정도로 유지한다. 빛은 느타리의 원기 형성에 필수적인 요인이다. 빛 조사 시간은 48시간 이상, 파장은 340~500nm, 광량은 6.8mw/cm^{2}의 조건에서 원기 형성이 촉진된다(이 등, 1996). 또한, 암 조건에서 자실체 발생을 유도할 경우 갓이 거의 형성되지 않고, 갓색이 백색에 가깝지만, 30~100lx의 빛을 조사할 경우 우수한 품질의 자실체를 얻을 수 있다(Inatomi 등, 2000).

그러나 다양한 품종, 짙은 흑회색의 자실체 갓 선호, 연속적인 가습기 가동 등 여러 가지 사항을 고려할 때 농가에서는 300lx 이상의 밝은 빛이 필요하다. 더 밝은 빛 아래에서도 자실체 생육은 양호하며, 자연 상태의 야생 버섯은 훨씬 밝은 곳에서 자란다.

표 4-15 느타리 병재배 시 자실체 발이 유도를 위한 환경 조건

구분	균사 배양	자실체 발이 유도	자실체 생육
온도 범위(℃)	25~28	15~18	14~16
습도 범위(%)	65~70	95% 이상	95% 이상
이산화탄소 농도(ppm)	15,000 이하	1,000~1,500	1,000~1,500
빛(lx)	0	30~300	30~300

한편 자실체 발생을 유도하기 위해서는 환경 요인의 변화 이외에 병 상단부에 있는 노화된 접종원을 제거해 주어야 하며, 병은 생육실로 옮겨 상기의 조건에서 자실체 발생을 유도한다. 이때 병을 거꾸로 세워 두었다가, 원기가 형성되어 약 1일 정도 경과된 후 바로 세운다. 병을 거꾸

로 세우는 이유는 균긁기한 병 상단부가 바람에 의해 건조되는 것을 막고 발생 부위에 수분 함량을 높여 자실체 발생을 골고루 유도하기 위해서이다. 균긁기 후 원기가 형성될 때까지는 약 4~5일 정도 소요된다.

❾ 생육 관리 및 수확

원기가 형성된 이후부터 수확할 때까지 환경 관리를 잘 하여야만 고품질의 버섯을 수확할 수 있다. 표 4-16에서와 같이 버섯의 품질을 결정하는 요인은 온도, 습도 등 여러 가지 요인이 있지만 가장 큰 영향을 미치는 요인은 이산화탄소 농도이다.

표 4-16 버섯 생육 시 환경 요인과 버섯 품질

환경 요인	적정 범위	환경 요인이 적정 범위 이상일 때	환경 요인이 적정 범위 이하일 때
온도	14~18℃	• 갓의 색깔이 옅어지고, 생장이 빠르나 조직이 물러짐.	• 갓색이 진해지고, 생장이 늦으며 조직이 단단해짐. • 대가 짧아 품질이 저하됨.
습도	95~97%	• 자실체 중량이 낮고 부서지기 쉬우며, 갓의 색깔이 옅음.	• 갓색이 짙어지고 단단해져 저장력이 높아짐.
이산화탄소	800~1,500 ppm	• 대가 가늘고 길어지며, 갓이 작아짐. • 갓이 위로 말리거나, 대가 휘는 등 기형 증상이 발생함.	• 대가 짧고 갓이 커짐.
빛	30~300lx	• 갓색이 짙어짐.	• 갓색이 옅어짐.

이산화탄소는 버섯의 형태를 좌우한다. 이산화탄소는 대의 길이 생장을 촉진하고, 갓의 생장을 억제하여 이산화탄소 농도가 높으면 대가 가늘고 길어지며, 갓의 지름이 작아진다. 반대로 이산화탄소 농도가 낮으면 대가 짧고 굵어지며, 갓의 지름이 커진다. 따라서 고품질의 버섯을 만들기 위해서는 생육 단계별로 이산화탄소 농도를 적절하게 조절하는 것이 중요하다. 표 4-17은 느타리 병재배 시 생육 단계별로 이산화탄소 발생량을 나타낸 것이다.

표 4-17 느타리의 생육 단계별 호흡량 (하 등, 2002)

입상 밀도 (병/m^3)	호흡량(cc/hour)			
	균긁기 후	원기 형성 후	수확 2일 전	수확기
10	42.3	174.2	226.9	236.0
20	96.5	381.0	705.8	655.8
30	149.2	487.9	763.4	737.7
40	211.7	812.7	1255.5	1285.3
1	5.0	18.6	29.5	29.2

그림 4-16 병재배 느타리의 성숙 자실체 형태

병당 발생되는 이산화탄소의 양은 수확 2일 전부터 수확기까지 가장 많다. 따라서 생육 초기에서 생육 후기로 갈수록 환기량을 증가시켜 자실체가 이산화탄소 과다 축적에 의한 장해를 받지 않도록 해야 한다.

느타리 병재배 시 생육 관리 요령을 좀 더 세밀하게 설명하면 다음과 같다.

균긁기 직후부터 원기가 형성될 때까지는 소량의 환기와 높은 습도를 유지해야 한다. 이때의 이산화탄소 농도는 1,500ppm 이하, 습도는 95% 이상으로 유지한다. 원기가 형성된 이후부터 자실체가 병 상단부에서 약 2cm 정도로 자랄 때까지는 전 단계와 동일한 조건으로 관리하는데, 다만 수한 1호 계통의 버섯은 세균성갈변병에 대한 내병성이 약해서 습도를 수확 시까지 90~95% 정도의 수준으로 관리한다.

그 이후부터 수확할 때까지는 환기량을 점진적으로 증가시키는데, 춘추 2호 계통의 버섯은 이산화탄소 농도 1,000ppm 이내에서, 수한 1호 계통의 버섯은 1,500ppm 이내에서 관리한다. 균긁기 이후부터 수확까지는 약 8~10일 정도 소요된다. 수확 시점은 농가의 유통 여건에 맞게 조절할 수 있으며, 갓 지름이 3.0~3.5cm 정도 자라 갓과 대의 크기가 균형이 맞게 자랐을 때 수확하여야 한다(표 4-18, 4-19).

표 4-18 수한 1호의 이산화탄소 농도별 생육 특성 (하 등, 2002)

이산화탄소 농도(ppm)	초발이 소요 일수(일)	자실체 특성				수량(g/850cc병)				회수율 (%)
		유효 경수 (개)	갓 크기 (mm)	대 굵기 (mm)	대 길이 (mm)	상	중	하	계	
500	3	9.1	37.3	14.1	51.4	67.9	17.6	10.9	96.4	53.7
1,000	4	10.7	35.7	14.1	60.4	81.0	12.7	6.4	100.1	55.8
1,500	4	11.4	34.1	13.6	62.3	84.6	11.3	8.2	104.1	58.2
2,000	4	9.8	30.8	12.8	60.9	75.2	13.4	10.3	98.9	55.2

표 4-19 춘추 2호의 이산화탄소 농도별 생육 특성 (하 등, 2002)

이산화탄소 농도(ppm)	초발이 소요 일수(일)	자실체 특성				수량(g/850cc병)				회수율 (%)
		유효 경수 (개)	갓 크기 (mm)	대 굵기 (mm)	대 길이 (mm)	상	중	하	계	
500	4	23.4	30.4	9.4	64.5	95.3	25.5	23.9	144.6	80.8
1,000	4	21.3	32.1	10.6	62.6	99.2	29.4	20.5	149.1	83.2
1,500	4	17.5	30.0	10.7	65.8	81.9	28.8	26.5	137.4	76.6
2,000	4	16.4	28.5	10.6	67.4	71.9	36.1	33.1	141.1	78.8

7. 수확 후 관리 및 이용

버섯의 수확 시기는 담자포자가 많이 비산되기 전이 좋다(그림 4-16 참조). 또, 수확 시기가 가까워 올수록 생육 온도를 낮추고 공중 습도를 줄여야 저장력이 높아진다. 특히 균상 재배 버섯의 수확 시에는 포자 흡입을 줄이도록 반드시 환기가 원활한 상태에서 이루어져야 한다. 자실체를 수확하여 포장 후 0~2℃에서 저온 처리를 하룻밤 정도 한 후에 출하한다. 포장 방법은 다양한 크기와 형태로 이용되고 있다(그림 4-17). 반드시 0~5℃의 냉장 차량으로 수송하여야 하며, 마켓에서 유통 시에도 적어도 7℃ 이하에서 보존되어야 한다.

느타리는 생버섯, 건조 버섯으로 다양한 요리에 이용된다. 버섯의 질감이 닭고기 등 육류와 유사하여 고기 대용 식품으로 햄버거 등에 이용된다. 건조하면 식이섬유량이 많아져 육개장 등 장시간 끓이는 국물 요리에 알맞다. 느타리를 이용한 다양한 요리법이 최근에 많이 개발되어 보급되었다(농촌진흥청, 2010; 농촌진흥청, 2013).

그림 4-17 느타리의 포장

〈유영복, 하태문〉

참고 문헌

- 김병각 외 6인. 1995. 자연의 신비한 기적. 버섯 건강요법. 가림출판사.
- 농촌진흥청 농촌자원연구소. 2006. 식품 성분표.
- 농촌진흥청. 2010. 백세 건강을 약속하는 버섯 요리 100선(選). ㈜상상인.
- 농촌진흥청. 2013. 백세 건강을 약속하는 버섯 요리 100선(選) II. ㈜상상인.
- 박우길, 김영호, 주영철. 1996. 비트펄프와 면실박을 이용한 애느타리 병재배에 관한 연구. 농업과학논문집 38(2): 880-886.
- 박우길, 조성산, 김영호. 1996. 미송 톱밥의 야적 기간이 버들송이버섯 생육에 미치는 영향. 경기농업연구 8: 139-144.
- 성재모, 유영복, 차동열. 1998. 버섯학. 교학사.
- 원선이, 하태문, 장명준. 2007. 병재배 버섯 배지 재료에 관한 연구 - 영양원 대체 배지 개발. 경기도농업기술원 시험연구보고서. pp. 743-751.
- 유영복 등. 2010. 버섯학. 자연과사람.
- 유영복, 장갑열, 노형준, 오진아, 권영미. 2011. 백세 건강까지 한 걸음 더, 신비로운 19가지 버섯 이야기. 농촌진흥청.
- 이갑득, 강병수, 박용기. 1996. 느타리버섯의 균사체 및 원기 형성에 미치는 광감응성 작용 스펙트럼. 한국생명과학회지 6(3): 193-197.
- 이현주, 조성산, 주영철. 2002. 느타리버섯 새로운 톱밥 배지 개발. 경기도농업기술원 시험연구보고서. pp. 762-768.
- 차동열 외 12인. 1989. 최신 버섯 재배 기술. 상록사.
- 하태문, 이재홍, 지정현. 2001. 느타리버섯 병재배 안정 생산 기술 확립 - 병버섯 용기 크기별 생육 및 수량 반응 연구. 경기도농업기술원 시험연구보고서. pp. 517-523.
- 하태문, 지정현, 김희동. 2001. 느타리버섯 병재배 안정 생산 기술 확립 - 느타리버섯 병재배 배양 온도에 따른 적정 발이 시기 구명. 경기도농업기술원 시험연구보고서. pp. 502-516.
- 하태문, 주영철, 지정현. 2002. 느타리버섯 병재배 안정 생산 기술 확립 - 느타리버섯 병재배 적정 입상 밀도 구명. 경기도농업기술원 시험연구보고서. pp. 733-761.
- 한용봉, 2009. 식용 버섯 I, 성분과 생리 활성. 고려대학교 출판부.
- 劉波. 1978. 中國藥用眞菌. 山西人民出版社.
- 水野 卓, 川合正允. 1992. きのこの 化學 · 生化學. 學會出版.
- 河岸洋和. 2005. きのこの生理活性と機能. シーエムシー.
- Chang R. 1996. Functional properties of edible mushrooms. *Nutr Rev.* 54(11): 91-93.
- Gunde-Cimerman, N. 1999. Medicinal value of the genus *Pleurotus* (Fr.) P. Karst. (Agaricales s.l., Basidiomycetes). *International J. of Medicinal Mushrooms* 1: 69-80.
- Guzman, G. 1994. The fungi in the trational medicine in Meso-Amercia and Mexico. *Revis Iberoamericana Micol.* 11(3): 81-85.
- Hollis, J. P. 1948. Oxygen and carbon dioxide relations of *Fusarium oxysporum* Schlecht. and *Fusarium eumartii* Carp. *Phytopathology* 38: 761-775.
- Imazeki, R. and Hongo, T. 1989. *Colored illustrations of mushrooms of Japan* II. Hoikusha.
- Inatomi, S., Namba, K., Kodaira, R. and Okazaki, M. 2000. Effect of light on the initiation and development of fruit-bodies in commercial cultivation of *Pleurotus ostreatus. Mushroom Sci.*

Biotech. 8: 183–189.

- Raper, CA. 1978. Sexuality and breeding. In: Chang, ST & Hayes, WA. (eds) The Biology and Cultivation of Edible Mushrooms. pp. 83–117. Academic Press. New York.
- Singer, R. 1986. The Agaricales in modern taxonomy. Koeltz Scientific Books.
- Wasser, S. P. and Weis, A. L. 1999. Medicinal properties of substances occurring in higher basidiomycete mushrooms: current perspectives (Review). *International J. of Medicinal Mushrooms* 1: 31–62.
- Zervakis, G. and Balis, C. 1996. A pluralistic approach in the study of *Pleurotus* species with emphasis on compatibility and physiolgy of the european morphotaxa. *Mycol. Res.* 100(6): 717–731.

제 5 장

큰느타리(새송이)

1. 명칭 및 분류학적 위치

큰느타리(*Pleurotus eryngii* (DC.: Fr.) Quel.)는 분류학적으로 주름버섯목(Agaricales) 느타리과(Pleurotaceae) 느타리속(*Pleurotus*)에 속하는 버섯으로, 사물 기생(Zadrazil, 1974)과 활물 기생의 중간적인 형태를 보인다. 주로 아열대 지방이나 수목이 없는 초원 지대, 남유럽, 중앙아시아 및 북아프리카 등에 널리 분포하며 'King oyster mushroom' 또는 'Boletus of the steppes' 라고도 불린다. Raja-rathnam과 Bano(1987)는 큰느타리 인공 재배에 관한 연구는 1958년 Kalmar에 의해 최초로 시도된 것으로 보고하였다. 큰느타리는 주요 버섯 중 유일하게 우리나라에 자생하지 않는 버섯이다. 새송이라는 명칭은 1997년 경상남도에서 버섯 명칭 공모를 통해 확정되었으며, 국내에서는 큰느타리라는 명칭 대신 새송이로 대중화되어 불려지고 있다.

2. 재배 내력

상품명인 새송이로 더 많이 알려져 있는 큰느타리는 1980년대에 농촌진흥청에서 외국으로부터 도입된 유전 자원으로 재배 시험이 이루어졌다. 그 당시에는 병재배 기술이 보편화되지 않아 농가 보급이 어려웠고, 큰느타리는 균사 생장이 느리고 활력이 다소 낮아 상자나 균상 재배 시 오염으로 생산성이 매우 낮았다. 1987년 품종 '큰느타리 1호' 가 육성되고 동시에 농가에 병재배 시스템이 갖추어지면서 보급이 확산되었다. 병재배 시스템은 전국에 거의 보급되었지만 경남 지역이 특히 농가 수가 많았다. 점차 팽이버섯 재배 농가들이 큰느타리 재배 농가로 전환하여 더욱 주요 생산지로 부상되었다. 2000년 품종 '큰느타리 2호'가 육성 · 보급되면서 수량이 증수되고 품질도 개선되어 지금까지 가장 많이 재배되는 품종이 되었다. 이후 '애린이 3호' '단비' '곤지 3호' '송아'가 육성 · 보급되면서 점차 다양화되고 있다.

큰 느타리는 2002년부터 주요 버섯으로 취급되면서 생산 통계가 발표되었고, 현재 느타리와 유사한 생산량을 나타내고 있다. 저장성이 높아 네덜란드, 캐나다, 미국 등으로 수출되고 있어 점차 로열티에 따른 이익도 대두되고 있다.

3. 영양 성분 및 건강 기능성

농촌진흥청(2001)에서 발간한 식품 성분표에는 큰느타리의 주요 성분이 잘 나타나 있다. 분석 결과에 의하면 단백질, 섬유소, 무기질 및 비타민 성분이 풍부하다. 특히 팽이버섯과 더불어 비타민 C를 다량 함유하고 있어 식용 가치가 매우 높은 것으로 알려져 있다(표 5-1).

표 5-1 큰느타리의 일반 성분

(가식부 100g당 함량)

성분 / 버섯 상태	에너지 (kcal)	수분 (%)	단백질 (g)	지질 (g)	탄수화물		회분 (g)
					당질 (g)	섬유소 (g)	
생것	35	87.8	2.5	0.1	8.0	0.9	0.7
데친것	32	88.9	2.5	-	7.2	0.8	0.6
분말	244	7.1	37.7	1.1	39.2	7.7	7.2

성분 / 버섯 상태	무기질				
	칼슘 (mg)	인 (mg)	철 (mg)	나트륨 (mg)	칼륨 (mg)
생것	-	45.0	0.4	8.0	289.0
데친것	1.0	29.0	0.4	8.0	220.0
분말	5.0	364.0	3.6	66.0	2,944.0

성분 / 버섯 상태	비타민							폐기율 (%)
	레티놀 당량 (RE)	레티놀 (μg)	베타카로틴 (μg)	티아민 (mg)	리보플라빈 (mg)	나이아신 (mg)	C (mg)	
생것	-	-	-	0.12	0.22	2.3	3.0	-
데친것	-	-	-	0.04	0.21	2.0	-	-
분말	-	-	-	0.96	2.82	15.8	-	-

현미 배지에 가시오가피 5%를 첨가한 고체 배지에 큰느타리 균사를 배양시킨 뒤 이들 추출물을 이용한 안지오텐신 전환 효소(angiotensin converting enzyme)에 대한 저해 활성 시험 결과, 시료 농도 0.2~1.0mg/mL에서 약 41.2~84.8%의 저해 활성 효과가 있는 것으로 보고하였다(강 등, 2003).

큰느타리 자실체 열수 추출물의 진공 냉동 건조물의 경우, 대장암 세포 HT-29에 대하여 6mg/mL 및 12mg/mL 수준으로 첨가되었을 때 대조군에 비해 69.9% 및 36.6% 수준으로 유의적으로 세포 수가 감소한다는 사실을 보고하였다. 대장암 세포 Caco-2 경우에도 6mg/L 및 12mg/L 수준으로 첨가되었을 때 대조군에 비해 53.1% 및 27.3% 수준으로 유의적으로 세포 수가 감소한다고 보고되었다. 특히 HT-29 세포에 대해 큰느타리 열수 추출물의 진공 냉동 건조물을 48mg/mL 수준으로 처리하여 96시간이 경과될 경우 대조군의 50% 수준까지 세포 수가 감소한다는 사실을 보고하였다(황 등, 2003).

당뇨 쥐에 대한 큰느타리 건조 분말 첨가 급여를 통해 혈당 변화를 확인한 결과에서도 대조군에 비해 1주차에 23.4%, 2주차에 16.9%로 유의적으로 감소시키는 효능이 있음을 확인하였고, HDL-콜레스테롤 함량도 유의적으로 증가시킨다는 결과를 보고하였다(강 등, 2001). 해외 연구 결과에 의하면 큰느타리로부터 *Fusarium oxysporum* 및 *Mycosphaerella arachidicola* 등에 항균 능력을 보이는 10kDa 크기의 에린진(Eryngin)이라는 펩타이드 물질을 보고하였으며(Wang and Ng, 2004), Patrick과 Ng(2006)는 큰느타리로부터 *Bacillus* sp.에 항균 활성을 보이는 에린지올리신(Eryngeolysin)이라는 물질을 분리 보고하였다.

이와 같은 큰느타리의 이로운 구성 성분 및 다양한 생리 활성 효과는 식품으로서의 가치뿐만 아니라 건강 기능 향상에 도움이 될 수 있을 것으로 기대된다.

4. 재배 기술

1) 균사 배양

큰느타리의 균사 생육 적합 배지로 감자배지(PDA)보다 맥아효모펩톤배지(MYPA)가 가장 우수한 것으로 보고되어 있으나, 주로 버섯완전배지(MCM) 또는 감자배지(PDA)가 버섯 종균 제조를 위한 균사 배양에 많이 사용된다(표 5-2).

버섯 균사의 생육 적합 온도는 25℃이고, 생육 적합 pH는 6.0 수준인 것으로 알려져 있다. 큰느타리 균사 생육을 위해 특별히 요구되는 성분은 없으나 탄소원으로는 가용성 녹말 3% 수준, 맥아 추출물 0.25%, 효모 추출물 0.25% 수준, 무기염류로는 염화칼슘($CaCl_2$) · 중수($2H_2O$) 0.05% 수준이 버섯의 균사 생장에 유리한 것으로 보고되어 있다(강 등, 2000). 그러나 합성 배지 제조를 위해 구입하는 배지 재료의 비용 절감을 원할 경우, 포플러:밀기울:쌀겨(50:20:30, v/v) 또는 포플러:밀기울:쌀겨(50:30:20, v/v) 조건으로 배합된 배지를 열수 추출한 상등액에 한천 1.5~1.8% 수준으로 첨가하여 제조된 고체 배지를 원균 배양 및 증식용으로 이용하면, 합성 배지보다 우수한 균사 생장을 보일 뿐만 아니라(표 5-3, 그림 5-1) 액체 배지 및 톱밥 배지에 대한 적응력이 우수한 것으로 확인되었다(김 등, 2012).

표 5-2 배지 종류의 성분 함량

(단위: g/L)

성분 \ 배지 종류	MCM	MYPA	PDA	ME	YM	YMPG	YMG
감자			200.0				
K_2HPO_4	1.0						
KH_2PO_4	0.46					2.0	
$MgSO_4 \cdot H_2O$	0.5					1.0	
포도당	20.0		20.0		10.0	10.0	4.0
티아민 HCl						1.0	
DL-아스파라진						1.0	
펩톤	2.0	1.0		5.0	5.0	2.0	
맥아 추출물		30.0		20.0	3.0	10.0	10.0
효모 추출물	2.0	2.0			3.0	2.0	4.0
한천	20.0	20.0	20.0	20.0	20.0	20.0	15.0

※ MCM: 버섯완전배지, MYPA: 맥아효모펩톤배지, PDA: 감자배지, ME: 맥아배지, YM: 효모맥아배지
YMPG: 효모맥아펩톤포도당배지, YMG: 효모맥아포도당배지

표 5-3 배지 종류별 균사 생육 특성 (경남농업기술원, 2007)

구분	PDA	MCM	PWR 523	PWR 532
균사 생장 길이 (mm/7일)	36.3	70.3	70.5	74.3

※ PWR 523 포플러:밀기울:쌀겨(50:20:30, v/v), PWR 532 포플러:밀기울:쌀겨(50:30:20, v/v)
배지 제조 방법 • 감자배지(PDA): 감자 5g을 증류수 250mL에 녹여 배지 제조

• 버섯완전배지(MCM): 효모 0.5; 펩톤 0.5; $MgSO_4$ 0.125, KH_2PO_4, 0.115; K_2HPO_4 0.25; 포도당 5g을 증류수 250mL에 녹여 배지 제조
• PWR 523, PWR 532 50g을 증류수 250mL에 넣고 열수 추출 상등액을 이용하여 배지 제조

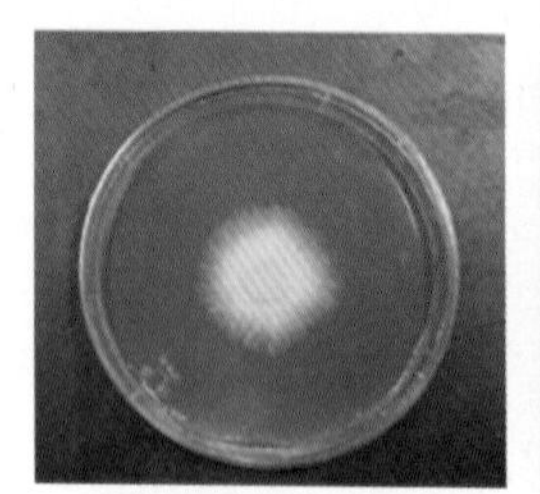
감자배지(PDA)

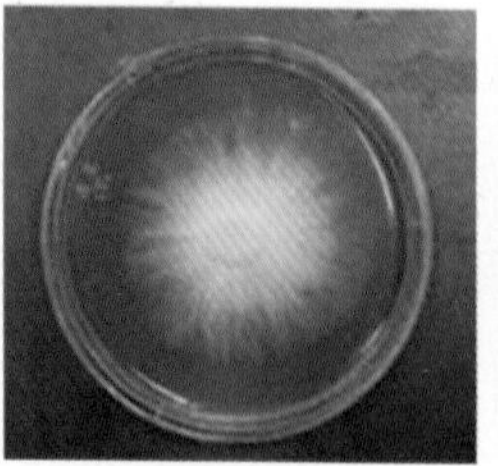
버섯완전배지(MCM)

PWR 523

PWR 532

그림 5-1 배지별 버섯 균사 생육 모습(배양 7일째)

2) 병재배 기술

(1) 병재배의 특징

큰느타리의 병재배법은 폴리프로필렌 재질의 내열성 플라스틱으로 만든 850~1,400cc의 병 모양 용기에 주재료와 영양원이 혼합된 배지를 자동화 기기를 이용하여 충진하고 고온 · 고압 조건에서 살균한 다음 종균 접종, 배양, 생육 등의 과정을 거치는 방법이다. 이러한 과정은 냉난방 및 공기 여과 설비가 갖추어진 시설에서 이루어지며, 자동 기계화 작업을 통해 제한된 규모에서 대량 생산이 가능한 재배 방법이다. 그러나 초기 시설 투자 비용이 많이 들고 버섯에 대한 이해뿐만 아니라 전기, 기계, 설비 등에 대한 전문적인 지식이 요구되는 방법이다.

(2) 큰느타리 병재배 과정 및 방법

큰느타리 병재배 과정은 배지 제조, 종균 접종 및 균사 배양, 균긁기 및 자실체 생육의 3단계로 나눌 수 있다. 세부적으로는 배지 혼합과 수분 조절, 입병, 살균 및 냉각, 종균 접종, 배양, 균긁기, 발이 유도, 생육, 수확, 포장 및 수확 후 배지에 대한 탈병 등 여러 단계를 거치게 된다.

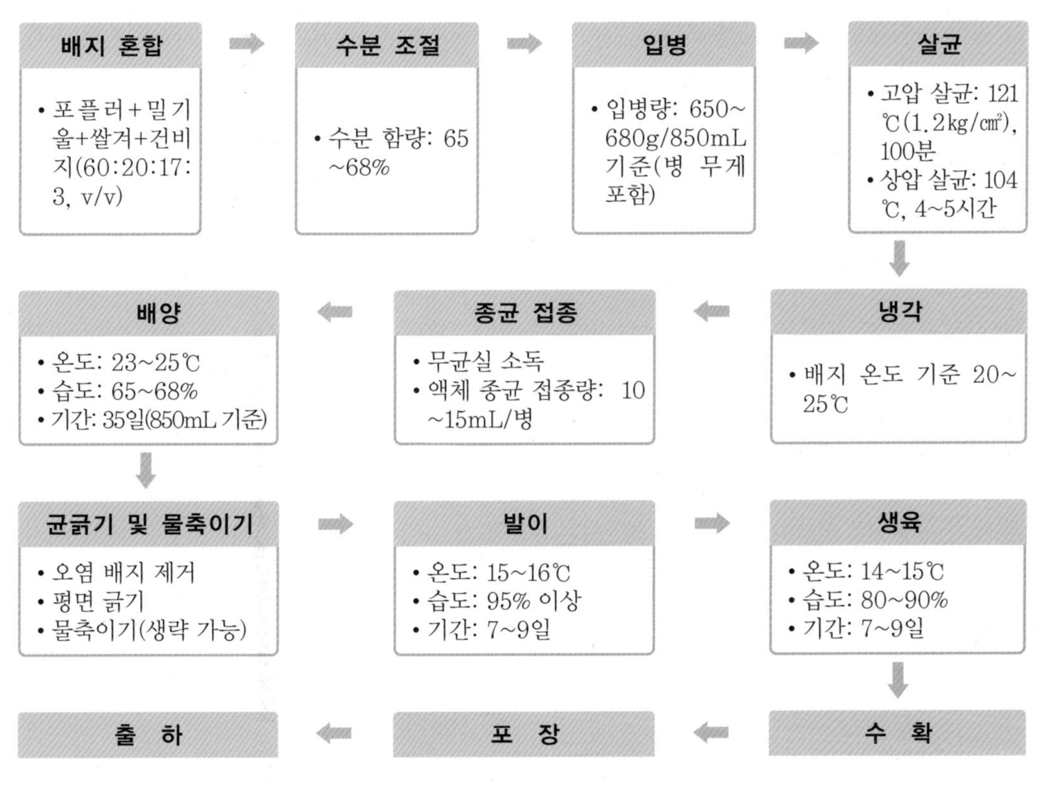

그림 5-2 큰느타리 병재배 과정 모식도

❶ 배지 재료 및 배지 혼합

큰느타리 병재배에 사용되는 배지 재료에는 톱밥, 콘코브, 포플러, 밀기울, 쌀겨, 건비지 등이 기본적으로 이용되며, 수량 증대 및 품질 향상을 위해 질소 성분이 높은 다양한 재료들이 첨가되어 사용되고 있다. 최근에는 배지 공급 업체에서 톱밥이나 콘코브 등 탄소 공급원으로 이용되는 배지를 제외하고 질소원 및 무기 성분이 함유된 배지 재료들을 혼합하여 일괄적으로 공급하는 복합 배지 형태로 많이 사용되고 있다.

톱밥은 리그닌, 셀룰로오스, 헤미셀룰로오스와 같은 고분자 화합물로 구성되어 있으며 이들은 세포에 있어 에너지 공급원이 되는 세포 물질 합성의 전구체로서의 역할을 담당하고 있다. 밀기울, 쌀겨 등 첨가제에 함유되어 있는 질소원은 세포 내 단백질 공급의 주재료로서, 세포의 골격 구조 및 생물학적인 요구를 충족시키는 데 있어 큰 역할을 하는 것으로 알려져 있다. 버섯 균사의 경우 톱밥 등에 함유되어 있는 다양한 고분자 화합물을 에너지원으로 이용이 가능한 저분자 화합물로 분해하는 데는 많은 시간이 소요되기 때문에 35일간의 짧은 배양 기간 동안 버섯이 자가 이용에 필요한 양분을 분해, 이용하는 수준은 비교적 낮다고 할 수 있다.

따라서 리그닌이나 셀룰로오스 등이 다량으로 함유된 탄소원 배지 재료의 경우, 버섯 재배 과정에 있어 양분 공급원으로의 역할보다는 배지 내부의 물리성 유지 및 개선, 버섯 균사의 연결을 위한 지지체로서의 역할이 크다고 할 수 있다. 주재료로 사용되는 미송 톱밥의 경우 입자가 균일한 것이 좋으나, 입자가 너무 작으면 배지 내 공극률이 낮아져 균사 생장에 불리하게 작용하며, 입자가 너무 굵으면 배지가 건조해지기 쉬워 병과 배지가 밀착되지 않고 분리되면서 병 내부에서 원기 형성 및 버섯 발이가 이루어지게 되어 버섯 재배에 어려움을 겪게 된다.

주재료 외에 첨가제로 사용되는 밀기울, 쌀겨, 대두박 등이 혼합되어 있는 복합 배지는 병당 충진되는 배지 무게 기준으로 약 20~23% 내외가 적당하다. 예를 들면, 1,100mL 병의 경우 배지는 약 800g 정도가 충진되므로 복합 배지는 160~180g 내외가 혼합되도록 하는 것이 버섯의 생육에 유리하다.

배지 제조 시 적정 수분 함량은 65~68%가 적당하며 수분이 과잉될 경우 병 하부로 물이 흘러내려 버섯 균사의 생육을 저해하는 결과를 초래할 수 있는 만큼 버섯 배지 제조 시 수분 조절은 정확하게 이루어져야 한다. 배지의 pH는 5.5~6.0 수준이 적당하며, pH 조절을 위해 배지 조합 과정에서 패화석 등의 첨가제를 사용하기도 한다(표 5-4).

표 5-4 큰느타리의 pH별 균사 생육 특성(큰느타리 2호의 경우)

PH	5.0	6.0	7.0	8.0	9.0	10.0
균사 생장 (㎜/7일)	44.8	47.7	33.3	35.6	38.9	36.0

❖ 배지 재료별 이화학적 특성 및 균사 배양 특성

버섯 재배 농가에서 많이 사용되고 있는 미송, 포플러, 밀기울, 쌀겨 및 건비지에 대한 이화학적 특성 분석 결과 미송 톱밥의 경우 큰느타리가 잘 생장할 수 있는 pH 조건(pH 5.0~6.0)보다 낮은 수준을 나타내었으며, 질소 함량의 경우는 첨가제로 이용되는 밀기울, 쌀겨, 건비지 등에서 높은 수준을 보였다. 또한, 일반 성분의 경우 쌀겨에서 다른 배지 재료보다 높은 수준을 보였다(표 5-5).

배지 재료로부터 열수 추출을 통해 얻어진 상등액을 이용하여 큰느타리에 대한 균사 생육 특성을 조사해 본 결과 밀기울을 이용한 추출 상등액에서 가장 빠른 균사 생장(77.0mm/7일)을 나타내었으며, 다음으로 쌀겨(54.5mm/7일), 건비지(52.0mm/7일), 포플러(51.0mm/7일) 순으로 조사되었다. 미송의 경우 34mm/7일로 가장 낮은 생장을 보였는데 이러한 결과는 다른 재료에 비해 상대적으로 낮은 수준의 영양적 가치 및 pH 조건이 버섯의 균사 생육에 영향을 미친 것으로 판단된다고 보고하였다(김 등, 2012). 균사 밀도에 있어서는 쌀겨를 이용한 추출 상등액에서 가장 우수한 결과를 보여 주었으며, 다음으로 밀기울, 건비지, 포플러, 미송 순으로 확인되었다(그림 5-3).

표 5-5 배지 재료별 화학적 특성

배지 재료	pH (%)	T-N (%)	오산화인 (%)	산화칼륨 (mg/kg)	산화칼슘 (mg/kg)	산화마그네슘 (mg/kg)
미송 톱밥	4.04	0.01	0.00	22.11	2.94	11.59
포플러 톱밥	6.11	0.07	0.03	104.80	20.89	145.91
밀기울	5.99	0.21	0.09	324.59	6.07	139.78
쌀겨	6.20	0.24	0.52	532.79	14.15	672.01
건비지	6.33	0.34	0.06	376.27	25.73	135.37

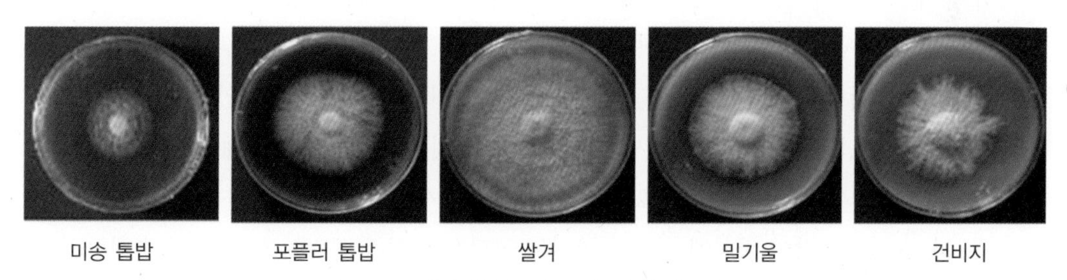

그림 5-3 **배지 재료별 큰느타리의 균사 생육 모습**

❷ 입병

다양한 재료들의 혼합 및 수분 조절이 완료된 배지를 기계적으로 플라스틱병에 넣어 주는 과정이다. 플라스틱병 1병에 입병되는 수분을 포함한 배지 무게는 약간의 차이는 있지만, 850mL

병의 경우에는 500~550g 정도가 적당하며 1,100mL 병의 경우에는 780~800g 내외가 적당하다. 1,400mL 병의 경우에는 배지 종류 및 수분 함량에 따라 약간의 차이가 있지만 900~950g 내외가 적당하다. 배지가 과다하게 충진될 경우 배지 내부의 공극 감소와 함께 버섯 균사 생육이 불량하게 되며, 적은 양이 충진되면 양분 부족 및 배양 중 수분 감소 등의 원인으로 배지와 병이 분리되며 병 내부의 배지 측면에서 버섯 발생이 이루어져 생육 불량 및 수량 감소 현상이 나타나게 된다. 따라서 입병 과정에서의 배지 충진량은 수시로 저울을 이용하여 확인하면서 이루어지는 것이 유리하다.

❸ 살균 및 냉각

① 살균 작업

제한된 환경 조건에 의존하여 생육되는 버섯은 세균 및 곰팡이들에 의해 많은 질병들이 발생되고 있다. *Pseudomonas* sp.의 경우 느타리에 있어 갈반병(brown blotch disease), 생강갈반병(ginger blotch disease), 황색무늬병(yellow blotch) 등 다양한 질병을 일으키는 원인균으로 알려져 있다(Tolaas, 1915; Paine, 1919; Wong and Preece, 1979; Bessette 등, 1985; Filippi 등, 2002). *Pantoea* sp.의 경우 큰느타리의 세균성 무름병 원인균으로 보고되었으며(Kim 등, 2007), *Ewingella* sp.는 *Agaricus bitorquis*의 대속괴사병(internal stipe necrosis) 원인균으로 보고되었다(Inglis and Burden, 1996). *Trichoderma* sp.와 *Penicillium* sp.의 경우 느타리에 있어 심각한 푸른곰팡이병을 일으키는 원인균으로 알려져 있으며, *Hypocreas* sp. 또한 느타리 재배에 있어 심각한 질병을 일으키는 원인균으로 알려져 있다(김 등, 1985; 최 등, 1998). 이와 같이 다양한 세균 및 곰팡이에 의해 많은 병들이 발생되고 있으며, 특히 큰느타리는 느타리버섯류 중에서도 병에 대한 저항성이 약한 편에 속하는 것으로 알려져 있다.

이러한 이유로 배지 제조 및 입병 이후 이루어지는 살균 과정은 상당히 중요하다. 배지 살균은 살균제나 항생제 등의 화학적 물질이 첨가되지 않고 고온, 고압에서 이루어지는 물리적 살균에 해당된다. 배지 내에 진균, 세균, 효모 등 다양한 미생물이 존재하고 있으며 대부분의 진균 및 *Bacillus* sp.와 같은 포자 형성 세균은 열에 대한 내성이 강하여 살균에 주의가 요구된다. 일반적으로 진균의 균사는 60℃, 포자는 65~70℃에서 10분 정도 살균하면 사멸되지만, *Trichoderma* sp.와 같이 버섯에 병을 유발하는 곰팡이는 일반 곰팡이에 비해 열에 대한 내성이 강한 것으로 알려져 있다. 특히 균핵을 형성하는 곰팡이 중에는 90~100℃의 고온에서도 사멸되지 않는 경우도 있다. 세균은 열에 약해 세균 자체는 50℃에서 10분 이상 노출되면 사멸되는 것으로 확인되었으나 버섯 배지에 혼합되어 있는 경우 121℃에서 10분 이상 노출되어야 완전 사멸이 가능하였다(표 5-6). 일반적으로 세균의 경우, 사멸 온도가 높지 않음에도 불구하고

121℃ 이상에서 일정 시간 노출이 필요하다는 사실은 배지 살균 과정에서 세균 사멸이 가능한 온도까지 배지 내부에 도달하는 데 많은 시간이 필요하다는 사실을 보여 주는 것이라 할 수 있다.

따라서 살균을 위한 적정 시간은 배지 용기 규격에 따라 약간의 차이가 있으나 850mL 플라스틱병 기준으로 상압 살균의 경우 98℃~104℃에 도달한 후 4시간 이상, 고압 살균의 경우 121℃에 도달한 후 90~100분 정도가 적당하다. 상압 살균이든, 고압 살균이든 살균 과정 중간에는 반드시 배기 과정을 거쳐 열의 순환이 잘 이루어질 수 있는 환경을 제공하여야 한다.

또한, 상압 살균의 경우 배지 내에 잔존하는 양분 파괴의 최소화 및 장시간 열 접촉에 의한 배지 물리성 변화 등으로 버섯의 배양 및 생육에 유리한 점이 있기는 하지만, 배지가 완전 멸균 상태로 만들어지지 않는 만큼 항상 살균 과정을 거친 배지에 대해서 곰팡이 및 세균에 대한 존재 여부를 확인하는 것이 중요하다. 병 버섯에 대한 생산 규모의 대형화 및 자동화, 시설 현대화 등으로 병원균에 대한 완전 제어가 필요한 만큼 상압 살균을 이용한 배지 살균보다는 고압 살균에 의한 배지의 완전 멸균이 버섯 생산에 있어 보다 안정적일 것으로 판단된다.

표 5-6 큰느타리 세균성무름병 원인균에 대한 내열성 시험 결과 (경남농업기술원, 2003)

처리 온도(℃)	50	60	70	80	90	100	121	121	121
처리 시간(분)	10	10	10	10	10	10	5	10	15
Pantoea sp.	+	+/−	−	−	−	−	−	−	−
이병 톱밥	+	+	+	+	+	+	+	−	−

※ 접종 방법: 24시간 배양 후 1×10^6 희석 후 접종
+: 생존, +/−: 생존 수 현저히 감소, −: 사멸

② 예냉 및 냉각

살균 과정을 마치고 배지를 식히는 과정이 예냉 및 냉각 과정이다. 일부 생산 시설에서는 예냉과 냉각이 한 공간에서 이루어지기도 하지만 일반적으로 예냉실과 냉각실은 분리되어 사용된다. 예냉실은 살균이 완료된 배지를 살균 솥 밖으로 나올 때 제일 먼저 외부 공기와 접촉하는 공간인 만큼 곰팡이 및 세균 등의 잡균에 대한 집중적 관리가 필요하다. 살균이 완료되면 살균 솥 내부의 온도는 95℃ 이하 수준으로 낮춘 다음 살균 솥의 문을 열고 배지를 상온으로 들어내게 된다. 이때 살균 솥 내부에서 배출되는 수증기는 후드를 통해 외부로 나갈 수 있도록 하여야 하는데, 이 과정에서 유입되는 공기는 프리필터 및 헤파필터를 거쳐 외부 잡균이 유입되지 않도록 해야 한다. 예냉실은 냉각을 시키기 위한 전 과정인 만큼 시설 부분에 있어 냉각 기능이 많이 요구되지 않지만 유입되는 외부 공기의 제어는 완벽하게 이루어져야 한다. 따라서 뜨거운 공기의 배출이 완벽하게 이루어지고 외부에서 유입되는 공기가 완전하게 필터를 통해 제어되는 수준이 적당하다고 할 수 있다.

예냉이 이루어지고 나면 냉각실로 옮겨 배지의 온도를 25℃ 수준으로 낮추게 된다. 배지의 온도가 떨어지는 과정에서 냉각실의 차가운 외부 공기가 배지 내부로 유입되는 만큼 냉각실은 온도 제어 및 공기 제어가 필요한 공간이다. 일부에서는 냉각 과정에서 내부 공기의 유동을 최소화하기 위해 핀 타입의 칠러를 이용한 냉각기를 이용하기도 하고 천장에 쿨러팬을 장착하여 냉각하기도 한다. 그러나 어떠한 경우에라도 냉각실의 공기는 필터를 통해 걸러져 깨끗하게 유지되어야 한다.

냉각 시간은 15~20시간 내에 상온까지 도달할 수 있는 조건을 제공하는 것이 유리하다. 냉각 시간이 너무 길어질 경우 배지가 변질될 수 있으며, 너무 짧은 시간에 냉각이 이루어질 경우 외부 공기가 급격히 배지 병 내부로 유입될 수 있는 가능성이 높아지므로 주의해야 한다. 또한, 상온 이하로 냉각이 계속 진행될 경우 차가워진 배지가 냉각실을 나오면서 상온의 따뜻한 공기와 접촉하여 응결수가 표면에 발생되고 이로 인해 세균 및 잡균에 의한 오염 가능성이 증가하는 만큼 살균 이후 냉각실에서의 적절한 온도 관리가 필요하다. 더욱이 예냉실 및 냉각실은 차가운 공기와 뜨거운 공기가 만나게 되는 공간이기 때문에 벽면에 응결수가 발생하기 쉬우며, 이로 인해 곰팡이나 세균 등의 오염이 발생하지 않도록 내부 온도 관리 및 자외선 등을 이용한 관리가 필수적이다.

❹ 종균 접종

종균(種菌, Spawn)이란 버섯균을 곡립, 톱밥 배지, 액체 배지 등에 순수 배양한 증식체로 작물에서 종자와 같은 역할을 하는 것을 말한다. 이러한 종균이 만들어지기 전에 여러 단계를 거치게 되며, 이에 대한 기본적인 정의는 다음과 같다. 균주(菌株, Strain)는 미생물을 순수 분리하여 배양할 때 그 각각의 개체로, 같은 종에서 다양한 균주가 있을 수 있으며 계통과 같은 의미이다. 원균(原菌, Seed stock)은 인공 배지에서 순수 분리된 균사로, 주로 시험관 또는 페트리접시에 배양되어 보존된다. 접종원(接種原)은 새로운 배지에 이식할 균주를 말하고, 종균 제조 시에는 원균에서 직접 많은 양의 종균을 제조할 수 없기 때문에 중간 단계의 증식용 종균을 의미한다.

버섯 종균의 접종 방법은 톱밥 종균을 이용하는 방법과 액체 탱크에서 배양된 액체 종균을 이용하여 접종하는 방법으로 구분할 수 있다. 처음에는 톱밥 배지에 배양된 버섯 종균을 접종기를 이용하여 접종하는 방법을 많이 사용하였다. 톱밥 종균 접종 방법은 페트리접시에 배양된 버섯 원균을 일정 크기로 잘라서 살균된 접종원용 배지에 접종하여 약 30~35일 동안 배양 과정을 거친다.

배양이 완료된 접종원은 육안을 통해 곰팡이나 세균 등에 의해 오염된 것을 제거하고 접종실로 옮기게 된다. 클린 부스 내에 설치된 접종기에 접종원을 장착하기 전에 배지 뚜껑을 열고 원균이 접종된 표면을 살펴 곰팡이나 세균 등에 의한 오염 여부 등을 확인한다. 곰팡이나 세균 등에 의해 오염된 접종원은 균사 표면에 푸른색 또는 검은색 등 다양한 포자가 형성되어 있으며, 경우에 따라서 버섯 균사와 대치선을 형성하고 있기도 한다. 배지 입구에 순수하게 백색의 버섯 균사만 뒤덮여 있는 것이 확인되면, 접종원 제거를 위해 처음 접종된 원균을 화염 살균된 스푼을 이용하여 표면을 제거하여 접종한다. 이때 접종되는 접종원의 양은 850mL 기준으로 약 10~15g 정도가 적당하며 배지 표면을 완전히 뒤덮는 것이 외부 오염 방지에 유리하다. 접종 과정 중 기계에 이상이 생기거나 오염 가능성이 있는 상황이 발생하면 즉시 접종 기계의 작동을 멈추고 원인을 제거한 다음 접종기 및 접종원에 대한 화염 살균을 실시한 후 다시 접종 작업을 하여야 한다. 접종이 완료되면 접종기는 톱밥 등의 잔재물을 완전히 제거하고 화염 살균을 통해 깨끗이 정리한다. 클린 부스 내부는 자외선 살균등을 이용하여 접종 과정 중 발생 가능한 오염원을 제거한다.

최근에는 액체 종균을 이용한 접종 방법이 많이 일반화 · 대중화되어 있는 실정이다. 액체 탱크는 농가 규모에 따라 차이는 있지만 200L, 300L, 500L, 700L 등 다양한 크기로 활용되고 있다. 하루 입병 규모가 20,000~30,000병 규모의 농가인 경우 일반적으로 300~500L 탱크를 많이 사용하고 있으며, 한 병당 접종량은 1,100mL 기준으로 약 13~18mL 정도가 적당하다.

액체 종균 접종기는 톱밥 접종기와 동일한 형태로 작업이 이루어지지만 매번 종균을 교체하여야 하는 번거로움이 없어 대량 접종에 유리하다. 그러나 오염된 액체 종균이 사용될 경우 액체 탱크에서 접종된 모든 배지로 피해가 확대되는 만큼 액체 종균에 대한 오염 여부를 확인하는 것이 매우 중요하다. 액체 종균이 곰팡이에 오염되어 있는 경우, 일반적으로 육안으로 확인하기 어려우며 현미경을 이용하여 버섯 균사와 곰팡이 균사와의 구분이 이루어져야 한다. 버섯 균사의 경우 균사를 중심으로 꺽쇠연결체(Clamp connection)가 존재하지만 곰팡이 균사의 경우 대체적으로 균사가 굵고 격막이 없거나 균사 내부가 세포소기관들로 채워져 있어 구분이 가능하다(그림 5-4).

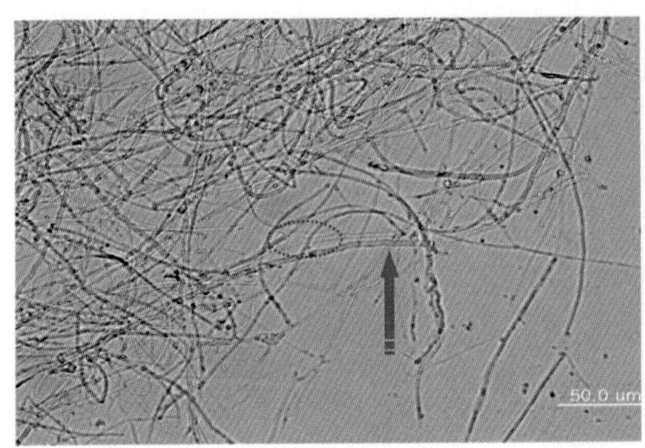

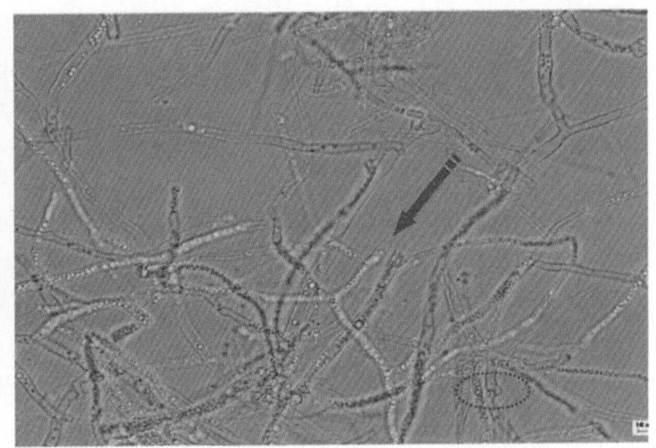

그림 5-4 **곰팡이 오염 종균에 대한 현미경 관찰 사진**(화살표: 곰팡이 균사, 원: 버섯 균사의 꺽쇠연결체)

❺ 균사 배양 및 후숙 배양

종균 접종이 완료되면 버섯 균사 생육이 잘될 수 있는 환경을 제공하여야 하며, 이러한 환경은 배양실에서 이루어지게 된다. 버섯 균사의 배양은 초기 활착 단계, 균사 생장 단계, 배양 완료 이후 후숙 단계로 구분할 수 있다. 액체 종균이 접종에 이용된 경우 버섯 균사가 부상되기까지 약 3일 정도 소요되며, 7일 정도가 지나면 버섯 균사가 배지에 활착되어 자라는 모습을 뚜껑을 열어 보지 않고도 측면에서 확인할 수 있다.

큰느타리의 적정 배양 온도는 25℃ 내외이지만(표 5-7) 배양실 환경은 이보다 약간 낮은 22℃ 내외를 유지하도록 한다. 버섯 균사가 배지에 활착하여 양분을 이용하고 자라는 과정에서 상당한 양의 호흡열이 발생하여 병 내부의 품온이 발생되기 때문에 적정 생육 온도보다 약간 낮게 배양실을 관리하는 것이 버섯 균사의 생육에 도움이 된다.

배양실 내부의 상대습도는 65~68% 내외로 유지하는 것이 적당하다. 일부에서는 배양실의 오염 등을 이유로 가습을 하지 않는 경우가 있는데, 겨울철과 같이 대기 중에 상대습도가 낮은 경우나 배양실이 건조한 경우 배지 내부의 수분이 증발함에 따라 배지 건조 현상이 발생하여 배지와 병이 밀착하지 못하고 분리되는 경우가 발생한다. 이러한 증상은 버섯 발생 과정에서 측면 발이 등 정상적인 버섯 생육을 방해하는 만큼 배양실에서의 적절한 습도 관리는 매우 중요하다.

이산화탄소 농도는 2,000~3,000ppm 수준을 유지하고 암흑 상태에서 배양한다. 850mL 기준으로 종균 접종 이후 20일 내외가 되면 약 80% 정도 균사 생장이 이루어지고, 25~28일째 균사 배양이 완료된다. 접종 이후 15~20일째를 전후하여 이산화탄소 농도는 최고 수준에 도달하게 되는 만큼 환기 횟수를 증가시켜 대략 3,000ppm 이하가 되도록 조절해 주어야 한다.

배양이 완료되면 안정적 버섯 발생 및 수확을 위하여 약 7~10일 정도 더 배양 기간을 거치게 되는데 이 과정을 후숙 배양 단계라고 한다. 후숙 배양 기간 동안 배지 수분 증발이 많이 발생하는 만큼 배양실의 습도 관리가 중요하며, 배양실 내부에 배지 상단부와 하단부 간에 온도 편차가 많이 생길 경우 버섯의 발이가 진행될 수 있는 만큼 온도 관리에 주의해야 한다. 큰느타리의 경우 후숙 배양 기간을 포함하여 전체 배양 기간은 45일로, 이 이내에서 균긁기를 하는 것이 적당하다.

표 5-7 큰느타리의 온도별 균사 생육 특성(큰느타리 2호의 경우)

온도(℃)	15	20	25	30
균사 생장(㎜/7일)	12.2	20.3	49.3	45.7

❻ 버섯 발생과 수확

① 균긁기와 물축이기

버섯 배양이 완료되면 버섯의 발이 및 생육을 위해 균긁기 및 물축이기 과정을 거쳐 생육실로 이동하게 된다. 균긁기는 버섯이 보다 균일하고 안정적으로 발생할 수 있도록 하기 위해 배지에 접종된 종균을 칼날을 이용하여 기계적으로 제거하는 과정이다. 물축이기는 버섯 균사의 재생 및 수분 공급, 생육 등의 과정을 원활하게 하기 위해 수분을 공급하는 과정이다. 배양이 완료된 배지는 균긁기를 하기 전에 곰팡이, 세균, 해충 등으로 오염된 배지를 선별하여 제거하는 것이 중요하다. 오염된 배지가 제거되지 못하고 균긁기가 진행될 경우 칼날에 묻어 있는 오염원이 정상적인 배지에도 영향을 미쳐 버섯 원기 형성 및 발이 과정에서 잡균 오염에 의한 피해가 발생하기 때문에 배양 과정에서 오염된 배지를 제거하는 과정은 매우 중요하다.

큰느타리에 대한 균긁기 형태는 평면형으로 이루어지며, 깊이는 10mm 내외가 적당한 것으로 알려져 있다. 칼날 및 균긁기 장치에 대해 알코올 및 화염 살균을 50~100상자를 기준으로 중간에 한 번씩 해 주게 되면 균긁기 과정에서 발생할 수 있는 세균 및 곰팡이에 의한 오염 가능성을 줄일 수 있다.

균긁기 이후 물축이기 과정은 자동화된 기계로 가능하다. 물축이기를 할 경우 버섯 배지 내부에 대해 수분 공급을 원활하게 할 수 있는 장점이 있으나, 최근 대부분의 농가에서는 작업 시간 단축 및 잡균의 오염 등을 이유로 물축이기 작업을 생략하고 있다. 그러나 균긁기 이후 배지 표면의 건조는 버섯의 발생 및 생육에 부정적인 영향을 미치는 만큼 일정 수준의 수분 공급이 필요하다. 이러한 과정으로 생육실에 배지병을 뒤집어 놓은 다음, 수돗물을 버섯 배지병에 직접 살수하면 배지병 하부나 입구 등에 묻어 있는 톱밥 잔재물과 버섯 균사 등을 제거함과 동시에 버섯 배지의 건조 피해도 예방할 수 있다.

② 발이

균긁기 이후 배지는 버섯 생육을 위한 과정을 거치게 된다. 균긁기 이후 버섯 균사가 재상되어 원기(primordia)가 형성되고 대와 갓 등의 조직이 분화되는 생식 생장 단계로 전환되는 것을 발이라고 한다. 버섯의 생육을 위한 공간과 별도로 버섯 발이를 위한 전용 발이실을 운영하는 경우와 버섯 발이 및 생육을 하나의 공간에서 동시에 진행하는 경우가 있다.

발이실을 운영하는 경우 고정식 선반보다는 이동식 선반을 이용하는 것이 유리하며, $3.3m^2$당 약 800~1,000병 정도 기준으로 설정하는 것이 적당하다. 발이실을 별도로 운영할 경우, 발이 과정을 한 공간에서 집중적으로 관리할 수 있고 발이 편차를 줄일 수 있는 장점이 있다. 또한, 한 공간에서 발이 및 생육이 동시에 진행될 경우 균긁기 이후 수확까지 일반적으로 약 18~20일 정도가 소요되지만, 발이실을 독립적으로 운영할 경우 전체 생육 기간 중 발이실에서 약 7~10일 정도 머무르게 되어 실질적으로 생육실에서는 약 8~10일 정도 지나면 수확할 수 있어서 균상의 회전율을 높일 수 있는 장점이 있다. 그리고 생육 과정에는 80~85% 수준의 습도가 요구되어 90~95% 이상의 높은 습도가 요구되는 발이실에 비해 잡균의 번식 및 냉난방 기기의 손상을 최소화할 수 있는 장점이 있다.

발이는 균긁기가 완료된 버섯 배지를 뒤집어서 발이를 유도하게 되는데, 접종원이 제거된 배지 표면에 버섯 균사 재생이 조기에 될 수 있도록 수분 관리에 주의하여야 한다. 균긁기 이후 버섯이 형성되기 전까지 잡균의 침임에 대한 저항력이 약한 시기인 만큼 오염 관리에 대한 주의가 필요하다. 일반적으로 발이는 16~17℃ 내외에서 이루어지는데, 배지병 내부의 온도가 지속적으로 상승하거나 발열이 나타날 경우 정상적인 발이 과정이 이루어지지 않을 수 있는 만큼 온도 관리에 주의가 필요하다.

습도 관리는 실내 습도뿐만 아니라 배지 표면에 대한 수분 조절을 포함하는 것으로, 일반적으로 95% 내외가 적당하다. 초기 발이 단계에서 가습을 전혀 하지 않거나 낮은 습도 관리는 발이 개체수를 줄이는 이점이 있기는 하나 배지 표면이 지나치게 건조해져 버섯 균사의 재생이 불량해지며 발이 과정이 길어질 수 있으므로 적정 수준의 습도 조절이 필요하다. 만약 발이 개체수 조절을 위한 습도 관리가 필요한 경우라면 초기 가습을 통해 발이를 원활하게 진행시킨 다음 생육 단계에서 조절을 통해 관리하는 것이 유리하다.

빛은 일반적으로 200~300lx 정도면 충분하며, 일부 농가에서는 발이 단계에서 빛을 제공하지 않는 경우에도 정상적인 원기 형성 및 발이가 이루어지는 것으로 보아 버섯의 원기 형성 및 조직 분화에 있어 빛이 필수적인 조건은 아닌 것으로 판단된다.

이산화탄소 농도는 버섯의 원기 형성 및 분화에 많은 영향을 미치는데, 일반적으로 균긁기 후 원기 형성 단계에서 이산화탄소 농도가 과다하게 높아지면 기중균사를 형성하여 원기 형성이 불량해지거나 기중균사 내부에서 원기가 형성되는 등 정상적인 발이 과정을 방해하게 된다. 따라서 균긁기 이후 발이 단계에서의 이산화탄소 농도는 2,000ppm 이하로 관리하는 것이 적절하다.

이상에서 언급한 온도, 습도, 조도 및 이산화탄소 농도가 적정하게 주어질 경우 7~9일 이내에 원기 형성 및 조직 분화가 정상적으로 이루어져 어린 자실체를 형성하게 되는데, 보통 10일 이내에 뒤집어진 배지를 바로 세우게 된다. 발이가 진행된 다음에는 뒤집어진 상태에서 발생된 어린 자실체가 배지 내부의 공간을 벗어나 바닥에 닿지 않도록 수시로 확인하여야 한다.

③ 생육

큰느타리의 생육 형태에는 발이 이후 형성된 자실체를 마지막 수확 시기까지 그대로 생육하는 방임형과 버섯 재배 용기 크기에 따라 1개, 2개 또는 3개의 자실체만을 남기고 나머지는 칼을 이용하여 제거한 후 생육하는 솎음형으로 나눌 수 있다. 솎음형은 방임형에 비해 노동력이 많이 투입되고, 수량이 떨어지는 단점이 있으나 품질이 우수한 버섯 생산이 가능하여 단순 가공용으로 생산하는 버섯이 아니라면 대부분 솎음형으로 버섯을 키우게 된다. 큰느타리는 느타리와 마찬가지로 생육 환경에 대한 영향을 많이 받는 것으로 알려져 있다. 따라서 발이 이후 버섯의 정상적인 생육을 위해서는 적절한 환경 관리가 이루어져야 한다.

온도의 경우, 너무 낮은 조건에서 생육을 하면 갓색이 짙어지고 저장성이 향상되는 장점이 있으나 버섯의 생장이 느려지고 대 길이가 짧아지며, 생육을 위한 균상 회전율이 떨어지는 단점이 있다. 수출에 주력하는 농가의 경우, 버섯의 저장성 향상을 위하여 발이 이후 15℃ 내외에서 생육하다가 버섯 생육 정도에 따라 하루에 0.5℃ 내외로 낮추면서 수확 시기에는 13℃ 내외까지 낮추어 생육하기도 한다. 18℃ 이상의 높은 온도에서 생육이 이루어질 경우 버섯의 생육이 빨라지면서 버섯 균상의 회전율이 증가하는 장점이 있지만 대 길이가 길어지고 갓색이 옅어지며 버섯의 저장성이 저하되는 단점이 있다.

따라서 큰느타리의 생육 가능 온도는 2~20℃ 정도로 온도의 폭이 넓은 편이지만 일반적으로 15~16℃ 내외가 적당하다. 대개 발이 과정에서는 17℃ 내외, 솎음 작업이 이루어지기 전 단계인 초기 생육 단계에는 16℃ 내외, 솎음 이후 수확 시기까지에 해당하는 후기 생육 단계에는 15℃ 내외가 적당하다(김 등, 2012; 표 5-8).

표 5-8 생육 시기별 온도 조건에 따른 솎음 처리구의 자실체 생육 특성

처리 조건	대 길이 (mm)	대 굵기 (mm)	갓 지름 (mm)	무게/병 (g)	품질 (1-9)
Ⅰ (15℃)	120.6	37.8	40.1	78.8	7.5
Ⅱ (17℃)	122.9	38.1	40.2	92.5	8.2
Ⅲ (20℃)	121.7	35.8	49.5	89.0	8.0

※ Ⅰ: 15℃ 고정, Ⅱ: 17℃ 발이기(뒤집기 전) → 16℃ 원기 신장기(솎기 전) → 15℃ 신장기 · 수확 전, Ⅲ: 20℃ 1일 → 19℃ 1일 → 18℃ 1일 → 17℃ 2일 → 16℃ 2일 → 15℃(솎기 이후)

습도의 경우, 발이 이후 초기 생육 단계에서는 85~90% 내외가 적당하며 후기 생육 단계에서는 80~85% 내외가 적당하다(김 등 2013; 표 5-9). 수확 시기에는 80% 이하 수준에서 생육하더라도 버섯에 미치는 영향이 적은 편이지만, 초기 생육 단계부터 낮은 습도로 관리할 경우 생육이 늦어지는 경향이 있으며, 천장에 설치된 쿨링팬에서 발생하는 바람과 함께 복합적으로 영향을 미칠 경우 버섯의 대 및 갓 부위가 갈라지는 현상이 생겨 상품성이 떨어지게 된다. 반면 생육 전반에 걸쳐 높은 습도 조건에 노출될 경우, 버섯의 수분 함량이 높아져 세균 번식이 쉬워지며 저장성이 떨어지는 단점이 있으므로 버섯 생육에 맞추어 적절한 습도 관리가 필요하다.

표 5-9 솎음 처리구의 상대습도 조건에 따른 자실체 생육 특성

상대습도 (%)	대 길이 (mm)	대 굵기 (mm)	갓 지름 (mm)	무게/병 (g)	품질 (1-9)
Ⅰ	120.6	34.9	46.3	85.5	8.5
Ⅱ	123.0	34.3	47.7	79.2	7.6
Ⅲ	121.7	35.8	49.5	87.8	8.2

※ Ⅰ: 90% 이상 1일 → 85% 11일 → 80%, Ⅱ: 90% 이상 4일 → 85% 8일 → 80%, Ⅲ: 90% 이상 7일 → 85% 5일 → 80%

정상적인 버섯 생육을 위한 광도는 100~200lx 내외가 적당하다. 그러나 큰느타리의 경우 균긁기 이후 전체 생육 기간에 걸쳐 빛을 제공해 주는 것이 필수적인 사항은 아니다. 버섯의 품질 향상을 위해 이루어지는 솎음 작업 시간 및 생육 확인을 위한 일정 시간에만 빛을 제공하고 야간 및 그 밖의 시간에는 암흑 상태에서 생육을 하더라도 정상적인 수확이 가능하기 때문이다. 따라서 농가 수준에 맞는 적정 수준의 광도 관리가 필요하다. 이산화탄소 농도는 버섯의 생육 과정에 큰 영향을 미치는 것으로 알려져 있다. 버섯 생육에 있어 이산화탄소 농도는 2,000ppm 내외로 관리하는 것이 적당하다(류 등, 2005; 표 5-10, 그림 5-5). 이산화탄소 농도를 조절하는 과정에서 생육실 내부로 외부의 신선한 공기가 적당히 유입되도록 하는 것이 중요하며, 생육실 내부의 이산화탄소 농도는 짧은 시간에 급격한 변화를 유도하기보다는 천천히 일정한 속도로 균일하게 이루어질 수 있는 환경을 제공하는 것이 버섯 생육에 유리하다.

표 5-10 솎음 처리구의 이산화탄소 농도에 따른 자실체 생육 특성

이산화탄소 농도 (ppm)	대 길이 (mm)	대 굵기 (mm)	갓 지름 (mm)	무게/병 (g)	품질 (1-9)
1,600[1]	120.0	38.6	52.0	90.7	9.4±0.8
2,400	122.2	42.0	47.3	98.2	9.5±0.7
3,200	123.4	40.7	32.2	74.6	8.0±0.5

[1] 기존 재배 방법의 경우

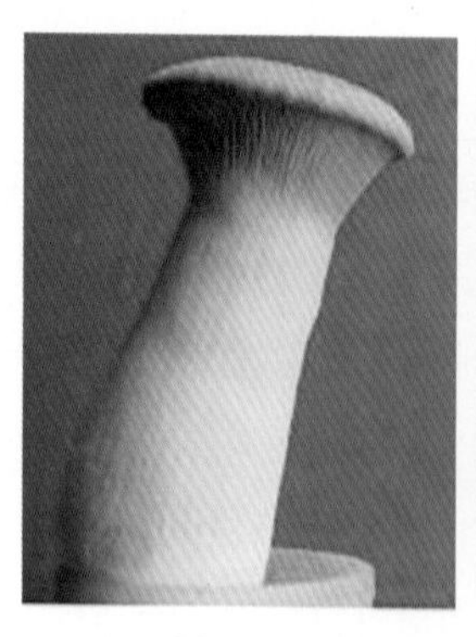
1,600ppm

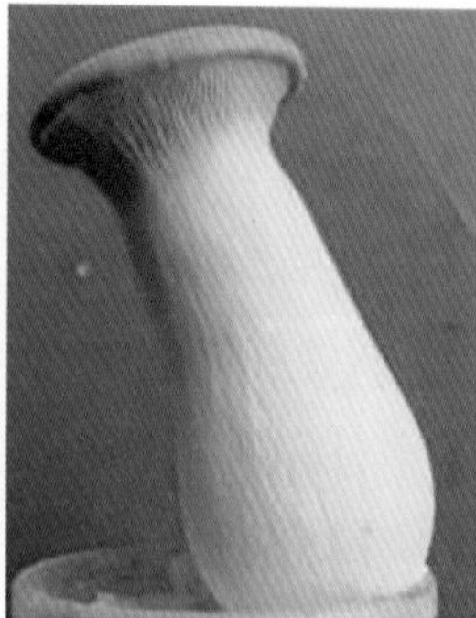
2,400ppm

3,200ppm

그림 5-5 이산화탄소 농도에 따른 자실체 변화

일반적으로 이산화탄소 농도가 높아질수록 갓의 발달은 억제되고 대가 길어지는 경향을 보이며, 이산화탄소 농도가 낮을 경우에는 산소 농도가 높아지면서 갓의 개열이 촉진되고 대가 짧아지는 경향을 보인다. 따라서 입상되는 규모에 맞추어 이산화탄소 농도를 적절히 조절하는 것이 바람직하다. 최근에는 버섯의 품질 향상 및 환경 장해에 의해 발생되는 갈반과 같은 현상을 최소화하기 위해 초기 생육 과정에는 환기를 억제하여 대의 발달을 유도한 다음, 후기 생육 과정에서 800~1,400ppm 내외 수준으로 낮추어 갓의 발달을 조절하는 형태로 관리하기도 한다.

일반적으로 균긁기 이후 버섯을 수확할 때까지 보통 16~18일 정도가 소요되며 늦어도 20일 이내에 수확을 완료하는 것이 정상적인 생육 과정이라 할 수 있다. 만약 정상적인 배양이 이루어진 조건에서 생육 기간이 20일 이상 소요될 경우 온도, 습도, 조도 및 이산화탄소 농도 등에 대해서 농가 규모 및 생육실 형태에 적합한 수준의 환경 조절이 필요하다고 할 수 있다.

5. 수확 후 관리 및 이용

1) 수확 및 포장

큰느타리는 갓보다는 대를 주로 이용하기 때문에 대를 충분히 성장시킨 다음 갓의 형태와 크기를 기준으로 수확 시기를 결정하게 된다. 일반적으로 갓은 초기에는 갓의 중심부가 볼록하고, 갓 끝 부분은 안쪽으로 말려 있는데 성장하면서 갓 끝 부분이 점점 펴지고 최종적으로 주름 모양을 보이면서 갓이 뒤집어지는 특징을 보인다. 따라서 버섯은 갓의 중심이 볼록한 형태를 유지하고 갓 끝 부위가 완전히 펴지지 않은 시점인 생육 중간 시점을 수확 시기로 보면 된다(그림 5-6). 이 시기에 갓의 지름은 보통 35~45mm 정도에 이르게 된다. 그러나 유통 과정 중 생

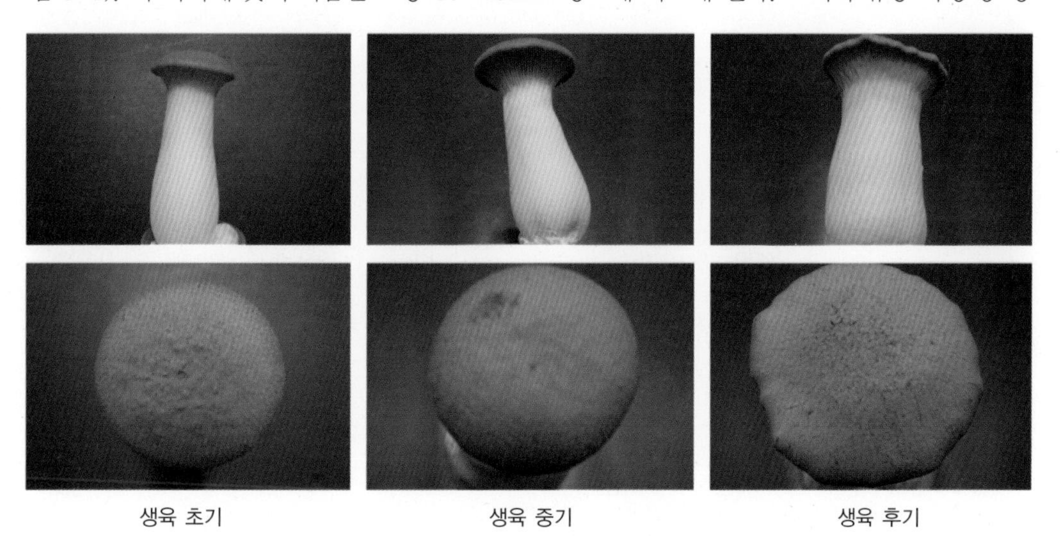

생육 초기 생육 중기 생육 후기

그림 5-6 큰느타리의 생육 시기별 대와 갓의 발달

장이 가능하다는 점을 고려하여 갓이 조금 더 많이 말려 있는 상태에서 수확하는 경우도 있다.

버섯 수확 방법에 있어 초기에는 버섯 하단부에 부착된 톱밥을 칼로 완전히 제거하고 1~2kg씩 봉지로 포장하였으나 최근에는 버섯 하단부의 버섯 배지를 완전히 제거하지 않고 조금씩 남겨둔 채로 수확하여 200~400g 단위로 포장하는 방법이 일반적이다(그림 5-7).

400g 기준 소포장

4kg 박스 포장

출하 전 박스 적재 모습

그림 5-7 큰느타리 수확 후 포장

버섯 수확 시 버섯 하부에 배지를 부착하여 수확하는 경우, 완전히 제거한 것에 비해 저온 조건에서 신선도가 조금 더 오래 유지되는 특성이 있다. 포장 용기의 경우, PS 재질의 용기에 방담성 필름인 CPP 필름으로 밀봉 포장하면 버섯의 저장성이 향상된다(표 5-11).

표 5-11 큰느타리 소포장 용기 및 밀봉 포장 효과 (조 등, 1998)

용기 종류	포장 무게 (g)	필름 종류	상품성 기간[1] (일)	식용 기간[2] (일)	감모율 (%)	물성(버섯자루)		황색도 (버섯자루)
						경도 (g)	씹힘성 (g)	
PP	150	CPP	9	15	0.95	2339.83	646.07	16.46
		다공	3	3	4.92	1424.10	360.90	23.66
	200	CPP	6	12	0.87	2979.18	472.68	16.41
		다공	3	3	4.33	1788.38	376.14	23.81
PS	150	CPP	15	15	1.10	2589.85	721.96	14.23
		다공	3	3	8.17	1946.05	372.17	22.92
	200	CPP	12	15	0.68	1859.84	533.87	16.14
		다공	3	6	10.65	1251.91	308.53	25.83

※ 저장 초기(경도: 2871.5g, 씹힘성: 811.92g, 황색도: 13.47)
봉지 크기: 21×24cm
[1] 상품성 기간: 갓과 자루가 신선하고, 판매 가능한 상태
[2] 식용 기간: 식용은 가능하지만, 판매 시 균사 부상 및 포자 발생으로 외관과 신선도가 떨어짐.

2) 수확 후 관리

버섯의 수확이 끝나면 생육실의 배지를 탈병실로 옮겨야 한다. 작업의 효율성을 위하여 수확이 모두 완료되면 옮기는 것이 일반적이지만 곰팡이나 세균 등에 의해 오염된 배지가 발견될 경우 수확 완료와 상관없이 즉시 생육실에서 제거하여야만 2차 오염을 방지할 수 있다. 또한, 생육실 내에 배지가 제거되면 생육 과정 중 발생한 곰팡이 포자 및 세균의 제거를 위하여 반드시 고압 호스를 이용하여 깨끗한 물로 균상 및 생육실 내부 벽면을 깨끗이 세척하도록 한다. 세척 이후에는 환기 및 건조를 통해 다음 입상을 준비한다.

생육실 내부는 외부 환경과 자주 접촉하는 공간이어서 다양한 곰팡이나 세균 등이 상존하기 때문에 낙하균 시험 등을 통해 주기적으로 생육실 내부의 오염 정도를 측정하고 오염원의 밀도가 높아질 경우 반복적인 세척 작업을 통해 오염원 밀도를 최소화시키거나 완전히 제거될 수 있도록 하여야 한다.

〈김민근, 신평균, 류재산〉

참고 문헌

- 강미선 외 4인. 2000. 큰느타리버섯의 균사 배양 및 인공 재배에 관한 연구. 한국균학회지 28(2): 73-80.
- 강태수 외 5인. 2001. 큰느타리버섯이 당뇨 쥐의 혈당 및 혈중콜레스테롤에 미치는 영향. 한국균학회지 29(2): 86-90.
- 강태수 외 6인. 2003. 천연물을 이용한 큰느타리 균사 배양 및 angiotensin converting enzyme 저해 활성. 한국균학회지 31(3): 175-180.
- 김명곤. 1985. *Trichoderma*속이 생산하는 항생 물질이 느타리버섯균에 미치는 영향. 한국균학회지 13(2): 105-109.
- 김민근 외 5인. 2012. 천연 배지 열수 추출물을 이용한 큰느타리버섯 균사 배양 적합 배지 개발. 한국균학회지 40(1): 49-53.
- 김선영 외 6인. 2012. 큰느타리(새송이)버섯 최적 생육 온도 조건. 한국버섯학회지 10(4): 160-166.
- 김선영 외 8인. 2013. 큰느타리(새송이)버섯 최적 생육 습도 조건. 한국버섯학회지 11(3): 131-136.
- 농촌생활연구소. 2001. 식품 성분표. pp. 154-155.
- 류재산 외 5인. 2005. 큰느타리버섯 재배의 최적 CO_2 조건. 한국버섯학회지 3(3): 95-99.
- 조숙현 외 4인. 1998. 새송이버섯의 선도 유지 시험. 경남농업기술원 시험연구보고서.
- 최인영, 이왕휴, 최정식. 1998. *Trichoderma pseudokoningii*에 의한 팽이버섯 푸른곰팡이병. 한국균학회지 26(4): 531-537.
- 황용주 외 4인. 2003. 표고와 새송이버섯이 대장암 세포 증식 및 세포 사멸에 미치는 영향. 한국식품영양과학회지 32(2): 217-222.
- Bessette, A. E., Kerrigan, R. W., and Jordan, D. C. 1985. Yellow blotch of *Pleurotus ostreatus*. *Appl. Environ. Microbiol*. 50(6): 1535-1537.
- Flippi, C., Bagnoli, G., Bedini, S., Agnoluci, M., and Nuti, M. P. 2002. Ulteriori studi sull, eziologico

della "batteriosi" del cardoneelo. *Agricolltura Ricerca* 188: 53–58.
• Inglis, P. W. and Burden, J. F. 1996. Evidence for the association of the enteric bacterium *Ewingella americana* with internal stipe necrosis of *Agricus bisporus. Microbiol.* 142(11): 3253–3260.
• Kim, M. K., Ryu, J. S., Lee, Y. H., and Yun, H. Dae. 2007. First report of *Pantoea* sp. Induced Soft Rot Disease of *Pleurotus eryngii in* Korea. *Plant. Dis.* 91(1): 109.
• Paine, S. G. 1919. Studies in bacteriosis II: a brown blotch disease of cultivated mushrooms. *Ann. Appl. Biol.* 5(3): 206–219.
• Patrick, H. K. Ngai and Ng, T. B. 2006. A hemolysin from the mushroom *Pleurotus eryngii. Appl. Microbiol. Biotechnol.* 72(6): 1185–1191.
• Rajarathnam, S. and Bano, Z. 1987. *Pleurotus* mushrooms. Part 1 A. Morphology, life cycle, taxonomy, breeding, and cultivation. *CRC Critical in Food Science and Nutrition* 26(2): 157–222.
• Tolass, A. G. 1915. A bacterial disease of cultivated mushrooms. *Phytopathol.* 5: 51–61.
• Wang, H. and Ng, T. B. 2004. Eryngin, a novel antifungal peptide from fruiting bodies of the edible mushroom *Pleurotus eryngii. Peptides* 25(1): 1–5.
• Wong, W. C. and Preece, T. F. 1979. Identification of *Pseudomonas tolaasii* : the white line in agar and mushroom tissue block rapid pitting tests. *J. Appl. Bacteriol.* 47(3): 401–407.
• Zadrazil, F. 1974. *The Ecology and industrial production of Pleurotus ostreatus, Pleurotus folrida, Pleurotus cornucopiae, and Pleurotus eryngii.* Mykofarm Gesellschaft für Pilzkultur.

제 6 장

노랑느타리

1. 명칭 및 분류학적 위치

노랑느타리(*Pleurotus citrinopileatus* Singer)는 분류학적으로 주름버섯목(Agaricales) 느타리과(Pleurotaceae) 느타리속(*Pleurotus*)에 속하는 백색부후균으로 느릅나무(*Ulmus* spp.) 등에서 총생 또는 다발로 자라는 식용 버섯이다(Ohira, 1990; Petersen, 2003). 노랑느타리는 우리나라를 포함하여 중국, 일본 등 동북 · 동남아시아 등에 분포하며, 초여름부터 가을에 걸쳐 참나무류와 느릅나무, 단풍나무 등에 발생한다. 인공 재배가 가능한 식용 버섯으로, 약간 분취가 나며 전체가 산뜻한 풍미가 있고 삶으면 탄력이 생겨 씹는 맛이 좋으나 갓색이 탈색된다. 이와 유사한 것으로 주로 유럽에서 자생하는 연노랑느타리(*P. cornucopiae* (Paulet) Rolland)가 있다.

노랑느타리의 중국명은 '白黃側耳', 일본명은 '다모기다케(タモギタケ)', 서양에서는 '황금느타리(golden oyster mushroom)'라 불리고 있으며, 일본의 홋카이도 등지에서는 지역 특산 버섯으로 알려져 있다(유 등, 2006). 노랑느타리의 갓은 노란색으로 지름이 4~12cm이고, 원형으로 넓게 퍼져 자라며 중앙은 깔때기 모양을 나타낸다. 대의 색은 연한 노란색을 나타내며, 대의 길이는 4~10cm 정도 된다.

버섯 형성의 초기에는 작은 균덩어리를 형성하며 그 부위로부터 자실체가 나와 하나의 대에서 위쪽으로 다수의 분지를 형성하며 성장한다. 그림 6-1과 같이 자실체의 포자는 심장형을 나타내며, 포자 무늬는 보랏빛이 감도는 자회색이다(장 등, 2005; 손, 2002; 이, 1988).

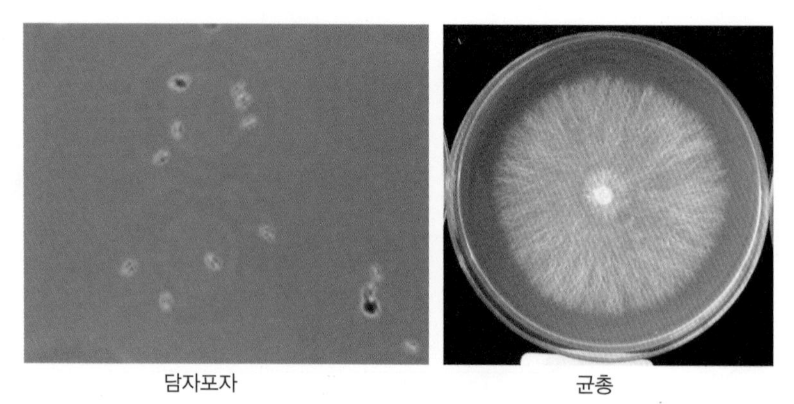

그림 6-1 노랑느타리의 담자포자와 균총 형태

2. 재배 내력

예로부터 '노른바래기' 라고 부르며 야생에서 채취하여 식용하였는데, 소화 작용, 풍기, 폐병, 간질환 등에 약효가 있다고 알려져 있다. 국내에서는 2006년도부터 '금빛', '순정', '장다리', '몽돌' 품종이 보급되면서 일부 농가에서 재배되고 있으며, 관상용, 학습용, 판촉용 및 다양한 요리용으로 이용되고 있다.

일본에서는 홋카이도와 도후쿠 지역에서 재배되고 있으며, 항암, 저혈압 등에 우수한 기능성 식품으로 알려져 시중에 건조 분말 제품으로 판매되고 있다. 유럽 지역에서는 느타리, 분홍느타리, 노랑느타리 등을 같이 포장하여 많이 판매하고 있다. 그 밖에 중국에서도 특히 많이 소비되며, 브라질 등 열대, 아열대 지방에서 다수 재배되어 식용으로 이용되고 있다.

3. 영양 성분 및 건강 기능성

노랑느타리의 일반 성분 분석 결과, 노랑느타리는 느타리에 비하여 탄수화물 함량이 낮으나, 조지방과 조회분이 각각 0.2%, 2.7%로 높고, 특히 단백질 함량이 52.1%로 일반 느타리에 비해 13.7%나 높다(표 6-1).

표 6-1 노랑느타리와 느타리의 일반 성분 비교 (농업과학기술원, 2008)

성분 버섯명	조단백 (%)	조지방 (%)	조회분 (%)	탄수화물 (%)	환원당 (mg)
느타리	38.4	0.70	6.0	46.0	0.88
노랑느타리	52.1	0.90	8.7	34.5	0.85

노랑느타리의 생리 활성을 분석한 결과는 표 6-2와 같다. 노랑느타리는 일반 느타리에 비해 항산화 작용이 3.1배, 혈전 용해 작용이 약 3.3배, 항산화 작용과 밀접한 폴리페놀 함량이 1.5배 많이 함유되어 있는 것으로 나타났다. 일반적으로 폴리페놀은 녹차나 포도에 많이 함유되어 있는 것으로 식물의 산화적 스트레스를 억제하며 세포 노화를 방지하는 대표적인 항산화 성분으로 알려져 있다. 또한, 노랑느타리는 다량의 천연 ACE 저해 활성 물질을 가지고 있어 혈압 강하 활성이 84.8%로 일반 느타리의 62.3%보다 22.5%나 높아 고혈압 억제 작용에 탁월하다.

Jang 등(2011)은 노랑느타리의 항고혈압 기능을 나타내는 2개의 올리고 펩타이드는 F2-1(Arg-Leu-Pro-Ser-Glu-Phe-Asp-Leu-Ser-Ala-Phe-Leu-Arg-Ala), F2-2(Arg-Leu-Ser-Gly-Gln-Thr-Ile-Glu-Val-Thr-Ser-Glu-Tyr-Leu-Phe-Arg-His)의 구조를 가지고 있으며, 분자량은 각각 1622.85Da(F2-1), 2037.26Da(F2-2)라고 보고하였다. Um(2010) 등은 느타리 중에 노랑느타리가 폴리페놀, 베타글루칸(β-glucan) 함량이 가장 높고, 항산화, ACE 저해, 항혈전 활성 등이 우수하며, 유리포도당의 생성 감소를 나타내어 항고혈압제와 항당뇨제와 같은 기능성 소재로 활용 가능성이 높다고 보고하였다.

표 6-2 노랑느타리와 느타리의 생리 활성 비교 (농업과학기술원, 2008)

버섯명 \ 성분	항산화 활성[1] (%)	폴리페놀 함량 (mM)	혈압 강하 활성[2] (%)	혈전 용해 활성 (mm)
느타리	21.3	1.10	62.3	1.5
노랑느타리	66.8	1.67	84.8	5

[1] DPPH 라디컬 소거능
[2] ACE 저해 활성

4. 재배 기술

노랑느타리의 발생 시기는 초여름부터 초가을로 느릅나무류와 단풍나무류 등 활엽수의 고목 등에서 발생한다. 재배 방법은 원목 재배, 균상 재배, 병재배, 봉지 재배가 가능하며, 일반 느타리의 재배법에 준하여 재배하면 된다. 현재는 냉난방 시설을 이용하여 버섯 재배가 이루어지고 있다.

1) 균사 배양

노랑느타리의 적합 배양 온도는 25~28℃로 중 · 고온성을 나타낸다. 균사의 생장 온도가 28℃ 이상이면 균사 생장이 감소하고, 5℃ 이하에서는 균사가 사멸한다. 적정 배지는 버섯완전배지(MCM)로 균사 생장과 균사 밀도가 가장 우수하며, 그 다음으로 감자배지(PDA), 효모맥아배지(YM)가 우수하다. 배지의 적정 pH는 6으로 이보다 높거나 낮으면 균사 생장과 밀도에 나쁜 영향을 끼친다(장 등, 2005; Wu *et al.*, 2008).

2) 생육 온도

버섯 발생에 적합한 온도는 23℃로 발생 소요 기간이 짧고, 발생 상태가 양호한 편이다. 버섯 발생 이후 생육 온도는 18~20℃로 관리하여야 분지된 자실체 개체수가 많아지고 자실체 형태가 양호하여 다수확을 얻을 수 있다(표 6-3, 그림 6-2).

표 6-3 생육 온도에 따른 생육 특성 비교 (농업과학기술원, 2008)

재배법	발이 및 생육 온도 (℃)	배양일 (일)	초발이 일수 (일)	수량 (g)
병재배	18	19	6	41.7b
	20	19	6	66.0a
	23	19	4	60.4ab
봉지 재배	18	26	3	107.1b
	20	26	3	129.6ab
	23	26	2	156.6a

※ 재배 조건 – 배지 조성(%): 미송 톱밥+비트펄프+쌀겨+면실박(50:40:8:2), 습도: 90±2%, 이산화탄소 농도: 1,000±200ppm
용기 규격 – 병: 850cc/60ϕ, 봉지: 1kg

그림 6-2 노랑느타리의 원기 형성(위)과 자실체 형태(아래)

버섯 발생 시 20℃ 이하의 온도에서는 자실체의 갓색이 진한 노란색으로 발생하나, 초발이 소요 일수가 길어지고 버섯 발이량이 많아질 수 있으며 생육이 불균일해진다. 20℃ 이상의 온도에서는 초발이 소요 일수가 짧아지나, 발이 개체수가 적어 수량이 적어질 수 있다.

버섯 생육 시에는 20℃ 이하의 온도로 관리해야 갓의 형태와 색깔이 양호하며, 자실체가 충실하고 수량이 많아질 수 있다. 그러나 20℃ 이상의 온도에서 생육되면 대가 가늘고 갓이 얇으며 생육이 불균일해질 수 있다.

3) 생육 습도

배양실의 습도는 60~70% 정도로 낮게 유지하여야 한다. 배양실의 습도가 너무 높으면 배양 중에 오염률이 높아지고 배양이 완료되기 전에 버섯이 발생되는 현상이 일어난다. 배양이 완료되면 후숙 없이 노화균을 제거하고 병의 입구가 바닥을 향하도록 뒤집어 생육실로 옮겨 발이를 유도한다. 생육실에서 발이 습도는 95% 이상을 유지하여 배지 표면이 마르지 않도록 관리한다. 버섯 발생 이후에는 병을 정위치로 해 주고 90~95%의 습도를 유지하여 발생된 버섯이 건조하지 않도록 주의해야 한다. 노랑느타리는 생육 초기부터 환기 요구량이 많으므로 환기량에 따라 습도를 조정해 주어야 한다.

수확 시기가 가까워지면 90% 이하로 생육실을 관리해 주어야 수확 후 저장 및 유통에 유리하다. 생육 중에 과습하면, 갓색이 탈색될 수 있으며 어린 버섯이 고사할 수 있다. 또한, 버섯 내에 수분 함량이 높아져 저장성이 떨어지고, 포장 유통 시 부패가 빨리 진행될 수 있다.

4) 생육 이산화탄소 농도

병재배 및 봉지 재배에서 균사 생장 저해를 일으키지 않도록 배양실의 이산화탄소 농도는 3,000ppm 이하로 유지한다. 버섯 발생 초기의 생육실 이산화탄소 농도는 2,000ppm 정도가 적당하다. 노랑느타리의 버섯 발생은 일반 느타리와 다르게 균덩이가 형성된 후 자실체가 형성되므로, 균덩이가 형성된 후부터는 버섯의 형태를 보고 환기량을 점차적으로 늘려 주어야 한다. 생육실 내에 이산화탄소 농도가 높으면 균덩이가 크게 형성되고 갓 끝 부분이 위로 향하며, 어린 버섯이 고사할 수 있다. 환기량이 많아 이산화탄소 함량이 낮아지면 대가 짧아지고 분지가 많이 이루어지며, 조기에 갓이 개산된다.

5) 배지 조성

낙엽 활엽수인 느릅나무 고목에서 발생하는 노랑느타리는 참나무, 버드나무 등에서 균사 배양이 양호하며, 상록 침엽수인 소나무 톱밥에서는 균사 밀도가 낮고 균사 생장이 느린 편이다.

영양원에 있어서는 버드나무 90%에 쌀겨를 10% 정도 혼합하여 사용하였을 시 균사 생장이 빠르고, 균사 밀도가 치밀한 경향을 나타냈다. Royse 등(2004) 은 면실박 75%에 밀기울 23%, 석회 1%를 혼합하여 재배했을 때 높은 수량을 얻었다고 보고하였다. 일본의 경우에는 톱밥, 면실피, 콘코브, 쌀겨를 40:20:20:20(v/v)으로 혼합하고 패화석분을 전체량의 8% 정도 혼합하였을 때 증수 효과가 있었다고 한다.

국내에서는 톱밥, 비트펄프, 쌀겨, 면실박을 50:40:8:2(v/v)로 혼합하고 수분 함량을 65% 내외로 조절하였을 때, 850cc 병재배에서 균 배양 일수는 25일, 초발이 소요 일수는 3일, 생육 일수는 3일 정도로 재배 기간이 31일 소요되었고, 봉지 재배에서 균 배양 일수 23일, 초발이 소요 일수 3일, 생육 일수는 3일 정도로 재배 기간이 29일 정도 소요되었다. 느타리에 비하여 재배 기간이 병재배의 경우 4일 정도 빨랐으며, 봉지 재배의 경우 3일 정도 단축되었다. 수량은 일반 관행 배지에 비하여 병재배에서 30%, 봉지 재배에서 36%의 증수 효과가 있었다(표 6-4).

표 6-4 배지 조성에 따른 노랑느타리의 병, 봉지 재배 생육 특성 (농업과학기술원, 2008)

재배법	배지 조성	노랑느타리			
		배양일	초발이 일수	유효 경수(개)	수량(g)
병재배	관행	25	4	17.2	62
	SBRC	25	3	19.3	81
봉지 재배	관행	24	5	23.5	130
	SBRC	23	3	45.8	178

※ 관행 배지: 톱밥+비트펄프+면실박(50:30:20)
SBRC: 톱밥+비트펄프+쌀겨+면실박(50:40:8:2)
재배 조건 – 배양 온도: 20±1℃, 발이 온도: 20±1℃, 생육 온도: 18~20℃, 이산화탄소 농도: 800±200ppm,
용기 규격 – 병: 850cc/60ϕ, 봉지: 1kg

5. 수확 후 관리 및 이용

노랑느타리의 수확은 갓 지름이 2~3cm 정도로 갓색이 선명할 때 한다. 갓이 너무 작을 때 수확하면 갓색이 약간 탁한 노란색을 나타내며 쉽게 부서진다. 생육실 습도는 수확 전날부터 90% 이하로 관리해 주어야 저장 기간을 연장할 수 있다.

일반 느타리에 비해 저장성이 약하므로 수확한 후 예냉 처리를 실시하여 포장, 유통하여야 신선도를 오래 유지할 수 있다. 노랑느타리는 건조하여 비닐 포장을 하거나, 분말으로 만들어 보관 및 유통할 수 있다.

〈최종인, 유영복〉

참고 문헌

- 농업과학기술원. 2008. 유용 버섯류의 재배 기술 개발. 농촌진흥청. pp. 29-70.
- 손형락. 2002. 노랑느타리의 자실체 형성과 그 성분의 기능성 탐색. 경북대 박사학위논문.
- 유영복, 공원식, 장갑열, 오세종, 정종천, 전창성. 2006. 버섯의 품종 육성과 종균 산업의 동향 4(1): 1-32.
- 이지열. 1988. 원색 한국버섯도감. 도서출판아카데미. p. 109.
- 장인자, 정기철, 장현유. 2005. 노랑느타리버섯의 우수 균주 선발 및 최적 균사 배양. *The Korea Society of Mushroom Science* 3(1): 40-44.
- Jang, J. H., Jeong, S. C., Kim, J. H., Lee, Y. H., Ju, Y. C., and J. S. Lee. 2011. Characterization of a new antihypertensive angiotensin I-converting enzyme inhibitory peptide from *Pleurotus cornucopiae*. *Food Chemistry* 127: 412-418.
- Ohira, I. 1990. A revision of the taxonomic status of *Pleurotus citrinopileatus*. *Reports of the Tottori Mycological Institute* 18: 129-132.
- Petersen, R. H. and K. W. Hughes. 2003. Phylogeographic examples of Asian biodiversity in mushrooms and their relatives. *Fungal Diversity* 13: 95-109.
- Royse, D. J., Rhodes, T. W., Ohga, S., and J. E. Sanchez. 2004. Yield, mushroom size and time to production of *Pleurotus cornucopiae* (oyster mushroom) grown on switch grass substrate spawned and supplemented at various rates. *Bioresour. Technol.* 91: 85-91.
- Um, S. N., Jin, G. E., Park, K. W., Yu, Y. B., and K. M. Park. 2010. Physiological activity and nutritional composition of *Pleurotus* species. *Korean J. Food Sci. Technol.* 42(1): 90-96.
- Wu, C. Y., Liang, Z. C., Lu, C. P., and S. H. Wu. 2008. Effect of carbon and nitrogen sources on the production and carbohydrate composition of exopolysaccharide by submerged culture of *Pleurotus citrinopileatus*. *J. Food and Drug analysis* 16(2): 61-67.

제 7 장

분홍느타리

1. 명칭 및 분류학적 위치

분홍느타리(*Pleurotus djamor* (Rumph. ex Fr.) Boedijn = *P. salmonestramineus* Lj. N. Vassiljeva)는 주름버섯목 느타리과 느타리속(*Pleurotus*)에 속하는 백색부후균으로 여름~가을에 버드나무, 포플러 등 활엽수의 그루터기 또는 고사목에 다수 군생하며, 고온성으로 아시아, 유럽, 아메리카, 아프리카 등 전 세계에 자생한다(Vilgalys, 1996). 그러나 우리나라에서는 발견되지 않았다. 자실체가 분홍색을 띤다는 점에서 느타리류에서 다른 종과의 구별이 쉽다. 분홍느타리는 *P. djamor*, *P. flabellatus*, *P. ostreatoroseus*, *P. salmonestramineus*, *P. euosmus*, *P. rhodophyllus* 등 형태적으로 여러 종으로 분류되어 있으나, 유연관계가 가까운 아종이거나 동일한 종으로 사료된다. 영명은 'pink oyster', 'salmon oyster', 'strawberry oyster', 'flamingo oyster' 등 다양한 이름으로 불리며, 일본명은 '토키이로 히라다케(トキイロヒラタケ)', 중국명은 '홍핑구(紅平菇)', '홍측이(紅側耳)' 등이다.

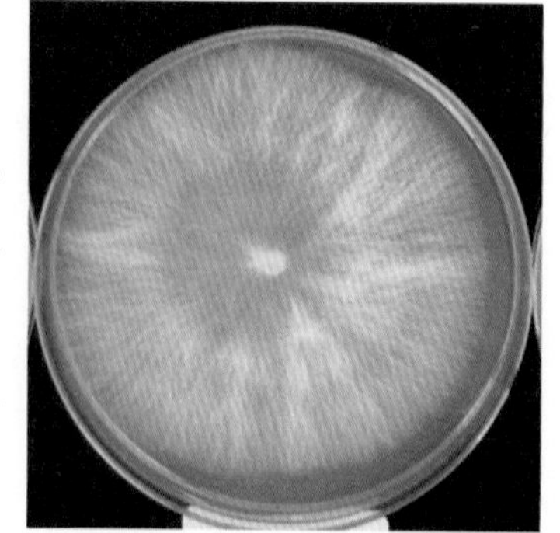

그림 7-1 분홍느타리의 균총

갓은 크기가 70~100×55~85mm로 성장 초기에는 반반구형이며 갓 끝 부위가 안쪽으로 말려 있으나, 수확기에는 점차 펼쳐져서 부채형~조개형이며 갓 끝 부위는 다소 파상형이 된다. 어리거나 신선할 때에는 분홍색을 띠나 성장하면서 연한 분홍색으로 변색된다. 갓 표면과 가장자리의 조직은 부드러운 편이며, 대의 기부 쪽은 질겨 씹는 맛이 좋지 못하다. 주름살은 대까지 형성되는 내린형이며 선명한 분홍색을 나타낸다. 대는 1~4×0.7~1.8cm로 측심형 또는 편심형으로 분홍색을 나타내며, 대의 조직은 성장하면서 섬유질화되어 질긴 편이다. 포자의 크기는 10.0~11.2×3.7~5.0㎛로 타원형이며, 포자문은 분홍색 또는 백색을 나타내고 건조되면 연한 노란색으로 변화된다. 담자기는 25~26×5.0~6.2㎛로 방망이 형태이며, 4개의 포자를 형성한다. 측낭상체는 관찰되지 않으며, 날낭상체는 21~26×6.2~10.0㎛로 곤봉형이다. 주름의 균사층은 불규칙하고 꺽쇠연결체를 가진 두껍거나 얇은 균사로 구성되어 있다(그림 7-2).

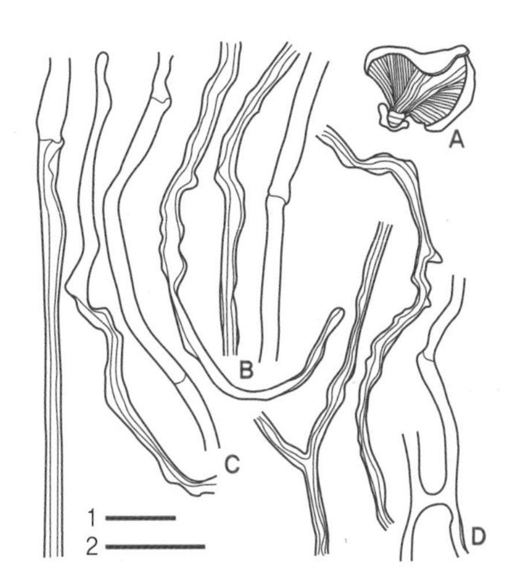

분홍느타리(*P. djamor* var. *djamor*)의 균사 형태
A: 자실체, B: 자실체층사의 균사, C: 갓 부위의 균사, D: 대 부위의 균사
기준자 1=5cm(A), 기준자 2=30㎛(B-D)

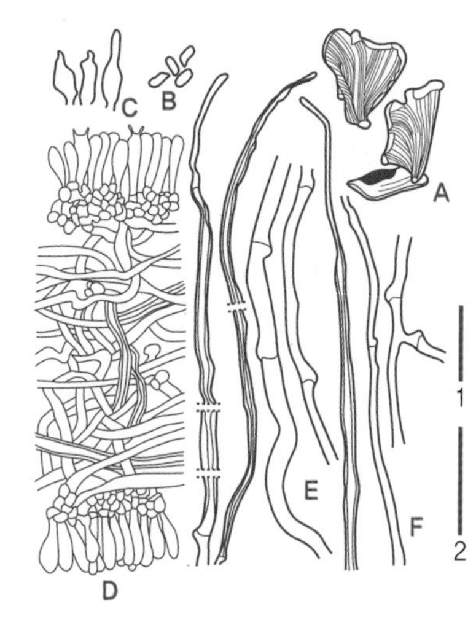

분홍느타리(*P. djamor* var. *roseus*)의 균사 형태
A: 자실체, B: 포자, C: 날낭상체, D: 자실층사와 자실층, E: 갓 부위의 균사, F: 대 부위의 균사.
기준자 1=5cm(A), 기준자 2=30㎛(B-F)

그림 7-2 분홍느타리의 균사 형태 (Lechner *et al.*, 2004)

분홍느타리의 학명은 독일의 Georg Eberhard Rumphius에 의해 *Agaricus djamor*로 명명되어 다양한 이름으로 불렸으며, 1959년에 Karel Bernard Boedijn에 의해 느타리속으로 분류되었다. 분홍느타리는 갓색, 주름의 색, 대 등의 형태적인 차이에 의해 분류되는데, 이 차이는 지리적 격리에 의해 발생한 변종인 것으로 추정하고 있다(Corner, 1981; Petersen, 2003).

2. 재배 내력

분홍느타리는 고온성으로 버섯의 컬러 푸드가 화두가 되었던 2006년도에 '노을', '적단' 품종이 국내에 보급되면서 농가에서 재배하기 시작하였다. 분홍느타리는 저장성이 강하고 조리를 해도 분홍색이 살아 있어 국내에서는 다양한 요리로 이용되고 있으며, 유럽에서는 노랑느타리와 함께 관상용, 학습용, 판촉용 및 식용으로 일부 소규모로 재배되고 있다.

3. 영양 성분 및 건강 기능성

붉은빛을 띠는 성분은 안토시안으로 항산화 효과가 뛰어나 노화를 방지하고 눈을 건강하게 해 준다. 또한, 피를 맑게 하고, 활력 증강에 좋은 고단위의 칼륨을 함유하고 있다. 붉은색의 라이코펜 성분은 혈관을 튼튼하게 하고 전신의 혈액 순환을 도와 고혈압 · 동맥경화증을 예방한다. 분홍느타리의 일반 성분 분석 결과 맛느타리에 비해 다당체, 조지방 함량은 낮은 편이나, 탄수화물과 조섬유가 각각 59.9%, 17.2%로 높은 함량을 나타내었다(표 7-1). 또, 미량 요소 분석 결과, 맛느타리에 비하여 칼슘, 마그네슘, 인, 철 함량이 높은 편이었다(표 7-2).

표 7-1 분홍느타리(*P. djamor*)와 맛느타리(*P. sapidus*)의 일반 성분 비교 (Guo. *et al.*, 2007) (단위: %)

버섯명 \ 성분	수분	건물중	탄수화물	다당체	조섬유	조단백질	조지방	회분
분홍느타리	82.2	17.7	59.9	9.0	17.2	15.6	1.65	5.83
맛느타리	90.5	9.47	57.1	11.2	12.3	20.4	4.85	5.32

※ 수분 함량과 건물중은 신선한 버섯을 기준으로 측정된 것이며, 다른 항목들은 건물중을 기준으로 측정된 결과임.

표 7-2 분홍느타리와 맛느타리의 미량 요소 함량 비교 (Guo. *et al.*, 2007) (단위: mg/g 건물중)

버섯명 \ 미량 요소	칼슘	마그네슘	인	칼륨	철	아연
분홍느타리	1.42	1.21	7.57	12.3	0.59	0.18
맛느타리	0.84	1.19	5.13	14.3	0.19	0.07

분홍느타리와 맛느타리의 아미노산 함량을 비교한 결과(표 7-3), 분홍느타리는 시스테인의 함량이 5.86mg/g으로 맛느타리, 아위느타리에 비하여 높게 나타났다. 시스테인은 손톱, 발톱, 피부, 모발의 구성 성분으로, 비타민 B_6의 이용률을 높여 주고, 약물, 알코올, 흡연 등으로 발생되는 독성 물질을 해독시켜 주는 역할을 한다. 트립토판의 함량은 다른 느타리버섯류에서는 측정되지 않았으나 분홍느타리에서는 3.16mg/g으로 높게 나타났다. 트립토판은 세로토닌을 만드는 원료가 되는 물질로, 뇌에서 세로토닌의 생성을 증가시킨다. 트립토판은 월경 전 홍분, 우울증, 계절적 불안증 등과 같은 감정적 불안을 안정시키는 역할을 한다.

표 7-3 분홍느타리와 맛느타리의 아미노산 함량 비교 (Guo. *et al.*, 2007) (단위: mg/g 건물중)

버섯명 \ 아미노산	시스테인	글라이신	프롤린	세린	트립토판	티로신
분홍느타리	5.86	5.53	4.66	6.01	3.16	3.35
맛느타리	0.73	5.59	2.46	6.63	N.A	3.62

4. 재배 기술

분홍느타리는 여름부터 가을에 활엽수 고목에서 발생한다. 재배 방법은 병재배, 봉지 재배가 가능하며, 일반 느타리 재배 방법에 준하여 관리한다.

1) 균사 생장

균사는 5~35℃ 온도에서 자라며 균사 생장 적온은 감자배지(PDA)에서 26~30℃이고, 버섯 발생 및 생육에 적합한 온도는 18~23℃로 느타리에 비하여 고온성 품종이다(표 7-4). 균사는 pH 4.5~7.5의 범위에서 성장이 가능하며, 최적 pH는 5 정도가 적합하다. 탄소원은 육탄당에서, 질소원은 구연산 암모늄에서 균사 생장이 우수하고, C/N율은 2~3에서 적합하였다. 분홍느타리는 감자배지에서 균사 생장 적합 온도인 26~30℃ 조건에서 배양 5일 후 85.0mm 이상 성장할 정도로 균사 활력이 왕성하였으나 32℃ 이상에서는 균사 생장이 급격히 감소하였다.

표 7-4 배양 온도별 균사 생장 비교 (단위: mm/5일)

배양 온도 / 버섯명	20℃	22℃	24℃	26℃	28℃	30℃	32℃
분홍느타리	63.0	71.7	79.7	85.0	85.0	85.0	26.3
느타리	45.0	48.7	51.7	55.3	52.3	42.7	21.0

2) 형태적 특성

분홍느타리의 특징은 갓과 대를 포함한 자실체 전체가 분홍색이라는 것이 가장 큰 특징이다. 갓은 두꺼운 편이며 깊은 깔때기형을 나타낸다. 병재배에서는 갓 지름이 30mm 정도일 때 대 길이는 41.7mm, 대 굵기는 4.3mm 정도로 가늘고 짧은 형태를 나타내며 다발 형태로 생장한다. 봉지 재배에서는 갓 지름은 29.0mm이고, 대 길이 47.0mm, 대 굵기 6.0mm로 병재배에 비해 대가 굵은 형태를 나타낸다(표 7-5).

표 7-5 재배법에 따른 형태적 특성 비교

재배법	버섯명	갓 지름 (mm)	갓색	색차			대 길이 (mm)	대 굵기 (mm)	대 색깔
				L	a	b			
병재배	분홍느타리	30.0	분홍색	71.0	7.3	18.9	41.7	4.3	분홍색
	일반 느타리	31.6	회백색	53.6	2.5	6.0	78.3	8.8	회백색
봉지 재배	분홍느타리	29.0	분홍색	71.0	7.3	18.9	47.0	6.0	분홍색
	일반 느타리	33.0	회백색	52.2	3.4	6.6	82.3	9.5	회백색

※ L: 백색도, a: 적색도, b: 황색도

3) 생육 온도

분홍느타리는 고온성 계통 버섯으로 15℃ 이상의 온도에서 균주를 보관해야 한다. 10℃ 이하의 온도에서 균주를 보관하면 사멸한다. 버섯 발생에 적합한 온도는 20~23℃로, 이 온도에서 발생 소요 기간이 짧고 발이 상태가 양호하다. 버섯 발생 및 생육 초기에는 18~20℃의 온도를 유지하여야 균주 활력이 강하고 발이량이 많으며, 생육 중기와 수확기에는 16~18℃를 유지한다(표 7-6).

분홍느타리는 버섯 발생 및 생육 초기에는 갓색이 진한 분홍색을, 수확기에는 연분홍색을 나타낸다. 분홍색을 유지하기 위해 생육 중기부터 16~18℃의 온도로 낮추되, 18℃ 이하의 온도에서 발생 시 갓색이 탁한 분홍색을 나타내며 생육이 저조하여 수량이 낮아질 수 있다. 또한, 23℃ 이상의 온도에서 버섯 발생 초기에 갓색이 연분홍색을 나타내며, 생육과 갓 개산이 빠르게 이루어져 품질이 떨어지는 경향이 있다.

표 7-6 생육 온도에 따른 생육 특성 비교 (단위: 일)

재배법	발이 및 생육 온도(℃)	배양일(일)	초발이 일수(일)	수량(g)
병재배	18	21	6	63.0a
	20	21	6	68.2a
	23	21	4	87.8a
봉지 재배	18	25	3	61.0b
	20	25	2	103.2a
	23	25	2	101.3a

※재배 조건 - 배지 조성(%): 미송 톱밥+비트펄프+쌀겨+면실박(50:40:8:2), 습도: 90±2%, 이산화탄소: 1,000±200ppm
용기 규격 - 병: 850cc/60ϕ, 봉지: 1kg

그림 7-3 분홍느타리의 자실체 형태

4) 생육 습도

배양실의 습도는 70% 정도로 유지해야 하며, 발이 초기에는 95% 이상의 습도를 유지하여 발이를 유도하여야 한다. 발이 후 생육 시기에는 90~95%의 습도를 유지해야 한다. 수확 시기가 가까워지면 90% 이하로 습도를 관리해야 수확 후 저장에 유리하다. 분홍느타리의 조직은 다른 버섯과 달리 수분 흡수율이 높아 과습 시 갓색이 연한 분홍색 또는 노란색을 띤 분홍색으로 변할 수 있다.

5) 생육 이산화탄소 농도

분홍느타리는 일반 느타리에 비해 환기 요구도가 높아 발이 초기부터 환기를 해 주어야 한다. 환기가 충분히 이루어지지 않으면 갓과 대가 안으로 말리고 갓이 작아지며 자실체가 기형으로 발생한다. 발이 초기에는 이산화탄소 농도를 1,500ppm 정도로 유지하고 발이 이후부터는 1,000ppm 이하로 유지하여야 품질이 우수한 버섯을 생산할 수 있다.

6) 배지 조성

분홍느타리의 배지는 톱밥, 볏짚, 콘코브, 커피박, 면실, 팜슬러지, 비트펄프 등을 이용하여 재배가 가능하다. 브라질에서는 비트펄프, 쌀겨, 볏짚, 탄산칼슘($CaCO_3$)을 첨가한 배지와 밀짚을 발효하여 면실박을 첨가한 배지에서 높은 수량을 얻었다. Khan 등은 콘코브 이용 시, 방글라데시에서는 망고 톱밥+밀기울+탄산칼슘 이용 시 높은 수량을 얻었다(Islam 등, 2009).

국내에서는 톱밥, 비트펄프, 쌀겨, 면실박을 50:40:8:2(v/v)로 혼합하였을 때 높은 수량을 얻었다(표 7-7). 850cc 병재배에서 균 배양 일수는 25일, 초발이 소요 일수는 3일, 생육 일수는 4일 정도로 총 재배 기간은 32일이다. 1kg 봉지 재배에서는 균 배양 일수 21일, 초발이 소요 일수 3일, 생육 일수 5일 정도로 총 재배 기간이 29일 정도이다. 수량은 병재배에서 일반 관행 배지에 비하여 20%, 봉지 재배에서 30% 증수 효과가 있었다.

표 7-7 배지 조성에 따른 분홍느타리의 병, 봉지 재배 생육 특성 (농업과학기술원, 2008)

재배법	배지 조성	배양일 (일)	초발이 일수 (일)	생육 일수 (일)	유효 경수 (개)	수량 (g)
병재배	SBC(대조)	25	3	4	13.3	97
	SBRC	25	3	4	27.4	116
봉지 재배	SBC(대조)	25	4	5	81.2	141
	SBRC	21	3	5	81.8	183

※ SBC: 톱밥+비트펄프+면실박(50:30:20), SBRC: 톱밥+비트펄프+쌀겨+면실박(50:40:8:2)

※ 배양 온도: 20±1℃, 발이 온도: 20±1℃, 생육 온도: 18~20℃, 이산화탄소: 800±200ppm, 병 규격: 850cc/60φ, 봉지 규격: 1kg

5. 수확 후 관리 및 이용

분홍느타리는 갓의 분홍색이 연해지기 전(탈색되기 전)에 수확을 해야 한다. 분홍느타리는 수분 보유력이 높아 수확 전에 습도를 낮추어 관리해야 수확 후 저장 기간을 연장할 수 있으며 신선도를 오래 유지할 수 있다. 장기 유통 시에는 건조시켜 비닐 포장을 하여 보관, 유통하여야 한다. 분홍느타리의 조직은 탄력성이 강하고 부서짐이 적어 유통 및 포장에 유리하며, 자실체의 분홍색이 오래 유지되어 요리할 때 장식용으로 사용하기에 좋다. 그러나 대의 기부 쪽이 질겨 씹는 맛이 좋지 못하고, 가열 조리 시에는 색상이 연해진다는 단점을 가지고 있다.

〈최종인, 유영복〉

참고 문헌

- 농업과학기술원. 2008. 유용 버섯류의 재배 기술 개발. 농촌진흥청. pp. 29-70.
- Corner. E. J. H. 1981. The Agaric Genera *Lentinus*, *Panus* and *Pleurotus*, with Particular Reference to Malaysian Species. *Beihefte zur Nova Hedwigia* 69: 1-169.
- Guo, L. Q., Lin, J. Y., and J. F. Lin. 2007. Non-volatile components of several novel species of edible fungi in China. *Food Chem.* (100): 643-649.
- Islam M. Z., Rahman M. H. and F. Hafiz. 2009. Cultivation of cyster mushroom (*Pleurotus flabellatus*) on different substrates. *Int. J. Sustain. Crop Prod.* 4(1): 45-48.
- Khan, N. A., Haq, M. I. U., Khan, M. A., and M. M. Khan. 2010. Use of different cellulosic wastes for production of oyster mushroom. *Pak. J. Phytopathol.* 22(2): 58-62.
- Lechner, B. E., Alberto. E., and J. E. Wright. 2004. The genus *Pleurotus* in Argentina. *Mycologia* 96(4): 845-858.
- Petersen, R. H., and K. W. Hughes. 1993. Intercontinental interbreeding collections of *Pleurotus pulmonarius* with notes on *P. ostreatus* and other species. *Sydowia* 45(1): 139-152.
- Petersen, R. H., and K. W. Hughes. 2003. Phylogeographic examples of Asian biodiversity in mushrooms and their relatives. *Fungal Diversity* 13: 95-109.
- Vilgalys, R., Monocalvo, J. M., Liou, S. R., and M. Volovsek. 1996. Recent advances in molecular systemmatics of the genus *Pleurotus*. *Mushroom Bio. & Mushroom Pro.* Penn state University. pp. 91-101.

제 8 장

아위느타리

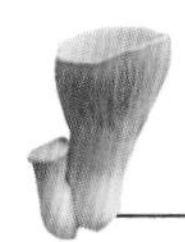

1. 명칭 및 분류학적 위치

아위느타리(*Pleurotus ferulae* Lanzi)는 중국의 서북방인 신장 성(新疆省) 위구르 지방의 건조한 초원에서 자생하는 민간약으로 만병의 예방 및 치료제로 사용되는 약용 식물인 아위(阿魏, *Ferula assa-foetida*)의 뿌리에서 봄에 발생하는 버섯이다(최 등, 2009). 중국에서는 '서방(西方)의 신이(神珥)' 또는 '이(珥)의 왕자(王子)'라 불리며 귀한 버섯으로 여겼다(Huang, 1998).

이 버섯은 주로 남유럽, 체코, 헝가리, 프랑스, 북아프리카, 중앙아시아, 남러시아, 북아메리카 등지의 초원 지대 및 아열대성 기후에 자생하고, 건조한 스텝 기후를 선호하는 전형적인 초원형 부생균이다(김, 2002).

아위느타리는 분류학적으로 주름버섯목(Agaricales) 느타리과(Pleurotaceae) 느타리속(*Pleurotus*)에 속하는 버섯이다. 일본에서는 '백령지(白灵芝)' 또는 백설과 같다는 의미에서 '설할이(雪割珥)'라 하며, 중국에서는 '아위측이(阿魏側耳)', '아위고(阿魏菇)', 또는 '백령고(白灵菇)'라 칭하기도 하는데(차 등, 2004), 형태적으로 비슷한 *Pleurotus nebrodensis*와 혼용되어 명명되고 있기도 하다.

실제로 중국에서 생산되는 버섯 중에도 자실체 갓이 두꺼우면서 깔때기형으로 대가 긴 계통과 갓이 편심형의 손바닥 모양으로 대가 짧고 두꺼운 형태의 계통이 모두 백령고라 불려지고 있다. 따라서 이 세 가지 버섯은 형태적으로 차이가 있으므로(그림8-1) 버섯 분류학적 위치 규명이 필요한 실정이다.

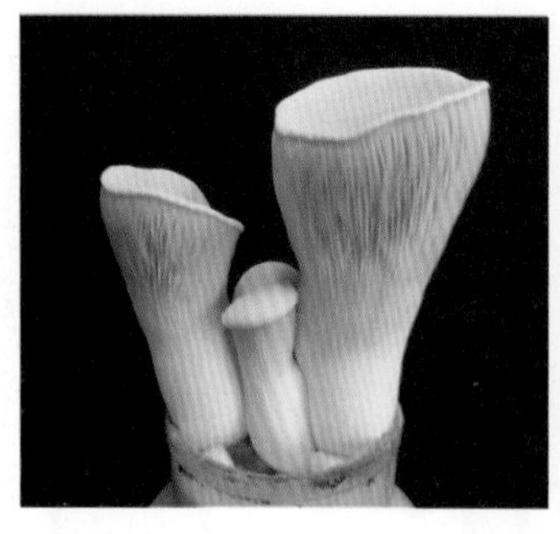

그림 8-1 아위느타리(좌), 백령느타리(중), 큰느타리(우)

2. 재배 내력

1983년 중국에서 처음으로 야생 아위느타리에서 균을 분리하여 활엽수 톱밥, 면실피, 밀기울을 이용한 봉지 재배로 인공 재배를 하기 시작하였다(리 등, 2004). 일본에서는 병재배로 생산되고 있으며, 국내 재배법에 관한 연구는 2005년부터 3년간에 걸쳐 적합 배지 조성 및 생육 환경 구명 등 병재배 기술 개발 결과로 대량 생산 기반을 마련하였고(원, 2010), 영양 성분, 생리 활성 물질 탐색 및 항암 효과에 관한 연구 결과가 보고되었다(차 등, 2004).

우리나라에서는 2012년에 농촌진흥청에서 품종을 육성하였다. 비교적 최근에 재배되기 시작한 버섯으로 재배법에 관한 자료가 많지 않은 실정이며, 균주에 따라 균일한 자실체 발생이 어렵거나 생육 중에 세균성 병 발생으로 생산 효율이 낮은 경우가 있다. 따라서 생산자와 소비자에게 새로운 버섯 품목으로 자리 매김하기 위해서는 보다 다양한 재배 및 가공 이용에 관한 연구와 지속적인 홍보가 요구된다.

3. 영양 성분 및 건강 기능성

아위느타리의 영양 성분은 표 8-1~3에서 보는 바와 같다. 대표적인 식용 버섯인 표고와 느타리보다 조지방과 조단백질 함량이 많았으나 탄수화물 함량은 적었다. 무기 성분 중 칼륨이 가장 많이 함유되어 있고, 나트륨, 아연, 철 함량은 표고와 느타리보다 많았다. 아미노산 분석 결과, 글루탐산 등 17종의 구성 아미노산과 알라닌 등의 유리 아미노산을 포함하여 총 21종 2,737.38㎍%의 아미노산을 함유하고 있고, 특히 표고나 느타리에는 함유되어 있지 않은 비타민 C와 비타민 E가 각각 7.99㎎%, 316.88㎎%이 함유되어 있다(차 등, 2004).

또한, 느타리와 큰느타리에 비해 조단백질과 식이섬유, 수용성 비타민뿐만 아니라 지용성 비타민의 함량도 높으며, 특이하게 포도당(glucose) 함량이 높고 불포화 지방산인 리놀레산이 많은 버섯(Hong 등, 2004a)으로서 지방산과 무기질, 단백질이 풍부하므로 식품으로서의 가치가 높은 버섯으로 보고되었다.

표 8-1 아위느타리의 일반 성분 및 무기 성분 (차 등, 2004)

버섯 종류	일반 성분(g%)					무기 성분(mg%)					
	수분	조지방	회분	탄수화물	조단백질	칼슘	나트륨	마그네슘	칼륨	아연	철
아위느타리	12.5	8.0	5.0	54.3	20.2	11	67	108	2,337	26.3	8.5
느타리	14.3	2.0	4.0	66.9	12.8	16	2	15	340	1.0	3.7
표고	10.6	3.1	4.5	63.7	18.1	19	25	110	2,140	2.3	3.3

표 8-2 아위느타리의 아미노산 성분 (차 등, 2004)

아미노산 종류	구성 아미노산 함량(%mol)	유리 아미노산 함량(μg%)
*아이소로이신	5.01	153.50
*로이신	7.76	230.26
*라이신	6.18	37.28
*메싸이오닌	2.24	31.33
*페닐알라닌	4.55	314.71
*트레오닌	5.01	87.54
*발린	7.03	158.08
알라닌	8.74	547.97
γ-아미노부틸릭산	–	160.84
아르지닌	7.25	73.16
아스파르트산	10.86	10.00
카르노신	–	105.18
시스타티오닌	–	26.68
시스틴	0.64	–
글루탐산	13.65	46.34
글라이신	9.17	38.30
히스티딘	2.13	39.58
3-메틸히스티딘	–	119.29
오리니틴	–	29.75
프롤린	3.37	212.36
세린	4.80	48.87
티로신	1.25	266.36
계	100	2,737.38

* 필수 아미노산, –: 미확인

표 8-3 아위느타리의 비타민 함량 (차 등, 2004)

(단위: mg%)

비타민 종류	아위느타리	느타리	표고
비타민 A	0.12	0	0
티아민	0.31	0.50	0.48
리보플라빈	0.68	0.80	1.57
나이아신	–	10.0	19.0
비타민 C	7.99	0	0
비타민 E	316.88	–	–
비타민 D_3	0.29	–	0.02
계	326.27	11.30	21.07

※ –: 미확인

아위느타리는 뇌세포의 신경 전달 물질인 아세틸콜린 분해 효소 억제 효과가 25~35%나 되어 치매 예방 및 개선제로서의 가능성이 있으며, 유해 산소 제거능은 균주별 35~36%로 높아서 항암, 노화, 심장병 등에 좋은 효과를 나타낼 수 있을 것으로 보고하였다. 더욱이 아위느타리 자실체의 에탄올 추출물은 폐암 세포주(A549)에 대해 강한 항암 효과를 나타낸다고 보고하여 (Hong 등, 2004b; 강, 2004) 건강 기능성 식품으로도 우수한 버섯임을 확인할 수 있다.

4. 병재배 기술

1) 균사 배양 조건

아위느타리의 대량 생산을 위해서는 균사 배양에 적합한 배지, 온도, pH, 영양원 등 영양 생장 조건을 찾는 것이 최우선이다. 표 8-4에서 보는 바와 같이, 균사 배양에 적합한 배지는 감자배지(PDA), 맥아추출배지(MEA), 맥아효모추출배지(MYP)이고, 배양 온도는 25~30℃이며, pH는 5.0~8.0이었다. 한편 균주에 따라 배양 적온이 17~32℃로 넓거나, pH 3.0인 낮은 pH에서도 균사 생장이 우수한 경우도 있어, 균주에 따라 배지, 온도 및 pH 등 적합 배양 조건이 다양하다.

표 8-4 아위느타리의 균사 배양 적합 조건 (원, 2010)

배지	온도	pH	탄소원	질소원
PDA MEA MYP	25~30℃	5.0~8.0	엿당, 포도당, 과당, 가용성 녹말	아질산나트륨, 효모 추출물+맥아 추출물(각각 0.25%, w/v)

탄소원으로 단당류로는 엿당(Maltose), 포도당(Glucose), 과당(Fructose)과 다당류인 가용성 녹말(soluble starch)이 균사 생장을 빠르게 하였고, 질소원은 아질산나트륨($NaNO_2$), 효모 추출물(yeast extract)과 맥아 추출물(malt extract)(각각 0.25% 첨가)이 우수했다. 균사 배양에 적합한 C/N율은 질소원인 질산나트륨($NaNO_3$)을 0.3%로 고정하고 탄소원으로 포도당 첨가량을 조절하여 C/N율 50까지 조절하였을 때 C/N율이 높을수록 균사 생장이 좋았다(김, 2002; 이, 2005; 원, 2010; 홍, 2004).

2) 병재배용 배지

대량 생산을 위한 병재배용 혼합 배지를 개발하기 위해 주요 배지 재료의 이화학성을 조사한 결과(표 8-5), 야적한 미송 톱밥은 61.4%로 높게 나타났다. 그 밖의 재료는 모두 10% 내외로 배지 재료에 따른 수분 함량을 조사하고 조성비는 부피와 무게를 같이 측정하는 것이 바람직하다. pH는 밀기울과 쌀겨가 6.5, 6.9로 다소 높았고 다른 재료는 5.2~5.4를 나타내었다. 배지의 탄소 함량은 50.6~55.3으로 재료 간 큰 차이가 없었다. 총질소 함량은 밀기울과 쌀겨가 각각 3.8%, 3.5%로 높아 질소원 역할을 하며, 미송 톱밥과 콘코브는 1.0% 이하였다. 각 재료의 C/N율은 미송 톱밥, 콘코브, 비트펄프는 89, 68, 43이었고 주로 영양원으로 사용되는 밀기울과 쌀겨는 질소 함량이 낮아서 14에 그쳤다.

표 8-5 배지 재료에 따른 이화학적 특성 (원, 2010)

배지 재료	수분 함량 (%)	pH (1:10)	T-C (%)	T-N (%)	C/N	오산화인 (%)	산화칼륨 (%)	산화칼슘 (%)	산화 마그네슘 (%)
미송 톱밥	61.4	5.2	55.3	0.6	89	0.04	0.00	0.11	0.03
콘코브	10.9	5.2	54.3	0.8	68	0.08	8.87	0.05	0.03
비트펄프	11.2	5.4	53.1	2.8	43	0.20	0.40	0.84	0.44
밀기울	11.8	6.5	53.0	3.8	14	1.96	1.35	0.14	0.76
쌀겨	10.8	6.9	50.6	3.5	14	4.57	2.25	0.11	1.82

표 8-6은 주배지와 영양원의 혼합비에 따른 배지의 이화학적 특성을 분석한 결과로, 배지의 pH는 밀기울+쌀겨(Mix Ⅰ) 첨가 배지에서 5.8로 가장 높았고 비트펄프+밀기울(Mix Ⅲ) 첨가 배지에서 4.9로 가장 낮게 나타났다. 배지별 수분 함량은 밀기울+쌀겨(Mix Ⅰ) 배지에서 61.7%로 다소 낮았고, 비트펄프+쌀겨(Mix Ⅱ) 첨가 배지가 69.6%로 가장 높았는데 이는 혼합 배지의 흡습성 등 물리적 특성에 의해 수분 함량의 차이가 난 것으로 보인다. C/N율은 비트펄프가 혼합되지 않은 밀기울+쌀겨(Mix Ⅰ) 혼합 배지에서 가장 낮았고, 비트펄프가 첨가된 배지에서는 28~30 범위로 T-N 함량은 2.0% 이하였다. 오산화인, 산화칼륨 함량은 상대적으로 밀기울과

쌀겨의 혼합 비율이 높은 밀기울+쌀겨(Mix Ⅰ), 비트펄프+밀기울+쌀겨(Mix Ⅳ) 혼합 배지에서 높았다.

표 8-6 혼합 배지의 이화학적 특성 (원, 2010)

혼합 배지		pH (1:10)	수분 함량 (%)	T-C (%)	T-N (%)	C/N	오산화인	산화칼륨	산화칼슘	산화마그네슘
							(g/kg)			
Mix Ⅰ	미송+콘코브+밀기울+쌀겨(5:2:2:1)	5.8	61.7	53.7	2.4	22	1.39	0.80	0.12	0.54
Mix Ⅱ	미송+콘코브+비트펄프+쌀겨(5:2:2:1)	5.1	69.6	54.1	1.9	28	0.93	0.49	0.26	0.44
Mix Ⅲ	미송+콘코브+비트펄프+밀기울(5:2:2:1)	4.9	68.8	54.6	1.8	30	0.46	0.39	0.25	0.26
Mix Ⅳ	미송+콘코브+비트펄프+밀기울+쌀겨(5:2:1:1:1)	5.5	65.4	54.0	1.8	30	1.19	0.71	0.19	0.53

배지의 수분 함량은 균사 배양과 자실체 생육까지 통기성을 확보하고 배지 내 양분을 이용하는 데 주요 요인으로 작용하고 배지 무게는 수분 함량에 따라 좌우되므로, 재배 기간에 따른 배지의 수분 함량과 배지 무게의 변화를 조사하였다(그림 8-2). 그 결과 혼합 배지 I(Mix I)은 배지 무게는 가장 높았으나 수분 함량이 60%로 가장 적었는데, 이는 배지 재료 중 용적밀도가 높은 영양원의 첨가가 많았기 때문이며, 혼합 배지 Ⅱ, Ⅲ, Ⅳ는 수분 함량이 65~70%로 배양 기간 중 무게 감소량이 많았다. 이는 균사가 양분을 흡수하고 호흡하기 적합한 수분과 물리성 조건에서 대사 작용이 활발히 이루어져 배지 영양원의 이용률 증가로 배지 무게 감소량이 많아진 것으로, 배지의 수분 함량과 배지량은 균사 생장에 영향을 미치는 중요한 요인임을 알 수 있다.

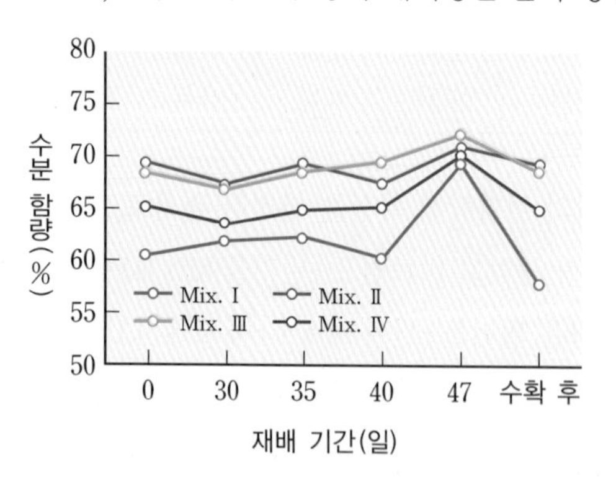

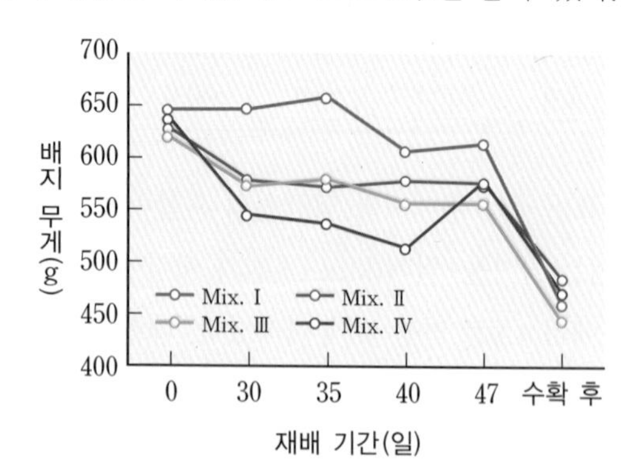

Mix Ⅰ: 미송+콘코브+밀기울+쌀겨(5:2:2:1)
Mix Ⅱ: 미송+콘코브+비트펄프+쌀겨(5:2:2:1)
Mix Ⅲ: 미송+콘코브+비트펄프+밀기울(5:2:2:1)
Mix Ⅳ: 미송+콘코브+비트펄프+밀기울+쌀겨(5:2:1:1:1)

그림 8-2 혼합 배지에 따른 재배 기간 중 배지 수분 함량(좌)과 배지 무게(우) 변화 (원, 2010)

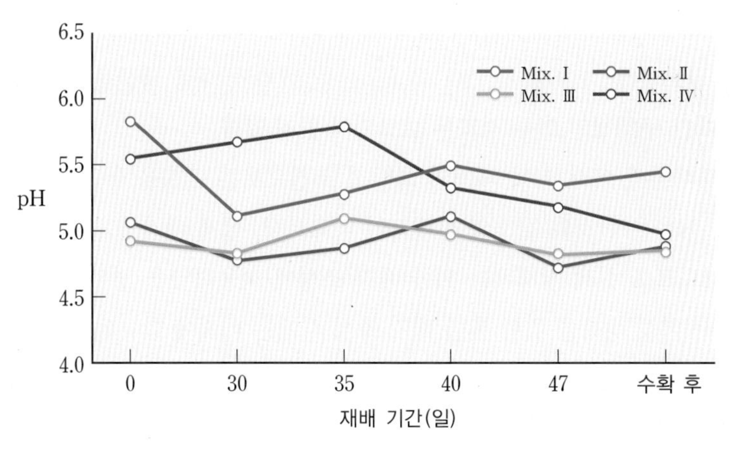

Mix Ⅰ: 미송+콘코브+밀기울+쌀겨(5:2:2:1)　　Mix Ⅱ: 미송+콘코브+비트펄프+쌀겨(5:2:2:1)
Mix Ⅲ: 미송+콘코브+비트펄프+밀기울(5:2:2:1)　　Mix Ⅳ: 미송+콘코브+비트펄프+밀기울+쌀겨(5:2:1:1:1)

그림 8-3 혼합 배지에 따른 재배 기간 중 pH 변화 (원, 2010)

혼합 배지의 배양 기간 동안 pH 변화(그림 8-3) 중 혼합 직후의 pH는 5.0~5.8 범위에 속하였으며, 미송 톱밥+콘코브+비트펄프+밀기울+쌀겨(MixⅣ) 배지의 pH 변화 양상은 35일까지 증가하다가 그 이후에는 감소하여 다른 혼합 배지와 다소 다른 변화 양상을 보였다. 즉, 배양 47일까지는 pH가 감소하였는데, 이는 배양 기간이 지남에 따라 균사가 생장하면서 대사 산물인 유기산 생성에 기인한 것으로 추정된다(Hong, 1979).

혼합 배지별 총질소(T-N) 함량 및 C/N율의 변화는 그림 8-4에서 보는 바와 같다. 총질소 함량은 4개 처리 모두 배양 30일까지는 감소하였다가 35일차에 급격히 증가하여 계속 비슷하게 유지되었고 T-N 함량의 변화에 따라 C/N율도 역의 경향을 보여 전처리 모두 배양 일수가 경과함에 따라 낮아지는 경향이었다. T-N 함량은 발이기에 가장 높았다가 수확 후 떨어졌는데 Mix Ⅳ 배지는 발이기(47일)부터 감소하여 자실체 발육이 빨리 이루어짐으로써 배지 내 T-N 함량이 감소한 것으로 보인다.

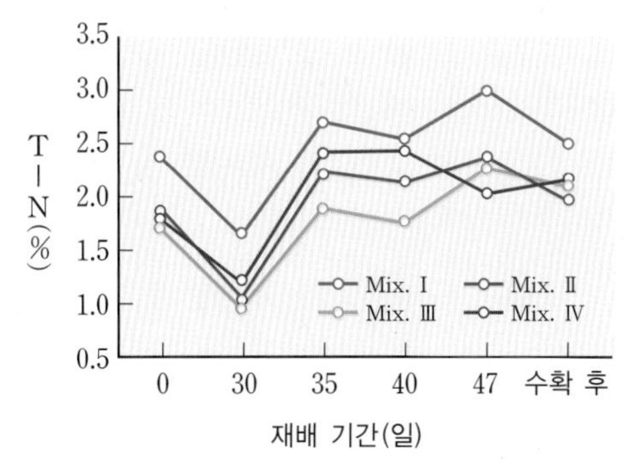

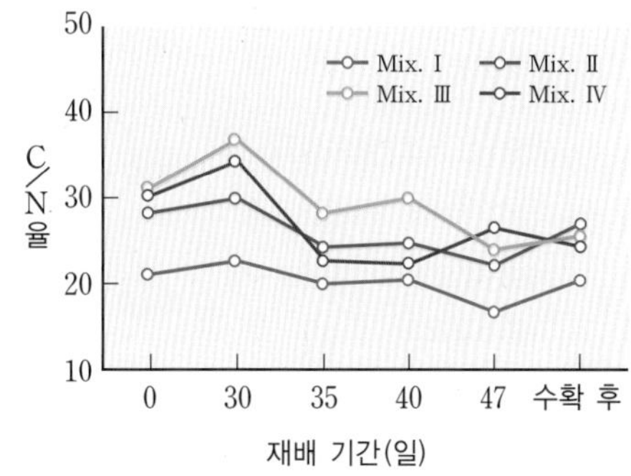

Mix Ⅰ: 미송+콘코브+밀기울+쌀겨(5:2:2:1)　　Mix Ⅱ: 미송+콘코브+비트펄프+쌀겨(5:2:2:1)
Mix Ⅲ: 미송+콘코브+비트펄프+밀기울(5:2:2:1)　　Mix Ⅳ: 미송+콘코브+비트펄프+밀기울+쌀겨(5:2:1:1:1)

그림 8-4 혼합 배지에 따른 재배 기간 중 총질소 함량(좌)**과 C/N율**(우) **변화** (원, 2010)

아위느타리의 최적 영양원을 선발하기 위해 합성 배지에서의 적합 탄소원과 질소원을 선발하는 연구 결과 보고는 많으나(김, 2002; 강, 2004; Jung 등, 2005), 대량 생산을 위한 생산용 배지의 최적 C/N율에 대한 구체적인 연구 결과는 보고되어 있지 않다.

현재까지의 버섯 재배에 있어서 최적 배지의 화학적 조건으로는 C/N율에 근거하여 여부를 판정하곤 하였으나 C/N율은 탄소와 질소의 상대적인 비교로서, 실제 배지가 함유하고 있는 양분의 함량은 알 수 없으므로 실제 병재배를 위한 배지 조성에 적용하였을 경우 일치하지 않는 경우가 많았다. 따라서 버섯 생육을 위한 혼합 배지 조성 시에는 배지에 함유된 무기 또는 유기 성분의 정량적 평가와 더불어 일정량의 자실체 생산을 위한 양분 필요량에 대한 체계적인 연구가 필요하다.

배양률은 비트펄프+밀기울+쌀겨(MixⅣ) 첨가 배지가 98.5%로 가장 우수하였고, 밀기울+쌀겨(MixⅠ) 혼합 배지가 68.5%로 가장 낮았는데(표 8-7), 이는 배지의 오염에 의한 것으로 균사의 호흡 및 생육이 억제되어 다른 균의 서식이 용이하였기 때문으로 판단된다. 처리별 발이(원기 형성)율과 유효 경수는 밀기울+쌀겨(MixⅠ) 혼합 배지가 각각 96.1%, 2.4개/병으로 가장 우수하였으나 개체중은 비트펄프+밀기울(MixⅢ) 혼합 배지와 비트펄프+밀기울+쌀겨(MixⅣ) 혼합 배지에서 51.7, 50.2g으로 높게 나타났고, 수량은 밀기울+쌀겨(MixⅠ) 혼합 배지와 비트펄프+밀기울+쌀겨(Mix Ⅳ) 혼합 배지가 93.6, 98.9g/병으로 가장 높았다.

생물학적 효율은 배지 재료의 경제적인 이용률 측면과 배지 내 균사의 배양 중 양분 이용률 측면에서 가장 중요한 요인으로 비트펄프+밀기울+쌀겨(Mix Ⅳ) 배지에서 45.4%로 생산성이 가장 높았다.

표 8-7 혼합 배지에 따른 균사 배양 및 생육 특성 (원, 2010)

혼합 배지		배양률 (%)	발이율 (%)	유효 경수 (개/병)	개체중 (g)	수량 (g/병)	생물학적 효율(%)[1]
Mix Ⅰ	미송+콘코브+밀기울+쌀겨(5:2:2:1)	68.5 c[2]	96.1 a	2.4 a	39.7 b	93.6 a	36.6 b
Mix Ⅱ	미송+콘코브+비트펄프+쌀겨(5:2:2:1)	96.2 ab	76.7 c	1.8 ab	41.1 b	75.6 b	39.4 b
Mix Ⅲ	미송+콘코브+비트펄프+밀기울(5:2:2:1)	94.7 b	81.6 bc	1.5 b	51.7 a	74.9 b	38.1 b
Mix Ⅳ	미송+콘코브+비트펄프+밀기울+쌀겨(5:2:1:1:1)	98.5 a	87.7 b	2.0 ab	50.2 a	98.9 a	45.4 a

[1] 수량(g)/건배지량(g)×100

[2] Duncan의 다중 유의성 검정 (P = 0.05)

아위느타리 적합 배지에 관한 연구로 Cha 등(2004)이 면실피(77%)를 주재료로 한 봉지 재배 시험에서 석회 6.4%, 옥수숫가루 4%, 밀가루 5%, 마늘 분말 7%를 첨가했을 때 수량이 443g으로 가장 우수하여 면실피가 아위느타리에 적합한 배지로 보고하였고, 톱밥을 주재료로 한 아위느타리 병재배 시 쌀겨+밀기울+비트펄프를 5:4:1로 혼합한 영양원의 첨가 비율이 15%가 적합한 연구 결과(Jung 등, 2005)에서 보는 바와 같이 재배 방법 및 배지 재료에 따라 적합 배지 조성이 분석되어야 한다.

이에, 미송 톱밥, 콘코브, 비트펄프, 밀기울, 쌀겨(Mix Ⅳ)를 이용하여 아위느타리 병재배 시 적합 혼합비는 5:2:1:1:1로 35일 배양이 적합한 것으로 나타났으며, 새로운 배지 재료에 대한 적합 조성비 등 배지 개발에 관한 연구가 지속되어야 할 것이다.

3) 생육 환경

(1) 온도

아위느타리의 발이기 온도에 따른 초발이 소요 일수는 온도가 높을수록 짧아지는 경향을 보였다. 즉, 13℃ 처리에서는 8일, 15℃ 처리에서는 6일, 17℃ 처리에서는 5일이 소요되어 13℃로 처리한 시험구보다 3일 정도 적게 소요되었다. 발이율은 전 처리 모두 99% 이상으로 처리 간 차이가 나타나지 않았으며, 발이 개체수는 13℃에서 적었고 푸른곰팡이에 의한 오염도 거의 없었다(표 8-8).

표 8-8 발이 온도에 따른 발이 정도 (경기도원, 2007)

발이 온도 (℃)	초발이 소요 일수 (일)	발이율 (%)	발이 개체수 (개/병)	푸른곰팡이 발생률(%)
13	8	99.8	5.9 b	0.1
15	6	98.9	7.0 a	0.2
17	5	99.0	7.1 a	0.1

아위느타리의 발이기 및 생육기의 온도별 생육 특성 및 수량을 조사한 결과(표 8-9), 생육 일수는 발이기 온도와 관계없이 자실체 생육기 온도가 높을수록 짧아져 13℃에서는 10일, 15℃에서는 8~9일, 17℃에서는 8일이었다. 발이 개체수는 발이기 온도 13℃ 처리에서 5.9개/병으로, 15℃ 또는 17℃보다 적게 발생되어 통계적 유의차가 인정되었으나, 생육기 온도별로는 온도와 반비례하는 경향을 나타내었으며 유의차가 없었다.

유효 경수는 발이기 온도가 높을수록 많아지고 생육기 온도와 반비례하는 경향을 보였으나 통계적 유의차는 없는 것으로 나타났다. 자실체 수량을 살펴보면, 발이기 온도별 평균 수량은 온도에 비례하는 경향을 보여 발이기 13℃ 처리에서의 수량이 15℃, 17℃에 비해 떨어졌으며, 발이기 15℃, 생육기 15℃ 처리에서 100.8g/병, 발이기 17℃, 생육기 17℃ 처리에서 109.7g/병으로 높게 나타났다.

표 8-9 발이 및 생육 온도에 따른 생육 특성 (경기도원, 2007)

처리 온도(℃)		생육 기간 (일)	발이 개체수 (개/병)	유효 경수 (개/병)	수량 (g/병)
발이기	생육기				
13	13	10	6.0 b[1]	2.0 a	94.0 b
	15	9	5.7 bc	1.9 a	97.5 ab
	17	8	5.9 b	1.8 ab	91.0 b
평균		9.0	5.9	1.9	94.2
15	13	10	7.3 a	2.2 a	92.4 b
	15	9	7.0 a	2.1 a	100.8 ab
	17	8	6.7 ab	1.6 b	94.9 b
평균		9.0	7.0	2.0	96.0
17	13	10	6.5 a	2.4 a	91.4 b
	15	8	5.3 a	2.1 a	93.0 b
	17	8	6.3 a	2.1 a	109.7 a
평균		8.7	6.0	2.2	98.0

[1] Duncan의 다중 유의성 검정 ($P = 0.05$)

일반적으로 버섯류는 균사 생장과 자실체 형성 온도가 서로 다르며, 또한 균사 생장이 가능한 온도보다 자실체 형성을 위한 온도 범위가 더 작은 것으로 알려져 있다(Chang 등, 2004). 느타리 균사 생장 적온은 25~30℃이나 자실체 형성 적온은 16~18℃로 알려져 있는데, 아위느타리의 경우에도 균사 생장에 관한 연구 결과, 균사 생장 적온은 23~26℃였으나, 자실체 형성 온도는 15~17℃가 적합한 것으로 나타났다. 따라서 아위느타리 인공 재배 시에 발이기 온도를 13℃로 조절하여 발이량을 줄이는 것은 오히려 수량의 감소와 연결되므로, 발이량의 감소를 통한 큰 자실체 생산을 유도하는 것보다 품종의 선발과 육성, 적합 배지의 개발 등이 더욱 중요한 요인으로 판단되었다.

발이 및 생육기 온도별 자실체의 형태적 특성을 비교한 결과(표 8-10), 갓 지름은 온도에 의한 차이가 없었고, 대 지름과 대 길이는 발이기 온도에 관계없이 생육 온도가 높을수록 대가 굵고 길어지는 경향으로 아위느타리는 15℃ 이상에서 재배·관리되는 것이 갓의 신장에 유리함을 알 수 있었다.

표 8-10 발이 및 생육 온도에 따른 자실체의 형태적 특성 (경기도원, 2007)

처리 온도(℃)		갓 지름 (mm)	대 굵기 (mm)	대 길이 (mm)
발이기	생육기			
13	13	60.8 a[1]	28.6 ab	82.1 c
	15	59.2 ab	28.6 ab	89.1 b
	17	59.0 ab	32.1 b	90.1 b
평균		59.7	29.8	87.1
15	13	60.7 a	26.7 b	83.6 c
	15	53.8 c	30.8 a	92.1 b
	17	54.7 bc	32.2 b	97.1 a
평균		56.4	29.9	90.9
17	13	59.5 ab	25.6 ab	81.7 c
	15	62.0 a	28.7 a	82.4 c
	17	60.1 ab	32.5 a	95.2 a
평균		60.5	28.9	86.4

[1] Duncan의 다중 유의성 검정 (P = 0.05)

이상의 결과로 아위느타리 재배 시 생육 일수는 온도가 높을수록 단축되었고, 수량은 발이기와 생육기 온도가 공히 15℃ 또는 17℃에서 가장 높았으며 품질 또한 우수한 것으로 나타나 겨울철 저온기 재배에서는 발이기와 생육기 온도를 15℃, 여름철 고온기 재배에서는 17℃로 재배하는 것이 생육 시 투입되는 에너지를 절감하여 효율적 재배 관리를 할 수 있을 것으로 판단되었다.

(2) 생육 적정 이산화탄소 농도

표 8-11은 재배사 내 이산화탄소 농도에 따른 아위느타리의 생육 특성을 나타낸 것으로, 수량은 1,000ppm 처리에서 102.4g/병으로 가장 많았고, 2,000ppm 처리에서 75.1g/병으로 가장 적었다. 이산화탄소 500~1,500ppm 처리 간에는 95.8~102.4g/병으로 처리 간 차이가 없었으나 2,000ppm 처리에서 현저히 적어져 유의차가 인정되었다. 자실체 발생 초기 단계의 발이율은 500, 1,000, 1,500ppm 처리는 96.5~96.9%로 큰 차이가 없었으나 2,000ppm 처리에서 95.3%로 다소 낮은 경향이었다. 초발이 소요 일수는 이산화탄소 농도가 높아질수록 길어지는 경향으로 500, 1,000ppm 처리에서는 6일이었고, 1,500, 2,000ppm 처리는 각각 8일과 9일이 소요되었다. 생육 일수 또한 초발이 소요 일수와 같은 경향으로 500ppm 처리에서는 10일, 2,000ppm 처리는 14일로 이산화탄소 농도가 높을수록 길어져 수확에 소요되는 전체 재배 일수는 500ppm 처리는 16일이 소요된 반면, 2,000ppm 처리는 23일로 현저히 길어져 이산화

탄소 농도가 높아짐에 따라 발이율이 떨어지고 재배 기간도 현저히 길어졌다. Lee 등(2007)은 큰느타리는 환기 요구도가 높아 환기량이 부족한 경우 발이가 잘 되지 않고 이산화탄소 고농도에 의한 장해를 쉽게 받아 생리 장해나 세균병이 발생하게 된다고 보고하였는데, 본 실험에서는 이산화탄소 2,000ppm 처리에서 생육이 억제되거나 지연되는 결과를 나타내었다.

버섯 발생 초기의 발이 개체수는 500ppm 처리에서 병당 7.6개로 가장 적었고 1,500ppm 처리까지는 12.2개로, 이산화탄소 농도가 높을수록 발이 개체수가 증가하다가 2,000ppm 처리에서 다시 10.1개로 감소하는 경향을 보였으나 유의차는 없었고, 유효 경수 또한 처리 간 차이가 없었다.

표 8-11 이산화탄소 농도에 따른 생육 특성 (경기도원, 2007)

이산화탄소 농도(ppm)	수량 (g/병)	발이율 (%)	초발이 소요 일수(일)	생육 기간 (일)	발이 개체수 (개/병)	유효 경수 (개/병)
500	95.8 a[1]	96.5 a	6	10	7.6 a	2.7 ab
1,000	102.4 a	96.9 a	6	11	10.6 a	2.8 a
1,500	96.3 a	96.9 a	8	13	12.2 a	2.4 ab
2,000	75.1 b	95.3 a	9	14	10.1 a	2.3 b

[1] Duncan의 다중 유의성 검정 (P = 0.05)

이산화탄소 농도에 따른 자실체의 생육 특성을 비교하기 위하여 수확기 자실체의 갓 지름, 대 굵기, 대 길이, 기형률 등을 조사하였다(표 8-12). 이산화탄소 농도에 따른 수확기 갓 지름은 500ppm(6.2cm)에서 2,000ppm(5.2cm)으로 농도가 높아질수록 작아지는 경향이었고, 대 굵기(지름)는 1,500ppm 처리까지는 3.1~3.3cm로 같은 경향이었으나, 2,000ppm 처리는 2.2cm로 현저히 작아지는 경향이었다. 대의 길이는 1,500ppm까지는 이산화탄소 농도와 비례하여 길어져서 9.3cm로 가장 높았으나 2,000ppm 처리에서 8.3cm로 짧아져 다소 억제되는 경향이었다. 비정형 자실체 발생률은 이산화탄소 500~1,500ppm 처리에서는 4.0~7.3%로 유의차가 없었으나 2,000ppm 처리에서는 13.8%로 현저히 증가하여 다른 처리와 통계적 유의차가 인정되었다. 이와 같은 결과로 아위느타리는 이산화탄소 1,500ppm까지는 생육에 극심한 저해 증상을 보이지 않았으나 2,000ppm 농도에서는 자실체 생육이 억제되어 장애가 일어남을 알 수 있었다.

자실체 갓과 대의 길이에 대한 비율(A/B)은 이산화탄소 농도가 높을수록 적어져 500ppm 처리에서는 0.8이었으나, 2,000ppm 처리에서는 0.6으로 재배사 내 이산화탄소 농도가 높아짐으로써 갓의 신장이 억제되고 대의 신장만 일어났음을 알 수 있었다. 이는 큰느타리 재배 시 환기량이 너무 많으면 대는 생장하지 못하고 갓의 생장만 조기에 촉진되어 대가 짧고 갓이 큰 버섯이 발생된다는 Lee 등(2007)의 연구 결과와도 일치하였다.

표 8-12 이산화탄소 농도에 따른 자실체의 형태적 특성 (경기도원, 2007)

이산화탄소 농도(ppm)	갓 지름 (cm)	대 굵기 (cm)	대 길이 (cm)	갓 지름/ 대 길이	비상품화율 (%)
500	6.2	3.2	8.0	0.8	7.3 b[1]
1,000	6.2	3.1	8.7	0.7	4.0 b
1,500	5.6	3.3	9.3	0.6	5.9 b
2,000	5.2	2.2	8.3	0.6	13.8 a

[1] Duncan의 다중 유의성 검정 ($P = 0.05$)

따라서 갓이 큰 아위느타리의 특징을 살린 자실체를 생산하여 상품성을 올리기 위해서는 생육 초기에는 이산화탄소 농도를 높여 대의 신장을 도모하고, 차차 자실체 발육이 이루어지면 환기량을 늘려 갓의 신장이 촉진되도록 이산화탄소 농도의 조절이 필요할 것으로 보인다. 또, 앞으로 발이 이후부터 수확기까지 달라지는 이산화탄소 농도에 관한 연구가 수행되어야 할 것으로 판단된다.

대부분의 버섯은 이산화탄소 농도가 높을 경우 가스 장애가 일어나 자실체의 분화 과정 중 형태 형성이 제대로 이루어지지 않으므로, 생육 단계에 맞는 이산화탄소 농도의 조절은 버섯 재배에 있어서 중요한 요소가 된다(Lee 등, 2007; Jung 등, 2005). 본 실험에서도 균긁기 후 생육 17일차의 아위느타리의 이산화탄소 농도에 따른 버섯은 그림 8-5에서 보는 바와 같이 500ppm 처리에서는 1~2개의 자실체만 발육하여 갓은 현저히 커지고 대는 위축되었다. 이산화탄소 1,000, 1,500ppm 처리에서는 3~4개의 자실체가 비교적 균일하게 신장하여 일반적인 아위느타리의 형태를 나타내고 있었으며 1,000ppm보다 1,500ppm 처리에서 갓이 신장하지 못하고 생육이 지연되고 있었다. 2,000ppm 처리에서는 생육 기간이 길어져 생육 17일차의 자실체는 갓과 대 모두 생육이 극히 저조하고 신장이 제대로 이루어지지 않은 상태였다.

그림 8-5 이산화탄소 농도에 따른 자실체의 형태적 특성(생육 17일째)

높은 이산화탄소 농도는 자실체 발생에 영향을 끼치며 버섯의 대 신장을 촉진하기도 하나 지나치게 높으면 비정상적인 생육을 할 수도 있으므로(Chang, 2004) 버섯 생육실 내의 적절한 환기를 통해 생육에 적합한 이산화탄소 농도를 조절하여 생육이 억제되지 않도록 관리해야 한다. 더욱이 느타리류와 같이 대량으로 배양하여 자실체를 발생시키는 병재배사 시스템에서는 다량의 이산화탄소가 배출되므로 생육 단계에 따른 적합한 환기 조건이 안정 생산에 주요한 요인이 된다.

이산화탄소 농도별 수확기 버섯의 개체별 중량 등급의 분포(그림 8-6)는 개체중 50g 이상인 자실체의 비율은 500ppm 처리에서 10.3%로 가장 높았으나, 20~50g 범위는 1,000ppm 처리에서 60.3%로 가장 높았다. 상품화가 가능한 20g 이상의 버섯 생산 비율은 1,000ppm 처리에서 65.4%로 가장 높았고, 2,000ppm 처리에서는 50g 이상의 버섯은 발생하지 않았으며, 상품화에 적합한 20g 이상의 버섯 생산 비율도 40.7%로 가장 적었다. 이와 같은 결과는 500ppm 처리에서는 발육 초기에 1~2개의 자실체만 급격히 신장하여 50g 이상의 버섯 발생이 다른 처리보다 많았으나, 2,000ppm 처리에서는 고농도의 이산화탄소에 의해 자실체의 발육이 억제되어 개체중 20g 이하의 자실체가 생육한 것으로 보인다.

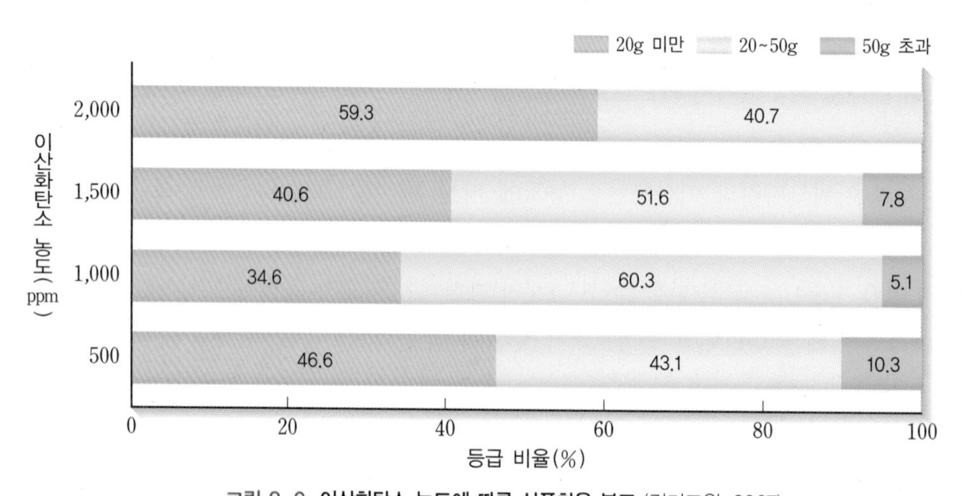

그림 8-6 이산화탄소 농도에 따른 상품화율 분포 (경기도원, 2007)

아위느타리는 표고, 영지버섯, 큰느타리 등과 같은 개체 발생형 버섯으로 자실체 중량이 클수록 유리하다. 재배사 내부의 이산화탄소 농도 500ppm 처리는 수량성이 낮고 대의 신장이 이루어지기 전에 갓이 신장하여 작은 자실체를 생산하므로 상품성이 떨어졌으며, 2,000ppm 처리는 생육 일수가 길어지고 자실체 발육이 제대로 이루어지지 않아 소형 버섯이 형성되는 경향을 나타내었다. 그러나 1,000ppm 처리에서는 수량이 다른 처리보다 많았고 비교적 상품화가 가능한 균일한 크기의 버섯 생산 비율이 높은 결과를 나타내어, 아위느타리의 병재배 시설 내 이산화탄소 농도는 1,000ppm으로 유지하는 것이 적합하다.

(3) 상대습도 및 환기량에 따른 발이 특성

아위느타리 발이기의 습도와 이산화탄소 농도에 따른 발이 및 생육 상황을 조사하였다. 발이기 동안의 상대습도(그림 8-7, 위)는 발이를 위한 생육실 입상 초기에는 처리 간 차이가 없이 90±6%를 나타내었으나 2일차부터 각 처리별로 70±10%, 90±10%로 유지되었다. 이산화탄소 농도(그림 8-7, 아래)는 생육실 입상 2일차까지는 500ppm이었으나, 무환기구에서는 처리 2일차부터 상승하기 시작하여 5일차까지 계속 증가하다가 5일 이후부터 평균 2,600±500ppm으로 유지되어 최고값은 3,500ppm까지 상승하였고 그 이상 증가하지 않았다. 이산화탄소 농도 1,000ppm 처리구는 1,000±300ppm 범위에서 유지되었다. 재배사 외부의 이산화탄소 농도는 500±2,000ppm의 범위인데, 이는 공조 시설을 통해 재배사 통로에 유입된 공기를 측정한 결과로 외기보다 다소 높았다.

버섯의 인공 재배에서 버섯 발생에 영향을 주는 중요한 요인으로 온도, 습도, 이산화탄소 농도, 배지 재료, 빛, 습도, pH 등 다양한 요건이 있다. 느타리류의 경우 이산화탄소 농도가 0.4% 이상에서는 버섯의 원기가 빨리 형성되지만 발육에는 해가 되어 기형 버섯이 발생하며, 0.2%에서는 갓이 작고 0.08% 이하에서는 정상적인 버섯을 얻을 수 없었다(Zadrazil, 1975)는 연구 결과가 있었는데, 본 실험의 이산화탄소 농도 조절 범위인 1,000~3,500ppm은 정상적인 생육 범위에 속하는 것이었으며, 발이기 이후에는 동일한 조건으로 생육시키면서 자실체 발생을 유도하였다.

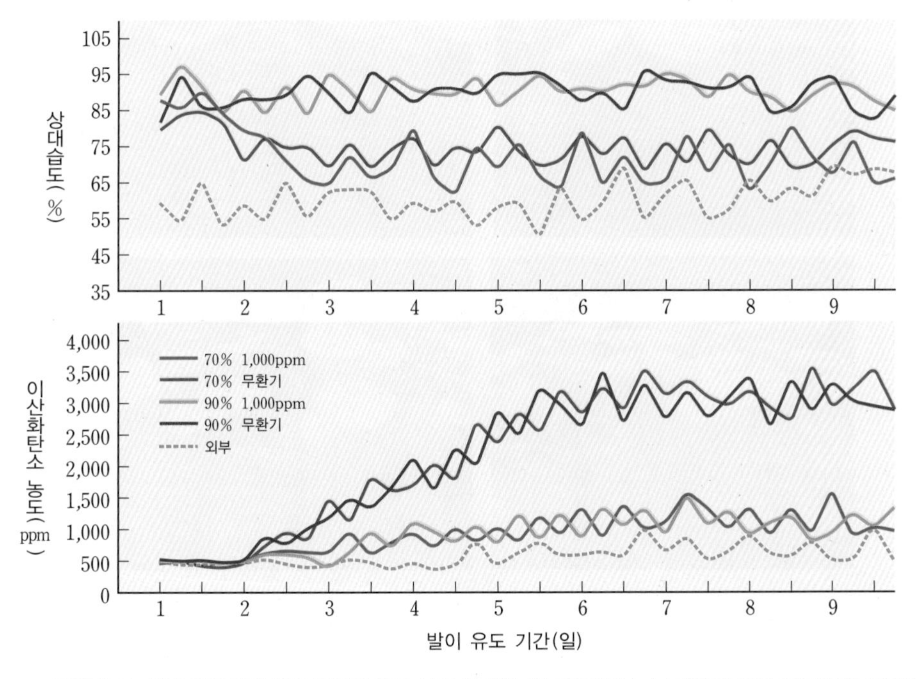

그림 8-7 발이 유도기의 생육 환경에 따른 상대습도(위) **및 이산화탄소 농도**(아래) **변화** (경기도원, 2007)

표 8-13 상대습도 및 환기 조건에 따른 아위느타리의 생육 특성 (경기도원, 2007)

처리 내용		초발이 소요 일수 (일)	생육 기간 (일)	발이 개체수 (개/병)	유효 경수 (개/병)	수량 (g/병)
상대습도 (%)	이산화탄소 농도(ppm)					
70	1,000	7.5	7.0	7.6	2.4	111.5
	무환기[1]	7.7	7.1	8.6	2.5	114.1
90	1,000	7.5	7.0	7.2	2.6	112.2
	무환기	7.9	6.8	9.8	2.8	114.0

[1] 무환기 시 평균 이산화탄소 농도: 2,600±500ppm

표 8-14 상대습도 및 환기 조건에 따른 자실체 품질 (경기도원, 2007)

처리 내용		갓 지름 (cm)	대 굵기 (cm)	대 길이 (cm)	개체중 (개/병)	상품 수량[1] (g/병)
상대습도 (%)	이산화탄소 농도(ppm)					
70	1,000	6.1	3.4	9.9	46.3	98.1
	무환기[2]	5.8	3.4	9.8	44.0	100.9
90	1,000	5.8	3.5	9.7	43.8	100.8
	무환기	5.7	3.3	9.7	42.2	101.6

[1] 유효 경수 무게(g)/총 수량(g)×100
[2] 무환기 시 평균 이산화탄소 농도: 2,600±500ppm

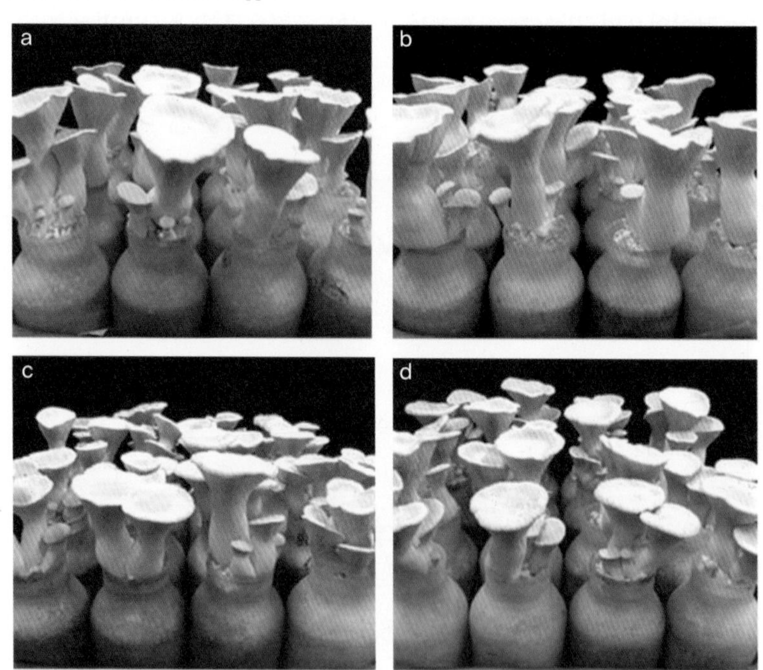

(a) 상대습도 70% + 이산화탄소 농도 1,000ppm, (b) 상대습도 70% + 무환기,
(c) 상대습도 90% + 이산화탄소 농도 1,000ppm, (d) 상대습도 90% + 무환기

그림 8-8 생육 환경에 따른 아위느타리 자실체의 형태적 특성

수확기 자실체 생육(그림 8-8)은 전 처리 모두 양호하여 처리 간 차이가 확연하지 않았다. 발이기 습도와 이산화탄소 농도에 따른 초발이 소요 일수, 발이 개체수, 유효 경수, 수량 등 생육 특성 및 자실체 품질(표 8-13, 8-14)은 모두 처리 간 유의차가 없었으며, 발이기 이후의 환경이 동일한 조건으로 재배되었기 때문에 수량에 큰 영향을 끼치지 않은 것으로 여겨진다. 또한, 발이기의 무환기 처리에서의 이산화탄소 농도는 3,500ppm까지 증가하였는데, 아위느타리는 이 이산화탄소 농도의 조건에서는 생육에 큰 지장을 받지 않았다.

5. 수확 후 관리 및 이용

수확 후 신선도 유지 기간을 연장하기 위한 적합 포장 재료를 선발하기 위해 일반적으로 많이 사용되는 랩 필름, 방담 필름, MA 필름, PE 필름에 따른 저장성을 비교 분석하였다. 포장 재료 표면을 확대하여 살펴보면, 그림 8-9에서와 같이 포장재의 두께는 랩 필름이 가장 얇고, 방담 필름과 PE 필름이 다른 필름에 비해 두꺼운 편이다. 랩과 방담 필름은 불규칙적인 미세 구멍(hole)을 관찰할 수 있고, PE 필름의 경우 구멍은 전혀 관찰할 수 없다. 또한 MA(Modified Atmosphere) 필름은 비교적 규칙적이며, 랩과 방담 필름보다 훨씬 더 미세한 구멍이 관찰된다. MA 필름은 포장재 내의 적절한 기체 조성을 위한 선택적 가스 투과성을 갖는 필름으로서 포장 내부의 산소 농도를 낮추고, 이산화탄소 농도를 높여 주어 선도 유지 기간을 연장할 수 있는데, 이러한 미세 구멍 여부 및 크기 등이 버섯의 신선도에 영향을 끼친다.

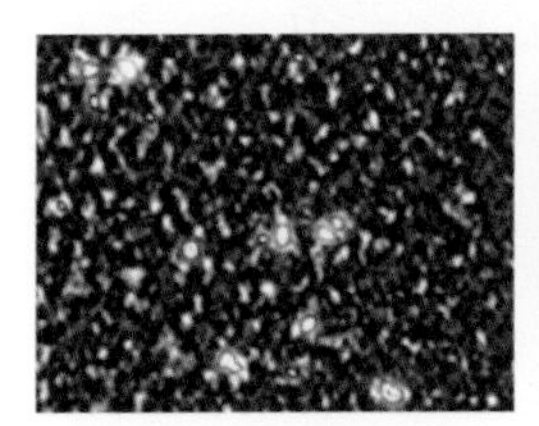
랩 필름(10㎛)

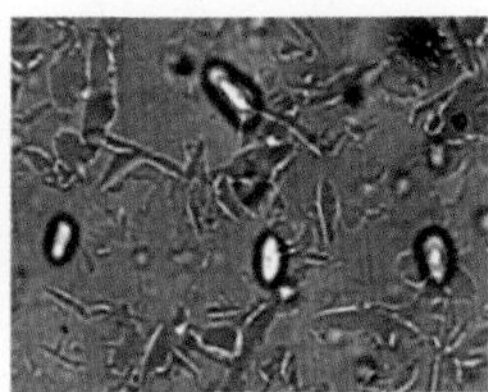
방담 필름(55㎛)

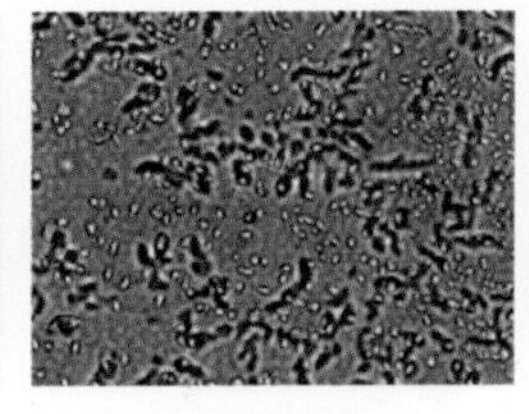
MA 필름(30㎛)

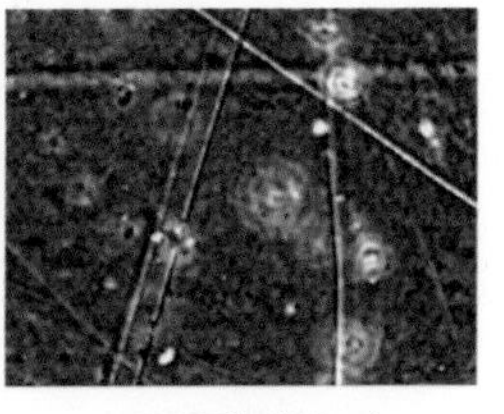
PE 필름(50㎛)

그림 8-9 포장재의 표면(400배 확대) (경기도원, 2007)

랩은 포장하기 전의 상태를 촬영한 것으로 포장을 위하여 늘리게 되면 표면의 구멍 크기는 더욱 커지고 불규칙해지게 된다. 방담 필름의 표면은 다소 불규칙한데, 이는 특수하게 제조된 방담제를 폴리프로필렌 필름을 만들 때 첨가하여 고온 숙성을 거침으로써 필름 표면에 얇은 막을 형성시켜 채소 · 과일류 포장 후 필름 표면에 수증기 방울이 맺히는 증상을 방지하거나 얇게 수막을 형성시켜 방담(anti-fogging) 기능을 갖기 때문이다(농촌진흥청, 2007).

아위느타리의 포장재 종류별 저온 저장 기간 중 중량 감모율은 표 8-15에서 보는 바와 같이, 랩 포장에서는 저장 1일차부터 중량 감모가 진행되었고, 방담, MA, PE 포장재는 전 처리 모두 저장 13일차까지도 크게 감소하지 않고 0.5% 수준으로 유지되다가 저장 15일차부터 MA 포장재가 다른 포장재에 비해 다소 높아지는 경향을 보였다. 저장 25일차에는 랩 포장은 7.0%, MA 포장은 3.0%, 방담과 PE 필름 포장에서는 각각 1.2, 1.1%로 나타났다. 20℃ 저장에서는 3℃ 저장 시(표 8-16) 11일차의 중량 감모율이 저장 3일차부터 나타나기 시작하여 3℃보다 현저히 빠른 중량 감모를 보였다.

포장재별로는 랩 포장은 저장 3일차부터 급격히 증가하여 저장 7일차에 4.3%로 가장 높았으며, 그 밖의 포장재 중에서는 방담 필름 처리에서 저장 7일차부터 다른 처리보다 감모율이 높아지다가 저장 13일차에는 1.5%로 MA, PE 필름의 1.1, 1.2%보다 다소 높게 나타났는데 MA 필름은 3℃ 처리와는 다른 경향이었다.

표 8-15 포장재에 따른 상온 저장 기간 중 중량 감모율 (경기도원, 2007) (단위: %)

포장재	저장 기간(일)							
	1	3	5	7	9	11	13	15
랩	0.3	2.1	2.4	4.3	–	–	–	–
방담	0.2	0.4	0.7	1.1	1.2	1.4	1.5	–
MA	0.2	0.5	0.9	0.8	1.0	1.0	1.1	–
PE	0.1	0.4	0.9	0.9	1.0	1.1	1.2	–

※ –: 미조사

표 8-16 포장재에 따른 저온 저장 기간 중 중량 감모율 (경기도원, 2007) (단위: %)

포장재	저장 기간(일)									
	1	3	5	7	9	11	13	15	20	25
랩	0.5	1.2	1.6	1.7	1.7	1.9	3.3	3.9	5.3	7.0
방담	0.1	0.2	0.3	0.3	0.5	0.5	0.5	0.7	1.1	1.2
MA	0.1	0.3	0.4	0.4	0.4	0.4	0.5	1.1	2.9	3.0
PE	0.1	0.2	0.2	0.3	0.3	0.4	0.5	0.4	0.6	1.1

포장재 및 저장 온도에 따른 검은비늘버섯의 중량 감모율은 랩 포장 시 1℃에서 18일 후 3.17%로 낮아져 다른 필름과 고도로 유의한 차이를 나타내었고(Kim 등, 2003), 느타리의 MA 저장 시험에서 포장재별 중량 감모율은 랩(0.03mm LDPE) 포장이 가장 높았고, 나일론+PE 포장이 가장 낮았다고 보고(Lee 등, 2003)하였는데, 이는 본 실험 결과와도 일치하였다. 포장재별 중량 감모율은 현미경 관찰 사진에서 보여지는 바와 같이 포장재의 구멍에 의한 기체 및 수분의 투과도에 따라 달라지게 되는데, 랩 포장의 경우 포장 시 미세 구멍의 크기가 커져 수분의 확산이 빠르게 일어나며 산소의 공급 또한 원활하여 자실체의 호흡을 촉진하였기 때문에 나타난 결과로 판단되었다.

버섯의 생리적 변화는 온도에 의해 가장 크게 영향을 받는데, 근본적으로 효소의 활성과 수분 함량의 변화를 가져온다. 일반적으로 효소는 온도가 10℃ 상승하거나 낮아질 때마다 배가되거나 반감되며, 0℃ 부근에서도 효소 활성이 억제되나 정지하지는 않는다고 한다. 신선한 버섯을 0℃와 10℃에서 저장하였을 때 발생되는 열 생산량은 0℃에 비해 10℃에서 3.5배나 되었고 부패 현상도 빨리 나타났다고 보고한 바 있다(농촌진흥청, 2004; 2007). 본 시험에서도 20℃ 저장에서는 3℃와 비교할 때 저장 3일차부터 중량 감소가 현저히 높아지면서 2배 이상의 중량 감모율을 나타내는 결과를 보였는데, 이는 저온에 의해 호흡과 증산 속도가 억제되었기 때문으로 보인다.

온도별 · 포장재별 저장 기간이 경과함에 따른 포장재 내부의 이산화탄소 농도 변화를 보면 (표 8-17), 저장 온도별로는 3℃ 처리보다 20℃ 처리에서 이산화탄소 발생량이 현저히 많았다. 이는 저온 조건이 버섯의 호흡과 대사 작용을 억제하였기 때문으로, 버섯은 수확 후 호흡과 대사 작용이 일반 채소나 과일보다 왕성하여 수확 후 중량 감소가 빠르고, 변색 및 미생물의 번식 등 품질 저하가 급속하게 일어난다고(Jang 등, 2003) 보고한 바와도 일치하였다. 본 실험에서 PE 필름의 중량 감소가 적었던 것은 봉지 표면에 구멍이 전혀 없어 포장재 내부에 고농도의 이산화탄소를 유지할 수 있어 호흡을 억제하였기 때문이다.

표 8-17 저장 온도 및 포장재에 따른 저장 기간 중 포장재 내부의 이산화탄소 함량의 변화 (경기도원, 2007) (단위: %)

처리 내용		저장 기간(일)						
온도	포장재	1	3	5	7	9	12	14
3℃	랩	1.3	1.6	1.5	1.4	1.8	1.6	1.5
	방담	1.4	1.9	2.0	3.9	4.1	4.5	4.3
	MA	1.3	2.0	2.2	3.0	2.4	2.9	2.6
	PE	1.6	3.8	3.5	3.8	8.8	9.4	10.2
20℃	랩	1.3	1.5	1.5	1.5	1.2	1.3	1.8
	방담	1.4	2.6	2.3	2.9	5.4	5.4	5.1
	MA	1.4	2.1	2.1	2.2	4.8	5.1	5.5
	PE	2.7	4.2	7.0	7.4	9.5	14.8	15.9

포장재 종류별 이산화탄소 농도는 PE 필름 처리에서 가장 높은 경향으로 20℃ 저장 처리에서는 저장 14일차에 15.9%까지 상승하였다. 포장재별로는 방담 필름〉MA 필름〉랩 필름 순으로 나타났으며 랩 포장은 저장 기간이 경과하여도 계속적으로 증가하지 않고 1.3~1.8% 수준에서 상승 또는 하락하는 경향을 보였다. 방담 필름과 MA 필름의 20℃ 저장은 1.4~5.5%, 3℃ 저장은 1.3~4.3% 범위로 유지되었으며, PE 필름 포장은 20℃, 3℃ 저장 모두 지속적으로 증가하

여 저장 15일차에는 각각 15.9, 10.2%까지 상승하였다.

이와 같은 결과로 각기 포장재의 기체 투과도는 랩>MA>방담>PE 필름 순으로 나타났고, 현미경 관찰에서와 같이(그림 8-9) 포장재 표면의 미세 구멍이 많은 포장재일수록 기체 투과도가 높았다. 따라서 아위느타리 수확 후 신선도 유지를 위해서는 다른 버섯류와 같이 산소의 공급을 줄이고 이산화탄소 농도를 높게 유지하여 버섯의 호흡을 억제하는 기체 투과도가 적은 포장재를 이용하는 것이 적합하였다.

조 등(2001)이 큰느타리의 MA 저장 중 품질 변화 연구에서 온도가 올라갈수록 산소 소모량과 이산화탄소 생성량이 많아지며 호흡 속도도 빨라져 그에 따른 자실체 물성도 급속히 하락한다는 연구 결과와 일치하였다. 저온에서의 저장은 초기의 호흡 속도를 낮출 수 있어서 생리적 품질 변화를 억제할 수 있으며, 저온 저장과 함께 빠른 예냉도 선도 유지에 도움이 된다고 보고한 바와 같이 버섯류의 유통 시 품질 유지를 위한 예냉 및 저온 유통 시스템 개발이 요구되었다.

표 8-18 저장 온도 및 포장재에 따른 저장 기간 중 신선도 변화 (경기도원, 2007)

처리 내용		저장 기간(일)									
저장 온도	포장재	1	2	3	5	7	9	11	13	15	20
3℃	랩	10[1]	10	10	8	8	6	6	4	2	0
	방담	10	10	10	8	8	6	6	6	4	2
	MA	10	10	10	8	8	6	6	6	4	2
	PE	10	10	10	8	8	6	6	6	4	2
20℃	랩	10	10	8	4	2	0	–[2]	–	–	–
	방담	10	10	8	6	4	2	0	–	–	–
	MA	10	10	8	6	4	2	0	–	–	–
	PE	10	10	8	6	4	2	0	–	–	–

[1] 신선도(Minamide법) – 10: 매우 신선, 8: 신선, 6: 판매 가능, 4: 식용 가능, 2: 식용 불가, 0: 부패 및 변질
[2] 조사 불가

저장 기간에 따른 자실체 신선도는 Minamide법으로 관능 검사하였는데(표 8-18), 3℃ 저장 처리에서 포장재별 판매 가능한 신선도는 랩 필름 포장은 11일, 방담, MA, PE 필름은 13일이었으며 20℃ 저장에서는 랩 필름 포장은 3일, 그 외 필름은 5일이었다. 3℃에서 3일 저장 후 20℃ 저장에서는 랩 필름 포장은 7일, 방담, MA, PE 필름은 9일로 20℃ 저장보다 3일 정도 신선도 연장이 가능하였다.

저온에 민감한 원예 작물은 저온에 저장한 후 상온으로 옮기면 저온 저장 기간 동안 축적된 중간 대사 물질을 해독하거나 손상된 세포막 및 세포 소기관을 복구하려는 세포 자체의 노력에 의해 비정상적으로 호흡 속도가 증가되어 상품성이 급격히 하락한다(농촌진흥청, 2007). 특히

버섯은 조직이 연약하여 호흡 작용이 다른 과채류에 비해 왕성한 편으로 20℃에서는 이산화탄소가 200~500㎎/kg · hr이나 발생하며, 왕성한 호흡으로 인해 쉽게 품온이 상승하고 이에 따라 변색, 중량 감소 및 미생물에 의한 부패가 쉽게 발생한다고 보고하였다(Kader, 1985; Warwick 등, 1997).

따라서 아위느타리는 상품성을 유지하기 위해 3℃ 저온 유통이 바람직하며, 20℃에서 상온 유통할 경우에는 3일 이내에 판매해야 상품성을 떨어뜨리지 않을 것으로 판단된다. 소포장용 포장재로는 방담과 PE 필름 포장 시 가장 효과적이었으나 연장 효과가 미미하므로 포장에 소요되는 비용을 고려할 때 PE 필름 포장이 적합하다.

〈이윤혜, 주영철〉

참고 문헌

- 강시형. 2004. 아위버섯의 배양 조건 최적화 및 항암 효과에 관한 연구. 조선대학교대학원 박사학위논문. pp. 9-26.
- 김대식. 2002. 아위버섯균의 생리적 특성. 전남대학교대학원 석사학위논문. pp. 9-16.
- 농촌진흥청. 2004. 느타리버섯. 표준영농교본 14: 247-266.
- 농촌진흥청. 2007. 농산물 저장과 가공. 표준영농교본 59: 183-212.
- 리영진, 안희선, 최철호. 2004. 버섯 재배 최신 기술 문답. 연변인민출판사. pp. 162-171.
- 원선이. 2010. 아위느타리버섯 대량 생산을 위한 적합 균주 선발, 생산 환경 및 저장 조건 구명. 서울시립대학교대학원 박사학위논문. pp. 32-87.
- 원선이, 김정한, 장명준, 주영철. 2007. 아위느타리버섯 재배법 확립 연구. 경기도농업기술원 시험연구보고서. pp. 816-855.
- 이동희. 2005. 아위버섯(*Pleurotus ferulae*)의 유연관계 분석 및 균사 배양 특성에 대한 연구. 충북대학교대학원 석사학위논문. pp. 23-35.
- 조숙현, 이상대, 류재산, 김낙구, 이동선. 2001. 큰느타리버섯의 MA 저장 중 품질 변화. 농산물저장유통학회지 8(4): 367-373.
- 차월석, 이희덕, 김종수. 2004. 아위버섯의 성분에 관한 연구. *Journal of Life Science* 14(2): 205-208.
- 최재선, 이동희, 장후봉, 강보구, 구창덕. 2009. 아위버섯(*Pleurotus ferulae*) 균주의 유전적 유연관계. 한국균학회지. pp. 28-32.
- 홍기형. 2004. 아위버섯의 이화학적 특성 및 생리 활성에 관한 연구. 경희대학교대학원 박사학위논문. pp. 74-81.
- Cha, W. S., Choi, D. B., Kang, S. H. 2004. Optimization of culture media for solid-state culture of *Pleurotus ferulae*. *Biotech. Biopro. Eng.* 9(5): 369-373.
- Chang, S. T., Miles, P. G. 2004. *Mushrooms* (*Cultivation, Nutritional value, Medicinal Effect, and Environmental Impact*). 2nd edition. CRC Press, USA. pp. 27-103.
- Hong, J. S. 1979. Studies on the compositional changes of media during oyster mushroom cultivation in Korea. *Kor. J. Appl. Microbiol. Bioeng.* 7(1): 36-46.
- Hong, K. H., Kim, B. Y., Kim, H. K. 2004a. Analysis of nutritional components in *Pleurotus*

ferulae. Kor. J. Food. Sci. Technol. 36(4): 563–567.
- Hong, K. H., Kim, B. Y., Kim, H. K. 2004b. Studies on the biological activity of *Pleurotus ferulae. Kor. J. Food. Sci. Nutr.* 33(5): 791–796.
- Huang, N. L. 1998. *Colored illustrations of macrofungi(mushrooms) of China.* China Agricultural Press, Beijing. p. 95.
- Jang, K. Y., Jhune, C. S., Park, J. S., Cho, S. M., Weon, H. Y., Jeong, J. C., Choi, S. G., Sung, J. M. 2003. Characterization of fruitbody morphology on various environmental conditions in *Pleurotus ostreatus. Mycobiology* 31(3): 145–150.
- Jung, K. J., Choi, D. S., Choi, H. K., Jung, K. C. 2005. Development of growing method of *Pleurotus ferulae* Lanzi. *Annual report of Jeollabuk–Do ARIS.* pp. 794–802.
- Kader, A. A. 1985. Postharvest biology and technology an overview, In : postharvest technology of horticulture crops. *The reagent of the University of California. Division of agricultural and nutritional resource.* CA. USA. pp. 3–8.
- Kim, K. S., Joo, S. J., Yoon, H. S., Kim, M. A., Park, S. G., and Kim, T. S. 2003. Effect on storage with various films and storage temperature of *Pholiota adiposa. Kor. J. Food Preserv.* 10(3): 284–287.
- Lee, H. D., Yoon, H. S., Lee, W. O., Jeong, H. 2003. Estimated gas concentration of MA(Modified Atmosphere) and changes of quality characteristics during the MA storage on the oyster mushrooms. *Kor. J. Food Preserv.* 10(1): 16–22.
- Lee, H. U., Ahn, M. J., Lee, S. W., Lee, C. H. 2007. Effects of various ventilation systems on the carbon dioxide concentration and fruiting body formation of king oyster mushroom(*Pleurotus eryngii*) grown in culture bottles. *J. Life Sci.* 17(1): 82–90.
- Warwick, M. G., Tsureda, A. 1997. The interaction of the soft rot bacterium *Pseudomonas gladroli* pv. *agaricicoa* with Japanese cultivated mushroom. *Can. J. Microbiol.* 43: 639–648.
- Zadrazil, F. 1975. Influence of CO_2 concentration on the mycelium growth of three *Pleurotus* species. *Eur. J. Appl. Microbiol.* 1: 327–335.

제 9 장

 팽이버섯(팽나무버섯)

1. 명칭 및 분류학적 위치

팽이버섯 또는 팽나무버섯(*Flammulina velutipes* (W. Curt.: Fr.) Singer)은 전통 분류학적으로는 송이목 송이과(Tricholomataceae)에 속하는 버섯이었으나, 현재는 계통 분류학의 발전에 따라 주름버섯목(Agaricales) 뽕나무버섯과(Physalacriaceae) 팽나무버섯속(*Flammulina*)으로 재분류되었다. 원명은 팽나무버섯이며, 영명은 'winter mushroom' 또는 'velvet stem' 이고 일본에서는 '에노키다케(えのきたけ)' 라 한다.

팽이버섯은 활엽수의 부후목에서 많이 발견되고 리그닌을 주로 분해하여 영양에 이용하는 백색 목재부후균으로서, 한국을 비롯한 세계의 온대에서 한대에 걸친 지역에 널리 분포하고 있다. 한국에서는 늦가을부터 초겨울에 활엽수인 팽나무, 느티나무, 뽕나무, 감나무 등 죽은 나무의 그루터기에 다발로 발생한다(성 등, 1998).

갓과 대의 색깔은 짙은 황갈색~흑갈색으로 표면에는 끈끈한 점성이 있으며, 갓의 지름은 보통 2~8cm, 대는 2~8cm×2~8mm 정도이다. 포자문은 백색이고 포자의 크기는 4.5~7.0×3.0~4.5㎛이며 모양은 타원형이다.

상업용으로는 빛을 비추어도 갓과 대의 색깔이 변하지 않는 순백계 품종이 육성되어 주로 재배되고 있다.

야생 팽이버섯

갈색 팽이버섯

백색 팽이버섯

그림 9-1 야생종과 교배 육종된 품종의 형태적 차이

2. 재배 내력

팽이버섯의 인공 재배는 1899년 일본에서 시작(岩出, 1961)된 이래 재배법이 계속 발전하고 있으며, 전 세계 식용 버섯 가운데 양송이, 표고, 느타리에 이어 4번째로 많이 생산되고 있다. 이 버섯은 씹는 맛이 좋으며, 단백질 함량이 높고, 항암 효과(우, 1983a,b)가 있을 뿐만 아니라 혈중 콜레스테롤 함량을 저하시키는 효과(Komatsu 등, 1963; Lin 등, 1974) 등이 인정되어 생산과 소비가 급격히 증가하고 있다.

한국에서는 1936년에 처음 원목 재배 방법(이, 1936)이 언급된 이래 낙엽송, 소나무 등을 이용한 재배 방법이 발표된 바 있다(Yun, 1970). 그 후 1974년 농업기술연구소 균이과에서 연구를 시작하면서 균주 수집 등 연구가 본격화되었으나, 1987년까지 재배 농가 수는 7개소로 생산량이 적었다.

그러나 80년대 후반에 환경 조절 재배사에서 기계화 병재배가 본격화되면서 1994년에는 100여 농가에서 약 1,718M/T이 생산되었다. 이후 액체 종균 등에 힘입어 대량 생산 체계가 확립되면서 농가는 대형화되고 가격이 하락하여 2011년에는 24개소 농가에서 43,098M/T을 생산하고 가장 많은 수출이 이루어지는 농산물이 되었다.

재배 품종의 발달을 살펴보면, 일본 재배 품종의 시초는 신농 1호이며, 이 품종에서 파생된 품종이 영양 번식 선발법에 의해 선발되었기 때문에 그 인자 구성이 유사하였다. 그 후 교배법에 의해 현 재배 품종인 순백계 품종 M-50과 그와 유사한 순백계 품종이 개발 보급되었는데, 그 유전 구성은 A1B1+A2B2나 A1B2+A2B1이다(Kitamoto 등, 1993). 지금까지 한국의 팽이버섯 품종은 주로 일본에서 개발된 품종을 도입하여 한국에 적합한 계통을 선발하여 사용해 왔으나(Byun 등, 1996; Kong 등, 1997a, b, 2001), 2006년 농촌진흥청에서 세계에서 두 번째로 국내 야생종을 이용한 새로운 순백계 계통을 개발한 이후 이 계통을 이용한 백색 품종 '백아'가 육성 보급되면서 국산 백색 품종의 점유율을 높여 가고 있다.

3. 영양 성분 및 건강 기능성

버섯은 3대 영양소와 비타민 및 미네랄 성분을 풍부하게 함유하고 있는 영양 식품이면서 풍부한 맛을 가진 기호식품이고, 여기에 생체 방어 조절, 노화 억제, 질병 회복 등에 관계되는 기능도 가지고 있다. 버섯은 1차 대사 산물로 단백질, 다당류, 유기산, 비타민, 지방(불포화 지방산), 핵산 등이 있으며, 2차 대사 산물로는 항생 물질, 테르페노이드(terpenoid)류 및 독성 물질 등이 있다. 여러 가지 성분들을 함유하고 있는 버섯류는 그 성분과 관련하여 다양한 기능성을 가진 고부가 가치 건강식품 재료로 이용되고 있으며, 새로운 의약품 개발 소재로서도 중요한 재료이다. 대표적인 식용 버섯인 팽이버섯은 병재배에 의한 대량 생산으로 우리나라에서 생산량과 수출량이 가장 많은 버섯으로 식품 재료 또는 의약품 소재로서의 부가 가치를 제대로 개발하면 무한한 발전 가능성을 가지고 있다고 본다.

1) 영양 성분

팽이버섯은 그 신선미와 특유의 향미로서 식용으로 애용되고 있으며, 신선한 버섯은 수분이 89.8%를 차지한다. 단백질 2.7%, 탄수화물 6.4%를 함유하고 있으며, 지질의 함량은 0.3%로 비교적 적게 함유하고 있다. 회분은 0.8%이고, 열량이 낮은 저칼로리 식품이다(표 9-1). 버섯의 영양 성분은 품종, 재배법, 배지 등에 따라 다소 다르게 나타날 수 있는데, 백색 품종 '백로'와 갈색 품종 '갈뫼'를 비교해 볼 때 갈색 품종의 수분 함량이 높아 백색 품종의 영양 성분이 더 높게 나타났다.

표 9-1 팽이버섯의 일반 성분 (농촌진흥청 식품 성분표, 2006) (가식부 100g당 함량)

성분 / 버섯	에너지 (kcal)	수분 (%)	단백질 (g)	지질 (g)	탄수화물(g)		회분 (g)
					당질	섬유소	
팽이버섯	29	89.8	2.7	0.3	6.4	0.9	0.8
팽이버섯(백로)	37	88.1	2.6	0.09	8.4	0.8	0.8
팽이버섯(갈뫼)	29	90.6	2.0	0.00	6.9	0.7	0.5

단백질의 구성 아미노산은 버섯 자실체의 색깔에 관계없이 필수 아미노산의 함량이 높고, 식물성 재료에서 부족한 라이신을 함유하고 있어 식물성 단백질과 동물성 단백질의 부족을 보완하기에 좋은 영양소이다(표 9-2). 더욱이 팽이버섯은 글루탐산과 타우린의 함량이 높아 국물 맛이 시원하고 특유의 감칠맛을 주기도 한다. 부위별로는 대보다 갓에서 아미노산 함량이 더 높게 나타났다. 또한 팽이버섯은 다양한 유리 아미노산을 가지고 있었으며, 갈색 팽이버섯에서 특히 시트룰린, 감마아미노산(GABA) 함량이 높게 나타났다(표 9-3).

표 9-2 팽이버섯의 아미노산 조성 (농촌진흥청 식품 성분표, 2006) (단위: 가식부 100g당 mg)

단백질	아이소로이신	로이신	라이신	메싸이오닌	시스타티오닌	페닐알라닌	티로신	트레오닌	트립토판
2.6	120	180	161	26	17	167	113	137	19

발린	히스티딘	아르지닌	알라닌	아스파르트산	글루탐산	글라이신	프롤린	세린
142	83	137	263	179	419	136	85	112

표 9-3 팽이버섯 자실체 색깔과 부위에 따른 유리 아미노산 함량 (단위: 가식부 100g당 mg)

유리 아미노산	팽이버섯(3품종 평균)				유리 아미노산	팽이버섯(3품종 평균)			
	백색		갈색			백색		갈색	
	갓	대	갓	대		갓	대	갓	대
포스포세린	190.4	132.5	117.7	168.4	아이소로이신	0	0	0	21.4
타우린	112.7	112.7	112.9	136	로이신	3.3	18.2	1	15.8
포스포에탄올아민	34.4	14.8	15.7	16.3	티로신	8.4	61.2	0	17.5
					페닐알라닌	0	4.4	0	0
우레아	474	237.1	362	253.8	베타알라닌	30.7	44.7	29.9	34.9
아스파르트산	1478.7	1618	184.6	362	베타아미노산	10.2	12	2.7	25
트레오닌	297.1	329.9	130.7	147	감마아미노산	211.2	129.6	250.4	197.8
세린	410	412.8	164	128.7	에탄올아민	29.2	9.7	69.7	15.3
글루탐산	4564.3	5118.21	826	0	암모니아	56.9	40.7	47.7	32.7
아미노아디핀산	60.8	103.6	37.8	0	히드록시리신	13.8	14.5	15.1	14.9
글라이신	128.4	306.3	76.1	0	오르니틴	361.8	1458.9	150.8	2816.7
알라닌	948.3	1108.1	302.5	50.7	라이신	404.3	539.8	142.5	289.6
시트룰린	8.9	4.5	1067.7	2653.6	히스티딘	84	151.1	18.8	118.6
아미노뷰티르산	10.1	18.2	1.4	7.2	메틸히스티딘	1.6	6.3	0	9.7
발린	20	59.4	9.1	0	카르노신	45.2	25.2	147.7	13.1
시스틴	108.8	195.1	55.1	142.6	아르지닌	26	26	8.5	35.5
메싸이오닌	0	1.2	2.1	0	히드록시프롤린	291.5	328.7	334.9	353.1
시스타티오닌	96.5	146.3	8.4	103.5	프롤린	0	0	677.1	1684.5

무기질 함량의 경우는 세포 내 전해질 대사에 중요한 기능을 하는 칼륨, 나트륨 및 인은 많이 존재하나 칼슘 등은 비교적 적다. 팽이버섯 자실체 색깔에 따른 차이는 칼륨의 경우를 제외하고는 크지 않다(표 9-4).

표 9-4 팽이버섯의 무기질 함량 (단위: 가식부 100g당 mg)

구분	칼슘	인	철	나트륨	칼륨	마그네슘	망간	아연	구리
팽이버섯	2	89	1.2	9	368	–	ND	–	ND
팽이버섯(백로)	4	95	1.6	14	281	19	ND	0.6	ND
팽이버섯(갈뫼)	4	85	1.5	13	184	14	ND	0.8	ND

비타민의 경우 티아민, 리보플라빈, 나이아신, 판토텐산 등이 골고루 함유되어 있고, 신선한 버섯 100g에는 이들 성분이 성인 1일 필요량의 1/4을 함유하고 있다. 비타민 A는 대부분의 버섯에서 거의 함유하고 있지 않으나 팽이버섯의 경우 베타카로틴의 형태로 존재하며, 갈색 버섯에 많으리라는 예상과는 달리 백색 팽이버섯에 많았다. 팽이버섯은 비타민 C도 다른 버섯보다 많이 함유하고 있다(표 9-5).

표 9-5 팽이버섯의 비타민 함량 (가식부 100g 당 함량)

구분	비타민 A (베타카로틴) (㎍)	티아민 (mg)	리보플라빈 (mg)	나이아신 (mg)	비타민 C (mg)	비타민 B_6 (mg)	판토텐산 (mg)	비타민 B_{12} (㎍)	엽산 (㎍)	비타민 D (㎍)	비타민 E (mg)	비타민 K (㎍)
팽이버섯	5	0.24	0.34	5.2	12.0	0.12	1.4	–	75.0	1	0	–
팽이버섯(백로)	7.3	0.31	0.13	1.6	6	–	–	–	–	–	–	–
팽이버섯(갈뫼)	2.8	0.21	0.10	1.2	6	–	–	–	–	–	–	–

2) 건강 기능성

버섯은 생체 방어, 생체 리듬 조절, 질병의 예방과 회복 등 생체 조절 기능을 나타내는 성분들이 함유되어 있으며 식이섬유원으로 좋은 재료이다. 버섯에 풍부하게 함유되어 있는 다당류, 렉틴, 리그닌, 저분자 물질들은 생체 방어 능력을 강화시키는데, 이들은 생체 세포 또는 기관에 직접적으로 작용하는 것이 아니고 숙주의 방어 능력을 향상시킴으로써 효력을 발휘한다. 팽이버섯은 항종양 작용, 면역 증강 작용, 항균·항세균 작용, 강심 작용, 항염증, 항바이러스, 신경섬유 활성화(치매 예방) 기능을 갖는 물질들을 함유하고 있다. 대표적인 고분자 물질은 β-1,6-분지 β-1,3 글루칸이며, 비교적 간단한 저분자 물질로는 플라뮤톡신(flammutoxin)이 있다.

팽이버섯 품종 간의 기능성 차이를 항산화능 측면에서 보면, 팽이버섯은 검은비늘버섯에 비해 항산화능과 총 페놀 함량이 떨어졌다. 팽이버섯 품종 간에는 갈색 품종이 백색 품종에 비하여 항산화능이 높을 것으로 예상하였으나 이 역시 일정한 경향을 나타내지 않았다(표 9-6).

표 9-6 팽이버섯 품종의 항산화 활성(DPPH) 비교

품종	항산화 활성 (%)	총 페놀 함량 (ug/g)
갈뫼	5.97	456.37
갈색종	2.63	417.16
팽이 1호	4.37	424.51
백설	5.43	439.22
백색종	5.09	414.71
진황(*P. adiposa*)	12.86	645.10

현재까지 알려진 팽이버섯에 대한 생리 활성을 정리하면 다음과 같다.

(1) 생리 활성 성분

- 다당류: 베타글루칸(플라뮬린)
- 저분자: 플라뮤톡신(flammutoxin), 에노키포딘스(enokipodins) C 및 D(균사체), 에르고티오닌(ergothioneine), 1',3'-디리놀레노일-2'-리놀레노일글리세롤(dilinolenoyl-2'-linoleoylglycerol; LnLLn)

(2) 생리 활성 작용

- 항종양 작용: 베타글루칸
- 면역 증강 작용: 베타글루칸
- 항바이러스
- 콜레스테롤 저하 작용(고혈압 방지)
- 항산화 및 티로시나제(tyrosinase) 저해 활성(미백 효과)

4. 생활 주기

팽이버섯을 비롯한 담자균류의 대다수 생활사는 자실체 → 담자포자 → 1핵균사 → 2핵균사(세포질 융합, 꺾쇠 형성) → 핵융합(n+n → 2n) → 감수 분열 → 담자기 형성 → 담자포자 형성(n) → 자실체 순으로 이루어진다.

팽이버섯의 생활은 생식 기관인 자실체가 생장되면 4극성의 담자포자를 형성하여 발아되어 증식되는 유성 생식이 있고, 형성된 2핵(二核)균사가 끊어져서 이루어지는 분열자라고 하는 원통형의 무성포자를 만들어서 발아 증식되는 무성 생식 등의 2가지로 구분할 수 있다(그림 9-2). 팽이버섯은 다른 담자균과는 달리 균사 생장 중 무성 생식 과정이 특히 많이 이루어져 단핵균사와 2핵균사에서 1핵의 분열자 형성이 쉽게 일어나는 특성이 있다(Brodie, 1936; Ingold, 1980; Takemaru 등, 1995).

이와 같이 분열자는 쉽게 발아할 뿐만 아니라 단핵이나 이핵으로 다시 돌아오는 확률이 높다고 한다(Buller, 1941; Kemp, 1980). 2핵균사에서 형성된 분열자와 미세 조작기를 이용하여 분리한 1핵균사의 생육과 형태는 원래의 2핵균사를 구성하는 1핵균사와 차이가 있다는 보고도 있다(Aschan, 1952). 분열자의 유전 구성은 일반적으로 2핵균사를 구성하는 2개의 유전자형이 모두 나타나지만 비율이 비정규적으로 편중되거나 한 가지 유전자형만이 나타나는 경우도 있다(Aschan, 1952; 김 등, 1998).

또한, 꺾쇠연결체를 가지는 이핵의 분열자에 대한 보고도 있으나 이 경우는 크기도 다양하고 대개 오래된 균사에서 분리된다(Oddoux, 1953). 분열자에서 발아된 균사는 퇴화되어 활력이 약하고 재배 시 수량이 떨어지는 원인이 되는 것으로 알려져 있다(Aschan, 1952; Brodie, 1936). 그러나 분열자의 생성 원인과 자실체를 생산하는 데에 어떤 영향을 미치는지는 명확히 밝혀지지 않고 있다.

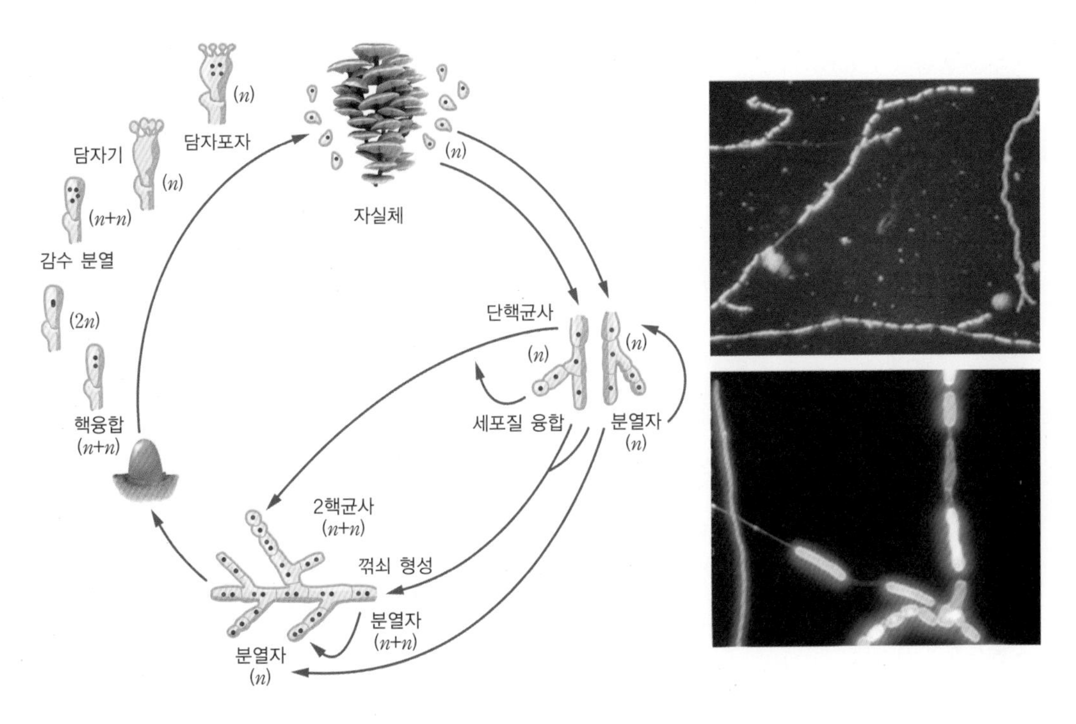

그림 9-2 **팽이버섯의 생활사**(좌)**와 분열자 형성**(우)

5. 재배 기술

1) 생육 환경

팽이버섯의 균사 생육 온도 범위는 4~35℃이고 최적 온도는 25℃ 내외이다. 그러나 균사 배양 시 균의 호흡량에 따라 배양실 온도가 상승하므로 배양 적온보다 낮은 18℃ 내외로 관리한다. 팽이버섯의 재배 과정과 자실체의 생육 과정은 그림 9-3, 9-4와 같다. 자실체의 발생 온도는 5~18℃이나 현 재배 품종의 발이 최적 온도는 14~15℃로서 발이 온도가 적온보다 높거나 낮으면 발이 기간이 길어지고 대가 짧아지며 갓이 커져 정상적인 품질을 생산할 수 없다. 억제실 온도는 4~5℃이고, 생육실 최적 온도는 7±1℃이며 버섯의 대 길이가 11~12cm, 갓 지름이 1cm 내외로 길러야 좋은 품질의 버섯이 된다.

팽이버섯의 균사 배양을 할 때 배양실 내의 실내 습도는 65~70%, 재배사의 경우 발이실은 90~95%, 억제실은 80~85%, 생육실은 75~80%가 가장 적합하다. 팽이버섯 재배 시 각 단계별 재배사의 이산화탄소 농도는 배양실이 3,000ppm 내외, 발이실 및 억제실은 1,500ppm 내외, 생육실은 2,000~2,500ppm이 적합하지만 버섯의 생육 상태 및 재배사의 조건을 고려하

그림 9-3 팽이버섯 병재배 과정 모식도

여 조정하도록 한다. 근래에는 유통 과정 중의 자실체 생장을 고려하여 갓의 크기를 억제시키기 위해 발이 이후부터 환기를 억제하여 갓이 전개되지 않도록 이산화탄소 농도를 높여 재배하는 경향이 있다. 그리고 팽이버섯 균사 생장 시 강한 빛 조건에서는 생육이 저하되며 약한 빛에서는 자실체 발생이 촉진된다. 백색 품종은 어린 버섯 발생 시 빛을 비추면 배지 표면에 박피 현상을 방지한다는 보고가 있다. 그러나 야생종에서는 약한 빛 조사로도 갓과 줄기 하단부에 갈색의 착색이 강해지는 경향이 있기 때문에 재배 시 품종의 특성을 고려하여 조절하여야 한다.

그림 9-4 팽이버섯 재배 단계별 자실체 생육 과정

(1) 온도

팽이버섯을 관리하는 데 있어서 온도는 크게 균사 배양 온도와 버섯 발생 온도, 억제 온도, 생육 온도 등 4단계로 나눌 수 있으며, 각 온도 처리에 따라서 최저, 최적, 최고 온도의 범위로 나눈다(그림 9-5).

❶ 배양 온도

팽이버섯의 균사 생육 온도 범위는 4~35℃이며, 배양실의 최적 온도는 20~25℃이나 배양실

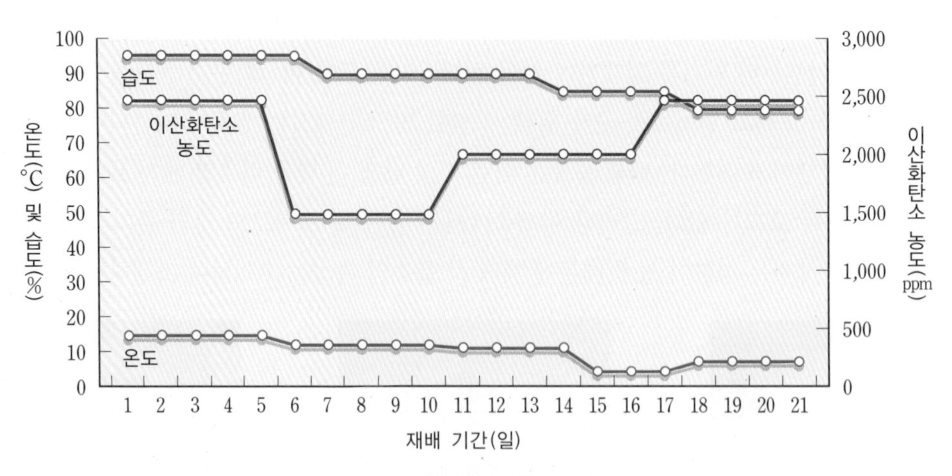

그림 9-5 팽이버섯 재배 관리 조건

의 병 수요량에 따라 온도를 감안하여 설정한다. 특히 균사 배양 시 균의 호흡량에 따라 배양실 온도가 2~6℃ 상승하므로 배양 적온보다 낮은 16~18℃로 관리한다.

❷ 발이 온도

발이실 최적 온도는 12~15℃로, 적온보다 높거나 낮으면 발이 기간이 길어지고 대가 짧아지며 갓이 커져 정상적인 품질의 버섯을 생산할 수 없다.

❸ 억제 온도

억제실의 온도는 4~5℃로, 발이실에서 불규칙하게 형성된 발이 상태를 버섯이 병 입구 전체에 균일하게 발생되도록 한다.

❹ 생육 온도

생육실 최적 온도는 6~8℃로, 버섯의 대 길이가 12~14cm, 갓 지름이 1cm 내외로 정상적인 품질을 생육시킨다.

(2) 습도

팽이버섯의 균사 배양 시 배양실 내의 실내 습도는 65~70%, 재배사의 경우 발이실은 90~95%, 억제실은 80~85%, 생육실은 75~80%가 가장 적합하다. 이와 같이 버섯의 생육 과정 중에는 습도를 서서히 낮추어 잡균 번식과 물 버섯이 되는 것을 방지하는 것이 중요하다.

(3) 산도

팽이버섯의 배지 최적 산도는 pH 6.0이며 이보다 낮거나 높으면 균사 배양 기간이 길어지거나 또는 정지된다.

(4) 환기

팽이버섯 재배 시 재배사의 각 단계별 이산화탄소 농도는 배양실이 3,000~4,000ppm, 발이실 및 억제실이 1,000~1,500ppm이다. 생육실에서의 환기는 갓의 크기를 크게 하고 대 신장을 억제한다. 그러나 지나친 환기는 좋지 않으므로 2,500~3,000ppm이 가장 적합하다.

(5) 빛

팽이버섯의 영양 균사는 빛에 의해 생장이 억제되나 자실체 발생은 촉진된다. 또한, 빛 조사는 갓의 생육을 촉진하고 대의 신장을 억제한다. 야생종이나 재래종은 빛에 의해 갓이 착색되나 순백색계 품종의 갓은 착색되지 않으므로 백색계 팽이버섯은 억제 시 백색 형광등으로 1일 2시간을, 24시간으로 나누어 순간순간 빛을 비추어 줌으로써 수량을 증대시키기도 한다.

2) 재배 기술

팽이버섯 재배 시설은 연중 재배 시설 규모로, 초기의 농가형은 495.9m^2(150평) 기준으로 1일 생산량이 1,000~1,500병으로 시작되었으나, 근래에 대규모화가 급속히 진행되어 5,000~10,000병이 기본으로 되었으며, 10만 병 이상의 규모가 큰 생산 시설도 늘어나고 있다. 재배 시설은 영구적인 재배사로서 냉난방 시설이 갖추어져야 하고, 재배사 건물은 시멘트 벽돌 또는 조립식 아이소패널 등으로 내 · 외벽에 단열이 잘되어야 하며, 재배사 복도나 관리실에서는 재배사 내의 모든 환경 조건을 한눈에 볼 수 있도록 컨트롤 박스에 센서가 부착되어야 한다. 그 밖에 톱밥 야적장, 재료 혼합 및 입병 작업실, 살균실, 준비실, 냉각실, 접종실, 배양실, 발이실, 억제실, 생육실, 수확 및 포장실, 저온 저장실, 탈병실, 실험실 등의 시설이 구비되어야 한다.

(1) 재료의 선택 및 혼합

팽이버섯 재배용 배지 재료로 주재료는 톱밥, 콘코브, 비트펄프, 팽화 왕겨 등이 사용되고 첨가제는 쌀겨, 밀기울, 면실박, 건비지, 대두피 등이 사용되며, 농가에 따라 패분, 한천 부산물 등을 첨가하기도 한다. 주재료로 가장 많이 사용되는 미송 톱밥은 버섯균의 생장을 억제하는 수지와 페놀성 화합물이 있어 이를 분해시키고, 톱밥을 연화시켜 보습력을 증대시키기 위해 6개월 이상 야외 퇴적을 하면서 2~3회 뒤집기를 한다. 그러나 활엽수 톱밥은 퇴적하지 않고 바로 사용한다. 톱밥 입자의 크기는 배지 내 삼상에 영향을 주어 균사 생장과 자실체 생장에 큰 영향을 준다. 따라서 톱밥의 입자 크기는 3~4mm가 15%, 2~3mm 35%, 1~2mm 35%, 1mm 이하가 15%가 되는 것이 가장 이상적이다. 최근 톱밥 대용으로 콘코브를 사용하는 농가가 많은데 콘코브는 pH가 낮고 보습력이 약하므로 석회, 비트펄프, 건비지 등을 첨가하여 사용하도록 한다.

첨가제로서 쌀겨는 지방이 많아 산패하기 쉬우므로 신선하고 싸래기가 없는 것을 구입한다. 쌀겨의 양은 부피 비율로 20%가 표준이지만, 청결도가 불량하거나 여름철 고온에서는 양을 줄이는 것이 잡균 오염률 저하에 좋다. 건비지는 보습력이 약한 콘코브와 혼합하여 효과를 보고 있다. 한천 부산물은 증수 효과가 높아 일본에서는 사용자가 많다. 배지의 pH 조절을 위해 석회를 사용하는 경우도 있으나 패분을 사용하는 것이 좋다. 일부 농가에서는 당분이 많고 보습력이 좋아 주로 병느타리 재배에 사용되는 비트펄프를 혼합하여 수확량을 증가시키고 있다.

배지의 혼합은 미리 물을 넣어 혼합하면 재료가 고르게 섞이지 않으므로 주재료인 톱밥과 첨가제인 쌀겨 등을 넣고 30분 정도 가혼합 후 수분을 63~65% 정도로 보충하고 다시 30분 정도 충분히 혼합한 다음 수분 함수율을 측정하여 수분을 맞춘다. 여름철에는 배합한 후 3~4시간만 지나도 쉰 냄새가 나는데, 이 경우에는 살균 후에도 세균이 분비한 독소에 의해 버섯균의 생장에 저해가 되므로 배합한 후 1시간 이내에 입병해야 한다.

(2) 입병

배지를 입병할 때는 입병기를 사용하는데 진동식과 스크류식이 있으며, 일반적으로 병 부피 100mL당 60g을 기준으로 하면 무난하다. 입병 높이는 종균 접종 후 병뚜껑에 종균이 닿지 않고, 균긁기 후 균상 면이 병어깨 위가 되도록 해야 한다. 입병이 높으면 배양 기간이 2~3일 지연된다. 너무 깊으면 깊이 깎기의 균긁기를 할 수 없다. 입병 구멍의 지름은 20~30mm가 적당하다. 1,100mL 병에서는 5구 구멍을 내어 배양 기간을 크게 단축할 수 있다.

(3) 살균 및 냉각

살균은 주로 증기에 의한 상압 살균과 고압 살균 방법을 사용한다. 상압 살균은 기계에 드는 비용이 저렴하지만 연료비가 많이 든다. 고압 살균은 가마 내 온도와 압력이 가마 내 잔존 공기에 따라 달라지므로 배관이 중요하며, 완전한 배기와 살균 후 흡입 공기에 의한 고온성 세균의 감염에 유의하여야 한다. 살균이 완료된 후 80℃ 정도까지 예냉시킨 후 접종할 때까지 병 내 배지 온도가 18~20℃가 되도록 냉각기를 이용하여 빠르게 냉각시킨다. 이 동안에 병 내 공기가 식으면서 냉각실 공기가 병 속으로 흡입되는데, 공기가 오염되면 심각한 피해를 줄 수 있으므로 냉각실의 청결화는 버섯 재배에 필수적이다. 따라서 냉각실은 살균 후 배지를 꺼내기 전에 바닥을 락스 같은 청결제 등으로 깨끗이 청소하고 소독해 두어야 하며, 항상 저온, 건조, 양압 유지와 자외선등을 설치하여 청정도를 유지한다.

(4) 접종

접종을 위해 우선 우량 종균의 확보가 중요하다. 팽이버섯 농가는 주로 자가 배양된 접종원을 사용하거나 전문 회사의 것을 사다 쓰면서 접종원 불량에 의한 피해가 극심한 실정이므로 사용될 접종원의 균사 활력 검사와 잡균 혼입 여부의 판별법을 재배자가 숙지하여야 한다. 최근 병재배에서 액체 종균을 이용하여 큰 성과를 거두고 있다. 액체 종균은 많은 장점을 가지고 있으나 액체 종균 배양에 맞는 설비가 따로 필요하며 미생물에 대한 전문적인 지식이 없으면 더 큰 피해를 볼 수 있으므로 주의하여야 한다.

접종실은 헤파필터를 통하여 공기를 정화하고, 살균제 소독, 자외선등 설치와 저온 양압 유지로 청정도를 유지한다. 톱밥 접종원을 준비할 때는 크린벤치 등 청결한 장소에서 숙달된 사람이 한 병 한 병을 신중하게 검사하면서 작업을 하여야 한다. 1개의 병당 접종량은 톱밥 종균의 경우 약 12g, 액체 종균의 경우는 용기 규격에 따라 다르지만 일반적으로 1,400mL의 경우 25~30mL 정도로 병의 중심 구멍과 배지 상면이 모두 피복되도록 접종하는 것이 좋다. 접종 중에는 실내의 공기 유동이 없는 것이 좋으며 접종이 끝나면 접종기 속까지 청소를 철저히 하고 75% 에탄올 등을 살포해 둔다.

(5) 배양

배양실은 접종원 종균이 배지에 만연되도록 온도, 습도와 환기를 알맞게 해야 하므로 균사 생장 과정에서의 열과 이산화탄소 발생량을 고려하여 냉동기 용량과 환기량을 적정 수준으로 할 수 있는 설비를 해야 한다. 배양 중 유의할 점은 배양실 구석이나 상하의 온도 차가 적도록 하고 냉각기의 바람으로 상부 병의 배지가 건조되지 않도록 한다. 배양 중 응애나 개미 등에 의한 오염이 생길 수 있으므로 살균제와 함께 주기적으로 살비제와 살충제도 살포한다. 또, 배양 중 가장 큰 피해는 고온으로 인한 경우가 많으므로 접종 후 약 18일경 발열이 가장 심할 때 병 사이의 온도를 체크하여 18℃가 넘지 않도록 해야 한다. 배양 중 잡균 오염된 것이 발견되면 즉시 제거하여 잡균 확산을 방지해야 한다.

(6) 균긁기

균긁기는 노후 접종원 제거와 균사에 상처를 주어 그 재생력을 이용하여 버섯 발생을 촉진하기 위한 과정으로, 균사가 만연되어 활력이 가장 높고 배지의 속효성 탄소원이 고갈되기 전에 실시한다. 원기 형성 촉진과 표면 건조 방지를 위해 균긁기 후 물을 살포하는데, 여름철에는 오염된 세균에 의한 흑부병에 유의한다. 최근 균긁기 후 수압식 물주기 기계가 도입되고 있다. 이때 수압이 너무 세면 발이 시 배지 표면에 박리 현상이 일어나기 쉽다. 또, 균긁기 시간을 길게 하면 날에 의한 마찰열로 발이 상면의 균사가 고사되어 발이가 불량할 수도 있다.

(7) 발이

발이 시는 습도를 90~95% 이상 유지하여 건조되지 않도록 해야 한다. 발이를 시작한 지 3~4일 후 재생 균사가 백회색으로 보일 때 이후부터 과습하면 근부병 피해가 증가하고 배지 내부의 환기 부족으로 추락 현상이 유발되어 수확량이 감소되며 품질도 저하된다.

발이실 온도는 13~15℃를 유지하고, 이산화탄소 농도는 1,000ppm 정도가 유지되도록 환기에 유의한다. 특히 습도가 너무 낮거나, 지나친 환기 또는 지나친 환기 부족으로 기중균사가 발생하는 경우가 많으므로 발이 환경에 유의한다.

(8) 억제

어린 자실체가 길이 3~4mm가 되면 발이가 완료된 것이므로 환경 급변에 대한 적응력을 기르기 위해 순화 과정을 거쳐 억제실로 옮긴다. 억제는 버섯의 갓을 만들고 키를 고르게 하여 수확량을 많게 하는 효과가 있다. 너무 일찍 갓을 키워 버섯의 대에 공기 공급이 안 되면 생육이 불량해져 수확량과 품질 저하의 요인이 된다.

온도 억제 시 빛과 바람에 의한 억제를 병행하는 것이 버섯 품질과 수량에 효과적이다. 빛은 버섯 대의 생장을 억제하고 갓의 생장을 촉진시킨다. 바람은 증발을 촉진시켜 물 버섯을 방지하고 생장을 억제시킨다. 억제는 대의 길이가 1~2cm, 갓 지름이 2mm일 때 끝마친다. 최근에는 바람이나 빛 억제를 생략하고, 온도를 2~3℃로 유지하여 2일 정도 억제 기간을 늘리는 곳도 있다.

(9) 봉지 씌우기

버섯이 병관구로부터 길이 2~4cm 정도 생장하였을 때 벌어짐을 방지하고 봉지 내의 이산화탄소 농도를 높여 대의 신장을 촉진하기 위하여 봉지를 씌운다. 봉지 씌우는 시기의 적부는 이후 버섯 생장의 균일성, 생장 속도, 품질 및 수량에도 영향을 준다. 갓이 클 경우에는 일찍 씌우고 갓이 작을 경우에는 늦게 씌운다. 권지의 재료 및 종류는 생육실의 환경 조건에 따라 선정한다. 과습이나 환기 부족이 우려되는 경우에는 통기성이 좋은 것을 선택한다. 봉지를 통하여 잡균 오염이 될 경우도 있으므로 정기적으로 세척하고 직사광선에 의한 소독도 병행한다.

(10) 생육

버섯이 길이 12~14cm가 되어 수확할 때까지 물 버섯이 되지 않도록 온도 6~7℃, 습도 75~80%의 환경에서 키우는 과정이다. 생육 중 버섯 갓의 크기를 억제시키기 위해 이산화탄소 농도가 3,000~4,000ppm이 되도록 환기를 조절하지만, 환기가 부족하면 국내에서의 버섯 생육 중 가장 피해가 크고 근절이 어려운 흰곰팡이병(*Cladobotrium*속) 피해가 더욱 확산될 수 있으므로 갓의 크기를 보고 환기를 조절하여 튼튼한 버섯이 되도록 한다. 발이부터 수확까지의 환경 관리 원리는 버섯을 관찰하여 버섯이 원하는 환경을 유지하려고 노력하되 온도, 습도와 환기의 상호 영향 관계를 이해하면서 조절한다.

(11) 수확 및 포장

수확량 지표는 총 입병 병수를 기준하여 평균 850mL-58mm병당 140g, 950mL-65mm병당 180g, 1,100mL-65mm병당 220g, 1,100mL-75mm병당 250g, 1,400mL-82mm병당 300g을 목표로 한다.

수확 전 환기와 풍속을 조절하여 갓에 함수량이 적고, 갓 크기를 작게 하는 것이 품질을 좋게 한다. 국내에서 팽이버섯은 150g 단위로 진공 포장하여 판매하는데, 진공이 풀리면 문제가 많이 발생하므로 모양이나 변질 면에서 유리한 반진공이나 벌크 포장으로 전환하고 있다.

(12) 탈병

수확이 끝난 병 또는 배양이나 생육 중 불량한 버섯이 있는 병은 병의 재이용을 위해 별도의 탈병실에서 탈병한다. 이때 살균 후 탈병하는 것이 잡균 밀도를 줄일 수 있다. 칼날식이나 고압 에어식 탈병기를 많이 사용하며, PP병의 불량 재료나 특히 겨울철 병 파손에 유의한다. 폐톱밥도 재활용의 가치가 크므로 소득원이 된다.

3) 버섯균의 퇴화 및 특성 유지

(1) 품종의 퇴화

일반적으로 버섯의 품종 퇴화는 유전적, 생리적, 병리적인 원인으로 이루어지며, 여러 가지 요인의 복합으로 인하여 나타날 수도 있다(그림 9-6).

❶ 화합성 버섯균의 혼입

원균의 보존이나 접종, 배양되는 과정에 동종의 버섯에서 나오는 포자나 균사가 혼입되어 발아하거나 생육하게 되면 균사 융합이 이루어지게 된다. 원균은 대체로 이핵이나 다핵균사이며 포자는 단핵일 경우가 많은데, 서로 융합되면 유전적으로 원균과는 다른 유전 조성을 이루게 된다. 포자 발아율이 높은 느타리나 표고와 같은 종에서 일어날 수 있다. 그러나 불화합성 간에 이러한 혼입은 커다란 문제가 되지 않는다. 균사체의 혼입은 균주 접종 기구에 의해 일어날 수 있는데 포자 혼입과 마찬가지로 화합성인 이핵 간이나 이핵과 단핵 간 균사일 때에는 모두 융합이 서로 이루어져 유전 조성이 변한다. 이러한 혼입은 원균일 때 미치는 효과가 크며 재배 직전의 배양 종균의 혼입에서는 영향을 크게 미치지 못한다.

❷ 돌연변이

물리 화학적 요인에 의해 균주는 돌연변이를 일으킬 수 있다. 저온에 보관되는 원균이 고온에 유지되면 돌연변이 유발원으로 작용할 수 있다. 생육 적온을 넘어선 범위에서는 항상 돌연변이를 일으키는데, 처리 온도와 시간은 상관 관계가 있으며 온도가 높을수록 처리되는 시간이 짧아도 돌연변이를 일으킬 수 있다. 또한, 자연 돌연변이도 10^{-6} 정도 발생되는데 이러한 요인으로도 퇴화되며, 무균상에 설치된 자외선에 오랫동안 노출되어도 균주는 변할 수 있다.

❸ 병원균의 혼입

자연 상태에서는 공기 중에 육안으로는 보이지 않는 많은 잡균들이 혼재해 있다. 균주를 접종하고 배양할 때에 이러한 병해균들의 포자나 균사체가 혼입되면 육안으로 관찰이 극히 어려운 경우가 많아 큰 문제점이 된다. 이러한 잡균은 박테리아, 진균, 바이러스로 구분할 수 있는데, 이들은 버섯에 치명적인 병해를 일으키고 있으며, 원균에서의 감염은 결국 재배상에까지 전염될 수 있으므로 생산력의 손실을 가져온다.

❹ 생리적 영향

원균을 보존하고 계대 배양하면서 극히 영양원이 빈약한 배지에서 배양되거나 생장에 불리한 환경에 의해 배양된 접종원으로 재배되어졌을 때 생산력은 감소한다. 특히 팽이버섯에서는 분열자(oidia)를 퇴화의 주요인으로 보는 경우도 있으나 이 경우에도 품종에 따라 미치는 영향이 다른 것으로 생각된다. 대개의 분열자는 이핵 상태의 균사가 단핵의 무성포자를 형성하는 경우가 많은데 균주에 따라서 한 가지의 핵형만을 갖는 분열자가 형성되기도 하며, 이 경우 퇴화를 가져올 수 있을 것으로 예상된다.

혼종

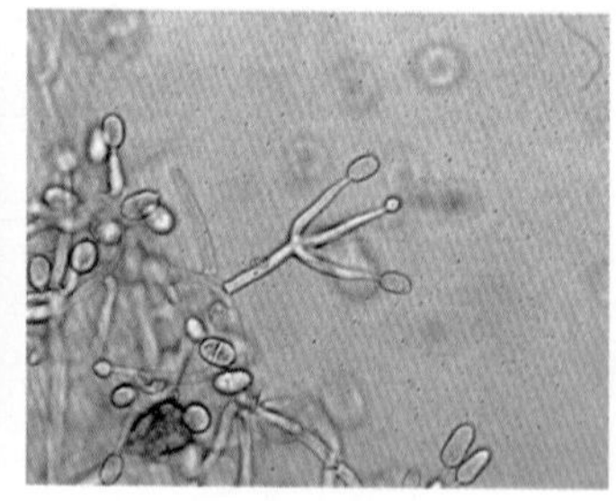

병원균 혼입

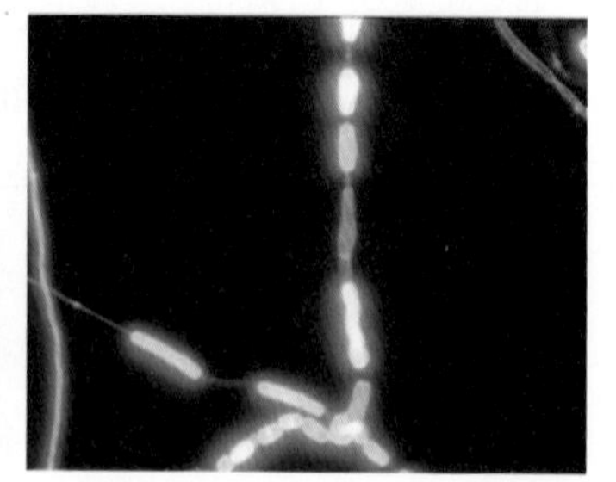

분열자 형성

그림 9-6 퇴화의 원인

(2) 퇴화 방지법

여러 가지 복합적 요인으로 퇴화가 일어나는 경우가 많으므로 원인을 잘 분석하여 퇴화의 경로를 차단하여야 한다.

❶ 균주의 보관 및 계대 배양

균주는 4℃ 범위의 냉장고에 보관되어야 하며 빛에 노출되지 않는 것이 좋고, 온도 상승을 막을 수 있는 장치가 구비되어 장기간 정전이나 불의의 사고에 대비해야 한다. 만약 그렇지 못하고 보관 중인 균주가 오랫동안 고온에 노출될 염려가 있으면 즉시 계대 배양하여 새로운 균주를 보관하여야 한다. 계대 배양할 때는 완전배지를 사용하여야 하며, 시험관의 1/2~2/3 정도 생장하였을 때 냉장고에 보관하는 것이 좋다. 왜냐하면 낮은 온도에서도 균사는 다소 생장이 가능하므로 보관 도중에 균주의 노후화를 방지하여 보관 기간을 연장할 수 있기 때문이다. 균주의 보관 기간은 균주의 종에 따라 차이가 나는데, 대체로 1년에 2~4회 정도 계대 배양을 하여야 한다.

❷ 균주의 접종 및 배양

먼저 외부로부터의 병해균이 완전히 걸러진 공기가 유입되는지를 조사하여 완전한 청정도를 유지할 수 있는 것을 사용하여 균주의 접종이 이루어져야 하며, 반드시 자외선등을 끄고 접종한다. 접종은 접종 기구를 먼저 알코올에 담가 화염 멸균한 후에 완전히 식히고 하여야 하며, 무균상 내의 안전하고 깨끗한 배양실에서 배양되어야 한다.

❸ 병원균 오염의 검정

원균이나 배양 종균에 대한 병원균의 오염 여부를 검정하는 것은 상당히 어렵다. 많은 양이 혼입되었을 때는 육안으로 관찰이 쉬우나, 적은 양일 때는 특수한 방법으로 검정이 이루어져야 하는데, 병원균의 종류에 따라 방법이 다르므로 여러 가지 방법이 이루어져야 한다. 박테리아는 이 균이 생육하기에 알맞은 온도인 37℃ 부근에서 균주를 계대 배양하면 버섯균은 고온으로 생육이 어렵고 박테리아는 자라기에 알맞은 환경이 되므로 육안으로 관찰할 수 있으며, 바이러스는 균주의 핵산(dsRNA)을 분석하거나 PCR법, ELISA법 등으로 그 감염 여부를 판정할 수 있다. 그러나 진균류인 효모나 사상균류는 배양 온도가 대체로 버섯 균주와 비슷하여 정확하게 규명하기는 어려우나 감염 부근의 균사 색택, 균사체의 덩이지는 형태, 버섯 고유의 물질이 아닌 색다른 물질의 분비 등으로 구분할 수밖에 없다. 이러한 검정을 통해 병원균이 발견되면 폐기하고 새로운 원균을 분양받아 배양한다.

(3) 변이 균주의 간이 식별법

버섯 재배에는 종균 배양에서 자실체 형성까지 재배 기질에서 균사체의 영양 번식이 전제가 된다. 이러한 대량 증식 과정에서는 균사체의 변이가 일어날 가능성이 있기 때문에 심각한 문제의 원인이 될 수도 있다. 이러한 변이는 균사의 생장이나 형태 등 균사체 상태에서는 구별할 수 없고 자실체 수량이나 형태적인 조사를 통해 알 수 있다. 따라서 균사 상태에서 이상 여부 판정 방법의 개발이 필요하다. 근래에 일본에서 개발된 변이 균주의 간이 식별법(일본 삼림종합연구소, 그림 9-7)을 소개하면 다음과 같다. 이 방법은 순백계 팽이버섯의 변이 균주를 식별하기에 적당하며, 자실체 형성이 건전하지 못한 균주, 발생이 불량한 균주 그리고 자실체 색깔의 변이 균주를 원균주와 비교함으로써 가능하다. 또한, 사용 중인 품종의 원균 안정도 검정에도 사용 가능하다.

❶ 검정 방법

검정할 균주를 PDA 등의 배지가 장치된 샬레에 접종해서 균사 생장이 균일하도록 동시에 배양한다. 균총이 어느 정도의 크기가 되었을 때 가장자리에서 5mm 정도의 안쪽 부분을 일정 크기(약 5~7mm)로 잘라 내어, 그 조각을 YBLB(bromothymol blue와 lactose를 포함한 액체배지) 진단액 3~4mL가 들어 있는 시험관에 접종한 후 24℃에서 진탕 배양한다. 균의 진탕 배양을 계속하면 보통 5~7일 이후에 균주 간의 차이가 분명해진다(Magae 등, 2005). 이 시점에서 배양을 멈추고 배지의 색을 육안으로 비교 검정한다. 시험 결과를 수치로 보존하고 싶을 때는 흡광도 615㎚에서 배지를 측정한다.

❷ 결과 해석

자실체 형성 능력이 우수한 균주일수록 배지가 황색에서 황백색을 나타내는 한편, 그 능력이 떨어지는 배지는 엷은 청색이 되며, 발생이 불량한 균주는 정상인 배지보다 진한 청색을 나타내게 된다. 검정 배지에서 배양된 균사는 그 후 다른 배지에 이식해도 아무런 문제 없이 생육한다. 따라서 이 검정을 한 후 자실체 형성 능력이 우수하다고 판별된 균사만을 확대 배양해서 나중에 재배에 이용하는 등의 응용이 가능하다. 그리고 현재 널리 실용화되고 있는 액체 배양 재배법에도 응용할 수 있을 것이다.

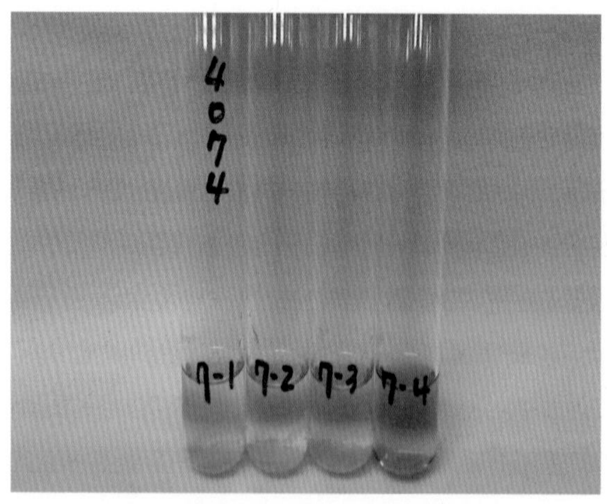

그림 9-7 **백색 품종 '백설'을 검정 배지에서 배양한 후의 색의 변화**(색이 진한 7-4가 변이균)

(4) 버섯균의 특성 유지

팽이버섯 품종을 육성한 후, 그 특성을 유지하는 원균을 증식 보급하는 것은 매우 중요한 일이다. 또, 재배 농가에서 재배 품종의 균주를 보존하며 사용하게 되는데, 이러한 보존 방법에는 한천배지의 계대 배양 외에 여러 가지 방법이 연구되어 실용화되고 있다. 앞의 퇴화 항에서 기술한 바와 같이 품종의 특성이 바뀌는 원인은 균주의 보존이나 영양 번식 과정에서 재배적인 특성의 변화나 활성의 쇠퇴도 있을 것이다. 따라서 육성한 새로운 버섯 품종의 형질을 잃는 일이 없이 보존한다는 것은 중요한 과제가 된다.

이제까지 보고된 내용을 보면, 보존 방법 중 계대 배양법, 자실체의 조직 배양법 및 다포자 배양법에 의한 증식법 등 3종의 방법에 관해서 보존 연수와 균사체 생장을 조사한 결과 계대 배양에서의 보존이 가장 적당하다고 하였다. 또한, 조직 배양을 하는 것은 기질에 균사체가 증식하는 사이에 변이가 일어날 수 있으며, 조직 배양 조작 과정에서 다포자 분리를 할 수 있는 위험도 있어 품종 육성 시 확실한 유전적 조성이 유지된다고 할 수 없다. 자실체의 세균 오염 등에 의해 조직 배양주가 이상 생장을 나타낼 수도 있고, 양송이의 경우 바이러스 감염 원인의 위험도 있다. 따라서 자실체의 조직 배양법은 품종 특성 유지의 확실한 방법이 아니며, 액체 질소에 의한 초저온 보존법이 안전성이 확인되었으므로 가장 바람직한 품종 보존법으로 채택될 것으로 생각된다.

그러나 실제 농가에서는 균의 유지에 실용적인 계대 배양법이 주로 사용되고 있으며, 오랜 계대 배양 중 보존상의 여러 문제로 인하여 균의 활력을 잃는 경우가 종종 발생하게 된다. 식물의 병원균의 경우에도 병원균을 이병 식물에서 분리하여 한천배지에서 계대 배양으로 보존하면 이병성이 저하하거나 아주 없어진다는 보고가 있다. 이와 같이 버섯에 있어서도 부후 재료나 퇴비 등의 기질에 발생한 자실체나 기질에서 균사체를 분리하여 한천배지 등에서 계대 배양하면 활성이 저하되어 자실체의 형성 능력이 저하되거나 형질이 변화하는 경우가 있다. 이런 경우 조직 배양은 앞에서 언급한 문제점에도 불구하고 계대 배양에 의한 균 활성의 저하를 방지하는 활력 재생 방법으로 생각된다.

4) 버섯 생육 장애 진단 및 대책

(1) 균사 배양 시 장해

❶ 이상 증상의 발생 상황에 따른 원인 추정

① 1솔분 전체에 이상이 발생한 경우: 살균 부족이 원인. 살균을 위한 온도 상승 및 처리 시간이 불충분하다.

② 1솥 중 부분적으로 이상이 발생한 경우: 살균 부족이 원인. 솥 내의 온도 분포에 문제가 있어 부분적으로 살균 부족이 되므로 배기 관리 등을 점검한다.

③ 비연결적으로 이상이 발생한 경우: 살균 후나 접종 시의 오염이 원인. 방냉 시 흡입되는 공기나 불결한 환경에서의 접종으로 해균이 침입하였거나, 또는 배양 중 관리 소홀에 의한 잡균의 침입을 예상할 수 있다.

④ 종균 단위로 이상이 발생한 경우: 종균의 오염이 원인

이와 같은 이상 증상은 다시 생리적인 것과 잡균 및 해충에 의한 것으로 구분된다.

❷ 생리적 장해 증상 – 배양의 지연 및 배양 불량

① 증상

국내 재배 품종은 거의가 순백계 품종이므로 배양 일수는 대개 20~28일 정도이다. 재배병의 크기, 배지 종류와 품종, 입병량과 입병 높이, 배양 환경 등에 따라 차이가 나겠으나 예정 일수보다 배양이 지연되거나 흐리게 배양되는 것은 발이가 불량하거나 발이 후 조기에 갓이 커지는 등 생육이 불량하게 되므로 수확량과 상품성이 저하된다. 순백계 품종은 특히 이산화탄소에 약하다.

② 원인 및 대책

- 배지 용기 내의 산소량이 부족할 때: 배지 재료의 공극 부족, 과다한 입병량, 배양실 내나 병마개의 환기 부족, 과다한 배지 수분
- 부적당한 배지의 pH
- 배합과 살균 지연으로 유산균이 번식하여 pH 저하(최소 pH 0.5 저하)
- 저온 및 고온 관리
- 해균(세균, 사상균)의 감염
- 입병 구멍이 막히거나 얕아서 종균이 바닥까지 접종이 되지 않을 때
- 배양실 전체의 온도 및 공기의 불균일

❸ 잡균에 의한 장해

① 스톱(STOP) 증상

㉠ 증상: 접종 후 10일 정도까지는 정상적으로 배양되다가 갑자기 균사 생장이 일직선으로 지연 정지되고 외관상 균사 선단 부분에 치밀한 덩어리 모양의 균총이 보인다. 심할 경우 살균솥 단위로 생기며, 배양되지 않은 부위의 배지는 부패한 냄새가 난다.

㉡ 원인: 이 증상의 분리 세균은 고온성 박테리아(*Bacillus licheniformis* 또는 *B. polymix*, 枯草菌)이다. 오염 원인은 살균 불량에 의한 것이 많고 살균 후 방냉 시 흡입 공기에 의한 경우도 있다. 접종 시 부유균이나 오염 종균의 사용으로도 오염될 수 있다.

㉢ 대책: 철저한 살균, 살균 후 흡입 공기 필터링, 방냉 시 세균 번식 적온인 30~40℃가 오래 지속되지 않도록 관리하며 방냉실과 접종실 청결화, 자가 종균 사용 시 종균 오염에 유의한다.

② 균사 색이 희미한 증상

㉠ 증상: 세균류나 사상균이 팽이버섯 균사와 공존하여, 스톱 증상까지는 되지 않지만 팽이버섯 균사가 건전하게 생육되지 못하여 균총이 흐리게 되거나 사상균이 먼저 빠르게 만연되어 흐리게 되는 증상이다. 균 배양 일수가 같은 경우가 많고 병이 더러워져 흐리게 보일 수도 있으므로 유의해야 한다. 사상균에 오염된 경우는 팽이버섯 균사의 만연보다 10일 전후 먼저 만연되는 경우가 많다. 배양이 희미한 증상은 그 원인이 사상균일 때는 발이가 되지 않지만 세균일 경우에는 정상적으로 버섯이 발이, 생육되는 경우도 많다.

㉡ 원인 및 대책

- 고초세균에 의한 오염일 경우에는 배지 수분이 많을 때는 크게 번식되어 스톱 증상을 일으키지만 다른 때는 팽이버섯균과 공존하여 팽이버섯균의 번식을 방해하여 균총이 흐려진다. 대책은 살균을 완벽하게 하고 우량한 종균을 사용하는 것이다.
- 털곰팡이(*Mucor* spp.)가 팽이버섯 균사보다 먼저 만연되기 때문에 균총이 흐리게 자란다. 팽이버섯 균사와 공존하는 경우에는 외관상 약간 엷게 보여 오염이 불분명한 경우도 있다. 대책은 방냉 시 흡입 공기에 의해 또는 접종 시에 오염되므로 방냉실과 접종실을 청결하게 관리하고 자가 종균 사용을 피하는 것이다.
- 거미줄 곰팡이(*Rhizopus* spp.)가 팽이버섯균보다 먼저 배지를 점령하여 만연되므로 희미한 색을 띠게 된다. 오염 경로와 대책은 털곰팡이와 동일하다.
- 푸른곰팡이(*Trichoderma* spp.)는 번식이 왕성하고 팽이버섯 균사를 가해한다. 농록색의 분생포자가 생기지만 종류에 따라서는 빛이 없으면 포자가 형성되지 않거나 포자 수가 적은 것도 있어 균사가 팽이버섯 균사와 같아 보일 수도 있다.

③ 길항(拮抗) 증상

㉠ 증상: 해균과 팽이버섯균이 배지 내에서 분점하여 외관상 쌍방의 세력이 백중한 상황으로, 서로를 죽이지 않고 대치하고 있는 상태로 경계 부분은 균총이 착색되거나 균사 밀도를 높여 상대의 침입을 저지하고 있는 것이다. 해균은 사상균일 경우가 대부분이고 가끔 세균일 경우도 있다. 해균의 오염 시기는 배지 냉각 시, 접종 시, 배양 초기라고 볼 수 있다. 팽이버섯 균사가 번식된 부분에서는 발이는 되지만 생육이 불량하다.

㉡ 원인 및 대책

- 팽이버섯균이 선점한 후 고초세균이 일부분에서만 번식한 상태로 스톱 증상과 비슷하다. 대책은 스톱 증상과 같다.

- 푸른곰팡이(*Penicillium* spp.)가 팽이버섯 균사와 병 내에서 분점 대치하고 있는 것으로 접종 전후에 부유하는 포자에 의해 오염된다. 대책은 냉각실의 흡입 공기와 접종실, 배양실을 청정하게 하는 것이다.
- 누룩곰팡이(*Aspergillus* spp.)가 팽이버섯균과 병 내에서 분점 대치하고 있는 상태이다. 이 곰팡이의 포자는 여러 가지 색이 있어 푸른색일 경우 푸른곰팡이와 구별하기가 힘들다. 대책은 방냉실, 접종실과 배양실의 청정화이다.
- 흑곰팡이(*Cladosporium* spp.)는 포자가 검은색으로 전항의 푸른곰팡이나 누룩곰팡이와 동일하다.

④ 부채꼴 오염 증상

㉠ 증상: 배지를 냉각하는 시점에서 병 내에 침입한 해균이 균상 표면에 정착하여 팽이 균사 번식과 같은 힘으로 번식하다가 팽이버섯 균사를 이겨 내고 부채꼴 모양으로 번식한 것이다. 접종 후에 병 내에 침입한 해균이 종균이 없는 균상 부분에 정착한 경우와 오염 종균을 사용한 경우에도 같은 증상이 된다.

㉡ 원인 및 대책: 주요 해균은 푸른곰팡이속이 많고 다른 여러 가지 사상균도 있다. 심할 경우, 병 수의 30% 정도가 오염되는 경우도 있다. 오염 병이 원인이 되어 차츰 전염되는 것이므로 대차바퀴에 의해 접종실이 오염되거나 접종실에 오염된 외부 공기가 유입될 경우에 많이 생긴다. 그러므로 냉각실, 접종실, 배양실 등을 청정화하고 작업 순서를 개선하여 전체적으로 청정화함으로써 오염 경로를 차단할 필요가 있다.

⑤ 방사상균의 오염

㉠ 증상: 독특한 농약 냄새로 인해 발견되지만 외관상으로는 불분명한 경우가 많다. 방사상균은 균상 표면에만 번식되므로 균긁기 후의 발이와 버섯 생육에 지장이 없을 수가 있다. 그러나 심할 경우에는 종균이 푸석푸석하게 흩어지고 발이가 불량해진다.

㉡ 원인 및 대책: 공중 전염에 주의하고 오염되지 않은 종균을 사용한다.

⑥ 연분홍곰팡이(*Sporothrix* spp.)의 오염

㉠ 증상: 배지 내에서 팽이버섯 균사와 공존하여 일부는 길항 증상이 나타나지만 백색이므로 발견하기가 힘들다. 이 균은 균총의 균사는 짧고 연분홍의 분생포자를 다량 발생시켜 종균 위, 병 입구, 병뚜껑에 부착되어 있는 것을 볼 수 있다. 감염되면 발이 후 자실체가 약해져 세균에 의한 흑부병이 유발되기도 한다.

㉡ 원인 및 대책: 방냉실, 접종실, 배양실을 청정화한다. 종균에 의해서도 오염되므로 자가 종균의 사용을 피한다.

❹ 해충에 의한 피해

① 증상

팽이버섯 재배에서 해충에 의한 피해는 매우 드문 일이나 근래에 느타리 등 다른 버섯의 혼합 배양 등으로 인한 충해의 피해가 종종 보고되고 있다. 주요 해충으로는 느타리에 가해하는 버섯파리와 응애 등이 있다. 이들은 주로 재배사 외부의 인근 느타리 농가 등으로부터 유입될 가능성이 높고 사람이나 작업 도구 또는 매개충으로부터 매개된다. 일단 이들 해충이 배양실에 유입되면 균사를 직접 식해(食害)할 뿐 아니라 각종 병원균을 매개하여 그 피해가 심각할 수 있으며, 균긁기 후 해충에 의해 가해를 받은 부위에서는 발이가 되지 않는 경우도 있다. 또한, 느타리류와 혼합 배양 시 팽이버섯 균사로 해충이 유인되는 경우가 많아 느타리보다 오히려 더 큰 피해를 볼 수 있다.

② 방제

한 재배사에서 다른 버섯과의 혼합 배양을 피하고, 외부로부터 성충이 날아들지 않도록 관리해야 한다. 일단 배양실 내에 버섯파리가 유입되면 팽이버섯은 느타리보다 약해가 심하지 않으므로 디클로르보스(DDVP) 유제 1,000배 액을 공기 중에 살포하거나 훈증한다. 응애에 대한 살비제는 약해가 심하고 약제 내성이 강하여 방제하기가 더욱 어려우므로 응애를 매개할 수 있는 버섯파리가 유입되지 않도록 한다. 또, 재배사 주위의 모든 유기물을 제거하고 탈병실은 특히 유의하여 항상 청결히 한다.

(2) 발이 작업 후 나타나는 장해

❶ 생리적 장해 증상

① 발이 시 병 내 물방울 발생

㉠ 증상: 균긁기 후 발이 처리 중의 원기 형성 전후에 생기는 무색의 투명한 물방울은 균상 표면에 균사의 양분이 돋아나는 것으로, 품종이나 생육 조건에 따라 생길 수 있다. 그러나 흑갈색 또는 투명한 담황색의 물방울은 세균에 오염되었거나 2차적으로 세균 증식을 조장하여 흑부병의 발생 원인이 된다. 특히 흑갈색의 물방울은 흑부병이 유발되므로 주의해야 한다.

㉡ 원인

- 영양제의 과다 사용
- 배지의 수분 과다
- 입병량의 과다
- 균긁기 후 주수 과다
- 발이 시 습도 과다
- 발이실 냉각기의 결로가 증발되지 않을 경우

• 균사 생장량이 왕성할 때 주로 발생

㉢ 방지 대책: 수량 증대를 위한 배지 조성과 발이 촉진을 위한 처리 시에 많이 발생하므로 최적의 배지 만들기와 발이 시 습도 과다를 피하고 수분 과다 시에는 미풍을 제공한다.

② 발이 불량 및 불균일

㉠ 증상: 균긁기 후의 발이 처리 시 기중균사가 덮여서 발이할 수 없거나, 기중균사가 전혀 보이지 않는데도 발이가 되지 않거나, 또는 균상 일부분에만 불균일하게 발이되는 증상이다.

㉡ 원인

• 배지의 수분 부족
• 살균 시 수증기 부족으로 살균이 불충분한 경우
• 살균 시 뜸들이기 후 조기에 갑작스런 탈기로 상부의 수분 감소
• 종균의 접종량이 부족했거나 편중 접종되었을 경우
• 배양 중에 고온이나 풍속으로 인해 균상 면이 건조해졌을 때
• 발이실의 가습 부족이나 풍속이 과할 때
• 배양 중의 해균의 오염
• 미숙한 배양 또는 과숙한 배양
• 균긁기 중의 오염 등

㉢ 대책: 정확한 원인을 파악하여 적절한 개선책을 취하고, 특히 각 재배실의 공기 흐름을 고려해서 가습기, 냉방기 등의 위치를 정하여 실내 환경을 균일하게 해야 한다.

③ 공중 균사의 발생

㉠ 증상: 균긁기 후 5~7일경이 되었을 때 균상 표면에 하얗게 솜 같은 것이 발생되는데, 이것은 해균이 아니라 팽이버섯의 공중 균사이다.

㉡ 원인 및 대책: 공중 균사는 균상이 매우 건조할 때 균사를 보호하기 위하여 생기는 것이라 생각된다. 또한, 발이실의 온도가 배양실의 온도와 같을 때 다시 균사가 생육하여 생길 수도 있으며 환기가 불충분한 곳에서도 생기는 경우가 많다. 공중 균사가 발생해도 버섯은 형성되지만, 발이 시기가 지연되고 심하게 피복되면 버섯 발생이 되지 않으므로 공중 균사를 제거하도록 한다. 공중 균사 발생 방지를 위해서도 온도, 습도, 환기를 적절히 관리하는 것이 중요하다.

④ 균상 박리

㉠ 증상: 발이 처리 후 버섯 원기가 형성되기 시작할 때부터 균상 표면의 일부분이 들떠서 배지로부터 양분이나 수분을 공급받지 못하여 고사되는 것으로, 경수가 감소되어 대가 굵어지고 수확 시기가 연장되며 수확량이 줄게 된다.

㉡ 원인 및 대책: 유전적인 원인도 있을 수 있으나 대개 균긁기의 지연, 균상 면의 건습의 차나

발이실의 극단적인 온도 차에 의한 경우가 많다. 균긁기 방법이나 주수 압력이 지나칠 때도 발생할 수 있다. 또한, 균사체 축적 양분이 과다하고 활력이 좋을 때도 2차 발이에 의해 심하게 박리 현상이 일어날 수 있다. 한 가지 요인보다 복수 요인에 의한 경우가 많으므로 요인을 찾아 개선한다.

⑤ 생육 중 이상 수용액 발생

㉠ **증상**: 발이 후 병 입구에 수용액이 발생하여 고이는 증상이다. 수용액 자체는 무색 투명하지만 2차적으로 세균이 감염되어 탁한 물이 되는 수도 있다.

㉡ **원인 및 대책**: 발이가 불량하거나, 생육 전기에 냉풍과 빛이 과하여 생육이 불량해지거나 또는 균사체로부터 자실체로의 양분 전류가 저해되어 균사체의 양분이 분출되는 것이라 생각된다. 기타 박리에 의해서 자실체 원기가 손상되었을 때에도 생기므로 원인을 찾아 개선한다.

⑥ 자실체의 생육 불량

㉠ **증상**: 발이부터 생육 전기까지는 순조로운 생육을 하다가 생육 전기부터 후기에 생육이 나빠지고 줄기가 불균일하며 추락 증상으로 수확량이 저하되는 증상이다.

㉡ **원인 및 대책**: 생육 전기에 과도한 냉풍과 빛 조사에 의하여 자실체의 생육이 억제되었거나, 자실체가 연속적인 냉풍을 맞아 갓 및 대로부터 수분이 급격히 증발되어 생육이 불량해지는 것이므로 연속적인 강풍이나 과도한 빛 조사는 좋지 않다. 또한, 야외 퇴적을 하지 않은 톱밥을 사용하였거나 발이 시 다습 조건에서 관리하였을 경우에 줄기 밑부분이 수침상이 되어 잡균이 침범함으로써 연약하게 되어 생육이 불량하게 되는 수도 있다. 요인을 정확히 파악하여 개선한다. 균긁기 시 깊이 깎기로 개선될 수도 있다.

⑦ 물 버섯의 발생

㉠ **증상**: 생육 후기부터 수확 시에 대나 갓에 함수량이 많아 수침상으로 되는 증상이다.

㉡ **원인 및 대책**: 물 버섯이 되는 것은 한 가지 원인보다 2가지 이상의 복수 요인에 의한 경우가 많다. 특히 톱밥의 퇴적 기간이 부족하여 보습력이 약한 경우, 생육 후기에 생육 불량과 함께 물 버섯이 된다. 쌀겨 함량이 높으면 배지 내 수분량이 많아져 물 버섯이 된다. 생육 후기에는 수분 증산이 잘되지만 생육실의 환기 부족 등으로 실내 습도가 높을 경우 버섯에 수분이 넘쳐 물 버섯이 되므로 생육실 내의 제습 노력이 필요하다. 또한, 보습력이 큰 봉지를 사용할 때도 물 버섯이 된다.

⑧ 갓 모양의 이상(변형, 매몰)

㉠ **증상**: 생육 초기에 갓이 과비대하는 증상이다. 또한, 발이부터 생육 전기에 갓의 일부분이 생육 장해를 받아 수확 시에 갓에 매몰 부분이 생기는 증상도 포함된다.

㉡ **원인 및 대책**: 버섯이 생육 기간 중에 조기 성숙되는 것으로, 대의 신장이 정지되고 갓만 비

대하는 것이다. 원인은 배지 내의 양분과 수분의 이용률이 저하되기 때문인 것으로 생각된다. 또한, 그 시기의 갓의 과비대로 병 입구가 막혀 배지 내 공기 교환이 부족해지고 이산화탄소 농도가 높아짐으로써 균사 내 축적된 양분이 자실체로 충분히 전달되지 못해 결국 수확이 감소되기도 한다. 대책은 갓의 비대를 억제하기 위해 미리부터 억제실의 환기량을 줄이고 빛과 바람을 과하지 않게 해야 한다. 또한, 발이부터 생육 전기에 걸쳐 건조에 유의하여, 갓의 부분적인 장해로 수확 시 갓의 매몰이 생기지 않게 해야 한다. 때로는 발이 시에 박리 등으로 균상 면이 울퉁불퉁해짐에 따라 갓이 상처를 입게 되어 수확할 때 매몰이 생기는 수도 있다.

⑨ 갓과 대의 착색

㉠ 증상: 발이 시부터 생육 전기나 후기에 갓 상부의 중앙 부분이 담갈색으로 되거나 줄기의 색이 백색으로 되지 않는 증상이다.

㉡ 원인 및 대책: 발이 때부터 생육 전기에 걸쳐 건조에 의해 갓 상부가 착색되는 것이다. 또한, 생육 중에도 빛의 조사가 지나치고 건조가 심하면 착색된다. 줄기의 착색도 갓과 동일하겠지만 병의 일부분이나 반 이상이 갈색으로 착색되는 것은 유전적 요인으로 돌연변이에 의한 복귀 현상일 수도 있다.

⑩ 버섯 대의 이상

㉠ 증상: 생육 전기부터 후기에 걸쳐 외관상으로는 정상적으로 보이지만 대가 갈라지고 비꼬여 망가지거나 대의 표피가 융기되어 있는 증상이다.

㉡ 원인 및 대책: 발이 불량이나 생육 불량 혹은 생육 시 산소 부족이 원인이라고 볼 수 있으나 품종의 유전적 특성일 수도 있다. 또한, 생육 전기에 갓이 과잉 비대하여 봉지에 걸림으로써 대의 신장이 억제되어 줄기가 굽어지거나 비틀릴 수도 있다.

⑪ 줄기의 접착

㉠ 증상: 대나 대 밑 부분이 균사체에 의해 붙어 있어 상품성이 떨어지는 증상이다.

㉡ 원인 및 대책: 품종의 유전적인 특성일 수도 있으나, 균긁기가 지연되거나 억제 기간이 너무 길 경우에 많이 생긴다. 발이가 불량하거나 과잉 억제를 받았을 때도 많이 생긴다. 또한, 생육 전기부터 후기에 걸쳐 다습과 환기 부족 시에 더욱 심해진다고 판단된다.

❷ 잡균에 의한 장해

① 흑부병(*Psudomonas* spp.)

㉠ 증상: 세균에 의하여 자실체 원기, 어린 자실체, 생장 자실체에 감염되어 흑부 증상을 일으키는 것으로 근부병(根腐病)이라고 한다. 팽이버섯 균사에는 감염되지 않으므로 이 세균이 배지 내에 혼재되어 있을 때는 감염이 불분명하다.

㉡ 원인 및 대책: 해균은 느타리에 피해가 큰 *Psudomonas*속의 세균에 의한 것으로 추정된

다. 이 세균은 재배 시설에 서식하며, 물방울이나 먼지에 부착하여 공기 전염되거나 균긁기 날에 부착하여 전염된다. 배지 냉각, 접종, 배양, 균긁기, 발이 시기 등 어느 공정에서도 감염된다고 볼 수 있다. 특히 습도가 높고 결로수가 생길 때에는 이 증상이 격심하게 나타난다. 그 밖에 살균 시 수증기 공급 부족 등에 의해 살균이 불량하여 팽이버섯균이 활력이 없을 때는 피해가 더 크다. 따라서 재배 시설 내에 반드시 균이 존재한다고 생각하고 먼지 등이 없도록 청결하게 청소하며 물방울이 맺히지 않도록 한다. 특히 균긁기실이나 발이 초기에 오염되기 쉬우므로 균긁기실의 공기 청결과 소독에 유의한다.

② 입고병 증상

㉠ 증상: 자실체의 입고 증상은 2가지가 있는데, 하나는 솜털 모양의 흰곰팡이가 자실체를 덮어 위축 고사시키는 *Cladobotryum varium*이라는 사상균(통칭 흰곰팡이)이고, 또 하나는 균총의 균사는 짧고 연분홍의 분생포자를 다량 산출하는 *Sporothrix*속의 곰팡이(일명 pink)에 의한 것으로서, 감염된 자실체는 약해져서 *Pseudomonas*속의 세균에 의한 흑부병을 동반한다.

㉡ 원인 및 대책: 흰곰팡이병균은 가벼운 포자를 다량 발생시켜 한번 발생하면 근절하기가 힘들어 피해가 큰 병이다. 감염 시기는 방냉, 접종, 배양, 균긁기, 발이의 전 공정 때라고 생각되며, 감염 시기가 빠를수록 피해가 극심하다. 특히 습도가 높고 통풍이 열악한 배양실에서의 감염이 많은 편인데, 버섯 균사에는 침입하지 않고 자실체에만 피해를 주므로 발이 전에는 발견이 어렵다.

이 병이 발생되면 근절될 때까지 끈기 있게 다음과 같은 노력을 해야 한다.

- 감염된 병은 보이는 대로 수거하여 멸균한다.
- 70% 알코올로 전 시설을 분무 소독한다.
- 빈방은 청소한 후 환기를 충분히 시키며, 대차는 세척 후 충분히 말린다.
- 봉지는 살균하여 사용한다.
- 실내의 습도를 제거하고 통풍을 자주 한다.

③ 갈색반점병

㉠ 증상: 버섯 갓에 세균이 침범하여 황갈색의 반점이 나타난다. 결로수(응결수)에 의해 확대되고 생육 불량주에 심하다.

㉡ 원인 및 대책: *Pseudomonas tolaasii*나 *Yersinia*속의 세균이 봉지 등의 접촉에 의해 생기는 상처 등으로 침입된 것으로 생각된다. 비산하는 먼지나 물방울에 의해 전염된다. 갈변 부분에 2차적으로 푸른곰팡이 등이 번식되는 수도 있다. 대책은 주위 환경의 청결화(고인 물 제거), 응결수의 방지, 청결한 봉지의 사용과 생육 불량 용기는 조기 처리하는 것이다.

(3) 종합 대책

팽이버섯 재배에서 여러 가지 생육 장해에 의한 피해를 미연에 방지하여 다수확을 하기 위해서 평소 다음과 같은 사항들에 유의해야 한다.

① 우량 종균의 사용

- 유전적 변이가 없고 활력이 좋은 원균의 보존 및 계대 배양
- 청정도 유지 설비
  - 원균 접종실: 클린벤치, 저온 건조
  - 원균과 접종원 배양실: 에어필터 유니트(Air filter unit), 살균 가습, 양압
  - 종균 방냉실: 에어필터 유니트, 저온 건조, 양압, 자외선 등
  - 종균 접종실: 클린 부스, 헤파필터 유니트(HEPA filter unit), 저온 건조, 양압, 자외선 등
  - 종균 배양실: 에어필터 유니트, 살균 가습, 양압
- 종균은 반드시 고압 살균
- 배양 중 2회 이상 감염 유무 감별 작업하여 제거
- 불량 종균의 철저한 선별

② 적정한 배지 제조: 배지 종류의 선택, 배지의 통기성, 배지의 보습력, 배지 함수율, 배지 pH 고려

③ 적정한 입병량과 입병 높이 유지

④ 완전한 살균(접종실 등은 70% 에탄올로 소독함.)

⑤ 방냉실과 접종실의 청결도 유지

⑥ 배양실의 환기와 공기 유통

⑦ 균긁기실의 청결

⑧ 버섯 생장 상태의 세밀한 관찰에 따른 환경 제어

⑨ 공조 설비 기기의 정기적 점검

⑩ 재배사 내는 물론 주위 환경의 청결

6. 수확 후 관리 및 이용

1) 버섯의 수확 및 저장 유통

팽이버섯의 수확 적기는 자실체의 갓 부분이 자실체 지지를 위해 병 입구 부분에 씌운 봉지의 윗부분과 일치하는 시기가 적당하며, 갓 크기가 작고(지름 10mm 내외) 자루 길이(100~140mm)와 굵기가 고르게 분포(2~4mm)하도록 하여야 상품 가치를 높일 수 있다. 수확

방법은 봉지를 제거한 후, 병을 손으로 단단히 잡고 버섯 밑동을 가볍게 감싸 쥐어 앞으로 밀고 뒤로 젖히면서 쑥 뽑는다. 이때 갓과 자루 부분이 약하므로 파손되지 않도록 주의해야 한다. 수확한 팽이버섯은 신속하게 포장하거나 온도가 오르지 않게 예냉고에 보관하면서 포장 작업을 한다.

포장의 목적은 유통 과정에서의 물리적 상처를 보호하고 안전성을 향상시키며, 호흡 억제를 통한 선도 유지 및 상품성을 향상시키기 위해서이다. 포장재는 일반적으로 투명한 casted polypropylene(CPP) 복층 필름을 이용한 봉지 형태로서 탈기 또는 약한 진공도를 유지하는 포장이 최적화되어 있다. 포장 규격은 100g, 150g, 200g, 300g 등으로 시장의 요구에 따라 다양하다.

예냉은 수확 후 가능한 신속하게 저장 적온으로 품온을 낮추어 호흡 등 생리 활성을 억제하여 신선도를 유지하기 위해서 필요하다. 예냉 방법은 강제 통풍 냉각, 차압 통풍 냉각 등이 있다. 팽이버섯은 포장 후 예냉하기 때문에 포장 내부 팽이버섯의 품온을 1℃로 유지하기 위해 예냉 온도를 −1~−1.5℃로 설정하여 2일 정도 냉각한다. 이때 포장 내부의 팽이버섯 온도가 빙점 이하로 내려가지 않도록 하며, 예냉 후에는 반드시 7℃ 이하로 유지하는 저온 유통을 해야 한다.

특히 팽이버섯의 유통은 콜드체인 시스템(cold chain system)이 필수적으로, 이는 수확에서부터 소비자에게 도달하기까지 전 과정을 저온 상태로 진행하는 유통 시스템으로 예냉, 냉장 수송, 냉장 보관 및 냉장 진열을 포함한다. 콜드체인 시스템을 통해서 신선도 저하에 의한 감모 · 폐기 발생을 억제하여 물류 비용을 절감하고 수출에서의 클레임 발생을 방지한다. 온도가 부적합할 경우, 포장 내부 버섯의 무기 호흡에 의한 이취 발생 및 부패 확산으로 유통 기간이 짧아지므로 주의한다. 버섯의 고품질 유지를 위하여 판매대의 온도는 10℃ 이하로 유지하는 등 저온 판매를 적극 실천하여야 한다.

2) 버섯의 수출을 위한 수확 후 관리 기술

버섯을 수출할 때 품질 유지 기한은 선적 기간과 현지 유통 기간을 합산하여 정해지므로 버섯의 품질 유지를 위한 수확 후 관리 기술은 선적 기간에 해당하는 저장 기간은 물론 저장 후 유통 과정 전반에 걸쳐 적정 환경 조성을 목표로 한다. 버섯의 수출 과정에서 온도 설정은 동결 피해가 일어나지 않는 수준을 유지하는 것이 관건이다. 버섯의 동결 온도는 −0.1~−0.9℃이므로 저장 온도는 버섯의 품온 기준으로 1℃로 설정하되 ±0.5℃ 편차 내에서 관리하는 것이 중요하다.

다만, 수출용은 물론 내수용 버섯의 저장 또는 유통은 플라스틱 필름이나 용기 포장을 전제로 하므로 포장 전 버섯의 품온을 2~4℃까지 낮추는 예냉 과정을 거쳐 포장을 한 후 저장 온도를 적용하는 과정이 필요하다. 품온이 높은 상태에서 포장을 하면 온도 저하가 지연됨은 물론 그에 따라 포장 내부에 결로 현상이 심하게 발생한다. 예냉을 거쳐 선적 기간 중 온도를 0~1℃로 유지하면 대부분의 느타리와 양송이는 4주, 새송이와 팽이버섯은 5주까지 품질을 유지할 수 있다.

온도 관리보다 더욱 중요한 환경 관리는 포장 내부의 기체 환경 조절이라 할 수 있다. 보통 포장 저장이라 불리는 MAP(modified atmosphere packaging) 기술은 버섯의 3주 이상 저장을 목표로 할 경우 필수적인 기술이다. 적정 기체 조성은 버섯 종류에 따라 다소 상이하지만 산소 5%+이산화탄소 10~15% 수준이 적합하다. 느타리와 양송이의 경우, 산소 농도 1% 수준이 갓이 피는 현상을 지연시킨다고 되어 있으나 장기 수송 및 유통 과정에서 혐기성 호흡에 의한 이취(異臭) 발생이 문제점으로 지적된 바 있다. 팽이버섯은 CPP 필름을 활용하고 탈기 또는 약한 진공도(500torr)를 유지하는 MAP 기술이 최적화되어 있다.

수출 버섯의 품질 관리 핵심은 현지 유통 과정에서의 품질 저하 현상을 평가하여 품질 유지 기한을 정확하게 예측하는 일이다. 선적 기간까지는 우수한 품질을 유지한다 해도 현지 유통 과정에서의 급속한 품질 저하는 궁극적으로 저품질 버섯으로 인식되기 때문이다. 따라서 최대 선적 기간은 현지 도착 후의 품질을 기준으로 할 것이 아니라 현지 유통 중 품질 변화를 미리 예측하여 설정되어야 한다. 유통 과정에서의 품질 유지 역시 저온과 적정 MAP 환경을 기본으로 한다. 다만 유통 기간은 상대적으로 그 기간이 짧으므로 7℃ 저온 유통을 전제로 한다면 다소 폭넓은 MAP 기술 활용이 가능하다. 그러나 5일 이상 상온에서의 유통을 전제로 할 경우 부적합한 MAP 기술은 심한 이취 및 조직 붕괴 등 심각한 상품성 저하를 초래할 수 있다. 따라서 현지의 유통 환경, 즉 유통 온도, 매장 관리 온도 및 최대 목표 유통 기간을 고려한 MAP 기술을 적용해야 한다. 특히 대포장(bulk 포장) 상품을 선적하고 현지에서 소포장을 할 경우에는 포장 단위에 따른 포장 소재 및 재질 선택에도 적절한 기술이 필요하다(박, 2009).

3) 버섯의 수확 후 변화

팽이버섯의 수확 후 관리 중 저장 온도에 따른 자실체의 형태적 특성의 변화를 살펴보면, 온도와 관계없이 시간이 지남에 따라 버섯이 물러져 낮은 경도 값을 갖게 되고, 색이 짙어진다. 또한, 조직 붕괴로 인해 조직 내 수분량이 많아진다. 버섯은 수확 후에도 계속 생장하므로 갓 두께, 대 굵기, 대 길이가 계속 커질 것으로 예상하였으나, 오히려 더 작아지는 결과를 보였다. 4℃ 저장하는 동안 버섯의 무게 변화율은 최대 1.6%까지 감소하였고 4℃와 −1℃ 저장 온도 간의 차이는 약 0.25% 정도로 나타났다.

팽이버섯의 저장 기간에 따른 성분 변화를 보면(윤, 2011), 팽이버섯에 가장 많은 당류는 자일로스(xylose)로 백색 계열은 47.68mg/g, 갈색 계열은 63.28mg/g을 함유하였다. 단당류 및 이당류, 당알코올 모두 저장 시간이 길어질수록 함량이 증가하는 추세를 보이고 있으나, 특이하게 이당류인 트레할로스(trehalose)는 감소하였다. 4℃ 저장 기간이 길어질수록 젖당(lactose)과 마이오-이노시톨(myo-inositol)이 가장 크게 증가하는 것으로 나타났으나, -1℃ 저장 시 젖당은 검출되지 않았다.

아미노산 분석 결과를 살펴보면, -1℃보다 4℃에서 저장하는 것이 성분 손실이 적은 것으로 나타났다. 4℃에서 성분 함량의 미세한 변화는 보이지만 유지되는 경향을 보였으며, -1℃에서 저장 시 초기 7일 이내에 급격한 영양 성분의 손실을 보였으나 예외적으로 프롤린은 증가하는 결과를 보였다. 갈색 계열의 버섯은 백색 계열의 버섯보다 큰 격차를 보이는 것으로 보아 품종 간의 차이가 큰 것을 알 수 있었다. 4℃에서 저장하는 동안 유기산 중 푸마르산(fumaric acid)과 말산(malic acid)은 감소하는 경향을 보였는데, 저장하는 동안 조직 내 지질 안정을 위해 소모되는 것으로 추정된다. 그 밖의 성분들은 모두 증가하는 경향을 보였다. 4℃와는 다르게 -1℃에서 저장 시 뷰티르산(butyric acid)과 젖산(lactic acid)은 감소하였으며, 다른 성분들은 유지되는 경향을 보였다. 시트르산(citric acid)은 호기적 대사와 세균 발효 시 생성되는 특성으로 수확 후에도 계속 생육 중인 버섯에서 저장 온도와 무관하게 지속적으로 증가하는 경향을 보였다. 유기산의 증가는 버섯 저장과 유통 시 발생하는 이취의 원인으로 꼽히기도 한다.

따라서 -1℃에서 저장 시 형태적 변화가 더디게 일어났으나, 영양 성분의 손실이 급격히 일어나므로 버섯류는 영양 성분 손실을 최소화하고 선도 유지를 위해서 4℃에 저장하며 수확 후 14일 이내에 소비하는 것이 바람직하다.

〈공원식, 김한경〉

참고 문헌

- 농촌진흥청 국립농업과학원. 2006. 기능성 성분표.
- 박윤문. 2009. 버섯 수출을 위한 수확 후 관리 기술. 한국버섯학회지 7(2): 83-83.
- 성재모, 유영복, 차동열. 1998. 버섯학. 교학사. pp. 435-456.
- 우명식. 1983a. 팽나무버섯의 항암 성분에 관한 연구(제1보). 한국균학회지 11(2): 69-77.
- 우명식. 1983b. 팽나무버섯의 항암 성분에 관한 연구(제2보) 액내 배양에 의한 항암 성분의 생성. 한국균학회지 11(2): 69-77.
- 윤형식. 2011. 저장 기간에 따른 팽이의 식품 영양학적 성분 변화. 성균관대학교대학원 석사학위논문.
- 이원목. 1936. 가이(榎栮) 재배에 대하여. 조선산림학회. 17:9.
- 岩出亥之助. 1961. きのこ類の培養法. 地球出版社.
- Aschan, K. 1952. Studies on dediploidisation mycelia of the Basidiomycete *Collybia velutipes*. *Svensk Bot. Tidskr*. 46: 366-392.
- Brodie, H. J. 1936. The occurrence and function of oidia in the *Hymenomycetes*. *American Journal*

of Botany 23: 309–327.

- Buller, A. H. R. 1941. The diploid cell and the deploidization process in plants and animals, with special reference to the higher fungi. Ⅰ.Ⅱ. *Botan. Rev.* 7: 335–431.
- Byun, M .O., W. S. Kong, Y. H. Kim, C. H. You, D. Y. Cha and D. H. Lee. 1996. Studies on the inheritance of fruiting body color in *Flammulina velutipes. Kor. J. Mycol.* 24.
- Ingold, C. T. 1980. Mycelium, oidia and sporophore initials in *Flammulina velutipes. Trans. Br. Mycol. Soc.* 75(1): 107–116.
- Kemp, R. F. O. 1980. Production of oidia by dikaryons of *Flammulina velutipes. Trans. Br. Mycol. Soc.* 74(3): 557–560.
- Kim, Y. H., W. S. Kong, K. S. Kim, C. H. You, H. K. Kim, J. M. Sung, Y. J. Ryu, and K. H. Kim. 1998. Formation and characteristics of oidia in *Flammulina velutipes. Kor. J. Mycol.* 26(2): 187–193.
- Kitamoto, Y., M. Nakamata and P. Masuda. 1993. Production of a novel white *Flammulina velutipes* by breeding. *Genetics and Breeding of Edible Mushrooms.* Gordon and Breach Science Publishers. pp. 65–86.
- Komatsu, J., H. Terekawa, K. Nakanishi and Y. Watanabe. 1963. *Flammulina velutipes* with antitumor activities. *J. Antibiot. Ser. A.* 16: 139–143.
- Kong, W. S., C. H. You, Y. B. Yoo, M. O. Byun and K. H. Kim. 2001. Genetic analysis and molecular marker related to fruitbody color in *Flammulina velutipes, Proceedings of the fifth Korea–China Joint Symposium for Mycology* 167–181.
- Kong, W. S., D. H. Kim, C. H. Yoo, D. Y. Cha, and K. H. Kim. 1997a. Genetic relationships of *Flammulina velutipes* isolates based on ribosomal DNA and RAPD analysis. *RDA J. of Agri. Sci.* 39(1): 28–40.
- Kong, W. S., D. H. Kim, Y. H. Kim, K. S. Kim, C. H. You, M. O. Byun, and K. H. Kim. 1997b. Genetic variability of *Flammulina velutipes* monosporous isolates. *Kor. J. Mycol.* 25(2): 111–120.
- Lin, J. Y., Y. J. Lin, C. C. Chen, H. L. Wu, G. Y. Shi and T. W. Jeng. 1974. Cardiotoxic protein from edible mushrooms. *Nature* (London). 252: 235–237.
- Magae Y, Akahane K, Nakamura K, Tsunoda S. 2005. Simple colorimetric method for detecting degenerate strains of the cultivated basidiomycete *Flammulina velutipes* (Enokitake). *Appl. Environ. Microbiol.* 71(10): 6388–6389.
- Oddoux, L. 1953. Note sur la constitution des dikaryons du carpophore et la germination des *Collybia velutipes* (Fr. ex Curt). *Bulletin trimestrial de la Socie'te' mycologique de France* 69: 234–243.
- Takemaru, T., M. Suzuki and N. Mikaki. 1995. Isolation and genetic analysis of auxotrophic mutants in *Flammulina velutipes. Trans. Mycol. Soc. Japan* 36: 152–157.
- Yun, J. K. 1970. On the fruit bodies formation of *Collybia velutipes* (Curt.ex Fr.) Quel in the various artificial sawdust media. Theses collection of Chung–Buk College. 4: 227–237.

제 10 장
표고

1. 명칭 및 분류학적 위치

표고(*Lentinula edodes* (Berk.) Pegler)는 주름버섯목(Agaricales)에 속하는 버섯이다. 표고를 분류하는 데 있어 Singer는 구멍장이버섯과, Pegler는 송이과에 포함시켰지만, 최근에는 분류 체계가 또 바뀌어 낙엽버섯과(Marasmiaceae) 표고속(*Lentinula*)으로 분류하고 있다.

표고는 영국의 균학자인 Berkeley가 일본에서 처음 이 버섯을 채집하여 *Agaricus edodes* Berkeley로 학명을 발표하면서 학계에 알려졌다. 종명 *edodes*는 도쿄의 옛 지명인 에도(江戸)를 의미하는 것이며, 당시 속명은 주름버섯속(*Agaricus*)이었으나 1941년 Singer에 의하여 잣버섯속(*Lentinus*)으로 바뀌었고 다시 1975년 Pegler에 의하여 표고속(*Lentinula*)으로 재분류되어 현재에 이르고 있다.

Pegler는 분류의 중요한 형질로 균사 배열의 형태적 차이를 들었는데, 표고속은 1종류 균사(generative hyphae), 잣버섯속은 2종류 균사(generative and skeletal hyphae)를 갖는 특징으로 분류하였다. 이와 같은 분류 체계는 분자 계통 발생학적 연구에서도 비슷한 결과가 나와 현재 이 분류 체계가 타당한 것으로 받아들여지고 있다.

표고의 학명이 과거에 여러 가지 였음을 다음과 같은 동종이명(같은 종에 대하여 다르게 불리는 이름)에서 알 수 있다(http://www.indexfungorum.org).

Lentinula edodes (Berk.) Pegler (Pegler, D. 1975)

동종 이명

- *Agaricus edodes* Berk., J. Linn., Soc. Bot. 16: 50 (1878)
- *Armillaria edodes* (Berk.) Sacc., Syll. fung. (Abellini) 5: 79 (1887)
- *Collybia shiitake* J. Schröt., Gartenflora 35: 105 (1886)
- *Cortinellus shiitake* (J. Schröt.) Henn., Notizblatt des Königl. bot. Gartens u. Museum zu Berlin 2: 385 (1899)
- *Lentinus edodes* (Berk.) Singer, Mycologia 33(4): 451 (1941)
- *Lentinus mellianus* Lohwag, no. 698 (1918)
- *Lentinus tonkinensis* Pat., J. Bot. Morot 4: 14 (1890)
- *Lepiota shiitake* (J. Schröt.) Tanaka, Bot. Mag., Tokyo 3: 159 (1889)
- *Mastoleucomyces edodes* (Berk.) Kuntze, Revis. gen. pl. (Leipzig) 2: 861 (1891)
- *Tricholoma shiitake* (J. Schröt.) Lloyd, Mycol. Writ. 5 (Letter 67): 11 (1918)

현재까지도 표고의 분류 체계는 논란이 되고 있다. Pegler는 형태적인 종의 개념에서 *L. boryana, L. guarapiensis, L. lateritia, L. novaezelandiea, L. edodes*로 나누었지만, Shimomura 등은 생물학적 종의 개념으로 이들 종들의 교배 실험에서 아시아 - 오스트레일리아 지역의 종들은 *L. edodes*로 나타났고 *L. boryana*는 교배가 이루어지지 않았다. 그리고 *L. guarapiensis*는 배양되지 않아 실험에서 제외되었다. 이와 같이 형태적 · 생물학적 종의 개념에서 논란이 일자 계통발생학적 종의 개념이 도입되기도 하였다.

다음에 열거한 버섯은 표고속에 속하는 종으로 지금까지 알려진 종들이다(http://www.indexfungorum.org).

- *Lentinula aciculospora* J. L. Mata & R. H. Petersen (2000)
- *Lentinula boryana* (Berk. & Mont.) Pegler (1976)
- *Lentinula cubensis* (Berk. & M. A. Curtis) Earle (1909)
- *Lentinula detonsa* (Fr.) Murrill (1911) (= *Lentinula boryana*)
- *Lentinula edodes* (Berk.) Pegler (1976)
- *Lentinula guarapiensis* (Speg.) Pegler (1983)
- *Lentinula lateritia* (Berk.) Pegler (1983)
- *Lentinula novae-zelandiae* (G. Stev.) Pegler (1983)
- *Lentinula raphanica* (Murrill) Mata & R. H. Petersen (Mata, J., Petersen, R. 2001)

2. 재배 내력

표고 재배는 중국에서 AD 1000년경에 시작된 것으로 알려져 있다. 그 당시의 재배법은 나무에 상처를 내고 두드리는 '충격 재배법' 형태였다. 약 400~500년 후인 15세기 무렵에 이와 같은 재배법이 중국에서 일본으로 전해진 것으로 보고 있다. 문화의 전래가 대개 중국에서 우리나라를 거쳐 일본으로 전해지는데, 아쉽게도 우리나라의 표고 재배 기록은 그 사이에 없다. 우리나라의 제주도를 포함하여 남부 지방에서 표고가 생산된 기록들이 주로 조선 시대에 나타나는 것으로 보아 아마도 우리나라를 거쳐 일본으로 표고 재배법이 전해졌을 가능성을 배제할 수 없다.

중국의 왕정(王禎)이 기술한 농서(農書, 1313)를 보면 다음과 같이 기술되어 있다.

"요즘 산에서 향심(香蕈)이라고 하는 버섯을 키우는데, 그 방법은 다음과 같다. 음지 쪽을 택해서 재배에 적당한 나무인 단풍나무, 잣나무류, 밤나무류 등의 나무를 잘라서 넘어뜨린다. 도끼로 찍어서 흠집을 만든다. 여기에 흙을 덮어서 눌러 준다. 한 해가 지나면 나무가 썩게 되는데, 버섯을 따다가 부셔서 흠집 안에 고르게 집어넣어 주고 풀잎이나 볏짚, 흙으로 덮어 준다. 때때로 물을 뿌려 주기도 한다. 물을 뿌려 준 후 몇 시간이 지나면 나무를 막대기로 두드려 준다. 이것은 버섯을 놀라게 하는 것이라 한다. 비와 이슬을 맞고 날씨가 따뜻해지면 버섯이 나오게 될 것이다. 이러한 방법으로 여러 해 수확을 할 수 있는데, 버섯을 따 내도 씨앗이 나무 속에 들어 있어서 그 다음 해에도 다시 나올 수 있는 것이다. 표고는 끓여서 먹거나 생버섯으로 먹을 수 있는데 맛이 좋으며, 땡볕에 말리면 마른 표고가 된다. 지금 깊은 산골의 가난한 주민들이 버섯을 재배하고 있는데 버섯이 잘되어서 주민들에게 이익을 주고 있다."

이 문헌은 중국에서 세계 최초로 표고를 인공 재배하였다는 사실을 기술한 것으로, 이 내용을 보면 당시 표고 재배 경험을 바탕으로 비교적 자세히 설명되어 있음을 알 수 있다.

우리나라에서도 유중임(柳重臨)이 쓴 농업 백과사전인 『증보 산림경제(增補山林經濟』(1766)에는 "나무를 벌채하여 음지에 두고 6, 7월에 짚이나 조릿대 등으로 덮어 주고 물을 뿌려 주어서 항상 습하게 놓아 두면 표고가 발생하게 되며, 혹은 때때로 도끼머리로 때려서 버섯을 움직여 주면 버섯이 쉽게 발생된다."고 하여 역시 인공 재배 기술을 설명하고 있다. 벌채한 나무를 도끼머리로 두드려 주는 방법은 자연적으로 버섯의 포자가 날아와 접종되게 하는 방법이며, 강원도 지방에서 '바람 표고 재배법' 이라 불리기도 하였다.

이보다 약 30년 후 일본의 사토(佐藤成裕)가 기술한 필사본 『경심록(驚蕈錄』(1796)에는 나무를 벌채한 후 칼로 흠집을 내어(蛇目) 수년간 눕혀 두었다가 버섯이 잘 난 부분을 토막 쳐서 물을 뿌려 주기도 하고 나무를 두드려 주기도 하는 방법에 대한 설명이 있다. 이로써 대체로 표고 인공 재배 기술은 중국에서 기원하여 한국과 일본에 전파된 것으로 추정하고 있다(이태수 등, 2000).

우리나라는 표고 재배 시 주로 참나무류 수종을 사용하지만, 다른 나라에서는 *Alniphyllum*, *Altingia*, 자작나무류, 서어나무류, 밤나무류, *Cornus*, 조록나무류, *Elaeocarpus*, 비파나무류, *Engelhardtia*, 우묵사스레피류, *Garcinia*, 배롱나무류, *Liquidambar*, 예덕나무류, 굴피나무, 참나무류, 검양옻나무, 사람주나무류, *Sloanea*속 식물들로 나라마다 여러 수종의 나무를 표고 재배에 활용하고 있다.

3. 영양 성분 및 건강 기능성

1) 일반 성분

표고는 비교적 많은 양의 여러 가지 영양분을 함유하고 있다. 최근에는 그 성분 중에 항암 물질과 혈압 상승 억제 물질 등 각종 약리 작용을 가진 물질들도 함유되어 있음이 발견되어 표고는 식용뿐만 아니라 건강 증진 식품으로도 크게 각광받게 되었다. 표 10-1은 농촌진흥청 농촌자원개발연구소의 식품 성분표(제7개정판; 2006)에 수록되어 있는 표고의 일반 성분 분석이다.

생표고의 열량(에너지)은 일반적으로 배추나 무잎(13~20kcal)보다는 다소 높지만, 사과나 복숭아(34~44kcal)보다는 낮다. 건표고의 열량도 생감자(80kcal) 및 쇠고기의 등심(218kcal)보다는 높지만, 현미나 밀가루(354~366kcal)보다는 훨씬 낮다. 건표고에는 단백질과 당질이 많이 포함되어 있으며, 지질은 적은 편이다.

표 10-1 표고의 일반 성분

구분	에너지(kcal)	수분(%)	단백질(g)	지질(g)	탄수화물(g)		회분(g)
					당질	섬유소	
표고(생)	27	90.8	2.0	0.3	5.4	0.7	0.8
표고(건)	272	10.6	18.1	3.1	57.0	6.7	4.5

무기질(mg)					비타민(mg)				
칼슘	인	철	나트륨	칼륨	A	티아민	리보플라빈	나이아신	C
6	28	0.6	5	180	0	0.08	0.23	4.0	0
19	268	3.3	25	2140	0	0.48	1.57	19.0	0

표고는 가식부 100g당 섬유소(식이섬유)가 생표고 0.7g, 건표고 6.7g으로, 현미(0.2g), 콩나물(0.6g) 등과 비교할 때 비교적 많이 포함되어 있다. 섬유소는 당질과 달리 소화되지 않는 것이지만 인체 생리상 여러 가지의 효과가 인정되고 있다.

섬유소는 대변량을 증가시켜 장암을 예방하는 효과가 있으며, 변비와 숙변을 예방하고 혈중 콜레스테롤을 저하시키는 작용이 있어서 동맥경화증을 막아 준다. 또한, 섬유소에는 당뇨병을 예방하는 데 유효할 뿐만 아니라 비만 예방에 효과가 있으며 혈압 저하의 작용이 있다.

또한, 채소와 버섯은 모두 열량이 낮고, 수분이 90% 내외여서 저장성이 낮으며 부패하기 쉬운 특징이 있다. 채소와 버섯의 큰 차이점은 버섯이 채소보다 미네랄 함량이 다소 낮은 것으로 나타나고 있다. 그러나 티아민이 약 2배, 리보플라빈은 약 2.6배, 나이아신 함량은 9배나 높은 반면, 채소는 비타민 A와 C의 함량이 버섯보다 훨씬 높다. 티아민은 각기병, 다발성 신경염 등을 예방하며, 리보플라빈은 입 안의 염증을 예방한다. 나이아신은 니코틴산이라고도 하는 것으로 펠라그라 피부병을 예방하며, 프로비타민 D_2라고 부르는 에르고스테롤은 뼈를 튼튼하게 해주고 칼슘과 인의 흡수를 촉진시켜 준다. 수분을 제외한 순수 건물 기준으로 측정할 때 100g당 생표고는 207~325mg, 건표고는 193~241mg으로 다량의 에르고스테롤이 포함되어 있다.

2) 건강 기능성

(1) 항암 효과

표고에는 항암, 항종양 다당체 물질인 렌티난(Lentinan)이 함유되어 있어 암 치료에 도움을 주며, 현재 면역력 증가 및 암세포의 증식을 억제하는 의약품으로 개발되어 있다. 동물 실험을 통한 기초 연구 결과, 렌티난은 세균, 진균 및 기생충에 대한 각종 질병에 대해서도 예방 효과나 치유 효과가 있는 것으로 밝혀지고 있다(Ikekawa 등, 1969).

실제로 사람들에 대해서도 렌티난을 임상적으로 응용하는 사례가 있는데, 암 환자에 대한 외과 수술 이후 렌티난의 복용은 재발 억제, 전이 방지, 생존 기간의 연장 등에 효과가 있는 것으로 알려지고 있다. 또한, 2004년 미국식품의약국(FDA)에서는 말린 표고를 10대 항암 식품으로 선정하기도 하였다.

(2) 항바이러스 작용

표고의 포자에서는 인터페론 유발 물질이 분리되었는데, 이중 2본쇄 RNA는 인플루엔자 바이러스의 감염을 예방하는 효과가 있는 것이 증명되었다. 또한, 가용성 리그닌 당단백질 복합체는 에이즈 바이러스(HIV)에 유효하다고 보고된 바 있으며, 렌티난도 항바이러스 작용과 바이러스 예방 효과가 있는 것으로 알려져 있다(Chihara 등, 1970). 우리나라에서는 예전부터 자연산 표고를 말려 두었다가 감기에 걸리면 뜨거운 물에 끓여 마시고 증상이 완화되곤 하였는데, 이로 미루어 표고에 항바이러스 작용이 있는 것으로 추측된다.

(3) 콜레스테롤 저하 작용

콜레스테롤은 동맥경화나 고혈압 등 혈관 장해를 일으켜서 심장병이나 뇌질환과 같은 순환기 계통의 질환을 유발하기도 한다. 생활의 질이 높아질수록 비만이 많아지고 혈중 콜레스테롤의 양도 많아져 문제가 된다.

표고에는 혈중 콜레스테롤을 저하시킬 수 있는 물질이 있음이 밝혀졌는데, 실험 쥐의 혈중 콜레스테롤을 저하시켜 주는 물질은 에리타데닌(렌티신이라고도 함)이라고 하는 일종의 핵산 유도체로서 이것은 합성도 되었다. 에리타데닌은 표고 건물 100g당 50~80mg 정도 포함되어 있다. 에리타데닌은 신장병과 담석에도 효과가 크므로 표고를 차처럼 달여 마실 것을 권하는 사람도 있다.

2007년도 1월 미 심장학회(American Heart Association)의 발표에 따르면 현대인의 고혈압 예방에 효과가 있는 10대 음식물로 선정한 표고, 호두, 콩, 블루베리, 연어, 마늘, 아보카도, 검은콩, 사과, 녹색잎채소 중 1위가 표고였다. 표고는 좋은 콜레스테롤(HDL)은 높이고, 나쁜 콜레스테롤(LDL)은 낮추는 기능으로 동맥경화를 예방하고 고혈압이나 콜레스테롤 수치를 내리는 훌륭한 효과가 있다.

(4) 맛을 내는 성분

표고의 독특한 향과 맛을 내는 주성분은 구아닐산이며, 그것에 마니톨, 트레할로스 등의 당류를 다량 함유하고 있다. 또한, 글루탐산 등의 유리 아미노산을 다른 버섯류보다 많이 함유하고 있는 것도 표고의 맛을 더욱 강하게 하고 있다. 표고의 향은 생표고와 건표고가 서로 다르다. 이는 태양광에 의해 에르고스테롤이 비타민 D로 바뀌고, 건표고 향기는 건조 과정 중 유황을 함유한 화합물인 렌티오닌이라는 물질에서 오기 때문이다(유창현 등, 2007).

4. 생리 · 생태와 분포

1) 생리 및 생태

(1) 생활 주기

버섯류는 영양원의 섭취 방법이나 서식 장소가 달라져도 그 일생은 거의 같은 경과를 나타내는데, 일반적인 버섯류에 관하여 설명하면 그림 10-1과 같이 6단계를 경과하는 세대가 반복된다. 표고도 느타리와 동일한 자웅이주성의 4극성의 교배형을 지니며, 영양 생장 및 생식 생장을 통해 다음과 같은 생활 주기를 지닌 버섯이다.

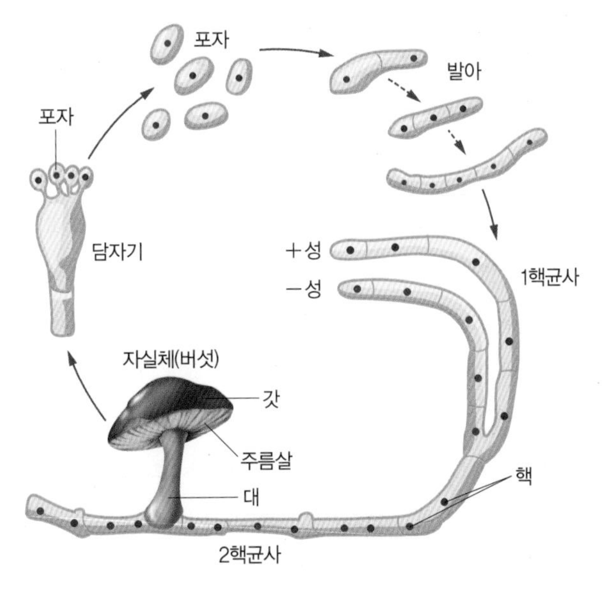

그림 10-1 표고의 생활 주기

❶ 담자포자의 발아

담자포자는 적당한 온도, 수분, 공기(산소) 등의 환경 조건이 갖춰지면 팽윤하여 발아공에서 발아한다. 그러나 발아공이 없는 것은 한쪽 끝 또는 양쪽 끝에서 생장하기 시작한다.

❷ 1핵균사(1차균사)의 생장과 접합

담자포자가 발아하여 어느 정도 자라면 그중의 핵이 분열하여 2개가 되고 그 사이에 격벽을 생성시켜서 2개의 세포로 나누어진다. 그리고 선단 세포는 분열을 되풀이하여 주로 세로 방향에 실 모양의 균사로 생장하게 되는데, 각각의 세포 내에 1개씩 핵을 갖고 균사로 생장한다. 하지만, 이 1핵균사는 일반적으로 버섯을 만들지 않는다. 1핵균사는 생장 도중에 그 선단이 다른 균사와 만나서 화합성을 갖고 있으면 거기에서 균사의 접합이 이루어져 하나의 세포 내에 원래 각각의 균사 내에 있는 핵과 대응하여 2핵균사로 된다.

❸ 2핵균사(2차균사)의 생장과 분지

2핵균사는 각 세포 내에 2핵을 갖고 있고, 선단 세포가 생장하면 양핵의 중앙 부근 세포벽에 1개의 꺾쇠연결체(clamp connection)를 생성하여 핵이 이동되며 생장, 분지를 반복하면서 증식한다. 2핵균사는 현미경을 통해 꺾쇠의 유무로 간단히 판명하게 된다. 또한, 2핵균사는 1핵균사보다도 생장이 빠르고 버섯을 만들 수 있는 특징이 있다.

❹ 자실체(버섯) 원기의 형성과 발육

2핵균사는 영양, 온도, 수분, 습도, 빛 등의 환경 조건이 주어지면 왕성하게 분지를 반복하여 급속히 균사 밀도를 증가시키고 자실체의 상태로 변화한다. 자실체의 균사는 짧고 잘 분지하는 형으로 육안으로도 판별되는 작은 균사괴(원기)를 만들고 온도 등 각종 자극을 받으면 생장이 분화하고 자실체로 발달한다.

❺ 담자기 및 담자포자의 형성

자실체(버섯)의 줄기, 갓, 갓주름 등으로 분화된 자실체는 갓주름의 상부에 담자기를 만들고 여기서 각 핵이 2핵균사로 융합한다. 이 융합 핵은 바로 감수 분열을 반복하여 4개의 핵을 만들고, 동시에 담자기의 선단에 4개의 작은 돌기를 만들며 그 가운데에 1개씩 핵이 들어가서 각각 담자포자로 된다.

❻ 담자포자의 낙하

자실체에 생긴 무수한 포자는 성숙하면 바람이나 곤충 등에 의해 운반, 살포되어 낙하하게 된다. 낙하된 포자가 적당한 환경에 이르면 일부가 발아하고 생장하여 균사가 되고 다음 세대를 반복하게 된다.

(2) 영양원

균류는 고등 식물과 같이 엽록소를 가지고 있지 않기 때문에 가장 필요한 탄수화물은 다른 식물이 합성한 것을 이용하지 않으면 안 된다. 그렇기 때문에 표고 등의 목재부후균에 속하는 버섯류는 기주에 있는 목재 주성분인 셀룰로오스, 리그닌, 그 밖에 녹말, 단백질 등을 이용하는데 그것들은 물에 불용성인 고분자 물질로, 그 자체의 상태로는 이용되지 않는다. 그래서 균류는 세포막을 투과하여 호흡하는 경우와 같이 각종 산소를 분비하고 그 물질을 수용성의 저분자 물질로 변환하여 흡수한다.

생장의 각종 목적에 이용되어지는 영양분의 경우는 가장 많은 것이 탄소원이고 그 다음은 질소원이며, 다른 무기질이나 비타민 등도 미량을 필요로 한다. 그러한 양분의 요구도는 버섯의 종류나 균사 생육의 영양 생장, 또는 버섯을 만드는 생식 생장의 과정에서도 각각 다르다. 각각 적당한 양분의 농도나 양에 있어 균형이 필요하다. 일반적으로 보면 버섯류의 탄소원과 질소원의 함량의 비율(C/N율)은 영양 생장에는 20:1, 생식 생장에는 30:1~40:1이 최적인 것으로 알려져 있다.

일반적으로 목재부후균에 속하는 버섯류는 목재의 주 구성 요소인 셀룰로오스나 리그닌 등을 용해하여 양분을 흡수하는데, 주로 먼저 분해한 물질에 따라서 부후된 재의 색이 다르게 되기 때문에 갈색부후와 백색부후로 크게 나뉜다. 주로 셀룰로오스 물질을 분해하는 부후된 재는 갈색을 띠고 있기 때문에 이 경우의 현상을 일으키는 균을 갈색부후균이라고 하고, 셀룰로오스 외에 리그닌 물질도 분해하는 부후는 목재가 백색을 띠게 되는데 그것을 유발하는 균을 백색부후균이라고 한다(변병호 등, 1995).

(3) 포자의 생리

포자가 형성되려면 수분이 적당히 필요하다. 또, 포자는 18~26℃의 온도에서 잘 형성되며, 0℃나 34℃에서는 형성되지 않는다. 배지에서는 18~28℃ 부근의 온도에서 24시간 이내에 100% 가까이 발아하는데, 발아 적온은 22~26℃이다. 건조 상태에서는 80℃의 온도가 10분 동안 유지되면 사멸하고, 60℃에서는 5시간이 되어도 영향을 미치지 않는다.

또한, -17.7℃의 저온에 2시간 방치할 경우에 발아율은 10~15%로 감소한다. 여름에는 2시간을 두어도 거의 영향이 없으나 24시간이 되면 50~60%로 발아율이 떨어진다. 수중에 두었을 때에는 50℃에서 30분, 40℃에서는 4시간에서 발아 불능이 되나 30℃에 둘 경우에는 4시간 후에도 현저한 발아 장애는 보이지 않는다.

습도와의 관계를 살펴보면, 온도 30℃의 경우에는 습도 50%에서 20일간, 습도 30%에서 50일간 유지하면 사멸된다. 그리고 35℃에서는 습도에 관계없이 50일 후에는 각각 사멸한다. 온도 20℃의 경우에는 습도 90%에서 90일, 습도 20~60%에서 210일간 유지할 경우에 발아 불능이 된다. 하지만 습도가 10% 이하로 낮은 경우에는 210일이 경과하여도 약간 발아력이 저하되는 정도이다.

포자는 빛에 매우 예민하다. 직사일광에서 10분간 유지할 경우 발아 장애를 일으키며, 3시간이 경과하면 발아 불능 상태가 된다.

(4) 균사의 생리

❶ 온도

① 생장 온도

표고 균사의 생장 가능한 온도 범위는 품종 계통에 관계없이 약 5~32℃이며, 적온은 약 25℃로 22~26℃쯤이 적당하다. 또한 그 적온을 넘는 높은 온도가 되면 생장이 급격히 쇠퇴하는데, 그 경향은 높은 온도로 갈수록 현저하다.

② 고온과의 관계

표고 균사는 고온에 대하여 매우 약하다. 액체 배양기에서는 40℃에서 수 시간, 50℃에서는 10분 이내에 사멸한다. 또한, 한천배지의 표고 균사를 10분간 고온에 처리한 결과에서도 단시간에 사멸하였으며, 이론적으로는 50℃에 10분간 두어도 균사는 번식력을 잃는다.

③ 저온과의 관계

표고 균사는 저온에 대하여 매우 강하다. 순수 배양한 표고 균사는 -5℃에서 7주간, -10℃에서는 10일간, -15℃에서는 5일간 생존한다. 또한 0℃에서는 3년 이상, 10℃에서는 20개월, 20℃에서는 10개월, 30~35℃에서는 5개월의 생존 기간을 가지고 있다. 그러나 버섯나무 내의 균사는 -20℃에서 10시간 접촉하여도 생육력을 잃지 않는다. 그 일례를 들면, -20~-40℃에 3일간 방치하여도 그 후에 다시 생육 적온에 옮겨 놓으면 건전한 생육을 하게 된다. 그렇기 때문에 재배 상태에 있는 것은 저온에 의한 균사의 사멸을 고려하지 않아도 된다.

❷ 수분

톱밥 배지에서의 표고 균사 생장은 배지 중의 공기 함유량에 따라서도 각각 다르다. 일반적으로 배지 중의 함수율이 40~70% 사이에서 매우 양호한 균사 생장을 나타내고 있다. 균사 생장에 알맞은 최적의 함수율은 60%이다. 표고 원목 재배의 경우에는 정확한 숫자로 표시하기는 어려우나 균사 생장에는 35~45% 정도의 목재 함수율이 적당하다.

표고 균사는 100%의 포수 상태이거나 목재 섬유 공간 전체에 물이 없는 상태에서는 생장하지 않는다. 표고 재배와 수분의 관계를 살펴보면, 졸참나무 원목 벌채 시의 함수율은 38~42%이고 원목 수종의 섬유 포화점은 22~25%이다. 그리고 표고 균사의 생육 한계 함수율은 23~25%로, 균사가 생존 가능한 한계 함수율은 12~13%이고 사멸하는 함수율은 9~11%이며, 이는 균사의 배양 관리에 있어서 반드시 알아야 할 사항이다.

❸ 산소

표고 균사는 산소 호흡 작용을 하는 호기성 균이다. 그렇기 때문에 산소(공기)가 없으면 생육을 하지 않는다. 따라서 목재 중에 수분이 과도하게 많으면 산소가 부족하여 균사 생장이 나빠지게 된다. 일반적으로 원목 내의 공극률은 약 20%가 가장 적절한 것으로 알려져 있다.

❹ 수소 이온 농도(pH)

표고 균사는 pH 4.5~6.0의 약산성에서 가장 잘 생장한다. pH 7 이상의 알칼리성이나 강한 산성에서는 균사의 생육이 나빠지게 된다. 보통 원목 pH는 5.7 전후이며, 균사가 번식하고 목재의 부후가 진행되면 대사 산물인 수산 등 때문에 산도는 일단 높아진 후에 약간 떨어져 pH 3.8~4.5 정도로 나타난다.

❺ 빛

표고균은 엽록소가 없어 탄소동화 작용을 하지 않으므로, 그런 면에서는 균사 생장에 일광이 필요하지 않다. 그러나 실제 재배에서는 생장 온도 확보, 수분 관계, 원기 형성 등에서 일반적으로 1,500~2,000lx, 혹은 나무의 수관(나무의 가지가 붙어 있는 부분으로 수관의 밀도에 따라서 햇빛이 투과되는 정도가 다르다)으로부터 약간의 산광이 비치는 정도로 밝게 유지하여 주는 것이 필요하다(Chang and Miles, 2000).

(5) 버섯나무화(부후도) 및 버섯의 형성

표고 균사가 원목 내에 번식하고 목재의 부후가 진행되어 버섯나무화가 되고, 적당한 조건이 갖추어져서 버섯을 형성하는 데에는 버섯나무화(버섯나무의 부후도) 정도가 문제가 된다.

❶ 버섯나무화와 자실체 형성과의 관계

영양적인 측면에서 보면, 균사가 원목 내에 번식하고 발이를 하기 위해서는 먼저 재내 영양분을 분해 흡수하고 균사체 내에 충분한 양분을 저장한 상태가 되어야 한다. 이 영양분 섭취 상태는 목재의 부후라고 하는 형태로 나타난다. 균사의 생장 속도와 버섯나무의 부후 정도가 반드시 일치하지는 않으나 부후 정도와 발이 간에는 상관이 있으며, 그것은 품종에 따라서 다르다. 균사에 의한 목재의 부후는 25~30℃에서 잘된다.

원목 재배의 예를 들어 버섯의 발이 상태를 살펴보면, 표고의 원기는 수피 내부에 형성되어지므로 목재 내부는 물론이고, 표피와 목재의 사이에 있는 코르크층, 인피, 형성층까지 균사가 충분히 번식하여 부후된 것이 아니면 완숙된 버섯나무라고 말할 수 없다. 수피부의 부후가 충분하지 않으면 버섯의 발생량은 적어지고, 기형 버섯이 발생하며 수피 심부에 원기를 형성하고 버섯의 줄기에 목재가 부착된 상태로 수확되는 현상도 생기게 된다(그림 10-2). 표고 톱밥 재배의 경우에도 이러한 원리가 똑같이 적용되므로 이러한 메커니즘은 반드시 숙지할 필요가 있다.

톱밥 배지도 버섯나무와 같은 역할을 한다. 배양이 완료된 경우에 톱밥 배지 표면에 갈색의 균막이 형성되는데, 이 균막은 버섯나무의 수피와 같이 배지 내의 수분 유지와 외부로부터의 잡균 침입 방지 등의 기능을 하고 있는 것이다(Przybylowicz and Donoghue, 1990). 원목 재배의 경우와 같이 톱밥 재배에 있어서도 버섯으로 분화하는 원기 형성은 톱밥 배지의 균막 아

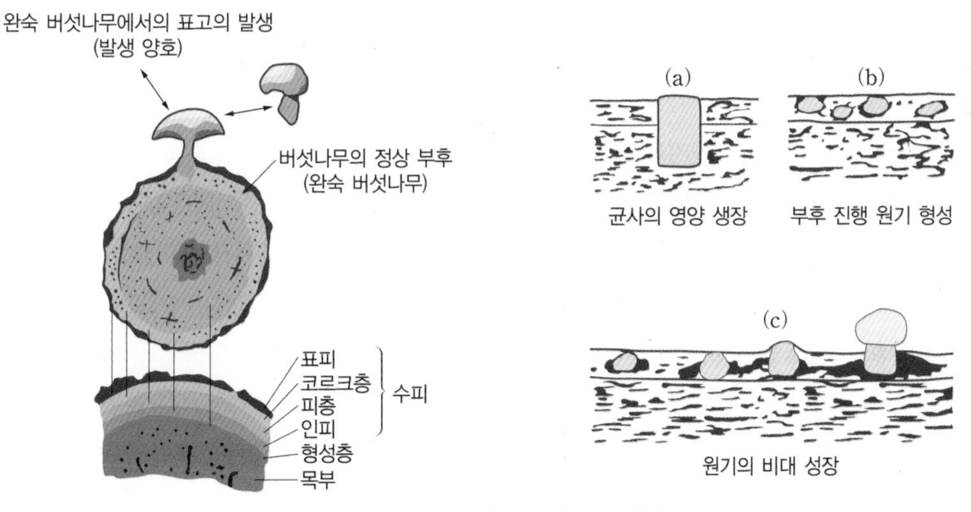

그림 10-2 버섯나무화와 발이와의 관계

래에서 이루어진다(박원철 등, 2008).

❷ 부후 정도의 판정

표고균의 부후에 의한 버섯나무의 변화는 일반적으로 다음과 같은 부후도와 자실체 형성과의 관계로 나타난다. 자연 상태에서 부후되지 않은 목재도 건조되어 20% 전후에 중량 감소가 일어나지만 균에 의한 부후가 진행되면 30~50%의 감소가 일어난다. 이 경우에 일반재의 중량 감소율이 60%에 이르면 각종 강도는 0에 가깝게 나타나는데 강도가 상당히 저하되는 상태로 된다. 부후가 진행된 버섯나무는 수피에 광택이 있고 탄력성도 강하며, 피층 및 코르크층은 연하고 담황색으로 된다. 나이테는 불명료하여져서 목부는 부드러워지고 누르면 수피 밑에 견고한 원기를 감지할 수 있다.

(6) 자실체 원기의 형성과 비대 생장

기주로 있는 원목에 번식하여 만연한 표고 영양균사는 적당한 조건이 갖추어지면 얼마 되지 않아 바로 생식균사로 되고 버섯으로 생장하는데 그 메커니즘은 충분히 구명되지 않고 있다. 그러나 완숙된 버섯나무에서 버섯이 되기까지의 과정은 다음과 같다. 톱밥 재배의 경우에도 같은 과정을 거치게 되므로 유념할 필요가 있다. 여기에서 설명하고 있는 버섯나무를 배양이 완료된 톱밥 배지라고 가정하여 생각하면 충분히 이해할 수 있을 것이다.

❶ 원기의 형성

생장한 표고 균사는 변온 하에서 버섯을 형성하는 변온결실성의 균으로 된다. 이미 보고된 것을 위주로 이를 요약하여 정리해 보면 다음과 같다. 여기에서 논술하고 있는 변온결실성이란 버섯이 온도의 변화에 의하여 생성되는 성질이 있다고 이해하면 될 것이다. 재배 실례를 들어 설명하면, 밤과 낮의 기온차가 큰 봄과 가을이 표고가 많이 발생하는 계절로서 표고 재배의 적기인 것과 같은 이치이다.

① 변온과의 관계

버섯나무의 부후에 의하여 양분을 충분히 축적한 균사는 그 밀도를 증가하여 기능이 분화되고 분지나 융합을 계속하여 버섯나무 내피부의 섬유 조직 사이에 난구형의 자실체 원기(버섯을 형성하게 될 균사 덩어리)를 형성한다.

② 온도와 수분, 빛과의 관계

버섯나무의 재내 및 내피부의 부후가 진행되고 표고 균사가 성숙하여 필요한 양분을 축적하면 품종에 관계없이 온도 15~25℃, 버섯나무 함수율 35~55%, 어느 정도의 밝은 호적(好適)한 환경 등이 주어지면 원기는 상시 연속적으로 수피 내부에 형성된다. 온도와 원기의 형성 상태를 보면, 10℃ 이하나 30℃ 이상에서는 원기가 형성되지 않는다. 온도와 원기 형성에 요하는 일수는 20℃(15일)를 정점으로 하여 15~25℃(15~30일)일 때가 많다.

③ 빛

원기는 빛이 없으면 형성되지 않고 버섯나무 표면의 밝기는 1,500lx 이상이 필요한데, 특히 어두운 재배장에서는 빛의 밝기를 양호하게 하지 않으면 안 되며, 밝은 곳에서는 온도나 습도도 관계가 있다. 버섯나무 내의 균사에 다다르는 빛의 양은 외수피의 두께에도 관계되어 외수피 두께가 2mm 이상의 부위에는 버섯의 원기가 형성되지 않는다. 또한, 그 외수피의 두께는 버섯나무 내로 수분의 투과나 버섯의 발이에도 관계한다.

❷ 원기 비대 생장에의 자극

① 온도(저온 자극)와의 관계

원기가 버섯으로 비대 생장을 개시하는 데 가장 중요한 역할을 하는 것은 저온 자극이고, 그 자극 온도는 균사 생장의 적온보다 낮다. 그래서 자극 온도 및 기간은 품종 계통에 따라 각각 다르다. 즉, 저온에 오랜 기간의 자극을 필요로 하는 것, 저온 및 고온이 반복되는 어느 정도의 기간을 필요로 하는 것, 고온일 경우에 짧은 기간의 저온에서 발이하는 것 등으로 나누어진다.

② 수분과의 관계

위에서 언급한 온도 조건과 관련하여 버섯나무의 수분 상태도 영향을 미친다. 품종 계통에 따라 함수율이 낮은 편이 좋은 것이 있는 반면 높은 쪽이 좋은 것이 있으며, 저온 자극과의 관련 효과를 볼 수 있다.

③ 충격과의 관계

앞에서 언급한 저온 자극, 수분 상태 등에 따라 원기의 비대 생장은 개시되나 더욱 효과를 높이는 수단으로 충격이 있는데, 침수타목의 효과는 옛날부터 인정되고 있다. 예를 들면 자연 발생에 있어서 버섯나무나 톱밥 배지의 두드림, 버섯나무나 톱밥 배지의 쓰러뜨리기, 연중 재배(시설 재배)에서의 침수 등이 있다. 이것은 온도, 수분, 충격 등의 세 가지 상승 효과를 주는 방법으로, 특히 버섯나무나 톱밥 배지에 급격한 환경 변화와 자극을 주는 침수 효과는 매우 크다.

❸ 원기의 비대 생장(버섯으로의 생장)

① 온도

버섯의 생장 가능한 온도는 5~30℃ 범위에 있으나 품종에 따라서 품질에 상당히 큰 영향을 미친다. 일반적으로 온도가 낮으면 갓은 후육 대형으로 줄기가 짧고, 양질의 버섯이 되지만 생장하는 데 긴 시간을 요한다. 이와 반대로 온도가 높으면 육질이 연하고 소형 박육으로 갓이 피고, 대도 길어지는 등 생장 기간은 빠르나 품질이 나빠진다. 발육 생장 온도는 10~20℃쯤이 좋으며, 극단적으로 높거나 낮은 온도에 장시간 놓아 두면 그 후에 변온이 주어져도 회복이 불가능하게 되어 말라 죽는 일도 있으므로 환경 관리에 상당한 주의가 필요하다.

② 수분

버섯의 생장에는 버섯나무의 함수율 및 공중 습도가 관계하여 이 양자의 균형 상태가 생장이나 형태에 크게 발현한다. 수분이 적을 때 갓의 크기는 소형으로, 많을 때는 대형으로 생장한다. 공중 습도는 80~90%가 적당하다. 그러나 버섯의 품질 형태에서 보면 향신형은 80% 이상일 때, 동고형은 65~70%일 때에 많이 생산된다. 일반적으로 습도가 낮을 경우에는 갓에 균열이 생기고 잘 자라지 못한다. 60% 이하의 습도에서는 생육이 정지되며, 더욱이 50% 이하의 상태로 오랜 시간 계속되면 고사한다. 이와 반대로 90% 이상의 높은 습도에서는 버섯의 인피 등이 부풀어 오른다. 연질의 대형으로 자라며, 암갈색이 강하고 물 버섯이 되며, 부패도 빨라진다. 특히 버섯나무 함수율, 공중 습도 등이 높은 경우에 이러한 현상이 현저하게 나타난다.

③ 빛, 산소

원기가 버섯으로 비대 생장하는 데에는 빛, 산소 등이 필요하다. 표고는 호일성 균으로 원기 형성 후에 암흑 상태에서는 양질의 버섯으로 생장하지 못한다. 빛이 부족하면 발이가 적게 되고, 색이 엷어지며 대가 긴 버섯이 되고 키가 작은 상태에서 갓이 피는 등 품질이 떨어지는 버섯이 된다. 또한, 빛의 질은 자색이 가장 적당하고, 적색은 발생이 적다.

표고균은 호흡 작용을 하기 때문에 생장하는 데 산소(공기)가 필요하다. 그러므로 야외에서는 특별한 문제가 없으나, 실내 재배에서는 환기에 주의하지 않으면 버섯의 품질이 나빠진다. 또한, 버섯나무나 톱밥 배지의 수분이 포화 상태에 있으면 균사는 산소 부족으로 인하여 발이(눈트기)가 나빠지게 된다.

④ 발이 및 버섯나무의 수분 및 양분과의 관계

버섯나무 내의 양분은 봄~가을에 걸쳐 서서히 증가하고 가을에는 당이나 질소가 수피 하부에 많이 축적되며, 원기의 비대 생장이 시작되어 원기 주변에 새로운 균사가 다발 모양으로 발육한다. 버섯나무 내의 수분과 질소 등의 양분은 버섯의 직하부에 집적되기 시작하여 그것이 버섯의 비대 생장에 사용된다. 버섯의 갓이 피기 시작하는 생장이 활발한 시기에는 그 버섯의 직하부에 있는 수분이나 양분은 감소한다. 그러나 버섯의 생장이 완료되면 다시 양분이 축적된다. 이 현상은 수분 및 양분이 버섯의 비형성 시에는 필요 없다가 발이할 때에는 다량으로 필요하기 때문에 수분과 균사가 축적한 양분량의 다소가 발이에 크게 영향을 미치는 것을 의미한다. 한번 버섯을 형성한 버섯나무의 일정 장소에, 다시 발이에 필요한 충분한 양분이 축적되어지는 기간은 자연 상태에서 1개월 정도이다.

⑤ 버섯의 생장 및 수확량

일반적으로 표고가 생장하고 갓의 막이 갈라진 후에 갓이 피는데, 이때 크기는 증가하나 실질 중량 증가는 없는 것으로 생각하여 왔다. 그러나 최근에는 갓이 피어도 버섯의 중량 증가가 있는 것으로 보고 있다. 단기간에 발이를 계속하는 생표고의 경우를 예로 들면, 버섯의 중량 증가가 있어도 그 후의 발이 상태에의 영향이 정해져 있는 것은 아니지만 버섯의 품질 저하가 있을 것으로 추정된다.

⑥ 표고의 수확량

버섯나무 재배 1대에 발생하는 표고의 양은 이론적으로는 표고 재배 버섯나무의 질소 함유량으로 추측한다. 버섯나무의 경우, 원목 중량의 33%쯤 함유하나 원목 1대에 유출하는 성분 등을 빼면 원목 중량의 15% 정도가 된다. 일본의 연구 결과에서 각 지역의 시험 데이터를 보면 평균적인 수확량은 편차가 많은데, 이것은 버섯이나 버섯나무의 상태에 따라 영향이 나타나는 것으로서 한마디로 수확량을 언급할 수가 없다.

2) 표고의 분포

표고의 지리적 분포는 한국, 중국, 일본, 타이, 말레이시아, 인도네시아, 파퓨아뉴기니, 오스트레일리아 및 뉴질랜드 등 아시아-오스트레일리아를 잇는 지역과 서쪽으로는 부탄, 네팔, 인도의 히말라야 지역까지 분포하고 있다. 또, 파키스탄과 아프가니스탄의 북서부에 위치한 카자흐스탄에서도 발견된다고 하며, 이곳에서는 침엽수에서 자생하고 있다는 보고도 있다. 그러나 표고는 참나무류와 밤나무가 속해 있는 참나무과 식물에서 주로 발견되고 있다.

표고의 기원이 될 수 있는 원산지를 남태평양 지역에 있는 보르네오 섬의 고산 지대로 추정하는 학자도 있다. 이 지역은 울창한 상록 활엽수림대를 형성하는 수직 아열대 지역으로 이곳에서 발생된 야생 표고의 포자가 오랜 세월에 걸쳐 태풍과 계절풍에 따라 사방으로 퍼져 나간 것으로 추정하고 있으나, 유전학적인 견지에서의 검토가 필요한 것으로 생각된다.

표고의 자연 분포를 살펴보면, 한국, 일본, 중국, 타이완 등을 비롯하여 타이, 말레이시아, 인도네시아, 뉴질랜드 등 여러 나라가 해당된다(박원철 등, 2006).

5. 재배 기술

1) 원목 재배 기술

(1) 원목의 준비

표고의 원목 재배에는 참나무류가 가장 적합하며, 서어나무, 밤나무, 자작나무, 오리나무 등이 사용되기도 하나 경제성이 떨어진다. 참나무류(*Quercus* spp.)에는 상수리나무, 졸참나무, 신갈나무(물참나무 포함), 갈참나무, 굴참나무 등 여러 가지 수종이 있다.

(2) 참나무류 수종별 재배 특성

❶ 상수리나무(*Quercus acutissima* Carr.)

상수리나무는 흔히 강참이라고도 하며, 원목 수령은 15~20년생이 가장 알맞다. 25년생 이상이 되면 심재부도 많아지고 나무껍질이 두꺼워져 원목으로서의 가치가 저하된다.

상수리나무는 갓이 크고 살이 두꺼운 표고가 발생하고 버섯나무의 수명도 오래 가기 때문에 표고 재배용 버섯나무로서 가장 적당한 나무 중 하나이다. 참나무보다 흡습력이 약하고 건조해지기 쉽기 때문에 표고균 배양이 어려우며 주홍꼬리버섯 등의 건성해균 발생률이 높다. 따라서 직사광선에 노출되어 버섯나무가 건조해지지 않도록 보다 세심한 주의가 필요하며, 종균 접종 후 살수 등 수분 관리를 철저히 해 주는 것이 필요하다(그림 10-3).

그림 10-3 **상수리나무**

❷ 신갈나무(*Quercus mongolica* Fisher ex. Turc.)

원목 수령은 15~25년생이 적합하며, 표고균의 생장은 빠르지만 갓이 다소 작고 얇은 버섯이 발생한다. 해균에는 강하나 과도한 버섯 발생 작업은 피한다.

고온성 품종을 재배하거나 연중 재배할 경우에는 발생량이 많으며, 원목으로서의 가치는 상수리, 졸참나무와 큰 차이가 없으나 버섯나무 수명이 짧은 편으로 다른 수종에 비하여 버섯은

그림 10-4 **신갈나무**

대량 발생하나 품질은 떨어진다(그림 10-4). 신갈나무와 물참나무, 갈참나무는 원목의 수피 모양이 비슷하기 때문에 일반인들에게는 같은 종류로 취급되는 것이 보통이다.

❸ 굴참나무(*Quercus variabilis* Blume)

원목은 지름 12cm 이하의 비교적 수피가 두껍지 않을 때가 적당하며, 그 이상이 되면 심재부도 많아지고 수피가 두꺼워져 원목 가치가 매우 저하된다. 원목은 심재의 생성이 적고 표고균 생장이 용이하여 버섯나무화가 잘되지만 수피가 두꺼워서 버섯 발생이 적다. 일반적으로 고온성 품종을 접종할 경우 품질이 떨어지는 경향이 있다. 종균 형태 또한 성형 종균보다는 에어식 균기 접종이 활착에 유리하며 규격 접종보다 다소 접종량을 늘리는 것이 버섯 발생에 유리하다(그림 10-5). 원목 내 수분 증발이 어려우므로 생목화 현상이 강하여 늦게까지 맹아 발생이 심하므로 상수리나무와는 달리 접종목을 건조하게 관리하는 것이 버섯나무화에 유리하다.

그림 10-5 굴참나무

표 10-2 참나무류 수종별 재배 특성

구분	상수리나무	신갈나무	굴참나무
원목 내부의 수분 증발	건조가 빠르므로 지속적인 수분 관리 필요	건조가 늦으므로 살수 및 강우 억제	건조가 매우 느리므로 비교적 건조 관리
해균에 대한 저항력	병해에 약하므로 집중적인 관리 필요	푸른곰팡이에 약하므로 장마기에 통풍 필요	해균에 강하므로 임내 재배에 적합
버섯 발생량 및 품질	발생량이 많고 품질 우수	일시에 대량 발생하고 품질 하락	버섯 발생은 적으나 품질은 우수
적합 품종	중 · 고온성, 저온성	고온성, 중 · 고온성	중온성, 저온성
버섯나무 수명	길다(심재가 없음)	짧다(변재가 적음)	길다(심재가 적음)
기타 특성	균사 배양이 어려우므로 숙련자에 적합	균사 배양이 잘되므로 초심자에게 적합	관수 시설이 미비한 재배장에 적합

(3) 원목의 규격

원목의 크기에는 제한이 없으나, 가는 원목은 일반적으로 버섯이 소형이고 두께도 얇으며 수명도 짧은 반면 굵은 원목은 대형 후육의 버섯이 많이 나고 수명도 길지만 첫 버섯 발생은 늦은 단점이 있다. 그러나 실제 재배에 있어서는 원하는 굵기의 원목만 선별하여 사용하기는 현실적으로 어려우므로 원목의 굵기에 따라 구분하여 재배하는 것이 중요하고 재배 특성을 잘 파악하여 굵기에 맞게 재배법이나 재배 방식을 변화하여 적용하여야 한다(표 10-3).

표 10-3 원목 굵기에 따른 특성

구분	수분 증발	해균 발생률	자본 회전	적합 품종	재배 방식
소경목 (지름 12cm 이하)	빠르다	매우 높다	빠르다	고온성 중 · 고온성	여름 재배 연중 재배
대경목 (지름 15cm 이상)	느리다	비교적 낮다	늦다	중온성 저온성	건표고 재배 겨울 생표고 재배

표고 재배 경영을 분석할 때 원목의 본수를 기준으로 생산량이나 생산 비용을 계산하기는 어려우므로 객관적인 수치를 제시하기 위해서는 재적(입방) 단위를 사용하며, 원목 굵기별 재적 환산표는 표 10-4와 같다. 즉, 지름 6cm, 길이 1.2m인 원목은 약 300본이 있어야 1m³가 되는 것이지만, 지름 10cm 원목은 약 100본이 1m³이고, 지름 16cm의 원목은 약 40본이 1m³가 되는 것이므로 지름에 따라서 원목의 재적에는 차이가 크다. 원목을 구입하여 재배하는 경우는 가는 원목보다 다소 굵은 원목이 버섯 발생이 많으므로 유리하다.

표 10-4 원목 굵기별 참나무 원목 재적 환산표 (단위: 개/m³)

원목 길이 \ 원목 지름(cm)	6	8	10	12	14	16	18	20	25
1.2m	295	154	106	74	54	41	33	26	15
1.0m	353	200	127	88	65	49	39	32	17

(4) 벌채 시기 및 준비 과정

벌채 시기는 그에 따라 균사 활착과 병해충 피해 정도가 달라지므로 매우 중요하다. 그러나 현실적으로는 가장 등한시되고 있을 뿐만 아니라 중요성을 인식하고 있는 임가 또한 원목을 직접 벌채하지 못하고 목상을 통하여 구입하여 사용하고 있는 실정이므로 현실적으로 많은 문제점을 가지고 있다.

나무의 영양분 함량으로 볼 때 벌채의 최적기는 나무 전체의 30~70% 정도 단풍이 든 시기인 11월 상순~하순이며, 벌채 후 1~2개월 정도 잎 말리기를 해야 한다. 벌채는 맑은 날이 며칠 계속된 후에 하고, 벌채 시기에 비가 오면 작업을 중지하고 날씨가 회복된 후에 계속해야 한다.

또한, 벤 나무는 가지와 잎을 베지 않고 절단면이 땅에 닿지 않도록 하여 포개어 놓는다. 토막치기는 벌채한 절단부(목구)가 2/3 정도 갈라진 틈이 생길 때, 수피에 가까운 부분에도 실금이 생길 때가 적기이다. 그러나 겨울에는 벌채와 동시에 1.2m 길이로 토막치기를 하는 것이 편리하다. 토막치기한 원목은 건조가 잘될 수 있도록 눈이나 비에 젖지 않게 관리하고, 직사광선을 피하고(차광망) 통풍이 원활한 곳에 보관하며, 오염 우려 지역(폐골목 부근이나 습한 곳)은 피해야 한다.

원목을 하우스 내에서 접종할 경우, 원목을 구입할 때 미리 하우스 내로 끌어들여 서서히 건조시켜 접종하는 것이 바람직하다. 나무나 시멘트 블록을 받치고 장작 쌓기를 한 후 비닐과 차광망을 내려 하우스 내부의 온도를 올려 준다. 또한, 원목은 종류 및 굵기를 일정하게 구입을 해야 차후 관리 및 버섯 발생에 유리하며, 굵기별(대, 중, 소)로 구분을 하여 음지에서 건조시키고 종균의 접종 시에는 가는 원목부터 먼저 사용한다. 건조시킬 장소가 노지인 경우에는 원목이 땅에 직접 닿지 않도록 받침을 만든 상태에서 정리한 후 차광망(95% 이상)이나 천막으로 원목 윗부분만 덮어 준다(그림 10-6).

방치되어 있는 원목

원목 굵기, 수종별 분류

노지에서의 원목 위 차광망 피복

하우스 내에서의 원목 건조

그림 10-6 **원목 관리 방법**

(5) 종균 접종

❶ 접종 시기

표고 재배 시 종균 접종 시기의 중요성을 인식하고 있지만 여러 가지 주변 여건에 의하여 제약을 많이 받기 때문에 원하는 시기에 접종 작업을 하는 것이 현실적으로 매우 어려운 형편이다. 표고균은 5℃부터 자라기 시작하여 20~25℃에서 가장 왕성하게 생장하므로 그 지역의 기온을 기준으로 종균 접종 시기를 고려해야 한다.

① 조기 접종

중 · 고온성 품종의 버섯 발생 시기를 앞당기고, 해균 및 해충의 예방과 인력 수급 등에서 유리하나 보온과 보습이 가능한 접종 하우스가 설치된 상태에서 실시하여야 조기 접종의 효과를 얻을 수 있다.

② 일반 접종

일반 하우스 내에서 접종할 경우, 밤 기온이 영하로 떨어지지 않는 2월 말~3월 초부터가 적당하나 노지인 경우에는 외부 기온이 어느 정도 올라가는 벚꽃이 피기 직전인 3월 중순 이후가 적당하다. 특히 4월 중순 이전에는 접종을 완료하여야만 한다.

❷ 접종 시 유의점

종균을 접종하기 전에 작업장을 소독(생석회 등)하여 청결히 해야 하며, 접종 직후 약제 살포는 초기 표고 균사 생장을 저해하므로 삼가야 한다. 또한, 종균을 오랜 시간 직사일광에 쬐거나 종균병을 개봉 방치하여서는 안 되며, 천공 후에 바로 접종하여야 한다. 조기 접종 시나 접종 전에도 원목이 얼지 않도록 미리 보온을 한다(박동명 등, 2008).

① 천공 작업(접종 구멍 뚫기)

㉠ 접종 구멍은 반드시 줄과 줄 사이가 어긋나도록 지그재그식으로 배열하면서 구멍을 뚫으며, 전 날 미리 뚫어 놓지 말아야 한다(그림 10-7).

㉡ 접종 구멍과 구멍 사이 간격은 고온성~중온성인 경우에는 10~12cm, 저온성은 15cm도 무방하나, 표고균은 원목의 길이 방향으로 생장이 빠르므로 반드시 줄과 줄 사이의 간격은 3~5cm 정도로 최대한 줄여 접종한다.

㉢ 접종 구멍 수는 원목의 수분 상태, 품종 특성과 이듬해 작업 시기 및 횟수를 고려하여 정하며 일반적으로 구멍 수는 규격목(12×120cm)의 경우 86개 정도면 충분하다. 또한, 일자 배열 천공이나 접종은 하지 말아야 피해를 줄일 수 있다(그림 10-8).

㉣ 상수리나무와 굴참나무는 접종 구멍 천공을 최대한 나무골을 따라 하며, 물참나무 등 껍질이 얇은 수종은 지나친 다공을 피하는 것이 좋다.

㉤ 접종구의 깊이는 성형 종균의 경우 성형 종균 길이에 맞게, 에어식균기 접종인 경우에는

3cm 정도가 적당하나 수분을 많이 함유하고 있는 겨울 벌채목이나 스티로폼 마개 들림 현상이 심한 중온성(중 · 고온성) 품종은 약간의 여분(3mm 정도)을 남기고 접종하는 것이 바람직하다(단, 접종 시기가 늦을 경우와 배양 관리가 안 될 경우에는 길이에 맞게 접종하여야 한다).

ⓑ 상처 부위, 벌레 먹은 부위와 옹이 및 가지 부위에는 주위에 추가로 천공하여 접종한다(그림 10-9).

ⓢ 성형 종균의 경우, 넣기 힘들다고 해서 드릴날의 지름이 큰 것을 사용하지 않는다.

ⓞ 천공 시 발생되는 톱밥은 바닥에 방치하지 말고 작업 당일 밖으로 처분한다.

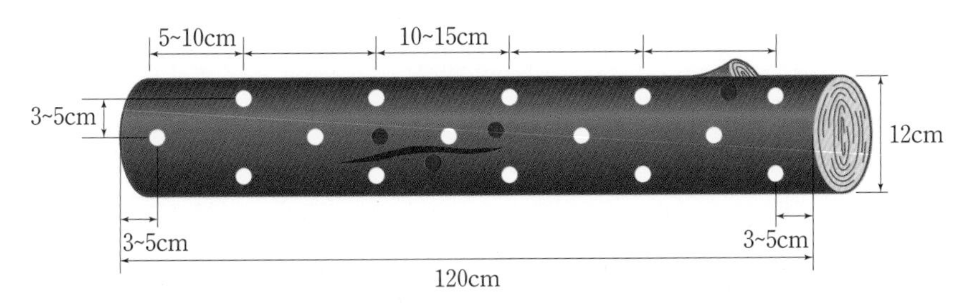

그림 10-7 올바른 접종 배열(지그재그식)

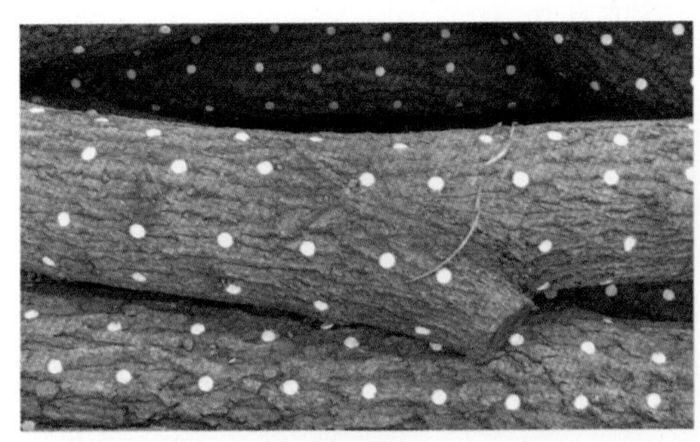

일자 배열 접종

주홍꼬리버섯 발생(미접종 부위)

그림 10-8 일자 배열 접종과 그 피해

이중껍질버섯 발생(옹이)

검은혹버섯 발생(죽은 가지 부위)

그림 10-9 추가 접종 미실시에 따른 피해

② 접종 작업

천공 작업이 끝난 후 톱밥병 종균을 분쇄하여, 공압식 반자동 접종기를 사용하여 접종하거나 성형 종균을 이용하여 접종하는 방법이 있으나 최근에는 접종하기 쉬운 성형 종균을 많이 사용하고 있다. 종균 형태를 선택할 때 작업성보다는 자신의 재배 방식, 재배 품종, 노동력 확보 여건 등 여러 가지 요인을 분석하여 종균 형태를 선택하는 것이 중요하다(표 10-5).

표 10-5 종균 접종 형태별 특성 차이

구분	성형 종균	공압식 접종기
종균 수분 함량	55~60%	60~65%
종균 건조(접종 후)	다소 빠름	비교적 느림
종균 활착 속도	빠름	비교적 늦음
첫 버섯 발생	가장 빠름	조금 느림
해균 발생률	높음	낮음
품종 적합성	중온성, 중 · 고온성	저온성, 중온성

③ 종균 접종 시 유의 사항(그림 10-10)

㉠ 종균의 소요량은 접종목 크기에 따라 다르며, 규격목(12×120cm)의 경우 병 종균 1병(500g)이나 성형 종균 1판은 각각 6본 정도를 접종할 수 있다.

성형판

성형 종균 접종

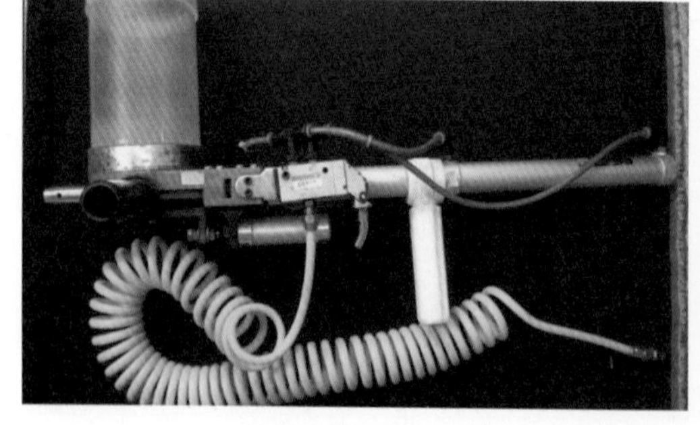
공압식 접종기

공압식 접종기 접종

그림 10-10 종균 접종 작업

㉡ 성형 종균의 경우에는 성형판을 5~6줄씩 가위로 절단한 후 종균을 판에서 뽑아 가면서 구멍에 접종한다. 성형판에서 한꺼번에 종균을 뽑아 내어 쓰거나, 성형판에서 꺼낸 성형 종균을 장시간 방치하지 말고 바로 사용하여야 한다.

㉢ 반자동 공압식 접종기를 사용할 경우에는 스티로폼 마개가 접종 구멍 표면과 수평이 유지되도록 접종한다.

(6) 우량 버섯나무 만들기

❶ 임시눕히기(임시쌓기) 시기의 관리법

① 임시눕히기

종균을 접종한 원목의 임시눕히기는 심한 건조(봄철 건조기)를 막아 주고 버섯나무 내에 충분한 습기가 보존될 수 있으며, 균사 생장 시 호흡에 의한 발열로 보온 효과를 얻을 수 있는 장작쌓기로 한다. 임시눕히기 기간은 접종 후로부터 외기의 온도가 20℃ 정도에 이르는 4월 말에서 5월 초까지이다.

접종목은 바로 임시쌓기를 하고, 그 위에 마른 나뭇가지나 버섯 상자 등을 이용하여 최소한 30cm 이상의 공간을 확보한 후에 차광망(90% 이상)을 덮어 준다. 또한, 접종목이 지면에 바로 닫지 않도록 벽돌 등을 이용하여 지면과 접종목 사이에 공간을 두어 통풍이 원활하고 과습되지 않도록 한다(그림 10-11, 10-12).

그림 10-11 **임시눕히기 관리 상태 비교(양호)** (상: 하우스 내부, 하: 노지)

그림 10-12 임시눕히기 관리 상태 비교(불량) (상: 하우스 내부, 하: 노지)

쌓는 높이는 여유 공간을 활용하여 최대한 낮게 쌓는 것이 좋으나 대부분 임가에서 공간이 부족하므로 적어도 하우스 내인 경우에는 1m, 노지인 경우에는 50cm 이하가 되어야만 온도 및 습도가 일정하여 종균의 배양 상태가 일정하게 된다. 눕히기 방법은 일반적으로 상수리나무, 소경목, 건조가 심한 원목, 바닥이 건조한 경우에는 장작 쌓기를 하며, 이와 반대인 경우에는 우물 정자(井) 쌓기가 일반적이다.

② 수분 및 배양 관리

종균 접종 후 40~50일간 관리하고, 살수 방법은 5~10일 간격으로 2~4시간(접종목의 수피가 충분히 젖을 정도) 살수하되 관수량 및 수종에 따라 조정한다(성형 종균은 접종 다음날부터 살수 가능). 접종 후 약 1주일이 지난 후부터 수시로 접종구의 스티로폼 마개를 벗겨 보아 종균의 활착 정도를 확인해야 한다. 항시 온도를 점검하여 기온이 20℃ 이상이면 보온을 위해 덮어 두었던 비닐을 제거하여 통풍을 원활히 한다.

접종목에서 싹이 나거나 나무껍질 표면으로 균사가 심하게 밖으로 기어 나오면 건조가 되지 않은 생목이라는 표시이므로 5일간 비닐 피복을 한 후 2일간 비닐 제거 후 살수, 다시 피복하는 방법을 연속 실시하여 접종목 내의 수분을 제거해야 한다.

5~6월에 접종목 절단면의 흰 균사 무늬가 갈색으로 변하고 실금이 가면 비닐 등 피복 자재를 완전히 벗겨 내고 일주일에 한 번 정도 주기적으로 살수하면서 본눕히기 작업을 준비한다. 노지에서 배양할 경우 살수 시설 없이 비에만 의존하는 경우가 많은데, 살수 시설을 설치하여 주

기적인 수분 관리를 하는 것이 매우 중요하다.

③ 뒤집기 작업

뒤집기는 임시눕히기, 본눕히기 상태에서 버섯나무의 위와 아래를 뒤집어 주는 작업이다. 뒤집기 작업은 버섯나무의 위와 아래쪽의 습도를 고르게 하고 균사의 고른 생장을 유도할 뿐 아니라, 잡균 포자의 발아를 억제하는 효과도 있으므로 중요한 작업이다. 접종 이듬해 정상적인 버섯 발생에 지대한 영향을 미치며 과습한 접종목의 수분 제거 역할도 하므로 힘이 들고 인건비가 많이 드는 일이어서 번거로움도 있지만 접종 당해 년은 최소한 2~3회의 뒤집기 작업을 해 주어야 한다.

특히 임시눕히기 과정에서 대부분 높게 적재하는 경향이 있으므로 반드시 1회 이상 뒤집기 작업을 한 후 본눕히기에 들어가는 것이 바람직하다.

❷ 본눕히기 시기의 관리법

① 본눕히기 시기 판단법

우선 육안으로 절단면에 전체 접종목의 3분의 2 정도가 균사 무늬가 나올 때를 적절한 시기로 보나 한 가지 유의할 점은 생목 상태로 인한 균사 무늬와는 구별할 필요가 있다. 본눕히기 시기를 정확히 확인하기 위해서는 접종목의 수피나 내부를 도끼로 토막 내어 종균 접종 구멍 주위로 지름 4~5cm 정도 종균이 생장하였을 경우를 적기로 보는 것이 적당하다. 또한, 균사 무늬가 형성되지 않더라도 접종목 표면에 고무버섯이 발생하거나 접종 구멍의 스티로폼 마개의 들림 현상이 생기기 시작하면 본눕히기의 적기로 보면 된다(그림 10-13).

고무버섯 발생

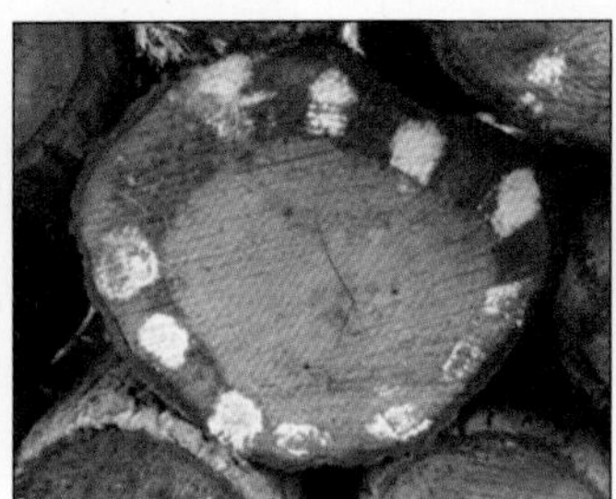
절단면의 균사 무늬 확인

종구 주위의 균사 활착

그림 10-13 **본눕히기 시기 판단법**

② 본눕히기 방법

본눕히기는 흐린 날에 하는 것이 좋으며, 본눕히기 전후 10일 동안은 접종목에 비를 맞히거나 물을 주면 중 · 고온성 품종은 스티로폼 마개가 들리는 현상이 생기므로 조심해야 한다.

㉠ **베갯목 쌓기**: 습하지 않은 재배장에 바람직하다. 베갯목과 베갯목 가장자리는 굵은 것을, 가운데는 가는 것을 놓는다. 베갯목 1개당 5본 이하, 1열의 길이는 10m 정도로 관리한다.

㉡ 우물 정자(井) 쌓기: 습하고 통풍이 불량한 재배장에 바람직하다. 밑에 길이 30cm 정도의 받침목을 놓고 그 위에 우물 정자(井)자 형으로 1m 이내의 높이로 쌓는다.

본눕히기 장소는 통풍과 배수가 원활하고 공중 습도가 70% 정도를 유지할 수 있는 곳이 좋다. 일부 농가에서는 작업의 편리성을 위하여 임시눕히기를 생략하고 종균 접종 후 바로 본눕히기 방법으로 접종목을 관리하는 경우를 볼 수 있는데, 이 경우 여러 가지 측면에서 장점보다는 단점이 많다. 그러므로 조금 힘이 들더라도 임시눕히기를 하여 종균이 접종목에 완전히 활착된 상태에서 본눕히기에 들어가는 것이 이상적이다.

그림 10-14 **본눕히기 관리 상태 비교**(불량)

그림 10-15 **본눕히기 관리 상태 비교**(양호)

③ 수분 및 배양 관리

수분 관리는 3~4일에 한 번씩 저녁 시간을 이용하여 1회에 2시간 정도 물을 주어 접종목 표면과 종균의 건조를 막아야 하며, 유의해야 할 점은 이후로는 장시간 오는 비는 가능하면 맞히지 않는 것이다. 표고균이 절단면이 아닌 접종 구멍 근처에서 기어 나온 경우에는 통풍 불량, 과습이나 생목임을 나타내므로 속히 피복을 제거하고 본눕히기를 실시하며, 수분 관리를 아침에 하여야 표고균이 내부로 생장하게 된다. 또한, 적당한 관리가 되지 않은 경우에 접종 구멍의 스티로폼 마개 들림 현상과 맹아 발생을 볼 수 있다(그림 10-16).

노지에 배양할 경우에는 접종목 위로 30cm 정도 공간을 두어 차광망을 씌우고, 비닐을 덮어 초기 보온 · 보습을 유지하며, 자연 비를 차단하고 살수를 한다.

스티로폼 마개 들림 현상

맹아 발생

그림 10-16 **관리가 되지 않은 불량한 접종목**

(7) 세우기 시기의 관리법

❶ 고온성 품종 세우기

일반적으로 이 품종들은 버섯나무 배양 상태가 좋으면 접종 당해 년 가을부터 버섯 생산이 가능하므로 말복 이후부터 9월 초에 세우기 작업을 하여도 무방하나, 배양 상태가 좋지 못하면 버섯 발생량도 적고 미숙 버섯이 발생될 수 있다(박동명 등, 2008).

❷ 중 · 고온성, 중온성 품종 세우기

고온성 품종과 달리 버섯목 배양이 미숙한 상태에서 버섯나무를 움직이게 되면 그림 10-16과 같이 스티로폼 마개가 들리거나 미숙 버섯이 발생할 우려가 있으므로 버섯 발생이 쉬운 10~20℃ 사이에서는 가능한 한 세우기 작업을 실시하지 말아야 한다. 만약 이 시기에 세우기 작업 또는 이동 작업을 하였거나 이보다 낮은 온도에서 세우기 작업을 하였다 하더라도 갑자기 온도가 상승하게 되면 버섯이 발생될 수 있으므로 세우기 작업 전후 10일 정도는 살수를 하지 말고 그 후에 살수 작업을 한다. 특히 중온성 품종의 경우에는 무리한 자극을 받게 되면 미숙 버섯 발생률이 높아지므로 버섯나무가 충분히 완숙된 상태에서 세우기 작업을 하고 세우기 시기는 12월 초순 이후부터 이듬해 2월 중순 이전이 좋다.

❸ 저온성 품종 세우기

저온성 품종 세우기에는 이듬해 가을 이후부터 버섯 발생이 가능한 품종으로 접종 당해 년 가을 이후부터 다음 해 이른 봄 이전에 세우기를 하는 방법과 다음 해 여름이 지난 후 가을 버섯 발생 이전에 세우기를 하는 방법이 있는데, 접종 당해 년 가을부터 이듬해 봄 이전에 세우기를 하는 것이 일반적이다. 저온성 품종은 이동 자극을 주어도 버섯이 발생하지 않으므로 시기에 큰 영향을 받지 않는다.

건표고를 목적으로 임내 재배하는 경우, 접종 당해 년 이른 세우기 후 노지에서 눈비를 맞으므로 이듬해 버섯 발생 전까지 접종목의 수분 공급에 문제가 발생하지 않는다. 그러나 하우스 시설 재배를 하는 경우에는 접종목이 눈비를 맞지 않아 수분이 부족하여 버섯 생산이 불량할 경우가 많으므로 이른 세우기 후 적극적인 수분 관리가 필요하고 여름에 하우스 내부가 고온이 되지 않도록 주의할 필요가 있다. 저온성 품종으로 하우스 재배를 하는 경우, 주기적인 살수가 불가능한 상태에서 이른 세우기 작업은 버섯나무가 건조하게 되므로 오히려 눕히기 기간을 충분히 한 상태에서 가을 버섯 발생 전에 세우기를 하는 것도 바람직하다. 그러나 가을 버섯이 대량 발생할 염려가 있다. 세우는 시기는 품종별로 버섯이 발생할 염려가 적은, 온도가 낮아질 때이며, 고온성 품종의 경우 가을에 자연 버섯이 발생하므로 우선적으로 실시한다. 고온성 〉 중 · 고온성 〉 중온성 〉 저온성 순으로 한다. 특히, 중 · 고온성, 중온성 품종은 세우기 전후로 살수하거나 자연 비를 맞게 되면 미숙 버섯이 발생할 수 있으므로 주의해야 한다.

(8) 버섯의 발생

❶ 버섯나무의 굵기

버섯나무가 가는 것은 굵은 것에 비하여 비교적 버섯이 빨리 발생되고 버섯 발생 시 수분의 필요량도 차이가 생기므로 반드시 종균 접종 초기부터 굵기별로 구분하여 관리할 필요가 있다.

❷ 종균 접종량

다공 접종을 하면 버섯 발생 시기가 빨라지고 버섯 발생량이 증가하는 경향은 있으나 전반적으로 버섯 크기가 작아지며, 품종에 따라 버섯 크기가 매우 작아지기도 한다.

❸ 원목의 수피 두께

일반적으로 수피가 얇은 것은 버섯 발생이 빠르고, 수피가 두꺼운 것은 늦다. 따라서 원목 수종별로 분리하여 관리해야 한다.

❹ 버섯나무 내의 수분

원기(버섯 싹) 형성에 많은 양의 수분이 필요하므로 원기 형성 온도 15~25℃가 되는 시기(초가을)에는 많은 양의 살수가 필요하고, 접종목 내에 수분이 골고루 분포하도록 상하 뒤집기 작업을 수시로 한다.

❺ 외부 온도

버섯이 발생하기 위해서는 10~15℃의 온도차가 필요하며 품종에 따라 조금씩 차이가 난다. 그러므로 여름에 버섯을 발생시키기 위해서는 찬 지하수의 살수가 필요하고 온도차가 가장 많은 시간대에(새벽 5~6시 사이) 작업해야 한다.

❻ 쓰러뜨리기 등의 자극

수확 1년차 및 봄가을 시기에는 외부의 약한 자극에 의해서도 버섯이 잘 발생하지만 버섯나무가 오래될수록 자극에 둔해지므로 좀 더 강한 자극과 온도 편차가 필요하다. 따라서 오래된 버섯나무일수록 강한 자극과 장시간의 살수가 필요하다.

❼ 햇볕의 영향

버섯나무가 빛을 잘 받을수록 온도 편차와 빛의 영향으로 버섯이 잘 발생하므로 임내 재배장인 경우에는 최대한 밝게 해 주고, 하우스 재배인 경우에는 차광률이 너무 높지 않도록 하는 것이 좋으며(70% 내외) 버섯나무의 전면, 후면 돌려주기 작업이 필요하다.

버섯의 발생은 여러 가지 조건에 따라 다소 차이가 있으며, 일반적으로 종균 접종 이듬해 봄~가을부터 나오기 시작하여 2~3년째에 최대의 수확을 할 수 있다. 발생 작업 시 예비 살수를 하고 버섯나무를 쓰러뜨린 후 다시 살수하면 버섯나무가 물기를 빨아들이고, 또 지상에서 증발되는 수분으로 많은 원기가 형성되어 버섯이 발생하게 된다.

버섯이 자라서 수확이 끝나면 다음 발생기까지 일정 기간 회복이 필요하다. 균사체 내에 버섯을 재발생시킬 수 있는 충분한 양분이 준비되지 않으면 버섯이 잘 발생하지 않고 버섯의 품질도 떨어진다. 버섯이 너무 많이 발생하여 양분의 소모가 많을 경우에는 휴양 기간이 더 길어야 한다. 버섯나무의 휴양 기간은 품종과 기온에 따라 다르며, 보통 25~40일 정도가 필요하다. 또한, 첫 버섯이 발생하였다가 잘 자라지 못해서 상품성이 없는 버섯이 되거나 고사하는 경우가 종종 있는데, 이는 표고균의 생장이 버섯이 발생하기에 충분하지 못하였기 때문이다. 따라서 버섯 발생 작업 전에 10본 정도를 미리 침수 또는 살수하여 버섯 발생 상태를 확인하고 본작업에 들어가는 것이 바람직하다.

2) 톱밥 재배 기술

(1) 톱밥 재배법의 특성

표고는 임산 버섯의 대표적인 버섯으로 동남아시아에서 주로 재배되고 있으며, 국내 연간 생산량의 수위를 차지하고 있는 버섯 중의 하나이다. 표고는 대부분 참나무 원목을 이용하여 자연 기후에 의존한 재배가 이루어지고 있다. 최근에는 인접 국가의 톱밥 재배 기술이 발전하여 일본은 버섯 생산량의 60%, 중국은 95%, 타이완은 100%를 톱밥 재배에 의하여 생산하고 있다. 그러나 현재 국내에서는 톱밥 재배에 의하여 표고를 생산하는 농가는 약 10% 정도에 그치고 있는 실정이다.

그동안 국내에서도 표고 톱밥 재배를 보급하기 위한 노력이 꾸준히 이루어졌으나 주로 국내의 재배 환경에 알맞게 개량된 방식보다는 중국, 일본, 타이완 등지의 재배 방식을 여과 없이 들여왔으며 기술력 및 경영 능력 부족 등으로 여러 차례 실패를 하였다. 뿐만 아니라 톱밥 재배가 성공하지 못한 데에는 국내 시장 환경의 영향도 있다. 생표고 및 건표고는 유통 단계에서 품질에 따라 여러 가지 등급으로 나뉘어 있으며, 각 등급 간의 가격차가 매우 커서 상대적으로 품질 경쟁에서 불리한 톱밥 재배 표고가 시장에서 우수한 평가를 받기가 어려웠다.

그러나 최근 국내에서도 여러 표고 톱밥 재배 농가들의 꾸준한 노력으로 원목 표고 못지않은 고품질의 버섯을 출하하고 있으며, 양질의 원목 표고가 많이 출하되는 봄가을철을 피하여 표고 톱밥 재배가 이루어지면서 높은 소득을 얻고 있다. 또한, 원목 재배보다 재배 기간이 짧고 재료에 대한 높은 회수율과 적은 노동력 투자 등의 여러 가지 장점을 가지고 있어 표고 톱밥 재배로 전환하려고 하는 농가가 급속도로 증가하고 있다(윤갑희 등, 1995, 2006).

(2) 배지 재료와 배지 생산

❶ 배지의 재료

① 톱밥

톱밥 배지의 주요 성분은 참나무류 톱밥이지만 반드시 참나무류 톱밥만 사용하는 것이 아니라 거의 모든 종류의 활엽수 톱밥도 사용이 가능하다. 톱밥 입자가 가늘면 배지의 함수량을 높이더라도 굵은 입자에 비해 물이 밖으로 흐르지 않으나 균사의 생장 속도가 느려져 배양 기간이 길어지며 배지 내부의 통기성이 떨어진다. 반대로 톱밥 입자가 굵을 경우, 초기 균사의 생장 속도가 빠르고 배지의 통기성이 높아지지만 배지 배합 시 수분을 잘 흡수하지 않아 수분 조절이 어렵고 배양 시 굵은 입자를 균사가 분해하는 데 시간이 걸리므로 후기 배양이 느려지게 된다. 또한, 갈변 완료 후 배지 개봉 시 수분이 증발하면서 배지의 부피가 급격하게 줄어들게 된다. 따라서 배지 혼합 시 톱밥의 입자는 가늘고 고운 것(1~2mm)과 굵은 것(3~5mm)을 1:1 내외로 혼합하여 사용하는 것이 좋다(유창현 등, 2007) .

② 영양원

영양원으로는 밀기울, 쌀겨를 주로 사용한다. 밀기울, 쌀겨 등의 영양원은 특성상 쉽게 부패하기 때문에 항상 사용하기 전에 부패 여부를 확인해야 한다. 영양원의 혼합 비율은 부피비를 기준하여 전체의 20%를 넘지 않는 것이 좋다. 영양원이 과도할 경우, 균사의 생장이 늦어지고 배양 중 융기가 많아지며 발생 작업 후 저품질의 버섯이 일시에 발이되거나 오히려 버섯 발이율이 낮아지는 문제가 있고, 배지의 비닐 개봉 후에도 오염이 증가한다. 일반적으로 15% 내외로 첨가하는 것이 가장 좋다.

③ 첨가제

균사의 생장 촉진이나 버섯의 품질을 높이기 위해 첨가제를 넣기도 하는데, 주로 사용되는 첨가제로는 석고, 탄산칼슘, 설탕, 면실피 등이 있다.

㉠ **석고**($CaSO_4 \cdot H_2O$), **탄산칼슘**($CaCO_3$): 칼슘 및 무기질을 공급하고 pH를 조절한다. 첨가량은 1~2% 내외로 한다. 석고와 탄산칼슘에서 공급하는 칼슘은 버섯의 육질을 단단하게 해서 품질 및 저장성 향상에 도움이 된다. 중국식 봉형 배지에서는 배지를 균상에 올려 놓았을 때 부서지지 쉽기 때문에 배지의 물리적 강도를 강화하기 위해 첨가하기도 한다.

㉡ **설탕**: 표고는 배지에 포함되어 있는 영양원을 분해하여 에너지를 얻어 생장하는데, 설탕은 가용성 당으로 표고균이 바로 이용하기에 가장 좋은 영양원이다. 특히 접종 과정에서 손상 받은 균사를 재생하고 생장 활력을 얻는 데 도움이 된다. 일반적으로 1% 내외로 첨가하지만 과도하게 사용하거나 배양 과정에서 충분하게 분해되지 않아 배지 표면에 당 성분이 남아 있으면 배지 개봉 후 오염되기 쉽다.

㉢ **면실피**: 배지 내부의 공극률을 조절하는 용도로 주로 사용한다. 톱밥 입자가 너무 가늘 경우, 5~10% 내외로 첨가하면 배지에 함수율이 높아져 수분 조절 시 유리하다.

❷ 톱밥 배지의 생산

톱밥 배지의 생산을 위해서는 배지 재료뿐만 아니라 배지 형태에 맞는 입봉기, 배지 비닐 등이 준비되어야 한다. 혼합기에 톱밥과 영양원, 첨가제 등을 넣고 혼합한 후 물을 첨가하여 수분을 조절한다. 시험관 상에서 균사의 생장은 60~65% 내외의 수분 함량이 가장 활력이 좋은 결과가 나오지만 실제로 배지를 생산할 때에는 65%의 수분으로 조절할 경우 시간이 흐르면서 배지 바닥으로 상당량의 물이 고이게 되어 균사의 후기 생장에 장애를 주게 된다. 따라서 배지 생산 시에는 55~60% 내외로 수분을 조절하는 것이 좋으며, 톱밥 입자가 커질수록 함수량을 낮추거나 혼합 시간을 충분히 해야 물이 배지 바닥에 고이지 않는다.

배지 내 함수량이 과다할 경우, 배양 단계에서 육안으로 이상 유무가 식별되지 않지만 배양 완료 후 발생 작업 과정에서 1주기 이후 활력이 급격하게 떨어지게 되고, 심할 경우 배양 단계에서 물이 고였던 바닥면이 무너지므로 배지 혼합 과정에서는 영양원의 혼합량뿐만 아니라 적절한 수분의 혼합이 매우 중요하다(그림 10-17). 입봉기의 종류에 따라 비닐봉지에 톱밥 배지를 넣고 마개를 앞에서 설명한 바와 같이 살균을 한다. 살균이 끝난 배지는 냉각실에서 온도를 20℃ 이하로 낮추고 종균을 접종한다.

그림 10-17 사각 톱밥 배지의 생산

(3) 종균 접종과 균 배양

❶ 종균의 접종

① 무균실 소독

버섯균의 접종 과정에서 선행되어야 할 것은 접종실을 구비하는 것이다. 접종실은 외기와 격리되어야 하며, 작업자 출입 시에도 외기를 차단할 수 있도록 2중 출입문을 설치해야 한다. 접종 작업 전후에는 반드시 내부 청소와 소독을 하여 오염원이 증식되는 것을 막아야 한다. 클린부스와 접종 도구 등은 70% 알코올과 화염 소독을 하며, 접종실 내부는 70% 알코올과 락스 등을 이용해 살균한다.

② 품종 선택

국립산림과학원 및 산림조합중앙회 산림버섯연구센터에서는 장기간에 걸쳐 표고 종균을 육성한 결과, 원목 재배용 및 톱밥 재배용 우량 종균 다수를 개발하여 품종 보호 출원을 하였다. 표고는 2008년부터 국제식물신품종보호연맹(UPOV)의 신품종 보호 제도가 적용되는 품목이며, 이 때문에 외국 도입 종균으로 재배하는 국내 표고 농가들은 경우에 따라 비싼 사용료를 지불해야 하므로 사용료를 지불하지 않는 우리 고유의 종균 개발이 시급히 요구되고 있다. 국내에서 재배되고 있는 종균의 약 60%가 외국 종균이다. 국내 재배 농가에서 사용하는 종균 중 UPOV 제도에 적용되는 도입 종균은 상당한 사용료 지불이 예상되고 있다. 국내 품종 보호 출원된 종균은 약 30여 개에 불과한데, 일본과 중국은 수백 개에 달해 표고 품종의 수에서 열세를 보이고 있다.

우리나라에서 개발된 품종으로는, 국립산림과학원에서 원목 재배용 품종으로 개발한 산림 7호, 산림 9호, 가을향, 수향고, 여름향, 천백고 등과 톱밥 재배용 산림 10호가 있으며, 산림버섯연구센터에서 원목 재배용 품종으로 개발한 산조 103호, 산조 108~111호, 산조 303호 등과 톱밥 재배용 산조 701호, 산조 702호, 참아람, 산조 704~707호 등이 있다. 또한, 개인 육종가에 의한 개발 품종으로 HBLE 1호, HBLE 2호, HS 607, GNA 01 등이 있다.

③ 우량 종균 선택

㉠ **우량 종균:** 종균의 좋고 나쁨을 외관으로 보고 구별하는 것은 충분한 경험이 없이는 그리 쉽지 않은 일이다. 일반적으로 좋은 종균은 누가 보아도 상태가 좋은 것을 말하며, 다음과 같은 점을 들 수 있다. 첫째, 순수한 표고 균사로서 표고 특유의 신선한 냄새와 윤택한 색깔을 지니고 잡균이 없는 것. 둘째, 종균이 최고의 활성을 보이는 시기에 배양이 완료된 것. 보통 500g 용량의 병에 표고 원균을 접종한 경우, 24℃ 내외에서 약 2개월간 배양한 것. 셋째, 종균이 등록 품종으로서 재배 특성이 우수한 것이다.

㉡ **불량 종균:** 불량 종균의 외관상 판별은 잡균에 의한 변색을 관찰하는 것이 가장 쉽고도 중

요한 일이다. 그러나 잡균을 표고 균사가 자라 덮어 버리는 경우, 종균의 수분이 과하거나 부족한 경우, 균사가 배양 과정에서 고열을 받아 세력이 약화된 경우 등은 외관상의 관찰만으로는 식별하기 어렵다. 이러한 경우에는 종균병의 뚜껑을 열어 보아 판단하는데, 표고 고유의 유백색 균사 빛깔을 띠지 않으며, 냄새를 맡았을 때 산패(酸敗)된 냄새를 발산하면 잡균에 오염된 불량 종균이다.

④ 종균 접종 방법

톱밥 재배의 재배 형태에 따라 봉형 배지는 보통 종균을 배지의 측면에 3개 또는 4개씩 접종하며 접종 방법은 배지의 측면을 절개하여 종균을 넣고 막거나 버섯나무 종균 접종, 성형 종균 접종 등의 방법을 사용한다. 버섯나무 종균은 5cm 이상으로 길기 때문에 배지 중심부 및 반대쪽까지 동시에 접종하는 효과가 있어 배양 속도가 빠르다.

원통형 배지는 상면의 뚜껑 또는 솜을 열고 미리 갈아 놓은 톱밥 종균을 접종한다. 배지 중앙의 구멍이 상면에서 깊지 않기 때문에 털어 넣은 종균은 배지의 상면부터 생장한다.

사각형 배지는 여러 형태의 배지 중 기계화가 가장 많이 진전되어 있다. 현재 일본에서는 반자동 접종기와 접종과 밀봉이 완전 자동화된 접종기도 개발되어 있다. 배지의 비닐 상단 면을 벌리고 반자동 접종기를 이용하여 종균을 넣는다(그림 10-18). 접종된 배지의 입구를 일자로 모아 쥐고 실링기를 이용하여 밀봉한다. 기계로 접종하기 때문에 오염률이 비교적 낮고, 배지의 양쪽 측면에 필터가 부착되어 있어 따로 통기 작업이 필요 없다. 또한, 배양 과정에서 나오는 분해수를 배지를 옆으로 눕힘으로써 배지 비닐의 빈 공간으로 뺄 수 있다는 장점이 있다.

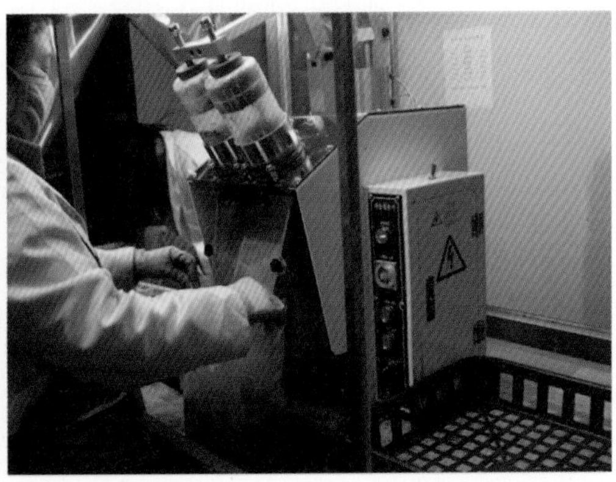

그림 10-18 **톱밥 배지 종균 접종**

❷ 표고균 배양

배지의 배양 단계는 톱밥 재배의 단계에서 가장 중요하다. 배지의 배양이 얼마나 잘되느냐에 따라 버섯의 품질과 수량이 좌우되기 때문이다. 배지의 배양은 크게 배양(암 배양) 단계와 갈변(명 배양) 단계로 구분된다. 배양 단계는 표고균이 톱밥 배지상에서 생장, 증식되는 단계이다.

초기 활착 이후에는 균사의 생장이 점차 왕성해지면서 균체량이 많아지고 그만큼 산소의 요구량도 많아지며, 자체적으로 호흡열도 많아지게 된다. 이 시기에는 실내 기온이 25℃ 미만이라 하더라도 실제로 배지 내부 온도는 그보다 1~2℃ 정도 더 높아진다. 따라서 실내 온도를 적정 온도보다 1~2℃ 낮게 유지해야 고온으로 인한 피해를 막을 수 있다. 그리고 증가한 호흡량에 따라 배양실 내부에도 이산화탄소 농도가 증가하므로 환기에도 주의해야 한다.

갈변(명 배양) 단계는 배양이 모두 이루어진 배지의 후숙과 일정한 빛에 노출하여 갈변시키는 단계이다. 표고균은 빛과 산소에 노출되면 스스로를 보호하기 위해 표면에 갈색 또는 암갈색의 피막을 형성하여 나무껍질과 같은 효과를 가지게 되는데 이를 갈변이라 하며, 갈변이 고루 잘 될수록 버섯의 품질이 좋아지고 배지의 수명이 늘어난다. 일반적으로 갈변이 70% 이상 이루어진 후에 배지를 개봉해야 해균의 침입을 막을 수 있다. 그러나 갈변의 특성은 모든 품종이 동일한 것이 아니고, 품종마다 갈변되는 기간과 형태가 다르기 때문에 재배하는 품종의 배양 특성을 잘 숙지해야 한다. 또한, 갈변이 30~40% 진행되어도 후숙이 충분히 이루어졌을 경우에만 버섯이 발생하는 데 지장이 없다. 갈변은 외부의 산소와 물이 배지 표면에 닿을 경우 촉진되므로 배지를 개봉하여 갈변 촉진과 버섯 발생을 동시에 하는 것도 가능하다. 배지의 크기, 형태에 따라 다르지만 암 배양 단계는 60일 내외, 갈변 단계는 40~50일 내외가 기준이다. 배지가 어떤 형태라도 기본 배양 개념은 모두 동일하다.

(4) 버섯의 발생

배양이 완료된 배지는 재배사로 이동하여 버섯을 발생시킨다. 버섯 발생을 위해서는 각 품종에 알맞은 환경 조건이 필요하다. 공조 시설인 경우에도 마찬가지로 버섯이 생육하기에 알맞은 온도는 평균 15~23℃ 내외이고, 습도는 80~90%가 적당하다.

버섯을 효과적으로 발생시키기 위해서는 적절한 발생 조치가 필요하다. 기본 원리는 표고 원목 재배와 마찬가지로 배지에 물리적인 자극을 주어 버섯 발이를 유도하는 것이다. 크게 온도 차이에 의한 자극과 물리적 충격을 주어서 발이를 유도한다. 버섯 발생을 위한 온도 차이는 일반적으로 8~10℃이다. 공조 시설일 경우에는 온도 및 습도 설정을 변경하여 쉽게 발생 조건을 만들 수 있다. 또한, 배지 내 함수량이 적을 경우에는 침봉 또는 침수를 이용하여 배지 내 수분을 공급함으로써 균사의 활력을 돋우고 발생을 유도한다(그림 10-19, 10-20). 자연 재배 시 밤낮의 온도 편차가 부족할 경우 하절기에는 살수 및 수막 시설을 이용하여 온도 편차를 만들 수 있으며, 동절기에는 주간에 하우스 비닐을 덮어 20~25℃의 온도가 되도록 하고 야간에는 하우스 내 온도가 떨어지게 한다.

버섯이 발이된 이후로는 살수를 가급적 하지 않아야 고품질의 버섯을 수확할 수 있다. 원기가 길이 2~3cm 크기가 되면 환기를 자주 하여 재배사 내의 수분을 70~80%로 낮추어 주어야 한다. 그러나 재배사 내 환경이 너무 건조할 경우에는 상황에 맞추어 적절한 살수가 필요하다.

그림 10-19 **원통형 톱밥 배지에서의 버섯 발생**

그림 10-20 **톱밥 배지에서의 지면 봉지 재배 버섯 발생**(품종: 산조 702호)

6. 수확 후 관리 및 이용

1) 버섯 수확

(1) 버섯 수확 방법 및 수확 시기

동일한 시기에 발생한 버섯이라도 버섯 채취 방법 및 채취 시기에 따라 버섯 품질이 달라지므로 다음에 유의하여 버섯을 수확한다(Royse, 1985). 버섯을 수확할 때는 갓 부분(머리)을 잡지 말고 대(줄기) 아랫부분을 잡고 돌리면서 수확한다. 갓 부분에 상처가 생기면 그 부분에 반점이 생겨 품질이 떨어진다. 버섯 수확 바구니는 마대나 페인트통과 같이 깊은 것을 사용하면 버섯이 서로 부딪쳐 상품성이 떨어지므로 반드시 크기가 작은 바구니 등을 사용한다.

여름철 고온기에 발생한 버섯은 버섯 생장이 무척 빠르므로 동일한 품질을 만들기 위해서 하루에 한 번만 수확하지 말고 여러 번에 나누어 수확한다. 버섯은 재배장의 습도가 가장 높은 시간인 밤 12시에서 새벽 6시에 갓이 빨리 벌어지므로 여름철 고온 다습기에는 한밤에도 버섯을 수확할 필요가 있다. 보관할 때는 다량의 버섯을 큰 바구니에 가득 채우지 말고 작은 바구니에 분산시켜 빠른 예냉 후 나중에 합쳐 보관하는 것이 바람직하다.

버섯의 출하 용도에 따라 버섯 수확 시기를 결정하며 일반적으로 봉지 포장용(마트 납품)은 갓이 적게 벌어진 상태에서 수확하고, 납품용 및 식자재용은 다소 큰 버섯을 수확한다.

⑵ 버섯 선별 방법

영농법인을 통해 공동 선별하는 경우도 있지만 대부분 개인이 선별하는 경우가 많고 선별의 정확도에 따라 시장 출하 가격의 차이가 심하므로 선별에 최대한 유의할 필요가 있다. 선별은 개인의 시각에 따라 차이가 발생할 수 있으므로 되도록 한 사람이 하도록 한다. 시장에서 선호하는 규격이 시기에 따라 변동이 심하므로 시장 정보를 주시하면서 선별 기준에 변화를 주어 대응하여야 하며, 선별 기준은 일반적으로 버섯의 크기, 갓의 색택, 갓이 벌어진 정도에 따라 대략 5~7가지 정도로 정한다(그림 10-21, 표 10-6).

상

중

하

그림 10-21 시장 출하 선별 예

표 10-6 생표고 등급 규격

항목 \ 등급	특	상	보통
고르기	크기 구분표상 '대' 이상으로, 크기가 다른 것의 혼입이 10% 이하	크기 구분표상 '중' 이상인 것으로 크기가 다른 것의 혼입이 20% 이하	
모 양	품종 고유의 모양으로 균일하며, 개열된 것이 전혀 없고 두께가 1.5cm 이상	품종 고유의 모양으로 균일하며 개열된 것이 10% 미만, 두께가 1.5cm 이상	특 · 상에 미달하는 것
가벼운 결점	없음	5% 이하	

(3) 버섯 저장법

몇 년 전에는 시장 시세에 맞추어 출하하고 홍수 출하 시 물량 조절을 위하여 저장을 하는 농가들이 많았으나 현재는 거의 신선한 버섯 출하가 주를 이룬다. 저장을 하면 감량이 발생하고 저장된 버섯은 쉽게 변하므로 그것이 곧 소비를 위축시키는 결과를 가져온다. 가능하면 저장하지 말고 출하하는 것이 좋으며, 단기간 저장할 경우 다음 사항에 유의한다.

수확된 버섯을 직접 저장고에 저장하기보다는 단시간 안에 버섯의 생장을 막기 위하여 예냉을 하는 것이 좋으며, 예냉 온도는 버섯 상태에 따라 변화를 준다(습기가 많은 경우 7~9℃, 습기가 없는 경우 −2℃ 정도). 저장 온도는 장기간 저장에는 −3℃ 정도로 하고 단시간(일주일 이내) 저장에는 1℃ 정도로 하며, 냉동 버섯의 경우 서서히 녹여서 출하한다.

저장고 면적의 2/3를 초과해서 저장하지 말고, 용기에 담을 때도 2/3 정도씩 채운 후 저장하는 것이 내부 버섯이 변하는 것을 막을 수 있다. 조작 패널에 표시된 온도계와 저장고 내부 온도 사이에 차이가 발생할 수 있으므로 저장고 내부에도 막대 온도계를 설치하여 저장고 내부의 온도를 확인한다. 여름철 저장고 문을 자주 열고 닫으면 쿨러팬에 성애가 발생하여 냉각 능력이 떨어지므로 수시로 성애를 제거해 준다.

2) 건조 방법 및 버섯 등급

갓의 크기나 두께 그리고 수분 함량별로 구분하여, 건조대에 버섯 대가 밑으로 향하게 건조기에 넣어야 건조 버섯의 품질이 균일하다. 일반적으로 화력에 의한 열풍순환가열 방식으로 예비건조는 45~50℃ 온도에서 1~4시간 동안 배기구를 완전 개방하여 시작하며, 본격적인 건조는 10~12시간 동안 55℃까지 시간당 1~2℃ 정도로 서서히 상승시키며 배기구의 2/3를 개방한다. 이어 55℃에서 3시간, 배기구의 1/3을 개방하고 후기 건조를 하며, 마무리 작업으로 60℃에서 1시간, 배기구는 밀폐시켜 관리한다.

백화고

흑화고

그림 10-22 건표고 포장 모습

표고는 수분 함량 8% 내외로 건조시킨 후 비닐봉지 등에 밀봉하여 5~8℃ 내외로 저장한다. 수분이 많고 살이 두꺼운 버섯은 건조 초기에 40℃로 낮게 하고, 특히 채취 후 비에 맞은 버섯은 충분히 송풍을 시킨 후 35℃ 전후의 온도에서 서서히 건조를 시작한다.

완전히 건조된 버섯 중 그림 10-22처럼 갓의 윗면이 거북등처럼 갈라져 흰색의 건조 버섯은 백화고로 선별되며 갈색이 유지된 버섯은 흑화고로 포장되어 고가로 판매된다. 또한, 버섯의 갓이 핀 정도, 형태 그리고 크기에 따라 동고, 향고, 향신의 등급별로 선별하여 포장한다(표 10-7, 표 10-8).

① 동고: 봄철이나 늦가을에 주로 채취된 것으로 갓의 둘레가 안쪽으로 오므라든 형태이고 육질이 두껍다.

② 향신: 온도가 높을 때 빨리 생장된 버섯을 채취한 것으로, 갓이 얇고 많이 펴져 있다.

③ 갓의 펴진 정도에 따라 구분: 동고형(50~70%), 향신형(70~90%)

표 10-7 동고 및 향고의 등급에 따른 갓의 형태

항목 \ 등급	특	상	보통
모양	표면이 거북이등 또는 국화꽃 모양으로 균열되어 있으며 원형, 타원형인 것이 80% 이상	표면이 거북이등 또는 국화꽃 모양으로 균열되어 있으며 원형, 타원형인 것이 40% 이상	특 · 상에 미달하는 것
갓의 펴짐	50% 이하	50% 이하	
두께	두께 구분표상 두꺼운 것이 80% 이상	두께 구분표상 두꺼운 것이 60% 이상	
끝둘레	전체가 오므라든 것		

표 10-8 향신의 등급에 따른 갓의 형태

항목 \ 등급	특	상	보통
모양	모양이 반구형 또는 타원형으로 표면의 일부가 균열된 것이 80% 이상	모양이 반구형 또는 타원형으로 표면의 일부가 균열된 것이 60% 이상	특 · 상에 미달하는 것
갓의 펴짐	80% 이하	80% 이하	
두께	두께 구분표상 '보통' 이상인 것으로 얇은 것의 혼입이 3% 이하	두께 구분표상 '보통' 이상인 것으로 얇은 것의 혼입이 5% 이하	

3) 출하 및 판매

(1) 건표고

개별 농가가 생산한 건표고는 영농조합 법인, 산림조합, 농협 등 생산자 단체에서 공동 선별을 하여 건표고 수집 도매상에게 직접 판매하는 방법과 입찰을 통하여 공판하는 방법이 있다. 그러나 최근 건표고 가격이 하락하여 공동 출하가 점차 사라지고 개인이 출하한 건표고를 농협에서 공개적으로 가을에 1회, 봄에 3~5회 입찰하는 방법이 주로 이루어지고 있다. 출하 가격을 높이기 위하여 개별 농가가 오프라인과 인터넷 판매 등을 통한 소비자 직거래도 다양하게 시도되고 있으나 개인 농가가 다양한 상품 개발 및 포장 디자인의 개발 등에 한계가 있으므로 정책적인 지원이 필요하다. 건표고의 대량 소비는 명절 선물용으로 주로 이루어지고 있어 개인이 직접 납품하기에는 생산 물량 조절 등 어려움이 많으므로 소규모 농가가 연합하여 공동으로 납품하는 방법도 고려해 볼 만하다.

요리의 간편함 때문에 슬라이스, 표고채, 분말(조미료용 포함) 수요가 높아지고 있으므로 가을에 생산되는 수분이 많은 버섯이나 봄에 비를 맞은 버섯 등은 위의 방법으로 가공하여 출하하는 것도 출하 가격을 높일 수 있는 한 방법이다(그림 10-23).

그림 10-23 **건표고 공판**(좌) **및 생표고 도매 시장**(우)

(2) 생표고

공영 도매 시장을 통한 경매에 의하여 출하가 이루어지고 있으며 작목반, 영농법인 생산자 단체를 통한 계통 출하와 개인 출하가 있다. 대도시 인근 농가와 재배 규모가 큰 농가는 직접 개인 출하를 하나 현재는 물류비가 점차 높아지고 있으므로 계통 출하량이 늘고 있다. 생산자 단체들이 도매 시장을 거치지 않고 직접 대형 마트 등에 납품하는 방법도 시도되고 있으나 표고 재배 특성상 연중 안정되게 공급하는 부분에 문제점이 있어 어려움이 있다.

〈박원철, 고한규, 김선철〉

참고 문헌

- 박동명, 김선철, 노종현, 이병석, 고한규, 김경진, 최선규. 2008. 표고버섯 재배 사례별 핵심 기술. 산림조합중앙회 산림버섯연구소.
- 박원철, 윤갑희, 가강현, 박현, 이봉훈. 2006. 표고 재배 및 병해충 방제 기술. 국립산림과학원 연구 자료 제258호.
- 박원철, 윤갑희, 김선철, 홍기성. 2008. 표고의 안정 생산을 위한 표고 재배 신기술. 국립산림과학원 연구신서 제27호.
- 변병호, 이태수, 김영련, 윤갑희, 박원철, 김교수. 1995. 단기 임산 신소득원 개발에 관한 연구(Ⅱ)-임산 버섯 자원 개발. 산림청 특정연구보고서. pp. 53-97.
- 유창현, 서성봉, 고한규, 최선규, 김선철, 김경진, 노종현, 이병석. 2007. 표고 재배 기술 교재. 산림조합중앙회 산림버섯연구소.
- 윤갑희, 박원철, 박현, 김명길, 이진실, 박광선. 2006. 자연 재배형 표고 톱밥 재배 시스템 개발. 2005년도 연구사업보고서(임산공학 분야). 국립산림과학원. pp. 301-333.
- 윤갑희, 이원규, 이태수, 변병호, 이창근. 1995. 표고 톱밥 재배에 관한 연구-톱밥 배지 조건에 따른 버섯 생산량과 품질. 산림과학논문집 51: 101-109.
- 이태수, 윤갑희, 박원철, 김재성, 이지열 편저. 2000. 새로운 표고 재배 기술. 국립산림과학원 연구 자료 제158호.
- Chang, S. T. and Miles, P. G. 2000. *Edible Mushrooms and Their Cultivation*. CRC press. pp. 55-57, 93-104.
- Chihara, G., Hamuro, J., Maeda, Y., Arai, Y., Fukuoka F. 1970. Fractionation and purification of the polysaccharides with marked antitumor activity, especially lentinan, from *Lentinus edodes* (Berk.) Sing. (an edible mushroom). *Cancer Res.* Nov; 30(11): 2776-2781.
- Ikekawa, T., Uehara, N., Maeda, Y., Nakanishi, M., Fukuoka, F. 1969. Antitumor activity of aqueous extracts of edible mushrooms. *Cancer Res.* Mar; 29(3): 734-735.
- Pegler, D. 1975. The classification of the genus *Lentinus* Fr. (Basidiomycota). *Kavaka*. 3: 11-20.
- Przybylowicz and Donoghue. 1990. *Shiitake Growers Handbook*. Dubuque, Iowa:Kendall/Hunt Publishing Company. p. 217.
- Royse, D. J. 1985. Effect of spawn run time and substrate nutrition on yield and size of the shiitake mushroom. *Mycologia* 77(5) 756.

제 11 장

느티만가닥버섯

1. 명칭 및 분류학적 위치

느티만가닥버섯(*Hypsizygus marmoreus* (Peck) H. E. Bigelow)은 주름버섯목(Agaricales) 만가닥버섯과(Lyophyllaceae) 느티만가닥버섯속(*Hypsizygus*)에 속하는 식용 버섯으로, 일반명은 'Beech mushroom'이고 일본명은 '부나시메지(ブナシメジ)'이다. 이 버섯은 참나무류, 너도밤나무, 칠엽수, 단풍나무, 느릅나무 등 각종 활엽수의 고사목이나 그루터기에 군생하는 목재부후균으로 국내에서는 9~10월 가을에 발생하며, 동남아시아, 유럽, 북아메리카 등 북반구 온대 이북 지역에 분포한다.

형태적인 특징은 갓 지름이 4~15cm 정도로 둥근 단추형이거나 반구형으로 성숙되면서 편평해지고, 갓의 색은 흑갈색에서 회갈색~크림색으로 열어지며 대리석 무늬 같은 반점이 있다. 조직, 주름살, 대가 모두 백색으로서, 식용으로 호감이 가는 버섯이다. 맛은 일본인들이 가장 맛있는 버섯으로 평가하고 있는 땅찌만가닥버섯(*Lyophyllum shimeji*, ホンシメジ)에는 미치지 못하지만, 자실체 형태가 인공 재배가 어려운 땅찌만가닥버섯과 매우 유사하기 때문에 일본에서 병재배가 시작된 버섯이다.

느티만가닥버섯의 학명은 분류학자에 따라 다르게 명명하여 많은 혼란을 주고 있다. Singer는 *Lyophyllum ulmarium* (Bull.: Fr.) Kühne로, 유럽에서는 *Pleurotus ulmarius* (Bull.: Fr.) Kummer로, 북아메리카에서는 *Pleurotus ulmarius* sensu로 명명하는 등 수많은 이명(synonymy)이 존재한다. 한편 *Hypsizygus*속은 Singer에 의해 정립되었으며, *H. tessulatus*

(Bull.: Fr.) Singer, *H. ulmarium* (Bull.: Fr.) Redhead, *H. circinatus* (Fr.) Singer, *H. marmoreus*와 *H. elongatipes* (Peck) Bigelow 등 5종을 보고하였다(Redhead, 1984; Lomberh *et al.*, 2003).

현재 상업적으로 인공 재배되고 있는 만가닥버섯류는 *Hypsizygus ulmarium* (Bulliard) Redhead와 *Hypsizygus marmoreus* (Peck) Bigelow 두 종류이다. *H. marmoreus*의 포자 크기는 4~6.4×3.6~4.8㎛로 5㎛ 이하의 구형이거나 반구형이고, 자실체의 갓에는 진한 색의 반점이 중앙 혹은 전면에 형성되며, 자실체는 밀생하는 특성이 있다. 균사에서는 분절, 후막포자를 형성하였다. 반면에 *H. ulmarium*의 포자 크기는 5~6.5×4~5㎛로, 5㎛ 이상이고 타원형이며, 갓에 반점이 없거나 불분명하고 미세 인편상을 형성한다. 주로 단생하고 균사는 무성포자 형성을 하지 않는 것으로 보고되어 있다(長澤와 有田, 1988; Dyakov *et al.*, 2011).

느티만가닥버섯의 생태와 생리 및 재배학적 특징은 표 11-1의 내용과 같다.

표 11-1 느티만가닥버섯의 주요 특징 (大森와 小出, 2001)

생 태	자연 분포	참나무류, 칠엽수, 느릅나무 등의 활엽수 고사목, 그루터기 등에 발생
	자연 발생 시기	9~10월
생 리	균사 생장 온도	범위 5~30℃, 최적 온도 20~25℃
	균사 생장 습도	-
	자실체 발생 온도	범위 12~20℃, 최적 온도 15℃ 전후
	자실체 발생 습도	95% 이상
	이산화탄소 농도	0.3% 이하
	빛	발이 유도기: 50~100lx 버섯 생육기: 500~1,000lx
재 배	적합 수종	참나무류, 삼나무, 적송, 낙엽송, 전나무 등
	배지 재료	쌀겨, 밀기울, 대두박, 콘코브, 비지
	품종 및 종균의 형태	만가닥 1호 및 2호 일본에는 22품종 등록(2005년) 톱밥 종균(액체 종균도 적용 가능)
	재배 소요 기간	100~120일
	연간 발생 횟수	주년 재배
	수확물의 규격	갓 개산율 70~80%(갓 지름 20~25mm)

그림 11-1 야생에 발생한 느티만가닥버섯

2. 재배 내력

느티만가닥버섯의 인공 재배는 일본의 다카라주조(宝酒造) 주식회사가 1970년에 인공 재배법을 개발하여 1972년에 나가노켄 카미고우(長野県上鄕) 농업협동조합(현 JA 미나미신슈)의 팽이버섯 지부가 중심이 되어 시험 재배를 시작한 것이 최초이다. 그 후 1978년경에는 나가노켄 전 지역의 농협 계열에서 재배하였다. 초기에는 팽이버섯의 대체 품목이었지만 생산과 판매가 안정화되어 생산량이 확대되었다. 일본에서의 생산량은 재배 초기인 1979년에 1,071톤이었으나, 1998년 38,000톤에서 2000년에 83,832톤이 생산되어 급격히 증가하였다. 2009년의 생산량은 110,653톤으로 이는 일본의 대표적인 인공 재배 버섯인 팽이버섯(2009년: 138,501톤) 다음으로 많다(Nakamura, 2006; 松尾, 2010; 小山, 2010).

한편 우리나라에서의 인공 재배는 1980년대 후반 일본에서 균주와 재배법을 도입하여 한때 '은방울버섯' 이라는 상품명으로 유통되기도 하였으나, 재배 기간이 지나치게 길어 생산비가 높은 반면에 쓴맛이 있고 홍보 부족 등의 원인으로 소비가 확대되지 않아 정착에 실패하였다. 국내에서 느티만가닥버섯이 본격적으로 재배된 것은 2002년에 일본에서 느티만가닥버섯의 품종과 재배법을 최초로 개발한 일본 다카라주조와 국내의 한 식품 회사의 협약으로 설립한 합작회사에서 시작되었으며 현재 '백일송이' 라는 이름으로 유통되고 있다. 이 버섯은 균사 생장이 매우 늦고 후숙 배양이 필요하여 전체 재배 기간이 약 100일 정도 소요된다. 그래서 상품명을 백일송이로 명명한 것으로 알려져 있다. 최근에 일부 팽이버섯 생산 시설에서 팽이버섯의 대체 버섯으로 재배, 생산하고 있으며 저장성이 좋아서 수출 유망 품목으로 각광받고 있다. 국내의 경우 느타리, 새송이 및 팽이버섯 등을 재배하던 공조 시설이 완비된 재배사가 많으므로 느티만가닥버섯 재배로의 품목 전환이 용이할 것으로 판단된다.

3. 영양 성분 및 건강 기능성

느티만가닥버섯은 저지방 고단백 식품으로 단백질의 구성 아미노산 중 조미 성분인 글루탐산을 많이 함유하고 있으며, 암세포 성장 억제 효과, 항산화 효과와 항종양 효과 등 생리 활성이 있는 것으로 보고되어 있다(김 등, 2003; Xu *et al.*, 2007; 정 등, 2008).

Hypsin은 항진균성과 항종양 효과(Lam *et al.*, 2001a, 2001b)를, 콜라겐 결합 단백질인 HM 23, hypsiziprenol A_9 등 다당류와 β-(1-3)-D-글루칸은 항암 활성을, 자실체 추출물은 실험용 쥐 ICR 마우스의 sarcoma 180 고형암에 항종양 활성이 있는 것으로 보고되어 있다(Ikekawa, 1995). 또한, 버섯 분말이나 추출물을 동물 사료에 첨가했을 때, 혈행의 라디칼 획득 활성(radical-trapping activity)을 자극하여 항산화 활성을 보이는 것으로 보고되어 있다(Matsuzawa *et al.*, 1998; Lee *et al.*, 2008; Akavia *et al.*, 2009). 그리고 버섯 분말은 체중 감소 및 체지방 축적 억제와 혈청 지방 수준 개선에 효과적인 것으로 보고되어 있다(류 등, 2011).

이밖에도 느티만가닥버섯의 생리 활성에 관한 연구는 항암 활성(정 등, 2008), 간암 억제 효과(hypsiziprenol A_9, Chang *et al.*, 2004; Akihisa *et al.*, 2005), 항동맥 경화 효과(Mori *et al.*, 2008), 항면역반응(Yoshino *et al.*, 2008a, 2008b), ACE 저해 활성(宜寿次 등, 2008) 등이 보고되어 있다. 느티만가닥버섯 자실체의 일반 성분과 수용성 당, 아미노산, 5′-뉴클레오티드, 조미 성분 함량을 비교한 결과, 백색 자실체가 갈색 자실체보다 2.5배 이상 함유하고 있는 것으로 보고되었고(Lee *et al.*, 2009), Harada 등(2003, 2004)은 자실체의 생육 단계별 유리 아미노산과 수용성 당질은 자실체 발달기에 가장 많이 함유되어 있고, 재배용 배지의 조성 성분에 따라 조미 성분이 변하는 것으로 보고하였다.

국내에서 재배하고 있는 느티만가닥버섯 갈색 자실체와 백색 자실체의 일반 영양 성분을 느타리와 새송이 등의 몇몇 식용 버섯과 비교한 결과는 표 11-2와 같다.

갈색 자실체와 백색 자실체의 에너지는 각각 33kcal, 27kcal, 탄수화물 중 섬유소는 없고 당질만 7.5g과 6.0g, 단백질은 2.6g, 2.0g을 함유하고 있다. 항고혈압 활성에 도움이 되는 무기질인 칼륨은 각각 419g과 453g으로 양송이를 제외한 식용 버섯 중 가장 많이 함유하고 있고, 270g인 느타리나 180g인 표고보다 2배 이상 높다. 회분 함량은 대부분의 식용 버섯이 비슷하였고, 탄수화물 중 당질은 큰느타리보다는 낮지만 대부분의 식용 버섯보다는 높다. 백색 자실체의 나트륨 함량은 26g으로 비교한 다른 버섯들보다 3배 정도 높다. 인의 함량은 갈색 자실체와 백색 자실체가 각각 88g과 78g으로 새송이 45g과 표고 28g보다는 높지만, 다른 비교 버섯보다는 낮다(표 11-2).

표 11-2 느티만가닥버섯과 몇몇 식용 버섯의 영양 성분 비교 (농촌진흥청, 2001) (가식부 100g당 함량)

성분 / 버섯명	에너지 (kcal)	수분 (%)	단백질 (g)	지질 (g)	탄수화물		회분 (g)	무기질(mg)				
					당질 (g)	섬유소 (g)		칼슘	인	철	나트륨	칼륨
H. marmoreus (갈색)	33	89.1	2.6	0	7.5	–	0.8	2	88	0.4	3	419
H. marmoreus (백색)	27	91.0	2.0	0.1	6.0	–	0.9	2	78	0.4	26	453
L. ulmarium	36	87.8	2.3	0.1	8.3	0.6	0.9	2	110	1.9	–	–
P. ostreatus	25	91.3	2.7	0.2	4.6	0.6	0.6	3	107	1.2	2	270
A. bisporus	23	90.8	3.5	0.1	3.8	1.0	0.8	7	102	1.5	8	535
G. frondosa	30	88.2	3.6	0.5	4.6	2.0	1.1	1	113	2.3	–	–
P. eryngii	35	87.8	2.5	0.1	8.0	0.9	0.7	0	45	0.4	8	289
F. velutipes	29	89.8	2.7	0.3	5.5	0.9	0.8	2	89	1.2	9	368
L. edodes	27	90.8	2.0	0.3	5.4	0.7	0.8	6	28	0.6	5	180

성분 / 버섯명	비타민							폐기율 (%)
	A			티아민 (mg)	리보플라빈 (mg)	나이아신 (mg)	C (mg)	
	레티놀 당량 (RE)	레티놀(μg)	β-카로틴 (μg)					
H. marmoreus (갈색)	0	0	0	–	–	–	–	0
H. marmoreus (백색)	0	0	0	–	–	–	–	0
L. ulmarium	0	0	0	0.17	0.52	4.3	0	0
P. ostreatus	0	0	0	0.38	0.32	5.2	3	0
A. bisporus	0	0	0	0.07	0.53	4.0	0	0
G. frondosa	0	0	0	0.21	0.49	4.0	0	0
P. eryngii	0	0	0	0.12	0.22	2.3	3	0
F. velutipes	0	0	0	0.24	0.34	5.2	12	20
L. edodes	0	0	0	0.08	0.23	4.0	0	0

※ 비타민 A- R.E는 β-카로틴을 환산한 수치임
탄수화물값: 100 – (수분+단백질+지질+회분)
섬유소 = 조섬유
에너지 환산 지수: 단백질 2.62, 지질 8.37, 탄수화물 3.48

4. 재배 기술

느티만가닥버섯은 참나무류, 칠엽수, 느릅나무 등 활엽수 고사목을 분해하고 그루터기 등에 발생하는 목재부후균이기 때문에 원목 재배도 가능하나, 경제성을 생각하면 공조 시설을 갖추어 온도, 습도, 환기, 빛 등의 환경 조절을 하면서 병재배 형태로 하는 것이 이익이다. 느티만가닥버섯은 느타리와 비교하면 균사 활력이 매우 약하기 때문에 균사가 배지에 만연한 후에 충분한 숙성 기간이 필요하여 재배 기간이 약 100일 이상 필요하며, 배지 제조 및 배양 과정과 생육 과정으로 나눌 수 있다(그림 11-2, 그림 11-3). 따라서 느티만가닥버섯의 경영은 재배를 위한 시설 투자비가 많이 소요되기 때문에 전업 경영이 아니면 어렵다.

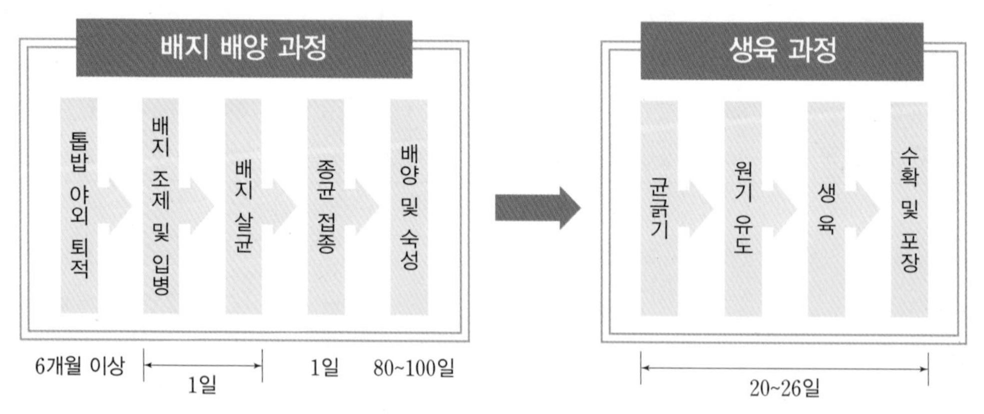

그림 11-2 느티만가닥버섯의 병재배 과정과 재배 기간 (大森와 小出, 2001)

1) 배지의 준비

(1) 배지 재료

배지의 재료는 톱밥, 쌀겨, 대두박, 밀기울, 콘코브, 건비지 등을 사용할 수 있다. 톱밥은 침엽수 단독, 활엽수 단독, 혹은 침엽수와 활엽수 톱밥을 혼합한 것을 사용할 수 있지만 물을 뿌리면서 야외 퇴적한 것이면 삼나무와 소나무 등 침엽수 단독으로도 문제가 없다. 톱밥의 입자가 미세한 경우에는 나무 칩을 혼합하면 배지 내의 공극이 확보되어 배지의 물리성이 향상된다.

영양재는 총량의 약 50%가 쌀겨로 구성되며 그 밖에 대두박, 밀기울, 콘코브, 건비지 등을 혼합하여 사용한다. 영양재의 혼합 비율은 버섯 생산에 크게 영향을 미치고 품종에 따라서도 다르기 때문에 영양재의 선택은 주의할 필요가 있다.

❶ 톱밥

활엽수 톱밥을 사용하는 것이 일반적이나 삼나무 톱밥, 미송 톱밥 등도 사용할 수 있다. 침엽수 톱밥을 사용하는 경우에는 충분히 야적하여 톱밥의 수지를 제거해 주고 활엽수 칩을 첨가하여 주는 것이 좋다. 침엽수 톱밥을 사용할 경우에는 혼합 비율에 따라 배양 기간이 길어지고 수확량이 떨어질 경우가 있기 때문에 충분히 검토한 후에 사용해야 한다.

❷ 쌀겨

쌀겨는 1병에 50g 정도 사용하는 것이 일반적이다. 쌀겨에는 균사 생장과 자실체 발생 및 생육에 필요한 영양원이 충분히 함유되어 있다. 쌀겨는 유지 성분을 제거하지 않은 것이 자실체 수확량을 높이는 데 유리하나, 여름철 고온기에는 유지 성분이 산화되어 산패된 것을 사용하면 수확량이 떨어지기 때문에 보관에 주의해야 한다.

❸ 콘코브

콘코브는 활엽수 톱밥과 같이 헤미셀룰로오스 등의 성분이 함유되어 있다. 따라서 톱밥과 혼합하여 사용하면 버섯 생산에 도움이 되지만, 혼합 비율이 과도하게 높으면 균사 생장이 지연되거나 숙성 배양이 지연되어 발이가 불량하고 버섯의 품질이 떨어질 수 있다.

❹ 면실피

조섬유가 많고 조기 숙성과 수량 증수 효과가 있다. 그러나 혼합 비율이 과도하게 높으면 균사 생장이 늦어지고 숙성 부족이 되어 발이 불량과 버섯의 품질이 떨어질 수 있다.

❺ 밀기울

밀기울은 증수 효과는 그다지 없으나 비교적 입자가 커서 흡수력이 높기 때문에 배지의 물리성을 좋게 하는 효과가 있다.

❻ 대두박

조섬유가 많고 배지에 첨가하면 수량 증수 효과가 있다. 물을 흡수하면 크게 팽창하기 때문에 과도하게 사용하지 않도록 주의한다.

❼ 배지 첨가제

배지 첨가제를 배지에 소량 첨가하여 균사의 활성을 높여 주고 수량을 많게 할 수 있으며, 일본에서는 다카라크린(タカラクリーン), 바이데루(バイデル) 등이 시판되고 있다. 다카라크린의 경우 850mL 용량 1병당 25g 이내를 사용한다. 또, 소석회, 패화석분 등도 첨가하고 있으나 배지가 강알칼리성이 되지 않도록 첨가량을 조절해야 한다.

(2) 배지 조제

배지의 혼합 비율은 품종과 재배자의 경험에 따라 다르지만, 기본적으로 배지 재료가 잘 혼합되고 수분 함량이 균일해야 한다. 영양재의 함수율은 어떤 재료든 약 11% 내외지만, 톱밥은 쌓아 두는 형태와 기상 조건에 따라 크게 다르기 때문에 배지의 수분 조절에 주의해야 한다. 용량

850mL, 병 입구 지름 58mm PP병을 예를 들어 설명하면, 영양제를 1병당 100g을 넣고 톱밥의 수분 함량을 72%로 하면 1병당 톱밥의 양은 약 320g, 물의 양은 1병당 약 90mL가 된다. 또, 입병량, 배지의 수분 함량에 따라 품질, 수량에 미치는 영향이 크기 때문에 균일하게 혼합되도록 충분한 시간을 두고 혼합해야 하며, 고온기에는 쌀겨 등이 산패되지 않도록 주의하여야 한다. 콘코브 등을 배지 재료로 사용할 때는 수분이 콘코브의 내부까지 침투하도록 충분히 교반한 후 수분 조절하지 않으면 고압 살균 시 수분 부족으로 인해 곰팡이 등이 발생하는 경우도 있다.

입병은 병 입구의 중간에서 상부 2/3 정도까지만 한다. 너무 깊으면 종균 접종량이 많아지고, 너무 과도하게 입병하면 균긁기 할 때 배지 면이 갈라지므로 주의해야 한다. 입병은 병 전체가 균일한 밀도로 하는 것이 이상적이나 병 아랫부분보다는 병 입구 쪽을 좀 더 높은 밀도로 입병하는 것이 버섯 발생에 유리하다. 배지의 중앙에 구멍을 내어 그 구멍 안에 종균이 들어가도록 하여 균사가 빨리 만연하게 하고, 균사 생장 시에 발생하는 이산화탄소를 효율적으로 배출할 수 있도록 한다. 3개 혹은 4개의 구멍을 내면 숙성을 포함한 배양을 빠르게 할 수 있다.

병재배를 위한 최적의 톱밥 배지 조성은 미송 톱밥:콘코브:대두박을 기본으로 밀기울, 비트펄프와 옥분의 비율을 조절하여 조성한 배지 중 미송 톱밥:콘코브:대두박:밀기울(40:30:15:15)이 가장 빠른 균사 생장과 높은 수확량, 유효 개수를 보여 최적 배지로 선발되었으나 (김, 2012), 영양재의 첨가 비율 등을 조절하면 좀 더 좋은 배지를 얻을 수 있을 것이다.

(3) 배지 살균

배지의 살균은 상압 살균법과 고압 살균법이 있다. 상압 살균으로 내열성의 세균을 완전히 사멸하는 것이 어려우나 살균 시간과 온도를 정확히 지키면 큰 문제는 없다. 현재는 상압 살균과 고압 살균 모두 이용하고 있지만 그 특성을 이해하고 살균 시간에 주의해야 한다. 고압 살균은 살균 시간이 짧고 연료를 절약할 수 있는 장점이 있지만 과도하게 시간과 연료를 절약하기 위해 살균기 내부의 공기를 충분히 빼 주지 않아 살균 불량이 일어나기도 한다.

상압 살균의 경우, 살균기 내의 온도가 끓는점이 되어도 병 안의 온도가 같은 온도로 되기까지는 시간적으로 30~60분 정도 차이가 난다. 살균 시간은 병 안의 온도가 끓는점이 되고 나서 약 4시간 정도가 필요하다. 그래서 전체 살균 시간은 6~8시간 정도 소요된다.

고압 살균은 병 내 온도의 상승에 대해서는 상압 살균과 비슷하고 병 내의 온도가 충분히 상승하지 않은 상태에서 배기 밸브를 닫아 버리면 충분한 온도에 도달하지 않아 살균 부족이 되기 때문에 주의할 필요가 있다. 살균기의 온도가 끓는점에 도달한 후 30~60분간 배기 밸브를 막지 않고 증기를 살균기 밖으로 배출하면 병 내의 온도가 끓는점으로 된다. 배기 밸브를 잠근 후 115℃에서 118℃가 되고 나서 40~60분 정도는 온도를 유지하고 이 상태에서 살균을 1시간 정도 더하고, 배기 밸브를 열어 60분 정도 시간을 가지고 배기를 계속한다. 살균은 시작부터 완료까지 5~6시간 정도 걸린다. 살균기 내의 온도 센서는 대부분 1개소에 부착되어 있기 때문에 센서에서 떨어져 있는 부분에도 내열 온도계를 설치하여 온도를 체크하는 것이 중요하다.

2) 종균 접종과 배양

(1) 종균의 접종

종균 접종을 할 때는 유해균에 의한 오염에 주의하는 것이 중요하다. 완전히 살균한 배지도 접종 단계에서 사소한 부주의에 의해 유해균에 오염되면 살균이 전혀 의미가 없어지고 만다. 접종실은 사전에 청소와 소독을 잘하여 가능한 유해균이 없는 실내 상태로 유지한다. 소독을 접종 작업 직전에 하는 것은 오히려 낙하균을 증가시키는 경우가 되기 때문에 5시간 이상 전에 완료해 둔다. 또, 접종에 사용하는 모든 기구는 알코올 소독으로 멸균한다. 접종실은 재배 시설 중 가장 청결을 유지해야 하는 시설이기 때문에 소독제로 바닥을 소독하고 오존가스 발생기, 살균등, 공기 청정기 등을 사용하여 부유균을 제거한다. 또, 종균 접종기는 사용 전에 70% 알코올로 소독을 하고 종균을 직접 끌어 내는 날에는 화염 소독을 해야 한다. 종균 접종은 병 전체를 알코올로 분무하여 소독하고 마른 후에 실시하며, 병 상부의 종균은 제거하고 사용한다. 살균된 배지가 들어 있는 병은 입구를 알코올로 닦아 내고 화염 소독하여 접종 준비를 한다.

접종 작업은 살균 후의 배지 온도가 15~18℃ 정도가 되었을 때, 소독된 전용 의복으로 갈아입고 손을 70% 알코올로 소독한 후에 접종실에 들어가 작업을 한다. 종균의 접종량은 뚜껑과 종균 사이가 틈이 없도록 충분한 양을 접종한다. 850mL 배지이면 종균 1병으로 32병 정도 접종할 수 있다. 느티만가닥버섯은 배양 · 숙성 후 접종한 종균 위에서 버섯을 발생시키는 것이 일반적이기 때문에 접종한 종균의 상태가 발생에 크게 영향을 준다. 뚜껑과 종균 사이에 공간이 생기면 기중균사가 번식하여 발이가 불규칙하게 되므로 주의한다.

(2) 배양 · 숙성

배양 과정에서 균사의 만연은 30~40일에 완료되고, 그 후의 숙성에 50~60일 정도 필요하여 총 배양 · 숙성 기간은 80~100일 정도가 일반적이다. 품종에 따라 그 차이가 크기 때문에 품종에 적합한 배양 · 숙성 과정을 거치는 것이 중요하다.

배양 숙성실의 온도는 균사 생장 적온이 25℃ 전후이기 때문에 21~23℃로 설정한다. 습도는 배지의 건조 방지와 해균, 해충 예방을 위해서 65% 전후로 조절하고 이산화탄소의 농도는 5,000ppm 이하로 조절한다. 배양 환경은 실온 20~23℃, 습도 65% 정도가 표준이다. 그러나

이 조건은 권장 사항일 뿐, 병 내의 온도 변화에 맞추어 배양 온도를 조절한다. 품종에 따라 최고 온도의 관리에 약간의 폭이 있지만 온도가 너무 높으면 배지 표면이 건조되어 발이 불량의 원인이 된다. 또, 온도가 너무 낮으면 숙성이 불완전하게 되고 병 입구의 간극이나 표면에 버섯이 발생하는 등 불규칙한 발이의 원인이 되고, 최종적으로는 수량 부족, 품질 저하의 원인이 된다.

배양, 숙성 중의 장해로 종균 경화증이 있는데, 원인은 ① 배양 온도가 너무 높거나 ② 종균 접종량이 너무 적어 뚜껑과의 사이에 공간이 있거나 ③ 배양실의 습도가 너무 낮은 경우 등을 들 수 있다. 이들 모두 종균(배지)이 건조되는 증상을 보이기 때문에 이와 같이 되지 않도록 주의해야 한다. 또, 종균 경화증은 배양 환경 조건뿐만 아니라 유해균에 의한 것으로도 추정되고 있어 배양실에서의 오염에도 주의해야 한다. 배양실의 공기 중에 오염균이 없도록 항상 청소를 게을리하지 말아야 한다. 그 밖의 장해로 응애에 의한 피해도 많다. 응애 피해는 접종 후 7~10일 경과한 배양병에 푸른곰팡이 등에 의한 피해를 보이는 것이 많은데, 이때 병뚜껑을 열어 보아도 응애를 확인하는 것은 불가능하다. 배양 후 40~50일 정도 경과한 것은 확대경으로 확인하면 병 입구 부분에 있는 응애를 볼 수도 있다. 대책으로는 유해균에 오염된 것은 확대 방지를 위해 응애의 존재 유무에 관계없이 제거하도록 한다.

3) 발이 · 생육기의 관리

느티만가닥버섯의 생육은 원기 형성하는 발이기와 그 후의 생육기로 크게 2단계로 나눌 수 있다. 재배 형식은 발이와 생육을 한 재배실에서 관리하는 경우와 각각 다른 방에서 관리하는 방법이 있으나, 한 재배실에서 모든 과정을 끝내는 경우가 일반적이다. 이 두 방법은 일장일단이 있지만 관리법은 크게 다르지 않다

(1) 균긁기

배양 숙성 과정이 완료된 배지를 배지면 중앙부 20~30mm의 원형 부분을 남기고 그 주변부를 5~7mm 정도 긁어 내는 '만두형' 균긁기를 하고 수돗물을 병 입구까지 가득 채워 1~2시간 정도 후에 남은 물은 버린다. 균긁기와 물주기는 원기 형성을 촉진하고 균일한 원기 형성을 유도하기 위함이다. 물을 버리고 입상한 후에 병 전체를 유공 폴리 필름이나 우레탄 매트 등으로 덮어 배지 표면이 마르지 않도록 한다. 피복재로 우레탄 매트를 사용하는 경우에는 우레탄 매트를 수돗물로 적셔 사용하지 않으면 오히려 건조를 촉진하는 경우도 있으므로 주의한다.

(2) 발이 유도기

원기 형성이 일어나는 발이 유도기는 온도 15℃ 전후, 습도 95~100%, 빛 50~100lx, 이산화

탄소 농도 2,000ppm 이하로 관리한다. 온도는 너무 높거나 낮으면 발이 상태가 좋지 않고 생육 속도도 늦어지기 때문에 주의한다. 습도는 센서로 충분히 파악할 수 있는 환경 조건이 아니기 때문에 항상 발이실의 상태를 관찰하여 너무 건조하거나 과습하지 않도록 주의한다.

발이기에는 빛이 전혀 없는 상태이면 침 모양의 원기가 발생하거나 갓의 형성이 나빠지기 때문에 약간 어두운 정도의 빛이 좋다. 발이, 생육 겸용의 재배사인 경우에는 생육기의 버섯에 조사되는 빛이 있기 때문에 일부러 빛을 조사하는 경우는 없지만, 발이 전용 재배실에서는 50~100lx의 빛을 조사한다. 또, 지나치게 밝으면 자실체가 과다하게 발생하므로 주의한다.

이산화탄소 농도는 항상 측정하기 곤란하기 때문에 타이머를 사용하여 환기시키는 것이 일반적이다. 이산화탄소 농도가 높으면 기중균사가 배지 표면에 발생하여 원기 형성을 저해하고 발이 불량으로 균일성이 없어지므로 환기 부족의 지표가 된다. 반대로 환기량이 많으면 갓의 형성이 과도하게 촉진되어 갓이 너무 빨리 전개되는 원인이 된다.

원기가 형성되어 대가 길이 5mm 정도로 자라면 피복재를 제거한다. 피복재의 제거가 늦어져 갓이 피복재와 접촉되면 갓에 수침상 무늬가 생기거나 이중 발이가 되어 상품성을 저하시킨다. 반대로 피복재의 제거가 너무 빠르면 원기가 말라 생육 불량이 될 수 있다. 버섯 대의 길이가 5~10mm, 갓이 형성되어 담흑색으로 되는 시기가 발이 유도 종료 시점이다. 균긁기부터 발이기의 기간은 14일 정도이지만 항상 버섯의 상태를 관찰해야 한다. 발이를 빠른 시기에 종료하고 생육기의 빛을 조사하면, 자실체 수가 많아지고 대가 가늘며 갓이 작고 일찍 전개되는 버섯이 된다. 반대로 빛 조사가 늦으면 갓의 생육이 나빠 대가 길어지고 빈약하여 수량이 증가하지 않는다. 적기를 놓치지 말고 발이기를 종료하여 생육기로 옮기는 것이 포인트이다.

(3) 생육기

생육기는 온도 15℃ 전후, 습도 95% 전후, 빛 500~1,000lx(12시간/일, 15~30분 간격), 이산화탄소 3,000ppm 이하가 되도록 관리한다.

- 온도가 지나치게 높거나 낮으면 버섯의 생육은 늦어진다.
- 습도가 지나치게 높으면 갓의 색이 진해지고, 포장 후의 버섯에서 기중균사가 쉽게 발생한다. 너무 낮아서 말라 버리면 생육 중의 갓이 밀가루를 뿌린 것과 같이 희게 되고, 그 후에 가습을 충분히 해도 정상으로 돌아오지 않고 품질이 나빠지거나 생육이 정지한다.
- 밝기는 과도하게 어두우면 버섯 대의 길이가 길어지고 갓의 형성이 나빠진다. 과도하게 밝으면 버섯의 길이는 억제되어 짧아지고 갓의 형성은 강하고 크게 되는 경향이 있다.
- 이산화탄소의 농도가 지나치게 높으면 갓의 형성이 늦어지고 버섯 대의 길이가 매우 길어지며, 지나치게 낮으면 갓의 형성이 빠르고 갓이 일찍 전개되는 경향이 있다.

배지 재료의 준비 → **혼합 및 수분 조절** → **입병**

• 톱밥 야외 퇴적: 활엽수 톱밥은 실내 보관, 침엽수는 살수하여 야외 퇴적함.

• 배지 수분을 65%로 조절하며 쌀겨, 톱밥, 콘코브, 대두피 등을 혼합함.

• 자동 입병: 800~1,000mL PP병에 520g 전후로 입병함.

살균 → **냉각 및 종균 접종** → **배양 및 숙성**

고압 혹은 상압 살균
• 고압 살균: 115~118℃에서 약 1시간 실시
• 상압 살균: 98℃에서 약 4시간 실시

• 냉각실, 무균실, 자동 접종: 냉각실에서 냉각 후 자동 접종기로 접종, 종균 1병으로 약 32병 접종 가능

• 온도: 20~23℃
• 습도: 70% 전후
• 배양: 30~40일
• 숙성: 병 내에 균사가 만연하면 50~60일

균긁기 → **발이 유도** → **생육**

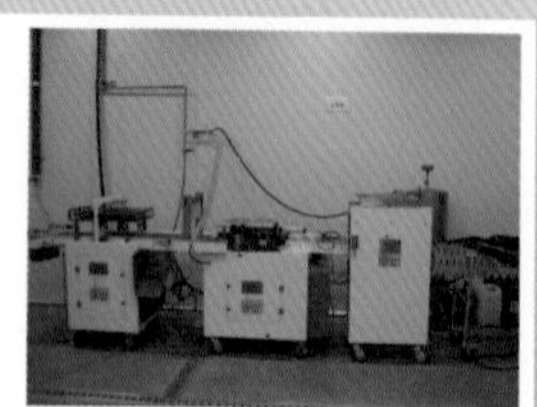

• 접종 후 80~100일 이상 경과하면 노화 균사와 균덩이를 제거하여 균일한 발이를 유도함.

• 빛: 50~100lx
• 온도: 15℃ 전후
• 습도: 95~100%
• 기간: 10~13일

• 빛: 500~1,000lx
• 온도: 15℃ 전후
• 습도: 95~100%
• 기간: 10~13일

수확 → **포장** → **탈병**

• 갓이 전개되고 대의 길이가 60~80㎜일 때 실시함.

• 다발 포장하며, 유통 기간은 약 13일임.

• 자동 탈병: 잔여 배지를 제거하고 병을 세척함.

그림 11-3 느티만가닥버섯의 병재배 공정

4) 유해균 및 해충의 예방 · 방제

배양 숙성기에 발생하는 주요 유해균은 *Trichoderma* spp.가 대표적이다. *Trichoderma*에 의한 피해는 경우에 따라서 하루 입병분 모두가 피해를 입는 경우도 있고 심한 경우에는 배양실 전체를 오염시키는 경우도 있다.

종균 접종과 냉각실에서 오염되는 경우를 제외하고 배양실에서 오염되는 경우라면 응애에 의한 전반(傳搬)이 원인이 되는 경우가 많다. 응애는 병뚜껑 안쪽을 실체현미경으로 관찰한다든지, 감자배지를 오염된 병 입구 위에 뒤집어 놓아 그 흔적을 확인하는 방법이 있다. 또, 배양 50~60일 정도 되면 오염된 배양 병에서 응애가 나와 다른 병으로 옮겨갈 수 있으므로 응애의 유무에 관계없이 배양 30~40일까지 균사 생장이 불량한 병은 배양실에서 제거하여 살균 후 처리한다.

생육 중에 발생하는 유해균은 크라도보트리움(흰색곰팡이병, *Cladobotryum varium*)이 대표적이다. 병징은 초기에 대의 기부에 흰색 곰팡이가 발생한다. 그 후 대와 갓 전체를 흰색 곰팡이가 덮는다. 증상이 심한 경우에는 발생한 버섯 전체가 흰색 곰팡이로 뒤덮여 대가 꺾이고 부패된다. 크라도보트리움에 의한 흰색곰팡이병은 초기에는 버섯 기균사의 발생으로 오인할 수 있는데, 발견되는 즉시 포자가 비산하지 않도록 뚜껑을 막아 살균 후 처분한다. 이 균은 10~15℃의 낮은 온도에서도 포자의 발아가 이루어지기 때문에 재배사 내에서의 포자 비산을 막는 것이 최선의 예방 대책이다. 심한 경우에는 재배사를 폐쇄하고, 훈연 살균이나 스팀 살균을 실시한 후 충분히 말려 다시 사용해야 한다.

생육 중의 해충 피해로는 버섯파리의 유충에 의한 피해, 포장 후의 유충과 성충의 혼입이 문제가 될 수 있다. 실제로 생육 기간 중에 버섯파리가 배지에 산란을 하고 유충이 버섯 균사를 갉아먹기까지는 재배 기간 안에 이루어지기 어렵지만 수확 후 포장할 때 버섯파리 유충이 혼입되어 유통 단계에서는 충분히 문제가 될 수 있다. 따라서 버섯파리가 재배사 내에 침입하지 않도록 재배 시설 주변의 위생 관리를 철저히 하고 환기팬과 출입구 등에 방충망을 설치하는 것이 중요하다. 재배사 내에 침입한 버섯파리는 해충 유아등(誘蛾燈)으로 유인, 포살하여 재배사 내에서 산란하지 못하도록 하는 것이 중요하다.

소비자에게 보다 안전한 버섯을 공급하기 위하여 유해균과 해충 방제를 목적으로 어떠한 경우에라도 농약 등 화학적 방제제를 살포하는 등의 약제 방제를 실시하지 않는 것이 좋다. 부득이하게 약제 방제를 실시하는 경우에는 잔류 독성이 완전히 없어질 때까지 재배를 중단하도록 해야 한다.

5. 수확 후 관리 및 이용

1) 수확

균긁기 후 20~26일이 지나면 수확을 한다. 수확 시기는 버섯의 갓이 70~80% 전개되고 대의 길이가 8.5cm 정도 되었을 때가 적당하다(그림 11-4). 이 시기보다 늦어지면 갓이 과도하게 전개되고 갓의 색이 옅어져 상품성을 떨어뜨린다. 반대로 수확이 빠르면 수량도 적고 미관상 좋지 않은 빈약한 버섯이 된다. 품종에 따라 생육 시기가 많이 다르기 때문에 주의해야 한다.

그림 11-4 수확 시기의 갈색 품종(좌)과 백색 품종(우)의 자실체

2) 포장

포장은 트레이 포장과 필름 포장이 가능하다. 최근 환경 문제 때문에 포장 재료의 감량화가 요구되어 트레이 포장은 점점 줄어들고 주로 필름 포장을 하고 있다.

출하 후의 문제로는 기중균사의 발생이 있다. 판매점에 진열된 버섯에서 균사가 발생하면 소비자는 곰팡이가 발생한 것으로 생각하여 구매하지 않는다. 포장에 "흰색의 곰팡이는 버섯의 균사로 먹을 수 있습니다"라는 문구를 넣어도 소비자는 구매하지 않기 때문에 기중균사가 발생하지 않도록 하는 것이 필요하다. 기중균사는 버섯의 수분 함량이 높은 경우에 많이 발생하기 때문에 생육 과정에서부터 주의하여 관리할 필요가 있다.

3) 이용

국내에서도 재배되고 있어 쉽게 요리에 이용할 수 있다. 품종에 따라 약간 쓴맛이 나는 것도 있지만 씹는 맛이 좋아 찌개, 볶음 등에 이용할 수 있다. 느티만가닥버섯은 음식을 만들기 위해 끓이거나 열을 가해도 색택이나 형태가 변하지 않기 때문에 다양한 요리에 사용할 수 있다.

〈서건식, 김민경〉

참고 문헌

- 김민경. 2012. 느티만가닥버섯의 재배 생리 · 유전적 특성 및 생리 활성. 충남대학교대학원 박사학위논문.
- 김현수, 하효철, 김태석. 2003. 새로운 기능성 버섯의 연구 현황 및 전망 – 흰목이, 잎새, 느티만가닥. 식품 과학과 산업 12월호. pp. 42–46.
- 농촌진흥청. 2001. 식품 성분표 제6개정판.
- 류해정, 엄민영, 안지윤, 정창화, 허담, 김태완, 하태열. 2011. 고지방 식이를 섭취하는 마우스에서 느티만가닥버섯의 항비만 효과. 한국식품영양과학회지 40(12): 1708–1714.
- 정은봉, 조진호, 조승목. 2008. 해송이버섯(*Hypsizigus marmoreus*)의 영양 성분과 추출 용매에 따른 암세포 생장 억제 효과. 한국식품영양과학회지 37(11): 1395–1400.
- 宜寿次盛生, 原田 陽, 米山彰造, 森 三千雄, 佐藤真由美. 2008. ACE阻害活性を指標としたブナシメジの育種. 林産試験場報 22(2): 13–18.
- 松尾忠直. 2010. 日本におけるキノコ類産地の地域的変化. 地球環境研究 12: 53–67.
- 長澤榮史, 有田郁夫. 1988. *Hypsizygus ulmarius* (シロタモギタケ) および *H. marmoreus* (ブナシメジ) について. 菌蕈研究所研究報告 26: 71–78.
- 大森清壽, 小出博志. 2001. キノコ栽培全科. pp. 120–127. 農山漁村文化協會. 東京.
- 小山智行. 2010. 施設空調型ブナシメジ栽培の最新技術. In:"最新きのこ栽培技術–2010年度版きのこ年鑑別冊". (大橋等 編輯). pp. 175–180. プランツワールド. 東京.
- Akavia, E., Beharav, A., Wasser, S. P. and Nevo, E. 2009. Disposal of agro–industrial by – products by organic cultivation of the culinary and medicinal mushroom *Hypsizygus marmoreus*. *Waste Management* 29: 1622–1627.
- Akihisa, T., Franzblau, S. G., Tokuda, H., Tagata, M., Ukiya, M., Matsuzawa, T., Metori, K., Kimura, Y., Suzuki, T. and Yasukawa, K. 2005. Antitubercular activity and inhibitory effect on Epstein–Barr virus activation of sterols and polyisoprenepolyols from an edible mushroom, *Hypsizigus marmoreus*. *Biol. Pharm. Bull.* 28(6): 1117–1119.
- Chang, J. S., Son, J. K., Li, G., Oh, E. J., Kim, J. Y., Park, S. H., Bae, J. T., Kim, H. J., Lee, I. S., Kim, O. M., Kozukue, N., Han, J. S., Hirose, M. and Lee, K. R. 2004. Inhibition of cell cycle progression on HepG2 cells by hypsiziprenol A_9, isolated from *Hypsizigus marmoreus*. *Cancer Lett.* 212(1): 7–14.
- Dyakov, M. Y., Kamzolkina, O. V., Shtaer, O. V., Bis'ko, N. A., Poedinok, N. L., Mikhailova, O. B., Tikhonova, O. V., Tolstikhina, T. E., Vasil'eva, B. F. and Efremenkova, O. V. 2011. Morphological characteristics of natural strains of certain species of basidiomycetes and biological analysis of antimicrobial activity under submerged cultural conditions. *Microbiology* 80(2): 274–285.
- Harada, A., Gisusi, S., Yoneyama, S. and Aoyama, M. 2004. Effects of strain and cultivation medium on the chemical composition of the taste components in fruit–body of *Hypsizygus marmoreus*. *Food Chemistry* 84: 265–270.
- Harada, A., Yoneyama, S., Doi, S. and Aoyama, M. 2003. Changes in contents of free amino acids and soluble carbohydrates during fruit–body development of *Hypsizygus marmoreus*. *Food Chemistry* 83: 343–347.
- Ikekawa, T. 1995. Bunashimeji, *Hypsizygus marmoreus* antitumor activity of extracts and polysaccharides. *Food Res. int.* 11: 207–209.

- Lam, S. K. and Ng, T. B. 2001a. First simultaneous isolation of a ribosome inactivating protein and an antifungal protein from a mushroom (*Lyophyllum shimeji*) together with evidence for synergism of their antifungal effects. *Archives of Biochemistry and Biophysics* 393(2): 271-280.
- Lam, S. K. and Ng, T. B. 2001b. Hypsin, a Novel thermostable ribosome-inactivating protein with antifungal and antiproliferative activities from fruiting bodies of the edible mushroom *Hypsizygus marmoreus*. *Biochemical and Biophysical Research Communications* 285(4): 1071-1075.
- Lee, C. Y., Park, J. E., Kim, B. B., Kim, S. M. and Ro, H. S. 2009. Determination of mineral components in the cultivation substrates of edible mushrooms and their uptake into fruiting bodies. *Mycobiology* 37(2): 109-113.
- Lee, Y. L., Jian, S. Y., Lian, P. Y. and Mau, J. L. 2008. Antioxidant properties of extracts from a white mutant of the mushroom *Hypsizigus marmoreus*. *Journal of Food Composition and Analysis* 21: 116-124.
- Lomberh, M. L., Renker, C., Buchalo, A. S., Solomko, E. F., Kirchhoff, B. and Buscot, F. 2003. Micromorphological and molecular biological study of culinary-medicinal mushroom *Hypsizygus marmoreus* (Peck) Bigel. (Agaricomycetideae). *International Journal of Medicinal Mushrooms* 5: 307-312.
- Matsuzawa, T., Sano, M., Tomita, I., Saitoh, H., Ohkawa, M. and Ikekawa, T. 1998. Studies on antioxidants of *Hypsizygus marmoreus*, Ⅱ. Effects of *Hypsizygus marmoreus* for antioxidants activities of tumor-bearing mice. *Yakugaku Zasshi*. 118: 476-481.
- Mori, K., Kobayashi, C., Tomita, T., Inatomi, S. and Ikeda, M. 2008. Antiatherosclerotic effect of the edible mushrooms *Pleurotus eryngii*(Eringi), *Grifola frondosa*(Maitake), and *Hypsizygus marmoreus*(Bunashimeji) in apolipoprotein E-deficient mice. *Nutrition Research* 28: 335-342.
- Nakamura, K. 2006. Bottle cultivation of culinary-medicinal bunashimeji mushroom *Hypsizygus marmoreus* (Peck) Bigel. (Agaricomycetideae) in Nagano Prefecture (Japan). *International Journal of Medicinal Mushrooms* 8(2): 187-194.
- Redhead, S. A. 1984. Mycological observations 13-14: on *Hypsizygus* and *Tricholoma*. *Trans. Mycol. Soc. Japan* 25: 1-9.
- Yoshino, K., Kondou, Y., Ishiyama, K., Ikekawa, T., Matsuzawa, T. and Sano, M. 2008a. Preventive effects of 80% ethanol extracts of edible mushroom *Hypsizygus marmoreus* on mouse Type Ⅳ allergy. *Journal of Health Science* 54(1): 76-80.
- Yoshino, K., Nishimura, M., Watanabe, A., Saito, S. and Sano, M. 2008b. Preventive effects of edible mushroom (*Hypsizygus marmoreus*) on mouse type Ⅳ allergy: fluctuations of cytokine levels and antioxidant activities in mouse sera. *J. Food Sci.* 73(3): T21-T25.
- Xu, X. M., Jun, J. Y. and Jeong, I. H. 2007. A Study on the Antioxidant Activity of Hae-Songi Mushroom (*Hypsizygus marmoreus*) Hot Water Extracts. *J. Korean Soc. Food Sci. Nutr.* 36(11): 1351-1357.

제 12 장

잿빛만가닥버섯

1. 명칭 및 분류학적 위치

잿빛만가닥버섯(*Lyophyllum decastes* Singer)은 주름버섯목(Agaricales) 만가닥버섯과(Lyophyllaceae) 만가닥버섯속(*Lyophyllum*)에 속하는 식용 버섯으로 일반명은 'Fried-chicken mushroom'이고 일본명은 '하타케시메지(ハタケシメジ)'이다. 이 버섯은 북반구 온대 지역에 분포하며 가을에 숲이나 밭, 공원의 길가 등에 발생한다. 이 버섯은 일본에서 맛이 좋아 "香り松茸味シメジ – 향은 송이, 맛은 시메지"로 불리는 혼시메지(땅찌만가닥버섯, *Lyophyllum shimeji*), 그리고 대량으로 인공 재배되고 있는 느티만가닥버섯(*Hypsizygus marmoreus*)과 근연종이다. 공생형인 땅찌만가닥버섯과는 다르게 부생형이기 때문에 기질의 종류는 다르지만 목재부후 기생형인 느티만가닥버섯처럼 인공 재배가 가능하다(大森와 小出, 2001).

자실체의 형태적인 특징은 갓 지름이 3~10cm 정도로 둥근 만두형으로 성숙되면서 편평해지고, 갓의 색은 짙은 올리브색에서 갈색, 회갈색이다(그림 12-1). 주름살은 조밀하고 백색에서 크림색이고 갓에 직생 혹은 만생한다. 대는 속이 약간 비어 있으며 길이 3~8cm, 지름 5~10mm이고 표면은 담회갈색~담황갈색으로 섬유상이다. 포자는 거의 구형으로 크기는 5.5~7.5(8.5)×5~7(8)㎛이며 포자문은 흰색이다(大森와 小出, 2001).

대부분 다발로 발생하고 다발 아래에는 균사속이 땅속으로 이어져 있는 것을 볼 수 있다. 이 균사속은 땅속에 매몰되어 있는 나뭇조각 등에 연결되어 있다. 따라서 이 버섯을 채집한 장소를 조사하면 이전에 도로, 과수원, 골프장 등이었던 장소에서 표토를 정리한 곳인 경우가 많다(大森와 小出, 2001).

야생 버섯

인공 재배 버섯

그림 12-1 잿빛만가닥버섯 자실체

표 12-1 잿빛만가닥버섯의 주요 특징 (大森와 小出, 2001)

생 태	자연 분포	북반구 온대 지역의 임지, 초지, 정원 등에 발생, 균사속으로 지하에 매몰되어 있는 나뭇조각 등에 연결
	자연 발생 시기	9월에서 10월
생 리	균사 생장 온도	범위 12~30℃, 최적 온도 25℃
	균사 생장 습도	70~90%
	자실체 발생 온도	범위 13~20℃, 최적 온도 17℃ 전후
	자실체 발생 습도	90~100%
	이산화탄소 농도	0.3% 이하
	빛	발이 유도기: 200lx 정도
재 배	방법	병재배, 배양 배지 임내(하우스) 매몰 재배
	배지 재료	퇴비, 쌀겨, 맥주박, 게 껍데기, 톱밥, 밀기울 등
	품종 및 종균의 형태	톱밥 종균
	재배 소요 기간	80일
	연간 발생 횟수	4~5회
	수확물의 규격	갓 개산율 70~80%(갓 지름 20~25㎜)

2. 재배 내력

잿빛만가닥버섯의 인공 재배는 1998년에 일본의 미에켄(三重県)에서 최초로 시작하여 초기에는 고가로 판매되었으나 대량 생산되고 있는 느티만가닥버섯과 그 형태가 유사하여 현재는 고가 판매를 기대할 수 없게 되었다. 따라서 현재는 잿빛만가닥버섯 배지를 땅에 매몰하여 재배함으로써 대형 버섯을 생산하여 상품의 차별화를 꾀하고, 배양 및 생육을 이원화하여 생산 확대를 꾀하고 있다. 버섯균이 배양된 배지를 산림에 매몰하여 자연 상태에서 버섯을 발생시키는 방법은 매우 원시적인 방법이나 고령화 시대에 노인들의 수입원으로 중요하게 인식되어 일본에서는 농 · 산촌에서 재배가 확대되고 있다. 최근에는 적당한 퇴비 혹은 톱밥 배지를 이용해 이 균을 배양하여 배지의 상면에서 형태가 좋은 버섯을 생산하는 기술이 확립되어 생산량이 증가하고 있다. 또, 병재배 기술도 안정화되어 일본 각지에서 대규모 생산도 확대되고 있는 추세에 있다(西井, 2010).

국내에서는 농촌진흥청 연구진과 일부 연구자에 의해 인공 재배에 관한 연구가 수행(우 등, 2009; 우, 2009; Cha *et al.*, 1994; Hong과 Kim, 1998)되었고 일부 버섯 생산자가 시험 재배를 시도하였으나 품종이 확립되어 있지 않고 수량이 기대에 미치지 못하여 현재 생산하지 않고 있으나 맛이 좋아 앞으로 재배가 기대되는 버섯이다.

3. 영양 성분 및 건강 기능성

일본 식품 표준 성분표(2010)에 의하면, 인공 재배한 잿빛만가닥버섯 자실체 가식부 100g당 영양 성분은 에너지 18kcal, 수분 90.3g, 단백질 3.1g, 지질 0.2g, 탄수화물 5.6g, 회분 0.8g, 식이섬유 3.5g이 함유되어 있으며, 비타민으로는 비타민 D 1㎍, 티아민 0.12mg, 리보플라빈 0.49mg, 나이아신 6.1mg, B_6 0.12mg, 엽산 25㎍, 판토테닉산(Pantothenic acid) 2.48mg을 함유하고 있다. 그리고 무기질은 나트륨 5mg, 칼륨 280mg, 칼슘 1mg, 마그네슘 9mg, 인 70mg, 철 0.6mg이 함유되어 있는 것으로 보고되어 있다.

잿빛만가닥버섯의 맛은 순하고 단맛이 있으며, 씹는 감이 사각사각한 것이 특징이다. 비교적 저장성이 좋아서 유통 관계자들의 관심이 높다. 또, 이 버섯은 동물 실험과 임상 실험에서 혈압 강하 작용과 항종양 효과, 면역력 증진 효과 등이 밝혀졌다(Miura 등, 2002; 宮沢 등, 2005; Lee *et al.*, 1987). 열수 추출물과 건조 분말을 이용한 건강 식품도 개발되어 있으며, 앞으로는 기능성 식품으로의 수요가 있을 것으로 기대되고 있다.

4. 재배 기술

잿빛만가닥버섯은 공조 시설 병재배법 그리고 봉지 재배와 배양 배지를 이용한 야외 재배법으로 재배할 수 있다. 공조 재배는 온도, 습도 등 환경 조건을 조절할 수 있는 재배사에서 재배하기 때문에 주년 재배가 가능하지만 초기의 시설 투자가 필요하다. 그러나 기존의 느타리와 큰느타리의 재배 시설을 일부 개조하여 활용하는 것도 가능하다. 그러나 기존의 재배사를 이용할 경우 잡균 등에 의한 피해가 우려되기 때문에 시설 보완을 철저히 해야 한다. 잿빛만가닥버섯의 병재배 과정과 각 단계별 요점은 그림 12-2와 같다.

한편 야외 재배는, 배지 배양 단계에는 충분한 시설과 기술이 필요하지만 버섯 발생 작업은 산림이나 비닐하우스 등에서 실시하기 때문에 설비 투자 비용이 적게 든다. 수확은 이 버섯이 발생하는 적기인 가을에 1회 가능하다.

병재배는 품종의 선정이 매우 중요한데, 잡균에 강하고 수량이 많은 것을 선정하는 것은 물론이고 품종에 따라 자실체의 형태, 맛, 식감 등이 다르기 때문에 소비자가 느티만가닥버섯과 구별하기 쉬운 품종을 사용하는 것이 중요하다. 또, 잿빛만가닥버섯균은 계대 배양을 계속하면 수량이 떨어지고 기형 버섯이 발생하는 등 변이가 쉽게 일어나기 때문에 품종의 선정과 종균 관리에 주의를 기울여야 한다.

1) 배지 재료

잿빛만가닥버섯은 대부분의 인공 재배 버섯과는 다르게 지상에 발생하는 버섯이기 때문에 배지 재료로 수피 퇴비를 사용하는 것이 특징이다. 퇴적 발효시킨 침엽수 톱밥도 사용 가능하지만 균사 생장이 늦고 발생량이 떨어질 수 있다.

병재배의 경우 배지의 재료는 침엽수 혹은 활엽수 수피에 닭똥이나 요소 등 질소원을 첨가하여 장기간 발효시킨 수피 퇴비를 주재료로 하고 영양원으로는 쌀겨, 맥주박, 게 껍데기, 상토 등을 사용한다. 야외 재배의 경우 2.5kg 또는 1.2kg의 사각형 배지를 사용한다. 이 배지를 저가로 제조하기 위해서 주재료를 미송 또는 삼나무 톱밥을 사용한다. 단, 톱밥은 1년 정도 야외 퇴적하여 수지 등 균사 생장을 억제할 수 있는 성분을 제거한 것을 사용한다. 이 밖에도 참나무 톱밥, 포플러 톱밥 등도 사용 가능하나 충분히 발효시킨 후 사용하는 것이 유리하다. 또, 일본에서는 느타리와 맛버섯의 수확 후 배지를 이용한 재배 연구도 시도한 바 있다. 영양원으로는 밀기울과 혼합 영양제를 사용한다. 혼합 영양제는 11장의 느티만가닥버섯에서 소개한 다카라크린이나 바이데루를 사용한다.

2) 공조 재배

(1) 배지 조제와 살균

병재배용 배지는 수피 퇴비 700mL, 쌀겨 30g, 맥주박 60g, 게 껍데기 7g, 상토 15g을 잘 혼합하여 사용한다. 이 배지는 너무 오랫동안 혼합하면 점성이 높아져 덩어리가 만들어지기 때문에 빠른 시간 안에 혼합을 완료하고 850mL 1병당 620~640g을 입병한다. 수피 퇴비는 고가이기 때문에 미송이나 삼나무 톱밥을 6개월 이상 야외 발효시켜 수지를 제거한 후에 사용해도 좋다. 이들 톱밥을 사용할 경우에는 톱밥과 쌀겨를 5:1(v/v) 혹은 4:1(v/v) 비율로 혼합하여 수분 함량을 61~65% 정도로 조절한다. 함수율이 60% 이하이면 수량이 떨어지고, 65% 이상이면 균사 생장이 늦어지는 경우가 있으므로 수분 함량을 정확히 조절해야 한다. 또, 참나무 톱밥, 포플러 톱밥, 쌀겨, 밀기울을 4:4:1:1(v/v) 비율로 혼합하여 사용할 수도 있으나 이 역시 톱밥은 발효시킨 톱밥을 사용하는 것이 좋으며, 수령 배지의 pH는 6.0~6.5 정도로 조절한다. 혼합이 끝나면 입병을 하고 고압 살균을 한다. 배지 온도 118~121℃에서 1시간 이상 살균한다. 고압 살균이 끝나면 살균기 온도가 100℃ 이하로 떨어진 후 탈기하고, 살균기에서 배지를 꺼내 냉각실에서 배지 온도가 20℃ 이하가 될 때까지 식힌다.

(2) 종균 접종

종균의 접종 작업은 가장 중요한 작업으로 여기에서 잡균이 오염되지 않도록 주의해야 한다. 무균실의 클린벤치에서 접종 작업을 한다. 사전에 무균실에서 입는 작업복, 접종 기구 등을 완벽하게 살균하여 준비해 놓지 않으면 안 된다. 종균 접종량은 뚜껑이 부드럽게 닫아질 정도로 접종한다.

(3) 배양

잿빛만가닥버섯균은 온도 12~30℃ 범위에서 균사 생장이 가능하며, 25℃ 정도가 최적이다. 배양실은 바람이 없고 청결해야 한다. 접종 후 균사가 배지에 활착될 때까지 클린룸에서 배양한다. 배양실의 온도는 23℃, 습도는 80% 전후로 한다. 배지에 균사가 활착되면 배양실로 옮겨 배양한다. 배양실의 온도는 21~23℃, 습도는 80% 전후로 하며, 이산화탄소 농도는 3,000ppm 이하로 조절한다.

(4) 균긁기와 복토 배양

종균 접종 후 약 40일 정도 지나면 병 전체에 균사가 만연한다. 균사가 만연된 후 4~5일 동안 후숙 배양을 하고 균긁기를 한다. 균긁기는 편평하게 하고 깊이 15mm 정도를 긁어 낸다. 균긁기 후 물을 병 입구까지 넣어 수분을 보충한 다음, 약 1시간 후에 유리 수분을 제거하고 복토를 한다. 복토 재료는 5mm 정도의 수피 퇴비를 수분 함량 65% 정도로 조절한 것을 사용한다.

복토 후 뚜껑을 덮어 복토 배양을 한다. 배양 온도는 21℃ 정도로 하고 습도는 80% 전후로 유지한다. 일반적으로 복토 배양 8일 정도 후에는 균사속이 발달하고 복토 표면에 균사가 보이면 복토층의 복토 긁기를 실시한다. 복토 긁기는 균긁기기의 깊이를 조절하여 복토층이 2~4mm 정도 남도록 한다.

(5) 발이, 생육, 수확

복토 긁기가 끝나면 발생실로 이동하여 자실체 유도 및 발생 작업을 한다. 발생실은 온도 17℃, 습도 100%, 이산화탄소 농도 1000~3,000ppm, 광도 200~500lx, 풍속 0.1~0.3m/s로 관리한다.

발이는 병에 물이 고여 균사가 재부상하지 않도록 역상 발이 유도가 유리하다. 역상으로 발이 유도를 시작한 후 10일 정도 지나면 버섯이 발생하는데, 이때 너무 늦지 않도록 병을 정상으로 돌려 생육을 시킨다. 병을 정상으로 돌리고 약 10일 후에 수확이 가능한 크기가 된다. 수확 시기는 갓이 완전히 전개되기 전으로, 갓의 크기가 500원짜리 동전 크기만 할 때가 최적이다. 850mL 병을 사용하면 120~130g 정도 수확이 가능하다. 수확한 버섯은 배지 부분을 잘라 내고 즉시 포장하여 예냉을 한 후에 저온 저장하고 냉동차로 운반, 출하한다.

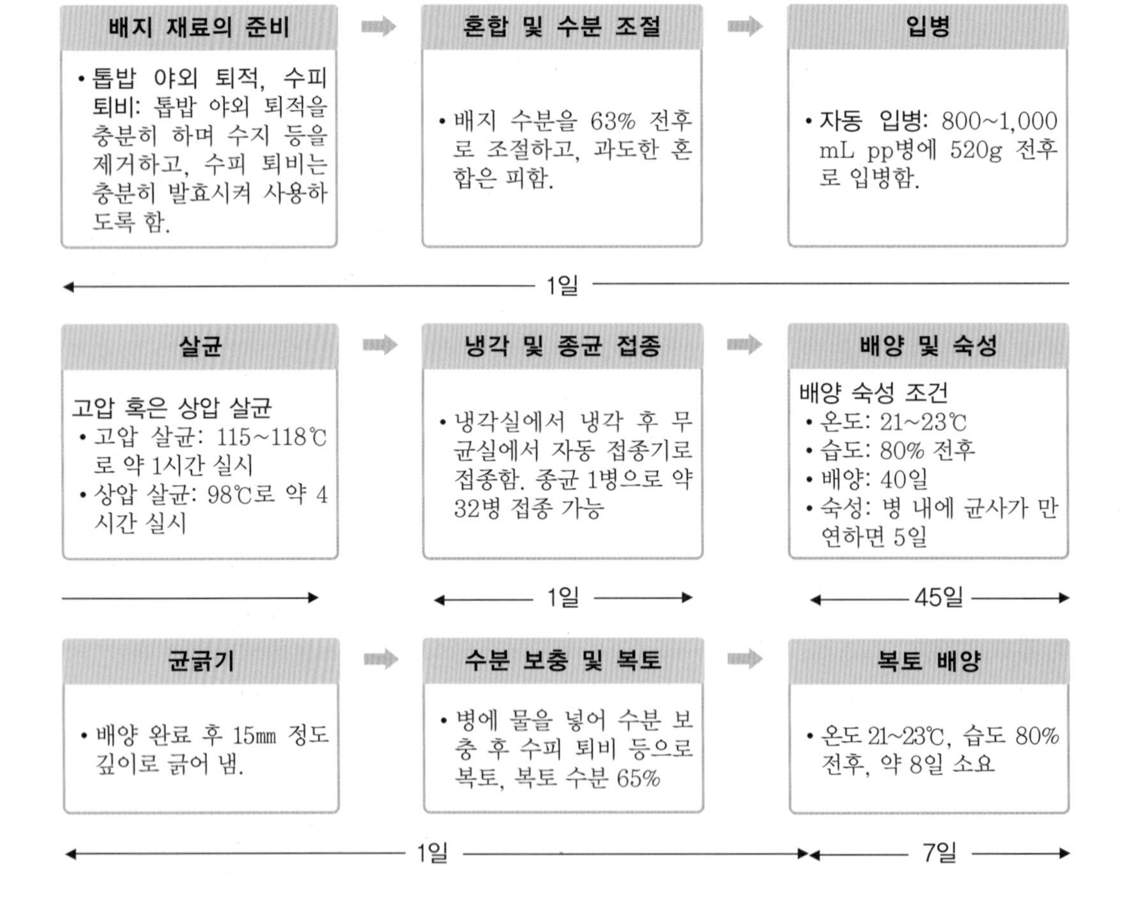

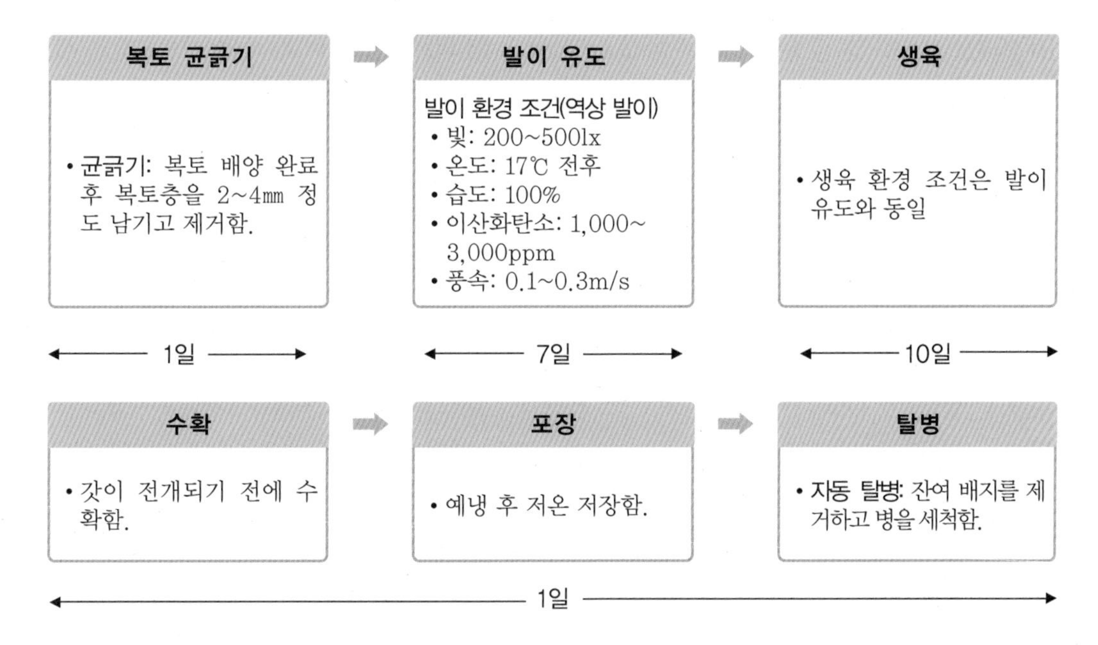

그림 12-2 잿빛만가닥버섯의 병재배 공정

5. 수확 후 관리 및 이용

1) 수확

품종에 따라 수확 시기가 다르지만 균긁기 후 3~4주가 지나면 수확이 가능하다. 수확은 버섯의 대 기부에 부착되어 있는 복토를 부드러운 붓으로 잘 털어 내고 선별한다. 수확 후에는 병해충이 없는 것을 선별하고, 기형 버섯, 크기가 일정하지 않은 것, 변색된 버섯을 제외하고 포장한다. 포장한 후 신선도 유지를 위해서 즉시 냉장고에 보관한다. 잿빛만가닥버섯은 저장성이 좋은 편이지만 수확 후에는 즉시 출하하도록 한다.

2) 포장

잿빛만가닥버섯은 저장 중 과도한 습도에 의한 균사의 부상이 적고, 쉽게 마르지 않으며, 저온에서의 저장성이 좋은 특성을 가지고 있다. 또, 육질이 비교적 단단하기 때문에 운송 중의 파손도 적다. 그러나 고온에 방치하면 연화되기 쉬우므로 여름철에는 유통에 주의해야 한다. 포장은 트레이 포장과 필름 포장이 가능하다. 최근 환경 문제 때문에 포장 재료의 감량화가 요구되어 트레이 포장은 점점 줄어드는 경향이고 주로 필름 포장을 하고 있다.

3) 이용

국내에서는 시판되고 있지 않지만 맛이 강하지 않고 씹는 맛이 좋기 때문에 한식과 양식 요리에 모두 적합하여 찌개, 볶음 등에 널리 이용할 수 있다.

〈서건식, 김민경〉

참고 문헌

- 우성미, 박용환, 유영복, 신평균, 장갑열, 이강효, 성재모. 2009. 잿빛만가닥버섯(*Lyophyllum decastes*)의 발효 톱밥에 의한 인공 재배 특성에 관한 연구. 한국버섯학회지 7(4): 156-162.
- 우성미. 2009. 잿빛만가닥버섯(*Lyophyllum decastes*)의 인공 재배 및 유연관계 분석. 강원대학교대학원 석사학위논문. p. 46.
- 宮沢紀子, 江口文陽, 大賀祥治, 須藤賢一. 2005. 各種きのこ子實體熱水抽出物質の自然發症高血壓モデルラットにおける血壓上昇抑制作用. 日本きのこ学会誌 13(4): 181-187.
- 西井孝文. 2010. 施設空調及び野外栽培のハタケシメジの最新技術. In:“最新きのこ栽培技術-2010年度版きのこ年鑑別册” (大橋等 編輯). pp. 188-193. プランツワールド. 東京.
- 大森清壽, 小出博志. 2001. キノコ栽培全科. pp. 162-171. 農山漁村文化協會. 東京.
- 日本文部科學省. 2010. 日本食品標準成分表2010 - 8. きのこ類.
- Cha, D. Y., Kang, A. S. and Chang, H. Y. 1994. Development of artificial culture Method of *Lyophyllum decastes*. *RDA. J. Agri. Sci.* 36(1): 696-700.
- Hong, J. S. and Kim, D. H. 1998. Studies on improving the nutritive value of rice straw by fermentation with *Lyophyllum decastes*. *Kor. J. Mycol.* 16(3): 128-134.
- Lee, C. O., Choi, E. C. and Kim, B. K. 1987. Immunological studies on antitumor component of *Lyophyllum decastes*. *Yakkak Hoeji* 31(2): 70-81.
- Miura, T., Kubo, M., Itoh, Y., Iwamoto, N., Kato, M., Park, S. R., Ukawa, Y., Kita, Y. and Suzuki, I. 2002. Antidiabetic activity of *Lyophyllum decastes* in genetically type 2 diabetic mice. *Biol. Pharm. Bull.* 25(9): 1234-1237.

제 13 장

 노루궁뎅이버섯

1. 명칭 및 분류학적 위치

노루궁뎅이버섯(*Hericium erinaceus* (Bull.: Fr.) Pers.)은 분류학적으로 무당버섯목(Russulates) 노루궁뎅이버섯과(Hericiaceae) 산호침버섯속(*Hericium*)에 속한다.

*Hericium*속 버섯은 맛있는 식용 버섯으로 알려져 있으며, 특히 *H. erinaceus*와 *H. coralloides*는 향기가 있어 매력 있는 버섯이다. *H. abietis*와 *H. alpestre*는 침엽수에 기생하며 재배하기에 까다로운 종이다. *H. erinaceus*는 바닷가재(lobster)를 요리할 때 나는 향을 지니고 있으며, 일반명은 'Lion's main(사자의 갈기)', 'Monkey's head(원숭이 머리)', 'Bear's head(곰의 머리)', 'Old man's beard(노인의 턱수염)', 'Hedgehog mushroom(고슴도치버섯)', 'Satyr's beard〔반인반수(半人半獸)의 숲신의 수염〕', 'Pom pom(자동 기관총)'이고, 일본명은 '야마부시다케(ヤマブシタケ: 산 성자의 버섯)'이며, 중국에서는 '후두균', '후두고' 등으로 불린다. 노루궁뎅이버섯의 학명은 이전에는 *H. erinaceum*으로 잘

그림 13-1 강원도 오대산에 야생하는 노루궁뎅이버섯

못 알려져 있었으며 *H. coralloides*와 *H. abietis*는 유사종이지만 *H. erinaceus*와는 자실체 수염의 갈래에서 차이점이 나타난다.

자실체는 갓과 줄기의 구분 없이 많은 가시들이 뭉쳐서 점차 둥근 덩어리로 만들어지는데 외부에는 흰 침으로 덮여 있어 찐빵처럼 2~3개씩 덩어리져 뭉쳐져 있고, 버섯 중심부에는 부드러운 백색으로 뭉쳐 있는 솜과 같은 조직으로 지름이 10~15cm 크기의 버섯이다.

버섯의 속살에서부터 외부로 갈수록 길다란 침(바늘)이 촘촘히 박혀져 땅을 향하여 밑으로 자라는 특징이 있다. 침은 포자가 생산되어 붙어 있는 기관이며, 그 형태는 노루털이 빗겨 내려온 것처럼 가지런하게 늘어져 있어서 우단 같은 부드러운 느낌이 들고 아름답게 보인다.

2. 재배 내력

노루궁뎅이버섯은 1950년대 말까지 깊은 산 속에서만 채집되어 대량 생산이 어려웠다. 그러나 Liu(1981)가 상하이 농업과학원에서 재배 기술을 개발하여 인공 재배가 가능하게 되었다. 우리나라에서는 2000년에 품종이 육성되었고, 2004년과 2007년에 노루 1호, 노루 2호가 육성 보급되면서 확대되었다. 특히 신경 섬유 활성화로 치매에 효과가 있다는 연구 결과로 인하여 수요가 증가하였고, 요리법도 개발되어 소비가 증가하고 있다. 현재 우리나라에서도 참나무 톱밥, 목화씨 껍질, 옥수수 속 등의 여러 배지 재료를 이용하며, 쌀겨나 밀기울, 석고 등의 영양원을 첨가시켜 노루궁뎅이버섯의 대량 재배가 가능하게 되었다. 최근 노루궁뎅이버섯은 건강식품으로 재배되어 다수의 매장에서 판매되고 있다.

3. 영양 성분 및 건강 기능성

전체적으로 버섯류는 다른 식물성 식품에 비하여 단백질 함량이 매우 높다. 그중에서도 노루궁뎅이버섯의 경우 24.5%로, 우리가 식용으로 즐기는 느타리 19.5%, 송이 20.1%, 표고 18.3% 등에 비하여도 상당히 높은 단백질 함량을 나타내고 있다. 이는 밭에서 나는 쇠고기라는 콩의 단백질 함량(대략 40%)에도 필적하는 양이다. 성분 분석에 있어서 구체적인 아미노산 조성이나 자실체의 성숙도에 따른 성분 변화 등의 자료를 찾을 수 없어 전체적인 조성에서의 평가에 그치는 점이 아쉽지만 대부분의 성분들을 다른 종의 버섯들과 비교했을 때, 우리가 많이 아는 팽이버섯과 성분이 가장 흡사하다. 이는 인공 재배 시 온도 조건이나 다른 생육 조건의 유사성에서도 찾아볼 수 있다. 지방 함량은 낮고 섬유질의 함량이 높으며, 기타 무기물과 비타민 B군, 비타민 D군이 풍부하다(표 13-2).

표 13-1 노루궁뎅이버섯의 영양 성분 (건조 버섯 100g당 함량)

성분	함량	성분	함량
에너지	269kcal	티아민	5.22mg
나트륨	1.0mg	리보플라빈	3.31mg
단백질	43.8g	비타민 D	467IU
지질	4.7g	비타민 B_6	0.65mg
당질	13.1g	인	1.54g
마그네슘	167mg	나이아신	23.9mg
칼륨	5.43g	철	27.1mg
식물 섬유	27.4g	글루칸	23.3g
회분	11.0g	초과 산화물 소기 활성	84×10^3g
칼슘	23mg		

표 13-2 노루궁뎅이버섯 생버섯과 건조 버섯의 영양 성분 (농촌진흥청 식품 성분표, 2011) (가식부 100g당 함량)

성분 / 버섯	에너지 (kcal)	수분 (g)	단백질 (g)	지질 (g)	회분 (g)	탄수화물 (g)	섬유소 (g)	무기질 칼슘 (mg)	무기질 인 (mg)	무기질 철 (mg)	무기질 나트륨 (mg)
생버섯	28	91.4	1.6	0.2	0.5	6.3	0.8	4	40	1.3	9
건조 버섯	292	3.9	24.5	3.2	10.6	57.8	10.1	41	1141	13.4	57

무기질			비타민						
			A						
칼륨 (mg)	아연 (mg)	마그네슘 (mg)	레티놀 당량 (RE)	레티놀 (μg)	베타카로틴 (μg)	티아민 (mg)	리보플라빈 (mg)	나이아신 (mg)	C (mg)
183	0.3	6	0	0	0	0.39	0.19	0.5	0
5512	7.1	170	0	0	0	5.91	4.07	31	0

일본 시즈오카 대학의 미즈노 타카시(水野 卓) 명예교수는 최근 연구에서 노루궁뎅이버섯에 매우 높은 항암 및 치매를 예방하는 성분이 있다고 발표했다. 한편 중국 전통 의학에서는 이 버섯을 '후두고'라는 이름으로 부르며 민간약의 하나로 사용하여 왔는데, 후두고는 '긴팔원숭이의 머리와 같은 모양을 한 버섯'을 의미한다. 중국 고서에 처음으로 '후두'가 언급된 것은 『농정전서』로, 약 400년 전으로 거슬러 올라간다. 특히 약효가 소개된 것은 근래의 일로, 1978년 출판된 『중국약용진균』(산서인민출판사)을 보면, 노루궁뎅이버섯이 '소화불량이나 위궤양, 신경쇠약, 신체 허약에 효과가 있는 약용 및 식용 버섯'으로 언급되어 있다. 또한 『항암 우수 식물과 식료묘방』이라는 책에서는 "이 버섯은 소화기계 암에 대해 우수한 항암 효과가 있고, 수술

후 재발 방지 효과도 있으며, 간장암이나 피부암에 대해서도 유효하다."라고 기술되어 있다.

생체 조절 기능 중의 치매 등 중추 신경계와 말초 신경계에 대한 조절 기능은 급속하게 고령화가 진행되는 현대 사회에서 중요한 문제이다. 노루궁뎅이버섯의 성분 중 HECCN 물질은 치매 예방 및 중추 신경 장애에 대한 약리 기능이 밝혀져 FDA(미국식품의약국) 승인 안레스코연구소에 신물질 등록을 한 것으로 알려져 있다. 일본에서도 카와기시 박사(1996)는 노루궁뎅이버섯에서 생리 활성 물질을 추출하여 구조를 밝혀냈으며, 그 물질은 신경성장 인자(nerve growth factor; NGF)로 신경 재생과 치매 치료제로서의 이용 가능성이 있음을 보고하였다. 이와 같이 노루궁뎅이버섯은 식용은 물론 약리적 효능이 있는 것으로 알려져 있으며, 면역 증강, 항암, 항종양, 항바이러스, 소화 촉진, 혈액 응고 방지, 신경쇠약, 특히 소화기 계통의 질병, 즉 십이지장, 위암, 소화기궤양 등에도 효과가 있는 것으로 알려져 앞으로 재배 전망이 밝다.

또한, 2005년에는 동물 모델에서 항산화 효과를 나타내는 아라비니톨, 팔미틱산 등이 혈중 글루코오스 양을 저감한다는 보고가 있었으며(Wang, 2005), 노루궁뎅이버섯의 추출물이 항균(Kenji, 1993), 마크로파지 활성(Son, 2006), 자연 자살 세포(NK cell; Yim, 2007), 신경 보호 효과(Kaoru, 2006; Mari, 2005; Lee, 1998)도 추가로 보고되었다. 노루궁뎅이버섯 유래 성분으로는 항암 활성을 갖는 헤리세논 A-B(Hirokazu, 1990; Yasunori, 2005), 신경 성장 인자 합성 효능을 갖는 헤리세논 C(Hirokazu, 1991), 헤리세논 F-H(Kirokazu, 1992), 소포체(endoplasmic reticulum; ER), 스트레스를 경감하는 헤리세논(Keiko, 2008), 당 결합 단백질(lectine; Hirokazu, 2001), 지방산(Kuwahara, 1992), 항암 활성의 다당체(Mizuno, 1992)와 다른 다당체(Zhaojing, 2004; Hui, 2010), 글루칸(Mori, 1998), 락케이스(Wang, 2004), 에리나세린 D-I(Hirokazu, 1996; Lee, 2000), J-K(Hirokazu, 2006), P(Hiromichi, 2000), Q(Hiromichi, 2002), 에르고스테롤 페록사이드(Wojciech, 2009), 벤질알코올 유도체인 헤리세논 C to H 등이 보고되었다.

또한, 노루궁뎅이버섯의 균사체로부터 에리나신 A-I(Kawagishi, 2008)의 디테르페노이드(diterpenoid) 유도체들이 보고되었다. 더욱이 노루궁뎅이버섯의 이소헤리세논이란 신물질은 폐암, 악성 난소암, 피부암, 결장암에 대한 탁월한 항암 효과를 나타내며(Kim, 2012), 에리나세린 B와 헤리세논 E는 항염 활성이 우수하다고 보고되었다(Noh, 2014).

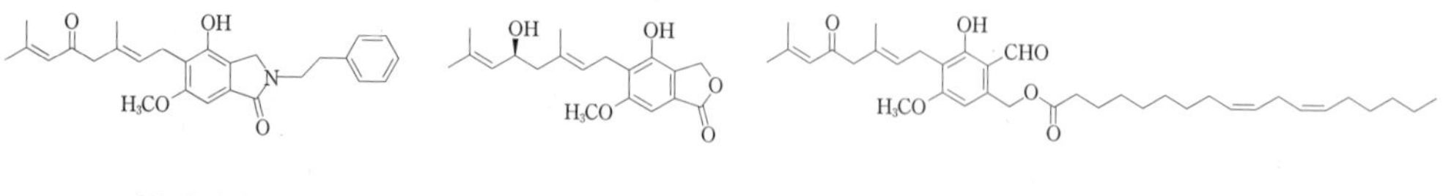

이소헤리세논 에리나세린 B 헤리세논 E

그림 13-2 노루궁뎅이버섯의 항암, 항염 활성 기능성 성분

최근 우리나라에서는 인지 기능 개선에 도움이 되는 식품 소재 개발을 위해 노루궁뎅이버섯을 이용한 동물 실험과 인체 적용 시험 연구가 진행 중이다. 공간 기억력을 알 수 있는 수중 미로 동물 모델에서 노루궁뎅이버섯 추출물 투여에 의한 인지 능력 개선 효능 평가를 수행하여 실험 쥐가 도피대에 찾아가는 시간을 측정한 결과, 노루궁뎅이버섯 추출물 200mg/kg을 투여한 군은 유발군에 비해 약 33% 감소하였고, 도피대까지의 이동 거리는 50% 이상 감소하였다.

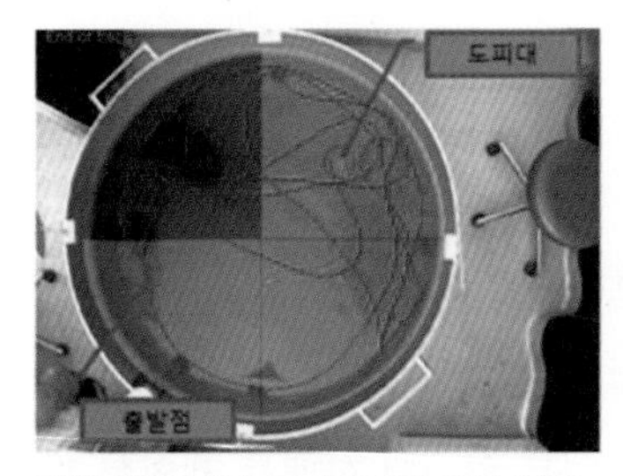

정상 실험 쥐의 도피대로의 이동 경로

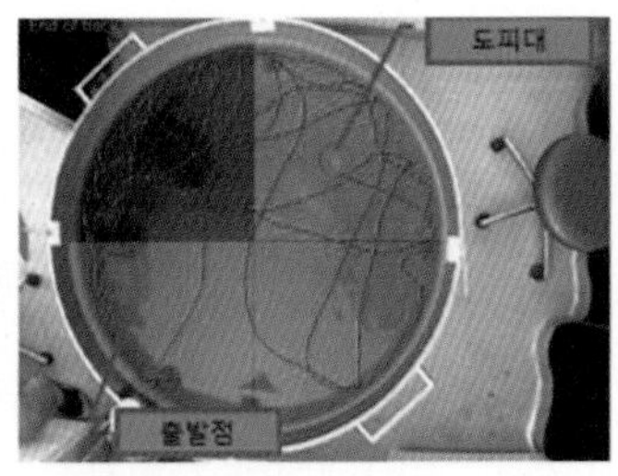

인지 기능이 저하된 실험 쥐의 도피대로의 이동 경로

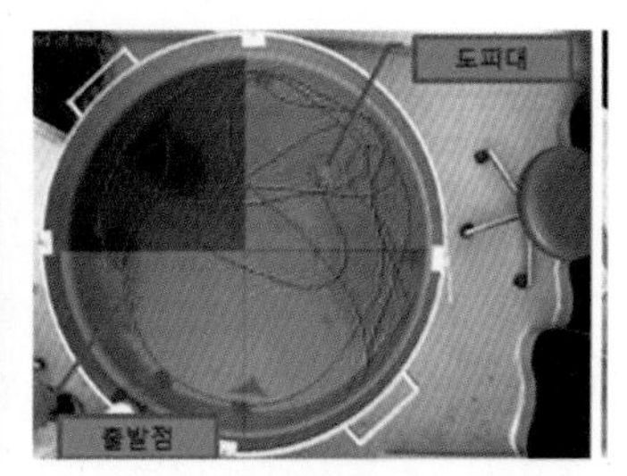

주정 추출 노루궁뎅이버섯 투여군의 도피대로의 이동 경로

그림 13-3 노루궁뎅이버섯 추출물에 의한 인지 능력 개선 효능 시험

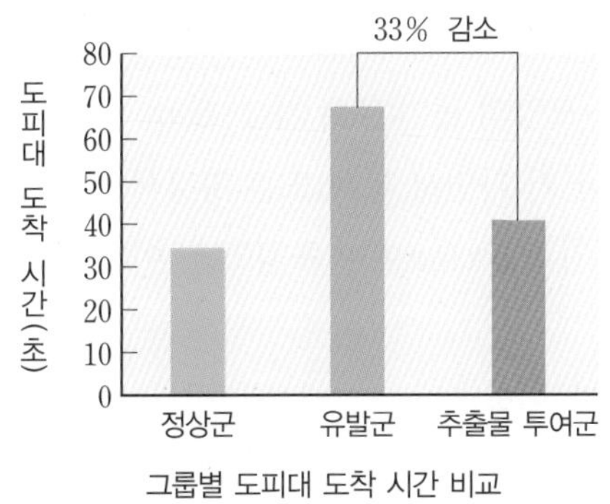

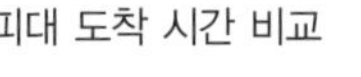

그룹별 도피대 도착 시간 비교

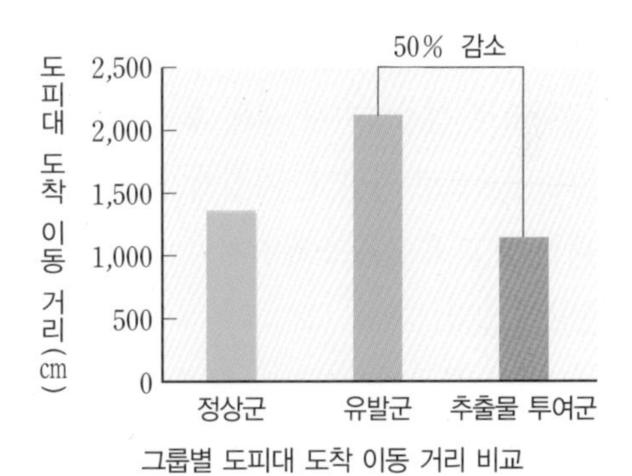

그룹별 도피대 도착 이동 거리 비교

그림 13-4 동물 모델의 도피대 도착 시간 및 도착 이동 거리 비교

NGF에는 뇌 유래 신경 영양 인자(brain-derived neurotrophic fator, BDNF), NT(neurotrophin)-3, NT-4/5, NT-6 등과 같이 구조적으로 상동성을 가진 유연체가 있는데 뉴로트로핀 집합체로 총칭되고 있다. 이들 영양 인자는 중추 또는 말초 신경계에 중요한 역할을 담당하고 있어, 알츠하이머형 치매 증상 등의 예방이나 치료에 이를 응용하는 연구가 적극적으로 진행되고 있다. 특히 21세기의 중점 사업의 하나로서 뇌과학(腦科學)이 부각되고 있는 것으로 미루어 노루궁뎅이버섯은 앞으로 노인성 치매에 대비하는 생약 개발에 중요 소재로 각광받을 것이다. 특히, 뇌 발달에 중요한 영향을 미치는 NGF가 풍부히 들어 있어 뇌 기능의 감퇴 방지 및 뇌 발달에 중요한 생리 활성 물질의 공급원으로 인식되어 단순한 식품의 범위를 넘어 생리 활성 물질의 자원으로 수요가 많으리라고 예상된다.

Chen(1992)에 의하면 궤양, 염증, 암 종양, 현저한 항암 저지 효과가 있다고 보고하였으며,

Ying(1987)에 의하면 위와 식도의 악성 종양 치료에 탁월한 효과가 있다고 보고하고 있다. 또한, 매우 맛있는 식용 버섯으로 바닷가재와 가지의 향이 있어 요리할 때 마늘, 양파, 아몬드를 넣고 튀겨 버터를 발라 먹으면 맛과 향이 좋은 버섯이다. 맛과 향에서 고급 요리의 재료나 기능성 면에서 건강 증진 식품으로 손색이 없으며, 의학적으로도 매우 잠재성이 높은 버섯으로 평가되고 있다. 따라서 고부가 가치 농산물로 발전하여 농가 소득 증대에 기여하리라고 전망된다.

4. 생리적 특성

노루궁뎅이버섯은 가을철에 삼림이 우거진 깊은 계곡의 참나무, 호두나무, 너도밤나무, 단풍나무, 버드나무 등 활엽수의 수간부 또는 고사목에 발생하는 목재부후균이다. 우리나라를 비롯한 일본, 중국, 동남아시아 일대와 유럽, 북아메리카를 비롯하여 일부 열대와 한대를 제외한 지역에 고루 분포한다. 일반적인 균사체와 자실체의 생장 온도는 18~24℃ 정도이며 자실체 형성 온도는 10~16℃ 정도이다. 따라서 우리나라 가을 기후가 재배에 적당한 온도이다.

자실체의 형태적 특징은 갓을 형성하지 않고 길이 5~25cm 정도로 자라며 처음에는 계란형~반구형으로 성장하면서 생육 후기에 수많은 흰 바늘 모양의 돌기(菌針)가 1~5cm 길이로 향지성(向地性)으로 자란다. 자실체가 어릴 때는 흰색이나 커 가면서 황색 또는 황갈색으로 변한다. 대는 짧고 육질은 스펀지처럼 부드럽다. 포자의 크기는 5×6㎛이며 구형(球形)이고 평활하며 쓴맛이 있다.

다 자란 노루궁뎅이버섯의 균침에서 생산된 담자포자는 적합한 조건에서 발아하여 1핵균사가 된다. 이 1핵균사는 성장 과정에서 성(性)이 다른 1핵균사와 결합하여 2핵균사를 이룬다. 2핵균사가 다른 2핵균사들과 서로 결합하여 균사체를 이루고, 균사체가 성장 발육하여 자실체를 형성한다. 이 자실체가 성숙하면 다시 담자포자를 생산한다. 담자포자의 크기는 5.5~7.5×

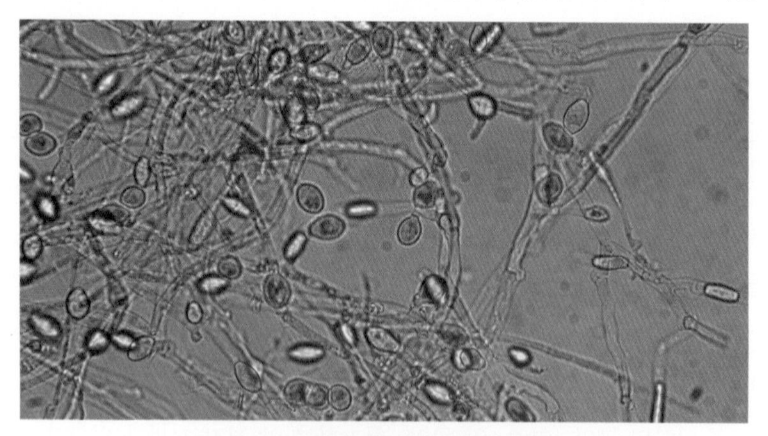

그림 13-5 노루궁뎅이버섯의 균사와 후막포자

5~6.5㎛, 모양은 유구형으로 무색이며 균사는 처음에는 흰색이나 점차 노란색-핑크색으로 된다. 또한, 노루궁뎅이버섯은 저온이나 건조 등의 환경 조건에 견디기 위해 균사의 일부가 두꺼운 막으로 싸여 있는 후막포자(chlamydospore)를 생성하는 특징을 지니고 있다.

노루궁뎅이버섯균은 중온성 균으로 균사는 6~30℃ 온도 범위에서 생장이 가능하나 가장 적합한 온도는 22~25℃이다. 온도가 6℃ 이하 또는 35℃ 이상이 되면 균사 생장이 정지된다. 노루궁뎅이버섯속 중 경제적인 종은 *H. erinaceus*이며, *H. coralloides*는 침형이 작고, 재배 후 수확 중량이 적어 생산성이 떨어지므로 경제성이 떨어진다.

H. erinaceus *H. coralloides*

그림 13-6 종별 자실체 형태 (인공 재배)

노루궁뎅이버섯의 균사 생장은 균주에 따라 차이가 많으며, 감자배지(PDA), 버섯완전배지(MCM), 하마다배지(HA) 등에서 잘 자란다. 또한, 균사 생장에 우수한 탄소원은 포도당, 수크로스, 갈락토오스의 순이며, 무기태 질소원 중에는 아세트산암모늄(ammonium acetate), 주석산암모니아(ammonium tartrate)의 순으로 우수하다. 특히 아세트산암모늄(ammonium acetate) 30mM 농도에서 균사의 밀도나 생장이 매우 왕성하여 간단하게 평판 배지나 액체 배지를 이용하여 대량의 균사체를 얻을 때 유용하다. 그리고 노루궁뎅이버섯의 C/N율은 200이며, 이보다 높거나 낮으면 균사 생장이 지연된다. 탄소원 선발 균사 배양 최적 부재료 첨가량은 쌀겨는 20%, 밀기울은 30% 정도 혼합하는 것이 좋다. 버섯 발생 온도 범위는 12~24℃이고, 최적 온도는 15~22℃이다. 배지 pH 2.5~5.5 범위의 낮은 산도에서도 균사 생장이 가능하며, pH 4.0에서 가장 잘 자란다.

톱밥 배지에서 균사 생장에 알맞은 수분 함량은 68~75%이다. 버섯 발생에 알맞은 상대습도는 95% 내외, 버섯 생육 시의 습도는 75%가 적당하다. 균사 배양 기간 중 적합한 이산화탄소 농도는 5,000~40,000ppm, 자실체 발이 유기 시에는 500~700ppm, 자실체 발육 시에는 500~1,000ppm이다.

표 13-3 배지 산도에 따른 균사 생장량 (정 등, 2007) (단위: mg/15일)

pH	4	5	6	7
균사체 건조중	179	179	152	112

표 13-4 하마다 배지에서의 배양 온도별 균사 생장 길이

품 종	균사 생장(cm/15일)			
	17℃	20℃	23℃	26℃
노루 2호	6.2	7.6	8.5	7.2
노루 1호	6.4	7.1	8.5	7.0

표 13-5 배지 종류별 균사 생장 길이 (정 등, 2007) (단위: cm)

품 종	PDA	MCM	HA
노루 2호	7.2	8.0	6.9
노루 1호	7.0	7.6	7.0

※ PDA: 감자배지, MCM: 버섯완전배지, HA: 하마다배지
배양 기간: 15일, ϕ 85㎜ 샬레에서 26℃로 배양

5. 재배 기술

1) 병재배

(1) 배지 제조

노루궁뎅이버섯 재배에 사용되는 배지 재료는 활엽수 톱밥이며, 첨가 재료는 쌀겨와 밀기울이 사용된다. 또, 보조 재료는 탄산칼슘과 마그네슘을 각각 0.1%와 0.2% 사용한다. 이들은 배지의 물성 및 균사 생장에 도움을 준다.

표 13-6 배지 재료별 수량 비교

주재료	부재료(영양원)	수량 (g/1,100cc 병)
참나무 톱밥 100%	쌀겨 100%	96.9
참나무 톱밥 100%	쌀겨 50%+밀기울 50%	92.2
참나무 톱밥 100%	쌀겨 50%+밀기울 30%+비트밀 20%	115.3
참나무 톱밥 80%+콘코브 20%	쌀겨 100%	89.1
참나무 톱밥 80%+콘코브 20%	쌀겨 50%+밀기울 50%	78.1
참나무 톱밥 80%+콘코브 20%	쌀겨 50%+밀기울 30%+비트밀 20%	98.8

※ 부재료: 주재료의 20%(v/v)

일반적으로 배지 제조 시 활엽수 톱밥(참나무 톱밥)에 영양원(營養原)인 쌀겨를 전체 부피의 20%가 되도록 첨가하여 잘 혼합한 후 배지의 수분을 65~70%가 되도록 조절한다(표 13-6). 또는 주재료인 활엽수 톱밥(참나무 톱밥)에 영양원인 쌀겨와 밀기울, 비트밀을 전체 부피의 30% 비율이 되도록 첨가한 다음 잘 혼합하여 배지의 수분을 63~67%가 되도록 조절한다.

노루궁뎅이버섯은 원목 및 병, 봉지 재배 모두 가능하나, 병재배가 재배 기간이 짧고 자금 회수가 빠르므로 유리한 반면, 수량은 병재배보다 봉지 재배가 많다. 재배에 적합한 수종은 참나무, 밤나무, 버드나무 등 활엽수이며, 자작나무, 오리나무 등은 부적합하다.

표 13-7 배지 재료 혼합 비율별 종균 배양 기간 (정 등, 2007)

주재료	참나무 톱밥				참나무 톱밥+포플러 톱밥			
부재료(영양원) (%)	15	20	25	30	15	20	25	30
종균 배양 기간(일)	15	16	17	18	15	16	17	18

혼합 배지 재료별 수량은 생육실 온도 15℃에서 주재료 참나무 톱밥 70%와 부재료 30%(쌀겨:밀기울:비트밀 = 5:3:2) 혼합 시 참나무 톱밥 80%와 쌀겨 20% 혼합의 경우보다 증수된다(표 13-8).

표 13-8 배지 재료 혼합 비율 및 생육 온도별 수량 (정 등, 2007)

주 재 료	부재료 (영양원) (%)	수량(g/1,100cc)		
		15℃	18℃	21℃
참나무 톱밥	15	93.8	78.6	71.9
	20	140.6	112.2	104.3
	25	146.9	116.9	108.8
	30	150.0	126.8	109.5
참나무 톱밥 + 포플러 톱밥	15	115.6	86.6	76.6
	20	130.3	92.8	90.8
	25	131.3	104.5	95.3
	30	125.0	116.4	91.4

배지의 pH(1:5) 변화는 살균 후, 배양 후, 수확 후 순으로 재배 기간이 경과할수록 낮아지는 경향을 보였고, EC(dS/m)는 영양원 혼합 비율이 많아질수록 높았으며, 배양 후가 가장 높았다(표 13-9). 배지의 T-N은 영양원 첨가 비율이 많을수록 높고, 적정 T-N은 1.0~1.1 범위이다. C/N율은 영양원 혼합 비율이 많아질수록 살균 후, 수확 후 모두 낮아지는 경향을 보였다(표 13-10).

표 13-9 노루궁뎅이버섯 재배 전후의 배지의 성분 변화 (정 등, 2007)

주 재 료	부재료 (영양원)(%)	pH(1 : 5)			EC(dS/m)		
		살균 후	배양 후	수확 후	살균 후	배양 후	수확 후
참나무 톱밥	15	5.46	4.74	4.25	1.61	2.08	1.95
	20	5.52	4.87	4.52	1.74	2.46	2.31
	25	5.51	4.99	4.64	1.91	2.92	2.40
	30	5.55	5.12	4.73	2.23	3.32	2.72
참나무 톱밥 + 버드나무 톱밥	15	5.49	4.73	4.25	1.69	2.35	1.93
	20	5.61	4.83	4.32	2.02	2.75	2.34
	25	5.61	4.97	4.38	2.11	3.08	2.61
	30	5.59	5.15	4.63	2.53	3.31	3.05

표 13-10 재배 전후의 배지의 성분 변화 (정 등, 2007)

주 재 료	부재료 (영양원)(%)	T-N		T-C		C/N	
		살균 후	수확 후	살균 후	수확 후	살균 후	수확 후
참나무 톱밥	15	0.73	0.75	76.7	93.3	105	124
	20	0.87	0.93	90.0	93.3	103	100
	25	0.92	0.97	93.3	80.0	101	82
	30	1.07	1.08	96.7	91.3	93	85
참나무 톱밥 + 버드나무 톱밥	15	0.78	0.66	96.7	86.6	124	131
	20	0.93	0.85	96.7	83.3	104	98
	25	1.07	1.00	96.7	83.3	90	83
	30	1.21	1.08	93.3	80.0	77	74

※ 적정 T-N 범위: 1.0~1.1%

(2) 입병 및 살균

배지 입병량은 800mL의 광구병인 경우 병 무게를 포함하여 540~550g이 되도록 하며, 1,100mL는 750~800g 입병 후 병마개 주위를 잘 닦은 후 마개를 막고 살균을 한다. 살균은 다른 버섯의 병재배법에 준한다.

살균은 배지 내의 유해 미생물을 죽이고 배지를 연화시켜 버섯균이 잘 자랄 수 있도록 하는 것이 목적이며, 고압 살균 및 상압 살균 방법이 있다.

(3) 접종 및 균사 배양

접종실은 무균 상태를 유지하기 위해 기본적인 시설을 갖추어야 한다. 필터를 통하여 정화된 공기를 유입하고, 자외선등을 설치하며 실내의 온도는 저온으로 유지한다. 접종원은 균사 활력이 좋은 접종원을 선별하여 접종을 한다.

배양실은 접종된 종균이 배지 내에 잘 활착되도록 온도, 습도, 환기 등을 적정 수준으로 유지할 수 있는 시설을 갖추어야 한다. 완벽한 무균 상태보다 버섯균이 잘 자랄 수 있는 상태를 유지하는 것이 중요하다. 배양실 온도는 20~23℃로 유지하고 실내 습도는 65% 정도에서 15~18일간 균사를 생장시킨다. 이때 잡균 또는 해충이 발생하면 수시로 선별하여 폐기한다. 또, 균 배양 시 배양실의 온도가 고온이 되어 건조해지지 않도록 유의하여야 한다.

(4) 발이 유기 및 생육 관리

균사 배양이 완료된 균 배양체는 잡균 유무를 점검하여 생육실로 옮기거나, 배양실 그 자리에서 온습도 등 환경 조건을 조절하여 버섯을 발생시킨다. 이때 용기 내의 균사가 완전히 자란 것만을 골라서 발생시키되, 균긁기를 하지 않는 편이 발이가 빠르고 버섯의 발생량도 많다. 그러나 표면이 마른 것은 스푼으로 표면 균을 긁고 표면 균사에 습기가 있는 것은 그대로 발이실에 옮겨 신문지를 덮고 신문지가 젖을 정도로 물을 뿌려 준다. 실내는 신문지가 마르지 않게 습도를 95% 이상 유지해 주고 온도는 18~22℃로 유지하면 4~5일 후에 원기가 발생된다. 원기 형성 후 6일 정도 경과하면 자실체가 형성된다. 자실체는 발생 초기에는 백색을 띠나 완전히 성숙하면 유백색이 된다.

어린 자실체가 발생된 후 6~8일이 지나면 수확이 가능하다. 버섯 생육 기간의 환경 조건과 버섯 발이 유기 때의 온도, 습도 그리고 빛의 조건 등은 거의 같다. 그러나 재배사 내 습도는 85~90% 범위 내로 유지하면서 환기량을 증가시켜 주어야 한다. 버섯 자실체의 형태 및 색깔은 생장기의 환경 조건에 따라서 달라진다.

즉, 재배사의 온도가 18~22℃보다 낮으면 바늘(침)이 짧고 굵어지며, 포자 형성이 적고 쓴맛이 적어진다. 그러나 환기량이 적어 이산화탄소 함량이 높고 적온보다 높아지면 바늘(침)이 길어지고 자실체가 작아진다. 그림 13-7은 노루궁뎅이버섯의 자실체 생육 시 10,000ppm 이상 노출되어 자랐을 때의 기형적인 침형을 지니며 자라난 모습이다. 고농도의 이산화탄소 노출 시에는 정상적인 향지성의 침형이 아래로 만들어지는 것이 아니라 불규칙한 모양의 분지 형태로 형성되어 상품성이 떨어진다. 따라서 버섯 발생 및 생장 관리를 잘못하면 기형으로 변하여 수량과 상품 가치에 큰 영향을 미치게 된다.

자실체가 생육되어 수확 단계가 되면 자실체의 접착 부분이 연약해지고, 침상의 돌기가 굵어지면서 길어지고 또 부분적으로 갈변하여 부패된다. 과도한 살수로 인하여 부패병을 초래할 수 있어 수확 직전 살수는 가급적 주의를 기울여야 한다(그림 13-8). 따라서 수확 직전에는 관수를 하지 말고, 수확은 포자가 비산되는 초기에 해야 한다.

그림 13-7 노루궁뎅이버섯 자실체의 기형(이산화탄소 고농도)

과습에 의한 부패병(초기)

과습에 의한 부패병(후기)

그림 13-8 노루궁뎅이버섯 자실체의 부패

발이 유기 및 생육 관리의 내용을 좀 더 자세히 살펴보면 다음과 같다.

배양이 완료되면 균긁기를 한 후 생육실로 옮겨 실내 습도를 90~95% 이상으로 하고 온도는 19~20℃로 맞춘 다음 하루 정도 환기를 시키지 않은 상태로 유지하고 이튿날부터 온도를 15~18℃로 유지하면 4~5일 후에 발이가 완료된다(표 13-11).

표 13-11 발이 유기 시 관리 (정 등, 2007)

구 분	최고	최저
온도(℃)	22	15
습도(%)	98	90
이산화탄소(ppm)	1,500	1,000

발이가 완료되면 실내 습도를 85~90% 정도로 하고 온도는 15~18℃가 적합하며, 균긁기 후 12일 후에는 습도를 70~75% 정도로 낮추어 준다. 25℃ 이상에서는 자실체가 더디게 자라거나 거의 자라지 않고 12℃ 이하에서는 자실체의 발이가 유기되지 않는다.

자실체 형성 온도는 12~24℃이나 15~22℃에서 자실체가 가장 잘 형성된다. 온도가 높으면

그림 13-9 노루궁뎅이버섯 병재배

자실체의 균침이 길어지고 흰색 육질인 자실체가 작아지며, 반대로 온도가 낮으면 균침이 짧아지고 자실체가 커진다.

생육 시 습도를 75% 이하로 관리하면 생육 기간은 다소 길어지나 육질이 단단한 형태로 자란 후 침상의 돌기는 짧아지며, 습도가 85% 이상으로 약간 높을 때에는 생육은 빠르나 자실체에 수분이 많아지고, 만일 공기 상대습도가 60% 이하가 되면 자실체는 말라서 누렇게 된다.

노루궁뎅이버섯은 균긁기를 하지 않으면 발이는 빠르나 생육이 고르지 못하다. 노루궁뎅이버섯은 자실체가 차츰 생육되어 수확 시기가 되면 균침이 굵어지면서 길어질 뿐만 아니라 부분적으로 갈변하고 습도가 높으면 부패된다. 따라서 수확 적기는 포자가 비산되는 초기이며 수확 직전에는 가습을 하지 않는다.

이산화탄소 농도는, 노루궁뎅이버섯 발이를 유기시킬 때에는 1,500~1,000ppm, 자실체 생육 시에는 1,500~800ppm으로 조절하여 재배하는 것이 좋다(표 13-12). 노루궁뎅이버섯은 약산성 영역인 pH 5.5 범위에서 잘 자란다. 산성 환경에서는 목질부 심재에 있는 섬유소, 리그닌 등의 영양소를 충분히 분해하여 흡수할 수 있다.

표 13-12 생육기 관리 (정 등, 2007)

구 분	최고	최저
온도(℃)	21	15
습도(%)	85	70
이산화탄소(ppm)	1,500	800

pH가 7 이상이거나 4 이하가 되면 균사 생장이 불량하고 자실체의 균침이 불규칙해지며, pH 9 이상이거나 2 이하가 되면 균사 생장이 완전히 정지된다. 수분은 노루궁뎅이버섯균의 생장에 필요한 조건 중의 하나로, 모든 생리 활동, 영양 흡수와 영양 물질 수송은 일정한 수분이 있어야 가능하다. 노루궁뎅이버섯균이 분비하는 효소는 수분이 있는 조건 하에서만 각종 유기 물질을 분해한다.

배지 내의 수분이 너무 많으면 공기 유통이 불량하고 세포 원형질이 희석되어 균사의 저항력이 떨어지며, 균사가 생장하는 데 적합한 톱밥 배지의 수분 함량은 65~70%이다. 함수량이 75%가 넘으면 균사 생장이 느릴 뿐만 아니라 황색 물이 분비되고, 배양 기간이 지연되며 배양이 완료되기 전에 자실체가 발생하게 된다. 반면 함수량이 60% 이하가 되면 균사 밀도가 낮고 균사 생육도 불량해진다.

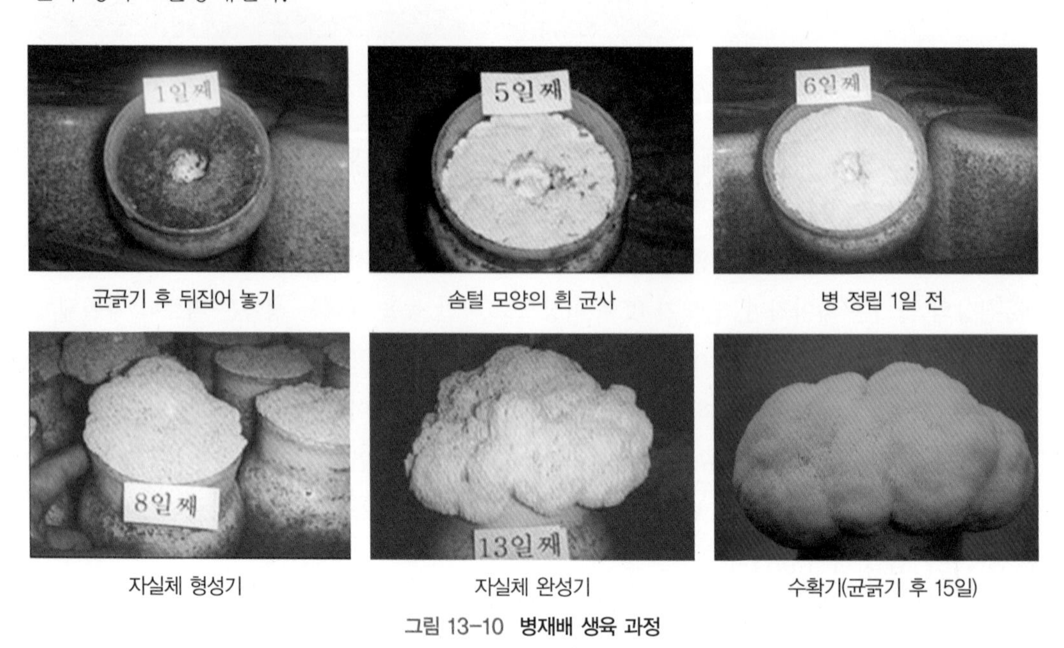

균긁기 후 뒤집어 놓기 / 솜털 모양의 흰 균사 / 병 정립 1일 전

자실체 형성기 / 자실체 완성기 / 수확기(균긁기 후 15일)

그림 13-10 **병재배 생육 과정**

(5) 버섯 생육 진단 요령

노루궁뎅이버섯은 영양 생장기와 생식 생장기에 생육 환경 조건의 큰 차이는 없다. 버섯 발생 시 최적 온도는 18~20℃이다. 25℃ 이상에서는 자실체가 늦게 자라고, 14℃ 이하의 저온에서는 원기 형성이 되지 않거나 자실체가 발생되어도 생육이 저조하다. 또, 버섯 생육 기간 중에 습도가 60% 이하로 낮아지게 되면 자실체는 점차 건조되어 축소될 뿐만 아니라 엷은 갈색으로 변하게 된다.

이와 같이 버섯 재배 시 발생되는 대표적인 기형 자실체의 유형과 예방 대책을 살펴보면 다음과 같다.

❶ 산호처럼 총총히 모이는 형태

자실체가 생육 중 기부에서 분지가 많이 되고 다시 2차적 분지가 이루어져서 산호 같은 형태가 발생된다. 이러한 자실체는 거의 초기에 사멸되지만 일부는 계속 성장·발육하여 가는 분지 끝이 팽대되어 수많은 작은 자실체를 형성한다. 이와 같은 원인의 예방은 버섯의 발생이나 생육 시 재배사 내 이산화탄소 농도를 0.1% 이하로 낮추어 관리한다. 이보다 이산화탄소의 농도가 높으면 균사를 자극하여 계속 분지하게 되고 자실체 발육이 억제된다.

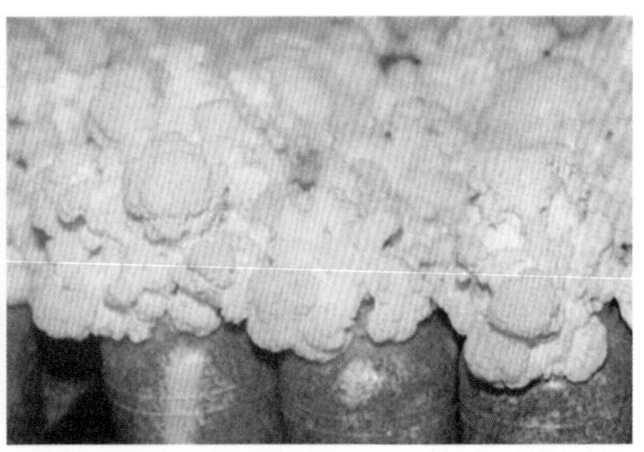

그림 13-11 **노루궁뎅이버섯 자실체**

❷ 바늘(침)이 없고 광택만 나는 버섯

버섯에 바늘이 형성되지 않고 광택만 나면서 찐빵처럼 뭉쳐 있고 버섯 고유의 형태가 형성되지 않아 상품 가치가 없는 버섯이 발생되는 경우가 있다. 이와 같은 기형 버섯은 버섯 재배사 온도가 높거나 균사 및 공기 중에 수분이 부족한 경우에 볼 수 있다. 이때는 환기를 하되, 바람이 자실체에 직접 닿지 않도록 하고, 실내 공기의 과도한 수분 증발이 되지 않도록 하여 건조되는 것을 방지하여야 한다.

❸ 자실체가 분홍 또는 황색을 띠는 증상

자실체의 색깔에 이상이 생기는 원인은 버섯을 생육할 때 온습도가 너무 낮은 경우이다. 재배

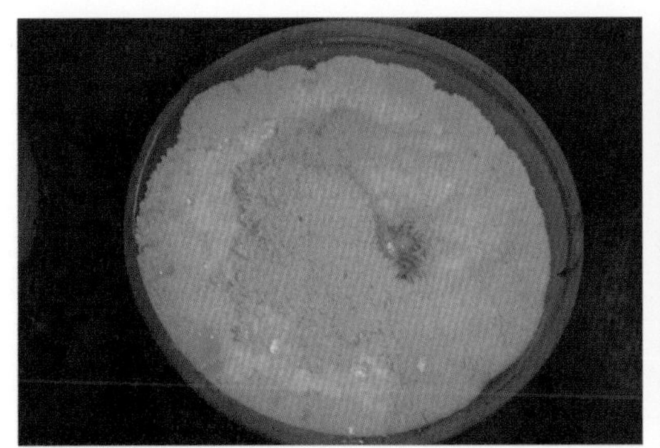

그림 13-12 **자실체가 분홍색을 띤 모습**

사 온도가 14℃ 이하가 되면 자실체는 분홍색을 띠기 시작하며 온도가 더욱 내려가면 진해진다. 또한, 재배사 내의 빛이 1,000lx 이상이 되면 이러한 증상이 나타나게 되므로 주의하여야 한다.

(6) 수확

버섯 발이 후 버섯 생장 기간은 대체로 6~8일이 소요된다. 버섯의 자실체 색깔은 생육 초기에는 엷은 분홍색이었다가 생장됨에 따라 유백색을 띠며 기간이 경과되면 엷은 황색으로 변한다. 수확 최적 시기는 자실체의 색택이 유백색일 때 가장 좋다. 또한, 수확 시기가 늦어지면 버섯에서 쓴맛이 나게 되므로 적기에 수확하는 것이 좋다. 수확 시에는 자실체 기부를 1~2cm 길이 정도 남겨 놓고 자르는 것이 2차 자실체 발생에 도움이 된다.

노루궁뎅이버섯은 자실체가 차츰 생육되어 수확 단계가 지나게 되면 자실체의 접착 부분이 연약해지고 침상의 돌기가 굵어지면서 길어지고 부분적으로 갈변 증상을 띠며 부패한다. 그러므로 버섯에서 포자가 비산되기 전에 수확하는 것이 바람직하며, 수확 직전에는 생육실 내 상대습도를 줄이는 것이 좋다.

수확한 다음 관수를 하지 않고 5~7일 동안 두면 2차 발생이 된다. 수확은 2~3차례 가능하며, 수량은 1.5~2.0kg 크기의 포트일 경우 300~400g 정도이다. 버섯 1개의 개체중은 보통 30~60g 정도이다.

2) 봉지 재배

봉지 재배는 참나무 톱밥 80%와 쌀겨 20%를 섞어 지름 20cm의 내열성 비닐봉지에 2kg을 충진하여 재배하는 것으로, 2~3주기까지 수확이 가능하다. 봉지 재배 시 배지 내 수분은 60%에서 생육이 가장 좋고, 봉지 재배에서 뚜껑을 제거하지 않고 솜만 제거한 것이 수량이 많다(표 13-13).

표 13-13 배지 내 수분 함량별 생육 특성 (정 등, 2007)

배지 수분 (%)	배지 높이 (충진 후, ㎝)	배양 기간 (일)	개체중(g)		
			A	B	C
55	11.5	24	109.3	62.3	59.7
60	10.5	24	122.3	96.8	70.3
65	9.5	26	90.5	47.0	49.5
70	7.0	27	58.3	45.3	27.6
75	6.0	28	52.0	33.3	22.9

※ A: 봉지 재배에서 뚜껑 미제거(솜만 제거), B: 뚜껑만 제거, C: 뚜껑과 비닐 제거

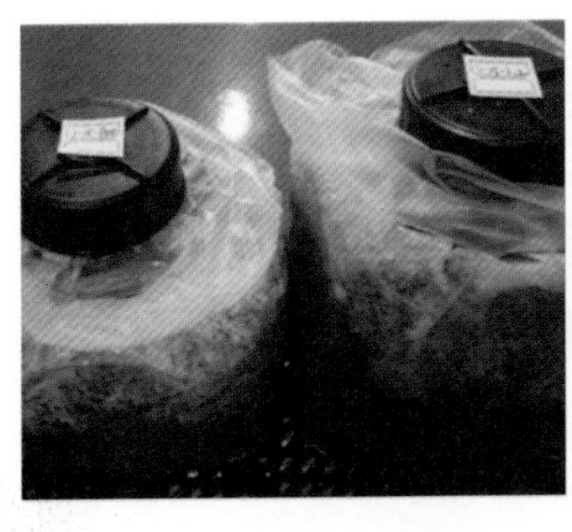
A

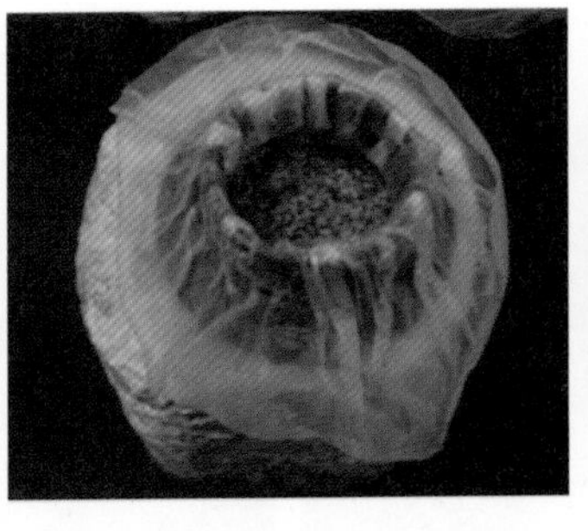
B

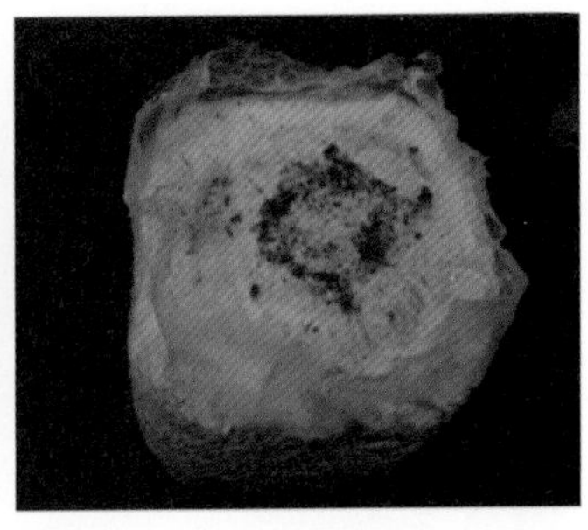
C

그림 13-13 **봉지 재배 방법**

그림 13-14 **봉지 재배 생육**

3) 단목 재배

참나무, 버드나무를 지름 15cm, 높이 20cm로 절단하여 지름 20cm의 내열성 필름 봉지에 넣어 스크류 마개로 밀봉한 다음 살균 솥에서 100℃에 도달한 후 500분간 살균하여 단목의 온도가 20℃로 낮아질 때 톱밥 종균은 50g을, 곡립 종균은 30g을, 액체 종균은 50mL를 각각 접종한다.

접종이 완료된 단목은 실내 온도 20℃, 습도 65%로 조절된 배양실에서 90일간 배양시킨 후 봉지를 제거하여 단목 균상 재배는 패널 재배사에 치상하고 실내 온도를 15℃, 습도를 95% 이상 유지한다.

발이 후에는 실내 온도를 18℃, 실내 습도를 80±5%, 환기량은 이산화탄소 농도가 1,500ppm 내외로 유지되도록 자동 조절 장치를 이용하여 관리한다(그림 13-15).

참나무 재배　　　　버드나무 재배

그림 13-15 **단목 재배**

6. 수확 후 관리 및 이용

1) 수확 후 관리

수확한 버섯은 생버섯 또는 건조시켜 비닐봉지에 200~300g씩 소포장하는 방법이 있다. 열풍 건조 시 갑자기 높은 온도로 건조하면 자실체 색깔이 갈색으로 검게 변하면서 버섯이 작아지는 경향이 있으므로 35℃부터 서서히 온도를 높여 가면서 최종 건조 온도를 50~55℃ 범위에서 유지하여야 한다.

버섯 자실체에 수분이 많을수록 건조 온도가 높게 되면 버섯 조직이 연하기 때문에 갈색으로 변질되므로 주의하여야 한다. 일반적으로 생버섯 1kg을 건조시키면 약 100~130g 정도의 건조된 버섯이 생산된다.

생버섯　　　　건버섯

그림 13-16 **노루궁뎅이버섯 포장 판매**

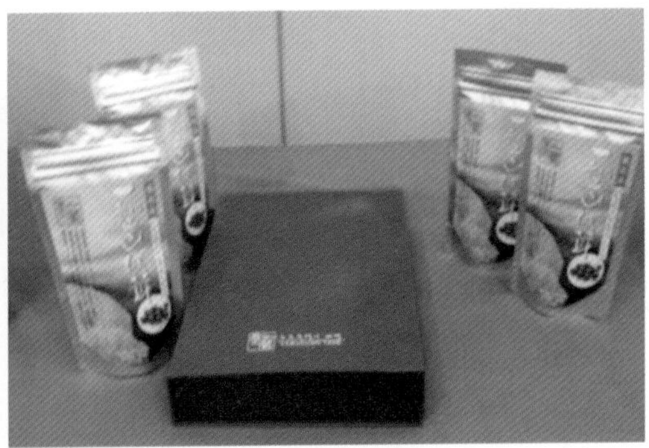

그림 13-17 **노루궁뎅이버섯 가공 제품**

2) 이용 방법

(1) 음용법

생버섯 100g과 대추 5~6개를 물 1L에 넣고 10~20분 정도 끓여, 하루 3회 100cc씩 식전 또는 식후에 따뜻하게 섭취한다.

(2) 분말 복용법

버섯 건조 분말을 1일 2회 5g씩 복용(식후)한다. 꿀이나 오차, 설탕물에 타서 먹어도 좋다.

(3) 생식법

- 물 1L에 생버섯 100g을 넣고 믹서기로 갈아서 생즙으로 복용한다(요구르트와 함께 갈아서 먹으면 쓴맛이 덜함.).
- 소금물에 가볍게 데친 상태로 초장에 찍어 먹거나 샐러드 또는 굴 소스에 버무려 먹는다(쓴맛을 느끼지 않고 먹을 수 있음.).
- 버섯을 끓이면 물에서 약간 씁쓸한 맛이 나게 되므로, 사람에 따라서 이를 싫어하는 사람은 한번 가볍게 끓인 후 건져 내서 식용한다.
- 우엉, 당근, 토란 등을 넣고 끓인 국에 버섯을 넣어 약간 익힌 후 먹는다.
- 마늘, 양파, 아몬드를 넣고 약간 튀겨서 버터를 발라 먹으면 맛과 향이 좋다.
- 은박 포일에 싸서 구워 먹는다.

〈정경주, 노형준〉

참고 문헌

- 농촌진흥청. 2011. 2011 제8개정판 식품 성분표. pp. 190-191.
- 정경주, 최덕수, 김정근, 최형국, 정기철. 2007. 전라남도농업기술원 시험연구보고서. pp. 474-494.
- Hirokazu Kawagishi, Atsushi Shimada, *et al.* 1996. Erinacines E, F, and G, stimulators of nerve growth factor(NGF)-synthesis, from the mycelia of *Hericium erinaceum. Tetrahedron Letters* 37(41): 7399-7402.
- Hirokazu Kawagishi, Ayano Masui, *et al.* 2006. Erinacines J and K from the mycelia of *Hericium erinaceum.* 62(36): 8463-8466.
- Hirokazu Kawagishi, Hironobu Mori, *et al.* 2001. A sialic acid-binding lectin from the mushroom *Hericium erinaceum. FEMS letters* 340(1-2): 56-58.
- Hirokazu Kawagishi, Motoharu Ando *et al.* 1990. Hericenone A and B as cytotoxic principles from the mushroom *Hericium erinaceum. Tetrahedron Letters* 31(3): 373-376.
- Hirokazu Kawagishi, Motoharu Ando *et al.* 1991. Hericenone C, D and E, stimulators of nerve growth factor(NGF)-synthesis. from the mushroom *Hericium erinaceum. Tetrahedron Letters* 32(35): 4561-4564.
- Hiromichi Kenmoku, Takeshi Sassa, Nobuo Kato. 2000. Isolation of erinacine P, a new parental metabolite of cyathane-xylosides, from *Hericium erinaceum* and its biomimetic conversion into erinacines A and B. *Tetrahedron Letters* 41(22): 4389-4393.
- Hiromichi Kenmoku, Takashi Shimai, *et al.* 2002. Erinacine Q, a New Erinacine from *Hericium erinaceum*, and its Biosynthetic Route to Erinacine C in the Basidiomycete. *Biosci. Biotechnol. Biochem.* 66(3): 571-575.
- Hui Xu, Pin-ru Wa, *et al.* 2010. Chemical analysis of *Hericium erinaceum* polysaccharides and effect of the polysaccharides on derma antioxidant enzymes, MMP-1 and TIMP-1 activities. *International Journal of Biological Macromolecules* 47(1): 33-36.
- Kaoru Nagai, Akiko Chiba, *et al.* 2006. Dilinoleoyl-phosphatidylethanolamine from *Hericium erinaceum* protects against ER stress-dependent Neuro2a cell death via protein kinase C pathway. *The Journal of Nutritional Biochemistry* 17(8): 525-530.
- Kawagishi, H., A. Shimada, S. Hosokawa, H. Mori, H. Sakamoto, Y. Ishiguro, S. Sakemi, J. Bordner, N. Kojima and S. Furukawa. 1996. Erinacines E, F and G, Stimulators of Nerve Growth Factor(NGF) - Synthesis, from the Mycelia of *Hercium erinaceum. Tetrahedron Letters* 37: 7399-7402.
- Kawagishi, H., A. Shimada, K. Shizuki, H. Mori, K. Okamoto, H. Sakamoto and S. Furukawa. 1996. Erinacine D, A Stimulator of NGF-Synthesis, from the Mycelia of *Hercium erinaceum. Heterocyclic Communications* 2: 51-54.
- Kawagishi H., Zhuang C. 2008. Compounds for dementia from *Hericium erinaceum. Drugs of the future* 33(2): 149.
- Keiko Ueda, Megumi Tsujimori *et al.* 2008. An endoplasmic reticulum(ER) stress-suppressive compound and its analogues from the mushroom *Hericium erinaceum. Bioorganic & Medicinal Chemistry* 16: 9467-9470.

- Kenji Okamato, Takuo Sakai, *et al.* 1993. Antimicrobial chlorinated orcinol derivatives from mycelia of *Hericium erinaceum*. *Phytochemistry* 34(5): 1445–1446.
- Kim KH, Noh HJ, Choi SU, Lee KR. 2012. Isohericenone, A new cytotoxic isohericenone alkaloid from *Hericium erinaceum*. *The Journal of Antibiotics* 65: 575–577.
- Kirokazu Kawagishi, Motoharu Ando, Kayoko Shinba, Hideki Sakamoto, Satoshi Yoshida, Fumihiro Ojima, Yukio Ishiguro, Nobuo Ukai, Shoei Furukawa. 1992. Chromans, Hericenones F, G and H from the mushroom *Hericium erinaceum*. *Phytochemistry* 32(1): 175–178.
- Kuwahara Shigefumi, Morihiro Etsuko, *et al.* 1992. Synthesis and Absolute Configuration of a Cytotoxic Fatty Acid Isolated from the Mushroom, *Hericium erinaceum*. *Biosci. Biotechnol. Biochem.* 56(9): 1417–1419.
- Lee Dong-Ruyl, Makoto Sawada, Kiwao Nakano. 1998. Tryptophan and its metabolite, kynurenine, stimulate expression of nerve growth factor in cultured mouse astroglial cells. *Neuroscience Letters* 244(1): 17–20.
- Lee EW, Kazue Shizuki, *et al.* 2000. Two Novel Diterpenoids, Erinacines H and I from the Mycelia of *Hericium erinaceum*. *Biosci. Biotechnol. Biochem.* 64(11): 2402–2405.
- Liu, C. Y. 1981. Technique of cultivation of monkeyhead mushroom. *Edible Fungi* 4: 33.
- Mari Shimbo, Hirokazu Kawagishi, Hidehiko Yokogoshi, 2005. Erinacine A increases catecholamine and nerve growth factor content in the central nervous system of rats. *Nutrition Research* 25(6): 617–623.
- Mizuno, T. 1995. Yamabushitake, *Hericium erinaceum*: Bioactive substances and medicinal utilization. *Food Reviews International* 11: 173–178.
- Mizuno, T., T. Wasa, H. Ito, C. Suzuki and N. Ukai. 1992. Antitumor-active Polysaccharides isolated from the fruiting body of *Hericium erinaceum*, an edible and medicinal mushroom called *yamabushitake* or *houtou*. *Biosci. Biotech. Biochem.* 56: 347–348.
- Mori H, Aizawa Km *et al.* 1998. Structural Analysis of the Beta-D-Glucan from the Fruit-body of *Hericium erinaceum*. *J. Appl. Glycosci.* 45(4): 361–365.
- Noh HJ, Yoon JY, Kim GS, Lee SE, Lee DY, Choi JH, Kim SY, Kang KS, Cho JY, Kim KH. 2014. Benzyl alcohol derivatives from the mushroom *Hericium erinaceum* attenuate LPS-stimulated inflammatory response through the regulation of NF-kB and AP-1 activity. *Immunopharmacology and Immunotoxicology* 36(5): 349–354
- Son CG, Shin JW, *et al.* 2006. Macrophage activation and nitric oxide production by water soluble components of *Hericium erinaceum*. *International Immunopharmacology.* 6(8): 1363–1369.
- Wang JC, Hu SH, Su CH, Lee TM. Antitumor and immunoenhancing activities of polysaccharide from culture broth of *Hericium* spp. *Kaohsiung J Med Sci.* 2001. Sep; 17(9): 461–467.
- Wang JC, Hu SH, Wang JT, Ker Shaw Chen and Yi Chen Chia. 2005. Hypoglycemic effect of extract of *Hericium erinaceus*. *J. Sci. Food Agric.* 85: 641–646.
- Wang H. X., T. B. Ng. 2004. A new laccase from dried fruiting bodies of the monkey head mushroom *Hericium erinaceum*. *Biochemical and Biophysical Research Communication* 322(1): 17–21.
- Wojciech Krzyczkowski, Eliza Malinowska, Piotr Suchocki, Jerzy Keps, Marian Olejnik, Franciszek Herold. 2009. Isolation and quantitative determination of ergosterol peroxide in various edible

mushroom species. *Food Chemistry* 113(1): 351–355.

- Yasunori Yaoita, Kuniko Danbara, Masao Kikuchi. 2005. Two new aromatic compounds from *Hericium erinaceum. Chem. Pharm. Bull.* 53(9): 1202–1203.
- Yim MH, Shin JW, *et al.* 2007. Soluble components of induce NK cell activation via production of interleukin–12 in mice splenocytes. *Acta Pharmacologica Sinica.* 28(6): 901–907.
- Zhaojing Wang, Dinhui Luo, Zhonhyan Liang. 2004. Structure of polysaccharides from the fruiting body of *Hericium erinaceus Pers. Carbohydrate Polymers* 57(3): 241–247.

제 14 장

목이

1. 명칭 및 분류학적 위치

목이(*Auricularia auricula-judae* (Bull.) Quel.=*Auricularia auricula* (L.) Underw.)의 이름은 그리스어인 'Auricula'에서 왔으며, '귀(ear)'라는 뜻이다. 따라서 '나무귀〔tree(wood) ear〕', '유대인의 귀' 또는 '귀버섯'이라고 불린다. 즉, 자실체의 형태가 귀와 비슷하고(그림 14-1), 촉감이 고무질과 젤라틴질에 의해 귀처럼 느껴지기 때문이다. Lowy에 의해 분류된 목이 10여 종류 가운데 목이(*Auricularia auricula* (Hook.) Underw.)와 털목이(*Auricularia polytricha*)가 가장 인기 있는 버섯으로 두 종류 모두 사물 기생균이다. 목이는 세계적으로 널리 분포되어 있으며, 특히 한국, 중국, 일본 등지에서는 다량의 야생 버섯이 발견되고 있다. 목이의 종류는 크게 나누어서 목이목(Auriculariales) 목이과(Auriculariaceae) 목이속(*Auricularia*)에 속하는 목이(*Auricularia auricula*)와 털목이(*Auricularia polytricha*)가 있다. 이 버섯은 흰목이(*Tremella fuciformis*)와는 전혀 다른 버섯이다. 이들은 각종 활엽수의 고사목이나 반고사목에서 생장하고 있으며, 버섯의 모양이 사람의 귀와 같아서 중국에서는 '목이(木耳)', 우리나라에서도 '목이' 또는 '흐르레기', 일본에서는 '해파리' 또는 '기쿠라케(キクラケ)'라

그림 14-1 야생 목이

고 하며, 서구에서는 'ear mushroom' 이라고도 한다(김 등, 1995; 박 등, 1991). 이 중에서 목이는 보통 흑목이를 말하는데, 중국에서는 '검정귀버섯' 으로 불리며 대량으로 재배되고 있다. 이 버섯은 다른 버섯보다 맛과 씹는 촉감이 좋아서 널리 애용되고 있다.

2. 재배 내력

목이는 최초로 인공 재배된 버섯으로 보고되었는데, A.D. 600년경부터 중국에서 재배되어 왔다. 중국 요리인 탕수육 속에 들어 있는 검은색 버섯이 바로 목이인데, 일반인들은 말린 미역으로 잘못 알고 있기도 하다. 우리나라에서는 주로 중국에서 건조품으로 많이 수입되었지만 최근 들어 경기도, 전라도, 경상도 등지에서 상업적인 재배가 이루어지고 있다(표 14-1).

표 14-1 목이 수입 동향 (관세청 자료)

(단위: ton)

구분	2002	2003	2004	2005	2006	2007	2008	2009	2010	2011
수입량(건물중)	44	71	125	257	254	392	163	26	390	538

3. 영양 성분 및 건강 기능성

목이는 특유한 맛과 향이 있고 씹는 촉감이 좋으며, 버섯이 변질되지 않고 건조가 잘되어 보관과 저장성이 강한 장점이 있다. 표 14-2~5에서 보는 바와 같이 영양가가 비교적 높아서 단백질 11.3g, 칼륨 1,200mg, 인 434mg 등이 함유되어 있고, 철 및 칼슘이 많으며, 각종 비타민 함량이 높다. 특히 섬유소 함량이 높고 교질상 물질이 많아서 섭취하면 식도 및 위장을 씻어 내는 특수한 작용을 하게 된다.

외국에서는 인체 내에 들어간 털 및 섬유 모양의 잡물질을 제거하는 데 효과적이므로, 광부 또는 방직 공장 근로자들이 애용하고 있다. 의학적으로는 혈액을 적당히 응고시키는 작용이 있어서 출산모 또는 출혈이 심한 환자에게도 이용할 수 있다. 중국에서는 예부터 불로장생의 버섯으로 인식되어 왔으며, 지금도 검정귀버섯으로 널리 알려져 전 국민이 즐겨 먹고 있다. 항암, 심혈관 질환, 항콜레스테롤 효과가 있는 것으로 보고되어 있다(이 등, 1981; Chen, 1989; Cheung, 1996; Misaki and Kakuta, 1995).

실제 항암 치료에 사용되고 있는 약물인 doxorubicin을 사용하여 항암 활성을 비교한 결과 분획 추출물은 P388D1과 sarcoma 180 세포에 대하여 다양한 용량 의존적으로 유의적인 항암 활성을 보였다(조 등, 2012).

표 14-2 목이의 주요 성분 분석 (100g당 함량)

구분	수분 (%)	단백질 (g)	지질 (g)	당질 (g)	섬유소 (g)	칼슘 (mg)	인 (mg)	칼륨 (mg)	비타민 (mg)
건조 목이	8.7	11.3	0.9	6.0	12.9	83	434	1,200	0.90
삶은 목이	93.2	0.6	0.1	0.1	1.1	29	9	90	0.08

※ 비타민은 티아민 등 5종의 전체량임.

표 14-3 흑목이의 영양 성분 (丁 등, 2001) (100g당 함량)

항목	단위	함량	항목	단위	함량
수분	g	10.9	칼슘	mg	357
단백질	g	10.6	인	mg	201
지방	g	0.2	철	mg	185
탄수화물	g	65.5	β-카로틴	mg	0.03
열량	kcal	1281.2	티아민	mg	0.15
섬유소	g	7.0	리보플라빈	mg	0.55
회분	g	5.8	니코틴산	mg	2.7

표 14-4 흑목이와 기타 식품의 영양 대비 (丁 등, 2001) (100g당 함량)

종류	단백질(g)	지방(g)	탄수화물(g)	칼슘(mg)	인(mg)	철(mg)
흑목이(건)	10.6	0.2	65.5	35.7	201	185
돼지고기	16.9	49.2	1	11	170	0.4
닭고기	23.3	1.2	–	11	190	1.5
참조기	5.2	0.44	0.1	21.6	81.2	1
붕어	13	1.1	0.1	54	203	2.5
달걀	14.8	11.6	0.5	55	210	2.7
쌀	7.5	0.5	79	10	100	1.0
표준 밀가루	9.9	1.8	75	38	268	4.2
대두	36.3	18.4	25	367	571	11
감자	1.68	0.62	24.6	9.6	52	0.8
토마토	0.6	0.3	2	8	37	0.4
배추	9.6	0.06	2	22.4	28.6	0.28

인체에 필요로 하는 아미노산은 필수 아미노산과 불필수 아미노산 두 종류로 나누고 있다. 흑목이는 로이신, 아이소로이신, 발린, 라이신, 메싸이오닌, 트레오닌 등의 풍부한 필수 아미노산을 함유하고 있다(표 14-5).

표 14-5 흑목이의 아미노산 성분 (李, 1999) (단위: g/100g)

항목	함량	항목	함량
트레오닌	5.5	라이신	4.6
발린	7.3	메싸이오닌	2.3
아이소로이신	3.8	트립토판	1.4
로이신	7.0	히스티딘	2.6
페닐알라닌	4.7	아르지닌	4.3

4. 재배 기술

1) 버섯균의 생육 조건

목이균은 호기성 균으로서 목재의 섬유소 분해력이 아주 강하며, 균사 생장 시에는 건조하고 통풍이 잘되는 상태를 좋아한다. 이 시기에는 광선을 크게 요구하지 않는다. 그러나 버섯 재배 시에는 광선이 자실체의 분화를 촉진할 뿐만 아니라 버섯의 색소 형성에도 영향을 주게 된다. 균사는 보통의 톱밥 배지에서 수차례 계대 배양을 하거나, 합성 배지에서 자주 이식하지 않고 적온에서 40~60일 이상 유지하게 되면 퇴화하게 되므로 유의하여야 한다.

(1) 영양

흑목이는 부생성이 강한 목재부후균, 이양형 생물에 속한다. 엽록소가 없어서 광합성 반응으로 양분을 만들지 못하므로 죽은 나무와 기질에서 영양분을 섭취한다. 흑목이에 필요한 영양물질은 주로 다음의 4가지 요소가 있다.

❶ 탄소원

탄소원은 주로 유기물에서 생성된다. 예를 들면, 포도당, 설탕, 녹말, 섬유소, 반섬유소와 목질소 등이 있다. 자주 접하는 탄소원 중 포도당 등의 소분자 화합물은 직접적으로 균사에 흡수될 수 있으나 근대 섬유소, 목질소, 녹말 등 고분자 화합물은 균사에 직접 흡수될 수 없으므로 균사가 분비한 효소 소분자 화합물로 분해되어서야 비로소 균사에 이용될 수 있다. 그러므로 섬유소, 목질소가 풍부한 나무껍질, 목화씨 껍질, 수수 등은 모두 좋은 배양 재료이며, 균사 생장에 필요한 탄소원을 제공할 수 있다.

❷ 질소원

단백질, 아미노산, 요소, 암모니아 등이 흑목이의 질소원이 될 수 있다. 그중에서 아미노산, 요소 등이 균사체에 직접 흡수될 수 있으며, 단백질은 고분자 화합물이어서 효소를 통해 아미노산으로 분해되어야 흡수, 이용할 수가 있다. 탄소와 질소의 비율은 20:1이며, 질소원이 부족하면 흑목이의 생장에 장해를 준다. 목화씨 껍질 혹은 나무껍질 등을 이용해서 배지를 만들 때 질소가 많이 함유된 쌀겨나 밀기울을 적당히 첨가하면 균사 생장을 촉진하며 발이 기간도 단축하고 생산량을 높일 수 있다.

❸ 무기염

무기염 중 인, 칼륨, 칼슘, 철, 마그네슘과 기타 미량 원소는 흑목이에 꼭 필요한 영양 물질이다. 그중에서도 인, 칼륨, 칼슘은 가장 중요하다. 인은 균사의 생장 발육, 대사, 핵산의 형성 등 중요한 역할을 하고 있다. 인이 없으면 탄소, 질소를 잘 이용할 수 없다. 칼륨은 세포의 조성, 영양 물질의 흡수 작용에 참여한다. 칼슘은 균사의 생장과 자실체의 형성을 촉진할 수 있고 중화 산성, pH 조절의 작용도 가지고 있다. 인공 재배 흑목이의 배양 중 석고를 첨가하는 것은 바로 이 원리이다.

그 밖에 흑목이의 생장에 필요한 미량 원소는 구리, 철, 아연 등이 있다. 그런데 보통 물에 이미 흑목이의 생장 발육에 필요한 충분할 만큼의 함유량이 있다.

❹ 생장소

흑목이의 생장 발육에 핵산과 각종 비타민이 필요하다. 이것은 극미량의 특수한 영양 물질로서 필수 성분인데, 감자, 밀기울, 쌀겨에 비교적 많이 함유되어 있다.

(2) 온도

흑목이균은 중온성 균류로서 온도에 대한 적응 범위가 넓은 특징이 있다. 균사 생장 온도 범위는 15~35℃이고 최적 온도 범위는 25~33℃이나, 가장 알맞은 온도는 30℃ 전후가 된다(그림 14-2). 이보다 온도가 높으면 균사 생장이 급격하게 감소하고, 낮을 때에도 서서히 감소하게 된다. 실제로 균사 배양 시에는 배양실 온도를 22~26℃로 맞추어야 한다. 건조 상태에서의

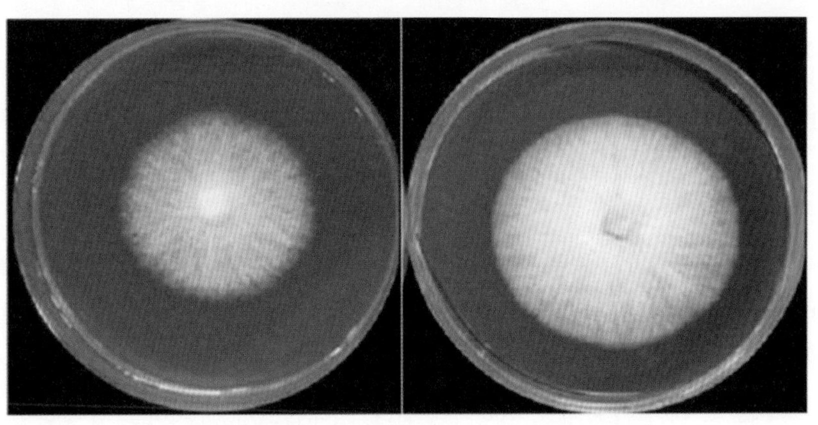

ASI 6005(목이 1호) ASI 6033

그림 14-2 목이의 균사 생장(감자배지 25℃ 온도에서 16일 생장)

균사 생장 정지 온도는 0~3℃ 정도이며, 내한성이 강하여 -39℃에서도 균사가 사멸되지는 않는다(표 14-6, 14-7).

버섯 자실체 발생 온도는 20~28℃가 적합하므로 우리나라에서는 봄~가을 재배가 가능하다. 온도는 대기 중의 습도와 밀접한 관계가 있어, 균사 생장 시에는 높은 온도와 낮은 습도를 요구하고, 자실체가 형성, 생장하는 경우에는 이보다 낮은 온도와 높은 습도를 요구하게 된다(표 14-8).

표 14-6 흑목이의 온도 요구도 (丁 등, 2001)

구분	생존 범위	생장 온도	최적 온도	비정상 온도 시 영향
포자	15℃~39℃	22℃~32℃	25℃~30℃	• 32℃ 이상: 생장 완만 • 40℃ 이상: 포자의 형성 불가 및 사멸
균사	0℃~40℃	15℃~35℃	22℃~30℃	• 14℃ 이하: 생장 완만 • 35℃ 이상: 생장 억제 • -10℃: 유지
자실체	5℃~38℃	15℃~30℃	20℃~27℃	• 15℃ 이하: 생장 억제 • 30℃ 초과: 생장 정지 및 분해

표 14-7 온도에 따른 흑목이 균사의 생장 속도 (丁 등, 2001)

(단위: mm/24h)

균주	5℃	10℃	15℃	20℃	25℃	30℃	35℃
호이 1호	0	1	1.5	3.2	6.7	6.9	6.5
산서중	0	1.5	1.57	4.4	6.8	7.1	6.2

표 14-8 온도에 따른 흑목이 자실체의 생장량 (丁 등, 2001)

온도(℃)	지름(cm)	증장(cm/day)	무게(g)	증중(g/day)	성장 일수
20~25	5.62	0.94	113	1.88	7
15~20	6.86	0.61	130	1.18	14
10~15	6.67	0.39	158	0.98	20

(3) 수분

흑목이 생장 단계에 따라서 수분에 대한 요구도 다르다. 균사 생장 발육을 할 때 필요한 수분은 주로 배양 기질로 제공하는데, 배양 기질의 함수량이 55~60%이면 좋다. 자실체 발육 단계는 상대적으로 높은 습도를 요구한다. 재배 장소 공기 중 상대습도 85~95%일 때 자실체 생장 발육이 가장 빠르고 대 길이도 길고 이육이 두껍다. 상대습도 80% 이하일 때 수분이 부족하여 자실체가 건조해지고 축소된다. 그러나 습도가 너무 높으면, 통풍이 불량하여 산소가 부족해서 생장을 억제하며 자실체를 상하게 할 수 있다. 건습을 잘 조절해서 자실체의 이상적인 조건을 만들어야만 생산량과 품질을 보증할 수 있다.

버섯 균사체가 생장할 때에는 원목이나 배지의 수분량이 중요하나, 흑목이는 수분에 대한 반응이 비교적 다른 버섯보다는 둔감하다. 접종 시 원목의 수분은 40% 정도가 알맞고, 톱밥 병재배 시 톱밥 수분은 60~65%가 적당하며, 자실체 발생 시 실내 습도는 90% 정도로 높게 유지해 주어야 한다.

(4) 산도(pH)

목이균의 생장 최적 산도(pH)는 6.2~7.0으로서, 이때 균사 생장이 가장 양호하였다(표 14-9). 흑목이는 약산성 환경이 생육에 적당하다. 최적 pH는 4~7이다. 그중에서도 pH 5.0~6.5가 가장 적당하고, 3 이하나 8 이상은 균사 생장을 방해한다. pH가 흑목이 생장에 미치는 영향은 표 14-10과 같다.

표 14-9 목이 배지의 산도(pH)와 균사 생장

균주명 \ 산도(pH)	4.2	5.3	6.2	7.0
털목이	12	21	6	8
목 이	-	3	23	7

※ 균사 측정값: mg/15일

표 14-10 pH가 흑목이 생장에 미치는 영향 (丁 등, 2001)

pH	2.4	3.0	4.0	5.0	5.4	6.0	6.4	7.0	8.0	9.0
배양 30일 후의 균사 지름(mm)	-	3.1	43.7	76.5	70.6	66.3	58.5	52.1	28.2	0.0

(5) 공기 요구도

흑목이는 호기성 진균에 속한다. 생장 발육의 과정 중 신선한 공기를 요구하고 일산화탄소(CO)와 기타 유해 기체를 배출하여 필요한 산소를 흡수한다.

(6) 광도

흑목이의 생장 단계에서는 일반적으로 빛이 필요 없다. 흑목이는 암 조건이나 산광의 경우에도 정상적으로 생장한다. 빛은 흑목이의 영양 생장에서 생식 생장으로의 변화를 촉진할 수 있는데, 이것은 아마도 균류 생리 전화의 효소계 빛 유도 혹은 빛 자극과 관련이 있는 것 같다. 균사 생장 과정 중 빛을 비추면 배양기 표면에 균사가 모여서 형성된 교상물(젤리상)이 나타날 수 있고, 색소를 분비하여 온 배양 기질을 갈색으로 변화시킨다. 빛은 흑목이의 색택과도 연관이 있다. 약한 광도 조건 아래에서 자실체 생장이 약하고 미황색 혹은 연한 갈색이 나타난다.

광선이 충족된 조건에서는 자실체 색깔이 진하고, 크고 두껍게 자란다. 흑목이는 교질의 보호로 인해서 단기간의 강한 햇빛을 비추어도 자실체 고사까지는 일어나지 않는다. 어떤 연구에 의하면, 15lx의 빛 조건에서는 자실체는 백색이고, 200~400lx의 빛 조건에서는 자실체는 연한 갈색이다. 400lx 이상의 조건에서야 자실체 색깔이 검은색으로 나타난다. 광선이 부족한 곳에 형성된 초발이 형태는 기형으로 나오는 경우가 많다. 그래서 노지에 흑목이를 재배하는 곳에는 빛이 충분한 장소가 좋다.

배양 기질은 주로 섬유소와 목질소 등의 고분자 화합물로, 이것은 효소를 통해 간단한 탄수화물로 전환되어 흑목이에 영양원이 된다. 이 효소들은 pH 4~5일 때 활성이 가장 높고 보통 배양 기질은 pH 6.0 정도 되는데, 원료를 만들 때 1%의 황산칼슘($CaSO_4$) 혹은 탄산칼슘($CaCO_3$)을 첨가하면 자동적으로 미산성 환경을 조절할 수 있다.

2) 원목 재배

(1) 원목을 이용한 재배

목이의 원목 재배는 한번 종균을 심은 후에 보통의 관리만 하면 2~3년 동안은 수확이 가능하고, 원목의 굵기(지름)가 5cm 정도로 작아도 재배가 가능하기 때문에, 벌채 후에 생기는 가는 원목을 최대한 이용할 수 있는 이점이 있다. 재배 방법은 그림 14-3에서 보는 바와 같이 표고 원목 재배와 유사한 점이 많으므로 공통되는 사항은 간단하게 설명하고, 특이하게 상이한 사항을 중심으로 기술하고자 한다.

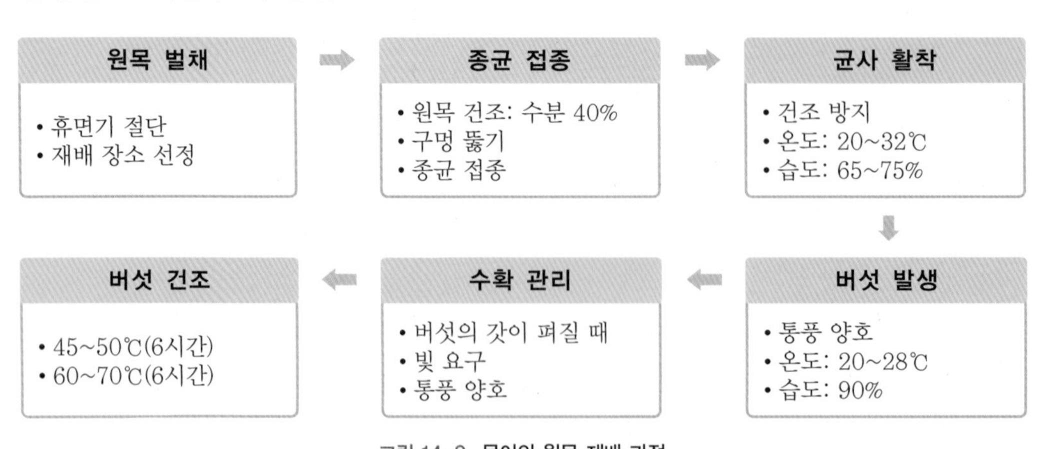

그림 14-3 목이의 원목 재배 과정

(2) 재배 장소의 선정

목이는 호기성이고 광선을 많이 요구하는 반면 약간 건조한 상태를 좋아하므로 다음 사항을 고려하여 장소를 선정하여야 한다.

평지에서의 재배가 가능하며, 산의 경우 해발 500m 이하의 높지 않은 곳을 선정한다. 목이는 표고보다 광선을 더 요구하기 때문에 재배 장소의 임상은 침엽수보다 활엽수가 좋고, 간접 광선을 최대한 받을 수 있도록 남향의 양지 쪽에서 일조 시간이 길게 유지되는 곳이 좋다. 겨울에는 따뜻하고 여름에는 서늘하며, 밤낮으로 온도 차가 적고 배수가 잘되는 곳을 선택한다. 재배장의 표면은 초본이나 이끼류가 피복되어 있으며, 너무 건조하지 않고 습도가 유지되는 곳이면 더욱 좋다.

(3) 버섯 재배에 적당한 나무

목이의 균사는 활력이 강하여 대부분의 활엽수 고사목에서 생장이 잘된다. 그러나 원목의 내구 연한이나 관리하기에 적당한 수종으로는 참나무류, 피나무, 밤나무, 단풍나무, 과수목 등이 있다. 특히 활엽수에는 표 14-11에서와 같이 펜토산이나 일반적인 성분들이 침엽수보다 높아, 목이 재배에 적합한 수종이라고 할 수 있다.

표 14-11 활엽수 및 침엽수의 주요 성분 비교 (단위: %)

나무 종류	셀룰로오스	리그닌	펜토산	알코올 추출물	회분	기타
활엽수	51.6	20.6	20.5	2.4	2.4	2.5
침엽수	50.4	29.9	8.5	2.2	0.1	8.9

※ 건물에 대한 비율(%)

(4) 벌채 시기

일반적으로 벌채는 표 14-12와 같이 단풍이 들어서 낙엽이 지기 시작할 때부터 이듬해 수액이 이동하기 전, 즉 새싹이 움트기 전에 실시하는 것이 좋다. 대체적으로 기온이 낮아서 나무가 휴면기에 들어간 시기에 벌채하는 것이 병원 포자의 피해도 막고, 원목을 건조시키기에도 편리한 적기임을 알 수 있다. 또, 낙엽 후 휴면기에 벌채하는 것이 양분 함량이 높고 버섯나무의 수명이 길게 되며, 버섯 발생량이 많은 이점이 있다.

표 14-12 원목의 벌채 시기와 버섯 재배 시 특성

벌채 시기	원목의 고사	양분 함량	버섯나무 수명	초기 버섯 발생	버섯 발생량(1주기)
낙엽 전	빠르다	적다	짧다	많다	적다
부분 낙엽	약간 빠르다	많다	길다	약간 많다	많다
낙엽 후	늦다	많다	길다	적다	많다

(5) 원목 준비 및 원목 구멍 뚫기

❶ 원목의 준비

재배에 사용될 원목은 지름 15cm 전후로, 표고 원목보다 약간 작아도 무리가 없다. 벌채된 원목은 1~2개월 동안 그늘에서 말린 후 길이 120cm 또는 180cm로 절단한다. 이때 건조된 원목의 수분은 40% 정도로, 육안 관찰 시에는 절단면에 실금이 약간 있는 정도이며, 운반이나 취급 중 표피가 손상되지 않도록 하여야 한다. 그 밖의 원목 취급, 건조 및 보관 방법은 표고 재배 방법과 동일하게 작업하면 된다.

❷ 원목 구멍 뚫기

목이는 호기성 균이므로 산소가 많은 상태에서 균사가 생장하기 때문에, 원목 재배할 때 접종 구멍을 표고보다는 약간 크게 하여 많이 뚫어야 한다. 접종 구멍의 지름은 표고에서는 12mm가 적당하나 목이에서는 이보다 약간 큰 16mm 정도가 적당하며, 구멍 수는 표 14-13과 같이 120cm 원목의 경우 끝 부분 지름의 4배가 적당하다.

표 14-13 목이와 표고의 원목 재배 시 종균 접종 최적 구멍 수 비교

버섯 종류	원목 끝 부분 지름별 접종 구멍 수(개)				
	8cm	10cm	12cm	15cm	20cm
표 고	29	36	43	54	72
목 이	32	40	48	60	80

※ 원목의 길이는 120cm를 기준으로 함.

끝 부분(말구)의 지름이 15cm일 경우에는 60개가 적당하다. 이는 지름 15cm 표고의 경우 3.6배인 54개보다 많은 것을 알 수 있다. 접종 구멍의 깊이 및 작업 요령은 표고 재배 시와 동일하게 하되, 깊이는 표 14-14와 같이 원목의 크기와 비례가 되게 하여야 한다.

표 14-14 목이 원목의 굵기와 종균 접종 구멍의 깊이

원목 지름(cm)	5	10	20	30
구멍 깊이(mm)	20	25	30~40	40~50

(6) 종균 접종

❶ 우량 종균 구입

목이는 대개의 경우 톱밥 종균을 사용하고 있으며, 다른 버섯과 달리 균사가 빨리 퇴화하기 때문에 몇 차례의 계대 배양을 하거나 종균 제조 후 장기간 보관된 것은 사용하지 말아야 한다. 그러므로 종균은 이와 같은 문제점이 없는 것을 신용이 있는 배양소에서 구입하여 사용하여야 한다. 종균에는 잡균이 없고 버섯 균사 냄새만 나는 것을 사용한다. 종균병 내부에 갈색 물이 고였거나 배지가 수축되어 형태가 변한 것은 불량하므로 사용하지 말아야 하며, 종균 제조 일자 및 검사 일자 등이 오래 되지 않아야 한다. 병 안의 균사는 활력이 있어야 하며, 병에서 톱밥을 꺼낼 때 부서지지 않고 작은 덩어리가 되어 있어야 한다.

❷ 접종 작업

원목에 구멍을 뚫은 다음, 톱밥 종균을 병에서 꺼내어 구멍 전체의 80%를 차지할 정도로 종균을 넣어야 한다. 이때 종균은 분쇄하지 말고 덩어리 상태로 사용하는 것이 좋다. 표고 종균처럼 단단하게 넣지 말고 약간의 공기와 접하도록 하여야 한다. 마개도 너무 단단하게 막지 말고, 종균이 지나치게 건조되지 않을 정도로 약간의 틈을 두는 것이 좋다. 그 밖의 방법은 표고 재배의 요령과 같게 한다.

(7) 접종 버섯나무 관리

종균의 접종 작업이 끝나면 목이 균사가 빨리 원목 속으로 활착, 증식되도록 하기 위하여 버섯나무를 한곳에 쌓아서 온습도를 조절하여야 한다. 이른 봄, 즉 3월에 접종한 것은 지상으로부터 20cm 높이에 깔판을 깔고, 그 위에 우물 정자(井) 또는 옆으로 횡적하여 높이가 150cm 정도 되도록 쌓아 놓는다.

버섯나무 더미 표면에는 옆면을 제외하고 비닐과 차광막을 덮어서, 공기 유통이 되면서 온도는 25~28℃, 상대습도는 80% 정도가 유지되도록 한다. 이때 주위에 살충제를 살포하여 해충에 의한 피해가 일어나지 않도록 하고, 경우에 따라서는 1~2주에 1회씩 버섯나무 더미를 뒤집어 주어 상하의 위치를 바꾸어 주도록 한다. 이같이 관리하여 약 40일 정도가 되면 접종 구멍을 중심으로 하여 버섯 균사가 활력 있게 뻗어 나가는 것을 볼 수 있다.

(8) 버섯 발생 및 관리

종균을 3~4월에 접종한 경우에는 5~6월이 되어 버섯나무에 버섯 균사의 활착이 이루어지게 된다. 이때부터 버섯을 발생시키기 위하여 이미 선정된 버섯 재배 장소로 이동하여야 한다. 재배 장소는 광선을 충분히 받을 수 있어야 하고, 통풍이 잘되고 배수가 양호하면서 때로는 습도가 유지될 수 있는 곳이 좋다.

이동된 버섯나무를 배열하는 방법은 재배 장소의 지형, 그 지역의 5~8월 동안의 강우량, 습도, 광도, 배수 등을 고려하여 결정하여야 한다. 버섯나무의 배치 방법은 사람 인자(人) 모양으로 경사지게 세워 놓는 방법, 베갯목을 놓고서 성기게 세우는 방법, 철사를 지상에서 20~30cm 높이로 2열씩 드물게 깔아 띄운 후 그 위에 1층으로 깔아 놓는 방법이 있다. 철사를 사용하게 되면 광선을 잘 받게 되고, 버섯나무의 수분 유지가 잘되며, 통풍이나 관수 작업 등이 용이한 장점이 있으나 재배 장소를 넓게 차지하는 단점이 있다.

버섯이 발생하기 위해서는 공기의 온도와 버섯나무 내의 수분 함량이 알맞아야 한다. 이를 위하여 재배장이나 지역의 기후 여건상 건조할 경우에는 버섯나무를 서로 붙여 놓고 경사도를 낮추어 수평에 가깝도록 쌓아야 하며, 습한 지역에서는 버섯나무를 드물게 배열하고 지면에서 40~60cm 정도 띄워 경사가 많이 지도록 쌓아야 한다.

버섯 발생 온도는 고온으로 20~28℃가 적당하며, 버섯나무의 수분이 충분하게 흡수되도록 비를 맞히거나 관수를 하여야 한다. 더욱이 이때는 광선을 많이 필요로 하는 시기이므로 이에 대한 관리를 잘하여야 한다. 스프링클러 또는 관수 호스를 연결하여 자동 관수 시설을 활용하면 표 14-15와 같이 약 3~4년 정도는 수확이 가능하며, 대부분 2년차에 가장 많은 수확을 얻을 수 있다.

표 14-15 목이의 재배 연도별 원목의 상태 변화

구 분	전체 무게 (비율 %)	고형물+결합수 (%)	자유수 (%)	공극량 (%)
원목	10 (100)	57	19	24
버섯나무(2년)	6.5 (65)	37	12	51
버섯나무(4년)	4.5 (45)	27	9	64

(9) 버섯 생장 및 수확 관리

버섯이 발생하여 생장할 때의 재배장은 풀이 긴 것만 깎아 주고 어느 정도의 풀은 있어야 지면의 습도 유지와 버섯나무의 수분 흡수에도 도움이 된다. 이때에도 통풍이 잘되어야 하고, 햇빛을 충분하게 받도록 하여야 한다. 더욱이 중요한 것은 이 시기의 공중 습도와 버섯나무의 수분 상태이다. 목이가 발생하여 생장할 때에는 버섯나무가 건조되었다가 젖었다가 하는, 건조와 과습이 반복되는 조건에서 생장이 촉진되는 특성이 있다. 버섯을 발생시켜 채취하기까지의 기간은 15~20일 정도 소요된다. 이때의 버섯나무는 수분 관리가 매우 중요하다.

버섯의 수확은 3~4개월에 걸쳐서 실시하는데, 수확한 다음에는 매번 버섯나무의 앞뒷면을 교체시켜 주어야 한다. 더욱이 버섯을 발생시키기 위해서는 버섯나무에 수분을 충분하게 공급해 주어야 하고, 버섯이 생장하여 수확이 완료된 뒤에는 다시 버섯나무를 건조시켜 균사체가 활력 있게 생장, 번식되도록 하여 다음 버섯의 발생이 양호하도록 하여야 한다. 흑목이는 지금까지 주로 야외 노지 재배를 하였으나, 일부에서는 시설 재배에 의한 단경기 재배를 시도하고 있기도 하다.

(10) 월동 시 버섯나무 관리

고온기에 버섯을 수확하면, 가을부터 기온이 낮아짐에 따라 버섯의 생육은 정지하고 휴면 상태로 들어가게 된다. 원목에 버섯 종균을 한 번 심게 되면 3~4년 동안은 계속하여 버섯을 수확해야 하기 때문에, 월동 시의 관리가 매우 중요하다. 버섯나무를 세워서 관리한 경우에는 지면에 쓰러뜨려 놓아 눈이 오게 될 경우 버섯나무 전체가 덮이도록 하여, 눈 속에서 온습도가 유지되어 월동할 수 있도록 한다. 수확이 완료된 후에는 재배장 주위에 배수로를 정비하여 겨울에 과습으로 인한 동결 피해가 생기지 않도록 하여야 한다.

3) 톱밥 재배

원목 재배는 관리하기가 간편하고 시설비가 적게 드는 장점이 있으나, 원료의 양에 대한 버섯 회수율이 낮고 원목 구하기가 곤란하게 되어, 최근에는 일정 용기에 톱밥을 넣어 재배하는 시설 재배를 실시하고 있다. 목이는 생육 온도가 높고 균사 활력도가 강하기 때문에 간이식 재배사에서도 재배가 가능하다. 그러나 균주 증식 및 배양에는 일정한 기본 시설이 있어야 한다.

재배 방법은 비닐 포트 재배 방법과 내열성 PP병을 이용한 재배 방법이 있다. 이 두 가지 방법은 원리 및 모든 재배 과정이 유사하기 때문에 병재배법에 준하여 설명하고자 한다.

그림 14-4 **목이의 톱밥 재배**

(1) 톱밥 종류 및 배지 제조

목이는 표고와 마찬가지로 타닌 성분이 많이 함유된 참나무류와 밤나무 등의 톱밥이 가장 양호하다. 특히 참나무류 톱밥은 타닌 성분이 2.0~2.8%로 많이 들어 있어서 재배할 때 잡균의 발생을 억제시킬 수 있다. 그러나 최근에는 참나무류 톱밥을 구하기가 어려우므로 참나무류 톱밥 25%에 활엽수 톱밥 75%를 혼합하여 사용할 수도 있다(표 14-16). 이 경우 참나무류 톱밥은 타닌 성분이 많고 활엽수 톱밥은 보습력이 높은 장점을 각각 최대한 살릴 수 있어서 좋다.

표 14-16 톱밥 재료 혼합 비율에 의한 목이 수량 비교

혼합 비율(%)	수량(g/0.2㎡)	지수
포플러 톱밥 100	317	100
포플러 톱밥 75+참나무 톱밥 25	763	241
포플러 톱밥 50+참나무 톱밥 50	643	203

경우에 따라서는 미송 톱밥을 2~3개월 동안 야외에서 부숙 발효시켜 재배하여도 대등한 수량을 얻을 수 있으므로 미송을 사용하여도 된다. 이때, 배지 재료 중 톱밥만으로는 질소 및 각종 양분이 부족하므로 첨가제로서 쌀겨를 보충시켜 주어야 한다. 쌀겨는 부패되지 않은 신선한 것을 사용하여야 하며, 쌀겨의 첨가량이 너무 많으면 질소 함량이 높고 배지의 물리성이 악화되어 잡균이 발생하기 쉬우므로, 표 14-17과 같이 15~20% 정도를 첨가하는 것이 적당하다. 이때 톱밥에 탄산칼슘을 0.2~0.3%(무게 기준) 정도 첨가하여 배지를 제조하여도 좋다.

표 14-17 배지의 쌀겨 첨가량이 목이 균사 생장 및 수량에 미치는 영향

쌀겨 첨가량 (%)	균사 생장 (mm/35일)	배양 완성 기간 (일)	잡균 발생률 (%)	수량 (g/병)
0	70	37	19	78
15	87	35	13	99
20	80	35	19	91
25	81	35	38	73
30	53	35	38	70

(2) 재료 배합 및 입병

배지 제조 시에는 톱밥과 쌀겨, 그리고 탄산칼슘을 일정 비율로 균일하게 배합하기 위하여 먼저 혼합기에 이들 재료를 건조 상태로 3~5분 동안 혼합시킨 다음, 물을 첨가하여 수분 함량이 65% 정도가 되도록 조절한다. 이때 수분 함량은 톱밥을 손으로 짜서 물이 2~3방울 떨어지는 정도이면 큰 오차가 없게 된다. 병 속에 넣은 배지 무게는 병의 크기에 따라 다른데, 850mL병일 경우에는 510~530g(수분 포함), 1,100mL일 때에는 660~685g이면 적당하다. 입병 작업과 동시에 병 가운데에 구멍을 뚫어서 접종된 균사가 고르게 생장되도록 한다. 이 같은 작업은 배지 혼합기 및 입병기에서 일관 작업으로 이루어진다.

(3) 배지 살균 및 접종

❶ 살균 작업

살균 작업이란 배지 제조 시에 톱밥이나 쌀겨 등에 혼합되어 있는 모든 잡균을 열로 사멸시키고 톱밥을 부드럽게 하여, 버섯균이 잘 자랄 수 있는 상태로 만들어 주는 과정을 말한다. 살균을 할 때에는 일반적으로 고압 살균을 한다. 고압 살균은 온도 121℃(1.2kg/㎤)에서 60~90분간 실시하여야 하며, 이때 배지에 고열이 침투되어야 하고 온도가 정확히 맞아야 한다. 상압 살균은 배지 온도를 97~98℃에서 6~8시간 유지하여 모든 잡균을 제거시키는 과정을 말한다(표 14-18 참조).

표 14-18 살균 방법 비교

구분	온도 상승		살균 처리		연료 소비	
	도달 온도(℃)	소요 시간(분)	온도(℃)	유지 시간(분)	소비량(L/h)	연료비
상압 살균기	98	120	98	240	66	많다
고압 살균기	121	30	121	60	20	적다

❷ 접종 작업

종균의 접종 작업은 살균된 병 안에 버섯 균사를 이식하는 작업으로, 매우 중요한 과정의 하나이다. 살균이 끝난 병을 살균기에서 바로 꺼내면 갑자기 밖의 찬 공기와 부딪쳐 응결수가 생기게 되므로 좋지 않다. 따라서 살균기의 문을 서서히 열어서 수증기를 빼낸 후 청결한 냉각실로 꺼내어 식혀 주어야 한다.

병 안의 톱밥 배지 온도가 20℃ 이하로 되면 접종 작업을 실시한다. 접종은 무균실 또는 무균상이 설치된 곳에서 수행하여야 한다. 접종 작업은 원래 자동 접종기로 실시하는 것이 좋지만 소농가의 경우 손작업으로 할 수도 있다. 무균실은 청결하게 관리하여야 하고, 깨끗이 여과된 공기만이 통과되어야 하며, 접종실의 실내 온도는 15~18℃ 정도가 가장 알맞다. 접종할 때에는 다음 사항에 유의하여야 한다.

살균등은 6.6㎡(2평)당 1개(30W)를 작업 시간만 제외하고 항상 켜 둔다. 실내 온도를 15~18℃로 유지하고, 병 안의 온도가 20℃ 정도로 떨어지면 접종 작업을 실시한다. 접종량은 병원균의 침입과 배지 표면의 건조를 방지하기 위하여 표면 전체를 덮도록 한다. 접종실 안은 항상 무균 상태로 하고 복장은 전용 가운을 착용하며, 작업 중에는 함부로 문을 열지 말고 출입을 제한한다. 접종기를 사용할 때에는 접종 칼날과 접시 부분은 화염 살균을 철저히 한다. 접종원의 병 표면 입구에 묻은 접종원은 제거하고, 입구 소독을 철저히 한다.

(4) 버섯 균사 배양

접종 작업이 완료되면 배지는 바구니에 넣은 채로 6~8층으로 적재한 다음 운반차로 배양실에 옮긴다. 배양실의 온도는 22~26℃, 습도는 65~75% 정도로 유지한다. 목이균의 배양 중에는 배지병 표면이 건조되지 않고 항상 습도가 유지될 수 있도록 관리하여 주어야 한다. 배양 기간은 온도에 따라 다른데 보통은 25~30일 정도 소요되며, 배양이 완료되면 병 전체가 하얀 균사로 덮이게 된다. 배양실에서는 배지의 균사 생장 상태를 자주 관찰하여 잡균이 발생하면 즉시 제거해 주어야 한다.

❶ 온도 관리

배양 초기에는 20~23℃ 온도로 유지하고, 균이 지름 약 3cm 정도 자라면 그 후에는 22~26℃로 온도를 조절하여 준다. 실내 온도를 균일하게 유지하기 위하여 전열기 등을 이용할 수 있으며, 순환 장치를 하여 실내 공기를 순환시켜 상 · 하단의 온도 편차를 줄이도록 한다.

❷ 습도 관리

배양실의 공중 습도는 65~75% 정도가 적당하지만, 배지 수분 유지 및 뚜껑 속의 재질 종류에 따라 건조 정도가 다르게 되므로, 종균이나 배지 표면의 상태에 따라 조절하여야 한다. 실내 습도가 너무 건조하게 되면 배지 표면의 건조된 부분에는 잡균이 생기기 쉬우므로 주의하여야 한다.

❸ 환기 관리

환기는 특별히 많이 시킬 필요는 없지만, 배지가 건조하지 않을 정도로만 환기를 시키면 배양실 상 · 하단의 습도 및 온도 편차를 줄일 수 있고, 배양실 내의 먼지 및 유해 물질을 밖으로 배출시키는 효과도 있다.

(5) 버섯 발생 및 생육 관리

버섯 재배사는 항상 청결하게 관리해야 하며, 바닥이나 천장은 살균제로 미리 소독해 두어야 한다. 버섯 발생 온도 범위는 18~30℃로서 대단히 높다. 균사 배양이 완료된 병은 표면의 균긁기를 실시하거나 또는 실시하지 않고 그대로 발생시킬 수도 있는데, 결과적으로 그 차이는 크지 않다.

목이 발생 때에는 실내 습도가 매우 중요하다. 버섯 발생 초기에는 실내 습도를 90% 이상으로 조절하여 버섯을 발생시키고, 3~4일 정도 지나 버섯이 지름 3~5cm 정도 자란 뒤부터는 85~90%로 낮추어 관리하여야 한다. 이후에도 습도가 높게 되면 푸른곰팡이가 발생하여 실패하게 된다. 버섯이 자랄 때에는 환기를 많이 시켜 통풍이 잘되도록 하여야 한다. 목이는 버섯이 자랄 때 다습한 조건에서 공기 유통이 잘되는 것을 좋아하는 특성이 있다. 버섯의 형태가 표면적이 넓고 얇은 한천질로 되어 있기 때문에 재배사가 너무 건조하게 되면 생장하는 버섯의 갓 변두리가 건조한 공기와 접하게 되므로 말라 죽는 반면, 안쪽은 습기가 있어서 계속 생장하여 기형 버섯이 될 수 있으므로, 실내 습도의 조절이 매우 중요하다. 버섯이 발생한 후 약 15~20일이 지나면 수확 적기가 된다(그림 14-5).

표 14-19 배지 처리별 균 배양 및 자실체 생육 특성 (조 등, 2012)

배지 조성	배양 소요 일수[1] (일)	초발이 소요 일수[2] (일)	자실체 생육 일수[2] (일)	생체중 (g)	건물중 (g)
참나무 톱밥 90% + 쌀겨 10%	31	14	18	295	31

[1] 온도: 22±1℃, 습도: 50~60% [2] 온도: 15±1℃, 습도: 80~90%
※ 1.4kg 톱밥 배지

배양

발이

수확기

그림 14-5 목이의 배양, 발이, 수확기 (조 등, 2012)

5. 수확 후 관리 및 이용

1) 버섯 수확 및 관리

버섯 수확 적기는 갓의 면적이 최대로 커지고 끝 부분이 안으로 오므라지기 시작할 때로서, 첫 버섯이 발생되어 20일 정도 지난 시기가 된다. 수확하기 하루 전부터는 실내 가습을 하지 않고 약간 건조한 상태에서 수확할 수 있도록 한다.

수확이 완료되면 배지의 표면을 깨끗이 정리하고 약 2일간은 가습을 하지 말고 건조한 상태로 유지시켰다가 다시 실내 습도를 90~95%로 조절하여 자실체 발생을 유도한다. 이때 실내 습도를 맞추어 주고 배지 표면에 다시 새로운 균사가 재부상하는 시기에 환기를 충분하게 해 주어 정상적인 버섯이 발생하도록 유도하여야 한다. 이렇게 버섯을 1주기까지 수확하는 기간은 약 22~25일 정도이다.

2) 버섯 건조

수확한 버섯은 생버섯 상태로 100~200g씩 작은 용기에 소포장을 하여 판매할 수도 있고, 건조시켜서 마른 상태로 판매할 수도 있다. 버섯 건조는 먼저 수확된 버섯을 열풍 건조기에 넣고 강한 바람을 넣어 가면서 45~50℃에서 4~6시간 유지시키면 대부분의 수분은 증발하게 된다. 그 후에는 60~70℃에서 약한 바람을 넣어 가면서 4~6시간 유지해 주면 해충도 없어지고 버섯도 완전하게 건조된다. 버섯의 수분 함량이 9~10% 정도 되었을 때 진공 포장 또는 밀봉 포장을 하여 출하한다.

3) 식품 소재화

목이 함량에 따른 된장을 제조하여, 목이 된장의 점조도 및 생리 활성 물질을 분석한 결과는 다음과 같다.

전체적으로 모든 구간에서 생리 활성 물질이 생성되는 것으로 나타났으며(표 14-20), 특히 목이 분말을 1.0% 첨가한 된장의 점도값이 가장 높았고, 혈전 용해 효소 활성도 33.54%로 높게 나타났다(그림 14-6). 또한 타이로신 및 프로테아제 활성도 목이 분말을 1.0% 첨가했을 때, 각각 115.47, 85.31mg%로 다른 구간에 비해 높은 값을 나타내었다. 이는 목이에 함유되어 있는 점질성 다당류 및 다양한 기능성 성분으로 인해 된장이 발효됨에 따라 더 많은 효소가 생성되고, 기능성 물질이 증가하는 것으로 사료된다. 반면, 목이 분말을 2.0% 첨가하였을 때에는 목이 분말을 1.0% 첨가하였을 때보다, 타이로신 함량만 높았을 뿐, 다른 활성들은 목이를 1.0% 첨가한 것보다 낮은 것으로 나타났다.

목이 된장을 1.5% 이상 첨가하면 된장의 색이 매우 검게 변하여 기호도가 낮아질 우려가 있으므로 목이 된장 제조에 있어 목이를 1.0% 수준으로 첨가하는 것이 경제적, 영양학적 측면 및 기호도 면에서 가장 좋은 것으로 판단되었다(조 등, 2012; 그림 14-7).

표 14-20 목이 분말 함량에 따른 된장의 생리 활성 물질 분석 결과

목이 분말 함량 (%)	점조도 ($Pa \cdot s^n$)	혈전 용해 효소 (%)	타이로신 함량 (mg%)	프로테아제 활성 (unit/g)
대조군	0.56	26.99	78.67	13.05
0.5	0.32	29.82	73.93	8.11
1.0	0.57	33.54	115.47	85.31
1.5	0.27	31.09	89.27	15.96
2.0	0.35	27.27	185.13	22.29

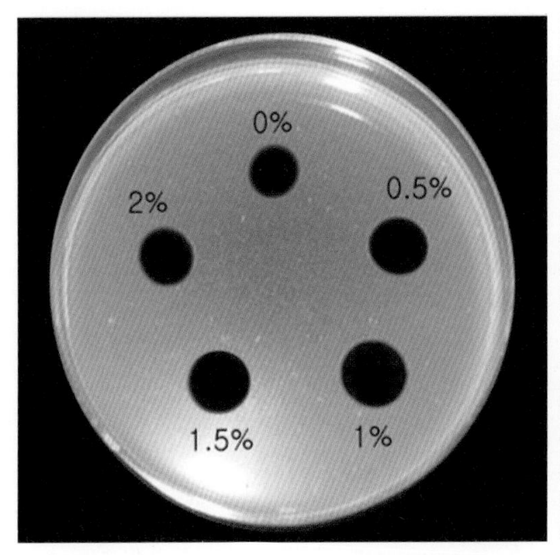

그림 14-6 목이 첨가량에 따른 혈전용해능 변화

그림 14-7 목이 된장 시제품

〈조우식〉

참고 문헌

- 김경수, 유창현, 차동열. 1995. 최신 식용 버섯 재배 기술. 현암사. pp. 406-407.
- 박완희, 이호득. 1991. 원색도감 한국의 버섯. 교학사. pp. 34-35.
- 이송애, 정경수, 심미자, 최응칠, 김병각. 1981. 한국산 담자균류의 항암 성분에 관한 연구(Ⅱ) - 치마버섯과 목이버섯의 항암 성분. 한국균학회지 9(1): 25-29.
- 조우식, 박승춘, 이태훈. 2012. 목이버섯(*Auricularia auricula-judae*)의 품종 육성 · 대량 재배 시스템 확립, 식품 · 약리 활성 분석과 식품 소재화. 농림수산식품부 연구보고서. p. 199.
- 丁湖修, 丁榮輝. 2001. 中國黑木耳銀耳 代料栽培加功. 金盾出版社. p. 428.
- 李志超. 1999. 食葯用菌生産与消費指南. 中國農業出版社.
- Chen Q. 1989. Antilipemic effect of polysaccharides from *Auricularia auricula*, *Tremella fuciformis*, and *Tremella fuciformis* spores. *Zhongguo Yaoke Daxue Xuebae* 20: 344-347.
- Cheung PCK. 1996. The hypocholesterolemic effect of two edible mushrooms: *Auricularia auricula* (tree-ear) and *Tremella fuciformis*(white jelly-leaf) in hypercholesterolemic rats. *Nutr. Res.* 16(10): 1721-1725
- Misaki A., Kakuta M. 1995. Kikurage(tree-ear) and shirokikurage(white jelly-leaf): *Auricularia auricula* and *Tremella fuciformis*. *Food Rev Int.* 11(1): 219-224.

제 15 장

흰목이

1. 명칭 및 분류학적 위치

흰목이(*Tremella fuciformis* Berk.)는 중국명은 '은이(銀茸)', 일본명은 '시로키쿠라케'이고, 일반명은 '흰젤리버섯(White jelly fungus)'으로 검은 목이(*Auricularia auricula*)와 색깔, 형태, 학문적인 이름이 다른 버섯이다. 흰목이는 흰목이강(Tremellomycetes) 흰목이목(Tremellales) 흰목이과(Tremellaceae) 흰목이속(*Tremella*)에 속한다. *Auricularia*속의 목이(wood-ear)와 구별하여 흰목이(white wood-ear)라고 부른다. 흰목이속은 세계적으로 많은 지역에 40여 종이 분포하고, 흰목이는 주로 아열대 지역에서 발견되는데, 열대나 온대 또는 한대에서도 발견된다는 보고도 있다(Chen, Hou. 1978).

2. 재배 내력

흰목이는 중국 남부 지방인 푸젠 성(福建省) 고전시에서 연 8.5만 톤이 생산되어 세계의 90% 이상이 이곳에서 생산되지만 일반 서민들은 고급 버섯으로 평가되는 이 버섯을 먹고 싶어도 쉽게 먹지 못하고 있는 실정이다.

Hou(1986)에 의하면 중국에서는 1914년에 흰목이 인공 재배를 시도하였으며, 1950년대 초 대학과 연구소의 과학자들이 흰목이 재배에 사용할 종균을 만들기 위하여 포자 현탁액인 효모상 균(yeast-like conidia)으로부터 순수한 균주를 분리하는 데 성공하였다. 1959년경 M. P.

Chan은 처음으로 흰목이 균사 분리에 성공하였고 깃털상 균(feather-like mycelium) 혼합 배지로 원목에 접종하였으며 이 과정을 통해 흰목이의 자실체를 얻었다. 1962년 초, 중국 상하이, 저장, 푸젠 지역의 과학자들이 독자적으로 혼합 배지를 사용하여 흰목이의 원목 재배를 실시하였다. 1965년 P. R. Hsu는 인공 배지에서 자라는 배양체로부터 흰목이의 순수 배양 균사는 완전한 생활사를 이룬다는 사실을 입증하였다.

1968년 푸젠, 광둥 그리고 후베이에서 혼합 배양 종균을 사용하여 대규모의 원목 인공 재배가 시작되었다. 1974년 Gutian 지방의 S. S. Yau가 흰목이 병재배 방법을 개선시켰으며, 같은 지방의 W. H. Dai가 단위 면적당 수량이 매우 높은 봉지 재배의 방법을 발전시켰다. Huang(1986)과 그의 동료들은 앞선 연구자들의 지식을 이용하여 흰목이 재배의 다양한 분야에 대한 여러 가지 연구를 하였다.

초기의 흰목이 재배는 재배에 사용하고자 하는 원목을 자실체가 있는 원목 옆에 둠으로써 자실체에서 비산되는 포자가 원목에 떨어져 접종되는 단순한 방법에 의해서 접종이 이루어졌다. 그 후 Chen과 Hou(1978)가 자연에 의존하지 않고 조직 혼탁액이라는 종균으로 접종을 하기 시작하였다. 이 종균은 유발에 물과 자실체를 넣고 갈아서 사용하였다.

흰목이 종균은 홀로 잘 자라지 못하며, 생장이 매우 느리고 약하다. 그러나 친구(공생균)와 같이 살도록 하면 생장이 매우 빨라진다. 그 공생균은 표고의 병원균인 '하이폭실론' 이다. 흰목이 균과 그의 친구 '하이폭실론' 을 같이 키우면 이들이 서로 합하여 약 2주 동안의 배양 기간을 거친 후 하얀 자실체(버섯)가 장미꽃처럼 생긴다. 흰목이는 선천적으로 약하고 공생균은 약 10배 정도 강하기 때문에 서로 균형을 맞추어 주는 것이 핵심 기술이다.

흰목이는 우리 몸에 좋은 기능성이 더 많은 만큼 흔하게 볼 수 있는 검은 목이에 비해 버섯 가격이 비싸다. 우리나라에서는 아직 품종이 육성, 보급되지 않았으며 재배도 거의 이루어지지 않고 있다.

3. 영양 성분 및 건강 기능성

중국 청조 때 왕궁에서 귀하게 사용되던 버섯으로 피로할 때나 전반적으로 건강이 쇠약해졌을 때 영양 보충제로 처방되었고, 면역 증진을 위하여 사용된 기록이 있다. 또한, 미용과 해열, 궤양의 치료에도 사용되고 있다. 현재 중국에서는 산후조리와 변비, 설사 및 위염 등의 증상에 대하여 섭취를 권장하고 있기도 하다.

국내에서는 흰목이에 기억력과 학습력 개선 효과가 기대되는 중요한 인자가 들어 있음을 발견하고 '먹으면 학교 성적이 쑥쑥 올라가는 버섯' 으로 개발이 이루어지고 있다. 또한, 식이섬유가 많은 흰목이 건조 가루는 부푸는 작용이 커서 장(腸) 청소를 하여 변비에 특효약이 될 것으로 보인다. 더욱이 흡습성이 뛰어나 아기들의 기저귀용이나 여성 생리대용 소재로도 쓰일 수 있어 주목되고 있다.

Khan과 Kausar(1981)에 의하면 버섯류는 영양적으로 비타민, 단백질, 광물질의 매우 좋은 원천이며 그중에서도 털목이(*Auricularia polytricha*)와 흰목이는 마늘, 양파와 함께 살짝 튀기거나 샐러드, 피클 요리에 필수 요소라고 하였다(Quimio, 1976).

사부로(三郞; 1915), 히로에(廣江勇; 1958)에 의하면 흰목이는 습기를 좋아하므로 습도가 높은 산림 지역에 생장하며 보통 그 자실체는 죽은 나무 그루터기에 기생하고, 시장 가치와 식용 가치가 매우 높다고 하였다. 또, 이(1596), 사부로(1971)에 의하면 중국에서는 흰목이가 최고의 상품으로 취급되며 폐질환, 고혈압, 감기, 미용 효과 그리고 고대 중국 사람에게는 심지어 불로장생의 영약으로 알려져 있었다고 한다.

4. 생리 · 생태적 특징

1) 흰목이의 공생균의 형태

흰목이는 반드시 도와주는 균인 공생균이 있어야 버섯을 발생시킬 수 있는 독특한 특성을 가지고 있다. 그러므로 흰목이가 발생한 참나무 버섯나무에서 흰목이 자실체 생성을 도와주는 균인 공생균을 분리하여야 한다.

이 공생균(*Hypoxylon* sp.)의 균사 색깔은 처음에는 흰색이며, 모양은 깃털 형태로 길고 가는 가지를 친 균사를 가진다. 균사가 자라기 시작하면 색깔이 연노랑에서 연갈색, 흑색으로 변하여 배양 배지도 점차 연갈색에서 갈색이나 진한 녹색, 흑색으로 변한다. 공중 균사는 회색~흰색이다(그림 15-1).

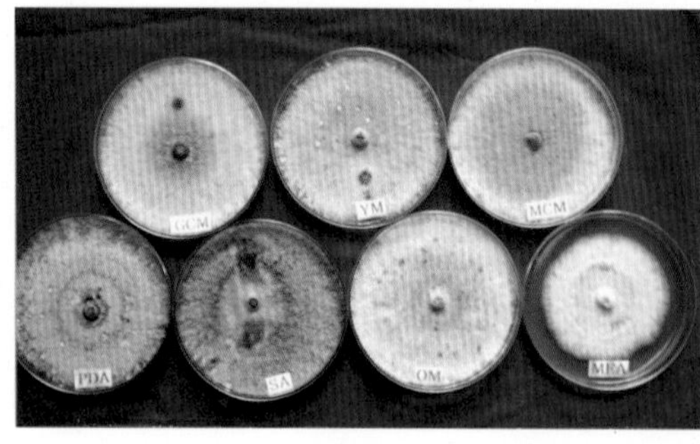

공생균

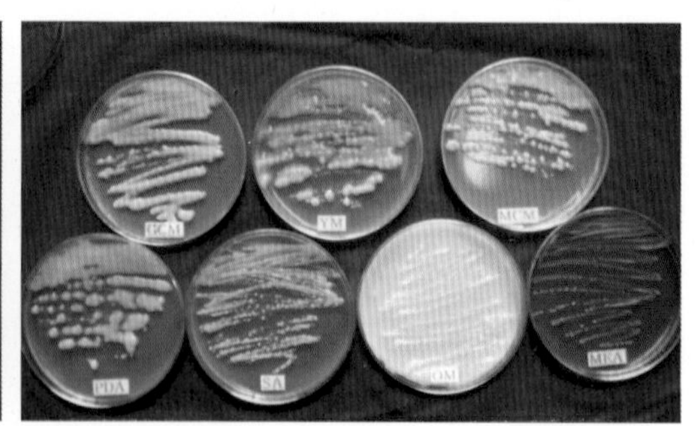

흰목이균

그림 15-1 공생균과 흰목이균의 균사 생장 모습

2) 균사 생장 및 자실체 형성

흰목이 균사는 분생자, 효모 세포, 혹은 담자포자의 초기 단계인 발아로부터 발생된다. 균사는 3가지 종류로 알려져 있는데, 핵이 하나인 1핵 접합체 혹은 1차균사, 2핵 접합체 혹은 2차균사, 그리고 자실체 2핵 접합균사 등으로 나뉜다. 자실체 2핵 접합균사는 때때로 3차균사라고도 한다. 균사는 5~38℃의 온도 범위에서 자라지만 최적 온도는 25~28℃이다. 흰목이는 생장 요구 조건이 까다롭지 않기 때문에 보통 균류의 배지에서 재배되고 있으며, 균사 생장의 pH 범위는 5.2~7.2이나 최적 산도는 5.2~5.8이다.

흰목이 자실체 형성에 필요한 영양분에 대하여 Chen과 Hou는 물한천배지에서 형성이 가능하다고 보고하였으나 이것은 단지 영양분이 없는 배지에 이식함에 따라 영양 생장이 중지된 것에 대한 반응이다. Huang은 자실체의 발달이 8~23℃에서 이루어진다고 보고하였는데, 이 결과는 습도가 88~90%인 곳에서 자실체 형성 최적 온도가 20~28℃라는 Chen과 Hou의 보고와는 상이하다.

자실체 형성 시 빛은 실험실에서 50~600foot-candle/m^2 정도가 필요하다. 이러한 균학적 특성을 바탕으로 원목 재배와 톱밥 재배에 대하여 알아보고자 한다(그림 15-2).

자연산

원목 재배

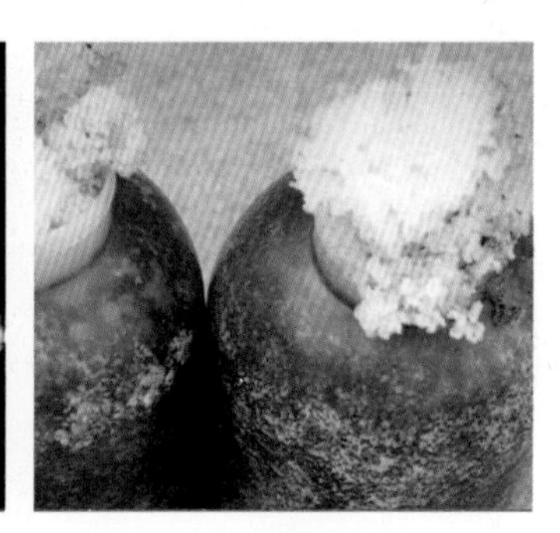
병재배

그림 15-2 흰목이의 인공 재배 시 자실체 형태

5. 재배 기술

1) 톱밥 재배

흰목이의 순수 균을 이용한 톱밥 인공 재배는 공생균을 공동 배양한 혼합 균주를 사용하면 대량 인공 재배가 가능하다. N. L. Huang은 흰목이와 공생하는 균이 *Hypoxylon*속인 자낭균일 것으로 추측하였다. 이에 사용되는 톱밥의 종류와 재배 방법을 몇 가지 소개하고자 한다(그림 15-3).

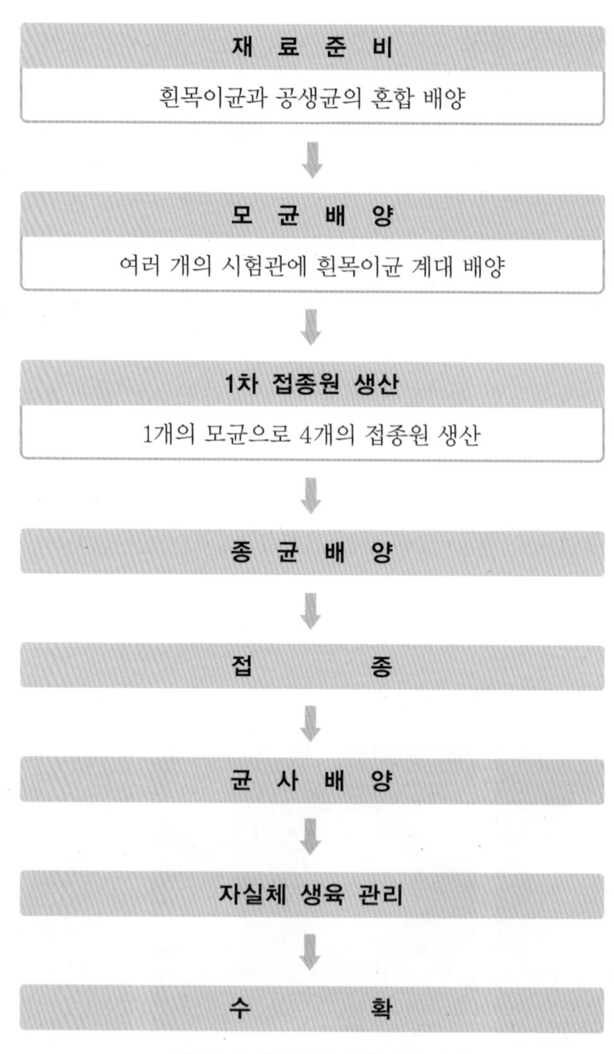

그림 15-3 흰목이의 톱밥 재배 과정

(1) 톱밥 및 첨가제의 종류

흰목이는 자연 상태에서 목질부가 단단한 참나무, 아카시나무 등에서 자라고 그러한 나무들은 흰목이의 원목 재배에 사용되고 있기 때문에 이들 원목의 톱밥이 톱밥 용기 재배의 주요 재료로서 처음으로 사용되었다.

흰목이는 원목을 분해시키는 능력이 약하기 때문에 원목 재배에 사용될 나무는 변재부가 많고 분해가 잘되어 충분한 영양분을 공급하는 나무여야 한다. 많은 실험에서 흰목이는 셀룰로오스나 리그닌 분해력이 낮다는 것이 규명되었다. 이러한 때 보조 역할을 하는 것이 '생물학적 요인' 혹은 '균사의 공생균' 인데, 이들은 흰목이에게 원목의 분해력을 돕거나 약간의 잉여 영양분을 제공한다. 자낭균의 깃털상 균사는 원목 내부로 흰목이의 길을 인도하고, 흰목이 생장을 지지하는 영양분을 공급하는 것으로 추측된다. '깃털상 균사(feather-like mycelium)' 라는 용어는 균사의 외형을 나타내는 것이고 '길을 인도(leading the way)' 한다는 것은 흰목이와 더불어서 원목의 영양분을 이용하는 역할을 나타낸 것이다. 물론 버섯의 생활사에서 자실체를 형성시키기 위해서는 영양분, 온도, 습도, 빛, 산소 등이 적당해야 한다. 그러나 이러한 모든 요인이 적정 수준에 있다고 해도 '생물학적 요인' 이나 '균사체의 공생균' 이 없으면 자실체의 수량에 크게 제한을 받는다.

다시 말하면, 자낭균인 깃털상 균사는 흰목이 균사의 생장의 길을 제시한다는 것이다. 즉, 흰목이가 목재를 부식시키는 것을 도와서 영양분을 흰목이 포자에 제공하여 포자 발아를 가능하게 하고, 흰목이의 균사를 원목에 침투시키고 자라게 하며, 흰목이의 자실체를 형성시키고 자라게 한다.

흰목이 자실체 형성에 대한 '생물학적 요인' 인 자낭균은 종균 제조에 중요한 역할을 한다. 즉, 흰목이의 순수 배양 종균은 그 자체만으로는 하얀젤리버섯(흰목이)의 재배에 성공할 수 없다. 특히 톱밥 재배에서 중요한데, 그 이유는 배지를 살균하면 공생균도 함께 사멸되기 때문에 톱밥 재배에서는 반드시 공생균을 함께 혼합 배양해야 한다. 원목 재배에서는 '생물학적 요인' 으로 작용하는 자낭균 포자가 원목에 존재하거나 원목 표면에 있을 가능성이 높기 때문에 톱밥 재배보다는 원목에 침투 가능성이 높다. 따라서 흰목이 톱밥 재배에 필요한 종균은 반드시 흰목이와 깃털상 자낭균인 공생균을 혼합하여야 하며, 원목 재배에서도 공생균과 혼합 배양하는 것이 안전하다(장, 1997).

❶ 톱밥과 쌀겨 기본 배지

- 활엽수 톱밥 79kg
- 쌀겨 또는 밀기울 19kg
- 석회나 석고 1kg
- 설탕 1kg
- 수분 65%

❷ 사탕수수박과 쌀겨 기본 배지

- 사탕수수박 79kg
- 쌀겨 19kg
- 탄산칼슘 1kg
- 콩가루 1kg
- 수분 65%

(2) 흰목이 모균 배양

먼저 흰목이균과 자낭균인 공생균의 순수 배양이 필요하다. 흰목이의 순수 배양체는 포자 분리, 조직 분리, 자생하는 원목 분리 등에 의해 분리할 수 있다. 흰목이 포자가 단핵일 때는 동형 접합체이며, 2핵 접합체일 때 자실체가 형성된다. 자실체가 젤라틴과 비슷하여 자실체 표면에 묻어 있는 박테리아 등에 의해 오염되기 쉽다. 따라서 버섯 자실체로부터 포자를 받기 위해서는 포자를 받기 전에 자실체 표면의 오염 물질을 조심스럽게 제거해야 한다. 그리고 이러한 오염원은 자실체에서 순수한 조직 분리를 하는데도 어려움을 야기시킨다. 조직 분리 방법은 조직이 젤라틴처럼 변하기 전에 자실체 기저 부분에서 조직을 분리하는 것이다. 그러나 불행히도 자실체의 기저로부터 분리된 균사는 생육이 매우 늦고 활력이 약하기 때문에 양호한 순수 균사의 분리에 성공한다는 보장을 할 수 없다. 즉, 중국에서 주로 이용되는 순수 흰목이균 분리는 버섯 자실체가 자라는 원목에서 분리하는데 이 균사를 사용한 종균은 양호하다.

버섯나무에서 순수 균의 분리는 세심한 주의를 요한다. 첫째 나무껍질과 버섯을 제거한 기저 부분과 원목의 표면을 70% 알코올로 잘 닦아 낸다. 그 다음 버섯이 발생되었던 부분의 원목을 얇게 잘라 내고 그 밑부분의 조각을 떼어 내 배지가 들어 있는 시험관에 넣고 20~28℃의 배양기에서 배양한다. 며칠 후 나뭇조각에서 균사가 자라기 시작하는데, 이때 시험관을 흰목이와 자낭균인 공생균의 순수 분리를 위해서 매일 세심한 관찰을 하여 그 특성을 기술하면 다음과 같다.

❶ 흰목이균의 2핵균사 성질

색택은 흰색과 노란색의 중간이며 직립 기중균사이고, 양 표면이 존재하고 배지 속으로 침투되는 균사도 있다. 균사의 지름은 1.5~3.0㎛이고 균사 격막이 있는 곳에는 꺾쇠연결체가 있다. 흰목이의 균사는 다른 식용 버섯균보다 훨씬 천천히 자란다.

❷ 흰목이균의 공생균 성질

흰색이고 깃과 같은 모양이며, 길고 가는 주요 균사는 깃과 같은 가지를 친 균사를 가진다. 오래된 균사는 연노랑 혹은 연갈색이며, 배양 배지가 점차 연갈색에서 갈색이나 진한 녹색으로 변한다. 기중균사는 회색~흰색이며 가늘고 우단 같은 표면을 가진다. 보통 분생자는 없는데, 만약 생성된다면 노란색~녹색에서 연두색이며, 형태는 반타원형이고 3~5㎛의 크기이다. 원목 표면에 자낭을 형성하며 그의 분류 동정 결과는 *Hypoxylon*속 균인 자낭균임이 확인되었다. 순수 배양체가 일단 분리되기만 하면 모균주는 시험관 안에서 다음 과정으로 혼합 배양시킨다.

① 흰목이를 여러 개 시험관에 이식하고 25℃에서 콜로니 지름이 1cm가 될 때까지 배양한다.

② 공생균을 흰목이 균사가 있는 곳에 이식한다.

③ 두 가지 균사가 같이 자라면 모균주로 사용하거나 판매할 수 있다.

(3) 접종원의 배양

모균주의 시험관은 종균 배지병(톱밥+쌀겨 배지, 사탕수수박+쌀겨 배지)에 1~4병까지 접종할 수 있다. 이 종균병은 25℃에서 원기가 형성될 때까지 배양하며 배양이 끝난 종균을 1차 종균(접종원)이라 한다.

(4) 종균 제조

접종원(1차 종균)의 생장 활력, 흰목이균이 배지에 자란 정도 등에 의해 1차 종균으로 접종할 수 있는 배지의 양이 결정된다. 만약 1차 배양 균사에서 흰목이균과 공생균이 잘 혼합되어 자랐다면 1차 종균 한 병으로 배양 종균 100~200병을 만들 수 있다. 그러나 종균의 품질을 보증하기 위해서는 1차 종균 1병당 이식하는 종균 병의 수는 40~60병이 좋다.

흰목이 재배에 필요한 품질 좋은 종균을 생산하기 위해서는 다음과 같은 세심한 주의를 하여야 한다.

- 흰목이균과 공생균은 생장하는 원목에 대한 특이성이 존재하기 때문에 흰목이와 공생균의 순수 균사체는 가능한한 같은 원목에서 분리되어야 한다. 만약 두 균이 다른 장소나 나무에서 분리되면 실패율이 높아진다.
- 흰목이균은 공생균보다 생장이 느리기 때문에 흰목이균을 먼저 배양하고 나중에 공생균을 배양기에 접종한다. 흰목이균과 공생균의 혼합비에 따른 공생적 효과를 비교하여 100:100이나 100:6.2나 수량, 회수율, 배양 완성 기간, 초발이 소요 기간에 큰 차이가 없었다. 다만 흰목이균의 생장이 느리기 때문에 7~10일 먼저 배양하면 만족한 결과를 얻을 수 있다.
- 혼합 배양할 경우에는 환경적 요인도 고려하여야 한다. 두 균주는 같은 배양기나 조건에 쉽게 적응하며, 배양실의 온도는 25~28℃가 적당하다. 배지의 수분은 1차 종균은 건조가 잘 되지 않기 때문에 65%, 배양 종균은 65~70% 정도로 조절해야 한다. 배양 종균은 수분 함량이 높아야 하는데, 그 주된 이유는 효모상 분생자의 생성을 높임으로써 분생자는 물속에서 배지에 잘 침투되며 공생균과 잘 혼합되기 때문이다. 흰목이 균사가 배지에 깊게 활착되어야 자실체 발생이 촉진되며 수량을 높일 수 있다.
- 1차 접종원 한 병당 배양 종균의 생산 기준은 1차 종균 병에 생긴 원기에 따라 결정된다. 균사 생장이 좋고 종균 배양 접종원으로 적당할 경우, 접종 병 수를 결정하는 지표는 큰 원기의 존재 여부, 균사가 배지에 자란 상태, 건전한 공생균의 존재 등이다.
- 좋은 배양 종균의 배양을 위해서 매우 신중한 선별을 해야 한다. 오랫동안 사용한 종균은 과감히 버려야 하는데, 그 이유는 색택의 변화, 활력 상실, 재생 비율 등의 저하 때문이다. 모균주는 온도 5~15℃ 정도에 보관하여야 하며, 계대 배양은 1~2개월마다 실시한다. 만약

1차 종균은 즉시 이용하지 않을 경우에는 온도가 낮은 건조한 장소에 보관해야 한다. 배양 종균의 균사가 만연되면 45일 내에 사용하여야 한다(그림 15-4).

그림 15-4 톱밥 배지의 접종원

(5) 종균 접종 및 균사 배양

살균 후에 배지의 온도가 30℃ 이하로 하강하면 빨리 종균을 접종해야 한다. 접종은 무균실에서 실시해야 하며, 접종 과정은 병재배 버섯 접종 방법과 동일하게 무균 상태에서 실시하면 된다. 접종이 끝난 배지는 초기에는 28~30℃ 온도의 배양실에서 배양하고, 며칠 후 배지의 접종 부위로부터 균사 생장이 보이기 시작하면 균사 생장 최적 온도인 25~28℃로 낮춘다.

(6) 자실체 형성

생육실은 공기의 유동이 약간 있도록 관리해야 원기 발달이 잘된다. 자실체의 발달을 위해서는 빛이 약간 필요하며, 빛에 대한 실험은 정밀하게 실시하지는 않았지만 50~600foot-candles/m^2이면 충분하다. 보통 일반적인 자실체의 관리는 환기, 온도, 습도 조절과 약간의 빛의 공급이다.

2) 원목 재배

흰목이는 목질이 단단한 원목을 좋아하는 사물 기생균이다. 자연 상태에서 흰목이가 자라는 나무 종들이 원목 재배용으로 매우 적당하다. 원목 재배에 사용될 나무의 벌채 시기는 모든 버섯에 매우 중요하다. 흰목이를 재배하기 위해서는 원목은 늦가을에서 이른봄에 벌채하여야 한다. 이때 벌채를 하면 나무껍질이 벗겨지는 것을 방지할 수 있으며, 다른 잡균의 오염이 최소화된다. 그리고 원목 내 동화 양분량에 영향을 미치며 이 양분은 균사 생장에 영향을 미친다. 벌채 시기는 나무의 수분 함량과 접종 시기도 고려되어야 하며, 일반적으로 벌채 1개월 이후에 1.0~1.2m의 길이로 자른다.

흰목이의 원목 재배 과정을 그림으로 나타내면 그림 15-5와 같다.

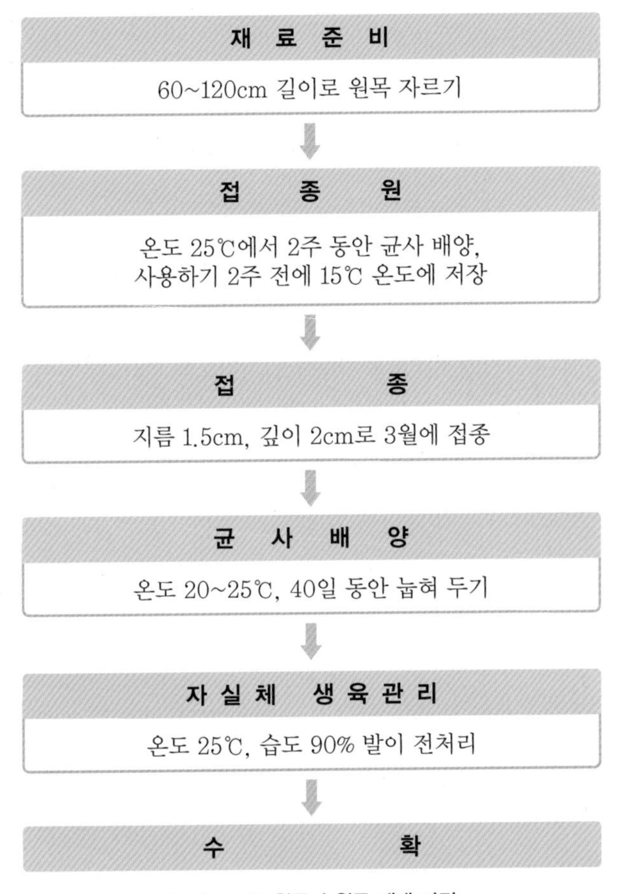

그림 15-5 **흰목이 원목 재배 과정**

(1) 원목 재배 종균 제조 요령

종균은 80%의 톱밥에 20%의 쌀겨나 밀기울을 섞어 65%의 수분을 첨가하여 만든다. 배지를 살균하고 온도를 내린 다음 포자, 2핵균사 혹은 자실체 조직의 혼합물을 접종한다. 접종하고 난 다음 균사가 배지에 완전히 만연될 때까지 온도 23~26℃ 정도 되는 배양실에서 2주간 배양시킨다. 종균으로 사용하기 전에 15℃에서 2주간 보관하면서 저온 처리를 하면 효과적이다.

흰목이 원목 수종에 따른 수량을 살펴보면 비교적 단단한 목재인 참나무가 수량이 가장 높으며 회수율도 높다. 다음은 포플러, 아카시나무 순으로 높았으며, 소나무 원목에서는 전혀 발생되지 않았다(표 15-1).

표 15-1 원목 수종에 따른 흰목이의 수량

원목 수종	수량 (g/0.1m³)	회수율 (%)	균사 활착 기간 (일)	초발이 소요 기간 (일)	개체중 (g)
참나무	797	11.6	45	63	83.5
오리나무	714	10.3	45	59	78.1
포플러	695	10.1	45	55	71.4
아카시나무	681	9.9	45	67	64.3
소나무	-	-	45	-	-

(2) 종균 접종

종균 접종은 1월에서 3월 사이에 하는데 표고의 원목 재배와 마찬가지로 원목에 구멍을 뚫는 방식으로 한다. 구멍의 크기는 원목의 크기에 따라 다른데, 지름은 1~1.5cm, 깊이는 1.5~3cm이다. 구멍의 배열은 배양 위치에 따라 일정하게 위치하도록 하고 구멍의 수는 원목의 표면에 따라 결정된다.

종균을 구멍에 삽입시킬 때 구멍에 꼭 맞게 충분히 넣어야 종균이 떨어져 나가는 것을 방지할 수 있다. 그러나 너무 단단히 막으면 공기의 이동이 되지 않아 균사 활착이 느려진다.

(3) 균사 활착 촉진

접종이 된 원목은 골목장(榾木場)에 두는데, 골목장 온도는 20~25℃이며 최적 온도는 22℃이다. 흰목이균보다 생육이 빠른 유해한 잡균의 오염을 막기 위해 과습을 피해야 한다. 원목은 경사지에 두는데, 받침대에 똑바로 세우되 지지대를 가운데 두고 원목을 세워서 지지대 바로 위가 작은 V자가 형성되도록 한다. 골목장에서의 균사 배양 기간은 35~45일이다.

(4) 생육 관리

균사가 원목에 완전히 자랐을 때 버섯 자실체의 형성을 자극하기 위하여 조건을 변화시킨다. 이러한 작업을 올리기(raising)라고 하며 자실체 형성을 위한 자극 중의 하나는 습도를 높이는 것이다. 관수의 빈도를 늘려서 수분을 85~95% 정도로 유지시키고, 온도는 20~27℃가 되게 한다.

자실체는 종균 접종 후 약 2~3개월 후에 발생하기 시작하여 약 6개월간 계속해서 생산된다. 빈번한 관수로 버섯 생산기에 원목을 축축하게 유지하는 것도 버섯 수확과 더불어 관리의 주요 조건이다. 버섯은 지름 10~15cm가 되었을 때 매일 수확하여야 한다.

결론적으로 흰목이의 종균 제조 방법은 다른 버섯의 종균 제조 방법과 현저한 차이점이 있다.

그러므로 일반 종균사에서 흰목이 종균을 만들기가 극히 어렵다. 이 어려운 점 때문에 독특한 발상 전환 농법이 되는 것이다. 흰목이는 종균만 만들어 공급받으면 최단 시일에 버섯 자실체를 생산할 수 있고, 기능성이 뛰어나다. 대표적인 기능성으로는 생산한 버섯을 건조하여 분말이나 압축을 하면 부피가 많이 불어난다. 이러한 물성은 다이어트나 변비, 피부 미용에 좋다. 또한, 버섯의 대와 갓이 뚜렷이 구별되지 않기 때문에 기형 버섯의 염려가 비교적 적다. 따라서 재배하기에도 편하다. 특히 여름 고온기에 특별한 외부 시설이 없어도 가능하다.

6. 수확 후 관리 및 이용

흰목이의 건조 수율은 약 20% 정도이다. 수확한 흰목이를 건조할 때 고유의 선명한 흰색을 유지하는 것이 품질에 미치는 영향이 크므로 건조 방법이 매우 중요하다. 흰목이는 건조가 진행됨에 따라 품질이 변하고 색깔이 변하며, 쭈그러들거나 마르면서 혹은 물러지면서 맛과 향기가 퇴화한다. 이러한 여러 가지 현상은 재배 방법, 수확, 가공 및 유통 과정에 따라 영향을 받는다. 일반적으로 소비자들은 깨끗하고 고유의 향미를 지닌 신선한 흰목이를 요구한다.

수확할 때 흰목이는 대개의 경우 90% 이상의 수분을 가지고 있지만 고등 식물처럼 외피에 납질층이 없으므로 수분 증발을 억제할 생리 구조를 지니고 있지 않아 흰목이 내부 조직에서 공기 중으로 수분 증발이 자유롭게 진행된다.

일반적으로 생흰목이의 알맞은 저장 온도는 0~2℃이며, 습도는 85~90%가 적절한 수준이다. 흰목이는 건조 시 고온으로 찌지 않기 때문에 흰목이 수분 함량이 10% 내외가 될 때까지 잘 건조시켜야 한다. 흰목이의 건조 방법에는 자연 건조와 화력 건조법이 있다. 수확한 흰목이를 대나무나 발로 된 건조대 위에 직사광선을 이용하여 건조시키는 방법으로 외기의 기상 조건에 따라 크게 좌우되는데, 보통 맑은 날씨에서는 5일 정도면 다 마르고 이때 수분 함량은 12~15% 내외가 된다. 그러나 자연 건조는 화력 건조보다 색채, 모양, 향기 등이 떨어지며 수분 함량이 높아 고온다습 시 곰팡이와 해충의 피해를 받기 쉽다. 영양적으로는 자외선에 의해 에르고스테롤 함량이 증가한다.

화력 건조는 열을 이용하여 건조하는 방법으로, 버섯이 깨끗하고 주름이 굳으며 광택이 있고 색이 선명하여 좋은 상품이 되므로 이 방법이 널리 이용되고 있다. 건조장은 흰목이를 넣기 3~4시간 전부터 불을 넣어 실내 온도가 40~50℃가 되게 한 후에 흰목이를 넣고 건조를 시작한다. 처음부터 흰목이를 넣어 두고 가열하면 35℃ 이하로 유지되는 시간이 길어 흰목이 자체의 자가 소화가 일어나고 발효가 되기 때문에 흰목이가 물러지거나 부패하므로 반드시 예열을 하여 실내 온도를 조절해서 건조하는 것이 바람직하다.

건조 시 온도 관리는 크게 나누어 예비 건조, 본건조, 후기 건조, 마지막 건조의 4단계로 나눌 수 있다. 예비 건조는 실내 온도를 50℃로 올린 다음 건조실 천장 배기창을 2/3 정도 열고, 흡기구는 완전히 열어 1~4시간 건조한다. 예비 건조 때 흰목이의 수분 증발율이 1시간당 12%이므로 6%가 될 때부터는 본건조를 실시하여야 한다. 본건조는 50~55℃에서 천장 배기창과 흡기구를 완전히 열고 16시간 건조하는 것이 일반적이나 흰목이의 수분 함량에 따라서 건조 시간을 조절할 수 있으며, 후기 건조는 55℃에서 천장 배기창을 1/2만 열고 흡기구는 완전히 열어 놓은 상태에서 3~4시간 건조한다. 마지막 건조는 60℃에서 1시간 정도 건조하면 흰목이의 수분 함량이 10~13%에 도달하며 흰목이의 고유한 색택을 띠게 된다.

〈장현유〉

참고 문헌

- 장현유. 1997. Artificial cultivation of *Tremella fuciformis* Berk. using associated fungus, *Hypoxylon* sp. 강원대학교대학원 박사학위논문.
- Chen, P. C. and Hou, H. H. 1978. *Tremella fuciformis* in the biology and cultivating of edible mushrooms. Chang, S. T. and Hays, W. A. Eds, Academic press, New York. 6: 25.
- Huang, N. L. 1986. Cultivation of *Tremella* (in chinese), promotion of science press, Beijing. pp. 31-104.
- Khan, S. M. and Khatoon, A. 1988. Wood's ear *Auricularia polytricha* cultivation on agricultural wastes in Pakistan.(Abstr. GIAM Ⅷ, INCABB Hong Kong.) p. 113.
- Quimio, T. H. 1981. Philippines Auricularia; Taxonomy nutrition and cultivation. *Mush. Sci.* 2: 685-687.

제 16 장

검은비늘버섯

1. 명칭 및 분류학적 위치

검은비늘버섯(*Pholiota adiposa* (Batsch) P. Kumm.)은 주름버섯목(Agaricales) 포도버섯과(Strophariaceae) 비늘버섯속(*Pholiota*)에 속하는 버섯으로, 여름과 가을에 걸쳐 활엽수의 고사목, 그루터기 또는 쓰러진 나무에 다발 지어 발생한다. 갓은 지름이 35~75mm로 초기에는 반구형이고 끝은 섬유상 막질의 내피 막으로 싸여 있으나, 성장하면 평평하게 펴지며 가끔 중앙 볼록형(각정형, umbo)도 있다. 표면은 습할 때 점질성이 커지며 옅은 황색~암황색을 띠고, 적갈색의 압착 또는 끝이 반전된 인편이 동심원상으로 모여 있으며, 갓 끝 부위 쪽으로는 다소 드물게 산재해 있다. 비교적 오랫동안 유지되나 종종 인피가 탈락하여 평평하게 된다. 성장하면 담황갈색~황토황갈색을 띠며 인피 아래에 점성이 있다. 조직은 비교적 두꺼워 육질형이고, 황백색이며 맛은 씹힘성이 좋다.

주름살은 완전붙은주름살~홈주름살로 빽빽하거나 약간 빽빽하며, 성장 초기에는 유백색~옅은 황색이나 후에 적갈색으로 된다. 종종 밝은 적갈색으로 얼룩지기도 한다. 대는 크기가 50~110×4~11mm이고 원통형으로 상하 굵기가 비슷하거나 기부 쪽이 다소 굵다. 기부는 다발성으로 수십 개가 합쳐져 있다. 표면은 정단부, 위는 유백색~옅은 황색을 띠며 면모상(byssoids)이다. 기부 쪽은 점차 암적갈색으로 되고, 황갈색의 직립 또는 반전된 크고 거친 돌기상 인편이 있으며, 습할 때는 젤라틴처럼 되고 대부분은 장기간 부착되어 있다. 턱받이는 옅은 황색을 띠며 면모상(byssoids) 섬유질이고 쉽게 탈락한다. 검은비늘버섯의 포자문은 적갈색이며(그림 16-1) 크기는 4~5.5×3~3.5㎛로 모양은 타원형~난형이다. 포자의 표면은 평평하며 미끈하다(김 등, 2004). 생활사는 대부분의 유성 세대와 두 종류의 무성 세대로 이루어져 있음이 보고되었다.

식용 버섯으로 이용 가치가 높은 검은비늘버섯(*Pholiota adiposa*)은 맛버섯(*Pholiota nameko*)과 매우 유사하며, 맛버섯과 함께 오래전부터 식용하고 있는 목재부후균이다(Arita, 1979; Arita 등, 1980).

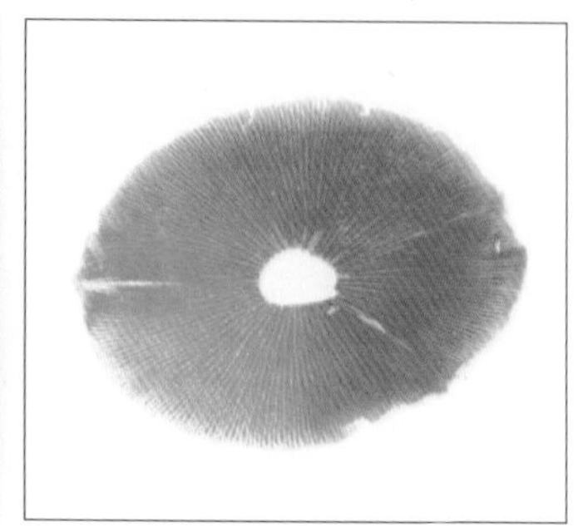

그림 16-1 야생 검은비늘버섯과 포자문(우)

표 16-1 우리나라에 보고된 비늘버섯속종 (국립농업과학원, 2013)

학명	한국명
P. adiposa (Fr.) Quel	검은비늘버섯
P. alnicola (Fr.) Singer	진노랑비늘버섯
P. astragalina (Fr.) Singer	개암비늘버섯
P. aurivella (Fr.) Kummer	금빛비늘버섯
P. brunnescens A. H. Smith & Hesler	한천비늘버섯
P. flammans (Fr.) Kummer	노랑비늘버섯
P. highlandensis (Peck) A. H. Smith et Hesler	재비늘버섯
P. lenta (Pers.:Fr.) Singer	흰비늘버섯
P. lubrica (Pers.ex Fr.) Singer	갈색밋밋한비늘버섯
P. nameko (T. Ito) S. Ito et Imai	맛버섯(나도팽나무버섯)
P. scamba (Fr) Moser	노랑털비늘버섯
P. spumosa (Fr.) Singer	노란갓비늘버섯
P. squarrosa (Per.ex Fx.) P. Kumm	비늘버섯
P. squarrosa (Per.ex Fx.) P. Kumm.var. *verracuosa*	비늘버섯부치
P. squarrosoides (Peck) Sacc	침비늘버섯
P. terestris Overholts	땅비늘버섯
P. vermiflua Peck.	천사비늘버섯
P. tuberculosa	큰머리비늘버섯

2. 재배 내력

검은비늘버섯은 중국과 일본에서 약용 버섯으로 잘 알려져 있는 버섯으로 단백질, 필수 아미노산, 식이 성분, 무기질, 비타민, 탄수화물이 풍부하다(Wang 등, 2013). 특히 버섯 자실체에서 유래한 다당은 항암, 피로 저항성, 항균 활성 및 항산화 기능을 가진 것으로 보고되고 있다(Zhang 등, 2009; Deng 등, 2011). Arita와 Mimura(1969)가 검은비늘버섯의 교배 체계를 보고하였고, 비늘버섯속에 대한 세포학적 특징을 맛버섯과 검은비늘버섯을 중심으로 관찰하여 보고하였다(Arita, 1979). 또한, 검은비늘버섯의 분생자 발아와 균사 생장 및 자실체 형성 등에 대한 적정 온도와 임계 온도를 보고하였다(Arita 등, 1980). 그리고 검은비늘버섯과 같은 속인 비늘버섯(*Pholiota squarrosa*)이 참나무 톱밥 배지에서 인공 재배가 가능함을 보고하였고(Park 등, 1978), 최근 액체 종균의 효율성에 관한 실험에서 검은비늘버섯을 접종원으로 사용하여 포플러 톱밥 배지에서 자실체를 형성하였다고 보고하였다(성 등, 1998). 충북 속리산 일대에서 채집한 검은비늘버섯 5종을 포자 지문법을 통한 단포자 분리에 의한 교배 결과 사극성을 관찰하였는데, 이는 Arita와 Mimura(1969)가 이미 검은비늘버섯과 맛버섯이 양극성이라고 한 것과 다른 결과를 보고하였다(이 등, 1998).

1995년부터 충북농업기술원에서 야생 검은비늘버섯을 채집하여 특성 검정하였고, 수집 균주의 생산력 검정 과정을 거쳐 우수 균주를 선발하였다. 그 후 확대 재배 시험을 통하여 검은비늘버섯 품종을 육성하였다(장, 2003). 품종 육성 당시 재배 방법은 42×42×10cm 크기의 플라스틱 상자를 이용한 상자 재배법으로, 폐면 배지 8~10kg 정도에서 2.9kg/상자 정도의 수량을 얻었다(그림 16-2).

그림 16-2 검은비늘버섯 폐면 상자 재배 (충북농업기술원, 2003)

또한, 톱밥을 이용한 병재배 방법(그림 16-3)은 2005년도에 개발되었다. 이때 참나무 톱밥과 쌀겨를 혼합한 배지에서 잘 자라며, 버섯이 자라면 플라스틱병 입구부터 버섯의 키 높이 정도의 필름을 감싸 주는 봉지 씌우기 작업을 하여 버섯이 곧게 자라게 유도하면 높이 10~15cm 정도 자란다고 보고하였다(장, 2005).

검은비늘버섯 균상 재배법은 폐면 배지를 이용하였고, 느타리 균상 재배법을 적용하였다(그림 16-4). 균상 재배 시 버섯은 무리 지어 다발 형태로 발생하고, 41kg/3.3m² 정도의 수량을 보고하였다(충북농업기술원, 2001).

그림 16-3 검은비늘버섯 병재배 (충북농업기술원, 2005)

그림 16-4 검은비늘버섯 균상 재배 (충북농업기술원, 2001)

3. 영양 성분 및 건강 기능성

검은비늘버섯 생버섯의 수분 함량은 85.77%이며, 에너지는 41.8kcal로 낮다. 단백질은 3.4g, 지질은 0.15g, 당질은 8.94g으로 비교적 단백질과 당질의 함량이 높다. 건조된 자실체의 영양 성분으로는 에너지 253.3kcal, 단백질 22.9g, 지질 1.93g, 당질 50.83g, 비당질 8.75g이다(표 16-2).

검은비늘버섯의 무기 성분은 건조한 버섯의 100g당 칼륨 1,437mg, 인 404mg, 마그네슘 107mg, 칼슘 14mg이고,(표 16-3) 검은비늘버섯의 식이섬유는 수용성 식이섬유보다 불용성 식이섬유 함량이 높다. 자실체의 필수 아미노산은 총 8종의 필수 아미노산 중에서 트레오닌 207mg, 발린 153mg, 라이신 135mg 순으로 높다(식품 성분표, 2001; 표 16-5).

표 16-2 검은비늘버섯의 일반 성분 (단위: g/100g)

구분	에너지 (kcal)	수분 (%)	단백질	지질	탄수화물		회분
					당질	비당질	
생것	41.8	85.77	3.4	0.15	8.94	0.97	0.77
말린 것	253.3	8.48	22.9	1.93	50.83	8.75	7.11

표 16-3 검은비늘버섯의 무기 성분 (단위: mg/100g)

구분	인	칼륨	칼슘	마그네슘
생것	36	129	0	10
말린 것	404	1,437	14	107

표 16-4 검은비늘버섯의 식이섬유 함량 (단위: mg/100g)

구분	불용성(IDF)	수용성(SDF)	총(TDF)
생것	2,519	156	2,675
말린 것	26,605	1,744	28,349

표 16-5 검은비늘버섯의 필수 아미노산 함량 (식품 성분표, 2001) (단위: mg/100g)

아이소로이신	로이신	라이신	메싸이오닌	페닐알라닌	트레오닌	발린	트립토판
104	116	135	71	69	207	153	35

검은비늘버섯은 위장 장애, 소화불량에 효과가 있으며, sarcoma 180과 Ehrlich 복수암에 대한 억제율이 80~90%로 항종양 효과가 있다(한, 2009).

4. 생활 주기

검은비늘버섯의 유성 생식 제1단계는 단상의 담자포자의 발아에 의한 1핵균사의 형성이다. 1핵균사는 서로의 화합성이 다른 1핵균사와 만나게 되면 균사 세포의 일부인 세포벽이 융해되어 접합한다. 접합부를 통하여 한쪽의 핵이 다른 쪽의 균사 세포 내로 이동하여 1세포 내로 불화합성 인자를 달리하는 2개의 핵을 갖는 2핵균사를 형성한다. 2핵균사의 세포 내에 2개의 핵은 동시에 핵이 분열하여 선단 생장과 분지에 의해 균총을 발달시킨다. 다음에 2핵균사의 균총에서 생식 기관인 자실체가 발생한다. 자실체에서는 주름살의 선단부에 있는 담자기를 구성하는 세포 내에서 처음으로 2핵이 융합하여 복상(2n) 핵을 형성하고 계속해서 감수 분열에 의해 4개의 핵으로 분열되어 각각의 담자기 위에 발생하는 4개의 돌기 내로 이동하여 단상(n)의 포자 세포가 된다(Arita, 1979; 그림 16-5).

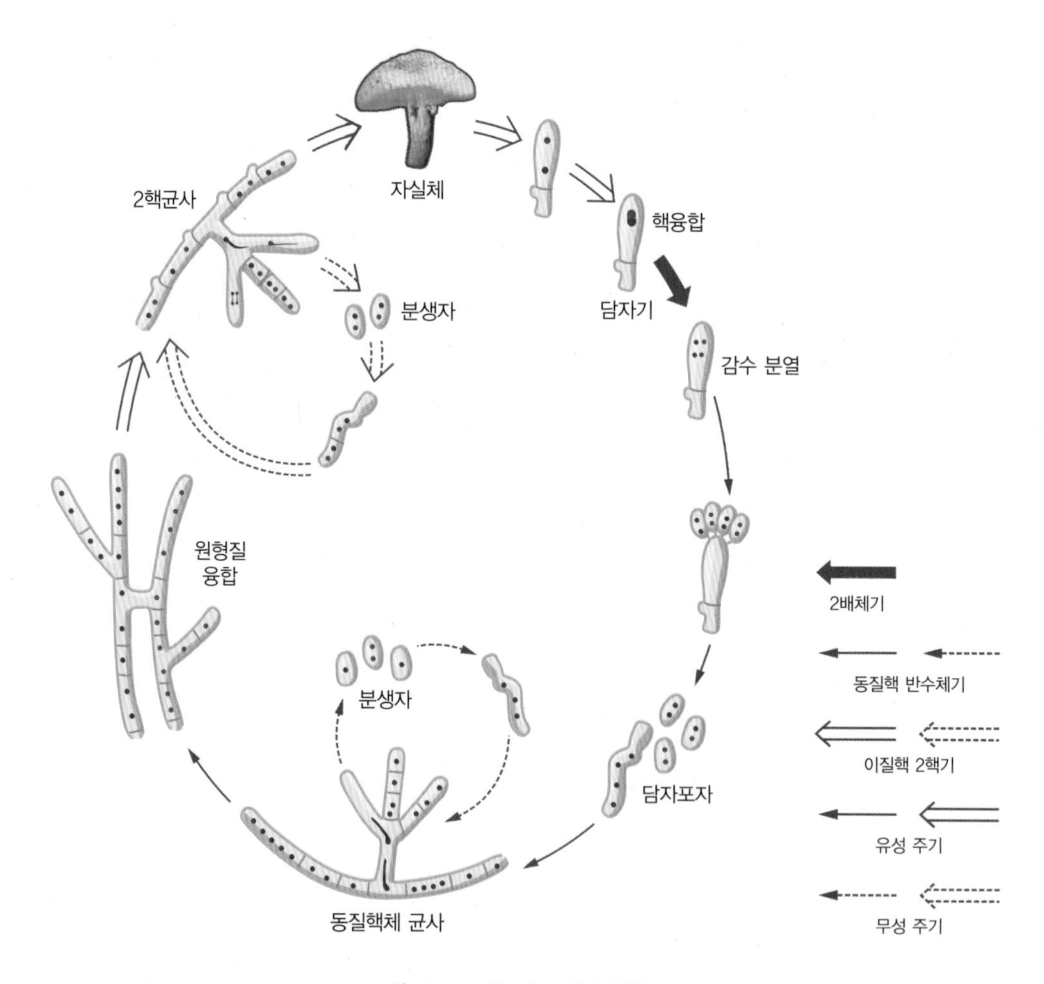

그림 16-5 검은비늘버섯의 생활 주기

5. 재배 기술

1) 균사 배양

검은비늘버섯은 효모맥아추출배지(YM)에서 균사 생장이 양호하며, 균사 생장 최적 온도는 25℃인 것으로 나타났다(그림 16-6, 16-7). 톱밥 배지에서의 균사 생장은 참나무 톱밥 배지에서 87.5mm/24일로 가장 빨리 자란다(표 16-6). 검은비늘버섯의 균사가 자랄 때 최적 pH는 pH 7.5이지만 pH 4.5~7.5의 범위에서 균사 생장의 차이가 크지 않다. 그러나 pH 8 이상 그리고 pH 4 이하에서는 균사 생장이 급격히 낮아진다(그림 16-8).

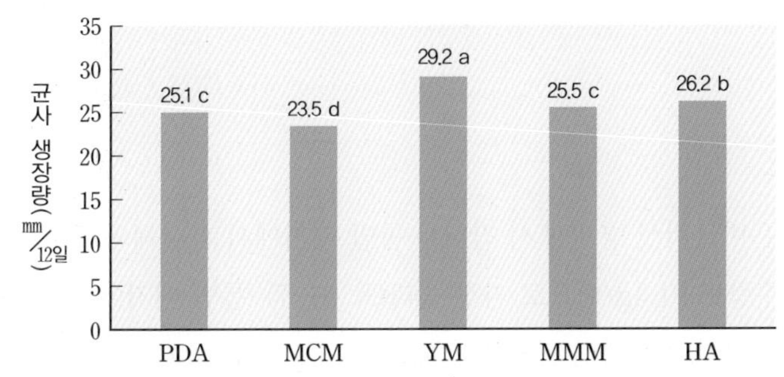

※ PDA: 감자배지, MCM: 버섯완전배지, YM: 효모맥아추출배지, MMM: 버섯최소배지, HA: 하마다배지

그림 16-6 검은비늘버섯의 배지별 균사 생장 (충북농업기술원, 2003)

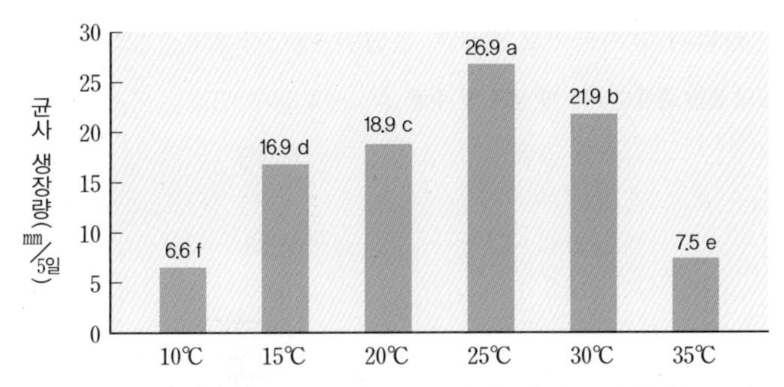

그림 16-7 검은비늘버섯의 온도별 균사 생장 (충북농업기술원, 2003)

표 16-6 검은비늘버섯의 균사 생장 (충북농업기술원, 2003)

구분	배양 온도(℃)					
	10	15	20	25	30	35
균사 생장 (mm/15일)	55.2	74.2	87.4	87.5	75.6	-
균사 밀도	++	++	+++	+++	+++	-

※ 배지 종류: 참나무 톱밥+쌀겨(8:2), 균사 밀도: ++ 보통, +++ 높음, ++++ 매우 높음, 시험관: 200×28mm

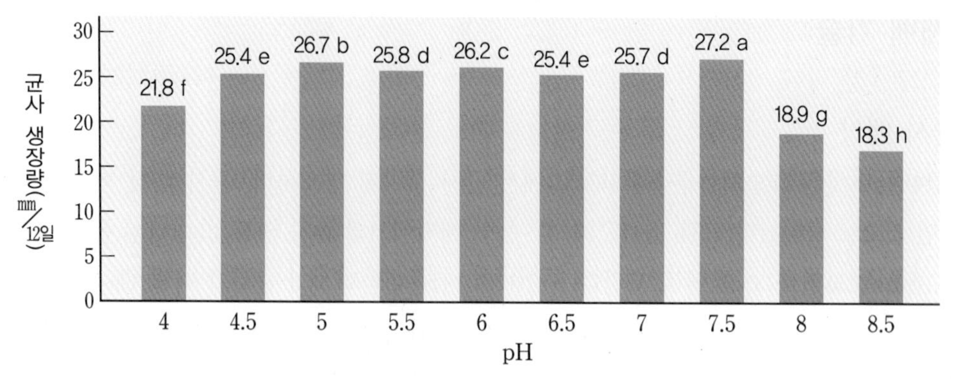

그림 16-8 **검은비늘버섯의 pH별 균사 생장** (충북농업기술원, 2003)

2) 병재배

(1) 배지 조성

톱밥을 이용한 검은비늘버섯 병재배 시 참나무 톱밥 배지에서 자실체의 유효 경수가 21.6개로 가장 많고, 버섯의 수량도 91.4g/병으로 가장 높다(표 16-7). 톱밥 배지에서 검은비늘버섯의 균사 생육 정도를 보면 쌀겨 첨가량이 많은 6:4 배지(참나무 톱밥:쌀겨, v/v)에서 균사 밀도가 높고, 쌀겨 첨가량이 적을수록 균사 밀도가 낮다. 균사 생장 속도는 쌀겨 첨가량이 적은 배지에서 빠르고, 쌀겨 첨가량이 많은 배지에서 부진하였다. 따라서 균사 밀도와 균사 생장 속도를 종합적으로 볼 때 참나무 톱밥과 쌀겨를 8:2 비율로 혼합한 배지가 좋은 것으로 판단된다(표 16-8).

표 16-7 검은비늘버섯의 톱밥 종류별 자실체 생육 및 수량 (충북농업기술원, 2003)

배지	유효 경수 (개/병)	개체중 (g)	수량 (g/병)
참나무	21.6	4.23	91.4
미송	14.8	3.96	58.6
소나무	14.3	3.57	51.1
혼합	20.4	4.14	84.5

※ 배지 조성: 톱밥+쌀겨(8:2), 수분 함량: 65±2%, 재배 방법: 병재배(850cc PP병), 생육 온도: 15±2℃

표 16-8 쌀겨 첨가 비율별 균사 생장

	배지 조성 비율(v/v)	균사 밀도	종균 접종 후 일수별 균사 생장(mm/day)			
			5	10	15	20
참나무 톱밥 + 쌀겨	9 : 1	++	30.1	39.2	50.2	59.8
	8 : 2	+++	27.1	38.2	48.8	57.7
	7 : 3	++++	25.2	34.6	46.4	55.5
	6 : 4	++++	18.9	31.6	39.4	50.6

※ 배지 수분 함량: 65±2%, 균 배양: 25±1℃/암 배양, 균사 밀도: ++ 보통, +++ 높음, ++++ 매우 높음

또한, 톱밥 배지 내 수분 함량은 균사 밀도와 균사 생장 속도를 함께 고려한다면 65±2%의 수분 처리된 배지가 적합하다(표 16-9).

표 16-9 수분 함량별 균사 생장 (단위: 일)

구분	수분 함량(%)		
	60±2	65±2	70±2
균사 생장 (mm/15일)	91.7	87.5	76.4
균사 밀도	++	+++	+++

※ 배지 종류: 참나무 톱밥+쌀겨 (8:2), 균 배양: 25±1℃/암 배양, 시험관: 200×28mm
균사 밀도: ++ 보통 , +++ 높음, ++++ 매우 높음

(2) 자실체 발생

검은비늘버섯 자실체 발생 시 생육실의 온도에 따른 생육 특성을 살펴보면 다음과 같다.

25℃ 조건에서 32일 동안 균 배양 완료 후 생육실로 옮겨 자실체 발생을 유도한 결과, 초발이 소요 일수는 15℃의 생육실에서 11일로 20℃ 생육실(15일)보다 4일 정도 빨랐다. 유효 경수는 15℃ 생육실에서 21.6개로 20℃ 생육실(19.5개)보다 2.1개 많았고, 자실체의 개체중도 15℃ 생육실에서 4.23g으로 20℃ 생육실(3.5g)보다 0.7g 정도 많았다.

병당 수량을 보면 15℃ 생육실에서 850mL 한 병당 91.4g으로 20℃ 생육실(68.3g)보다 23.1g 정도 높게 조사되었다(표 16-10). 따라서 검은비늘버섯의 자실체 발생 온도는 20℃보다는 15℃의 생육 조건이 양호하였다.

표 16-10 검은비늘버섯의 생육 온도에 따른 자실체 생육 및 수량

생육 온도 (℃)	초발이 소요 일수(일)	유효 경수 (개)	개체중 (g)	갓 색깔	발생 형태	수량 (g)
15±2	11	21.6	4.23	황갈색	다발	91.4
20±2	15	19.5	3.50	옅은 황갈색	다발	68.3

※ 배지 종류: 참나무 톱밥+쌀겨(8:2), 균 배양: 25±2℃/암 배양/32일, 재배 방법: 병재배(850cc PP병)

검은비늘버섯은 균 배양 완료 후 버섯 발생 작업 시 균긁기 작업을 하는 것이 좋으며(표 16-11, 그림 16-9), 균긁기 작업이 끝나고 어린 버섯 발생 4일 후에 봉지씌우기를 한 버섯이 대 길이가 95.8mm로 봉지씌우기를 하지 않은 버섯보다 11.5mm 정도 크고 바르게 성장하였다(표 16-12, 그림 16-10). 또한, 검은비늘버섯은 균 배양실에서 25℃ 조건으로 32일간 배양을 완료하고 5℃ 저온에서 10일 정도 처리하는 것이 에너지 절감 차원 등 종합적으로 볼 때 효율성이 좋은 것으로 나타났다(표 16-13).

표 16-11 균긁기 처리가 자실체에 미치는 영향

균긁기	초발이 소요 일수 (일)	갓(mm)		대(mm)		유효 경수 (개)	개체중 (g)	수량 (g)
		지름	두께	지름	길이			
처리	14	23.6	8.7	6.8	84.3	23.2	4.24	98.4
무처리	11	22.3	8.8	6.6	84.1	21.6	4.23	91.4

※ 배지 종류: 참나무 톱밥+쌀겨(8:2), 생육 온도: 15±2℃, 재배 방법: 병재배(850cc PP병)

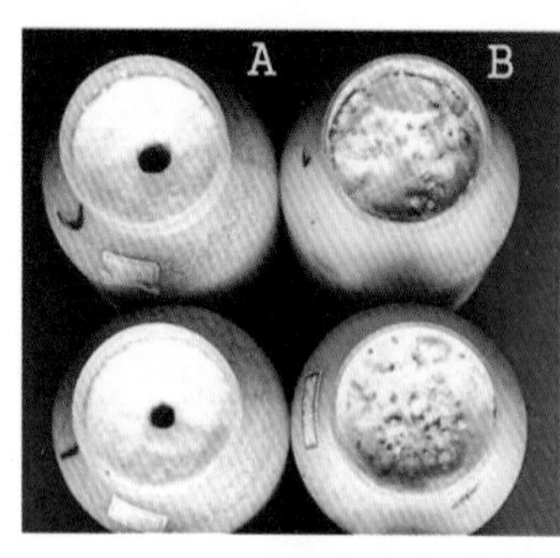

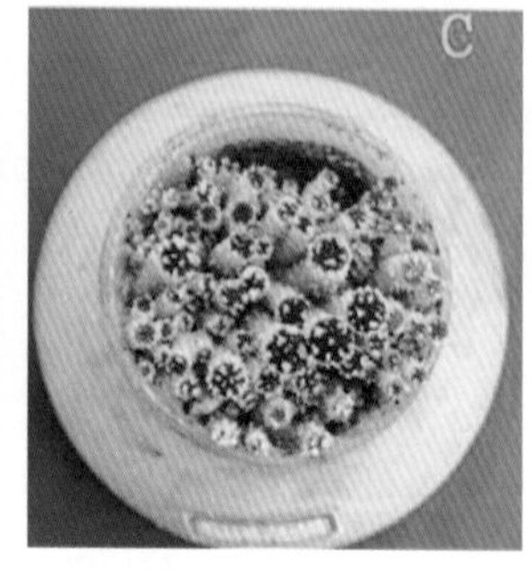

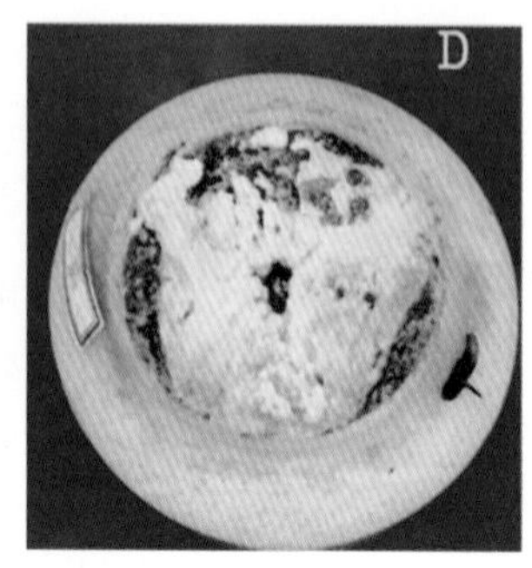

그림 16-9 톱밥 병재배 시 균긁기 처리 장면 (A, C: 처리, B, D: 무처리)

표 16-12 봉지씌우기가 자실체 생육에 미치는 영향

봉지 씌우기	갓(mm)		대(mm)		유효 경수 (개)	개체중 (g)	수량 (g)
	지름	두께	지름	길이			
처리	22.7	8.9	5.8	95.8	23.2	4.42	102.5
무처리	23.6	8.7	6.8	84.3	23.2	4.24	98.4

※ 봉지씌우기 시기: 균긁기 후 어린 버섯 발생 4일 후
배지 종류: 참나무 톱밥+쌀겨(8:2), 생육 온도: 15±2℃

A: 처리 B: 무처리

봉지 씌운 모습

그림 16-10 봉지씌우기 처리에 따른 자실체의 형태적 특징

표 16-13 균 배양 후 저온 처리에 따른 자실체 생육 상황

처리 온도 (℃)	처리 일수 (일)	초발이 소요 일수 (일)	갓(mm)		대(mm)		유효 경수 (개)	개체중 (g)	수량 (g)
			지름	두께	지름	길이			
5	15	11.4	22.6	8.9	5.8	96.4	25.0	4.41	110.3
	10	11.9	22.7	8.8	5.9	96.2	24.5	4.42	108.3
	5	12.8	22.7	8.8	5.9	96.3	23.7	4.38	103.8
무처리		14.7	22.7	8.9	5.8	95.8	23.2	4.42	102.5

※ 저온 처리 시기: 균사 배양 완료 직후, 배지 종류: 참나무 톱밥+쌀겨(8:2), 생육 온도: 15±2℃

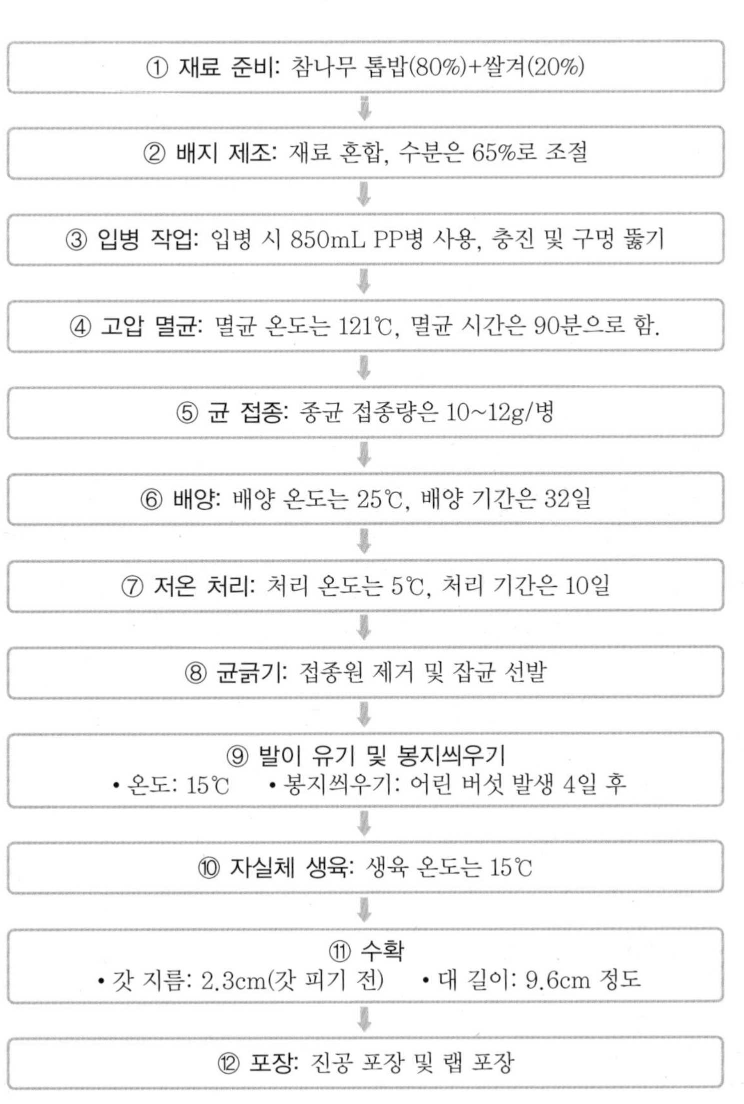

그림 16-11 검은비늘버섯 병재배 생산 체계도 (충북대학교, 2005)

3) 균상 재배

검은비늘버섯 균상 재배는 폐면 배지를 사용하며, 분쇄기를 이용하여 폐면 털기 작업을 한다. 이때 동시에 수분을 공급하여 수분 함량을 65~70%로 조절한다. 폐면 털기 작업이 끝나면 폐면 배지를 야적하면서 야외 발효를 한다. 야외 발효는 폐면 배지 품온을 60~65℃ 정도로 유지한다. 야외 발효 시 야적된 폐면 배지 안에 산소 공급을 원활히 하기 위하여 3일 간격으로 2회 뒤집어 주는 작업을 한다. 배지를 뒤집어 주면서 배지 수분 함량이 균일하게 되도록 골고루 섞어 준다.

야외 발효가 끝나면 재배사 안에 있는 균상에 입상을 하는데, 균상은 버섯 자실체가 자랄 수 있는 지지 기반으로 균상과 균상 사이의 높이는 60cm이다. 이때 폐면 배지의 양은 3.3㎡당 70kg씩 고르게 입상한다. 입상 후 살균실을 밀폐하고 살균(65~70℃, 10시간)과 후발효(55~58℃, 3일간)를 한다.

살균과 후발효가 끝나면 배지의 온도를 19~21℃로 하온하여 종균을 접종한다. 종균은 톱밥 종균을 사용하며 톱밥 종균은 잘게 부수어 3.3㎡당 6~7kg씩 접종 작업을 실시한다. 종균 접종량은 폐면 배지 속까지 투입되는 혼합 접종과 표면 접종을 6:4의 비율로 한다. 종균 접종 후 균 배양 조건은 25±1℃의 온도와 실내 습도 80~85%의 조건에서 38일 정도 암 배양하면 된다. 자실체 발생을 위하여 균 배양 완료 후 비닐 제거 작업을 실시하고 실내 습도를 90~95%, 온도를 15±1℃로 유지한다.

그림 16-12 균상 재배에 의한 검은비늘버섯 발생

균상 재배에서 얻은 검은비늘버섯의 자실체 개체중은 6.1g 정도로 병재배에서 얻은 자실체의 개체중(4g)보다 크다. 균상 재배 시 버섯은 무리 지어 다발 형태로 발생하며 3.3㎡ 당 41.2kg 정도의 수량을 얻을 수 있다(표 16-14).

표 16-14 폐면 배지를 이용한 검은비늘버섯 균상 재배 시 자실체의 특징

배지	갓(mm)		대(mm)		개체중 (g)	수량 (kg/3.3㎡)	발생 형태
	지름	두께	지름	길이			
폐면	26.4	4.3	7.3	100.2	6.1	41.2	다발

※ 자실체 생육 온도 : 15±2℃

6. 수확 후 관리 및 이용

검은비늘버섯 수확 후 저장 중에 포장 재료별 중량 감모율을 보면 랩 포장에서 0.41%로 높고 AF 필름에서 0.06%로 적다. 또한, 상품성 유지 기간은 랩 포장 대조구 3일에 비하여 PE 필름 6일, PP 필름 9일, AF 필름 15일이었으며, 버섯의 중량 감모율도 AF 필름(방담 필름)에서 가장 낮았다(표 16-15).

표 16-15 포장재별 저장 기간과 버섯의 중량 감모율 (충북농업기술원, 2002)

구분	랩(대조구)	PE 필름	PP 필름	AF 필름
저장 기간(일)	3	6	9	15
중량 감모율 (%/일)	0.41	0.14	0.10	0.06
경도 (g/ϕ 2mm)	252.0	237.8	237.3	228.0

※ 저장 방법: 온도 1±0.5℃, 포장재 규격: 0.03mm 밀봉 저장

〈장후봉〉

참고 문헌

- 김양섭, 석순자, 원향연, 이강효, 김완규, 박정식. 2004. 한국의 버섯 - 식용 버섯과 독버섯. 동방미디어.
- 성재모, 이재근, 박동수. 1998. 비늘버섯속균(*Pholioa* sp.)의 특징과 자실체 형성. 한국균학회지 26(2): 194-199.
- 농촌진흥청 농촌생활연구소. 2001. 식품 성분표 제6개정판 제Ⅱ편. pp. 335-336.
- 이상선, 김미혜, 장후봉, 신춘식, 이민웅. 1998. 야생에서 채집된 검은비늘버섯(*Pholioa adiposa*)균에 관한 연구. 한국균학회지 26(4): 574-582.
- 장후봉. 2003. 검은비늘버섯의 품질 향상을 위한 재배법 연구. 충북농업기술원. pp. 1-62.

- 장후봉. 2005. 검은비늘버섯(*Pholioa adiposa*)의 병재배법 개발. 충북대학교. pp. 1–32.
- 충청북도농업기술원. 2001. 시험연구보고서. pp. 428–436.
- 충청북도농업기술원. 2002. 시험연구보고서. pp. 368–384.
- 충청북도농업기술원. 2003. 시험연구보고서. pp. 449–461.
- 한용봉. 2009. 식용 버섯 I. 성분과 생리 활성. 고려대학교 출판부.
- Arita, I. and Mimura, K. 1969. The mating system in some Hymenomycetes Ⅱ. The mating system in *Favolus arcularius* (Batsch ex Fr.) Ames, *F. mikawi*(Lloyd) imaz., *Pholiota adiposa* (Fr). Quel. and *Pleurotus cornucopiae* (Paul. ex Pers.) Roll Rept. *Tottori Mycol. Inst.* 7: 51–58.
- Arita, I. 1979. Cytological studies on *Pholiota*. Rept. *Tottori Mycol. Inst.* 17: 1–118.
- Arita, I. Teratani A, and Shione, Y. 1980. The optimal and critical temperatures for growth of *Pholiota adiposa*. Rept. *Tottori Mycol. Inst.* 18: 107–113.
- Deng P., Zhang G., Zhou B., Lin R., Jia L., Fan K., Liu X., Wang G., Wang L., Zhang J. 2011. Extraction and in vitro antioxidant activity of intracelluar polysaccharide by *Pholiota adiposa* SX-02. *J. Biosci. Bioeng.* 111: 50–54.
- Park, Y. H., Kim, Y. S. and Cha, D. Y. 1978. Investigation on Artificial Culture for New Edible Wild Mushroom. *Kor. J. Mycol.* 6: 25–28.
- Wang CR, Qiao Wt, Zhang YN, Lou F. 2013. Effects of adenosine extract from *Pholiota adiposa* (Fr) quel on mRNA expressions of superoxide dismutase and immunomodulatory cytokines. *Molecules* 18: 1776–1782.
- Zhang GQ, Sun J, Wang HX, Ng TB. 2009. A novel lectin antiproliferative activity from the medicinal mushroom *Pholiota adiposa*. *Acta Biochim Pol.* 56: 415–421.

제 17 장

맛버섯(나도팽나무버섯)

1. 명칭 및 분류학적 위치

맛버섯(*Pholiota nameko* (T. Ito) S. Ito & S. Imai)은 일명 나도팽나무버섯으로도 알려져 있으며, 봄부터 가을에 걸쳐 활엽수의 고목이나 죽은 가지, 그루터기 위에 다발로 발생하는 갈색 목재부후성 버섯이다. 한국, 일본, 중국, 북아메리카 등 북반구 일대에 분포하며, 특히 일본에서 인기가 높다. 분류학적으로 주름버섯목(Agaricales) 포도버섯과(Strophariaceae) 비늘버섯속(*Pholiota*)에 속하는 버섯으로 갓 표면에는 인피와 점성이 있어 '나메코' 라는 명칭이 유래되었다.

갓은 지름 3~8cm이고, 초기에는 반구형이나 차차 평반구형 또는 편평형이 된다. 갓 표면은 습하면 점성이 있고 황갈색이며, 갓 둘레는 담황색이고 갓 전면에 탈락성인 삼각형의 백색~갈색 인피가 있으며, 차차 황갈색이 된다. 갓 뒷면의 조직은 담황색~백색이고, 주름살은 차차 갈색으로 변한다. 대는 2.5~8×0.3~1.3cm로 위아래의 굵기가 같고, 상부에 아교질의 융기상 턱받이가 있으나 곧 없어진다. 턱받이의 위쪽은 백색, 아래쪽은 담황갈색~갈색의 점액으로 덮여 있다. 포자는 4~6×2.5~3㎛로 타원형~난형이고, 발아공은 불명확하며, 포자문은 갈색이다(박과 이, 1999).

2. 재배 내력

맛버섯은 일본 홋카이도 도북 지방을 중심으로 오래전부터 자연산이 채취되어 식용으로 이용하여 왔다. 자연산 버섯의 통조림 판매는 메이지 시대에 야마가타 현에서 시작하였다. 그 후 야마가타 현에서 1921년경에 원목 재배가 실시되었는데, 이것이 인공 재배의 시초라 한다.

쇼와 시대 전쟁 후에 순수 배양의 종구 종균의 개발을 계기로 원목 재배가 각지에 펴져 생산량이 증대되었다. 더욱이 톱밥을 이용한 균상 재배 기술이 개발되어 점차 공조 시설의 도입과 재배 공정의 기계화가 진전되었다. 현재는 생산량의 95% 이상이 병재배 버섯이다. 또한, 통조림 등의 가공용보다 생식용 판매가 많아 약 80% 이상을 차지한다.

3. 영양 성분 및 건강 기능성

버섯 중에서도 점액 다당류를 많이 함유하고 있는 맛버섯에 대한 혈액 유동성에 미치는 영향을 조사한 결과, 섭취로 인한 개선 효과가 있음이 시사되고 있다. 맛버섯의 주성분은 다른 버섯과 마찬가지로 자실체의 약 90%가 수분이다. 생으로 먹을 수 있는 부분 100g당 식이섬유가 0.8g, 단백질이 2.4g이고 아연이 0.6mg 함유되어 있다(표 17-1).

표 17-1 맛버섯의 영양 성분 (농촌진흥청 식품 성분표, 2011) (가식부 100g당 함량)

식품명	에너지 (kcal)	수분 (g)	단백질 (g)	지질 (g)	회분 (g)	탄수화물 (g)	섬유소 (g)
맛버섯(생)	26	91.2	2.4	0	0.7	5.7	0.8
맛버섯(건조)	296	3.4	23.6	0.5	6.4	66.1	7.6

식품명	무기질						
	칼슘 (mg)	인 (mg)	철 (mg)	나트륨 (mg)	칼륨 (mg)	아연 (mg)	마그네슘 (mg)
맛버섯(생)	6	63	1.2	14	263	0.6	12
맛버섯(건조)	25	740	15.8	64	2,780	7.4	126

식품명	비타민						
	A			티아민 (mg)	리보플라빈 (mg)	나이아신 (mg)	C (mg)
	레티놀 당량 (RE)	레티놀 (μg)	베타카로틴 (μg)				
맛버섯(생)	0	0	0	0.19	0.20	0.5	0
맛버섯(건조)	0	0	0	0.94	1.86	5.0	0

맛버섯은 점액이 있는 것이 특징인데, 점액 성분은 뮤틴과 펙틴이다. 뮤틴은 당질과 단백질이 결합한 당단백질로 오크라(okra)의 끈적끈적한 성분과 같으며, 펙틴은 식물 섬유의 일종으로 세포를 결합하는 작용을 한다.

맛버섯은 암세포 sarcoma 180에 대해 86.5%의 항암 효과가 있으며 포도상구균(Staphylococcus), 대장균(Escherichia coli) 및 폐렴균에 대한 감염 예방 효과가 있다. 또한, 콜레스테롤 저하와 병원균의 침입이나 질병의 저항성에 영향을 주는 식물이 생산하는 방어 물질(phytoalexin) 유기 작용 활성도 있다(한, 2009).

4. 생리적 특성

맛버섯은 담자균류로서 송이, 표고, 느타리 등과 같이 갓 아래의 주름살에 담자기가 형성되며, 그중 하나의 담자기에 제각기 다른 유전자를 가진 포자가 4개 만들어진다. 포자의 발아 온도는 10~30℃이나 최적 온도는 15~20℃이다. 맛버섯은 유성 생식과 무성 생식이 이루어지는 것이 다른 버섯류와 상이하여서 2핵균사가 직접 1핵균사로 되기도 하고 1핵균사에서 자실체를 형성하는 일도 있다.

맛버섯의 균사나 자실체 중에는 여러 형태로 탄수화물, 단백질 및 유기산, 비타민류가 함유되어 있다. 그러나 버섯에는 엽록소가 없기 때문에 탄소 동화 작용에 의하여 양분을 생성하지 못하고, 유기물을 직접 부후, 분해시켜서 이와 같은 영양분을 흡수한다. 맛버섯은 목재부후균이므로 고목의 목재 표면이나 죽어 가는 나무의 표면에 포자가 부착되면 발아하고 생장하여 균사가 된다.

균사는 목재 중의 주성분으로 되어 있는 셀룰로오스나 헤미셀룰로오스, 리그닌 등을 균사체 내에서 배출하는 각종 효소에 의해 분해 흡수하여 세포를 만들고 생장하는 데 필요한 에너지로 이용한다. 특히 맛버섯 균사는 목재 중의 리그닌을 잘 이용하는 백색부후균에 속하는 것으로, 이러한 이유 때문에 맛버섯의 침해를 받은 목재는 목재 중의 셀룰로오스가 많이 남아서 백색화 된다.

맛버섯의 원목 재배에서는 균사가 원목 내의 양분을 서서히 분해, 흡수하므로 버섯을 형성하기까지 2~3년이 걸린다. 인공 재배 시 톱밥 재배에서는 종균 접종량을 증가시킴으로써 균사가 배지를 쉽게 분해할 수 있고, 균사 생장을 빠르게 하기 위해 쌀겨나 밀기울을 첨가하였기 때문에 자실체 발생량도 증대된다.

5. 재배 기술

1) 균사 및 자실체 생장 환경

(1) 온도

맛버섯은 균주에 따라 다소 차이는 있으나 균사의 생장 온도는 4~32℃이며 최적 온도는 22~28℃이고, 33℃에서는 생장이 정지되며, 40℃ 이상에서 장시간 방치할 경우 사멸되고 -4℃ 이하의 온도에서도 장시간 보존하면 저온 장해를 입는다. 또한, 자실체의 발생 온도는 균사의 생육 온도보다 낮고, 품종이나 계통에 따라서 다소 다르지만 보통 6~20℃로 온도가 낮을 때 발생한다.

품종이나 계통별로 표고와 같이 명확하지는 않으나 발생 온도에 있어서 크게 나누면 극조생, 조생, 중생, 만생의 4계통으로 나누어진다. 이와 같이 발생 온도에 따라 분류되지만 동일 조생이라도 육성 기관에 따라 다소 달라진다. 따라서 보통의 경우 극조생 계통은 20℃, 조생 계통은 15℃, 중생 계통은 10℃, 만생 계통은 10℃ 이하에서 발생되며 이와 같은 온도는 발생 초기에 해당된다.

(2) 배지 수분

맛버섯 균사는 활물 기생균과 가까운 성질이 있어 원목 재배 시 균사 생장에 알맞은 최적 수분은 40% 전후이나, 건조한 원목은 균사 생장이 나쁘고 특히 30% 이하에서는 매우 불량하다. 톱밥 배지는 원목보다 공극량이 많고 공기의 함수율이 높아 70% 이상에서 잘 자란다. 그러나 해균 발생과 관련되기 때문에 60~70%가 알맞다.

버섯이 발생할 때나 생육할 때에는 균사 생장보다는 많은 양의 수분을 요구한다. 때로는 갓의 표면에 특유의 점질물이 많이 있기 때문에 다른 버섯보다는 많은 수분이 요구된다. 따라서 버섯발생 및 생육 시 배지의 함수율은 70% 이상이 필요하다(표 17-2).

표 17-2 배지 수분 함량과 맛버섯 수량

배지 수분(%)	자실체 수량 지수
58	36
70	52
71	68
75	100

(3) 산소

맛버섯은 톱밥 배지에서 공극량이 비교적 높을 때 균사 생장이 좋으며, 자실체가 발생할 때 산소는 계속적으로 서서히 환기를 시켜 공급해 주는 것이 바람직하다. 맛버섯 재배 시 산소가 부족하면 버섯의 발생 및 생장이 늦고 대가 길어지며, 갓은 정상적으로 자라지 못해 기형 버섯이 될 수 있다.

(4) 빛

균사 생장 초기에는 빛이 없어도 큰 영향이 없으나, 배양 후기에는 광선의 밝기가 버섯 발생에 미치는 영향이 크다. 톱밥 재배 시 어두운 장소에서 배양한 것은 초기에는 잘 발생하지만 2주기 수량이 감소하고 재배가 빨리 끝나는 경향이 있다. 맛버섯 발생 시의 광선은 발생량과 버섯의 품질을 결정하는 주요한 요소이다. 광선이 부족하면 발생량이 적고 대가 길어지며 소형으로 갓이 쉽게 피고 연약하게 자란다.

2) 재배 기술

(1) 원균 관리 및 종균 제조

❶ 배지 제조

배지는 버섯균의 생장을 위한 영양원과 수분을 공급하며 버섯의 생리적 특성에 적합한 환경을 조성한다. 버섯에 따라 다양한 배지가 사용되는데, 그중에서 균주의 계대나 증식에 필요한 배지는 일반적으로 감자배지(PDA)나 버섯완전배지(MCM)를 사용한다. 배지는 직접 제조하거나 판매되고 있는 것을 구입, 이용하면 된다.

❷ 접종원 및 종균 제조

냉장 상태로 보관된 원균은 증식 단계를 거쳐 활력을 회복하고 선별된 원균을 이용하여 접종원을 생산한다. 접종원 제조에 사용되는 배지는 톱밥 배지와 액체 종균을 사용한다. 톱밥 배지를 이용하여 접종원 제조 시 참나무 톱밥에 쌀겨, 밀기울 등의 영양원을 20% 정도 넣고 충분히 혼합하고, 배지 수분 함량을 65%가 되도록 수분을 첨가한다. 배지를 밀폐용기에 넣고 3~4cm의 깊이로 구멍을 뚫는다. 121℃/1.2kg/㎠의 조건에서 배지의 크기에 따라 60~90분간 고압 증기 살균한 다음 20~24℃로 식혀 접종원 배지로 사용한다. 종균용으로 사용할 배지는 PP병 용기에 참나무 톱밥과 쌀겨, 밀기울을 혼합하여 수분 첨가한 후에 살균한 다음 접종원으로 접종 후 30일간 배양한다.

(2) 톱밥 재배

톱밥 재배는 원목 재배보다 노동력은 많이 들지만 실내에서 작업이 이루어지고 자연산 버섯이 나오지 않는 시기에 출하됨으로써 높은 소득을 올릴 수 있으며, 균일 제품의 계획 생산이 가능하다.

맛버섯의 톱밥 재배 기술을 간단히 설명하면 다음과 같다.

❶ 배지 제조

활엽수 톱밥에 밀기울 20%와 패화석 2%를 첨가하여 잘 혼합한 후 배지 수분을 65~70%로 조절한다. 이때 첨가되는 영양원에는 맛버섯의 생장에 필요한 조지방과 조단백질이 공급되어야 한다. 이는 톱밥 중에 부족분을 보급하기 위한 것과 점성을 띠게 하기 위해서이다. 조제된 배지는 재배 용기에 따라서 병, 봉지, 상자에 담고 가볍게 충진한 후 병과 봉지는 중앙에 구멍을 뚫은 후 마개를 막는다. 상자의 경우는 바닥에 신문 1매를 펴서 깔고 그 위에 내열성 PP 필름을 상자의 안쪽에 중심을 잡아 편 후 3~4cm두께로 넣고 판자 절편으로 배지의 표면을 가볍게 다진 후 배지의 상단에 10cm 내외의 간격으로 11~14개의 구멍을 뚫고 난 뒤 그 위에 다시 신문 1매를 덮은 후 PP 필름을 접어 덮어 살균 준비를 한다.

배지의 살균은 배지의 두께나 크기에 따라서 다소 차이가 있다. 즉, 1,000mL PP 광구병의 경우 121℃에서 60~90분간, 4L들이 PP 봉지일 때는 120~150분간, 나무상자인 경우 90~120분간 살균한다. 살균이 끝나고 배지의 온도가 60℃ 내외로 낮아진 후 무균실에 옮겨 냉각한다. 상압 살균의 경우에는 배지의 온도를 95℃ 이상에서 4~6시간 정도 살균을 실시한다.

❷ 접종 및 배양

① 톱밥 종균 접종 배양

배지의 온도가 20℃ 내외로 내렸을 때 무균실 또는 무균상에서 종균을 접종한다. 접종할 때는 밖의 공기 유통이 적은 청결한 곳에서 행하여야 한다.

병이나 봉지는 마개를 연 후 접종 스푼으로 톱밥 종균을 10~15g/L 비율로 병에 접종하고 상자는 PP 필름을 조심스럽게 열고 표면의 전면에 톱밥 종균을 접종 스푼이나 이식기로 뿌린 후 구멍에는 다소 굵은 덩어리 상태의 종균이 들어가도록 하여 상자당 50~60g 정도로 접종한 후 원래의 상태같이 PP 필름을 덮고 표면의 종균이 톱밥과 밀착되도록 눌러 준다. 이때 잡균 오염에 신경을 써야 한다.

접종이 끝난 용기는 배양실에 옮겨 실내 온도는 20~22℃로 맞추되, 변온은 줄이고 가끔 환기를 하면서 배양하고, 실내 습도는 70% 내외로 하며, 광선은 조사하지 않은 어두운 상태에서 실내를 청결하게 관리한다. 한편 접종 10일 후부터 잡균이 발생된 것은 약제 처리하거나 심한 것은 즉시 제거해야 한다. 배양할 때 주의할 점은 표면의 균사층과 PP 필름이, 균긁기 전까지는 절대적으로 밀착된 상태가 유지되어야 한다는 점이다. 만약 간격이 있으면 표면에 물방울이 생겨 잡균 발생의 원인이 된다. 배양 기간은 병(1,000mL)은 약 65일, 봉지(2kg)는 60일, 상자(6kg)는 60일이 소요된다.

② 액체 종균 접종 배양

액체 종균은 배양 기간이 짧고 균의 활력이 좋으나 배양 기간 중 잡균 오염에 대한 세심한 주의가 필요하다. 접종원은 삼각플라스크의 살균된 액체 배지에 균을 넣고 진탕 배양 또는 정치 배양을 한다. 접종원의 주입량은 1~5%가 적당하며, 많을수록 배양 기간이 단축된다. 액체 배지로 사용되는 배지는 크게 감자추출배지와 대두박배지가 있으며, 배지 조성을 보면 감자추출배지(Potato Dextrose Broth; PDB)는 껍질을 벗기고 잘게 썬 감자 200g을 1L의 물에 넣은 후 15분간 끓인다. 이때 만들어진 추출물과 덱스트로스 또는 설탕 20g과 안티폼(거품 방지제) 0.1mL를 넣고 증류수 1L를 첨가한다. 대두박배지는 대두박 3g, 인산칼륨(KH_2PO_4) 0.5g, 황산마그네슘($MgSO_4 \cdot 7H_2O$) 0.5g, 황설탕 30g, 안티폼 0.1mL 또는 식물성 식용유 3mL를 넣고 증류수 1L를 혼합하여 사용한다.

살균할 때는 배양병 마개의 공기 주입구, 공기 배출구, 종균 채취구는 파이프 끝에 연결된 실리콘 튜브를 구부려 핀치코크를 끼워 막고, 접종구는 열어 두어 살균 시 팽창된 공기가 나갈 수 있게 해야 용기의 파손 및 실리콘 마개의 이탈을 방지할 수 있다. 살균기 내의 온도는 121℃로 하되 압력 1.2kg/㎠에서 배지량이 5L일 때는 40분, 10L일 때는 60분 정도 실시하는 것이 적당하며, 장시간 살균 시 액체 배지의 양분이 분해되어 버섯균의 생장량이 줄어들 수 있으므로 주의해야 한다.

살균 후 배지가 식으면 공기 배출구를 열고 접종구를 통하여 접종원을 넣어 준다. 접종 후 공기 주입구를 통하여 0.2㎛ 필터로 여과된 압축 공기를 넣고, 공기 배출구의 0.45㎛ 필터를 통하여 빠져나갈 수 있도록 하며, 나머지 2개의 파이프는 막아 둔다. 버섯의 균사 배양 적온에 따라 배양 온도는 달라질 수 있으며, 전반적인 배양 관리는 톱밥 종균에 준한다.

표 17-3 맛버섯의 품종별 종균 배양 및 생육 기간

구분	황옥	금관
배양 기간(일)	63(14)	63(13)
발이 및 생육 기간(일)	17	18
총 재배 기간(일)	80	81

※ ( ) 안은 전 배양 기간　　배양 조건: 온도 20℃, 습도 65~70%
배지 혼합 비율: 참나무 톱밥 78%+밀기울 20%+패화석 2%

③ 액체 배양 조건

여과된 공기를 이용하여 배양액과 균사체를 교반하여 주는 액체 종균 배양에서 맛버섯의 배양 적온은 배양실의 온도가 22.5℃일 때 배양한 균사체의 건물중은 2.86g/L로 가장 많았다(그림 17-1).

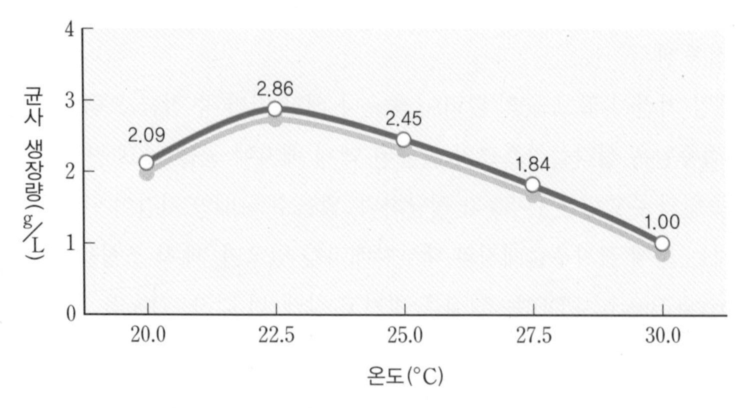

그림 17-1 액체 종균 배양 시 맛버섯의 균사 생장 최적 온도

또한, 산도별 액체 배양 시 균 배양 후의 배지 pH와 균사체 건조중을 조사하였다. 맛버섯의 액체 종균 배양 시 최적 배지 산도는 7.0이고 이때의 균사체 건조중은 2.05g/L로 가장 많았으며, 배양 후의 배지 산도는 4.49였다(정, 2010; 표 17-4, 그림 17-3).

표 17-4 맛버섯 액체 종균 배지 pH에 따른 균체량

구분	배지 pH				
	4.0	5.0	6.0	7.0	8.0
균체량(g/L)	1.76	1.88	2.28	2.05	2.26
최종 pH	3.59	4.53	4.23	4.49	4.27

배양 온도

배지 pH

그림 17-2 맛버섯 액체 종균 배양 온도 및 배지 pH

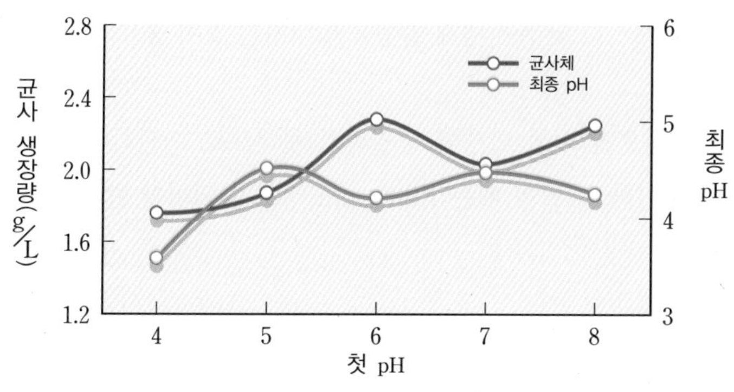

그림 17-3 맛버섯 액체 종균 배지 pH에 따른 균사 생장량

❸ 재배 환경

① 온도

맛버섯에 대한 온도는 균사 배양 온도와 버섯 발생 온도, 생육 온도 등으로 나눌 수 있고 각 온도 처리에 따라서 최저, 최고 온도의 범위로 나눈다.

② 배양 온도

배양실의 최적 온도는 20~22℃이나 배양실 내의 병 적재량에 따라 온도를 감안하여 설정한다. 종균 배양에 따라, 균의 호흡량에 따라 배양실 온도가 2~5℃ 올라가 배양 적온보다 낮은 16~18℃로 관리한다. 배양 시 23℃ 이상이 되면 2핵균사가 1핵균사로 전환하게 되어 수량이 낮아지는 경우가 발생한다.

③ 발이 온도

발이 시 최적 온도는 12~16℃이고 적온보다 높거나 낮으면 발이 기간이 길어지고 발이가 균일하지 못하며 품질이 떨어지고, 생육 시의 최적 온도는 13~16℃이다. 황옥과 금관 품종은 낮은 온도(10~12℃)에서 재배할 때는 자실체의 키가 작아지고 갓 색깔이 진한 갈색으로 나타난다(정, 2007; 표 17-5).

표 17-5 맛버섯 품종별 생육 적온과 갓 색깔

품종	균사 생장 적온 (℃)	버섯 발생 및 생육 온도 (℃)	갓 색깔
황옥	25	12~18	황갈색
금관	25	12~18	황금색

④ 습도

균사 배양 시 배양실 내 실내 습도는 65~70%가 되어야 60일 정도의 배양 기간 내에 광구병 내의 배지가 들뜨는 현상이 생기지 않는다. 발이실은 90~95%, 생육실은 80~85%가 적당하다.

생육 후반기에는 습도를 서서히 낮추어 병해 발생을 방지하는 것이 중요하다.

⑤ 환기

발이할 때 환기량이 적으면 버섯 발생이 균일하지 못하므로 이산화탄소 농도는 배양실은 2,000~2,500ppm을 유지하고, 발이 때는 1,000ppm 정도가 되어야 발이가 원활하게 이루어진다.

❹ 버섯 발생 및 수확

맛버섯 균사가 균상 전면에 번식하였을 때는 표면의 오래된 균사에 자극을 주어 균사를 젊어지게 하는 동시에 산소와 수분을 공급하여 균사의 활동을 촉진하고 생산량을 증대시키기 위하여 균긁기 작업을 한다. 균긁기 작업은 주로 병재배에서 실시하며, 상자나 봉지에서 균사가 완전히 자란 후 완숙시킨 배지는 온도를 보통 극조생계는 20℃, 조생계는 15℃, 중생계는 10℃, 만생계는 10℃ 이하로 내려 관리하면서 공기 유통이 되도록 한 후, 빛을 100lx 정도로 밝게 해주고 실내에 가습을 하여 습도는 90~95%로 조절한 후 환기를 소량씩 계속 실시하면, 배지 표면이 점차 황갈색~적갈색으로 변화되면서 약 7~10일 후면 버섯이 발생하게 된다. 발생된 버섯은 실내 온도는 13~16℃ 정도, 습도는 80~85% 내외에서 생육시켜 갓이 피기 전 양질의 버섯을 채취한다.

맛버섯은 특유의 점질물이 덮여 있기 때문에 수확 시 톱밥이 묻은 대의 끝 부분은 제거한 후 용기에 담는다. 또한, 균상 면이 상하지 않게 주의하고 수확 후 균상 정리를 깨끗이 하여야 해충 및 해균의 발생을 예방할 수 있다. 맛버섯을 수확할 때에는 금관 품종은 송이째 수확이 약간 곤란하지만 황옥 품종은 송이째 수확하여 포장 용기에 담을 수 있어 생산비 절감에 유리할 수 있다(그림 17-4).

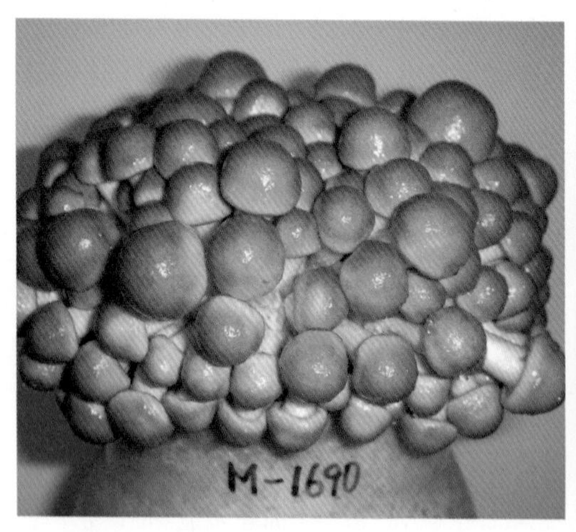

황옥

금관

그림 17-4 맛버섯의 병재배 자실체 형태

표 17-6 맛버섯 병재배 시 균주별 자실체 특성 (정, 2010)

품종	유효 경수 (개/1,100cc)	갓 지름 (cm)	대 길이 (cm)
황옥	61.3	1.6	5.7
금관	53.6	2.2	6.8

※ 자실체 생육 조건: 온도 18℃, 습도 85%

표 17-7 맛버섯 품종별 수량성 (정, 2010)

품종	병당 수량(g/1,100cc)			
	1차	2차	3차	평균
황옥	182.5	172.4	182.3	179.1
금관	141.8	159.9	138.6	146.8

※ 자실체 생육 조건: 온도 16℃, 습도 85%

(3) 원목 재배

맛버섯의 원목 재배에 알맞은 수종으로는 너도밤나무(*Fagus multinervis*), 칠엽수(*Aesculus turbinata*), 오리나무(*Alnus japonica*), 버드나무(*Salix roreansis*), 밤나무(*Castanea cernata*), 벚나무(*Prunus serrulata* var. *spontanea*) 등이 있으나 일반적으로 활엽수이면 재배가 가능하다.

표 17-8 맛버섯 재배용 원목

구분	수종
최적수	너도밤나무, 졸참나무, 칠엽수, 벚나무
적합수	수양버들, 자작나무, 느티나무, 오리나무, 포플러, 뽕나무

가을철 나무의 생장이 정지된 때부터 봄철 물오르기 전까지, 수액의 유동이 정지된 휴지기에 벌채하는 것이 껍질이 벗겨지지 않고 영양분을 많이 저장한 시기이므로 이때 원목을 벌채하여 20일 정도 방치한 후 절단하여 재배에 사용한다.

❶ 장목 재배

원목을 1.0~1.2m로 절단하여 적합한 수분 상태로 음지에서 건조시킨 후 종균을 접종한다. 맛버섯균은 활물 기생균에 가까운 성질을 갖고 있어서 벌채 후 빨리 종균 접종을 해야 한다. 즉, 가을에 벌채한 것은 가을에, 봄에 벌채한 것은 4~5월에, 원목이 건조해지기 전에 접종하며, 20~25mm 깊이의 구멍을 뚫고 표고 재배에 준하여 종균을 접종한다. 종균 접종이 완료된 원목은 통풍이 되도록 눕혀 쌓아 두고 균사를 활착시킨 후 숲 속에 눕혀 놓거나 땅에 묻은 후 1일

최고 기온이 20℃ 이하, 최저 기온이 10℃ 이하가 되면 관수 등 버섯 발생 환경을 잘 조절하여 버섯이 발생할 수 있도록 관리한다. 버섯 발생은 종균 접종 후 2년째 가을부터 시작되고, 그 후 2~3년째가 가장 많이 발생하게 된다.

❷ 단목 재배

맛버섯 단목 재배 시 원목은 가는 것보다 굵은 것을 사용하여 길이를 13~15cm로 짧게 절단한 후, 즉시 느타리 단목 재배와 같은 방법으로 절단면에 혼합 종균을 5~8mm 두께로 접종한다. 이때 혼합 종균이란 종균 1L에 증량제로 활엽수 톱밥 3L와 쌀겨 1L를 혼합하고 지하수를 첨가하여 수분을 65%로 조절한 후 종균과 가볍게 섞은 것을 말한다. 단, 이때 사용하는 증량제는 신선한 것을 사용하는 것이 잡균 발생이 적고 실패율을 줄일 수 있다.

접종을 마친 후 창고, 헛간, 하우스 등에 연탄을 쌓듯이 높이 1.5m, 너비 1.0m 이내로 쌓고, 바로 비닐을 덮어 보습, 보온을 실시한다. 초기 20여 일간 상단의 온도는 15~18℃ 정도로 낮게 유지하면서, 4~5일 간격으로 비닐을 열어 열기를 배출시키고 신선한 공기를 가끔 주입시키며, 병해충을 방제하면 3~4개월 후 원목에 균사가 자라게 된다. 원목에 종균을 접종한 후 1개월 후부터는 원목이 건조해졌을 때 비닐을 벗기고 5~7일 간격으로 관수하며, 관수 후에는 충분히 환기하여 원목 표면의 유리 수분을 증발시킨 후 비닐을 덮어 준다. 접종 2개월이 지나면 비닐을 제거해도 무방하다. 균사가 다 자란 원목은 8~9월에 한 토막씩 떼어서 나무 숲 속이나 하우스에 1/2 깊이로 묻고 충분히 관수한 후 그늘을 만들어 주면 외기온이 10~20℃일 때 버섯이 발생하게 된다. 수량은 수종에 따라 차이가 있으나 2~3년째 다량의 버섯을 수확할 수 있다.

6. 수확 후 관리 및 이용

맛버섯은 줄기도 부드러워 밑둥치 외에는 다 먹을 수 있다. 생버섯으로 판매되는 형태는 줄기를 길이 2cm 정도 남기고 잘라 포장하는 방법이 있고, 통조림용 규격은 줄기와 갓의 지름 이하로 자른 것을 원칙으로 하고 있다. 절단하고 남은 줄기 부분도 이용 가능하여 맛버섯 생산자의 가정 요리에 사용하고 있으며, 가공 제품에 줄기 부분의 활용도 생각해 볼 수 있다.

일반적으로 가정용은 자연산이나 재배된 것 모두 된장국, 냄비 요리, 무 요리 등의 요리 외에 보존용으로 가공된다. 가공 방법은 건조, 물에 데친 통조림, 병조림, 염장 등이 있다. 건조 방법으로는 열풍 건조, 동결 진공 건조, 감압 건조 등이 있다. 이들은 목적하는 제품에 따라 제조 원가를 고려하여 선택해야 한다. 열풍 건조는 집에서 이용할 보존용이나 분말 제품 원료 등 낮은 비용으로 제조하는 경우에 이용된다. 풍미와 색 또는 복원성을 중시한 경우에는 동결 진공 건조가 이용되고, 인스턴트 된장국 등에 이용되고 있다.

맛버섯은 현재 식품 이외에 이용되는 사례는 거의 보이지 않는다. 오랫동안 일본인의 대표적인 식용 버섯으로서 재배 및 식용되어 왔으므로 안전성은 충분히 확인되어 있으며, 소비 확대를 위해 새로운 이용법의 개발이 기대된다.

맛버섯의 조리 방법을 소개하면 다음과 같다.

■ 맛버섯 볶음

① 흐르는 물에 맛버섯을 손질한다.

② 양파, 당근, 청피망, 홍피망을 채썰어 오일에 볶는다.

③ 맛버섯을 오일에 볶는다.

④ ②와 ③을 섞어서 볶는다.

⑤ 소금으로 간을 한다.

⑥ 참깨, 참기름을 넣고 접시에 담는다.

맛버섯볶음

■ 맛버섯 구이

불판에 고기와 함께 맛버섯을 넣고 굵은 소금을 뿌려 굽는다.

■ 맛버섯 된장국

뚝배기에 된장을 풀어서 다시마 국물을 낸 다음 한소끔 끓으면, 두부, 양파, 팽이버섯, 바지락 등과 함께 맛버섯을 넣고 끓인다.

〈정경주〉

참고 문헌

- 농촌진흥청. 2011. 2011 제8개정판 식품 성분표. pp. 190–191.
- 박완희, 이호득. 1999. 한국약용버섯도감. 교학사.
- 정경주, 최덕수, 정기철. 2007. 맛버섯 우량 균주 선발 및 병재배법. 한국버섯학회지 5: 51–58.
- 정경주, 최덕수, 정기철. 2010. 전라남도농업기술원 시험연구보고서. pp. 474–494.
- 한용봉. 2009. 식용 버섯 I. 성분과 생리 활성. 고려대학교 출판부.
- 熊田淳. 2001. "ナメコ", 大森清壽. 小出博志編 ナメコ栽培全科. (社)農山漁村文化協會. pp. 65–75.
- Park, W. H. and Lee, H. D. 1999. *Illustrated book of korean medicinal mushrooms*. Kyohaksa. Seoul. pp. 442–443.

제 18 장

버들송이(버들볏짚버섯)

1. 명칭 및 분류학적 위치

버들송이 또는 버들볏짚버섯(*Agrocybe cylindracea* (DC.) Gillet)은 볏짚버섯속에 속하는 식용 버섯으로, 영명은 'Black poplar mushroom', 중국명은 '양수꾸(楊樹菇)', 일본명은 '야나키마스다케(ヤナキマスタケ, 柳松茸)'이다.

갓 지름은 3~5cm이고 대 길이는 5~10cm, 대 굵기는 0.6~1.5cm 정도인데, 인공 재배를 하면서 대를 길게 생장시켜 이용하고 있다. 갓색은 연갈색, 갈색, 진갈색, 황갈색 등 다양하고 변이종인 흰색도 있으며 주름 보호막이 있다. 대는 길게 자라며 다발을 형성한다.

봄부터 가을에 걸쳐 활엽수의 고사목이나 그루터기 또는 생목의 썩은 부위에서 발생하며, 한국, 일본, 북아메리카, 유럽 등지에서 자생한다(그림 18-1). 향이 독특하고 다른 버섯에 비하여 독특한 저작감이 있고 맛이 우수하다. 인공 재배법이 개발되어 일본, 중국, 미국, 국내에서 재배되고 있다.

그림 18-1 야생 버들송이

버들송이는 주름버섯목(Agaricales) 포도버섯과(Strophariaceae) 볏짚버섯속(*Agrocybe*)에 속한다.

볏짚버섯속은 세계적으로는 108종 25변종이 보고되어 있고, 국내에서는 이끼볏짚버섯(*Agrocybe*

paludosa), 볏짚버섯(*Agrocybe praecox*), 애기볏짚버섯(*Agrocybe arvalis*), 보리볏짚버섯(*Agrocybe erevia*), 버들볏짚버섯(*Agrocybe cylindracea*), 가루볏짚버섯(*Agrocybe farinacea*), 황토볏짚버섯(*Agrocybe semiorbicularis*), 반구볏짚버섯(*Agrocybe sphaleromorpha*), 큰볏짚버섯(*Agrocybe dura*), 갈색우단볏짚버섯(*Agrocybe firma*) 10종이 보고되어 있다. 버들송이의 일반명은 버들볏짚버섯이나, 일본명 '야나키마스다케(柳松茸)' 의 영향을 받아 일반적으로는 버들송이로 불리고 있다.

2. 재배 내력

버들송이는 기원전 50년에 이탈리아에서 인공 재배했다는 기록이 있으며, 방법은 이미 버들송이가 자란 나무를 땅속에 묻어서 계속적으로 버섯을 발생시키는 것이었다. 1550년대에 이 방법을 개선하여 자실체를 떼어 내어 단목에 넣어서 복토 재배를 하였다(Chen(陈) 등, 2005). 종균을 이용한 재배가 프랑스, 이탈리아 등에서 1950년대부터 시작되었는데, 1950년 프랑스에서는 버드나무를 이용한 단목 재배를 시작으로 대맥피와 볏짚을 이용한 재배, 1987년 이탈리아에서 귤 껍질과 포도 덩굴을 이용한 재배, 1989년 독일에서 섬유소를 포함하는 폐재료 재배 등 여러 가지 재배법이 개발되어 왔다(Chen(陈) 등, 2005). 중국에서는 1970년대 초부터 재배 연구가 시작되어 현재 봉지 재배법이 개발되어 재배되고 있으며, 일본에서는 1970년대 후반부터 재배법이 연구되어 현재 병재배 및 봉지 재배법이 개발되어 재배되고 있다.

국내에서는 1987년 경기도 광릉에서 야생 버들송이를 채집하여 처음으로 분류 동정하였고, 1988년에 품종을 육성하고 소나무 톱밥에 밀기울을 첨가한 톱밥 배지 병재배법으로 인공 재배법을 개발하였다(김 등, 1988, 1989). 이후 병재배법이 보완 개발되어 농가에 보급되었으나 소비자에 대한 홍보가 부족할 뿐만 아니라 균 활력이 약하여 유해균의 오염이 심하고 저장 기간이 짧아 재배가 활성화되지 못한 채 재배 농가가 소수에 그치고 있다. 그러나 최근에는 버섯 시장이 느타리, 큰느타리(새송이), 팽이버섯 등 일부 품목에 편중되어 있어 새로운 버섯을 새 소득원으로 개발하고자 버들송이 재배를 시도하는 농가가 조금씩 생겨나고 있다.

3. 영양 성분 및 건강 기능성

버들송이는 단백질, 비타민류가 풍부하여 동맥경화 등 성인병 예방, 혈압 안정 및 항염, 항산화 작용 등의 효과를 가진다. 특히 다른 버섯에 비하여 항산화 활성 기능이 있는 비타민 C의 함량이 높다(유 등, 2010; 표 18-1).

표 18-1 버들송이의 일반 성분 (생버섯 100g당 함량)

단백질(%)	지방(%)	탄수화물(%)		수분(%)	미네랄(mg)					비타민(mg)			
		당질	섬유소		칼슘	인	철	나트륨	칼륨	티아민	리보플라빈	나이아신(니코틴산)	C
4.2	0.1	5.5	1.1	88.4	2	14	0.9	7	435	0.22	0.74	5.0	17

버들송이의 우수한 생리 활성 기능에 대하여는 많은 연구 보고가 있다. 하 등(1995)과 김 등(1990)은 버들송이에서 항암 효과를 가지는 단백다당체를 분리하였음을 보고하였으며, Wasser 등(1999)은 항균, 항종양, 콜레스테롤 감소 및 신경 섬유 활성(항치매 작용) 효과가 있음을 보고하였다.

이 등(1998)과 이 등(2002)은 버들송이의 균사체 추출액이 지질과산화 저해 활성 등 강한 항산화 활성이 있음을 보고하였으며, 원 등(2003)도 암세포 증식 억제 및 항산화 활성 등의 약리 효과가 있는 것으로 보고하였다.

그리고 배 등(1996)은 균사체의 단백다당체가 비장 식세포의 식작용을 활성화시킨다고 하였으며, 김 등(2000)도 단백다당체가 식세포의 탐식능, 항체 생성능의 면역 증강 활성이 있다고 하였다.

4. 생활 주기

버들송이는 느타리와 같이 자웅이주성이며 교배계는 4극성으로 4개의 교배형을 가진다. 자실체의 담자기에서 유성 생식을 거쳐 형성된 담자포자는 하나의 핵을 가지며 대부분 임성이 없고 다른 화합성인 교배형과 교배를 통하여 자실체를 형성할 수 있는 타식성이다. 그러나 버들송이는 1핵균사(단핵균사)에서도 자실체를 형성하는 경우도 있다.

버섯의 생장과 발육은 느타리와 같이 영양 생장과 생식 생장으로 이루어져 있으며, 담자포자의 형성, 담자포자의 발아 및 동형핵균사 형성, 교배형이 다른 균사와의 균사 접합 및 이형핵균사 형성, 자실체 형성, 담자기 형성, 핵융합 및 감수 분열, 담자포자 형성 과정을 거치는 생활 주기를 형성한다.

1) 담자포자의 형성

버들송이는 갓주름은 보호막으로 덮여 있으며, 갓주름 사이에 있는 한 개의 담자기에서 타원형인 4개의 담자포자가 형성된다(그림 18-2).

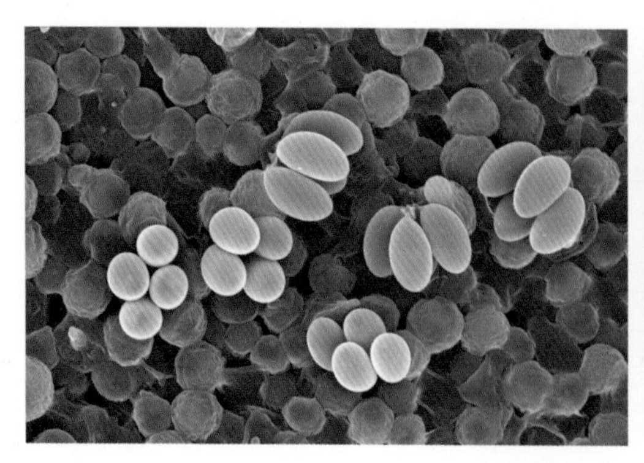

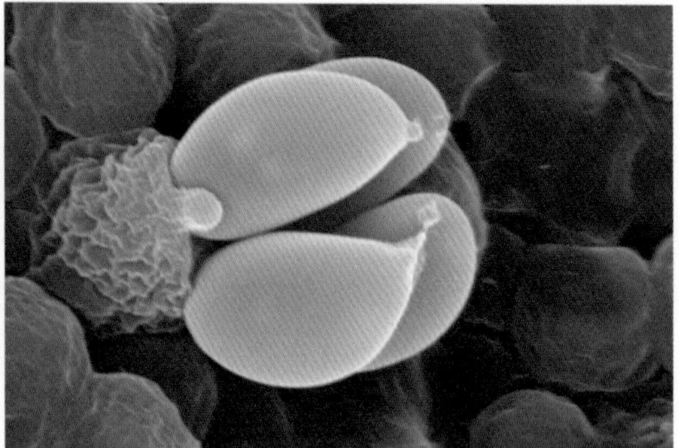

그림 18-2 **담자포자 형성**

2) 담자포자의 발아 및 동형 1핵균사 형성

담자포자가 성숙되면 갓 내막이 떨어지고 담자포자가 비산하게 된다. 비산된 포자는 적당한 온습도가 주어지면 발아하여 동형 1핵균사를 형성한다. 온도는 20~30℃, 습도는 60% 이상이면 발아가 잘되며 배지가 적당하면 핵이 하나인 동형 1핵균사체를 형성하는데, 물론 꺾쇠연결체(clamp connections)를 형성하지 않으며, 2핵균사체보다 생장이 느리다(그림 18-3).

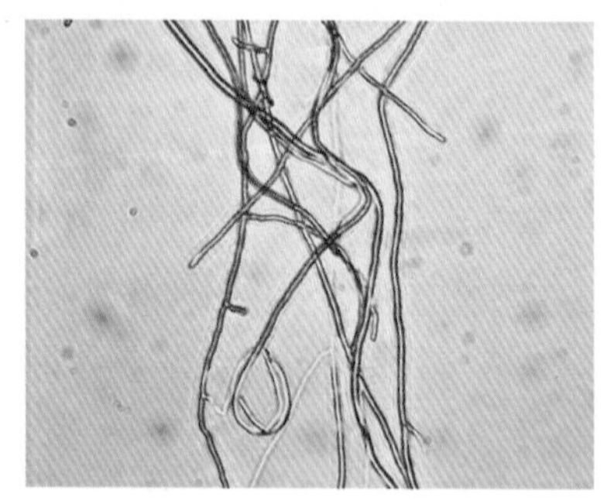

그림 18-3 **동형 1핵균사 형성**

3) 균사 접합 및 이형 2핵균사 형성

버들송이도 1핵균사에는 4가지 형의 교배형이 있으며 화합성 교배형의 1핵균사가 만나면 두 균사 간 접합으로 원형질이 융합되어 핵과 세포질의 교환이 서로 일어나고 꺾쇠연결체를 생성한다(그림 18-4). 이 꺾쇠연결체는 한 세포에 서로 유전적으로 다른 핵이 2개가 공존하여 자실체를 형성할 수 있는 2핵균사체가 된다. 버들송이는 1핵균사가 발아하여 자실체를 형성할 수도 있다.

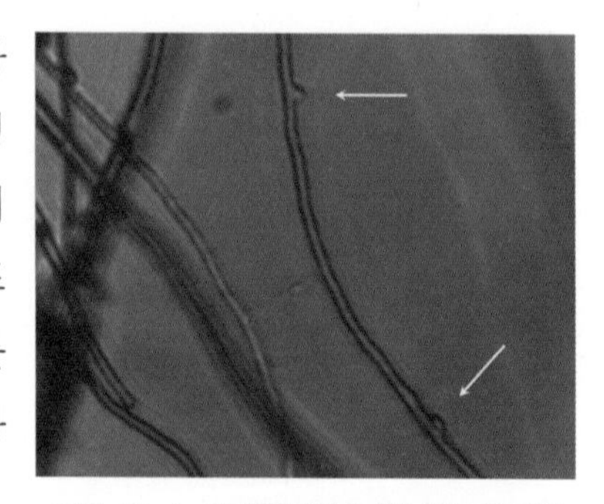

그림 18-4 **꺾쇠연결체가 형성된 2핵균사**

4) 자실체 및 담자포자 형성

교배가 된 2핵균사체는 생육 환경이 맞으면 발이되어 자실체를 형성하며(그림 18-5), 성숙되면 담자기를 형성하고 담자기 내에서 이질핵 간의 2개의 핵이 융합 및 감수 분열이 일어나서 4개의 담자포자를 형성한다. 이러한 과정을 거치며 생활 주기를 반복하게 된다.

그림 18-5 자실체 형성

5. 재배 기술

1) 병재배 기술

(1) 병재배 과정

버들송이의 병재배 과정은 그림 18-6과 같이 느타리의 병재배 과정과 비슷하다.

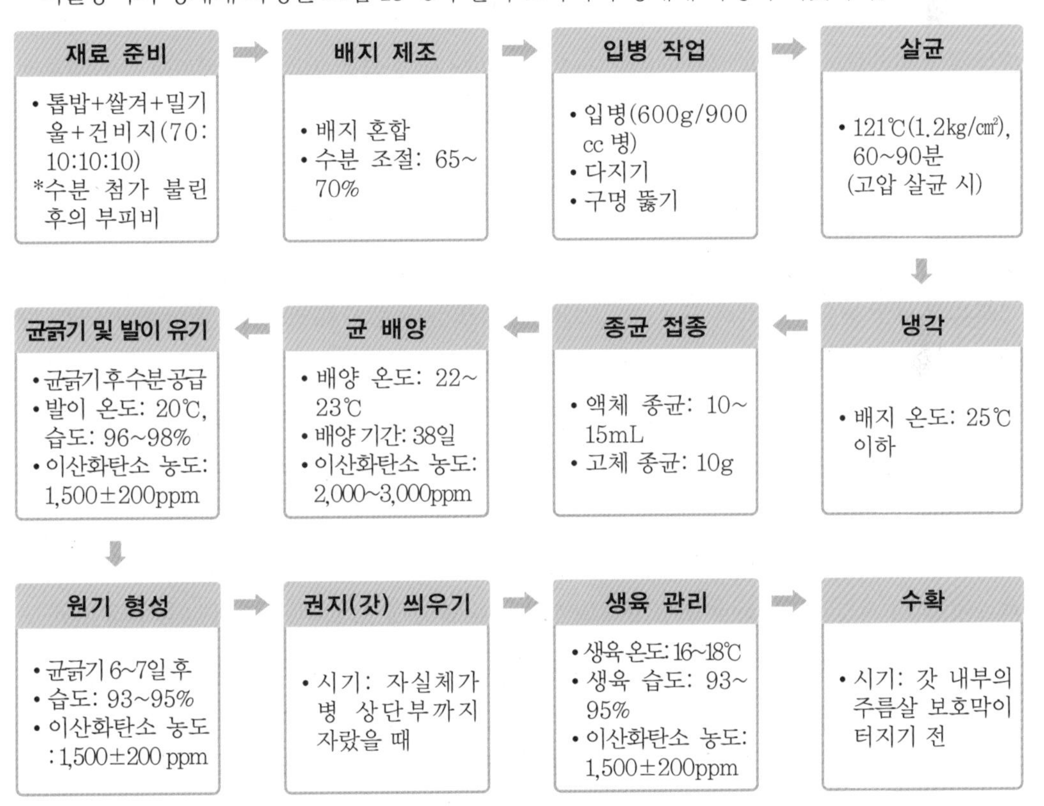

그림 18-6 버들송이의 병재배 과정

(2) 균사 배양

버들송이의 균사는 생장 적정 pH가 4~6.5이나 약한 염기 환경에서도 생장이 양호하다고 하며(Chen(陈) 등, 2005), 생장 적온은 품종 간 약간의 차이가 있지만 24~28℃이다. 버들송이 원균 배양은 주로 감자한천배지(potato dextrose agar)를 사용하는데 26℃ 정도의 온도에서 배양한다.

접종원이란 종균 배지에 접종하는 버섯균을 말하며 원균을 증식 배양한 것이다. 감자한천배지(PDA)로 계대 배양된 원균을, 삼각플라스크에서 액체 배지나 버섯 재배병에서 톱밥 배지로 다시 증식, 배양하여 접종원으로 사용한다. 배지 조성에 관한 내용은 종균 제조 시와 동일하며, 종균 제조는 느타리류 종균 제조 방법에 준한다.

(3) 배지 제조 및 입병 작업

버들송이 병재배용 배지 재료로는 미송 혹은 미루나무 톱밥, 쌀겨, 밀기울과 건비지가 사용된다. 야적을 하지 않은 미송 톱밥의 경우 수지 성분, 페놀 화합물 등이 다량 함유되어 있어 버들송이의 균사 생장을 억제시킬 수 있다. 따라서 미송 톱밥은 3개월 이상의 야적 기간이 필요하며, 야적 바닥은 콘크리트와 같은 재질로 만들고 완만한 경사를 둔다든지 배수 홈통을 만들어 배수가 용이하도록 하여야 한다. 또한, 스프링클러와 같은 급수 시설을 설치하여 주기적으로 급수를 통해 미송 톱밥 내의 수지 성분이나 페놀 화합물의 분해가 빨리 이루어지도록 하여야 한다. 쌀겨는 지방 함량이 많아 오래되면 산패되는데, 이것을 사용하게 되면 배지 오염률도 높아지고 버섯 수량도 감소하게 되므로, 신선한 것을 구입해야 하고 배지 보관소에 오래 저장해 두어서도 안 된다.

배지 조성은 물을 첨가하여 불린 후 부피비로 톱밥(미송 혹은 미루나무) 70%+쌀겨 10%+밀기울 10%+건비지 10%의 조성으로 한다. 일부 농가에서는 건비지가 비싸고 구하기가 어렵다고 해서 빼는 경우가 있는데, 건비지가 빠지면 발이가 부진하고 대가 약하게 되는 등 생육이 나빠지므로 건비지를 반드시 넣어야 한다. 배지 재료 혼합은 혼합기를 사용하여 물을 가하면서 재료들을 혼합하게 되는데, 건비지 등 입자가 고운 재료가 있어 세심하게 혼합하지 않으면 고루 섞이지 않아 후에 생육실 입상 후 발이가 고르지 않게 된다. 배지 수분 함량은 65~70%로 조절하는데, 간이 측정 방법으로는 한 손으로 꽉 짜서 손가락 사이로 물이 스며 나오는 상태이다.

입병량은 900cc병당 600g(병 무게 포함) 내외가 적당하며, 배지 재료들 중에 건비지와 쌀겨, 밀기울 등 양분이 풍부한 재료들이 포함되어 있어 여름철에는 짧은 시간에도 산패되거나 변질될 수 있으므로 배지 제조 후 곧바로 살균 작업에 들어가야 한다. 병 크기는 병 입구의 면적(버섯 발생 면적)이 넓고, 부피가 큰 용기일수록 수량이 많아 1,100cc 용기의 경우 병 입구의 지름

75mm 용기가 적당하고, 900cc 용기의 경우 65~70mm 용기가 적당하다.

(4) 살균 및 냉각

입병이 끝난 병은 살균을 하는데, 살균의 종류에는 121℃에서 살균하는 고압 살균법과 100℃ 이하에서 살균하는 상압 살균법이 있다. 고압 살균은 121℃(1.2kg/㎠)에서 90분간 고열로 처리하기 때문에 완전 살균은 되지만 고열에 의해 배지의 성분이 다소 파괴되는 단점이 있다. 상압 살균은 배지의 물리성이 변하지 않아 균은 잘 자라나나 100℃에서 4~6시간 끓는 물의 증기로 살균하기 때문에 살균 시간이 오래 걸리고 다소 완전 살균이 되지 않는 것이 단점이다.

살균 후 배지를 냉각실에서 25℃까지 냉각하여 종균을 접종한다. 냉각실은 살균한 배지를 자연 상태가 아니라 무균 상태에서 버섯균을 접종하기 알맞은 온도로 배지의 품온을 낮추어 주는 방이다. 냉각실은 위생적으로 청결하고 항상 소독이 된 무균화된 상태여야 한다. 냉각실로 들어오는 공기는 헤파(hepa) 필터를 통해서 들어오게 하며, 양압이 되게 하여 출입문을 열 때 외부 공기가 직접 유입되는 것을 방지한다. 또한, 작업 시간 이외에는 항상 자외선등을 켜 놓아야 한다. 그 이유는 살균이 끝난 배지는 품온이 높기 때문에 냉각실의 실온이 20℃로 조절된 상태에서 뜨거운 배지를 냉각실로 꺼내면 PP병 내의 공기는 1/270 정도로 수축 진압되면서 냉각실의 공기가 병 속으로 빨려 들어가기 때문에 냉각실이 청결하지 못하면 살균된 배지 속으로 유해균이 침투할 소지가 높다.

(5) 종균 접종

접종은 무균실 또는 무균상에서 실시하며, 종균 접종량은 900cc 병당 톱밥 종균일 경우 약 10g, 액체 종균은 10~15mL가 적당하다. 톱밥 종균은 병 종균 접종기, 액체 종균 접종은 액체 종균 접종기를 사용하는데, 액체 종균 접종 시 병 내부 배지 윗면이 고루 덮이게 살포하듯이 접종하는 것이 균이 고루 배양되며 오염률을 낮출 수 있는 방법이다. 배지 윗면에 고르게 접종되지 않으면 접종이 안 된 부위에서 유해균이 발생할 수 있다.

접종실은 무균화된 방이어야 하며 청결 유지가 무엇보다도 중요하다. 접종 시간 외에는 항상 자외선등을 켜 놓고 외부 공기는 헤파(hepa) 필터를 통하여 들어오게 하며 양압이 되게 해서 출입문을 열 때 외부 공기가 직접 들어오는 것을 방지해야 한다. 또한, 외부에서 작업하던 의복이나 신발 또는 살균기를 거치지 않은 용기나 기구들을 절대로 접종실 안으로 들여보내서는 안 된다. 의복과 신발은 접종실 앞에 마련된 전실이나 에어샤워실을 거쳐 깨끗이 소독된 것으로 갈아입고 접종 작업을 해야 한다. 그 이유는 공기 중에는 유해균이 많이 있기 때문에 완전히 살균된 배지나 우량 종균을 가지고 정상적으로 접종을 한다고 해도 용기나 기구 및 의복과 자신의 몸에 묻어 들어오는 유해균들이 접종실의 공기 중에 비산(飛散)하여 오염될 수 있기 때문이다. 그리고 접종실에 있는 접종기도 청결하게 관리하고 작업 후에는 항상 청소와 소독을 하지 않으면 언제든지 유해균에 감염될 소지가 많다. 접종실은 항상 건조한 상태로 유지하고 실내 온도는 유해균들이 활동하기에 부적합한 온도인 20℃ 이하로 관리하는 것이 좋다. 균 활력이 약하여 오염되기 매우 쉬운 버들송이의 재배에서 냉각실 및 접종실 청결이 성공을 좌우한다고 해도 과언이 아니다.

(6) 균 배양

균 배양은 배양 온도 22~23℃, 습도 65~70%, 환기 정도, 즉 이산화탄소 농도 2,000~3,000ppm의 배양실 환경에서 약 38일간 한다. 균사 생장 적온은 24~28℃이나 대부분의 버섯류들은 호흡을 하게 되는데, 이러한 호흡열에 의해서 배양병 내부는 배양실보다 3~5℃ 올라가므로 실제 배양실 온도는 22~23℃가 적당하다. 또한, 버들송이는 배양 중 배지가 건조하면 균 배양이 지연될 수 있으므로 배양실에도 가습기를 설치하면 좋다. 빛은 필요하지 않으며, 빛이 있으면 미처 배양이 덜된 상태에서 발이가 촉진되기 때문에 좋지 않다. 배양 완료 후 병뚜껑을 열고 버섯이 한두 병 나오기 시작하면 곧바로 균긁기 작업을 실시한다.

(7) 균긁기 및 발이 유기

균긁기 작업은 배양이 완료된 병의 마개를 열고 병 배지 상면의 노화된 균을 제거하여 발이가 고루 잘 나오게 하기 위한 작업으로, 병 내부 배지 상단을 평평하게 긁기를 해야 발이가 고르게 된다. 배양이 완료된 병 배지 상면은 균사체가 오래된 상태라 활력이 떨어지거나 배양 중 호흡열에 의해 배지의 표면이 다소 건조한 상태이기 때문에 균긁기를 하지 않고 재배하면 전체적으로 발이가 고르지 않게 되기 때문에, 접종된 접종원은 긁어 내고 배지 자체에 새로운 균사를 부상시켜 배지의 표면에서 버섯이 고르게 발생되도록 한다.

균긁기 후 수분을 공급하여 생육실 내에서 병을 거꾸로 세워 발이를 유도한다. 병을 바로 세워 발이시키면 수분 조절이 어려워 발이가 불량하게 된다. 발이 유기 시 생육실 온도는 20℃, 상대습도는 96~98%로 하여 균긁기한 배지 표면이 건조하지 않도록 관리해야 하며, 큰느타리 재배 시와 같은 정도의 상대습도가 되면 발이가 매우 불량하게 된다. 환기량은 이산화탄소 농도 1,500±200ppm으로 관리하고, 빛은 150~250lx 정도로 조절한다.

(8) 권지(갓) 씌우기

대의 똑바른 생장과 신장을 위하여 권지(갓)를 씌울 수 있는데(그림 18-7), 작업은 원기 형성

이후 자실체 크기가 병 상단부까지 자랐을 때 실시하는 것이 좋다. 버들송이는 대를 주로 먹는 버섯이므로 대의 생장을 촉진시키기 위해서는 환기를 억제시켜 생육실 내 이산화탄소의 농도를 높여 주어야 한다. 원기 형성 이후에 갓을 씌우는 이유는 자실체를 지지해 주기 위한 이유도 있지만, 갓을 씌워 둠으로써 갓 내부의 이산화탄소 농도를 높여 대의 생장을 촉진시키기 위한 목적도 있다. 갓을 씌울 때, 갓의 재질이 비닐 같은 종류는 갓이 버섯에 접촉하는 부위의 버섯 색이 수분에 의해서 변색되어 상품성이 떨어질 수 있으므로 주의해야 한다. 현재 농가에서는 생력을 위하여 갓을 씌우지 않고 재배하는 농가도 있으며 국내 육성 품종 중에는 갓을 씌우지 않아도 대가 크게 휘지 않는 직립형도 있다.

그림 18-7 권지(갓) 씌우기

(9) 생육 관리

균긁기 작업 이후 약 6~7일이 경과하면 원기가 형성된다. 원기 형성 이후 약 2~3일 후에 자실체가 병 상단부까지 자랐을 때 권지(갓)를 씌워서 키울 수 있으며, 다시 2~3일이 경과하면 수확이 가능하다. 일단 원기가 형성되면 생육실 상대습도를 약 93~95% 수준까지 조금 낮추는 것이 좋고 갓에 물방울이 맺히지 않게 관리한다. 발이 후 상대습도가 지나치게 높으면 세균성 병이 발생하기 쉽다.

온도는 발이 후 18℃부터 시작해서 수확 2일 전부터는 16~17℃로 낮추어 재배하는 것이 좋다. 생육 기간 중 15℃ 이하로 너무 낮게 해도 버섯 생육이 좋지 않게 되므로 주의해야 한다.

환기량은 생육실 내 이산화탄소 농도가 1,500±200ppm 정도가 적당하며, 환기를 너무 많이 하면 갓이 빨리 피고 너무 안하면 대가 뒤틀리고 생육이 불량하게 된다.

빛은 150~250lx 정도가 좋으며 전혀 빛을 주지 않으면 버섯이 너무 길어지고 기형적으로 생육되어 상품성이 떨어진다.

(10) 수확

수확 2일 전부터 온도를 16~17℃로 낮추어 생육을 조절한다. 수확은 갓의 주름살 보호막이 열리지 않았을 때와 대의 길이가 10cm 내외로 길고, 갓색이 갈색을 띠고 있을 때 수확하는 것이 좋다. 생육 기간이 짧아서 수확 시기를 놓치면 갓이 개산되고 갓색이 옅어져 상품성이 급격히 떨어지게 되므로 적절한 시기에 수확하는 것이 매우 중요하다.

2) 봉지 재배 기술

(1) 종균 및 배지 제조, 입봉 및 접종

버들송이 봉지 재배 시, 종균은 톱밥 종균 및 액체 종균이 모두 가능하며 제조 방법은 병재배와 동일하다. 배지 조성은 병재배와 동일하며, 봉지 크기는 1kg 배지용을 사용하면 무난하다. 배지 입봉은 입봉기를 사용하며, 살균 방법은 병재배와 동일하다. 접종량은 1kg 봉지당 톱밥 종균일 경우 20g 내외, 액체 종균일 경우 20~25mL이며, 접종 방법은 느타리의 봉지 재배와 동일한데, 톱밥 종균일 경우 반자동 접종기를 사용하여 종균으로 배지 윗면을 고루 덮고, 액체 종균일 경우도 액체 종균 접종기를 사용하여 배지 윗면을 살포하여 덮듯이 접종한다.

(2) 배양

배양실 조건은 병재배와 동일하며, 배양 기간도 병재배 시와 비슷하여 38일 정도 된다. 균 배양이 완료되어 봉지 내부에서 어린 버섯이 발생하기 시작하면 곧바로 생육실로 입상한다. 입상일이 늦어져 배양실에서 봉지 내부의 버섯 발생이 많아지면, 균긁기를 하기 어려운 봉지 재배에서 노화균 및 이미 발생된 버섯에 의해 입상 후 발이 및 버섯 생육이 불량하게 된다.

(3) 발이 및 생육 관리

발이 및 생육 조건은 병재배 시와 동일하다. 균긁기는 봉지 재배용 균긁기 기계가 없어서 수작업으로 해야 한다. 중국에서는 수작업으로 균긁기를 하기도 하지만, 국내에서는 과다한 노동력으로 인하여 균긁기를 하지 않고 입상하고 있다. 느타리는 봉지를 옆으로 놓고 칼질을 하여 발이시키는 농가가 많으나, 버들송이는 봉지 입구를 위로 가게 놓고 봉지 상면을 개방하여 남은 봉지를 자르지 않고 걷은 상태에서 발이시키며 버섯이 생육함에 따라 걷은 상면의 봉지를 조금씩 올려 대의 신장을 유도한다(그림 18-8). 균긁기를 하지 않아 노화균이 그대로 남은 상태에서 발이 및 생육을 시키기 때문에 아무래도 병재배와 같이 생육이 고르게 되지 않는 단점이 있어 생력 균긁기 방법이 개발되어야 할 것으로 보인다.

그림 18-8 버들송이 봉지 재배

병재배는 입상 시 병을 거꾸로 놓기 때문에 생육실 습도의 양에 어느 정도 탄력성이 있지만, 봉지 재배는 입상 시 바로 놓기 때문에 습도 조절이 매우 중요하다. 너무 과습하면 봉지 내부에 물이 차고, 너무 적으면 배지 상면이 마르기 때문에 발이 시에는 매일 습도를 체크하여 적당한 습도가 되도록 조절하여야 한다. 발이 유기 시 신문지 등으로 덮어 놓는 것도 습도 조절을 위해 좋은 방법이다. 기타 병해충, 수확 및 수확 후 관리는 병재배와 같다.

버들송이 재배의 가장 큰 장점은 입상부터 수확까지 재배실 환경을 고정해 놓고 재배하여도 수량 및 품질이 크게 떨어지지 않기 때문에, 같은 재배실 내에서 재배 환경을 고정해 놓고 시간차를 두고 계속 입상할 수 있다는 것이다. 반면, 느타리나 큰느타리 등은 입상부터 수확까지 재배실 환경을 고정해 놓고 키우면 품질이 크게 떨어지기 때문에 이와 같이 키우는 것은 거의 불가능하다. 따라서 버들송이는 출하량이 적은 소농에서 일정량을 계속 생산해낼 수 있는 매우 유리한 품목이다. 또한, 특유의 아삭아삭한 우수한 맛과 향으로 홍보만 잘되면 소비자의 인기와 주목을 받아 농가의 신소득원이 될 것으로 기대된다.

6. 수확 후 관리 및 이용

버들송이는 수확 후 버섯 자체의 수분이 증발하지 않도록 특히 주의하여야 한다. 버섯의 수분이 증발되면 곧바로 갓색이 변색되어 상품성이 떨어지고 버들송이 특유의 맛도 떨어지게 되므로 곧바로 포장하거나 저장실에 비닐 등으로 덮어서 보관하여야 하며, 상대습도가 낮은 외부에 조금이라도 방치해 놓으면 안 된다. 포장 작업실도 16~18℃의 저온이 좋으며 약간의 가습이 되면 더욱 좋다. 춥다고 해서 히터를 틀어 놓고 작업하면 갓 표면이 말라 변색되기 때문에 삼가야 한다. 버들송이의 저장력은 판매 가능 기간으로 볼 때 랩 포장 상태로 4℃ 저장실에서 10~13일 정도 유지된다. 랩 포장 저장 시, 랩 한 겹보다 두 겹으로 포장하면 공기 투과량을 억제하여 수분 증발이 적어져서 상품성이 더 오래 유지된다. 또한, 반진공 포장이나 방담 필름 포장 시 랩 포장보다 저장 기간이 3일 정도 연장되므로 가급적 랩 포장보다는 방담 필름 포장을 권한다(임 등, 2003).

버들송이는 주로 생버섯이 식품으로 이용된다. 버들송이는 향이 독특하고 식감과 맛이 우수하며 모든 요리에 잘 맞는 버섯으로, 국, 찌개, 전골 등을 끓일 때, 라면, 칼국수, 수제비, 부침개, 튀김, 피자, 잡채 등의 요리 재료에, 그리고 불고기 등에 버들송이를 함께 곁들이면 버들송이 특유의 식감과 맛을 느낄 수 있다. 특히 쇠고기와 잘 조화되어 쇠고기국과 소불고기 등에 넣으면 맛의 상승 효과로 우수한 버들송이 맛을 느낄 수 있다.

버들송이를 구입해서 냉장고에 보관할 때 수분이 마르지 않도록 주의해야 한다. 버섯의 수분이 마르면 요리를 해도 식감이 많이 떨어진다. 버들송이 생버섯을 염수에 담가 놓아 염장품으로 만들면 아삭아삭한 식감과 어울려 양송이나 새송이 염장품과는 또 다른 맛을 느낄 수 있다. 또한, 간장에 넣어 장아찌를 만들어도 독특한 풍미를 맛볼 수 있다.

〈전대훈〉

참고 문헌

- 김병각, 현진원, 박성미, 최응칠. 1990. 버들송이와 만가닥버섯의 특성 및 약리 작용에 관한 연구. 농시논문집(농업산학협동편) 33: 101-110.
- 김선희, 이항우, 배만종, 이재성. 2000. *Agrocybe cylindracea*로부터 추출한 다당류의 면역 증강 활성. 한국미생물학회지 36(1): 64-68.
- 김한경, 박정식, 김양섭, 차동렬, 박용환. 1988. 버들송이의 균사 생장 조건에 관한 연구. 시험논문집 30(3): 141-150.
- 김한경, 박정식, 김양섭, 차동렬, 박용환. 1989. 소나무 톱밥을 이용한 버들송이 인공 재배에 관한 연구. 한국균학회지 17(3): 124-131.
- 배만종, 박무희, 이재성. 1996. 고등균류 균사체의 면역 조절 기능성에 관한 연구. 한국균학회지 24(2): 142-148.
- 원태진, 주영철, 이갑랑. 2003. 버섯 균사체 추출물 및 1차 분획물의 생리 활성 검정. 2003년 경기도농업기술원 시험연구보고서. pp. 677-683.
- 유영복, 구창덕, 김성환, 서건식, 신현동, 이준우, 이창수, 장현유. 2010. 버섯학. pp. 387-395.

- 이인영, 윤봉식, 유익동. 1998. 버들송이로부터 분리한 Nucleoside계 화합물의 지질과산화 저해 활성. 산업미생물학회지 26(6): 558-561.
- 이항우, 이동우, 하효철, 정인창, 이재성. 2002. 말똥진흙버섯 및 버들송이버섯의 균사체 및 배양액의 항산화 활성. 한국균학회지 30(1): 37-43.
- 임갑준, 지정현, 하태문, 조용협. 2003. 버들송이 재배 기술 확립. 2003년 경기도농업기술원 시험연구보고서. pp. 661-676.
- 하효철, 박신, 박경숙, 이춘우, 정인창, 김선희, 권용일, 이재성. 1995. 톱밥 배양한 버들송이의 균사체로부터 단백다당류의 분리 및 정제. 한국균학회지 23(2): 121-128.
- 陈慧, 王丙忠. 2005. 黄伞楊樹菇茶薪菇栽培新技術. 上海科學技術文獻出版社. pp. 123-186.
- Wasser, S. P. and Weis, A. L. 1999. Medicinal properties of substances occurring in higher basidiomycete mushrooms: current perspectives(Review). *International J. of Medicinal mushrooms* 1: 31-62.

제 19 장

잎새버섯

1. 명칭 및 분류학적 위치

그림 19-1 잎새버섯 자실체

잎새버섯(*Grifola frondosa* (Dicks.: Fr.) S. F. Gray)은 주름버섯강 구멍장이버섯목 왕잎새버섯과(Meripilaceae) 잎새버섯속(*Grifola*)에 속하는 버섯으로, 가을에 참나무 고목에 사물 기생하여 다발로 발생하는 백색목재부후균으로 우리나라를 비롯한 동아시아, 유럽, 북아메리카 등에 분포되어 있다. 잎새버섯은 은행나무 잎처럼 생긴 버섯의 갓이 여러 겹씩 겹쳐 다발을 이루고 있고, 은은한 참나무향이 난다(그림 19-1). 학명은 *Grifola frondosa*인데, *Grifola*는 그리스 신화에 등장하는 독수리의 머리와 날개에 사자의 몸통을 가진 괴수 'Griffin' 으로부터 유래되었고, *frondosa*는 잎 모양을 의미한다(Mark, 2001).

2. 재배 내력

잎새버섯의 인공 재배는 일본에서 1975년부터 본격적인 연구가 시작되어 1979년 Hobbs에 의해 최초로 개발되었으며, Takama 등에 의해 1981년 상업적인 생산 시스템이 개발되어 그 이듬해 325Mt이 생산되었다(Chang, 1999). 그 후 해마다 생산량이 꾸준히 증가하여 1990년

에 8,000Mt, 1993년에 10,000Mt 이상 생산되어 2004년에는 46,036Mt(Shen과 Royse, 2001), 2010년에는 일본에서 팽이버섯, 표고, 만가닥버섯 다음으로 연간 40,000Mt 이상 생산되고 있다(きのこ年監, 2010).

잎새버섯 인공 재배 방법은 주로 봉지 재배, 병재배 및 원목 재배 등이 알려져 있는데, 대량 생산이 가장 용이한 봉지 재배는 폴리프로필렌 봉지를 이용하고 있다. 최근엔 일본에서 자동화와 연중 생산이 가능한 병재배 생산 체계가 구축되어 안정 생산이 이루어지고 있다.

국내의 잎새버섯 재배에 관한 연구는 1985년부터 인공 재배법 개발을 위한 연구가 수행되어 1986년에 참나무 톱밥(75%)과 포플러 톱밥(25%)을 주재료로 하고, 영양원으로 옥수수피(10%) 또는 쌀겨(15%)를 첨가한 병재배용 배지가 개발되었으며, 이와 더불어 '잎새 1호'가 육성되었다(정 등, 1989). 2006년에 잎새버섯의 안정 생산이 가능한 봉지 재배용 적합 배지(참나무 톱밥:참나무칩:건비지:밀기울=55:25:12:8)를 개발하였으며, 다수확 우량 계통으로 '참잎새'를 육성하였다(김 등, 2008a). 그동안 잎새버섯 신품종으로 '함박', '다박', '대왕' 등 다양한 품종이 육성되었고, 배지 및 재배 환경 등 재배 기술 연구는 활발히 이루어졌으나 아직 국내 보급률은 낮은 실정이다. 농가 보급이 보다 확대되기 위해서는 안정 생산 재배 기술 연구와 더불어 건강 기능성 홍보, 요리법 소개 등의 다양한 전략이 필요할 것으로 생각된다.

3. 영양 성분 및 건강 기능성

잎새버섯은 단백질, 탄수화물, 지질, 섬유소 및 티아민, 리보플라빈, 나이아신 등을 함유하고 있다. 또한 인(P)이 풍부하고 칼슘(Ca)과 철(Fe)도 미량 함유하고 있다(표 19-1).

표 19-1 잎새버섯의 일반 성분, 비타민, 무기질 함량 (농촌진흥청 표준 식품 성분표, 2011) (가식부 100g당 함량)

에너지 (kcal)	수분 (%)	단백질 (%)	지방 (%)	탄수화물(%)		비타민(mg)			무기질(mg)		
				당질	섬유소	티아민	리보플라빈	나이아신	칼슘	인	철
30	88.2	3.6	0.5	4.6	2	0.21	0.49	4	1	113	2.3

지난 30년간 잎새버섯을 다룬 과학 논문 중 약 70%는 기능성 및 약리 특성에 관한 연구로, 식용이면서 약리 작용이 뛰어난 버섯으로 알려져 있다. 잎새버섯의 기능성으로는 인체의 면역 세포(Natural killer cell, T cell 등)를 조절하여 면역력을 증가시켜 암을 억제하며(Wu 등, 2006), 암세포에 대하여 기존의 화학 치료제와 병행 시 부작용을 줄이면서 효과적으로 암세포를 억제한다고 알려져 있다(Mark, 2001). 또한 에이즈 원인균의 HIV에 대한 억제 작용(Nanba 등, 2000), 혈당 강하 작용(Talpur 등, 2002), 혈압 강하 작용(Choi 등, 2001), 콜레스테롤 억

제 작용(Fukushima 등, 2001), 항산화 작용(Mau 등, 2002) 등의 기능성도 보고되었다.

버섯 유래 대부분의 β-글루칸은 글루코오스-β(1, 3) 결합의 주사슬에 글루코오스-(1, 6) 결합의 곁가지 형태를 지니고 있는 것으로 알려져 있는데, 잎새버섯은 글루코오스-(1, 6) 결합의 주사슬에 글루코오스-(1, 3) 결합의 곁가지와 글루코오스-(1, 3) 결합의 주사슬에 글루코오스-(1, 6) 결합 곁가지 둘 다를 지니고 있어 다른 버섯보다 구조가 복잡하고 독특한 형태를 취하고 있다. 이러한 특이한 분자 고리에 의해 기존 버섯 유래의 항암제(Lentinan; 표고, Shizophyllan; 치마버섯)보다 면역 조절과 항암 효과에 있어 임상 효과가 더 우수할 뿐만 아니라 주사제가 아닌 경구 투여로도 효과가 있다고 알려지면서 식용으로서의 가치와 기능성이 주목 받게 되었다.

4. 재배 기술

1) 원목 재배

잎새버섯의 원목 재배는 일본에서 일반화되어 있으며, 참나무류 또는 밤나무류의 단목에 종균을 접종하여 배양하고, 배양된 원목을 토양에 매립하여 재배하는 방법을 사용한다. 원목 재배는 톱밥 재배(병, 봉지)처럼 환경 조절이 가능한 재배사가 없어도 재배가 가능하기 때문에 비용이 적게 들고, 한 번 배양된 원목을 매립함으로써 5년 이상 수확이 가능하다는 장점이 있다. 자실체는 톱밥 재배에 비해 육질이 치밀하고 단단하며 씹는 식감이 좋기 때문에(표 19-2) 일본의 경우 톱밥 재배한 버섯보다 더 높은 가격을 받고 있다(庄司當, 2007). 따라서 국내에서도 참나무 등 산림 자원이 풍부한 지역을 중심으로 잎새버섯에 대한 원목 재배를 시도함으로써 새로운 소득 작목으로 자리잡을 수 있을 것이다. 잎새버섯의 원목 재배는 원목의 준비, 침수, 입봉, 살균, 종균 접종, 배양, 배양 원목의 토양 매립, 재배 관리 그리고 수확의 과정을 거친다(그림 19-2).

표 19-2 잎새버섯 재배에 따른 품질의 차이

구분	톱밥 재배(병 · 봉지)	원목 재배
형태	대 부위가 작고 갓 부위가 크다.	갓 부위가 작고 대 부위가 크다.
육질	시설 내에서 일정 온도로 유지되어 육질이 연하다.	야외 일교차로 인해 육질이 단단하다.
식감	육질이 연해서 식감이 좋지 않다.	육질이 치밀해서 식감이 좋다.
수분	수분 함량이 많다.	수분 함량이 적다.
색	요리 시 탈색되기 쉽다.	요리 시 탈색이 잘 되지 않는다.

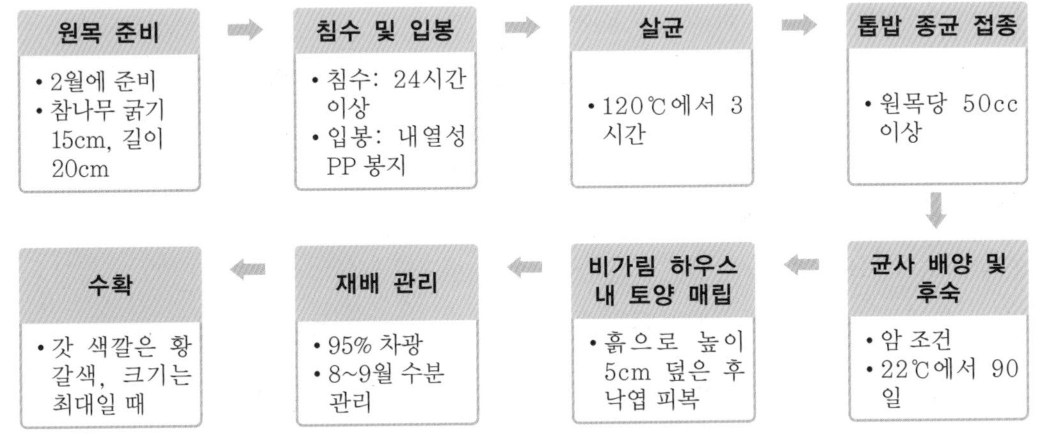

그림 19-2 **잎새버섯 원목 재배 과정**

(1) 원목의 준비

잎새버섯 원목 재배에 적당한 수종으로는 물참나무, 졸참나무, 너도밤나무, 밤나무, 떡갈나무 등이 있다. 현재 일본에서 많이 사용하고 있는 수종으로는 물참나무, 졸참나무, 밤나무 등이다. 원목의 지름은 15cm 내외가 좋고, 길이는 15~20cm의 단목을 이용한다(그림 19-3). 벌목은 가을 단풍이 들었을 때부터 이듬해 싹이 나기 전까지 실시하는 것이 좋다. 이 시기에 벌채하면 수지가 나오지 않고 목재 내부에 영양 성분이 많이 축적되어 있으며, 원목 내 수분을 균등하게 빼 내기 쉬운 상태가 된다. 단목으로의 절단은 벌채 직후 바로 하지 말고 종균 접종 시기에 맞추어 실시하는 것이 좋다.

그림 19-3 **참나무 단목**

(2) 원목 침수

원목이 건조해 있다면 종균의 활착이 어렵기 때문에 원목에 물이 충분히 스며들도록 침수 작업을 해 주어야 한다. 침수는 40℃ 이상의 뜨거운 물이 가장 좋지만, 무리가 따를 경우에는 깨끗한 물이나 하천에 침수시켜도 좋다. 침수 시간은 적어도 24시간 이상이어야 하고 원목 내부까지 수분이 침투되도록 하는 것이 좋다.

(3) 원목 입봉 및 살균

절단한 단목은 내열성 PP 봉지에 넣고 살균을 실시한다. 이때 봉지에 상처가 생기지 않도록 주의를 기울여야 한다. 원목만을 봉지에 넣는다면 종균이 상당히 많이 필요하고 종균이 말라서 활착하지 못하는 경우가 있기 때문에 봉지 내에 원목뿐만 아니라 톱밥 배지를 함께 조금 넣어 주면 종균량도 줄일 수 있고 균사 생장도 좋아진다(그림 19-4).

그림 19-4 원목 입봉 시 톱밥 배지 첨가

봉지에 넣어진 원목의 살균은 고압 살균과 상압 살균이 있다. 고압 살균을 이용하면 살균 효과가 높고 완전한 살균 효과를 얻을 수 있다. 살균 시간은 가마 내 온도가 120℃에 도달하고 나서 3시간 이상 실시하는 것이 좋다. 상압 살균은 잡균을 완전히 제거하기 위해 상당한 시간이 소요된다. 또한, 가마 내 용기를 넣는 방법도 중요하고 적어도 용기와 용기 사이를 3cm 이상 띄워 증기가 충분히 통하도록 한다. 살균은 가마 내 온도가 98℃에 도달한 후 5시간 이상 실시한다.

(4) 종균의 접종

접종실은 접종 전에 살균제를 뿌리거나 자외선등의 설치 등으로 무균 작업이 가능하도록 해 준다. 원목의 접종은 늦어도 3월까지 실시하는 것이 좋고, 1봉지당 50cc 이상을 접종하는 것이 안전하다. 접종은 원목 윗면 전체에 종균을 얇게 골고루 뿌려 주고 가능한 빠르게 실시해서 잡균의 오염을 줄인다. 접종 전후 원목을 이동할 때, 비닐 손상에 의한 오염이 자주 발생하므로 이동 시에는 비닐봉지가 손상되지 않도록 조심해서 옮겨야 한다.

(5) 배양 관리

잎새버섯 원목 재배에서 가장 어려운 것이 배양 관리이고 배양 관리를 어떻게 하느냐에 따라서 자실체 발생량에 큰 영향을 미친다. 잎새버섯 균사의 최적 생장 온도는 25~27℃로서 재배 버섯 중에서는 고온성에 속한다. 고압 살균 등을 이용해서 완전히 살균되었다면 처음부터 22~24℃로 설정해서 빠르게 배양할 수 있고 90~100일 정도 경과하면 완숙한 버섯나무가 된다. 완전히 살균되지 않았다면 처음에는 낮은 온도에서 배양해서 잡균의 침입을 억제하고 마지막에 22℃ 전후에서 완숙시킨다. 배양실의 습도는 65~75% 정도로 해 주고 빛은 처음에는 암 조건으로 해 주다가 90일 정도 경과하면 200~300lx 정도로 관리해 준다(그림 19-5).

그림 19-5 잎새버섯 원목 균사 배양

(6) 토양 매립

9월 중순에서 10월에 걸쳐 자실체를 수확하려면 3개월 전에는 버섯나무를 토양에 매립하여야 한다. 6~7월 사이에 버섯나무를 토양에 매립하면 그해 가을에 수확을 할 수 있고 완숙되지 않은 버섯나무를 이 시기에 매립하면 토양 중에서 균사가 사멸하거나 그 해 가을에 자실체가 발생하지 않을 수도 있다. 따라서 이런 경우에는 11월에 매립해서 이듬해 가을에 자실체를 발생시키는 것이 좋다.

매립 토양은 배수가 잘되어야 하고 작업을 쉽게 하기 위해서 너비는 아무리 넓어도 1m 이상이 되지 않도록 한다. 그림 19-6처럼 봉지에서 꺼낸 버섯나무는 나란히 붙여 놓고 빈틈이 생기지 않도록 하며, 상하가 바뀌지 않도록 한다. 버섯나무 위에 높이 5cm 가량 토양을 덮고 그 위에 활엽수의 낙엽을 덮어 준다. 활엽수 낙엽을 피복하면 잡초의 발생을 억제하고, 토양의 수분 유지에 도움이 된다.

그림 19-6 배양된 원목 토양 매립(좌) **및 낙엽 피복**(우)

(7) 재배 관리

관수나 빗물에 의해서 복토한 흙이 쓸려 내려가 원목이 드러나면 곧바로 다시 흙을 덮어 준다. 덮어 준 낙엽을 제치고 보았을 때 흙이 건조하면 과습하지 않을 정도로 충분히 물주기를 실시한다. 특히 8~9월에 관수 관리에 유의해야 하고 이 시기에 잘 관리해야만 버섯의 수량과 품질이 좋아진다.

(8) 자실체 발생 및 수확

잎새버섯의 자실체는 외기온이 평균 20℃ 이하로 내려갈 때 발생하기 시작한다. 처음에 토양 위에 생긴 하얀 균사는 덩어리로 되고, 갈색에서 흑갈색으로 변하며 다시 분지가 이루어진 후 자실체로 생장한다. 원기가 형성될 때는 물이나 빗물이 직접 닿으면 부패되기 때문에 직접 닿지 않도록 관리한다. 자실체는 원기 형성부터 수확까지 약 20일이 소요되며, 갓의 색이 황갈색이고 자실체가 최대의 크기를 유지할 때가 수확 적기이다.

잎새버섯의 원목 재배는 품종에 따라 생육 및 수량 특성이 다르다. '다박' 품종의 수확일은 9월 13~23일로 '잎새 1호' 품종에 비하여 10일에서 15일 정도 빠르고 색택은 그림 19-7과 같이 잎새 1호가 더 진한 갈색이었다. 표 19-3을 보면 다박 품종의 수량이 m^2당 12kg 내외로서 잎새 1호 품종의 15kg에 비해 다소 낮게 나타났다(이 등, 2013).

표 19-3 잎새버섯 원목 재배 시 품종별 생육 및 수량 특성 (강원도농기원, 2013)

품종	수확 일자	자실체 크기(mm)			수량	갓의 색깔		
		장축	단축	높이	(kg/m^2)	L	a	b
다박	9.13~23	169.9	127.0	120.0	12±1	43.8	7.0	13.6
잎새 1호	9.23~10.10	183.4	140.0	88.7	15±1	34.8	5.6	8.1

※ L: 명도, a: 적색도, b: 황색도

다박

잎새 1호

그림 19-7 잎새버섯 원목 재배 자실체 (강원도농기원, 2013)

2) 봉지 재배

(1) 적합 균사 배양 조건

국내외에서 수집한 잎새버섯 10균주에 대하여 균사 배양에 적합한 조건을 분석한 결과, 배지는 감자배지(PDA)에서, 배양 온도는 25℃에서 균사 생장이 우수하고, 35℃ 이상에서는 균사 생장이 이루어지지 않는다. pH는 4~5에서 균사 생장이 적합하였는데, 느타리버섯류의 균사 배양 적합 pH가 6 내외임을 감안하면 잎새버섯은 약산성 영역에서 균사 배양이 원활하다.

탄소원으로는 포도당, 과당의 단당이 우수하고, 질소원은 펩톤이 우수하다. 탄소원과 질소원의 적합 C/N은 10~20으로 다소 질소 요구도가 높다(지 등, 2007).

(2) 적합 봉지 재배용 배지

잎새버섯 봉지 재배(그림 19-8)에 적합한 배지는 주재료로 부숙 참나무 톱밥과 참나무칩을, 영양원으로 건비지와 밀기울(또는 옥수수피)을 건배지 부피비로 55:25:12:8로 혼합하여 수분 함량은 60~65% 내외로 조절한다. 이때, 배지 재료별 화학성은 표 19-4와 같다. 주재료 중에서는 참나무 톱밥과 참나무칩이 pH가 3.4~3.5로 낮았는데, 이것은 일반 참나무 톱밥이 오랜 시간 야적을 거치면서 공기 중 산소, 빗물과 미생물의 효소 작용 등에 의해 유기산 등이 증가되어 톱밥의 pH가 낮아진 것으로 추정된다. 영양원 가운데는 건비지와 옥수수피의 pH가 4.7~4.8로 낮고, 질소 함량은 건비지가 3.2%로 높으며 쌀겨, 밀기울이 2.3~2.5%, 옥수수피가 1.5% 순으로 나타났다. 배지 재료의 화학성은 원산지, 가공 방법, 재료 종류에 따라 성분 함량에 다소 차이가 있을 수 있다.

그림 19-8 잎새버섯 봉지 재배

표 19-4 배지 재료별 화학적 특성 (경기도농기원, 2006)

	배지 종류	pH	조지방(%)	T-C(%)	T-N(%)	C/N
주재료	참나무 톱밥	3.4	0.2	55.3	0.2	276
	참나무칩	3.5	0.3	54.9	0.2	274
	미루나무 톱밥	7.4	0.2	55.0	0.2	275
	콘코브	5.1	0.4	54.3	0.4	135
영양원	건비지	4.7	4.8	53.7	3.2	16
	옥수수피	4.8	3.9	54.2	1.5	36
	쌀겨	6.3	17.1	51.4	2.3	22
	밀기울	6.4	4.1	52.9	2.5	21

수분이 조절된 혼합 배지는 자동 입봉기를 이용하여 내열성 폴리프로필렌 봉지에 1.0~1.5kg 정도 충진하고 가볍게 다진 후 배지 가운데에 지름 2.0~2.5cm의 구멍을 뚫은 후 필터가 달린 스크류 마개로 봉지의 입구를 막는다. 입봉이 완료되면 배기를 시키면서 살균을 실시하는데, 121℃ 도달 후에 60분 이상 유지시킨다. 살균이 완료된 배지는 냉각실에서 배지 온도를 20℃ 이하로 냉각한 후 접종을 실시하는데, 액체 종균의 경우 봉지당 약 20mL, 고체 종균의 경우 약 10~20g을 접종한다. 접종이 완료되면 배양실로 옮겨 20~22℃의 온도에서 약간의 환기를 하고 습도를 60% 내외로 유지하면서 균사 생장이 완료될 때까지 배양한다.

잎새버섯 봉지 재배에 적합한 배지 개발 연구에서(김 등, 2008a) 주재료로 참나무 톱밥, 참나무칩, 미루나무 톱밥을, 영양원으로는 쌀겨, 밀기울, 건비지, 옥수수피를 사용하여 5가지 조합을 제조하였고, 이들 배지의 이화학적 특성은 표 19-5와 같다.

pH는 참나무 톱밥과 참나무칩이 주재료로 사용된 T2, T3, T5가 각각 4.4, 4.6, 4.3으로 비교적 낮았고, T1은 5.3으로 상대적으로 높았다. 이는 미루나무 톱밥(7.4), 쌀겨(6.3)의 원재료 pH가 상대적으로 높은 데 기인한다. 조지방 함량은 쌀겨의 첨가 비율이 높은 T1 배지가 4.8%로 높고, 총질소 함량은 건비지와 밀기울이 사용된 T2 배지가 1.42%로 가장 높아 C/N율이 38로 가장 낮았다.

표 19-5 혼합 배지의 이화학성 (경기도농기원, 2006)

처리번호	배지 조성	수분 (%)	pH (1:10)	조지방 (%)	T-C (%)	T-N (%)	C/N	공극률 (%)	용적밀도 (g/cm³)
T1	참나무 톱밥+미루나무 톱밥+쌀겨 75:25:15	63.5	5.3	4.8	53.7	0.92	58	73.1	0.23
T2	참나무 톱밥+참나무칩+건비지+밀기울 55:25:12:8	60.0	4.4	2.4	54.1	1.42	38	75.5	75.5
T3	참나무 톱밥+참나무칩+밀기울+옥수수피 55:25:14:6	62.8	4.6	1.3	54.4	0.74	74	75.0	0.21
T4	참나무 톱밥+참나무칩+쌀겨 30:30:20	60.6	5.9	6.6	53.6	0.85	63	74.0	0.21
T5	참나무 톱밥+참나무칩+건비지+쌀겨 65:25:7:3	60.4	4.3	1.8	54.4	0.89	61	73.3	0.21

※ 참나무 톱밥 입자 크기 비율: 1㎜ 미만 18%, 1~2㎜ 46%, 2~4㎜ 36%.
참나무칩 입자 크기 비율: 1㎜ 미만 8%, 1~2㎜ 24%, 2~4㎜ 52%, 4~6㎜ 16%

균사 배양 기간은 T2와 T4 배지에서 41일로 가장 짧고 배양률도 각각 98.0%, 95.0%로 양호하였다. 초발이 소요 일수는 T2 배지가 8일로 가장 짧고 총재배 기간도 66일로 가장 짧았다(표 19-6).

표 19-6 혼합 배지 종류별 배양률 및 재배 기간 (경기도농기원, 2006)

처리 번호	배지 조성	배양 기간 (일)	배양률 (%)	초발이 소요 일수 (일)	생육 기간 (일)	총재배 기간 (일)
T1	참나무 톱밥+미루나무 톱밥+쌀겨 75:25:15	47	42.5	15	17	79
T2	참나무 톱밥+참나무칩+건비지+밀기울 55:25:12:8	41	98.0	8	17	66
T3	참나무 톱밥+참나무칩+밀기울+옥수수피 55:25:14:6	45	77.5	12	18	75
T4	참나무 톱밥+참나무칩+건비지+쌀겨 65:25:7:3	41	95.0	9	18	68

자실체 수량(표 19-7)은 배지량 1.5kg으로 봉지 재배 시 T2 배지가 자실체 다발 크기가 가장 크고 수량도 338g으로 가장 높았다. 따라서 잎새버섯 봉지 재배에 적합한 배지 조성으로 재배 기간이 짧으면서 수량성도 우수한 참나무 톱밥+참나무칩+건비지+밀기울(55:25:12:8, v/v)이 적합하였다.

표 19-7 혼합 배지 종류별 생육 특성 (경기도농기원, 2006)

처리 번호	배지 조성	다발		갓			수량 (g/1.5kg)
		지름 (mm)	높이 (mm)	두께 (mm)	너비 (mm)	길이 (mm)	
T1	참나무 톱밥+미루나무 톱밥+쌀겨 75:25:15	129	93	1.1	39	27	145
T2	참나무 톱밥+참나무칩+건비지+밀기울 55:25:12:8	152	112	1.6	35	23	338
T3	참나무 톱밥+참나무칩+밀기울+옥수수피 55:25:14:6	150	85	1.2	32	22	205
T4	참나무 톱밥+참나무칩+건비지+쌀겨 65:25:7:3	160	85	1.5	31	24	235

배지의 이화학적 특성 중 버섯 수량에 가장 큰 영향을 주는 요인을 찾고자 상관 관계 분석을 실시한 결과(표 19-8), pH가 버섯 수량에 가장 높은 상관(r = −0.92)을 보였으며, 조지방 함량

(r = −0.83) 및 질소 함량(r = −0.64)순으로 나타났다. 한편, 지 등(2007)의 연구 결과에서 잎새버섯 균사 배양 적합 pH는 4.0~5.0, 최적 C/N율은 10~20이라고 하였는데, T2의 배지 조성이 pH 4.4, C/N율 38로서 다른 배지 조성보다 균사 생장에 더 적합하여 수량도 높게 나온 것으로 생각된다.

표 19-8 배지의 이화학성과 수량과의 상관 관계 분석 (경기도농기원, 2006)

pH	조지방	질소	C/N	용적 밀도
0.92	0.83	0.641	0.56	0.43

(3) 적합 생육 환경

❶ 버섯 발생

잎새버섯의 발생은 배양이 완료된 봉지 내의 배지 표면에 균총의 색이 회색에서 흑색으로 변화하는 부위의 봉지를 칼로 도려 내어 자실체의 발생을 유도하면 된다. 이때의 환경 조건은 실내 온도는 21±1℃, 습도는 90% 이상을 유지한다.

일반적으로 빛 자극은 버섯 원기 형성을 촉진시키는 것으로 알려져(신과 서, 1989), 빛 조건이 잎새버섯 자실체 발생에 미치는 영향을 조사하였다(지 등, 2008). Glickman 등(2006)의 연구에 따르면 청색광은 380~500nm, 녹색광은 490~610nm, 적색광은 600~720nm 영역의 파장을 가진다고 하였는데, 여기에 사용된 청색, 녹색, 백색 형광등의 빛 파장 분석 결과 청색광은 400~ 560nm(λmax: 437nm), 녹색광은 480~620nm(λmax: 530nm)로 이론값과 파장 영역이 일치하였다. 그러나 백색 형광등은 400~620nm로 전 파장대에 골고루 분포하였는데, 그중에서 주 피크는 437nm, 490nm(청색 영역), 544nm, 587nm(녹색 영역), 612nm(적색 영역)를 포함하고 있었다(그림 19-9).

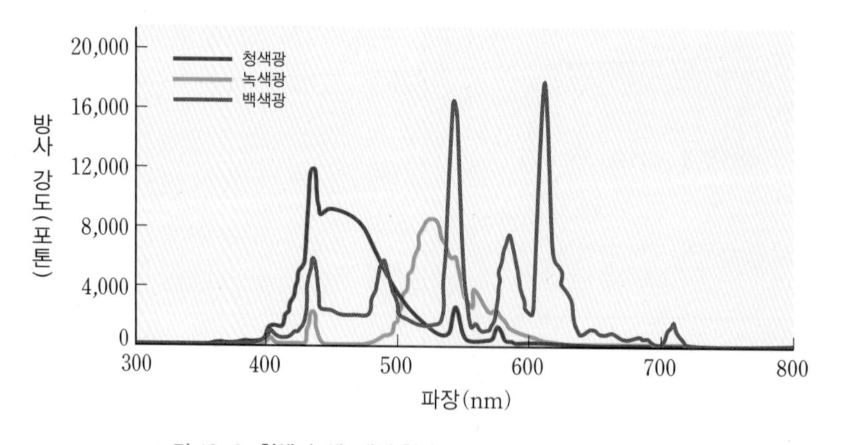

그림 19-9 청색, 녹색, 백색 형광등의 빛 파장 (경기도농기원, 2007)

광질에 따른 발이율(그림 19-10)은 발이 유도 3일째 백색광이 81%로 가장 우수하고, 청색광 61%, 녹색광 57%순이었다. 발이 기간이 경과함에 따라 발이율도 서서히 증가하다가 발이 8일경에 백색광은 95%, 청색광은 86%, 녹색광은 81%순으로 나타났다. 담자균에서는 자실체 발생이 빛에 의해 유기 혹은 촉진되는 것이 많은데, 그중에서도 자외선에 가까운 청색 영역의 빛이 효과적이라고 보고된 바 있으나(古川, 1992), 청색, 녹색, 적색 영역을 골고루 포함하고 있는 백색 형광등이 단일 파장의 빛 조사보다 발이에 효과적이었다.

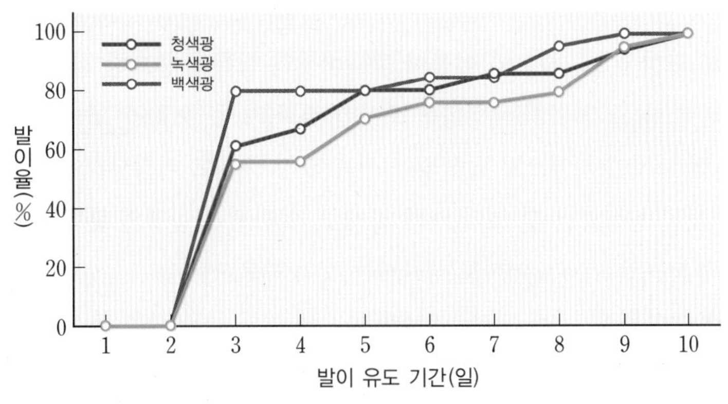

그림 19-10 광질별 발이 유도 기간에 따른 잎새버섯 발이율 (경기도농기원, 2007)

백색 형광등의 광량에 따른 잎새버섯의 발이율은 그림 19-11과 같다. 발이 유도 4일째 발이율은 200lx가 75%, 500lx는 54%, 800lx는 46%, 1,200lx는 31%순으로 광량이 세질수록 발이율은 다소 떨어지는 경향으로 그중에서 200lx가 발이에 가장 효과적이었다.

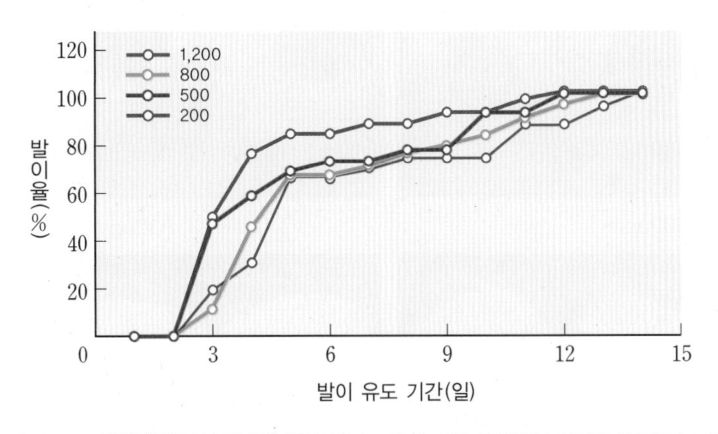

그림 19-11 백색 형광등의 광량별 발이 유도 기간에 따른 잎새버섯 발이율 (경기도농기원, 2007)

한편, 최근에는 에너지 효율이 높고 수명이 긴 LED 광을 이용한 버섯 재배 기술이 개발되었는데, 느타리, 만가닥버섯은 청백 혼합광(장 등, 2011a), 큰느타리는 녹색광(장 등, 2011b)이 버섯 품질과 상품 수량이 향상된다고 보고하였다. 앞으로 잎새버섯도 LED 광을 이용한 버섯 발이 및 생육 연구가 필요할 것으로 보인다.

❷ 자실체 생육

자실체 생육을 위한 환경 조건으로 초기 온도 18±1℃에서 습도는 90% 이상, 광량은 500lx 정도로 조절하고, 생육실 내의 습기가 마르지 않는 조건에서 충분한 환기(이산화탄소 농도 800ppm 이하)를 시켜야 하는데, 이는 자실체의 분화와 생육에 필수적이다. 또한, 고품질의 버섯을 생산하기 위해서는 생육 후기로 갈수록 온도를 서서히 낮추어 15℃로 유지하는 것이 바람직하다.

이산화탄소 농도 또한 온도, 습도와 더불어 잎새버섯의 생육에 중요한 환경 요소이다. 발이 및 생육에 이산화탄소 농도가 미치는 영향을 조사한 결과(지 등, 2009), 발이 과정에서 이산화탄소 농도가 높으면 버섯이 기형으로 발생되어 생육 과정 중에도 비정상적인 형태로 성장하기 때문에 자실체의 품질이 저하될 수 있다(그림 19-12). 따라서 자실체의 분화 시기부터 재배사 내의 이산화탄소 농도는 800ppm 이하로 생육하는 것이 중요하다.

담자균류의 형태 형성은 빛, 온도, 습도, 이산화탄소의 농도 등과 같은 환경 요인에 의해 결정되는데, 이 중 이산화탄소와 산소의 농도, 각종 휘발성 물질, 풍속 등은 담자균류 자실체의 형태 형성에 큰 영향을 주는 것으로 알려져 있다(古川, 1992). 이산화탄소의 농도는 버섯균이 생장하면서 호흡 작용을 통하여 산소를 이용하고 이산화탄소를 배출하기 때문에 재배사 내부의

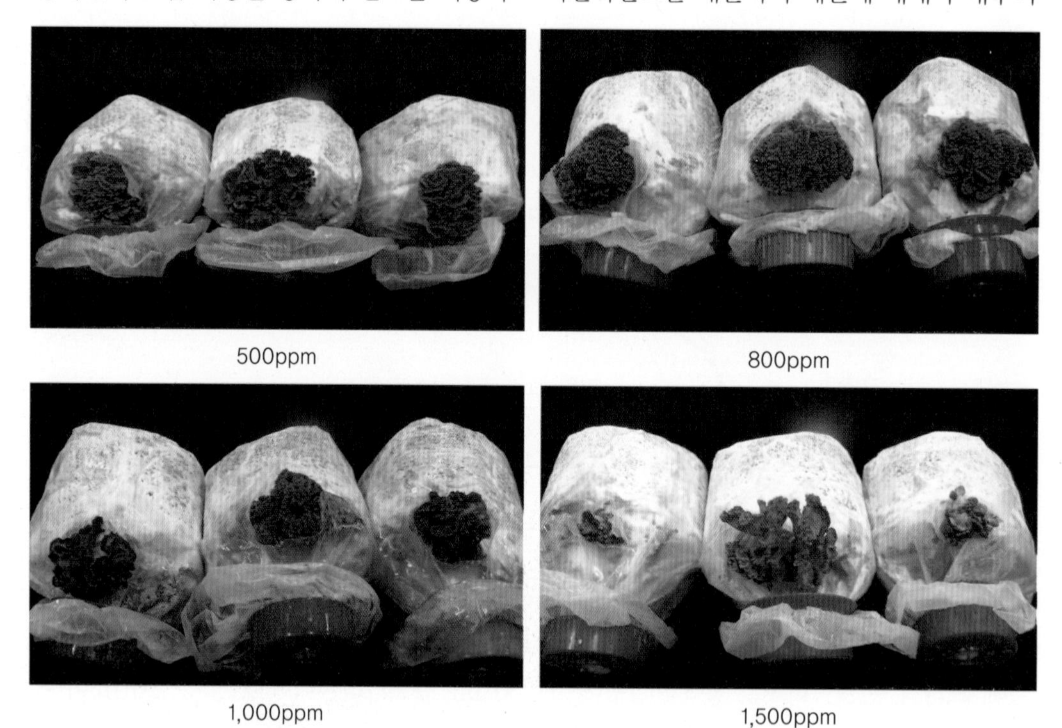

그림 19-12 **이산화탄소 농도에 따른 잎새버섯의 발이 형태** (경기도농기원, 2007)

이산화탄소 농도가 높아질 수 있다. 버섯균의 형태 형성 중 갓의 전개는 포자 형성과 밀접한 관계를 유지하는데 산소는 포자 형성을 위한 필수 요인이다. 따라서 산소가 부족한 환경은 이산화탄소의 축적이 과도하게 되어 고농도의 이산화탄소가 집적되고, 이 경우 갓이 기형으로 형성되는 것을 종종 볼 수 있다.

표 19-9는 이산화탄소 농도에 따른 잎새버섯 자실체의 형태적 특성이다. 다발의 장축(A)은 큰 차이가 없었으나 단축(A')에서 500ppm, 800ppm이 1,000ppm, 1,500ppm의 처리구보다 큰 것으로 나타났다. 자실체 형태를 가늠할 수 있는 장단비(A'/A) 분석 결과 500ppm과 800ppm이 각각 0.85, 0.80으로 비교적 원형에 가깝고 형태가 균일하였으나, 1,000ppm과 1,500ppm은 0.70~0.72로 형태가 불균일하며 품질이 떨어졌다(그림 19-13).

표 19-9 이산화탄소 농도에 따른 잎새버섯 자실체의 형태적 특성 (경기도농기원, 2007)

이산화탄소 농도 (ppm)	다발 크기			
	장축(A) (mm)	단축(A') (mm)	장단비(A'/A)	높이(mm)
500	154	131	0.85	98
800	166	133	0.80	97
1,000	157	112	0.71	96
1,500	159	111	0.70	96

500ppm 800ppm

1,000ppm 1,500ppm

그림 19-13 **이산화탄소 농도에 따른 잎새버섯 자실체의 형태** (경기도농기원, 2007)

이러한 현상은 이산화탄소 농도가 높을수록 갓 길이가 길어지기 때문에 자실체 형태의 균일도를 떨어뜨리는 것으로 나타났다. 일반적으로 고농도의 이산화탄소는 버섯의 종류와 관계없이 대의 신장을 촉진하고 갓의 전개를 저해하며 기형 버섯의 발생률을 높인다고 알려져 있다(古川, 1992). 특히 잎새버섯의 경우에는 대보다 갓을 크게 하는 것을 선호하기 때문에 생육실 내의 습도가 유지되는 조건에서 이산화탄소 농도를 800ppm 이하로 낮추어 생육하는 것이 중요하다.

3) 병재배

일반적으로 병재배 기술은 단위 면적당 생산 효율이 높아 팽이버섯(팽나무버섯), 느타리, 큰느타리, 만가닥버섯의 재배 방법으로 이용되고 있다. 특히 잎새버섯의 병재배(그림 19-14)는 균사 배양이 완료된 후에 버섯 발생이 균일하지 않고 품질이 낮아져 농가에서 재배를 기피하고 있는 실정이다. 따라서 잎새버섯의 대량 생산 및 재배 확대를 위해서는 병재배 안정 생산 기술 개발이 중요하다.

그림 19-14 잎새버섯 병재배 전경

(1) 병재배 적합 배지

잎새버섯의 병재배는 느타리 병재배 방법에 준하여 실시하되, 가장 중요한 과정은 배지 제조 과정이다. 주재료로는 참나무 톱밥을 사용하고, 영양원으로 건비지와 옥수수피를 첨가한다. 배지 혼합 비율은 참나무 톱밥+건비지+옥수수피=8:1:1(v/v)로 하며, 수분 함량은 60~65%로 조절한다. 그리고 혼합 배지의 pH 조절을 위해서는 식품 첨가용 구연산, 호박산을 사용할 수 있는데, 구연산의 가격이 상대적으로 저렴하다. 유기산의 첨가 방법은 배지 제조 시 투입되는 물의 양을 산출하고 이 투입량의 0.5%에 해당되는 구연산과 호박산을 첨가하면 pH가 낮아지고 버섯 발이 및 수량이 향상될 수 있다.

잎새버섯 병재배용 적합 배지 조성을 찾기 위한 연구(김 등, 2008b)에서 주재료로 참나무 톱밥, 참나무칩, 미루나무 톱밥을, 영양원으로는 건비지, 옥수수피, 쌀겨를 이용하여 시험을 수행하였다.

배지 재료의 이화학성은 표 19-10과 같이 주재료 중에서는 참나무 톱밥과 참나무칩의 pH가 각각 4.8, 4.0으로 낮고, 미루나무 톱밥은 7.8로 상대적으로 높았다. 영양원 가운데서는 옥수수피가 4.8로 낮고, 건비지와 쌀겨는 6.6~6.7로 나타났다. 조지방 함량은 쌀겨(17.1%), 건비지(4.8%), 옥수수피(3.9%)순이었고, 총탄소 함량은 재료별로 큰 차이가 없었으며, 총질소 함량은 영양원 가운데 건비지(5.16%), 쌀겨(2.53%), 옥수수피(1.25%)순으로 분석되었다.

표 19-10 배지 재료별 화학적 특성 (경기도농기원, 2008)

배지 종류	pH (1:10)	EC (ds/m)	조지방 (%)	T-C (%)	T-N (%)	C/N
참나무 톱밥	4.8	0.23	0.2	54.7	0.16	341
참나무칩	4.0	0.19	0.3	54.9	0.08	686
미루나무 톱밥	7.8	0.23	0.2	54.7	0.15	364
건비지	6.6	2.22	4.8	53.4	5.16	10
옥수수피	4.8	1.49	3.9	54.3	1.25	43
쌀겨	6.7	1.87	17.1	50.5	2.53	20

주재료와 영양원의 비율을 달리하여 6가지 조합의 혼합 배지를 제조하고(표 19-11) 수분 함량을 60~65%로 조절하였다. 그리고 배지의 물리성을 고려하여 병당 450g, 500g씩 배지를 충진하고 121℃에서 90분간 고압 살균 후 배지 품온을 20℃ 내외로 냉각하여 액체 종균을 병당 10mL씩 접종한다.

표 19-11 혼합 배지의 주재료와 영양원의 조성 비율 (경기도농기원, 2008)

처리 번호	주재료			영양원		
	참나무 톱밥[1]	참나무칩[2]	포플러 톱밥	건비지	옥수수피	쌀겨
T1	55	25	-	10	10	-
T2	40	40	-	10	10	-
T3	25	55	-	10	10	-
T4	80	-	-	10	10	-
T5	70	-	-	15	15	-
T6	75	-	25	-	-	15

[1] 참나무 톱밥 입자 크기별 조성비: 1mm 미만 18%, 1~2mm 64%, 2~4mm 36%

[2] 참나무칩 입자 크기별 조성비: 1mm 미만 8%, 1~2mm 24%, 2~4mm 52%, 4~6mm 이상 16%

혼합 배지 처리별 이화학적 특성은 표 19-12와 같다. 주재료의 형태와 공극률 또한 균사의 배양 기간에 직접적으로 영향을 주는 것으로 알려져 있는데(Philippoussis 등, 2002), 혼합 배지의 공극률 분석 결과 배지 충진량이 450g/병일 때 75.2~77.5%로 500g/병 충진 시보다 높았고, 용적 밀도는 반대의 경향으로 500g/병이 450g/병보다 높게 나타났다. 수분 함량은 모든 처리구가 60~62%로 조절되었고, pH는 5.0~5.5로 균사 생장 적합 pH 4~5(정인창, 1996; 지 등, 2007)보다 1.0 정도 높았다.

조지방 함량은 쌀겨가 첨가된 T6이 4.8%로 상대적으로 높고, 총탄소 함량은 큰 차이를 보이지 않았다. 총질소 함량은 각 처리구 간에 영양원의 비율이 높은 T5가 2.2%로 높고, C/N율은 T1~T4의 처리구가 34~42이며, 질소원의 비율이 높은 T5가 25로 가장 낮고, T6이 61로 가장 높았다

일반적으로 배지의 C/N율은 자실체의 형성과 수량에 영향을 미치는 것으로 알려져 있는데, 잎새버섯 봉지 재배법 개발 연구 결과(김 등, 2008), 균사 생장 및 자실체의 형성에 적합한 C/N율은 30~40으로 병재배 적합 배지 시험에서는 T2(36), T3(35), T4(34)가 최적 C/N 범위에 속하는 것으로 나타났다.

표 19-12 혼합 배지 종류 및 배지량에 따른 이화학적 특성 (경기도농기원, 2008)

처리 번호	배지 충진량 (g/병)	공극률 (%)	용적 밀도 (g/cm³)	수분 (%)	pH (1:10)	EC (S/m)	조지방 (%)	T-C (%)	T-N (%)	C/N
T1	450[1] 500	77.5 75.8	0.22 0.24	61	5.1	1.01	2.3	54.1	1.28	42
T2	450 500	77.2 75.5	0.23 0.25	60	5.2	0.97	2.1	54.2	1.51	36
T3	450 500	76.3 75.3	0.24 0.25	60	5.0	0.97	2.2	54.4	1.54	35
T4	450 500	76.4 74.3	0.24 0.26	59	5.4	1.05	2.4	54.1	1.61	34
T5	450 500	75.2 72.7	0.25 0.27	60	5.5	1.34	3.3	53.9	2.20	25
T6 (대조)	450 500	76.3 75.4	0.24 0.25	62	5.3	0.59	4.8	53.7	0.92	61

[1] 배지량(g)/병(850mL)

혼합 배지 종류 및 배지량에 따른 배양 및 생육 특성은 표 19-13과 같다. 초발이 소요 일수는 T1~T4가 10~12일로 조사되었다. 반면 T5와 T6은 C/N율이 25, 61로 적합 C/N율 범위에 속

하지 않아 발이가 되지 않거나 지연되었다. 생육 일수는 전 처리구에서 11~12일로 나타났고, 재배 기간은 초발이 소요 일수가 영향을 끼쳐 T1~T4가 51~54일이었고, T6(대조구)은 62일로 대조구가 8~12일 정도 늦었다.

병당 수량은 배지량이 450g의 경우보다 500g에서 높았으며, T1, T3, T4가 104~112g으로 수량이 우수하였다. T1, T3, T4 중 수량 편차는 T4의 변이 계수가 9.6으로 가장 낮아 잎새버섯 병재배 배지 조성은 참나무 톱밥+건비지+옥수수피(8:1:1, v/v)가 적합하고, 입병량은 500g이 적합하였다.

표 19-13 혼합 배지 종류별 생육 특성 및 수량 (경기도농기원, 2008)

처리 번호	배지 충진량 (g/병)	배양 일수 (일)	초발이 소요 일수(일)	생육 일수 (일)	재배 기간 (일)	수량		
						(g/병)	CV[2]	BE[3](%)
T1	450[1]	30	10	11	51	68.9[d]	6.5	39
	500	30	12	12	54	107.2[ab]	15.6	55
T2	450	30	11	11	52	68.3[d]	15.7	38
	500	30	11	11	52	97.4[bc]	8.2	49
T3	450	30	11	12	53	91.8[c]	15.0	50
	500	30	10	11	51	104.2[abc]	18.3	52
T4	450	30	10	12	52	91.1[c]	15.6	49
	500	30	10	11	51	112.0[a]	9.6	55
T5	450	30	–[4]	–	–	–	–	–
	500	30						
T6	450	30	–	–	–	–	–	–
	500	30	20	12	62	88.3[e]	15.3	47

[1] 배지량: g/850mL
[2] CV: 변이 계수
[3] BE(생물학적 효율) = [신선 자실체 수량(g)/건배지 중량(g)]×100
[4] 미발이
[a-e] Duncan의 다중 검정: $p<0.05$

(2) 병재배 발이 방법

병재배는 자실체 발생이 동시에 균일하게 이루어져야 수확이 가능하기 때문에 발이 과정이 중요하다. 발이 과정에서 균사가 배지에서 충분한 영양 생장이 이루어진 다음 생식 생장을 유도하는 것이 중요하다.

배양이 완료된 후 6일 정도 후숙을 실시한 다음 T1: 부직포 피복, T2: 유공 비닐 피복, T3: 페트리접시 피복, T4: 마개 완전 개방(무처리), T5: 마개 일부 개방, T6: 물리적 자극(펀칭), T7: 균긁기 후 역상 처리로 나누어 자실체 발생을 유도하였다(그림 19-15). 이때의 환경 조건은 발이 온도 18℃, 습도 95% 이상, 이산화탄소 농도 1,000ppm으로 조절하였다.

T1: 부직포 피복

T2: 유공 비닐 피복

T3: 페트리접시 피복

T4: 마개 개방(무처리)

T5: 마개 일부 개방

T6: 물리적 자극(펀칭)

T7: 균긁기 후 역상

그림 19-15 **잎새버섯 발생을 위한 다양한 방법**

발이 방법별 발이율을 조사한 결과(표 19-14), 입상 6일째 T7(균긁기 후 역상)을 제외한 모든 처리구에서 발이가 개시되었다. T7의 발이 개시일은 9일로 노화균이 제거되고 다시 균이 재생하는 데 시간이 소요되어 다른 처리구에 비해 약 3일 정도 발이가 늦었다. 그러나 발이율은 T3과 T7이 98.9%로 다른 처리구에 비해 우수하였다.

표 19-14 발이 방법에 따른 발이율 변화 (경기도농기원, 2008) (단위: %)

처리 번호	발이 유기 기간(일)									미발이율
	6	7	8	9	10	11	12	13	14	
T1	14.7	31.1	57.4	73.5	86.3	91.6	94.7	–	–	5.3
T2	17.7	27.1	53.1	71.9	78.3	87.6	91.7	–	–	8.3
T3	13.5	33.3	50.0	59.7	80.2	86.7	98.9	–	–	1.1
T4	15.2	37.3	49.5	69.6	75.0	83.9	91.2	94.8	–	5.2
T5	13.2	26.3	32.3	56.2	65.6	79.6	84.8	89.6	–	10.4
T6	11.5	27.6	39.8	57.8	70.6	75.0	79.4	83.3	–	16.7
T7	–	–	–	23.8	53.95	68.5	88.3	93.8	98.9	1.1

발이 방법에 따른 생육 단계별 기간 및 수량은 표 19-15와 같다. 초발이 소요 일수는 9±1일, 생육 기간은 10±1일로 큰 차이가 없었으며, 전체 재배 기간은 균긁기를 실시한 처리구(T7)가 51일로 균긁기를 실시하지 않은 처리구(T1~T6)보다 약 2~3일 늦은 것으로 조사되었다. 반대로 수확 기간은 균긁기 처리구(T7)가 3일로 가장 짧아 수확 작업에는 더 효율적임을 알 수 있었다. 병당 수량은 노화균에서 버섯이 발생되는 T3의 페트리접시 피복 처리구가 110g, 신선한 균에서 버섯이 발생하는 T7이 112.8g으로 우수하였고 수량 편차도 적은 것으로 나타났다.

표 19-15 발이 방법에 따른 생육 단계별 기간 및 수량 (경기도농기원, 2008)

처리 번호	초발이 소요 일수(일)	생육 기간 (일)	재배 기간 (일)	수확 기간 (일)	수량 (g/병)	변이 계수
T1	8	10	48	4	102.5[2]	8.4
T2	8	10	48	4	98.6[3, 4]	10.7
T3	8	11	49	7	110.1[1]	7.8
T4	8	10	48	5	101.6[2, 3]	11.1
T5	9	9	48	5	97.5[4]	10.0
T6	9	10	49	8	95.6[4]	9.1
T7	10	11	51	3	112.8[1]	7.8

※ 배양 기간: 30일

[1~4] Duncan의 다중 검정: p<0.05

발이 방법별 자실체의 형태적 특성은 표 19-16과 같다. 노화균에서 발생하는 T1~T6 처리구의 장축이 132~140mm로 T7(균긁기 후 역상)의 126mm에 비해 다소 크며, 자실체 다발의 장축 간 편차도 심한 것으로 나타났다. 자실체 형태를 가늠할 수 있는 장단비(A'/A) 분석 결과 균긁기 처리구가 0.89로, 노화균에서 발생하는 T1~T6의 0.68~0.81에 비해 비교적 원형에 가까워 자실체 형태가 더 우수하였다. 그러나 갓 크기와 갓 색깔은 발이 방법에 따른 유의적인 차이가 없었다. 특히 노화균(T1~T6)에서의 발생 형태는 가장자리만 버섯이 발생되거나, 아니면 양쪽 또는 한쪽으로 치우쳐서 발생하는 등의 다양한 형태가 관찰되었다(그림 19-16). 그러나 T7(균긁기 후 역상)의 경우 비교적 자실체 발생이 균일하고 원형에 가까운 형태로 생육되었다.

표 19-16 발이 방법별 자실체의 형태적 특성 (경기도농기원, 2008)

처리번호	다발				갓			갓색[2]		
	장축(A) (mm)	단축(A') (mm)	장단비[1] (A'/A)	높이 (mm)	지름 (mm)	길이 (mm)	두께 (mm)	L	a	b
T1	132±8.4	107±9.8	0.81	74.6±8.5	25.7	49.3	1.26	61.9	4.45	20.8
T2	136±6.5	105±7.4	0.77	72.7±8.8	25.0	47.6	1.20	60.5	4.58	20.7
T3	144±12.7	99±16.2	0.68	71.2±5.6	24.8	41.7	1.30	61.1	4.37	20.2
T4	141±6.0	110±9.4	0.78	70.6±8.4	26.5	45.4	1.19	59.4	4.46	20.9
T5	134±9.3	99±11.8	0.73	74.2±5.4	26.4	45.6	1.25	59.7	4.21	20.8
T6	140±10.4	113±9.8	0.80	73.5±8.2	24.7	45.6	1.23	60.4	4.19	20.2
T7	126±4.4	112±6.1	0.89	66.0±6.5	27.3	64.0	1.38	59.3	4.50	20.7

[1] 장단비(A'/A): 자실체 다발의 장축과 단축의 비율
[2] L: 명도, a: 적색도, b: 황색도

T1~T6: 노화균 발생　　　　T7: 신선균 발생

그림 19-16 발이 방법별 발생 형태 비교 (경기도농기원, 2008)

한편, 병재배에서는 재배 바구니 내에서 16병이 동시에 발생 및 생육되기 때문에, 자실체 다발의 장축이 너무 크거나 형태가 불균일하면 인접한 병에 있는 자실체와의 접촉으로 인하여 버섯 품질의 저하를 초래할 수 있다. 노화균에서 버섯이 발생되는 처리구(T1~T6) 가운데 발이율과 수량이 우수한 T3의 경우도 버섯의 발생 형태가 불균일하고 장축(144mm)도 크기 때문에 병재배에 적합하지는 않았다. 따라서 수량 및 품질이 우수하고 동시 생육과 수확이 가능한 균긁기 후 역상(T7)하는 것이 적합하였다(그림 19-17).

그림 19-17 **균긁기(T3) 후의 생육 형태** (경기도농기원, 2008)

5. 수확 후 관리 및 이용

잎새버섯의 수확 적기는 갓이 충분히 펼쳐지고 갓 뒷면의 관공이 형성되는 시기로, 배지 무게가 2.5kg일 경우 500~650g, 950mL 병재배 시는 120g 이상 수확이 가능하다(きのこ年監, 2010). 느타리 등 다른 버섯과 같이 수확 후 0~5℃ 정도의 저온에서 예냉 과정을 통해 품온을 급격히 떨어뜨리는 것이 유통 과정 중 품질 저하를 방지하고 신선도 유지 기간을 연장시키는 효과가 있다. 일본에서는 일반적으로 봉지 재배에서 생산된 버섯은 100~200g 단위로 랩 포장되어 유통되고 있으며, 병재배 생산 버섯은 송이 그대로 플라스틱 트레이에 담겨 방담 필름으로 포장해서 유통되고 있어 버섯의 파손 방지 및 유통 기간을 연장시키고 있다(그림 19-18).

갈색종

백색종

앞면

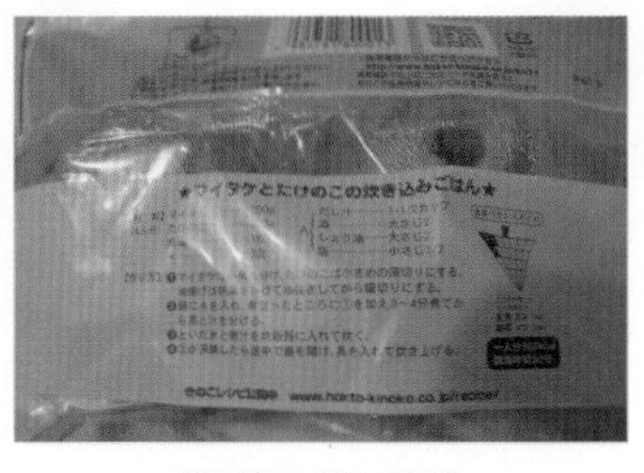

뒷면(요리법 표시)

측면

그림 19-18 **잎새버섯 봉지 재배**(상) **및 병재배**(하) **포장 형태**(일본의 예)

잎새버섯은 느티만가닥버섯과 같이, 느타리 등 일반적인 식용 버섯보다 품질 보존 기간이 긴 편으로 알려져 있으며, 랩 포장(100g)으로 3℃에서 3주까지 자기 소화수가 거의 생성되지 않아 신선도가 유지되었다(Togashi, 2004). 국내에서는 잎새버섯 유통 과정 중 자실체 파손을 최소화하기 위해 포장 용기를 개발하였다(그림 19-19). 그러나 저장 중의 품질 변화, 호흡 생리, 예냉과 저장 조건 등에 관한 연구는 부족하다. 앞으로의 대량 생산 및 소비 확대에 대비하기 위해서는 재배 기술뿐만 아니라 수확 후 관리 및 저장 기술에 관한 전반적인 연구가 필요할 것으로 본다.

1980년대 중반부터 잎새버섯의 생리 활성 및 약리 효과에 대한 연구 결과가 보고되었으며, 잎새버섯 자실체와 그 추출물을 소재로 한 건강 보조제가 유럽, 일본, 미국 등에서 폭넓게 이용되고 있다. 건조 잎새버섯은 다양한 무기질과 비타민류가 풍부하며, 그중 에르고스테롤 함량은 0.78%로 버섯 중 함유량이 많은 편에 속한다. 에르고스테롤은 자외선에 의해 비타민 D로 변해 칼슘 흡수 및 뼈의 형성을 촉진하며, 암의 혈관 생성을 저해하여 암세포의 영양 보급을 억제하는 작용도 보고되었다.

잎새버섯의 여러 다당체 중에 가장 연구가 많이 진행된 D-fraction(분획물)은 평균 분자량 약 100만의 프로테오글루칸으로 쥐를 이용한 동물 실험 결과, 암세포 증식 억제, 암세포 전이 및 발암 예방 등에 현저한 효과가 있는 것으로 확인되었다. 또한, 암 화학 치료법과 잎새버섯 D-fraction을 병용한 경우, 화학 항암제로 인한 탈모, 메스꺼움이나 구토, 백혈구 감소 등의 부작용에도 경감 효과가 있다고 보고되었다(河岸, 2005).

잎새버섯은 뛰어난 기능성이 알려졌음에도 불구하고 현재 우리나라 시장에서 쉽게 볼 수 없어 안타깝다. 우리나라 일부 농가에서 꾸준하게 생산과 유통을 시도하고 있으나 안정 생산 기술이 미흡함에 따라 생산 효율이 낮고 유통 과정 중 소비자 인지도가 낮은 것이 시장 확대에 걸림돌로 작용하고 있다. 그러나 이러한 문제만 극복된다면 잎새버섯은 생산과 소비가 포화 상태에 있는 느타리, 큰느타리 등을 대체할 수 있는 매력적인 버섯이고 나아가 느타리 위주로 편중되어 있는 버섯 시장을 확대할 수 있을 것으로 본다.

그림 19-19 **잎새버섯 소포장 용기**

〈김정한, 지정현, 이재홍〉

참고 문헌

- 강원도농업기술원. 2013. 시험연구보고서. pp. 344-357.
- 경기도농업기술원. 2006. 시험연구보고서. pp. 630-638.
- 경기도농업기술원. 2007. 시험연구보고서. pp. 782-798.
- 경기도농업기술원. 2008. 시험연구보고서. pp. 674-689.
- 김정한, 최종인, 지정현, 원선이, 서건식, 주영철. 2008a. 잎새버섯 봉지 재배에 적합한 배지 조성 연구. 한국균학회지 36: 26-30.
- 김정한, 이윤혜, 서건식, 주영철. 2008b. 잎새버섯 병재배용 적합 배지 개발. 경기도농업기술원 시험연구보고서. pp. 674-681
- 신관철, 서건식. 1989. 영지의 비자실체성 담자포자 형성에 미치는 광의 영향. 한국균학회지 17: 189-193.
- 이재홍, 이남길, 박영학, 문윤기, 정태성, 권순배, 김재록, 유영복. 2013. 잎새버섯(*Grifola frondosa*) 원목 재배 기술 개발. 한국버섯학회지 11: 240-243.
- 2011 표준 식품 성분표 제8개정판. 농촌진흥청 국립농업과학원. p. 200.
- 장명준, 이한범, 이윤혜, 김정한, 주영철. 2011a. LED 혼합광에 따른 버섯별 생육 특성 구명. 경기도농업기술원 시험연구보고서. pp. 673-682.
- 장명준, 이윤혜, 김정한, 주영철. 2011b. LED 광원이 큰느타리버섯 자실체의 발생, 생육, 에르고스테롤 함량 및 항산화 활성에 미치는 영향. 한국균학회지 39: 175-179.
- 정인창, 1996. 잎새버섯(*Grifola frondosa* 9006)의 균사체 배양 조건. 서라벌대학 논문집 19: 95-109.
- 정환채, 주현규. 1989. 잎새버섯 우량 계통 육성과 인공 재배법 개발. 농사시험연구논문집 31: 43-47.
- 지정현, 김정한, 원선이, 서건식, 주영철. 2007. 잎새버섯 균주의 균사체 생육 최적 조건. 한국균학회지 35: 76-80.
- 지정현, 김정한, 원선이, 서건식, 주영철. 2008. 잎새버섯 재배에 적합한 광 조건 연구. 한국균학회지 36: 31-35.
- 지정현, 김정한, 주영철, 서건식, 강희완. 2009. 이산화탄소가 잎새버섯 자실체 발생 및 생육에 미치는 영향. 한국균학회지 37: 60-64.
- きのこ年監. 2010. (株)プラソツワールド. pp. 167-174.
- 河岸洋和. 2005. きのこの生理活性と機能. シーエシー出版. pp. 208-215.
- 古川久彦. 1992. きのこ學. 共立出版株式會社.
- 庄司當. 2007. マイタケー栽培から加工・売り方まで. 農山漁村文化協會.
- Chang, S. T. 1999. World production of cultivated edible and medicinal mushroom in 1997 with emphasis on *Lentinus edodes* (Berk.) Sing. in China. *Internat. J. Medicinal Mushrooms* 1: 291-300.
- Fukushima, M., Ohashi, T., Fujiwara, Y., Sonoyama, K., Nakano, M. 2001. Cholesterol-lowering effects of maitake(*Grifola frondosa*) fiber, shitake(*Lentinus edodes*) fiber, and enokitake (*Flammulina velutipes*) fiber in rats. *Soc. Exp. Biol. Med.* 226: 758-765.
- Glickman, G., Byrne, B., Pined, C., Hauck, W. W. and Brainard, G. C. 2006. Light therapy of seasonal affective disorder with blue narrow-band light-emitting diodes(LEDs). *Biol. Psychiatry* 59: 502-507.
- Mark, M. 2001. Maitake extracts and their therapeutic potential-A review. *Altern. Med. Rev.* 6: 48-60.
- Mau, J. H., Lin, H. C., Song, S. F. 2002. Antioxidant properties of several specialty mushrooms. *Food Res. Intl.* 35: 519-526.

- Nanba, H., Kodama, N., Schar, D., Turner, D. 2000. Effects of maitake(*Grifola frondosa*) glucan in HIV-infected patients. *Mycosci.* 41: 293-295.
- Phillippoussis, A., Diamantopoulou, P., Zervakis, G. 2002. Monitoring of mycelium growth and frcutification of *Lentinula edodes* on several lignocellulosic residues. In: Sanchez, J. E., Huerts, G., Montiel, E.(Eds.), Mushroom Biology and Mushroom products. UAEM, Cuernavaca, Mexico. pp. 279-287.
- Shen, Q., Royse, D. J. 2001. Effects of nutrient supplements on biological efficiency, quality and crop cycle time of maitake(*Grifola frondosa*). *Appl. Microbiol. Biotechnol.* 57: 74-78.
- Talpur, N. A., Echard, B. W., Fan, A. Y., Jaffari, O., Bagchi, D., Preuss, H. G. 2002. Antihypertensive and metabolic effects of whole maitake mushroom powder and its fractions in two rat strains. *Mol. Cell. Biochem.* 237: 129-136.
- Togashi, Iwao. 2004. Observation of rotting of fruit body in post-harvest storage of *Grifola frondosa*. *J. Hokkaido For. Prod. Res. Inst.* 18: 33-36.
- Wu, M. J., Cheng, T. L., Cheng, S. Y., Lian, T. W., Wang, L., Chiou, S. Y. 2006. Immunomodulatory properties of *Grifola frondosa* in submerged culture. *J. Agric. Food Chem.* 54: 2906-2914.

제 20 장

꽃송이버섯

1. 명칭 및 분류학적 위치

꽃송이버섯(*Sparassis crispa* Wulf.: Fr.)의 자실체는 맛이 좋고 은은한 향기가 나는 버섯으로, 10~25cm×10~25cm 크기의 꽃양배추형이다. 자실체의 색은 전체적으로 담황색 또는 흰색이고, 두께는 1mm 정도로 평평하며, 갓 둘레는 물결 모양이다. 솔송나무, 전나무, 소나무, 낙엽송 등 침엽수의 그루터기나 죽은 수목 등의 뿌리에 발생하며 드물게 너도밤나무, 메밀잣나무 같은 활엽수에서도 발견된다(그림 20-1).

우리나라는 꽃송이버섯속(*Sparassis*)에 속하는 종이 한 종밖에 보고되어 있지 않다. 하지만 국내에서 수집된 꽃송이버섯 균주의 배양 및 재배 과정을 통하여 균사의 생장과 자실체의 색이

낙엽송에 발생

잣나무에 발생

그림 20-1 꽃송이버섯 자실체

나 모양에서 많은 차이를 나타낸다(유 등, 2009). 어떤 균주는 자실체의 색이 노란색을 강하게 나타내므로 품종 수준에서 구분을 하여야 하는지, 아니면 별도의 종으로 구분해야 하는지 검토가 필요하다. 즉, 국내의 수집 균주 간 형태적 차이도 제법 많아서 실질적으로는 몇 개의 종으로 구분될 수 있을 것으로 여겨진다.

학문적인 기록상으로 꽃송이버섯은 1781년 헝가리 출신의 식물학자인 Franz Xavier von Wulfen에 의해 처음 *Clavaria crispa* Wulfen으로 명명되었고, 1821년 스웨덴 출신의 식물학자인 Elias Magnus Fries에 의해 *Sparassis crispa* (Wulfen) Fr.로 재명명되었다. 꽃송이버섯을 Fries가 명명할 당시 이 버섯은 유럽 지역의 소나무류에서 발생하며, 버섯 지름이 5~35cm에 이르렀던 것으로 기록되어 있다.

꽃송이버섯의 영명은 'Cauliflower mushroom' 또는 'Crested sparassis', 일본명은 'ハナビラタケ', 중국명은 '綉球菌(卯曉崗, 2000)', 프랑스명은 'Clavaire crepue' 또는 'Crete de coq'이다. 한편, 북한에서는 '꽃잎버섯(꽃보라버섯)'으로 표기한다(윤영범, 1978).

꽃송이버섯(*Sparassis crispa*)은 담자균문(Basidiomycota) 담자균강(Basidiomycetes) 주름버섯아강(Agaricomycetidae) 구멍장이버섯목(Polyporales) 꽃송이버섯과(Sparassidaceae) 꽃송이버섯속(*Sparassis*)에 속한다(Kirk 등, 2001). 우리나라에는 꽃송이버섯속에 속하는 종이 한 종 보고되어 있지만 세계적으로 12종이 알려져 있다. 아래의 분류 키는 Blanco-Dios 등(2006)이 제안한 꽃송이버섯속에 속하는 7종에 대한 내용을 기술한 것이다(이 등, 2007).

1. 자실체에 낭상체가 있고, 갈라짐이 없는 부채 모양의 갓 ········ *S. cystidiosa*
   자실체층에 낭상체가 없고, 갈라짐이 있는 부채 모양의 갓 ········ 2

2(1) 꺾쇠연결체가 없고, 특징적으로 띠 모양 무늬를 가진 부채 모양의 갓 ········ 3
   꺾쇠연결체가 있고, 띠 모양 무늬를 갖지 않는 부채 모양의 갓 ········ 4

3(2) 동북부 아메리카에 분포 ········ *S. spatbulata*
   유럽에 분포 ········ *S. brevipes*

4(2) 꺾쇠연결체가 드묾. ········ 5
   자실체 하층과 담자기의 기저 부분에 꺾쇠연결체가 많음. ········ 6

5(4) 자실체 하층 균사에만 꺾쇠연결체가 있고, 톱니 모양을 가진 부채 모양의 갓 ········ *S. miniensis*
   중심부에서 부채 모양의 갓이 만들어짐. ········ *S. simplex*

6(4) 가지를 뻗은 또는 피막 같은(corticioid) 기저 부위에서 부채 모양의 갓이 만들어짐. ……………7
중심부에서 부채 모양의 갓이 만들어짐. ……………………………………………*S. radicata*

7(6) 가지를 뻗은 기저 부위에서 부채 모양의 갓이 만들어짐.(아시아 샘플은 다른 종으로 보임.) ……………………………………………………………………………………*S. crispa*
피막 같은 기저 부위에서 부채 모양의 갓이 만들어짐. ……………………………*S. simplex*

2. 재배 내력

꽃송이버섯은 우리나라와 일본, 중국을 비롯하여 유럽, 북아메리카, 오스트레일리아 등 세계적으로 분포하고 있다. 우리나라에서는 지리산과 강원도, 제주도 등지의 낙엽송과 잣나무 등 침엽수림에서 자연 분포하고 있다. 일본에서는 홋카이도, 혼슈 및 시코쿠에 분포하며, 여름에서 가을까지 전나무나 소나무 등 침엽수의 뿌리 또는 그루터기에서 자란다.

꽃송이버섯은 주로 근주 심재부후병의 대표적인 원인균으로, 어린 나무는 7년생부터 감염되어 31년생 수목까지 버섯균이 침입되었고, 16~30년생은 78%의 높은 빈도를 나타냈다는 보고가 있다. 자연 상태에서 균이 침입하여 버섯이 발생하기까지 얼마간의 시간이 필요한지는 기록되어 있지 않지만, 매우 빠른 시기에 균이 침입하는 것을 알 수 있다. 또한, 小岩(2002)은 침입의 가장 중요한 환경 인자로 토양 내 바위와 강한 바람을 지적하였다. 이는 심한 바람이 불면서 근주 부근의 뿌리가 움직일 때 뿌리 주변의 바위와 물리적 마찰에 의해 생겨난 상처를 통해 균이 쉽게 침입할 수 있을 것으로 판단된다는 것이다.

이처럼 침엽수의 목재 가치를 현저히 떨어뜨리는 해균으로서 알려진 꽃송이버섯의 식용 · 약용 가치는 1997년 일본의 사이타마 현 고등학교 교사인 후쿠시마가 톱밥 병재배법을 개발함으로써 그 가치가 재인식되었다(나카지마와 야도마에, 2001). 이 방법은 독창적인 연구 성과로 평가 받아 1998년 일본에서 본격적인 재배 연구를 통해 1999년 3월경에 대량 생산의 길이 열렸다.

국내에서도 꽃송이버섯의 균사 생장을 위한 최적 요인에 관한 연구(Shim 등, 1998; 오, 2003)가 진행되어 2002년에 품종이 육성되었고, 병재배가 이루어져 보급되었다. 또한, 2008년에 전북농기원에서 품종 육성과 단목을 이용한 재배 기술(유 등, 2010), 그리고 톱밥을 이용한 재배 기술 등이 일부 농가를 중심으로 본격적으로 이루어지기 시작했다. 그러나 이러한 움직임에도 불구하고 버섯 재배자들 사이에 대량 생산 체계가 확산되지 못하고 있는 이유는 다른 버섯과는 달리 균사 생장 속도가 현저히 느리고(서 등, 2005; 오, 2003; Shim 등, 1998), 배양 초기에 푸른곰팡이 오염률이 높은 것 등 버섯 재배가 까다로워서 톱밥 재배가 일반화되지 못하고 있기 때문이다. 그러나 일부 재배자들이 단목 재배를 통해 건조 버섯으로 유통하고 있고, 몇몇 농가에서는 톱밥 재배를 시도하여 대량 생산을 실현해 나가고 있다.

3. 영양 성분 및 건강 기능성

꽃송이버섯이 전세계적으로 큰 관심과 주목을 받는 이유는 건조된 꽃송이버섯 100g당 43.6g의 베타글루칸이 함유되어 있는 것으로 알려지면서 그 기능성을 인정받았기 때문이다. 이는 약용 버섯으로 일반화된 신령버섯보다 3배 이상의 베타글루칸이 함유되어 있는 것으로서, 이러한 성분과 효능이 일본 동경 약학대학의 연구 결과를 통해 인정되면서 일본에서는 다양한 건강 기능 식품이 개발되어 판매되고 있다. 꽃송이버섯은 1,3-β-D-glucan의 함량이 다른 버섯에 비하여 훨씬 높으며 항암 효과가 큰 것으로 알려져 있다(Harada 등, 2002a, 2002b). 꽃송이버섯의 성분 분석 결과 건조 버섯 100g당 단백질 13.4g, 지질 2.0g, 회분 1.8g, 당질 21.5g, 트레할로스(trehalose) 4.6g, 섬유질 61.2g, 베타글루칸 43.5g으로, 특히 베타글루칸의 함량이 건조물 환산에서 40% 이상으로 상당히 많고, 다른 버섯류에 비해서도 함량이 많다. 뿐만 아니라 베타글루칸 중에서도 항암 작용을 하는 베타글루칸(1→3) 함량이 70% 이상으로 높은 것이 특징이다.

베타글루칸 이외의 성분에 대해서는 Yoshida가 균상 재배한 꽃송이버섯 자실체의 생육 과정에 대한 화학 성분(일반 성분, 무기 성분, 저분자 탄수화물, 유기산, 유리 아미노산)의 변화를 분석한 결과, 생육과 더불어 탄수화물이 증가하며 조단백질, 조지방 및 조회분이 감소하는 것과 저분자 탄수화물의 주성분인 트레할로스와 만니톨이 함유되어 있다는 것을 보고하였다.

이 밖에도 꽃송이버섯은 일본에서 효능 연구가 많이 이루어졌다. 먼저 종양 증식 억제 작용으로, 실험용 쥐에 꽃송이버섯 자실체 분말을 100mg/kg 경구 투여한 결과 5주 후 대조군에 비해 종양의 67%가 억제되었다.

또한, 알레르기 증상 개선 작용으로 꽃송이버섯 자실체 분말 0.1%를 함유한 사료를 투여하고, 감작(感作) 4주 내지 8주 후 혈청 IgE 농도와 긁기 횟수를 측정하여 비교한 결과 개선 경향을 나타내었다. 인간 NK(natural killer) 세포 활성화 작용으로, 건강한 남성이 하루에 꽃송이버섯 자실체 분말을 300mg씩 8주간 계속 섭취한 후 NK 세포 활성 평균값이 50.5%에서 66.5%로 상승하였고, 중지하자 55.8%로 다시 저하하였다. 콜라겐 양산 촉진 작용으로는 미용 효과를 확인하기 위해 꽃송이버섯을 함유한 소프트 캡슐을 4주간 매일 섭취한 후 수분 증산량을 측정한 결과 유의적으로 저하되었으며, 미백 작용으로는 피부암의 일종인 멜라노마(melanoma-악성 흑색종) 세포를 백색화하는 활성을 확인하였다. 또한, 꽃송이버섯에는 혈당치 상승 억제 작용, 혈중 콜레스테롤 상승 억제 작용, 혈압 상승 억제 작용, 항산화 활성화 작용, 항균 활성 작용, 저분자 종상 억제, 비만 억제 작용 등의 효능이 있다.

국내 연구팀에 의해 꽃송이버섯 에틸아세테이트 추출에 의한 물층의 항암 활성을 측정한 결과, 폐암과 간암, 위암에서 양성 대조군(파크리탁셀)과 비슷하거나 높은 암세포 소거 능력을 갖는 것을 확인하였고, 제브라피시를 이용한 실험에서도 암세포의 혈관 신생을 억제하는 것을 확인하였다.

4. 생리 · 생태적 특성

1) 꽃송이버섯의 생태적 특성

(1) 꽃송이버섯 발생지의 식생 및 지형 특성

우리나라에서 꽃송이버섯에 대한 공식적인 기록은 일제 강점기에 발간된 『선만실용임업편람(鮮滿實用林業便覽)』의 '경기도 광릉 채집'이 처음이다(鏑木, 1940). 그 이후 최근의 연구 기록에서 꽃송이버섯은 5월부터 9월까지 발생하며 주로 7월에 많이 발견되는 것으로 보고되고 있다(가 등, 2007; 오 등, 2009).

표 20-1 꽃송이버섯 채집지의 현황 (오 등, 2009)

조사구	숙주 식물	지역	고도(m)	방향	경사(°)	비고
1	낙엽송	전남 구례군 산동	515	남	20	살아 있는 나무
2	낙엽송	전남 구례군 산동	1,100	남동 75	35	살아 있는 나무
3	낙엽송	전남 구례군 산동	1,080	남동 70	20	살아 있는 나무
4	낙엽송	강원도 홍천군 서석	535	북동 35	30	죽은 나무
5	잣나무	강원도 속초시 동산	600	남동 70	18	죽은 나무
6	낙엽송	강원도 홍천군 북방	240	북서 25	15	살아 있는 나무
7	낙엽송	강원도 홍천군 북방	260	북서 40	28	살아 있는 나무
8	낙엽송	강원도 홍천군 북방	261	북서 80	25	살아 있는 나무
9	낙엽송	강원도 홍천군 북방	270	북서 50	30	살아 있는 나무
10	잣나무	경기도 남양주시 진접	305	북서 35	5	살아 있는 나무
11	낙엽송	경기도 남양주시 진접	315	남서 65	10	살아 있는 나무
12	낙엽송	경기도 남양주시 진접	310	북서 40	15	죽은 나무
13	낙엽송	경기도 남양주시 진접	312	서	15	살아 있는 나무
14	낙엽송	경기도 남양주시 진접	315	남서 85	5	죽은 나무
15	낙엽송	경기도 남양주시 진접	318	남서 80	5	살아 있는 나무
16	잣나무	경기도 남양주시 진접	280	서	10	살아 있는 나무

꽃송이버섯에 대하여는 단편적인 채집 결과에 따라 토양 습도나 방위, 해발고 등에 대한 여러 가지 보고가 있지만, 조사 결과를 종합적으로 분석하면 해발고를 비롯한 입지 환경 여건이 다양하다. 오 등(2009)의 조사 결과에 따르면(표 20-1), 꽃송이버섯은 낙엽송과 잣나무 등 침엽수 입목 뿌리 근처에서 주로 발생하며 근주 심재부후균의 경향을 뚜렷이 나타내지만 줄기 부분에서도 드물게 발생한다. 또한, 일부는 고사목에서도 발생하여 침입 경로와 생육 여건이 매우 다양하다.

한편, 특기할 사항은 꽃송이버섯이 발생한 입목은 모두 흉고 지름이 20cm를 넘는 큰 나무로서, 수령이 최소 30년을 넘는다. 꽃송이버섯이 발생하는 숲은 침엽수류 단순림이 대부분이지만, 천이(遷移)에 따라 활엽수도 일부 섞여 있게 되는데 교목층의 울폐도는 10~90%, 지피층의 피복도는 5~85%까지 조사구에 따라 매우 다양하다(표 20-2).

표 20-2 꽃송이버섯 서식지의 식생 구조 (오 등, 2009)

조사구	교목층 수종	교목층			피도(%)		
		수고(m)	흉고 지름[1](cm)	피도(%)	아교목층	관목층	지피층
1	낙엽송	25.0	48.0	70	-	80	10
2	낙엽송	18.8	20.5	55	-	30	60
3	낙엽송	15.3	25.5	60	-	30	70
4	낙엽송	15.5	26.5	70	10	30	10
5	잣나무	29.0	32.5	50	20	30	30
6	낙엽송	21.0	22.7	80	40	50	45
7	낙엽송	30.0	43.3	70	20	40	35
8	낙엽송	26.7	36.3	65	15	30	70
9	낙엽송	28.8	44.0	70	15	10	80
10	잣나무	35.0	45.0	55	30	20	50
11	낙엽송	38.0	62.0	30	20	10	85
12	낙엽송	31.5	35.0	20	35	30	5
13	낙엽송	29.0	43.7	50	30	10	10
14	낙엽송	30.3	25.3	90	25	20	5
15	낙엽송	29.0	40.0	30	30	20	80
16	잣나무	32.5	36.5	10	25	10	20

[1] 흉고 지름(胸高直徑): 가슴 높이에서의 나무 두께(지름)

(2) 꽃송이버섯 발생지의 토양

꽃송이버섯 발생지의 토양 특성은 표 20-3과 같이 대부분 양토이지만, 일부 지역은 사양토, 미사질 양토이다. 이는 우리나라의 일반적인 산림 토양이 사양토인 점과 비교하면 토성이 비교적 고운 편에 속하여 상대적으로 비옥도가 높은 토양으로 평가될 수 있다. 또한, 꽃송이버섯 자생지의 토양 유기물 함량은 3.79~14.32% 범위로서 산림 토양의 유기물 함량 평균이 3~5% 수준인 것과 비교할 때 다소 높은 값을 나타낸다. 치환성 양이온의 총량을 당량으로 나타낸 값인 CEC(양이온 치환 용량) 또한 16~27(cmol+/kg) 범위로 나타나 다른 산림 토양(우리나라 토양 대부분은 8~12)에 비해 비옥한 토양이다. 한편, 토양 산도는 모두 pH 4.2~5.2 범위로 나타나 대부분의 침엽수류 입지 조건의 특성과 유사하다.

이러한 조사 결과를 종합해 보면, 꽃송이버섯은 상대적으로 비옥한 숲에서 30년 이상 자란 침엽수(낙엽송, 잣나무, 소나무 등)를 기주로 발생하는 것으로 잠정적인 결론을 내릴 수 있다.

표 20-3 꽃송이버섯 발생지의 토양 특성

조사구	토양 입자 크기(%)				pH	유기물 (%)	전질소 (%)	유효 인산 (mg/kg)	CEC[2] (cmol+/kg)	치환성 양이온 (cmol+/kg)			
	모래	미사질	양토	토성[1]						K^+	Na^+	Ca^{2+}	Mg^{2+}
1	35.64	42.84	21.52	L	4.70	6.65	0.355	13.17	19.36	0.27	0.09	1.28	0.20
2	27.28	48.63	24.09	L	4.64	8.12	0.387	14.54	20.68	0.42	0.09	1.27	0.31
3	29.40	46.19	24.41	L	4.57	6.58	0.355	18.74	20.68	0.24	0.10	1.63	0.33
4	14.36	72.36	13.28	SiL	4.82	14.32	0.82	23.85	27.21	0.57	0.09	4.33	1.19
5	36.25	50.58	13.17	L	5.21	4.81	0.38	24.87	19.80	0.31	0.06	3.06	0.73
6	30.73	50.43	18.84	L	4.54	8.05	0.41	23.08	23.30	0.14	0.06	0.12	0.16
7, 8	35.19	50.89	13.92	SiL	4.88	8.04	0.44	27.53	22.64	0.25	0.06	1.52	0.35
9	59.67	32.73	7.60	SL	5.11	3.57	0.22	29.58	16.06	0.18	0.05	1.77	0.32
10	30.3	47.5	22.2	L	4.6	7.6	0.33	50	20.02	0.22	0.09	0.90	0.22
11	45.9	39.7	14.4	L	4.2	8.9	0.43	201	19.80	0.21	0.13	2.32	0.57
12	39.4	43.9	16.7	L	4.6	5.4	0.33	43	18.92	0.11	0.08	1.09	0.23
13	38.99	45.06	15.95	L	4.62	3.79	0.28	13.57	17.97	0.24	0.08	0.78	0.15
14	41.11	43.58	15.31	L	4.54	4.98	0.31	41.96	17.01	0.23	0.05	0.84	0.18
15	37.47	47.92	14.61	L	5.02	5.57	0.33	15.80	17.55	0.20	0.08	3.72	0.90
16	47.57	33.64	18.79	L	4.41	5.84	0.32	72.04	17.82	0.22	0.08	0.85	0.15

[1] L: 양토, SiL: 미사질 양토, SL: 사양토　　[2] CEC: 양이온 치환 용량

(3) 생태적 특성

꽃송이버섯은 우리나라의 낙엽송, 잣나무, 전나무, 소나무 등 침엽수림에서 여름철에 주로 발견된다. 꽃송이버섯은 덕다리버섯(*Lateiporus sulphureus*), 해면버섯(*Phaeolus schweinitzii*)과 더불어 위에 열거한 침엽수류, 특히 낙엽송의 심재부후병을 일으키는 것으로 악명 높은 병원균이다. 꽃송이버섯 발생 과정은 일반적으로 버섯균이 땅속 나무뿌리를 침입해서 나무의 밑동 근처에 버섯을 만드는 경우가 대부분이지만, 토양 위에서 발생하거나 그루터기 또는 나무 줄기에서 발생하는 경우도 있어서 균주별 특성이 다양하다고 할 수 있다(박현 등, 2009).

그러나 꽃송이버섯이 모든 침엽수림에서 쉽게 발견되는 것은 아니다. 박병수 등(2007)은 인제, 홍천, 구미 지역의 낙엽송 수확지에서 3.4% 미만의 나무만 심재부후가 발생하였고, 더욱이 산불 등과 같은 물리적 상처가 있는 부위에서 발생한다고 보고하였다. 즉, 외부의 상처 등 충분한 조건이 맞을 경우에만 심재부후균이 침입하여 정착하게 되는데, 대체로 충분한 습도가 꽃송이버섯이 만연될 수 있는 필요 조건으로 생각된다. 특히, 홍천의 낙엽송 숲을 조사하면서 토양 수분이나 공중 습도가 충분한 곳에서만 버섯을 찾을 수 있는 반면, 간벌이 제대로 이루어져 통풍이 잘 되는 곳에서는 전혀 찾을 수 없었음을 감안할 때, 생장기에 적정한 간벌이 이루어지면 꽃송이버섯의 발생이 어려울 것으로 판단된다.

또한, 꽃송이버섯은 5월부터 9월에 주로 발생하고 이때 많은 포자를 생산할 수 있음을 감안하면, 이 시기에 숲 가꾸기 작업인 가지치기를 할 경우 꽃송이버섯을 통한 심재부후병이 야기될 가능성이 높다고 할 수 있다. 한편, 침엽수의 경우 절단 부위가 송진 등으로 인하여 단시간 내에 포자의 안착 및 발아를 저해하는 수준으로 피막이 형성됨을 감안하면, 꽃송이버섯 포자 발생기 전후를 피하여 작업을 하면 큰 피해가 없다고 할 수 있다. 즉, 3월부터 4월 또는 10월 말 이후에 가지치기 작업을 실시하면 꽃송이버섯에 의한 심재부후병 피해는 줄일 수 있을 것으로 생각된다.

2) 꽃송이버섯의 생리적 특성

(1) 균사 생장

우리나라에서 꽃송이버섯의 균사 생장 최적 조건 연구는 Shim 등(1998)이 처음이라고 할 수 있지만, 오득실(2003)의 석사학위 논문 이후 많은 연구 결과가 보고되고 있다. 이들 연구 결과는 사용한 균주나 접근 방식에 따라 다소 차이를 나타내지만 종합적으로 정리하면, 효모맥아추출배지(YMA)나 RM배지에 비해 감자배지(PDA)가 콜로니 지름 생장과 치밀도가 우수하여 균류 배양에 일반적으로 감자배지를 사용하면 좋다는 것이다(표 20-4).

표 20-4 꽃송이버섯의 배지별 균사 생장

배지 종류	균주 1		균주 2	
	콜로니 지름(mm)	균사 밀도	콜로니 지름(mm)	균사 밀도
PDA	74.2	C	78.0	C
YMA	62.4	SC	65.5	SC
RM	59.9	SC	61.6	SC

※ 균사 밀도 C: 치밀함, SC: 약간 치밀함
균사 생장 조건: 온도 25℃, pH 4

감자고체배지에서 꽃송이버섯의 균사 생장에 가장 적합한 pH를 조사한 결과 pH 3~5의 범주에서 모두 양호한데, 특히 pH 4.0에서 균사체의 생장과 치밀도가 가장 우수하고, 균주 간에는 차이가 거의 없는 것으로 보고되었다(표 20-5). 반면 pH를 중성인 7에 가깝게 하면 오히려 생장이 좋지 않으므로 참고하여야 한다.

표 20-5 PH에 따른 꽃송이버섯의 균사 생장

pH	균주 1		균주 2	
	콜로니 지름(mm)	균사 밀도	콜로니 지름(mm)	균사 밀도
3.0	51.6	C	52.2	C
4.0	67.8	C	68.4	C
5.0	54.0	SC	53.3	SC

※ 균사 밀도 C: 치밀함, SC: 약간 치밀함　　균사 생장 조건: PDA배지, 온도 25℃, 기간 30일

또한, 온도의 경우에는 다른 버섯류와 마찬가지로 20℃가 넘을 때까지 균사 생장이 점차 좋아지며, 특히 25℃ 내외에서 균사 생장이 가장 우수하지만, 30℃가 넘으면 균사 생장이 현저히 감소하는 경향을 나타내므로 온도가 너무 높아지지 않도록 유의해야 한다(표 20-6).

표 20-6 꽃송이버섯의 고체 배지에서의 균사 생장

온도	균주 1		균주 2	
	콜로니 지름(mm)	균사 밀도	콜로니 지름(mm)	균사 밀도
20℃	41.0	SC	39.2	SC
25℃	65.1	C	64.7	C
30℃	24.6	ST	25.7	ST

※ 균사 밀도 C: 치밀함, SC: 약간 치밀함, ST: 약간 성김　　균사 생장 조건: PDA배지, pH 4, 기간 30일

(2) 재배를 위한 접근

꽃송이버섯은 살아 있는 낙엽송의 심재부후병(心材腐朽病)을 야기하는 병원균이므로 조심스러운 접근이 필요하다(박현 등, 2009). 앞서 서술한 꽃송이버섯의 최적 배양 조건을 기초로 2000년 이후 꽃송이버섯 재배와 관련된 특허가 여러 건 등록되었다. 초반에 등록된 국내 특허(등록 번호 2002-0024560)의 경우에는 낙엽송과 활엽수를 3:1 또는 1:1로 섞은 후 밀가루와 천연 맥주 효모, 활성탄(EH는 활성칼슘) 등을 섞으며 2단계 멸균 과정을 통하여 재배하는 방식으로서 멸균을 두 번 거쳐야 하는 번거로움이 있다. 이처럼 2단계 멸균 과정이나 복잡한 시약을 사용하는 방식을 탈피하여 국립산림과학원, 전남산림자원연구소, 전북농업기술원 등에서는 일반 농가에서 사용할 수 있는 단순한 방법을 개발하여 보급하고 있는데, 꽃송이버섯의 생리적 특성에 대한 연구 결과를 현실적으로 적용한 방법이라고 할 수 있다.

그 접근 방식을 설명하면, 기존의 연구 결과를 분석한 결과 꽃송이버섯균은 산성 조건을 선호

하며, 맥아 추출물의 첨가가 균사 생장을 크게 촉진함을 확인할 수 있었다. 이에 따라 박현 등(2006)은 단순한 공정을 위하여 맥아 성분과 비슷한 보릿가루를 첨가물로 사용하여 배지를 조제함으로써 균사 생장과 자실체 형성에 성공할 수 있었다.

보릿가루는 품종에 따라 다소 차이는 있으나 인(0.25%), 칼륨(0.2%), 칼슘(0.02%), 철(0.02%) 등 각종 무기 양분과 비타민, 17종 이상의 아미노산을 포함하고 있으므로 침엽수 톱밥에 부족한 양분을 보충하여 버섯 균사의 초기 안정화를 위해 도움을 줄 수 있을 것으로 예상된다. 아울러 설탕을 첨가하였는데, 설탕의 경우 포도당 등 다른 탄소원에 비하여 다소 저조한 균사 생장량을 나타낸다는 보고도 있지만, 설탕은 포도당과 과당의 단순한 결합체로서 농가에서 가장 쉽게 사용할 수 있는 탄소원이므로 버섯균이 초기 안정화를 위한 에너지원으로 활용되는 것으로 판단된다.

전남산림자원연구소에서 보릿가루 대신 밀가루를, 그리고 설탕 대신 물엿을 첨가하는 방식을 시도하여 비슷한 결과를 얻을 수 있었으므로 꽃송이버섯 균사의 초기 생장이 늦는 특성만 극복하면 재배가 어렵지 않은 것으로 평가된다.

5. 재배 기술

1) 단목 재배

(1) 단목 준비

❶ 원목 준비

원목은 국내에서 생산되는 대부분의 침엽수를 사용할 수 있다. 낙엽송과 잣나무, 소나무를 중심으로 연구를 진행하였으나, 해송, 리기다소나무, 메타세콰이아, 삼나무를 이용하여 재배에 성공한 바 있으므로 숲 가꾸기 산물 등 침엽수 간벌목을 사용하여 다양한 수종으로 시도할 수 있다. 각 침엽수 원목은 가을철에 벌채된 것이 좋으며, 지름 2cm 내외의 간벌목을 사용하는데, 송진을 비롯한 휘발성 유기화합물을 제거하기 위해 비를 맞히면서 약 6개월 정도 노지에 방치했다가 사용하는 것도 좋다. 원목은 취급하기 편하게 길이 1cm 정도로 잘라서 사용한다. 잘라낸 원목이 지나치게 건조한 경우(표면이 말라 있는 경우)에는 1~2일간 침수 작업을 하는 것이 바람직하다.

❷ 단목 입봉 및 멸균

단목을 내열성 PP(폴리프로필렌) 봉지에 담아 필터가 달린 뚜껑으로 입구를 막은 후 상압(100℃ 이상으로 올려 증기 발생 후 12시간 이상) 또는 고압(121℃에서 90분 이상) 멸균한다. 멸균된 봉지 속의 단목은 봉투가 찢어지는 일이 없도록 유의하며, 냉각실에서 20℃ 정도까지 냉각 후 무균실로 옮겨 접종한다.

(2) 종균 접종

❶ 액체 종균 접종

접종은 3인 1조로 무균실(無菌室) 또는 무균상(無菌床)에서 실시한다. 1인은 봉지의 개봉 및 접종자에게 인계, 1인은 접종, 나머지 1인은 접종된 봉지에 뚜껑을 덮어 정리하는 역할을 한다. 접종은 미리 준비한 액체 종균을 접종기를 이용하여 단목당 약 30mL를 윗부분에 살포하는 방식으로 실행한다. 윗부분에 살포할 때에는 가운데 부분에 살포하되 최대한 골고루 퍼질 수 있도록 하는 것이 좋다. 접종 후에는 필터가 달린 뚜껑으로 입구를 다시 막은 후 배양실로 옮긴다. 이때 접종일이 같은 배지는 함께 무리를 지어 정돈해 두는 것이 좋다.

❷ 톱밥 종균 접종

톱밥 종균을 접종할 때에도 액체 종균 접종과 마찬가지로 3인 1조로 접종하는 것이 바람직하다. 접종은 준비된 접종용 톱밥 종균병의 윗부분을 잘라 어른용 숟가락으로 1스푼(약 20g)을 단목의 윗부분에 조심스럽게 뿌려 준다. 액체 종균 접종과 마찬가지로, 접종 후에는 필터가 달린 뚜껑으로 입구를 다시 막은 후 배양실로 옮겨 배양하고, 되도록 접종일이 같은 배지끼리 무리를 지어 정돈해 두는 것이 좋다(그림20-2).

비닐하우스 내

실험실 내

그림 20-2 **종균 접종 후 배양 모습**

(3) 배양

꽃송이버섯의 적정 배양 조건은 온도 23±2℃, 상대습도 60±5% 수준이다. 배양은 3~4개월간 암 배양을 하는 것을 원칙으로 하되, 암 배양과 명 배양의 조건에 크게 영향을 받지 않는다. 꽃송이버섯은 별도의 후기 배양(명 배양)이 필요하지 않다. 암 배양 과정만으로도 원기(原基)가 저절로 형성되기 때문이다(그림 20-3).

단목 배양

배양 완료 후 봉지 제거

휴지기

수확 후 재배양

그림 20-3 단목 재배

(4) 버섯 생육

❶ 발생 처리

꽃송이버섯은 별도의 발생 처리가 필요 없다. 한편, 상황버섯의 단목 재배 방식과 달리, 단목의 내열성 PP 봉지를 바로 벗길 경우 여전히 자실체의 오염률이 높으므로 원기 형성이 이루어졌다 할지라도 바로 봉지를 벗기지 말고, 원기의 크기가 5cm 이상 되어서 꽃 부분이 분화된 이후에 봉지를 벗기는 것이 바람직하다.

❷ 자실체 생장 유도

봉지 윗부분을 열어서 수분이 충분히 공급될 수 있도록 하며, 이때의 수분 조건은 상대습도 95% 내외, 조도는 120lx 수준으로 유지한다. 배양된 단목을 발생시킬 경우에는 봉지를 바꾸어 줄 수 있는데, 이 경우 새 봉지에 배양된 단목을 넣고 수분을 공급한 후, 윗부분을 끈으로 느슨하게 묶어 준다.

(5) 수확

❶ 수확 기간

황색 계통의 포자가 비산하기 시작하면 꽃 부분이 녹아내리는 현상이 나타나므로 이 시기에 도달하기 전에 수확하는 것이 바람직하다. 자실체의 생장을 유도하는 기간은 발생실로 옮긴 이후 대체로 2개월 정도의 기간인데, 버섯 생육실의 조건에 따라 다소 차이가 있다. 버섯의 꽃 부분이 밑으로 처지는 경우 무름병 등의 현상이 나타날 수 있으므로 지나치게 커지기 전에 수확하는 것이 바람직하다. 단목 재배의 경우, 톱밥을 이용한 재배와 달리 여러 차례 수확을 할 수 있고, 2차 수확 시기의 산물이 1차 수확 시기에 비하여 오히려 품질이 좋다.

❷ 수확 방법

자실체 잔존물이 남으면 오염균이 만연될 수 있으므로 깔끔하게 떼어 내야 한다. 수확 시기가 늦어질 경우, 나타나는 잔존물의 처리에 유의하여야 한다. 2차 수확을 유도할 경우, 물로 단목을 깨끗이 씻은 후 봉지를 다시 덮어 주고 90%의 습도 조건에서 25℃의 온도로 높여 보름 내외의 휴면 시기를 갖는다. 2차 발생을 위해서는 22℃ 수준으로 다시 온도를 낮추어 주며, 이후의 자실체 생장 유도 및 수확 방법은 위에 서술한 바와 같으며, 3~5차례까지 수확할 수 있다.

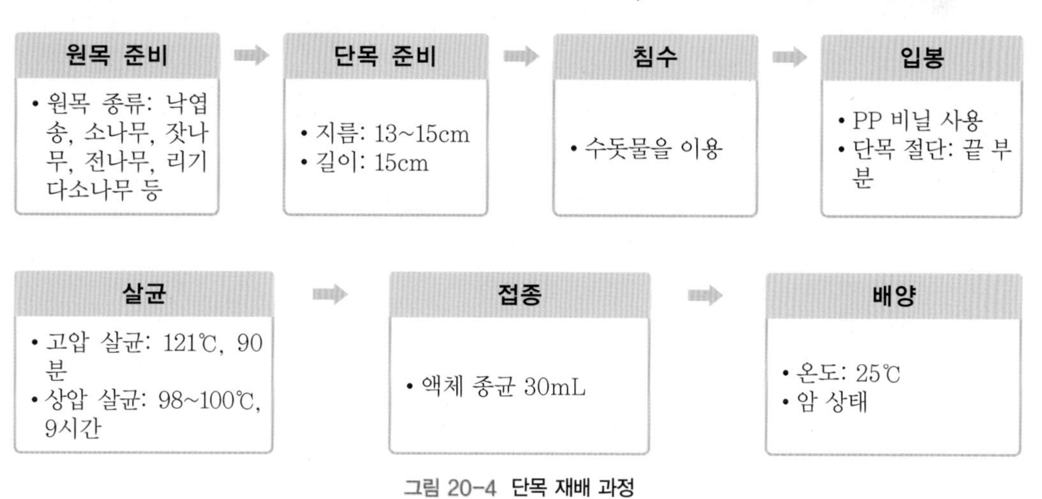

그림 20-4 단목 재배 과정

2) 톱밥을 이용한 재배

(1) 봉지 재배

봉지 재배는 단목 재배와 달리 톱밥을 이용하여 버섯이 필요로 하는 첨가물을 넣은 배지를 만든 후 이를 봉지에 넣어 멸균, 접종, 배양 등의 과정을 거쳐 시설물 내에서 대량 생산하는 집약적인 재배 방법이다. 단목 재배보다 재배 공정이 짧고 연중 생산이 가능하지만, 연중 재배로 인한 재배사 주변 오염 시 큰 피해를 입을 수 있어 청결한 환경 유지가 매우 중요하다.

봉지 재배 과정은 크게 배지 제조, 균사 배양, 자실체 생육의 3단계로 나눌 수 있다. 먼저 버섯 종류에 따라 재배에 적합한 톱밥, 부재료(영양원) 등 필요한 재료를 준비한 다음, 적당한 비율로 균일하게 혼합하여 수분을 조절하면서 배지를 제조한다. 재료의 배합이 끝나면 즉시 입봉기로 배지를 봉지에 넣어 필터가 부착된 뚜껑을 닫은 다음, 살균기에 넣고 고압 증기 보일러를 이용하여 증기 살균을 한 후 냉각기로 옮겨서 실온까지 냉각시켜 접종실에서 종균을 접종한다. 접종을 끝마친 봉지는 23±2℃의 배양실로 옮겨 배양하게 된다.

배지 준비 / 배지 배합 / 입봉 작업

살균 작업 / 접종 작업 / 배양

그림 20-5 **톱밥을 이용한 봉지 재배 공정**

❶ 톱밥 준비

국내에서 생산되는 대부분의 침엽수 및 미송(*Pseudotsuga menziesii*) 톱밥을 사용한다. 일반적으로 톱밥은 길이 5mm 이하의 목재 조각을 의미하는데, 1mm 이하의 톱밥은 가능하면 제하고 사용하는 것이 좋다. 톱밥은 야외에서 비를 맞히면서 송진을 비롯한 휘발 성분이 감소하도록 6개월 이상 후숙시키거나 증기 처리를 통해 방향족 화합물이 다소 감소된 상태로 사용하면 배양 기간의 단축에 도움을 준다. 단, 이 과정이 꽃송이버섯 재배에 필수적인 것은 아니다.

현재까지 확인된 톱밥 배지의 조성은 두 가지가 있는데, 톱밥에 보릿가루를 중량 대비 8:2의 비율로 섞고 3% 수준의 설탕을 첨가한 후 수분 함량을 65% 수준으로 맞추어 잘 섞어서 사용하는 배지와, 낙엽송 톱밥과 밀가루, 옥수숫가루를 중량비로 7:1:2의 비율로 섞고 3~5% 수준의 물엿 수용액을 첨가하여 수분 함량을 60%로 만든 배지이다(그림 20-5).

❷ 입봉 작업

배양 봉지를 이용하여 톱밥 혼합 배지를 넣어 재배할 수 있다. 배양 봉지는 식용 버섯 재배에 널리 사용하는 내열성 PP(폴리프로필렌) 재질을 사용한다. 꽃송이버섯은 균사 생장이 늦은 반면 원기가 저절로 형성되는 것을 감안할 때, 1.5kg 이하의 배지를 만드는 것이 유리하다. 일반적으로 가로 12cm, 세로 8cm 높이 30cm 규격의 PP 봉지에 500~600g의 혼합 배지를 다져 넣는다. 다져진 배지 가운데에는 지름 1.5~2cm, 깊이 5~10cm 구멍을 1~2개 만들고 필터가 달린 뚜껑으로 입구를 막는다. 각 배양 봉지에 준비된 배지는 121℃에서 90분 동안 멸균한다.

❸ 종균 접종

① 액체 종균 접종

단목 재배와 마찬가지로 접종은 3인 1조로 무균실 또는 무균상에서 실시한다. 1인은 배양 봉지의 개봉 및 접종자에게 인계, 1인은 접종, 나머지 1인은 접종된 배양 봉지의 뚜껑을 덮어 정리하는 역할을 한다. 접종은 미리 준비한 액체 종균을 반자동 접종기 등을 이용하여 1~2개의 구멍에 각각 20mL씩 투입하며 접종한다. 접종 후에는 필터가 달린 뚜껑으로 입구를 다시 막은 후 배양실로 옮긴다. 이때 접종일이 같은 배지는 함께 무리를 지어 정돈해 두는 것이 좋다.

② 톱밥 및 곡물 종균 접종

톱밥 및 곡물 종균도 액체 종균의 경우와 마찬가지로 3인 1조로 접종하는 것이 바람직하다. 접종은 준비된 접종용 톱밥 종균병의 윗부분을 잘라 어른용 숟가락으로 1스푼(약 20g)을 떠서 배양 봉지의 뚜껑을 연 후 1~2군데를 중심으로 조심스럽게 뿌려 준다. 액체 종균 접종과 마찬가지로, 접종 후에는 필터가 달린 뚜껑으로 입구를 다시 막은 후 배양실로 옮기고, 접종일이 같은 배지는 함께 무리를 지어 정돈해 두는 것이 관리하기에 좋다.

❹ 배양

톱밥 재배의 적정 배양 조건도 온도 23±2℃, 상대습도 60±5%이다. 배양은 암 배양 조건으

그림 20-6 배양실 생육

로 45일 이상 실시하며, 균사의 생육 상황 점검 이외에는 빛을 제공하지 않는 것이 좋다. 톱밥 재배에서도 별도의 후기 배양(명 배양)은 필요하지 않다. 배양 중 빛은 꽃송이버섯의 균사 생장에 오히려 장해 요인이 될 수 있으므로 암 배양을 하는 것이 좋으며, 암 배양 과정만으로도 원기가 저절로 형성된다(그림 20-6).

❺ 버섯 생육 및 수확

① 발생 처리

봉지 재배의 경우에는 단목 재배와 마찬가지로 봉지 내에서 원기가 5cm 이상의 크기를 갖추고 꽃이 분화되기 시작하면 버섯 생육실로 옮긴다. 생육실은 온도 20℃ 내외, 습도 90~95%로 조절하고, 지속적인 환기를 꾀하거나 1일 15분/4회의 조건으로 환기를 시키면 자실체의 생장이 원활하다.

② 자실체 생장 유도

버섯 생육실은 상대습도를 90~95%로 유지하며 조도는 명 배양의 조건인 120lx 수준을 유지한다. 버섯 생육실로 옮긴 배양병 또는 봉지에서는 일주일이 채 되지 않아 꽃 부분이 확장되며 배양병 또는 봉지의 바깥으로 꽃 부분이 올라오게 된다. 자실체 생장을 유도하는 기간은 발생실로 옮긴 후 1개월 내외이지만, 균주나 배양 조건에 따라 차이가 발생할 수 있다(그림 20-7).

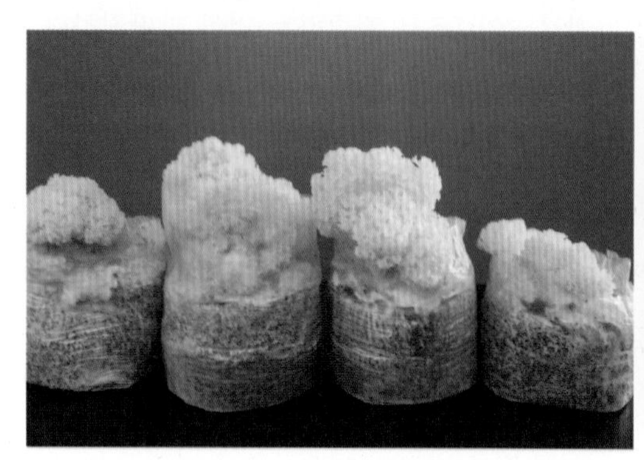

그림 20-7 봉지 재배 꽃송이버섯 자실체(배지 조성: 낙엽송 톱밥 7+밀가루 1+옥수숫가루 2)

③ 꽃송이버섯 수확

봉지 재배에서도 수확 시기를 결정하는 것은 상품성과 생산성이다. 가능하면 충분히 성숙한 다음 수확을 해야겠지만, 자실체가 봉지 밖으로 처지면서 봉지나 바닥에 닿아 갈변하는 현상이 없도록 유의하여야 한다. 2곳 이상에서 각각 자실체가 형성된 경우에는 자실체의 성숙도에 따라 충분히 자란 부위만 조심스럽게 떼어 내고, 다른 부분에서 자라는 자실체는 지속적으로 생장을 유도하는 것이 바람직하다. 자라고 있는 자실체를 잘라 내는 경우에는 그 부위에서 자실체가 더 이상 생장하지 못하고 상하게 되므로 한 번에 수확하는 것이 좋다. 봉지 재배의 경우에도 단목 재배처럼 2회 이상의 수확이 가능하지만 휴면기에 오염도가 높으므로 1회 수확이 오히려 더 경제적인 것으로 판단된다(그림 20-8).

그림 20-8 봉지 재배한 꽃송이버섯의 수확

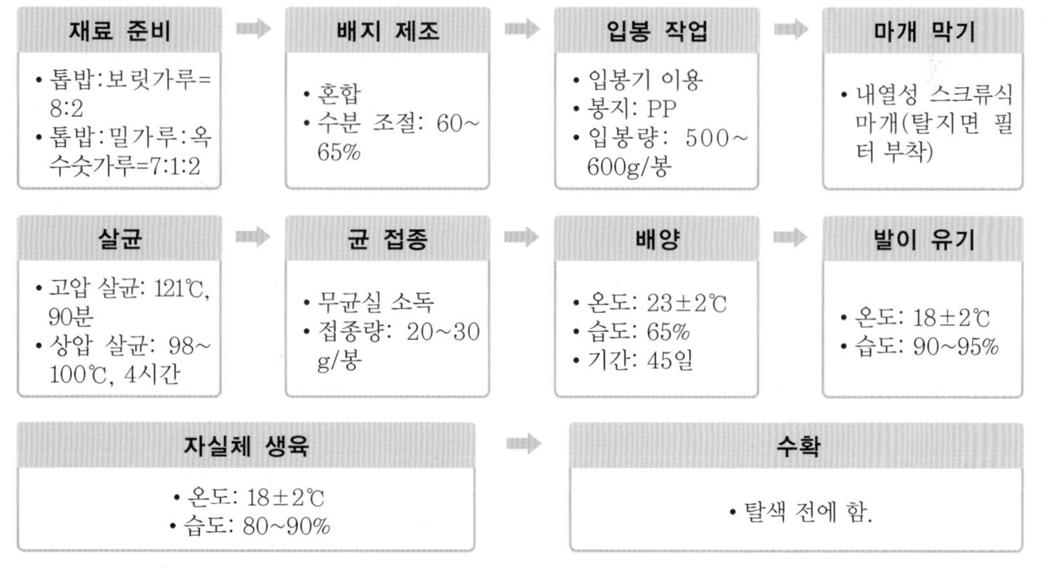

그림 20-9 꽃송이버섯의 봉지 재배 과정

(2) 병재배

병재배는 봉지 재배와 거의 비슷한 공정으로 진행되지만, 비닐봉지 대신 플라스틱으로 만든 850~1,000mL의 병 모양 용기를 사용한다는 점이 다르다. 봉지 재배와 마찬가지로 배지 준비, 입병, 살균, 접종, 배양, 생육 등 여러 단계를 자동화 기계 작업으로 수행하고 공조 시설이 구비된 실내에서 환경을 조절하여 버섯을 생산한다.

❶ 톱밥 준비, 재료 배합

톱밥을 준비하고 재료를 배합하는 공정은 봉지 재배 공정과 같다.

❷ 입병 작업

톱밥 배지의 배합과 수분 조절이 완료되면 즉시 입병 작업을 하는 것이 좋다. 배합이 끝난 배지를 오래 방치하게 되면 변질되기 쉬우며, 배지 표면의 수분이 증발하여 부분적으로 수분 부족 현상을 일으킬 수 있다. 입병할 때는 배지를 가득 채우지 않고 윗부분 15% 정도의 공간을 확보해 두는 것이 바람직하다. 예를 들면, 1,000mL의 병에 850mL 눈금까지 채워지도록 다지는 것이 좋은데, 배지 밀도는 0.76g/㎤이 가장 적정하므로 이때 배지는 645g 정도만 넣는 것이 바람직하다. 배지를 다져 넣은 후에는 가운데에 지름 1.5~2.0cm의 구멍을 5~10cm 깊이로 뚫고 마개를 막아 살균 작업을 한다.

❸ 살균

살균은 톱밥이나 첨가제에 존재하는 미생물(잡균)을 사멸시키는 작업이다. 부수적인 효과는 배지에 함유되어 있는 영양 성분을 버섯균이 이용하기 쉬운 상태로 변화시키고 배지의 물리성을 연화시켜 버섯균을 잘 자라게 하는 데 있다. 살균은 상압 살균과 고압 살균이 있지만 병재배는 완전 살균이 되는 고압 증기 살균을 하는 것이 유리하다.

❹ 종균 접종

봉지 재배와 마찬가지로 접종은 3인 1조로 무균실 또는 무균상에서 실시한다. 1인은 배양병의 개봉 및 접종자에게 인계, 1인은 접종, 나머지 1인은 접종된 배양병의 뚜껑을 덮어 정리한다.

① 액체 종균 접종

액체 종균 접종은 미리 준비한 액체 종균을 자동 접종기 등을 이용하여 배양병당 약 30mL를 미리 만든 구멍을 중심으로 살포하는 방식으로 실행한다. 접종이 완료되면 병 입구를 다시 막은 후 배양실로 옮긴다. 이때 접종일이 같은 배지끼리 정돈해 두는 것이 좋다.

② 톱밥 종균 접종

톱밥 종균을 이용할 때에는 준비된 접종용 톱밥 종균병의 윗부분을 잘라 어른용 숟가락으로 1스푼(약 20g)을 배양병의 뚜껑을 열고 윗부분에 조심스럽게 뿌려 주는 방식으로 진행한다. 접종 후의 관리 방식은 액체 종균과 마찬가지로 접종 날짜가 같은 배지끼리 정돈해 두도록 한다.

❺ 배양

접종 작업 완료 후 배양실로 옮겨진 배양병은 온도 23±2℃, 상대습도 60±5%의 암 조건에서 배양한다. 배양은 배양병의 크기에 따라 다소 차이가 있지만 40일 이상 소요되며, 균사의 생육 상황 점검 이외에는 빛을 제공하지 않는 것이 좋다. 배양의 원리 등은 봉지 재배와 다를 바 없으므로 구체적인 설명은 생략한다(그림 20-10).

그림 20-10 **배양실 생육**

그림 20-11 **원기**(어린 버섯) **발생**

❻ 버섯 생육 및 수확

① 발생 처리

꽃송이버섯은 별도의 발생 처리가 필요 없다. 다른 버섯의 재배 방식처럼 원기의 균질한 형성을 위하여 균긁기를 할 경우 원기(그림 20-11)를 다시 형성하는 데 오래 걸리며, 균긁기를 하지 않아도 자실체가 1개로 연합하여 발생하게 되므로 균긁기는 하지 않는 것이 바람직하다. 버섯 생육실의 조건은 봉지 재배와 크게 다를 바 없다.

② 자실체 생장 유도

버섯 생육실은 봉지 재배와 마찬가지로 상대습도 90~95% 내외, 조도 120lx 수준을 유지한다. 병재배의 자실체 생장 유도 기간은 대체로 1개월 수준이다(그림 20-12).

그림 20-12 **병재배 꽃송이버섯 자실체**

③ 수확

버섯 생육실로 옮긴 후 보름 정도 경과하면 꽃송이버섯의 자실체는 수국과 같은 모양의 꽃 부분이 완전히 형성되어 병 밖으로 처지는 현상이 나타나는데, 병에 자실체가 닿아 갈변하는 현상이 없도록 유의하여야 한다. 꽃 부분과 기부를 함께 배지에서 떼어 내는 방식으로 수확하되, 상품을 구분할 때는 꽃 부분과 기부를 분리하여 관리하는 것이 바람직하다(그림 20-13).

그림 20-13 **병재배한 꽃송이버섯의 수확**

6. 수확 후 관리 및 이용

1) 건조

(1) 자연 건조

수확한 자실체를 직사광선이 내리쬐는 곳에서 건조시키면 꽃송이버섯 고유의 색이 사라지고 갈변화가 심하게 되어 상품 가치가 떨어지므로 채반 위에 넓게 펼쳐서 바람이 잘 통하는 그늘이나 선풍기를 가동시켜서 말리는 것이 좋다(그림 20-14). 하지만, 이러한 방법은 시간이 오래 걸리고 상대습도 등 기상 조건의 영향을 많이 받으므로 통풍이 잘되는 맑은 날이 자연 건조에 적당하다.

(2) 열풍 건조

농가에서 흔히 사용하는 전기건조기 또는 석유 열풍건조기를 사용하여 건조한다. 꽃송이버섯 고유의 색을 유지시키고 부피나 모양의 변형을 줄이기 위해 30~40℃의 온도 조건으로 18~24시간 동안 환풍기를 작동시켜 건조시키며 중간에 한 번 뒤집어 준다(그림 20-15).

그림 20-14 **자연 건조한 꽃송이버섯**

그림 20-15 **열풍 건조한 꽃송이버섯**

(3) 동결 건조

동결건조기를 이용하여 건조할 수 있는데, 동결 건조는 값비싼 장비가 필요하므로 경제적으로 많은 부담이 되는 점을 감안할 때 특별한 목적이 있는 경우가 아니라면 굳이 동결 건조를 할 필요는 없다. 다만, 동결 건조는 꽃송이버섯이 지닌 각종 약리 성분(효소)의 활성을 유지시켜 줄 수 있다는 점과 형태와 색상의 변형을 줄일 수 있다는 장점이 있다.

2) 가공 및 이용

(1) 신선 포장 및 건조 포장

꽃송이버섯은 수요자의 기호에 맞도록 곧바로 수확한 후 100g 단위로 포장하여 출하하는 신

신선 포장

건조 포장

그림 20-16 **국내외에서 유통되는 꽃송이버섯**

선 포장으로 시장에 유통하여 생버섯의 향과 맛을 즐길 수 있다. 하지만, 아직은 약용 버섯으로 인식되어 생버섯이 활발하게 거래되지 않으므로 오랜 시간 보관하며 유통을 시키거나 음용을 위한 건강차로 이용이 가능하도록 건조 포장 형태로 출하하는 경우가 많다(그림 20-16).

(2) 꽃송이버섯 가루와 꽃송이버섯 환

꽃송이버섯은 곱게 가루를 내서 기능성 국수나 쿠키 재료 등으로 활용할 수 있으며, 버섯가루를 이용하여 환으로 제작하는 등 다양하게 이용이 가능하다(그림 20-17).

그림 20-17 꽃송이버섯 가루와 환

(3) 꽃송이버섯 차

잘 말린 꽃송이버섯의 기부를 100~250℃에서 1~5분간 덖음 처리한 후 티백차 또는 덖음차로 제작 가능하나 200℃ 이상에서는 항산화 효과가 현저히 떨어지는 것으로 나타났다(그림 20-18). 따라서 차로 제작할 경우, 가능하면 200℃ 이하에서 3분 이하로 덖음 처리한 후 음용하면 비교적 항산화 효과 또한 높다. 티백 차의 경우 1티백당 0.5~0.8g 투입 시 가장 먹기 좋은 농도로 향과 맛을 음미할 수 있다.

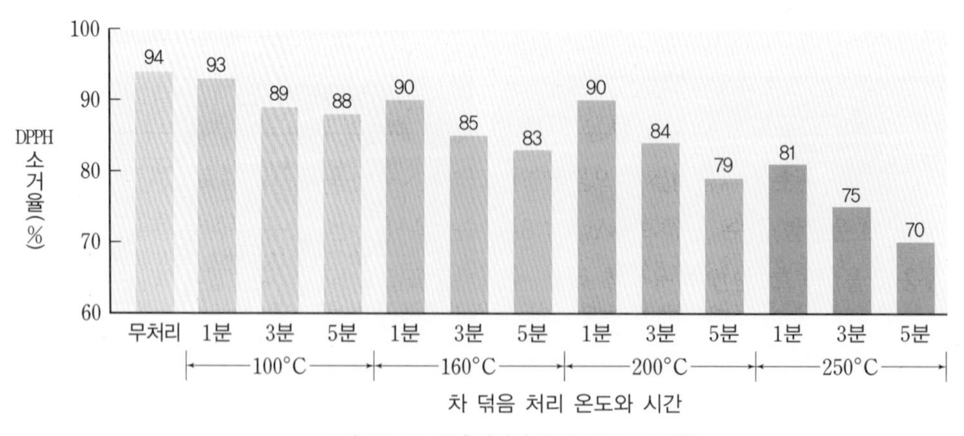

그림 20-18 꽃송이버섯 차의 DPPH 소거율

(4) 꽃송이버섯 화장품

꽃송이버섯 화장품을 만들기 위해서는 먼저 꽃송이버섯 1kg을 발효액(Yeast, Lactobacillus, Rhodopseudomonas 혼합 배양) 약 20L에 담아 실온에서 3~5일 정도 발효한다. 이렇게 발효된 것을 여과하여 감압 농축하고, 고압 멸균기로 멸균한 다음 에탄올을 첨가하여 용해한다. 이것을 다시 감압 농축하여 꽃송이버섯 발효 추출물을 얻어서 기초 화장품 베이스를 제조한다. 이때 추출물의 첨가 농도는 2~5%로 조절하는 것이 화장품의 성상 변화에 영향을 주지 않는다.

(5) 꽃송이버섯 식빵

꽃송이버섯 식빵 제조를 위한 반죽의 배합비를 보면 꽃송이버섯 동결 건조 분말을 베이커 퍼센트(baker's percentage)로 밀가루 100g 기준에 대해 0%, 0.5%, 1%, 2%, 4%로 각각 달리하여 첨가한 결과, 꽃송이 버섯 첨가 1%, 2%, 4% 모두 정상적인 외관이 형성되지 않고 빵의 부피가 감소하였다. 따라서 꽃송이버섯 분말을 1% 미만으로 첨가하여 빵을 만들면 외관 형성에 큰 영향을 주지 않는다(그림 20-19). 꽃송이버섯 식빵 제조 시 꽃송이버섯 1% 미만 첨가 빵의 관능 평가 결과, 꽃송이버섯 동결 건조 분말 0.3% 첨가군이 가장 좋은 점수를 얻어서 꽃송이버섯 분말이 소량 첨가된 빵이 긍정적인 영향을 미치는 것으로 나타났다. 저작감 실험 시 꽃송이버섯 분말이 첨가되면 견고성이 높아지고 탄력성이 낮아졌으나, 이러한 특성이 관능 평가 시에는 크게 영향을 미치지 않았음을 알 수 있었다. 그러나 상대적으로 자연 건조(그림 20-20)한 꽃송

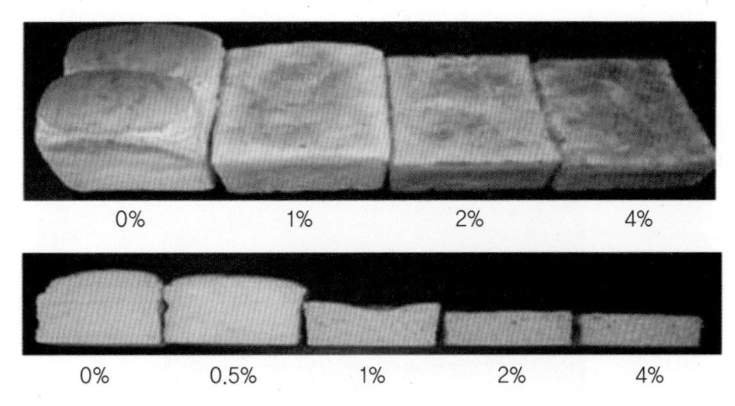

그림 20-19 동결 건조 꽃송이버섯 첨가 농도에 따른 식빵의 외관 형성

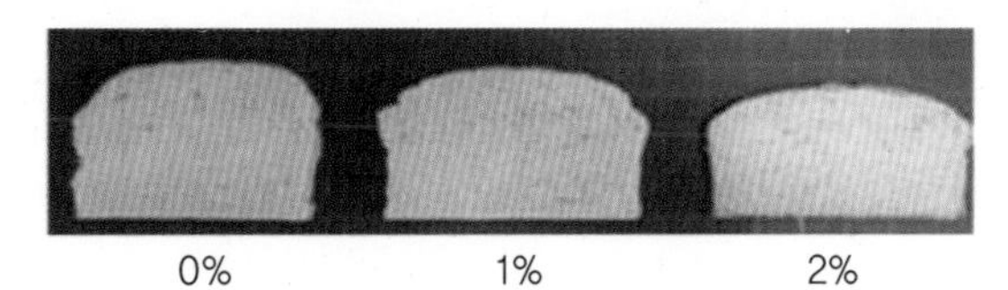

그림 20-20 자연 건조 꽃송이버섯 첨가 농도에 따른 식빵의 외관 형성

이버섯으로 식빵을 제조할 경우, 동결 건조한 꽃송이버섯을 첨가한 빵과는 상이하게 꽃송이버섯 첨가물 2% 까지는 정상적인 형태를 갖는 것으로 파악된다.

(6) 꽃송이버섯 가공식품 및 요리

꽃송이버섯은 다른 약용 버섯과는 달리 음식으로 식용이 가능하다. 즉, 약용으로 이용하는 것과 더불어 다양한 레시피를 개발하여 요리로 이용이 가능하다. 장아찌, 침출주, 피클, 환자용 영양죽 그리고 서양 요리에도 활용해 볼 수 있다(그림 20-21).

장아찌 술 피클 영양죽

그림 20-21 **꽃송이버섯 가공식품 및 요리**

꽃송이버섯의 요리 몇 가지를 소개하면 다음과 같다.

■ 꽃송이버섯 퓨전 양갱

- 재료: 약초물, 꾸지뽕잼, 한천, 꽃송이버섯
- 청포묵 가루를 끓인 물에 약초 우린 물과 꾸지뽕 잼을 넣어 다홍색을 만들고 꽃송이버섯을 넣어 만든 성인용 양갱

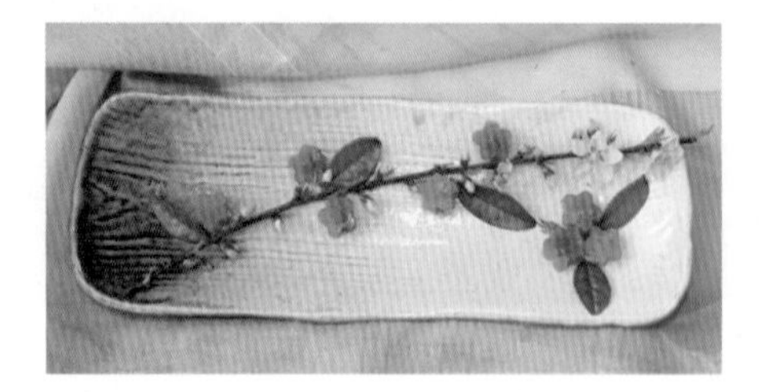

■ 꽃송이버섯 전복쌈

- 재료: 꽃송이버섯, 더덕, 파프리카, 아스파라거스, 전복 등
- 몸에 좋은 버섯과 약초 등의 산채와 전복이 어우러진 산과 바다의 재료가 만난 건강한 음식

■ 꽃송이버섯 미니 구절판

• 재료: 느타리, 꽃송이버섯, 당근, 파프리카, 오이, 적양배추
• 버섯들과 각종 채소가 함께 조화를 이룬 화려한 색감을 지닌 미니 구절판

〈유영진, 오득실, 가강현, 박현〉

참고 문헌

• 가강현, 박원철, 윤갑희, 오득실, 천우재, 박준모. 2007. 꽃송이버섯. 국립산림과학원 연구자료 제295호. 65pp.
• 박병수, 박정환, 정성호, 한소라. 2007. 낙엽송의 심재부후 및 윤할 발생 특성. 2007 한국목재공학회 학술발표대회 논문. p. 257-258.
• 박현, 오득실, 가강현, 유성열, 박주생, 황재홍, 박준모. 2009. 꽃송이버섯에 의한 침엽수 심재부후 발생 환경 및 낙엽송 피해목의 재질 특성. 한국임학회지 98: 16-25.
• 박현, 이봉훈, 가강현, 박원철, 오득실, 박준모, 천우재. 2006. 증기 처리한 침엽수 톱밥을 이용한 꽃송이버섯 재배. 목재공학 34(3): 84-89.
• 박현, 이봉훈, 오득실, 가강현, 박원철, 이학주. 2005. 보릿가루가 첨가된 침엽수 톱밥을 이용한 꽃송이버섯 재배. 임산에너지 24(2): 31-36.
• 서상영, 유영진, 정기태, 류정, 고복래, 최정식, 김명곤. 2005. 꽃송이버섯(*Sparassis crispa*) 균사 생장 최적화. 한국버섯학회지 3(2): 45-51.
• 야도마에 토시로. 2001. 암을 이기는 신비의 약용 버섯

- 오득실. 2003. 꽃송이버섯의 균사 생장 최적화를 위한 배지 조성 및 배양 조건에 관한 연구. 전남대학교대학원 석사학위 청구논문. 33pp.
- 오득실, 박준모, 박현, 가강현, 천우재. 2009. 꽃송이버섯 자생지의 입지 특성 및 식생 구조. 한국균학회지 37(1): 33-40.
- 유성열, 가강현, 박현, 박원철, 이봉훈. 2009. 낙엽송 톱밥을 이용한 꽃송이버섯 균주별 재배 특성. 한국균학회지 37(1): 49-54.
- 유영진, 서상영, 서경원, 최동칠, 조홍기, 유영복, 송영주, 류정. 2010. 꽃송이버섯의 단목 봉지 재배 기술 개발. 한국버섯학회지 8(1): 16-21
- 윤영범. 1978. 조선버섯도감. 과학백과사전출판사. 225pp.
- 이민웅. 이태수, 홍인표, 가강현, 장광준. 2007. 중요 약용재 특성과 재배 신기술 천마 · 저령 · 복령 · 꽃송이버섯. 동국대학교 출판부. p. 296.
- 小岩後行. 2002. カラマシ 根株心腐 炳菌の侵入口. 日林誌 84(1):9-15
- 鏑木德二. 1940. 鮮滿實用林業便覽 VI(附) 菌蕈. pp. 339-368.
- Harada, T., Miura, N. N., Adachi, Y., Nakajima, M., Yadomae, T. and Ohno, N. 2002a. Effect of SCG, 1, 3-β-D-glucan from *Sparassis crispa* on the hematopoietic response in cyclophosphamide induced leukopenic mice. *Biol. Pharm. Bull.* 25: 931-939.
- Harada, T., Miura, N. N., Adachi, Y., Nakajima, M., Yadomae, T. and Ohno, N. 2002b. IFN-γ induction by SCG, 1, 3-β-D-glucan from *Sparassis crispa*, in DBA/2 Mice in vitro. *Journal of Interferon & Cytokine Research* 22: 1227-1239.
- Shim, J. O., Son, S. G., Yoon, S. O., Lee, Y. S., Lee, T. S., Lee, S. S., Lee K. D. and Lee, M. W. 1998. The optimal factors for the mycelial growth of *Sparassis crispa. The Korean Journal of Mycology* 26(1): 39-46.

제 21 장

침버섯(긴수염버섯)

1. 명칭 및 분류학적 위치

침버섯 또는 긴수염버섯(*Mycoleptodonoides aitchisonii* (Berk.) Maas Geest.)은 주름버섯강(Agaricomycetes) 구멍장이버섯목(Polyporales) 아교버섯과(Meruliaceae) 침버섯속(*Mycoleptodonoides*)에 속하는 식용 버섯(김양섭 등, 2004)으로 늦여름~가을철에 계곡 부근의 활엽수림 고사목이나 그루터기에서 주로 군락을 이루며 발생하는 백색부후균이다.

일본에서는 동북부 산간 지역의 후쿠시마 현이나 야마가타 현에서 매우 흔하게 발생하는 식용 버섯으로 국내에서는 강원도와 제주도, 지리산에서 자생이 확인되었다. 버섯의 자실체는 대가 없고 다수가 중첩으로 발생하며 조직은 유연한 육질이나 마르면 단단해진다. 모양은 부채꼴로 중생하고 크기는 3~10cm로 표면은 밋밋하고 백색 또는 담황색이며 가장자리는 이빨 모양이다. 자실체의 두께는 2~5mm이다. 갓의 아래쪽에 있는 무수한 침상돌기는 바늘 모양으로 뾰족하고 길이는 3~10mm로 백색이며, 마르면 약간 갈색을 띤다.

버섯은 상큼한 과일향이 강하여 야생 채취 시 쉽게 찾을 수 있다. 이 향은 부틸에스테르 성분인데, 다소 강한 향으로 거북함을 느낄 때는 뜨거운 물에 살짝 데치거나 건조시킨 후 요리를 하면 은은한 향과 더불어 쫄깃한 식감으로 다른 식자재의 풍미를 더할 수 있다.

그림 21-1 야생 침버섯 자실체

2. 재배 내력

침버섯(*Mycoleptodonoides aitchisonii*)은 일본에서 맥주박을 이용한 버섯 균상용 영양원 '겐키노코' 를 사용하여 1998년에 균상 재배에 성공하였으며, 침버섯을 이용한 제품에는 일본 기업과 한국 기업이 공동 출하한 회사에서 건강 보조 식품인 '브나하리다케' 를 개발하여 판매하고 있다.

그러나 그 재배 방법이 까다롭고 어려워서 자생지인 일본에서조차 주로 후쿠시마 현, 야마가타 현, 이와테 현 등 일본 동북부 지방의 너도밤나무 숲 삼림 속에서 야생 버섯을 많이 채취해 왔으며, 주로 가을에 사전 예약을 통해 이 야생 버섯이 지역 특산품으로 소비되어 왔다(그림 21-2).

그림 21-2 일본에서의 침버섯 야생 채취 판매

현재 야마나시 현에서는 참나무류 단목을 이용한 인공 재배를 권장하고, 이와 관련된 세미나를 개최하는 등 침버섯에 대한 관심이 증가하고 있는 추세이다. 우리나라에서는 강원도와 제주도에서 자생하는 것으로 확인되었는데, 부드럽고 쫄깃한 식감과 기존 버섯과는 다른 독특한 향으로 미식가들의 사랑이 끊이지 않고 있다.

이처럼 침버섯에 대한 관심의 증가로 국내에서도 이와 관련된 연구가 활발하다. 단목 재배에 그치지 않고 톱밥을 이용한 재배법이 개발되었고, 국내에 적합한 신품종 개발과 관련 특허가 등록되는 등 본격적인 연구가 진행되고 있다. 더불어 침버섯의 안전성 평가를 통해 국내 식품 소재로 등록하고자 세포 독성 및 유전 독성을 동물 실험을 통해 확인해 나가고 있다.

3. 영양 성분 및 건강 기능성

침버섯에 관한 연구는 현재 일본과 한국에서 활발히 이루어지고 있다. 일본 시즈오카 공립대학 등에서 침버섯의 각종 기능성에 대한 연구를 실시하여 혈압 강하 작용(Sato 등, 2004; Tsuchida, 2001; Tsuchida 등, 2002; Mashiko 등, 2003), 혈당의 강하 작용, 항염증 효과(Yoshimasa 등, 1999; Yasukawa 등, 1996)와 뇌 기능 개선 작용이나 발암 프로세스 억제 작용 등을 확인하였다. 이 밖에도 침버섯에서 분리 정제한 렉틴의 혈구 응집 평가를 실시한 결과 당 응집력이 매우 강한 것으로 나타났으며(Hirokazu 등, 2001), 침버섯 추출물이 스트레스나 우울증에 효과가 있는 도파민의 방출을 증진시키는 효과가 있었다(Choi 등, 2009; Okuyama 등, 2004; Gayathri 등, 2012).

또한, 쥐의 피부를 대상으로 침버섯 메탄올 추출물을 쥐의 피부암 2단계에서 처리한 결과, 발암 증진 억제 효과가 있는 것으로 나타나는 등(Ken 등, 1998) 기능성이 높은 버섯으로 드러났다. 현재 당뇨병 치료를 위해 사용되고 있는 설포닐우레아계, 비구아나이드계, 아마릴과 같은 합성 약물들의 개발은 진보적인 발전을 이루었음에도 불구하고 이러한 약물은 제한적인 효과를 갖고 있으며 저혈당 유발, 간 독성, 젖산뇨증 등 부작용의 위험성이 있다. 따라서 부작용이 없는 천연물로부터 혈당을 조절하여 당뇨를 예방하고 치료의 효과도 기대할 수 있는 건강 기능식품 소재의 개발이 절실한 실정이므로 침버섯은 큰 기대를 모으고 있다.

최근 국내 연구 결과에 따르면 인공 재배로 생산된 침버섯 자실체 추출물을 인간 간암 유래 세포주(sk-hep-1)를 통해 세포 독성 평가 시험을 실시한 결과 100ppm의 고농도에서도 세포 독성을 유발하지 않는 것을 확인했으며, 염증성 단백질로 인슐린 신호를 억제해 당뇨병을 유발하는 물질인 인터류킨(Interleukin-6)으로 당뇨를 유발시켜 침버섯 추출물의 항당뇨 효과를 평가한 결과 침버섯 추출물이 항당뇨성 의약품으로 알려진 메트포민(metformin)과 비교 시 100ppm에서 77%의 항당뇨 효과를 입증해 내는 데 성공했다.

이 외에도 당뇨 유발 쥐를 통한 혈당 저하 효능을 확인한 결과 3주 동안 침버섯 추출물 5%를 첨가한 사료를 먹인 쥐 실험군에서 당뇨병 쥐에 비해 혈당치가 100mg/dL 감소하는 효과와 혈당 조절에도 큰 효과가 있는 것을 확인했다. 또한, 피부 미용 개선 효과 및 체지방 개선 효과가 높은 것으로 나타나 연구가 진행 중에 있다.

일본에서는 침버섯의 혈당 및 혈압 강하, 항암, 뇌기능 개선 효과에 관한 동물 및 인체 임상실험을 완료하였으며, 침버섯 추출물을 이용한 분말 제품을 개발하여 판매하고 있다.

4. 배양 및 재배 기술

1) 기내 균사 배양 특성

국내에서는 산림자원연구소가 2009년 균사 배양 및 버섯 특성에 관한 연구를 최초로 시작한 후 기내 배양 및 재배 방법에 대한 연구가 이루어졌다. 이 연구에서 표 21-1의 최적 평판 배지 6종(PDA, YMG, YM, MYPA, ME, HA)에 대한 균사 생장량을 조사한 결과, 효모맥아글루코오스배지(YMG)에서 가장 우수한 균사 생장을 보였고, 다른 배지에서는 거의 유사한 균사 생장을 보였다(그림 21-3). 또한, 배지별 균사 밀도를 조사한 결과 효모맥아배지(YM)와 맥아배지(ME)가 균사 치밀도가 높은 것으로 조사되었으며 하마다배지(HA)가 다소 낮은 것으로 조사되었다(그림 21-4).

표 21-1 평판 배지 조성표 (단위: g/L)

시약명 \ 배지명	MYPA	PDA	ME	YM	YMG	HA
감자		200				
글루코오스				10	4	
말토오스						
덱스트로스		20				20
티아민						
아스파라진						
펩톤	1		5	5		
맥아 추출물	30		20	3	10	
효모 추출물	2			3	4	2
한천	20	20	20	20	15	20

※ MYPA: 효모맥아펩톤배지, PDA: 감자배지, ME: 맥아배지, YM: 효모맥아배지
YMG: 효모맥아글루코오스배지, HA: 하마다배지

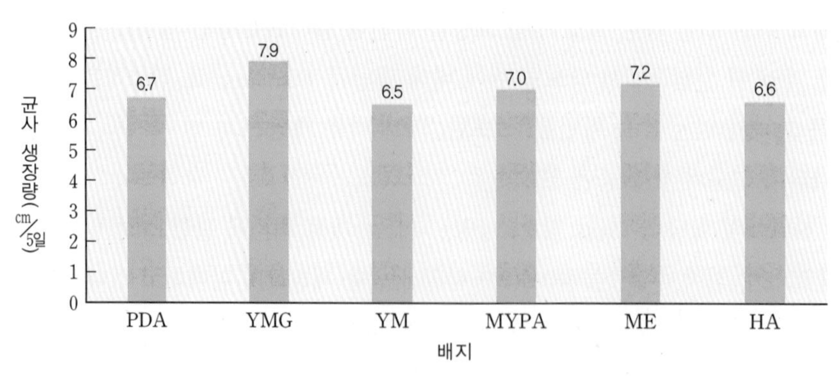

그림 21-3 여러 종류의 평판 배지에서 침버섯의 균사 생장

배지명	PDA	YMG	YM	MYPA	ME	HA
치밀도	++	++	+++	++	+++	+

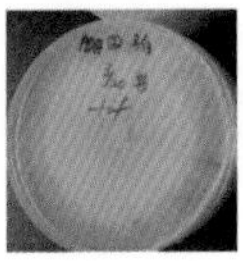

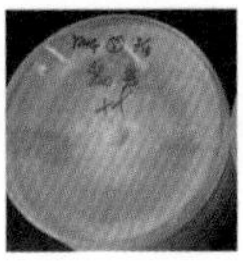

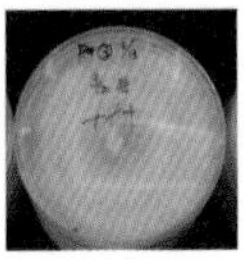

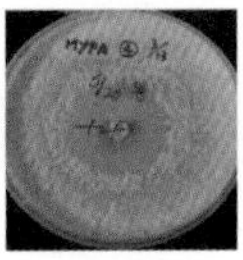

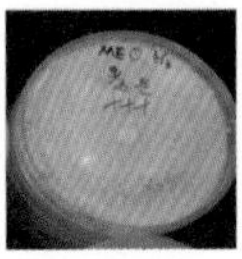

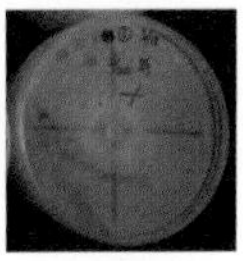

※ +: 낮음, ++: 보통, +++: 높음

그림 21-4 여러 종류의 배지에서 침버섯의 균사 치밀도

또한 감자배지에서의 균주별 배양 특성을 조사한 결과, JF33-01(일본 도입 균주)에 비해 JF33-02(국내 선발 균주)는 평판 배지에서 균사 생장이 빠르고 황변이 잘 되었으며(그림 21-5), 톱밥 배지에서도 JF33-02 균주가 더 빠른 균사 생장과 황변화를 보여 주었다.

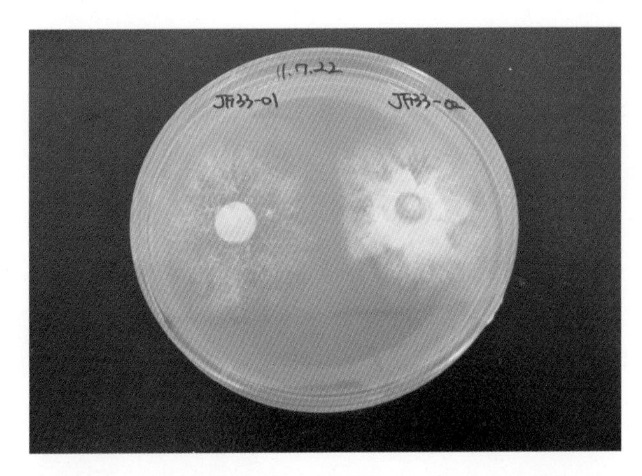

그림 21-5 감자배지에서 JF33-01과 JF33-02의 균사 생장 비교

균사 배양이 우수했던 YMG(Yeast Malt Glucose) 평판 배지에서 최적 균사 배양 온도를 조사한 결과 25℃에서 5일간 정치 배양 시 7.7cm로 가장 우수한 생장량을 보였으며, 그 다음은 20℃에서 6.4cm의 균사 생장을 보였다. 그러나 온도가 15℃ 이하이거나 30℃ 이상에서는 균사 활력이 현저히 떨어지는 것을 확인하였다(표 21-2).

표 21-2 YMG배지에서의 배양 온도에 따른 균사 생장량 (단위: cm/5일)

배양 온도	15℃	20℃	25℃	30℃
균사 생장량	4.1	6.4	7.7	5.2

표 21-3과 같이 배지 조성을 달리한 6종의 액체 배지(MYE, MCM, PDB, GP, GT, Lilly)에 대한 최적 배지를 조사한 결과 30일 동안 정치 배양한 글루코오스펩톤배지(GP)에서 균사체 건

중량이 0.38mg으로 가장 우수한 생장을 보인 것으로 나타났다(그림 21-6). 한편 버섯완전배지(MCM)와 릴리(Lilly)배지에서는 매우 저조한 균사 생장을 보였다.

표 21-3 액체 배양 배지 조성표 (단위: g/L)

시약	PDB	GP	MYE	MCM	Lilly	GT
감자 추출 혼합물	24					
제1인산 칼륨				0.05	1	
황산마그네슘				0.05	0.5	
글루코오스		10	10			5
말토오스					10	
덱스트로스				2		
아스파라진					2	
펩톤		10	5	0.2		
맥아 추출물		15				
효모 추출물		15	3	0.2		3
트립톤						10

※ PDB: 감자액체배지, GP: 글루코오스펩톤배지, MYE: 맥아효모추출배지, MCM: 버섯완전배지, Lilly: 릴리배지, GT: 글루코오스트립톤 배지

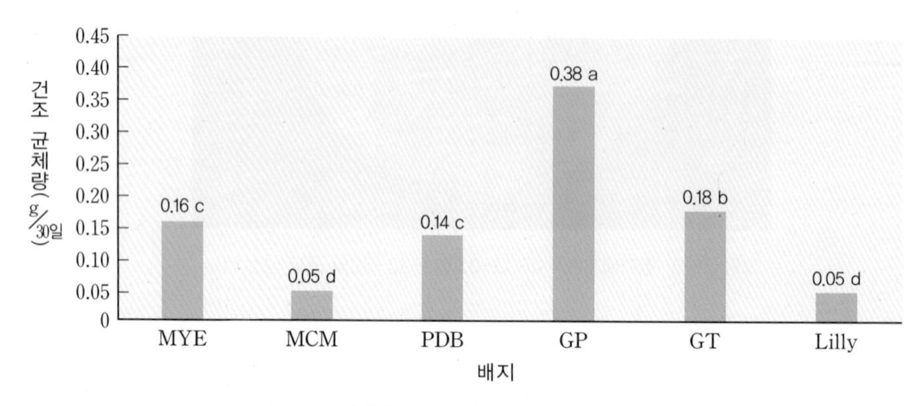

그림 21-6 여러 종류의 액체 배지에서 침버섯의 균사 생장

침버섯 균사의 최적 pH 조건을 확인하기 위하여, 글루코오스펩톤(GP) 액체 배지에서 산도를 달리하여 생장량을 측정한 결과 약산성인 pH 5~6이 최적 산도였다. 이때의 균체량은 0.37~0.38g/30일이었으며, 배지 산도가 pH 6을 초과한 경우 급격한 생장 저하를 보였다(그림 21-7).

표 21-4와 같이 각종 탄소원이 침버섯의 균사 생육에 미치는 효과를 조사한 결과는 수크로스 1%와 2% 첨가구가 글루코오스펩톤배지에서 30일 동안 배양 시 균체 건중량이 0.79mg과 0.73mg으로 가장 높은 균사 생장을 보였지만 통계적 유의성은 없었다. 그 밖의 다른 탄소원

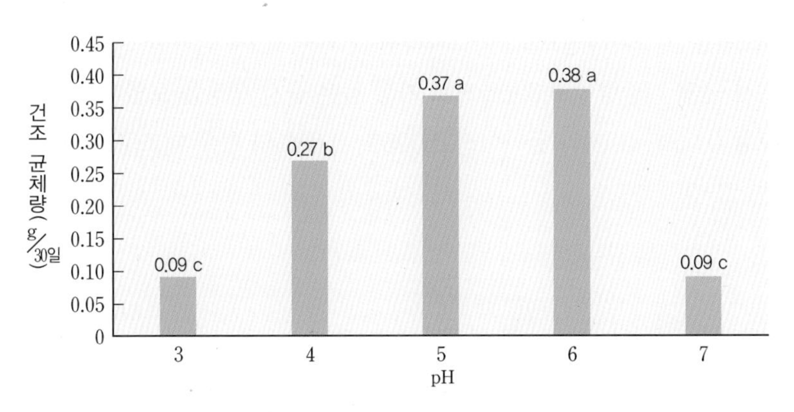

그림 21-7 **글루코오스펩톤배지에서 침버섯의 최적 산도**

표 21-4 영양원 조성표

(단위: %)

탄소원	농도	질소원	농도	무기물	농도
말토오스	0.5 1.0 2.0	아스파라진	0.025 0.05 0.1	제1인산칼륨	0.025 0.05 0.1
수크로스	0.5 1.0 2.0	질산나트륨	0.025 0.05 0.1	황산마그네슘	0.025 0.05 0.1
덱스트로스	0.5 1.0 2.0	글라이신	0.025 0.05 0.1	티아민	0.025 0.05 0.1

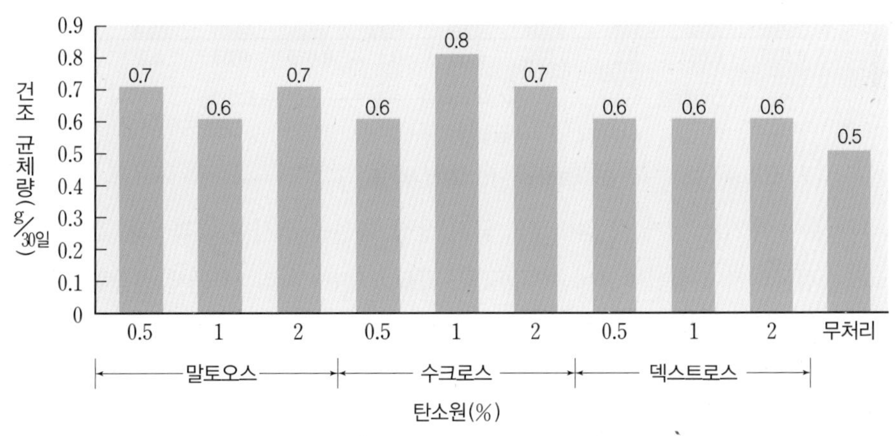

그림 21-8 **탄소원별 최적 영양원**

첨가구에서도 무처리구보다 우수한 균사 생장을 보여 침버섯은 탄소원 첨가가 균사 생장에 영향을 주는 것으로 나타났다(그림 21-8).

또한, 최적 질소원은 아스파라진으로, 아스파라진 0.05%, 0.1% 첨가한 글루코오스펩톤배지에서 30일 배양 시 균체 건중량이 0.69mg으로 가장 높은 균사 생장을 보였다. 그러나 일부 질소원인 질산나트륨 0.05%, 0.1%와 글라이신 0.025%, 0.05%의 경우 대조구보다 낮은 균사 생장을 보였다(그림 21-9).

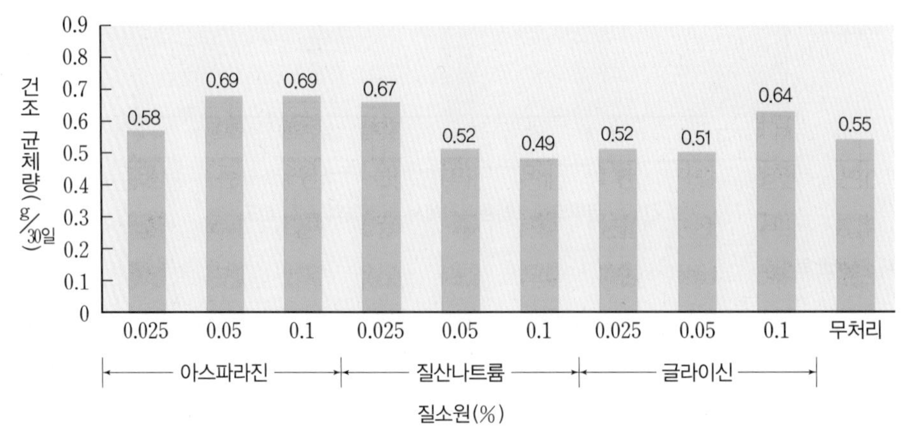

그림 21-9 **질소원별 최적 영양원**

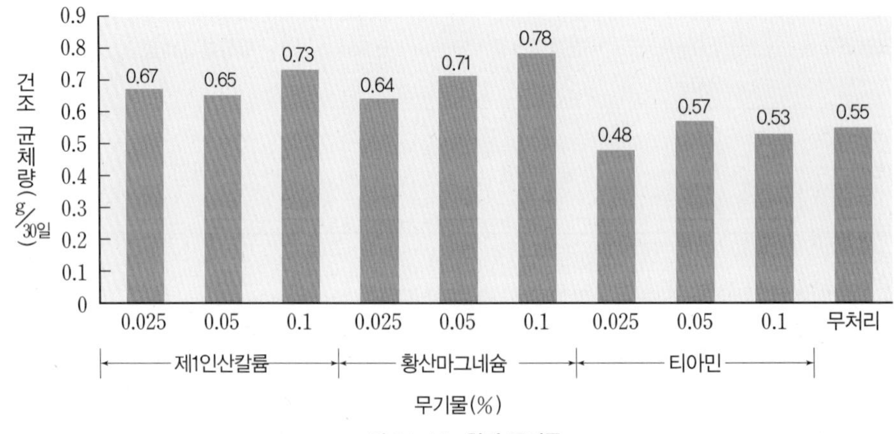

그림 21-10 **최적 무기물**

표 21-4와 같이 무기물 첨가 시 침버섯의 균사 생장 특성을 조사한 결과 그림 21-10에서처럼 글루코오스펩톤배지에 황산마그네슘($MgSO_4 \cdot 7H_2O$) 0.1% 처리 시 균체 건중량이 0.78mg으로 가장 높은 것으로 나타났다. 한편 티아민 첨가구를 제외한 모든 처리구가 대조구보다 우수한 균사 생장을 보였다(그림 21-10).

2) 톱밥 배지 내 균사 배양 특성

침버섯의 인공 재배용 최적 톱밥 배양 조건 선발을 위해 표 21-5와 같이 다양한 조건의 서로 다른 톱밥 배지에서 균사 생장 길이를 조사한 결과 25일 후 왕벚나무 톱밥+미강 배지가 9.3cm

로 균사 생장이 가장 우수한 반면 참나무 톱밥+소맥분 배지는 5.0cm로 균사 생장이 가장 부진하였다(표 21-5).

표 21-5 톱밥 배지 조성에 따른 균사 생장량

구분	배지 조성	비율 (w : w)	배지 무게	배지 수분	균사 생장량 (cm/25일)
오+미	오리나무 톱밥+미강	8 : 2	30g	60±2%	7.2
오+소	오리나무 톱밥+소맥분	8 : 2	30g	60±2%	7.6
참+미	참나무 톱밥+미강	8 : 2	30g	60±2%	8.4
참+소	참나무 톱밥+소맥분	8 : 2	30g	60±2%	5.0
포+미	포플러 톱밥+미강	8 : 2	30g	60±2%	7.7
포+소	포플러 톱밥+소맥분	8 : 2	30g	60±2%	6.2
벚+미	왕벚나무 톱밥+미강	8 : 2	30g	60±2%	9.3
벚+소	왕벚나무 톱밥+소맥분	8 : 2	30g	60±2%	6.4
단+미	단풍나무 톱밥+미강	8 : 2	30g	60±2%	8.6
단+소	단풍나무 톱밥+소맥분	8 : 2	30g	60±2%	6.6
뽕+미	뽕나무 톱밥+미강	8 : 2	30g	60±2%	8.3
뽕+소	뽕나무 톱밥+소맥분	8 : 2	30g	60±2%	6.5

배지 조제 시 탄소원과 질소원, 무기물 등 각각의 영양원을 농도별로 혼합 첨가하였을 때 표 21-6과 같이 무처리 43일에 비해 균사 배양 기간이 단축되는 효과가 있었으며, 이 중에서도 최적 무기물인 황산마그네슘 0.1% 첨가 시 톱밥 병배지 배양 기간이 36일로 가장 단축되는 효과가 있었다.

최적 탄소원인 아스파라진 0.05% 첨가 시 배양 기간 37일, 그 다음은 최적 영양원으로 선발된 탄소원(수크로스 1%)과 질소원(아스파라진 0.05%), 그리고 무기물(황산마그네슘 0.1%)을 동시에 첨가했던 S+A+M(수크로스 1%+아스파라진 0.05%+황산마그네슘 0.1%) 처리구가 배양 기간 39일로 대조구 43일보다는 단축되었으나 각각의 탄소원과 질소원, 무기물을 첨가했던 단용 처리구보다는 다소 배양 기간이 지연되었다. 이 중에서도 최적 탄소원인 아스파라진 0.05% 첨가구의 경우 배양 기간이 42일로 대조구와 별다른 차이가 없었다.

표 21-6 영양원 첨가에 따른 균사 배양 기간

(단위: 일)

영양원	수크로스 1%	아스파라진 0.05%	황산마그네슘 0.1%	S+A+M[1]	무처리
배양 기간	42	37	36	39	43

[1] 수크로스 1% + 아스파라진 0.05% + 황산마그네슘 0.1%

3) 톱밥 병재배 특성

침버섯 톱밥 병재배 기간을 단축하기 위해 7가지 배지 조성 방법에 따른 배지 조성을 실시하여 각 병배지당 600g씩 입병한 후 121℃에서 90분간 고압 살균하여 냉각실에서 충분히 냉각시킨 후 무균실에서 공시 균주를 접종하여 배양(25℃, 암 배양)하면서 초기 배양 균사 생장량을 조사하였다.

그 결과 JF33-02 균주는 참나무 톱밥+건조 맥주박+식용 옥수숫가루(8:1:1) 배지와 참나무 톱밥+건조 맥주박+식용 옥수숫가루+미강(8:1:0.5:0.5) 배지가 각각 13.3일, 13.6일로 가장 빠른 균사 생장을 나타내었다(그림 21-11, 표 21-7).

그림 21-11 **JF33-02 균주의 톱밥 병배양 특성**

참나무 등 활엽수 톱밥과 영양원, 미강을 혼합하여 배지 수분을 62±3% 맞춘 후 일회용 병 및 봉지에 넣고 121℃, 1.2기압 조건에서 90분간 살균한 후 15℃로 냉각시켜 침버섯 재배용 배지로 사용한다. 침버섯 재배용 접종원은 미리 계대 배양을 통해 톱밥 또는 액체 접종원을 사전에 준비, 배양하여 냉각시킨 침버섯 배지에 약 20cc씩 접종한다.

접종한 침버섯 톱밥 배지는 23±2℃ 조건에서 약 20일간 1차 배양하고, 황변 배양은 20일 동안 후숙 배양하며 발이 유도는 재배실로 옮긴 후 온도 142℃, 습도 95% 이상 조건에서 10일 발이 유도 후 파공하여 약 20~25일간 자실체를 발생시킨다.

배양 기간은 영양원의 첨가 조건에 따라 표 21-7과 같이 달라지는데, 참나무 톱밥에 건조 맥주박과 옥수숫가루, 미강을 8:1:0.5:0.5(v:v)로 혼합하였을 경우에 배양 기간이 13.3일로 가장 짧았다.

표 21-7 톱밥 배지별 균사 배양 기간 (단위: 일)

배지 종류	균사 배양 기간
참나무 톱밥+미강	19.1
참나무 톱밥+소맥분	25.2
참나무 톱밥+건조 맥주박+미강	16.6
참나무 톱밥+건조 맥주박+소맥분	20.9
참나무 톱밥+건조 맥주박+옥수숫가루	13.6
참나무 톱밥+옥수숫가루+미강	20.3
참나무 톱밥+건조 맥주박+옥수숫가루+미강	13.3

버섯 재배는 참나무+건조 맥주박+식용 옥수숫가루+미강(8:1:0.5:0.5) 배지를 이용하여 700g 병에 600g 입병 시 톱밥 병재배 소요 기간은 그림 21-12와 같이 총 62일로, 병 배양에 40일, 원기 형성에 8일, 버섯 재배에 14일이 소요되었으며, 버섯 생산량은 153g으로 가장 많았다(표 21-8).

표 21-8 톱밥 배지별 버섯 발생량 (단위: g/62일)

배지 종류	생산량
참나무 톱밥+미강	96
참나무 톱밥+소맥분	85
참나무 톱밥+건조 맥주박+미강	76
참나무 톱밥+건조 맥주박+소맥분	91
참나무 톱밥+건조 맥주박+옥수숫가루	101
참나무 톱밥+옥수숫가루+미강	103
참나무 톱밥+건조 맥주박+옥수숫가루+미강	153

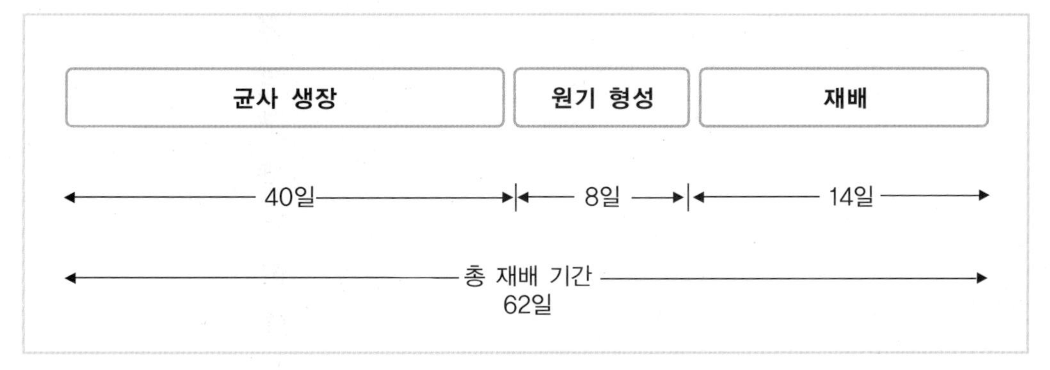

그림 21-12 톱밥 병재배 소요 기간 모식도

4) 원기 형성

배지 입병량에 따른 원기 형성 소요일을 비교한 결과는 그림 21-13과 같다.

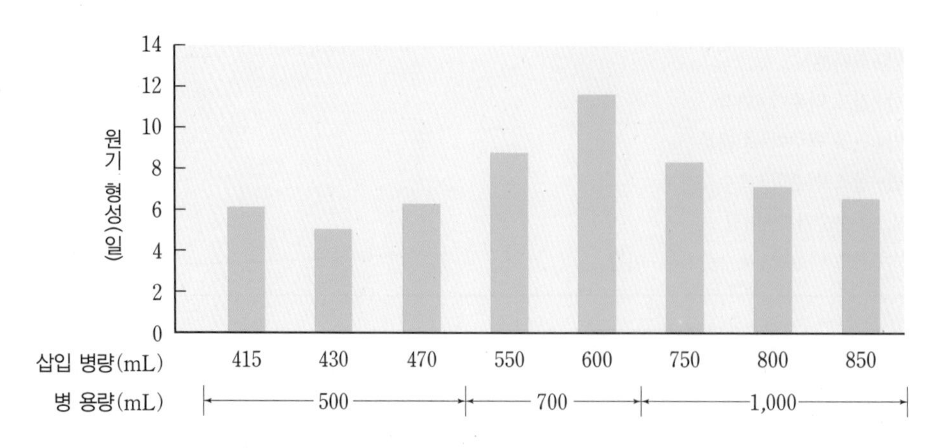

그림 21-13 **입병량에 따른 원기 형성 소요일**(상부 발생 유도 시)

침버섯의 균주별 자실체 특성을 조사한 결과, 일본 균주는 갓 표면이 매끈하고 빛깔이 하얀 것에 비해 국내 선발 균주는 갓 표면이 마치 나이테처럼 자라면서 줄무늬가 생기고 갓이 두껍고 탄력이 있으며 비교적 연한 상아색을 나타내었다. 더욱이 일본 균주보다 국내 선발 균주가 상큼한 과일향이 강하였다.

두 균주 간 자실체의 형태적 특성과 생산량을 조사한 결과, 국내 균주의 자실체가 크기, 두께, 갓 발생 개수, 생산량에서 일본 균주의 자실체보다 더 양호한 것으로 나타났다(그림 21-14, 21-15).

그림 21-14 **상부 발생 유도 시 국내 균주**(좌)**와 일본 균주**(우)**의 형태적 특성**

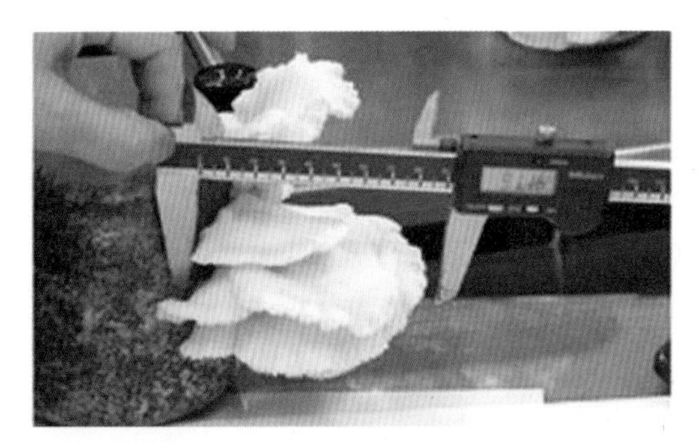

크기

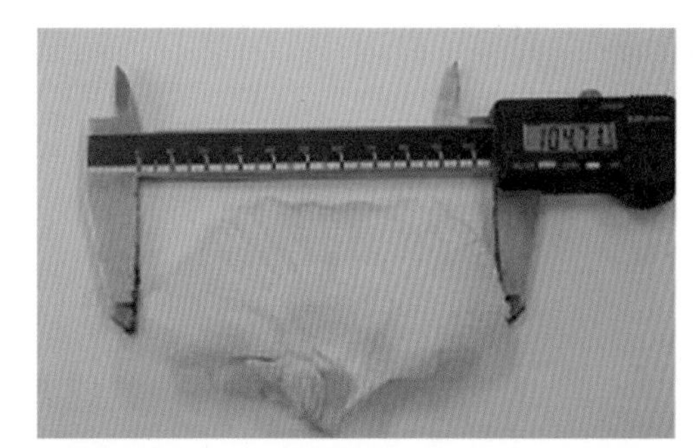

크기

색깔

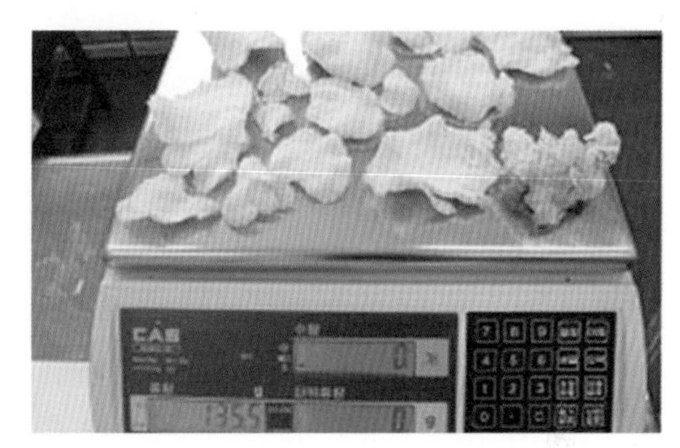

무게

그림 21-15 **침버섯 자실체의 형태적 특성 조사**

5) 병과 봉지 재배 시 원기 및 자실체 발생

톱밥 배지를 재배실로 옮겨서 자실체 발이 유도 후 파공 4일째부터는 원기가 형성되기 시작한다. 병보다 봉지에서 자실체 생산량이 많고, 생장 요소 기간도 짧았다(그림 21-16).

파공 8일째

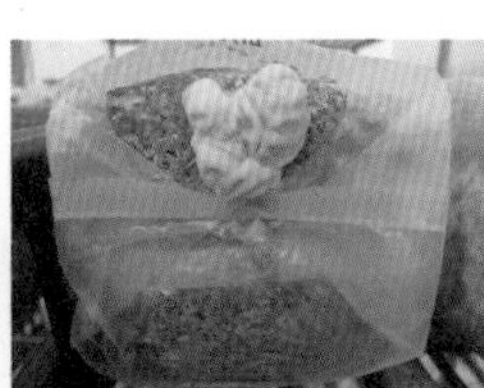

파공 11일째

파공 15일째

파공 17일째

파공 12일째

파공 14일째

파공 16일째

파공 19일째

그림 21-16 **파공 후 원기 및 자실체 발생 과정**

5. 수확 후 관리 및 이용

1) 건조

수확한 침버섯 자실체는 생버섯일 경우 침버섯의 고유 특성상 상큼한 향이 너무 강해서 음식으로 바로 이용 시 다른 재료의 향을 저하시킬 수 있다. 따라서 채취한 버섯을 통째로 또는 잘게 찢어서 바람이 잘 드는 곳에 바로 자연 건조시키거나 열풍 건조를 시키면 특유의 향이 은은해진다. 생버섯을 음식으로 바로 이용할 때에는 뜨거운 물에 데친 후 조리에 사용하면 좋다.

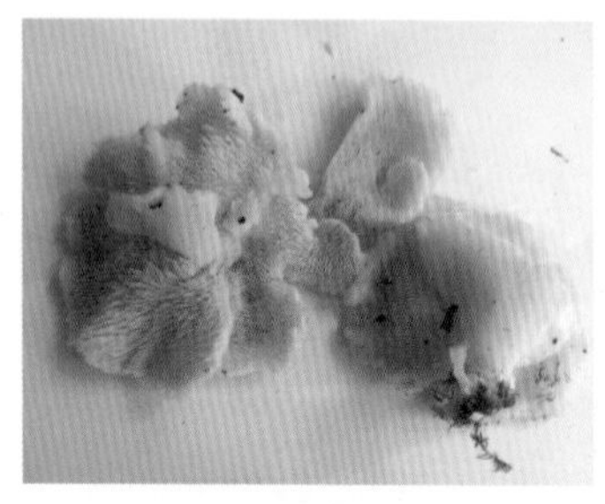

야생 버섯

재배 버섯

동결 건조 버섯

그림 21-17 **재배 유형별 버섯과 건조 버섯**

2) 가공 및 이용

말린 침버섯은 글루탐산, 아스파라진산, L-아르지닌 등 유용한 아미노산을 많이 함유하고 있어 기능성 음료 등 건강식품으로 개발 가능성이 매우 높다(그림 21-18). 이 밖에도 침버섯은 일본 시즈오카 대학 등의 논문 자료에 의하면 항당뇨 및 혈압 저하, 뇌신경 활성화, 항암 작용 등 활성 효과가 높은 버섯에 속하므로 다양한 식의약 소재로 활용될 가치가 풍부하다. 또한, 침버섯은 항산화 활성이 매우 뛰어나서 피부의 주름 개선, 보습 등 다양한 기능성 화장품으로 개발이 가능하다(그림 21-19).

그림 21-18 **음료 시제품**

그림 21-19 **기능성 화장품**

❖ 건조 침버섯을 활용한 요리법

■ 침버섯 스테이크 & 와인그래비소스

• 주재료 (2인 기준): 침버섯 100g, 쇠고기 안심 또는 채끝살 200g, 어린잎채소 15g, 후추 2g, 소금 3g, 올리브유 10mL

• 와인그래비소스 재료: 와인 $\frac{1}{2}$c, 우스터소스 $2\frac{1}{2}$t, 설탕 8g, 물엿 $1\frac{1}{2}$t, 월계수잎 2장

• 만드는 법

① 쇠고기는 키친타올로 핏물을 빼 주고, 소금, 후추로 밑간을 한다.
② 침버섯은 물에 깨끗이 씻어 물기를 제거하고 소금, 올리브유, 후추를 넣어 살짝 볶는다.
③ 쇠고기는 한 면이 $\frac{1}{4}$쯤 익었을 때 뒤집어 굽는다.
④ 어린잎채소는 시원한 물에 씻어 물기를 빼 놓는다.
⑤ 와인그래비소스 재료를 냄비에 넣고 잘 저어 가며 중불로 끓이면 소스가 완성된다.
⑥ 접시에 와인그래비소스를 살짝 뿌린 후, 침버섯과 고기를 담고 고기 위에 소스를 다시 살짝 뿌린 뒤 어린잎채소를 그 위에 올린다.

침버섯 스테이크 & 와인그래비소스

■ 침버섯 영양밥

- 주재료 (2인 기준) : 침버섯 100g, 불린 쌀 1컵, 완두콩 20g, 호두 10g, 은행 10알
- 양념장 재료 : 간장 15mL, 깨소금 2g, 실파 5g, 참기름 7.5mL, 풋고추 1개, 고춧가루 15g

- 만드는 법

① 쌀은 물에 불려 놓는다.

② 뚝배기에 준비된 쌀과 완두콩, 호두, 은행을 넣어 밥을 짓는다.

③ 쪽파, 고추는 잘게 채썰어 놓는다.

④ 침버섯은 물에 깨끗하게 씻어 먹기 좋은 크기로 찢은 후 참기름과 함께 버무려 놓는다.

⑤ 양념장 재료로 양념장을 만든다.

⑥ 밥이 다 지어지면 참기름에 버무려 놓은 침버섯을 얹어 뜸을 들인다.

⑦ 양념장과 함께 비벼 먹는다.

침버섯 영양밥

■ 침버섯 야채말이

• 재료 (2인 기준) : 침버섯 100g, 쇠고기 100g, 파프리카(노랑, 빨강), 당근 중 1개, 청양고추 10개, 오이 1개, 후추 1g, 소금 3g, 초고추장 15mL, 매실 엑기스 15mL, 영양 부추 15g

• 만드는 법

① 쇠고기는 도톰하게 5cm가량 크기로 썰어서 매실 엑기스와 소금을 약간 넣어 재어 둔다.
② 15분쯤 재어 둔 고기를 프라이팬에 볶는다.
③ 침버섯은 물에 씻은 후 알맞은 크기로 찢어 놓는다.
④ 파프리카, 당근, 고추, 오이는 도톰하게 5cm가량 크기로 썰어 놓는다.
⑤ 영양 부추는 끓는 물에 살짝 데쳐 놓는다.
⑥ 준비해 둔 침버섯, 쇠고기, 채소를 한 가지씩 차례차례 놓은 후 영양 부추로 감싸면서 묶어 준다.

침버섯 야채말이

〈오득실〉

참고 문헌

- 김양섭, 석순자, 원향연, 이강효, 김완규, 박정식. 2004. 한국의 버섯. p. 269.
- Choi, J. H. *et al.*, 2009. Endoplasmic reticulum (ER) stress protecting compounds.
- Gayathri Chandrasekaran *et al.*, 2012. Versatile Applications of the Culinary-Medicinal Mushroom *Mycoleptodonoides aitchisonii* (Berk.) Maas G. (Higher Basidiomycetes): A Review. *International Journal of medicinal mushrooms* 14(4): 395-402.
- Hirokazu Kawagishi, Jun-ichi Takagi, Tomoko Taira, Takeomi Murata, Taichi Usui. 2001. Purification and characterization of a lectin from the mushroom *Mycoleptodonoides aitchisonii*. *Phytochemistry* 56(2001): 53-58.
- Ken Yasukawa, Hiroshi Kanno, Tomohiro Kaminaga, Michio Takido, Yoshimasa Kasahara, Kunio Kumaki. 1998. Inhibitory Effect of Methanol Extracts from Edible Mushroom on TPA-induced Ear Oedema and Tumour Promotion in Mouse Skin. *Phytotherapy Research* 10(4): 367-369.
- K. Yasukawa *et al.*, 1996. Inhibitory Effect of Methanol Extracts from Edible Mushroom on TPA-induced Ear Oedema and Tumour Promotion in Mouse Skin.
- Sato Taku *et al.*, 2004. The Long-term Safety Evaluation of Excessive an Aqueous Extract Powder from *Mycoleptodonoides aitchisonii* in High-normal Blood Pressure., *Japanese Pharmacology & Therapeutics* 32(11): 773-779.
- Sato Taku *et al.*, 2004. Antihypertensive Effect of an Aqueous Extract Powder from *Mycoleptodonoides aitchisonii* in High-normal and Mild Hypertensive (Low-medium Risk) Group. *Japanese Pharmacology & Therapeutics* 32(11): 761-771.
- Mashiko Kento *et al.*, 2003. Antihypertensive Effect of an Aqueous Extract from *Mycolepto-donoides aitchisonii* in High-normal and Mild Hypertensive (Low-medium Risk) Group. *Japanese Pharmacology & Therapeutics* 31(3): 239-249.
- Okuyama, S., Lam, N. V., Hatakeyama, T., Terashima, T., Yamagata,K., Yokogoshi, H. 2004. *Mycoleptodonoides aitchisonii* affects brain nerve growth factor concentration in newborn rats. *Nutritional Neuroscience* 7(5-6): 341-349.
- Satoshi Okuyama, Emi Sawasaki, Hidehiko Yokogoshi. 2004. Conductor Compounds of Phenylpentane in *Mycoleptodonoides aitchisonii* Mycelium Enhance the Release of Dopamine from Rat Brain Striatum Slices. *Nutritional Neuroscience* 7(2): 107-111.
- Tsuchida Takashi *et al.*, 2002. Efficacy and Safety of an Aqueous Extract from *Mycoleptodonoides aitchisonii* in the Long-term Administration. *Japanese Pharmacology & Therapeutics* 30(1): 31-36.
- Tsuchida T. 2001. Effect of an aqueous extract from *Mycoleptodonoides aitchisonii* on human blood pressure. *Japanese pharmacology & therapeutics* 29(11): 899-906.
- Yoshimasa Kasahara *et al.*, 1999. Effect of Methanol Extract from Fruit Body of *Mycoleptodonoides aitchisonii* on Acute and Chronic Inflammation Models. *Food Hygiene and Safety Science* 40(5): 368-374.

제 22 장

 잣버섯(새잣버섯, 신솔잣버섯)

1. 명칭 및 분류학적 위치

잣버섯, 새잣버섯 또는 신솔잣버섯(*Neolentinus lepideus* (Fr.) Redhead & Ginns)은 전 세계에 걸쳐 분포하며, 이른 여름부터 가을에 걸쳐 침엽수의 그루터기, 고목, 생나무에서 단생 또는 속생하는 갈색부후균이다. 형태적 특성 중 갓(pileus)의 지름은 4~12cm이고, 갓 모양은 우산 모양인 반반구형이며 갓이 펴지면서 편평하게 된다. 갓 표면은 초기에는 약간의 점성이 있기도 하고 백색에서 연한 황색인데, 연한 황토색 또는 황갈색으로 갈라진 인피(scaly)가 동심원상으로 형성되기도 하고 그렇지 않은 경우도 있다. 대(stipe)의 아랫부분은 비늘 모양의 인피로 덮여 있으며, 표고처럼 조직이 단단하고 질긴 편이다. 주름살(gills)은 백색의 홈이 파이거나 내린 주름살이며 가장자리는 톱니 모양이다. 대의 길이는 2~8cm이고 대의 굵기는 1~2cm로 백색 또는 연한 황색이고 윗부분에는 줄무늬선이 있다.

흔히 시장에서 판매되는 표고나 느타리는 백색부후균에 속하는데, 잣버섯은 갈색부후균으로 균사가 배양된 후 배지가 갈색으로 변하는 특징을 보인다(신, 2006). 우리나라에서는 지리산의 화엄사, 가야산, 가평의 유명산 등에 주로 자생하는 것으로 보고되었고(이, 1998), 중국의 『균총목록집』(周, 2007)에 식 · 약용으로 사용되는 3개의 잣버섯 균주가 소개되어 있기도 하다. 이러한 잣버섯은 잣나무 주산지의 침엽수 부산물을 이용하여 국내 부존 자원의 이용성을 증진시킬 수 있고, 지역 브랜드 상품의 개발로 버섯 농가의 신소득원을 창출할 수 있을 것으로 기대된다.

잣버섯은 향과 맛이 우수하여 예로부터 식 · 약용으로 이용하여 왔으나 사람에 따라 복통이나 설사를 일으키기도 한다. 따라서 이러한 물질들에 대한 원인 규명을 통해 저작감이 우수하고 기능 성분이 함유되어 있는 잣버섯이 먹거리 시장에 안정적으로 정착할 수 있기를 기대한다.

야생 형태 재배 형태

포자(SEM) 꺾쇠연결체(SEM)

그림 22-1 **잣버섯의 형태**

잣버섯은 구멍장이버섯목(Polyporales) 구멍장이버섯과(Polyporaceae) 새잣버섯속(*Neolentinus*)에 속한다. 이 버섯을 미국에서는 'Scale Lentinus' 또는 'Train wrecker' 라고 하고, 일본에서는 '마쓰오우지(マツオウジ)', 중국에서는 '길려향고(洁麗香菇)' 또는 '표피향고(豹皮香菇)', 북한에서는 '이깔버섯' 이라고 한다.

2. 재배 내력

잣버섯의 인공 재배를 위해 외부 자극에 의한 자실체의 반응(Reginald, 1905)과 질소 복합물이 자실체 생장 및 형성에 미치는 영향(Schwantes, 1969)에 대한 연구가 보고되었으며, 균사 배양 및 인공 재배에 관한 연구가 계속 이루어져 왔다(박 등, 1988; 김 등, 1994; 고와 김, 1995). 이후 잣버섯에 대한 목재부후 특성을 연구하여 백색부후균의 부후 특징인 세포벽의 침식과 박벽화 등이 나타났다고 하였고(장, 2003), 2006년에는 생리 활성이 우수한 잣버섯 자실체의 개발을 위한 연구가 진행되어 약리적 효과를 검증하였으며, 재배에 대한 기초 연구를 수행하였다(김 등, 2006b). 그러나 잣버섯은 균사 배양 기간이 길고 생산성이 낮아서 농가에 보급되는 단계에 이르지 못하였으나 최근 재배법의 개발로 고품질 및 안정 생산을 할 수 있는 기초를 마련하였다.

3. 영양 성분 및 건강 기능성

잣버섯 자실체를 동결 건조하여 영양 성분을 조사한 결과 조회분은 6.3%, 조단백은 19.1%, 조지방은 1.9%, 조섬유는 8.9%이었다(표 22-1).

표 22-1 잣버섯의 성분 분석 (장 등, 2014) (단위: %)

영양 성분	수분	조회분	조단백	조지방	조섬유
성분 조성비	8.5	6.3	19.1	1.90	8.9

표 22-2 잣버섯과 송이의 향기 성분 비교 (장 등, 2014)

버섯 종류	향기 성분
잣버섯	Silanediol, Cyclotrisiloxane Methyl N-Hydroxybenzenecarboximidoate 3-Octanone, 3-Octanol, 1-Octanol 2,1-Benzisoxazole-5-Carboxylic acid, Cyclopentasiloxane Cyclohexasiloxane, 4,8-Methanoazulene
송이	Carbon dioxode, Isopropoxycarbamic acid Cyclotrisiloxane, 1-Octen-3-ol Cyclotetrasiloxane, Cyclopentasiloxane

잣버섯은 휘발성 향기 화합물 중 3-Octanone, 3-Octanol 및 1-Octanol이 있고, 송이는 1-Octen-3-ol이 있다(표 22-2). 잣버섯과 송이 모두 C8 화합물을 가지고 있었으며, 이는 일반적인 버섯에 특징적으로 많이 함유되어 있는 성분이며, 버섯 특유의 향기 생성에 기여하는 성분으로 보고되어 있다(김 등, 2002). 송이의 향기 화합물 중 하나인 1-Octen-3-ol은 버섯 알코올(mushroom alcohol)로 알려져 있는데, 잣버섯은 이와는 다른 향기 조성을 나타내었다.

잣버섯과 국내에서 주로 재배되고 있는 느타리의 베타글루칸을 비교해 보면 잣버섯의 베타글루칸 함량은 38.3%로 느타리보다 많고, 잣버섯의 에르고스테롤 함량은 145.9ppm인 반면 느타리의 경우 43.3ppm으로 느타리보다 잣버섯의 에르고스테롤 함량이 많다(그림 22-2).

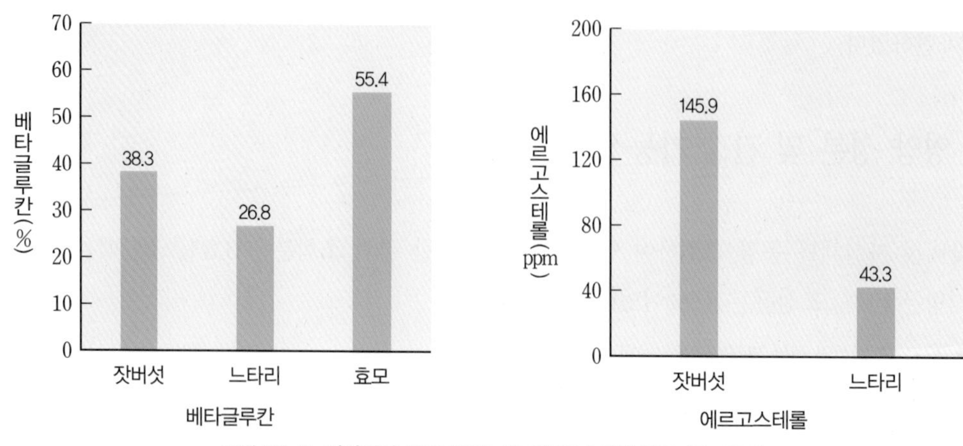

그림 22-2 잣버섯의 베타글루칸 및 에르고스테롤 함량 (장, 2011)

에르고스테롤은 대부분 균류의 세포막에만 존재하고, 식물이나 다른 미생물에는 없는 대표적인 스테롤로(Weet and Gandhi, 1996; Ekbld 등, 1998) 알려져 있다. 에르고스테롤은 비타민 D_2의 전구 물질로서 자외선을 쪼이면 비타민 D_2로 되고(Weet and Gandhi, 1996), 에르고스테롤의 양은 균의 종류에 따라 다르다(Schnurer, 1993).

DPPH 라디칼(radical)은 화학적으로 유도되는 비교적 안정된 라디칼로서 잣버섯 자실체의 용매 추출물에 따른 전자공여능은 그림 22-3과 같다. 열수 추출물 및 에탄올 추출물의 전자공여능이 가장 크며, 상대적으로 메탄올, 아세톤 및 헥산 추출물은 전자공여능이 낮다.

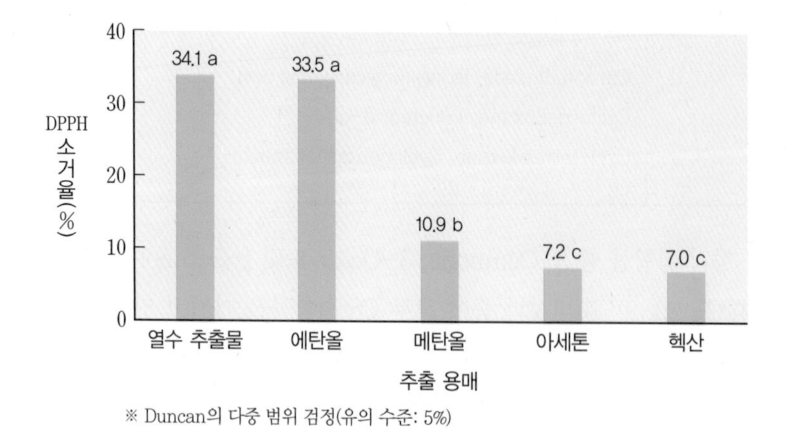

그림 22-3 잣버섯의 자실체 추출물별 DPPH 소거능 (장, 2011)

잣버섯의 자실체를 용매별로 추출하여 금속 이온을 환원시키는 환원력을 흡광도 수치로 나타낸 결과 전자공여능과 같이 열수 추출물의 환원력이 가장 높으며, 그 다음으로 에탄올, 헥산, 메탄올 및 아세톤 추출물의 순으로 높다(그림 22-4).

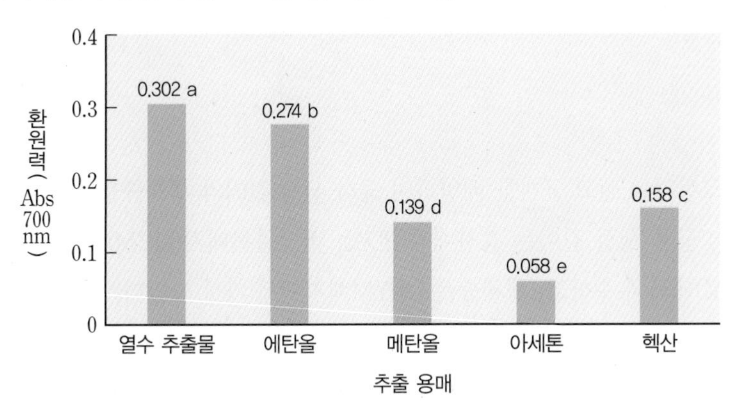

※ Duncan의 다중 범위 검정(유의 수준: 5%)

그림 22-4 잣버섯의 자실체 추출물별 환원력 (장, 2011)

그리고 잣버섯 자실체의 용매별 추출물에 따른 폴리페놀 함량을 조사한 결과 열수 추출물에서 가장 높고, 그 다음으로 에탄올, 메탄올, 헥산 및 아세톤 추출물의 순으로 높았다(그림 22-5). 따라서 잣버섯의 열수 추출물 및 에탄올 추출물이 다른 용매 추출물보다 강한 항산화력을 보여 적정 추출 용매로 생각된다.

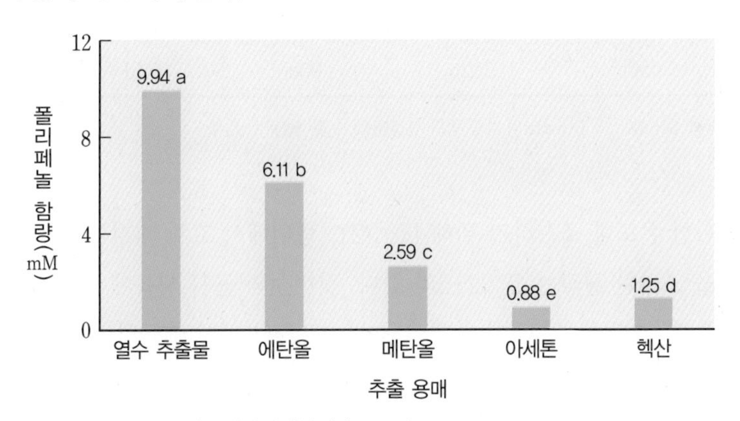

※ Duncan의 다중 범위 검정(유의 수준: 5%)

그림 22-5 잣버섯의 자실체 추출물별 폴리페놀 함량 (장, 2011)

또한, 한(2009)은 잣버섯의 항암 활성 및 항균 효과에 대하여 보고하였는데, 내용은 다음과 같다.

- 항암 활성: 실험용 쥐를 이용한 시험 결과, sarcoma(육종) 180에 대한 억제율이 60%, 에를리히(Ehrlich) 복수암에 대한 억제율이 70%로 항종양 활성이 있다.
- 항균 활성: 성분 중 코프리닌(coprinin)은 그람 양성 세균과 진균류에 항생 효과가 있고,

Anisic acid methyl은 세균에 대해 길항 작용을 하며, lentinamycin A, B 및 bis-methylsulfonyl-methyldisulfied는 진균류에 대하여 길항 작용을 한다.

4. 재배 기술

1) 균사 배양

고체 배지에 셀로판지를 깔고 균사를 배양하여 균사 생장 길이와 생체중을 동시에 측정, 분석한 결과(표 22-3), 균사 생장 길이는 감자배지(PDA), 버섯완전배지(MCM), 글루코오스효모맥아추출배지(GPYM)에서 우수하고, 생체중은 GPYM배지에서 가장 높았다. 액체 배지의 경우도 고체 배지와 같이 GPYM배지에서 균사 생장이 가장 우수한 것으로 나타났다(표 22-4).

표 22-3 고체 배지 종류에 따른 균사 생장량 (경기도농기원, 2009)

고체 배지	균사 생장 길이(㎜/12일)					생체중(㎎/12일)				
	Cz	MCM	PDA	MYP	GPYM	Cz	MCM	PDA	MYP	GPYM
균사 생장량	44c[1]	65a	67a	53b	65a	161c	390b	396b	338b	689a

[1] Duncan의 다중 범위 검정(유의 수준: 5%)
※ Cz: 차펙스배지, MCM: 버섯완전배지, PDA: 감자배지, MYP: 맥아효모추출배지, GPYM: 글루코오스효모맥아추출배지

표 22-4 액체 배지 종류에 따른 균사 생장량 (경기도농기원, 2009)

액체 배지	Cz	MCM	PDB	MYP	GPYM
건물중(mg/14일)[1]	150b[2]	152b	95c	74d	230a

[1] 배양 온도: 25℃, 배지량: 50mL [2] Duncan의 다중 범위 검정(유의 수준: 5%)
※ PDB: 감자액체배지

균사 배양에 적합한 온도를 조사하기 위해 17~32℃ 범위에서 고체 배지를 이용하여 균사 생장 길이와 생체중을 조사한 결과는 표 22-5와 같다. 잣버섯의 균사 생육에 적합한 생육 온도는 26~29℃로, 느타리와 표고 등 일반 재배 버섯보다는 고온성 버섯임을 알 수 있다. 또한, 잣버섯의 균사 배양 적합 온도 범위는 22.5~30.0℃(고 등, 2002; 荻山, 1986; 김 등, 1994; 장, 2003; 신, 2006; 정과 한, 1997)로 보고되어 있으며, 계통에 따라 다양한 온도 적응성을 나타내기도 한다.

표 22-5 배양 온도에 따른 균사 생장량 (경기도농기원, 2009)

배양 온도	균사 생장 길이(㎜/12일)						생체중(㎎/12일)					
	17℃	20℃	23℃	26℃	29℃	32℃	17℃	20℃	23℃	26℃	29℃	32℃
균사 생장량	32d[1]	53c	63b	71a	69a	59b	168d	289c	353b	426a	428a	344bc

[1] Duncan의 다중 범위 검정(유의 수준: 5%)

잣버섯 균사 배양 시 pH 3~5 범위에서 대체적으로 균사 생장이 양호하며(표 22-6), 선행 연구의 결과에서도 적합 pH는 3.5~5.5(고 등, 2002; 荻山, 1986; 김 등, 1994; 장, 2003; 신, 2006; 정과 한, 1997)로 보고되어 있다. 따라서 잣버섯은 산성인 배지에서 균사 생장이 우수한 특성을 보이며, 생산용 배지를 선발할 때에 배지의 pH가 균사 생장에 적합한 범위에 속하는 재료 및 혼합비를 선발하여 재배 특성을 분석하는 연구가 수반되어야 한다.

표 22-6 pH에 따른 균사 생장량 (경기도농기원, 2009)

pH	3	4	5	6	7	8
건물중(mg/14일)	167a[1]	153a	123b	97c	103bc	111bc

[1] Duncan의 다중 범위 검정(유의 수준: 5%)

균사 배양에 적합한 영양 요구도를 알아내기 위한 탄소원 및 질소원에 따른 균사 생장량에 대한 자료는 표 22-7~10에서 보는 바와 같다. 장(2003)은 잣버섯에 적합한 탄소원으로 젖당(Lactose)과 수크로스(Sucrose)를, 신(2006)은 녹말(Starch), 정과 한(1997)은 자일리톨(Xylitol), 젖당, 녹말, 김 등(1994)은 갈락토오스(Galactose)를 선발하였는데, 계통에 따라 균사 생장에 적합한 탄소원이 다양하여 잣버섯은 단당류에서 다당류까지 탄소원의 적응성이 광범위한 특성을 가지고 있는 것으로 여겨진다(표 22-7).

표 22-7 탄소원에 따른 균사 생장량 (경기도농기원, 2009)

탄소원	단당류			이당류			다당류		
	포도당	과당	자일로스	엿당	젖당	수크로스	녹말	CM-셀룰로오스	자일란
건물중(mg/14일)	150cd[1]	193ab	197a	173abc	174abc	122d	174abc	163bc	144cd

[1] Duncan의 다중 범위 검정(유의 수준: 5%)

단당류인 자일로스(Xylose)를 적합 탄소원으로 선발하여 첨가 농도별 균사 생장량을 조사한 결과(표 22-8), 자일로스의 첨가량이 많을수록 균사 생장량이 증가하였다. 따라서 잣버섯은 탄소원의 함량에 따라 균사 생장에 많은 영향을 받는 것을 알 수 있었고, 통계적 유의성을 분석한 결과 3.0% 이상 첨가하는 것이 적합하였다.

표 22-8 자일로스 농도에 따른 균사 생장량 (경기도농기원, 2009)

자일로스 농도(%)	0	1	2	3	4	5
건물중(mg/14일)	59d[1]	107cd	140bc	179ab	199a	223a

[1] Duncan의 다중 범위 검정(유의 수준: 5%)

질소원에 따른 균사 생장량(표 22-9)은 아질산나트륨($NaNO_2$) 첨가구에서 저조하였고, 그 밖에 무기태 및 유기태에서 큰 차이를 보이지 않는다. 유기태 질소원에서 균사 생장이 우수한 일반적인 버섯균과는 다른 특성을 보인다. 암모니아인 아스파르트산 및 글루탐산과 무기태인 질산칼륨, 질산나트륨, 염화암모늄, 황산암모늄, 유기태 중에서는 펩톤(Peptone), 카사미노(Casamino), 소이톤(Soytone) 등이 적합 질소원으로 보고된 바 있어(고 등, 2002; 荻山, 1986; 김 등, 1994; 장, 2003; 신, 2006; 정과 한, 1997) 탄소원과 같이 질소원의 적응도가 광범위하고 계통에 따라 영양 요구도가 다양할 수도 있다.

표 22-9 질소원에 따른 균사 생장량 (경기도농기원, 2009)

질소원	무기태				유기태			
	아질산 나트륨	질산 나트륨	염화 암모늄	질산 암모늄	효모 추출물	펩톤	요소	트립톤
건물중(mg/14일)	86b[1]	151a	162a	163a	158a	163a	154a	167a

[1] Duncan의 다중 범위 검정(유의 수준: 5%)

트립톤(Tryptone)을 질소원으로 하여 첨가 농도별 균사 생장량을 조사한 결과(표 22-10), 첨가 농도에 따라 큰 차이를 보이지 않아 잣버섯은 질소원보다는 탄소원이 균사 생장에 필수적인 요인으로 작용하는 것으로 여겨진다.

표 22-10 트립톤 농도에 따른 균사 생장량 (경기도농기원, 2009)

트립톤 농도(%)	0	0.1	0.2	0.3	0.4	0.5
건물중(mg/14일)	209a[1]	200a	200a	222a	205a	221a

[1] Duncan의 다중 범위 검정(유의 수준: 5%)

탄소원 자일로스와 질소원 트립톤으로 C/N율을 10~50으로 조절하여 균사 생장량을 분석한 결과(표 22-11), C/N율이 높을수록 균사 생장량이 증가하여 탄소원의 첨가량이 균사 생장에 큰 영향을 끼치는 것을 알 수 있다. 표 22-11의 결과는 녹말 3.0%와 소이톤 0.3%로 조합하여 C/N율이 6 정도의 배지에서 균사 생장이 좋았다(정과 한, 1997)는 연구 결과와는 다른 결과를 보였는데, 이는 질소원과 탄소원의 종류 및 계통의 차이에 기인한 것으로 여겨진다.

표 22-11 C/N율에 따른 균사 생장량 (경기도농기원, 2009)

C/N[1] 율	0	10	20	30	40	50
건물중(mg/14일)	83e[2]	139d	197c	264b	309b	371a

[1] 탄소원: 자일로스, 질소원: 트립톤(0.2%)
[2] Duncan의 다중 범위 검정(유의 수준: 5%)

2) 봉지 재배

(1) 배지 제조

❶ 주재료에 따른 배양 및 생육 특성

잣버섯 재배에 적합한 주재료 선발을 위해 먼저 칼럼테스트를 통해 조사해 본 결과 미송 톱밥에서 균사 생장 속도가 가장 빨랐고, 균사 밀도는 참나무 톱밥 처리구를 제외한 모든 처리구에서 높았다(표 22-12).

표 22-12 주재료별 경시적 균사 생장량 (장, 2011)

혼합 배지[1]	균사 생장 길이(mm)					균사 밀도[2]
	7일	14일	21일	28일	35일	
미송 톱밥	24	56	86	113	138	+++
미루나무 톱밥	21	45	73	101	123	+++
잣나무 톱밥	22	47	74	96	120	+++
참나무 톱밥	18	44	75	100	118	+

[1] 주재료(톱밥)+비트펄프(90:10, v/v)
[2] +++ 높음, ++ 보통, + 낮음

톱밥 종류에 따라 각각 주재료 90%에 영양원으로 비트펄프를 10%씩 첨가하여 실험한 결과, 미송 톱밥과 잣나무 톱밥에서는 재배 일수가 44일로 활엽수 톱밥(미루나무, 참나무) 처리구보다 재배 일수가 단축되었고, 참나무 톱밥은 발이가 되지 않았다. 그리고 톱밥 재료별 유효 경수는 미송 톱밥과 잣나무 톱밥 처리구에서 4개 이상으로 활엽수 톱밥 처리구보다 높으며, 수량은 미송 톱밥 처리구에서 40.1g/병으로 가장 높았다(표 22-13).

표 22-13 주재료별 재배 일수, 형태적 특성 및 수량성 (장, 2011)

혼합 배지[1]	재배 일수(일)			형태적 특성(mm)			유효 경수(개)	수량 (g/병)	생물학적 효율 (%)
	초발이 소요 일수	생육 기간	재배 기간	갓 지름	대 굵기	대 길이			
미송 톱밥	8	6	44	49	12	40	4.8a[2]	40.1a	21.2
미루나무 톱밥	10	7	47	41	13	37	2.1b	10.3c	5.4
잣나무 톱밥	8	6	44	46	12	39	4.0a	17.5b	9.3
참나무 톱밥	미발이								

[1] 주재료(톱밥)+비트펄프(90:10, v/v)
[2] Duncan의 다중 범위 검정(유의 수준: 5%)

Gaitán-Hernández 등(1993)은 몬테주마소나무(*Pinus montezumae*)로 잣버섯을 재배할

경우, 건배지 300g에서의 버섯 수량이 82.66g이고, 생물학적 효율이 27.55%였다고 보고하였고, 고와 김(1995)은 잣버섯 재배에 소나무가 가장 우수하고, 리기다소나무, 잣나무, 낙엽송에서도 큰 차이가 없었다고 보고한 것으로 미루어 잣버섯은 침엽수류에서 생육이 우수한 것으로 추정된다.

A B C D

A: 미송 톱밥+비트펄프(90:10, v/v) B: 미루나무 톱밥+비트펄프(90:10, v/v)
C: 잣나무 톱밥+비트펄프(90:10, v/v) D: 참나무 톱밥+비트펄프(90:10, v/v)

그림 22-6 주재료별 생육 형태 (장, 2011)

❷ 영양원에 따른 배양 및 생육 특성

앞에서 주재료로 미송 톱밥을 선발한 후 적정 영양원을 선발하기 위하여 옥분, 옥피, 콘코브, 비트펄프, 감자 녹말을 이용하여 칼럼테스트를 한 결과 옥분 첨가 시 균사 생장 속도가 가장 빠르고, 균사 밀도도 가장 높았다(표 22-14).

표 22-14 영양원별 경시적 균사 생장량 (장 등, 2011)

혼합 배지[1]	균사 생장 길이(mm)				균사 밀도[2]
	7일	14일	21일	28일	
옥분	34	76	110	140	+++
옥피	27	62	93	125	++
콘코브	28	67	96	128	++
비트펄프	32	61	92	122	+
감자 녹말	26	66	97	122	+

[1] 미송 톱밥+영양원(90:10, v/v, 1kg 봉지 재배)
[2] +++ 높음, ++ 보통, + 낮음

혼합 배지에 따른 배양 기간 및 재배 일수는 미송 톱밥+옥분(90:10, v/v)에서 배양률이 97%로 가장 높고, 재배 기간도 43일로 가장 짧다. 그리고 미송 톱밥+옥분(90:10, v/v)에서 수량 122g/병, 생물학적 효율 35%로 가장 높다(표 22-15).

표 22-15 영양원별 재배 특성, 형태적 특성 및 수량성 (장 등, 2011)

혼합 배지[1]	배양률 (%)	재배 일수(일)			형태적 특성(mm)		유효 경수(개)	수량 (g/1kg)	생물학적 효율 (%)
		초발이 소요 일수	생육 기간	재배 기간	갓 지름	대 길이			
옥분	97	3	13	43	65	59	11.4a[2]	122a	35
옥피	95	5	15	45	50	48	10.0a	86b	25
콘코브	90	11	21	51	60	49	4.6bc	46c	13
비트펄프	92	11	23	53	51	45	6.6b	44c	13
감자 녹말	95	12	25	57	45	41	3.6c	26d	7

[1] 미송 톱밥+영양원(90:10, v/v, 1kg 봉지 재배)
[2] Duncan의 다중 범위 검정(유의 수준: 5%)

(2) 생육 환경

❶ 빛의 조사에 따른 자실체의 생육 특성

빛의 조사 유무에 따른 갓의 색도는 점등 처리구의 명도값이 소등 처리구보다 낮고, 적색도 및 황색도는 소등 처리구보다 높은 것으로 나타나 소등 처리구보다 점등 처리구에서 갓색이 짙어지는 경향이었다. 그리고 대의 물성은 소등 처리구에서 경도 20kg/㎠, 탄성 88%, 응집성 83% 및 깨짐성 33kg으로 점등 처리구보다 높다(표 22-16).

표 22-16 빛의 조사에 따른 갓의 색도 및 대의 물성 (경기도농기원, 2009)

빛의 조사 유무	갓의 색도			대의 물성		
	명도(L)	적색도(a)	황색도(b)	경도(kg/㎠)	탄력성(%)	깨짐성(kg)
점등[1]	75.0b[2]	18.1a	52.4a	17b	77b	27b
소등	82.9a	7.0b	32.7b	20a	88a	33a

[1] 형광등 300lx 이하
[2] Duncan의 다중 범위 검정(유의 수준: 5%)

빛의 조사 유무에 따른 재배 일수는 점등 처리구에서의 원기 형성 기간 및 자실체 발육 일수가 소등 처리구보다 짧다. 그리고 자실체 생육 특성은 점등 처리구에서 소등 처리구에 비해 갓 및 대의 형태 모두 작은 경향이었다. 또한, 점등 처리구에서 유효 경수 및 수량도 많으나 상품 수량은 88g으로 소등 처리구보다 적다(표 22-17).

표 22-17 빛의 조사에 따른 재배 일수, 형태적 특성 및 수량성 (경기도농기원, 2009)

빛의 조사 유무	재배 일수(일)		형태적 특성(mm)				유효 경수(개)	수량 (g/1kg)	상품 수량 (g/1kg)
	초발이 소요 일수	생육 기간	갓 지름	갓 굵기	대 굵기	대 길이			
점등	11	15	47.1a[1]	10.4b	9.9b	55.2b	16.8a	136a	88b
소등	17	18	37.3b	15.2a	13.3a	111.9a	8.9b	117b	102a

[1] Duncan의 다중 범위 검정(유의 수준: 5%)

점등

소등

그림 22-7 빛의 조사에 따른 생육 형태 (장, 2011)

큰느타리의 경우, 형광등을 켜 놓고 생육했을 때 무광 처리구에 비해 갓은 커지고, 대는 짧아진다고 보고한 내용과 같이(Hideyuki 등, 2005) 잣버섯의 경우도 이와 같은 형태적 특징을 나타내었다. 古川久彦(1992)은 잣버섯의 경우 빛에 의해 갓의 전개가 유도된다고 하였는데, 점등 처리구에서 잣버섯의 갓의 전개 및 생육 일수도 빠르게 진행되었다.

❷ 생육 온도가 자실체의 생육에 미치는 영향

생육 온도에 따른 갓의 색도 중 명도값은 차이가 나지 않았으나 적색도와 황색도는 온도가 높을수록 높아지는 경향을 보였다(표 22-18). 느타리 자실체 색도에 있어서는 생육 온도가 높아질수록 밝기의 정도를 나타내는 명도(L)값이 높아져 갓의 색택이 밝아지는 경향을 나타냄으로써 온도가 갓의 색깔을 결정짓는 중요한 요인이라고 보고하였는데(윤 등, 2006), 잣버섯의 경우, 명도값과는 달리 적색도와 황색도의 차이가 발생하여 버섯 종류에 따라 생육 온도에 의한 색의 발현 정도가 다른 것으로 판단된다.

표 22-18 생육 온도에 따른 갓의 색도 및 대의 물성 (장 등, 2013)

생육 온도 (˚C)	갓의 색도			대의 물성			
	명도(L)	적색도(a)	황색도(b)	경도(kg/㎠)	탄력성(%)	응집성(%)	깨짐성(kg)
17	83.2a[1]	7.3c	33.9b	17ab	87a	86a	84b
20	84.9a	6.6b	32.5b	19a	86a	82b	91a
23	85.7a	12.7a	54.2a	15b	84a	81b	67c

[1] Duncan의 다중 범위 검정(유의 수준: 5%)

잣버섯의 생육 온도에 따른 자실체의 생육 특성은 온도가 높을수록 발이 유도기 및 자실체의 발생 기간이 빨랐으나 수량은 모두 유의성이 나타나지 않았다. 그러나 상품 수량의 경우 20℃ 처리구에서 17℃나 23℃ 처리구보다 높다(표 22-19). 생육 온도에 따른 대의 물성은 17℃ 및

20℃에서 경도 및 깨짐성이 높고, 이러한 결과 23℃에서 재배할 때보다 수확 후 저장에 유리할 것으로 판단된다. 윤 등(2006)에 의하면 느타리의 경우, 온도가 낮을수록 경도가 높아진다고 하였는 바 잣버섯도 23℃ 처리구보다 17℃ 및 20℃에서 경도값이 높아 느타리의 경우와 대등한 결과를 나타낸다.

표 22-19 생육 온도에 따른 재배 일수, 형태적 특성 및 수량성 (장 등, 2013)

생육 온도(°C)	재배 일수(일)			형태적 특성(mm)				유효 경수(개)	수량 (g/1kg)	상품 수량 (g/1kg)
	초발이 소요 일수	생육 기간	재배 기간	갓 지름	갓 굵기	대 굵기	대 길이			
17	13	11	54	44.0b[1]	15.1a	17.2a	86c	6.3b	116a	94b
20	8	9	47	53.6a	14.2a	15.1b	100b	9.8a	118a	105a
23	7	8	45	52.0a	14.4a	12.7c	111a	4.3c	115a	79c

[1] Duncan의 다중 범위 검정(유의 수준: 5%)

생육 온도 17℃에서는 그보다 높은 온도에 비해 갓 지름은 작고, 대 굵기는 굵었다. 이와 같이 잣버섯 자실체는 온도가 낮을수록 갓 지름은 작아지고, 대 굵기가 굵게 나타나는 경향이었으며, 대 길이는 짧아지는 경향이었다. 윤 등(2006)은 느타리의 생육 온도가 높을수록 갓 굵기는 얇아지고, 대 길이는 길어진다고 하였는데, 잣버섯에서도 대 길이는 이와 유사한 경향이지만 갓 굵기는 생육 온도별 차이가 없었다.

표고 등과 같은 고온 계통의 자실체 형성을 위한 최적 온도가 17~20℃인 것(古川久彦, 1992)과 비교하면 잣버섯도 이와 유사하였으며, 잣버섯 자실체의 상품 수량은 20℃에서 높았고, 대의 경도는 17℃와 20℃에서, 깨짐성은 20℃에서 우수하였다. 따라서 상품 수량과 물리적 특성을 고려하여 잣버섯은 20℃에서 재배하는 것이 유리할 것으로 판단된다.

17℃

20℃

23℃

그림 22-8 **생육 온도에 따른 생육 형태** (장, 2011)

❸ 이산화탄소 조건이 자실체의 생육에 미치는 영향

이산화탄소 농도에 따른 갓의 색도는 농도별 차이가 발생되지 않았으며, 대의 경도는

1,500~2,000ppm에서 1,000ppm 처리구보다 높았으나 탄성, 응집성 및 깨짐성은 유의성이 나타나지 않았다(표 22-20). 따라서 잣버섯의 경우, 이산화탄소 농도 1,000~2,000ppm에서는 갓의 색도 및 대의 물성에 크게 영향을 미치지 않는 것으로 판단된다.

표 22-20 이산화탄소 농도에 따른 갓의 색도 및 대의 물성 (경기도농기원, 2009)

이산화탄소 농도(ppm)	갓의 색도			대의 물성			
	명도(L)	적색도(a)	황색도(b)	경도(kg/㎠)	탄력성(%)	응집성(%)	깨짐성(kg)
1,000	83.4a[1]	5.6a	25.8a	17b	93.1a	89.8a	83a
1,500	83.5a	5.6a	25.9a	19a	93.1a	92.5a	83a
2,000	85.3a	5.7a	22.6a	18ab	94.3a	95.2a	83a

[1] Duncan의 다중 범위 검정(유의 수준: 5%)

이산화탄소 농도별 자실체의 생육 특성 중 1,000ppm 농도에서 갓 지름이 컸고, 대 길이는 1,500~2,000ppm에서 가장 길고, 대 굵기는 1,000~1,500ppm에서 가장 굵다(표 22-21).

표 22-21 이산화탄소 농도에 따른 생육 기간, 생육 특성 및 수량성 (경기도농기원, 2009)

이산화탄소 농도(ppm)	생육 기간 (일)	형태적 특성(mm)			유효 경수 (개)	수량 (g/1kg)	상품 수량 (g/1kg)
		갓 지름	대 굵기	대 길이			
1,000	15	51.6a[1]	17.6a	80.9b	6.3b	64.4b	56.3b
1,500	15	47.2b	17.7a	102.1a	9.8a	102.4a	93.7a
2,000	15	48.2b	13.8b	109.3a	4.3c	105.0a	98.6a

[1] Duncan의 다중 범위 검정(유의 수준: 5%)

원 등(2010)에 의하면 아위느타리의 경우 이산화탄소 농도가 높을수록 갓 지름이 작아지고, 대 굵기가 얇으며, 대 길이가 길어진다고 하였는데 잣버섯도 이와 동일한 경향을 보인다. 이산화탄소 농도에 따른 자실체 발육 기간은 처리별 차이가 나지 않으며, 수량 및 상품 수량은 1,500ppm에서 높다. 원 등(2010)은 아위느타리의 이산화탄소 농도가 1,500ppm에서는 극심한 스트레스를 받지 않으나 2,000ppm에서는 자실체 생육 억제 및 발육 장애가 일어난다고 보고하였으며, 잣버섯의 이산화탄소 농도에 대한 내성은 아위느타리와 유사한 특성을 가지고 있다.

Stamets와 Chilton(1983)은 자실체 형성 과정에서 원기 형성에 필요한 적정 이산화탄소 농도는 느타리의 경우 600ppm, 팽이버섯, 풀버섯 및 양송이 등은 1,000ppm이라고 보고하였고, 지 등(2009)은 잎새버섯의 경우 800ppm 이하에서 품질이 우수하다고 하였다. 그리고 느타리는 생육 기간 중 1,500ppm 이하에서 품질이 우수하고(장 등, 2007; 장 등, 2009), 1,500ppm 이상에서는 환기 장해 현상이 나타난다고 한 것으로 보아(장 등, 2009) 버섯에 따라 적정 이산화탄소 농도가 다른 것을 알 수 있다. 잣버섯은 선행 연구에서 보고한 느타리와 달리 이산화탄소 농도 2,000ppm에서도 상품 수량이 우수하였고, 1,500~2,000ppm에서도 환기 장해 현상이 나타나지 않았다. 따라서 느타리보다는 잣버섯이 이산화탄소에 대한 내성이 강하여 환기 요구도가 낮은 경향이다.

1,000ppm 1,500ppm 2,000ppm

그림 22-9 **이산화탄소 농도에 따른 생육 형태** (장, 2011)

병재배 전경 봉지 재배 전경 잣버섯 수확물

그림 22-10 **잣버섯 재배 전경 및 수확물**

5. 수확 후 관리 및 이용

저장 기간별 갓의 색도를 조사한 결과, 저장 기간이 경과할수록 명도값과 황색도는 낮아지는

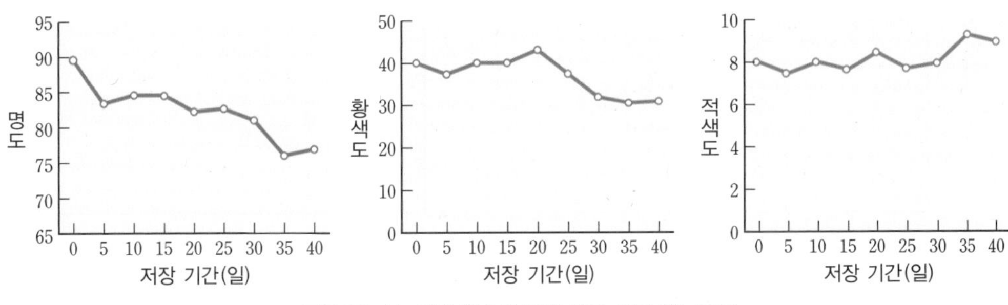

그림 22-11 **저장 일수에 따른 갓의 색도** (장, 2011)

반면 적색도는 증가하는 경향이었다(그림 22-11). Murr와 Morris(1975)는 버섯 표면의 변색은 쉽게 나타난다고 하였으며, 남궁 등(1995)은 버섯의 품질을 평가하는 중요한 지표라고 하였다. 그리고 Gormley(1975)와 Juan 등(1998)의 보고에 의하면 양송이와 표고의 경우 L값이 70 이하가 되면 버섯은 관능적으로 받아들일 수 없다고 하였는데, 잣버섯의 경우에도 저장 기간 35일경에 L값이 75 정도로 떨어지는 경향이었다. 따라서 저장 기간 35일 이후에는 식용으로서의 가치가 없다.

저장 기간에 따른 대의 물성은 저장 기간이 경과할수록 경도, 탄력성, 응집성 및 취산성이 떨어진다(그림 22-12). 한 등(1992)은 느타리의 저온 저장 시 경도가 떨어져 연화 현상이 발생한다고 하였으며, 김 등(2003)은 검은비늘버섯의 경우도 저장 기간이 경과함에 따라 경도가 떨어진다고 하였다.

따라서 잣버섯의 경우에도 저장 시간이 경과할수록 느타리, 검은비늘버섯의 경우와 유사한 경향을 보였다. 백 등(2009)에 의하면 큰느타리를 -1℃에서 30일간 저장할 경우, 예냉 처리 시 무처리보다 경도가 유의적으로 증가하였으며 예냉 처리가 큰느타리의 선도 유지에 효과가 있었음을 보고하였는데, 이로 미루어 잣버섯의 경우에도 예냉을 실시할 경우 저장 기간을 연장할 수 있을 것이다.

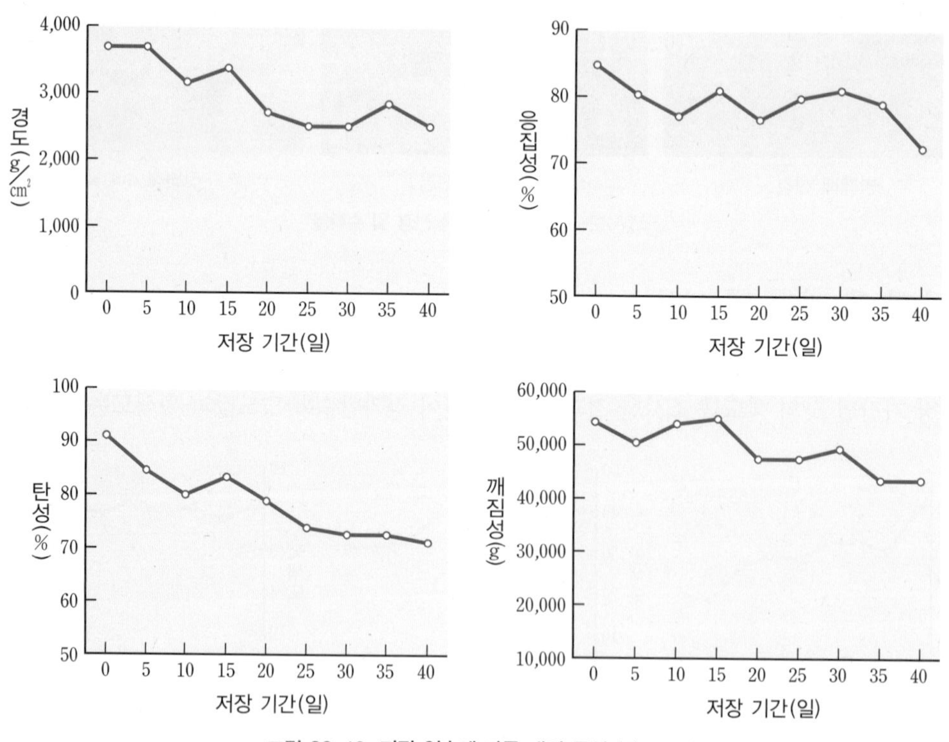

그림 22-12 저장 일수에 따른 대의 물성 (장, 2011)

잣버섯은 저장 기간 30일 이후에 중량 감모가 진행되었으며, 저장 기간 25일까지 판매가 가능한 것으로 조사되었다(표 22-22). 버섯의 유통 중 품질 저하 요인의 하나인 중량 감모는 호흡이나 증산 작용, 저장성과 저장 환경 중의 수증기압차로 인한 버섯 표층부의 탈습에 의해 이루어지며(윤 등, 1983), 0℃ 저온 하에서 버섯의 호흡 및 생리 작용 억제 효과가 크기 때문이라고 보고하였는바(이 등, 2008) 잣버섯도 앞선 연구 보고와 같은 이유로 저장 기간이 경과할수록 중량 감모가 진행된 것으로 판단되었다. 그러나 느타리의 랩 필름 저장 시 선도 유지 기간이 8일이라고 보고한 결과(김 등, 2006a)를 보면 잣버섯은 25일까지 판매 가능한 신선도가 유지되어 느타리보다는 저장성이 우수한 것으로 나타났다.

표 22-22 저장 기간에 따른 중량 감모율 및 신선도 변화 (장, 2011)

구분 \ 저장 기간	5일	10일	15일	20일	25일	30일	35일	40일
중량 감모율(%)	0	0	0	0	0	1.5	2.0	2.5
신선도[1]	10	10	8	8	6	4	4	2

[1] Minamide 방법 - 10: 매우 신선, 8: 신선, 6: 판매 가능, 4: 식용 가능, 2: 식용 불가능, 0: 부패

〈장명준〉

참고 문헌

- 경기도농업기술원. 2009. 시험연구보고서. pp. 690-708.
- 고민규, 김현중. 1995. 잣버섯 톱밥 재배 기술 개발. 산림과학논문집 51: 96-100.
- 고민규, 김현중, 이창근, 가강현, 윤갑희, 이원규. 2002. 잣버섯의 생리적 특성과 톱밥 재배에 관한 연구. 임업연구원 산림미생물과.
- 김건희, 주영철, 이규천, 이남주. 2006a. 느타리 수확 후 관리 기술 매뉴얼. 농림부. pp. 205-209.
- 김기식, 주선종, 윤향식, 김민아, 박성규, 김태수. 2003. 검은비늘버섯의 포장재와 저장 온도에 따른 저장 효과. 한국식품저장유통학회지 10(3): 284-287.
- 김명곤, 김형무, 나의식, 유승헌, 채정기, 홍재식. 2002. 버섯생물학. 학문사. pp. 10-195.
- 김선영, 이준택, 김동현, 최정준, 박은진, 이종규. 2006b. 생리 활성이 우수한 잣버섯 자실체의 개발 - 농림부 연구보고서. pp. 1-88.
- 김한경, 박정식, 차동열, 김양섭, 문병주. 1994. 잣버섯 인공 재배에 관한 연구(I). 한국균학회지 22(2): 145-152.
- 김현중, 한상국. 2008. 광릉의 버섯. 국립수목원. p. 349.
- 남궁배, 김병삼, 김의웅, 정진웅, 김동철. 1995. 진공 예냉 처리가 포장 저장 중 표고버섯의 품질에 미치는 영향. 한국농화학회지 38(4): 345-352.
- 박찬준, 김교수, 전주상, 박용길. 1988. 잣버섯의 생리적 특성에 대한 연구. 임연연보 36: 110-114.
- 백경연, 김재원, 이예경, 박인식, 김순동. 2009. 큰느타리버섯의 PE 포장 저장 중 선도에 미치는 예냉 처리 효과. 한국식품저장유통학회지 16(2): 166-171.
- 신금철. 2006. 침엽수 톱밥과 액체 종균을 이용한 잣버섯(*Lentinus lepideus*) 대량 재배에 관한 연구. 강원대

학교 석사학위논문.
- 원선이, 장명준, 주영철, 이용범. 2010. 재배사 내 CO_2 농도가 아위느타리버섯의 생육 및 수량에 미치는 영향. 생물환경조절학회지 19(2): 77-81.
- 윤선미, 주영철, 서건식, 지정현. 2006. 느타리버섯 자실체의 생육 및 미세 구조에 미치는 온도의 영향. *Journal of Life Science* 16(2): 225-230.
- 윤인화, 손영구, 정대성. 1983. 버섯류 저장 시험. 농기연 시험연구보고서. pp. 742-753.
- 이윤혜, 이한범, 주영철. 2008. 장기 선도 유지를 위한 재배 환경 조건 구명. 경기도농업기술원 시험연구보고서. pp. 756-764.
- 이지열. 1998. 원색 한국버섯도감. 아카데미서적. p. 111.
- 장명준. 2011. 잣버섯의 생리 생태적 특성 및 재배 환경에 관한 연구. 공주대학교대학원 박사학위논문.
- 장명준, 김정한, 주영철. 2014. 잣버섯의 일반 성분 및 에르고스테롤, 향기 성분. 한국버섯학회지 12(1): 73-76.
- 장명준, 이윤혜, 전대훈, 주영철, 유영복. 2013. 생육 온도에 따른 잣버섯의 생육 특성 구명. 한국버섯학회지 11(1): 21-23.
- 장명준, 이윤혜, 주영철, 김성민, 구한모. 2011. 잣버섯 봉지 재배 시 영양원이 균사 배양 및 자실체 생육에 미치는 영향. 한국균학회지 39(3): 171-174.
- 장명준, 하태문, 이윤혜, 주영철. 2009. 느타리버섯의 품종별 환기 횟수에 따른 생육 특성. 생물환경조절학회지 18(3): 208-214.
- 장명준, 하태문, 주영철. 2007. 신품종 느타리버섯의 생육 온도에 따른 호흡 특성 비교. 한국버섯학회지 5(2): 65-70.
- 장성희. 2003. 잣버섯균의 생리적 특성 및 부후 특성. 전남대학교 석사학위논문.
- 정광교, 한영환. 1997. 잣버섯(*Lentinus lepideus* DGUM 25050)의 균사 생육을 위한 배지 조성의 최적화. 동국논집 16(2): 143-160.
- 지정현, 김정한, 주영철, 서건식, 강희완. 2009. 이산화탄소가 잎새버섯의 자실체 발생 및 생육에 미치는 영향. 한국균학회지 37(1): 60-64.
- 한대석, 안병학, 신현경. 1992. 환경 조절 저장 방법을 이용한 느타리버섯과 표고버섯의 유통 기간 연장. 한국식품과학회지 24: 371-384.
- 한용운. 2009. 식용 버섯Ⅱ 성분과 생리 활성. 고려대학교 출판부. pp. 221-226.
- 古川久彦. 1992. きのこ學. 共立出版(株). pp. 84-90.
- 荻山範櫎一. 1986. 褐色腐朽擔子菌, マツオウジ(*Lentinus lepideus* Fr.)のスギ(*Cryptomeria japonica* D. Don.) 培地における 人工栽培. 山形大學紀要(農學). 10(1): 19-31.
- 周字光. 2007. 中國菌种目錄. 化學工業出版社. 566pp.
- Ekbld, A., Wallander, H. and Nasholm, T. 1998. Chitin and ergosterol combined to measure total and living fungal biomass in ectomycorhizas. *New Phytol.* 138: 143-149.
- Gaitán-Hernández, R., Mata, G. and Guzman, G. 1993. Cultivation of Lentinus lepideus in Mexico-production of fruiting bodies on coniferous wood shavings. *Mushroom Research* 2(2): 79-81.
- Gormley, T. R. 1975. Chill storage of mushrooms, *J. Sci. food Agric.* 26: 401-411.
- Hideyuki, Y., Daisuke, M., Junji, H., Toshio, M., Kouzou, N. and Yasuo, O. 2005. Effects of wavelength of light stimuli on the bio-electric potential and the morphogenetic properties of *Pleurotus eryngii*. *J. SHITA* 17(4): 175-181.
- Juan, C. E., Jolivet, S. and Wichers, H. J. 1998. Inhibition of mushroom polyphenol oxiase by agaritine. *J. Agric. Food Chem.* 6: 2976-2980.

• Murr, D. P. and Morris, L. L. 1975. Effect of storage temperature on postharvest change in mushrooms. *J. Amer. Soc.* 100: 16–19.
• Reginald Buller, A. H. 1905. The reactions of the fruit-bodies of *Lentinus lepideus*, Fr, to External stimuli. *Annals of Botany* 19(75): 428–446.
• Schnurer, J. 1993. Comparison of methods for estimating the biomass of three food-borne fungi with different growth patterns. *Appl. Environ. Microbiol.* 59: 552–555.
• Schwantes, H. O. 1969. Wirkung Unterschiedilicher Stickstoffkonzentrationen und-verbindumgen auf Wachstum Und Fruchtkorperbildung von Pilzen. *Mushroom Science* vii. pp. 257–271.
• Stamets, P. and Chilton, J. S. 1983. *The Mushroom Cultivator*. pp. 415. Agarikon Press. Olympia, Washington.
• Weet, J. D. and Gandhi, S. R. Biochemistry and molecular biology of fungal sterols. In the Mycota. A comprehensive treatise on fungi as experimental systems for basic and applied research. Ed. K. Esser and P. A. Lemke. 1996. Ⅲ *Biochemistry and molecular biology*. edited by R. Brambl and G. A. Marzluf. pp. 421–438. Springer, Berlin.

제 23 장

복령

1. 명칭 및 분류학적 위치

복령(茯苓, *Wolfiporia extensa* (Peck) Ginns=*W. cocos* (F. A. Wolf) Ryvarden & Gilb. =*Poria cocos* (Schw.) Wolf)은 소나무류(*Pinus* spp.)에 기생하는 갈색부후균으로 주름버섯강(Agaricomycetes) 구멍장이버섯목(Polyporales) 구멍장이버섯과(Polyporaceae) 구멍버섯속(*Wolfiporia*)에 속하는 버섯이다. 복령균의 백색 균사가 분지하면서 생장하다가 균사 간에 서로 결합하여 온습도가 적합한 환경 조건에서 단단한 덩어리의 균핵을 형성한다. 이와 같은 균핵을 복령이라 하며 내부의 색깔이 백색이면 백복령, 담홍색이면 적복령, 소나무 뿌리를 가운데 두고 형성된 것을 복신이라고 한다. 영명은 'Hoelen' 또는 'Poria' 이며 일본, 미국에도 분포한다.

2. 재배 내력

복령은 『동의보감』에 기록된 20여 종의 버섯 가운데 가장 많이 언급되어 있으나, 국내에서의 인공 재배 연구는 1985년 농촌진흥청에서 박 등(1985, 1986)에 의하여 시험된 것이 처음으로 이때는 균핵 형성에 성공하지 못하였다. 그 후 1992년 장 등에 의하여 복령 균핵 형성에 대한 연구가 진행되어 인공 재배에 성공함에 따라 1994년에 품종을 육성하여 전국으로 보급함으로써 복령 균핵의 대량 생산 체계에 들어갔다. 그러나 인공 생산된 복령 균핵 내에 모래 등의 이물질이 혼입되어 가공 이용 가치가 하락하자, 1998년부터 새롭게 복령 재배를 시작하는 생산 농가가 현저히 감소하였다.

그러나 복령은 국내에서 한약재로 가장 많이 사용되는 5대 품목 중 하나로 중국으로부터 많은 양을 수입하여 소비하고 있는데, 중국에서 인공 재배된 복령은 국내의 자연산 복령에 비해 품질이 다소 떨어지나 국내 재배산보다 비싸게 거래되고 있다.

3. 영양 성분 및 건강 기능성

복령의 주성분은 녹말과 탄수화물, 수분, 지방, 단백질 및 무기질이다. 진(1982)에 의하면, 복령은 이뇨, 진정, 심장 수축 강화 효과 등이 있으며, 복령당(Pachyman)이 복령다당(Pachymaran)으로 변할 때 암세포가 있는 쥐에 대한 억제율이 96.88%에 달한다고 하였다. 또한, 복령은 항암 효과가 높다고 보고(Saito 등, 1968; Narui, 1980; Chihara 등, 1970)하였으며, 국내에서는 암세포(sarcoma-180)에 대한 효과와 그램 양성균에 대하여 복령이 항균력을 나타낸다고 보고(이 등, 1990)한 바와 같이 기능성이 우수한 버섯이다.

복령의 균핵은 한약 처방으로 감초탕, 복령택사탕, 복령행인감초탕, 복령음가반하탕, 사군자탕, 복령보심탕, 삼령백출산 등으로 이용되고, 최근에는 국수, 빵, 이유식, 드링크제, 고추장, 된장 제조에도 이용된다. 약리 작용은 혈당 강하, 진정, 이뇨, 소화성궤양 예방, 항종양 억제 등이 있다(김, 2002; 문, 1999; 송, 2004; 이, 2001; 이, 1999).

현재까지 밝혀진 복령의 주요 성분은 복령산(Pachymic acid), 송령산(Pinicolic acid), 송령신산, Tumulosic acid, Ebricoic acid 등이 함유되어 있으며 양질의 복령에는 그중에 가장 중요한 파시만(Pachyman) 함량이 93%에 이르고 있다(강, 1994; 이, 1997).

1) 생약 복령의 성분

균핵에서는 베타파시만이 마른 무게의 93% 정도를 차지한다. 그리고 트리터펜류 화합물인 Pachmic acid, Tumulosic acid, 3-β-hydroxylanpsta-7.9(11), 24-trien-21-oil acid가 들어 있다. 그 밖에 또 나뭇진, 키틴질, 단백질, 지방, 스테롤, 레시틴, 포도당, 아데닌, 히스티딘, 콜린, 베타파시만의 분해 효소, 리파아제, 프로테아제 등도 있다(최, 1996).

2) 생약 복령의 약리 작용

(1) 이뇨 작용

복령 탕제 3g이나 임상 상용량은 건강한 사람에게는 이뇨 작용이 없으며, 개에게 탕제를 정맥 주사하여도 소변량이 증가하지 않는다. 쥐에게도 효과가 없거나 작용이 매우 약하다. 토끼에게서는 임상상 사람이 쓰는 용량과 접근한 탕제를 내복시켜도 소변량이 증가하지 않는다. 그러나 알코올 추출액을 토끼의 복강에 주사하거나 물 추출액으로 토끼에게 만성 실험을 하면 이뇨 작용이 있다고 하는 학자도 있다. 부신을 떼낸 쥐에게 탕제를 단독으로 쓰거나 탕제와 디옥시코티손(deoxy-cortisone)을 같이 쓰면 나트륨 배설을 촉진하는데, 복령의 이뇨 작용은 더 연구할 가치가 있다.

복령은 칼륨 97.5mg%를 포함하고 있으며 30% 탕제로 계산하면 나트륨 0.186mg/mL, 칼륨 11.2mg/mL를 포함하고 있다. 따라서 복령이 나트륨 배설을 촉진하는 작용은 나트륨 함량과 관계가 없으며(나트륨 함량이 너무 적으므로) 칼륨 배설의 증가는 체내에 칼륨염이 많이 함유되어 있는 것과 관련된다.

오령산(五苓散)은 만성 수뇨관루가 있는 개(정맥 주사), 건강한 사람 및 토끼(전체 내복), 쥐(알코올 추출액의 내복)에서 이뇨 작용을 명확하게 나타낸다. 개에 대한 실험에서 나트륨, 칼륨, 염소의 배출이 증가되었으나 오령산 중 주된 이뇨 약은 계지(桂枝)와 택사(澤瀉), 백술(白朮)이었다.

반면 오령산 탕제를 쥐에게 먹였는데 그 용량을 1g/100g까지 증가해도 이뇨 작용이 증가하지 않았다는 보고도 있다.

(2) 항균 작용

생체 내(in vivo)에서 복령의 균 억제 작용을 발견하지 못하였다. 알코올 추출액은 시험관 내(in vitro)에서 급성 발열성 질병을 일으키는 렙토스피라균을 죽일 수 있었으나 탕제는 효과가 없었다.

(3) 소화기에 대한 영향

복령은 토끼의 적출 장관에 대하여 직접적으로 이완 작용을 하며, 쥐 유문 결찰에 의하여 형성된 궤양에 대해서는 예방 작용을 하고 위산을 감소시키는 작용을 한다.

(4) 기타 작용

복령은 혈당을 낮추며 팅크제, 침제는 두꺼비 적출 심장을 억제하며 에테르 혹은 알코올 추출물은 심장 수축을 강화시킨다. 양지황(洋地黃)에 의하여 일으킨 비둘기 구토증에는 작용이 없다(이상은 『중약대사전』을 참고하였음).

4. 생활 주기

복령 균사는 백색으로 생장하면서 균사가 서로 엉기고 온습도 등 알맞은 환경 조건이 되면 단단한 덩어리 형태의 균핵(菌核)이 형성된다. 이와 같은 균핵을 복령이라 하며 우리들이 이용할 수 있는 부분이 된다. 복령은 자연계에서 일반 버섯류와 동일한 과정을 거치면서 균사가 증식되어 균핵을 형성하거나 자실체를 형성하면서 증식하고 생활하게 된다. 즉, 균사는 생장하면서 가지를 만들고 다른 균사와 융합하면서 균사체(菌絲體)를 형성시키는데, 이때 일부는 공기 중에서 포자가 있는 자실체 형성을 억제시키는 것이 좋다. 다른 한편으로는 균사체가 균핵을 형성하여 단단한 덩어리를 만들게 되는데, 이 부분을 복령이라 한다.

이 균핵은 순수 분리를 하면 다시 균사체를 얻게 되고 종균을 만든 후 기주에 접종하면 균핵을 형성시킬 수 있어 인공 재배가 가능한 것이다. 복령의 균사체는 영양 기관이고 자실체는 번식 기관이며, 균핵(복령)은 각종 양분의 저장 기관이라고 할 수 있다. 인공 재배 시에는 자실체를 형성시켜 포자를 이용하는 기회는 적으며 복령에서 무성적으로 균사를 얻고 이를 증식하여 종균을 만든 후에 균핵만 크게 형성하도록 하는 기술이 실제적으로 실용성이 있는 방법이 된다(그림 23-1).

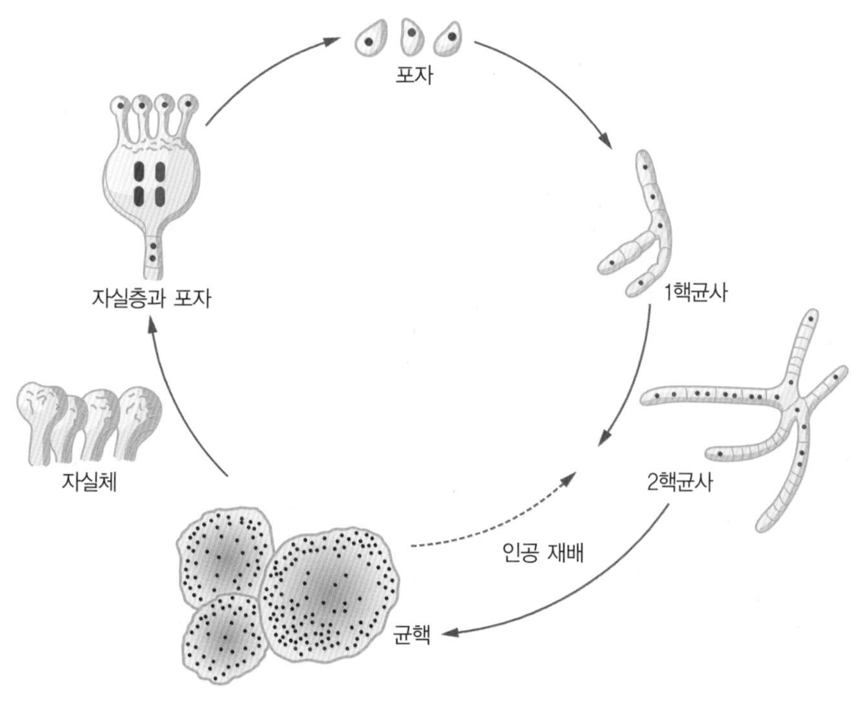

그림 23-1 복령의 생활 주기

1) 균사체

균사를 현미경으로 관찰하여 보면 격막(隔膜)이 뚜렷하게 있으며, 많은 섬유상 세포로 구성되어 있다. 균사체란 가는 균사가 모여서 서로 융합하여 굵은 형태로 된 것을 말하며, 균사체의 세포 증식이나 분지 생장, 핵상(核相) 교환 방식 등의 생식 과정은 일반 담자균과 동일한 형식으로 이루어지고 있다.

2) 균핵

균핵은 다량의 균사체가 밀집하여 이루어지는 것으로 영양 번식을 계속하게 되면 적당한 조건에서 어린 복령이 형성되기 시작하며, 더욱 팽대하게 되면 휴면 기관으로서 다량의 영양 물질을 저장할 수 있게 된다. 이와 같은 균핵은 균사체가 소나무 등 목재류의 셀룰로오스(섬유소) 또는 헤미셀룰로오스(반섬유소) 등을 분해하고 영양분을 끊임없이 흡수하여 전이시켜서 큰 집결체를 형성한 것이다.

균핵은 수분이 있을 때에는 싱싱하고 조직이 연하여 쉽게 절단될 수 있으나 일단 건조된 균핵은 질기고 단단하여 쉽게 부서지지 않는다. 그러므로 균핵(복령)의 가공은 수분이 있을 때에 표피를 벗기거나 절단한 후에 건조시켜 이용하는 것이 편리하다.

3) 자실체

복령균을 톱밥 배지에서 성장시켜 보면 종균병(瓶) 입구에서 동글동글한 벌집 모양의 꽃 같은 자실체가 형성되는 것을 볼 수 있게 된다. 이는 종균 배양 시에 건조한 상태에서 오랫동안 관리하다 보면 흔히 있는 형태이다.

자실체는 일반적으로 버섯의 형태이지만 실용 가치가 없고, 오히려 종균에서 발생하게 되면 배지의 영양분이 소실되어 아무 쓸모가 없으므로 종균을 장기간 보관할 때에는 습도가 낮고 시원하게 관리하여야 한다.

4) 포자

자실체의 1개 담자기 위에는 4개의 담자포자가 형성되는데, 형태는 긴 타원형 또는 원기둥 모양으로서 무색 투명하고 크기가 $6\times2.5\mu$ 또는 $11\times3.5\mu$ 정도로 작다. 포자는 적당한 온습도 조건에서 발아되어 균사를 쉽게 형성시킬 수 있어 번식체로서 활용할 수 있으나 보통은 균사체에 의한 무성적인 영양 번식을 주로 이용하고 있다.

5. 재배 기술

1) 원목 매몰 재배법

(1) 재배 장소 선정

복령 재배는 한번 심으면 2년 동안 한곳에서 재배하여야 하고 중간에 옮기기도 곤란하므로 재배 장소의 선정이 매우 중요하다. 복령균은 땅속에서 자라면서 결령(結苓)되어 생장하기 때문에 토양의 물리적 · 화학적 성질은 균사 생장 및 균핵 형성에도 많은 영향을 미치게 된다.

재배 장소를 선정할 때에는 다음 사항에 유의한다.

- 재배 장소는 사양토로서 배수가 잘되어 물이 고이지 않는 부드러운 흙이어야 한다.
- 흙 속에 큰 모래 또는 자갈이 너무 많으면, 재배 시 복령이 형성되어 자랄 때 이것들을 속에 넣고 생장하게 되므로 품질이 불량하게 된다.
- 복령을 한번 재배하였던 연작지 또는 다른 작물을 심어 유기질이 많은 곳보다 새로 개간된 곳이나 야산지가 알맞다.
- 재배 장소는 동남쪽으로 약간 경사진 곳이 더욱 좋으며, 겨울에 너무 춥지 않고 자연적으로 배수가 잘되는 곳을 선택하는 것이 좋다.
- 재배 장소의 토양 산도는 pH 4~6 정도가 좋으며, 토양에는 유기질(퇴비) 또는 오염 물질이 없어야 한다.

(2) 복령 종균 구입 및 원목 준비

복령의 톱밥 종균은 각 지역에 있는 정부에서 허가된 민간 배양소에서 구입할 수 있으며, 소요량은 3.3m^2(1평)당 15~20병이다.

❶ 재배가 잘되는 나무

복령 재배에 가장 적합한 나무는 적송(육송: 재래종 소나무) 또는 낙엽송 등이다. 재배용 나무는 길이 60cm의 경우 18개/3.3m^{2}가 소요된다.

❷ 나무 베는 시기

나무를 베는 시기는 휴면기인 초겨울부터 이듬해 2월경까지가 가장 적합하다.

❸ 복령이 잘 자라도록 나무 조제

벌채된 나무는 길이 60cm 정도로 절단하여 껍질을 2면을 돌아가면서 벗겨야 한다. 즉, 나무의 표피는 10cm 너비로 한 면과 맞은편 쪽을 각각 위에서부터 밑까지 벗겨서 2면이 서로 마주보도록 벗기고 2면은 남겨서 사각형에 가깝도록 한다.

❹ 나무의 건조

원목을 60cm 길이로 절단한 후 껍질을 벗긴 다음 통풍이 잘되는 장소에 우물 정자(井)로 쌓아서 1~2개월 정도 건조시켜야 한다.

(3) 원목에 종균 접종 활착

❶ 톱밥 종균 접종

소나무에 종균을 직접 접촉시켜 땅속에 묻으면 그 안에서 균사가 나무의 목질부에 침투되어 활착 생장하도록 하는 비교적 간단한 방법이다.

❷ 재배지 준비 작업

① 선정된 재배지를 깊이 20~30cm, 너비 80~100cm 정도로 흙을 옆에 놓아 가면서 길게 파 나간다.

② 이 작업은 경사 방향과 나란히 파 나가야 배수가 잘되며 트랙터로 한 번 밀고 나가면 흙이 양 옆으로 밀리게 되어 쉽게 할 수 있다.

❸ 종균 접종

① 원목의 껍질이 붙어 있는 한 면을 땅 밑에 접촉시키고 나머지 한 면을 하늘을 보게 하여 벗겨진 두 면이 옆면이 될 수 있도록 종렬로 철로의 침목과 같이 진열한다(그림 23-2).

그림 23-2 **원목의 진열**

② 원목과 원목 사이는 길이 2~3cm 정도로 띄우고, 그 사이 밑에는 흙으로 메운 뒤, 위에는 종균 덩어리를 4~5개 끼워서 두 원목 사이에 접착되도록 한다(그림 23-3).

③ 종균은 활력이 왕성한 것을 선택하여 1병을 6등분으로 갈라서 덩이로 만들어 접종한다.

그림 23-3 **원목에 복령 종균 접착**

❹ 종균 심은 후 포장 관리

① 옆으로 파헤쳐진 흙은 곱게 하여 원목 위를 높이 10cm 전후로 덮어서 두둑을 만들고 양 옆은 골이 되도록 한다.

② 흙 위에는 백색 비닐을 덮어서 비가 올 경우, 물이 고랑으로 모여서 흘러가도록 한다.

③ 6월경에는 비닐을 벗기고 낙엽을 5~10cm 높이로 덮어 준다. 이는 여름 고온기에 지온 상승 피해 방지, 한발에 의한 건조 방지, 토양 수분 유지, 잡초 발생 억제 등에 효과적이다.

④ 여름철의 한발 시에는 물을 가끔 주어 수분 유지 및 고온 피해를 방지한다.

2) 종목 접착법

종목 접착법은 원목을 비닐포트에 넣어서 살균 후, 복령균을 접종 생장시켜 이용하는 방법이다. 이 방법은 과정이 복잡하다는 단점이 있지만 잡균의 피해 없이 균사 활착이 양호한 장점이 있다(손, 1998; 조, 2004; 표 23-1).

표 23-1 종목 접착법의 장단점

장 점	단점 및 보완 대책
• 잡균 피해가 적고 접종용 종균이 적게 소요됨. • 균사 원목은 장기간 동안 종균의 역할을 할 수 있음. • 적층 재배에 의한 집약적 다수확 재배가 가능함.	• 상압 살균 시설이 필요함. –간이식도 가능: 공동 시설 활용 –대면적 재배에서는 시설 효율 높음. • 접종 및 균사 배양 시설이 필요함. –간이 시설도 가능함. –저온기에 유휴 시설의 최대 활용 가능

(1) 재료 준비

소나무는 지름 10~15cm의 것으로 선택하여 길이 30cm 정도로 짧게 절단한다. 절단된 면을 매끄럽게 하여 비닐봉지에 넣을 때 모서리가 터지는 것을 방지한다. 껍질을 벗기는 방법은 원목 매몰 재배의 경우와 동일하나 원목 건조는 1주일 정도로 짧게 하는 것이 좋다.

(2) 비닐봉지에 넣기

봉지는 내열성 비닐은 두께 0.05mm의 것이 좋으며, 크기는 원목의 크기에 따라 결정될 수 있으나 대체로 너비가 40cm 전후의 것을 많이 사용한다. 비닐봉지에 절단된 단목을 넣고서 한쪽 끝에 솜마개를 하여 영지 단목 포트 재배법 과정과 동일한 방법으로 한다.

(3) 살균 작업

나무 속에 있는 각종 잡균을 제거하고 표피에 있는 위해균을 사멸시키면서 균사 생육을 저해하는 각종 휘발성 물질을 열처리로 휘산시키도록 한다. 살균 작업 시 상압 살균은 90~95℃에서 4시간 동안 유지시켜야 하지만, 농가에서는 시설 여건상 75~80℃에서 8시간 정도 실시하여야 효과를 볼 수 있다.

(4) 종균 접종 및 균사 배양

살균 작업이 끝나면 청결하고 공기 유동이 없는 밀폐된 곳에서 복령 톱밥 종균을 4~5숟가락씩 비닐봉지의 마개를 열고서 접종하여야 하고 무균 상태를 유지하여야 한다.

접종 작업 후에는 온도는 20~25℃, 습도는 70%로 약간 건조한 장소에서 1~2개월 배양하면 된다.

(5) 균사 활착 검정

종균 접종 후 1~2개월이 지나면 봉지 안에서 백색 균사가 양호하게 활착되었는지 관찰하고 나무 단면을 절단하여 균사가 침투된 형태를 관찰한 후에 다음 작업을 하여야 한다.

(6) 나무를 땅에 묻기

땅을 원목 매몰 재배의 경우와 동일하게 판 후, 원목 사이사이에 비닐봉지 안에 있는 균사가 자란 원목을 비닐봉지를 벗기고 끼워 넣는다. 따라서 새로운 원목과 균사가 활착된 원목은 1 : 1 비율로 섞어 가면서 진열하거나 그 이상으로 하여도 된다. 이후의 작업 순서 및 관리 요령은 다른 재배법과 동일하다(그림 23-4).

그림 23-4 복령 종균 접착 후 매몰

(7) 종균 접종 후 재배지 관리

종균 재식 후 1개월 동안에는 찬물이나 불순물이 땅속에 들어가면 과습하여 종균이 썩어 버리게 된다. 또, 너무 건조하면 균사 조직이 사멸하기 때문에 토양의 함수량을 50~60% 정도로 유지시키는 것이 중요하다. 토양의 온도는 25~30℃가 가장 적당하며, 토양 환경을 알맞게 유지시키기 위하여 저온기에는 표면에 비닐을 덮어 주고 고온기에는 볏짚 등으로 피복하여 급격한 온습도의 변화를 방지하여야 한다.

접종 후 2개월이 지나면 원목의 변재부와 목질부 사이에 균사가 활착되며, 4개월이 경과하면 복령이 맺히기 시작하므로 표면이 갈라지기 시작한다. 이때 갈라진 틈을 중심으로 3~5cm 두께로 복토하여 주면 고품질의 복령이 생장될 수 있다.

3) 매몰 재배법 개선

복령 균핵 내 이물질 생성 방지를 위하여 비닐, 부직포, 망사, 왕겨, 부엽토를 재배 원목의 위아래를 각각 피복한 후 배양 완성 기간과 오염률, 균사 밀도, 균핵 원기 형성 기간, 수량, 이물질 생성 정도를 조사한 결과, 왕겨, 부엽토, 부직포, 비닐, 망사순으로 적합했다. 왕겨를 원목 상하에 피복하였을 경우, 배양 완성 기간은 50일로서 관행에 비하여 5일 빨랐으며, 오염률은 관행의 경우 2%이나 왕겨 멀칭을 하였을 때 오염이 발생하지 않았다. 균사 밀도도 피복을 하였을 경우 현저히 좋았다. 균핵 원기 형성 기간은 관행이 82일인 데 비하여 피복 시 62~65일로서 17~20일이 단축되었다.

인공 재배한 복령은 자연 상태의 복령과는 다소 차이가 있다(그림 23-5). 수량은 관행 4.33kg에 비하여 왕겨 상하 피복이 6.57kg으로 51.7% 증수되었는데, 상 피복이 5.99kg으로 38.3% 증수, 하 피복이 5.87kg으로 35.7%가 증수되는 효과가 있었으며, 이물질 역시 피복 시에는 나타나지 않았다.

왕겨 피복에 의한 매몰 깊이별 결령 상태 및 품질의 영향을 조사한 결과, 매몰 깊이가 20cm, 40cm, 60cm순으로 좋았다. 20cm 매몰 깊이에서 관행에 비하여 배양 완성 기간이 5일 빨랐으며, 오염률은 관행의 경우 2%이나 오염이 발생하지 않았다. 균사 밀도도 피복하였을 경우 현저히 좋았다. 균핵 원기 형성 기간은 관행이 82일인 데 비하여 62일로서 20일이 단축되었다. 수량은 관행 4.33kg에 비하여 6.57kg으로 51.7% 증수되었다(장, 2000).

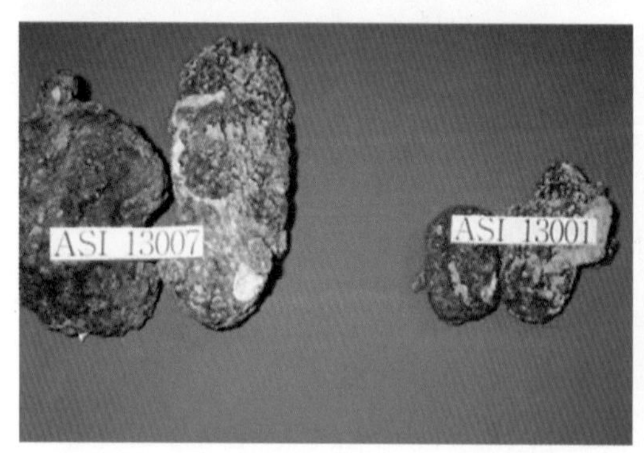

그림 23-5 **재배하여 수확한 복령**

4) 무매몰 봉지 재배법

농가에서 적용 가능한, 복령을 기내에 생산하기 위해 고안한 방법은 상황버섯, 영지버섯 등 고부가 가치의 약용 버섯 재배에 이용하는 봉지 재배법이었다. 즉, 소나무 원목의 크기와 길이를 적당히 하여 절단한 후 고압 살균이 가능한 내열성 비닐봉지(두께 0.005mm×너비 40cm×길이 60cm)를 두 겹으로 하여 넣고, 원목 재배용 캡과 필터가 부착된 마개를 체결하여 고압 살균한 다음, 식혀서 복령 톱밥 종균을 5g 접종하여 배양하는 방법이다(그림 23-6).

이때 원목은 길이 20cm, 굵기 15±5cm, 무게 약 3~4kg 정도의 것이 작업이 편리할 뿐만 아니라 플라스틱 컨테이너에 넣고 적층하여 배양할 수 있어 적당한 것으로 조사되었다. 굵기 15cm 이하의 원목은 2~3개를 한꺼번에 넣어 배양할 경우, 배양이 완료된 후에는 한 개의 덩어리로 결속이 된 것을 볼 수 있었다. 유의할 점은 복령이 결령되고 생장할 충분한 공간을 확보할 수 있게 비닐의 크기가 넉넉한 것이어야 한다. 배양 후 30일이면 백색의 균사가 원목 전체에 만연하고 비닐과 밀착되지 않은 곳은 부분적으로 갈색의 배양여액이 발생되는 것이 관찰된다. 25℃ 항온 조건에서 6개월 정도 되면 복령은 지름 12cm 내외로 자란다.

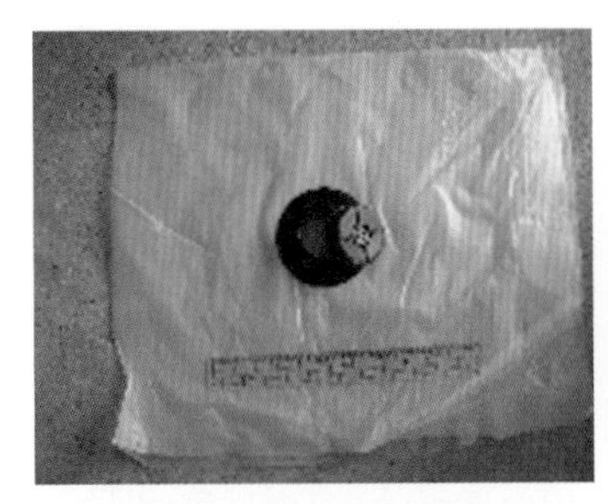
① 내열성 비닐과 캡 준비

② 원목 입봉

③ 캡 체결

④ 살균 준비 완료

⑤ 적층 배양

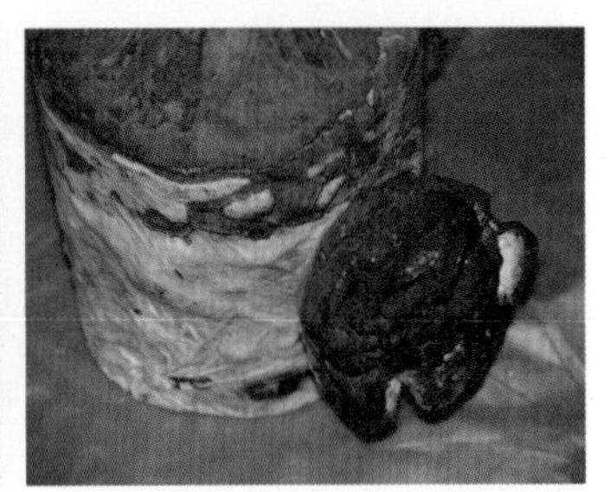
⑥ 수확 전 복령

그림 23-6 **무매몰 봉지 재배의 과정**

배양에서 수확에 이르기까지 비닐봉지가 뚫어지지 않도록 관리해야 한다. 비닐이 뚫어지면 구멍으로 원목에 포함된 수분이 빠져 나가 생장이 정지되고 복령의 표면이 갈라져 이곳을 통해 푸른곰팡이가 침투한다. 봉지당 수확한 습복령의 평균 무게는 420g, 건복령은 260g 정도였다(그림 23-7). 이렇게 생산된 복령은 외피를 벗기는 거피 작업이 불필요할 만큼 깨끗하나 약재로 사용하기 위한 부분인 흰색의 복령을 얻기 위해서는 비닐을 제거하는 즉시 칼로 갈변한 껍질 부위를 깎아 내고 얇게 썰어 말리는 작업을 하여야 한다. 복령이 부착된 부위의 나무껍질이 함께 분리되어 품질을 떨어뜨리기 때문에 칼로 제거해 주는 것이 좋다.

그림 23-7 **원목에서 형성된 복령**

6. 수확 후 관리 및 이용

복령은 봄에 접종하여 가을이 되어 1년 만에 급속하게 균핵이 형성되지만, 균핵의 경도가 약하여 품질이 떨어지며 수량이 적다. 따라서 복령은 1년 더 땅속에 두었다가 2년만에 수확하면 자연산처럼 단단하고 양질의 균핵을 생산할 수 있다. 복령의 균핵이 성장하면 땅에 금이 가면서 벌어진다. 이를 방치하면 균핵 내에 이물질이 들어가 품질을 떨어뜨린다. 그러므로 원목을 땅에 매몰할 때 깊이 20cm 정도에 묻어야 적당하다. 이보다 얕게 묻으면 쉽게 땅이 벌어져 균핵 표피가 터지는 현상이 나타난다.

수확한 복령을 양지에서 2일간 건조시켜 4시간 정도 수침 후 세척하여 제피를 하면 작업 능률이 16.6kg/hr으로 수확 후 천일 건조하여 제피하였을 때 7.2kg/hr보다 두 배 정도 높다. 제피된 복령은 칼로 1~2mm 두께로 절단하여 롤밀(roll mill)로 분쇄한 후 수분 함량을 14% 정도로 건조시킨 후 핀밀(pin mill)로 100메시 크기로 분쇄하면 밀가루처럼 고운 복령가루를 얻을 수 있다.

수확한 복령의 호화 개시 온도는 약 56℃, 최고 점도 18cps, 최저 점도 7cps 정도의 물리성을 지니고 있다. 복령 빵을 만들 때 밀가루에 복령가루 혼합 비율이 높을수록 호화 개시 온도, 가열 시 최고 점도, 냉각 시 최고 · 최저 점도의 온도는 낮아진다. 복령 식빵의 색, 맛, 조직감, 냄새에서 복령가루 12.5% 혼합까지는 밀가루 100%와 같으며 복령가루 15% 혼합 시 맛과 조직감에서 밀가루보다 약간 떨어진다.

복령 국수는 복령가루 첨가 비율이 25%, 복령 찹쌀 고추장은 복령가루 10% 첨가, 복령 물엿 고추장은 복령가루에 물엿 50~60% 첨가, 복령 백설기는 복령가루 10% 첨가, 복령 음료(사군자 및 십전대보탕)는 복령가루 4% 첨가, 십전대보탕 음료는 복령가루 2%를 첨가하면 제품의 질적 향상에 도움이 된다.

1) 생약 복령의 채집 특성

야생 복령은 보통 7월부터 이듬해 3월 사이에 적송, 산잣나무 숲에서 채집한다(그림 23-8). 복령이 자라는 곳의 지면 특징은 다음과 같다.

- 소나무 그루 주위의 터진 곳을 두드리면 속이 빈 소리가 난다.
- 소나무 주위 지면에 흰 균사(粉白膜狀 혹은 粉白灰狀)가 있다.
- 나무 그루 위가 썩은 후 흑색의 가로로 갈라진 틈이 있다.
- 적은 비가 내린 후 나무 그루 주위가 더 빨리 마르거나 나무 그루 주위에 풀이 나지 않는 곳이 있다.

재배한 복령은 접종한 후 1~2년 후에 채집한다. 입추 후에 채집한 것이 질이 가장 좋으며, 너무 빨리 채집하면 질과 소출에 영향을 준다.

그림 23-8 채취한 자연산 복령 (농촌진흥청 버섯과 사진 제공)

2) 생약 복령의 가공

복령을 파낸 후 흙을 깨끗이 털어 집 한 귀퉁이의 처마 밑 통풍이 잘되지 않는 곳에 놓거나 항아리에 넣어 둘 수 있는데, 밑에 솔잎이나 볏짚을 펴 놓고 그 위에 한층 더 펴 놓는다. 볏짚과 복령을 엇갈아 층층이 펴고 나중에 두꺼운 마대를 펴 놓는다. 이렇게 발한시켜 수분이 빠져 나가게 한다. 발한시킨 후 꺼내서 물방울을 닦아 내고 서늘한 응달에 놓아 두었다가 표면이 마른 후 다시 발한시킨다. 이렇게 3~4회 반복하면서 표면이 쪼그라들게 하여 껍질 색깔이 갈색으로 되게 한다. 갈색으로 된 후 다시 서늘한 응달에 두어 수분을 다 마르게 하면 이것이 바로 '복령개(茯苓個)' 이다.

3) 생약 복령의 조제

복령을 발한시킨 후 다 마르기전에 썰어야 한다. 혹은 다 마른 복령에 물을 뿜어서 쓸 수도 있다. 복령 균핵 내부의 흰 부분을 얇게 썰어서 박편 혹은 네모난 작은 덩어리로 하면 이것이 곧 백복령이다. 썰 때 깎여 떨어진 검은색 껍질이 피복령이고, 복령 피층 밑 적색 부분이 적복령이다. 소나무 뿌리가 있는 흰색 부분을 정장형의 얇은 조각 모양으로 썰면 복신(茯神)이 된다. 절제한 각종 제품은 서늘한 음지에서 말리되, 구들 같은 데서 말리지 말아야 한다. 저장은 선선한 음지에 해야 하며, 너무 건조하거나 통풍이 잘되는 곳을 피해 점성을 잃거나 말라서 터지지 않게 한다.

복령개는 공 모양, 편원형 혹은 불규칙적인 덩이로, 크기가 같지 않다. 무게는 1kg 미만에서부터 6kg 정도이다. 표면은 갈색이며 껍질은 엷고 거칠고 융기된 명확한 주름살이 잡혀 있고 보통 흙이 붙어 있다. 무겁고 단단하여 잘 파괴되지 않으며 단면이 고르지 않고 과립상 가루 모양이다. 외층은 연한 갈색이거나 불그스레하며 내층은 모두 백색인데, 소수는 연한 갈색을 띠고 보드랍고 갈라진 틈이 있거나 속에 갈색 소나무 뿌리, 흰 덩어리 또는 조각 모양 물질이 끼어 있는 것도 있다.

복령은 무겁고 단단하며 겉껍질이 갈색으로 약간 윤기가 돌고, 주름이 깊고 단면이 희고도 부드러우며 치아에 많이 붙는 것이 상등품이다. 백복령을 조각 모양 혹은 긴 네모꼴로 썰어 쓸 때는 희고 고운 가루를 쥐는 감이 있어야 한다. 질이 취약하고 성기며 잘 부서지고 잘라지며 때로는 가장자리의 색깔이 황갈색을 띠기도 한다.

복령은 약재로 사용되는 부위가 용도에 따라 다르다. 날카로운 칼로 껍질을 벗긴 것을 '복령피' 라고 하여 한약재를 가공하여 유효 성분을 추출하는 제약회사 등에서 소비되고 있으며 유효 성분이 고농도로 함유되어 있다. 거피한 복령을 다시 얇게 썰어 낸 부분을 '설복' 또는 '복령편' 이라고 하며, 한약재로 주로 유통되는 형태가 이것이다. 또 다른 유형으로 설복(복령편)을

거피한 복령

복령피와 율복 건조

건조에 의한 균열(율복)

복령편 (설복)

그림 23-9 **복령의 조제**

만들면서 나온 복령의 중심 부분 중 밤톨 모양으로 건조시키는 형태를 '율복' 이라고 하며, 이것은 이유식 등 고급 식품의 원료로 사용된다. 최근에는 가루로 가공한 형태인 '복령분' 또는 '말복' 이라는 제품으로 유통되기도 한다(그림 23-9).

〈손형락, 장현유〉

참고 문헌

- 강삼식. 1994. 천연물(복령) 성분 분석에 관한 연구 연차보고서. 과학기술처.
- 김수민. 2002. 복령(*Poria cocos*) 균사체의 항산화성 및 아질산염 소거 작용. 한국식품영양과학회지 31(6): 1097-1101.
- 문남식. 1999. 버섯 재배 기술 및 생리 활성 물질을 이용한 식품 개발 연구: 복령의 품질 향상을 위한 재배 기술 및 pachyman을 이용한 기능성 식품 개발 시험연구보고서. 강원도농업기술원. pp. 464-475.
- 박동열, 박용환. 1985. 농촌진흥청 시험연구사업 보고서. 농업기술연구소. pp. 542-545.
- 박정식, 차동열, 정환채. 1986. 농촌진흥청 시험연구사업 보고서. 농업기술연구소. pp. 610-615.
- 손형락. 1998. 식용 버섯 재배법 개발 연구: 복령의 우량 계통 선발 및 재배법 개선 시험. 강원농업과학기술 연구 개발 시험연구보고서. 강원도농촌진흥원. pp. 232-234.
- 송경식. 2004. 복령의 품질 표준화를 위한 지표 성분 탐색 및 정량법 개발. 용역연구개발사업 연구결과 보고서. 식품의약품안전청.
- 이병영. 2001. 복령, 목이버섯의 부가 가치 향상을 위한 고품질 생산 및 가공식품 개발 연구: 복령, 목이버섯류의 고부가 가치 향상을 위한 가공식품 개발 연구, 식품 가공용 복령가루 제조법. 농촌진흥청. p. 149.
- 이복임, 홍인표, 김동원, 이민웅. 1990. 복령 및 인삼 추출물이 Sarcoma-180-Mouse의 혈액상(血液象)에 미치는 영향. 한국균학회지 18(4): 218-224.
- 이정숙. 1999. 복령의 인공 재배법 개선과 항산화 활성에 관한 연구. 한국균학회지 27(6): 378-382.
- 이희덕. 1997. 약용 버섯 재배법 개발 연구: 복령 재배법 확립 시험. 시험연구보고서. 충청남도농촌진흥원. pp. 539-541.
- 장현유. 2000. 복령 균핵 내 이물질 생성 방지 연구. 한국자원식물학회지 13(2): 147-153.
- 조우식. 2004. 농사시험연구보고서. 경상북도농업기술원. pp. 358-362.
- 최옥범, 조덕봉, 김동필. 1996. 인공 재배 복령의 성분 조성. 한국식품과학회지 9(4): 438-440.
- 陳存仁. 1982. 圖說 漢方醫藥大事典. 講談社. 東京. 제2권 pp. 64-67.
- Chihara, G., Hamura, J., Maeda, Y., Arai, Y. and Fukumoto, F. 1970. Antitumour polysaccharide derived chemically from natural glucan(Pachyman). *Nature* 225: 943-944.
- Narui, T. and Shibata, S. 1980. A polysaccharide produced by laboratory cultivation of *Poria cocos* Wolf. *Carbohydrate Research* 89: 161-163.
- Saito, H., Misaki, A. and Harada, T. 1968. A comparision of the structure of curdlan and pachyman. *Agr. Biol. Chem.* 32: 1261-1269.

제 24 장

망태버섯(망태말뚝버섯)

1. 명칭 및 분류학적 위치

망태버섯 또는 망태말뚝버섯(*Phallus indusiatus* Vent.=*Dictyophora indusiata* (Vent.) Desv.)은 주름버섯강(Agaricomycetes) 말뚝버섯목(Phallales) 말뚝버섯과(Phallaceae) 말뚝버섯속(*Phallus*)에 속한다. 이 버섯의 일반명을 우리나라에서는 '망태버섯(이, 1988)' 이라고 하고, 중국(孫, 1991; 李, 1986)에서는 '죽손(竹蓀)', '죽생(竹笙)', '죽삼(竹蔘)', '망사고(網沙菇)', '투망버섯', '투구버섯' 등으로 부르며, 일본(Kobayashi, 1981)에서는 '梅雨坊', '蛇木仙人帽', '虛無僧茸(허무승버섯)', '시케다케(濕茸)', '기스가사다케(絹傘茸)' 라고 한다. 서양(Chang과 Miles, 1984; Chang, 1993)에서는 'bamboo sprouts(대나무버섯)' 또는 'veiled lady mushroom(베일에 싸인 숙녀 버섯)', 'queen of mushroom(버섯의 여왕)' 등으로 부르고 있어 이 버섯의 명칭은 매우 다양하다. 특히 일본에서 부르는 '시케다케' 는 음습지에 발생한다는 의미이고, '허무승버섯' 은 허무승의 망립에서 유래하였다(Kobayashi, 1981)고 한다. 또한, 이 버섯의 아름다움을 중국에서는 '진균지화(眞菌之花)', '산진왕(山珍王)', '균중황후(菌中皇后)' 로 묘사하고, 서양에서는 'flower of the fungi' 등으로 평가한다.

망태버섯속(*Dictyophora*)은 그물 모양의 치마(velum)가 전개되는 특징이 있어 같은 과(family)에 속하는 말뚝버섯속(*Phallus*)과 뚜렷하게 구분된다. 망태버섯속의 종(species) 분류 시 치마의 색깔, 모양, 크기와 알(egg)의 모양, 색깔은 주요 특징이 된다. 특히 이 치마의 색깔과 모양, 크기는 종 구분의 수단으로서 황색을 띠는 *D. cinnabarina, D. indusiata* f.

aurantiaca, *D. indusiata* f. *lutea*, *D. indusiata* var. *rosea*, 다채로운 색을 띠는 *D. multicolra* 등(Burk와 Smith, 1978; Tominaga 등, 1989)과 치마의 길이에 따라 *D. duplicata*, *D. indusiata* 등(Du 등, 1992; Fischer, 1927)이 세계적으로 보고되어 있다. 그리고 알의 모양이나 색깔에 따라서 *D. echinovolvata*, *D. nakanonis*, *D. phalloidea*, *D. rubrovolvata* 등(Fan 등, 1987; Zeng 등, 1988)으로 구분한다. 망태버섯속은 한국, 일본, 중국, 타이완, 자바, 수마트라, 하와이 등지에 분포되어 있으며, 우리나라에서는 대나무 숲에서 망태버섯(*D. indusiata*), 잡목림에서 노랑망태버섯(*D. indusiata* f. *lutea*)이 채집되고 있으나 (그림 24-1), 비교적 재배하기가 쉬운 *D. echinovolvata*(흰돌기망태버섯)는 아직 채집 · 보고된 바가 없다.

망태버섯

흰돌기망태버섯

노랑망태버섯

그림 24-1 **망태버섯류의 자실체 형태**

2. 재배 내력

망태버섯류는 대나무 숲 등 특정 지역에서만 발생하고 버섯의 생존 기간이 매우 짧아서 자연산의 채집이 제한적이기 때문에 우리나라에서는 그 이용에 관하여 잘 알려져 있지 않다. 또한, 균사 생장이 더디고 알 및 자실체의 발육 조건이 특이하며, 이 버섯의 인공 재배 및 이용에 관한 연구도 극히 미미한 실정이다. 이 버섯의 분류에 대해서도 수집 지역의 기후 등 환경 여건에 따라 변이가 있는 것으로 여겨지며, 체계적인 분류가 이루어지지 않아 채집 지역 및 채집자에 따라서 형태적인 특징에 의하여 각기 이름이 붙여지고 있다. 망태버섯의 인공 재배에 관한 연구는 치마의 길이가 대 길이의 절반 정도로 짧은 *D. duplicata* 종에 대하여 중국에서 많이 수행되었다고 하나 재배 현장에서 널리 재배되고 있지는 않은 것으로 보인다.

필자는 망태버섯의 특성을 조사하고 인공 재배법을 개발하기 위하여 국내외에서 수집된 균주들의 배양적, 분자생물학적 특성을 조사하였다. 그리고 균사 생장이 빠르고 균사속 형성이 잘 되는 균주들을 선발하고 자실체 발생을 위하여 원목의 선택, 살균, 매몰, 복토 방법과 알 및 자실체의 발육 환경을 구명함으로써 인공 재배법을 개발하였다. 이 시험을 통하여 균 배양이 빠르고 비교적 단기간에 버섯 발생이 잘되는 *D. echinovolvata* 균주를 선발하였다. 이 선발된 균주의 특징은 버섯이 발생하기 전의 알과 자실체의 대주머니에 바늘 모양의 백색 균사 돌기가 있어 '흰돌기망태버섯' 이라고 이름을 붙였다(정 등, 2002). 하지만 품종이 육성 보급되지 않아 농가에서 거의 재배되지 않고 있다.

3. 영양 성분 및 건강 기능성

망태버섯은 식용 버섯으로서 형태가 아름답고 맛이 진귀하여 고대에는 왕에게 바치는 어선(御膳)으로 진상하였으며, 근대에는 중국에서 죽손부용탕(竹蓀芙蓉湯), 죽손회명편(竹蓀燴鳴片) 등 고급 요리에 이용되고 있다(孫, 1991). 그리고 이 버섯을 육류와 함께 요리하면 맛이 신선하고 음식이 쉽게 변하지 않는다고 한다.

약리적 효과는 조폐(調肺), 보간(保肝), 건뇌(建腦), 보신(補腎), 명목(明目) 등의 작용과 허약증, 해수 등에도 효능이 있다고 알려져 있다. 그리고 고혈압과 혈중 콜레스테롤 함량을 낮추며, 특히 복부의 지방을 감소시켜 주는 효과도 있다고 한다(Chang과 Miles, 1984). 망태버섯(*D. indusiata*)에서 분리한 딕티오포린(dictyophorine)이 신경 성장 촉진 인자(NGF; nerve growth factor)의 합성을 증진한다는 보고가 있다(Kawagishi 등, 1997).

흰돌기망태버섯의 균사체에는 자실체에 비하여 질소, 인산, 마그네슘, 칼슘의 함량이 많고, 자실체에는 칼륨과 미량 원소의 함량이 높다(표 24-1). 조섬유는 균사체에 6.8%, 자실체에 3.1%가 함유되어 있다. 조단백질은 균사체에 36.2%, 자실체에 18.9%로, 균사체에 2배 정도 많다. 조지방은 균사체에 2.4%, 자실체에 2.0% 함유되어 있다(표 24-2). 유리당 중 만니톨의 함량이 가장 많았는데 자실체에서 18.0g/100g으로 균사체(7.8g)보다 높았다. 한편 균사체에서 자일로스와 라피노오스, 자실체에서 리보오스, 수크로스 그리고 멜레지토오스는 측정되지 않았다(표 24-3).

표 24-1 흰돌기망태버섯 균사체와 자실체의 무기 성분 함량

구분	다량 원소(%)						미량 원소(ppm)					
	전탄소	전질소	인산	칼륨	마그네슘	칼슘	철	나트륨	망간	아연	구리	알루미늄
균사체	42.0	4.95	0.51	0.49	0.29	0.34	387	283	7	151	89	550
자실체	39.9	2.98	0.29	1.87	0.14	0.07	604	1,491	262	144	152	574

표 24-2 흰돌기망태버섯 균사체와 자실체의 일반 성분 (단위: %)

구분	조섬유	조단백질	조지방	회분
균사체	6.8	36.2	2.4	5.7
자실체	3.1	18.9	2.0	11.1

표 24-3 흰돌기망태버섯 균사체와 자실체의 유리당 함량 (100g당 함량, 단위: g)

구분	글리세롤	리보오스	자일로스	프룩토오스	만니톨	수크로스	이노시톨	트레할로스	멜리비오스	멜레지토오스	라피노오스
균사체	0.2	0.3	미검출	2.1	7.8	6.8	0.7	1.6	0.3	0.3	미검출
자실체	0.4	미검출	0.7	2.8	18.0	미검출	0.3	8.5	0.6	미검출	0.7

유리 아미노산은 균사체와 자실체 모두 글루탐산(3.3μM)이 많이 함유되어 있었다. 그러나 자실체에는 균사체보다 미검출 성분이 많았고 균사체에서는 아스파라진과 트레오닌이 측정되지 않았다(표 24-4).

표 24-4 흰돌기망태버섯 균사체와 자실체의 유리 아미노산 함량 (100g당 함량, 단위: μmol)

구분	아스파라진	글루탐산	세린	글리신	히스타민	아르지닌	트레오닌	알라닌	프롤린	티로신	메싸이오닌	아이소로이신	로이신	라이신
균사체	미검출	3.3	1.1	1.2	0.6	3.0	미검출	1.5	0.3	0.3	0.6	0.2	0.6	1.5
자실체	3.5	3.2	0.2	0.8	0.5	0.2	0.9	0.2	0.3	미검출	미검출	미검출	0.6	미검출

유리 지방산은 불포화 지방산인 리놀레산과 올레인산이 균사체에 비하여 자실체에 많았다. 그리고 포화 지방산의 함량은 균사체에서 높은 경향을 보였다(표 24-5).

유기산 성분 중 말산, 락트산은 자실체와 균사체에 모두 함유되어 있다. 또한 균사체에는 아세트산, 자실체에는 포름산, 푸말산이 많이 함유되어 있다(표 24-6). 이들 유기산은 대사 과정 중에 특정 성분의 전구체로 이용되기도 하는 것으로 생각된다.

표 24-5 흰돌기망태버섯 균사체와 자실체의 지방산 함량 (단위: %)

구분	미리스트산 ($C_{14:0}$)	펜타데카르노산($C_{15:0}$)	팔미트산 ($C_{16:0}$)	팔미톨레산 ($C_{16:1}$)	말갈산 ($C_{17:0}$)	스테아르산 ($C_{18:0}$)	올레인산 ($C_{18:1}$)	리놀레산 ($C_{18:2}$)
균사체	0.5	4.4	22.9	미검출	1.2	3.0	11.5	56.4
자실체	미검출	0.3	11.2	1.8	3.2	1.6	23.1	57.7

표 24-6 흰돌기망태버섯 균사체와 자실체의 유기산 함량 (100g당 함량, 단위: mg)

구분	시트르산	말산	락트산	포름산	아세트산	푸말산
균사체	미검출	77.0	99.8	미검출	187.3	미검출
자실체	53.8	90.4	95.9	115.0	미검출	110.1

4. 생활 주기

흰돌기망태버섯(정 등, 2002)의 균사는 초기에 백색이며 융단 모양이지만 발육함에 따라 깃털상이 되고 나중에는 팽대하여 균사속이 된다. 균사는 지름이 4.4~8.8㎛, 세포벽은 얇고 무색이며, 격막에 꺾쇠연결체(Clamp connection)가 있다. 균총은 깃털 모양의 백색으로 자라며, 중심부에서 균사속을 형성한다. 균사속은 조직화된 균사로서 알 기저부는 굵고, 알 부위에서 멀어질수록 가늘어진다.

알의 크기는 지름이 35~55mm이고, 형태는 구형 또는 난형이다. 알의 표면은 초기에 유연하고 백색인 침상 돌기로 둘러싸여 있으나 성숙함에 따라 균사 돌기가 차츰 없어지고 연한 갈색을 띤다.

갓의 크기는 높이가 30~53mm, 아래쪽 가장자리의 지름이 30~48mm이다. 갓의 형태는 종형 또는 투구형이다. 갓의 표면은 작은 돌출부가 그물 모양으로 짜여 있으며 색택은 백색이다. 갓 위에는 짙은 녹색의 포자층이 있으며 치마가 펼쳐질 때부터 액화되기 시작하여 자실체 전개가 끝난 후에는 점액이 포자와 함께 흘러내린다. 점액은 짙은 밤꽃 냄새가 난다.

치마는 길이 85~150mm, 너비 85~145mm이고, 원추형으로 망을 형성하며 순백색이다. 치마가 성숙된 그물망 눈의 크기는 6.5~10.8×4~7mm이고, 모양은 다각형이다. 치마의 전개는 대의 상단에서 시작하여 갓의 안쪽을 지나 아래쪽으로 펼쳐지는데, 대주머니가 덮일 정도로 길게 내려오고 주름이 잡히기도 한다.

대는 180~240×15~32mm 크기로 원통형이며 백색이다. 대는 갓의 정단부까지 연결되어 있으며, 대 정단 부위의 구멍 크기는 9~14×6~10mm로 유각상 타원형이다. 대 하반부의 벽은 3층으로 다각형의 작은 방을 이루어 스펀지 모양이다. 대주머니의 크기는 높이가 15~40×35~55mm이다.

포자의 크기는 3.5~5.0×1.6~2.3㎛이고 원통형이며, 포자벽은 얇고 무색이다.

망태버섯의 생활사는 무성 번식을 하는 무성 세대와 감수 분열에 의한 유성 세대로 나눈다. 무성 세대는 하나의 포자에서 발아한 균사를 1차균사라 하며, 이러한 균사가 접합하여 2차균사

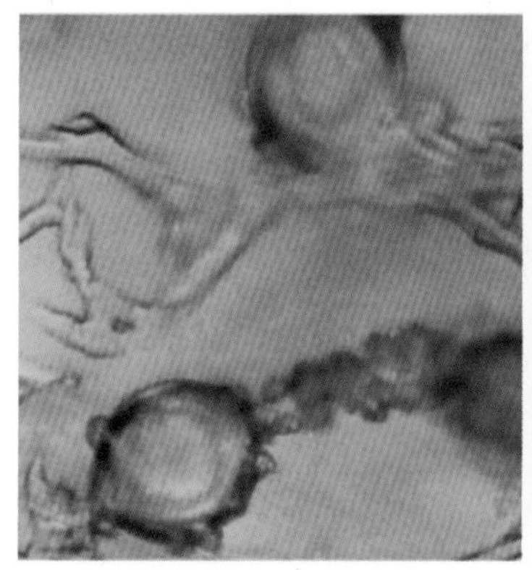

팽대 세포(광학현미경 400배)

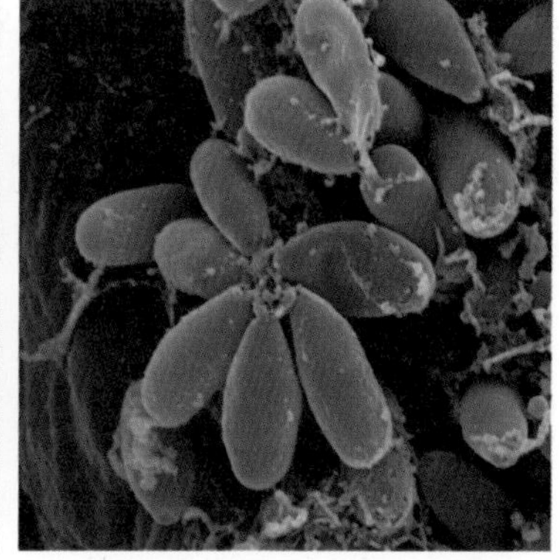

유성 포자(전자현미경 10,000배)

그림 24-2 **흰돌기망태버섯 균사체와 유성 포자의 현미경 사진**

(n+n)를 이루고 2차균사체에서 근상균사속(rhizomorphs)과 알(egg)을 형성한다. 유성 세대는 알에서 갓(cap), 대(stipe), 치마(velum)가 나타나고 대 기부에는 대주머니(volva)가 형성되며 갓 표면에 포자를 형성하는 시기이다. 자실체에서 떨어져 나간 포자는 다시 무성 번식을 하게 된다.

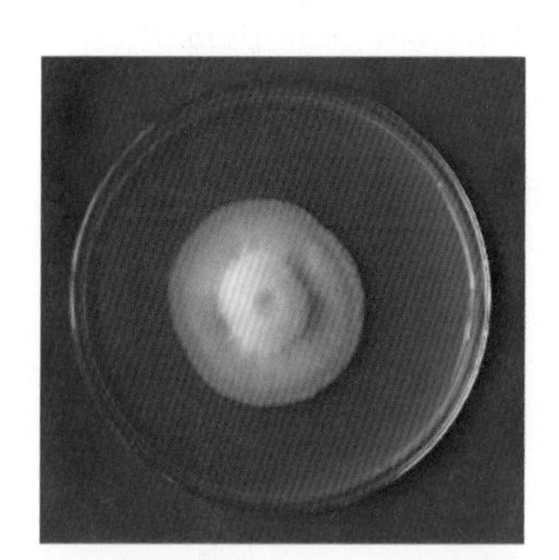

망태버섯(*D. indusiata*)

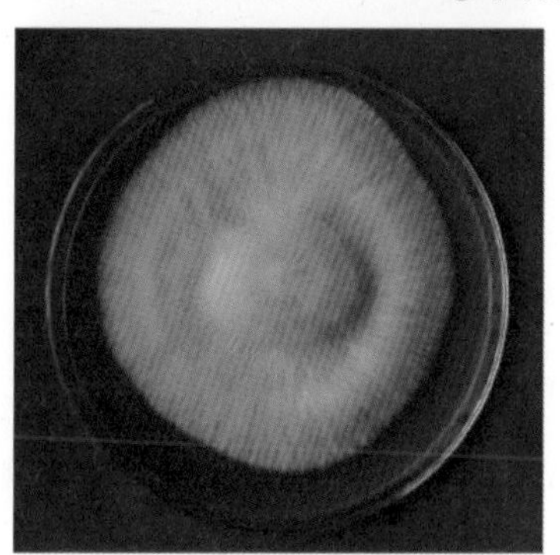

흰돌기망태버섯(*D. echinovolvata*)

그림 24-3 **망태버섯 종류별 균사체**(좌) **및 난기**(egg stage: 우) **형태**

자실체(fruiting body)의 전개는 전형적으로 오전 중에 이루어진다. 성숙된 알의 정단 부분이 이른 아침에 파열되면서 갓과 대 부분이 올라온 후 갓의 밑이 약간 열리며 치마가 펼쳐지고, 갓의 표면에 있는 녹색의 기본체가 끈적끈적하게 액화되어 흘러내린다. 이때 종 고유의 독특한 냄새가 강해지면서 곤충이 유인되고, 끈적끈적한 물질과 함께 포자가 곤충의 몸에 묻어 곤충 매개에 의한 포자 전파의 수단이 된다.

5. 재배 기술

1) 균의 생리적 특성

(1) 최적 배지

흰돌기망태버섯의 균사 생장은 감자대톱밥추출배지(PBA)에서 69㎜/14일로 가장 양호했으며, 그 다음이 대톱밥맥아추출배지(BMA), 맥아추출배지(MEA)였다(표 24-7). 한편 기존 감자추출배지(PDA) 및 효모맥아추출배지(YMA)에서는 균사 생장이 느리고 특히 감자추출배지에서는 엽맥상으로 균사속의 형성이 빨라서 균주 이식 등의 실험이 곤란하였다.

표 24-7 배지 종류에 따른 흰돌기망태버섯의 균사 생장

배지 종류	균사 생장 속도	
	균사 지름(㎜/14일)	균총 밀도[2]
BMA[1]	65.7	+++
PBA	69.0	++++
MEA	50.7	++++
YMA	12.7	++
MCM	43.0	+++
PDA	38.3	++++

[1] BMA: 대톱밥맥아추출배지, PBA: 감자대톱밥추출배지, MEA: 맥아추출배지, YMA: 효모맥아추출배지, MCM: 버섯완전배지, PDA: 감자추출 배지.
[2] +: 매우 낮음, ++: 낮음, +++: 높음, ++++: 매우 높음

(2) 영양원과 C/N율

흰돌기망태버섯의 탄소원은 포도당(glucose)에서 균체량이 가장 많았으며, 그 다음으로 만노오스와 이당류인 엿당(maltose)에서 비교적 양호하였다. 질소원은 알라닌에서 균체량이 가장 많았다(표 24-8). 그리고 C/N율은 탄소원 농도가 2%일 경우 25:1, 4%일 경우 30:1에서 균체량이 가장 많았다.

표 24-8 탄소원 및 질소원의 종류에 따른 흰돌기망태버섯의 균사 생장 (단위: mg/100mL/30일)

탄소원	균체량	질소원	균체량
포도당	29.0	아스파르트산	14.0
만노오스	22.3	아스파라진	4.3
과당	11.3	글루탐산	11.0
엿당	20.3	글루타민	11.0
수크로스	14.7	글라이신	13.0
덱스트린	13.0	알라닌	22.7
이눌린	15.0	발린	11.7
만니톨	5.3	트레오닌	10.0

(3) 배양적 특성

흰돌기망태버섯의 균사 생장 온도 범위는 5~35℃, 최적 온도는 25~30℃이다(표 24-9). 균사 생장에 알맞은 배지 산도 범위는 pH 4~5이다(표 24-10). 배지의 수분은 60~65%, 공기 중 상대습도는 알 형성 시 80% 이상, 알 발육 시 85% 이상, 자실체 전개 시 95% 이상이 적당하다. 균사는 암흑 또는 약광에서 잘 자라며, 빛이 비치면 생장이 느리고 색이 붉게 변한다. 그러나 자실체 형성 및 발육에는 일정한 산란광이 필요하다.

표 24-9 배양 온도에 따른 흰돌기망태버섯의 균사 생장 (단위: ㎜/14일)

배양 온도(℃)	15	20	25	30	35
균사 생장 길이	9	25	41	43	18

표 24-10 배지 pH에 따른 흰돌기망태버섯의 균사 생장 (단위: ㎜/14일)

배지 pH	4.0	5.0	6.0	7.0	8.0
균사 생장 길이	46	51	19	17	15

2) 원목 재배 기술

흰돌기망태버섯의 재배 방법은 원목을 이용한 단목 포트 재배 기술이 개발되었다. 이 방법은 영지버섯 개량 단목 재배와 같이 열처리하여 재배하므로 배양 기간이 60일 정도로 짧고, 접종 및 배양 당년에 수확이 가능하다. 즉, 1~2월에 접종하면 6~7월에 버섯을 1차 수확할 수 있다.

(1) 원목 준비와 살균

원목의 수종은 상수리나무가 적합하다. 상수리나무는 다른 수종에서보다 균 배양 기간이 짧고 배양 완성률도 높으며, 균사 밀도가 치밀하게 자라고 균사속 형성도 잘된다(표 24-11). 상수리나무 원목의 길이를 10cm로 짧게 절단하면 균 배양 기간이 50일로, 20cm 길이보다 12일 정도 단축되었다(표 24-12). 배양이 끝난 원목을 매몰한 후 45일 정도 지나면 알이 발생한다. 일반적으로 원목을 이용한 버섯균의 인공 재배 시 배양 기간이 길어지면 잡균의 침입 기회가 많아진다. 특히 흰돌기망태버섯은 다른 버섯에 비하여 배양 기간이 길게 소요되므로 원목의 길이가 짧은 편이 유리하다.

표 24-11 원목 종류에 따른 흰돌기망태버섯의 배양적 특성

원목 종류	배양 기간(일)	배양 완성률(%)	균사 밀도[1]
상수리나무	62	90	++++
소나무	65	75	+++
아카시나무	80	40	+

[1] +: 매우 낮음, +++: 높음, ++++: 매우 높음

표 24-12 상수리나무 단목 길이에 따른 흰돌기망태버섯의 재배적 특성

단목 길이(cm)	배양 기간(일)	배양 완성률(%)	매몰 후 알 형성 기간(일)	자실체 전개(개/m²)
10	50	90	45	135
20	62	90	45	156

원목의 길이는 비닐 포트 제작의 편의와 원목의 굵기를 고려하여 결정한다. 절단한 원목을 비닐 포트에 넣을 때 비닐에 흠집이 나지 않도록 양쪽 절단면의 가장자리를 다듬어서 내열성 비닐(고밀도 필름, 하이덴 필름) 포트에 넣고 영지버섯 비닐 포트 제작 방법에 준하여 작업을 한다. 한편, 단면에 접종된 종균이 빨리 자라게 하기 위하여 절단 작업 시 생긴 톱밥에 쌀겨를 부피비로 20% 섞고 수분 함량을 65% 내외로 조절하여, 절단면 위에 증량제로 1cm 두께로 얹는 포트 제작 방법도 있다. 이 방법은 배양 중에 잡균의 발생률이 높기 때문에 살균 및 배양 환경 시설이 좋아야 한다.

원목 포트 만들기가 끝나면 원목의 연화 및 잡균을 줄이기 위하여 살균을 한다. 원목의 살균 방법은 98℃에서 10시간 상압 살균하였을 때 균 배양 기간이 62일 정도로 다른 살균 방법보다 빠르게 자랐다. 그리고 121℃에서 2시간 고압 살균 시 균 배양이 70일 소요되어 상압 살균보다 느렸다(표 24-13).

표 24-13 단목 살균 온도와 시간에 따른 흰돌기망태버섯의 배양적 특성

살균 온도 및 시간	배양 기간(일)	배양 완성률(%)
98℃, 5 시간	65	50
98℃, 10 시간	62	90
121℃, 2 시간	70	75

(2) 균 접종 및 배양

살균이 끝난 원목은 가급적 공기를 여과하여 넣어 주는 장치가 있는 냉각실에서 1~2일간 식힌 후 종균을 접종한다. 절단면에 증량제를 얹어 살균한 배지는 접종 시 종균량을 원목 1개당 10~20g, 증량제를 얹지 않은 포트는 원목의 단면에 30~40g씩 종균을 넣어 준다.

균 접종이 끝난 단목 배지는 배양실로 옮겨 균 배양 적온인 25~30℃로 유지한다. 그러나 균이 원목 내로 생장하면서 자체 호흡열이 발생되며, 이때 실내 온도가 계속 상승하여 비닐 포트 내부와 실내 온도의 차이가 점점 커진다. 이 같은 현상으로 인한 균사 생장 배지의 고온 피해를 줄이기 위하여 배양실의 실내 온도를 배양 적온보다 4~6℃ 낮은 22~26℃로 설정하여 관리하는 것이 바람직하다.

이와 같이 종균이 접종된 원목 전체에 균사가 완전히 자라는 기간은 60일 내외가 소요된다. 그러나 원목에 균사의 축적량을 증가시키기 위하여 10~20일 정도 더 배양한 후 매몰하는 것이 유리하다.

(3) 매몰 및 생육 관리

❶ 매몰 방법

배양이 완료된 원목의 매몰 장소 및 토성은 비닐하우스 형태의 영지버섯 재배사와 같은 곳이면 가능하다. 매몰 시기는 지온이 18℃ 내외가 되는 4월 중순~5월 상순경이 적당하다. 매몰 방법은 눕혀묻기와 세워묻기가 있는데 재배 환경에 따라서 선택한다(그림 24-4, 왼쪽). 일반적으로 세워묻기는 자실체의 개체수가 많고 수량도 높으며 생육 기간 중 물 관리가 편리한 장점이 있다.

복토 두께는 2cm, 복토용 흙은 마사토가 좋다(표 24-14). 복토 후 지온이 18~22℃ 정도로 유지될 때 균의 생육과 균사속 형성이 잘된다.

그림 24-4 배양 원목의 매몰(좌)과 볏짚 피복(우)

표 24-14 배양목의 매몰 방법 및 복토 두께에 따른 흰돌기망태버섯의 수량 비교

구분	매몰 방법		복토 두께(cm)	
	세움	눕힘	2	5
알 형성 개체수(개/m²)	149	156	189	110
자실체 전개 개체수(개/m²)	91	68	104	79
자실체 수량(g/m²)	1,074	918	1,196	897

※ 자실체 수량: 버섯 가식 부위(대와 치마)의 생중량

❷ 생육 관리

매몰 이후 복토의 건조 방지를 위하여 볏짚을 얇게 덮어 준다(그림 24-4, 오른쪽). 매몰 후 40~50일이 지나면 알이 발생하기 시작하는데, 이때 볏짚을 조심스럽게 걷어 낸다. 볏짚을 계속 덮어 두면 알 발생 기간이 길어지며 버섯의 개체중이 가볍고 자실체 생육 기간이 길어져서 2주기 버섯 발생이 지연되고 발생량도 적어지게 된다. 또한, 볏짚의 걷어 내는 시기가 늦어지면 작업으로 인하여 자라고 있는 알이 균사속에서 떨어져 죽게 된다.

흰돌기망태버섯의 알과 자실체의 발생은 냉방 장치를 이용한 정온(24±1℃) 조건보다 자연적인 변온 조건(18~35℃)에서 잘된다. 정온 조건에서는 균사 생장만을 계속하는 경향을 보인다.

알이 콩알 크기가 될 때까지 지온은 20~22℃, 실내 온도는 20~32℃, 습도는 80% 이상 유지하고 알의 표면에 물방울이 맺히지 않도록 하여야 한다. 그러나 재배사 내의 공기가 건조하면 부득이 가습을 하여 습도를 조절하며, 알이 커지면 가습량을 증가시킨다. 알 발육 후기부터 자실체 전개 시기에는 실내 습도를 95% 내외로 유지하여야 정상적으로 생육한다. 실내 습도 85% 이하에서 알은 표면에 균열이 생기고(그림 24-6), 자실체는 전개 시에 갓과 치마가 잘리는 등의 기형 발생이 많고, 습도가 75% 이하로 더욱 낮아지면 알은 발육이 정지되고 자실체는 전개하지 못한다.

그림 24-5 알 형성

그림 24-6 **알 표면 균열**(좌)**과 성숙한 알 상태**(우)

그림 24-7 **망태버섯 자실체**

원기 형성 후 자실체 생육 시기 그리고 수확 후 재배사 내의 실내 온도, 지중 온도, 상대습도, 조도의 변화는 비슷한 경향이었다. 그러나 이산화탄소 농도는 자실체 생육 시 오전 7시경에 최대치인 1,350ppm, 오후 6시경에 최소치인 1,050ppm을 나타냈다(그림 24-8). 야간에 이산화탄소 농도가 상승하고 있음은 자실체의 발생을 위하여 알의 내부에서 활발한 대사 작용이 이루어짐에 기인하는 것으로 생각된다.

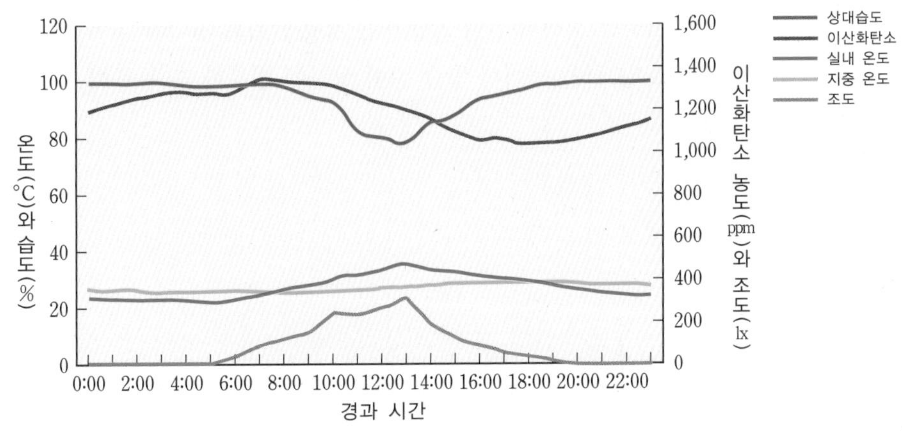

그림 24-8 **자실체 발생 시 재배사 내의 환경 변화**(7월 상순)

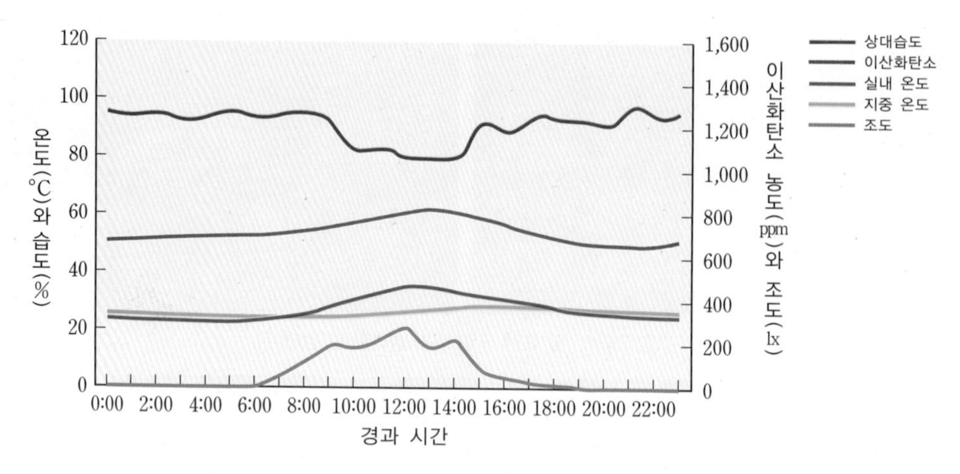

그림 24-9 버섯 수확 후 재배사 내의 환경 변화(7월 하순)

버섯 수확 후에는 오후 1시경에 최대치인 820ppm, 밤 9시경에 최소치인 650ppm을 보였다(그림 24-9). 자실체 수확 후의 이산화탄소 농도가 주간에는 높고 야간에 낮아지는 경향은 실내 온도 변화와 밤과 낮의 온도 변화에 감응한 균사체의 호흡량 차이에 기인하는 것으로 판단된다(정, 2001).

7. 수확 후 관리 및 이용

망태버섯 자실체가 알을 뚫고 나와 치마가 완전히 전개되면 칼로 대주머니 밑 부분의 균사속을 절단하여 수확하고, 갓과 대주머니는 떼어 낸다. 망 위에 펼쳐 햇빛에 말리거나 송풍건조기를 이용하여 40~60℃로 가열하여 말린 후 꺼내어 20~30분 정도 식힌다. 건조한 버섯의 무게는 1.2~2.0g 정도이다.

건조된 버섯은 크기가 비슷한 것끼리 골라 25g 또는 50g 단위로 치마가 찢어지지 않도록 조심스럽게 비닐봉지에 넣고 양 끝을 묶어서 방습 종이 상자에 밀봉한 후 통풍이 잘되는 그늘진 서늘한 장소에 보관한다.

〈정종천〉

참고 문헌

- 이지열. 1988. 원색 한국버섯도감. 아카데미서적. p. 297.
- 정종천. 2001. 망태버섯속균(*Dictyophora* spp.)의 균학적 특성과 *D. echinovolvata*의 재배법 개발. 충북대학교대학원 박사학위논문. p. 138.

- 정종천, 석순자, 장갑열, 박정식, 김양섭, 정봉구. 2002. 인공 재배한 흰돌기망태버섯의 형태적 특성. 한국균학회지 30(2): 73-77.
- 孫榮信. 1991. 竹蓀栽培. 福建三明眞菌硏究所. p. 22.
- 李國俊. 1986. 食用菌栽培技術. 延辺大. pp. 293-298.
- Burk, W. R. and D. R. Smith. 1978. *Dictyophora multicolor*, Fungi, new to Guam. *Mycologia* (USA) 70(6): 1258-1259.
- Chang, S. T. and P. G. Miles. 1984. A new look at cultivated mushrooms. *Bioscience* 34: 358.
- Chang, S. T. 1993. *Mushroom biology*. Mushroom biology and mushroom products. The chinese university of Hong Kong. pp 3-17.
- Du, T., G. Meng, and D. Bai. 1992. Morphology and ecological environment of *Dictyophora duplicata* in Changbaishan Mountains. *Edible Fungi, China* 14(1): 6.
- Fan, C., D. Li and Z. Zhou. 1987. Relation between growth and substrate in *Dictyophora rubrovalvata. Acta. Botanica Yunnanica, China* 9(2): 209-216.
- Fischer. 1927. *Ann. Myc.* 25: 472.
- Kawagishi, H., D. Ishiyama, H. Mori, H. Sakamoto, Y. Ishiguro, S. Furukawa and J. Li. 1997. Dictyophorines A and B, two stimulators of NGF-synthesis from the mushroom *Dictyophora indusiata. Phytochemistry* 45(6): 1203-1205.
- Kobayashi, Y. 1981. Materials on ethnologic and historical mycology(8). *Trans. mycol. Soc. Japan* 22: 139-143.
- Tominaga, Y., W. Tan and L. M. Tang. 1989. Studies of the life history of *Dictyophora indusiata* Fisch. 1. On the structure of young and mature fruiting bodies, tissues and cultured hyphae. 2. On the growth of the young and mature fruiting bodies and features of the tissues and their culture. *Bulletin of the Hiroshima Agricultural College* 8(4): 743-766.
- Zeng D., Z. Hu and C. Zhou. 1988. A thermophilic delicious "Veiled Lady"-*Dictyophora echinovolvata* Zang, Zheng et Hu. *Edible Fungi of China* 4: 5-6.

제 25 장

풀버섯(주머니털버섯, 검은비단털버섯)

1. 명칭 및 분류학적 위치

풀버섯, 주머니털버섯 또는 검은비단털버섯(*Volvariella volvacea* (Bull.) Sing, in Wasser)은 한국, 일본, 유럽, 북아메리카 및 아시아 지역에 분포하는 버섯으로, 단생 또는 군생으로 발생한다. 우리나라에서는 가을에 땅 위나 볏짚더미 등에 무리 지어 발생하며 부생 생활을 한다.

풀버섯은 주름버섯목(Agaricales) 난버섯과(Pluteaceae) 비단털버섯속(*Volvariella*)에 속하는 버섯으로 우리나라에서는 일반명으로 '풀버섯' 또는 '검은비단털버섯' 이라 불리고, 속명으로 '숫총각버섯' 또는 '볏짚버섯' 이라고도 한다.

그림 25-1 **풀버섯(국내 재배종, 품종명: 재래종)** (경기도농기원, 2008)

북한에서는 '주머니버섯'이라고 하며, 영명은 'paddy straw mushroom' 또는 'Chinese mushroom'이다. 중국에서는 '초고(草菰)'라고 하며, 일본에서는 '후구로다케(フクロタケ)'라고 한다.

풀버섯의 형태적 특성을 살펴보면(조, 2003), 갓의 지름은 5~10cm이고 처음에는 종 모양 또는 둥근 산 모양이었다가 나중에는 편평한 모양으로 된다. 갓 표면은 건조하고 햇빛에 그은 듯한 색이나 가운데는 검은색이며, 검은색 또는 흑갈색의 섬유로 덮여 있다. 주름살은 끝붙은주름살로 되어 있으며, 백색에서 살색으로 변하고 너비는 넓다. 대는 길이가 5~12cm, 굵기가 0.5~1.0cm이며, 밑 부분이 불룩하고 속이 차 있다. 포자는 5~8×3~5㎛로 타원형이며 밋밋하고, 포자문은 분홍색이다.

2. 재배 내력

풀버섯의 인공 재배는 중국에서 1822년경에 시작되었다. 풀버섯은 '난후아(Nanhua)' 버섯이라고도 하는데 중국 광둥 북부 카오시(Chaosi) 지역의 난후아 절의 이름을 딴 것이다. 그 절의 스님들은 절에서 이용할 음식으로 풀버섯을 재배했으며, 1875년에 지역의 귀족들에게 풀버섯을 헌납하였다고 한 것이 풀버섯에 대한 최초의 재배 기록이다.

필리핀에서 Bresadola(1912)가 시험 재배를 실시하였으며, 중국, 베트남, 인도네시아, 필리핀 및 타이와 같은 고온다습한 아열대 지방에서 주로 재배되고 있다(Chang 등, 2004). Ho(1972)는 퇴비에 종균을 접종한 다음 식양토로 복토하여 재배하였을 경우에 볏짚 100kg당 14.53kg의 수량을 얻어서 관행 재배 대비 2배 정도의 수량을 증수할 수 있었다고 보고하였다.

풀버섯의 배지 재료로 Akinyele(2005)는 폐면에 쌀겨를 혼합할 경우 균사 생장이 양호하다고 하였으며, Cambel 등(1997)은 콘코브, Belewu 등(2005)은 바나나잎을 이용하여 재배한 결과 풀버섯 재배에 성공하였다고 보고하였다.

국내에서 풀버섯 재배에 관해서는 1974년 농촌진흥청 농업과학원에서 볏짚 발효 배지를 이용한 재배 방법에 대해 연구를 진행하였으나, 다른 재배 버섯과 달리 일정 재료에 대한 생산성이 낮고, 저장이 어려워 운송 도중 변질될 가능성이 높다고 보고한(박 등, 1974) 이후 풀버섯의 재배 방법에 대한 연구가 지속되지 못했다.

그러나 현재 수입 의존도가 높은 풀버섯에 대해 우리나라도 재배 기술을 확립하여 재배 안정성 확보가 시급하며, 느타리, 팽이버섯 등 일부 품종의 편중 재배를 해소하여 버섯 시장에 대한 신수요 창출이 필요한 실정이다.

3. 영양 성분 및 건강 기능성

1) 일반 성분

표 25-1은 풀버섯의 일반 성분을 조사한 것으로서 탄수화물이 45.3%로 가장 많으며, 조단백질 25.9%, 조섬유 9.3%, 회분 8.8%, 조지방 2.4%이고, 에너지는 276kcal이다.

표 25-1 풀버섯의 일반 성분 (Li와 Chang, 1982) (단위: %, 에너지 제외)

구분	수분	조단백질	조지방	탄수화물	조섬유	회분	에너지(kcal)
풀버섯	89.1	25.9	2.4	45.3	9.3	8.8	276

※ 수분 함량 이외의 분석 자료는 건물중 기준의 백분율임.
에너지는 건물중 100g 기준

풀버섯의 필수 아미노산을 조사한 결과 총량은 32.9%이며, 이중 라이신이 7.1%로 가장 많으며, 발린 5.4%, 로이신 4.5%, 히스티딘 3.8%, 트레오닌 3.5%, 아이소로이신 3.4%, 페닐알라닌 2.6%, 트립토판 1.5%, 메싸이오닌 1.1%의 순이다(표 25-2).

표 25-2 풀버섯의 필수 아미노산 함량 (Li와 Chang, 1982) (단위: %)

구분	로이신	아이소로이신	발린	트립토판	라이신	트레오닌	페닐알라닌	메싸이오닌	히스티딘	총량
풀버섯	4.5	3.4	5.4	1.5	7.1	3.5	2.6	1.1	3.8	32.9

풀버섯의 포화 지방산은 14.6%이며, 불포화 지방산은 85.4%로 포화 지방산보다 불포화 지방산이 더 많다(표 25-3). 또한, 지방산의 구성을 보면 리놀레산이 69.91%로 가장 많았고, 올레산 12.74%, 팔미트산 10.50%, 스테아르산 3.47%, 팔미톨레산 0.62%, 미리스트산 0.48%의 순이었다(표 25-4).

표 25-3 풀버섯의 포화 지방산과 불포화 지방산 함량 비율 (Huang 등, 1989) (단위: %)

구분	포화 지방산	불포화 지방산
풀버섯	14.6 (0.44)[1]	85.4 (2.56)

[1] 건물중에 대한 지방산의 비율

표 25-4 풀버섯의 지방산 구성 (Huang 등, 1989) (단위: %)

구분	미리스트산	팔미트산	팔미톨레산	스테아르산	올레산	리놀레산
풀버섯	0.48	10.50	0.62	3.47	12.74	69.91

풀버섯의 지질과 스테롤 함량을 조사한 결과 총지질 함량은 3%이고, 프로비타민 D_2는 0.47%, 프로비타민 D_4는 0.05%, r-에르고스테롤은 0.35%이다(표 25-5). 그리고 풀버섯 건물중 내의 핵산 총량은 3.88%이다(표 25-6).

표 25-5 풀버섯의 지질과 스테롤 함량 (Huang 등, 1985) (단위: %/건물중)

구분	총지질	스테롤 함량		
		프로비타민 D_2	프로비타민 D_4	r-에르고스테롤
풀버섯	3.0	0.47	0.05	0.35

표 25-6 풀버섯의 핵산 함량 (Li와 Chang, 1982) (단위: %)

구분	수분 함량	건물중 내의 핵산 함량		
		DNA	RNA	총량
풀버섯	89.21	0.29±0.01	3.35±0.20	3.88

2) 기능성 성분

풀버섯의 효능으로 면역 증강 물질인 베타글루칸(β-glucan)을 약 15% 함유하고 있으며, 고형암 이식 실험용 쥐의 항종양 활성을 실험한 결과, 열알칼리성 추출물에서는 34~49%, 냉알칼리성 추출물에서는 100%의 종양 억제율을 나타낸다고 하였다(Etsu 등, 1992). 또한, 풀버섯의 특수 성분 중 에미타닌(Emitanins), 용혈성 단백질인 볼바톡신(volvatoxin), 키틴(Chitin), 베타글루칸(β(1→3)-glucan), 알파만노 베타글루칸(α-Manno-β-glucan), 만나아제(Mannase) 등이 있다(한, 2009).

4. 생활 주기

풀버섯류는 전 세계적으로 100여 개 이상의 종, 아종, 품종이 소개되어 있으며(Chang 등, 2004), 자실체는 핀헤드(Pinhead), 타이니버튼(Tinybutton), 버튼(Button), 난기(Egg), 신장기(Elongation), 성숙기(Mature)의 과정을 거쳐 자라며, 어린 버섯은 대주머니로 둘러싸여 있으나 생장하면서 갓과 대가 자라 나온다. 발생 시기 및 장소는 여름철의 고온다습한 시기에 퇴비 더미 또는 쓰레기 톱밥 주변에 다수 군생하며, 균사 생장이 약 32~35℃에서 생장하는 고온성 균주이다(Chang 등, 2004).

풀버섯의 생활사에 대해서는 Shu-Ting Chang과 Philip G. Miles가 공동 저술한 『버섯(Musrooms)』(2004)에서 그림 25-2와 같이 도식화하였다.

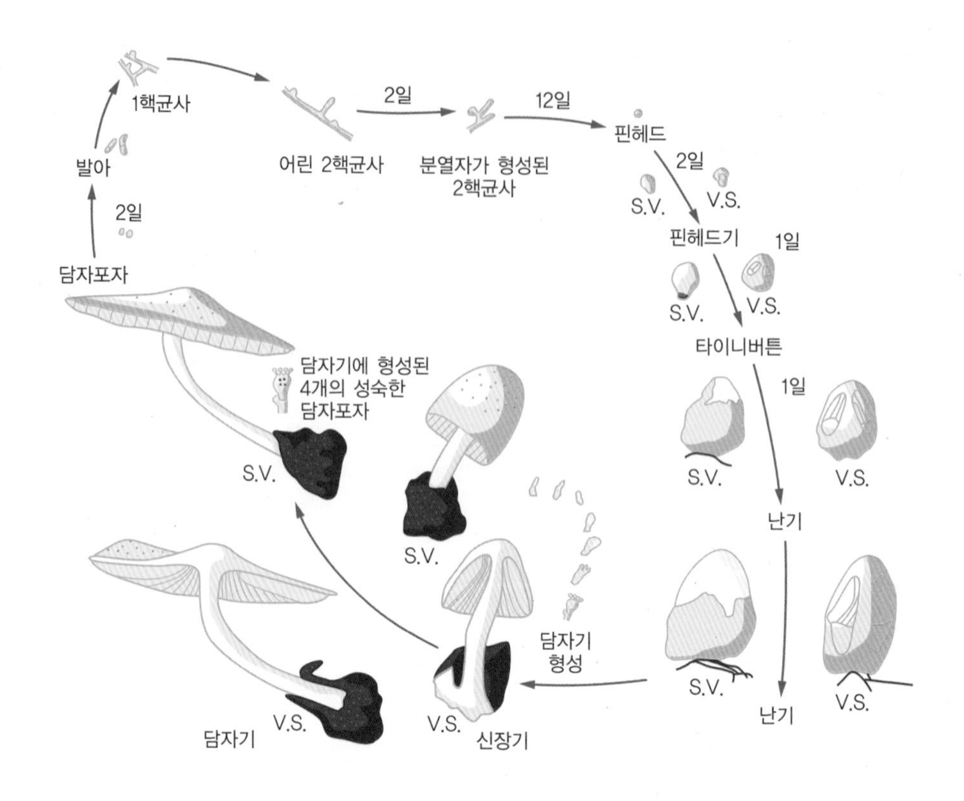

그림 25-2 **풀버섯 생활 주기** (Shu-Ting Chang. A morphological study of *Volvariella volvacea*.)

1) 후막포자

균사 배양에서 종종 후막포자가 관찰되며, 이 현미경적인 후막포자는 적갈색으로 투명한(hyaline) 균사 사이에 있다. 후막포자는 단독 또는 덩어리로 형성되고, 균사 사이나 말단 세포에서 생긴다. 주로 가지가 많은 균사 곁가지에서 발생되고, 가끔 일렬로 된 넓은 균사에서 형성된다. 모양과 크기는 변화가 심한데 주로 타원형이고 가끔 구형이 있으며, 표면은 반듯하고 평균 지름은 40~60㎛ 정도이다. 곁가지 균사가 부풀어 오르면 후막포자 형성의 초기 단계라고 한다(Li, 1982).

핵은 다핵으로 성숙된 균사에서 쉽게 분리되며, 환경이 좋지 않으면 한천배지에서 3일간 배양한 균사에서도 형성된다. 후막포자의 기능과 성질에 대한 연구는 아직 미흡한 실정이다. 환경만 좋으면 쉽게 발아되고, 하나의 후막포자는 여러 지점에서 발아되며, 성장하면 균사로 발달된다(Chang, 1969).

2) 영양 균사

발아체(germling)가 생장하고 뻗어 나감에 따라 균사체로 발달되며, 이러한 균사는 포자 발아뿐만 아니라 조직 분리에 의해서도 분리될 수 있다. 느타리와 같은 담자균의 성 양식은 포자로부터 발아된 균사는 1핵(uninucleate)인 반수체의 균사를 형성하며 보통 1차균사라고 한다. 2핵균사는 화합성이 있는 1핵균사 간의 융합에 의해 성립되는데, 이것을 2차균사라 하며 보통 꺾쇠연결체를 갖는다(Snell과 Dick, 1971). 그러나 풀버섯은 포자 발아 시부터 다핵균사로 시작한 모든 균사에 꺾쇠연결체가 없으며, 반수체가 어느 시기인지 아직 밝혀지지 않았다. 따라서 1핵균사, 2핵균사의 구별은 아직 확실하지 않다.

균사가 생장하면 간격을 유지하면서 균사 격막이 생기고 가지도 친다. 균사 격막의 중앙 부위는 둥글고 부풀면서 균사막 구멍으로 둘러싸여 있다(Chang과 Tanaka, 1970). 두껍고 다공질인 전자 운반체(electron-dense)의 격벽 구멍 모자(septal pore cap)가 격벽 돌기(septal swelling)와 격벽 구멍(septal pore)을 덮고 있으며, 이 격벽 구멍 모자는 소포체(Endoplasmic reticulum)로부터 만들어지며, 양면고차 세포벽과 나란히 밀집되어 있다. 1961년부터 이 복잡한 격막 구조는 술통형 격벽(dolipore septum)이라고 불리고 있는데, 이것은 Moore와 McAlear(1961)가 명명한 것이다. 직선이며, 비교적 넓고, 균일하게 너비가 넓은 균사는 서로 다발을 형성하면서 정렬되게 자라며, 균사 가지를 가끔씩 가지고 있다. 또 다른 균사 형태는 균사 가지의 너비가 여러 형태이며, 가지도 많다. 이런 균사는 평행된 다발이기보다는 덩어리 형태이다.

균사의 세포 123개를 조사해 본 결과, 각 세포의 핵은 3~105개 정도로 다양하며 평균 한 세포당 22.1±1.5개였다(Chang과 Ling, 1970). 세포 속의 핵 위치는 중간에 위치하는 것이 아니고 불규칙하게 위치하고 있으며, 크기도 1.66~4.22㎛ 정도로 다양하다. 이런 것은 실제 매우 중요한 것이 되지 못하는데, 그 이유는 핵의 크기 등은 세포 염색 기술 등에 의해서 좌우되기 때문이다. 그러나 핵의 크기는 세포의 크기와 비교된 것이고 위상차 현미경으로 측정한 것이다. 생장하고 있는 균사 세포를 전자현미경을 사용하여 구조를 조사한 것도 있다(Tanaka와 Chang, 1972). 균사 끝에서 5㎛ 부분에는 정단 부위가 많고, 핵, 미토콘드리아 및 다른 세포소기관 등은 없으며, 핵은 끝에서 약 40㎛ 떨어진 부분에서 관찰된다.

그리고 정단 부위의 구조는 포자발아체(germling)에서 발견되는 세포막 구조와 비슷하다. 또한, 정단 부위에는 전자가 많고 결정 구조가 있으며, 크기는 약 0.2×0.4㎛에서 1.0×1.4㎛이고, 모양은 마름모꼴이다. 그러나 기능과 성질에 대한 사항은 밝혀지지 않았다.

3) 발아

담자포자의 발아는 발아공(germ pore)을 통하여 발아관(germ tube)이 나오면서 시작되는데, 주로 포자벽이 얇은 문(hilum) 부분에서 시작된다. 발아는 균사형이 될 때까지 계속하여 가지를 친다. 균사막이 없는 발아관의 핵의 수는 1~15개 정도로 다양하다. 40℃에서 발아하며, 48시간이 경과된 244㎛ 정도 되는 발아관에서 21개의 핵이 관찰되기도 하였다. 발아관의 길이는 28~267㎛이고, 너비는 2.5~4.0㎛ 정도 된다. 핵은 각 세포질에 분배되지 않지만, 핵이 발아관의 밑부분에 집중되는 것은 아니다.

대부분 발아된 포자 세포질의 물질들은 균사로 이동하며 빈 포자 껍질만 남는다(Chang, 1969). 발아관이 성장함에 따라 간단한 균사막이 생기고, 길이는 43~182㎛로 각 세포마다 2~12개의 핵을 갖는 균사 세포가 형성된다. 발아 중인 포자에는 세포막 구조도 있는데, 세포막은 세포질과 분리되어 있거나 세포벽 대신 원형질막과 접하고 있다(Chang과 Tanaka, 1970; Chang과 Tanaka, 1971). 이 조직의 세포막은 작은 간격을 두고 전자 운반체(electron-dense) 선으로 분리되어 있고, 두께는 약 90Å이다. 이런 조직은 액포에서도 관찰되나 기원, 성질, 기능 등은 아직 확실히 밝혀지지 않았다. 세포질과 접하고 있는 면은 공극(lumen)을 접한 면보다 훨씬 염색이 진하기 때문에, 이러한 세포막은 세포질막의 함입(invagination)에 의해 형성된 것 같다.

4) 핀헤드(Pinhead) 단계

담교착형 균사(Interwoven hypha)로 형성되는 '핀헤드(pinhead)'와 '타이니버튼(tiny-button)' 단계가 있다. 외피막은 두껍고, 분리되면서 작은 버섯이 보인다. 매우 작은 갓은 중앙 부위는 진한 회색이고 둘레는 하얀색이다. 매우 작은 버섯 단계에서는 막의 상부만 갈색이고 나머지는 흰색이다. 모양은 둥근형이다. 작은 단계의 버섯을 수직으로 자르면 비교적 두꺼운 갓 아래에 박막층(lamella)은 밀집된 띠(band) 형태로 되어 있다. '핀헤드(pinhead)' 단계의 이름은 핀 머리의 크기와 유사하다는 뜻에서 나왔으며, 외피막은 매우 희고 수직면으로 보면 버섯 갓(pileus)과 대(stipe)는 보이지 않는다. 모든 구조는 균사 세포의 작은 매듭으로 이루어져 있다.

그림 25-3 핀헤드 단계의 풀버섯 형태 (경기도농기원, 2008)

5) 버튼(Button) 및 난(Egg) 단계

이 단계의 버섯은 시장에 비싸게 팔 수 있으며, 형태는 난형이다. 버튼 단계의 구조는 외피막이라고 하는 표피에 싸여 있다. 외피 내부에는 갓이 들어 있으며, 버섯 대는 전체를 절단하면 볼 수 있다. 난기에서 버섯 갓은 베일을 뚫고 나오며, 대주머니 형태를 갖추고 있지만 버섯 대는 보이지 않는 단계이다. 버섯 갓은 앞 두 단계에서 언급한 것과 비슷하고 크기만 작다. 현미경으로 난기의 주름살을 보면 담자포자는 보이지 않는데 담자기(basidium)에서 담자뿔(sterigma)의 형성을 볼 수 있다. 버튼 단계에서는 낭상체(cystidia)와 측사(paraphyses)만 보인다.

6) 신장기(Elongation)

자실체의 성숙 이전 단계를 말하며 갓이 벌어지지 않고 작은 것 외에는 성숙기와 비슷하며, 자실체의 대 길이가 거의 다 자란 단계를 신장기라고 한다. 난기에 대주머니와 갓 부분을 제거하면 자실체의 대는 성장하는 데 일정한 간격을 나타내며, 물과 혼합되지 않는 크림잉크 같은 물방울이 동일한 크기로 맺힌다. 따라서 대가 신장하는 것을 주기적으로 측정할 수 있는데, 대의 상부에서 신장이 된다. 대부분의 대에는 하나의 잉크 자국이 주위에 남으나, 갓의 직각으로 자라는 주변의 어떤 부분은 뚜렷한 잉크 자국이 2개가 남는다. 이로써 해부학 측면에서 볼 때 분열 조직은 갓 바로 아래의 버섯 대에 존재한다는 것을 발견하였다. 이 부분은 사프라닌(safranine) 염료를 많이 흡수하여 핵산이 많이 존재하는 것으로 밝혀졌다. Baker(1960)는 세포가 분열될 때 알칼리 염료(cationic dye)에 의해서 색택을 띠며, 분열기의 염색체는 세포 내에 있을 때보다 훨씬 많은 알칼리 염료를 흡수한다고 하였으며, 이런 결과는 핵산 단백질은 세포질보다 훨씬 산성이기 때문이라고 할 수 있으나 산성 염료(anionic dye)도 염색체를 세포질보다 훨씬 진하게 염색시킬 수 있다고 하였다. 이 부분의 조직을 분리하여 배양하면 다른 부분보다 훨씬 순수한 균주를 분리할 수 있다는 것도 이런 이유인 것 같다(Chang, 1964).

그림 25-4 풀버섯 자실체의 생육 단계별 형태 (경기도농기원, 2008)

분열 조직(Meristematic) 바로 아래 신장 부분의 필라멘트(filament)들은 정렬되어 있으며, 다른 부분의 필라멘트들은 실뭉치처럼 엉켜 있다. 대부분의 정렬된 지역의 균사 너비는 5~8㎛이고, 인접된 균사막 사이는 35~83㎛ 정도 된다. 주름살(lamella)은 갓 아래에서 조직들이 대쪽으로 뻗쳐 있다. 현미경으로 담자기의 여러 발전 단계를 볼 수 있는데, 자실층에 있는 세포가 커짐에 따라 담자기 아래에서 핵은 감수 분열 단계로 접어들고 4개의 반수체 핵이 존재하게 된다. 동시에 담자기의 말린 부위에서 담자뿔이 돋아나 팽창하여 담자포자의 초기 단계를 형성한다. 세포질의 4개의 핵은 앞으로 전진해서 담자뿔을 통과하여 포자 부분으로 이동한다. 담자기와 담자포자 사이에는 벽이 생기고 포자가 분리되며 빈 담자기만 남는다.

7) 성숙기(Mature)

성숙기의 자실체 구조는 갓, 대, 대주머니의 3부분으로 크게 나누어진다.

대주머니는 대 기전부 구근 주위의 담교착형 균사의 얇은 막이며, 버섯의 모든 부분은 담교착형으로 구성되어 있다. 대주머니는 육질로 하얗고, 컵 모양이지만 가장자리는 불규칙하다. 대주머니의 기저부는 기질로부터 영양분을 흡수하는 근상균사다발(rhizomorph)이 있다. 근상균사다발은 담자과(basidiocarp)류의 중앙을 구성하는 균사의 형태와 다르다. 전자는 두껍고 느슨한 담교착형 균사이고 많은 갈색체와 부푼 세포를 가지고 있는데, 이것은 영양분의 저장 기관으로 여겨지고 있다. 반면 후자는 가늘고 조밀한 담교착형 균사이며 갈색체와 부푼 세포가 없다.

대는 버섯 갓의 중앙 부위에 접하고 아래 부위는 대주머니와 접하고 있다. 대의 길이는 갓의 크기에 따라 다르며, 보통 3~8cm, 지름 0.5~1.5cm이다. 그리고 희고 육질이며 턱받이(annulus)가 없다. 성숙된 갓은 원형이며, 완전한 테두리가 있고 표면은 평탄하다. 중앙 부분의 색택은 진한 회색이고 가장자리는 연회색이다. 지름은 6~8cm 정도 되는데 영양원과 환경의 영향에 따라 다르다.

갓의 성장은 가장자리는 빠르고 중앙 부위로 갈수록 늦다. 갓의 아랫부분에는 주름살이 있는데, 280~380개 정도 되며, 형태는 일직선이고 가장자리는 완전하다. 주름살의 종류는 여러 가지가 있는데, 완전한 크기인 것, 3/4, 1/2, 1/4 크기 등이 있다. 비록 완전한 크기라 하더라도 주름살은 대와 완전히 접하지 못하고 약 1mm 정도 분리되어 있다. 다른 종류의 주름살의 수는 풀버섯 성장의 여러 단계와 관련이 있다는 연구는 많이 수행되어 왔다. 그러나 그러한 성장은 애매하고 Levine이 *Coprinus*속에서 조사한 것과는 많은 차이가 있다. 풀버섯 주름살의 분화와 기원에 대한 연구는 진행 중에 있다.

현미경상에서 각 주름살은 3겹의 담교착형 균사로 이루어져 있으며, 가장 중간 부분의 균사는 느슨하고, 비스듬하게 이루어져 있어 역균새(inverse trama)라고 한다(Singer, 1961). 규칙적인 균새와 역균새의 차이는 Bessy(1964)에 의해 기술되었다. 규칙적인 균새(trama)는 평행인 성분으로 구성되어 있다. 어린 주름살의 역균새는 뚜렷한 자실하층(subhymenium)을 가진 규칙적인 구조를 가지고 있다. 이것은 성장함에 따라 비스듬한 형태로 균새의 중앙 성분이 없어진 쪽으로 자란다. 만약 주름살에 대한 연구를 적정한 생장 시기에 하지 않는다면 균새 종류의 시간별 존재 여부를 인식하기는 어렵다.

중간겹은 자실하층이라 불리는데, 이 부분의 균사는 조밀하다. 밖의 막(주름살의 양쪽 면)을 자실층(hymenium)이라 하며, 말단 세포(terminal cell)에는 측사(paraphyses)나 부푼 형태에서 곤봉 형태로 변하는 담자기나 담자기 세포가 조밀하게 붙어 있다. 담자기가 형성하는 포자를 담자포자라 하며, 1개의 담자기에는 4개의 담자뿔에 의해 4개의 담자포자가 붙어 있다. 현미경을 통하여 정상적인 자실체의 성숙 초기 단계의 주름살 표면을 관찰해 보면 갓은 바로 완전히 펴졌고, 연분홍의 주름살이 있으며, 4개의 담자포자가 분명히 존재한다. 풀버섯의 포자는 약간 달걀 형태를 한 비대칭(asymmetric)이며, 둥근형과 타원형은 거의 존재하지 않는다. 그리고 포자의 외형은 보이는 면에 따라 차이가 있다. 달걀 형태의 포자는 길이 7.9㎛이고, 너비는 장축의 경우 5~6㎛, 단축의 경우 3~4㎛이다. 표면은 반듯하지만 두꺼운 막을 가지고 있으며, 포자의 너비가 좁은 부분의 끝에는 짧은 삼각형의 돌기가 솟아나 있다.

현미경에서 빛을 통과시키면서 보면 세포막과 세포 내용물의 색택은 투명하고 연노랑에서 분홍과 진한 갈색으로 변한다. 포자 색택의 변화는 포자의 성숙도에 따라 다르며, 백색의 종이를 자실체 아래에 놓고 포자를 받으면 갈색의 포자를 얻을 수 있다. 포자의 성숙도에 따라서 주름살의 색택도 갈색으로 변화한다. 포자의 수는 수십억 개가 넘는다. 낭상체(cystidia)는 2가지 형태로 위치하고 있는데, 주름살의 가장자리를 따라 위치하는 것을 주름낭상체(cheilocystidia)라고 하고, 면에 부착된 것을 측낭상체(pleurocystidia)라고 한다. 측낭상체는 크고 단단하며 2개의 주름살 사이에서 자라므로 주름살의 간격이 유지되게 된다.

사진 25-5 풀버섯의 성숙 단계 (경기도농기원, 2008)

5. 재배 기술

1) 균사 배양

(1) 균사 생장용 배지

배지 종류별 균사체의 생장 길이는 차펙스배지(Cz), 버섯완전배지(MCM), 맥아효모추출배지(MYP), 퇴비추출배지(CDA)에서 길고, 생체중은 버섯완전배지 및 맥아효모추출배지에서 높다.

표 25-7 균사 생장용 배지의 구성 성분 (단위: g/L)

구성 성분	Cz	GPYM	MCM	MYP	PDA	CDA
감자 한천					24	
덱스트로스	30		20			
포도당		10				
펩톤		10	2	5		
수크로스						10
맥아 추출물		15		3		7
효모 추출물		10	2	3		
K_2HPO_4	1		1			
KH_2PO_4			0.46			
$MgSO_4 \cdot 7H_2O$	0.5		0.5			
질산나트륨	2					
염화칼륨	0.5					
$Fe_2SO_4 \cdot 7H_2O$	0.01					
건조 퇴비						40
한천	20	20	20	20	20	20

※ Cz: 차펙스배지, GPYM: 글루코오스효모맥아추출배지, MCM: 버섯완전배지, MYP: 맥아효모추출배지, PDA: 감자추출배지, CDA; 퇴비추출배지

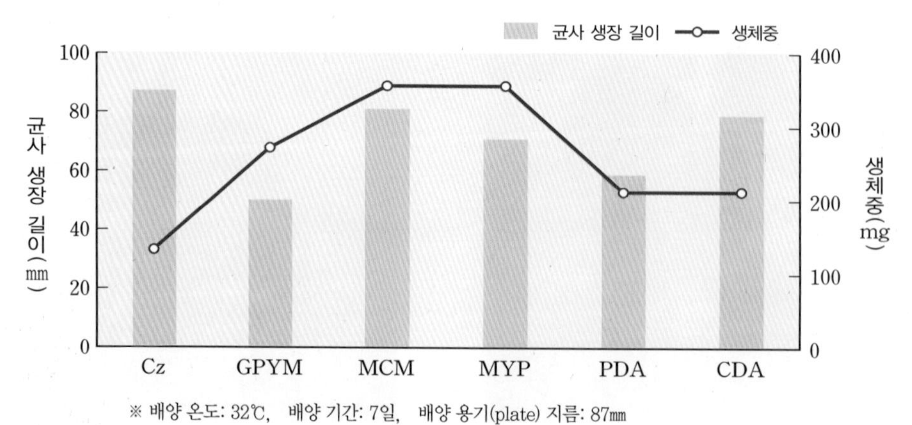

※ 배양 온도: 32℃, 배양 기간: 7일, 배양 용기(plate) 지름: 87㎜

그림 25-6 평판 배지에서의 균사 생장량 (경기도농기원, 2008)

차펙스배지에서 균사 생장 길이가 길었던 반면 생체중은 차펙스배지에서 매우 낮다. 이는 균사 밀도에 기인한 것으로 보이며, 따라서 버섯완전배지에서 균사 생장 길이와 평균 생체중이 모두 높아 풀버섯 균사를 생장시키는 데 적합하다.

(2) 온도

풀버섯의 균사 배양 온도 범위는 23~38℃의 범위이며, 최적 온도는 35℃이고, 41℃에서는 급격히 균사 생장량이 떨어지는 경향을 보인다. 균사 생장 범위를 벗어난 저온에서는 균주에 따라 생장에 큰 차이를 나타내지만, 특히 저온에 대해 매우 약하여 5℃에서 1~7일간을 저장하면 사멸되므로 일반적인 버섯균류와 같이 5℃ 이하의 저온에 저장할 수 없고, 20℃ 정도의 상온에서 계속 계대 배양하여 균주를 보관하는 것이 좋다(차 등, 1994).

2008년 영농 활용 자료(정 등, 2008)에 의하면 풀버섯균은 20℃에서 보존이 유리하며, 15℃에서는 3개월 이내 또는 20℃에서는 6개월 이내에 계대 배양을 실시하여야 한다고 보고되어 있다(표 25-8).

표 25-8 균 보존 온도 및 기간에 따른 생존 여부

보존 온도 (℃)	보존 기간(일)					
	10	20	30	90	120	180
4	×	×	×	×	×	×
10	○	○	×	×	×	×
15	○	○	○	○	×	×
20	○	○	○	○	○	○
25	○	○	○	○	○	○
30	○	○	○	○	○	○

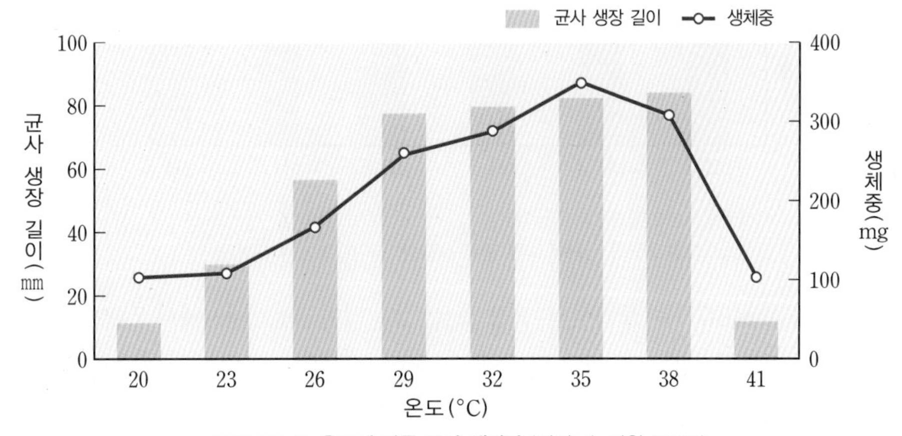

그림 25-7 온도에 따른 균사 생장량 (경기도농기원, 2008)

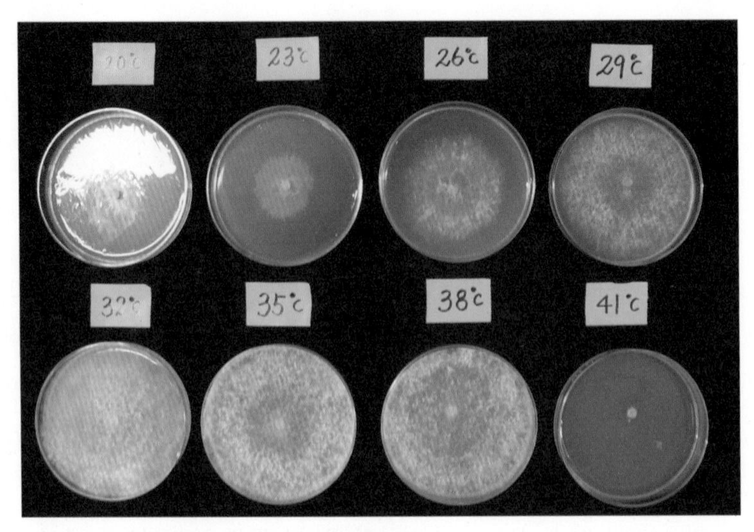

그림 25-8 **생육 온도에 따른 균사 생장 형태** (배양 기간 5일, 경기도농기원, 2008)

(3) pH

풀버섯을 포함한 일반적인 버섯의 재배에서 최적 pH는 5.0~6.0인 종이 많다. 생장 가능 pH는 이보다 범위가 넓어서 대략 3.5~7.0이다. 표고와 같이 유기산의 축적에 의해 pH가 배양 과정 중 저하하는 것도 많으나 팽이버섯과 같이 상승하는 것도 있으며, 배지 조성 등에 의해 영향을 받기도 한다(古川久彦, 1992).

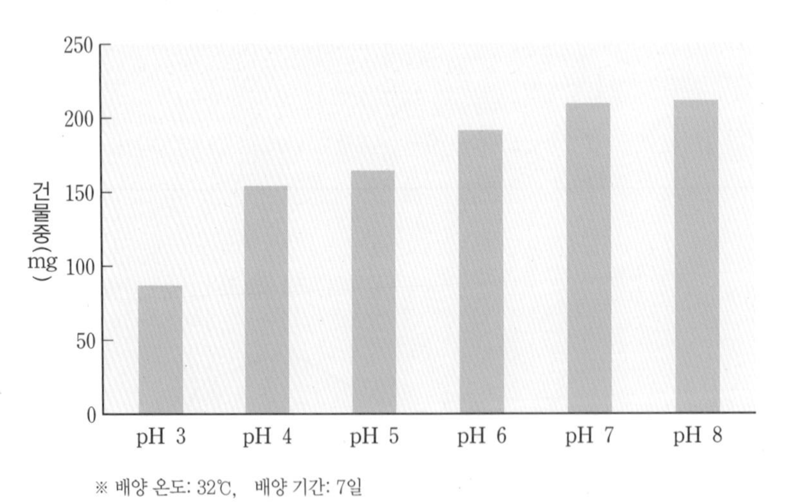

※ 배양 온도: 32℃, 배양 기간: 7일

그림 25-9 **pH에 따른 균사 생장량** (경기도농기원, 2008)

Chang-Ho와 Yee(1977)는 풀버섯의 적정 pH는 2% 맥아 추출 배지에서 7.0이라고 하였으며, 포자 발아에 필요한 pH는 7.5라고 하였다. Tzeng(1974)은 탄소원으로 엿당을 사용할 경우 최적 pH는 5.0, 포도당에서는 8.0, 펙틴에서는 9.0이라고 하였다. Chang 등(2004)은 적합

pH의 범위는 5.0~8.5, 최적 pH는 7.5라고 하였고, 장 등(2009)은 최적 pH는 7.0~8.0이라고 하였다. 따라서 사용 균주나 배지 재료에 따라 최적 pH가 달라지는 경향이 있기 때문에 특정 사용 균주에 대한 기초 생리 특성을 파악한 후 재배하는 것이 유리하다.

(4) 탄소원

그림 25-10에서 보는 바와 같이 탄소원의 경우에는 종류와 관계없이 균사 생장량이 양호하다. Chandra와 Pukayastha(1977)는 균사 생장에 대부분의 탄수화물은 양호하고, 포도당이나 포도당 총합체에서 균사 생장량이 매우 양호하다고 하였다. 따라서 풀버섯 사용 균주에 따라 적합한 탄소원이 다양하여 단당류에서 다당류까지 광범위한 탄소원에 대한 적응성을 가진 것으로 생각된다.

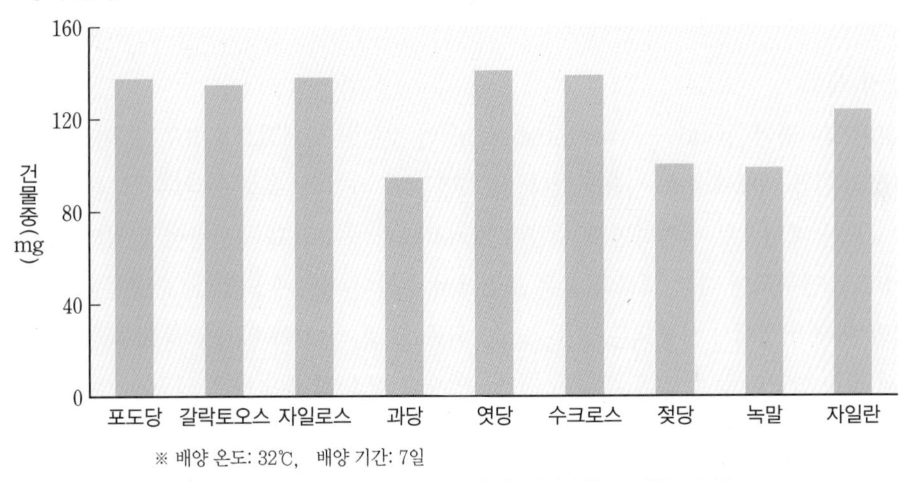

※ 배양 온도: 32℃, 배양 기간: 7일

그림 25-10 **탄소원에 따른 균사 생장량** (경기도농기원, 2008)

(5) 질소원

표 25-9는 무기태 질소 아질산나트륨($NaNO_2$) 등 4종과 유기태 질소 효모 추출물 등 4종을 각각 첨가하여 실험한 결과로서 질소원에 따른 평균 균사 생장량은 유기태 질소인 효모 추출물은 182mg, 펩톤은 175mg으로 높은 반면 상대적으로 무기태 질소 처리구에서는 상대적으로 균사 생장량이 낮았다.

표 25-9 질소원에 따른 균사 생장량 (경기도농기원, 2008) (단위: mg/7일)

구분	아질산나트륨	질산나트륨	염화암모늄	질산암모늄	효모 추출물	펩톤	요소	트립톤
균체량	83c	92c	106c	86c	182a	175a	141b	155ab

※ 배양 온도: 32℃, 배양 기간: 7일
Duncan의 다중 범위 검정(유의 수준: 5%)

(6) 기타

버섯 균사 생장과 자실체의 형성은 한 가지 영양원에 의해 좌우되지 않고 질소원, 탄소원의 종류와 비율에 의해서 결정된다. Tzeng(1974)의 연구 결과에 의하면 기초 배지에서의 최적 C/N율은 60:1이었으며, 0.5%의 효모 추출물을 첨가하였을 때는 80:1이었다. 또한, 비타민은 풀버섯 균사 생장의 활력을 상승시키는 중요 인자로서 작용한다.

풀버섯은 실제 재배에 있어서 질소 요구량이 적어 양송이 등에서 질소질 성분이 다량으로 포함되어 있는 첨가제를 사용하여 수량이 증가되는 경우와 달리 이러한 첨가제의 사용이 수량을 감소시킨다(차 등, 1994).

2) 균상 재배

(1) 배지 제조

풀버섯의 영어명이 'paddy-straw mushroom' 인 것처럼 세계적으로 1970년 이전까지 볏짚이 풀버섯의 인공 재배에 주로 사용되었다. 1970년 이후 타이완, 홍콩 등 일부 동남아시아 국가에서 주재료를 폐면으로 변환하면서 수량이 30~40%가 증수되고 생산량이 안정되었으며, 초발이가 9일로 단축되어 다른 재료와 같은 조건에서 수확이 빠르게 되었다. 수량성을 높이기 위하여 일반 재배 버섯에서 사용되는 닭똥, 요소, 쇠똥, 말똥, 쌀겨와 밀기울 등에 대한 첨가 재료 시험에서 질소 함량이 높은 것은 수량이 저조하였으나 질소 함량이 낮은 쇠똥과 같은 첨가제에서 수량이 증가되는 경향을 보였다.

풀버섯은 여러 가지 배지 재료를 사용할 수 있으며, 볏짚 및 폐면 이외에도 히아신스, 야자나무, 야자 껍질 부산물, 바나나잎, 톱밥, 사탕무 찌꺼기, 열대림 퇴비나 파인애플 껍질, 목재 부산물 및 기타 부산물 등을 이용할 수 있다.

최근 중국에서 사용되고 있는 풀버섯 배지 재료에 대한 혼합 비율은 다음과 같다.

- 면실피 100kg, 석회 5kg
- 면실피 90kg, 밀기울 10kg, 과린산칼슘 1kg, 칼리비료 1kg, 석회 5kg
- 면실피 30kg, 볏짚 60kg, 요소 0.3kg, 과린산칼리 1kg, 칼리비료 1kg, 석회 5kg
- 볏짚 80kg, 마른 쇠똥 15kg, 밀기울 10kg, 인산질비료 1kg, 칼리비료 1kg, 석회 5kg
- 볏짚 90kg, 밀기울 7kg, 요소비료 0.3kg, 인산질비료 1kg, 칼리비료 1kg, 석회 5kg

중국에서는 화학 비료가 버섯 배지 사용 시 혼합되는 사례가 매우 많다. 우리나라의 경우 친 환경 작물로 잘 알려져 있는 버섯을 재배하기 위해 가급적 이러한 화학 비료 사용을 자제하는 것이 바람직하며, 앞에서 설명한 여러 가지 배지들의 특성을 파악하여 한국형 재배 방법에 대한 연구가 앞으로 수행되어야 할 것이다.

배지 제조를 위해 우리나라에서 많이 사용되고 있는 폐면(또는 면실피) 재배와 기존에 알려져 있던 볏짚 재배에 대해 기술하였으며, 최근에 개발된 느타리 수확 후 배지를 이용한 재배 기술에 대해 설명하고자 한다.

❶ 폐면 또는 면실피

기존의 균상 재배 방법을 이용하여 재배하는 방법으로 주재료로 폐면이나 면실피를 사용하며 영양원으로는 쌀겨 또는 밀기울을 사용한다. 풀버섯의 경우 pH가 다소 높은 배지에서 생장이 양호하므로 석회와 탄산칼슘을 배지 제조 시에 혼합하여 준다.

솜은 초기에 수분이 잘 흡수되지 않으므로 퇴적틀이나 침수통을 이용하여 진압하면서 침수하며, 침수만으로는 수분 흡수가 균일하게 이루어지지 않으므로 가능한 최적 수분으로 조정하여 가퇴적을 실시한다. 가퇴적 1~2일 후에 발열이 되는 상태에서 본퇴적을 실시하면 퇴비 내의 높은 온도에 의한 수분 손실이 발생하므로 부족한 수분을 첨가하여 알맞은 수분 상태가 이루어지도록 하는 것이 효과적이다.

홍콩에서는 퇴적 시 70×90×30cm의 목재로 만든 틀을 사용하고 본퇴적 시에 2~5%의 소석회와 닭똥을 여러 단계로 나누어 첨가하나 우리나라에서는 첨가제를 사용하지 않는다. 폐면 퇴비 제조 시 최초의 발열이 늦어 가퇴적 기간을 길게 하면 이상 발효가 일어나 퇴비의 상태가 불량하게 되므로 퇴비 온도와 관계없이 본퇴적이나 뒤집기 작업을 실시하고, 초기 발열을 촉진하기 위해서는 담배가루와 같은 발열 재료를 사용하는 것도 유용하다. 본퇴적이 끝나면 퇴비 더미의 상단에 온도계를 꽂고 매일 온도를 관찰하여 60~65℃ 내외가 될 때마다 뒤집기 작업을 실시하며 2~3회 정도를 한다.

뒤집기 작업이 지연되면 퇴비 내의 산소 부족으로 퇴비가 불량하게 되며, 혐기성 발효에 의한 폐면 퇴비의 냄새는 볏짚 재료보다 더 심하고, 유해 가스의 휘산이 불량하여 살균 및 후발효 과정에서 충분한 환기를 실시하여도 개선되기 어려우므로 뒤집기 작업은 3~5일 이상 지연되어서는 안 된다.

야외 퇴적이 끝나면 폐면을 재배사의 균상에 30cm 이상의 높이로 균일하게 입상을 한 다음 살균 및 후발효를 실시한다. 살균은 발효 과정 중 중요한 단계로서 퇴비 온도를 60~65℃에서 6시간 동안 유지하여 병원균 및 잡균을 사멸시킨 다음, 50~55℃에서 3~4일간 후발효하여 균상 내에 고온성 미생물의 밀도를 증가시킴으로써 유용한 배지가 되도록 한다.

버섯 균사의 생장에 유익한 발효가 이루어지도록 하려면 배지 내의 온도와 수분은 물론 호기

배지 혼합

발효

그림 25-11 **폐면 배지 제조 과정**

성 미생물인 유용한 고온성 미생물의 밀도를 증가시키기 위해 충분한 산소의 공급이 필요하다. 특히 폐면은 양송이나 느타리의 볏짚 배지보다 공극률이 낮으므로 입상 시 너무 다지지 않도록 하며, 후발효 중에도 환기를 충분히 실시하여야 한다. 만일 발효 과정에서 발생하는 가스의 휘산이 환기 부족으로 불량하면 퇴비에서 썩은 냄새가 심하게 나고, 균사의 생장도 불량하게 되므로 주의해야 한다.

살균이 끝난 후 온도를 서서히 35℃로 조절한 다음 종균을 접종하는데, 솜 100kg당 종균 1~2kg을 표면 접종 또는 혼합 접종을 하되, 표면에 많도록 하는 등의 방법을 사용한다. 균사 생장 기간에는 배지 온도를 30~35℃로 유지한다. 9~15일이면 균사 생장이 완료되면서 버섯이 발생하기 시작하며 수확은 대주머니에서 갓이 발생되기 직전에 해야 한다(차 등, 1994).

❷ 볏짚

볏짚을 이용한 풀버섯의 재배 방법은 양송이의 배지 제조 방법과 같이 가퇴적, 본퇴적, 살균 및 후발효의 과정을 거쳐 재배하는 것이다. 먼저 볏짚을 길이 20~30cm로 절단하여 65% 내외의 수분 함량이 되도록 한다. 일반적인 발효 배지 제조 과정에 준하여 배지를 제조한 후 배지 온도가 35℃ 내외일 때에 종균을 균상 표면으로부터 2~2.5cm 깊이에 평당 1kg씩 접종하여 9~15일간 균사를 생장시킨다. 이후 균상 표면에 양토를 2~3cm의 두께로 복토하고 신문지를 덮은 후에 건조하지 않게 관리하면서 복토 내에 균사를 생장시킨 후 신문지를 제거하고 온습도 관리를 철저히 하여 버섯을 발생시킨다.

표 25-10 **복토 재료가 풀버섯 수량에 미치는 영향** (농업기술연구소, 1973)

구분	무복토	복토 재료	
		사양토	양토
수량	13.4	14.3	20.5
지수	100	106	153

❸ 느타리 수확 후 배지를 이용한 풀버섯 배지

최근 시설 재배화에 따른 느타리 병재배 증가로 버섯 수확 후 배지가 증가하는 추세이며, 이러한 수확 후 배지의 이용성을 도모하기 위해 실험을 수행한 결과 기본 배지에 약 50%가량 수확 후 배지를 첨가하여 사용이 가능한 결과를 얻었다(표 25-11).

표 25-11 느타리 수확 후 배지 첨가량에 따른 C/N율의 변화 (경기도농기원, 2009)

배지 첨가량	0%	25%	50%	75%	100%
C/N율	40.8	34.6	33.3	29.7	29.0

※ 느타리 병재배 수확 후 배지: 미송+비트펄프+면실박(50:30:20, v/v)

또한, 면실피 펠릿+밀기울+탄산칼슘(90:9:1) 배지에, 느타리 수확 후 배지를 첨가한 결과 C/N율은 느타리 탈병 배지의 첨가량이 많을수록 질소 함량이 증가하여 C/N율이 낮아지는 경향을 보였다.

표 25-12 느타리 수확 후 배지 첨가량별 풀버섯의 수량 특성 (경기도농기원, 2009)

수확 후 배지 첨가량 (%)	자실체 특성			수량 (g/상자)	수확 개체수 (개/상자)	개체중 (g/개)	생물학적 효율 (%)
	너비 (mm)	높이 (mm)	너비/높이				
0	20.8	32.8	0.63	356a[1]	63a	8.0ab	17.8
25	20.1	30.4	0.66	356a	61a	7.0b	18.8
50	21.7	31.1	0.70	362a	64a	8.4a	20.6

※ 생육 조건-온도: 30±1℃, 습도: 90±5%, 배지량: 5kg, 상자 크기: 520×365×200mm

[1] Duncan의 다중 범위 검정(유의 수준: 5%)

느타리 수확 후 배지 첨가량별 수확 개체수는 첨가량 25% 및 50%의 경우가 각각 61.1개, 63.9개로 무첨가구의 62.3개와 유사한 결과를 나타냈으며, 유의성 검정 결과도 무첨가구와 느타리 수확 후 배지 첨가량 50% 처리구와 동일한 수량으로 나타났다(표 25-12). 따라서 관행적으로 사용되는 면실피 배지에 느타리 수확 후 배지를 50%가량 첨가하여 재배가 가능한 것으로 나타났다.

(2) 생육 환경 관리 및 수확

풀버섯 배지의 적정 배양 온도는 32~35℃이며, 상대습도는 60~70%이고, 배양 기간은 7~10일 정도 소요된다. 환기는 1시간에 1회 정도 실시하는 것이 좋으며, 빛 조건은 소등하는 것이 좋다. 원기 형성을 위해서는 온도 28~31℃, 상대습도 85~90%가 적당하며, 이때의 배양 기간은 약 5~7일 정도 걸린다. 원기 형성 기간에는 1시간에 5~7회 정도 환기하는 것이 좋다.

자실체의 발이를 위한 온도 및 상대습도는 원기 형성기와 유사하며, 3~4일 정도 지나면 수확기가 된다.

풀버섯의 수확은 균막이 파열되기 전에 진행하여야 한다. 대가 신장하기 이전이 수확 적기이다. 온도가 적당하면 접종하여 4~7일이면 균상에 쌀알만한 균사 뭉치가 생기는데, 7~10일을 경과하면 수확할 수가 있다. 한 주기 버섯은 6~7일간 수확할 수 있으며, 하루에 2~3번 정도 수확한다.

수확할 때에는 작은 칼로 버섯의 밑부분을 베어 낸다. 버섯은 성숙하는 대로 바로 수확하여야 하며, 수확용 칼은 수시로 소독을 하도록 한다. 수확한 버섯은 제때에 출하하거나 가공하여야 하며, 시간이 지나면 버섯이 펴지면서 상품성이 떨어진다.

원기 형성 및 발이기

수확기

그림 25-13 풀버섯 생육 전경 (경기도농기원, 2008)

6. 수확 후 관리 및 이용

풀버섯의 경우, 수확 후 대주머니 상태에서 갓이 발생되는 속도가 매우 빠르며, 자가분해되는 특성을 가지고 있어 저장력이 약하다. 따라서 생버섯의 판매가 곤란하다.

풀버섯은 포장 방법 및 저장 온도에 따른 품질을 조사해 본 결과 저온에서는 개산율이 낮으나 유리 수분이 다량으로 생겼으며, 상온에서는 유리 수분의 생성량이 적으나 12시간이 경과되기 전에 갓이 개열되어 상품 가치가 없었다. 이런 결과로 생버섯의 판매는 대바구니와 같은 통풍이 잘되는 용기에 담아 단시간 내에 운송 및 판매가 이루어져야 한다. 다른 과일이나 채소처럼 버섯도 수확 후에 부패하기 쉽다. 버섯은 수확 후에도 대사 작용을 계속하여 품질이 저하되거나 식용이 불가능한 상태까지도 된다.

표 25-17 풀버섯의 저장 온도 및 포장 형태별 품질 비교 (농업기술연구소, 1980)

포장 방법	저장 온도	12시간		24시간	
		개산 정도	유리 수분	개산 정도	유리 수분
비닐	저온(7℃) 상온(25~28℃)	적음 보통	보통 보통	적음 많음	많음 많음
무포장	저온(7℃) 상온(25~28℃)	적음 많음	적음 적음	적음 많음	보통 보통

풀버섯은 주로 통조림, 절임, 건조 등의 방법으로 가공하지만 생버섯과 품질은 비교도 되지 않는다. 생버섯은 4℃에서 자가분해가 일어나기 때문에 수확 후 약 10~15℃에서 3일 정도 보관할 수 있다. 이와 같이 풀버섯의 저장 기간은 매우 짧으므로 수확 후 관리 및 가공 이용에 관한 연구가 요구된다.

〈장명준〉

참고 문헌

- 경기도농업기술원. 2008. 시험연구보고서. pp. 709-732.
- 경기도농업기술원. 2009. 시험연구보고서. pp. 695-709.
- 농촌진흥청 농업기술연구소. 1980. pp. 563-569.
- 농촌진흥청 농업기술연구소. 1973. pp. 197-210.
- 박용환, 장학길, 정청삼, 김동수. 1974. 한국에 있어서 풀버섯(*Volvariella volvacea* (Bull. ex Fr.) Sing.) 재배에 관한 몇 가지 시험. 한국균학회지 2(1): 21-24.
- 장명준, 이한범, 김정한, 이윤혜, 주영철. 2009. 풀버섯의 균사 배양 적합 조건 및 우량 균주 선발. 한국균학회지 37(2): 173-180.
- 정종천, 전창성, 이찬중, 유영복. 2008. 풀버섯균의 보존 온도와 생존 기간. 영농 기술 보급. 농촌진흥청(http://www.rda.go.kr).
- 조덕현. 2003. 원색 한국의 버섯. 아카데미서적. pp. 115-116.
- 차동열, 유창현, 김광포. 1994. 최신 버섯 재배 기술. 농진회. pp. 427-440.
- 한용운. 2009. 식용 버섯Ⅱ 성분과 생리 활성. 고려대학교 출판부. pp. 421-425.
- 古川久彦. 1992. きのこ學. 共立出版(株).
- Akinyele B. J. and Akinyosoye, F. A. 2005. Effect of *Volvariella volvacea* cultivation on the chemical composition of agrowastes. *African Journal of Biotechnology* 4(9): 979-983.
- Baker, J. R. 1960. *Cytological Technique*, Methuen & Co., London.
- Belewu, M. A. and Belewu, K. Y. 2005. Cultivation of mushroom(*Volvariella volvacea*) on banana leaves. *African Journal of Biotechnology* 4(12): 1401-1403.
- Bessy, E. A. 1964. *Morphology and Taxonomy of Fungi*. Hufner. New York.
- Bresadola, J. 1912. Basidiomycetes Philippinensis. Ser. 1. *Hedwigia* 51: 306-326.

- Cambel, T. L., Marquez, D. L. and Marcelino, J. P. 1997. Mushroom(*Volvariella volvacea*) production in corn cobs. *Philippine Journal of crop science* 22(1): 69.
- Chandra, A. and Pukayastha, R. P. 1977. Physiological studies on Indian edible mushrooms. *Trans. Brit. Mycol. Soc.* pp. 63, 69.
- Chang-Ho, Y. and Yee, N. T. 1977. Comparative study of the physiology of *Volvariella volvacea* and *Coprinus cinereus. Trans. Br. Mycol. Soc.* 68: 167-172.
- Chang, S. T. 1964. The influence of cultural methods on the production and nutritive content of *Volvariella volvacea, Chung Chi J.* 4: 76.
- Chang, S. T. 1969. A cytological study of spore germination of *Volvariella volvacea. Bot. Mag.* pp. 82, 102.
- Chang, S. T. and Ling, K. Y. 1970. Nuclear behavior in the Basidiomycetes, *Volvariella volvacea. Am. J. Bot.* 57: 165-171.
- Chang, S. T. and Philip, G. M. 2004. *Mushrooms.* CRC. Press. pp. 277-302.
- Chang, S. T. and Tanaka, K. 1970. Culturing and embedding of filamentous fungi for electron micrography in the plane of the filaments. *Stain Technol.* (U.S.A) 45: 109.
- Chang, S. T. and Tanaka, K. 1971. An electron microscopy study of complex membranous structures in Basidiomycete *Volvariella volvacea. Cytologia* 36: 639.
- Etsu Kishida, Chigusa Kinoshita, Yoshiaki Sone and Akira Misaki. 1992. Structures and Antitumor activities of polysaccharides isolated from mycelium of *Volvariella volvacea. Biochem.* 56(8): 1308-1309.
- Ho, M. S. 1972. Straw mushroom cultivation in plastic house. *Mushroom Sci.* 8: 257-263.
- Huang, B. H., Yung, K. H. and Chang, S. T. 1989. Fatty acid composition of *Volvariella volvacea* and other edible mushrooms. *Mushroom Sci.* 12.
- Li, G. S. F. 1982. Morphology of *Volvariella volvacea*, in Tropical Mushroom-Biological Nature and Cultivation Method. Chang, S. T. and Quimio, T. H., Eds., The Chinese University Press. Hong Kong. 119pp.
- Li, G. S. F. and Chang, S. T. 1982. Nutritive value of *Volvariella volvacea*, in Tropical mushrooms-Biological Nature and Cultivation Method, Chang, S. T. and Quimio, T. H., Eds., The Chinese University Press, Hong Kong. 199pp.
- Moore, R. T. and McAlear, J. H. 1961. Fine structure of mycota. V. Lomasomes-previously uncharacterized hyphal structures. *Mycologia* 53: 194-200.
- Singer, R. 1961. Mushroom and Truffles; Botany, Cultivation and Utilization. Leonard Hill. London.
- Snell, W. H. and Dick, E. A. 1971. *A Glossary of Mycology.* rev. ed. Harvard University Press. Cambridge. MA.
- Tanaka, K. and Chang, S. T. 1972. Cytoplasmic vesicles in the growing hyphae of the Basidiomycete, *Volvariella volvacea. J. Gen. Appl. Microbiol.* 18: 165-178.
- Tzeng, D. S. 1974. Studies on nutritional requirements and the improvement of techniques in cultivation of straw mushroom *Volvariella volvacea* (Bull. Ex Fr.) Sing. M. Sci. thesis. National Chung Hsing University. Taichung. Taiwan.

제 26 장

먹물버섯

1. 명칭 및 분류학적 위치

먹물버섯(*Coprinus comatus* (O. F. Mull.) Pers.)의 자실체는 주로 동물의 배설물이나 나무 그루터기, 두엄, 퇴비 더미, 쇠똥, 풀밭에서 발생하며, 늦봄부터 가을까지 비가 온 뒤에 많이 발생한다(박, 1994). 그리고 양송이나 느타리의 인공 재배 시 배지의 살균 및 발효 불량에 의해 발생되는 잡균(weed fungi)으로 재먹물버섯(*Coprinus cinereus*), 소녀먹물버섯(*Coprinus lagopus*) 등이 있는데, 이 경우 재배 대상이 되는 버섯보다 빨리 자실체를 형성하지만 크기가 작고 먹물 현상이 빨리 나타나 식용 가치는 없다. 또한, 노랑먹물버섯(*Coprinus radians*)은 산림의 목재에 큰 피해를 주는 식물 병원균으로 알려져 있다.

먹물버섯속은 다른 버섯류와는 달리 자실체가 성숙되면 갓(cap)에서 액화 현상(autolysis)이 일어나며 검은색 포자를 갖고 있어 자실체가 완전히 분해된 후에는 먹물과 같은 잔존물이 남는다. 이러한 특성 때문에 유통상의 어려움이 있어 식용 버섯으로의 대중화는 어려운 실정이었다. 그러나 최근 먹물버섯이 지니고 있는 식용 및 약용 가치가 밝혀지고(Ying, 1987) 산업적으로 이용이 가능할 것으로 기대되어 인공 재배에 대한 관심이 높아지면서 중국, 미국, 일본, 네덜란드, 프랑스, 독일, 이탈리아 등 여러 나라에서 재배가 진행되고 있다.

특히 중국에서는 봉지 재배와 균상 재배가 이루어지고 있으며, 배지 재료로는 면자각, 볏짚, 느타리 폐배지 등을 주재료로 하고 쇠똥, 설탕, 석회, 요소, 인화학 비료 등을 첨가 재료로 사용하고 있다(Luo & Qian, 1999; Zhu, 1998; Ual *et al.*, 1999).

먹물버섯은 분류학적으로 주름버섯목(Agaricales) 주름버섯과(Agaricaceae) 먹물버섯속(*Coprinus*)에 속한다. 먹물버섯속은 세계적으로 45종, 국내에는 18종이 보고되어 있다(박, 1999). 먹물버섯(*C. comatus*)은 일반적으로 'shaggy mane, lawyer's wing' 으로 불리며(Stamets, 1993), 중국에서는 어린 자실체 형태가 닭다리 모양과 비슷하다고 하여 '닭다리버섯(white chicken leg mushroom)' 이라고 부르기도 한다.

2. 재배 내력

먹물버섯의 인공 재배를 위한 배지 개발은 중국에서 많이 이루어졌는데, Lin 등(1998)은 원균 배양 시 밀곡립이 가장 양호한 것으로 보고했으며, Zhu(1998)는 균상 재배에서 100㎡당 볏짚 1,000kg, 쇠똥 200kg, 석고 50kg, 요소 10kg, 인화학 비료 30kg, 석회 40kg을 혼합 발효하여 사용했다. Chui(Ual *et al.*, 1999)는 면자각 50kg, 느타리 폐배지를 건조하여 분쇄한 것 30kg, 쇠똥 20kg, 요소 0.5~1kg, 인화학 비료 2kg, 석회 3kg, 수분 150~160L 혼합 사용 또는 볏짚, 보릿짚, 옥수수 속대를 분쇄한 것 100kg당 요소 1kg, 인화학 비료 2kg, 석회 3~4kg, 물 150~160L를 혼합 발효하여 사용하였다. Luo & Qian(1999)은 봉지 재배에서 면자각 발효 배지 75%, 설탕 1%, 석회 2%, 수분 65%로 하였고, 500mL 봉지를 사용하여 재배하였다. Zhu(1998)와 Mei(1997)는 면자각 100kg 기준으로 요소 0.5kg, 인화학 비료 2.0kg, 석회 1~2kg, 물 150L로 조성하여 18×35cm 크기의 봉지 40개에 충분히 채워 사용했다.

국내에서는 1998년부터 2002년까지 충청남도농업기술원에서 먹물버섯 인공 재배에 관한 연구를 수행했는데, 양송이 재배 농가가 사용하는 볏짚 발효 배지를 이용해 신령버섯 재배와 동일한 재배 방법으로 먹물버섯 인공 재배에 성공하였으며, 2002년에는 먹물버섯(*C. comatus*) 균주를 신품종 '백계먹물버섯' 으로 등록했다(충남농기원, 2003).

3. 영양 성분 및 건강 기능성

먹물버섯(*C. comatus*)은 색택, 맛, 조직이 좋아 식용 및 약용으로의 가치도 높은 자원으로 알려져 있다. Mendel(1898)은 갓이 피기 전의 어린 먹물버섯 자실체의 일반 성분을 수분 92.2%, 단백질 2.0g, 지질 0.26g, 탄수화물 4.6g, 섬유질 0.56g, 회분 0.98g으로 보고하였고, Ual *et al.*(1999)은 갓이 피기 전의 어린 자실체 성분은 조단백질 25.4%, 지방 3.3%, 탄수화물 58.8%, 식이섬유 7.3%, 회분 12.5%, 에너지 1,430kcal로 보고했다.

Ying(1987)은 먹물버섯(*C. comatus*)의 어린 자실체는 갓에 아스파틸, 아스파라진, 글루타민, 대에 글루타민, 글리세린산, 트레오닌, 베타아미노뷰티르산, 아이소로이신, 라이신 등 8종의 아미노산을 함유하고 있고, 비장과 위에 좋으며 정신을 맑게 하고, 소화 촉진 및 식욕 증진 효과가 있는 것으로 보고하였다. *Coprinus quadrifidus*는 콰드리핀(quadrifin)이란 항생 물질을 생산하는 것으로 보고된 바 있고(Singer, 1986), 두엄먹물버섯(*C. atramentarius*) 자실체에는 코프린(coprine)이란 물질을 지니고 있어 음주 전후에 이 버섯을 섭취하면 두통을 동반한 구토 증세나 메스꺼움을 느끼는 것으로 보고되어 있다(Lindberg *et al.*, 1975).

먹물버섯 추출물이 sarcoma 180과 Ehrlich carcinoma에 대한 종양 저지율이 실험용 쥐에서 각각 100% 그리고 90%로 나타나 암세포 발달을 억제하는 작용이 있는 것으로 밝혀졌고(Ying, 1987), 혈당을 낮출 수 있는 물질도 함유하고 있는 것으로 밝혀졌다(Chen, 2000).

국내에서는 볏짚 발효 배지에서 인공 재배하여 수확한 먹물버섯속 자실체의 일반 성분을 분석한 결과, 생버섯 100g당 일반 성분이 수분 88.5%, 단백질 2.79g, 지질 0.23g, 탄수화물 7.62g, 회분 1.05g으로 나타났다(표 26-1). 미량 성분에서는 *C. comatus*균인 백계먹물버섯(CM 980301)에는 구리, 철, 칼륨, 마그네슘, 나트륨 등이 느타리보다 다량 함유되었고 칼슘, 인 성분은 낮은 경향이었다.

표 26-1 먹물버섯속균의 자실체 일반 성분 (김, 2002)

균주명	가식부 100g당					미네랄(mg/100g)						
	수분 (%)	단백질 (g)	지질 (g)	탄수화물(g)	회분 (g)	칼슘	구리	철	칼륨	마그네슘	나트륨	인
CM 980301 (*C. comatus*)	88.3	2.79	0.23	7.62	1.05	2.42	0.12	2.35	402.36	11.53	16.91	92.30
KACC 500033 (*C. comatus*)	87.53	3.48	0.37	7.46	1.16	3.36	0	3.08	452.00	13.31	14.58	102.17
KACC 500405 (*C. comatus*)	88.04	2.57	0.20	8.16	1.03	2.37	0.04	1.04	364.87	11.46	16.50	86.89
KACC 500038 (*C. micaceus*)	90.90	2.51	0.24	5.56	0.79	2.68	0.12	1.16	287.38	10.55	17.62	83.26
느타리 (*P. ostreatus*)	91.3	2.7	0.2	5.2	0.6	3	-	1.2	270	-	2	107
양송이 (*A. bisporus*)	90.8	3.5	0.1	4.8	0.8	7	-	1.5	535	-	8	102

※ 느타리(*Pleurotus ostreatus*) 성분 분석 자료: 한식, 1996.
양송이(*Agaricus bisporus*) 성분 분석 자료: 농영, 1993.

4. 재배 기술

1) 원균 배양

먹물버섯(*C. comatus*)균은 감자배지(PDA), 버섯완전배지(MCM), 맥아추출배지(MEA), 효모맥아추출배지(YMA)에서 균사 생장도 양호하였고 균사의 밀도도 높아 이들 4종의 배지에 사용하여도 큰 문제가 없다(표 26-2). 특히 먹물버섯균의 균사 배양 배지로 감자배지를 사용하는 것이 균사 생장이나 활력이 양호하므로 균사 배양은 25℃ 항온기에 10일간 배양하여 4℃에 보존하면서 접종원으로 사용하는 것이 좋다.

표 26-2 각 배지에 따른 먹물버섯속균의 균사 생장량 및 밀도 (김, 2002) (단위: mm)

균주명	PDA	MCM	MEA	YMA	HA	Czapek
CM 980301 (*C. comatus*)	37[1] (+++)[2]	34 (+++)	40 (+++)	33 (+++)	30 (++)	27 (+)
KACC 500033 (*C. comatus*)	18 (++)	14 (++)	30 (+++)	21 (+++)	21 (+++)	5 (-)
KACC 500405 (*C. comatus*)	33 (+++)	35 (+++)	37 (+++)	35 (+++)	28 (++)	1 (-)
KACC 500038 (*C. micaceus*)	17 (+++)	21 (+++)	14 (+++)	17 (+++)	10 (++)	10 (++)
KACC 500317 (*C. atramentarius*)	30 (+++)	35 (+++)	39 (+++)	37 (+++)	33 (+++)	1 (-)

※ PDA: 감자배지, MCM: 버섯완전배지, MEA: 맥아추출배지,
YMA: 효모맥아추출배지, HA: 하마다배지, Czapek: 차펙스배지

[1] 배양 온도 25℃, 10일 후 조사

[2] 균사 밀도 - +++: 매우 높음, ++: 높음, +: 보통, - : 낮음

먹물버섯균의 균총 형태를 보면 *C. comatus*인 KACC 500033, KACC 500405, 백계먹물버섯(CM 980301) 균주의 균총은 서로 비슷한 형태로 백색의 균사가 자라면서 솜처럼 보플보플하게 공중 균사를 형성하며 자라고 배지는 연갈색으로 착색된다(그림 26-1).

먹물버섯속균의 배양 온도는 25℃에서 균사 생장이 좋았고 균사가 치밀한 정도도 양호하였다. 배지의 pH는 5.1~5.7일 때 균사체 배양이 비교적 잘되었으며, 특히 pH 5.7에서 가장 양호하였다.

그림 26-1 **감자배지에서 먹물버섯속균의 균총 특성**(배양 온도 25℃, 15일 후 조사)

2) 균상 재배

(1) 볏짚 발효 배지 제조

❶ 재료 배합 및 야외 발효

볏짚 발효 퇴비 배지 조제는 현재 양송이 또는 신령버섯 재배에 사용하고 있는 배지와 같이 한다. 재배 면적 3.3㎡당 마른 볏짚 100kg, 닭똥(건) 20kg, 요소 1.3kg, 석고 6.3kg을 혼합하여 배지의 수분을 70~75%로 조절한 다음 야외 발효, 상압 살균, 후발효(정열)를 하여 재배용 배지로 사용한다.

볏짚 발효 배지의 야외 발효는 배지를 퇴적한 후에 퇴비 온도를 60℃까지 올린 후 뒤집기하며, 약 20일에 걸쳐 수분 함량이 70~75% 정도가 유지되도록 수분을 보충해 주면서 모두 4차례 뒤집기를 한다.

❷ 배지 입상, 상압 살균 및 후발효

야외 발효가 끝난 퇴비를 재배사에 넣은 다음 후발효를 실시하는데, 퇴비를 균상에 넣는 과정을 입상이라고 한다. 입상 시의 퇴비는 야외 퇴적을 거쳐서 처음 재료 무게의 25~30%가 감소한 상태로서 짚의 겉 부분은 분해가 많이 되어 흑갈색을 띠고, 속 부분은 황갈색을 띠며 탄력이 있어서 쉽게 끊어지지 않는다. 수분 함량은 70~75%, pH는 7.5~8.0이고 발열이 왕성하다.

퇴비의 입상량, 즉 퇴비 두께는 단위 면적당 수량 및 농가의 경영상 중요한 문제이다. 퇴비의 입상이 끝나면 재배사의 문과 환기구를 밀폐하고 재배사를 가온한다. 가온과 퇴비의 자체 발열에 의하여 퇴비 온도를 60℃로 높여 10시간 동안 유지해야 하는데, 이 과정을 정열(頂熱)이라고 한다. 정열은 퇴비로부터 오염되는 각종 병해충과 재배사에 남아 있는 병해충을 제거하기 위한 과정으로서, 이때 퇴비 온도만 60℃로 올리는 것이 아니라 실내 온도도 60℃로 올려야 한다. 퇴비 온도는 항상 실내 온도보다 높으므로 실내 온도를 60℃로 올리게 되면 자연히 그 이상이 된다.

정열이 끝나면 퇴비의 온도를 55~58℃ 내외에서 1~2일 발효시키고 그 후에 퇴비의 자체 발열이 감소됨에 따라 퇴비의 온도를 낮추면서 50~55℃에서 2~3일, 48~50℃에서 1~2일간 발효시키고 45℃ 내외일 때 퇴비 상태를 보아 발효를 종료시킨다. 즉, 배지 및 실내 온도를 60℃까지 올려 10시간 유지하는 정열 과정을 거친 후 1일 2~3℃씩 서서히 온도를 내리면서 1일 2회 환기를 한다. 입상 8일 후 40℃까지 배지 온도를 내린 후에 종균은 배지 온도 20℃일 때 접종하는 것이 좋다.

(2) 종균 접종 및 균 배양

❶ 종균 접종

종균은 밀곡립 종균으로 24℃에서 17일 정도 배양된 균사체를 사용하는 것이 적당하며, 균상재배를 위한 접종 방법은 층별 접종으로 종균을 3~4층으로 나누어 심고 종균량의 20% 정도를 배지 표면에 뿌려 주어 볏짚 발효 배지와 밀곡립 종균이 골고루 섞이도록 한다. 종균 접종량은 종균의 종류, 접종 시기, 퇴비 배지의 상태 및 배지량에 따라 달라지는데, 퇴비량 125kg/3.3m^{2}에 3~6파운드의 종균을 기준으로 접종한다.

❷ 종균 접종 후 복토 전 균 배양 관리

종균 접종이 완료되면 깨끗한 신문지로 볏짚 발효 배지 위를 덮어 균상을 보호하고 신문지 위로 물을 뿌려 주어 약간 축축하게 해 배지 내 수분을 유지하며, 실내 온도는 23~25℃로 조절한다. 실내 온도가 25℃ 이상이 되면 재발열이 일어나기 쉬우므로 접종 후 6~7일경부터 복토할 때까지 발열이 잘 일어나는 위험 시기에는 실내 온도를 적온보다 5~10℃ 정도 낮게 유지하여야 한다. 배지 온도가 계속 상승하여 28℃가 넘지 않도록 하면서 약 15일간 배양하면 된다. 배지에 균사가 거의 자라면 복토 2~3일 전부터 실내 온도를 떨어뜨리고 균상 다지기 작업을 해야 한다(표 26-3).

(3) 복토

❶ 복토 제조

복토 재료로 수분이 65% 정도 되는 논흙인 식양토를 사용하고, 흙을 9mm 체로 친 것과 2mm 체로 친 것을 합하여 사용한다. 우리나라 대부분의 흙의 pH는 5~6 범위로 산성 반응을 나타내고 있으므로 복토 조제 시에는 반드시 소석회를 0.4~0.8% 정도 첨가하거나 탄산석회를 0.5~1.0% 첨가하여 pH를 8.0 정도로 교정하여 사용한다.

❷ 복토 작업

복토 시기는 종균을 접종한 후 균사가 퇴비에서 생장하는 속도에 따라 결정한다. 보통 퇴비 배지 내 균사의 밀도가 70~80%까지 활착하였을 때가 최적기인데, 육안으로 보아서는 100% 활착된 것으로 보이며, 이때가 종균을 심은 후 대략 15일 정도가 된다. 복토 방법은 살균이 끝난 복토의 수분을 65% 정도로 조절한 후 흙을 3~5cm 두께로 고르게 덮어 주면 된다(그림 26-2).

① 볏짚 발효　　퇴비 배지 및 복토(식양토)　　② 복토 전 균사 배양

③ 복토 후 균사 배양　　④ 자실체 생육

그림 26-2 먹물버섯의 재배 과정

❸ 복토 후 균 배양 관리

복토가 끝나면 신문지로 피복하고, 재배사 온도를 23~27℃로 조절하면서 복토 표면이 건조하지 않도록 수시로 신문지 위에 관수를 하여 관리하면 복토 직후부터 초발이 전, 즉 균사 부상

기간은 대략 13일 정도 된다(표 26-3).

(4) 버섯 발생

자실체 발생을 위해 복토층 위로 균사가 약 90% 이상 생장했을 때 균사가 보이지 않을 정도로 식양토를 덮어 주는 후토 작업을 하고 온도는 20~25℃, 빛은 80~120lx 정도로 관리한다. 관수는 후토 작업을 한 지 3일 후부터 실시하여 복토층 수분을 65% 정도로 유지하여 마르지 않도록 하고, 환기를 충분히 해 주면서 약 10~11일 정도 관리하면 버섯이 발생한다(표 26-3).

표 26-3 먹물버섯의 인공 재배 기간 (김, 2002)

구분	균 배양		초발이 소요	자실체 생육	수확 적기	갓 열개~갓 변색 (액화 전)
	복토 전	복토 후				
기간	15일	13일	10~11일	7~8일	8~12시간	14~20시간

※ 균주명: 백계먹물버섯(CM 980301)
배지: 볏짚 발효 배지, 복토: 식양토, 균 배양 온도: 24~28℃, 버섯 발생 및 생육 온도: 20~24℃

(5) 생육 관리

버섯 발생 후 생육 관리는 복토층에 관수하여 배지 수분을 유지하고 실내 습도를 85% 정도, 온도, 빛, 환기 조건은 자실체 발생 유도기와 같이 온도 20~25℃, 빛 80~120lx 정도로 하고 복토층이 마르지 않도록 하면서 충분히 환기한다.

그림 26-3 먹물버섯 재배 전경

(6) 수확

먹물버섯을 볏짚 발효 배지에서 인공 재배하였을 경우, 적기 수확을 하지 못하면 먹물 현상으로 인해 식용하기 어렵고 상품성을 상실하기 때문에 적기 수확하는 것이 가장 중요하다. 버섯이 자라는 형태로 볼 때 자실체의 대가 굵게 자라다가 버섯 발생 후 7~8일경에 턱받이가 있는 부분이 약간 잘록하게 들어가면 수확 적기로 판단되며, 이때부터 20시간 이내에 수확을 해야 한다(그림 26-4). 먹물버섯은 자실체가 어릴 때와 수확 적기의 자실체 경도는 갓은 102~169g/㎠, 대는 126~182g/㎠로 단단했으며, 수확 적기가 지난 갓이 대에서 분리되는 단계에서는 경도가 매우 낮고 쉽게 부서지는 경향이었다(표 26-4).

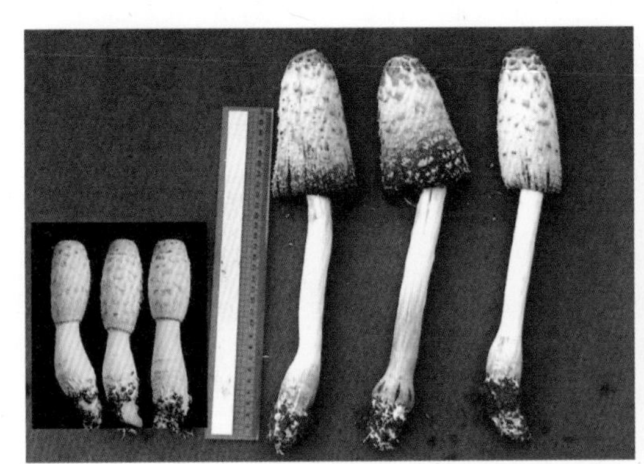
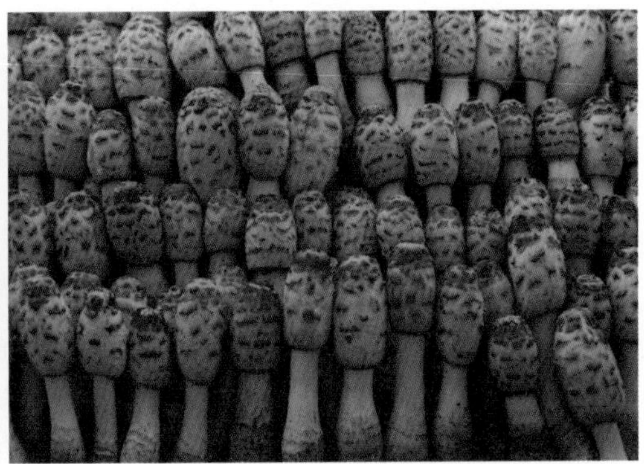

그림 26-4 먹물버섯의 적기 수확 단계

표 26-4 먹물버섯의 자실체 경도 (김, 2002)

생육 단계		어린 자실체	수확 적기 자실체	갓 피기 전 자실체
경도(g/㎠)	갓	169±23	102±35	20±4
	대	182±12	126±17	75±11
갓 크기(너비) (㎝)		2.7±0.3	4.4±0.7	5.5±0.4
대 지름(㎝)		1.8±0.2	2.4±0.3	1.3±0.2

※ 균주명: 백계먹물버섯(CM 980301), 자실체 생육 온도: 20~24℃

수확기 자실체 크기 및 수량성 조사는 버섯의 갓이 피기 전 식용 적기에 수확하여 조사한 결과 KACC 500405(*C. comatus*) 버섯의 자실체 크기는 대 길이 8.0cm, 대 지름 2.4cm, 갓 높이 4.2cm, 갓 너비 3.2cm 정도였으며, 개체중은 18.9g, 발생 개체수는 2,095개/3.3㎡, 수량은 39.6kg/3.3㎡으로 가장 많았으나 자실체의 먹물 현상이 빨라 식용 버섯으로 유통하기 어렵다(표 26-5). 백계먹물버섯(CM 980301) 품종의 자실체는 대 길이 10.4cm, 대 지름 2.4cm, 갓 높이 4.2cm, 갓 너비 2.6cm 정도였으며, 개체중 17.9g으로 색택과 모양이 좋고 수량성도 38.8kg/3.3㎡으로 양호하다(표 26-6).

표 26-5 먹물버섯속균의 자실체 생육 특성 (김, 2002)

균주명	대 길이 (㎝)	대 지름 (㎝)	갓 크기(㎝)		개체중 (g/개)	개체수 (개/3.3㎡)	수량 (kg/3.3㎡)
			높이	너비			
CM 980301 (*C. comatus*)	10.4	2.4	4.2	2.6	17.9	2,106	38.8
KACC 500033 (*C. comatus*)	12.8	2.4	5.8	2.2	11.6	1,017	11.8
KACC 500405 (*C. comatus*)	8.0	2.4	4.2	3.2	18.9	2,095	39.6
KACC 500038 (*C. micaceus*)	7.4	1.8	3.8	2.7	12.4	677	8.4
KACC 500144 (*C. micaceus*)	11.2	1.9	4.5	2.4	14.2	2,119	30.1

※ 볏짚 발효 배지 조성: 마른 볏짚 100kg, 닭똥(건) 20kg, 요소 1.3kg, 석고 6.3kg
균 배양 기간: 38일(24~28℃), 초발이 소요일: 11일(20~24℃), 자실체 생육 기간(5주기): 53일(20~24℃)

표 26-6 먹물버섯의 인공 재배 수량성 (김, 2002)

지역	수량 (kg/3.3㎡)					
	계	1주기	2주기	3주기	4주기	5주기
대전 I	39	13	8	9	7	2
대전 II	44	20	11	8	2	2
당진	32	11	9	7	5	-
부여 I	40	17	11	9	3	-
부여 II	41	18	7	6	7	3
평균	38.75	12.40	8.20	7.20	4.20	1.80

※ 균주명: 백계먹물버섯(CM 980301) 볏짚 발효 배지 조성: 마른 볏짚 100kg, 닭똥(건) 20kg, 요소 1.3kg, 석고 6.3kg
균 배양 기간: 38일(24~28℃), 초발이 소요일: 11일(20~24℃), 자실체 생육 기간(5주기): 53일(20~24℃)

5. 수확 후 관리 및 이용

먹물버섯을 볏짚 발효 배지에서 인공 재배하여 적기 수확을 했을 때 상품성을 유지할 수 있는 저장 기간은 일반적으로 사용하고 있는 포장 방법인 종이 상자(골판지)와 랩 포장을 했을 때 4℃ 저온 저장에서는 4~5일, 17℃에서는 2~3일 정도였다(표 26-7).

표 26-7 먹물버섯의 저장성 (김, 2002)

포장 종류	저장 온도별 저장 기간			
	4℃	17℃	25℃	30℃
골판지 포장	4일	2일	1일	0.6일
랩 포장	5일	3일	1.5일	0.8일

※ 균주명: 백계먹물버섯(CM 980301), 자실체 생육 온도: 20~24℃

그러나 25℃ 이상에서는 적기 수확한 후에도 버섯이 계속 생장하여 대가 더 길어지고 가늘어질 뿐만 아니라 자실체의 갓이 대에서 분리되면서 턱받이가 떨어지고 갓이 피기 시작하며 갓 끝에서부터 검게 변하여 먹물이 되면서 식용 가치를 상실하게 된다.

농가에서 먹물버섯을 재배할 경우 식용 가치와 상품성을 유지하기 위해서는 갓과 대를 분리하여 보관 저장하는 것도 좋은 방법이다. 그러나 먹물버섯은 생버섯으로 포장하여 저장할 경우 저장성이 약하기 때문에 통조림으로 가공하여 유통하는 것이 바람직하다.

〈김용균〉

참고 문헌

- 김용균. 2002. 먹물버섯속균의 형태학적 특징과 *C. comatus*의 인공 재배에 관한 연구. 충남대학교. pp. 11-34.
- 박동석. 1999. 먹물버섯의 형태적 특징과 계통학적 유연관계 분석. 강원대학교. pp. 1-3, 99-104.
- 박완희, 이호득. 1994. 원색도감 한국의 버섯. 교학사. pp. 210-219.
- 충청남도농업기술원. 2003. 2002년도 시험연구보고서. 충청남도농업기술원. pp. 305-317.
- Chen M.-M. 2000. Cultivation techniques for *Dictyophora, Polyporus umbellata, Coprinus comatus*. Science and cultivation of edible fungi. (Mushroom Science XV) 2: 543-548. Balkema press, Netherlands.
- Lindberg P., Bergman R. and Wickberg G. 1975. Isolate and structure of coprine, anoble physiologically active cyclopropane dirivative from *Coprinus atramentarius* and its synthesis via-aminocyclopropanol, Chem, Commun Vol. 94: 946-947.
- Lin Xuan, Zhou Xuan Wei & Tao Yu Feng. 1998. The preliminary report on selection of stock culture medium of *Coprinus comatus. Edible fungi of China* 2: 22-24.
- Luo Tai Xun & Qian Zuo Mei. 1999. The key techniques of the CC 100 *Coprinus comatus* cultivation. Edible fungi (4): 14-15.
- Mei Li Ping, Wu Min Fang & Wu Chao Ming. 1997. The outdoor cultivation techniques of *Dictyophora. Edible fungi* 5: 27-28.
- Singer R. 1986. The agaricales in modern taxanomy. 4th ed.: 981, Koeltz scientific books, Koenigstein, Germany.
- Stamets Paul. 1993. *Growing gourmet and medicinal mushrooms*. pp. 210, 224-228. Ten speed Press. Olympia.
- Ual Shue Chang, Jhang Qhue Quan. 1999. The cultivation Techniques for *Coprinus comatus. Caoshenggu zaipei jishu*. pp. 29-39. Jhinchun Press. Beijing. in Chinese.
- Ying Jian Zhe. 1987. *Icons of medicinal fungi from China*. Beijing. Science Press. pp. 313, 572-575. in Chinese.
- Zhu Jian Biao. 1998. The cultivation Techniques of *Coprinus comatus* on Shanghai Nan-hui County. *Edible fungi* (3): 32. in Chinese.

제 27 장

영 지 (불로초)

1. 명칭 및 분류학적 위치

영지 또는 불로초(*Ganoderma lucidum* (W. Curt.: Fr.) Lloyd)는 주름버섯강 구멍장이버섯목(Polyporales) 불로초과(Ganodermataceae) 불로초속(*Ganoderma*)에 속하는 버섯이다. 불로초속은 열대, 아열대에서 온대 지방까지 전 세계적으로 광범위하게 분포하고 있으며, 미국에서는 9종(Gilbertson and Ryvarden, 1986), 일본에서는 5종(今關 등, 1988), 타이완에서는 13종(Chang & Chen, 1986), 중국에서는 64종(Zhao, 1989), 국내에서는 4종이 보고되어 있다. 영지(중국: lingzh, 일본: reishi, 베트남: linh)는 1년생 버섯으로 불로초(不老草), 선초(仙草), 길상버섯(吉祥茸), 영지초(靈芝草), 만년버섯 등으로 불리고 있으며, 갓과 대 표면의 색에 따라 적지(赤芝), 자지(紫芝), 흑지(黑芝), 청지(青芝), 백지(白芝), 황지(黃芝)로 분류하기도 한다.

불로초속(*Ganoderma*)은 1881년 Karsten이 *Polyporus lucidus*를 보고한 이래, 이를 기준종으로 하여 많은 연구자들에 의해서 그에 관한 분류 연구가 활발히 수행되어 왔다. 그 후 Patouillard(1889)에 의해 몇몇 분류군(taxa)을 포자가 이중벽을 가지는 독특한 특징을 근거로 *Ganoderma*속으로 분류하였다. 이에 의해 불로초속의 개념이 확립되었고, 그는 2개의 section, 즉 담자포자가 난형이고 자실체는 광택이 있는 Sect. Ganoderma와 담자포자가 구형(spherical)에서 약간 구형(subspherical)이며 갓의 표면에 광택이 없거나 약간 있는 Sect. Amauroderma에 모두 48종을 기술하였다.

한편, Murill(1908)은 불로초속균은 자실체 표면에 붉은색 광택을 가지고 있는 것을 이 속의 가장 중요한 특징으로 기술하였고, Patouillard의 Sect. Amauroderma를 *Amauroderma*속으로 재정립하였는데, *Amauroderma*속의 특징을 수목에 기생하며 대가 있고, 광택이 없으며 담자포자가 난형에서 구형을 나타내는 갈색의 자실체로 기술하였다.

Ames(1913)는 Patouillard의 방법을 따랐지만 불로초속에 대해 내린 정의는 비교적 넓었다. 자실체 표면에는 두꺼운 표피층이 있고 구성 세포는 책상형이며, 광택 여부는 중요하지 않으나 포자는 반드시 평활하여야 하며, 갈색이고 어두운 선이 있으며 구멍이 있는 세포벽이 있는 것이라고 기술했다.

이와 같은 기준을 근거로 한 분류가 정립된 후에 Haddow(1931)는 자실체 표피 세포 및 담자포자를 관찰하여 불로초속에서 가장 뚜렷한 특징은 표피층이 책상형으로 배열된 특수화된 균사 세포로 구성되어 있으며, 그 위에 한 층의 수지 물질과 같은 표피가 덮여 있고 담자포자는 이중벽이며 포자 외관은 평활하나, 포자 내벽은 매우 많은 미세한 가시가 있는 것이라고 보고하였다.

Donk(1933)는 *Ganoderma*속을 불로초아과(Ganodermoideae)로 정하고 2개 속, 즉 Ganoderma속과 *Amauroderma*속을 두었다. 동양권에서는 Imazeki(1939)가 Haddow(1931)와 Donk(1933)의 분류 체계에 근거하여 일본과 타이완의 *Ganoderma*속을 *Ganoderma*, *Elfvingia*, *Trachyderma*의 3개 속으로 분류했으며, 1955년 Ito는 피곡의 구조, 조직의 구조, 담자포자의 모양에 근거하여 다공균과(Polyporaceae) 중에 Sect. Ganoderma를 만들어 *Ganoderma*, *Elfvingia*, *Trachyderma*와 *Amauroderma*를 포함시켰다. 1948년 Donk는 다시 영지아과를 영지과(Ganodermataceae)로 승격시킨 다음, 이를 2개의 속 *Amauroderma*속과 *Ganoderma*속으로 나누었고, *Elfvingia*는 *Ganoderma*속으로 분류하였다. 그 후 Furtado(1965)는 *Amauroderma*속과 *Ganoderma*속을 포함한 약 1,000개 표본의 자실체 미세 구조를 조사한 후, Donk(1933)의 영지과(Ganodermoideae)를 인정하였다.

한편 Murrill(1902)은 기주, 지리 분포 및 자실체의 특성, 예를 들어 조직의 색깔 및 대의 유무를 주요한 분류 근거로 한 반면에, Haddow(1931)와 Steyaert(1972, 1980)는 담자포자의 모양, 즉 내벽의 두께, 굵기 및 갓 표피 조성 세포의 형태, 크기 및 광택 물질층의 두께를 분류의 근거로 하였다. Steyaert(1980)는 특별히 조직의 색깔을 강조하였으며, Overholts(1953)는 북아메리카의 영지를 지리 분포, 기주, 자실체 외관 및 담자포자 특성에 근거하여 불로초속이 아닌 *Polyporus*속으로 분류하였다. 또, 그는 *Polyporus lucidus*와 *Polyporus tsugae*를 모두 독립종으로 인정하였고 *G. sessile, G. polychromum, G. zonatum* 및 *G. sulcatum*은 *P. lucidus*의 동종이명 혹은 변종으로 보고하였다.

이상과 같이 많은 분류학자들에 의해 자실체의 형태적 특징, 지리적 분포, 기주의 종류를 기준으로 영지가 분류되었으나, 제한된 표본의 한계와 분류 기준의 모호함을 극복하지 못하여 분류에 많은 혼란을 초래하자 일부 분류학자들에 의해 배양적 특성이 분류의 기준으로 도입되게 되었다. Nobles(1965)는 *G. lucidum*과 *G. tsugae* 및 *G. oregronense*의 배양적 성질이 같지 않다는 것을 발견한 후 *G. applanatum, G. lobatum, G. lucidum, G. oregonense, G. tsugae* 및 *G. sessile* 등의 배양적 특성을 조사하였으며, 일부 *G. lucidum* 균주는 *G. sessile*이라고 보고하였다. 균의 지리적 기원을 달리한 연구에서 Stalpers(1978)는 유럽의 *G. valesiacum*의 배양 특성과 *G. tsugae*의 배양 특성을 같은 것으로 취급하여 동종이명으로 보고하였다.

반면에 남아메리카 아르헨티나 영지의 자실체는 Bazzalo와 Wright(1982)에 의해 육안과 미세 구조의 특성 및 배양상의 특성이 밝혀졌는데, 그들은 자실체 표면의 형상, 조직의 색, 조직 내의 복균포자(gasterospore)의 형성 여부 및 포자 표면 구조 그리고 담자포자 크기, 형상, 표면 구조를 분류의 기준으로 하였다. 그 후 Corner(1983)는 Steyaert(1980)의 기준에 따라 불로초속을 분류할 때는 반드시 자실체 발육 과정 연구를 기초로 할 것을 강조했다. 장(1983)은 담자포자 형태와 순수 배양 균사의 후막포자의 형태로 영지(*G. lucidum*)와 열대영지(*G. tropicum*)를 구분하는 주요 기준으로 삼았고, 균주 간 교배 친화성을 근거로 *G. multiplea*와 *G. lucidum*은 동종이명이라고 하였다. 한편, 배양적 성질, 담자포자 형태, 교잡 친화성, 최적 온도 등도 조사되어 *G. lucidum*과 *G. tsugae*은 2개의 독립된 종이라고 판별되었고, *G. resinaceum*은 *G. lucidum*의 동종이명이라고 보고된 바 있다(Adaskaveg and Gilbertson, 1986, 1987, 1990). 이와 같이 *Ganoderma*속 균의 분류학적 연구는 극히 제한된 지역에서 수집된 적은 수의 표본의 형태적 특징, 배양적 특징 등을 기준으로 분류하였기 때문에 많은 종에서 분류에 오류가 있었을 가능성이 있고, 실제로 Ganodermataceae에 386종이 보고되어 있어 동종이명이 많을 것으로 추정되고 있다.

국내에서의 영지에 관한 연구는 약효 성분에 관한 연구가 대부분이고, 분류를 위한 연구는 임(1984)에 의해 한국산 영지의 분포에 관한 연구를 시작으로 Shin과 Seo에 의해 형태학적 연구(1986), 배양적 특성 연구(1988), 분류학적 연구(1988) 등이 이루어졌다. Seo(1995)는 불로초속 균의 배양적 특성을 연구하여 국내에 분포하는 *G. lucidum*과 외국산 *G. oerstedii*는 인공 배지에 빛을 조사하면서 배양하면 자실체 원기를 형성한다든지, 자실체를 형성하지 않고 균사체에서 직접 담자포자를 형성하는 등의 특징을 보고하고, 이러한 특성은 유전 형질의 지배를 받는 것으로 보고하였다.

국내에서도 Kim(1998)에 의해 genomic DNA의 RAPD 분석과 배양적 특성 및 자실체의 형태적 특성 등을 근거로 들어 국내에서 *G. lucidum*이라고 분류된 대부분의 균주가 *G. tsugae* 라고 보고한 적이 있다. 홍과 정(1994)도 세계 각국에서 도입한 불로초속균과 국내 영지의 RFLP법을 이용한 분류를 시도하여 많은 종에서 분류에 오류가 있다고 주장하였고, 이들을 4 그룹으로 분류하였다. 한편, 지금까지의 형태학적 분류는 자생하는 자실체 표본만을 대상으로 한 경우가 많아서 발생지의 기후 조건에 따라 변이가 생기기 때문에 분류에 오류가 발생할 소지가 많다.

따라서 김(2000)은 대부분의 불로초속균에 대해 톱밥 배지를 이용하면 쉽게 자실체를 얻을 수 있는 특성을 이용하여 동일한 환경 조건에서 전 세계에 분포되어 있는 영지를 비롯한 여러 종의 불로초속균의 형태학적 특징을 재검토한 결과, 타이완 및 북아메리카의 영지 균주는 시험관 내에서 배양 시 후막포자를 형성하였고 균사 생장률이 14~18mm/일 이상이었으나, 한국 및 일본의 영지 균주는 후막포자를 형성하지 않았고 균사 생장률도 8~12mm/일로 낮았으며, 병재배 시 타이완 및 북아메리카의 영지 균주는 생육 일수가 30~32일로 한국 및 일본의 영지 균주에 비해 11~17일 빠른 반면 생물전환율은 3.3%~5.1%로 한국 및 일본의 6.2~8.3%에 비해 현저히 낮아 큰 차이가 있었다고 보고하였다. 또, 한국 및 일본 균주의 갓은 붉은색을 띠는 갈색이고 신장형~부채꼴이었으며 대의 길이(15~40cm)가 길고 발생 개체수(4~6개/병)도 많았던 반면, 타이완 및 북아메리카 균주는 근원형~신장형의 갓 모양을 보였고, 대의 길이는 매우 짧고 발생 개체수(2~3개/병)도 적었으며, 특히 갓의 경도는 한국 및 일본의 균주에 비해 현저히 약하였다(Kim *et al.*, 2001).

영지 관공층의 색은 한국 및 일본의 균주가 타이완 및 미국 균주에 비해 밝은 갈색이었으며, 관공 모양은 한국 및 일본 균주가 원형~근원형이었지만 타이완 및 북아메리카 균주는 타원형~다각형이었으며, 관공 수는 한국 및 일본의 균주(6~7개/㎜)가 타이완 및 북아메리카 균주(4~6개/㎜)에 비해 많았음을 알 수 있었다(Kim *et al.*, 2001).

Di-mon 교잡법으로 국내에서 분리한 영지의 단핵 균주는 국내외에서 수집한 5종의 *Ganoderma*속균 균주와 *Ganoderma*속의 종 간 화합성이 없었으며, 지리적 기원이 다른 타이완 및 북아메리카의 *G. lucidum*과도 화합성이 없었던 반면에 국내에서 분리한 영지균 간에는 화합성을 보여 국내의 영지와 미국, 타이완 등의 *G. lucidum*은 분류학적으로 재검토해야 할 것으로 보고하였다(Kim *et al.*, 2002).

버섯 자실체는 배지의 종류, 온도, 습도, 빛의 파장, 빛 조사량, 이산화탄소 농도, 바람 등 여러 환경 요인에 따라 자실체 형태가 변한다. 영지속의 여러 가지 종과 품종 영지 1호, 영지 2호의 원목 재배 시 자실체 형태는 그림 27-1과 같다.

ASI 7004 (영지 1호)
G. lucidum

ASI 7071 (영지 2호)
G. lucidum

ASI 7151 (흑지)
Ganoderma. sp.

ASI 7061
G. lobatis

ASI 7111
G. tsugae

ASI 7113
G. tropicum

ASI 7139
G. anullare

ASI 7140
G. meredithae

ASI 7070
G. oregonense

ASI 7176
G. weberianum

ASI 7143
G. resinaceum

ASI 7183
G. pfeifferi

ASI 7137
G. lucidum

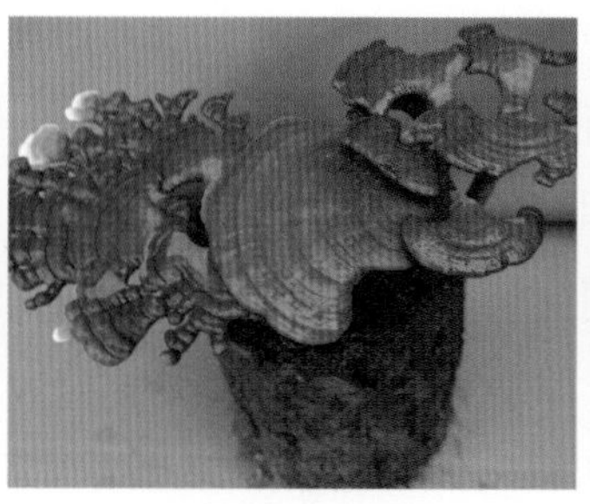

ASI 7013
G. lucidum

ASI 7105
Ganoderma sp.

그림 27-1 **단목 재배 시 영지류의 종별 자실체 형태**

2. 재배 내력

영지라는 이름을 처음 사용한 것은 중국으로, 317년 한나라가 멸망하고 약 100년 후인 진나라 시대라고 한다. 갈공이라는 학자가 선인이 되고 싶어서 많은 서적을 읽고 연구하여 그것을 한 권의 책으로 편집한 것이 『포박자』인데 여기에 처음 수록되었고, 유교의 교전을 주석한 『이아』에도 찾아볼 수 있다.

오늘날 사용되고 있는 한방 처방의 생약류가 거의 전부 망라되어 있는 중국의 『신농본초경』에서는 상품으로 나오며 6종류로 분류되어 있다. 이후 도홍경이 전 중국의 유명한 의 · 약학자에 의뢰하여 저술한 『명의별감』에는 730종류로 분류되었고 종류에 따라 그 산지도 수록하였다. 1115년에 출간된 『성제총록』에도 기록되었으며, 명나라 시대 이시진의 『본초강목』에서는 “영지는 복식되는 것으로 먹는 균의 속이므로 이제까지의 본초서에 보이는 약품의 초부에서 채부로 이입하였다.”라고 기록하였다. 당시의 자생 영지는 발견자가 그 자리에서 먹어버리고 다른 사람에게 나누어 주는 일이 거의 없었다고 생각되므로 『본초강목』에서는 오늘날의 건강식품처럼 취급되었을 것으로 본다. 『명의별감』에서도 “대저 지초를 얻으면 그대로 먹는 것이지 다른 일정한 방법이나 분량은 없는 것이다.”라고 하였다. 1476년 윈난 성의 주민 난무가 집필한 민간 전승 약물서인 『진남본초』에 영지초는 오색으로 분류된다고 하였으며, 1553년 이중립의 『본초원시』에서는 오늘날의 영지와 동일한 것으로 명확하게 나오고 산중에 들어가서 채집해 복용한 사람만이 영약이었음을 알 수 있었다고 하였다.

명대와 청대에는 한방 처방 중에 전혀 언급되어 있지 않았으며 근년에 와서 그 열기가 대단한데, 그 이유 중 하나는 1959년 윈난성중의원연구실, 중국과학원식물연구소, 윈난 대학의 사람들에 의해 『진남본초』 제1권이 복원 출판되었으며, 1975년에는 『진남본초』를 정리한 사람들에 의해 완성된 제3권에 영지초가 소개되었기 때문이다.

영지의 인공 재배는 자연산 버섯의 수요 증가로 공급이 고갈되자 1970년경부터 중국과학원 북경연구소를 비롯하여 광동미생물연구소, 무한의학원, 사천항균소공업연구소 등의 연구진에 의하여 연구가 시작되었으며, 1975년경에는 대량 생산되어 각종 제제가 제조되었다. 한국과 일본에서도 영지는 자생하며, 이 버섯을 숭상하게 된 것은 도교의 전래와 함께였다고 추정된다.

일본에서는 『일본서기』, 『속일본기』, 『속일본후기』 등에 487년 현종 천황에게 이 버섯을 헌납한 것이 나오며, 1976년부터 인공 재배하여 연간 300여 톤을 생산하고 있다. 한국은 1981년부터 재배되기 시작하여 톱밥 및 원목을 이용한 농가 재배가 이루어지고 있으며, 이후 1985년에 영지 품종이 육성 보급되면서 대량 생산이 이루어졌다.

3. 영양 성분 및 건강 기능성

영지는 오래전부터 한국, 중국, 일본 등 동북아시아에서 약용 버섯으로 취급하여 왔고, 국내의 영지에 대한 기록은 조선 왕조 시대의 각종 자료에 나타나고 있으며(이, 1976; 정, 1974), 이 등(1972)과 정(1974)이 학계에 보고한 이래 약효 성분을 중심으로 많은 연구가 수행되었다(Kim *et al.*, 1980). 특히 항암, 고혈압, 당뇨, 건위, 이뇨, 해열, 간염, 뇌졸중 및 심장병 등 성인병에 유효한 것으로 알려져 왔다. 1980년대 이후 그 약효와 약효 성분이 밝혀지고(Chen and Jiang, 1980; Furusawa *et al.*, 1992; Jong and Birmingham, 1992), 최근에는 자실체의 생약 성분이 면역 세포의 활성을 강화시켜 항체 형성을 돕고 암의 예방과 치료에 효과가 있는 것으로 밝혀져(현 등, 1990) 이에 대한 연구가 활발하게 진행되고 있으며 주요 농가 소득원으로 재배되고 있다.

영지는 120여 종의 다양한 2차 대사 산물을 가지고 있어서 다양한 약효를 나타내며, 면역을 촉진하기도 하고 면역을 억제하기도 한다. 영지의 저분자 성분인 트리터페노이드(triterpenoid) 계열의 화합물은 항산화 작용이 강하여 예쁜꼬마선충과 효모에서 20%~30%의 수명 연장 효과를 나타냄에 따라 노화 억제제로 사용 가능하다. 영지는 치매 예방, 파킨슨 질환 예방, 심장 세포의 노화 억제 등에도 사용될 뿐만 아니라 피부를 햇볕의 자외선으로부터 보호하는 작용을 한다.

또한, 영지의 저분자 성분인 트리터페노이드는 지방 세포로 진행되는 것을 억제하는 작용이 있으므로 장기간 복용 시 비만 예방, 콜레스테롤 억제, 동맥경화 예방 등에도 적용할 수 있다. 특히 전립선암과 전립선 비대증에 대한 효과도 우수한 것으로 보고되고 있으며, 주요 약효 및 성분은 다음과 같다(김, 2010).

1) 2차 대사 산물 다량 함유

영지는 고분자 성분과 저분자 성분으로 나뉘며, 고분자 성분은 주로 면역 촉진성 단백질과 항암성 다당체이다. 한편, 저분자 성분은 유기 용매로 추출되는 트리터페노이드류이며, 영지에만 존재하는 성분이 120종이 된다.

2) 면역 촉진과 혈당 저하 작용

영지에 함유된 Ling Zhi-8 단백질의 작용은 분열 인자(mitogen) 활성, T세포 활성화 작용, 항체 생산 촉진 작용 등이 알려져 있으며, 영지 다당체는 면역을 촉진하여 항암 작용을 나타낸다. 또한, 영지류 다당체는 인슐린 분비를 촉진하여 혈당 저하 작용을 한다.

3) 항산화 작용

체내에서 활성산소(ROS) 생성량과 황산화 기능의 균형이 유지되면 노화가 느리게 진행되지만 나이가 들면 황산화 기능이 저하되어 체내의 활성산소를 완전히 제거하지 못하는 악순환이 반복된다. 영지의 저분자 물질은 체내의 활성산소 양을 감소시키고, 항산화 효소 능력을 증가시켜 주는 것으로 보고되었다.

4) 수명 연장

영지 다당체가 동물의 수명을 연장시키는 작용 기작이 밝혀졌는데, 예쁜꼬마선충(*C. elegans*)에 영지 다당체를 100ug/mL로 처리한 결과 18일간 살던 예쁜꼬마선충이 24일까지 생존하여 33%의 수명 연장 효능이 밝혀졌으며, 그 작용 기작은 항산화 효소인 daf-16 유전자의 발현을 증가시켜 장수를 유도하는 것으로 밝혀졌다.

5) 치매 예방

영지 다당체는 뇌세포의 수명을 연장시켜 치매 예방에도 도움이 될 수 있음이 밝혀졌다. 치매는 뇌에 베타아밀로이드(β-amyloid)라는 단백질이 침착되어 뇌세포가 죽어 가는 것이다. 뇌세포가 죽으면 기억력이 흐려지고 사물을 제대로 판단하지 못한다. 실험실에서 배양하는 뇌세포에 영지 다당체를 첨가하자 죽어 가는 뇌세포의 개수가 감소하는 것이 밝혀졌다.

6) 지방 세포 수 감소

영지가 콜레스테롤을 저하시키고 지방 합성을 억제시킨다는 것이 밝혀졌다. 체내 세포는 근육 세포로 분화할 것인지 지방 세포로 분화할 것인지 정해야 하는데, 한번 지방 세포로 진행되면 근육 세포로 돌아오지 못한다. 따라서 세포가 분화할 때 지방 세포로 분화하는 것을 막는 성분이 있으면 좋을 것이다. 3T3-L1이라는 지방 전구 세포에 지방 분화를 시키는 약물을 처리하고 영지에서 분리한 성분을 세포에 처리하면 지방으로 분화되는 과정을 차단할 수 있다.

7) 전립선 비대 억제

남성의 고환에서 분비되는 테스토스테론은 전립선 비대와 전립선암을 잘 일으킨다. 실험 동물에서도 고환을 제거하면 전립선이 매우 작아지며 테스토스테론을 투여하면 전립선이 다시 커진다. 테스토스테론 구조와 유사한 영지의 triterpenoid 구조는 상호 경쟁적으로 작용하여 테스토스테론의 활성을 억제하여 전립선 비대를 억제하고 전립선암을 예방한다는 것이 밝혀졌다. 영지에서 분리된 ganoderic acid DM과 ganoderol B는 남성 호르몬 수용체인 안드로젠 수용체(AR)와 경쟁적으로 결합하여 테스토스테론의 작용을 방해하는 것이 밝혀졌다.

표 27-1 영지의 주요 약효 및 성분 (Mizuno, 1984)

주요 약효	주요 성분
항종양 작용	β-Glucan, heteroglycan, RNA 복합체
면역 증강 작용	Polysaccharide, β-Glucan, heteroglycan
항균, 항세균, 항기생물 작용	Coriolin, glifolin, illudin
항바이러스	β-Glucan, 단백질
혈당 강하 작용	Ganoderan, peptidoglycan
혈압 강하 작용	당단백질, 펩타이드, ganoderic acid K
항혈전 작용	Lentinan, 5'-AMP, 5'-GMP
간 기능 개선 작용	β-Glucan, heteroglycan

4. 재배 기술

1) 원목 재배

원목 재배는 원목의 길이를 길게 하여 표고와 같은 방법으로 재배하는 장목 재배법과 나무 길이를 짧게 절단하여 재배하는 단목 재배법이 있다. 장목 재배법은 구멍을 뚫고 접종하기 때문에 인력이 많이 소요될 뿐만 아니라 정상적으로 균사 생장이 되어도 접종 당년에는 버섯이 발생되지 않고, 그 다음 해에나 버섯이 발생되며 버섯 수량도 단목 재배보다 적은 결점이 있다. 그림 27-2에서와 같이 단목 재배법은 원목의 균사 배양 기간이 4~5개월로 짧아 접종 당년에 버섯이 발생되므로 자본 회전이 빠르고 자실체 수량이 많아 우리나라에서 많이 이용하고 있다(차 등, 1989).

(1) 원목 선택

영지는 목재에 기생하는 사물 기생균으로 나무 세포가 고사된 상태에 있는 원목을 분해하여 영양분으로 이용하기 때문에 균사 생장이나 버섯 생육에 알맞은 수종을 선택하여야 한다.

❶ 상수리나무

영지 재배에 가장 알맞은 상수리나무는 버섯 생산량이 많을 뿐만 아니라 품질도 양호하여 재배에 적합한 수종이다. 영지 재배용 원목은 수령이 20~30년생 정도로 큰 것이 좋지만 나무가 터지기 쉽고 껍질이 벗겨지기 쉬워 직사광선에 노출되지 않도록 주의하여야 한다.

❷ 졸참나무

졸참나무는 영지 재배용 원목으로서 가장 취급하기 쉬운 나무이다. 졸참나무는 나무의 수명이 길고 버섯 발생량이 많을 뿐만 아니라, 버섯 발생이 빠르고 버섯의 품질이 좋으며 태양열을 받아도 터지지 않는 이점이 있다.

❸ 기타

그 밖에 영지 재배가 가능한 수종으로는 매화나무, 벚나무, 복숭아나무, 살구나무 등이 있다. 그러나 이 나무들은 재질이 연약하여 균사 생장이 빨라 첫 버섯 발생이 빠르나 참나무류에 비하여 버섯의 조직이 약하며 무게가 가볍고 원목이 빨리 분해되어 2차년도에는 수량이 극히 낮은 결점이 있다. 굴참나무는 나무껍질이 두껍고 외피에 코르크층이 많기 때문에 수분의 흡수가 곤란하여 버섯 형성이 잘되지 않고, 자실체 수량도 다른 수종보다 적어 영지 재배용 원목으로는 부적합하다.

장목 재배

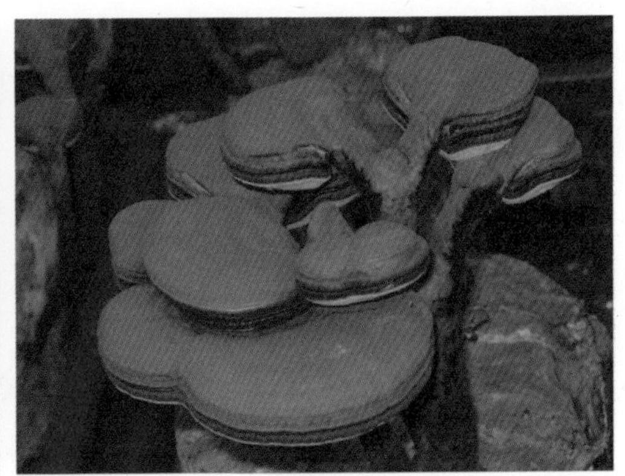

단목 재배

그림 27-2 **영지의 원목 재배**

(2) 원목 준비

원목의 벌채 시기는 수액의 이동이 정지된 시기에 하여야 한다. 따라서 단풍이 30~40% 정도 든 10월부터 1월 사이에 원목을 벌채한다. 벌채한 원목은 120~150cm 길이로 절단하여 우물 정자(井) 모양으로 약 50여 일 동안 쌓아 두면서 원목의 수분 함량이 42~45% 되게 건조시켜 원목의 수분 함량을 감소시킴과 동시에 세포의 조직을 고사시켜 영지 균사 생장에 알맞은 조건이 되도록 한다. 이때 직사광선이 직접 닿지 않도록 주의해야 한다.

(3) 종균 준비

❶ 버섯 종류

영지는 그 형태나 색깔에 따라 여러 가지 종류가 있으나, 인공 재배종들은 적지(赤芝)로서 말굽형 버섯이 대부분이다. 현재 농가에 보급되고 있는 품종은 영지 1호와 영지 2호가 있으며, 영지 1호는 섬유소 분해력이 강하여 균사 활착력이 강하고, 영지 2호는 영지 1호보다 버섯 생장 온도가 3℃ 높아 고온기 재배에 적합하며, 품질이 우수하다.

❷ 종균 선택

종균의 좋고 나쁨은 버섯 발생의 양과 품질에 큰 영향을 주게 되며, 좋은 종균의 선택 방법은 다음과 같다.

- 우량 품종을 선택할 것.
- 균사 배양 기간 중 고온 피해를 받지 않은 종균일 것.
- 균사의 색깔은 흰색이어야 하고, 청색, 흑색, 황색 등의 색이 있는 종균은 노쇠되었거나 잡균에 오염된 것이므로 선택하지 말 것.
- 균사의 색깔이 연황색 또는 황갈색으로 변하였거나, 유리 수분이 종균병 내부 밑부분에 괴는 것은 노쇠한 종균이므로 선택하지 말 것.
- 배지의 적정 수분 함량은 60~65% 정도가 되어야 하는데, 이보다 적어 잘 부서지는 종균은 사용하지 말 것.

(4) 접종 준비

❶ 기본 재료

영지 재배 시 가장 많은 노동력이 소요되고 힘든 작업이 원목을 절단하는 작업이다. 따라서 작업 능률을 향상시키고 편리하게 하기 위하여 기계톱이나 모터톱을 2~3개 준비하여 정비해 놓는다. 종균은 접종 전에 원목 3~4토막당 1병 정도의 분량을 준비하고, 덮을 비닐은 너비가 1.8m이고 두께가 0.03mm인 것을 준비한다. 원목을 쌓기 전, 지면에는 온도의 변화를 방지하기 위해 단열재와 비닐을 접종할 장소에 깔고 보습을 위해 그 위에 모래를 두께가 5cm 내외 되게 펴놓는다.

❷ 종균 소요량

종균은 원목 3~4토막당 1병 정도가 필요하며, 종균 접종 시 종균분쇄기를 사용하는 경우가 많으나 기계를 이용하지 않고 손으로 부수는 것이 안전하다. 원목은 길이를 20cm 내외로 짧게 자르면서 순서대로 식별할 수 있도록 하여 접종 작업을 실시한다.

(5) 종균 접종

영지 재배의 성패는 균사 배양의 여하에 달려 있으므로 균사 배양 완성률을 높여야 한다. 그러기 위해서는 종균 접종 시기를 잘 선택하여야 하는데, 일반적으로 3~4월에 접종하는 경우에는 잡균의 발생 빈도가 높기 때문에 1~2월에 접종하는 것이 안전하다. 종균 접종 시 기존 버섯 재배사나 유기물이 많은 장소는 바닥에 비닐을 깔고 그 위에 모래나 마사토를 5~10cm 두께로 펴고 접종하며, 신규 재배사는 비닐을 깔지 말고 직접 모래를 펴놓고 접종한다.

종균을 접종할 장소에는 원목 넓이만큼의 모래 위에 종균을 펴고 절단된 원목을 놓는다. 이때 최상 부위에도 종균을 펴고, 원목을 절단할 때 남은 나무판을 올려 놓고 누른다. 높이는 100cm 이내가 되도록 4~5 토막만 쌓아야 하는데, 높이가 이보다 높아지면 상하부의 온도 차이에 의해 균사 배양이 어렵게 된다. 접종된 원목은 서로 닿지 않게 원목과 원목 사이가 15~20cm 이상 떨어지게 쌓아야 하고, 세 줄씩 쌓는 것이 좋다. 열을 6~9열로 쌓게 되면 표 27-2와 같이 균사 활착 열에 의하여 잡균 발생률이 높아서 균사 활착률이 낮아지게 된다.

종균 접종 시 원목의 지름이 25cm 이상 되는 굵은 원목의 가장자리 부분에는 종균을 굵은 덩어리 형태로 놓아 두어야 하며, 원목 중심 부분은 잘게 부서진 종균으로 접종하여야 균사 생장이 양호하게 된다(표 27-2).

표 27-2 접종 후 원목 쌓는 방법과 균사 생장 (농업기술연구소, 1988)

원목 쌓는 폭 (열)	접종량 (토막)	균사 배양량 (토막)	활착률 (%)	잡균 발생률 (%)
3	137	89	64.9	35.1
6	212	98	46.2	53.8
9	356	130	36.5	63.5

종균 접종이 완료되면 원목이 움직이거나 넘어지지 않도록 바로잡아 세우고 접종된 더미의 제일 윗단 표면에 길이 5~10cm의 각목을 얹어 놓고 젖은 거적을 더미의 측면과 표면이 완전히 피복되게 덮거나, 보온 덮개 또는 카시미론 모포 등을 덮은 다음 제일 바깥은 준비된 비닐로 덮은 후 가장자리는 모래로 눌러 수분이 증발되지 않도록 한다. 또한, 균사 배양 과정 중 온습도를 조사하기 위하여 원목 더미의 상단에서 원목과 원목 사이의 공간에 온도계를 설치한다.

(6) 균사 배양

균사 배양의 목적은 영지가 발생되어 생육할 수 있는 배지인 참나무 토막에 영지균만을 순수 배양함으로써 수량이 많고 품질이 양호한 버섯을 수확하는 데 있다. 그러므로 주어진 배지인 참나무에 버섯균이 잘 자랄 수 있는 최적 환경을 만들어 주는 것이 무엇보다 중요하다.

종균을 접종하고 나면 균사 활착 시 열이 발생하여 초기에는 온도가 상승하게 된다. 그러므로 균사 활착 열이 발생하지 않는 초기 1주일간은 온도를 10~15℃로 유지한다. 특히 균사 배양 초기에는 습도 유지가 매우 중요하므로 비닐 내부, 즉 원목 토막이 있는 주위는 습도가 85~93%가 유지되도록 하여야 한다. 영지는 균사 배양 초기에 습도가 낮아 종균이 마르게 되면 그 이후부터는 아무리 관리를 잘해도 균사 배양이 불량하게 된다. 종균 접종 후 1주일이 경과되면 버섯균이 자라 접종한 곳이 흰색의 균사가 만연하여 원목으로 균사가 생장하기 시작하게 되는데, 이때부터 약 25일 동안은 접종된 원목 상단 부위의 온도를 20℃ 이내로 유지하여 푸른곰팡이병 발생을 억제하여야 한다. 종균 접종 3일후부터 균사 활착 시에 온도를 20~25℃로 높게 관리하면 균사 활착 열이 발생하여 온도는 좀 더 높아지게 된다. 특히 종균이 접종된 부분 중 내부는 더욱 높아져 수분 증발이 많아지고, 따라서 종균은 활착 열에 의해 내부로부터 종균이 사멸하게 되어 푸른곰팡이병이 발생하게 되므로 온도 상승 여부를 주의 깊게 관찰하여 온도가 15℃ 이상이 되지 않게 관리하여야 한다. 저온 관리는 1주일 정도면 안정을 유지하게 되므로 그 이후는 20℃까지 온도를 상승시켜 원목에 균사 생육을 촉진시킨다.

피복 비닐은 접종 후 외기의 건조로 인하여 비닐 내부의 원목이 건조되지 않도록 모래로 눌러 놓아야 한다. 균사 생장 시에 계속 밀폐시켜 두면 산소, 온도, 습도 등의 환경 요인이 불량하여 균사 생장이 지연되거나 균사의 활력이 약화되므로 1일 중 온도가 높은 시간에 15~20분간, 1~2회 비닐을 걷어 주어 비닐 내부에 있는 열을 발산시킴과 동시에 신선한 공기를 유입시키고, 습도를 조절하여야 한다. 이와 같이 온도와 환기에 주력하다 보면 습도가 낮아 피해를 입을 염려가 있으므로 환기를 시키고 난 후 비닐을 덮기 직전에는 모래나 지면 거적 등에 물을 뿌린 후 비닐을 덮어 습도가 유지되도록 하여야 한다(표 27-3).

표 27-3 원목 균사 배양 시 보습 방법과 균사 생장 (농업기술연구소, 1988)

보습 방법	접종량 (토막)	균사 배양량 (토막)	활착률 (%)	잡균 발생률 (%)
거적+비닐	125	88	70.4	29.6
신문지+비닐	125	87	69.6	30.4
신문지+거적	110	72	65.5	34.5
비닐	140	78	55.7	44.3

※ 각 처리 최외부는 보온 덮개 사용

(7) 버섯 발생 및 관리

❶ 땅에 묻기

땅에 묻는 시기는 자연 상태에서는 5월 초부터 8월 초까지이나 원목 관리 중 종균 접종 부위에서 버섯이 발생하기 시작하면 원목에 균사 생육이 끝난 것으로 보고 묻기 작업을 할 수 있다. 원목을 땅에 묻기 전에 비닐을 벗기고 3~4일간 1일 7~8회씩 관수하여 그동안 건조된 수분을 충분히 보충시킨 다음에 토막을 하나하나 떼어 즉시 묻기 작업을 한다. 토막을 떼어 묻을 때는 땅을 고르고 나서 균사 생장이 양호한 쪽을 위로 하여 원목을 15~20cm 간격으로 세워 놓고 그 사이는 배수가 잘되는 모래흙(사양토)으로 2/3 정도 채운 후 깨끗한 모래로 원목 위에 2cm 두께로 덮는다. 원목 표면을 모래로 덮은 후에는 충분히 관수하여 모래가 고루 들어가도록 하고 부족한 곳은 다시 모래로 채운다. 배수가 양호한 모래흙이 없을 경우에는 모래로 전량을 채워 덮어야 한다.

❷ 버섯 발생 및 관리

모래 붓기를 마치고 모래 표면의 마른 부분이 젖을 정도로 매일 2회 정도 관수하여 실내 습도를 90~95%까지 높이며 실내 온도를 26~32℃로 유지하여야 한다. 대체로 빠르면 1주일 후부터 버섯이 형성되기 시작한다. 이때 미리 발생된 몇몇 개체를 제거하여 주면 뒤에 발생되는 많은 버섯을 동시에 균일하게 키울 수 있다. 이 시기에 관수량을 너무 많이 하면 버섯 발생이 지연될 뿐만 아니라 잡균 발생이 심하고 버섯나무 내의 영지 균사가 질식하여 사멸하게 되는 경우가 있으므로 관수는 자주 적게 하여야 한다.

버섯이 많이 발생하면 일정한 간격을 두고 솎아 낸다. 대체로 10~15cm 간격으로 솎은 다음 솎은 부위는 모래로 덮어야 버섯이 재발생되지 않는다. 버섯이 길이 4~5cm로 자라 갓이 형성될 무렵이 된 다음부터 온도가 적온보다 높은 34℃ 이상이 되면 생장이 중지되고, 이것이 반복되면 생장이 정지되어 생장점이 딸기 모양으로 되며 그 이후부터는 온도가 적온이 되어도 자라지 못한다.

(8) 버섯 생육 및 관리

❶ 버섯 갓 형성

버섯 대가 어느 정도 자라면 생장점이 원형으로 굵어지기 시작하며 갓이 형성된다. 갓은 수평방향으로 생장하고 표면에 환 무늬를 형성하며, 빛이 들어오는 쪽을 향하여 자란다. 생장점이 굵어지면 이때부터 실내 온도 변화가 심하지 않은 범위 내에서 환기하여 갓 형성 촉진을 유도하여야 한다. 이때 환기가 부족하면 갓이 형성되지 않고 2~3일 사이에 대가 2~3개로 갈라져 자라나게 된다.

그림 27-3 장생녹각 영지 단목 재배

그리고 원목 재배는 버섯 대 길이가 너무 길어지기 쉬우므로 길이 2~3cm 정도 자라면 미리 환기를 시작하여 갓 형성을 촉진시켜야 한다. 이때부터 실내 습도는 버섯이 발생할 때와는 달리 70~80%로 낮게 유지하여야 한다. 버섯 생육 시 실내 습도가 과다하면 버섯 대 및 갓 표면이 불규칙하게 요철이 생겨 품질이 크게 손상되므로 습도 조절에 주의하여야 한다. 한편 장생녹각 영지를 재배할 때는 환기를 억제하여 이산화탄소 농도를 0.1% 이하가 되도록 관리해야 녹각 형성이 잘된다(그림 27-3).

❷ 건고

버섯이 어느 정도 자라면 갓 주변 부위에 백색의 생장점이 점차 줄어들어 황색으로 변하여 길이 생장은 중지되나 포자가 날리면서 버섯 두께는 계속 두꺼워진다. 이때부터는 관수를 중지하고 실내 습도를 30~40%로 감소시키기 위하여 계속 환기를 하여야 하며, 실내 온도 역시 24~32℃ 범위 내에서 변화를 주며 관리하여야 갓이 두꺼워진다. 이와 같이 관리하여 10~15일이 경과하면 수확할 수 있게 되나, 건고 기간이 너무 길어지면 갓의 뒷면 색이 퇴색하고 버섯 무게도 가벼워지므로 퇴색하지 않는 한계에서 건고를 중지하고 수확하여야 한다.

(9) 수확

수확 시기가 늦어질수록 버섯 뒷면의 색이 노란색에서 흰색으로 변하고 더욱더 오래 두면 회색으로 변한다. 노란색이 있을 때 수확하여야 약효도 뛰어나고 무게도 무겁다. 색이 퇴색하면 약효도 줄어들고 무게도 가벼워지게 되므로 적기에 수확하여야 한다. 수확은 재배사 중간 부위에 미리 망을 쳐 놓거나 누에 채반을 만들어 수확 후 건조가 끝날 때까지 다시 손이 닿는 일이 없도록 그대로 건조시켜야 품질이 좋은 버섯을 얻을 수 있다.

2) 톱밥 재배

(1) 배지 제조

수량이 많고 품질이 좋은 영지를 생산하기 위해서는 배지 내에 영양이 풍부하여 균사의 축적량이 많고 균사의 생장 상태가 양호하여야 한다. 따라서 병 내 균사 생장을 양호하게 하기 위해서는 톱밥, 쌀겨, 물, 공기 및 기타 성분이 알맞아야 한다.

❶ 톱밥

영지 재배에는 탄닌이 2.1~2.8% 함유된 참나무 톱밥이 가장 알맞으며, 그 밖에 오리나무, 포플러, 수양버들 톱밥 등도 적합하다(표 27-4). 일반적으로 단단한 나무의 톱밥을 쓰면 영지의 균사 생장이 늦으나 자실체를 형성하기 쉽고 버섯 대도 굵으며, 갓도 두껍고 크게 자란다. 그러나 영지균이 이용할 수 없는 여러 가지 톱밥이 섞이면 균사가 가늘고 생장도 약하며 자실체도 적게 되나, 밀기울이나 쌀겨 등을 첨가하면 많은 수량을 얻을 수 있다(표 27-5).

표 27-4 톱밥 혼합 비율에 따른 영지 생육 및 수량 (충남농업기술원, 1995)

혼합 비율 (%)	균 배양 일수 (일)	초발이 소요 일수(일)	자실체 생육 일수(일)	생체 중량 (g/1,200cc)	건조 중량 (g/1,200cc)
QS 100	22	11	31	82.3	23.5
QS 70+PS 30	21	11	31	78.4	22.4
QS 50+PS 50	23	11	31	75.3	21.5
QS 30+PS 70	23	12	33	64.1	18.3
PS 100	23	14	34	56.4	16.1

※ QS: 참나무 톱밥, PS: 포플러 톱밥

표 27-5 병재배 시 첨가 재료 및 혼합량에 따른 영지 수량 (충남농업기술원, 1995) (단위: g/1,200cc)

첨가 수준(%)	쌀겨	밀기울	콩비지
10	21.2	20.4	19.5
20	24.7	23.5	22.1
30	22.3	21.2	24.7

※ 톱밥 종류: 참나무 톱밥

톱밥의 굵기도 균사 생장에 관여하며, 거친 톱밥은 통기가 좋아서 균사 생장이 빠르고 따라서 자실체의 형성도 빨라진다. 그러나 톱밥을 병에 넣을 때 단단하게 넣기가 어려워 가비중이 낮아지고 보수력이 감소되어 수량이 낮고 품질이 저하된다.

❷ 첨가 재료

균사가 생장할 때나 자실체가 생육할 때에는 목재의 주성분인 셀룰로오스, 헤미셀룰로오스 및 리그닌 등의 물질을 분해한 대사 산물을 이용함으로써 균사가 만연되면 영양 생장에서 생식 생장으로 전환하여 자실체가 발생한다. 그러나 영지 재배 시 톱밥 한 가지만으로 균사 생장 및 자실체 발생에 요구되는 영양을 충분히 공급할 수 없으므로 일정량의 쌀겨와 같은 유기태 급원을 첨가하지 않으면 안 된다.

❸ 수분

영지는 배지 내에 흡수되어 있는 수분과 섬유소가 분해되어 최종적으로 생성되는 물을 이용하여 생장하므로 배지에 충분한 수분을 공급하여야 한다. 그러나 배지의 수분 함량이 너무 과다하면 산소가 부족하여 균사 생장이 늦어질 뿐만 아니라 자실체 발생이 불안해진다. 영지 재배 시 톱밥 배지의 수분 함량은 65~70%가 알맞으며 80% 이상과 60% 이하에서는 균사 생장이 지연된다.

❹ 재료 배합

재료를 배합하기에 앞서 톱밥은 3~5mm 체로 쳐서 찌꺼기를 모두 제거하여야 한다. 톱밥을 체로 치지 않으면 재료를 배합할 때나 입병할 때 기계화가 불가능하고 병 내부에 구멍을 뚫을 수 없게 된다. 또한, 쌀겨는 고운체로 쳐서 부스러진 쌀알은 모두 제거하고 사용하여야 하며 이것을 제거하지 않으면 영양원 함량이 높아 균을 배양할 때 잡균이 번식하기 쉬우므로 반드시 톱밥과 쌀겨는 체로 쳐서 사용하여야 한다.

쌀겨는 톱밥량 대비 30% 첨가할 경우 수확량이 가장 높으나 경제적인 면을 고려하면 20% 첨가하는 것이 유리하고, 그 밖에 탄산칼슘을 0.2% 첨가한다. 탄산칼슘을 첨가할 때는 배지 전체에 균일하게 혼합되도록 쌀겨에 탄산칼슘을 먼저 첨가하여 혼합한 다음, 톱밥에 쌀겨를 첨가한다. 이와 같이 준비된 재료를 깨끗한 바닥에 놓고 삽이나 혼합기로 균일하게 혼합한다. 이때 수분이 고루 분포되게 물을 뿌리면서 혼합하여 톱밥 배지에 어느 정도 물이 흡수되고 나면, 잠시 방치하여 수분이 충분히 흡수되도록 한 후 다시 물을 주어 수분 함량이 65~70%가 되도록 한다.

❺ 병에 담기

재배 용기는 용량이 1,000~1,200cc 정도로서 톱밥 배지가 700g 이상의 분량이 들어갈 수 있는 병이어야 한다. 병은 백색 투명하여야 균사의 생장 상태나 잡균에 의한 오염 등을 검사할 수 있으며, 저렴한 병이어야 한다. 또, 병의 입구는 솜으로 막기 쉽고 보습이 쉬우며 잡균에 의해 오염 기회가 적은 등의 조건에 맞는 정도의 크기가 좋다.

입병은 원료를 잘 배합한 배지를 깨끗이 닦은 병에 넣는데, 잘 들어가지 않으므로 입병기를 이용하여 넣는다. 용기에 배양기가 차면 표면을 눌러 정리하고 지름이 2cm 정도인 나무 막대기로 배양기 중앙에 구멍을 만든다. 이 구멍이 있음으로 해서 살균이 철저히 되고 공기 유통이 양호하게 되어 균사 생장이 양호하게 된다. 병에 담는 정도는 배양기의 밀도와 깊은 관계가 있어서 밀도가 낮으면 균사 생장은 빠르나 영양이 부족하며, 습도 변화가 빨라 쉽게 건조하여 갓이 나오기 전에 생장이 중지되기 쉽다. 반대로 밀도가 높으면 통기가 나쁘고 균사 생장이 늦어지며 자실체의 형성도 늦어진다. 또한, 병에 담은 양이 적으면 영양이 부족하게 되고, 반대로 병에 꽉 채우면 균사가 솜마개까지 자라게 되므로 배양기의 누르는 정도와 병에 담는 양을 잘 맞추도록 하고 영양과 공기 수분을 적당히 하여 균사 생장도 잘 시키고 자실체를 크고 굵게 생육할 수 있도록 100cc당 60~65g 입병하여야 한다.

병에 담는 것이 끝나면 병 표면 및 입구를 청결히 하고 병뚜껑이나 솜으로 막는다. 솜 위를 다시 유산지로 싸 주면 살균할 때 솜마개가 젖는 것을 예방할 수 있다.

❻ 살균

입병이 끝나면 병을 고압살균기 내에 넣고 121℃(1.2kg/㎠)에서 90분간 살균하거나 또는 100℃에서 5~6시간 동안 살균한다.

(2) 종균 접종 및 균사 배양

입병 작업이 끝나면 살균을 한 후 병 내의 온도가 30℃ 이하로 내려갈 때까지 냉각시킨 다음 균사가 잘 자란 접종원을 무균 상태에서 접종 스푼으로 떼어 살균된 배지의 솜마개를 빼고 병당 5~8g씩 접종한다. 접종이 끝나면 즉시 솜으로 다시 막고 배양실로 옮긴다. 보통 종균 1병으로 100병을 접종할 수 있으며 접종량이 많을수록 균사 생장 기간을 단축시킬 수 있고 자실체의 발생도 빨리 할 수 있다. 접종이 완료된 병은 심한 충격이 가지 않도록 조심스럽게 배양실로 옮긴다. 옮기는 과정 중 충격이 심하면 병 내부에 구멍을 뚫은 곳이 무너져 균사 생장이 늦을 뿐만 아니라 병 내부와 외부의 공기 유통이 심하여 잡균 발생이 많아진다. 배양실로 옮긴 병은 세워서 넣으면 되나 배양실 내의 온도가 높은 시기에는 병과 병이 서로 닿지 않게 2~3cm 정도 간격을 띄워서 넣는다. 만약 여름철에 병을 붙여 놓으면 자체 호흡열에 의해 병 내부의 온도가 높아 균사 생장이 불량하게 된다.

배양실 내의 온도는 23~25℃를 유지한다. 배양 과정 중 이보다 온도가 높으면 균사 생장이 빠르나 균사가 미세하면서 약하고 노화가 빠르다. 노화된 종균으로 버섯을 발생시키면 버섯 발생이 불균일하며 자실체가 연약하고 수량이 낮아지게 되므로 적정 온도를 유지하여야 한다. 특히 배양실 내의 습도가 너무 높으면 잡균 발생이 심하고 이와 반대로 습도가 너무 낮으면 배지 표면이 건조되어 균사 생장이 불량하므로 배양실 내의 습도를 60~70%로 유지한다. 그리고 균사 배양 중에는 광선이 필요하지 않으므로 별도로 조명하지 않아도 되지만 배양실의 시설이 밀폐되어 있으므로 1일 15~20분간 환기를 시켜 주면 균사 생장이 양호하다.

배양실 내의 온습도가 알맞으면 6~7일 후부터 배지의 표면에 균사가 활착 생장되므로 배양

3~4일 후부터 매일 균사 생장 상태를 조사하고 잡균이 소량 발생된 것은 재살균하여 사용할 수 있으나 발병이 심한 것은 살균하여 폐기한다. 균사 배양 기간은 용기의 크기, 배양 조건에 따라 차이가 있으나 1,200cc의 용기일 경우 22일이면 배양이 완료된다.

(3) 생육 관리

버섯이 발생하여 높이 4~5cm 정도 대가 자란 다음부터는 매일 환기량을 조절하여야 갓이 형성된다. 기온이 높은 날에는 관수 후에 환기를 시키는데, 오전 8시부터 오후 5시 사이에 환기량을 늘려야 하며, 온도가 낮은 날에는 온도가 가장 높을 때 환기를 집중적으로 실시하여 실내 습도를 70~80% 정도로 유지하여야 한다. 실내 습도가 높으면 환기 시간을 늘리고 습도가 낮으면 환기 시간을 짧게 하되, 급격한 환기는 온습도의 변화가 심하게 되므로 주의해야 한다. 자실체 생육에 유용한 빛 조건은 산광으로, 어두우면 버섯 대가 가늘고 길게 자라며 또 갓의 형성이 늦어지고, 반대로 직사광선에서는 버섯 생장이 중지되며 산광이라도 강하면 대가 자라기도 전에 갓이 빨리 형성되어 생장 기간이 현저하게 단축되므로 수량이 떨어지게 된다(그림 27-4).

그림 27-4 영지 톱밥 병재배

갓은 나무의 나이테 모양이며 수평 방향으로 밖을 향하여 생장한다. 갓 지름이 4~6cm로 자라 갓의 주변 부위에 백색 생장점이 없어지면 생장은 정지되나 두께는 그 후에도 계속 자라게 된다. 품종에 따라 갓이 1개 밖에 나오지 않는 것과 한꺼번에 여러 개가 나오는 것들이 있는데, 갓을 여러 개 만들면 수량은 많으나 품질이 저하되므로 1~2개가 이상적이다. 갓이 형성될 때에는 버섯 발생 시보다 실내 습도를 낮게 하여 70~80%를 유지한다. 또, 이산화탄소 농도는 0.1%

이하가 되어야 하는데, 이보다 높으면 갓의 형성이 어렵고 갓이 형성된 후에도 다시 가지를 친다. 반대로 이산화탄소 농도와 습도가 낮으면 대가 자라기도 전에 갓이 형성되며 계속 낮으면 갓의 발육도 부진하여 제대로 크지 못하고 생장이 중지되어 수량이 감소되는 원인이 된다.

갓이 형성되어 커 가면서 길이 생장이 끝나면 포자가 형성되어 비산하게 된다. 자실층은 초기에 황색을 띠고 구멍이 막혀 있는 상태이나, 말기가 되면 점차 황갈색으로 변하여 관공도 열리는 상태로 되며 포자가 성숙하면 관공에서 떨어진다. 맑은 날에 보면 구름 모양으로 포자가 날리기 시작한다. 이때부터 건고기로서 온도는 24~32℃의 범위에서 변화를 주어야 하며, 관수를 중단하고 환기를 계속 많이 하여 실내 습도를 30%에서 40%로 낮게 관리하여야 한다. 건고 기간은 약 10일 내외로 갓 뒷면의 색이 황색으로 남아 있을 때 중지한다(김 등, 2005). 한편 장생녹각 영지를 재배할 때에는 환기를 억제하여 이산화탄소 농도를 0.1% 이하가 되도록 관리해야 녹각 형성이 잘된다(그림 27-5).

표 27-6 영지의 입체식 균상 재배 시 용기 크기별 생육 일수 및 수량 (충남농업기술원, 1995)

용기 크기 (cc)	균 배양 일수 (일)	초발이 소요 일수(일)	생육 일수 (일)	수량 (g/병)	수량 (kg/3.3㎡)
1,200 (φ 35㎜)	20	12	33	21.0	6.2
1,600 (φ 40㎜)	27	15	37	29.3	6.4

* 용기 크기 및 재배 병 수(병/3.3㎡): 1,200cc(294), 1,600cc(218)

그림 27-5 **장생녹각 영지 톱밥 재배**

(4) 수확 및 건조

수확 시기는 버섯 발생 시부터 수확할 때까지의 온습도 관리에 따라서 약간의 차이는 있으나 버섯 발생일로부터 대략 30~40일이 필요하며 관공에서 대량의 포자가 비산하여 관공 부위의 색이 연황색일 때 수확한다.

수확한 버섯을 손으로 여러 번 만지게 되면 갓 표면의 포자가 갓 뒷면에 묻어 상품 가치가 저하되므로 여러 번 옮기지 않도록 건조망 상자를 짜든가 아니면 재배사 공간 부위에 망을 치고 수확 즉시 망에다 얹어 놓고 온도를 40℃ 내외로 유지하며 항상 환기창을 열어 실내의 습기를 제거하여 건조시켜야 한다. 건조 시에는 습도를 줄여 건조시켜야 갓 뒷면의 황색이 변색되지 않아 고급품이 되지만 온도만 생각하고 밀폐시키면 갓 뒷면이 붉은색으로 변하여 상품 가치가 저하되므로 항상 건조에 주의하도록 한다. 건조는 대개 40℃ 전후에서 3~4일 하면 완전히 건조되어 포장할 수 있게 된다(그림 27-6).

그림 27-6 **영지 건조품**

3) 분화 재배

장생녹각 영지는 다른 식용 버섯과 달리 죽은 후에도 썩지 않을 뿐 아니라 광택까지도 변하지 않는 특성을 지니고 있어 관상 가치가 뛰어나다. 사슴뿔 모양의 장생녹각 영지는 항암 작용에 탁월한 베타글루칸 함량(40%)이 일반 영지 1호(19%)보다 2배 이상 함유되어 있는 품종이다. 분화 재배는 장색녹각 영지의 이러한 효능과 함께 형태와 모양이 신비로워 관상적 가치가 높은 점을 이용한 것이다. 건조된 영지는 오랫동안 보존할 수 있어 자연의 돌이나 나무 그리고 화분에 옮겨 심으면 그 아름다움이 더욱 빼어나다(그림 27-7).

그림 27-7 **장생녹각 영지 분화 재배**

장생녹각 영지의 분화 재배는 생장점이 노란색일 때 30℃에서 5~7일 건조하고, 최종적으로 65℃ 전후에서 충분히 건조한다. 이때 소재가 되는 수석을 잘 골라야 하는데, 다른 식물의 뿌리가 잘 내릴 수 있도록 입석이어야 한다. 분에 심을 식물로는 자생력이 강한 풍란, 고사리, 황금마사 등이 좋은데, 동반 식물과 수석을 수반에 앉히고 금사로 덮어 준 후, 이끼나 고사리와 같이 생명력이 강한 자생화를 선택하여 심는다. 완성된 분화는 흠뻑 물을 준 다음 활착이 될 동안(3개월 정도) 수시로 분무해 준다.

5. 수확 후 관리 및 이용

영지는 옛적부터 매우 귀한 영약으로 칭송되어 왔으며, 각종 병마로부터 인간을 구해 내는 상약이라고 하는데, 상약이란 생명을 양생한다는 약으로서 장기간 복용해도 전혀 부작용이 없을 뿐만 아니라 신체의 이상을 바로잡고 체질을 정상화하는 약을 말한다. 영지가 중국에서는 약중의 약으로 받들어 왔다고 하며, 황제와 귀족만의 전용품으로 여겨 서민들은 감히 복용할 생각도 할 수 없었다고 한다. 그럴 만큼 신비의 베일 속에 묻혀 있던 것인데, 약효의 놀랄만한 위력 때문에 사람들의 가지고자 하는 욕구는 컸었다.

근래에 이르러 한국, 일본과 중국에서 영지를 인공 재배하는 데 성공하여 과학적인 연구도 진행되고 있다. 약효에 대해서는 명나라의 의학자 이시진이 그의 저서 『본초강목』에서 "영지에는 적지, 청지, 황지, 백지, 흑지, 자지의 6종이 있으며, 이것을 장복하면 몸을 경쾌하게 하여 늙지 않고 수명을 연장하며 신선에 이르게 한다."고 서술했다. 이제 새로운 과학의 초점을 받으며 신비한 영약으로부터 과학적으로 약효가 실증되어 현대의 명약으로 발전해 가고 있다.

〈김홍규, 조재한〉

참고 문헌

- 김하원. 2010. 영지버섯의 기능성과 식 · 의약 소재화. 월간버섯. pp. 52-63.
- 김홍규. 1995. 도입 영지속의 인공 재배에 관한 연구. 충남농업기술원 연구보고서. pp. 535-538.
- 김홍규. 2000. 한국산 불로초버섯의 분류학적 위치에 관한 연구. 충남대학교대학원 박사학위논문.
- 김홍규, 김용균, 서관석, 오세현, 김홍기. 2005. 영지버섯 다수확 생산을 위한 최적 조건에 관한 연구. 한국버섯학회지 3(3): 154-158.
- 농업기술연구소. 1988. 시험연구보고서.
- 이덕상, 정학성. 1972. 한국산 담자균류의 분류학적 연구. 과학기술처 R-72-82, 45-82.
- 이지열. 1976. 서진계곡 삼림 지대의 균류 플로라. 서울여자대학 논문집 5: 261-269.
- 임웅규. 1984. 한국산 불로초 자생지에 관한 연구. *Kor. J. Ecology* 7(3): 177-183.

• 장동주, 1983. 대만 수종 영지 생물학상의 연구. 국립대만대학 식물병충해학연구소 석사논문.
• 정학성. 1974. 한국산 민주름목 균류에 대한 검토. Ms. Thesis Seoul National University.
• 차동열, 유창현, 김광포. 1989. 최신 버섯 재배 기술. 상록사. pp. 382-400.
• 현진원, 최응칠, 김병각, 1990. 한국산 고등균류의 성분 연구(제 67보)-영지버섯.
• 홍순규, 정학성. 1994. 미토콘드리아 DNA의 제한 효소 분석법에 의한 영지의 계통 분류. 한국미생물학회지 32(4): 245-251.
• 今關, 大谷, 本鄕. 1988. 日本의 きのこ. 山と溪谷社. 東京.
• Adaskaveg, J. E. and R. L. Gilbertson. 1986. Cultural studies and genetics of sexuality of *Ganoderma lucidum* and *G. tsugae* in relation to the taxonomy of the *G. lucidum* complexes. *Mycologia* 78: 694-705.
• Adaskaveg, J. E. and R. L. Gilbertson. 1987. Infection and colonization of grapevines by *Ganoderma lucidum*. *Plant Dieases* 71: 251-253.
• Adaskaveg, J. E. and R. L. Gilbertson and R. A. Blanchette. 1990. Comparative studies of delignification caused by *Ganoderma* species. *Microbiology* 56(6): 1932-1943.
• Ames, A. 1913. A consideration of structure in relation to genera of the Polyporace. *Ann. Mycologia* 11: 211-253.
• Bazzalo, M. E. and Wright, J. E. 1982. Survey of the Argentine species of the *Ganoderma lucidum* complex. *Mycotaxon* 16: 293-325.
• Chang, T. T. and T. Chen. 1986. Studies on nuclear behavior, mating type and heterokaryosis of several species of *Ganoderma* in Taiwan. *Plant Prot. Bull.*(Taiwan) 28: 231-240.
• Chen, J. H. and Jiang, R. L. 1980. A pharmacological study of the Chinese drug lingzhi (ganoderma). Yao Hsueh Pao - Acta Pharmaceutica Sinica 15: 234-244. (in Chinese)
• Corner, E. J. H. 1983. Ad Polyoraceas I. *Amauroderma* and *Ganoderma* Nova Hedwigia 75: 1-182.
• Donk, M. A. 1933 Revis. niederl. Homob. Aph. Z. Proetsh., Utrecht. Cited in Chang, T. T. 1983 Studies on biology of several species of *Ganoderma* in Taiwan. Master thesis. National Taiwan University.
• Furtado, J. S. 1965. Relation of microstructure to the taxonomy of the Ganodermoideae (Pollyporaceae) with special reference to the structure of the cover of the piler surface. *Mycolgia* 57: 588-611.
• Furusawa, E., Chou, S. C., Furusawa, S., Hirazumi, A. and Dang, Y. 1992. Antitumour Activity of *Ganoderma lucidum*, an Edible Mushroom, on Intraperitoneally Implanted Lewis Lung Carcinoma in Synergenic Mice. *Phytotherapy Research* 6: 300-304.
• Gillbertson, R. L. and L. Ryvarden, 1986. North American polypores, Vol. l. Fungiflora, Oslo.
• Haddow, W. R. 1931. Studies in *Ganoderma*. J. Arnold Arbor 12: 25-46.
• Imazeki, R. 1939. Studies on *Ganoderma* of Nippon. *Bull. Tokyo Sci. Mus.* 1: 29-52.
• Ito, S. 1955. *Mycological flora of Japan* Vol. 2, No. 4. pp. 341-343. Yokendo, Tokyo.
• Jong, S. C. and Birmingham, J. M. 1992. Medicinal benefits of the mushroom *Ganoderma*. [Review]. Advances in Applied Microbiology 37: 101-134.
• Karsten, P. A. 1881. Enumeratio Boletinearum et Polyporearum Fennicarum, Systemate novo dispositarum. *Rev. Mycol.* (Toulouse) 3: 16-19.
• Kim, B. K., H. S. Chung, K. S. Chung and N. S. Yang. 1980. Studies on antineoplastic components

of Korea basidiomycetes. *Kor. J. Mycol.* 8: 107–113.

- Kim, H. K., H. D. Lee, Y. K. Kim, G. H. Han and H. G. Kim. 2001. Comparison of Characteristics of *Ganoderma lucidum* According to Geographical Origins(I): Consideration of Morphological Characteristics. *Mycobiology* 29(1).
- Kim, H. K., G. S. Seo and H. G. Kim. 2001. Comparison of Characteristics of *Ganoderma lucidum* According to Geographical Origins(Ⅱ): Consideration of Growth Characteristics. *Mycobiology* 29(2): 80–84.
- Kim, H. K., M. Y. Shim, G. S. Seo and H. G. Kim. 2002. Comparison of Characteristics of *Ganoderma lucidum* According to Geographical Origins(Ⅲ): classification between Species of Genus *Ganoderma* Using Dikaryon–Monokaryon Mating. *Mycobiology* 30(2): 61–64.
- Kim, K. S. 1998. Genetic relationships and development of strains in *Ganoderma* species. Ph. D. Thesis. Kyeong–Sang University.
- Mizuno, T., Kato, N., Totsuka, A., Takenaka, K., Shinkai, K. and Shimizu. 1984. Fractionation, Structural features and antitumor activity of water–soluble polysaccharide from "Reishi", the fruit body of *Ganoderma lucidum. Nippon Nogeikagaku Kaishi* 58: 871–880.
- Murrill, W. A. 1902. The Polyporaceae of North America. *Bull. Torrey Bot. Club* 29: 599–608.
- Murrill, W. A. 1908. Family 5. Polyporaceae of North America. *Flora* 9: 73–132.
- Nobles, M. K., 1965. Identification of cultures of wood–inhabiting Hymenomycetes. *Can. J. Bot.* 43: 1097–1139.
- Overholts, L. O. 1953. Polyporaceae of the United States, Alaska, and Canada. Univ. Michigan Press, Ann Arbor. 466pp.
- Patouillard, N. 1889. Le genre *Ganoderma. Bull. Soc. Mycol. France* 5: 64–80.
- Seo, G. S. 1995. In vitro photomorphogenesis and genetic diversity in the basidiomycete, *Ganoderma lucidum*. Ph. D. Thesis. Tottori University.
- Shin, G. C. and Seo, G. S. 1988. Classification of strains of *Ganoderma lucidum. Kor. J. Mycol.* 16: 235–241.
- Shin, G. C., Park, Y. H., Seo, G. S. and Cha, D. Y. 1986. Morphological charcters of *Ganoderma lucidum*. (Fr) Karsten grown naturally in Korea.
- Stalpers, J. A. 1978. Identification of wood–inhibiting Aphyllophorales in pure culture. Centraal bureau Voor Schimmelcultures, Baarn. Studies in Mycology. pp. 1–248.
- Steyaert, R. L. 1972. Species of *Ganoderma* and related genera mainly of the Bogor and Lieden herbaria. Persoonia 7: 55–118.
- Steyaert, R. L. 1980. Study of some *Ganoderma* species. *Bull. Jard. Bot. Nat. Belg.* 50: 135–186.
- Zhao, J. D. 1989. The Ganodermataceae in China, Bibliotheca Mycologica. Bamd 132. J. Cramer, Stuttgart.

제 28 장

상황(진흙버섯)

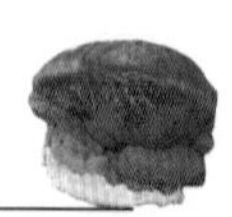

1. 명칭 및 분류학적 위치

상황 또는 진흙버섯은 분류학적으로 소나무비늘버섯목(Hymenochaetales) 소나무비늘버섯과(Hymenochaetaceae) 진흙버섯속(*Phellinus*)에 속한다. 진흙버섯속은 전 세계적으로 221종 이상이 분포되어 있으며, 국내에는 목질진흙버섯 또는 목질상황(*P. linteus* (Berk. et Curt.) Teng), 진흙버섯 또는 상황(*P. igniarius* (L) Quel.), 장수진흙버섯 또는 장수상황(*P. baumii* Pilat), 마른진흙버섯(*P. gilvus*), 낙엽송층진흙버섯(*P. pini*) 등 12종이 자생하는 것으로 보고되었다. 현재 우리나라에서 재배하는 거의 모든 버섯은 자실체 생육이 빠른 장수상황이다. 진흙버섯이란 형태적으로 버섯의 표면에 진흙처럼 균열이 있어서 붙여진 이름이며, 상황은 뽕나무 줄기에 자생하며 갓 표면을 제외하고는 모두 황색이어서 붙여졌다.

상황은 중국 『중약대사전』에 버드나무(柳, *Salix* spp.), 뽕나무(桑, *Morus alba* L.), 사시나무(楊, *Polpulus* spp.), 참나무(絡, *Quercus* spp.), 철쭉나무(杜鵑, *Rhododendron simsii*) 등 활엽수의 나무 줄기에 자생하는 버섯이라 하여 '상이(桑耳)', '상신(桑臣)', '호손안(胡孫眼)' 등의 이름으로 기록되어 있으며, 이들을 총칭하여 '침층공균(*P. igniarius*)'이라 하였다. 또한, 『신농본초경』에 상이는 뽕나무(桑根白皮) 항에 기록되어 있고, 『본초강목(本草綱目)』에는 목이(木耳) 항으로 분류하여 '상이', '상유(桑孺)', '상아(桑蛾)', '상신(桑臣)', '상황' 등의 다른 이름으로 기록되어 있으며, 『동의보감(東醫寶鑑)』에서는 '상이', '상황' 등으로 분류하고 있다. 중국에서는 상황으로 말똥진흙버섯(*P. igniarius*)을, 우리나라와 일본에서는 목질진흙버섯(*P.*

linteus)을 인정하는 등 각 나라마다 상황을 종(species)의 차원에서 분류하고 있는 것이 아니고, 속의 개념에서 해석하는 것이 일반적인 추세이다.

목질진흙버섯은 뽕나무의 그루터기에 자생하는 버섯으로, 그 모양은 초기에는 노란 진흙 덩이가 뭉친 것 같은 형태를 유지하다가 다 자란 후에는 그루터기에 혓바닥을 내민 모습이라고 하여 '수설(樹舌)' 이라고도 한다. 상황의 품종에 따라 약간의 차이는 있지만 혓바닥 같은 형태의 윗부분이 진흙과 같은 색깔을 나타내기도 하고, 감나무의 표피와 같이 검게 갈라진 모습을 나타내기도 한다.

진흙버섯속의 종들은 나무의 심재를 부식시키거나 살아 있는 입목의 근부병 내지 암종병을 야기시키며 목재부후균류 중 그 어느 속의 종들보다도 목재에 많은 피해를 주는 균류들이다. 진흙버섯류는 형태학적으로 매우 다양하며 분류학적으로 상당히 복잡한 분류군으로서 그 분류체계와 이론에 대하여 학자들 간에 많은 논쟁이 있어 온 균류이다. 이들 균류에 대한 무수한 학명과 동종이명 때문에 Donk(1974)는 "공정한 지식 없이는 진흙버섯속의 새로운 분류학적 시도는 할 수 없을 것"이라고 지적한 바와 같이 목질진흙버섯과 말똥진흙버섯의 동의어로 많은 속명이 사용되었다(표 28-1).

진흙버섯속은 1886년 균모형 목재 서식 갈색 다공균을 분류하기 위하여 Quelet에 의하여 제시되었다. 진흙버섯속의 개념은 한동안 안정된 개념으로 받아들여져 왔으며, Donk(1964)는 진흙버섯속을 포함한 갈색 균류를 민주름버섯목(Aphyllophorales Rea)의 소나무비늘버섯과(Hymenochaetaceae Donk) 내에 분류하여 왔다. 그러나 근래에 진흙버섯속 내에 존재하는 복합종(species complex)들에 대한 문제가 분류학적 과제로 등장하면서 광범위하고 애매했던 속의 개념이 보다 제한적이며 구체화되기 시작하였다.

표 28-1 목질진흙버섯(*Phellinus linteus* (Berk. et Curt.) Teng.)**의 동의어**

학명	연도	발표 논문
Phellinus linteus (Berk. et Curt.) Teng.	1964	Fungi of China
Polyporus linteus Berk. et Curt.	1860	Proc. Amer. Acad. Arts
Pyropolyporus yucatanensis Murr.	1903	Torrey Bot. Club
Xanthochrous rudis Pat.	1907	Soc. Mycol. France
Phellinus microcystideus Har. et Pat.	1909	Bull. Mus. Hist. Nat.
Fomes ostricoloris Lioyd (?)	1915	Mycol. Writ.
Fomes ajazii Hussain (?)	1952	Mycologia

이와 같은 개념은 먼저 Jülich(1981)에 의하여 정리되었다. Jülich는 진흙버섯속을 포함한 소나무비늘버섯과의 균류들을 소나무비늘버섯목(Hymenochaetales Oberwinkler)과 해면버섯

목(Phaeolales Jülich)으로 승격시켜 매우 포괄적인 분류 체계를 제시한 바 있다. 이어서 Fiasson과 Niemelä(1984)는 유럽 진흙버섯속의 분류와 명명법을 재정리하고 기존의 체계를 벗어난 새로운 분류를 시도하였다. 이들은 기존의 형태학적 특징 외에 단백질 전기영동 유형, 핵상 유형, 배양학적 특징, 화학 분류학적 특징 및 수리 분류학적 특징을 추가 혼합하여 Donk의 소나무비늘버섯과를 소나무비늘버섯목으로 취급하고 목 내에 2개의 아목(Hymenochaetinae Fiasson et Niemelä와 Phaeolinae Fiasson et Niemelä)을 신설하여 새로운 체계를 정립하였다.

Larsen과 Cobb-Poulle(1990)는 현대적인 의미의 진흙버섯속을 형태 분류학적으로 다음과 같이 정의하고 있다.

"자실체는 배착생에서 산생, 좌생 또는 대형성, 일년생에서 다년생, 단생에서 군생, 간혹 중생, 코르크질에서 목질; 표면은 유모상 내지 융모상, 밋밋해짐, 간혹 박막 흑색 표피 형성, 자주 동심구와 방사 균열 형성, 적갈색에서 흑갈색; 주변부는 둥글고 둔각 내지 예각, 아랫면은 무공구; 공구는 적갈색에서 암갈색, mm당 2~11개; 관공층은 다년생의 경우 층상; 조직은 얇거나 두꺼움, 자주 흑색 선이 간재하며 표면은 흑색 각피상 표피 존재, 섬유질에서 목질, 적갈색에서 암갈색, 층상 또는 균일; 조직 내 또는 공구 벽에 강모 균사 존재 또는 부재, 공구벽 강모체 또는 자실층 강모체 존재 또는 부재; 균사는 이균사체, 드물게 삼균사체, 꺾쇠는 항상 부재; 생식균사는 간혹 분지, 통상 박벽이며 격벽 존재; 골격 균사는 드물게 분지, 통상 후벽, 부정기적 격벽 존재; 결합 균사는 드물고 자주 분지, 후벽, 무격벽; 담자기는 무색, 구형에서 곤봉형, 담자소병은 2~4개; 담자포자는 구형, 준구형, 광타원형 또는 원통형, 무색 또는 유색, 유색 시 황색에서 황갈색, 박벽에서 후벽, IKI 용액에 비아밀로이드성 또는 간혹 덱스트리노이드성, 간혹 cotton blue 용액에 시아노필로스성; 모든 조직은 2% 수산화칼륨(KOH) 용액에 항상 흑변; 각종 살아 있는 또는 죽은 나자식물과 피자식물 목재에 서식하며 백색부후를 일으킴; 전 세계적으로 광범위하게 분포; 명명 기준형은 *Polyporus rubriporus* Quel. = *Phellinus torulosus* (Pers.) Bourd. et Galz."

또한, 강모 균사, 강모체 및 담자포자를 진흙버섯속의 형태 분류에 기본적인 특징으로 간주하고 이들 특징에 의거하여 진흙버섯속의 분류군을 표 28-2와 같이 5개 그룹으로 정리하였다. 표 28-2에서와 같이 마른진흙버섯(*P. gilvus*)과 말똥진흙버섯(*P. igniarius*)은 그룹 2, 장수상황(*P. baumii*)과 목질진흙버섯(*P. linteus*)은 그룹 3에 포함되어 있다.

정(1999)은 진흙버섯속 55개 균주와 10개 표본의 DNA 염기 서열을 분석하여 6개 복합종 그룹과 3개 미기록 그룹 등 9개의 계통 분류군으로 표 28-3과 같이 정리하였다. 염기 서열에 의한 계통 분류군에서는 장수상황(*P. baumii*)과 목질진흙버섯(*P. linteus*)은 *Phellinus linteus*

복합종 그룹, 마른진흙버섯(*P. gilvus*)은 미기록 그룹 C에 포함되어 있다.

표 28-2 진흙버섯속 버섯의 형태적 분류 (Larsen과 Cobb-Poulle, 1990)

분류	분류 특징	해당 종
그룹 1	조직 또는 공구 내에 강모 균사 또는 공구벽 강모체 존재	*P. conchatus, P. contiguus, P. ferruginosus*
그룹 2	자실층에 강모체가 존재하고 담자포자는 항상 무색	*P. bicuspidatus, P. cinchonensis, P. ferreus, P. gilvus, P. igniarius, P. lundellii, P. nigricans, P. rhabarbarinus, P. robustus*-1, *P. torulosus, P. tremulae, P. viticola*
그룹 3	자실층에 강모체가 존재하고 담자포자는 유색	*P. baumii, P. cancriformans, P. chrysoloma, P. johnsonianus, P. laevigatus, P. linteus, P. pini, P. rickii, P. robustus*-2, *P. senex, P. weirianus*
그룹 4	자실층에 강모체가 없으며 담자포자는 항상 무색	*P. hartigii, P. punctatus, P. robustus*-3
그룹 5	자실층에 강모체가 없으며 담자포자는 궁극적으로 유색	*P. badius, P. caryophyllii, P. fastuosus, P. hippophaecola, P. nilgheriensis, P. ribis, P. rimosus*

표 28-3 진흙버섯속 버섯의 계통 분류 (정, 1999)

분류	해당 종
Phellinus robustus 복합종	*P. robustus, P. punctatus, P. hippophaecola, P. hartigii*
Phellinus pini 복합종	*P. pini, P. chrysoloma, P. cancriformans*
Phellinus igniarius-1 복합종	*P. igniarius, P. igniarius* var. *trivialis, P. laevigatus, P. lundellii, P. nigricans, P. populicola, P. tremulae, P. tuberculosus*
Phellinus igniarius-2 복합종	*P. conchatus, P. occidentalis*
Phellinus rimosus 복합종	*P. badius, P. caryophylli, P. fastuosus, P. nilgheriensis, P. robiniae, Inonotus cuticularis, I. porrectus, I. tamaricis*
Phellinus linteus 복합종	*P. baumii, P. johnsonianus, P. linteus, P. repandus, P. rhabarbarinus, P. tropicalis, P. weirianus, P. rhabarbarinus, P. tropicalis, P. weirianus*
미기록 그룹 A	*I. hispidus, I. rickii, l. obliquus*
미기록 그룹 B	*P. fragrans, P. ferrugineo-velutinus*
미기록 그룹 C	*P. cinchonensis, P. contiguus, P. ferreus, P. ferruginosus, P. gilvus, P. senex, P. torulosus, P. viticola*

목질진흙버섯은 주로 뽕나무 등 활엽수의 줄기에 자생하며, 자실체는 다년생이고 반원형, 편평형, 말굽형으로 대가 없으며, 갓은 10~21×6~12cm, 두께는 2~7cm 정도로 대형이고 단단하게 목질화되어 있다. 표면은 초기에는 암갈색이며 가는 털로 덮여 있으나 곧 탈락하여 흑갈색으로 되고, 동심상의 뚜렷한 환문과 방사상 균열이 생겨 직사각형의 절편을 이룬다(그림 28-1). 갓 끝 부위의 선단부는 약간 뾰족하거나 둥글고 선황색을 띤다. 조직은 단단하며 황색~황갈색을 띠고 두께는 1~2cm 정도이다. 갓 하면의 관공은 불명확한 여러 층으로 되어 있으며, 각 층의 두께는 2~4mm 정도로 갈색이며 생장 부위만 선황색을 띤다. 강모체가 다수 존재하며 대부분 기부가 팽배하고 끝이 뾰족한 침상 모양(설형)이고 수산화칼륨(KOH) 용액에서 진갈색을 나타내며 크기는 15~40×7~11㎛로 막이 두껍다.

표면

뒷면

그림 28-1 **목질진흙버섯 자실체**

말똥진흙버섯의 자실체는 다년생으로 말굽형이며, 대가 없이 기질에 부착되어 있다. 갓의 크기는 10×6cm, 두께는 7cm 정도이며, 표면은 초기에는 회갈색이나 후에는 흑갈색으로 변하며 다소 불규칙한 균열이 생긴다. 갓의 주변부는 둥근 둔각을 이루고, 조직은 목질화되어 갈색을 띠며 진갈색의 핵(core)이 기주와 접하여 존재한다. 관공은 경계가 불명확한 여러 층으로 되어 있으며 각 층의 두께는 2~4mm이다. 관공의 색은 조직보다 연한 갈색이며 흰색의 2차균사가 혼재되어 있다. 강모체는 침상형(sublate)과 편복형(ventricose)이 혼재하여 다수 분포하며 크기는 14~22×4~8㎛ 정도이고, 막은 두껍고 진갈색을 띤다.

2. 재배 내력

상황의 인공 재배는 우수한 생리 활성을 바탕으로 1990년대 초반에 본격적으로 연구되기 시작하였으며, 초기에는 주로 균막 제품의 생산에 관한 연구가 주류를 이루어 왔으나 1990년대 후반부터 원목을 이용한 자실체의 생산이 이루어지기 시작하였다. 1998년부터 국내에 품종이 육성 보급되기 시작하였는데, 등록된 상황의 품종은 고려상황(*Phellinus linteus* complex), 장수상황(*Phellinus baumii*), 마른상황(*Phellinus gilvus*) 등 3종이며, 고려상황은 원목 재배, 장수상황은 원목과 톱밥 재배, 마른상황은 톱밥 재배 품종으로 개발되어 품종 보호 출원 등록되어 있다.

현재 우리나라에서 재배되는 버섯은 거의 대부분 장수상황으로 재배 현황은 2003년에는 360농가 73ha에서 462톤을 생산하였으나 2012년에는 102농가 21ha에서 178톤이 생산되어 재배 기술이 1.5배 정도 향상되었음을 알 수 있다.

3. 영양 성분 및 건강 기능성

1) 유효 성분

버섯은 일반적으로 고분자 다당류와 저분자 물질로 대별한다. 버섯 유래의 고분자 다당류들의 항암 및 면역 증강 효과 등의 약리 활성을 나타내는 물질은 특이적 구조를 갖는 베타글루칸성 다당류로 알려졌다. 이들은 공히 β-1,3-글루칸을 주쇄로 하여 β-1,6-글루칸이 곁가지로 연결되어 있는 형태를 유지하는 것으로 보고되었다.

대부분의 상황 열수 추출물은 40% 내외의 당과 10~20%의 단백질로 구성되었으며, 다당류인 경우는 80~90%의 당과 5~10%의 단백질로 이루어졌다. 구성 당은 포도당이 주를 이루면서 여러 가지 단당으로 구성되어 있고, 아미노산의 경우는 아스파르트산, 글라이신, 글루탐산을 다량 함유하고 있다. 목질진흙버섯 자실체와 배양 균사체의 단백 다당류의 성분을 비교한 결과, 일반적인 담자균류의 다당류 조성과 유사하였으며, 자실체와 배양 균사체 간에서도 구성 성분상의 특징적인 차이는 볼 수 없었다고 보고한 바, 이들의 약리 활성은 분자량의 차이에서 나타나는 구조적 중합도 및 주쇄의 결합 양식에 따라 상이하게 나타나는 것으로 추정된다. 그러나 자실체의 경우는 저분자 물질도 다량 함유하고 있어 이들에 의해 나타내는 약리 활성도 배제하기 어려우므로 자실체의 저분자 물질의 약리 활성 성분에 관한 연구는 지속적으로 이루어져야 할 것으로 생각된다.

2) 상황의 약리 효능

(1) 항암 · 면역 활성

비특이적인 면역 증강제로서 biological response modifier(BRM)로 불리는 이들은 면역계를 자극하여 숙주의 생물학적 반응을 변화시킴으로써 여러 가지 생리학적 효과를 나타내는 물질이다. BRM으로 밝혀진 것으로는 식물 유래 다당류, *Corynebacterium parvum*의 세포 성분, Bacillus Calmette-Guerin(BCG), OK-432 및 *Norcardia rubra*의 세포벽 성분 등이 있다. 또한, 담자균류에서 분리된 렌티난(lentinan), PS-K(krestin), 시조필란(schizophyllan) 및 글리포란(grifolan) 등이 여기에 해당되며, 이들의 주성분은 다당류이다. 이러한 것들은 현재 면역 증강제(immunomodulator)로서 종양 치료를 위한 면역 요법제로 사용되고 있거나 임상 시험 중에 있다. 이와 같이 담자균 유래 다당류들은 대부분 베타글루칸성 다당류로 숙주의 면역 기능을 활성화시킴으로써 새로운 항암제 및 보조제로서의 기능이 밝혀지면서 많은 연구가 수행되어 왔으며, 이들 중 상황도 높은 면역 활성 및 항암 활성 등을 함유하고 있는 것으로 알려졌다.

말똥진흙버섯은 예로부터 지혈, 활혈, 화음(化飮) 등의 작용이 있어 자궁 출혈, 생식기 종양, 소화기 종양, 장 출혈 등의 치료제로 이용되었으며, 목질진흙버섯(*P. linteus*)은 중풍, 복통, 임질, 해독, 이뇨, 이질 등의 치료제로 이용되었다. 1968년 일본의 국립 암연구소의 Ikegawa 등(1968)이 버섯 자실체 열수 추출물을 이용하여 sarcoma 180 암세포에 대한 항종양 활성을 측정한 결과에서 목질진흙버섯(*P. linteus*)은 96.7%, 송이(*T. matsutake*)는 91.8%, 구름버섯(*C. versicolor*)은 77.5%, 표고(*L. edodes*)는 80.7%로, 목질진흙버섯이 식용 버섯 및 약용 버섯 27종 중 가장 높은 종양 억제 효과를 발표하여 관심의 대상이 되고 있다(표 28-4).

표 28-4 버섯 열수 추출물의 항암 효과

학명	한국명	저해율(%)	억제율(마리)
Elfvingia applanata	잔나비걸상	64.9	5/10
Coriolus versicolor	구름버섯	77.5	4/8
Pholiota nameko	맛버섯	86.5	3/10
Agaricus bisporus	양송이	2.7	0/10
Auricularia uricula-judae	목이	42.6	0/9
Tricholoma matsutake	송이	91.8	5/9
Pleurotus ostreatus	느타리	75.3	5/10
Flammulina velutipes	팽이버섯	81.1	3/10
Lentinus edodes	표고	80.7	6/10
Phellinus linteus	목질진흙버섯	96.7	7/8
Phellinus igniarius	말똥진흙버섯	87.4	6/9
Phellinus hartigii	-	67.6	1/9
Ganoderma tsugae	쓰가불로초	77.8	2/10
Fomitopsis pinicola	소나무잔나비	51.2	3/9
Daedaleopsis tricolor	삼색도장버섯	70.2	4/7

※ sarcoma 180/mouse, ip) by Ikegawa(1968)

목질진흙버섯의 배양 균사체로부터 분리한 다당류를 100mg/kg 농도로 실험 쥐에 투여한 후 육종암 세포(sarcoma 180)에 대한 항종양 활성을 측정하였을 때, 복수암에 대한 생존율 증가는 51.5%이고 고형암에 대한 증식 저지율은 71.5%라고 발표하였다.

목질진흙버섯 균사체의 열수 추출물은 NK 세포 기능에 작용하여 숙주의 비특이적 면역능을 증강시킴으로써 항암 활성을 나타내며, 또한 실험 쥐에 투여한 결과 LD 50(반치사 농도)은 1,500mg/kg 이상으로 안전성이 있다고 보고하였다.

목질진흙버섯 자실체의 열수 추출 총 분획과 열수 추출 에탄올 처리 다당류 분획은 각각 30.7%와 85.9%, 배양 균사체의 경우 열수 추출 에탄올 처리 다당류 분획은 80.4%의 항암 활성을 나타내었다고 보고하였다. 즉, 저분자인 분획보다 비교적 고분자 분획에서 높은 암세포 증식 억제율을 보임으로써 담자균류의 항종양 효과는 주로 고분자 다당류에 의해 일어나고 있음을 확인할 수 있었다. 또한, 균사체의 경우 베타글루칸의 함량이 상대적으로 높았던 분획에서 높게 나타나므로 다당류의 항종양 활성의 본태는 베타글루칸에 의해서 발현되는 것으로 추정된다. 또, 면역 증강 활성도 항암 활성이 높았던 분획에서 높게 나타났다.

송 등(1998)은 목질진흙버섯 자실체, 균사체, 균사 배양액 등의 항보체 활성을 측정한 결과 자실체에서 활성도가 높은 것으로 보고하였다(표 28-5).

표 28-5 목질진흙버섯의 항보체 활성 효과 (송 등, 1998)

분석 시료	항보체 활성(ITCH$_{50}$ %)
자실체	63.94±6.48
균사체	41.95±2.86
균사 배양액	21.87±7.45

(2) 항산화 활성

담자균류 유래 일부 다당류는 지질 과산화를 억제시키고, 유리기의 소거능이 있는 물질을 함유하고 있는 것으로 알려져 있다. 목질진흙버섯 자실체와 배양 균사체의 열수 추출 및 에탄올을 추출하여 얻어진 다당류는 지질과산화를 억제하고, 유리기를 소거하는 활성이 높다. 이들은 주로 다당류의 구조와 밀접한 관계를 갖는다. 어떤 분획에서는 천연 항산화제인 토코페롤보다도 우수하다.

(3) 항돌연변이원성

대부분의 항암제들은 대부분 돌연변이원으로 작용하는 경우가 많으므로 버섯이 기능성을 부여받기 위해서는 항암 · 면역 활성과 더불어 항돌연변이원성을 조사할 필요가 있다. 목질진흙버섯의 경우는 메탄올 추출물을 이용하여 TA98 균주에 대한 항돌연변이 효과는 돌연변이 유발제인 4NQO, Trp-P-1, B(a)에 대해 보호 효과를 갖는 것으로 조사되었다.

(4) 상황 종별 약리 활성

담자균류 유래 다당류의 약리 활성은 동일한 속과 종일지라도 상이한 것으로 알려졌으며, 상황도 동일한 속 내의 종인데도 불구하고 항암 효과와 약효는 다양하다(Ying 등, 1987). 일반적으로 상황속의 경우 종양 저지율은 목질진흙버섯, 낙엽진흙버섯, 마른진흙버섯 순으로 알려졌으며, 목질진흙버섯이 말똥진흙버섯보다 항암 효과가 우수하다고 보고하였다(표 28-6).

표 28-6 육종암 세포(sarcoma 180)에 대한 항암 효과 (Ying 등, 1987)

학명	한국명	종양 억제율(%)
Phellinus gilvus	마른진흙버섯	90
Phellinus hartigii	-	67.9~100
Phellinus igniarius	말똥진흙버섯	87
Phellinus lamensis	-	60
Phellinus linteus	목질진흙버섯	100
Phellinus pini	낙엽진흙버섯	100
Phellinus setulosis	-	70

4. 재배 기술

1) 균사 배양

(1) 최적 배지

목질진흙버섯은 하마다배지(HA), 버섯완전배지(MCM), 효모맥아배지(YMB), 감자배지(PDB) 등에서 균사 생장이 왕성한 반면, 맥아배지(ME)에서는 균사 생장이 저조하였다. 말똥진흙버섯의 균사 생장은 버섯완전배지(MCM)와 하마다배지(HA)에서 양호하였으나 맥아배지(ME)에서는 균사 생장이 불량하였다(표 28-7).

표 28-7 상황의 배지 종류별 균사 생장량 (농촌진흥청, 2001) (단위: ㎎/30일)

배지명 / 버섯명	HA	MCM	ME	PDB	YMB
목질진흙버섯	19.6	19.7	9.4	18.1	19.6
말똥진흙버섯	18.5	28.0	5.7	22.3	18.5

(2) 온도

상황의 균사 생장 온도는 15~35℃이며, 최적 온도는 28~30℃이고, 35℃ 이상과 15℃ 이하에서는 균사의 생장이 급격히 감소한다. 목질진흙버섯의 최적 온도는 25~30℃, 말똥진흙버섯은 20~25℃로 목질진흙버섯이 약간 고온성이며, 균사 생장 속도는 말똥진흙버섯이 목질진흙버섯보다 약간 빠르다(표 28-8).

일반적으로 담자균류 균사는 매우 낮거나 높은 온도에서는 균사의 생장이 늦어지거나 정지되는데, 높은 온도에 의한 손상(heat shock)인 경우에는 회복이 어려우나, 낮은 온도에 의한 손상(cold shock)의 경우에는 적절한 환경 조건을 제공하면 균사의 생장이 다시 회복된다. 따라서 균사나 자실체 생장 시 고온에 대한 피해를 최소화하는 데 중점을 두어야 한다. 배지에 완전하게 배양된 균총은 황색을 나타낸다(그림 28-2).

표 28-8 상황의 배양 온도별 균사 생장량 (농촌진흥청, 2001) (단위: mg/30일)

버섯명 \ 배양 온도	20℃	25℃	30℃	35℃
목질진흙버섯	8.9	14.9	16.6	3.6
말똥진흙버섯	16.3	18.7	14.9	4.2

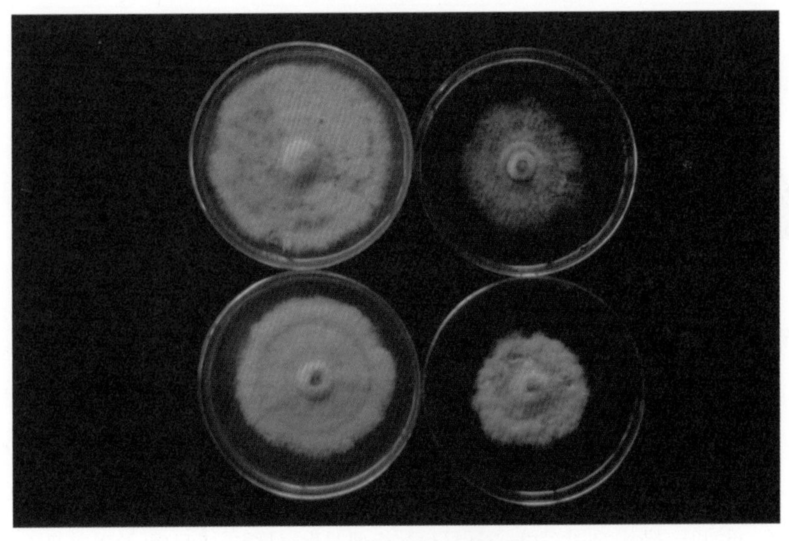

그림 28-2 **순수 분리한 상황 균주**

(3) 산도(pH)

상황 균사 생장에는 pH 4~7의 부근에서 생육이 가능하며, pH 5~6 부근이 가장 우수한 것으로 알려졌으므로 톱밥을 이용한 종균 제조 시에는 배지의 산도를 조제해 줄 필요가 있으며,

오염 방지를 위해 pH가 다소 낮은 pH 5.0~5.5를 유지시켜 주는 것이 유리할 것으로 생각된다(표 28-9).

표 28-9 상황의 산도별 균사 생장량 (농촌진흥청, 2001)

(단위: mg/15일)

버섯명 \ pH	4.0	5.0	6.0	7.0	8.0
목질진흙버섯	15.2	16.9	17.4	18.1	16.2
말똥진흙버섯	21.6	18.3	17.8	18.1	17.6

2) 원목 재배

상황의 원목 재배 과정은 그림 28-3에서와 같이 원목 조제, 종균 접종, 원목 배양, 원목 매몰, 버섯 발생의 과정으로 나눌 수 있다.

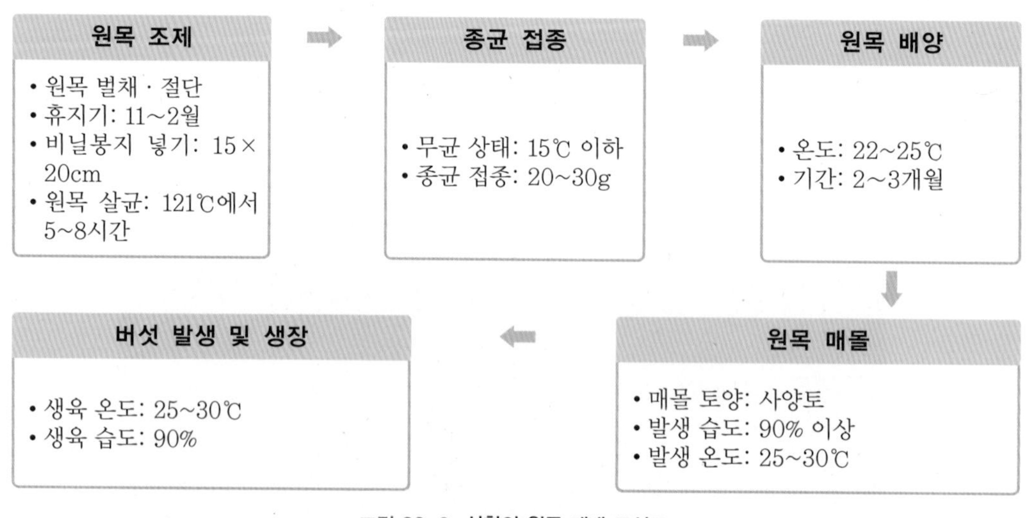

그림 28-3 상황의 원목 재배 모식도

(1) 원목의 선택

상황은 다년생이므로 재배용 원목의 수종은 재질이 단단한 뽕나무가 가장 좋으며 상수리나무, 떡갈나무, 졸참나무, 굴참나무 등 참나무류도 가능하다. 원목에서 상황의 균사 생장은 표피와 목질부의 사이를 기점으로 발생하여 목질부 전체에 퍼지므로 표피가 너무 얇거나 두꺼운 나무의 사용을 피하는 것이 유리하다. 참나무류 중에서는 상수리나무와 졸참나무가 가장 적합하며, 굴참나무는 표피층이 두꺼워 원목의 건조 기간이 길고 수분의 흡수가 곤란하거나 균사가 목질 밖으로 나오기가 어려워 자실체의 발이 및 버섯의 생장이 잘 안 되는 단점이 있다. 물참나무, 사과나무 등 재질이 연한 수종도 재배는 가능하나 수피가 너무 얇은 것은 작업 중 쉽게 상처가 나거나 다년간 식재 시 쉽게 부패하기 때문에 생산량 감소의 원인이 되기도 한다.

원목의 굵기는 지름 7cm 이상이면 사용 가능하나 10~15cm가 가장 적합하다(표 28-10).

표 28-10 원목 수종별 발이 소요일 및 발이율 (농촌진흥청, 2001)

수종	초발이 소요 일수(일)	발이율(%)	수량(g/본)
뽕나무	14.3	85	18.2
사과나무	12.2	95	38.1
졸참나무	13.2	95	42.1

(2) 원목 벌채 및 건조

원목은 수액의 이동이 정지된 휴면기에 가장 많은 영양분을 함유하고 있고 표피도 목질부에 밀착되어 있으므로 원목의 벌채는 낙엽이 지기 시작하는 11월 초순부터 이듬해 물이 오르기 전인 3월 초순까지가 적당하다. 나무의 수분 함량은 여름에는 70~75%, 겨울에는 40~50%이므로 상황 재배 시 적정 수분 함량인 45% 내외가 되는 겨울철에 벌채하는 것이 유리하다. 여름철에 벌채한 것을 사용하는 경우에도 상황 균사의 활착, 버섯의 발이 및 발생이 이루어지나, 멸균 시 수분 과다 발생으로 인한 오염이 증가하고 작업이 불편해지는 등 문제점들이 발생한다.

가을철 벌채는 단풍이 먼저 들기 시작하는 북향, 서향, 동향, 남향의 순서로 산의 위에서부터 아래로 한다. 벌채한 원목은 원목 내의 수분이 자연 증발되도록 잔가지를 자르지 않으며, 길이 120~150cm로 절단하여 통풍이 잘되는 장소에 우물 정자(井) 모양으로 쌓아서 차광막이나 나뭇가지 등을 덮어 직사광선을 피하여 음건시킨다. 벌채 후 건조의 장점은 균사 생장을 위해 적정 수분을 맞추어 주는 동시에 건조하게 함으로써 표피와 목질부의 밀착을 유지하여 표피와 목질부의 분리 현상을 방지하며, 표피 부분에 묻어 있는 잡균을 불활성화시켜 잡균 발생률을 감소시킬 수 있다. 원목 건조는 대략 1~2개월 음건시켜 목질부의 중앙에 갈라진 부위가 4~5개 정도 생겼을 때 종료한다.

(3) 단목 자르기

원목을 수분 함량이 40~42% 정도로 자연 건조시킨 후 지름이 15~20cm인 것을 선별하여 길이를 15~20cm 내외로 절단하고 작업 중 비닐이 파손되지 않도록 절단면의 가장자리 둘레와 나무 중간의 가지 발생 부분도 잘 다듬어 준다. 이때 가능한 한 표피 부분이 많이 벗겨진 것의 사용은 금한다.

(4) 봉지 쌓기

상황 재배에 이용되는 비닐은 100℃ 이상에서도 녹지 않는 내열성 폴리프로필렌 비닐로 두께가 0.02mm인 비닐은 두 겹, 0.05mm인 비닐은 한 겹으로 봉지를 만든다. 원형(롤)으로 되어 있는 비닐은 60~100cm 길이로 절단하여 중앙부를 잡아매고 뒤집어서 긴 2중 자루가 되도록 만들며, 느타리 재배용 비닐봉지의 경우에는 두께가 얇으므로 2개를 겹쳐서 사용한다.

(5) 단목 넣기

원목의 수분 함량이 부족하여 살균이 잘 안 되면 균 활착 및 생육이 저조하여 잡균 발생률이 높아지므로 단목을 비닐봉지에 넣기 전에 수분을 조절해야 한다. 단목의 수분 함량이 40% 이하이면 하루 정도 침수시켜 수분을 충분히 보충한 후 살균해야 살균 효율을 높일 수 있다. 원목의 살균은 진흙버섯 재배에서 중요한 과정으로 원목을 연화시키기 위해서는 장시간 살균을 해야 하므로 원목의 수분 함량이 매우 중요하다.

단목을 비닐봉지에 넣는 방법은, 미리 준비된 내열성 비닐 봉지를 단목의 위에서 아래로 씌워 뒤집은 후, 여분의 비닐을 잡아당겨 원목과 비닐 사이의 공간이 많이 생기지 않도록 하면서 상부의 비닐을 오므린 다음 종균 형성틀의 내부로 비닐을 꺼내면서 형성틀이 원목의 단면 중앙에 위치하도록 한다. 형성틀 위로 올라온 비닐을 잡아당기면서 형성틀을 고정시킴과 동시에 비닐을 바깥쪽으로 젖히고 플라스틱 뚜껑 또는 면전(솜마개)으로 마개를 하여, 나중에 종균을 접종할 수 있도록 한다. 원목을 비닐봉지에 넣을 때 비닐이 파손되지 않도록 세심한 주의를 기울여야 한다.

형성틀을 이용하는 방법 외에 영지버섯 단목 재배에 이용되는 PVC관, 고무밴드 또는 비닐 끈 등으로 입구를 막아도 된다. 이는 영지버섯 단목 재배 시 원목을 포트에 넣어서 살균 후 배양하는 과정과 거의 같은 방법이며, 종균 제조 과정과 유사하다. 특히 목질진흙버섯은 원목에서 균사 활착이 매우 늦으므로 참나무잎이나 톱밥 등의 증량제를 첨가하면 균 활착이 양호하며 잡균 발생을 줄일 수는 있으나 완전한 살균이 이루어져야 한다.

(6) 원목 살균

살균은 증기를 이용한 고압 살균과 상압 살균 중 시설의 조건에 따라 선택하여 실시한다. 살균은 원목 내의 잡균을 제거하고 목질을 연화시켜 균사의 침투를 용이하게 하며, 목재 내에 균사 생육을 저해하는 휘발성 물질을 제거하기 위한 수단으로 매우 중요한 공정이라 할 수 있다.

고압 살균은 고압 수증기로 살균하기 때문에 짧은 시간 내에 원목를 살균할 수 있는 장점이 있다. 살균 방법은 살균기에 수증기를 주입하면서 살균기 내부의 온도가 108℃까지 올라가는 동안 적당량을 계속 배기하거나, 배기를 하지 않은 상태에서 108℃까지 올린 후 10~15분간 배기를 한 다음 121℃에서 5시간 정도 살균한다. 이때 주의해야 할 점은 살균 중에도 조금씩 계속 배기를 해 주어야 하며, 배기를 갑자기 실시하면 형성틀 뚜껑이 열리는 경우가 생긴다. 고압 살균 시 살균기 내에 원목을 쌓는 방법은 선반형 운반차를 이용하는 것이 편리하다. 원목을 너무 많이 쌓고 살균하면 중앙부에는 열 침투가 안 되어 살균이 불완전하게 된다. 원목 살균이 끝난 다음에는 압력이 떨어진 후 살균기 문을 열고 원목을 꺼내 접종실로 옮긴다.

상압 살균은 고압 살균에 비해 시간이 오래 걸려 작업 능률이 떨어지고 연료 소비량이 2배 정도 더 소요되는 단점이 있으나, 시설비가 절감되고 원목을 대량 살균할 수 있으며 보일러 취급 시 법적 제재를 받지 않는 장점이 있다. 이 방법은 살균기 내의 온도를 98~100℃로 유지하면서 원목을 살균하는 방법으로 상압 살균 시에도 배기는 조금씩 계속하여야 한다. 원목의 살균 온도 및 시간은 100℃에서 8~10시간을 유지한 후 접종실로 옮겨 냉각시킨 다음 접종 작업을 한다. 살균 시간이 너무 짧아 원목의 연화 시간이 부족하면 균 활착률이 매우 저조하다. 실제 농가에서는 상압 살균의 경우라 하더라도 시설 여건상 90℃ 이상 상승시키는 것이 어려우므로 80℃ 이상에서 10~15시간 정도 충분히 살균하여야 살균 효과를 얻을 수 있을 것이다.

고압 살균 시간에 따른 균사 활착률을 비교해 보면 장수상황(*P. baumii*)은 121℃에서 8시간 살균하면 100%의 원목 활착률을 보였으나, 목질진흙버섯은 8시간 살균에서 45.5%, 12시간에서 94.4%의 균 활착률을 보였다. 이러한 결과를 볼 때 목질진흙버섯 재배 시 원목의 살균 시간은 최소한 12시간 동안 유지해야 한다(표 28-11).

표 28-11 살균 시간이 상황의 균사 활착에 미치는 영향 (농촌진흥청, 2001) (균 활착률: %)

살균 시간 / 버섯명	8시간	10시간	12시간	14시간
목질진흙버섯	45.5	62.8	94.4	100
장수상황	100	100	100	100

(7) 종균 접종 및 배양

상황의 종균은 균사 활력이 왕성하여 활착률이 높으며 노화되지 않고, 잡균에 오염되지 않아야 한다. 진흙버섯 품종은 농촌진흥청 농업과학기술원에서 개발한 목질진흙버섯 계통의 고려상황(*Phellinus linteus*)과 경북농업기술원에서 등록한 마른진흙버섯(*Phellinus gilvus*), 그리고 버섯 발생이 비교적 용이한 장수상황(*Phellinus baumii*) 등이 품종으로 등록되어 있다.이들 품종의 우량한 종균은 황금색이다(그림 28-4).

❶ 종균 접종

상황 재배의 성패는 원목의 종균 접종 및 배양에 달려 있다고 해도 과언이 아니다. 따라서 접종실은 오염이 안 되도록 무균 상태를 유지하는 것이 매우 중요하다. 접종실은 외부의 공기가 직접 유입되지 않도록 하여야 하며, 가능한 한 온도를 15~17℃로 유지시켜야 하고 건조 상태로 관리하는 것이 오염률을 줄일 수 있다.

천장에는 자외선등을 설치하여 접종하지 않을 때는 항상 살균등을 켜 놓아 오염 요인을 제거한다. 접종 2~3일 전에 깨끗이 청소하고 3% 페놀 용액 또는 유황 등으로 훈증을 실시한 후에 환기를 실시한다. 페놀 용액은 정제수 97mL와 페놀 3mL를 섞은 후 분무기를 이용하여 천장, 벽면, 바닥 등을 골고루 살포하여 소독한다.

유황 훈증의 경우는 3.3m^{2}당 10g 정도의 유황을 스테인리스 용기에 넣고 알코올 약간량을 첨가한 다음 불을 붙여 발생되는 연기로 훈연을 실시한다. 소독 시에는 밀폐하여 소독 효과를 높여 주고, 사람에게도 해로운 영향을 미치므로 소독 중에는 출입을 금하여야 한다. 접종 직전에 톱밥 종균 및 접종에 필요한 멸균된 기구들을 넣고 70% 에탄올로 접종 작업대, 천장, 벽면 등을 소독한다. 접종을 위해서는 준비실에서 완전히 소독된 위생복 및 마스크를 착용하여 사람을 통한 유해균의 감염을 차단하여야 한다. 그러나 무균 시설이 갖추어지지 않은 일반 농가의 경우는 위의 방법에 따라 소독을 실시하되, 가능한 한 외부의 기온이 낮은 1~2월에 접종하는 것이 유리하다.

종균의 접종은 톱밥 종균을 원목 1개당 20~30g씩, 많게는 100g씩 접종하며, 최대한 접종원 나무의 상단면에 골고루 퍼지도록 해야 균사의 생장이 빠르다. 접종 시 원목을 싼 폴리프로필렌 비닐봉지(PP bag)의 상부를 조심스럽게 열어 접종을 하고, 단시간 내에 접종을 하여 외부의 균이 침입하지 않도록 하며, 접종 시 실내에 공기의 유동이 없는 상태에서 접종한다. 이때 접종 스푼은 원목 20개 정도를 접종 시마다 70% 알코올 용액에 담근 후 분젠버너로 화염 살균을 실시하여 사용하고, 종균 주입구는 분젠버너의 불꽃 가까운 곳에 위치하여 공기 중의 마이크로플로라에 의한 오염원 유입을 차단하여야 한다. 종균 접종 작업이 끝나면 봉지의 윗면을 가지런히 하여 플라스틱 마개를 하고 중간에 공기의 출입이 가능한 필터를 끼워 준다.

톱밥 종균 접종은 접종량이 많이 소요될 뿐만 아니라 종균이 딱딱하여 접종하기 어렵고, 또한 균사 활력이 약한 단점이 있어 현재에는 곡립 종균도 많이 사용한다. 곡립 종균은 밀로 되어 있어서 접종이 용이하고 균 생존력이 강한 장점이 있다. 이 밖에 대량으로 접종할 수 있는 액체 종균이 있으나 균 활착률이 떨어진다.

❷ 원목 배양

접종이 완료된 원목은 배양실로 옮겨 접종된 부위가 상부로 향하게 하여 균상 위에 한 층으로 가지런히 배열하여 세워 놓는다. 배양실의 온도는 초기 2주까지는 22~23℃를 유지하여 잡균의 발생을 억제시키고, 이후 23~25℃를 유지한다. 접종된 원목은 3~4일 경과 후부터 균사가 노랗게 발생하면서 점차 전면에 걸쳐 퍼진다(그림 28-5). 균사 배양 기간은 원목의 크기나 접종량에 따라 상이하나 2개월에서 3개월가량 소요된다(그림 28-6).

그림 28-4 **상황 톱밥 종균**

그림 28-5 **상황 배양 장면**(배양 45일 경과)

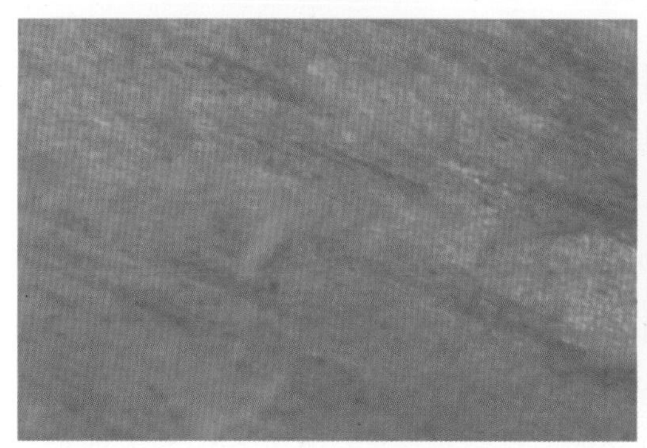

그림 28-6 **목질 내부 및 표피의 균사 생장**(접종 2개월)

배양 기간 동안에는 배양실의 온도를 23~25℃, 습도를 65~75% 정도 되게 일정하게 유지시키고, 빈번한 출입을 자제하여 실내 공기가 오염되는 것을 방지하며, 간헐적으로 70% 에탄올이나 벤잘코니움클로라이드 1,000배 희석액을 분무하여 소독해 준다. 또한, 균사의 생장이 활발할 때 환기를 해 주어 과도한 이산화탄소에 의한 생육 지연을 막아 준다. 배양 기간 동안에는 지속적으로 상태를 관찰하여 오염된 것은 즉시 제거함으로써 오염이 확산되지 않도록 한다.

(8) 종목 식재

종목을 땅에 묻는 시기는 자연 상태에서는 낮 기온이 25~28℃ 정도가 유지되는 5월 중순부터 6월 중순까지가 적당하다. 균사의 배양이 완료된 종목의 비닐봉지를 벗겨서 제거하고, 브러시나 솔을 이용하여 나무의 외면에 붙어 있는 균사 덩어리를 제거한다. 이때 잡균의 발생에 의한 오염 시 벤레이트 1,000배 액으로 소독을 한다. 참나무에서 배양한 종목은 표피에 부착되어 있는 균피를 제거한 후 매몰해야 자실체 발생이 용이하지만, 뽕나무 원목에서 배양한 목질진흙버섯은 균피를 제거하지 않고 매몰해야 한다. 즉, 참나무류는 원목의 수피가 두꺼워서 주변의 잡균에 어느 정도 보호 능력이 있으나 뽕나무는 수피가 얇아서 균 배양이 완전하지 않은 원목의 균피를 벗겨 내고 매몰하면 잡균에 쉽게 오염된다. 식재 방법은 재배사의 지면을 편평하게 고른 후 골을 만들고, 종목과 종목 사이의 간격은 종목의 지름만큼 띄워 놓고 접종면을 위로 향하게 하여 마사토를 이용하여 65% 정도가 땅에 매몰되게 심는다. 종목의 단면 표면에는 깨끗한 모래로 약 2~3cm 두께로 덮어 주어 수분의 증발을 최소화한다. 식재 종목의 단면 위에 모래를 덮을 경우 수확 시 버섯에 모래가 침착되어 좋지 않은 영향을 미치기 때문에, 식재 초기에 수분 관리를 엄격히 한다면 모래를 첨가하지 않아도 된다.

(9) 버섯 발생 및 생육 관리

❶ 버섯 발생

상황 재배에서 버섯의 발생은 초기에 물 관리가 매우 중요하다. 매몰 종목의 관수는 표면의 모래가 충분히 젖고 바닥에 물기가 배어 나올 정도로 매일 1~2회 충분히 관수하여 실내의 공중 습도를 90~95% 정도로 유지시켜 준다. 식재 후 발이를 위한 초기 수분 관리는 공중 습도 조절보다는 토양 내의 수분 함수량에 좌우되며, 초기의 관수는 발이에 결정적인 영향을 미치므로 충분한 관수를 실시하여야 한다. 버섯 발생 시에는 이산화탄소의 농도는 1.5~2.0%가 알맞으므로 가능한 한 환기를 억제하고 재배사 내의 온도가 높을 때에만 환기를 실시한다. 장수상황의 발생은 대체로 1주일 후부터 형성되기 시작하며, 이때부터는 관수량을 약간 줄여 주고 관리한다. 발이 초기에는 좁쌀만한 맹아가 형성되기 시작하며, 지속적인 관리로 손가락 마디만한 크기가 되었을 때부터 적절한 환기를 실시하여 관리한다. 목질진흙버섯은 일반적으로 원목 매몰 다음 해부터 자실체가 발생한다.

❷ 생육 관리

상황은 버섯의 생육 기간이 길고, 균사의 활력이 다른 버섯보다 약하기 때문에 재배사의 습도 및 물 관리와 온도 관리가 중요하다. 재배사의 온도는 25~32℃가 적온이며, 온도가 36℃ 이상

그림 28-7 버섯 발이(식재 2주 경과; 좌)**와 자실체 생장**(45일 경과; 우)

이 될 때 버섯의 성장이 정지되어 회복하는 데 상당한 노력과 시간이 필요하므로 관수에 의한 온도의 조절이 요구된다.

관수의 횟수는 계절과 재배사 토양의 토질에 따라 상이하나, 일반적으로 사양토일 경우에 봄에는 1일 1회씩 단면 표면의 모래가 젖을 정도로 하고, 여름에는 1일 1회씩 기온이 낮은 아침이나 저녁을 택하여 관수하며, 가을에는 관수량을 줄여 2~3일에 1회씩 실시한다. 겨울에는 대기의 온도가 낮기 때문에 버섯 성장이 정지되어 있는 시기로서 관수를 하지 않고 그대로 유지시켜 준다. 관수량은 재배사 내부의 온도와 대기의 상태에 따라 적절히 조절해 주어야 하며, 매몰 토양이 사토이면 사양토보다 관수량을 늘려야 한다.

환기의 경우는 종목을 식재하고 버섯 발이를 위해 높은 실내 공중 습도가 요구되므로 초기에는 외부의 공기 출입이 안 되도록 밀폐시키는 것이 중요하다. 발생된 버섯이 생장함에 따라 버섯의 표면에 검은 물방울이 맺히기 시작하는데, 이것은 버섯의 호흡에 의해 생성된 이산화탄소와 수분의 응축에 의해 발생되는 것으로서 이때부터 조금씩 환기를 실시하여 준다. 환기는 출입구나 환기구의 전면 개폐보다는 앞뒤 문의 상단부에 설치된 환기창을 열어 주어 실시하여 급격한 토양 표면의 건조를 방지하여 준다.

대체적으로 봄에는 환기를 억제하고, 여름에는 충분한 환기를 실시하여 재배사의 온도가 상승되는 것을 방지한다. 또한, 여름철에는 재배사 내의 온도가 급격히 상승하므로 환기량을 증가시켜 준다. 이때 환기량 증가에 따른 재배사 내의 수분 방출량을 고려하여 관수량을 증가시켜 주어 종목의 표면이 건조되는 현상을 방지해 주어야 한다. 이때 관수 후에는 자실체 아래 포자층에 물기가 남아 있으면 푸른곰팡이 등 병원균에 쉽게 오염될 수 있으므로 환기를 충분히 시켜야 한다.

여름철에는 재배사 내부가 40℃ 이상까지도 상승하는 경우가 많아 상황 재배 시 온도 관리가 어렵다. 이런 경우에는 재배사 위에 30~100cm 정도의 간격을 두고 차광막을 설치하면 4~5℃까지 온도를 낮출 수 있으므로 효과적이다. 여름철에 온도 상승에 의해 발생된 버섯이 갈변되는 경우는 관수와 환기를 실시하여 온도 상승을 억제하여 주면 점차 다시 노란색의 버섯이 재생된다. 또한, 겨울철에 생장이 정지되어 갈색화가 많이 진행된 것도 이듬해 봄에 수분 공급, 환기 및 온도 관리를 하여 주면 갈색화된 버섯 외표면에서부터 점차 중심부로 노란색의 버섯으로 성장하게 된다(그림 28-7).

(10) 버섯 수확

버섯이 어느 정도 자라면 하단면에 포자층이 형성되기 시작한다. 진흙버섯은 다년생 버섯으로, 자연 상태에서 자생하는 버섯은 5~7년 정도 생장하여야 되는 것으로 알려진 것처럼 생장 속도가 느리다. 일반적으로 인공 재배의 경우에는 2년 경과 시에 수확이 가능하고, 조기 수확하고자 할 때에는 6개월~1년 경과 시에도 수확할 수 있으며, 1개의 개체가 20~30g 이상인 것을 수확한다.

상황은 대가 없이 종목에 단단하게 붙어서 자라므로 수확 시 종목이 손상되지 않도록 조심스럽게 절단하여야 다음 버섯 발생에 지장을 받지 않는다. 장기간 저장을 하거나 미성숙 버섯은 다음 해에 수확하는 것이 오히려 유리하다. 많이 재배하는 장수상황과 달리 품종 고려상황은 자실체 생육이 매우 느리다. 고려상황은 생육이 매우 느릴 뿐만 아니라 자실체도 장수상황과는 다른 형태이다(그림 28-8).

목질진흙버섯 바우미종(*P. baumi*)의 품종 장수상황의 자실체

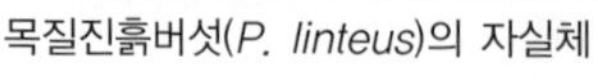

목질진흙버섯(*P. linteus*)의 자실체

품종 고려상황의 자실체

그림 28-8 **장수상황과 고려상황의 자실체** (농촌진흥청 버섯과 사진 제공)

수확한 버섯은 수분 함량이 비교적 낮고 조직이 견고하여 건조가 간편하다. 수확한 버섯은 흙이나 이물질들을 제거하고 대나무로 만든 발이나 철제 그물망의 구조물에 올려놓고 단순히 통풍 건조하거나, 열풍 건조의 경우에는 35~40℃에서 12~20시간 정도 유지시켜 주면 건조된다. 건조된 버섯은 통풍이 잘되는 장소에 보관한다.

3) 톱밥 재배

상황의 톱밥 재배는 기계화가 가능하고 재배사의 이용률을 증대시킬 뿐만 아니라 연중 계획 생산을 할 수 있는 장점은 있으나 일정한 기본 시설을 갖추어야 하기 때문에 초기 투자 비용이 많이 들고, 또한 목질진흙버섯 계통은 재배하기 어려운 단점이 있다(그림 28-9).

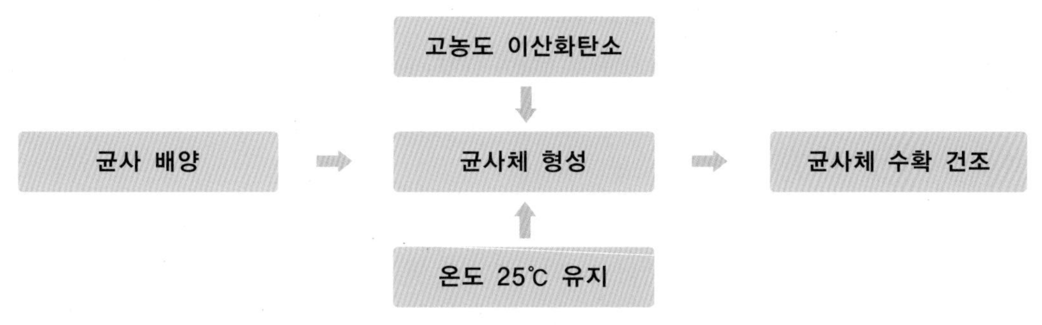

그림 28-9 **상황 균사체 형성 과정 및 환경 관리**

(1) 재배 시설

상황은 생육 환경에 민감한 버섯이므로 생육하기에 알맞은 환경이 유지되도록 재배사를 시설하여야 한다. 톱밥 재배를 하고자 할 때에는 작업실, 냉각실, 접종실, 배양실, 재배사 등을 구비하여야 한다. 톱밥 재배로 한 번에 1,200병을 생산하고자 할 때에는 작업실 면적이 43m²(13평), 냉각실 면적이 11.9m²(3.6평), 배양실 면적이 95.9m²(29평)가 되도록 시설해야 한다.

(2) 재배 기술

수량을 증대시키고 품질이 좋은 버섯을 생산하기 위해서는 배양병 내의 배지 영양이 풍부하여 균사의 축적량이 많아야 한다. 따라서 배지는 톱밥, 쌀겨, 물의 혼합 비율이 적당해야 한다.

❶ 배지 조제

상황의 톱밥 재배는 뽕나무나 참나무 톱밥 등 재질이 단단한 활엽수가 적당하며, 재질이 연한 수종은 균사 생장은 빠르나 균사 밀도가 낮아 재배에 어려움이 많다. 따라서 균사 생장이 빠른 참나무 톱밥과 균사 생장은 늦으나 균사 밀도가 높은 뽕나무 톱밥을 혼합하여 사용하는 것이 유리하다. 목질진흙버섯은 균사 생장이 늦어서 톱밥 재배는 극히 어렵고 마른진흙버섯(*Phellinus gilvus*)과 장수상황(*Phellinus baumii*) 등 몇 종만 가능하다.

상황의 톱밥 재배 시 톱밥 한 가지만으로는 균사 생장 및 자실체 발생에 요구되는 영양을 충분히 공급할 수 없으므로 일정량의 쌀겨(미강)와 같은 영양원을 첨가하여야 한다. 진흙버섯의 톱밥 재배에 사용할 톱밥은 3~5mm의 체로 쳐서 찌꺼기를 제거하고 쌀겨는 고운체로 쳐서 부스러진 쌀알은 모두 제거한 후 사용해야 균 배양 시 잡균 발생이 적다. 배지의 재료 배합은 뽕나무 톱밥과 활엽수 톱밥을 부피비(v/v) 70:30으로 혼합한 후에 톱밥 전체량을 기준으로 하여 톱밥과 쌀겨를 부피비(v/v) 80:20으로 다시 혼합하고 탄산칼슘을 0.2% 첨가한다. 뽕나무 톱밥은 구하기는 어렵지만 뽕나무 톱밥을 사용하면 진흙버섯의 균사 색택이 진노란색으로 되며 활력도 강한 특성이 있다. 재료 배합 시 쌀겨의 첨가량이 증가하면 자실체의 발생이 양호하고 수량도 증가하나 잡균의 발생이 많고 배지의 물리성이 불량해져 균사의 생장 기간이 길어진다. 톱밥 배지의 수분 함량이 과다하면 산소가 부족하여 균사 생장이 늦어질 뿐만 아니라 자실체 발생도 불량해진다. 진흙버섯 재배 시 톱밥 배지의 수분 함량은 65~70%가 적당하며, 80% 이상과 60% 이하에서는 균사 생장이 지연된다.

배지를 병에 넣을 때(입병) 온도가 높은 시기에는 배지가 변질되기 쉬우므로 가능한 한 빠른 시간 내에 병에 넣는다. 병에 넣는 배지의 양(입병량)은 병 용량 1,200cc에 730~750g씩 넣고 표면을 다진 다음 지름 1.5~2.0cm의 막대기로 병 중심부의 배지 상부에서 밑바닥까지 구멍을 뚫고 마개를 막는다.

❷ 살균

살균의 목적은 배지에 혼입되어 있는 잡균을 제거하고 배지 내에 있는 성분을 버섯균이 이용하기 쉬운 형태로 변화시키고 물리성을 연화시켜 버섯균이 잘 자라도록 하는 데 있다. 입병 작업이 완료된 배지는 영양분이 풍부하여 즉시 살균하지 않으면 잡균에 오염되어 효소나 독소를 분비하므로 살균을 한 후에도 버섯균이 잘 자라지 못하므로 빠른 시간 내에 살균하여야 한다.

살균 방법에는 98~100℃에서 살균하는 상압 살균 방법과 살균 솥 내의 압력을 1.0~1.2kg/㎠로 해서 121℃의 높은 온도에서 살균하는 고압 살균 방법이 있다. 상압 살균은 장시간 살균을 해야 하므로 연료비가 많이 드는 단점이 있으나 배지의 연화 상태가 좋아 버섯 균사 생장이 양호하다. 고압 살균은 살균 시간이 단축되어 연료비가 절감되고 유해한 잡균을 단시간 내에 사멸시킬 수 있는 장점이 있어 대부분 이 방법을 사용한다. 고압 살균은 입병된 병을 살균 솥 내에 넣고 문을 잠근 뒤 수증기를 서서히 넣어 살균 솥 내의 압력이 0.7kg/㎠ 정도 되었을 때 배기 밸브를 열어 살균기 내와 배지 내의 공기를 제거하고 서서히 압력을 높여 1.0~1.2kg/㎠, 즉 121℃에서 60~90분간 살균한다. 살균 중에는 수증기와 함께 적은 양의 공기가 들어가므로 항상 배수 밸브를 열어 둔 상태에서 살균을 해야 한다.

❸ 종균 접종 및 배양

살균이 끝난 배지는 냉각실에서 60~70℃까지 식히며 냉각실이 없는 경우에는 무균실로 바로 옮겨 충분히 냉각시킨 다음 종균을 접종한다. 접종은 살균된 배지의 온도가 18~20℃ 정도 되었을 때 무균 상태에서 종균을 접종한다. 접종량은 재배병 100cc당 0.8~1.0g, 즉 1,200cc 병일 경우에는 약 10~11g을 접종하면 된다.

버섯 재배 시 가장 문제가 되는 것은 잡균 발생으로, 잡균은 대부분 종균을 접종할 때 접종원이나 공기 중에서 들어가 오염된다. 따라서 접종원은 사용하기 전에 철저히 검사하여 잡균이 발생되지 않은 종균을 사용해야 한다. 종균 접종이 끝난 배지는 배양실로 옮겨 균사를 생장시킨다. 배양실의 온도가 낮으면 균사 배양 일수가 길어질 뿐만 아니라 배지의 표면이 건조해지고 균사가 노화되어 버섯 발생이 불량하게 된다. 진흙버섯의 균사 생장 온도는 10~38℃이지만, 최적 온도는 25~30℃이므로 배양실의 실내 습도를 65~70%로 유지하면서 온도를 22~25℃로 조절하면 배양병 안의 온도는 28~30℃가 유지된다. 배양 기간은 배양 온도에 따라서 차이가 있으나 대략 35~40일이 소요된다.

❹ 버섯 발생 및 생육

배양이 완료된 병은 보온 덮개 비닐 재배사나 패널 재배사로 옮기고 재배사 내의 온도를 25~30℃로 유지하면서 2~3일이 경과한 다음, 병의 마개를 열고 실내 습도를 90~98%로 유지한다. 재배사 내의 온도 편차가 크면 병 안에 응결수가 생겨 세균에 오염되기 쉽다. 또한, 재배 과정 중 온도 편차가 크면 버섯 표면에 굴곡이 생겨 버섯의 품질이 저하된다. 버섯의 생육 기간 중 실내 습도는 80~90%로 유지하는 것보다 90~98%로 유지하면 자실체의 수량은 높으나 잡균이 많이 발생하므로 90~95%로 유지하는 것이 안전하다. 균사체 덩이 형성 시 환기량을 증대시켜서 실내 이산화탄소의 농도를 낮게 유지하면 덩이의 두께가 얇고 수량이 낮아지므로 균사체 덩이의 형성량을 많게 하기 위해서는 배지 표면의 이산화탄소 농도가 0.3~0.6%가 유지되도록 하여야 한다.

❺ 수확

재배사 내의 온습도와 이산화탄소 농도가 알맞은 환경에서 덩이 유기일로부터 10~15일이 경과하면 덩이가 형성되기 시작하여 23~30일 후에는 버섯 표면이 단단해지고 생육이 정지되므로 이 시기에 수확하여 건조한다(그림 28-10).

그림 28-10 **톱밥 배지에서의 자실체 생산**

5. 수확 후 관리 및 이용

자실체를 수확하여 열풍 건조하는 것이 빠르고 편리하다. 건조된 자실체는 포장하여 상품으로 이용한다(그림 28-11).

일반적으로 성인의 1일 버섯 복용량은 3~5g이 적당하다. 목질진흙버섯은 액체 상태로 복용하는 것이 효율적이고 안전하다. 목질진흙버섯 7일분(약 21~35g)을 용기(주전자)에 넣은 다음 물 2,000mL 정도를 넣고, 중간불(가스레인지)로 약 50분 정도 달인다. 물의 양이 반으로 줄어들면 저장 용기에 액을 따르고, 다시 물 1,000mL(1L)를 넣고 같은 방법으로 재탕을 실시하여(3탕까지 해도 됨) 초탕액, 재탕액과 3탕액을 섞어서 냉장고에 보관한다. 보관 그릇은 유리병 또는 세라믹병을 사용한다. 1일 복용량은 약 200mL로 식전 또는 식후 3회에 분복한다. 목질진흙버섯의 달인 물은 무미 · 무취하므로 영지버섯 등을 1/3량 첨가하여 위와 동일한 방법으로 1주일 분량씩 나누어 달여서 복용한다.

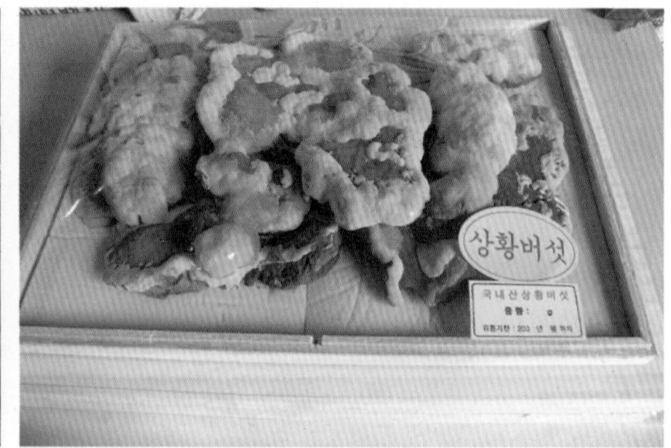

그림 28-11 **자실체의 수확 건조 과정과 포장 상품** (농촌진흥청 버섯과 사진 제공)

〈홍인표, 이준우〉

참고 문헌

- 농촌진흥청. 2001. 농업생명공학 연구. 농업과학기술원.
- 송치현, 나경수, 양병근, 전용재. 1998. 목질진흙버섯의 면역 활성. 한국균학회지 26: 86-90.
- 정학성. 1999. 진흙버섯류의 분류 체계 및 수집된 주요 종의 분류적 특징. 한국균학회.
- 江蘇新醫學院編. 1977. 中藥大辭典. 上海科學技術出版社. 香港. p. 28.
- 李詩珍. 1993. 本草綱目. 醫聖堂. pp. 1714-1715.
- Donk, M. A. 1964. A conspectus of the families of Aphyllophorales. Persoonia 3: 199-324.
- Donk, M. A., 1974. Check list of European polypores. Verhand. Kon. Nederl. Akad. Wetsch. afd. Nat. II, 62. 469pp.
- Fiasson, J. L. and Niemelä, T. 1984. The Hymenochaetales: a revision of the European poroid taxa.

Karstenia 24: 14-28.
- Ikegawa, T., Nakanishi, M., Uehara, N. and Chihara, G. 1968. Antitumor action of some basidiomycetes, especially *Phellinus linteus*. *Gann* 59: 155-157.
- Jülich, W. 1981. Higher taxa of basidiomycetes. Bibliotheca Mycologica 85: 229-233.
- Larsen, M. J. and Cobb-Poulle, L. A. 1990. *Phellinus*(Hynemnochaetaceae). A survey of the world taxa. Fungiflora, Oslo, Norway.
- Ying, J. *et al.*, 1987. *Icones of Medicinal Fungi From China*. Beijing. Science Press.

제 29 장

동충하초

1. 명칭 및 분류학적 위치

동충하초(冬蟲夏草)라는 이름은 원래 겨울에는 곤충의 몸에 있다가 여름에는 풀처럼 나타난다는 데서 생긴 것이다. 즉, 동충하초균은 곤충에 침입하여 곤충을 죽게 한 다음 그 기주(寄主)의 양분을 이용하여 자실체를 형성한다(성재모, 2007). 동충하초류는 분류학적으로 자낭균문(Ascomycota) 동충하초강(Sordariomycetes) 동충하초목(Hypocreales) 동충하초과(Cordycipitaceae) 동충하초속(*Cordyceps*)에 속하는 버섯으로, 한국을 비롯하여 중국, 일본 등 세계적으로 널리 분포한다. 그런데 이제까지 잘 알려지지 않은 이유는, 곤충을 다루는 곤충 학자들조차 동충하초균에 의해 병든 곤충에 별 관심이 없었고, 어쩌다 채집된 것도 불완전한 표본이라 단정하여 연구 대상에서 의도적으로 제외시켰기 때문이다.

그러나 동충하초는 자연 생태계에서 곤충 집단의 밀도를 조절하기도 하고, 예로부터 인류에게 유용하게 이용되기도 하였으며, 최근에는 사람들에게 유용한 물질이 동충하초에 포함되어 있는 것이 밝혀지면서 여러 면에서 흥미를 불러일으키고 있다. 특히 동충하초를 인삼, 녹용과 함께 한방 약재로 이용하거나, 농작물에 피해를 주는 해충을 방제하는 데 이용할 뿐만 아니라 동충하초의 배양액을 작물에 뿌렸을 때 병을 방제하고 튼튼하게 자라게 할 수 있다는 다양한 연구 결과는 동충하초가 앞으로 여러 면에서 이용될 수 있어 주목할 만한 일이다.

중국에서 한약재로 이용되고 있는 중국동충하초(*Ophiocordyceps sinensis*)는 시짱(西藏), 윈난(雲南), 구이저우(貴州) 등의 각 성과 티베트와 네팔에서 히말라야에 이르는 해발 3,000~4,000m인 고산 지대에 유충에서 자연적으로 형성된 것이 채집되고 있다. 예로부터 중국에서는 동충하초가 불로장생의 비약으로 결핵, 황달 치료와 아편 중독의 해독제로 이용되어 왔다. 한국에서도 채집된 많은 동충하초류 중에서 동충하초(*Cordyceps militaris*)의 새로운 물질인 밀리타린(militarin)에서 항암 효과가 있다는 것이 발견되어 이것이 제품화되면서 다른 동충하초의 연구도 활발하게 진행되고 있다.

동양의 3대 명약은 인삼, 녹용, 동충하초로 알려져 있는데, 인삼과 녹용은 하나이지만 동충하초는 보고된 것이 400여 종이나 이에 대한 연구조차 되어 있지 않아 앞으로 연구할 소재가 무궁무진하다. 동충하초류에는 동충하초(*Cordyceps militaris* (L.: Fr.) Link), 중국에서 나는 중국동충하초(*Ophiocordyceps sinensis* (Berk.) Sacc.=*Cordyceps sinensis* (Berk.) Sacc.), 긴자루매미동충하초(*Ophiocordyceps longissima*), 붉은자루동충하초(*Cordyceps pruinosa*)와 잠자리동충하초(*Hymenostilbe odonatae*) 등이 있다(성재모 등, 1998).

오늘날 생물체는 동물계, 식물계, 균계, 원생동물계, 세균계로 나누어지는데, 동충하초는 균계에 속한다. 동충하초란 명칭은 곤충이나 절지동물, 균류 또는 고등 식물의 종자에 기생하는 모든 균류를 총칭하며, 균학적으로 자낭균문(子嚢菌門), 불완전균문(不完全菌門), 접합균문(接合菌門)에 속한다. 지금까지 알려진, 곤충을 침입하는 동충하초는 약 800여 종으로, 이들 중 버섯을 형성하는 것으로 알려진 대표적인 균은 대부분 자낭균문의 자낭각균강에 속하는 동충하초속으로 약 400여 종이 보고되었으며, 한국에서도 동충하초를 비롯하여 현재까지 100종 이상이 채집되어 분리 동정(同定)되었다(Sung *et al.*, 2007; Kobayasi, 1982).

동충하초는 모든 곤충을 침입하나 기생하는 곤충에 따라 다른 동충하초가 형성될 수 있고, 같은 곤충일지라도 생장 시기에 따라 유충과 성충을 침입하는 동충하초의 종류가 다른 경우도 있으므로 이제까지 알려진 동충하초보다 많은 동충하초가 존재할 수 있다. 따라서 앞으로 동충하초는 많은 연구가 필요하다.

2. 재배 내력

동충하초라는 말은 곤충에서 피어나는 버섯을 보고 고대 중국인들이 이름을 붙인 것으로, 넓은 범위로 이해하면 곤충에서 나오는 모든 종을 말하지만, 중국에서 약용으로 사용되어 왔던 좁은 범위의 동충하초는 코디셉스속(*Cordyceps* sp.)에 해당되었던 속들(*Cordyceps*, *Ophiocordyceps*, *Metacordyceps* 등)의 종들을 말한다(Sung *et al.*, 2007). 동충하초는 곤충을 기주로 하여 자실체를 발생하는 버섯으로서, 동물성인 기주와 식물성인 자실체로 이루어진 신비한 버섯으로 식물체를 기주로 하는 영지버섯, 표고, 느타리 등과는 전혀 다른 동물성과 식물성이 같이 존재하는 버섯이다.

중국 청나라 『본초종신』에 처음 기록된 동충하초는 중국동충하초(*Ophiocordyceps sinensis*)로, 불로장생의 약효에 대한 최초의 기록이었다. 살아 있는 곤충에 침입하여 기주의 영양분으로 자실체를 형성한 곤충 기생균인 동충하초에 대한 기록은 AD 800년경 『Fungus-born wasp』의 서양 서적에 최초로 기록된 것으로 전해지고 있다.

동충하초의 최초 재배 종은 동충하초(*Cordyceps militaris*)이며, 1936년 Shanor가 동충하초 자실체 형성에 온도와 높은 빛 조건의 필요성에 관한 보고를 시작으로 동충하초에 대한 연구가 시작되었다.

우리나라의 동충하초의 재배는 1997년 눈꽃동충하초의 품종 육성과 인공 재배에 관한 연구를 시작으로, 1999년 누에를 이용한 동충하초의 생산 기술, 현미를 이용한 동충하초 생산 기술 개발 등의 연구 보고 및 개발로 동충하초에 대한 영양 기주 변화가 일어나 동충하초의 다양한 재배 기술이 개발되었다. 2001년부터는 눈꽃동충하초의 불완전 세대인 백강균을 이용한 미생물 제재 연구 분야로 확대되었다. 현미를 이용하여 재배하는 방법은 우리나라에서 가장 앞서 있는 재배 방법으로, 이 방법은 이미 중국과 일본에 특허가 등록되어 있으므로 앞으로 이 방법을 이용하면 대량 생산도 가능하리라고 본다(성재모 등, 1998).

3. 영양 성분 및 건강 기능성

동충하초는 예로부터 동양에서는 인삼, 녹용과 함께 3대 명약으로 알려져 왔다. 식물계인 인삼과 동물계인 녹용은 사람의 체질에 따라 효과가 다르지만 동충하초는 식물과 동물을 이용한 균에 의하여 형성되는 자실체로 체질에 관계없이 복용하여도 되기 때문에 현대인에게 가장 중요한 자원이 되었다. 이와 같이 동충하초는 사람에게 건강을 제공하는 중요한 자원이기도 하지만 식물에 배양액을 뿌리면 식물 생장을 촉진하고 당도도 높이는 효과가 있기도 하다. 또한, 농약 대신 사용하여 해충을 방제할 수 있는 동충하초도 있어 앞으로 해충 방제를 위한 미생물 제제의 개발 가능성 측면에서도 중요한 가치가 있다. 동충하초의 한방 약재는 고대 중국에서부터 이용되어 온 중국동충하초(*Ophiocordyceps sinensis*)에 의하여 미라가 된 유충들에서 형성된 자실체로부터 유래된다. 이 동충하초는 수분 10.84%, 지방 8.4%, 조단백질 25.32%, 탄수화물 28.9%, 회분 4.1%로 구성되어 있으며, 지방 성분으로는 포화 지방산이 13%, 불포화 지방산이 82.2% 함유되어 있다. 비타민 B_{12}는 100g당 0.29mg이 들어 있다. 한국에서는 동충하초(*Cordyceps*)의 대표 종인 동충하초(*Cordyceps militaris*)가 가장 많이 자생하는데, 이 동충하초를 현미를 이용하여 대량으로 생산할 수 있는 기술이 개발되었으며, 동충하초 자실체로부터 항암 효과가 있는 밀리타린(militarin)이라는 신물질이 분리 정제되었다.

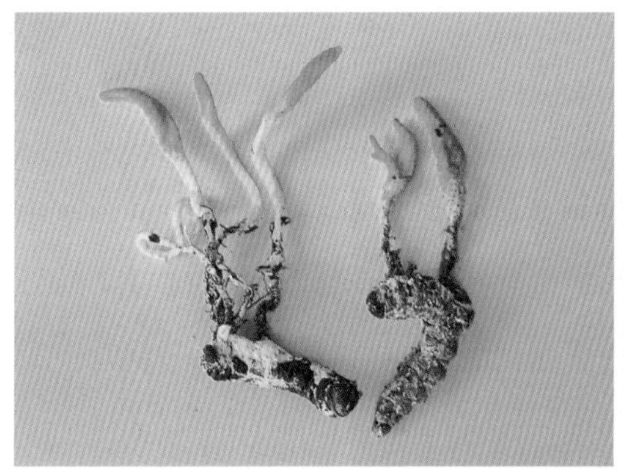
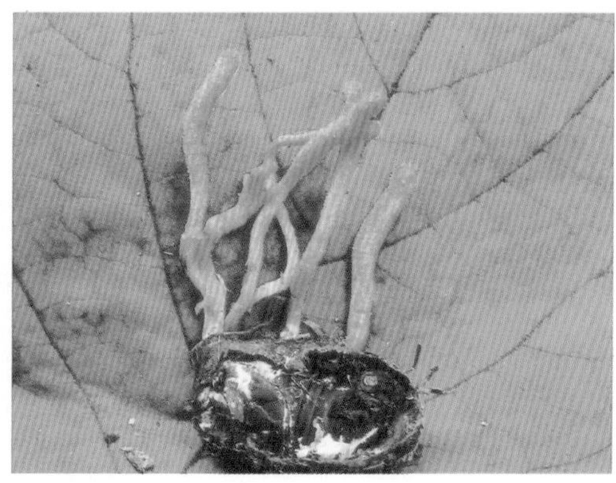

그림 29-1 **동충하초**

그 밖에 중국에서 약용으로 이용되고 있는 동충하초의 종류로는 동충하초(*Cordyceps militaris*), 유충흙색다발동충하초(*Cordyceps martialis*), 균핵동충하초(*Elaphocordyceps ophioglossoides*), 매미다발동충하초(*Ophiocordyceps sobolifera*), 백강균(*Beauveria bassiana*)이 보고되었다. 한국에서도 동충하초, 유충흙색다발동충하초, 노랑다발동충하초(*Cordyceps bassiana*), 풍뎅이동충하초(*Cordyceps scarabaeicola*), 붉은자루동충하초(*Cordyceps pruinosa*) 등이 있다. 이러한 종들은 한국에서도 비교적 쉽게 발견되고, 이에 대

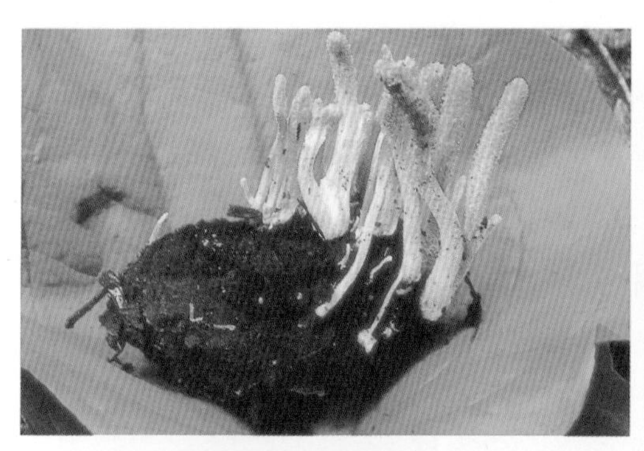
유충흙색다발동충하초

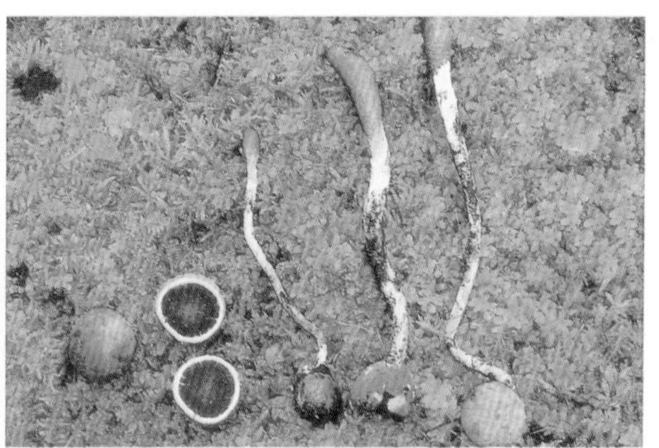
균핵동충하초

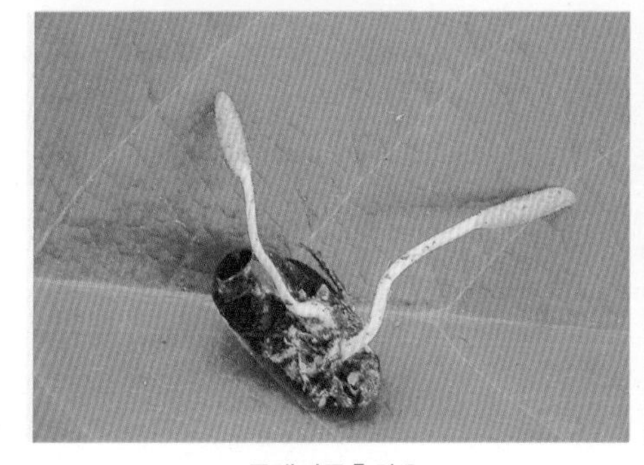
풍뎅이동충하초

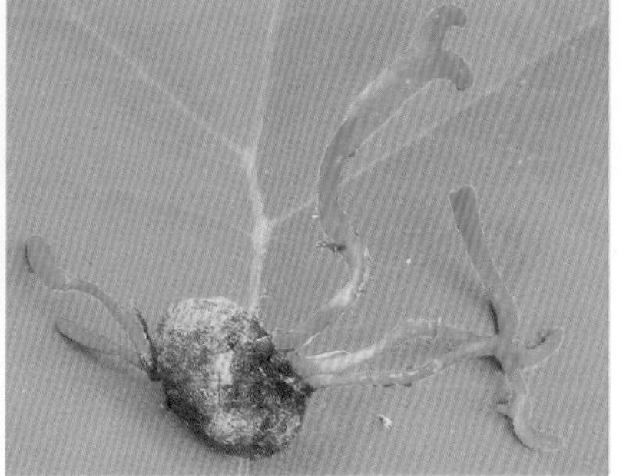
붉은자루동충하초

그림 29-2 **약용할 수 있는 동충하초**

한 활발한 연구로 많은 결과를 얻고 있다(성재모, 2007).

동충하초의 기능성에 관한 기록으로는, "동충하초는 폐를 보호하고 신장을 튼튼하게 하는 영양 강장제로, 면역 기능을 강화한다."고 했다. 면역 기능이 높아지면 저항력이 증가하여 병에 잘 걸리지 않을 뿐만 아니라 회복 속도도 빠를 것이다. 동충하초의 약효는 동충하초가 여러 종류가 있기 때문에 모든 기능을 다 가지고 있다고 본다. 특히 동충하초는 호흡기 계통 질환과 면역력 강화에 효과가 뛰어나다는 것이 밝혀졌다. 최근에는 동충하초의 암 억제율이 83%로 높은 항암 효과가 있고, 마약 중독의 해독제로서 효과가 있는 것도 발견되었다. 뿐만 아니라 동충하초는 자연 치유력을 가지고 있어서 심한 운동으로 체력 소모가 많을 때 회복 시간을 단축시켜 주는 효과가 있어, 중국에서는 육상 선수들이 복용하여 좋은 성과를 얻고 있다.

1) 동충하초

동충하초(*Cordyceps militaris* (L.: Fr.) Link)는 수분 10.84%, 회분 4.1%, 조단백질 25.32%, 조섬유 11.2%, 지방산 8.4%, 탄수화물 28.9%를 함유하고 있으며, 지방 성분으로는 포화 지방산이 13%, 불포화 지방산이 82.2%, 비타민류로는 비타민 B_{12}가 100g당 0.29mg 정도 함유되어 있는 것으로 보고되고 있다. 또, 면역력을 증강시키는 항암 물질로 알려진 코디세핀(Cordycepin)은 1.1%, 심근경색을 예방하는 만니톨(Mannitol)은 97.2㎎/g, 암세포의 확산을 막고 에이즈 억제 약으로 연구 중인 동충하초 다당 물질인 폴리사카라이드(Polysaccharide)는 5.4%, 인체의 노화를 억제하며 성인병 예방에 주목받고 있는 SOD는 54u/g이 함유되어 있다.

동충하초의 생리 활성 성분으로는 밀리타린, 코디세핀, 코디세픽산, 폴리사카라이드, 아미노산, 비타민 전구체 등이 함유되어 있다고 알려져 있다. 코디세픽산은 연쇄상구균, 탄저균, 패혈증균 등의 성장을 억제한다. 또, 혈소판을 증강시키는 작용이 있고 골수의 조혈 기능을 하며 암

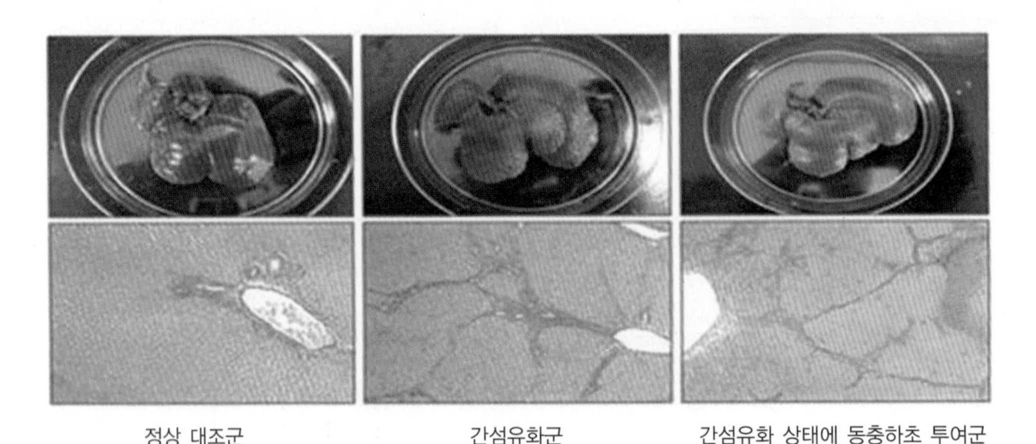

그림 29-3 **동충하초의 간에 대한 기능성 실험**

세포의 분열을 억제하는 것으로 알려져 있다. 코디세핀과 밀리타린은 항암 효과와 면역 증강, 항피로 작용을 하는 데 효과가 있다. 풍선도자로 손상을 준 쥐의 경동맥 모델에서 대조구로 생리식염수를 복강 주사한 쥐의 신생내막은 크게 생성되어 경동맥이 좁아졌으나 코디세핀을 20 ㎛ 처리한 쥐의 경우, 신생내막의 형성이 급격히 저해됨을 알 수 있었다. 그림 29-3에서 간섬유화가 진행된 쥐의 간의 표면이 거친 모양을 하고 있고, 아래쪽은 간 조직의 섬유를 염색한 사진으로 푸른색 줄무늬가 섬유화를 나타내는 것이다. 간섬유화가 진행된 쥐에 동충하초의 추출물을 매일 경구 투여하자 섬유화가 감소되는 효과가 있는 것을 확인하였다.

2) 중국동충하초

중국동충하초(*Ophiocordyceps sinensis* (Berk.) Sacc. = *Cordyceps sinensis* (Berk.) Sacc.)는 수분 10.8%, 회분 4.1%, 조단백질 25.3%, 조지방 8.4%, 조섬유 18.5%, 탄수화물 28.9%를 포함하며, 지방에는 포화 지방산 16.3%, 불포화 지방산 82.2%가 포함되어 불포화 지방산 함유량이 높아 기능성 효과가 높다. 비타민은 B_{12}가 0.29mg/gr 정도, 만니톨 78.81mg/g, 폴리사카라이드 11.5%가 함유되어 있다.

3) 동충하초의 기타 기능성(백강균)

동충하초는 백강균(*Beauveria bassiana*)과 녹강균(*Metarhizium anisopliae*)을 이용하여

백강균

배추흰나비 유충에 백강균 접종

백강균에 의해 죽은 배추흰나비 유충

그림 29-4 **백강균을 이용한 살충 효과 실험**

자연 생태계에서 곤충 개체군의 밀도를 조절하고 있다. 최초로 곤충에 병을 유발하는 곤충 기생균을 발견한 것은 미이라화된 누에 유충을 불로장생의 부적으로 여긴 고대 중국인들이다. 자연의 중재자로 곤충 개체군의 밀도 조절과 관련된 이러한 동충하초의 특성 때문에, 선진국을 중심으로 한 여러 국가에서 동충하초를 이용해서 농작물에 큰 피해를 주는 해충 방제를 위한 천연 생물 농약 개발에 박차를 가하고 있다(그림 29-4).

청가시열매동충하초(*Shimizuomyces paradoxa*)는 이를 배양하여 흙에 뿌리면 식물의 생장과 숙기를 단축시키고 열매의 당도도 높이는 효과가 있으므로 앞으로 개발할 가치가 있는 자원이다(그림 29-5).

이러한 천연 생물 농약의 개발 노력은 해충은 물론이고 화학 농약에 의해 발생되는 환경 오염까지 줄일 수 있다는 점에서 큰 의미를 가지고 있다. 프랑스에서는 이미 동충하초로 만든 생물 농약이 시판 단계에 이르고 있으므로 우리나라에서도 이에 대한 개발에 박차를 가할 필요가 있다.

청가시열매동충하초

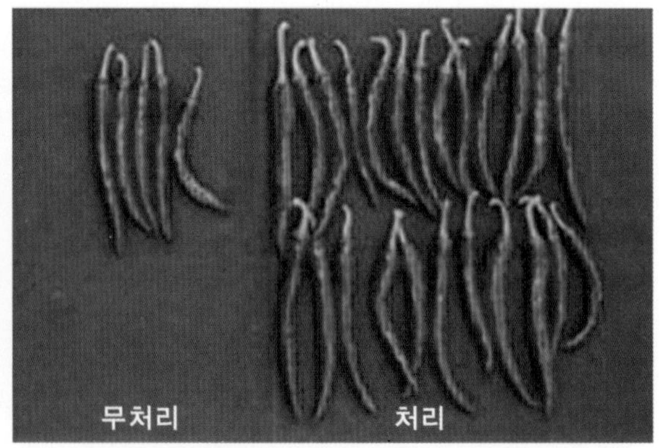

청가시열매동충하초 투입 여부에 따른 고추 생장 실험

그림 29-5 **청가시열매동충하초가 작물에 미치는 영향**

4. 생리 · 생태적 특징 및 채집 방법

1) 생활 주기

동충하초균은 토양 어디에서나 살 수 있는 균으로, 자낭포자(子囊胞子)나 분생포자(分生胞子)를 형성하여 곤충들의 활발한 활동 시기인 봄, 여름, 가을에 살아 있는 곤충의 호흡기, 소화기, 관절 등의 부드러운 부분에 부착하여 침입한다. 곤충에 부착하여 발아한 포자는 발아관을 형성하여 곤충 체내에 침입하고, 곤충 체내 영양분을 섭취하면서 균사를 뻗어 결국 곤충을 죽음에 이르게 한다(Breitenbach and Kranzlin, 1984). 일단 균사가 곤충의 체내를 완전히 메우게 되면 균사는 딱딱한 균핵을 형성하여 곤충의 형태를 그대로 유지하다가 다음 해에 동충하초를 형성한다. 버섯이 나오는 부분을 일률적으로 말할 수는 없지만, 주로 곤충의 입, 가슴, 머리, 배에서 자좌(子座)를 형성하고 자좌가 성숙하여 자낭포자나 분생포자를 방출, 다시 곤충에 접촉하여 침입하는 과정을 반복한다(Petch, 1931a, 1931b).

좀더 자세히 말하면, 동충하초의 침입 단계를 셋으로 나눌 수 있다. 균핵의 형태로 월동한 균의 포자가 기주의 외피에 부착, 발아한 것이 그 첫째 단계이다. 공기 중의 기주에 포자를 형성하는 경우, 곤충에 포자가 부착할 확률은 외부 환경 조건, 병원성을 갖는 감염원의 양, 기주 곤충의 밀도 등에 상당한 영향을 받는다(Dennis, 1981; Kobayasi, 1940; Seaver, 1911).

병원성 발현의 둘째 번 단계로는, 발아한 포자가 기주의 외피로 들어가는 단계이다. 감염 기관이 곤충의 체내로 들어가는 데는 전적으로 곤충체의 외피와 상피 세포를 뚫고 들어갈 수 있는 발아관의 능력에 의존하는데, 발아관이 딱딱한 외피를 뚫고 곤충체 내로 들어가는 데는 발아관의 기계적 · 효소적 작용이 관련된다. 동충하초균이 곤충체를 뚫고 성공적으로 들어가는 데는 얇은 외피의 제한된 국부 파괴가 관건이다. 그러므로 병원성이 강한 계통의 경우, 단시간 내에 기주의 외피를 뚫을 수 있는 분량만큼의 소량 효소를 생산하는 것이 일반적이다. 결국 이때의 효소 역할이란, 얇은 외피의 분해와 더불어 발아관이 외피 속으로 지속적인 생장을 하도록 돕는 것이다.

병원성 발현과 관련된 마지막 단계는 일단 곤충의 체내로 침투하는 데 성공한 균이 곤충의 체내에서 성장, 증식하는 단계를 들 수 있다. 침투한 동충하초균은 병원성을 가진 포자 또는 균사와 같은 전염 기관을 신속하게 복제함으로써 기주 곤충의 면역 체계를 파괴시킨다.

이렇게 생장한 병원균은 곤충체 내에 퍼져 기주를 죽게 하는데, 기주 곤충의 죽음은 병원균이 곤충체 내에서 생장하는 단계의 종료를 의미하며, 이어 병원균은 기주의 장관(腸管) 내에서 사는 세균에 대항하는 항생 물질을 생산하며 살아가게 된다. 병원균은 적합한 환경 조건에서는 곤충체 외피 밖으로 자실체를 형성하지만, 불리한 환경에서는 균에 따라 휴면 기관인 균핵, 후막포자를 생산하여 월동하고, 기주가 없는 상태에서도 생장을 지속하게 된다.

동충하초가 기생하는 대표적인 곤충은 벌, 개미, 잠자리, 나비, 매미, 노린재, 딱정벌레, 파리와 거미 등이고, 이것들은 알, 유충, 번데기, 성충 등의 상태에서 침입을 받게 된다. 땅속이나 죽은 나무 속에서 동충하초균에 의해 감염된 곤충으로부터 형성된 버섯이 땅 위로 나오게 된다. 그 밖에 나뭇가지나 잎 뒤에서 발견되는 동충하초도 있다(Kobayasi and Shimizu, 1983; Samson *et al.*, 1989; Shimizu, 1994). 지상에 나오는 버섯의 길이는, 작은 것은 몇 mm밖에 안 되지만, 큰 것은 10여 cm 되는 것도 있다. 동충하초에 의해 감염된 곤충에서 발생한 버섯의 빛깔은 홍색, 황색, 자색, 녹색, 검은색, 흰색, 오렌지색, 올리브색 등 여러 가지로, 버섯류에 공통된 아름다운 빛깔을 가지고 있다(Mains, 1937, 1957; 그림 29-6).

그림 29-6 **동충하초의 모양과 빛깔**

2) 발생 환경

일반적으로 동충하초도 버섯의 일종이므로 다른 버섯의 생육 환경과 비슷한 조건에서 발생하리라는 기대와는 달리, 다른 버섯보다 상당히 까다로운 생육 환경을 선호하고 있다. 대개의 경우 공기가 깨끗하고 공중 습도가 높으며, 적당한 나무 그늘이 있고 자연 상태로 유지된 장소에서 많이 발견된다. 특히 값비싼 한약재로 사용되고 있는 중국산 중국동충하초(*Ophiocordyceps sinensis*)의 경우, 생육 환경이 까다로운 곳에서 채집된다. 즉, 해발 3,000~4,000m의 고산 지대에서만 채취되는데, 4월경 눈이 녹기 전이 채집하기 좋을 때라고 한다.

일반적으로 동충하초가 발생하는 환경은 기주가 되는 곤충에 유리한 환경과 일치한다. 침엽수림보다는 활엽수림에서 많은 종류의 동충하초가 발견되며, 활엽수림에서도 나무의 나이가 15년 이상 되고 양 옆으로 물이 흐르는 수분이 많은 지역에 조성된, 낙엽층이 두꺼운 썩은 흙에서 주로 발견된다.

한국에 분포하는 동충하초는 종류도 다양하며, 그 종류에 따라 채집 장소도 다르다. 자실체가 상대적으로 크고 조직이 연한 동충하초(*C. militaris*), 큰유충방망이동충하초(*C. kyushuensis*), 풍뎅이동충하초(*C. scarabaeicola*) 등은 습도에 민감하게 영향을 받아 공기 중의 상대습도가 높은 계곡 주위에서 발견되며, 시기도 장마철이 시작되면서 다수 발견된다. 반면에 자실체가 질기고 단단한 노린재동충하초(*Ophiocordyceps nutans*)와 벌동충하초

(*Ophiocordyceps sphecocephala*)는 다른 동충하초에 비하여 환경 조건의 영향을 덜 받아, 숲 속에서 쉽게 채집된다.

이와 같이 자실체를 형성하는 동충하초가 환경에 상당히 민감하게 영향을 받는 반면, 자실체를 형성하지 않고 기주의 표면에 포자만을 생산하는 동충하초는 환경의 영향을 덜 받아, 숲 속에서 비교적 쉽게 발견된다.

야외에서 발견되는 동충하초의 자실체 중에는 자실체 위에 또 다른 균이 침입하여 자라고 있는 것이 종종 발견되는데, 초보자의 경우 이것을 새로운 동충하초의 발견으로 생각할 수도 있을 것이다. 그러나 이것은 자실체를 침입하는 균류가 2차 기생 혹은 중복 기생하는 것으로, 기생균이 기주의 조직 내에서 생장하여 자좌만을 외부에 형성하는 것과, 기주의 표면을 기생균의 균사가 덮어 분생자 위에 외생적으로 구형의 자좌 또는 포자과(胞子果)를 형성하는 것이 있다. 기생균의 대부분은 불완전균류에 속하는 바늘다발동충하초속(*Hirsutella* sp.) 또는 유충봉오리동충하초속(*Polycephalomyces* sp.)으로, 기생을 당하는 자실체로는 노린재동충하초(*O. nutans*)와 벌동충하초(*O. sphecocephala*)이고, 장마철이 끝날 무렵에 많이 발생한다.

3) 채집

동충하초를 채집할 때 가장 필요한 것은 마음의 준비로, 지속적인 끈기와 인내라고 할 수 있을 것이다. 동충하초는 그 자체가 워낙 희귀한 자연 현상이며, 너무 작아서 매우 세심한 주의를 기울이지 않으면 찾을 수 없기 때문이다(성재모, 2007). 동충하초의 발견에서부터 채집할 때까지 항상 강조되는 말이다. 동충하초의 발생 후보지로는 대개 낮은 지대의 활엽수림대로서, 곤충이 많이 살고 있는 지역, 공중 습도가 높은 계곡 지대, 물줄기가 서로 만나는 지역, 평평한 곳에 나무가 있거나, 산등성이라도 비교적 잡초가 적고 낙엽이 쌓인 지역이다.

동충하초의 발생 후보지는 대개 기주인 곤충이 살고 있는 생활권과 일치하는 경우가 많다. 동충하초는 우선 배수가 비교적 잘되는 자리에 많이 발생한다. 그러나 노린재 동충하초의 경우는 낙엽층이 두껍게 분포하는 지역에서 발생 빈도가 높다.

동충하초를 채집할 때 유의해야 할 점은 자좌와 기주인 곤충이 분리되지 않도록 세심한 주의를 기울이는 일이다. 숲 속에서 발견되는 대부분의 동충하초는 버섯 부분만이 땅 위로 나타나고 곤충은 땅속에 있기 때문에, 초보자의 경우 부주의로 기주를 잃어버리는 경우가 많다. 그러므로 동충하초라고 생각되는 버섯을 발견하면, 파기 전에 저배율의 확대경을 이용하여 윗부분에 있는 작은 깨알 모양의 알맹이의 유무를 확인한다. 일단 알맹이가 확인되면 주위의 잡초를 제거하고, 조심해서 파내기 작업을 하여야 한다. 경우에 따라서는 땅 위에 드러난 버섯은 작지만 땅속으로 길게 자루가 뻗어 있는 동충하초도 있다. 또, 기주가 생각보다 깊게 묻혀 있는 경우도 있으므로 핀셋과 붓 등을 이용하여 상하지 않도록 조심해서 작업을 해야 한다.

채집한 표본을 점검할 때에는 떨어뜨리지 않도록 주의해야 한다. 자칫 잡초나 낙엽 위에 떨어뜨리면 찾지 못할 때가 많으므로, 미리 지면에 신문지나 비닐을 깔아 놓은 다음 동충하초에 붙은 흙을 털고 자세하게 관찰하는 것이 좋다. 또, 땅 위로 뻗어 나온 동충하초는 마른 잎이나 죽은 가지에 붙어 있어 간단히 떨어지지 않는 경우도 있다. 이 경우에는 손가락 끝으로 밑에서부터 주의하여 떼어 낸다. 위에서 당기면 도중에 끊어져서 뜻하지 않게 잃어버리는 경우가 있다. 그러므로 동충하초를 발견하면 서두르지 말고 주의를 기울여 채집하는 것이 무엇보다 중요하다.

(1) 채집 용구

동충하초는 다른 버섯과 달리 매우 작고, 채집할 때에는 기주와 함께 해야 하므로 이를 고려하여 적합한 용구들을 준비하여야 한다.

- 채집 도구: 칼, 톱(접는 식), 모종삽, 낫(작은 것), 전정가위, 핀셋, 기름종이, 채집 바구니, 붓 등
- 정리 도구: 루페, 자, 컬러 차트, 라벨, 분리용 배지, 필기구, 백금이, 램프, 도감 등
- 시약: lactophenol, KOH, Phloxine, Congo red, aceto-orcein 등

(2) 기록

동충하초의 버섯은 크기가 작아 상온에서 쉽게 건조된다. 그러므로 채집 즉시 버섯의 형태적인 특징들을 기록해 둘 필요가 있다. 즉시 기록이 불가능할 경우에는, 표본이 마르지 않도록 기름종이에 싸서 잘 보관해 두거나, 투명한 용기에 이끼를 깔고 표본을 넣어 적당한 습도를 유지해 줌으로써 표본이 마르는 것을 방지하도록 한다. 채집된 표본을 기록할 때에는 기주 곤충의 종류, 버섯의 형태적인 특징, 현미경상에서의 포자의 모양 등과 채집지의 임상, 발생 환경을 적는다.

(3) 슬라이드 제작

동충하초균의 분류를 위해서는 광학현미경하에서 미세 구조를 관찰하는 것이 필요하다. 따라서 슬라이드 제작에 필요한 기본적인 기술을 알아 둘 필요가 있다. 가장 간단한 슬라이드 제작 방법은 물을 이용하는 방법인데, 표본을 있는 그대로 관찰하기에 좋으며 별다른 노력이 필요하지 않다. 그러나 물로 만든 슬라이드는 물이 빨리 마르므로 오랫동안 관찰하거나 장기간 보관해 두기에는 적합하지 않다. 따라서 오래 보관해 두어야 할 슬라이드는 마르지 않는 유기 용매

를 이용하여 제작하는 것이 바람직하다.

동충하초균의 슬라이드 제작과 관찰은 실험실에서 종의 동정을 위해 필요하지만, 전문가의 의견이나 기술된 표본에 대한 자료로서 필요하다. 슬라이드 제작에 주로 사용되는 염색약이나 시약은 lactophenol, KOH, Phloxine, Congo red, aceto-orcein 등이고, 만드는 방법은 다음과 같다.

• lactophenol

phenol(crystal) ································20g

lactic acid ··20g

glycerol ··40g

증류수 ···20mL

동충하초균을 관찰하기 위해 슬라이드 제작에 가장 흔하게 사용되는 시약이다. 그리고 조직을 좀 더 선명하게 염색할 필요가 있을 때에는 락토페놀에 cotton blue, aniline blue, 또는 acid fuchsine 등을 첨가하면 동충하초균의 균사체와 포자를 더욱 선명하고 아름답게 관찰할 수 있다.

• lactic acid(젖산)

수화되지 않은 젖산은 다른 첨가제의 사용 없이 반영구적인 슬라이드의 제작에 이용된다.

• Hoyer' s medium

gum arabic ·····································30g

chloral hydrate ·······························200g

glycerol ···16mL

증류수 ···50mL

• PVLG

polyvinyl alcohol ·····························8.33g

증류수 ···50mL

lactic acid ·······································50mL

glycerol ··5mL

• aceto-orcein

orecin ··1g

acetic acid(glacial) ···························45mL

오르세인(orcein)을 뜨거운 아세트산(acetic acid)에 녹여 증류수로 1:1이 되도록 희석하여 이를 약 5분간 끓인다. 끓인 후 손실된 분량은 50% 아세트산으로 보충하며, 녹지 않은 잔여물은 여과지로 두세 차례 걸러 낸 다음 사용한다.

또, 광학현미경의 초록색 필터를 통하여 관찰하면 보다 선명하게 관찰할 수 있다.

(4) 채집 후의 처리

동충하초균의 종의 분류에는 포자의 형태가 상당히 중요하다. 어린 표본을 채집하였을 때는 포자가 성숙하지 않아 정확한 동정이 어렵다. 따라서 이러한 때에는 인공적으로 버섯을 성숙시켜 완전한 포자를 만들 필요가 있다. 일단 채집한 어린 표본은 핀셋과 해부 핀 등을 이용하여 표본에 붙어 있는 흙과 잡물을 깨끗이 제거하도록 한다. 투명한 용기에 깨끗한 이끼를 바닥에 깐 다음 표본을 넣고, 뚜껑 대신 비닐 랩으로 막는다. 공기가 잘 통할 수 있도록 핀셋 끝으로 군데군데 구멍을 뚫어 주어, 용기 내 습도와 통기를 적절하게 유지해 준다. 용기 안에 표본이 마르지 않도록 분무기를 이용하여 하루에 수차례 물을 뿌려 주고 자주 관찰한다.

버섯 만들기 중에는 용기를 20℃ 안팎의 서늘한 그늘에 보관한다. 한 용기 내에 여러 개의 표본을 배양하는 것도 좋으나, 이때 유의해야 할 점은 한 용기 내에 서로 다른 종 또는 포자의 비

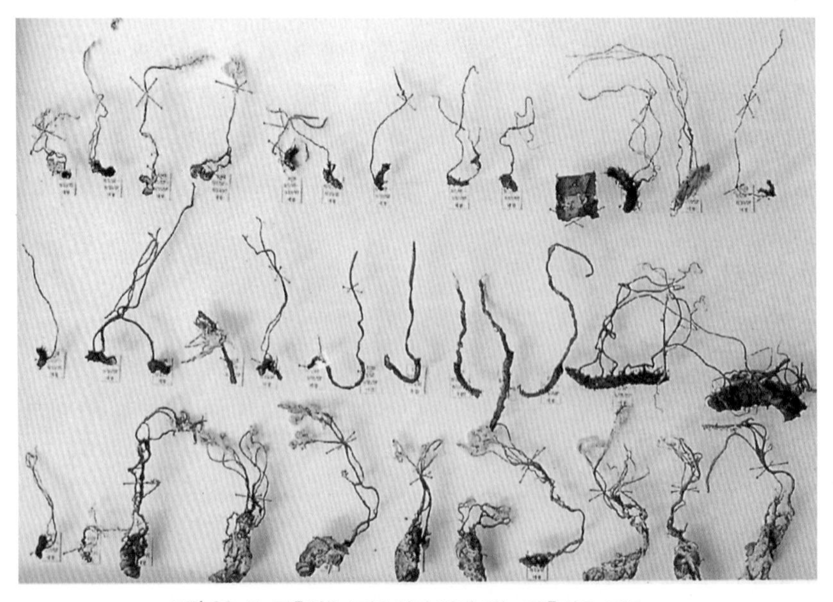

그림 29-7 **동충하초 표본 상자 안에 있는 동충하초 표본**

산이 잘되는 표본들을 함께 보관해서는 안 된다는 것이다. 포자가 성숙할 때 용기 내에서 포자가 비산하여 다른 종의 버섯 표면에 섞이면 종의 정확한 동정과 분리가 어려워지기 때문이다. 또 다른 곰팡이에 의하여 버섯이 오염되는 경우도 가끔 발견되므로 주의하여야 한다. 채집된 버섯의 상태에 따라 차이는 있으나, 대개의 경우 포자의 성숙까지는 20~30일이 걸리며, 길게는 50일가량 걸리기도 한다.

기록을 마친 동충하초는 표본을 만든 다음 채집 일자, 채집 장소, 균주 번호를 적은 이름표와 함께 상자에 넣어 보관한다(그림 29-7). 보관 중에 곤충의 피해를 받기 쉬우므로 나프탈렌을 넣고, 온도 20℃로 유지되는 습기가 적은 자리에 보관한다.

5. 재배 기술

1) 배양

담자균아문에 속하는 버섯은 숙주인 식물이 없을 경우에 식물성 유기질을 영양원으로 발생하는데, 동충하초는 버섯과 비슷한 모양의 자실체를 발생하여 포자를 형성하지만 기생 대상이 곤충이라는 점에서 일반적인 버섯과 다른 특징을 가지고 있다. 동충하초는 자연계에 발생하는 개체가 극히 적어 인공 배양이 필요하게 되었다. 그러나 동충하초의 인공 배양은 매우 어려워 계속적으로 배양할 수 있는 방법의 체계는 아직 확립되어 있지 않았고, 몇 가지 종에 대한 인공 배양만 성공되었을 뿐이다(그림 29-8).

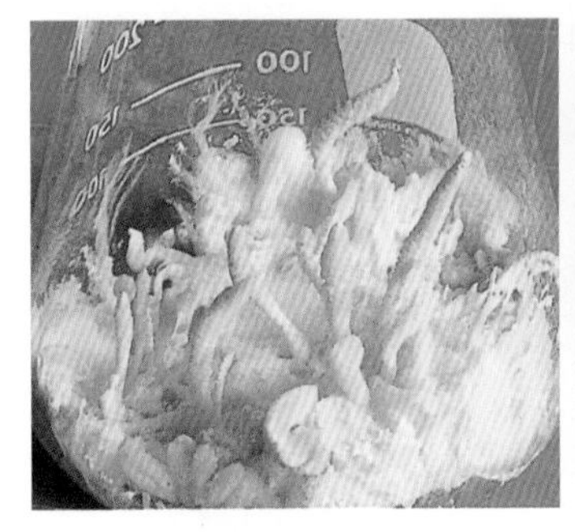

풍뎅이동충하초

동충하초

눈꽃동충하초

그림 29-8 **인공 자실체**

(1) 분리 배양 방법

채집된 동충하초균의 분리는 조직체보다는 포자로부터 하는 것이 좋다. 버섯을 형성하는 종의 경우는 버섯을 물한천배지(water agar)가 들어 있는 샬레(Schale)의 뚜껑에 테이프로 고정시킨 후 뚜껑을 덮어 버섯으로부터 자낭포자가 배지 위에 떨어지게 한다. 물한천배지 위에서 발아한 자낭포자를 현미경하에서 감자한천배지(PDA)에 옮겨 분리한다. 버섯을 형성하지 않는 균의 경우는 곤충의 몸 위에 분생포자를 형성하는데, 이런 경우에는 살균된 백금바늘로 분생포자를 직접 떼어 내어 역시 감자한천배지에 이식하여 분리한다. 동충하초의 조직에서 균을 분리할 때에는 세균의 오염에 특히 조심하여야 하는데, 세균의 오염을 방지하기 위해서는 버섯의 작은 조각을 하이포아염소산나트륨(sodium hypochloride)에 1분간 살균한다. 살균된 조직은 멸균된 여과지에서 습기를 제거한 후 물한천배지 위에 놓고 20℃ 항온실에 2일간 배양한 다음, 조직으로부터 생장한 균사를 감자한천배지에 옮겨 분리한다(그림 29-9).

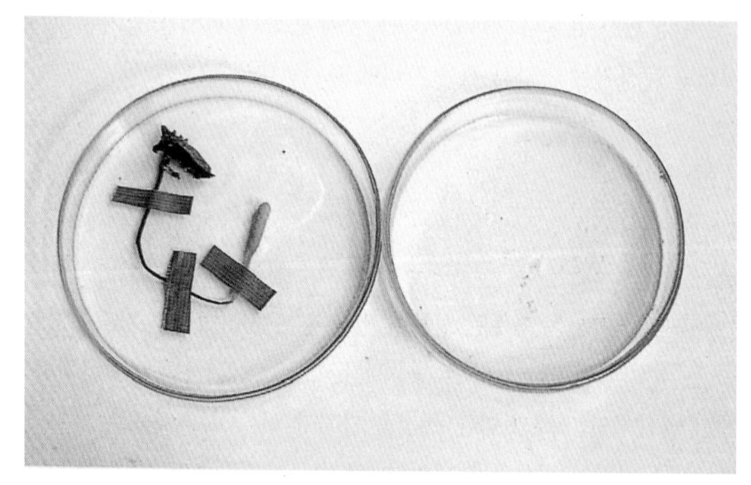

그림 29-9 자낭포자 분리 방법(노린재동충하초)

(2) 균사 생장 조건

동충하초균의 주요 영양원은 탄소원과 질소원이며, 여기에 비타민류를 첨가하면 더욱 생장이 좋아진다. 균사 생장 적온은 25℃이며, 버섯 만들기에 적합한 온도는 이보다 낮은 18~20℃이다. 배지 내 습도는 60~70%가 알맞고, pH는 5~6 정도의 약산성이 좋다. 빛은 균사가 생장할 때는 그다지 필요하지 않으나, 버섯 만들기에는 매우 중요한 요인으로 작용하며 자연광에 의해 조절이 가능하다. 통기 또한 버섯의 생성에 중요한 요인이다.

(3) 동충하초 시험관 균주 배양

동충하초 균주의 증식용 배지는 고체 배지로 사용되는 감자한천배지와 SDAY(Sabouraud dextrose(or maltose) agar + yeast extract)를 주로 사용한다. 감자한천배지는 감자 200g을 물 1,000mL에 넣고 30분간 끓인 다음에 설탕 20g, 한천 18g을 넣어서 만들 수 있으며, 감자한천배지는 제품화된 것도 있으나 값이 비싸다. SDAY는 포도당(혹은 엿) 40g, 펩톤 10g, 효모 추출물 10g 그리고 한천 15g을 삼각 플라스크에 넣고 물 1,000mL를 넣어 흔들어 만든다. 이렇게 만든 배양기를 이용하여 균을 배양하고 필요할 때 모균주로 사용하는데, 동충하초균은 감자한천배지에서 균사 생장이 좋으나, 벌동충하초는 감자한천배지에서 균사가 생장하기보다는 균핵을 만들어 자좌를 형성하는 등 종과 배지에 따라 버섯 만들기 특성이 다르다.

균주를 배양할 때 주의해야 할 것은 오염원을 최소화하는 일이다. 오염원으로는 세균이나 다른 곰팡이류에 의한 것과 여러 종류의 동충하초균을 동시에 접종할 때 분생포자를 다량 형성하는 다른 종류의 불완전 균류들에 의한 오염을 들 수 있다. 다른 균의 포자는 눈에 보이지 않지만 접종 중에 공기 중에 흩어져 있다가 동충하초균을 접종할 때 함께 들어가 오염되는 경우가 종종 발생하므로 특히 동충하초의 분생포자를 형성하는 균을 접종할 때에는 각별한 주의가 필요하다.

동충하초균

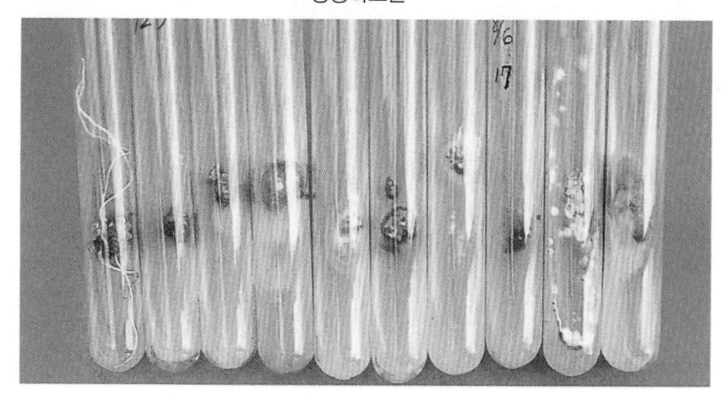

벌동충하초균

그림 29-10 **감자한천배지에서의 균주 배양**

(4) 대량 배양법

원균의 배양은 균사체의 활력 및 형질을 안정되게 유지하기 위해서 보관 균주를 3~6개월마다 계대 배양하여 4~10℃ 정도의 저온에서 보관하거나 액체질소통에 보관을 하고 있으며, 원균의 확대 배양은 평판(페트리접시) 배지에서 이루어지고 있다. 원균의 보존 및 배양에 사용되는 시험관은 10~25㎜×75~200㎜가 있으므로 배양 목적에 맞게 선택하여 사용할 수 있으나, 버섯균의 보존 및 증식을 위해서는 18×180㎜의 시험관을 주로 사용한다. 시험관 마개는 잡균의 오염을 방지하고 공기가 통하여 균사가 죽지 않고 생육할 수 있도록 하는 기능을 하는데 솜마개를 만들어 사용하기도 하나 시간과 노력이 많이 소요되므로 실리콘 마개나 스크류캡 시험관을 사용한다.

원균을 증식하고 보존하는 데에는 감자한천배지(Potato Dextrose Agar), 엿효모배지(Malt Yeast Agar), SDAY(Sabouraud dextrose agar+yeast extract)를 영양 배지로 사용한다. 시험관 배양기의 조제는 한천이 첨가된 배지가 완전히 녹은 것을 시험관 길이의 1/4 정도 넣어 준다. 이때 입구에 배지가 묻으면 마개를 통하여 잡균이 오염될 수 있으므로 깔때기에 작은 유리 대롱을 연결하여 조심스럽게 분주를 한다.

배지를 넣은 시험관은 실리콘 마개를 하고 시험관망에 넣어 고압 살균기에서 충분한 배기를 하면서 121℃, 15psi(1.1kg/cm^2) 압력으로 20분간 살균한다. 살균 작업이 완전히 끝나면 압력이 자연적으로 내려가도록 한 후 시험관을 꺼내어 비스듬히 놓는다. 시험관을 비스듬히 놓는 이유는 동충하초균을 배양할 때에 표면적이 적으면 물에 균사가 닿아 세균에 의하여 오염이 될 수도 있고 호기성 균인 관계로 배지 표면에서 실과 같은 균사체를 형성하여 생장해 나가므로 표면적 증대를 위한 것이다. 시험관을 비스듬히 놓는 요령은 배지의 한천이 굳기 전에 시험관 윗부분에 1cm 높이의 깨끗한 받침대를 놓고 시험관을 옆으로 눕혀 주며, 2~4시간 동안 한천이 굳으면 동충하초균을 이식하여 원균인 균주로 이용한다.

2) 현미를 이용한 재배 기술

(1) 동충하초 재배의 일반적인 특징

동충하초는 자낭균문에 속하는 버섯으로 불완전 세대를 가지는 생활사를 하므로 빠른 퇴화로 인한 인공 자실체 생산에 있어 안정적이지 못하다는 문제점을 가지고 있다. 따라서 단포자를 이용한 교배 실험과 액체 종균 사용으로 단포자 균주의 교배를 통한 우수한 균주 선발과 균의 변이에 대한 활력 실험을 통하여 안정적으로 인공 자실체를 생산하는 것이 관건이다.

(2) 재배 공정

동충하초의 재배 공정은 조직체에서 분리한 균주의 보관과 증식, 액체 종균 준비, 배지 조제, 접종, 배양, 생육 단계로 구분된다.

❶ 액체 종균 준비

분리된 우수한 균주를 증식시키기 위하여 효모, 펩톤을 이용하여 액체 배지를 만들어서 삼각 플라스크 150mL에 하나씩 넣어 균주를 1주일간 증식 한다. 증식 후 같은 비율로 8L병에 배지를 만들어 1주일간 배양을 하면 접종원이 완성된다(그림 29-11).

❷ 배지 조제

동충하초의 주요 영양원은 현미이며, 여기에 비타민류를 첨가하면 더욱 생장이 좋아진다. 121℃, 15psi(1.1kg/cm^2)에서 30분 정도 살균을 한다.

그림 29-11 **8L 유리병을 이용한 액체 배양**

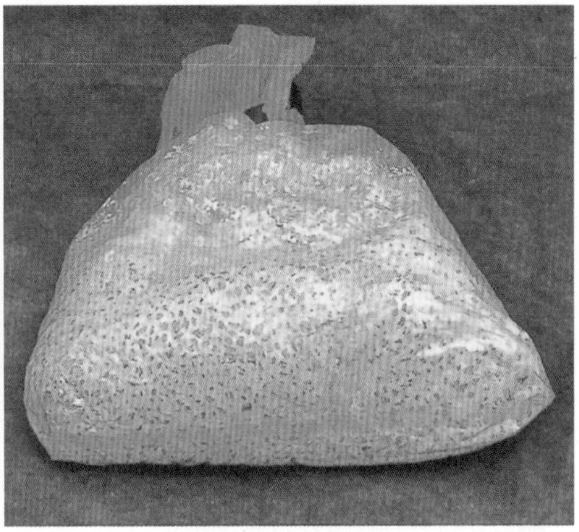

그림 29-12 **현미 종균**

❸ 배양

균사 생장 적온은 25℃이며, 자실체 형성에 적합한 온도는 이보다 낮은 18~20℃가 알맞다. 배지 내 습도는 60~70%가 알맞고, pH는 5~6 정도의 약산성이 좋다. 액체 종균을 접종한 후 24℃ 전후로 온도를 일정하게 유지시키고, 형광등을 켜서 빛을 유지시킬 수 있는 배양실에서 1주일 동안 배양한다.

❹ 생육

형광등을 켜서 빛을 유지시키며 생육한다. 균사 표면이 차츰 색깔이 진해지면서 짙은 오렌지색을 띠게 되었을 때 온도를 20℃로 유지해 주면 배지 표면에 자라는 균사가 솜털처럼 변한다. 이후 15~18일이 지나면 배지 표면에 짙은 주황색을 띠는 돌기 모양의 균사 덩어리가 형성된다. 배지 상태와 환경 변화에 따라 다르지만 돌기 모양의 균사 덩어리가 생긴 후 30~40일이면 수확이 가능하다. 보통 현미 40g에서 동충하초 30~40g이 수확된다.

6. 수확 후 관리 및 이용

1) 수확 후 관리

현재 재배하고 있는 동충하초 중에서 식품 허가가 난 것은 동충하초와 눈꽃동충하초 두 가지가 있다. 동충하초는 번데기와 현미를 이용하여 재배를 하고 있다. 현미를 이용하여 재배하는 현미 동충하초는 접종한 후 50일이 되면 수확을 하여야 한다.

동충하초는 살아 있는 상태로 비닐통에 넣어 포장하여 식당이나 필요로 하는 사람들에게 판매를 한다. 다른 방법은 현미 배지에서 자실체만을 잘라 내어 50g씩 포장을 한다. 현미 배지와 동충하초 자실체가 붙어 있는 상태로 건조시켜 지퍼팩에 넣어 보관을 한다.

2) 동충하초의 이용

(1) 동충하초의 건초를 이용하는 방법

❶ 밥으로 이용하는 방법

동충하초 건초 5g(4인분 기준)을 밥을 할 때 넣으면 노란색의 동충하초 밥이 된다.

❷ 차로 이용하는 방법

건초 5g를 물 4L에 넣어 20분 동안 끓인 후 냉장고에 보관하면서 음용한다.

❸ 샤브샤브로 이용하는 방법

다시마 국물을 내서 간을 맞춘 다음 동충하초와 부추를 넣어 살짝 익히면 맛있는 샤브샤브가 된다.

❹ 김치로 이용하는 방법

건초 5g을 배추 5포기를 만들 양념과 혼합하여 김치를 담그면 신선도가 오래 가고 산뜻한 맛을 낸다.

❺ 건초를 그대로 먹는 방법

동충하초는 건초를 그대로 먹으면 향이 좋아 동충하초의 맛을 제대로 즐길 수 있다.

(2) 동충하초의 생초를 이용하는 방법

❶ 밥으로 이용하는 방법

생초 1통에 들어 있는 자실체를 꺼내어 현미 배지 부분은 제거하고 4인분 밥을 할 때 잘게 썰어 넣으면 노란색의 동충하초 밥이 된다.

❷ 차로 이용하는 방법

생초 1통에 들어 있는 현미 배지와 자실체를 꺼내어 물 4L에 넣어 20분 동안 끓인 다음 냉장고에 보관하면서 차로 마신다.

❸ 샤브샤브로 이용하는 방법

생초 1통에 들어 있는 자실체를 꺼내어 현미 배지 부분은 제거하고, 다시마 국물을 내서 간을 맞춘 다음 부추와 동충하초를 함께 넣어 살짝 익히면 맛있는 샤브샤브가 된다.

❹ 술로 이용하는 방법

생초 1통에 들어 있는 현미 배지와 자실체를 꺼내어 소주 25~35%짜리 1.8L와 함께 2L병에 넣고 밀봉하여 온도 18~20℃ 정도의 건조한 장소에 1개월 동안 보관하면 동충하초 술이 된다.

❺ 김치로 이용하는 방법

생초 1통에 들어 있는 자실체를 꺼내어 현미 배지 부분은 제거하고 김치 5포기를 만들 양념과 같이 혼합하여 김치를 담그면 신선도가 오래 가고 산뜻한 맛을 낸다.

❻ 오리, 닭백숙으로 이용하는 방법

생초 1통에 들어 있는 현미 배지와 자실체를 꺼내어 닭, 오리 1마리에 생초 1/2덩이와 대추, 인삼을 함께 넣어 요리를 한다.

❼ 생초를 그대로 이용하는 방법

생초를 그대로 먹으면 향이 좋아 동충하초 맛을 그대로 즐길 수 있다.

그림 29-13 **동충하초 생초**

〈성기호, 이강효, 성재모〉

참고 문헌

- 성재모. 2007. 한국의 동충하초. 교학사. 315pp.
- 성재모, 유영복, 차동열. 1998. 버섯학. 교학사. 618pp.
- Breitenbach, J. and Kranzlin, F. 1984. *Fungi of Switzerland*. vol. 1. Ascomycetes.
- Dennis, R. W. G. 1981. British Ascomycetes. J. Crammer. pp. 253-258.
- Kobayasi, Y. 1940. The genus *Cordyceps* and its allies. Sci. Rept. Tokyo Bunrika Daikaku, Sect. B., 5: 53-260.
- Kobayasi, Y. 1982. Keys to the taxa of the genera *Cordyceps* and Torrubiella. Trans. *mycol. Soc. Japan* 23: 329-364.
- Kobayasi, Y. and Shimizu, D. 1983. *Iconography of vegetable wasps and plant worms*. Hoikusha Publishing Company Ltd. Osaka. 280pp.
- Mains, E. B. 1937. A new species of *Cordyceps* with notes concerning other species. *Mycologia* 29: 674-677.
- Mains, E. B. 1957. Information concerning species of *Cordyceps* and Ophionectria in the Lloyd Herbarium. *Lloydia* 20(4): 210-227.
- Petch, T. 1931a. Notes on entomogenous fungi. *Trans. Br. Mycol. Soc.* 16: 55-75.
- Petch, T. 1931b. Notes on entomogenous fungi. *Trans. Br. Mycol. Soc.* 16: 209-245.
- Samson, R. A., Von Reenen-Hoekstra, E. S. and Evans, H. C. 1989. New species of Torrubiella(Ascomycotina: Clavicipitales) on insects from Ghana. *Studies in Mycology* 30: 123-132.
- Seaver, F. J. 1911. The Hypocreales of North America Ⅳ. *Mycologia* 3: 207-230.
- Shimizu, D. 1994. Color iconography of vegetable wasps and plant worms. Seibundo Shinkosha. Japan. 381pp.
- Sung, G.-H., Hywel-Jones, N. L., Sung, J.-M., Luangsa-ard, J. J., Shrestha, B., Spatafora, J. W. 2007. Phylogenetic classification of *Cordyceps* and the clavicipitaceous fungi

제 30 장

누에동충하초

1. 명칭 및 분류학적 위치

동충하초(冬蟲夏草)는 자낭균문(Ascomycota) 동충하초강(Sordariomycetes) 동충하초목(Hypocreales) 동충하초과(Cordycipitaceae)에 속하는 동충하초속(*Cordyceps*)이 대표적이다. 이것을 완전 균류라고 하며, 그 밖에도 이와 관련된 불완전 균류가 있다(Alexopoulos, 1996). 이것은 생활사에 따라 유성 생식 기관을 가지는 완전 세대와 무성 생식 기관인 분생포자를 형성하는 불완전 세대 균류로 나뉜다. 전자는 *Cordyceps*속이 포함되고, 후자는 *Akanthomyces, Beauveria, Cephalosporium, Gibellula, Hirsutella, Hymenostilbe, Isaria, Nomuraea, Paecilomyces, Tilachlidium, Tolypocladium, Verticillim*속 등이 속한다(Kobayasi, 1982; Kobayasi와 Shimizu, 1983; Holliday, 2008).

누에동충하초는 눈꽃동충하초균을 이용하여 가잠 누에에 접종하여 인공 재배된 것을 말한다. 눈꽃동충하초 또는 나방꽃동충하초(*Paecilomyces tenuipes* (Peck) Samson = *Isaria Japonica* Yasuda)는 흰가시동충하초강(Eurotiomycetes) 흰가시동충하초목(Eurotiales) 꽃동충하초과(Tricocomaceae) 꽃동충하초속(*Paecilomyces*) 버섯이다. 야생 동충하초의 서식은 주로 산, 계곡이나 저습지 또는 낙엽이 쌓인 숲과 이끼 발생지 및 활엽수림 지대이며, 자연 상태에서 분포 밀도가 낮고 낙엽층에 묻혀 있거나 이끼 또는 계곡의 바위틈 등에 자실체의 일부만 돌출되어 있어 채집이 매우 까다롭다. 따라서 오래전부터 동충하초의 분류학적 연구, 생리 · 생태 및 기능성에 관한 연구의 소재 확보를 위해 동충하초의 실내 인공 재배가 시도되었다. Pettit(1895)에 의해 최초로 인공 재배 시험이 시도된 이후 Basith와 Madelin 등이 1967년 *C. militaris*의 자실체 유도에 성공한 바 있다.

동충하초의 숙주는 모든 곤충군이 해당되지만, 몇몇 종은 특정 곤충에만 기생하는 숙주 특이성이 강하다. 균의 감염은 곤충의 유충, 번데기, 성충 등 전 생육 단계에 걸쳐 일어나며, 일부 균은 거미에 발생되기도 한다(Tanada, 1992).

한국은 *Paecilomyces tenuipes*의 인공 재배로 대량 생산에 성공하였다(조 등, 1999). 누에를 기주(寄主, 숙주)로 하여 동충하초 포자를 경피 접종하고 누에 체내에서 증식된 균은 충체를 뚫고 표피에 자실체를 형성하게 된다. 동충하초의 인공 재배는 동충하초를 약리 효능이 있는 식품뿐 아니라 다양한 분야에서 소재로 활용하게 되었다.

2. 재배 내력

중국에서 동충하초는 중국동초하초(*Ophiocordyceps sinensis)* 품종이 널리 알려져 있는데, 자연산 또는 균사체 제품으로 오랜 기간 상용화되고 있다. 국내에서는 동충하초와 누에동충하초가 대표종으로 알려져 있다. 누에동충하초는 눈꽃동충하초균(*Paecilomyces tenuipes*)을 가잠 누에에 접종하여 인공 재배된 것을 말한다(Nam 등, 2002). 종자산업법에 따라 품종명은 '누에동충하초' 로, 작물명은 '눈꽃동충하초' 로 등록되었으며 식품의 원료로 사용 가능하도록 1998년 7월 국내 식품공전에 등재되었다.

3. 영양 성분 및 건강 기능성

1) 중국동충하초의 효능

일반적으로 동충하초의 유용 성분에는 코디세핀, 코디세픽 폴리사카라이드, 코디세픽산, 아미노산, 비타민 전구체 등이 함유되어 있다고 알려져 있다.

중국에서 전해 오는 중국동충하초(*Ophiocordyceps sinensis*)가 최초로 기록된 문헌은 약 300여 년 전 청나라 때 발간된 『본초비요(本草備要)』이다. 『본초강목』, 『본초종신』 등 중의학 문헌에 의하면 , 동충하초는 달고 온화한 성질이 있으며 보폐익신(補肺益腎), 지혈화담(止血化痰), 비정익기(秘精益氣) 등의 작용이 있다. 또한, 최근의 연구 문헌에 의하면 항암 작용, 면역증강 작용, 만성 감염 등에 효과가 있는 것으로 밝혀지고 있다(표 30-1).

표 30-1 동충하초의 유용 성분

구분	한글명	중국명	기능
Cordycepin	코디세핀	충초소(蟲草素)	천연 항생제, 면역 증강 물질
Cordycepic polysaccharides	코디세픽 폴리사카라이드	충초다당(蟲草多糖)	면역 증강 물질, 생리 활성 물질
Cordycepic acid(Mannitol)	코디세픽산(만니톨)	충초산(蟲草酸)	혈관 확장 물질
Amino acid	아미노산		생리 활성 물질
Vitamin 전구체	비타민 전구체		생리 활성 물질

(1) 화학적 성분

중국동충하초에는 수분 10.8%, 지방 8.4%, 조단백질 25~32%, 탄수화물 23.9%, 조섬유 18.5%, 조회분 4.1%가 함유되어 있으며 발린 등 8종의 필수 아미노산을 포함하여 17종의 각종 아미노산이 함유되어 있다(표 30-2). 또한, 약리 작용을 나타내는 유효 활성 물질로는 미량의 코디세핀(Codycepin), 7.6%의 만니톨(D-mannitol), 11.2%의 다당체가 있다. 핵산 물질의 일종인 코디세핀은 퀴닉산(quinic acid)의 이성체로서 항암 작용에 관여한다.

표 30-2 중국동충하초의 아미노산 조성

(단위: %)

종류	함량	비고	종류	함량	비고
시스틴	0.082	불필수	로이신	1.251	필수
메싸이오닌	0.088	필수	아이소로이신	0.427	필수
아스파르트산	1.030	불필수	티로신	0.374	불필수
트레오닌	0.524	필수	페닐알라닌	0.424	필수
세린	0.549	불필수	라이신	0.940	필수
글루탐산	1.679	불필수	히스티딘	0.699	필수
글라이신	0.543	불필수	아르지닌	1.075	불필수
알라닌	0.577	불필수	프롤린	0.969	불필수
발린	0.460	필수			

(2) 약리 작용

동충하초는 항균 작용을 하여 포도상구균, 연쇄상구균, 비저간균, 저혈성 폐혈증간균, 탄저간균 등을 억제하며, 특히 결핵간균의 억제 작용이 강하고 폐렴구균의 억제 효과가 있다. 또, 중추신경계 작용으로 진정 작용과 항경련 작용, 호흡 계통 작용으로 기관지 천식과 거담 작용, 심혈관 작용으로 심장 박동 완만, 콜레스테롤 저하, 산소 결핍 내구 작용, 항암 작용 등이 있다.

2) 누에동충하초의 효능

누에를 기주로 한 눈꽃동충하초(누에동충하초)의 재배가 가능해짐에 따라 이에 대한 다양한 기능성 탐색을 하였으며, 그 결과 몇 가지 효능이 검증되었다(조 등, 1999; Shin 등, 2003).

(1) 화학적 성분

누에동충하초의 성분은 수분 7.0%, 조단백질 56.1%, 조지방 5.9%, 회분 6.4% 등으로 구성되어 있고 단백질 중에는 우리 몸에 중요한 필수 아미노산 8종을 포함하여 17종의 아미노산이 함유되어 있다(표 30-3, 30-4). 누에동충하초에 들어 있는 다당체는 6.1% 정도로 질병으로부터 인체를 방어하는 데 대단히 중요한 역할을 하는 물질로서 면역력을 증가시키고 심장과 간장을 지키며 암을 억제하거나 노화 방지 및 항피로 작용에 관여한다. 0.075% 정도 들어 있는 스테로이드 계통의 에르고스테롤은 면역 증강 작용과 항피로 효과가 뛰어나다(표 30-5).

표 30-3 누에동충하초의 구성 성분

화학 성분	함량	화학 성분	함량
수분	7.0%	에너지	298.3kcal
조단백질	56.1%	철	4.3mg/100g
조지방	5.9%	칼슘	129.1mg/100g
포화 지방	4.37%	나트륨	22.9mg/100g
탄수화물	26.6%	총당	11.8%
회분	6.4%	콜레스테롤	0%
비타민 A	1,540mg/100g	식이섬유	21.4%
비타민 C	2.1mg/100g		

※ 누에동충하초 건물에 대한 함량임.

표 30-4 누에동충하초의 아미노산 조성

종류	함량	비고	종류	함량	비고
시스틴	0.389	불필수	로이신	1.872	필수
메싸이오닌	0.280	필수	아이소로이신	0.836	필수
아스파르트산	3.254	불필수	티로신	3.245	불필수
트레오닌	1.725	필수	페닐알라닌	1.481	필수
글루탐산	4.292	불필수	히스티딘	1.132	필수
글라이신	1.753	불필수	아르지닌	2.717	불필수
알라닌	2.058	불필수	프롤린	4.080	불필수
발린	1.379	필수	라이신	2.102	필수
세린	1.703	불필수			

표 30-5 누에동충하초의 생리 활성 물질 함량

활성 물질	만니톨(D-mannitol)	다당체(polysaccharide)	에르고스테롤(ergosterol)
건물 함량(%)	7.0	6.1	0.075

(2) 약리 작용

❶ 항암 작용

누에동충하초의 항암 효과 검증을 위해 실험용 생쥐(웅성 ICR)를 이용하여 1차적으로 먼저 복수암 세포를 생쥐의 복강 내에 주사하고 24시간이 지난 후부터 누에동충하초 추출물을 매일 일정량(10mg, 50mg, 100mg/kg) 20일간 복강 내에 투여한 다음 대조군[동충하초를 투여하지 않은 암세포 유발 생쥐군, 항암제인 크레스틴(krestine)을 투여한 대조 약물 투여군]과 생쥐의 평균 생존 일수를 비교한 실험이 실시되었다. 복수암에 대한 누에동충하초의 수명 연장 효과를 알아보기 위한 실험 결과, 추출물을 투여하지 않은 대조군 생쥐의 평균 생존 일수는 17.8일인데 비하여 항암제 크레스틴을 투여한 대조 약물 투여군의 생쥐는 22.9일을 살아 28.7%의 수명 연장 효과가 나타났다. 이는 미국 국립암연구소의 기준치인 25%를 상회하는 항암 효과가 있으며, 또한 동충하초 물 추출물을 1일 50mg/kg씩 투여한 생쥐의 평균 생존 일수는 36일이 되어 102.2%의 강력한 수명 연장 효과를 나타냈다.

한편 누에동충하초의 고형암 억제 효과를 알아보기 위하여 복수암 세포를 생쥐의 우측 대퇴부의 피하에 주사하고 5일이 지난 다음 고형암이 유발된 생쥐만을 골라 매일 일정량의 시료(10mg, 50mg/kg)를 15일간 투여한 후 고형암괴를 적출하여 습중량을 달아 대조군과 비교한 결과 알코올 추출물 50mg/kg 투여군에서 58% 이상의 강력한 고형암 억제 효과가 나타났다.

❷ 면역 증강 작용

Wagner 등이 개발한 면역 세포 탐식균능 측정법으로, 실험 동물인 웅성 생쥐에 동충하초의 물 및 알코올 추출물 일정량씩(10mg, 50mg/kg)을 3일간 매일 투여한 다음 24시간 후에 카본(canbon) 현탁액을 생쥐의 꼬리 정맥에 주사하고 3분 간격으로 5회 채혈하여 면역 세포의 식균 활성을 측정한 결과 강력한 효과가 있는 것으로 나타났다. 메탄올 추출물 50mg/kg 투여군은 대조 약물인 자이모산(zymosan)과 동등한 강력한 면역 증강 지수를 나타냈고, 물 추출물 50mg/kg 투여군에서는 자이모산보다 약 2배의 강한 활성 강도를 보여 누에동충하초가 탁월한 면역 증강 작용이 있음이 확인되었다.

❸ 항피로 효과

항피로 효과를 측정하기 위하여 동충하초를 물과 메탄올로 추출한 추출물을 시료로 하여 일정량씩을 매일 5일간 생쥐에 경구 투여한 다음, 최종 투여하고 24시간이 경과한 후 생쥐의 꼬리에 체중에 따라 저울추를 달고 항온 욕조 속에 집어넣어 생쥐의 전신이 5초 동안 물에 가라앉는 시각까지 강제로 수영을 하도록 하는 실험을 하였다. 그 결과 시료를 투여하지 않은 대조군의 생쥐는 수영 시간이 10~20분 정도인 반면 알코올 추출물 200mg/kg 투여 시에는 수영 시간이 30~40분으로 늘어나 가장 강력한 항피로 효과를 보였으며, 대조 약물인 비타민 E와 거의 동등한 항피로 효과를 나타내었다.

❹ 항스트레스 작용

스트레스를 받으면 부신피질 호르몬 등 호르몬 생산 장기와 면역계와 관련이 있는 장기들의 중량에 변동이 온다고 한다. 즉, 스트레스를 받은 장기 중 비장, 흉선, 갑상선은 중량이 현저히 감소하고 부신의 중량은 증가한다. 따라서 이런 장기의 중량 변동은 항스트레스를 측정하는 지표가 된다.

누에동충하초가 스트레스를 받아 변동이 된 장기 중량에 어떤 회복 효과가 있는지 알아보기 위하여 실험 동물인 웅성 흰쥐에 시료를 5일 동안 연속 투여하고, 시료 투여 3일 후부터 48시간 동안 생쥐에게 스트레스를 준 다음, 최종 시료 투여 3시간 후에 흰쥐의 부신, 흉선, 비장 및 갑상선을 적출해서 습중량을 측정하여 대조해 보았다. 그 결과 물 또는 알코올 추출물 투여군이 모두 대조군에 비해 현저한 부신 중량의 감소 효과를 보여 정상 수준까지 회복된 것으로 나타났으며, 갑상선, 흉선, 비장의 중량은 알코올 추출물 투여군에서 모두 유의성 있는 효과가 나타나 누에동충하초는 항스트레스 효과가 큰 것으로 확인되었다.

❺ 간 보호 작용

누에동충하초의 간 보호 효과를 측정하기 위하여 사염화탄소로 전처리한 실험 동물인 흰쥐의 혈청 GOT 및 GPT 활성에 미치는 영향을 시험한 결과, 알코올 추출물의 모든 분획물과 물 추출물의 단백 결합 다당체 투여군에서 유의성 있는 GOT 활성 감소를 나타내었고 순수 분리된 에르고스테롤, D-만니톨 및 protein-bounded polysaccharide 투여군 모두에 간의 GPT 활성 억제를 보여 누에동충하초가 뛰어난 간 보호 효과가 있음이 확인되었다.

❻ 항노화 작용

누에동충하초의 항노화 작용을 검색하기 위하여 시험관 내에서 생체 세포의 노화의 지표인 활성산소의 형성 억제 효과를 측정한 결과 물 추출물 처리구에서 억제 강도가 대조 약물인 비타민 E와 동등한 활성 강도를 나타내었고, 지질과산화 억제 실험에서도 알코올 추출물 처리구에서 강력한 지질과산화 억제 효과가 나타났다. 또한, 뇌의 노화를 억제하는 효과 실험을 위해서 누에동충하초를 실험 쥐에 45일간 먹인 후 생체 방어 효소의 활성에 미치는 영향을 비교한 결과 동충하초 투여군이 대조군에 비해 25~35%의 SOD 효소의 활성을 증가시키는 놀라운 효과가 있는 것으로 나타났다.

4. 재배 기술

1) 누에동충하초의 특성

야생에서 수집되는 눈꽃동충하초는 기주가 나비목 곤충이며 유충기, 번데기 또는 성충에 이르기까지 전 발육 단계에 걸쳐 발생된다. 곤충 표피에 1~20개의 자실체(분생 자좌)를 형성하고 길이는 15~47mm로, 최대 70mm 수지상(樹枝狀)으로 발생되며 백색의 분생포자가 결실부에 발생하는 것이 특징이다. 그러나 인공 배양을 하게 되면 자실체 발생 수는 증가하고 크기도 야생에 비해 크다(Nam 등, 1999; Yamanaka 등, 1999).

2) 종균 준비 및 관리

누에에 접종할 종균은 포자현탁액을 이용하는데 액체 배지에서 배양된 균을 현미 배지에서 증식하여 포자를 생산한다. 먼저 100mL의 삼각플라스크에 50mL PD(PD 24g, 증류수 1L)배지를 준비하고, 감자한천배지에 배양된 균을 코르크보어를 이용하여 3mm의 크기로 잘라 액체 배양액에 접종한다. 배양 조건은 진탕배양기를 이용하여 25℃에서 150rpm으로 7일간 배양한 후 균사체를 얻는다(Nam 등, 2001). 현미 배지 조제는 현미를 멸균수에 담가 48시간 동안 불린 후 삼각플라스크에 80g을 넣어 멸균한다.

배양 완료된 액체 종균 1mL를 현미 배지에 접종하여 균이 고루 퍼지도록 흔들어 준 다음 7일간 24℃ 온도에서 정치 배양 후 배양 종료 시까지 3일 간격으로 교반하여 35일간 배양한다. 현미에서 배양된 균은 Tween 20을 첨가한 증류수에 희석 후 혈구측정계로 1×108conidia/mL 농도로 조정한다. 접종은 분무법으로 시행하고, 분무기는 미생물의 번식 또는 오염 등을 차단하기 위해 무균 상태로 유지되어야 하며, 일반 분무기보다 자동 분무기를 사용하는 것이 접종에 편리하다.

포자현탁액 종균은 접종 시까지 종균의 활력이 저하되지 않도록 주의하여야 하며, 장시간 동안 햇빛 또는 상온에 노출되지 않도록 운반할 때 암상자에 넣어 10℃ 이하로 관리한다. 종균은 제조를 시작한 날부터 5일 이내에 사용하는 것이 안전하며 접종일까지 온도 5℃ 범위에서 보존한다.

3) 종균 접종 및 재배 관리

누에는 일생 동안 4번의 탈피를 하는데, 마지막 탈피 단계를 거친 5령기 발육 단계의 누에를 접종용으로 준비한다. 왜냐하면 누에가 5령 이후에는 체중이 급격히 증가하여 인공 재배 시 생산량이 증가하기 때문이다. 사육 중인 누에가 마지막 탈피를 90% 이상 한 시점이 적기이며, 이때 뽕잎을 주지 않도록 한다. 누에 표피에 분무기를 이용하여 종균을 살포하여 누에 표피에 골고루 접종이 될 수 있도록 하고, 누에가 겹쳐지거나 남은 뽕잎 등에 덮인 채로 미접종 누에가 생기지 않도록 유의한다.

접종 횟수 및 관리법은 2가지 유형이 있다. 한 가지는 5령 1일째 탈피 직후의 누에에 포자를 경피 접종하고 재배 상자를 뚜껑으로 덮는다. 그리고 28℃에서 보습 처리한 상태에서 8시간 이상을 정치한다. 이후 뽕잎을 주고 표준 사육법으로 사육하는 방법이다.

또 한 가지는 최근 접종 효율을 높이기 위해 종균액에 20%의 물엿을 첨가하여 3회 접종한다. 누에 1차 접종은 5령 1일에 상기와 동일 방법으로 하며 접종과 동시에 뽕잎을 준다. 추가 접종은 5령 2일과 3일에 각 24시간 간격으로 실시한다. 이때 누에가 뽕잎에 쉽게 덮여 있을 수 있으므로 뽕잎을 다 먹은 후 처리하도록 한다. 살포는 1차 때와 동일한 방법으로 실시하며, 물엿 첨가로 접종 후 누에의 몸은 다소 윤기가 나고 약간 끈적끈적한 상태이지만 발육과 함께 피부는 정상적으로 회복된다.

3회 접종이 끝난 후에는 신선한 뽕잎을 충분히 주고, 사육 기간 동안 누에가 질병에 걸리지 않도록 온도, 습도, 환기 등 표준 사육법을 준수한다. 접종 후 누에 사육실의 온도는 22~25℃, 습도는 65~70%가 유지되도록 하며, 누에가 5령기에는 발육 속도가 급격히 증가하므로 사육 상자가 좁지 않도록 조절한다. 또한, 사육실 내에 환기를 자주 해 주어 접종 기간 동안 다른 질병이 발생하지 않도록 유의한다(표 30-6).

표 30-6 동충하초 접종용 기주 누에 사육 온도와 재배 조건

구분	적정 온도(℃)	적정 습도(%)	비고
누에 1령 2령 3령 4령	26~27 25~26 24~25 23~24	85~90 80~85 75~80 70~75	접종 전(표준 사육법)
5령 1일	26~30	95 이상	접종기 접종 후 관리
5령 2일~8일	22~23	65~70	
누에가 고치 짓는 기간(7~8일)	22~23	65~70	〃
균 감염 번데기 보호	18~20	65~70	〃
동충하초 재배(15~20일)	20~24	90 이상	〃

4) 균 감염 번데기 관리

균 접종된 5령기 누에는 육안상으로는 감염 증상을 나타내지 않고 정상 누에와 동일한 발육과 누에고치 짓기를 완성한다. 그 후 누에는 고치 내부에서 번데기로 변하고 이후 균이 체내에 증식되면서 치사하게 된다. 고치를 지은 지 8~14일에는 접종된 고치를 선별하게 되며, 한편 균 접종 후에도 누에가 미감염인 경우에는 고치를 지은 후 내부에서 죽거나, 누에고치 표면이 오염되거나, 형태가 비정형적이다.

누에고치는 18~20℃의 온도에서 보호하며 다습한 곳 또는 사육실 바닥 등에 보관하지 않도록 한다. 고치 지은 지 5일 경과 후에는 상단부를 절단하여 내부의 감염 번데기를 회수한다. 감염이 완료된 번데기는 표면이 짙은 갈색이며, 표피는 수분이 거의 없고 눌렀을 때 단단하다. 그러나 감염 초기 단계의 번데기 표피는 다소 무른 상태로 이때 정치 온도를 20℃ 전후로 유지하면 발육이 촉진된다.

5) 재배실 관리

동충하초 재배실 면적은 누에 한 상자를 기준할 때 6.6㎡(2평)가 소요된다. 이때 한 상자는 2만 마리 집단을 기준으로 한다. 재배실 내부는 청소를 하고, 도구는 소독을 하여 청정하게 유지한다.

재배상은 동충하초균에 감염된 번데기에서 버섯이 잘 자랄 수 있도록 만든 일종의 재배 기구로서, 그 종류는 농가 실정에 맞도록 여러 가지로 개발되고 있다. 그중 플라스틱 상자, 스티로폼 상자 등이 주로 많이 사용되며 물 빠짐이 좋도록 재배상의 하단에 통풍 및 배수 구멍을 갖추도록 한다.

재배 상자 바닥에는 광목천을 깔아 준다. 이는 버섯 재배가 완료될 때까지 번데기에 수분 공급을 하고 재배상 내의 감염 번데기가 균사가 활착되어 재배상에 적절히 고정되는 역할을 한다(표 30-7, 30-8).

표 30-7 누에동충하초 재배 시설(누에 10상자 기준)

구분	규격	수량	용도
냉난방기	20~30평	1대	온도 조절
냉장고	소형(가정용)	1대	종균 보관
3P 잠박	180×90×15㎝	60개	동충하초 재배
조상육대	8×1.5×0.9개	10조	큰누에 사육
동력 분무기	-	1대	세척, 소독
버섯 재배 상자	45×75×20㎝	80개	버섯 재배
자동 스프레이	-	1대	종균 접종
자동 수견기	-	1대	고치 따기

표 30-8 재배에 필요한 주요 기구

품명	규격	수량	비고
누에씨	상자(20,000알)	10상자	-
동충하초 종균	통(1,500mL)	10통	-
잠좌지	전지	3연	누에자리 깔개
방건지	전지	300장	애누에 방습
애누에 그물	90×180㎝	50개	똥갈이
큰누에 그물	-	300개	똥갈이, 접종
백년섶	-	150개	누에 올리기
광목	-	200마	재배상 깔개
스티로폼	180×90×0.5㎝	60장	균 접종, 버섯 재배

6) 동충하초 생산 및 수확

동충하초균에 감염된 번데기는 손으로 눌렀을 때 단단하며 절단면에서 수분이 묻어나는데, 이때 재배 상자에 누에 번데기를 정렬한다(그림 30-1). 재배상 내에 멸균수를 뿌려 광목천과 번데기가 수분을 충분히 함유하도록 한다. 재배상의 습도는 항상 90% 이상 되어야 하며, 번데기가 마르지 않도록 수분 공급을 규칙적으로 한다. 재배 온도는 20~24℃로 유지하며, 온풍기로 온도를 조절할 경우 바람이 직접 번데기에 가지 않도록 한다.

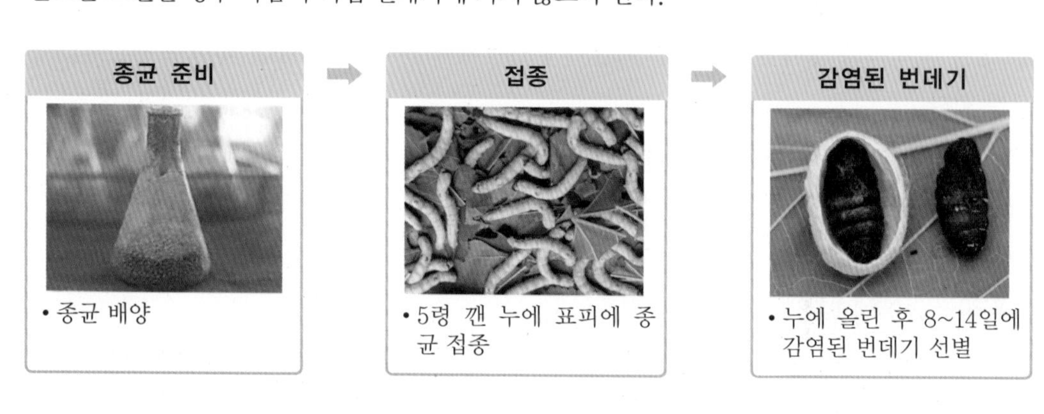

그림 30-1 누에동충하초 재배 과정

번데기를 재배상 내에 정치하여 1~2일 동안 놓아두면 점차 표면이 흰 균사로 덮이게 되며, 이후 자실체가 발생된다. 균에 감염된 번데기는 재배상에 정치하여 15~20일 동안 재배하면 수확이 가능하다. 재배를 종료하기 3일 전부터는 습도 조절 및 수확 관리를 위해 수분 공급을 하지 않는다. 그리고 동충하초의 자실체는 가늘고 약하므로 기주 번데기에서 떨어지지 않도록 유의한다.

7) 인공 배양된 동충하초의 특성

재배 기간이 경과할수록 충체 표면은 흰색의 균사로 덮이게 되고 충체의 상층부를 중심으로 미백색 자실체가 형성되는데, 지상부 높이는 30~50mm이며 다발 형태의 자실체는 약 55개이다. 그 끝 마디는 평균 4개로 재분지되었다. 자연산 동충하초가 높이 70mm, 자실체 수 20여 개로 생장하는 것과 비교했을 때(그림 30-2) 인공 재배 시 자실체 수는 약 35개 증가하고 높이는 30mm 감소되는 경향을 보인다(그림 30-3).

인공 재배는 고농도 분생포자를 인위적으로 살포하여 기주 부피당 발생률은 높아졌으나 기주의 한정된 영양분으로 인해 더 이상 생장은 일어나지 않는다. 인공 재배 시 재배 기간이 경과되면 생장과 분지 현상은 추가로 발생하지 않고 시들게 되는데, 자실체는 분생포자로 형성되어 작은 충격에도 쉽게 비산한다.

그림 30-2 자생 눈꽃동충하초

그림 30-3 인공 재배 누에동충하초

8) 누에에 감염이 가능한 동충하초

누에는 동충하초의 기주로서 활용성이 매우 높다. 국내에서 자생하는 동충하초의 몇 종은 눈꽃동충하초와 동일하게 누에에 접종이 가능하므로, 재배 조건을 구명한다면 대량 생산이 충분히 가능할 것이다. 새로운 종의 개발과 생산물에 대한 기능성 구명은 향후 새로운 자원의 가치 창출이 될 것이다.

(1) 동충하초 형태학적 동정법(Shimizu, 1994)에 따른 국내 자생하는 대표 동충하초

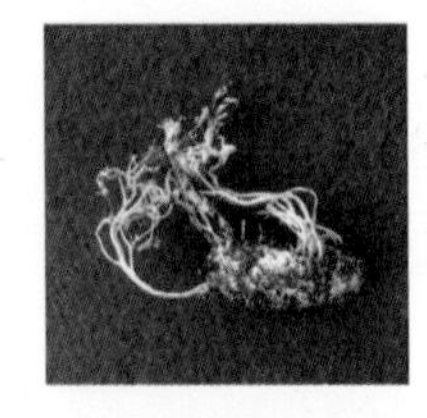

• **눈꽃동충하초**

기주 표면에서부터 담황색 또는 크림색의 자실체가 발생하며, 강한 버섯향이 난다. 미성숙한 분생자병속은 끝 부분이 뾰족한 나뭇가지 형이다.

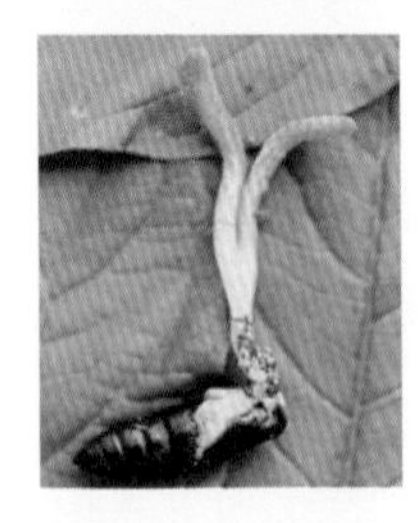

• **동충하초**

두부는 주황색을 띠며 자루는 등황색을 나타낸다. 두부의 형태는 곤봉형으로 총 길이는 36mm 정도이다. 국내 발생 시기는 6월부터이며 8월 후 발생량이 증가한다.

• **매미눈꽃동충하초**

기주의 표면에서 2~3개의 분생자병속이 발생하며 크기는 20~60×3~5mm이다. 선단에는 흰색 혹은 옅은 회색의 분생포자가 다량 발생한다.

• **번데기봉형동충하초**

분생자병속은 기주 표피에서 1~5개가 형성되고 담황색 또는 크림색이다. 강한 버섯향이 난다. 미성숙한 분생자병속은 끝 부분이 뾰족한 나뭇가지형이며, 성숙되면 끝 부분이 분지하여 다량의 분생 포자가 발생한다.

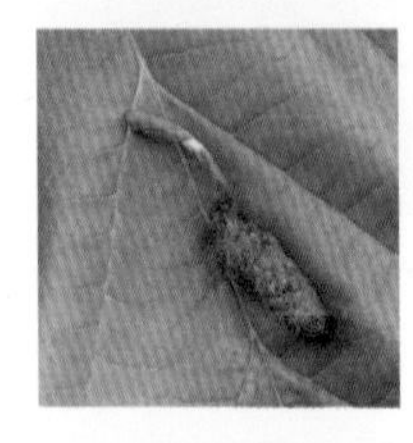

• **붉은자루동충하초**

자좌는 기주에서 1개가 형성되며 곤봉형으로 주홍색을 띤다. 두부와 병부는 명확한 경계를 형성한다.

• **벌면봉형동충하초**

7월 하순경 채집이 되며, 자좌는 엷은 황색을 나타낸다.

자실체의 길이는 65mm 정도이며, 두부의 형태는 면봉형을 나타낸다.

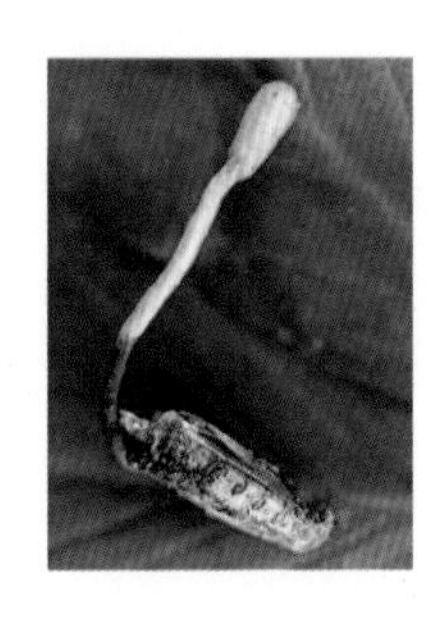

- **노린재동충하초**

  두부와 자루로 나뉘며 주황색 두부에서 하부로 갈수록 색이 짙어진다.

  자실체는 곤충의 배, 등, 머리 부위에서 발생하며, 6월부터 10월까지 발견된다.

(2) 누에를 기주로 인공 재배가 가능한 균종

누에는 인시목 곤충으로 인시목에 감염되는 곤충이면 누에에 접종이 가능하다(표 30-9). 현재까지 누에를 이용하여 접종 및 인공 재배가 가능한 균종은 *Paecilomyces tenuipes*, *C. militaris*, *Isaria sinclairii*, *Paecilomyces farionsus*, *Cordyceps pruinosa*의 5종이며, *Cordyceps sphecocephala*의 경우, 누에에 감염은 되지 않으나 일반 배지에서 40여 일 배양에 의해 자실체를 형성한다.

표 30-9 누에를 기주로 한 동충하초 인공 재배

종명	학명	누에 감염 여부	연구 현황
눈꽃동충하초	*Paecilomyces tenuipes*	가능	항암, 항피로 등
밀리터리스동충하초	*Cordyceps militaris*	가능	함암
매미눈꽃동충하초	*Isaria sinclairii*	가능	혈압 강하 연구
번데기봉형눈꽃동충하초	*Paecilomyces farinosus*	가능	항에이즈 활성 물질
붉은자루동충하초	*Cordyceps pruinosa*	가능	항산화
벌면봉형동충하초	*Cordyceps sphecocephala*	미감염	PDA배지 발생, 항암
노린재동충하초	*Cordyceps nutans*	미감염	-

5. 수확 후 관리 및 이용

재배 종료된 누에동충하초는 자실체가 가늘고 약하므로 수확 시 절단되거나 기주 번데기와 분리되지 않도록 취급에 유의해야 한다. 재배 직후의 동충하초 개체의 수분율은 약 20% 내외로 많은 수분을 함유하고 있어, 신선도 유지를 위해 냉장 보관하는 것이 좋으며 보관 기간은 일주일 이내가 적당하다. 장기 보존을 위해서는 건조하는 것이 좋으며, 진공동결건조법이 가장 효과적이다. 이것은 열 건조에 비해 자실체의 형태, 색상, 성분 등의 변화가 적어 상품의 질을 유지할 수 있다. 건조 처리된 누에동충하초는 즉시 밀봉 처리하여 어두운 장소에 보관한다.

현재 누에동충하초는 대량 생산이 가능해짐으로써 다양한 산업에 이용되고 있다. 누에동충하초는 이것을 주원료로 한 음료, 술, 고추장, 동충하초 분말 함유 돈육, 동충하초 첨가 증편 등 다양한 식품의 원료 및 첨가제로 널리 이용되며, 특히 동충하초 자실체 건조 제품, 분말, 환, 캡슐, 엑기스 등으로도 용도가 확대되고 있다.

〈남성희〉

참고 문헌

- 조세연, 신국현, 송성규, 1999. 누에동충하초 생산 및 유용 물질 개발. 농촌진흥청. pp. 1–234.
- Alexopoulos, C. J., Mims, C. W. and Blackwell, M. 1996. *Introductory mycology*. Fourth edition. Jone wiley and sons, INC. 307pp.
- Holliday, J., Cleaver, M. 2008. Medicinal Value of the Caterpillar Fungi Species of the Genus *Cordyceps* (Fr.) Link (Ascomycetes). A Review. *International journal of medicinal mushrooms* 10(3): 219–234.
- Kobayasi, Y. 1982. Keys to the taxa of the genera *Cordyceps* and *Torrubiella*. *Trans. mycol. soc. Japan* 23: 329–364.
- Kobayasi, Y. and Shimizu, D. 1983. *Iconography of vegetable wasps and plant worms*. Hoikusha Publishing Company Ltd. Osaka. pp. 1–280.
- Nam, S. H., Jung, I. Y., Ji, S. D. and Cho, S. Y. 1999. Cultural condition and morphological characteristics of *Paecilomyces japonica* for the artificial cultivation. *Kor. J. Seric. Sci.* 41(1): 36–40.
- Nam, S. H., Jung, I. Y., Ji, S. D. and Cho, S. Y. 2001. The medium development for entomopathogenic fungi by using silkworm powder. *Kor. J. Seric. Sci.* 43(2): 82–87.
- Nam, S. H., Lee, S. and Cho, S. Y. 2002. Nomenclatural studies on *Paecilomyces tenuipes* in Korea. *Kor. J. Seric. Sci.* 44(1): 28–31.
- Pettit, R. H. 1895. Studies in artificial cultures of entomogenous fungi. Cornell univ. *Agr. Expt. Sta. Bull.* 97: 417–465.
- Shimizu, D. 1994. *Color iconography of vegetable wasps and plant worms*. Seibundo shinkosha, Japan. pp. 202–204.
- Shin, K. H., Lim, S., Lee, S. Y., Lee, Y. S., Jung, S. H., Cho, S. Y. 2003. Anti–tumour and immuno–stimulating activities of the fruiting bodies of *Paecilomyces japonica*, a new type of *Cordyceps* spp. Phytotherapy research Aug. 17(7): 830–833.
- Tanada, Y., Kaya, H. 1992. *Insect pathology*. Academic Press. pp. 2–6.
- Yamanaka, K., Inatomi, S., Hanaoka, M. 1999. Cultivation characteristics of *Isaria japonica*. *Mycoscience* 39: 43–48.

제 31 장

구름버섯(구름송편버섯)

1. 명칭 및 분류학적 위치

구름버섯 또는 구름송편버섯(*Coriolus versicolor* (L.) Quel = *Trametes versicolor* (L.: Fr.) Pilat)은 운지(雲之)라고도 하며, 구멍장이버섯과(Polyporaceae) 송편버섯속(*Trametes*)에 속하는 목재부후균(Paul, 1981)이다. 자연에서 쉽게 발견할 수 있으며, 한국에서도 10여 종이 자생하고 있는 것으로 알려져 있다.

야외에 산책할 때나 등산할 때 썩은 나무에 가지런히 붙어 있는 구름버섯을 흔히 발견할 수 있다. 촘촘하게 나무에 박혀 있으면서 그 무늬가 아름다워 가정의 장식용이나 관상용으로서의

그림 31-1 야생 구름버섯

가치가 높다(그림 31-1).

구름버섯은 봄부터 가을에 걸쳐 침엽수, 활엽수의 고목에 군생하며, 자실체가 복잡한 구조를 지닌 독특한 형태의 목재부후균으로, 갓의 크기는 1~5cm, 두께는 1~2mm로 보통 반원형이나 원형에 가깝고 질기며, 수십 또는 수백 개가 중복 또는 무리를 지어 군생한다. 어린 자실체는 황백색의 물결무늬로 자라지만 완전히 성숙한 자실체의 표면은 흑색, 회색, 황갈색, 암갈색으로 환문을 이루고 견사상의 광택이 있으며 짧은 털로 덮여 있다.

포자는 5~8×1.5~2.5㎛ 크기로 원통형이고, 표면은 평활하며 비아밀로이드이고 포자문은 백색이다. 이 버섯은 참나무, 자작나무, 개암나무 등 주로 활엽수 고사목에 자연 서식하며 생장이 빠르다(박 등, 1991).

구름버섯균의 침해를 받은 나무는 변재부와 심재부가 모두 썩으며, 썩은 부위는 푸석푸석해져서 마르면 잘 부서지고, 부후 말기에는 갯솜(海綿)과 같은 모습을 띤다. 줄기의 부후가 진전되면 어린 나무는 말라죽기도 한다. 재질 부후가 상당히 진전된 가지나 줄기에서는 봄부터 가을에 걸쳐 다수의 구름버섯이 지붕의 기왓장 모양 층층으로 겹쳐서 무리지어 나타난다. 구름버섯은 일년생 버섯으로 한번에 다 자라고 나면 생장을 멈추지만 그대로 수년간 남아 있기 때문에 다년생 버섯으로 착각하기 쉽다(나, 2006).

2. 재배 내력

최근에는 이 버섯의 단백질 및 다당류 성분이 항암 효과가 매우 높은 것으로 밝혀져 일본과 우리나라의 일부 제약 회사에서는 암 치료제로 개발, 판매하고 있다. 옛날부터 민간약으로 위암, 식도암, 직장암, 간암, 유방암 등 각종 암의 예방과 치료제로 이 버섯을 열탕으로 달여서 복용하여 왔다. 우리나라에서는 주로 자연산을 채취하여 사용하고 있으며, 중국과 타이완에서는 상업적으로 재배하고 있다.

3. 영양 성분 및 건강 기능성

구름버섯에 여러 가지 약리 작용이 있는 것으로 알려진 이래, 연구가 활발하게 이루어져 Tsuhagoshi(1974) 등은 PSK(Protein bound-polysaccharide)라는 단백 결합 다당체를 연속 추출하여 이것이 sarcoma-180에 대하여 항암 작용이 있음을 밝혀 냈다. 그 이후 이를 산업적으로 활용하고자 하는 노력이 계속되어 균사체를 대량으로 액체 배양하여 배상 산물로부터 얻은 polysaccharide-K를 상품화하기에 이르렀고, 크레스틴(Krestin)이라는 이름으로(Chang

등 1991, 1993) 판매되고 있다.

건조된 구름버섯의 수분 함량은 7.5%, 비타민 D_2 함량은 5.4%, 비타민 D_3 함량은 7.6%로 나타났다(이 등, 1997; 표 31-1). 구름버섯 배양 균사체와 야생 구름버섯 자실체로부터 얻은 당과 단백질 함량을 비교했을 때 야생 구름버섯 자실체가 배양 균사체보다 다당류 함량은 높았으며, 단백질 함량은 낮게 나타났다(조 등, 1988).

표 31-1 버섯류의 비타민 D_2, D_3 함량 (한국조리과학회지, 1997) (단위:㎍/100g)

종류	수분(%)	비타민 D_2	비타민 D_3	비타민 D
표고(건조)	10.3	34.6	38.0	72.6
표고(생체)	83.0	28.9	21.6	50.5
느타리(생체)	90.0	27.1	29.7	56.8
팽이버섯(생체)	89.7	25.3	27.5	52.8
양송이(생체)	90.5	3.1	4.1	7.2
목이(건조)	10.7	51.5	116.3	167.8
영지버섯(건조)	9.4	9.9	14.3	24.2
구름버섯(건조)	7.5	5.4	7.6	13.0

표 31-2 구름버섯 항암 성분의 다당류 및 단백질 함량 (한국균학회지, 1997) (단위: %)

샘플	다당류	단백질
균사체 배양물	52.4	26.6
구름버섯 자실체(야생)	74.8	12.6
PS-K(일본산 구름버섯)	40.8	46.5

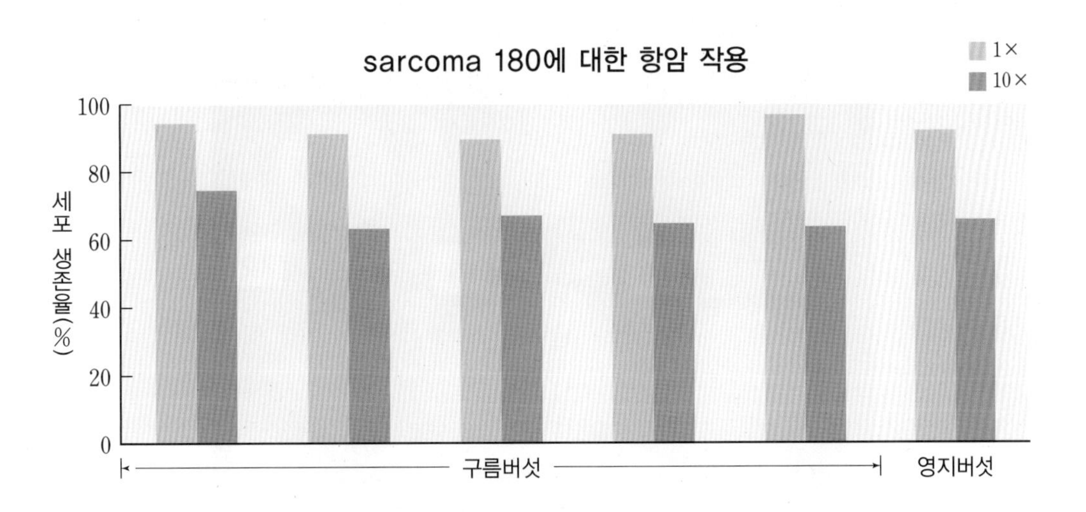

그림 31-2 **구름버섯류의 항암 활성 비교** (경북농업기술원, 2009)

4. 재배 기술

1) 버섯균의 생육 조건

(1) 온도

구름버섯 균사체 배양에 적합한 온도는 25~30℃이며 10℃ 이하와 30℃ 이상에서는 생장이 불량하였다(그림 31-3, 31-4). 균사 생육에 적합한 액체 배양기의 조성 중 질소원은 인산암모늄, 아스파라진, 글루타민, 펩톤 등이, 탄소원으로는 덱스트린, 이눌린, 녹말 등의 다당류가 양호하며, 이때 C/N율은 탄소원의 종류에 따라 다르나 20~100, pH는 5.0~5.5 범위로 조절한다.

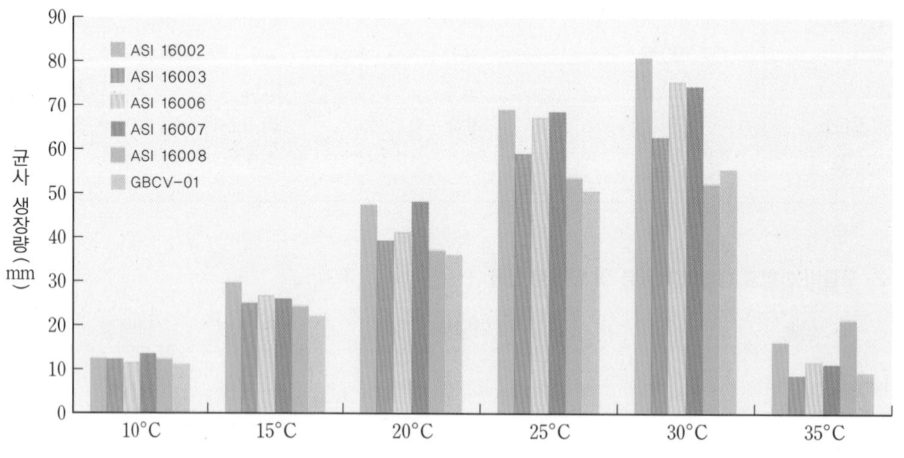

그림 31-3 **구름버섯균의 온도별 균사 생장**(PDA, 5일) (경북농업기술원, 2010)

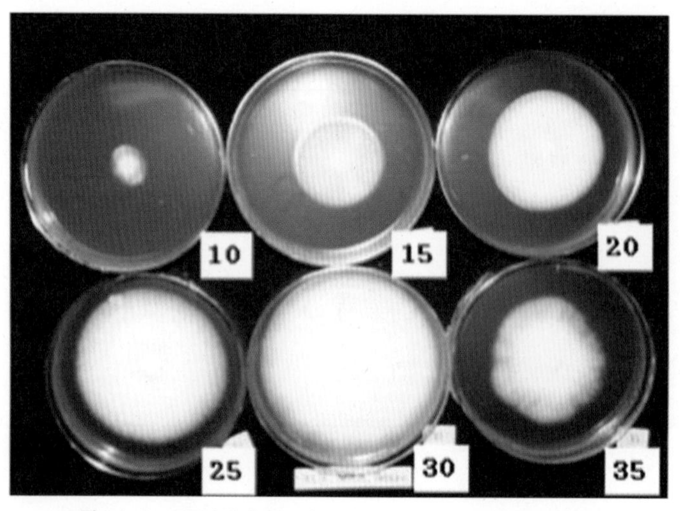

그림 31-4 **구름버섯의 온도별 균사 생장** (경북농업기술원, 2008)

균사체 증식용 고체 배양기는 감자한천배지(PDA)나 버섯완전배양기(MCM)에서 양호하다. 버섯 자실체 발생 온도는 20~30℃가 적합하므로 우리나라에서는 여름 재배가 가능하다. 온도는 대기 중의 습도와 밀접한 관계가 있어 균사 생장 시에는 높은 온도와 낮은 습도를 요구하고, 자실체가 형성 · 생장하는 경우에는 이보다 낮은 온도와 높은 습도를 요구하게 된다.

(2) 수분

버섯 균사체가 생장할 때에는 원목이나 배지의 수분량이 중요하다. 접종 시 원목의 수분은 40% 정도가 알맞고, 톱밥 병재배 시 톱밥 수분은 60~65%가 적당하며, 자실체 발생 시 실내 습도는 90% 정도로 높게 유지해 주어야 한다.

(3) 산도(pH)

구름버섯균의 생장 최적 산도는 표 31-3에서 보는 바와 같이 실험을 수행한 전 범위(pH 4~9)에서 균사 생장이 양호하였다. 이로 미루어 구름버섯균의 배지 분해력이 매우 높은 것으로 추정된다.

표 31-3 구름버섯 배지의 산도(pH)와 균사 생장 (경북농업기술원, 2010) (단위: mm/4일)

산도(pH) / 균주명	4	5	6	7	8	9
ASI 16002	76.7	76.3	72.7	69.0	69.7	73.0
ASI 16003	13.7	16.0	18.0	18.3	18.0	18.0
ASI 16006	71.7	71.0	68.3	61.0	60.3	60.3
ASI 16007	68.7	70.0	69.0	65.0	62.0	60.3
ASI 16008	58.3	56.3	56.3	54.3	53.0	53.3
GBCV-01	73.7	72.3	71.3	69.0	66.7	68.0

2) 원목 재배

(1) 원목을 이용한 재배

구름버섯의 원목 재배는 한 번 종균을 심은 후에 보통의 관리만 하면 2~3년 동안 수확이 가능하고, 원목의 굵기(지름)가 5cm 정도로 가늘어도 재배가 가능하기 때문에 벌채 후에 생기는 가는 원목을 최대한 이용할 수 있는 이점이 있다.

재배 방법은 그림 31-5에서 보는 바와 같이 표고의 원목 재배와 유사한 점이 많으므로 표고와 공통되는 사항은 되도록 간단하게 설명하고, 특이하게 상이한 사항을 중심으로 기술하고자 한다.

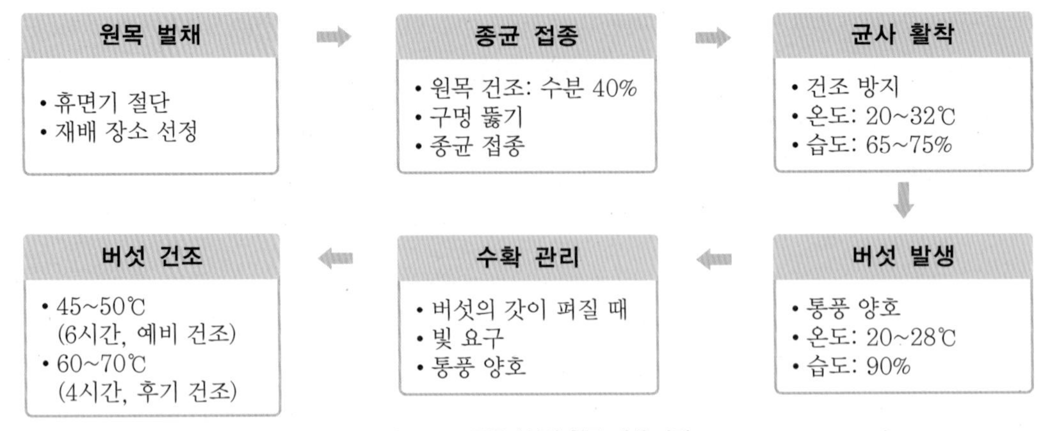

그림 31-5 **구름버섯의 원목 재배 과정**

(2) 버섯 재배에 적당한 나무

구름버섯의 균사는 활력이 강하여 대부분의 활엽수 고사목에서 생장이 잘된다. 그러나 원목의 내구 연한이나 관리하기에 적당한 수종으로는 참나무 종류, 피나무, 밤나무, 단풍나무, 과수목 등이 있다. 특히 활엽수는 펜토산이나 일반적인 성분들의 함량이 침엽수보다 높아서 구름버섯 재배에 적합한 수종이라고 할 수 있다.

(3) 벌채 시기

벌채는 낙엽이 지기 시작할 때부터 이듬해 수액이 이동하기 전, 즉 새싹이 움트기 전에 실시하는 것이 좋다. 일반적으로 기온이 낮아서 나무가 휴면기에 들어간 시기에 벌채하는 것이 병원 포자의 피해도 막고, 원목을 건조시키기에도 편리하다. 또, 이 시기에 벌채하는 것이 나무의 양분 함량이 높고 버섯나무의 수명이 길어지며, 버섯 발생량이 많은 이점이 있다.

(4) 배지 제조

사과나무, 참나무, 버드나무 원목을 벌채 후 지름 15cm, 길이 20cm로 절단한 다음 절단면의 모서리 부분을 손질한다. 단목은 미리 준비된 내열성 비닐봉지에 담아서 원목과 비닐 사이의 공간이 많이 생기지 않도록 하면서 상부의 비닐을 모은 다음, 종균 주입구 형성틀의 내부로 비닐을 꺼내면서 형성틀이 단면 중앙에 위치하도록 한다. 그 다음 형성틀 위로 올라온 비닐을 잡아당기면서 형성틀을 고정시킴과 동시에 비닐을 바깥쪽으로 젖히고 플라스틱 뚜껑으로 막는다.

(5) 원목 배지 살균 및 접종

상압 살균은 고압 살균에 비해 살균 시간이 오래 걸려 작업 능률이 떨어지고 연료 소비량이 2

배 정도 더 소요되는 단점이 있으나, 온도 유지 시간이 길어지므로 배지가 연화되어 균사 배양에 유리하다. 이 방법으로 살균기 내의 온도를 98~100℃로 하여 7~9시간 유지한 후 냉각한 다음, 접종실에서 종균을 원목 배지 1개당 20g씩 접종원이 단면 상단에 고루 퍼지게 접종한다.

(6) 배양 및 발이 유기

접종 작업 후 온도 25℃의 배양실에서 76~87일간 배양한 후에 원목 내부를 절개하여 균사 활착 상태를 확인한 다음 배양이 완료된 것을 선별하여 온도 25℃, 습도 85%, 광도 250~500lx의 생육실로 옮겨 자실체 발생을 유도한다.

(7) 자실체 생육 및 수량 조사

자실체의 시원체가 형성되어 갓이 생기면서 버섯의 색택이 차츰 갈색으로 변하며 자란다. 버섯은 갓의 크기가 4~5cm 정도 되었을 때 수확한다.

구름버섯의 인공 재배 시 원목 재배 가능성을 구명하기 위해 지름 15cm, 길이 20cm의 사과나무, 참나무, 버드나무 원목에 구름버섯 균주 YCV를 접종, 재배한 결과는 표 31-4와 같다. 배양 완성 일수는 버드나무 75일, 참나무 78일, 사과나무 83일이었고, 균사 밀도는 사과나무, 버드나무가 양호하였으며 참나무는 매우 양호하였다. 자실체의 색깔은 사과나무, 버드나무, 참나무 모두 짙은 갈색을 나타냈다. 원목 재배 시 구름버섯 생체량은 버드나무 255g, 사과나무 270g, 참나무 290g이었고, 자실체의 수분 함량은 35%, 건물량은 생체중의 63~65% 수준으로 감소되었다. 자실체의 지름은 사과나무 46mm, 참나무 51mm, 버드나무 43mm였다(조 등, 1998).

표 31-4 구름버섯의 균사 배양과 자실체 특성 (단위: mm/4일)

구분	배양 완성 일수 (일)	균사 밀도	자실체 색깔	생체중 (g)	건조중 (g)	자실체 지름 (mm)
사과나무	83	+ + +	암갈색	270	171	46
참나무	78	+ + + +	암갈색	290	189	51
버드나무	75	+ + +	암갈색	255	163	43

※ 균사 밀도: +++ 높음, ++++ 매우 높음

표 31-5 자실체의 개체 특성

균주	개체 무게[1](g)	장축(mm)	단축(mm)	두께(mm)
GBTV-01	1.5	55	34	2.1
영지	7.8	83	51	8.5

[1] 건조 버섯의 무게. 건조 시 생체 무게의 50~60%로 감소함.

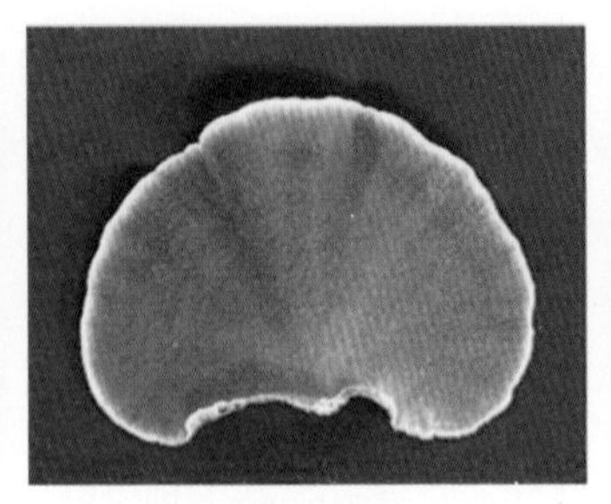
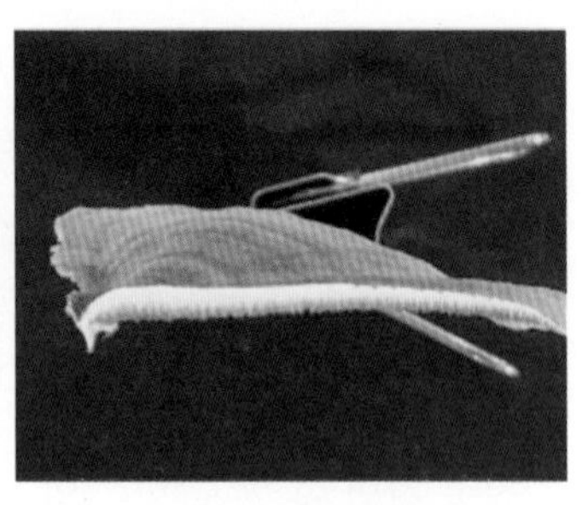
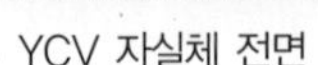

YCV 자실체 전면 YCV 자실체 후면 YCV 자실체 절단면

그림 31-6 **구름버섯 자실체** (경북농업기술원, 2008)

5. 수확 후 관리 및 이용

버섯의 수확 시기는 버섯 생육 시 온습도 관리에 따라서 차이가 있으나 버섯 발생일로부터 25~40일이 지나서 수확한다. 수확된 버섯을 손으로 만지면 갓 표면에 포자가 묻어 상품성이 저하되므로 주의해야 한다. 건조 기간은 40℃에서 3~4일이면 완전히 건조되어 포장할 수 있다. 암의 예방과 치료제로 구름버섯을 열탕으로 달여서 복용해 왔으며, 1990년대에는 국내 제약 회사에서 음료로도 출시하였다.

〈조우식〉

참고 문헌

- 나용준. 구름버섯에 의한 재질 썩음병. 산림지 2006년 5월호.
- 박완희, 이호득. 1991. 원색도감 한국의 버섯. 교학사. pp. 34-35.
- 이진실, 안령미, 최희숙. 1997. 버섯의 Ergocalciferol(Vit D_2)과 Cholecalciferol(Vit D_3)의 함량 측정. 한국조리과학회지 13(2): 173-178.
- 조우식, 윤영석, 류영현. 1998. 구름버섯(*Coriolus versicolor*)의 인공 재배법 개발. 한국균학회지 84: 25-30.
- 조희정, 심미자, 최응칠, 김병각. 1988. 한국산 고등균류의 성분 연구; 구름버섯 항암 성분의 비교. 한국균학회지 16(3): 162-174.
- 한국균학회 균학용어심의위원회. 2013. 한국의 버섯 목록. 한국균학회.
- Chang, S .T., Buswell, J. A. 1993. *Mushroom Biology and Mushroom Products*. pp. 237-245.
- Chang, S. T., Miles, P. G. 1991. *Genetics and Breeding of Edible Mushrooms*. pp. 301-313.
- Manion, P. D. 1981. *Tree Disease Concepts*. Prentice-Hall. pp. 224-285.
- Tsukagoshi, S., Ohashi, F. 1974. Protein bound polysaccharide preparation, PS-K, effective against mouse sarcoma 180 and rat ascites hepatoma AH-13 by oral use. *Gann* 65: 557.

제 32 장

곤봉뽕나무버섯(천마버섯)과 공생하는 천마

1. 명칭 및 분류학적 위치

천마(*Gastrodia elata*)는 난과에 속하는 다년생 고등 식물로, 전 세계적으로 약 50여 종이 분포하나 우리나라에는 홍천마, 청천마 등 3종 정도 분포한다. 천마는 부식질이 많은 계곡의 숲 속에서 자생하며, 지상부는 대부분의 기관이 퇴화되어 있으나 지하부의 구근(괴경)은 마치 고구마가 형성되듯이 비대해진다. 이 구근은 성숙도에 따라서 성숙마(mature tuber)와 백마(immature tuber), 미숙마(juvenile tuber)로 분류되며, 성숙마는 약재로 이용되고 백마와 미숙마는 종마로 이용된다. 꽃대로 자랄 씨눈(추대아)이 있는 성숙마는 기온이 15~18℃ 정도가 되는 5~6월에 꽃대(줄기)라 불리는 지상경이 나온다.

천마는 지상부에 형성된 꽃대의 색깔에 따라 홍천마(*Gastrodia elata* Bl. f. *elata*), 청천마(*Gastrodia elata* Bl. f. *glauca*) 그리고 녹천마(*Gastrodia gracilis*)로 분류되나 지하부 괴경의 색이나 형태 그리고 약효에는 큰 차이가 없다(그림 32-1). 꽃대는 원주형으로 길이 1~1.3m 정도이나 큰 것은 2m가 넘으며, 보통 7마디로 이루어져 있다. 꽃은 꽃대 끝에 총상화서로 피고 꽃잎은 외화피 3개와 내화피 2개로 구성되어 있으며, 외화피 3개는 합쳐져서 표면이 부풀기 때문에 꽃 주둥이가 오므라든 단지 모양으로 되어 있어 자연 수분이 잘 안 되므로 종자 형성이 어렵다.

천마는 일반적으로 꽃대 1개당 30~50개의 꽃이 피어 6~7월경에 도란형의 꼬투리(삭과)를 형성하며(그림 32-1), 꼬투리 1개당 3~5만 개의 종자가 들어 있다. 천마는 자연계에서 6월 상순경 꼬투리가 익어 종자가 떨어지면 7월 초 종자가 발아하며, 발아한 종자는 당해에 백마로 성장한 후, 다음 해에 성숙마로 성장하는 2년의 생활 주기 식물이다. 그러나 천마 종자에는 배유가 없고 배만 있어서 자연에서의 발아율은 극히 저조하다(Huang, 1985; Chang and But, 1986).

천마는 녹색잎은 없고 퇴화한 소인편의 잎만 있어서 탄소 동화 능력이 없는 특이한 고등 식물로, 지상부의 꽃대는 1개월 이내에 사멸되며, 지하부의 괴경이 덩이줄기로 무성 번식한다. 천마의 생육은 1911년 일본의 쿠사노스(Kusanos)에 의해 버섯의 일종인 곤봉뽕나무버섯 또는 천마버섯(*Armillaria gallica* Marxm. & Romagn.)과 공생 관계가 밝혀진 이후 많은 연구가 이루어졌다. 특히 천마의 생육과 관련된 공생균과의 영양 관계는 저자 등에 의해 균영양계(Mycotrophy)로 정의되었다. 균영양계란 빛(광)을 에너지원으로 이용하는 광합성계

홍천마(전체) 청천마(전체)

홍천마(꽃) 청천마(꽃)

그림 32-1 **천마의 종류와 꽃대의 생김새**

(phototrophy)나 화학 물질을 에너지원으로 이용하는 화학합성계(chemotrophy)와는 달리 균류의 균사를 에너지원으로 이용한다. 즉, 어린 곤봉뽕나무버섯 균사속이 천마의 피층(cortex) 세포에 침입하면, 천마는 대형 세포를 형성하여 침입한 균사를 짧게 분절, 소화, 흡수하여 에너지원으로 이용하여 생육하게 된다. 그러나 곤봉뽕나무버섯의 활력이 너무 왕성하면 천마의 영양분이 곤봉뽕나무버섯으로 역이동하는 현상이 발생하기도 한다.

천마 괴경은 15~30℃의 온도 범위에서 생육이 가능하다. 지온이 15℃ 전후가 되면 싹이 트기 시작하여 20~25℃에 생육 속도가 가장 빠르며, 30℃ 이상이 되면 생장이 억제되고, 35℃가 넘으면 사멸한다. 천마가 1년간 생육하는 데 필요한 총 누적 온도는 3800℃ 정도이다. 물은 천마 괴경의 주성분으로 함수량은 약 80% 정도이다. 천마는 외계의 급격한 온도 변화에도 물이 지니는 특수성으로 인해 원형질은 상해를 받지 않는다.

천마는 토양 함수량 30~70%의 범위에서 생육이 가능하며, 70%를 초과하면 천마가 부패한다. 천마의 괴경이 싹트는 시기에는 약간의 토양 수분만 있으면 정상 발아가 가능하지만 수분이 부족하면 곤봉뽕나무버섯의 생장에 영향을 주어 천마의 생육이 부진해진다. 천마 괴경의 생장이 왕성한 시기에는 다량의 물이 필요하다.

2. 재배 내력

천마는 한국, 일본, 중국 등의 동아시아 지역에 널리 분포되어 있으며, 지형적으로는 해발 700m 이상의 고산 지대에서 주로 자생한다. 우리나라에서도 예전에는 천마가 자생하는 곳이 많이 있었으나 1970년대 후반부터 1980년대 초반 사이 무분별한 채취로 인하여 자연생 천마는 거의 자취를 감추게 되었다.

천마의 인공 재배는 1980년대 초반부터 시도되었으나 천마가 독립적으로 생육이 불가능하고 곤봉뽕나무버섯 또는 천마버섯과 공생하는 특수성 때문에 재배에 어려움이 많았다. 즉, 천마는 어린 마(자마)가 곤봉뽕나무버섯 균사속과 접촉하여 양분과 수분을 공급받아 성숙마로 자라는 기생체의 형태로, 곤봉뽕나무버섯 없이는 독립적인 생활이 불가능하다.

1994년에 천마 재배에 적합한 곤봉뽕나무버섯이 선발되어 품종으로 육성 · 보급되었고, 생육 환경 등 생리 · 생태적인 특성이 구명되어 천마의 대량 인공 재배가 가능하게 되었다. 천마 재배는 천마와 곤봉뽕나무버섯을 동시에 관리해야 하는 어려움은 있으나 그 원리만 잘 이해하면 다른 작물보다 쉽게 재배할 수 있으며 다수확도 가능하다. 우리나라의 천마 재배 현황은 표 32-1에서와 같이 2011년 932톤이 생산되었으며, 가격은 건조 중량 600g에 45,000원(2011년 기준) 정도로 고소득 작목에 속한다.

표 32-1 우리나라의 천마 재배 현황 (농림수산식품부)

연도	재배 면적(ha)	수확 면적(ha)	생산량(톤)	가격(원/600g)
2007	135	113	1,614	40,000
2008	92	86	946	35,000
2009	166	151	1,845	30,400
2010	151	141	1,184	38,000
2011	110	108	932	45,800

3. 영양 성분 및 건강 기능성

천마의 성분은 *P*-히드록시벤질알코올과 그 배당체 가스트린(*P*-히드록시메틸페닐-*β*-D-글루코피라시드, $C_{13}H_{18}O_7 \cdot 1/2H_2O$), *P*-히드록시벤질알데히드 등으로 알려져 있고, 효능은 스트레스 해소, 진경, 진통, 고혈압, 당뇨, 중풍, 기관지 천식, 이뇨, 간질, 치매, 성기능 장애, 두통, 신경성 질환 등 주로 뇌 질환에 효능이 높은 귀중한 한약재로 이용되고 있다.

천마는 마비(痲) 증상에 잘 듣는 하늘(天)이 내린 명약이라 하여 천마(天痲)라 하며, 생약명은 정풍초, 수자해좆, 적전 등으로 불린다. 천마는 뇌출혈, 두통, 불면증, 고혈압, 치매, 우울증과 같은 뇌 질환, 즉 인체의 하늘에 해당하는 머리에서 발생하는 질병에 특히 좋다고 기술되어 있다. 정풍초(定風草)란 천마의 싹을 말하는데 바람(풍)의 기운을 억제한다는 뜻으로 중풍 치료에 탁월한 효과가 있는 것으로 전해지며, 적전(赤箭)이란 천마의 꽃이 화살과 비슷하다 해서 붙여진 이름이다.

『동의보감』에는 "천마의 성질은 뜨겁지도 차갑지도 않으면서 독이 없으며, 천마는 피를 맑게 하고, 어혈을 없애며, 담과 습을 제거하고, 염증을 삭이고, 진액을 늘리며, 피 나는 것을 멎게 하며, 설사를 멈추고, 독을 풀어 주며, 갖가지 약성을 중화하고 완화하며, 아픔을 멎게 하며, 마음을 진정시키는 작용이 있다고 하였다. 사지가 무거워지면서 마비가 나타나는 증상이나 경련을 치료하고, 어린아이들이 갑자기 간질 발작이나 경기를 하는 증상의 치료에 효과가 있다고 전해진다. 또한, 심한 어지럼증이나 경련과 중풍으로 인해서 말이 제대로 나오지 않는 증상에도 효과가 있으며, 불안해하고 잘 놀라는 증상과 더불어 기억력이 떨어지는 증상도 다스릴 수 있다."고 설명되어 있다.

이 밖에도 천마는 뼈나 근육을 튼튼하게 하고 허리나 무릎을 부드럽게 하는 효능도 가지고 있다고 기록되어 있다. 특히 모든 허한 증상과 어지럼증에는 천마가 아니면 다스리기 어렵다고까지 소개되어 있다.

4. 재배 기술

1) 곤봉뽕나무버섯(천마버섯)을 이용한 천마 재배

(1) 곤봉뽕나무버섯(공생균)의 생리적 특성

곤봉뽕나무버섯(*Armillaria gallica* Marxm. & Romagn.)은 주름버섯강(Agaricomycetes) 주름버섯목(Agaricales) 뽕나무버섯과(Physalacriaceae) 뽕나무버섯속(*Armillaria*)에 속하며, 한국을 비롯한 여러 나라에 분포되어 있고, 유기물이 있는 땅에서 발생하는 버섯이다(그림 32-2). 곤

야생 곤봉뽕나무버섯 자실체

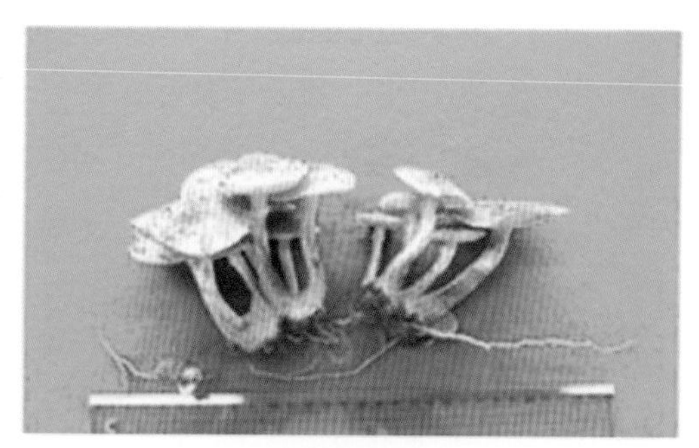
자실체와 균사속

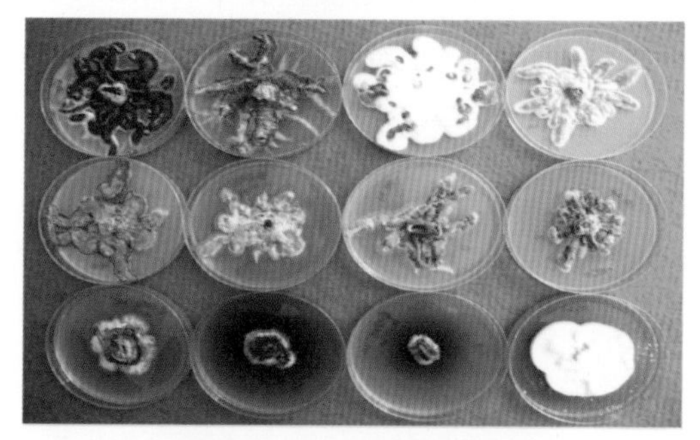
곤봉뽕나무버섯 자실체의 조직 배양

천마균 1호(좌)와 자실체 조직 배양체(우)의 균총

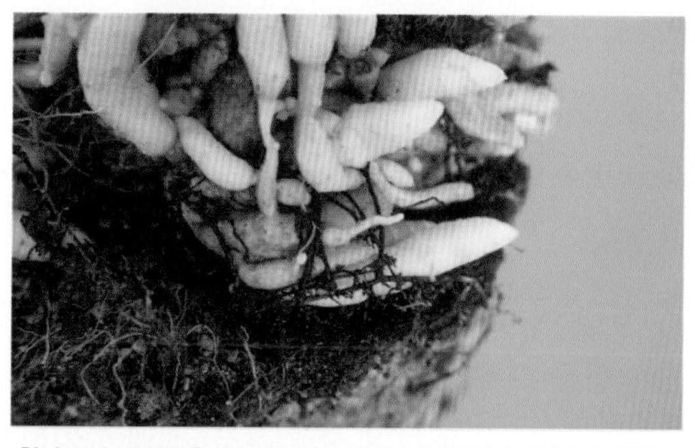
참나무의 영양분을 천마로 이동시키는 곤봉뽕나무버섯의 균사속

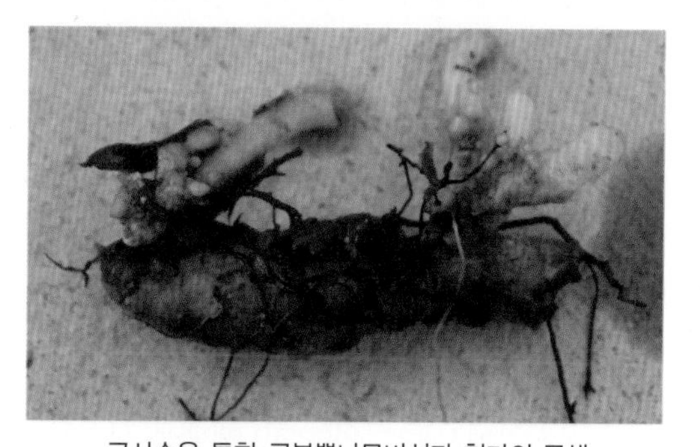
균사속을 통한 곤봉뽕나무버섯과 천마의 공생

그림 32-2 **곤봉뽕나무버섯의 자실체와 균사속 형성**

봉뽕나무버섯은 가는 뿌리 모양의 균사속을 형성하여 토양 중의 썩은 나무나 유기물에 기생하며, 습기가 적당히 있는 땅에서 자실체를 형성하여 식용 및 약용 버섯으로 이용된다. 곤봉뽕나무버섯류에 포함되는 종류로는 20여 종이 알려져 있으며, 이들 균 중에는 천마를 사멸시키는 균도 있고, 소나무나 잣나무에 기생하여 피해를 주는 균도 있다(Hong 등, 1990; 성 등, 1995; 김 등, 2000).

천마와 공생하는 곤봉뽕나무버섯은 토양이나 낙엽 속에서 균사속을 만들고, 내음성, 내습성, 내한성의 성질을 띠며, 어두운 곳에서는 발광성도 나타낸다. 곤봉뽕나무버섯은 검은색 잔뿌리의 형태로, 천마를 가운데 두고 감싸 안는 형식으로 공생을 이룬다. 참나무 내부에서 생장한 곤봉뽕나무버섯은 검은색의 균사속을 통해 참나무의 영양분을 자마(어린 천마)로 전달해 준다(그림 32-2).

곤봉뽕나무버섯의 자실체는 주로 10월 중순에 토양에서 발생하는데, 자실체 발생과 생육 온도 범위는 3~26℃이며, 평균 온도는 9.9~17.5℃이다. 가을에 공기가 건조하므로 수분이 유지되는 약간의 습지나 풀이 무성한 곳에서 비온 후에 발생한다. 35℃ 이상이 되면 균의 생육이 정지되며, 곧 사멸된다. 균사 생장 속도는 일반 식용 버섯 균주보다 매우 느린 편이다. 자실체를 조직 배양하면 다양한 균총 형태와 균사속 형성을 나타낸다(그림 32-2).

(2) 천마의 재배 유형

천마의 재배 방법은 다양하나 근본적으로 야생 천마의 증식 방법을 모델로 하여 천마의 생육이 양호한 환경 조건, 즉 천마, 곤봉뽕나무버섯, 기질(원목) 간의 생육 조건을 조성해 주는 것이다. 천마는 독립 영양이 불가능하여 반드시 곤봉뽕나무버섯과 결합하여 영양을 공급 받아야만 정상적으로 생육이 가능하며, 곤봉뽕나무버섯은 원목에서 양분을 흡수하여 생활하므로 천마, 곤봉뽕나무버섯, 원목 3자 간의 생태군락을 형성한다. 즉, 천마와 원목 간에 곤봉뽕나무버섯 균사속(rhizomorph)이 연결되어 영양 공급이 이루어진다.

천마 재배는 이러한 원리에 근거하여 먼저 활력이 왕성한 곤봉뽕나무버섯을 원목에 접종 배양하여 곤봉뽕나무버섯이 원목으로부터 양분을 흡수하여 천마로 제공할 수 있도록 환경을 종합 관리해야 한다. 천마의 인공 재배는 소괴경(백마와 미숙마)을 종마로 이용하는 일종의 무성번식법(영양 번식)으로, 온도와 습도가 적당하고 곤봉뽕나무버섯의 활력이 왕성하면 백마(길이 2~11cm)와 미마(길이 2cm 이하)는 당년에 각각 성숙마와 백마로 성장한다.

❶ 장소 선정

자연에서 자생하는 천마는 대부분 해발 700m 이상의 고산 지대에서 생장하지만 천마의 생육 환경을 인위적으로 조성해 주면 지역에 관계없이 인공 재배가 가능하다. 자연 환경 조건이 양호한 지역에서는 실외(노지) 재배를 실시하며, 자연 조건의 차가 크면 실내(시설) 재배가 적합하다. 천마는 한번 심으면 3~4년간 수확이 가능하고 이후 원목만 교체해 주면 계속적으로 재배가 가능하므로 재배 장소의 선택이 매우 중요하다. 특히 시설 재배의 경우 연작 피해가 발생하지 않으면 원목만 새것으로 교체하여 계속 재배가 가능하므로 적합한 재배 장소의 선택이 더욱 중요하다. 시설 재배에 적합한 재배 장소는 주변에 전기와 수원이 있으며, 통풍이 잘되는 평평한 장소가 좋고 물이 나오거나 장마 때 침수 위험이 있는 장소는 피해야 한다. 토양은 통기성이 좋고 함수량이 15~20%가 적당하다. 함수량이 높으면 천마가 부패하기 쉽고, 낮으면 곤봉뽕나무버섯의 생육이 불량하다.

토질은 통기성과 보수성이 양호한 pH 5.5~6.0 정도의 산성토로 마사토나 사질토가 좋으며, 오염되지 않고 작물을 재배하지 않았던 장소가 좋다. 작물을 재배했던 장소는 곤봉뽕나무버섯 균사속 발육을 억제하므로 천마 재배지로 이용하려면 30cm 이상 객토를 해야 한다. 재배 장소는 그늘이 있는 동남향 또는 서북쪽의 약간 경사진 곳으로, 토심이 깊고 서늘하고 습윤한 토양이 적당하다(표 32-2).

표 32-2 천마 재배지 토양이 천마 생육에 미치는 영향 (농촌진흥청, 1994)

토성	종마 생존율(%)	종마 활착률(%)	수량[1](g/10본)
사양토	90	94	2,940
양토	98	96	3,910
식양토	75	72	1,420
식토	32	14	630

[1] 수량: 원목 10본당 천마의 무게

그림 32-3 **천마 재배에 적합한 재배지**(침수 피해가 적고 통풍이 잘되는 평평한 장소)

❷ 재배 유형

천마 재배 유형은 임간 재배법이나 두둑(경지) 재배법과 같이 노지에서 자연의 기후에 의존하여 재배하는 자연 재배법이 주로 이용되었으나 최근에는 인위적으로 온도, 습도 등의 환경을 조절하여 천마를 단기간에 다수확이 가능한 속성 재배인 시설 재배법을 선호한다. 시설 재배는 비가림 재배, 해가림 재배, 균상 재배 등으로 분류되며, 이 중 비가림 재배는 비닐하우스 위에 차광막을 한두 겹 덮어서 만든 재배사 내에서 천마를 재배하는 방법으로 관수 시설을 이용하여 수분을 조절할 수 있으며, 온도 관리를 원활하게 할 수 있는 가장 안전한 재배 방법이다(그림 32-4).

시설 재배는 관리만 잘하면 노지 재배보다 단기간에 다수확이 가능한 장점이 있지만 적절한 관리를 하지 않고 방치하면 수확량이 노지 재배만 못하다. 재배사 내의 온도 관리를 잘못하면 고온 장애로 천마가 사멸하며, 관수를 하지 않아 두둑이 건조해지면 균사속의 생육이 정지되어 수량이 감소하고, 너무 과습하면 천마와 균사속 모두 사멸하거나 부패한다.

균상 재배

시설 재배

노지 재배

그림 32-4 **재배 방법 유형**

❸ 재배사 구조

천마 재배사는 일반적으로 버섯 재배사에 준하여 시설하면 된다. 재배사는 가능하면 한 장소에 한 동씩 짓고, 여러 동을 지을 경우에는 재배사와 재배사의 거리는 2m 이상 띄워서 지어야 통풍 관리가 용이하다. 재배사의 크기는 99~165m^2(30~50평) 정도가 편리하며, 330.6m^2(100평) 이상 되면 관리하기 어렵다. 재배사는 통풍이 잘되도록 방향을 고려해서 설치하며, 양 옆을 말아 올릴 수 있도록 하고, 위쪽에 여러 개의 환기창을 만들어야 고온 피해를 줄일 수 있다. 하우스 재배사의 높이는 3m 이상으로 하며, 지름 25mm, 두께 1.5T, 길이 10m의 파이프를 사용하여 재배사의 너비를 5.5m 정도의 크기로 한다.

파이프와 파이프 사이의 간격은 70~80cm를 유지하고 40~50cm 정도를 땅에 고정시킨다. 문은 앞뒤 양쪽에 너비 2m, 높이 2.5m 크기로 만든다. 골조 작업이 끝나면 두께 0.06mm, 너비 10m의 비닐을 덮고, 그 위에 차광률 90% 이상의 차광막을 한두 겹 덮는다. 재배사에는 관수를 위한 분수 호스나 스프링클러 시설을 설치한다.

❹ 재배 시기

천마 재배는 늦가을(초겨울)이나 초봄 모두 가능하다. 특히 늦가을에 종마를 식재하면 겨울로 들어서기 전에 천마가 곤봉뽕나무버섯과 연결되어 활착률도 높고 수량도 많다. 유의할 점은 우리나라에서는 가을이 짧아서 너무 늦게 식재하면 종마가 겨울에 동사할 위험이 있다. 반면에 종마를 4~5월경에 식재하면 건전한 종마는 정상적으로 싹이 트나 상처가 있는 종마는 부패하여 싹트기가 어렵다. 또한, 수확 시기에 따라 수량성에 차이가 난다. 봄에 수확할 경우에는 꽃대가 나오기 전에 수확해야 천마의 영양분이 유지되는데, 특히 이 시기는 재배자의 경험이 크게 요구된다. 봄철 수확의 위험성을 고려하면 늦가을 재배가 생산량도 높고, 품질이 우수하다(그림 32-5).

토양 온도가 6℃가 되면 천마는 아직 휴면 상태이나 곤봉뽕나무버섯은 생장을 시작하고, 온도가 10℃로 상승하면 천마는 발아하기 시작하며, 곤봉뽕나무버섯은 이미 균사속이 형성되어 천마와 결합한다. 기온이 상승하여 20~25℃가 되면 천마와 곤봉뽕나무버섯 양자 모두 생장 단계에 진입하며, 토양 온도가 30℃를 초과하면 양자 간 모두 생장이 억제된다. 천마의 무성 번식 과정은 모두 땅속에서 이루어지므로 빛과 공기, 습도는 중요하지 않다.

봄

가을

그림 32-5 재배 시기에 따른 천마 모습의 차이

(3) 천마 자마를 이용한 무성 번식 재배

천마의 재배 과정은 그림 32-6에서와 같이 곤봉뽕나무버섯을 원목에 활착, 증식시키는 과정과 천마 종마를 식재하여 곤봉뽕나무버섯과 공생 관계를 유지하도록 관리하여 종마를 성숙마로 생육,번식시키는 과정으로 나눌 수 있다.

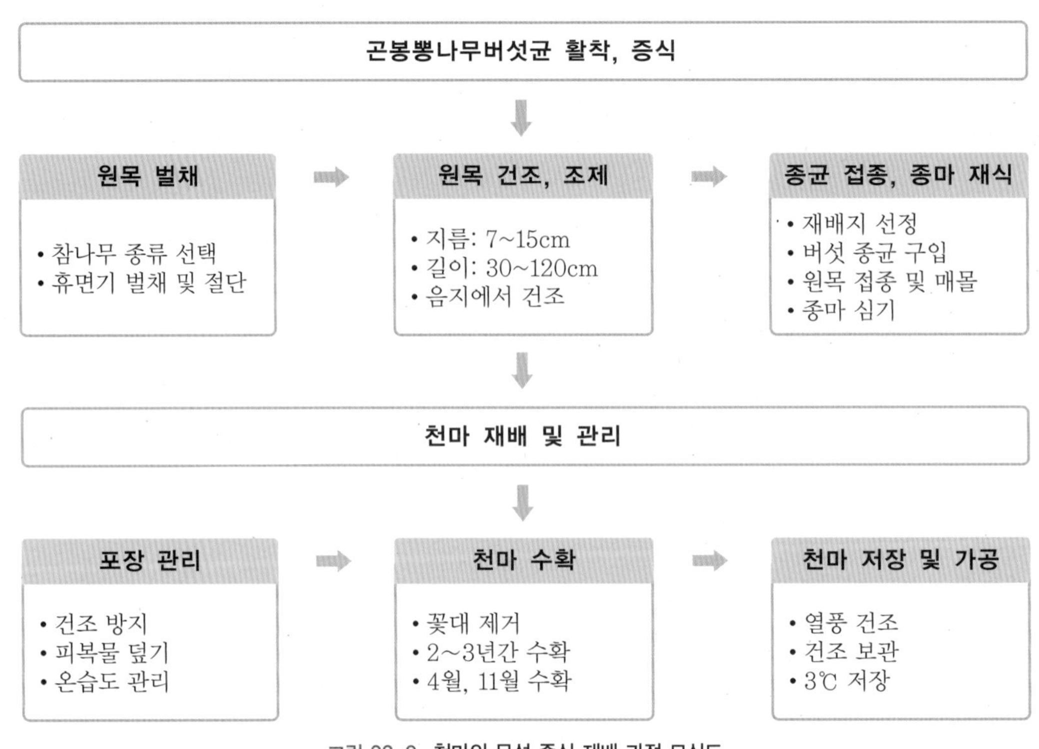

그림 32-6 천마의 무성 증식 재배 과정 모식도

❶ 원목 준비

① 원목 수종 선택

천마 재배용 원목 수종은 활엽수는 모두 가능하지만 상수리나무, 떡갈나무, 졸참나무, 굴참나무 등 수피가 있는 참나무류가 좋으며 수피가 부착되어 있어야 한다. 참나무류 중에서도 상수리나무와 졸참나무가 천마 재배에 가장 적합하며, 굴참나무는 표피층이 두꺼워 원목 건조 기간이 길고 곤봉뽕나무버섯 균사속 형성이 늦으며, 물참나무는 곤봉뽕나무버섯 균사 생육은 빠르나 재질이 연하여 수명이 짧은 단점이 있다. 침엽수류는 수피가 얇아 균사가 쉽게 사멸되며, 생산성이 낮아 부적합하다. 원목의 굵기는 지름 7cm 이상이면 사용 가능하나 10~15cm가 가장 적합하다.

② 원목 벌채

원목의 벌채는 수액의 이동이 정지되는 휴면기인 초겨울부터 이듬해 2월경까지가 가장 적합하다. 이 시기에는 원목에 영양원이 가장 풍부하게 함유되어 있고, 기후가 건조하여 휘발성 물질이 제거되기 쉬우며, 수피도 목질부에 단단하게 밀착되어 있다. 또한, 온도가 낮아 각종 병원균의 포자 활동이 적을 뿐만 아니라 유휴 노동력을 이용하기에 편리하다. 잎이 달려 있는 가을철 벌채는 단풍이 먼저 들기 시작하는 북향, 서향, 동향, 남향의 순서로 산의 위부터 아래로 벌채를 한다. 원목 벌채 후 원목 내의 수분이 자연 증발되도록 잔가지를 자르지 않는다.

③ 원목 건조

곤봉뽕나무버섯은 원목의 조직이 살아 있을 때보다 사멸된 상태에서 활착이 양호하므로 절단된 원목을 통풍이 잘되는 장소에 우물 정자(井) 모양으로 쌓아서 1~2개월 건조시킨다. 원목 벌채 시의 수분 함량이 45~48%이던 것을 38~40%로 낮추는데, 이때 벌채한 원목 위에는 차광막이나 나뭇가지 등을 덮어 직사광선을 피해 음건시킨다. 원목의 수분 정도는 연필 굵기의 작은 가지를 손으로 꺾으면 쉽게 부러지거나 원목의 절단면에 가는 금이 가는 것을 기준으로 삼는다.

④ 원목 조제

원목을 자연 건조시켜 수분 함량이 38~40% 정도가 되는 3~4월경(균 접종 시기)에 지름이 20cm 이상인 것은 영지버섯 재배목, 16~20cm 정도의 것은 표고 원목, 나머지 7~15cm 전후의 것은 천마 재배용 원목으로 선별한다. 선별된 나무는 원목의 굵기와 재배 방법에 따라 길이 20~30cm의 단목 또는 60cm, 90cm, 120cm 등의 장목으로 절단하여 접종 작업이 용이하도록 한다. 원목의 굵기가 다르면 작업이 느리고, 천마 재배 시 수분 관리가 어렵다(그림 32-7).

그림 32-7 원목 조제

❷ 종균 선택

① 곤봉뽕나무버섯균의 종류

농작물의 씨앗에 해당하는 종균은 균사 활력이 왕성하여 활착률이 높으며 노화되지 않고, 잡균에 오염되지 않아야 한다. 특히 천마 재배에 이용되는 곤봉뽕나무버섯균은 천마에 영양분 공급 통로 역할을 하는 균사속 형성이 빨라야 우수한 종균이라 할 수 있다. 그러나 일부 곤봉뽕나무버섯균 중에는 균사속이 강건하게 형성되어 외부적으로는 우량하게 보이지만 천마와 공생 시 천마 몸체를 감아서 천마의 양분과 수분을 다시 탈취하여 사멸시키는 종도 있다.

천마 재배용 곤봉뽕나무버섯균은 1995년 농촌진흥청 농업과학기술원에서 개발하여 농가에 보급한 '천마균 1호' (*Amillaria gallica*)와 1998년 산림청 임업연구원에서 보급한 '홍릉천마균' (*Amillaria* sp.) 등이 품종으로 등록되어 있다. 원목에 접종하는 천마 재배용 곤봉뽕나무버섯 종균은 톱밥 종균이 가장 적합하며, 자가 배양 시설이 없는 농가에서는 정부에서 허가 받은 민간 배양소에 주문하여 사용하는 것이 안전하다.

② 종마 선발

생육 단계에 있는 어린 천마를 자마 또는 종마라 하며 영양 번식용 천마 종자로 사용하는데, 백마와 미숙마가 여기에 속한다. 종마의 품질은 천마의 수량에 직접적으로 영향을 미친다. 품질이 양호한 종마란 병반과 상처, 동상이 없고 부패하지 않았으며, 방추형의 씨눈이 명확한 자마를 말한다. 종마를 장거리 운반할 때에는 상자에 가는 모래를 채워 종마의 표피층이 상처를 입지 않도록 주의해야 한다.

❸ 접종 방법

종균 접종은 천마 재배의 성패와 밀접한 관계가 있으므로 곤봉뽕나무버섯을 가능한 한 빨리 원목에 활착시키고, 원목 내에 많은 양의 곤봉뽕나무버섯 균사를 균사속 형태로 발육시켜야 한다. 곤봉뽕나무버섯을 원목에 접종하는 방법은 여러 가지가 있으나 활착률이 양호한 종균 접착법(샌드위치 접종법)과 버섯나무 이용법이 주로 이용된다(표 32-3).

표 32-3 종균 접종 방법에 따른 곤봉뽕나무버섯 활착률 (농촌진흥청, 1995) (단위: %)

접종 방법	균사 활착률	잡균 발생률	균사속 형성률
종균 접착법	92	11	86
구멍 접종법	24	52	21
버섯나무 이용법	85	16	92

① 종균 접착법(샌드위치 접종법)

원목의 양쪽 절단면에 원판형 종균을 부착시켜 매몰하는 방법으로, 실용성이 높고 재배 방법이 쉬워서 많이 이용하는 방법이다(표 32-4). 원목을 매몰할 장소의 땅을 갈고 로터리 작업을 해서 흙을 부드럽게 하여 재배지를 만든 다음, 원목 묻을 자리를 5~10cm 깊이로 종으로 길게 파고 그 위에 접종할 원목을 올려놓는다. 원목은 한 두둑에 2~3줄을 심을 수 있으며, 줄과 줄 사이의 간격은 20~30cm를 유지한다. 같은 줄에는 동일한 굵기의 원목를 배열해야 접종 및 관리가 용이하다. 접종은 원목의 양쪽 절단면, 즉 원목과 원목 사이에 1~2cm 두께로 절단된 원판형의 종균을 밀착되게 끼워 넣는다. 곤봉뽕나무버섯의 종균병은 1회용 플라스틱(polyethylene) 병을 사용하므로 외부 껍질을 제거시키고 원통형 상태로 꺼내서 1~2cm 두께로 원판형이 되도록 종균을 절단하여 직사광선이 직접 닿지 않고 바람에 마르지 않도록 보존한다(그림 32-8).

원목의 양 단면에 종균 접종이 끝나면 즉시 흙으로 원목의 절반쯤을 채우고 종마를 심는다. 종마는 크고 작은 것을 골고루 섞어서 접종된 종균 양쪽에 옆으로 뉘어 심는다.

종마 심기가 끝나면 도랑을 60cm 너비로 만드는데, 이때 생기는 흙을 원목 위에 8~10cm 두께로 일정하게 덮으면 두둑이 만들어진다. 두둑은 120~150cm 너비로 만들며, 두둑과 두둑 사이의 간격은 60cm 정도가 좋다. 도랑은 원목보다 3~5cm 이상 깊이 파고 재배지 끝까지 배수로를 만들어 비가 많이 와도 도랑에 물이 고이는 일이 없도록 한다. 즉, 원목의 밑면이 배수로보다 높아야 비가 많이 와도 물이 고이지 않는다. 두둑 위에 볏짚이나 낙엽으로 10cm 이상 피복해야 보온, 보습 효과가 있으며, 그 위에 다시 차광막을 덮으면 폭염 피해를 줄일 수 있다.

톱밥 종균

종균 접착법

그림 32-8 **종균 준비 및 접종 방법**

환경 조건이 양호하면 접종 2~3개월 후부터 종균에서 균사속이 형성되기 시작한다. 균사속(rhizomorph)이란 곤봉뽕나무버섯의 균사가 외부로 뻗어 나가면서 다발 모양의 보호막을 형성하는 것으로, 처음에는 흰색이던 생장점이 점차 자라면서 갈색, 흑갈색으로 변하고 소나무 뿌리와 같이 자란다. 균사속은 원목의 목질부에 침투하여 목질을 부후시키며, 또한 종마를 만난 균사속은 종마의 피층 세포에 침입한다. 이때 종마는 피층 세포에 침입한 균사속을 소화·흡수해 영양분으로 이용하여 증식하게 된다. 1년생의 어린 유백색 또는 홍색의 균사속은 종마에 침입하여 생장함에 따라 굵어진다.

표 32-4 곤봉뽕나무버섯 종균 접착법의 장단점

장점	단점
• 접종 작업이 간단하여 인력이 적게 소요된다. • 종균이 집중적으로 투여되므로 균사 활착 및 균사속 형성이 양호하다. • 종균 접종 시 종마를 식재하므로 속성 재배가 가능하다.	• 종균 소요량이 많다. • 종균을 원목 양 단면에만 접종하므로 환경 조건이 불량하면 쉽게 피해를 입는다. • 종균이 원목 단면과 밀착되지 않으면 균사 활착이 잘 되지 않는다.

② 구멍 접종법

구멍 접종법은 표고 재배 시 원목에 접종하는 방법과 비슷한 원리로서 원목에 작은 구멍을 뚫고 종균을 채운 다음 마개를 막아서 원목 속에 균사가 활착되도록 하는 방법이다. 접종 방법은 원목에 전기드릴 또는 천공기로 지름 12~13mm, 깊이 25mm의 구멍을 15~20cm 간격으로 뚫고 톱밥 종균을 2~3g씩 덩이로 채워서 접종한 다음 스티로폼 마개로 막아 외부로부터 잡균의 침입을 방지한다(그림 32-9). 접종한 원목은 건조를 방지하고, 균사 활착을 위해 접종 즉시 매몰하여 배양한다. 이 방법은 원목에 구멍이 많아서 안정적이며, 굴곡이 많은 원목도 이용 가능하여 천마 재배 초기에는 많이 이용하였으나 작업 시 인력이 많이 들고, 균사 활력이 약하며, 또한 접종 당해에는 균사만 생육시키므로 종마 식재까지 6개월이 소요되는 단점이 있어 현재 농가에서는 잘 이용하지 않는다(표 32-5).

그림 32-9 구멍 접종법

표 32-5 곤봉뽕나무버섯 구멍 접종법의 장단점

장점	단점
• 원목에 접종 구멍이 많아 위험 부담이 적다. • 원목이 굴곡되었거나 크기가 일정하지 않아도 큰 지장이 없다.	• 접종 작업 시 인건비가 많이 든다. • 접종 후 건조 피해가 있으며, 균사 활착률이 낮다. • 재배지 토양이 과습할 경우 실패율이 높다.

원목 매몰 방법은 종균 접착법과 동일한 방법으로 두둑 재배를 한다. 재배지 토양을 5~10cm 깊이로 판 다음 그 위에 접종한 원목을 올려놓고 흙을 8~10cm 두께로 일정하게 덮은 다음 도랑을 만들고 볏짚이나 낙엽 등으로 피복한다.

곤봉뽕나무버섯은 균사 생육 속도가 매우 느리며, 외부 환경에 민감하다. 곤봉뽕나무버섯의 균사 생육 및 균사속 형성은 토양 온도가 25℃ 정도로 높을 때 빠르나, 온도가 높으면 잡균 발생률이 증가하므로 20℃ 정도가 되도록 관리한다. 또한, 재배지의 토양이 과습하면 곤봉뽕나무버섯은 사멸하고 건조하면 균사가 고사한다. 곤봉뽕나무버섯의 균사 생육 및 균사속 형성에 적합한 토양의 수분 함량(용수량)은 45~50% 정도이며, 30% 이하가 되면 균사속 생장이 정지되고, 20% 이하이면 균사속은 사멸하며, 70% 이상이 되어 과습하면 균사속은 쉽게 질식사한다. 따라서 토양이 건조하면 관수하며, 과습하면 피복을 하고 배수로를 정비하여 적당한 습도가 유지되도록 한다. 환경 조건이 양호하면 접종 후 2~3개월부터 균사속이 외부에 나타나기 시작한다(그림 32-10).

원목을 매몰한 후 6개월~1년이 경과하여 원목에서 곤봉뽕나무버섯 균사속이 자라면 종마 식재가 가능하다. 종마의 식재 시기는 봄에 곤봉뽕나무버섯을 접종하였으면 늦가을에 종마 재식이 가능하며, 가을에 접종하였으면 이듬해 초봄에 종마 심기가 가능하나 균사속 형성이 불량한 경우에는 균사속이 3~5cm 정도 자란 후에 식재해야 품질이 좋은 천마를 수확할 수 있다.

그림 32-10 원목에 형성된 곤봉뽕나무버섯 균사속

종마 식재 방법은 두둑 위의 피복물을 한쪽부터 걷어 내고 균사속이 발달한 원목 사이의 흙을 1/2 정도 파내는데, 이때 균사속이 끊어지지 않도록 조심해야 한다. 종마는 표피가 상하거나 햇빛을 직접 받지 않게 주의하면서 운반하여 크고 작은 것을 골고루 섞어서 10~15cm 간격으로 양쪽 옆으로 뉘어 심으며, 종마로 미숙마 또는 크기가 작은 백마를 사용할 경우에는 4~5cm 간격으로 심는다. 종마를 너무 밀착하여 심으면 종마 구입비가 많이 들고, 천마가 소형으로 형성되며 수량도 증수되지 않는다. 종마 심기가 끝나면 원상태대로 매몰하고 배수로를 정비한 후 볏짚이나 낙엽 등으로 피복하고 그 위에 다시 차광막을 덮는다.

③ 버섯나무 이용법

균사속이 형성된 원목(버섯나무)을 접종목으로 이용하는 방법으로, 종균이 필요 없어 생산 경비를 줄일 수 있으나 인력이 많이 소요되는 단점이 있다. 이용 방법 중 하나는 원목을 대량으로 속성 버섯나무화시키는 방법으로, 버섯나무와 원목을 1:5~6의 비율로 섞어 쌓아서 배양하면 6개월 후에는 균사속이 만연하여 천마 재배용 버섯나무로 이용할 수 있다. 이후의 종마 식재 및 재배 방법은 구멍 접종법과 동일하다. 또 하나는 천마를 수확하면서 버섯나무를 건너뛰기 식으로 하나 건너 하나씩 새 원목으로 교체하여 계속 재배하는 방법으로 작업 중에 버섯나무에 부착된 균사속이 끊어지지 않도록 주의해야 한다. 새 원목으로 교체한 버섯나무도 동일한 방법으로 종균 대신 접종목으로 이용할 수 있다. 접종 방법은 종균 접착법과 비슷하여 원목과 원목 사이에 종균 대신 버섯나무를 접종원으로 이용한다. 한 두둑에 2줄을 재배할 경우에는 첫째 번 줄의 배열을 원목부터 시작하였으면 다음 줄은 버섯나무부터 시작하여 원목과 버섯나무를 지그재그로 배열해야 활착률을 높일 수 있다. 접종이 끝나면 즉시 흙으로 원목을 절반쯤 덮고, 종마를 15~20cm 간격으로 양쪽 옆으로 뉘어 심으며, 도랑을 만들 때 나온 흙으로 8~10cm 두께의 복토를 한다. 이후의 재배 과정은 종균 접착법과 동일하게 관리하면 된다.

❹ 재배지 관리

종자용으로 사용되는 천마 자구를 자마 또는 종마라고 하는데, 크기가 1cm 정도의 것을 미(숙)마, 3~4cm 되는 것을 백마라 부르며, 모두 종마로 사용이 가능하다. 식재한 종마는 일정 기간 동안은 자체 영양으로 생명이 유지되다가 곤봉뽕나무버섯 균사속이 종마 피층에 감염되면 내생균근이 형성되어 균사속으로부터 영양분을 제공받아 생육하기 시작한다. 만일 균사속

그림 32-11 어린 자마가 균사속에 따라 점차 확장되는 천마의 생육 형태

과 연결되지 않으면 사멸한다. 종마가 균사속을 통하여 영양분을 충분히 흡수하면 종마 끝 부분의 생장점과 몸체의 생장점에서 수 개 내지 수십 개의 싹이 발아하여 새로운 자마(백마, 미숙마)와 성숙마로 증식, 성장한다. 봄부터 우기인 여름철까지는 개체 증식이 이루어지는 시기이며, 가을부터는 증식된 개체가 비대 생장을 하게 된다(그림 32-11).

① 온도 관리

천마는 중 · 저온성 식물로 생육 온도는 10~30℃이며, 적온은 20~25℃이다. 겨울에 온도가 영하로 서서히 내려가면 쉽게 죽지 않으나 갑자기 -15℃ 이하로 떨어지면 동사하게 되므로 볏짚이나 낙엽 등으로 피복해 주어야 한다. 또한, 지온이 30℃ 이상 오르면 균사속의 생육이 나빠짐과 동시에 영양 공급이 좋지 않아서 균사속과 종마의 생육이 정지되므로 지온이 25℃ 이상 상승되지 않도록 차광을 하여 폭염을 방지해야 한다.

② 습도 관리

천마는 중 · 저온성 식물로 토양 습도는 45~50%가 적당하다. 토양의 수분이 너무 많거나 적으면 생육이 정지되거나 지연된다. 토양 수분이 65% 이상 지속되면 과습 피해가 발생하고, 35% 이하로 떨어져 건조해지면 종마가 시들기 시작하며, 종균도 균사속이 형성되지 않는다.

③ 제초 관리

제초 작업은 천마가 발아하기 이전인 5월경에 실시하며, 약간의 잡초는 큰 문제가 없으나 높이 30cm 이상 되는 잡초는 반드시 제거해야 한다. 잡초가 크면 토양 수분을 흡수하므로 피복이 아무리 잘되었다 하더라도 토양이 쉽게 건조해진다. 잡초를 그대로 방치하면 천마의 수량이 감소하거나 생육하는 천마도 건조사할 수 있다.

❺ 계절별 포장 관리

① 여름철

천마는 지온이 27℃가 되면 생육이 억제되고, 30℃ 이상이 되면 생육이 정지되며, 35℃ 이상이 되면 천마와 곤봉뽕나무버섯 균사속 모두 사멸하기 시작하므로 지온이 25℃ 이내로 유지되도록 관리해야 한다. 장마가 끝나면 곧바로 고온기에 접어들기 때문에 노지 재배의 경우 물탱크나 차광막을 설치하여 폭염을 방지해야 한다. 차광막은 1m 이상 높게 띄워서 설치해야 효과가 있다. 시설 재배의 가장 어려운 점은 온도 관리이다. 재배사의 앞뒤 문과 환기창을 열고 양옆을 말아 올려서 통풍이 잘되도록 하여 온도를 낮추어 천마가 고온 장애를 입지 않도록 해야 한다. 온도가 계속 올라가면 재배사의 비닐을 벗겨 내고 차광막을 두껍게 덧씌우거나 차광막 위에 수막 시설을 한다.

② 가을철

가을철은 개체 증식한 천마가 부피 생장을 시작하여 성숙마와 자마로 생육하는 시기이다. 지온이 20℃ 이하로 떨어지면 천마의 생육이 정지하므로 보온 준비를 해야 한다. 시설 재배는 10월부터 재배사의 앞뒤 문과 환기창의 개폐를 조절하여 지온이 20~25℃가 유지되도록 한다. 수분 관리는 토양의 수분이 부족하면 피복을 벗기고 약간씩 물을 보충해 준다. 또한, 수분이 과다하면 천마에서 곤봉뽕나무버섯으로 영양분이 역이행되어 천마의 속이 비게 되므로 주의한다.

③ 겨울철

초겨울에 접어들어 기온이 급격히 떨어지면 곤봉뽕나무버섯 균사속으로부터의 영양 공급이 끊겨 천마는 휴면기에 들어간다. 균사속은 지온이 영하로 내려가도 동사하지 않으나 천마는 땅 위에 노출되면 동해를 입는다. 따라서 재배 기간 중 흙이 흘러내려 얇아진 표면에 다시 배토를 하고, 천마가 성장하면서 갈라진 틈도 바람이 들어가지 않도록 막아 주어야 동해를 예방할 수 있으므로 피복도 다시 손질을 해야 한다.

④ 봄철(2년차)

월동 중에 두더지 등 설치류로 인하여 균사속이 끊어지고 종마가 피해를 입거나 또는 바람으로 두둑이 유실되는 경우가 발생한다. 식재한 종마 중 일부만 동해를 입어 부패되었으면 종마 식재 부위에 종마를 1~2개씩 보식해 주며, 전반적으로 동해를 입었으면 호미 등으로 흙을 파내고 구멍 접종법과 같이 버섯나무 사이에 15~20cm 간격으로 종마를 다시 심는다.

천마 생육이 양호하면 지난해에 식재한 1개의 종마에서 1개의 성마와 여러 개의 자마로 번식한다. 성마는 봄이 되면 꽃대가 올라와 꽃이 핀 후 자가분해하여 속이 비게 되므로 부분 수확을 해야 한다. 성마의 꽃대가 크면 클수록 영양분이 많이 고갈되므로 꽃대가 작을 때 수확을 한다. 이러한 부분 수확 방법은 피복물을 걷어 내고 꽃대가 나온 곳만 조심스럽게 파내어 성마만 골라서 수확하며, 수확이 끝나면 다시 흙을 덮어서 두둑을 원상태대로 복원한 후 피복을 한다. 이때 균사속이 끊어지면 천마의 발육이 늦어지므로 주의해야 한다.

곤봉뽕나무버섯은 지온이 5℃가 되면 발육하기 시작하며, 천마가 발아하기 시작하는 온도인 10℃가 되면 균사속은 천마와 결합하기 시작한다. 즉, 지난해에 균사속과 결합한 종마는 영양 공급을 받기 시작하며, 새로 번식한 자마의 피층 세포에는 곤봉뽕나무버섯 균사속이 침입하여 내생균근을 형성한다. 봄철에는 지온이 20℃ 정도가 되도록 양 옆과 앞뒤 출입문을 관리하며, 지온이 적온을 넘으면 통풍을 시킨다. 토양 수분은 45~50%가 유지되도록 관리하며, 건조하면 소량씩 여러 번 관수한다.

⑤ 장마철(6~7월)

장마철에는 수분 관리가 매우 중요하다. 도랑에 물이 고이면 버섯나무가 수분을 과다하게 흡수하여 균사속이 질식사하며, 종마와 신생마는 모두 영양분 공급이 안 되어 사멸하므로 배수로가 막혀서 물이 고이지 않도록 한다. 또한, 종마도 물에 잠기면 호흡 장애로 생육이 정지되며 심하면 썩는다. 장마철에도 두둑의 버섯나무는 건조할 수 있으므로 수시로 버섯나무 아래의 수분을 확인하여 과습 시에는 피복을 걷어 내고 두둑을 건조시켜 토양 습도가 45~50%가 유지되도록 관리한다. 시설 재배에서는 장마철에 온도 유지를 위하여 재배사의 문을 닫으면 재배사 내의 습도가 급격히 상승하여 천마가 부패하므로 과습 시에는 두둑을 건조시키며, 두둑이 건조하면 관수를 하여 적당한 습도를 유지하도록 관리한다.

⑥ 고온기(7~8월)

우리나라는 장마가 끝나는 7월 말부터는 열대야 현상이 일어나는 고온기에 접어든다. 천마는 온도가 30℃로 상승하면 생육이 정지되고, 35℃ 이상이 되면 사멸한다. 곤봉뽕나무버섯 또한 중온성 균으로 생육 적온은 20~25℃이며, 온도가 30℃로 상승하면 생육이 정지되고, 35℃ 이상이 되면 사멸한다. 이 고온기가 천마 재배의 성공 여부를 결정 짓는 가장 중요한 시기로 지온이 25℃를 넘지 않도록 관리해야 한다.

재배사는 차광률 90%의 차광막을 덧씌우고, 문과 환기창을 열어 최대한 통풍을 시켜야 한다. 건조하여 토양 수분이 부족할 경우에는 아침, 저녁에 관수를 하고 한낮에는 관수를 피해야 고온 장애의 피해를 줄일 수 있다.

⑦ 가을철(2년차)

가을철은 개체 증식한 천마가 부피 생장을 시작하는 생육기이다. 낮에는 온도가 높으나 밤이 되면 기온이 내려가므로 낮에는 문과 양 옆의 비닐을 열어 통풍을 시키고, 밤에는 문을 닫아 재배사의 지온이 20℃ 정도 유지되도록 관리한다. 기온이 급격히 내려가면 천마의 생육이 정지된다. 관수는 가급적 억제하고 토양 수분이 35% 이하일 경우에만 피복이 젖을 정도로 소량 관수한다. 수분이 너무 과다하면 천마나 균사속 모두 생육이 정지된다. 늦가을에 접어들면 천마는 흰색에서 갈색으로 변하면서 생육이 정지된다.

2) 종자를 이용한 유성 번식

천마도 다른 식물과 마찬가지로 생장 곡선의 기본 원리에서 크게 벗어나지 않는다. 천마의 재배 초기인 1~2대는 높은 수확을 할 수 있는 다수확기, 3~4대는 하강기, 5~6대는 퇴화기로 구분할 수 있다. 천마의 퇴화는 품질과 수량이 저하되어 생산량의 감소로 이어진다.

(1) 천마 퇴화 현상

❶ 생산량의 감소

천마의 주요 퇴화 현상 중의 하나로 천마를 무성 번식 방법을 이용해서 5~6대 이상 계속해서 재배할 경우 생산량이 현저히 감소한다.

❷ 천마의 형태상 변형

퇴화된 성숙마는 상부와 하부가 가늘고 중간 부분이 크며 거칠다. 이런 종류의 천마는 함수량이 많고, 탄성률(절간율)이 낮아 대부분 등외품이다(그림 32-12). 또한, 백마와 미숙마는 정단 부분이 송곳처럼 뾰족하게 생장하여 정단부가 짧아진다.

그림 32-12 **퇴화된 비정상 천마**

❸ 종마 감소 및 분생력 저하

천마를 계속 무성 번식하면 성숙마의 생산량이 감소할 뿐만 아니라 개체의 크기도 작아지며 가늘고 길게 생장한다. 또한, 미마와 백마의 생산량도 크게 저하되고 색택도 진황색 또는 진갈색을 띤다.

❹ 항역성의 퇴화

항역성의 퇴화 현상은 성마에 침입하는 곤봉뽕나무버섯의 균사속은 계속 증가하지만 종마에는 균사속이 없는 것이다. 또한, 천마가 병에 감염되어 부패하는 현상이 보편화되며, 이러한 현상은 연작 재배 시에 더욱 심하다. 천마 부패의 주요 병원균은 Fusarium oxysporum(시들음병균), Cylindroearpon destruitans(뿌리썩음병) 등이며, 이 균들에 감염되면 천마가 부패하고 곤봉뽕나무버섯은 생장이 억제된다.

(2) 퇴화 원인 및 예방

천마의 생산량 감소와 관련된 퇴화의 원인 중 다음의 3노 현상, 즉 종마의 노화(퇴화), 곤봉뽕나무버섯 균사속의 노화(퇴화), 노후한 재배지(연작으로 인한 퇴화) 등은 천마가 병에 쉽게 감염되는 원인으로, 가벼운 증상은 천마의 생장 불량 내지 퇴화를 일으키지만 중증은 천마가 부패하여 수확이 불가능하다.

❶ 무성 번식으로 인한 종마 퇴화

무성 번식은 식물 기관의 재생 능력을 이용하여 새로운 개체를 형성하는 과정으로 모체의 우량 형질을 유지하면서 조기에 개화 결실을 할 수 있다. 단, 장기적으로 무성 번식을 계속하게 되면 품종의 퇴화 현상이 일어난다. 천마는 무성 번식으로 인한 퇴화 속도가 비교적 느려서 일반적으로 5~6대 후에 퇴화 현상이 나타난다. 무성 번식에 의한 종마의 퇴화 현상은 야생 종마를 이용하여 재배하면 해결이 가능하다. 고산 지대에서 자생하는 우수한 야생 종마를 저지대로 이식하여 재배하면 우수한 종마의 특성이 유지되며, 퇴화한 종마를 고산 지대로 이식하면 특성 복원이 가능하나 현실적으로 실용성이 적다. 또한, 무성 번식 방법과 유성 번식 방법을 교대로 사용하여 재배하면 퇴화 현상을 예방할 수 있다. 즉, 4~5대 후 종마가 도태되기 시작할 때 유성 번식으로 고정된 종마를 심으면 안정된 천마의 생산이 가능하다.

❷ 연작으로 인한 퇴화

천마 재배 시 생산량은 일반적으로 1대에 가장 많고, 그 다음이 2대, 이후 3, 4대부터는 생산량이 급속도로 저하된다. 이는 토양의 유형과 관련이 있으며, 화강암과 같은 강산성 토양은 퇴화 시간이 비교적 느리다. 따라서 산성 사양토를 선택하여 천마를 재배하고 연작을 피하면 토양 병원균의 침해를 감소시킬 수 있으며, 토양의 지력 감소 현상도 낮출 수 있다.

❸ 곤봉뽕나무버섯균의 퇴화

천마 재배에 사용하는 곤봉뽕나무버섯균은 야생에서 채집, 분리하여 균사속 → 균사 → 종균 → 균사속의 일련의 과정을 반복한다. 곤봉뽕나무버섯균을 계속 계대 배양하면 균사속은 탄성이 없어져 쉽게 부숴지고 활력도 쇠퇴하며, 미마나 백마에 침입할 수 있는 어린 유백색 균사속의 형성도 적어진다. 퇴화된 곤봉뽕나무버섯균은 종마에 영양 공급이 잘 안 되어 일부 천마 구균은 영양 물질의 결핍으로 완전한 생활사를 완성하지 못한다. 또한, 곤봉뽕나무버섯균의 생장은 너무 왕성하고 천마는 병에 걸리거나 노화되면 천마 내부에 침투한 버섯균은 천마를 자기 영양원으로 흡수, 이용하므로 천마는 속이 비게 된다. 따라서 우량 버섯균을 선발하여 사용하며, 퇴화 시에는 균을 원목에서 재분리하여 사용해야 한다.

❹ 고온으로 인한 퇴화

천마는 중 · 저온성 식물이므로 고온 건조한 해에는 천마의 생장이 불량할 뿐만 아니라 병 발생이 가속되며, 천마가 부패하는 현상이 자주 발생한다. 또한, 미마나 소백마의 증식은 많으나 성숙마의 생산은 저조하며, 성숙마의 앞부분(두부)이 병의 목처럼 잘록해진다.

(3) 종자를 이용한 유성 번식

천마의 유성 번식은 어미천마(모마)에서 꽃이 피어 결실된 종자를 발아시켜 번식할 수 있는 방법으로 작은 덩이줄기(소괴경)를 종마로 사용하는 기존의 무성 번식법에 비하여 우량한 유전형질을 보유하고 있어 퇴화가 일어나지 않고, 우량한 품질의 종마를 대량 생산할 수 있는 장점이 있다. 유성 번식법은 그림 32-13과 같이 모마(성숙마)에서 꽃이 피면 인공 수분을 하여 종자를 얻고, 공생균(발아균)을 접종하여 원구체(protocorm)를 형성시킨 다음, 원구체에 다시 곤봉뽕나무버섯균을 접종함으로써 자마로 발달되도록 하여 성마로 성장시키는 방법이다(Hong 등, 2002).

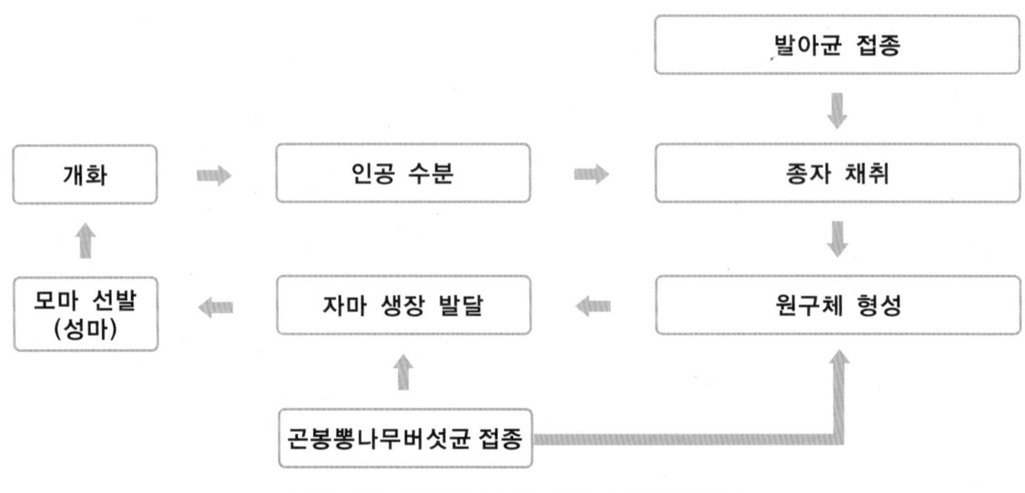

그림 32-13 공생균을 이용한 천마의 유성 번식 모식도

❶ 종자의 생육 및 관리

① 어미천마(모마) 선발

모마란 꽃을 피울 수 있는 꽃대가 올라올 수 있는 능력이 있는 성숙마를 말한다. 모마는 상처와 병해충의 피해가 없는 생체중 150g 이상의 건전한 성숙마 중에서 싹눈(정아)이 충실한 성마를 선발한 것이다(그림 32-14). 꽃대 유도는 실내, 실외 모두 가능하며, 꽃대 출아에서 종자 성숙까지는 60일 정도 소요된다. 꽃대 출아, 개화, 결실에 필요한 영양분은 모두 모마 자신의 영양을 소모하므로 종자가 결실되면 모마는 속이 비고 부패하기 시작한다. 따라서 모마에 곤봉뽕나무버섯균이 붙어 있으면 곤봉뽕나무버섯균이 모마의 양분을 흡수, 이용하므로 종자의 결실율이 낮아진다.

② 모마의 개화 유도

선발된 모마는 공기가 통하는 상자에 싹눈이 위로 향하게 하여 20cm 간격으로 놓고 가는 모래를 2~5cm 두께로 덮은 다음 습도가 60~70% 정도 유지되도록 관리한다. 꽃대는 기온이 12℃ 정도가 되면 올라오기 시작하고, 19℃가 되면 꽃이 피기 시작한다(그림 32-14). 천마의 꽃은 총상화서로 줄기 끝에 생기며 길이는 10~30cm 정도이다. 꽃대 1개당 30~50개의 꽃이 아래에서부터 위로 핀다. 꽃대가 출아하면 공기 중의 상대습도를 65~80% 정도로 유지한다.

싹눈이 충실한 모마

꽃대 유도

그림 32-14 우량 모마 및 꽃대 유도

③ 인공 수분

천마의 꽃은 자연 상태에서는 꼬투리가 오므라져 있고, 향이나 맛이 없어서 곤충매개 수분율이 매우 저조하며, 또한 수분율이 일정하지 않아서 인공 수분을 실시하여야 결실율을 높일 수 있다(표 32-6). 수분은 꽃이 핀 후 24시간을 넘기지 말고 개화 당일 오전 9시~10시에 하며, 수분 방법은 왼손으로 꽃받침(화탁)을 잡고 오른손으로 족집게나 핀셋 등의 도구를 이용하여 꽃밥(화분괴)을 점액성 암술머리(주두)에 묻혀 준다. 이때 작업 중 씨방의 껍질이 파괴되지 않도록 주의해야 한다. 천마의 꽃은 첫 꽃부터 마지막 꽃까지 약 2주간에 걸쳐서 피기 때문에 꽃 개체를 하나하나씩 수분하는 데 어려움은 없다. 수분은 동주동화, 동주이화, 이주이화 모두 가능하며, 이주이화 수분은 품종 육성도 가능하다.

표 32-6 수분 방법별 천마 종자 결실율 (농촌진흥청, 2001)

수분 방법	재배 방법	꽃의 수(개)	수분 수(개)	결실율(%)
자연 수분	노지 재배	1,056	568	53.7
	시설 재배	981	652	66.5
	자생 천마	321	175	54.5
인공 수분	시설 재배	4,192	3,943	94.1

④ 꼬투리(삭과) 수확

인공 수분 후 약 17~19일이 경과하면 씨방은 점차 팽배해지면서 성숙한다. 꼬투리가 청회색을 띠며 상하로 6가닥의 선이 돌출되고 딱딱해지기 시작하면 가위로 꼬투리를 하나씩 잘라 봉지에 넣는다. 꼬투리, 즉 삭과는 아래에서 위로 성숙하는데 꼬투리가 너무 성숙하여 터지면 종자의 손실이 크고, 발아율도 급격히 저하된다. 모마 1개에서 30~50개의 꼬투리가 생기며, 꼬투리 1개당 3만~5만 개 정도의 종자가 들어 있다. 성숙한 종자는 정방추형 또는 초승달 모양으로 청회색이며, 크기는 670×12㎛ 정도의 분말 상태로 종피와 배로 구성되어 있으며 배유는 없다. 배의 크기는 180×100㎛ 정도로 매우 작으며, 미성숙한 종자는 백색 또는 분백색이다.

❷ 발아 배지 조제

천마 종자의 발아 배지는 참나무 낙엽을 1일간 침수한 후 유리수를 제거한 다음 쌀겨를 20%(v/v) 첨가하여 배지를 조제해서 500mL 또는 750mL 광구병에 넣고, 고압 살균(121℃)은 2시간, 상압 살균(98~100℃)은 8시간 실시한다. 살균이 끝난 배지가 20℃로 식으면 톱밥 배지에서 자란 발아 종균을 3~4스푼(10~15g)씩 접종하며, 접종량이 많을수록 균사 생장 기간은 단축된다. 특히, 발아균은 배양 초기에 잡균이 많이 발생하므로 이 시기에 세심한 관리가 필요하다. 종균 접종 작업이 끝나면 온도 22~25℃, 습도 60~70%로 유지되는 배양실에서 3~4개월 정도 암 배양하면 종자 발아 배지로 이용이 가능하다.

❸ 종자 발아 방법

① 종자 파종

종자 채취 즉시 파종을 하여야 발아율이 높으며, 바람이 불거나 비가 오는 날을 피해 파종한다. 파종 방법은 먼저 재배 장소를 10~20cm 깊이로 파고 습윤한 낙엽을 한 층 깐 다음, 그 위에 발아균이 성장한 낙엽 배지에 천마 종자를 파종하여 올려놓고 다시 한 층의 낙엽을 덮는다. 파종은 발아균이 성장한 낙엽 배지를 한 개체씩 각각 분리하여 편 다음 천마 종자를 2~3차례 반복하여 균일하게 파종한다(그림 32-15). 파종 작업이 끝나면 10cm 두께로 가는 모래나 마사(磨砂)를 덮고, 그 위에 다시 습윤한 낙엽이나 볏짚을 3~5cm 두께로 덮어 습도를 유지한다.

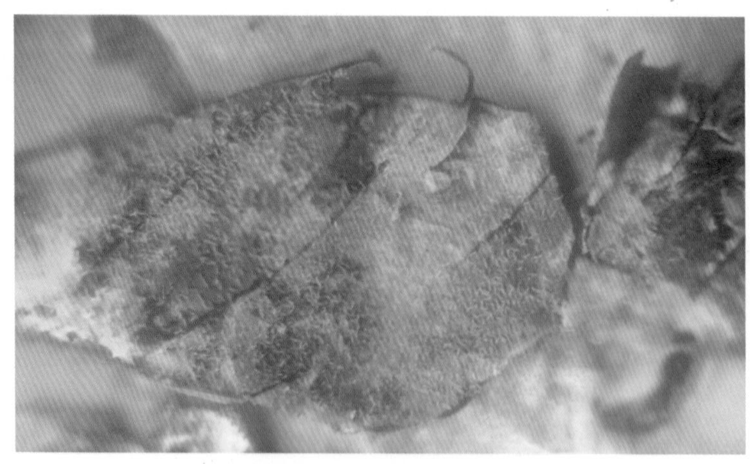

그림 32-15 **낙엽 배지에 파종한 천마 종자**

② 파종 후 관리

파종한 천마 종자는 생장 단계에서 여름철의 고온기를 거치게 된다. 천마 종자의 발아 최적 온도는 20~25℃인데, 이보다 높으면 발아에 지장을 받으므로 차광막을 설치하거나 또는 파종 시 응달이 지는 나무 그늘을 만들어 주어야 한다(표 32-7). 온도가 높으면 수분 증발량이 많아지므로 비가 적게 오는 자연 조건에서는 1주일에 한 번 정도 물을 주어 복토층의 낙엽을 습윤하게 함으로써 습도를 50~60% 정도로 유지되도록 한다.

표 32-7 배양 온도별 천마 종자의 발아 (농촌진흥청, 2001)

온도	15℃	20℃	25℃	30℃
발아 상태	-	+ +	+ + +	-

※ -: 미발아, +: 소, ++: 중, +++: 다

③ 천마 종자 발아 및 관리

5~6월경에 파종한 천마 종자는 9~10월경이면 발아하여 원구체로 성장한다(그림 32-16). 종자 파종 3~4개월 후부터는 종자 발아 상태를 확인한다. 상층에 피복된 낙엽을 들어 올린 후 천마 종자가 발아한 낙엽층을 하나씩 관찰하여 종자 발아율이 30~40%가 되면 공생균인 곤봉뽕나무버섯균을 접종한 다음 원상태로 복구하고 계속 관리한다. 곤봉뽕나무버섯균 접종 방법은 원구체가 형성된 낙엽 위에 곤봉뽕나무버섯균 버섯나무(골목)를 이식하여 원구체와 곤봉뽕나무버섯균을 접촉시켜서 원구체가 영양분을 공급받아 계속 성장하도록 한다. 버섯균이 원구체에 활착되면 생장이 촉진되어 다음 해 3~4월경에는 자마로 성장한다. 즉, 천마 종자는 발아균에 의해 1차적으로 발아되어 원구체가 형성되며, 원구체에 다시 버섯균이 감염되면 2차 생육을 계속하므로 파종 다음 해에는 종자가 성숙마로 성숙한다.

종자 발아

원구체 형성

그림 32-16 **천마 종자의 원구체 형성**

④ 재배 방법

종자 발아에 의해 자마가 형성된 후부터는 기존의 무성 번식 방법에 준하여 관리한다.

⑤ 시설 관리

시설 재배는 종균 접착법과 구멍 접종법 모두 이용 가능하며, 원목 매몰, 종마 심기, 두둑 만들기, 피복 방법 등도 동일하다.

재배사 내의 토양 온도는 20~25℃로 유지해야 종균과 종마의 생육이 촉진된다. 종마 식재 후에는 문을 닫아 지온을 상승시키고, 지온이 25℃ 이상 올라가면 차광막을 씌우고 문을 열어 온도를 관리한다. 급격한 온도 변화는 종마와 종균의 생육을 억제한다.

토양의 습도는 45~50%가 적당하며, 봄, 여름, 가을, 겨울로 구분하여 계절별로 수분 관리를 해야 한다. 종균 접종 1주일 후에 피복이 젖을 정도로 관수를 하며, 봄철에 기온이 상승하면 천마와 곤봉뽕나무버섯 균사속의 생장 속도가 빨라지므로 소량씩 여러 번 물을 주어야 균사속에서 천마로 영양분이 공급된다. 여름철에는 더위를 방지하기 위해 관수량을 증가시켜서 온도를 조절한다. 단, 천마의 개체 생육 시기인 7~9월 3개월간은 수분이 너무 많으면 천마가 부패할 뿐만 아니라 곤봉뽕나무버섯의 생장이 너무 왕성하여 도리어 천마의 양분이 곤봉뽕나무버섯으로 역이행된다. 가을철에는 기온이 서늘해지고 증식한 천마 개체가 비대 성장을 시작하므로 관수량을 줄여 천마가 부패하는 것을 방지하고, 폭우와 같은 큰 비가 올 경우 도랑이 막히지 않도록 배수로를 관리해야 한다. 겨울철에는 증발량이 거의 없어 관수를 하지 않으므로 재배사가 건조되지 않도록 주의해야 한다.

❹ 천마 수확

① 수확 시기

천마는 가을(11~12월)이나 이듬해 봄(3~4월)에 수확할 수 있다. 가을에 수확하는 천마는 건조수율이 20~25% 정도로 높으나 봄에 꽃대가 나온(그림 32-17) 후에 수확하면 건조수율이 10~15%로 크게 떨어지고 상품성도 낮아 부득이한 경우가 아니면 가을에 수확하여야 한다. 그림 32-18을 보면 꽃대가 발달할수록 천마의 크기가 작아지고 가늘어지는 것을 확인할 수 있다. 봄에 늦게 수확하면 꽃대가 성장하면서 성숙마(괴경)의 영양이 소모되어 무게가 감소하고 품질이 저하되므로 꽃대가 생육하기 전에 수확한다.

② 수확 방법

천마는 다년생 식물로 덩이줄기 번식을 하므로 2~3년에 걸쳐 단계적으로 수확을 한다. 즉, 천마의 생육 정도에 따라 전체 수확을 할 것인지 아니면 부분 수확을 할 것인지를 결정한다. 부분 수확은 종마 재식 1년 후인 이듬해 봄에 지상으로 솟아 오른 꽃대가 있는 성숙한 천마(성숙마)만 수확한다. 2년차부터는 가을에 가능한 한 어린 자마(미숙마와 백마)는 그대로 두고 생장점이 위로 향한 성숙한 천마만 수확한다.

수확 방법은 두둑의 피복물을 걷어 내고 흙을 호미 등으로 조심스럽게 걷어 내면서 버섯나무

위나 버섯나무 사이에서 성장한 성숙마만 골라서 수확을 한다. 수확 시 천마가 부러지거나 호미에 찍히지 않게 주의해야 하며, 또한 버섯나무와 자마 사이에 연결된 균사속이 끊어지면 자마의 활착이 늦어지고 수량이 감소하므로 조심해서 수확해야 한다. 가을 수확이 끝나면 처음과 같이 두둑을 만들고 10cm 이상 피복을 해야 자마가 월동 중에 동해를 입지 않는다. 이후에 2~3년간은 동일한 방법으로 수확하고 3년 후에는 버섯나무의 영양분이 거의 고갈되고 천마의 수량이 많아지므로 버섯나무를 다 파내는 전체 수확을 한다. 전체 수확 시에는 수확과 동시에 버섯나무를 접종목으로 이용하며, 수확한 천마는 성숙도에 따라 성숙마, 백마, 미숙마로 구분하여 성숙마는 가공 또는 약용으로 이용하며, 백마와 미숙마는 종마로 사용한다.

그림 32-17 꽃대가 형성된 홍천마(좌)와 청천마(우)-봄

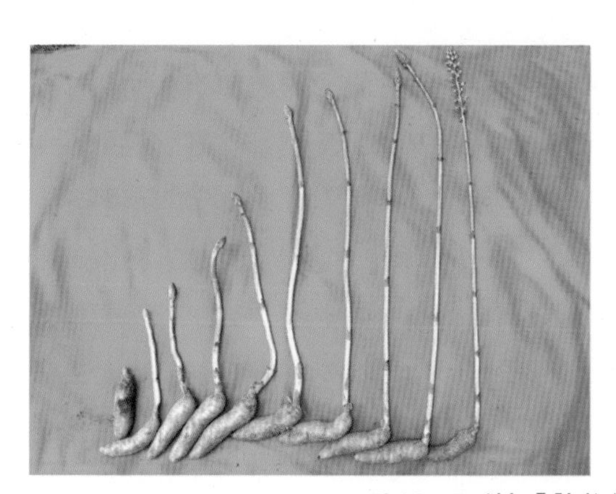
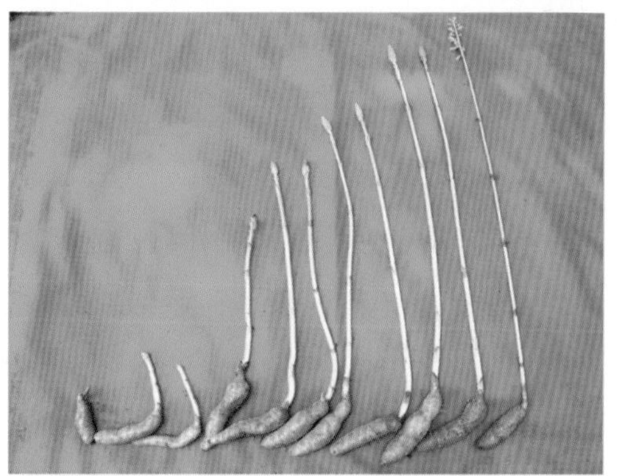

그림 32-18 성숙 홍천마(좌)와 청천마(우)의 꽃대 발달

5. 수확 후 관리 및 이용

1) 건조와 저장

수확한 천마는 오래 두면 중량이 감소하고 품질도 저하되며, 천마 표면에 붙어 있는 곤봉뽕나무버섯이 체내로 침투하여 부패를 일으키므로 바로 건조해야 한다.

천마의 가공 순서는 다음과 같다.

(1) 물로 씻음(수세)

천마는 가공 후에는 성숙도를 파악하기 어려우므로 가공하기 전에 크기에 따라 등급별로 분류한다.

일반적으로 생중량 150g 이상은 1등급, 75~150g은 2등급, 75g 이하와 상처가 있는 천마는 3등급으로 구분하여 천마에 묻어 있는 흙을 물로 깨끗이 씻는다. 수확기가 지나면 꽃대가 올라오거나 싹이 나오는데, 이러한 경우에는 품질이 떨어진다.

(2) 찌기

천마 가공의 중요한 과정으로 깨끗이 씻은 천마를 가마솥이나 시루에 넣고 증기로 찐다. 찌는 시간은 등급에 따라 약간의 차이는 있으나 약 10~20분이면 충분하다. 생중량 150g 이상은 10~15분, 생중량 100~150g은 7~10분, 100g 이하는 5~8분, 등외는 5분 정도 익혀야 하며, 천마 속의 검은색이 없어질 때까지 찐다.

잘 익은 천마는 젓가락으로 찔러 보면 잘 들어가며 햇빛에 비추어 보면 투명하다. 잘 익지 않으면 색깔이나 투명도가 좋지 않아 상품성이 떨어진다.

(3) 건조

완전히 익힌 천마는 식힌 다음 채반에 담아 햇빛에 양건하거나 열풍 건조기를 이용하여 건조시킨다. 건조기 내의 온도는 처음에는 30~40℃에서 시작하여 온도를 천천히 올려 70~80℃에서 3~4일간 건조시킨 다음 온도를 약간 내려 60℃ 내외에서 1~2일간 더 건조시킨다. 건조는 6~7일에 걸쳐 천천히 말려야 천마가 투명해진다. 건조가 잘된 천마를 손으로 꺾으면 딱소리가 나며 부러진다. 건조가 끝난 천마는 즉시 약재로 이용이 가능하며, 자연 상태로 방치하게 되면 수분을 흡수하여 곰팡이가 발생할 우려가 있으므로 등급별로 밀봉 포장하여 건조한 곳에 보관한다.

(4) 생천마 저장

최근에는 생천마를 찾는 사람이 많으므로 건조하지 않고 생천마로 보존한다. 생천마로 저장 시에는 천마가 얼면 상품 가치가 떨어지고, 15℃ 이상에서 장기간 보존하면 부패하므로 저온 저장고를 이용한다.

천마를 저온 저장고에 보관할 때에는 천마를 상자에 포장하여 찬바람이 직접 닿지 않도록 하면 장기간 저장이 가능하다. 또한, 땅굴을 파서 저장하는 재래식 방법은 이듬해 봄까지 저장이 가능하다.

2) 이용

천마를 이용한 제품에는 술, 분말 및 드링크제, 엑기스 등이 있다. 또한, 다양한 가공식품 및 각종 요리의 부재료로서 건강 보조 식품으로 널리 이용되고 있으며, 그 용도가 점점 확대되고 있다.

그림 32-19 **수확한 천마**

〈홍인표, 문지원, 유영복〉

참고 문헌

- 김용규, 김명곤, 윤숙, 홍재식. 2000. 뽕나무버섯균 균사속과 천마의 공생 관계에 대한 조직학적 관찰. 한국균학회지 28(1): 41-45.
- 농촌진흥청. 1994. 농사시험 연보. 농업과학기술원.
- 농촌진흥청. 2001. 농업생명공학 연구. 농업과학기술원.
- Chang, H. M., P. H. But. 1986. Pharmacology and Application of Chinese Materia Medica. Vol. I. World Scientific. Singapore. p. 185.
- Hong, I. P., H. K. Kim, J. S. Park, G. P. Kim, M. W. Lee and S. X. Guo. 2002. Physiological characteristics of symbiotic fungi associated with the seed germination of *Gastrodia elata*. *Mycobiology* 30(1): 22-26.
- Hong, J. S., M. K. Kim, G. H. So and Y. H. Kim. 1990. Studies on the mycelial cultivation and the rhizomorph production of *Armillaria mellea*. *Kor. J. Mycol.* 18(3): 149-157.
- Huang, Z. L. 1985. Pharmacologic studies and clinical applications of *Gastrodia elata* Bl. *Journal of Modern Development Traditional Media* 5: 251-254.
- Kusano, S. 1911. *Gastrodia elata* and its symbiotic association with *Armillaria mellea*. Imperial University of Tokyo, *Journal of the College of Agriculture* 4: 1-65.

제 33 장
송이

1. 명칭 및 분류학적 위치

송이(*Tricholoma matsutake* (S. Ito & Imai) Singer)의 버섯명은 과거 문헌상에 어떻게 표현되어 있고, 현재 우리가 사용하고 있는 '송이' 라는 이름 또한 언제부터 불린 것일까? 고려 시대 이인로(1152~1220)의 『파한집(破閑集)』을 보면 '송지(松芝)' 로, 이색(1328~1396)의 『목은집(牧隱集)』에는 '송이(松茸)' 로 각각 표현되어 있는데(구와 박, 2004), 이것이 아마 현재까지 전해 내려 온 송이에 관한 최초의 기록이라 생각된다. 조선 시대 송이의 한자명은 '松茸(송이)', '松蕈(송심)', '松耳(송이)', '松栮(송이)' 로 표기하였으며, 이 중 가장 많이 사용된 한자명은 '松茸' 와 '松蕈' 이다. 1613년 허준의 『동의보감(東醫寶鑑)』에는 '松耳' 로 표기된 것이 특이한 점이다. 현재 국어사전에는 송이의 한자명을 '松栮' 로 표기하고 있다. 역사성과 사용 빈도로 보았을 때, 송이의 한자명은 '松茸' 로 표기하는 것이 타당할 것으로 보인다(가, 2012).

중국의 경우, 진인옥의 『균보(菌譜)』(1245)와 이서진의 『본초강목(本草綱目)』(1596)에는 송이를 '松蕈(송심)' 으로 표기하고 있다. 현재 중국은 송이를 '松口蘑(송구마)', '松茸(송이)', '松磨(송마)', '松蕈(송심)', '松榣(송고)', '鷄絲菌(계사균)' 등으로도 표기하고 있다. 일본의 경우에는 송이의 한자명은 '松茸(송이)' 이고 '松菰(송고)', '松蕈(송심)', '松菌(송균)', '松花菌(송화균)' 등으로도 표기하고 있다.

송이의 한글명은 요리책인 17세기 안동 장씨의 『음식디미방』에 '숑이', 그리고 빙허각 이씨의 『규합총서』(1809)에 '송이' 라고 기재되어 있고, 1931년 『토명대조만선식물자휘(土名對照滿

鮮植物字彙)』에는 '숑균(松菌)', '숑심(松蕈)', '숑이(松耳)'로 기재되어 있다. 현재 우리가 사용하는 '송이'라는 이름은 『음식디미방』에서 처음 '숑이'라고 표기된 것으로 보인다(가, 2012).

일본에서는 '마츠다케(マツタケ)'라 하며, 이는 소나무에서 발생하는 버섯을 의미한다. 영명은 'Pine Mushroom' 또는 'Matsutake'라고 표기한다.

송이의 학명은 *Tricholoma matsutake* (S. Ito & Imai) Singer이며, '*Tricholoma*'는 그리스어로 'trich', 즉 '털'을 의미하고, 'loma'는 '가장자리 또는 테두리'를 의미한다. 'matsutake'는 일본어에서 유래한 것으로 'matsu'는 '소나무' 'take'는 '버섯'을 의미한다.

송이는 분류학적으로 주름버섯강(Agaricomycetes) 주름버섯목(Agaricales) 송이과(Tricholomataceae) 송이속(*Tricholoma*)에 속한다. 1925년 일본 학자 Ito와 Imai가 *Armillaria matsutake*로 발표하였고, 1943년 Singer가 *Tricholoma matsutake*로 재분류하였다. 꺾쇠연결체가 없는 것은 두 속의 공통적인 특징이지만, *Armillaria*(뽕나무버섯속)는 주름살이 내린주름살(decurrent)이고 *Tricholoma*(송이속)는 때때로 끝붙은주름살(adnexed) 또는 거의 바른주름살(adnate)이다(Singer, 1986). 두 속을 구분하는 가장 큰 특징은 주름살이 대에 어떻게 붙어 있는가이다(가, 2012). 송이의 근연종은 북반구의 북위 25°~65° 범위에 분포하고 있다(가와 박, 2011). 북아메리카 및 중앙아메리카 지역에서 발생하는 북아메리카 지역의 송이(*Tricholoma magnivelare*), 유럽, 북아프리카, 일부 북아메리카 지역에서 발생하는 지중해 지역의 송이(*T. caligatum*), 스칸디나비아 반도 지역에서 발생하는 송이(*T. nauseosum*), 중국의 참나무림에서 발생하는 가송이(*T. bakamatsutake*)와 참나무송이(*T. quercicola*) 등이 있다(가 등, 2007; Hosford *et al.*, 1997; Bergius and Danell, 2000).

2. 재배 내력

예부터 송이는 우리나라와 일본에서 매우 귀중한 버섯으로 취급하여 왔다. 고려 시대 이인로는 『파한집(1260년)』에서 "송이는 소나무와 함께하고 복령의 향기를 가진 송지(松芝)"라고 기술하고, 목은 이색(1328~1396)은 『목은집』에서 송이(松茸)를 보내 준 친구에게 "송이를 가지고 스님을 찾아가서 고상히 즐기겠다."고 하였다(구와 박, 2004).

조선 시대 『조선왕조실록』에는 중국 사신들에게 송이를 선물하면서 "송이는 값이 아니고 정성"이라고 하였다(구와 박, 2004). 『세종실록지리지』(1453), 『동국여지승람』(1481), 『신증 동국여지승람』(1530), 『여지도서』(1757~1765), 『대동지지』(1861~1866)에는 우리나라의 송이 주산지가 기록되어 있다. 특히 『대동지지』에 송이는 경기도 9곳, 충청도 10곳, 경상도 37곳, 전라도 20곳, 황해도 10곳, 강원도 23곳, 평안도 7곳, 함경도 9곳 등 총 125개 지역의 우리나라 전역에 송이가 분포하고 있는 것으로 표시되어 있다(배 등, 2004). 또한, 유중임은 『증보 산림경제』(1776)를 통해 송이 저장법으로 진흙이나 소금에 절이는 것을 기술하고 있다.

조선 시대를 지나 대한민국이 되면서 송이는 일제 강점기와 6 · 25전쟁의 후유증 속에 뚜렷하게 가치를 인정받지 못한 채 1960년대 말까지 향버섯(능이), 싸리버섯과 함께 가을철에 산에서 채취할 수 있는 버섯으로 취급되어 왔다. 그런데 1967년 한국과 일본의 관계 정상화와 더불어 일본으로 수출을 하게 되면서 일본인의 취향에 따라 그 가치를 인정받고 고가의 버섯으로 취급되기 시작한다(홍, 1981). 이 당시 송이 가격은 1kg당 평균 500원(1969년 기준)이었으며, 임산물 사용 제한 고시에 따라 전량 일본으로 수출하다 보니 국내에 유통되는 송이는 거의 없었다. 2000년 이후에는 송이의 인공 재배를 위한 연구에 초점을 맞추어 국립산림과학원과 경북 산림환경연구원 등을 중심으로 연구가 진행되고 있다. 국립산림과학원에서는 '송이 생산성 향상을 위한 재배 기술 개발', '송이 감염묘를 이용한 송이 인공 생산 기술 개발', '침엽수를 이용한 버섯 재배 기술 개발', '송이 시험지 모니터링 및 송이 실현 재배' 등의 과제를 통하여 송이 감염묘와 접종묘를 통한 송이 자실체의 생산을 지속적으로 시도하고 있다. 한편, 경북대학교와 충북대학교, 그리고 양양군 농업기술센터 등에서는 송이의 유전자 분석과 송이의 생리 · 생태와 송이 모델림 조성 등의 기초적인 연구와 함께 이용 측면의 연구들도 활발하게 이루어지고 있다.

3. 영양 성분 및 건강 기능성

1) 영양 성분

송이는 독특한 향과 함께 씹을 수 있는 질감과 맛이 있기에 사람들이 선호한다. 송이는 기관지 계통(기침)에도 탁월한 효과가 있으며, 만성 또는 급성 설사, 천연두 등으로 고생하는 사람과 산후 하혈에도 약효가 있다고 한다. 또한, 송이에는 항암 물질이 풍부한 것으로 보고되고 있는데 종양 저지율이 91.8%, 종양 퇴치율이 55.6%에 이른다는 연구 보고도 있다(水野와 川合, 1992). 그런데 약용으로 사용되는 송이는 대체로 작은 송이로서, 송이를 실에 꿰어 매달아서 건조시킨 다음 보관하여 사용한다.

『동의보감』에는 "송이는 성질이 고르고 맛이 달며 독이 없고 향기로우며 송기(松氣)가 있고 산 속의 오래된 소나무 아래에서 나니 송기를 빌려 생긴 것으로서 나무 버섯 중에 으뜸인 것이다."라고 언급하고 있다(동의보감국역위원회, 1990). 즉, 송이는 약으로도 사용될 수 있지만 계절의 진미로 최고의 평가를 받는 식용 버섯이라고 할 수 있다.

송이의 향기는 다른 버섯과 달리 독특하므로 송이의 성분도 독특할 것으로 생각할 수 있다. 송이의 주요 향기 성분은 송이올($CH_3(CH_2)_4CH(OH)CH=CH_2$)과 계피산메틸($CHCOOCH_3$)의 혼합물로 알려져 있는데, 계피산메틸은 다른 버섯에도 많이 함유되어 있으며, 송이올은 인공으로 합성될 수 있다. 이에 따라 일본에서는 합성시킨 화합물로 송이 라면이나 기타 송이향을 포함하는 식품을 개발하여 판매하기도 한다.

송이는 수분 함량이 90%를 약간 밑돌며, 단백질 함량이 2.0%, 지질 0.2%, 탄수화물 7.3%이고 비타민과 무기질이 포함되어 있다(표 33-1). 송이는 다른 버섯에 비하여 섬유소가 많은데, 이로 인하여 다른 버섯에 비하여 단단하고 묵직한 자루를 형성하며 씹는 맛이 충분히 느껴진다. 물론, 이러한 성분은 성장 단계나 개체에 따라 변이가 있으며, 먹을 때 느껴지는 맛이나 손으로 잡았을 때 알 수 있는 단단한 정도에서 차이가 있듯이, 송이 자실체의 부위(갓 또는 자루 부분)에 따라서도 다소 차이가 있다.

표 33-1 송이와 다른 버섯의 성분 비교 (국가표준 식품 성분표, 2011) (가식부 100g당)

성분 / 버섯	단백질 (g)	지질 (g)	탄수화물(g)	식이섬유(g)	회분 (g)	칼슘 (mg)	나트륨 (mg)	인 (mg)	철 (mg)	티아민 (mg)	리보플라빈 (mg)	비타민 C (mg)
송이	1.9	0.2	7.3	6.5	0.9	3	1	34	3.5	0.19	0.3	0
표고	2	0.3	6.1	8.3	0.8	6	5	28	0.6	0.08	0.23	tr
능이	2.2	0.1	5.9	7	0.8	2	12	39	2.1	0.36	0.24	tr
싸리버섯	2.8	0.6	5.7	-	0.8	41	-	44	6.2	0.09	0.43	3

버섯의 유리 아미노산은 핵산(nucleotides)과 함께 구수한 맛에 관여하는 풍미 성분의 하나로서 영양학적인 면뿐만 아니라 약리적인 면에서도 의의를 갖는다. 송이의 유리 아미노산의 함량은 등급별로 1등급의 2,328㎍/g에서 3등급인 생장 정지품의 1,193㎍/g의 범위에 있으며, 1등급에서 낮은 등급으로 갈수록 총 유리 아미노산의 함량은 감소하는 경향을 나타낸다. 일반적으로 버섯의 주요 유리 아미노산은 글루탐산, 아스파라긴산 및 그 외의 아미드 종류로 알려져 있는데, 송이는 아르지닌, 알라닌, 글라이신이 가장 많이 함유되어 있으며, 글루탐산, 로이신, 세린, 트레오닌이 주요 유리 아미노산을 구성하고 있다. 또한, 송이의 유리 지방산에는 불포화 지방산 함유량이 전체 지방산의 83~87% 범위로 매우 높게 나타나고 있다. 이들은 저장 중 지질 산패의 원인이 되기도 하지만, 건강식품으로서 각광을 받고 있는 원인이 되기도 한다.

송이 내의 무기질 중 칼륨과 철은 일반 버섯류에 비하여 비교가 되지 않을 만큼 다량 함유되어 있다. 일반적인 버섯의 대표적인 무기질인 칼륨(K)은 표고의 2.2배, 느타리의 1.5배 정도 함유되어 있다. 버섯에서의 칼륨은 산화칼륨(K_2O)의 형태로 존재하며, 혈중의 식염 농도를 저하시키는 고혈압 예방 작용이 높은 것으로 알려져 있다. 또한, 송이는 표고와 느타리에 비해 철(Fe)의 함량이 매우 높다.

2) 송이의 약리적 기능

고전을 통해 내려오는 송이를 이용한 각종 민간요법을 살펴보면, 송이를 약재로 사용하려면 생것을 말려 써야 효과가 더욱 좋다고 한다. 편도염이 있을 때에는 송이를 말려서 부드럽게 가루로 만든 것을 숟가락으로 혀를 누르고 양쪽 편도 부위에 골고루 뿌려 준 후 약 30분 정도 지나 물을 마신다. 편도의 염증을 가라앉히는 작용이 있으므로 4번 정도 하면 삼킬 때의 아픔이 사라진다. 또한, 탈항증(치질의 일종)이 있을 때에는 송이를 진하게 달여서 좌욕하면 탈항증이 낫는다.

송이의 최근 특허 자료를 살펴보면, 히스타민 방출 억제제, 송이 균사가 포함된 정제, 면역글로불린 E 억제제, 염증 치료제, 항고혈압 물질, 고지혈 치료제, 당뇨 치료제, 앤지오텐신(혈압 상승을 일으키는 효소 억제제), 당뇨 치료 및 억제 성분, 송이 추출물을 포함하는 피부 습윤제, 암 예방제, 치매 진단 의약품, 항암 단백질 구명 및 항암제 등 다양한 의약품 및 건강 보조제로 사용 가능성이 밝혀지고 있다.

4. 생활 주기

1) 송이의 생활사

송이는 소나무류 수목의 뿌리에 외생균근(ectomycorrhiza)을 만드는 버섯이다(구 등, 2000; 구, 2005; 그림 33-1). 우리나라의 송이는 양분을 공급해 주는 기주식물인 소나무와 송이가 땅속에서 잘 자랄 수 있는 토양 환경 조건과 송이 발생에 직접적인 영향을 주는 기후 조건이 서로 어우러질 때 비로소 우리가 먹을 수 있는 버섯으로 탄생하게 된다. 특히, 송이는 땅속에 '균환(菌環)' 이라는 것을 만들어 생활하고 있다(그림 33-2). 이 송이 균환은 버섯을 만드는 모체로 소나무와의 공생 관계를 잘 유지할 경우에는 수십 년간 생존하면서 버섯을 지속적으로 만들 수

그림 33-1 **송이**

그림 33-2 **송이 균환 단면**

있다. 즉, 송이는 다년생 버섯의 의미로 받아들여질 수 있다(가 등, 2007).

송이와 소나무의 관계에서 중요한 점은 송이는 소나무 없이는 살 수 없는 특성을 지닌 반면, 소나무는 송이균이 있어도 살고 없어도 산다는 것이다. 즉, 소나무의 생존에 송이균은 그리 중요하지 않다는 것이다.

송이는 일반 버섯과 마찬가지로 포자를 만들어 번식한다고 할 수 있다. 포자에서 발아된 송이 균사(1핵)는 서로 만나 2핵을 가진 균사체를 형성하고, 이들이 소나무 세근에 침입하여 송이 균근을 만든다. 송이는 소나무에서 양분을 얻으면서 주변에 더 많은 균근과 균사체를 만드는데, 이것이 송이 균환(시로, shiro)의 시발체가 된다. 하나의 송이가 발생하려면, 송이 균환의 지름이 30~40cm 정도는 되어야 한다. 송이균과 균근은 더욱 발달하여 고리 모양의 균환이 되고 이곳에서 송이가 더 많이 발생하기 시작한다(그림 33-3).

송이의 최적 균사 생장 온도는 22~25℃ 범위이고, 30℃ 이상이 되면 송이균은 죽는다. 지온이 19℃ 이하로 떨어지면서 송이가 발생하는 것으로 알려져 있고(衣川, 1963), 최저 기온이 10℃ 이하로 떨어지면 송이 발생이 멈춘다(가, 2001). 송이는 송이가 발생하는 시기에 따라 여름 송이와 가을 송이로 구분되는데, 우리나라에서는 가을 송이가 전체 생산량의 95% 이상을 차지하고 있다. 그리고 최적의 송이 생산을 위해서는 가을철 2달간에 500~600mm의 강수량이 필요하지만(小川, 1983), 우리나라 상황에서는 강수량이 부족하다. 따라서 국내 송이산 관리에 있어서는 관수 시설이 부가적으로 필요하다(가 등, 2007).

그림 33-3 **송이의 생활 주기** (가 등, 2007)

2) 송이의 기주식물

한국과 북한의 송이는 소나무(*Pinus densiflora*), 일본의 송이는 소나무, 전나무류(*Abies sachalinensis* var. *sachalinensis*), 솔송나무류, 가문비나무, 중국의 송이는 운남송(*P. yunnanesis*), 마미송(*P. massoniana*) 등에서 발생하고 있다. 최근에 우리나라에서는 리기다 소나무림의 매우 작은 면적에서도 발생하고 있다(박 등, 2004). 북아메리카 지역의 송이는 'American Matsutake', 'White Matsutake', 'Hongo Blanco de Ocote' 등으로 부른다. 캐나다에서는 주로 *P. contorta*, *Tsuga heterophylla*, *Pseudotsuga menziesii*, 미국에서는 *Abies amabilis*, *P. lambertiana*, *P. monticola*, *P. banksiana*, *P. resinosus*, 멕시코에서는 *P. teocote* 등의 산림에서 송이가 발생하고 있다(Hosford *et al.*, 1997). 지중해 지역의 송이는 'booted matsutake'라 부르기도 하는데, 주로 지중해 지역에서 발생하므로 특징적인 지중해성 종으로 인식되고 있다. 스칸디나비아 반도 지역의 송이는 구주적송(*Pinus sylvestris*) 산림에서 발생하고 있다(Bergius and Danell, 2000).

5. 송이산 관리

송이 생산량은 송이산 환경과 기상 인자에 의해 좌우된다. 송이산 환경은 인위적인 관리를 통해 변화시킬 수 있으나, 기상 인자는 인위적으로 조절하기가 어렵다. 또한, 산발적으로 작용하는 기상 인자를 조절한다는 것은 더욱 어려운 문제이다. 따라서 송이 생산량을 늘리기 위해서는 송이산 환경을 관리하는 방법을 모색하여야 한다.

송이산 관리 방법은 식생 정리와 균환 관리로 나눌 수 있다. 식생 정리는 송이가 발생하는 산림 전체를 정리하는 방법이고, 균환 관리는 송이가 발생하고 있는 균환을 중심으로 관리하는 방법이다. 서로 장단점이 있지만, 경제적 여건에 맞게 적절히 적용하면 된다.

1) 송이산의 입지 환경

(1) 송이산의 토양

우리나라의 송이 주산지는 화강암, 화강편마암 지대에 집중되어 있고 안산암, 수성암, 점판암 지대에서도 발생된다고 알려져 있다(이 등, 1983). 송이산은 화강암 지역의 경우 기암이 나출된 돔형이 많고, 송이가 발생하고 있는 지역은 토양의 유실이 비교적 적었던 잔적토가 약간 남아 있다. 화강편마암 지역의 경우 비교적 침식이 느리고 산등성이와 급사면이 연결되어 있으며, 송이는 산등성이와 사면 상부에 국한되어 있다(이 등, 1983).

임업연구원(현 국립산림과학원)이 1992년에 발표한 자료에 따르면, 우리나라의 석재 자원은 총 6,074,795ha에 이르고 송이 발생에 적합한 토양 모재로 알려진 화강암과 화강편마암은 2,340,947ha로 전체의 38%를 차지하고 있어서 우리나라는 송이 생산을 위해 풍부한 지질 조건을 가지고 있음을 알 수 있다(최 등, 1992; 표 33-2).

표 33-2 송이산의 주요 모암인 화강암과 화강편마암의 분포 면적

석재 자원	화성암	화강암	화강편마암
6,074,795 ha	2,467,944 ha	1,582,606 ha	758,341 ha
100 %	41 %	26 %	12 %

하지만 송이가 발생하기 위한 입지 환경은 지질 요인보다는 지형이나 토양적인 요소가 더 중요한 것으로 판단된다. 일부에서는 해발고의 중요성을 언급하지만, 해발고는 지역에 따라 크게 차이가 나기에 중요한 인자는 아닌 것으로 판단된다. 산록부에서 송이가 발생하기도 하지만, 송이산은 대부분 7~8부 능선 이상에 위치해 있으며 대체로 경사도가 높다. 필자는 배수가 중요한 요인이라고 생각하는데, 삼척 지역의 경우 석회암 지역에서조차 경사가 심하여 배수가 잘되는 지점에서는 송이 생산성이 높았던 점이 그러한 생각을 하게 하는 까닭이다.

송이산의 토양은 유기물이 거의 없는 메마른 사양토, 사질양토이다(허, 2002; 표 33-3). 토질은 풍화한 암석의 부스러기가 그대로 쌓여서 이루어진 잔적토로 불리는 토양으로 되어 있다. 잔적토 기반의 토양은 이동을 하지 않으므로 안정된 토양이기는 하지만 양분이 적고 메마르기 때문에 식물의 생육에는 알맞지 않다. 또한, 장소에 따라 풍화한 토양이 유실되어 암석이 노출되거나 풍화가 진척되지 않아서 토층이 얇은 경우도 있다.

표 33-3 우리나라의 대표적인 송이산 토양의 이화학적 특성

구분		양양[1]	삼척[1]	홍천[1]	울진[1]	봉화[2]	청도[2]	남원[2]	하동[2]
토성[3]		SL	SL	LS	LS	SL	SL	SL	L
pH		4.98	5.29	5.01	5.46	4.20	4.29	4.11	4.27
인산 함량(mg/kg)		3.53	0.39	7.78	0.73	0.11	0.08	0.11	0.14
유기물(%)		3.03	2.98	2.96	2.55	2.70	8.51	2.83	7.18
전질소(%)		0.099	0.11	0.08	0.043	0.05	0.15	0.07	0.19
양이온 치환 용량(cmolc/kg)		9.24	8.58	15.15	7.26	8.88	14.45	5.52	10.84
치환성 양이온 (cmolc/kg)	Ca^{2+}	0.40	2.02	1.16	0.89	1.28	1.15	1.03	1.31
	Mg^{2+}	0.23	0.72	0.46	0.68	0.34	0.33	0.33	0.24
	K^+	0.43	0.27	0.16	0.29	0.15	0.21	0.32	0.23
	Na^+	0.15	0.12	0.29	0.14	0.15	0.14	0.44	0.13

[1] 임업연구원 연구사업보고서 [2] 조덕현, 1999 [3] SL: 사질양토, LS: 양질사토, L: 양토

(2) 송이산의 토양 수분

❶ 송이산 물 관리

일반 버섯과 마찬가지로 송이도 버섯의 약 90%가 물이므로 송이 자실체의 생장을 위해서는 수분이 절대적으로 필요하다. 그런데 앞서 언급하였듯이 송이 산지는 대부분 배수가 잘되며 수분 공급을 하늘의 강우에 의존할 수밖에 없는 산 능선이나 산정에 있다. 따라서 송이를 제대로 생산하기 위해서는 송이산에 물이 잘 공급되는 것이 중요한데, 특히 물이 필요한 중요한 시기는 버섯이 생산되는 9월~10월이다(조와 이, 1995; 박 등, 1995).

송이 자실체 생산을 위하여 송이균 자체도 물을 필요로 하지만, 송이와 공생 관계에 있는 소나무 뿌리도 토양의 물을 흡수하여 소나무 잎으로 올려 보내기 때문에 송이 균환이 있는 곳은 수분이 더욱 적다(구 등, 2003). 9월과 10월 중에 송이 산지에 있어서 토양 수분은 송이 균환이 없는 지점에서 12~25%이었고, 송이 발생 지점 부근의 균환에서는 8.5~12%이었다(구, 2000). 즉, 송이 생장에는 상상 이상의 수분이 필요하다. 처음 생긴 송이 원기의 크기는 1㎣도 채 안 되는데, 이것이 길이 8cm, 굵기 4cm 이상의 1등품 크기로 되려면 부피가 약 100,000㎣, 즉 약 10만 배 증가하게 된다. 송이의 약 90%가 물이므로, 결국 물이 그만큼 필요하게 된다.

❷ 송이산 관수(灌水)

물이 부족한 송이산 토양에 관수를 할 경우, 그 효과는 기상 조건과 지역에 따라 수십 배 차이가 날 수 있다. 송이산에서 송이가 나는 곳은 임의의 지점이 아니고 송이 균환이 분포하고 있는 지점 중에서도 특정한 지점에 국한된다. 그러므로 송이 발생을 위해서는 송이산 내에서도 이 균환이 있는 지점에 어느 정도 이상의 수분을 공급할 필요가 있다. 송이는 생장에 필요한 탄수화물 에너지를 소나무 뿌리와 공생하여 얻지만, 필요한 수분은 절대적으로 토양 속에 뻗어 있는 균사를 통하여 흡수하는 것으로 생각된다. 특히 송이 자실체가 원기로부터 생장하는 데 열흘 정도의 시간이 걸림을 감안할 때 송이가 발생하는 시기의 보름 전부터 관수를 하는 것이 효과적이다(박 등, 1998).

❸ 송이산 식생 정리는 1석 3조 효과

송이산의 식생을 정리한다는 의미는 소나무가 햇빛을 많이 받게 하는 것을 뜻한다. 이러한 작업은 송이에 탄수화물을 공급할 수 있는 소나무의 광합성을 증가시키고, 소나무 생장에 유리하도록 경쟁을 없애는 동시에, 송이 균환이 이용 가능한 강우나 토양 수분의 양을 높이는 것이다. 내음성이 약한 소나무가 다른 나무에 피압되면 소나무의 잎은 광합성량이 감소되어 뿌리로 내려 보내는 탄수화물의 양도 감소하며 소나무 자체가 쇠퇴하게 된다. 동시에 다른 나무의 뿌리는 토양 수분과 양분을 놓고 소나무와 경쟁을 하게 되므로 송이가 이용할 수 있는 양분과 수분의 양 또한 감소한다(그림 33-4).

울창한 산림에 내리는 강우는 약 13~51%가 수관에 차단되어서, 즉 나무의 잎과 가지 그리고 줄기에 묻어서, 송이 균사가 있는 토양에 도달하지 못한다. 그리고 토양에 도달한 강우일지라도 수목의 증산 작용으로 인하여 토양 수분은 공기 중으로 날아가 버린다. 이와 같이 산림에서 증발산으로 인하여 다시 공기 중으로 날아가 버리는 수분은 연중 강우량의 20~70%에 달하며, 이 증발산량은 산림이 울창할수록 커진다. 그러므로 송이산에서 경쟁이 되는 식생을 제거하는 것은 소나무의 광합성 촉진, 다른 나무와의 경쟁 완화, 토양 가용 수분의 증가 효과가 있다(구 등, 2007; 그림 33-5).

그림 33-4 능선 부위에만 남아 있는 소나무. 활엽수와의 햇빛과 수분 쟁탈이 심하므로 소나무에 유리한 식생 정리가 필요하다.

그림 33-5 소나무의 수관. 엉성하여 햇빛과 강우가 들어오므로 내음성 수종이 점진적으로 점유할 수 있다.

(3) 우리나라의 소나무림

우리나라 산림의 1/3은 송백류(소나무와 잣나무)가 차지하며, 그중 가장 넓은 면적에 분포하는 것이 소나무이다(이, 1986). 송이는 소나무림에서 발생하므로 국내의 소나무림 면적은 매우 중요하다. 각 도 및 국유림의 산림 자원 조사 자료를 보면, 우리나라 산림 면적의 30%를 소나무림이 차지하고 있다(표 33-4). 송이가 가장 많이 발생할 수 있는 소나무림은 4, 5령급이다. 표 33-4의 자료를 20년이 지난 현재를 기준으로, 자료에 2령급씩 더해서 보면 4, 5령급의 소나무림이 약 83%를 차지하고 있어 매우 풍부한 송이산 임분을 가지고 있다고 볼 수 있다. 송이의 발생은 소나무림이 20~30년생에서 시작하여 30~40년생에서 최대로 생산되고 50년생 이후에는 생산량이 감소하는 것으로 알려져 있다(富永과 米山, 1978). 이러한 측면에서 우리나라의 송이 산지는 매우 좋은 조건을 가지고 있다.

또한, 소나무가 산불 혹은 간벌로 없어지면 일정 기간 송이가 생산되지 않는 것으로 보아 송이는 절대적으로 소나무의 양분에 의존함을 알 수 있다. 우리나라는 송이 발생림의 환경 악화와 소나무림의 솔잎혹파리 피해로 인한 생태계 변화 및 소나무림의 산불 피해로 송이 산지가 감소하여 송이 생산량이 매년 7% 정도 감소하는 경향을 보이고 있다(Koo and Bilek, 1998).

표 33-4 우리나라 소나무의 영급별 면적

(단위: ha)

지역	계	소나무 영급[1]						발표 연도
		I	II	III	IV	V	VI	
경기도	22,118	1,479	11,087	8,303	616	449	184	1993
강원도	229,510	26,456	120,791	46,252	30,454	3,997	1,560	1987
경상북도	587,398	41,436	352,663	152,729	37,930	2,870	1,760	1989
경상남도	300,893	19,996	171,036	99,226	9,638	580	41	1990
충청북도	58,227	2,033	11,247	40,088	3,123	826	910	1992
충청남도	116,046	7,333	47,926	55,311	5,042	307	127	1992
전라북도	124,981	3,350	38,615	77,593	4,843	514	66	1991
전라남도	334,042	25,258	117,435	183,841	6,795	376	337	1991
제주도	17,132	375	1,344	7,358	6,878	705	472	1993
동부영림서	36,227	1,649	8,498	8,458	12,690	2,866	2,066	1987
중부영림서	42,726	5,550	7,845	8,991	17,746	2,381	213	1988
남부영림서	56,698	4,167	5,629	12,202	25,114	6,632	2,954	1989
전체 면적	1,925,998	139,080	894,116	700,352	160,869	22,503	10,690	

[1] 영급 Ⅰ: 1~10년, Ⅱ: 11~20년, Ⅲ: 21~30년, Ⅳ: 31~40년, Ⅴ: 41~50년, Ⅵ: 51년 이상

2) 송이산 관리의 역사

조선 시대에는 우리나라 전역에서 송이가 생산되고 있었다. 그 당시에는 왜 송이가 그렇게 많이 발생하였을까? 이 질문에 대한 답이 오늘날 우리가 당면해 있는 송이 생산량 감소 원인을 알 수 있는 중요한 열쇠이기도 하다. 그 이유는 우리 선조들이 송이산을 관리하였기 때문이다. 소나무림에서 솔잎과 잔가지를 긁어 땔감으로 이용하게 되면서 소나무림은 척박한 토양 조건이 유지되었는데, 이러한 조건은 송이와 소나무가 함께 살아가기에 적합한 조건이었던 것이다. 즉, 특별한 의도를 갖고 관리하지 않았지만 자연스럽게 송이산의 환경 조건이 유지된 것이다. 이러한 현상은 1970년대 초반까지 유지되었지만, 치산녹화 정책에 따라 산에서 낙엽이나 가지를 채취하지 못하도록 하고, 1980년대 이후에는 석탄, 석유, 가스 등 화석 연료로 전환함에 따라 산에 나무하러 갈 이유가 없어지면서 소나무 숲에 낙엽 부식층이 많이 쌓여 송이가 잘 자라기 어려운 환경으로 변화된 것이다. 그래서 일본의 저명한 송이 학자 오가와(小川)는 "한국의 송이산이 줄어든다고 너무 슬퍼하지 말라. 송이산이 줄어든 것은 그만큼 한국의 숲이 좋아졌다는 뜻이다."라고 말하기도 하였다.

일본은 우리나라보다 먼저 산림 보호 활동이 전개되었으므로 송이산의 환경 개선 필요성이 더 일찍 제기되었다. 송이 생산량 감소를 막기 위해서는 이후에 구체적으로 설명될 숲 관리를

위한 가지치기, 낙엽 긁기 등을 통하여 숲을 척박한 환경으로 전환시키는 작업이 필요하다. 일본의 경우 이러한 송이산 환경 관리를 1940년대에 시작하였으며, 1966년에는 13개 부현의 공립임업시험장을 중심으로 송이 발생 환경 조사 및 환경 개선 시험이 확대 실시되었다. 토리고에(鳥越, 1998)의 보고에 따르면, 25년생의 어린 소나무림을 대상으로 사업을 실시한 결과 사업 후 10년이 경과된 시점에 송이 균환이 2.5배 증가하는 성과를 얻었다고 한다.

우리나라의 송이산 환경 개선 시험은 1971년에 시작되었지만 소규모로 진행되었고, 1980년대 이후에는 임업시험장이 중심이 되어 적극적으로 송이산 환경 개선 사업을 송이 채취자들에게 지도하였다. 1982년에는 일본의 방식을 도입하여 강원도 양양, 전라북도 남원, 경상북도 울진 등에서 9ha를 대상으로 시범 실시하였으며(오 등, 1982), 1990년대까지는 같은 방식을 각 시 · 군의 산림과를 중심으로 실시하게 되었다. 그러나 가시적인 효과가 제대로 나타나지 않고, 융자 사업에 대한 농민들의 기피 현상이 있어서 지지부진한 상태로 사업이 확대되지 못하였다.

산림청에서는 송이 생산량이 계속 줄어들어 연평균 400톤 이하에 머무는 상황이 되자 송이산 환경 개선 사업의 전환을 모색하였다. 1998년까지 임업연구원(현, 국립산림과학원)에서 수행한 연구 결과를 토대로 우리나라 실정에 맞는 송이산 가꾸기 공정을 정립하고, 2000년부터 송이산 환경 개선 사업을 보조 사업으로 확대하여 추진하였다. 현재 송이산 환경 개선 사업은 국고 보조 40%, 지방비 보조 20%, 자부담 40% 비율로 진행되고 있으며, 21세기에 들어서는 송이 주산지를 중심으로 매년 50억 규모의 사업비가 투여되고 있다.

3) 송이산 관리 방법

앞에서 설명한 것처럼, 송이가 발생하고 있는 송이산은 산의 능선 부분을 따라 분포하고 있다. 이곳은 낙엽이 떨어져도 바람과 경사 때문에 낙엽이 적게 쌓인다. 비가 오더라도 빗물이 산의 경사 때문에 쉽게 소실된다. 그리고 송이가 발생하는 토양은 사질토양 계통의 토질로 배수가 잘된다. 결국 송이산은 토양이 척박하고 배수가 좋은 입지 조건을 가지고 있다. 이와 같은 환경에서 소나무는 더 좋은 생장과 입지 환경에 적응하려고 소나무에 도움을 줄 수 있는 송이와 같은 다른 미생물을 받아들여 상호 공존하게 된다. 송이산 관리의 기준은 이처럼 송이가 발생하는 곳과 비슷한 여건으로 만들어 주는 것이다.

(1) 소나무 생육 환경 관리

❶ 교목층 정리 – 간벌(솎아베기), 가지치기

송이산은 소나무만으로 구성된 단순림도 있지만, 참나무류 등 다른 종류의 나무들과 혼재해 있는 경우가 많다. 그런데 송이균은 소나무 뿌리와 균근을 만들면서 살아간다. 반면, 참나무류는 송이가 아닌 다른 균근성 버섯류와 균근을 만들며 살아가므로, 송이 입장에서 보면 다른 나무들은 송이와 경쟁 상태에 있는 버섯을 보호해 준다고 할 수 있다. 즉, 참나무류는 송이와 경쟁하는 다른 버섯들에게 양분을 제공하면서 살아가는데, 참나무류를 제거해 줌으로써 송이균과 경쟁하는 버섯의 생육을 막아 송이의 경쟁 관계를 완화시켜 주게 된다.

또한, 소나무가 너무 울창하게 들어서 있으면 소나무도 간벌해 주어야 한다. 그래야만 빛을 많이 요구하는 소나무가 충실히 자라고 송이균에게 충분한 양분을 제공해 줄 수 있기 때문이다. 이러한 간벌은 지표면에 빛이 많이 들어오게 하는 결과를 낳는데, 낙엽층이 빨리 분해되면 습한 조건에서 각종 낙엽을 분해하는 미생물들의 점유도 막는 효과를 낳아 송이균에 방해가 되는 미생물들을 제거하여 송이가 더 잘 자랄 수 있게 된다. 참나무류를 솎아베기 할 때는 성인 가슴 높이(1.2~1.5m)에서 절단한다. 그 이유는 밑동 부분을 절단하면 밑동 부분에서 수십 개의 맹아가 발생하는 반면, 가슴 높이에서 절단하면 자른 부분 바로 아랫부분의 잠아(潛芽)에서 발생하는 몇 개의 가지만 나오므로 후속 작업이 훨씬 간단하기 때문이다. 잠아에서 발달한 가지는 송이철에 2~3회 제거해 주면 광합성량이 적어지면서 3년 이내에 죽게 된다.

소나무 숲이 너무 울창하면 지면에 떨어지는 낙엽량도 많고, 바람에 의해 낙엽들이 아래쪽으로 쓸려 내려가는 것도 어렵게 된다. 이러한 현상을 막기 위해서는 나무들의 가지가 2번 정도 겹치는 수준으로 나무를 관리해 주는 것이 바람직하다(송 등, 1999). 국립산림과학원의 연구 결과에 따르면, 송이가 발생하기 좋은 조건을 유지하기 위해서는 상대공간지수(나무의 평균 키를 대비하여 나무 사이의 간격을 %로 나타낸 수치)가 35%(평균 수고가 10m일 경우, 나무 사이의 평균 거리가 3.5m인 상태) 수준이 되도록 하는 것이 좋으며, ha당 잔존 임목 본수는 표 33-5와 같다. 이 결과는 대략 60~70%의 비음도를 유지하는 모습으로서, 바꾸어 말하면 숲 속으로 30~40%의 빛이 들어오는 조건이다. 즉, 숲의 밀도가 높은 곳은 솎아베기를 통하여 소개(疏開)를 하여야 하며, 밀도가 너무 낮은 곳은 참나무류 등 활엽수라 할지라도 남겨 두는 것이 좋다. 작업을 하는 시기는 농한기이며 나무들이 왕성한 생장을 하기 직전인 5~7월 중에 하는 것이 좋다. 산림청에서는 농·산촌의 노동력 공급 등을 고려하여 6월 중에 실시하도록 권고하고 있다.

표 33-5 상대공간지수(RSI) 35%를 적용한 ha당 잔존 임목 본수

수고(m)	6	7	8	9	10	11	12	13	14	15
본수	2,268	1,666	1,276	1,008	816	675	567	483	416	363
수고(m)	16	17	18	19	20	21	22	23	24	25
본수	319	282	252	226	204	185	169	154	142	131

❷ 하층 식생 정리 – 관목과 초본의 정리

하층 식생이 많아지면 버섯의 양이 줄어든다. 하층 식생은 송이산에서 낙엽층의 증가에 기여하며, 송이의 버섯 품질을 떨어뜨리고 버섯 채취를 어렵게 한다. 하층 식생의 주가 되는 것은 주로 초본류(사초과와 벼과 식물)와 관목류(진달래, 철쭉, 개옻나무, 싸리류)가 해당된다. 진달래, 철쭉, 싸리류는 큰 지장이 없으므로 적당히 남겨 두고, 그 밖의 관목은 가급적 제거하되 잘라 낸 그루터기를 될 수 있는 한 낮게 해 준다. 작업은 5~7월 중 또는 송이철이 끝난 이후에 하는 것이 좋다.

초본류의 밀생은 송이 발생에 좋지 않다. 식생 정리 이후 초본류들이 더 많이 발생하는 경향이 있는데, 이러한 풀들은 꾸준히 제거해 주는 것이 좋다. 지피물의 피복도가 30% 이하가 되도록 풀 깎기 또는 부분적으로 파내는 것이 바람직하다.

❸ 지피물 정리 – 낙엽 및 부식층의 제거

낙엽은 송이산에서 수분 공급과 겨울에 보온의 효과가 있을 수 있지만, 낙엽이 썩기 시작하면서 송이균에 역효과를 나타낸다. 썩기 시작한 낙엽이 있는 송이산은 낙엽이 없는 송이산만도 못하게 된다. 그래서 송이산은 절대로 썩는 낙엽이 있게 해서는 안 된다. 썩는 낙엽층이 두꺼워지면 송이의 어린 버섯이 땅속 깊이 발생하는 것을 방해한다. 낙엽층이 두꺼울수록 송이의 어린 버섯이 땅속 얕은 곳에서 만들어진다. 그러다 보니 충실한 송이가 발생할 수 없고, 낙엽층에 서식하는 해충의 피해도 많이 발생한다.

지피물 제거 작업은 송이균에 급격한 변화를 일으키는 작업이기에 처음 몇 해는 송이 발생에 영향을 준다. 송이균 자체가 급격한 환경 변화에 적응해야 되고, 송이균이 땅속 깊게 생장하는 시간이 필요하다. 이 작업으로 인해, 송이균은 경쟁하는 미생물이 적어져서 더 충실하게 자랄 수 있고, 송이의 어린 버섯이 땅속 깊은 곳에서 생기게 된다. 송이 발생의 전체 깊이는 3~8cm 범위로 어린 버섯이 형성되는 부분은 토심 1.5~6.5cm 범위이다. 낙엽층의 두께와 버섯자루 밑부분에 위치하는 토심 사이에는 반비례 관계가 성립한다(가, 2001). 송이 발생 시 낙엽층이 어떻게 존재하느냐에 따라 버섯의 발생 깊이가 영향을 받으며, 어린 버섯이 만들어지는 깊이가 깊을수록 중량이나 자루 길이 면에서 우수한 품질의 버섯 생산을 예상할 수 있으므로, 낙엽 긁기를 통하여 어린 버섯의 위치가 깊은 토심에 이르도록 하는 것이 중요하다.

원칙적으로는 낙엽과 부식층의 두께가 5cm 이상인 곳은 긁어 내고 4cm 이하인 곳은 방치한다. 작업 시 손가락 두 마디 깊이 이상인 곳은 긁어 내고 그 이하인 곳은 방치하면 된다. 하지만 실질적으로는 낙엽이 두꺼울지라도 썩지 않는 상태라면 큰 문제가 없고, 너무 건조한 곳은 약간의 낙엽이 덮여 있는 것이 오히려 바람직하다. 낙엽 긁기 작업은 송이 수확을 한 후에 송이 균환부의 앞부분을 대상으로 실시하는 것이 좋다.

(2) 균환 관리

송이는 고리 모양의 송이 균환을 만들며, 균환으로부터 버섯을 발생시킨다. 균환은 땅속으로 자라며 지표면 아래로 깊게는 40cm까지 들어가고, 매년 5~20cm씩 전방으로 생장하면서 송이를 발생시키는데, 지나간 부분은 점차 사멸하여 송이를 생산할 수 없게 된다. 송이 균환은 지름이 작게는 1.5m에서 큰 것은 십여 m가 되는데, 발생한 지 수십 년에 이르면서 중간 중간 끊어진 부분이 있는 경우가 대부분이다(그림 33-6). 송이산 내에서 균환들은 땅속에서 생장해 나가면서 불리한 환경, 즉 참나무류나 무성한 잡관목, 풀뿌리, 두꺼운 낙엽 부식층 등을 만나면 그 부분에서 송이균이 쇠퇴된다. 송이의 지속적인 생산을 위해서는 송이균이 잘 보존될 수 있는 환경을 만들어 주기 위해 송이 발생 저해 요인을 제거하는 작업이 요구된다.

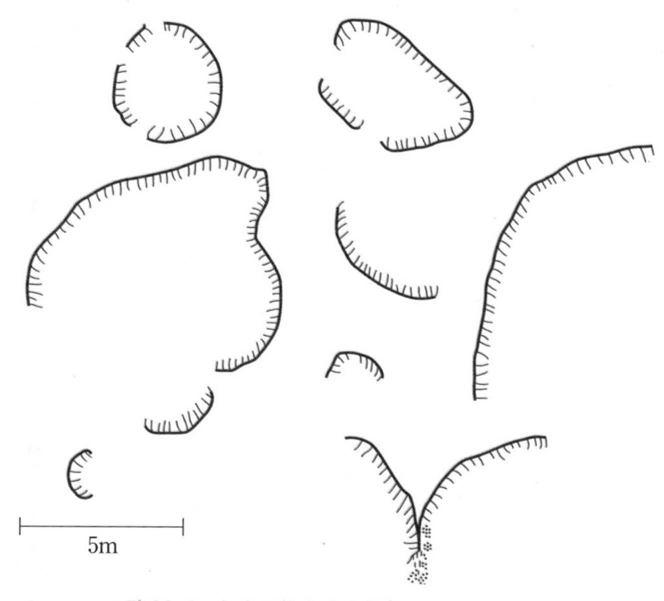

그림 33-6 송이 균환의 여러 형태 (구, 1994).

❶ 균환의 위치 파악

균환을 관리하기 위해서는 먼저 균환의 위치를 파악해야 한다. 균환의 위치를 파악한다는 것은 송이를 나오게 하는 모체가 어떻게 분포하고 있는지를 알아내는 작업을 말한다. 균환의 위치 파악이 중요한 이유는 앞으로 송이를 발생시킬 모체가 어디에 어떤 상태로 있는지를 알아야 관리할 수 있기 때문이다. 균환의 위치를 파악하는 요령은 송이가 가끔이라도 나왔던 곳에서 낙엽 부식층을 걷어 내고 토양을 깊이 약 2~5cm 긁어 보아 송이균이 있는 선단을 찾아내고, 이 선단이 대체로 원형을 이룰 것이라 가정하며 좌우로 주의 깊게 긁어 나가면서 확인하면 된다. 이 작업을 장마철 이전이나 송이철이 끝난 후 하게 되면, 그 해의 송이 생산에는 지장을 주지 않을 것이다.

❷ 균환 전방 중점 관리

송이가 발생하는 장소는 매년 조금씩 옮겨 가므로 결국 균환의 앞부분이 현재는 균사가 없지만 앞으로 이 자리에 송이 균사가 뻗어 나갈 곳이 된다. 그러나 송이 균사는 유기물을 분해하지 못하며, 유기물 속에 잘 들어가지도 못할 뿐만 아니라 낙엽 등 유기물을 분해하는 균과의 경쟁에도 약하다. 그러므로 송이균 생장을 방해하는 소나무 이외의 다른 식생과 이들의 뿌리, 낙엽이나 부식층 같은 유기물을 균환 선단으로부터 1m까지 제거하는 것이 좋으며, 이렇게 제거한 유기물은 송이가 났던 균환 뒤쪽으로 옮겨 두면 큰 문제가 없다.

❸ 경사면 하부로 향한 균환의 보호 육성

경사면 하부로 갈수록 토양 수분 상태는 좋아지고 토심이 깊어져서 소나무가 잘 자라며, 나무로부터 양분을 받는 송이 균환의 생장도 왕성해진다. 또한, 경사면 하부로 균환이 뻗어 가는 것은 그만큼 송이가 발생할 자리가 넓어지는 것을 의미한다.

그러나 경사면 하부로 갈수록 나무들이 우거지고 낙엽층이 두꺼워져서 그대로 방치하면 균환이 사멸하기 쉽다. 그러므로 균환의 전방에 있는 다른 식생과 낙엽 부식 등의 유기물을 제거할 필요가 있다. 결국 경사면 하부의 균환 보호를 위한 식생 정리 폭은 햇빛이 많이 들어올 수 있도록 넓게 처리하는 것이 좋다.

6. 송이 시험지 모델림

1) 송이 시험지 조성

우리나라의 송이 산지가 백두대간을 따라 넓게 분포하고 있지만, 일반인도 견학할 수 있는 송이 시험지의 모델림이 필요하다. 양양군 농업기술센터는 송이가 발생하는 군유림을 선정하여 송이 발생철에 일반인도 견학할 수 있는 송이 시험지 모델림을 조성하여 운영하고 있다. 송이 시험지 모델림은 2곳을 선정하여 2002년 양양군 서면 논화리 산 141번지에 10.4ha와 양양군 손양면 하왕도리 산 57번지에 11.9ha를 각각 조성하였다. 이곳은 도로에 인접해 있어 접근성이 좋고 가까이에 하천이 있어 관수 시설을 할 수 있는 최적의 조건을 구비하고 있다. 아울러 온습도 조건을 실시간으로 파악할 수 있는 기상 관측 시스템(AWS)도 구축하여 연중 기상 변화를 측정하고 있다.

논화리 송이 시험지는 2002년 가을부터 송이가 발생하는 기간 동안 매일 송이의 발생 위치를 파악하여 균환 분포도를 작성하고 있다. 그리고 현재까지 송이 균환은 총 73개가 확인되었고, 송이 균환은 크기가 반지름 3~10m로 원형에서 직선형에 가까운 것까지 다양한 형태를 나타내고 있다(표 33-6).

표 33-6 강원도 양양군 서면 송이 시험지의 구역별 균환 수와 연도별 버섯 발생량

균환 크기 (m) / 연도	1구역	2구역	3구역	4구역	5구역	계
	평균 3.5(20개)	평균 3.3(10개)	평균 3.9(16개)	평균 5.0(15개)	평균 4.1(12개)	버섯 발생
2002	210	113	177	80	108	688
2003	67	25	102	17	43	254
2004	44	38	47	17	23	169
2005	130	82	98	57	74	441
2006	53	18	31	4	7	113
2007	278	168	109	165	181	901
2008	50	9	11	7	21	98
2009	24	2	13	2	4	45
2010	175	104	129	101	169	678
2011	41	7	22	8	24	102
2012	65	39	42	37	38	221
2013	7	6	4	0	4	21
2014	23	20	3	9	18	73

송이 시험지 모델림은 송이 산주와 작업단을 대상으로 연중 현장 교육장으로 활용하고 있다. 또한, 양양군 송이 축제 기간에는 일부를 송이 생태 견학장으로 관광객들에게 개방하고 있다. 손양면에 위치한 송이 시험지 모델림은 소나무 단순림으로 구성되어 있고, 새로운 송이 균환을 조성하고자 하는 시험지로도 활용하고 있다.

연구자들은 기상 자료와 송이 버섯 발생과의 관계를 분석하고 송이 발생에 적합한 온습도 조건을 찾는 데 노력하고 있다. 또한, 관수 시설이 설치되어 있어 송이 발생과 관수량에 따른 송이 발생의 영향을 분석하고 있다.

2) 송이 시험지 운영

(1) 기상 인자와 송이 발생량 비교

논화리 시험지는 3년간(2003~2005) 기상 인자와 송이 발생량을 비교하였을 때, 송이 발생량은 수분 관련 기상 요인(상대습도, 토양 수분, 강우량)이 온도 관련 기상 요인(기온, 지온, 일사량)보다 상관성이 높았고, 기상 인자 간의 상관 관계는 매우 낮았다(심 등, 2007; 표 33-7). 송이가 90% 정도의 수분을 포함하며 단기간에 성숙하는 특성을 갖고 있기에 수분 관련 인자들이 온도 관련 인자들에 비해 송이 발생량에 더 영향을 끼치는 것을 알 수 있다. 이는 송이 발생에 있어 가뭄이 고온이나 저온보다 더 큰 영향을 줄 수 있음을 말해 준다.

표 33-7 강원도 양양군 서면 송이 시험지의 2003~2009년 평균 기상 현황

구분	1월	2월	3월	4월	5월	6월	7월	8월	9월	10월	11월	12월	평균(합계)
대기 온도(℃)	-1.1	1.5	5.1	11.6	16.4	19.9	22.2	23.1	18.8	14.5	8.2	1.2	11.8
대기 습도(%)	48.4	50.3	54.4	55.3	64.7	72.9	83.4	80.6	78.9	63.6	56.3	47.4	63.0
강수량(mm)	23.2	18.4	52.8	74.3	74.2	134.4	430.6	259.8	255.6	65.0	70.5	13.3	1,472.1
강우 일수(일)	3.8 (1.1)	3.8 (0.6)	8.8 (2.0)	8.3 (1.7)	6.2 (2.4)	11.0 (3.4)	16.0 (7.6)	13.8 (5.7)	10.8 (6.0)	6.5 (2.1)	8.7 (2.4)	4.2 (0.4)	101.9 (35.4)
일조 시간(시간)	41.8	47.9	100.3	132.2	176.5	136.8	76.7	94.6	66.3	57.2	28.9	47.6	1,006.8
토양 온도(℃)	1.1	1.5	3.7	8.6	13.4	17.1	20.4	21.7	18.6	14.4	9.1	3.4	11.1
토양 수분(%)	11.6	13.8	15.9	12.8	11.2	11.0	16.5	13.2	15.9	12.1	11.5	11.6	13.1

※ 강우 일수의 ( )는 10mm 이상의 강우 일수

송이 발생 기간은 8월 하순부터 10월 상순까지이며, 송이 발생은 최저 온도와 강수량, 전년도부터의 동절기(11월~2월)의 강수량과 강우 일수에 영향을 받는다. 2010년도 송이 발생량이 높았던 것은 송이철에 강수량과 강우 일수가 많았기 때문으로 보인다. 2010년도 기상 현황을 평균 기상(2003~2009) 현황과 비교해 보면, 연간 평균 온도(△0.56℃)와 평균 습도(△1.21%)는 비슷하였으나, 연간 강수량은 358.8mm 적었고, 강우 일수는 12.3일 많았으나, 10mm 이상 강우 일수는 1일 적었다. 그리고 연간 일조 시간은 153.8시간 적은 관계로, 평균 토양 온도는 0.35℃ 낮고, 평균 토양 수분은 1.95% 높게 나타났다. 특히 송이 발생에 큰 영향을 주는 8~10월의 강우 일수는 평년보다 10.9일 많았으며, 1일 10mm 이상 기록된 날 수도 4.2일 많았다(표 33-8).

표 33-8 강원도 양양군 서면 송이 시험지의 2010년도 기상 현황

구분	1월	2월	3월	4월	5월	6월	7월	8월	9월	10월	11월	평균(합계)
대기 온도(℃)	-2.4	0.8	2.2	8.6	16.0	21.0	24.0	24.7	19.0	13.1	7.4	12.22
대기 습도(%)	47.1	57.0	68.1	52.0	58.9	64.6	75.2	80.0	77.7	70.7	44.2	63.23
강수량(mm)	39.0	60.5	102.5	48.5	179.5	30.5	90.0	240.0	238.0	69.0	2.5	1,100.0
강우 일수(일)	4(1)	10(3)	15(3)	10(3)	7(3)	7(1)	13(4)	20(7)	14(7)	8(4)	2(0)	110(36)
일조 시간(시간)	30.4	23.1	49.9	103.6	155.0	189.5	88.8	60.9	49.9	30.2	24.1	805.4
토양 온도(℃)	1.1	1.8	2.4	6.2	12.1	16.7	20.4	22.4	19.2	14.4	9.0	11.43
토양 수분(%)	13.0	20.7	23.2	17.6	14.2	10.0	10.9	14.0	19.4	14.3	9.7	15.18
선단 온도(℃)	-0.1	0.1	1.2	7.3	14.6	19.9	23.3	24.5	19.8	13.4	5.9	11.81
선단 수분(%)	10.1	10.8	15.2	13.0	12.3	9.0	9.8	12.0	14.0	13.3	11.8	11.94

※ 강우 일수의 ( )는 10mm 이상의 강우 일수

(2) 식생 정리 및 관수에 따른 송이 균환 증가

송이 시험지는 송이 균환을 중심으로 연차적으로 식생 정리(잡관목 제거, 지피물 제거)를 하고, 강수량이 적은 해에는 양수기를 이용하여 물주기를 실시해야 한다. 그래야만 송이 균환 수가 증가한다. 표 33-9와 같이 송이 균환이 짧은 기간 안에 증가한 것은 새로운 송이 균환이 만들어졌다기보다는 식생 정리 및 미기상 환경 변화로 송이균의 명맥만 유지하며 잠복해 있던 균환이 활성화되어 송이가 발생하는 균환 수가 증가된 것으로 보인다. 결론적으로 기존 송이산은 송이산 가꾸기와 관수 처리를 통해 송이균의 활력을 촉진시키고 송이 발생의 모체가 되는 송이 균환의 수도 증가시켜 우리나라 대부분의 송이산을 위와 같이 처리해 줄 필요가 있다.

표 33-9 강원도 양양군 서면 송이 시험지의 송이 균환 수 변화

연도	2002	2003	2004	2005	2006	2007	2008	2009	2010
균환(개)	44	57	65	68	68	73	73	73	76

7. 송이 인공 재배

1) 국내외 연구 개발 현황

전 세계적으로 송이를 비롯한 균근성 버섯의 생산량은 20세기 중 · 후반에 이르면서 급격한 감소 추세에 있다. 이에 따라 균근성 버섯의 생산성을 높이기 위한 다양한 연구가 진행되고 있는데, 동양의 송이와 유럽의 덩이버섯(truffle)의 경우는 세계 여러 나라에서 버섯의 생산성 유지와 인공 재배에 관한 연구가 활발히 진행되는 대표적인 예이다. 덩이버섯류 중 검은덩이버섯(*Tuber melanosporum*)은 이미 1970년대에 인공 재배 기술이 개발되었고(Singer and Harris, 1987), 20세기 후반에는 뉴질랜드에서도 성공하여 보급되고 있다. 아울러 프랑스, 에스파냐, 이탈리아 등지의 유럽 지역에서는 덩이버섯류의 감염묘를 과수원식으로 식재하여 버섯을 재배하고 있다(Wang and Hall, 2004).

동양권에서는 일본이 오랫동안 송이 인공 재배에 관한 연구를 하여 1983년에 송이 감염묘에서 송이 자실체를 발생시키는 데 성공하였다. 그러나 재연되지 못하고 일회성으로 그쳤으며, 그 이후에도 다양한 시도들이 이루어졌지만 진전된 연구 결과가 없었다. 이러한 상황에서 1980년대 초부터 송이 인공 재배를 향한 노력을 지속적으로 해 왔던 국립산림과학원의 연구팀은 2010년 10월에 송이 감염묘로부터 첫 버섯을 수확할 수 있었다. 이는 송이 인공 재배가 27년 만에 재연된 것으로서 연구팀은 그 기작에 대하여 심층적인 연구를 진행하고 있는 단계이다.

우리나라에서 송이 인공 재배 연구는 국가 연구 기관과 지방 연구 기관을 중심으로 꾸준히 추진되고 있다. 이와 같은 연구가 활성화된 계기는 1996년 고성 산불로 3,762ha, 2000년 동해안 산불로 23,794ha의 송이 주산지가 산림 피해를 입어 인공 재배가 절실하게 필요했기 때문이다. 고성 산불 피해 지역은 1997년과 1998년도에 송이산 피해지에 소나무 용기묘(容器苗)를 식재하여 2014년을 기준으로 16년째에 이르고 있어 송이균이 충분히 침투할 수 있는 수령에 도달했다고 볼 수 있다. 이 지역은 소나무 수령과 토양 조건에서 송이 인공 재배 연구의 최적 조건을 가지고 있어 산불 피해를 입은 송이산을 복원하는 데에 좋은 모델이 될 것이다.

2) 송이 인공 재배 방법

(1) 송이 인공 재배 과정

송이는 소나무 뿌리에 균근을 형성하고 송이 균환을 만들어 버섯을 만드는 외생균근성 버섯이다. 따라서 소나무림에서 송이를 인공 재배하기 위해서는 송이 균근 만들기, 균환 형성, 송이 원기 형성, 원기의 생장 등 전 과정을 고려하여야 한다. 또한, 기주가 되는 소나무, 송이균이 자라고 있는 토양 환경, 송이 발달에 영향을 주는 기상 인자 등 송이를 둘러싸고 있는 환경도 고려해야 한다(그림 33-7). 송이 인공 재배는 첫 단계로 땅속에서 송이 균사체의 시발체가 되는 송이 균근의 형성과 균사의 집단화가 필요하며, 두 번째 단계로 균환을 형성하여 자실체 원기를 형성하고 정상 버섯으로 발달하는 과정이 필요하다.

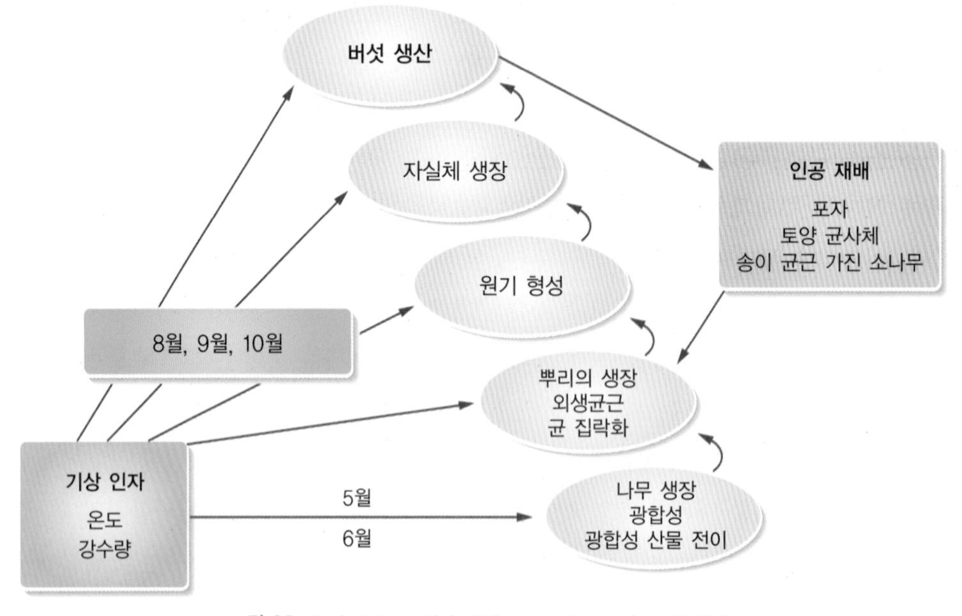

그림 33-7 송이 인공 재배 과정 (구, 2000; 가와 구, 2002)

⑵ 송이 균근 형성과 송이 감염묘법

송이 인공 재배에서 가장 중요한 단계는 소나무와 송이균을 연결해 주는 송이 균근을 만드는 것이다. 송이 균근 형성은 실내와 실외에서 할 수 있는 방안을 생각해 볼 수 있다. 접종원은 송이에서 유래된 포자, 송이 조직에서 분리된 배양 균사체, 버섯 자체, 송이 균환의 토양 균사체 등을 이용할 수 있다.

❶ 송이 포자와 배양 균사체

자연계에서 송이를 비롯한 버섯들의 번식 방법은 포자에 의한 유성 번식법으로 이루어지고 있다(그림 33-8). 송이 포자는 발아율이 매우 낮고, 낮은 습도에서 1일 안에 발아력을 잃는 것으로 알려져 있으며(Ohta, 1986b), 발아된 포자의 균사 생장도 매우 느린 단점을 가지고 있어 번식이 원활하게 되지 않는 문제가 있다. 그러나 송이 포자를 0.001% 또는 0.005% 뷰티르산(*n*-butyric acid)에 처리하면 발아율을 23%로 높일 수 있어 낮은 발아율 문제는 어느 정도 극복하였다고 볼 수 있다(Iwase, 1992; Ohta, 1986a). 또한, 송이의 포자 발아 온도, 배지, 유기산, pH 등과 같은 세부 조건도 Ohta(1986a)에 의해 어느 정도 밝혀졌다. 다만, 이와 같은 정보를 바탕으로 실외에서 적용한 예는 아직 없다. 국내에서는 송이 포자의 산포 정도만 알려져 있는 상태이다(Park and Ka, 2010).

일본 동북 지방의 이와테 현(岩手縣)에서는 소나무림에 송이 포자를 살포하여 새로운 송이 균환 형성에 성공한 사례를 보고하고 있지만(김 등, 1999), 아직 이 방법이 학술적으로 증명된 바는 없다. 야외에서 포자를 이용하는 방법은 포자에서 발아하여 자라 나온 송이 균사가 어떻게 소나무 뿌리를 만나 송이 균근을 형성하느냐이다. 이에 대한 메커니즘은 아직 규명된 바 없으나, 송이 균사가 건조 및 고온(30℃ 이상)에 매우 민감하므로 그들이 소나무 뿌리에 균근을 형성하는 조건은 상온의 습한 조건일 것으로 추측된다(小川, 1991). 앞으로 이 분야에 대한 연구는 실내에서 송이 포자가 어떻게 발아되고 소나무 뿌리와 만나 어떻게 외생균근을 형성하는가에 대한 면밀한 검토가 이루어져야 할 것으로 보인다. 이와 같은 정보가 야외에서 송이 포자의

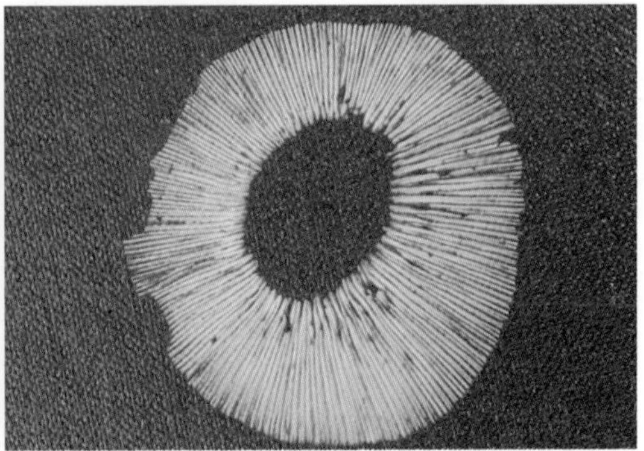

그림 33-8 **송이 자실체**(좌)**와 포자문**(우) (가 등, 2007).

활동 상태를 유추해 볼 수 있는 근거가 되고, 포자를 활용한 인공 재배법을 한 단계 진전시킬 수 있기 때문이다.

야외에서 액체 배양 균사체를 접종하여 송이 균사층을 만들었다는 보고는 있으나(Lee *et al.*, 2007), 이 방법에 대해서는 더 많은 검토가 필요한 상태이다. 액체 배양한 균사체를 소나무에 접종할 경우, 야외에 존재하는 다양한 균들에 오염되어 죽는 경우가 대부분이고(Kawai and Ogawa, 1981), 송이균과 다른 균과의 경쟁, 땅속에서 송이균의 활력 유지 문제, 송이균과 소나무 세근과의 접촉 문제 등을 해결해야 하기 때문이다.

실내에서 배양된 송이 균사체를 종자 발아된 소나무에 접종하여 송이 균근을 형성하는 것은 이미 국내외에서 성공하였다(Yamada *et al.*, 1999; Wang *et al.*, 1997; 가 등, 2002, 2008; 그림 33-9). 이러한 방법에 따라 송이균이 감염된 소나무를 송이 접종묘라고 한다. 송이 접종묘를 만드는 방법은 연구자마다 방법적인 차이는 있지만, 조직 배양병을 이용하여 무균적으로 종자 발아된 소나무 실생묘에 송이 균사체를 접종하는 것은 같다. 국립산림과학원에서는 현재 송이 접종묘 생산을 위해 토양 매질과 1/4 감자맥아펩톤배지(PDMP)를 사용하고 있으며(가 등, 2008), 송이 접종묘 생산, 실내 및 야외 적용 시험 등을 통해 관련 연구가 진행되고 있다.

송이 접종묘를 이용하여 야외에서 송이균을 생장시키기 위해서는 크게 두 가지 문제를 고려해야 한다. 첫째, 야외에 이식하기 전까지 실내에서 송이 접종묘를 배양하는 적정 기간을 설정하고 둘째, 야외 조건에서 송이균을 지속적으로 유지하고 생장시키는 것이다.

첫 번째의 경우, 송이균이 소나무에 감염되는 것은 실험 방법에 따라 빠르게는 2주일, 늦어도 2개월 안에는 송이 균근이 형성된다고 볼 수 있다(Guerin-Laguette, *et al.*, 2000; Vaario *et al.*, 2000; Yamada *et al.*, 1999). 따라서 송이 접종묘는 6개월 정도면 충분히 송이균이 소나무 뿌리에 감염되기 때문에 야외 혹은 화분에 옮겨 심어도 될 것으로 판단된다(가 등 , 2008). 이와 관련하여 송이 접종묘는 멸균 토양을 채운 화분에 옮겼을 때 6개월 정도 유지할 수 있었으

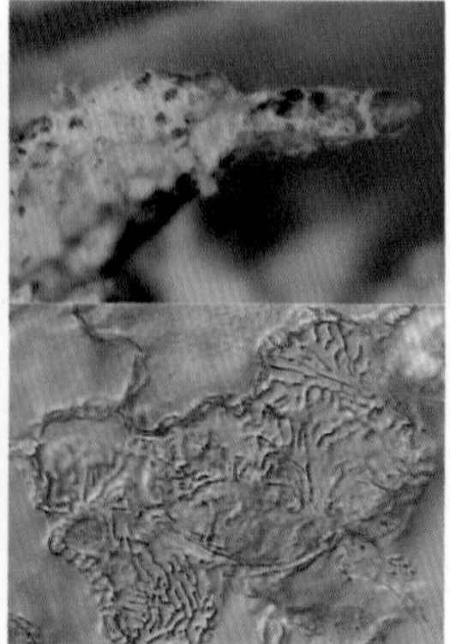

그림 33-9 송이 접종묘 생산 모습(좌) **및 송이 균근**(우) (가 등, 2007)

나, 멸균하지 않은 토양에서는 6개월 안에 송이균이 모두 없어지는 것을 경험적 실험을 통해 알 수 있었다. 또한, 송이 접종묘가 실내 조건에서 유지될 수 있는 조건들에서도 시도들이 있어 왔으나(박 등, 2009), 더 많은 연구가 필요한 상태이다.

두 번째의 야외 조건에서 송이균을 유지시키는 것에 대한 해답은 아직 없는 상태이다. 송이의 야외 적용 시험은 우리나라에서 진행 중에 있고, 일본과 뉴질랜드 또한 우리보다 앞서 시도했지만, 송이 접종묘에서 송이 균환으로 발전하였다는 보고는 없다.

❷ 송이 자실체

송이 접종원으로 송이 자체를 이용하는 경우도 있다. 버섯을 통째로 땅에 묻는 방식인데, 이 방법은 송이 조직과 포자가 동시에 접종원으로 사용되지만, 어느 것이 제 역할을 하는지는 모르고 있다. 일반적으로 송이균을 분리할 때에 버섯의 내부 조직 일부를 도려내어 사용하고 있다. 무균 상태에서 송이 조직만 있기에 배지 내에서 균사 생장이 가능할 수 있다. 그러나 이 방법은 야외 적용 시 버섯 조직이 땅속에서 새롭게 생장하기보다는 썩어 없어지는 확률이 더 높기 때문에 다른 방법들에 비하여 권장할 만한 방법은 아니다.

❸ 토양의 송이 균사체 덩어리(송이 균환)

송이 균환 내 토양의 균사체 덩어리는 야외 조건에서 가장 쉽고 빠르게 접근할 수 있는 이상적인 송이 접종원으로 생각할 수 있다. 또한, 송이 수매 과정에서 떨어진 흙(송이 균사 포함)을 이용하여 접종원으로 사용하는 경우도 있다. 그러나 이와 같은 방법들이 아직까지 성공한 사례는 없다. 송이 균환 내 토양의 균사체 덩어리가 송이 접종원으로 왜 성공하지 못했을까? 송이는 소나무 뿌리에서 양분을 받아 생존한다. 토양 속에 있는 송이 균사체들은 소나무에서 양분을 받고 자라지만, 송이 접종원으로 옮기는 과정에서 기존에 양분을 받고 있는 소나무 뿌리들이 모두 절단된다. 그로 인해 토양 균사체 덩어리는 더 이상 소나무로부터 양분을 받을 수 없고 자체 내 양분만을 가지고 생장을 하여야 하기 때문에 6개월을 못버티고 죽게 된다. 만약 토양 균사체에 양분을 충분히 공급해 줄 수 있는 방법만 개발된다면 이 방법도 성공 가능성이 있다. 따라서 송이 균사의 활력을 촉진할 수 있는 촉진제 혹은 토양 균사체 덩어리 내부에 존재하는 소나무 뿌리에 양분을 지속적으로 공급할 수 있는 방법을 개발하는 것이 이 방법의 핵심이 된다(가와 구, 2002). 뿌리접을 통해 양분 공급이 이루어지도록 해 보았으나, 뿌리 발달은 잘되지만 송이 균근의 발달은 확인할 수 없었다. 따라서 앞으로 추가적인 시도가 더 이루어져야 할 것으로 보인다.

송이산의 송이 균환 선단에 어린 소나무를 심어 송이균을 감염시키는 송이 감염묘법은 이미 일본에서 1983년도에 성공한 예가 있고, 국내에서도 2010년에 성공하였다. 이 방법은 다른 방법들에 비해 자연 조건을 가장 잘 반영한 것이며, 송이 인공 재배를 위한 가장 성공적인 방법이기도 하다. 그 과정은 송이 감염묘의 육성, 이식, 송이균 확인, 소나무림의 관리 등으로 감염묘 이식 후 버섯이 발생하기까지 6년 이상의 기간이 소요된다(가 등, 2009).

송이 감염묘 육성은 봄 또는 가을에 송이 균환 선단을 찾아서 바로 앞에 수고가 50cm 정도 되는 어린 소나무를 망분을 이용하여 식재한다(그림 33-10, 33-11). 감염묘 유도용 소나무는 천연치수(天然稚樹)를 이용하는 것이 바람직하지만, 마사토양에 양묘된 소나무를 사용하는 것도 큰 문제는 없는 것으로 여겨진다. 이때 화분 사이의 간격은 50cm 이상을 유지한다. 땅속에 있던 송이균이 생장하면서 심었던 어린 소나무 뿌리에 감염되면 송이 감염묘가 되며, 대략 1년 반 내지 2년 정도가 소요된다.

그림 33-10 **망분**

그림 33-11 **감염묘를 식재한 모습**

송이 감염묘 이식은 봄에 20년생 전후의 소나무림에 옮겨 심는다. 송이균의 확인은 감염묘 이식 후 2년 이상 경과된 시점에 색대를 이용하여 화분의 가장자리를 따라 실시한다(가 등, 2006, 2009; 그림 33-12, 33-13). 송이균의 존재 유무를 확인하고자 송이 감염묘의 화분을 파내서는 안 된다. 화분을 들어 내어 확인하면, 소나무의 활력이 떨어져 송이균이 죽어 가게 된다. 송이 감염묘에서 가장 중요한 사항은 감염묘의 소나무가 정상적으로 생장을 잘할 수 있도록 관리해 주는 것이다. 왜냐하면, 송이균은 감염묘용 어린 소나무로부터 양분을 전적으로 받아 이용하기 때문이다.

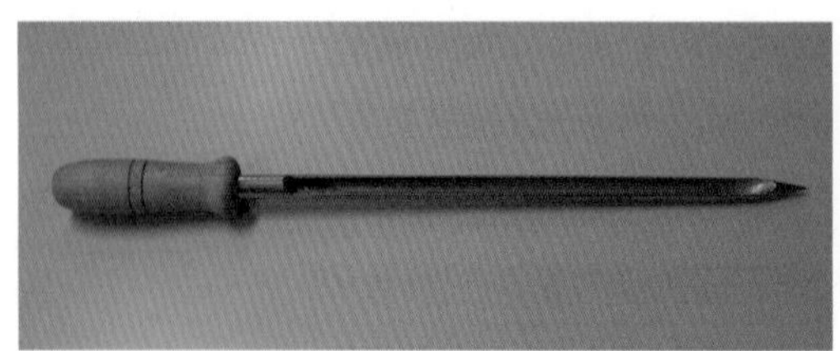

그림 33-12 **색대**

그림 33-13 **색대를 이용한 송이균 확인**

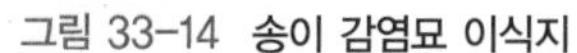

그림 33-14 **송이 감염묘 이식지**

그림 33-15 **가지치기 후의 모습**

송이 감염묘를 이식한 곳은 강도 간벌을 통해 빛이 잘 들어오도록 조성해 주어야 한다. 그리고 송이 감염묘를 이식한 이후에는 소나무 간벌보다는 가지치기를 통해 송이 감염묘가 잘 자랄 수 있도록 해 주어야 한다(그림 33-14, 33-15).

송이 감염묘를 이식하면 화분 속에 존재하던 대부분의 송이균들이 죽는다. 화분 속 대부분의 송이 균근은 기존의 균환에서 자라 나온 송이균과 소나무 뿌리로 구성되어 있다. 소나무 화분을 옮기게 되면 균환 부분에서 자라 나온 소나무 뿌리들이 절단되어 화분 속에 포함된 송이균에 양분 공급이 차단되기 때문에 송이균이 죽어 가고, 화분 내 소나무 뿌리에 송이 균근이 형성된 부분만 생존하여 생장하기 시작한다.

감염묘에서 송이균은 매년 약 5cm의 생장을 하며, 이식 후 2년이 경과해야 주변의 큰나무 뿌리에 송이균이 전이될 수 있는 상태가 된다(가 등, 2006). 송이 감염묘는 화분의 표면에 송이균이 50% 내외로 덮여 있는 것이 송이균 활착에 좋다(가 등, 2006, 2007; 그림 33-16). 송이균이

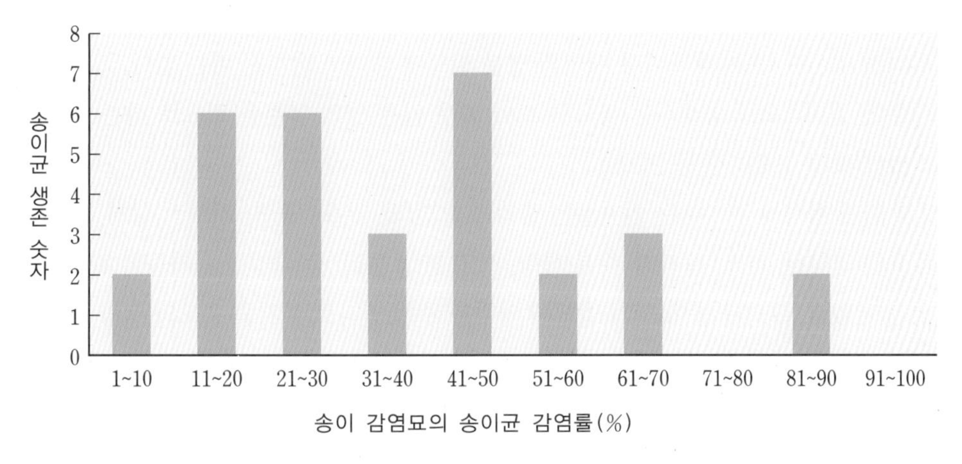

그림 33-16 **송이 감염묘에서 송이균 감염률과 송이균 활착**

100% 덮여 있을 경우에도 소나무가 죽는 것은 아니기에 그리 큰 문제가 되지는 않는다. 다만 소나무 뿌리가 송이균에 감염된 것이 있는지 없는지가 중요하다. 송이 감염묘를 식재할 때, 망분을 벗기지 않고 함께 식재하는 것이 좋다.

송이 감염묘에서 송이균의 생장은 처음에 곤봉 모양 또는 V자 형태(예각)로 자라 나가면서 넓은 V자 형태(둔각)로 생장한다(그림 33-17). 이러한 생장 양상은 아마 화분 내부의 송이균은 기존의 송이균 부분이며, 송이균이 지나가지 않은 새로운 곳으로 이들이 생장하면서 방향성을 나타낸 것으로 보인다. 이와 같은 현상을 통해 자연 상태에서 송이 균환이 생장하면서 송이 균환 중심부의 송이균이 소멸되어 가는 것으로 설명될 수 있을 것이다(가 등, 2010).

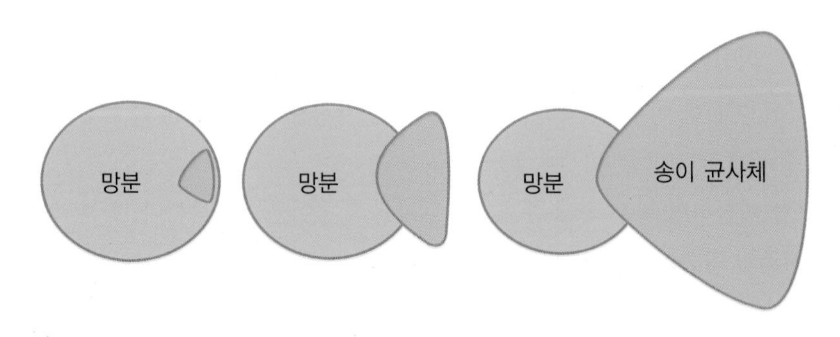

그림 33-17 송이 감염묘로부터 송이 균사체 생장 패턴

(3) 송이 균환 형성과 송이 자실체 발생 요건

형성된 송이 균환이 송이를 생산하기까지는 버섯을 만들 수 있을 정도의 충분한 생체량 증가, 송이 원기 형성, 형성된 원기의 성숙한 버섯으로의 생장이 필요하다(가와 구, 2002). 송이는 소나무에서 양분을 얻어 생활하므로, 많은 송이가 발생하려면 기주식물인 소나무가 양분을 많이 공급하여야 한다. 일반적으로 외생균근균은 기주식물의 광합성 양분의 10~20%를 이용하는 것으로 알려져 있지만, 송이와 소나무 사이의 양분 할당에 대하여 밝혀진 바는 없다. 그러나 송이가 소나무에 절대적으로 공생하는 것으로 보아 매우 많은 양의 양분을 필요로 하는 것으로 추정되고 있다(小川, 1991; 김 등, 1999).

버섯의 원기 형성에 관여하는 인자로는 물리적 요인(빛, 온도, 중력, 기계적 상처, 장애물)과 화학적 요인(영양원, 가스, 배지 내 수분 함량, 생리 활성 물질) 등 다양한 인자들이 관여하는 것으로 알려져 있다. 그러나 송이 원기 발생에 영향을 주는 인자로는 지중 온도와 토양 수분 이외에는 밝혀진 바가 거의 없다. 지중 온도가 19℃ 이하인 상태에서 5~7일간의 지속적인 자극과 토양 수분이 pF 2.0 필요하다는 것(衣川, 1963; 小川, 1991) 이외에는 알려진 것이 없기 때문에 송이 원기 형성에 필요한 최소 토양 수분 요구량 등을 파악할 필요성이 있다.

원기가 형성되어 땅 위로 나온 버섯 등이 정상적으로 성숙한 버섯으로 생장하려면 기상 요인이 매우 중요하다. 버섯이 땅 위로 나온 후 약 2~3일간 지온이 급격히 상승하면, 송이 생산에 치명적인 해가 된다(衣川, 1963). 송이 생장은 온도와 수분이 중요하며, 구 등(2003)은 특히 송이 생장 기간에 토양 수분의 역할에 대한 연구의 필요성을 제시하였다(구, 2000; 구 등, 2003).

2010년 송이 감염묘에서 송이가 발생한 기상 조건은 600mm 이상의 충분한 강수량과 지온이 19℃로 떨어진 상태로 13~14일이 경과한 시점이었다. 이때 소나무림의 수령은 30년생으로 이는 송이가 정상적으로 생장하기 좋은 조건이었다. 송이 감염묘를 육성하는 데 2년, 감염묘 이식 후 6년 6개월 만에 버섯이 발생한 것으로, 이 송이 인공 재배 성공은 국내 최초이며, 세계적으로는 일본에 이어 두 번째로 27년 만에 재현된 것이다(그림 33-18, 33-19).

그림 33-18 송이 감염묘, 송이, 소나무림

그림 33-19 송이 감염묘에서 발생한 송이

8. 수확 후 관리 및 이용

1) 송이의 선별 기준과 지리적 표시제

과거에는 송이의 채취, 공판, 수출 등에 대해 규제 사항이 많았으나, 현재는 규제 완화로 산림조합에서 독점하던 송이 공판을 산림조합뿐만 아니라 일정한 개설 요건을 갖춘 단체들도 송이 공판에 참여할 수 있게 되었다(구와 박, 2004). 현재 송이는 높은 가격에 유통되고 있으며 엄격한 기준에 따라 선별되고 있다(표 33-10). 국내의 송이 선별 기준은 일본 시장에서의 선별 기준보다 완화된 조건이기에 이를 세분하자는 의견도 있으나, 기존 방법이 오랫동안 정착되어 있기에 현재까지도 이 방법에 따라 송이 선별을 하고 있다. 선별 기준은 선별자에 따라 약간의 차이가 있을 수 있어 일정 시간 송이 교육을 이수한 사람들에 한해 자격증을 부여하고 있다. 간혹 송이 선별 과정에서 냉동 송이 등이 포함되어 상품 가치를 떨어뜨리는 경우도 종종 발생하고 있지만, 시간이 경과함에 따라 그와 같은 사례는 적어지고 있다.

표 33-10 송이 선별 기준

등급별		선별 기준	비고
1등급		길이 8cm 이상	• 갓이 절대로 펴지지 않은 정상품 (대 굵기가 불균형하게 가는 것은 제외)
2등급		약간의 개산품과 길이 6~8cm	• 갓이 1/3 이내 펴진 것 • 1등품에서 제외된 대 굵기가 불균형하게 가는 것
3등급	생장 정지품	길이 6cm 미만	• 길이 6cm 미만의 생장 정지품
	개산품	완전 개산품	• 갓이 1/3 이상 펴진 것
등외품		1~3등품 이외의 것	• 기형품과 파손품, 벌레 먹은 것 • 물에 젖은 완전 개산품
혼합품		1등품과 2등품의 혼합품	• 선별 시간이 없거나 출하자가 혼합으로 잘 선별하여 출하된 것

최근에는 송이 생산 주산지 단위로 송이의 브랜드 가치를 높이고자 '송이 지리적 표시제'를 도입하여 운영하고 있다(그림 33-20). 양양과 봉화가 대표적인 곳이며, 송이 축제와 함께 지역 송이의 가치를 높이고 있다. 지리적 표시제는 점차 정착 단계에 있다고 볼 수 있으며, 앞으로 다른 지역에서도 점진적으로 도입할 것으로 예상된다. 다만 이와 관련지어 우려되는 점은 송이 발생량이 적거나, 지역별 송이 가격의 차이 때문에 다른 지역의 송이들이 유입되어 기존 질서 체계를 어지럽혀 송이의 가치를 떨어뜨리는 것이다. 이와 같은 문제도 점차 제도가 정착되고 있는 단계이기에 해결될 수 있을 것으로 생각한다.

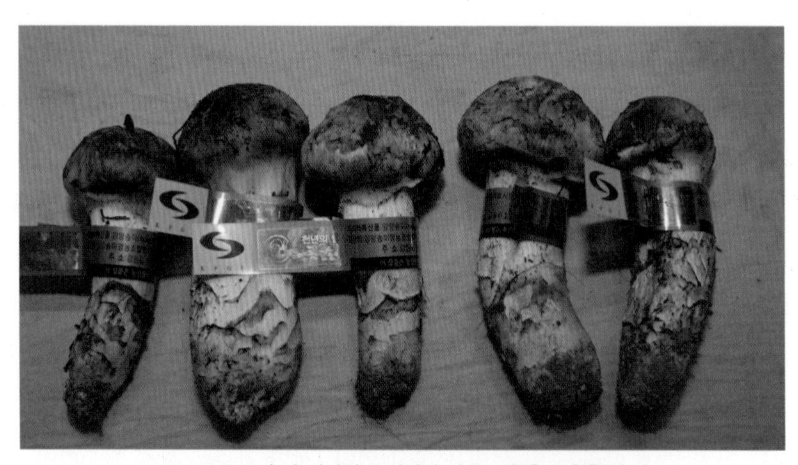

그림 33-20 송이 지리적 표시제에 따라 표찰을 부착한 송이

아울러 지방자치단체마다 각종 축제를 개최하면서 지역 특산품을 홍보하고 있는데, 강원도 양양군 및 경상북도 울진군과 봉화군에서는 송이를 주제로 지역 축제를 개최하고 있다(구와

박, 2004). 그 결과 타 지역의 관광객들이 송이 산지에서 송이를 직접 채취하여 먹음으로써 송이에 대한 인지도를 높였고, 송이의 효능 등을 전문가 또는 전문 서적에서 확인함으로써 그 수요가 점점 증가하고 있다.

송이의 구매 방법은 기존의 판매상에서 구입하던 구매 방식에서 직접 버섯 채취자에게 구입하는 산지 직거래 방식이 증가하고 있다. 이때 가격은 선불 처리하거나 후불 처리를 한다. 선불 처리 방식은 전날 지역 송이 공판장에서 형성된 가격을 수취하는 방식이고, 후불 처리 방식은 소비자가 주문한 날 형성되는 가격을 수취하는 방식이다.

송이의 가격은 지방자치단체장이 인정한 단체나 전국 산림조합 공판장에서 등급별 입찰에 의해 형성된다. 즉, 당일 입찰 시간 이전까지 수집된 등급별 송이의 양과 국내외 수요량을 파악한 입찰원에 의해 이루어지는 것이다. 이 가격은 송이 채취자들이 당일 송이를 채취하여 공판장이나 수집상에게 판매한 가격으로 결정된다. 또한, 당일 입찰 시간부터 다음 날 입찰 시간 전까지 소매상들이나 직거래자들의 송이 판매 가격을 결정하는 기준이 된다.

2) 송이의 저장

송이는 신선도가 상품 가치를 가장 크게 좌우하며, 특히 송이의 향을 유지하는 것이 가장 중요하다. 송이의 신선도를 유지하기 위해, 채취한 송이는 공기 유통이 원활한 바구니에 넣어 운반한다. 특히 저온 상태를 유지하면 더욱 좋다. 송이 채취 시 운반 용기와 송이 보존용 포장지 등이 개발되어 활용되고 있다. 또한, 대량 생산된 송이를 보존하고자 송이 냉동 보존법, 물 · 열처리 · 소금을 이용한 송이 저장법, 비닐 코팅 냉동 보관, 송이와 송이 슬라이스의 냉동 및 저온 저장법, 열처리법에 의한 장기 저장 등의 방법이 활용되고 있다.

3) 송이의 이용

송이는 채취하자마자 버섯을 얇게 잘라서 맛과 향을 음미하며 먹는 것이 가장 좋다. 생것을 먹지 못하는 사람들은 익히거나 다른 음식과의 조화를 꾀하면서 송이의 맛을 느낄 수 있다. 즉, 개인적인 취향에 따라 다를 수는 있으나 송이는 완전히 익혀서 먹는 것보다는 약간 덜 익은 상태로 먹는 것이 좋다.

17세기에 발간된 『음식디미방』에는 송이가 들어간 음식으로 만두, 어만두, 대구껍질느름, 잡채 등을 소개하였고, 그 이후에 발간된 『규합총서』에는 장짠지, 송이찜이 있었다(백, 2006). 최근 송이는 다양한 음식에 이용되는데, 요리 전문가들은 특히 육류나 채소와 조화를 이루는 것으로 소개한다. 송이 축제를 개최하는 양양, 봉화, 울진군이나 송이 수출업체 등이 권장하는 송이를 이용한 요리 중 몇 가지를 소개한다.

■ 송이밥

• 재료: 송이, 미나리, 죽순, 은행, 밤, 다시마, 간장, 청주, 식용유

• 만드는 법

① 쌀을 씻어서 1시간 정도 담가 놓은 후 송이를 준비한다.

② 송이 자루의 뿌리 쪽을 잘라 내고 깨끗이 씻어 납작하게 썰어 놓는다.

③ 미나리는 잎을 떼어 길이 4cm 정도로 잘라 놓고, 죽순은 송이처럼 납작하게 썰어 준비한다.

④ 은행은 프라이팬에 기름을 두르고 볶아서 마른 헝겊으로 문질러 속껍질까지 깨끗이 벗겨 놓는다.

⑤ 밤은 미지근한 물에 담갔다가 속껍질까지 깨끗이 벗기고 끓는 물에 살짝 데친다.

⑥ 당근은 꽃 모양 커터로 찍어 얇게 썰어 놓는다.

⑦ 냄비에 물, 다시마를 넣고 끓인 다음 국물이 우러나오면 다시마는 건져 내고 간장, 청주를 넣어 간을 맞춘다.

⑧ ⑦의 국물에 쌀, 송이, 미나리, 죽순, 은행, 밤, 당근을 넣어 고슬고슬한 밥을 짓는다.

Tip 이와 같이 여러 가지 재료를 넣지 않고, 일반적인 밥을 하는 방식으로 납작하게 썰어 놓은 송이를 쌀 위에 얹어 밥을 해도 송이의 향이 밴 송이밥을 즐길 수 있다.

■ 송이술

약주로서 이용되어 왔는데, 최근에는 송이주(松茸酒)가 판매되고 있다. 송이주를 사서 마실 수도 있겠지만, 집에서 송이술을 만들 수 있다.

• 재료: 소주 1L, 송이 200g, 설탕 200g

• 만드는 법

① 버섯은 대강 씻어 채반에 받쳐 놓는다.

② 송이의 물기가 완전히 마르면 유리병에 송이를 넣고 설탕을 약간만 넣은 후 소주를 붓는다.

Tip 숙성이 되기까지 약 3개월 정도 걸리는데, 송이술은 신진대사 활성화, 항종양성 강화, 강장, 피로 회복, 무기력증 제거, 식욕 증진 등을 위하여 사용할 수 있다. 또한, 이러한 공정을 따르지 않더라도 요즈음 시중에서 판매되는 과일주용 술을 사서 송이만을 넣어 1~3개월 숙성시킨 후 사용할 수 있다. 단, 송이를 이용하여 송이술을 만드는 경우 너무 오랜 시간이 경과하면 송이의 향이 사라지므로 주의한다.

■ 송이 소금구이

송이밥과 더불어 일본인들이 가장 즐기는 송이 요리이다. 송이만의 맛과 향기를 즐길 수 있도록 다른 재료는 전혀 사용하지 않고, 송이와 참기름, 소금만으로 요리한다.

• 재료: 송이, 참기름, 소금

• 만드는 법

① 송이는 깨끗이 다듬어 제 모양을 살리면서 길이로 2mm 정도의 두께로 썰어 놓는다.

② 참기름에 고운 소금을 섞어 만든 소금을 곁들여서 먹는다.

Tip 송이는 석쇠에서 완전히 익지 않도록 살짝 구워서 먹는 것이 송이의 향과 맛을 살릴 수 있는 방법이다.

■ 송이 샤브샤브

• 주재료: 쇠고기 안심, 송이, 표고, 느타리, 새송이 등 다른 버섯류, 굵은 파, 배추 속대, 다시마, 시금치, 쑥갓, 깻잎 조금

• 샤브샤브 소스 재료: 레몬 소스(진간장, 식초, 레몬즙, 청주를 각 1큰술씩 넣고 물을 2큰술 넣어 만든 것), 핫소스(고춧가루, 진간장, 물을 각각 1큰술씩 넣고 마늘 1작은술, 참기름 $\frac{1}{4}$큰술을 넣어 만든 것), 참깨 소스(참깨 4큰술, 진간장, 청주를 각각 1큰술씩 넣고 땅콩버터를 1.5큰술, 고춧가루와 토마토케첩, 설탕, 다진 마늘을 각각 $\frac{1}{2}$작은술씩 넣어 만든 것) 중 취향에 따라 사용한다.

• 만드는 법

① 쇠고기는 기름기가 적고 담백한 안심이 좋으며 고기의 결과 반대 방향으로 얇게 저며 썬다.

② 송이는 모양을 살려 납작하게 썰어 놓고, 표고는 자루를 떼고 갓 부분만을 준비하여 위에 십(十)자 모양으로 칼집을 낸다.

③ 느타리나 새송이는 끓는 물에 살짝 데쳐 찢어 놓는다.

④ 대파는 3cm 정도의 길이로 토막을 내고, 시금치 등 채소도 깨끗이 씻어 준비하는데, 배추는 길이 3~4cm 정도로 대강 잘라 놓는다.

⑤ 다시마 국물을 만든 후 다시마는 건져 낸다.

⑥ 준비한 채소를 넣고 송이를 비롯한 버섯류와 쇠고기를 넣으면서 살짝 데쳐 내어 소스에 찍어 먹는다.

■ 송이나물

적은 양의 송이를 다른 채소와 섞어 송이향이 최대한 많이 나도록 하는 방법이라고 할 수 있다. 여러 가지 채소와 쇠고기, 송이를 볶아 가볍게 무쳐 내는 별미 반찬이다.

• 재료: 송이, 쇠고기, 쇠고기 양념(진간장 2작은술, 참기름 1작은술, 파 · 마늘 다진 것, 깨소금 각각 $\frac{1}{2}$작은술, 설탕, 후추), 양파, 풋고추, 당근

• 만드는 법

① 송이는 가늘게 찢어 살짝 볶는다.

② 쇠고기는 양념하여 볶아서 식힌다.

③ 양파, 풋고추, 채썰기한 당근 등은 소금으로 간을 하여 볶아서 식힌다.

④ 준비된 모든 재료를 한곳에 섞고 재료를 넣은 후 무친다.

■ 송이불고기

불고기로 만들어 먹는 우리나라 전통 음식이다. 손님을 접대할 때 사용하기 좋은 요리라고 할 수 있는데, 이를 위해서는 일반적으로 불고기 양념을 하듯이 준비하면서 송이를 추가하는 것으로 이해하면 된다.

• 재료: 송이, 불고기용 쇠고기, 양파, 파, 마늘, 설탕 및 참기름

• 만드는 법

① 불고기용으로 썰어 놓은 쇠고기에 양파, 대파를 얇게 썰어 넣고 양념을 넣어 약 10분 정도 간이 배어들게 한 후, 불고기용 팬에 볶는다.

② 송이는 별도로 씻어서 먹기 좋게 썰어 놓은 후, 불고기 양념에 미리 섞지 말고 팬에 직접 올려서 불고기와 섞어서 먹는 것이 송이의 향을 즐길 수 있다.

■ 야채 · 송이말이

• 재료: 송이, 셀러리, 당근, 무, 꿀, 배

• 만드는 법

① 송이와 채소를 다듬고 길이 5cm 정도로 채썰어 준비한다.

② 돌려 깎아 둔 당근과 무는 소금물에 잠시 담갔다가 건져 물기를 제거한다.

③ 접시에 배를 깔고, 송이, 셀러리, 당근을, 얇게 준비한 무와 당근으로 돌돌 말아 놓는다.

④ 접시에 예쁘게 담고 꿀을 곁들여 내면 손님의 감탄사를 자아내기에 충분한 요리가 준비된다.

송이국이나 송이찌개 또한, 송이의 향을 즐길 수 있는 요리이다. 단, 김치찌개처럼 너무 진한 양념이 되어 있는 경우에는 송이의 향을 즐길 수 없으므로 미역국이나 미소된장국 등 다소 연한 소스의 국이나 찌개가 좋다. 다른 송이 요리와 마찬가지로 송이를 납작하게 썰어 넣어 만들고, 국이나 찌개가 끓은 후 송이를 넣어 한번 살짝 끓어오르면 간을 맞춘 후 불에서 내린다.

이 외에도 송이산적, 해물 · 송이산적, 송이철판구이, 송이버터구이, 송이잡채, 송이 · 편육 냉채, 송이튀김, 송이계란찜 등 다양한 송이 요리가 가능하다. 송이는 각자의 취향에 따라 다양한 형태의 요리 재료로 사용될 수 있다(구와 박, 2004).

〈가강현, 고철순, 구창덕, 박현〉

참고 문헌

- 가강현, 구창덕. 2002. 송이 인공 재배 연구를 향한 질문들. *Trends in Agriculture & Life Science* 2(1): 1-6.
- 가강현, 김희수, 허태철, 박현, 박원철. 2009. 송이 감염묘를 이용한 송이 인공 재배. 국립산림과학원 산림속보 pp. 9-22.
- 가강현, 박현. 2011. 한국 송이의 분포 및 보존. 토종 연구 18: 41-49.
- 가강현, 박현, 허태철, 박원철. 2008. 소나무 유묘에서 송이 외생균근 형성 균주의 선발. 한국균학회지 36: 148-152.
- 가강현, 박현, 허태철, 여운홍, 박원철. 2002. 소나무를 이용한 송이 균근 합성. 2002년도 한국임학회 학술연구발표논문집. pp. 235-236.
- 가강현, 윤갑희, 박원철. 2007. 우리의 삶 속에 자리 잡은 임산 버섯. 국립산림과학원 연구신서 제19호.
- 가강현, 허태철, 박현, 김희수, 박원철, 윤갑희. 2006. 기존 송이 균환을 이용한 송이균 감염 소나무의 생산 및 이식. 한국임학회지 95: 636-642.
- 가강현, 허태철, 박현, 김희수, 박원철. 2010. 송이 감염묘로부터 송이균의 생장과 균환 형성. 한국균학회지 38(1): 16-20.
- 가강현. 2001. 송이의 생장 특성과 기생균에 관한 연구. 동국대학교대학원 박사학위논문. 105pp.
- 가강현. 2012. 송이 이름의 유래. 월간 버섯 173: 40-43.
- 구창덕, 가강현, 박원철, 박현, 류성열, 박용우, 김태현. 2007. 송이산 소나무림 생태계에서 엽면적지수와 생리적 활동 및 토양 수분의 변화. 한국임학회지 96: 438-447.
- 구창덕, 김재수, 박재인, 가강현. 2000. 송이와 소나무 간의 공생 관계에서 외생균근의 시공간적 구조 변화. 한국임학회지 89(3): 389-396.
- 구창덕, 김재수, 이상희, 박재인, 안광태. 2003. 송이 균환 내 토양 수분의 시공간적 변화. 한국임학회지 92: 632-641.
- 구창덕, 박현. 2004. 한국의 송이. 소호 산림과학기술 논설집 제4집. 59pp.
- 구창덕. 1994. 송이와 인간 사회 그리고 송이 균환의 관리. 임업연구원 월간 임업 정보 37: 36-40.
- 구창덕. 2000. 송이 생산과 소나무 연륜 생장과의 상관 관계. 한국임학회지 89: 232-240.
- 구창덕. 2005. 송이 외생균근의 형태적 특징. 한국임학회지 94: 16-20.
- 김재수, 조재명, 김세빈, 김현중, 정태공, 구창덕, 박현. 1999. 송이 지속 가능한 생산 전략. 신농민강좌 시리즈 38집. 농민신문사. 279pp.

- 동의보감 국역위원회. 1990. 동의보감. 남산당.
- 박현, 가강현, 허태철, 홍용표, 박원철, 여운홍. 2004. 한국 리기다소나무림에서의 송이 자실체 발생. 한국임학회지 93: 401-408.
- 박현, 김교수, 구창덕. 1995. 한국에서 9월의 기상 인자가 송이 발생에 미치는 영향과 그 극복 방안. 한국임학회지 84(4): 479-488.
- 박현, 신기일, 김현중. 1998. 자기 회귀 모형을 이용한 송이 생산 제한 기후 인자 파악. 산림과학논문집 57: 213-221.
- 박현, 이봉훈, 가강현, 유성열, 박원철. 2009. 송이균 접종으로 외생균근을 형성한 소나무 묘목의 PDMP 및 Tween 용액 처리에 의한 순화. 한국임학회지 98: 357-362.
- 배재수, 이기봉, 주린원. 2004. 조선 시대 국용 임산물 - 전국지리지의 임산물을 중심으로. 국립산림과학원 연구 자료 제215호. 315pp.
- 백두현. 2006. 음식디미방 주해. 글누림출판사. 487pp.
- 송철철, 배상원, 박현, 이우균. 1999. 시뮬레이션을 이용한 수관투영 특성과 송이 발생 위치와의 관계 연구. 산림과학논문집 62: 25-30.
- 심교문, 고철순, 이양수, 김건엽, 이정택, 김순정. 2007. 양양 지역 송이 발생과 기상 요소의 상관 관계. 한국농림기상학회지 9(3): 188-194.
- 오세원 외 13명. 1982. 송이버섯균 감염묘에 의한 인공 증식 시험. 임업시험장 시험연구보고서. pp. 781-829.
- 이영로. 1986. 한국의 송백류. 이화여대 출판부. 241pp.
- 이태수, 김영련, 조재명, 이지열, 小川 眞. 1983. 한국의 송이 발생 송림의 현황에 관한 조사 연구. 한국균학회지 11: 39-49.
- 임업연구원. 1987-1993. 산림자원 조사보고서. 임업연구원 연구 자료.
- 조덕현, 이경준. 1995. 29개 지역의 10년간 송이 발생림의 기상 인자와 송이 발생량과의 상관 관계. 한국임학회지 84(3): 277-285.
- 조덕현. 1999. 한국의 11개 주요 산지에서 채집한 송이의 형태적, 화학적, 생리적, 유전적 특성에 관한 연구. 서울대학교대학원 박사학위논문. 139pp.
- 최민휴 외 13명. 1992. 석재 자원 조사보고서(I). 임업연구원 연구 자료 제63호. 120pp.
- 허태철. 2002. 송이산의 토양 생태의 변화. 한국임산버섯연구회 2002년도 하계세미나 자료. pp. 179-212.
- 홍순길. 1981. 한국의 송이 생산 및 유통 현황과 전망. 임업시험장, 송이 생산기술연찬회 자료. pp. 3-11.
- 富永 保人, 米山 穫. 1978. マツタケ栽培の實際. 養賢堂. 171pp.
- 小川 眞. 1983. マツタケ山のつくり方. マツタケ研究懇話會. 創文. 163pp.
- 小川 眞. 1991. マツタケの生物學. 補訂版. 東京, 築地書館. 333pp.
- 水野 卓, 川合正允. 1992. キノコの化學・生化學. 學會出版センター. 372pp.
- 衣川 堅二郎. 1963. マツタケの發生に關する生態學的研究 - 生長曲線とその解析 - 大阪府立大學紀要, 農學・生物學 Vol. 14: 27-60.
- 鳥越 茂. 1998. 菌根菌栽培 - 林地から施設まで-: マツタケとその他菌根菌の林地栽培の歩み. 日菌報 39: 113-116.
- Bergius, N. and E. Danell. 2000. The Swedish matsutake(*Tricholoma nauseosum* syn. *T. matsutake*): Distribution, Abundancd and Ecology. Scand. *J. For. Res.* 15: 318-325.
- Guerin-Laguette, A., L. M. Vaario, W. M. Gill, F. Lapeyrie, N. Matsushita and K. Suzuki. 2000. Rapid in vitro ectomycorrhizal infection on *Pinus densiflora* roots by *Tricholoma matsutake*. *Mycoscience* 41: 389-393.

- Hosford, D., D. Pilz, R. Morina, and M. Amaranthus. 1997. Ecology and Management of the Commercially Harvested American matsutake Mushroom. Gen. Tech. Rep. PNW-GT R-412. Portland, OR: USDA Forest Servies, Pacific Northwest Research Station. 68pp.
- Iwase, K. 1992. Induction of basidiospore germination by gluconic acid in the ectomycorrhizal fungus *Tricholoma robustum*. *Can. J. Bot.* 70: 1234-1238.
- Kawai, M. and M. Ogawa. 1981. Some approaches to the cultivation of a mycorrhizal fungus, *Tricholoma matsutake*(Ito et Imai) Sing. *Mushroom Science* XI: 869-883.
- Koo, C. D. and E. M. Bilek. 1998. Financial analysis of vegetation control for sustainable production of songyi(*Tricholoma matsutake*) in Korea. *Jour. Korean For. Soc.* 87: 519-527.
- Lee, W. H., S. K. Han, B. S. Kim, B. Shrestha, S. Y. Lee, C. S. Ko, G. H. Sung and J. M. Sung. 2007. Proliferation of *Tricholoma matsutake* mycelial mats in pine forest using mass liquid inoculum. *Mycobiology* 35(2): 54-61.
- Ohta, A. 1986a. Basidiospore germination of *Tricholoma matsutake*(I). Effects of organic acids on swelling and germination of the basidiospores. *Trans. Mycol. Soc. Japan* 27: 167-173.
- Ohta, A. 1986b. Basidiospore germination of *Tricholoma matsutake*(II). Evaluations of germination conditions and microscopic observations of germination stages. *Trans. Mycol. Soc. Japan* 27: 473-480.
- Park, H. and K.-H. Ka. 2010. Spore dispersion of *Tricholoma matsutake* at a *Pinus densiflora* stand in Korea. *Mycobiology* 38(3): 203-205.
- Singer, R. 1986. The Agaricales in Modern Taxonomy. Koeltz Scientific Books. 981pp. plus plate 88.
- Singer, R. and B. Harris. 1987. Mushrooms and Truffles. Koeltz Scientific Books. 389pp.
- Vaario, L. M., A. Guerin-Laguette, W. M. Gill. F. Lapeyrie, and K. Suzuki. 2000. Only two weeks are required for *Tricholoma matsutake* to differentiate ectomycorrhizal Hartig Net structures in roots of *Pinus densiflora* seedlings cultivated on artificial substrate. *J. For. Res.* 5: 293-297.
- Wang, Y. and I. R. Hall. 2004. Edible ectomycorrhizal mushrooms: challenges and achievements. *Can. J. Bot.* 82: 1063-1073.
- Wang, Y., I. R. Hall, and L. A. Evans. 1997. Ectomycorrhizal fungi with edible fruiting bodies 1. *Tricholoma matsutake* and related fungi. *Economic Botany* 51(3): 311-327.
- Yamada, A., K. Maeda, and M. Ohmasa. 1999. Ectomycorrhiza formation of *Tricholoma matsutake* isolates on seedlings of *Pinus densiflora* in vitro. *Mycoscience* 40: 455-463.

제 34 장

왕송이

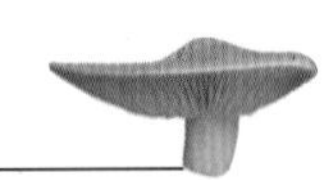

1. 명칭 및 분류학적 위치

왕송이(*Tricholoma giganteum* Massee)는 주름버섯목(Agaricales) 송이과(Tricholomataceae) 송이속(*Tricholoma*)에 속하는 버섯으로 한국, 일본, 열대 아시아, 아프리카 등지에 분포한다(김 등, 2004). 우리나라에서는 여름철에 제주도의 감귤 재배용 비닐하우스와 경기도 인천에서 채집하였다는 보고(김 등, 2004, 2005)가 있으며, 일본에서도 군마 현, 구마모토 현 등지에서 채집하였다는 보고(今關 등, 1997)가 있다. 타이완에서는 '흰송이(white matsutake)'로 불리며 혈압 강하제로 민간에서 널리 이용되고 있는 버섯이다(Mau, 2002).

이 버섯의 특징은 형태적으로 갓의 크기가 95~285mm로 초기에는 반구형 또는 만두형이나 성장하면 중앙 부위에 다소 넓은 홈이 있고, 갓의 끝 부위가 초기에는 안쪽으로 말려 있으나 성장하면 편평하게 펴진다. 갓 표면의 색은 옅은 황색에서 성장하면서 옅은 갈색~연분홍색을 띤다. 대의 크기는 160~450×15~41mm로 원통형이며 하부쪽이 굵고, 대 표면의 색은 백색으로 갓보다 옅은 색을 띤다. 어린 버섯일 때는 아린 맛이 있으므로 성숙한 버섯을 식용으로 한다(김 등, 2004).

2. 재배 내력

우리나라에서 왕송이의 인공 재배에 관한 연구는 1996년부터 3년간에 걸쳐 농촌진흥청에서 최초로 시도되었는데, 미송 톱밥에 밀기울을 첨가한 배지에서 자실체의 발생이 잘 되었다는 보고가 있다(김 등, 1996~1998). 그 후 버섯의 대량 생산 체계를 확립하기 위하여 2002년도부터 실험을 추진하였고(박 등, 2008), 2008년에 품종을 육성하여 보급하였으나 농가에서는 거의 재배되지 않고 있다. 그러나 볏짚, 톱밥, 폐면을 이용한 상자 재배가 가능하며 자실체는 대형으로 다발성이기 때문에 수확 작업이 유리할 것으로 본다.

3. 영양 성분 및 건강 기능성

타이완에서는 잎새버섯, 노루궁뎅이버섯 등과 함께 항산화 작용 등의 기능성이 보고되었다(Mau, 2002). 또한, *Fusarium oxysporum*, *Mycosphaerella arachidicola*, *Physalospora piricola*와 같은 병원성 균에 대한 항진균 단백질인 Trichogin이 왕송이의 자실체에서 분리되었다고 보고되었다. 이 단백질은 기존의 느타리나 큰느타리와는 다른 새로운 단백질이라고 보고되었다(Guo 등, 2005).

4. 균의 생리적 특성

1) 최적 배지

왕송이 MKACC 50852 균주는 감자대톱밥추출배지(PBA), YSPA배지에서 잘 자랐으며, MKACC 53359는 감자대톱밥추출배지에서, MKACC 53368은 퇴비추출배지(CDA)에서 잘 자라고, 버섯완전배지(MCM)에서 가장 저조한 균사 생장을 보였다(그림 34-1).

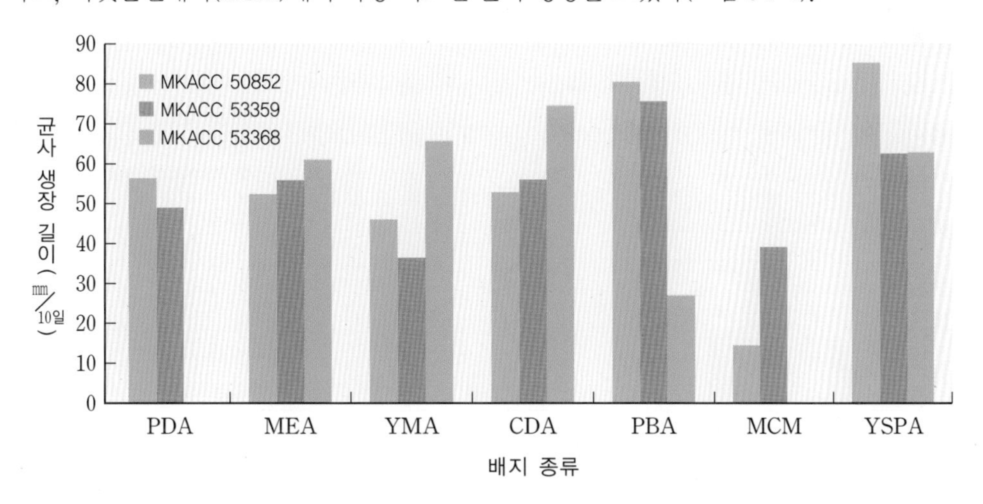

※ PDA: 감자배지, MEA: 맥아추출배지, YMA: 효모맥아추출배지, CDA: 퇴비추출배지
PBA: 감자대톱밥추출배지, MCM: 버섯완전배지, YSPA: yeast starch phosphate agar

그림 34-1 배지 종류에 따른 왕송이 균주별 균사 생장 길이

2) 톱밥 종균용 톱밥 배지

왕송이의 톱밥 종균 제조 시 주재료인 미송 톱밥에 첨가제로 밀기울을 사용한 경우 쌀겨(미강) 사용보다 균사 생장이 빨랐으며, 첨가 비율이 증가할수록 균사 생장 속도는 감소하였으나 균사 밀도는 높아지는 경향이었다(그림 34-2).

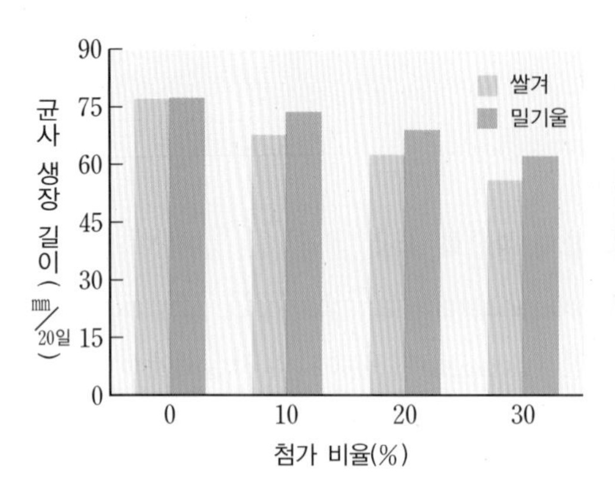

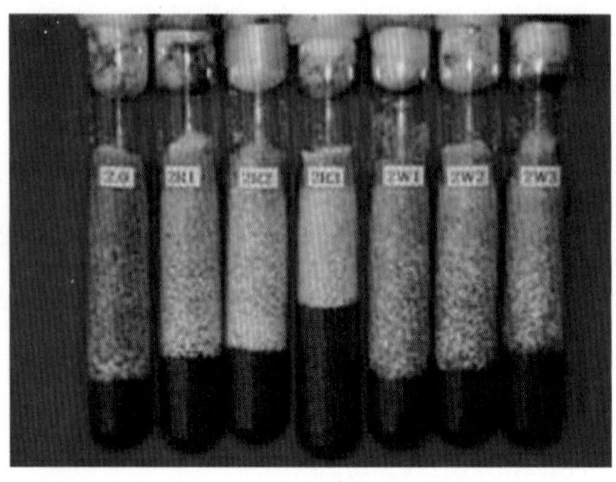

※ 배양실 온도: 25±1℃, 지름 30mm 시험관, 배지 수분: 62~67%, 가비중: 0.25
주재료: 미송 톱밥, 접종 균주: MKACC 50852

그림 34-2 종균 제조 시 첨가제 종류 및 첨가 비율에 따른 균사 생장 비교

3) 영양원과 C/N율

왕송이는 포도당 등 7종의 탄소원에서 MKACC 50852, 50853, 53368은 수크로스 첨가 배지에서 잘 자랐으나 MKACC 53359는 만노오스 첨가 배지에서 잘 자랐다(그림 34-3).

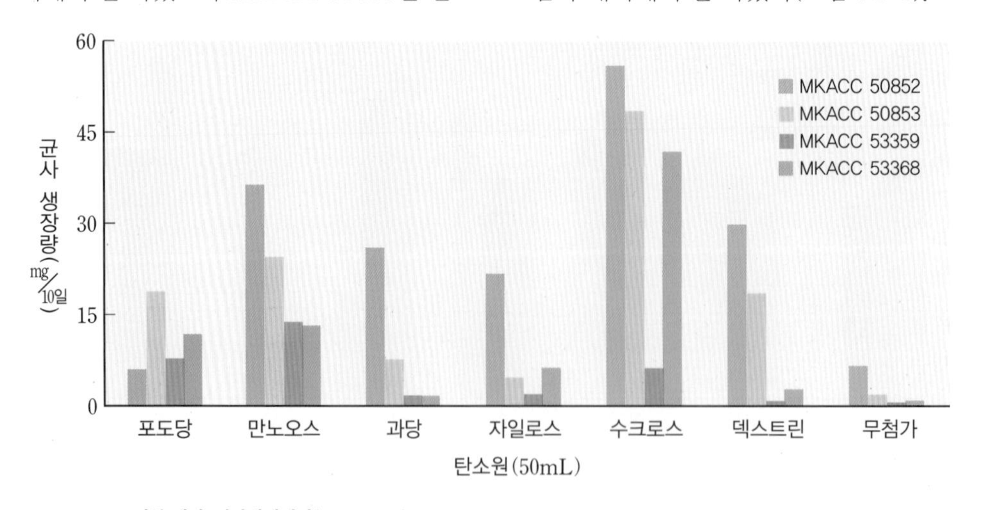

※ 기본 배지: 릴리액체배지(Lilly broth)

그림 34-3 왕송이의 탄소원 종류에 따른 균사 생장량 비교

질소원은 MKACC 50852와 50853이 알라닌, MKACC 53359가 글라이신, MKACC 53368은 아스파라진으로 균주 간에 차이가 있었다(그림 34-4).

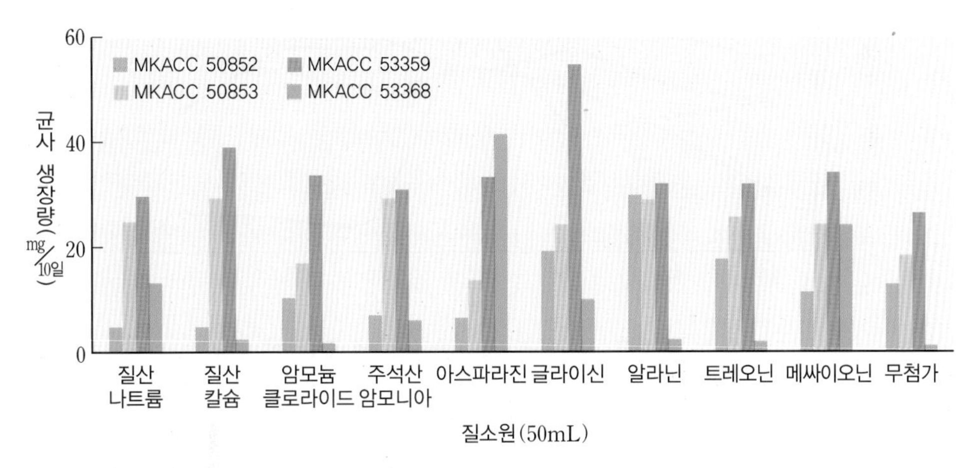

※ 기본 배지: 릴리액체배지(Lilly broth)

그림 34-4 왕송이의 질소원 종류에 따른 균사 생장량 비교

4) 배양적 특성

왕송이는 20℃에서 35℃ 사이에서 10일간 배양하였을 때 30℃에서 가장 잘 자랐다(그림 34-5). 일반적인 버섯류는 25~28℃가 균사 생장 적온임을 감안하면 왕송이는 고온에서 균사 생장이 잘되는 것으로 보인다.

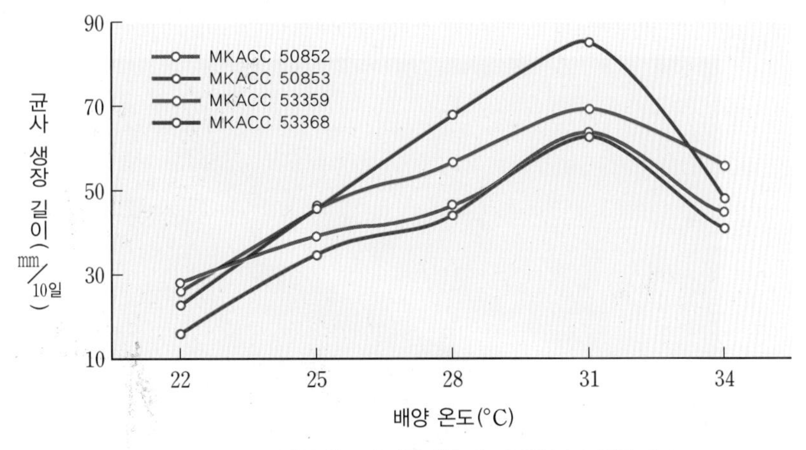

그림 34-5 배양 온도에 따른 왕송이 균주별 균사 생장 길이

배지 pH는 5.0~5.5 범위에서 균사 생장이 양호하였으며, MKACC 50852 균주는 산도 6.0 이상에서 급격히 생육이 억제되는 경향을 보여 약산성에서 균사 생장이 잘되는 것으로 보인다(그림 34-6).

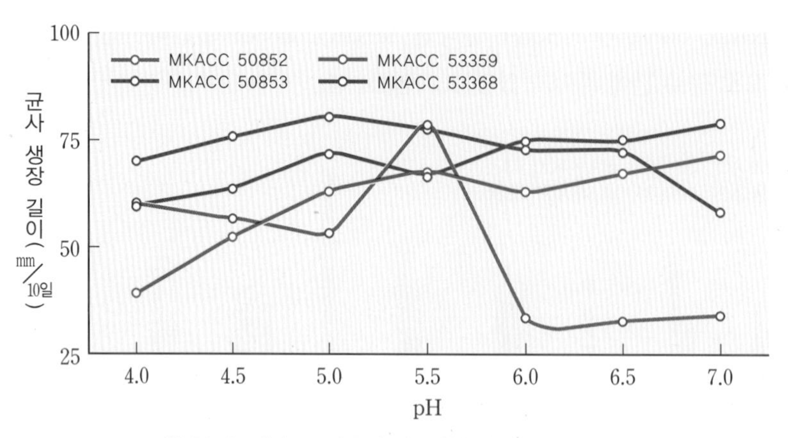

그림 34-6 배지 pH 수준에 따른 왕송이 균주별 균사 생장 길이

5) 균의 저장 조건

왕송이균은 저장 온도 4℃에서 한천 배지에 1~12개월간 저장 시에는 모두 균사 생장이 안 되었으나, 톱밥 배지에서는 저장 2개월까지 균사 생장이 양호하였고 6개월 이후에는 재생이 안 되었다. 저장 온도 15℃에서는 한천 배지와 톱밥 배지 공히 6개월 저장까지 균사 생장이 되었으나 12개월에는 저조한 경향이었다(그림 34-8). 이에 비해 느타리 품종 춘추 2호는 4℃ 및 15℃에서 6개월까지 배지 종류에 상관없이 균사 생장이 잘되었으며 12개월에는 저조한 경향이었다. 따라서 왕송이균은 저온 저장에 민감하게 반응하는 것으로 판단되며, 15℃에 저장하면서 6개월 이내에 계대 배양하는 것이 바람직하다고 생각된다(박 등, 2008).

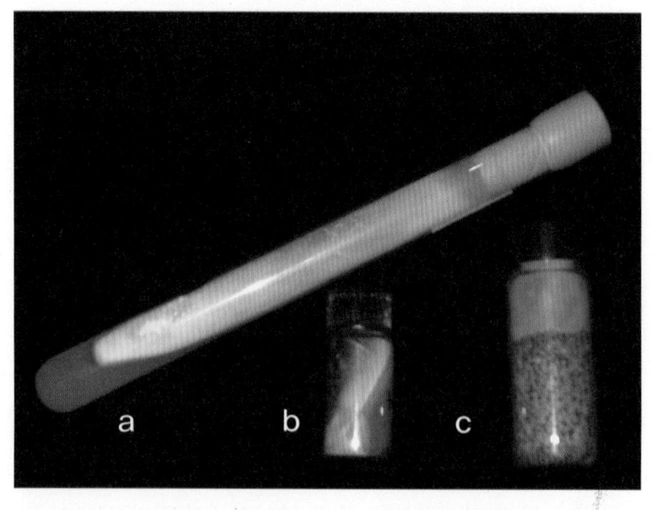

a: 16mm 시험관(PBA), b: 15mL 바이알(vial)(PBA), c: 30mL 바이알(미송 톱밥+쌀겨 20%, v/v)

그림 34-7 저장 용기 및 배지의 형태와 종류

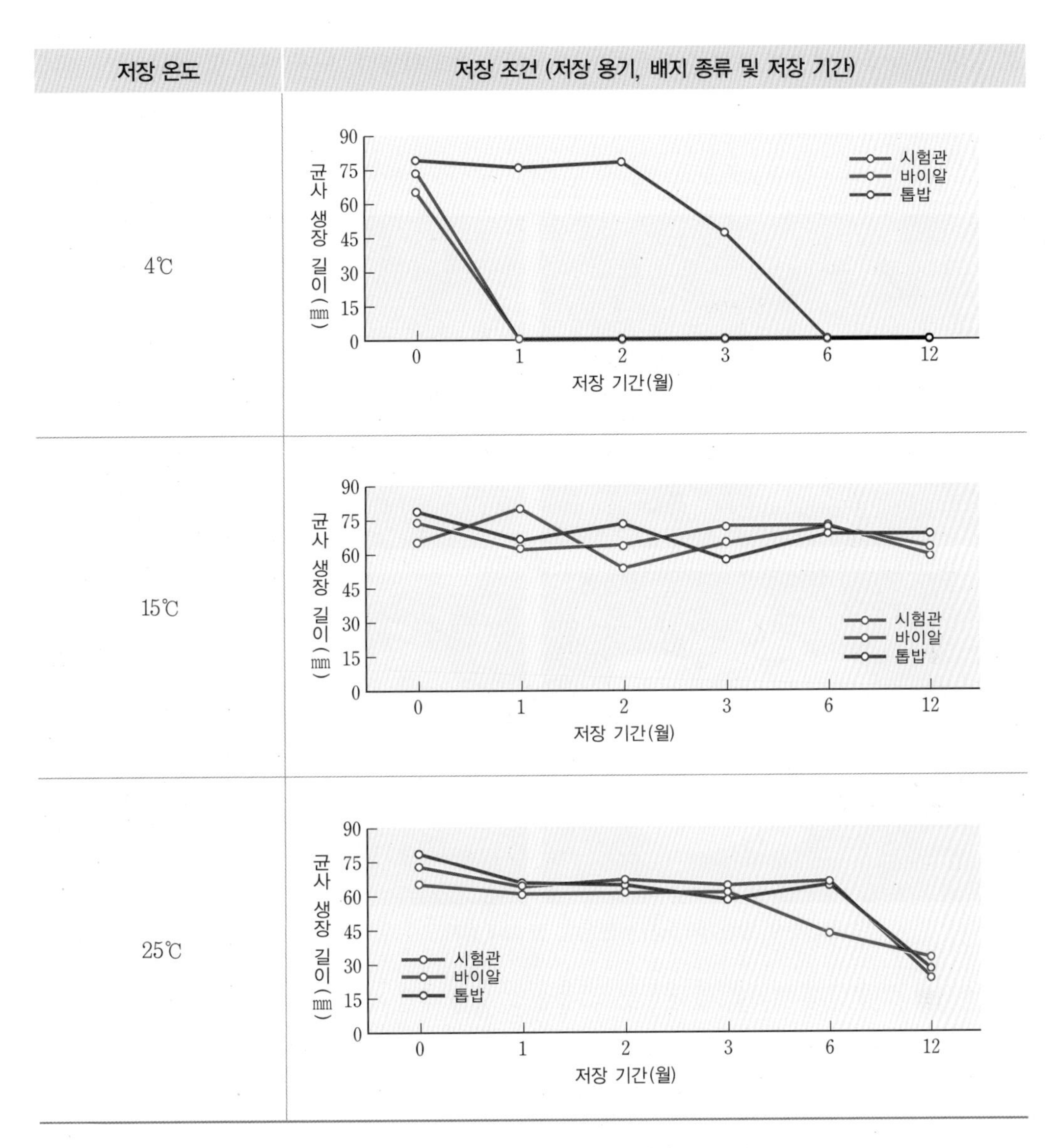

※ 시험관: 16mm(PBA), 바이알: 15mL(PBA), 톱밥: 30mL 바이알 (미송 톱밥+쌀겨 20%, v/v)

그림 34-8 온도에 따른 저장 조건별 왕송이의 균사 생장 비교

5. 재배 기술

1) 왕송이의 재배 방법

왕송이의 자실체 대량 생산 체계를 확립하고자 톱밥 배지에서 배양한 종균의 윗부분을 제거한 후 노지에 매몰을 하여 왕송이의 자실체를 유도하였다. 또한, 노지의 조건과 흡사한 방법으

로 실내 상자에서 양송이 복토를 사용하여 자실체를 유도하였다. 노지 매몰 및 실내 상자 재배 모두 자실체가 발생하였으며, 발생 후 9일경에 완전한 자실체로 성숙한 것을 확인할 수 있었다(그림 34-9).

그림 34-9 왕송이의 노지 매몰(왼쪽) **및 실내 상자**(오른쪽) **재배 시 자실체 형태**

왕송이의 대량 인공 재배를 위하여 봉지 재배 및 상자 매몰 재배를 실시하였다. 상자 매몰 재배를 위하여 1,000mL 용량의 플라스틱병에 미송 톱밥 40%와 포플러 톱밥 40% 및 쌀겨 20%를 혼합한 톱밥 배지를 충진하여 왕송이균을 접종하였다. 배양이 완료된 종균은 각각의 상자에 8병씩 넣어 복토한 후 자실체 발생을 유도하였다. 또한, 봉지 재배를 위하여 수분을 67%로 조절한 폐면 배지에 톱밥 종균을 접종하여 총배지를 2kg씩 넣고 배양하였다. 그 결과, 종균의 배양률은 MKACC 50852와 MKACC 53368이 90% 이상으로 가장 좋았으나 나머지 균주는 배양률이 저조하였다. 균사 밀도는 모두 보통 이상으로 균사 생장이 좋을수록 균사 밀도도 높은 경향을 보였다.

최종적으로 버섯은 MKACC 50852와 MKACC 53368의 두 균주에서만 발생되었으며, MKACC 50852를 봉지 재배했을 때 수량이 109.3g으로 가장 높게 나타났다. 초발이 소요 일수는 57일에서 64일 정도가 소요되어 일반적인 병재배나 봉지 재배 버섯들에 비해 상당히 늦은 경향이었다(표 34-1).

표 34-1 왕송이 상자 재배 시 균사 생장 및 자실체 생장 특성

균주 번호	재배 방법	균사 생장 및 자실체 생장 특성			
		종균 배양률 (%)	균사 밀도	초발이 소요 일수 (일)	발이 개체수 (개/상자)
MKACC 50852	상자 봉지	90	+++++[1] ++++	63.7 57.7	74.3 109.3
MKACC 50853	상자 봉지	20	+++ ++++	–[2] –	– –
MKACC 53359	상자 봉지	30	+++ ++++	– –	– –
MKACC 53368	상자 봉지	90	++++ ++++	63.7 57.0	51.7 44.0

[1] 균사 밀도 – +++++: 매우 높음, ++++: 높음, +++:보통, ++: 낮음, +: 매우 낮음
[2]–: 버섯 미발생
※ 복토 산도: 6.5

그림 34-10 톱밥 봉지 재배용 왕송이균의 배양 전경

2) 솜 이용 봉지 재배용 영양원

폐면을 사용한 왕송이 봉지 재배 시 수량 증수를 위해 첨가제를 처리하여 이들의 효과를 살펴보았다. 첨가제로는 구하기 쉬운 밀기울과 쌀겨를 사용하였으며, 첨가 비율은 각각 3, 5, 7%를 처리하여 자실체 수량을 조사하였다. MKACC 50852 균주의 경우 첨가제를 처리하지 않고 폐면 단독 처리한 대조구에서 수량이 높았으며 밀기울을 5% 첨가한 배지 이외에는 자실체가 발이되지 않았다. MKACC 53359는 쌀겨 7% 처리구를 제외한 모든 처리에서 버섯이 발생하였으며, 밀기울을 3% 처리한 처리구에서 가장 높은 수량을 보였다. 하지만 전체적으로 다른 처리구는 대조구에 비하여 수량이 낮았다. 왕송이의 경우, 첨가제를 첨가해도 큰 효과를 보지 못했고

폐면 단독 처리가 더 효과적이었으며 첨가제보다는 재배사 환경 조절이 더 중요하다고 판단된다. 균사 배양 기간은 69일에서 74일 정도 소요되었다(표 34-2).

표 34-2 왕송이 폐면 봉지 재배 시 첨가제 종류별 균사 생장 정도

균주 번호	첨가제	첨가 비율 (%)	배양 기간 (일)	발이 기간 (일/복토 후)	자실체 수량 (g/봉지)
MKACC 50852	밀기울	3	69	–[1]	–
		5	〃	25	273
		7	〃	–	–
	쌀겨	3	〃	–	–
		5	〃	–	–
		7	〃	–	–
	대조구	0	74	28	455
MKACC 53359	밀기울	3	69	25	432
		5	〃	25	303
		7	〃	25	276
	쌀겨	3	〃	22	176
		5	〃	24	261
		7	〃	–	–
	대조구	0	71	28	367

[1]–: 버섯 미발생

그림 34-11 왕송이의 폐면 상자 재배 시 발이 및 발생된 자실체

3) 재배사의 습도 관리

왕송이가 발이 후 재배사 내 적정 습도 조건을 구명하고자 60% 이하의 저습 조건과 80% 이상의 고습 조건을 두어 자실체의 생육 상태를 살펴보았다. 자실체의 발이율은 MKACC 53368

보다 MKACC 50852가 40%로 더 높았으며, 이 중 실제 수확 가능한 버섯으로 생장한 생장률은 MKACC 53368이 17.4%로 높았다. 이 결과는 균주의 특성이라기보다는 발이율이 높으면 낮을 때보다 발이된 버섯 개체 간의 경쟁이 더 심해져 서로 자실체 성숙에 제한을 하는 것으로 판단된다. 그러므로 발이 후 솎아주기 작업을 해 주는 것이 효율적이라고 판단된다.

왕송이를 재배할 때 재배사 내 습도 조건을 80% 이상 유지할 때 자실체 생장률이 좋았으며, 이는 일반적인 버섯의 특성에 준한다고 판단된다(표 34-3). 복토 작업 후 복토 위로 균상 면적의 약 70% 정도 균사 생장이 되었을 때 하온 처리에 의한 발이 유기가 효과적이라고 생각되며, 발이 유기 및 자실체 생장 시 주야간 온도 편차가 가능하고 환기가 용이한 재배사가 적절하다고 판단된다.

표 34-3 왕송이 재배사 내 습도별 자실체 생장률

균주 번호	습도 처리	발이율(%/재배 면적)	버섯 생장률(%)
MKACC 50852	60% 이하 80% 이상	40	– 13.4
MKACC 53368	60% 이하 80% 이상	20	– 17.4

※ 버섯 생장률: 발이 후 갓을 형성하면서 자실체로 성장한 비율
재배사 온도: 25℃

4) 병재배 방법

왕송이의 대량 생산을 위해 기계화가 용이한 병재배 방법을 시도하였다. 톱밥 종균 제조 방법과 동일한 방법으로 1,000mL 플라스틱병에 미송 톱밥 40%, 포플러 톱밥 40%와 쌀겨 20%를 혼합한 톱밥 배지를 충진하여 왕송이균을 접종하였다.

배양 완료 후 균긁기를 하고 양송이 재배용 복토를 3cm 두께로 덮어 재배사의 실내 온도가 20~25℃ 범위에서 자실체를 유도하였다. 복토 후 10일에서 15일 사이에 자실체가 발생하였으며, 발생 후 7일 후에는 성숙된 버섯을 수확할 수 있었다. 유효 경수는 평균 3.1개였으며 평균 수량은 병당 38g이었다. 버섯의 품질은 상자 재배 및 봉지 재배보다 대 길이가 길고 갓이 상대적으로 작았다(표 34-4, 그림 34-12).

표 34-4 왕송이 병재배 시 자실체의 형태적 특성 및 수량(MKACC 53359)

유효 경수 (개/다발)	대 길이 (mm)	대 굵기 (mm)	갓 지름 (mm)	갓 두께 (mm)	수량 (g/병)
3.1	11.3	1.3	5.3	0.2	38

그림 34-12 왕송이 병재배 시 자실체 형태

6. 수확 후 관리 및 이용

왕송이는 우리나라에서 여름철에 비닐하우스 안의 고온 상태에서 드물게 발생하는데, 커다란 무더기를 형성하면서 자란다.

수확한 버섯은 냉장 보관을 해야 하고, 버섯 자실체에는 시안화합물을 함유하고 있는 것으로 알려져 있으므로 생으로 먹지 말아야 한다. 버섯을 익히거나 끓이면 시안화합물이 불활성화되므로 안전하며 버섯 고유의 맛을 즐길 수 있다.

〈정종천〉

참고 문헌

- 김양섭, 석순자, 원항연, 이강효, 김완규, 박정식. 2004. 한국의 버섯(식용 버섯과 독버섯). 동방미디어.
- 김양섭, 석순자, 김완규, 원항연, 이강효, 현관희, 김봉찬, 김정선, 양영택, 김성학. 2005. 한라산의 버섯. 제주도농업기술원.
- 김한경, 정종천, 김광포. 1996. 시험연구사업보고서(생물자원부 편). 농업과학기술원. pp. 660-665.
- 김한경, 정종천, 김광포. 1997. 시험연구사업보고서(생물자원부 편). 농업과학기술원. pp. 979-986.
- 김한경, 정종천, 김광포. 1998. 시험연구사업보고서(생물자원부 편). 농업과학기술원. pp. 863-873.
- 박정식, 정종천, 장갑열. 2008. 왕송이버섯의 안전 인공 생산 기술 확립. 유용 버섯류의 재배 기술 개발 5년차 완결보고서 - 농촌진흥청. pp. 1-28.
- 今關六也, 大谷吉雄, 本郷次雄. 1997. 日本のきのこ(일본의 버섯). 山と溪谷社.
- Guo, Y., Wang, H., and Ng, T. B. 2005. Isolation of trichogin, an antifungal protein from fresh fruiting bodies of the edible mushroom *Tricholoma giganteum*. *Peptides* 26(4): 575-580.
- Mau, J. L., Lin, H. C., and Song, S. F. 2002. Antioxidant properties of several specialty mushrooms. *Food Research International* 35(6): 519-526.

부록

| 부록 |

가정 내 버섯 재배와 활용

가정 내 버섯 재배

가정 내 버섯 재배의 장점

버섯을 가정에서 키우기에 좋은 점 몇 가지는 버섯이 채소처럼 햇빛을 거의 필요로 하지 않아 가정 내에서 활용할 공간이 많다는 점과 비료 없이 물만으로 재배가 가능한 점, 버섯의 영양분이 되는 재료가 시중에서 싸게 구입할 수 있는 톱밥이나 손쉽게 구할 수 있는 쌀겨, 커피 찌꺼기, 귤껍질 등의 음식 찌꺼기라는 것이다. 또한, 버섯은 가정에서 직접 키우면서, 버섯의 자라는 모양과 형태를 관찰할 수 있어 과학 학습이 저절로 이루어질 뿐만 아니라, 직접 버섯에 물을 주며 생명을 성장시킴으로써 정서적인 안정에도 도움이 된다. 가정 내 버섯 재배의 장점을 정리해 보면 다음과 같다.

- 자연의 신비로운 생명력을 체험함으로써 EQ가 향상된다.
- 직접 버섯에 물을 주며 성장 과정을 지켜봄으로써 생명과학에 대한 이해력이 향상된다.
- 하루하루 버섯의 성장 과정에 대한 기대로 상상력과 추리력이 향상된다.
- 버섯 생육 일기를 작성하여 논리적인 서술력이 향상된다.
- 버섯을 직접 키움으로써 집중력과 정서 안정에 도움이 된다.

가정 내 버섯 재배의 과정

버섯을 잘 키우려면 먼저 키우려는 대상인 버섯의 특성을 알아야 한다. 먼저, 버섯은 그늘진 곳에서 잘 자라므로 직사광선은 피하고 약간의 햇빛만 들어오는 곳으로 재배 장소를 정한다. 또한, 비 온 듯 촉촉한 곳을 좋아하기 때문에 시간에 맞추어 물을 자주 주어야 한다. 이러한 점을 지키면 웬만한 버섯은 잘 자라는 편이지만, 가정에서 키우기에는 느타리나 팽이버섯, 노루궁뎅이버섯 등이 무난하다. 버섯 종균은 인터넷이나 농원을 통해 쉽게 구입할 수 있으며, 요즘에는 기성 제품으로 버섯 기르기 세트를 판매하기도 한다.

준비물

버섯 배지(텃밭), 버섯 종균, 플라스틱 용기, 분무기 등

재배 방법

1 단계

원균 배양: 감자와 한천, 덱스트린으로 원균을 만든다.

2 단계

접종원 배양: 미루나무, 참나무, 톱밥과 쌀겨를 섞어 배지를 만든다.

3 단계

종균 배양: 미루나무 톱밥과 쌀겨를 섞어 종균을 만든다.

4 단계

가정 버섯 종균(텃밭): 목화솜+비트+톱밥+면실피

노랑느타리 재배

재배 방법

1 단계

- 플라스틱 용기에 물을 1컵 붓고 버섯 배지를 올린 다음, 용기째 검은 비닐봉지에 넣어 봉지로 위를 가린 후 봉지에 세로 방향으로 일자로 칼선을 낸다.
- 버섯균이 마르지 않도록 하루에 2~3회 물을 분무한다. 물은 비닐봉지를 살짝 열고 스프레이를 이용하여 30cm 거리에서 분사해 준다.

2 단계

버섯이 발생하면 비닐을 버섯 배지 상단까지 내린다.

3 단계

하루에 1~3회 정도 물을 분사해 준다.

4 단계

자실체 하나하나가 오백원 동전 크기보다 조금 커지면 수확한다.

느타리 재배

재배 방법

1 단계

스티로폼 상자에 물을 붓고 배지가 담긴 비닐봉지를 넣은 후 상자에 철사를 끼운다.

2 단계

분무기로 비닐 주변에 물을 1일 2~3회 뿌려 준다.

3 단계

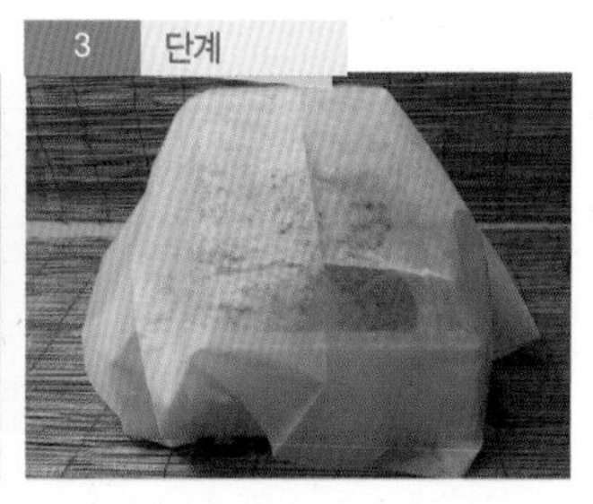

분무기로 물을 뿌리고 부직포를 덮어 준다(습도와 온도 유지).

4 단계

2~3일 후에 오므려진 비닐을 펴 준다(적당한 산소 공급).

5 단계

부직포를 벗기고 1일 2~3회 비닐 주변에 이슬이 맺힐 정도로 물을 뿌려 주되, 버섯균에 직접 뿌리지 않도록 한다.

6 단계

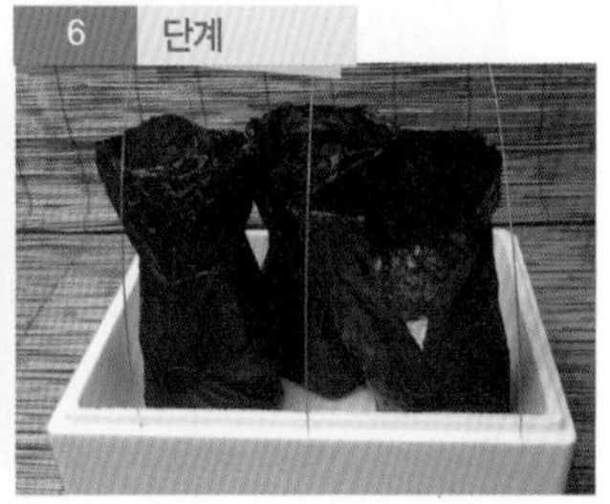

작은 버섯이 좁쌀처럼 나올 때 일직선으로 칼집을 내 주어 버섯에 산소를 공급한다.

7 단계

버섯이 크기 시작하면 비닐을 벌려 준다.

8 단계

어린 버섯이 크면 비닐을 완전히 내려 준다.

9 단계

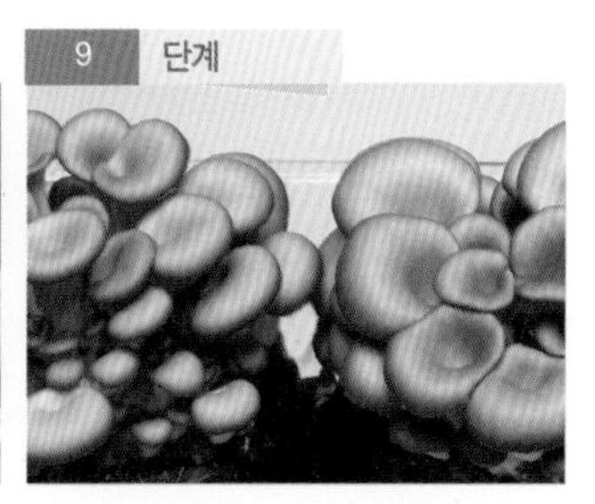

자실체 하나하나가 오백원짜리 동전보다 조금 크게 자라면 버섯을 수확한다.

노루궁뎅이버섯 재배

재배 방법

1 단계

- 배지가 들어 있는 비닐에 십자로 칼집을 낸다.
- 칼집 낸 주변에 자주 물을 뿌려 준다(30cm 거리에서, 1일 3회 정도 분사)
- 온도는 약 16~26℃(우리나라 봄가을 날씨)로 맞추어 준다.

2 단계

온도와 물 관리를 해 주고 3일 정도 지나면 자실체가 나오기 시작한다.

3 단계

버섯이 자라 성인 남자의 주먹 크기 정도가 되었을 때 수확한다.

Tip 일반적으로 10~20일 정도 버섯이 자라면 수확할 수 있는데, 봄여름은 10일, 겨울에는 20~25일이 경과된다.

노루궁뎅이버섯 2차 재배

버섯을 깨끗이 수확한 후 1차 재배와 같이 스프레이로 물을 꾸준히 주면 다시 버섯이 자라난다.

원목 재배한 노루궁뎅이버섯

버섯의 활용

버섯은 그대로 바로 구워 먹어도 맛있고, 국물에 넣고 끓여도 훌륭한 향미를 돋우며, 볶아서 나물 반찬을 해도 괜찮아서 여러모로 쓰임이 많은 식재료이다. 더욱이 항암 성분 등 건강에도 좋은 식품이어서 차를 만들어 마시기도 한다. 가정에서 쉽게 할 수 있는 버섯의 활용 방법 몇 가지를 소개해 본다.

버섯야채볶음

재료와 분량(2인 기준)

버섯(웬만한 식용 버섯은 거의 모두 사용 가능) 100g, 양파 중 1개, 다진마늘 10g, 파프리카 2개, 당근 1/4개, 대파 1대, 식용유 10mL, 참깨, 참기름 약간

만드는 법

1. 버섯을 흐르는 물에 씻은 후 끓는 물에 데쳐 물기를 꼭 짜서 준비해 놓는다.
2. 양파, 파프리카, 당근은 채썰어 준비하고, 대파는 어슷썰기 한다.
3. 물기가 빠진 버섯은 알맞은 크기로 찢어 놓는다.
4. 프라이팬에 식용유를 두르고 다진마늘을 넣어 먼저 볶아 준다.
5. 4에 버섯, 파프리카, 양파, 당근, 대파를 넣어 볶은 후 소금으로 간을 맞춘다.
6. 마지막 단계에서 참깨와 참기름을 넣어 준다.

버섯샤브샤브

재료와 분량(2인 기준)

주재료

버섯(송이, 표고, 느타리, 새송이, 팽이버섯 등 사용 가능) 100g, 쇠고기(샤브샤브용 안심) 200g, 배추 속대 100g, 쑥갓 100g, 대파 2대, 양파 중 1개, 간장, 소금

부재료

육수 : 물 10컵, 다시마 20cm짜리 1개

간장 소스 : 식초 3큰술, 간장 3큰술

참깨 소스 : 참깨 3큰술, 땅콩버터 1큰술, 간장 $1\frac{1}{2}$큰술, 다시마 우린 물 5큰술, 소금 $\frac{1}{2}$작은술, 설탕 $\frac{1}{2}$작은술

만드는 법

1. 쇠고기는 고기의 결과 반대 방향으로 얇게 저며 썬다.
2. 송이는 납작하게 썰고, 표고는 자루를 떼고 갓 부분만을 준비하여 위에 십(十)자 모양으로 칼집을 낸다. 느타리나 새송이 등은 끓는 물에 살짝 데쳐 찢어 놓는다.
3. 대파는 어슷하게 썰어 물에 살짝 담가 매운맛을 제거한다.
4. 채소는 깨끗이 씻어 썰어 놓는데, 배추는 결대로 길이 4~5㎝ 정도로 대강 잘라 놓는다.
5. 육수를 내기 위하여 냄비에 다시마와 물을 넣고 끓으면 바로 다시마를 건져 낸 뒤 소금 간을 한다.
6. 육수에 고기와 버섯, 채소를 살짝 데친다.
7. 식초와 간장을 섞어 간장 소스를 만들고 참깨 소스는 참깨와 땅콩버터를 믹서에 곱게 갈아서 간장, 다시마 우린 물, 소금, 설탕을 섞어 만든다.

버섯 건강 야채죽

재료와 분량(2인 기준)

버섯(새송이, 느타리, 양송이, 표고, 침버섯 등 사용 가능) 50g,
불린쌀 $\frac{3}{4}$컵, 마늘 10g, 양파 중 1개, 고추 1개, 피망 1개, 쇠고기 30g, 당근 소 1개,
참기름, 소금 약간, 물 2.5컵

만드는 법

1. 쌀은 씻어 물에 1시간 정도 불린 후 체에 건져 물기를 빼 준다.
2. 버섯은 물에 깨끗이 씻은 후 물기를 빼고 0.5㎝ 두께로 어슷 썰어 준비해 놓는다.
3. 마늘은 편으로 썰어 잘게 다지듯이 썰어 놓는다.
4. 양파, 고추, 당근, 피망은 잘게 다지듯이 썰어 놓는다.
5. 프라이팬에 참기름을 두르고 쌀과 다진 마늘을 넣어 2분 정도 볶다가 물 2.5컵을 붓고 30분 정도 저어 주면서 끓인다.
6. 죽이 익어 퍼지면 준비해 두었던 양파, 고추, 당근, 피망을 넣고 저어 주면서 소금으로 간을 한다.

버섯 식초

재료와 분량

느타리 300g, 설탕 80g, 엿기름 2큰술, 물 200cc,

느타리

설탕 엿기름

만드는 법

1. 느타리와 설탕, 엿기름, 물을 붓고 잘 버무려서 유리병에 담은 후 입구를 부직포로 씌운다.
   (병에 담을 때, 내용물이 병의 80% 정도 올라오게 담는다. 병에 가득 채우면 산소가 없어서 식초가 되지 않는다.)
2. 직사광선을 피해 공기가 잘 통하는 따뜻한 곳(20~30℃)에 보관한다.
3. 병에 담은 지 3일째 되는 날부터 5일 동안 매일 한 번씩 나무 숟가락으로 위아래가 잘 섞이도록 저어 준다.
4. 3개월 후 발효액을 걸러서(식초) 식초 용기에 담는다.
5. 식초가 잘 숙성이 되도록 보관한다. 보관 장소의 온도는 약 15~20℃가 좋다.
6. 기호에 따라 요리할 때 넣거나 생수에 희석해서 마신다.

직사광선을 피해 관리한다.

식초가 완성된다.

버섯 차

재료와 분량

노랑느타리(건조) 10g, 노루궁뎅이버섯 5g, 대추 3개, 물 3L

버섯과 대추

만드는 법

1. 재료를 분량의 물에 넣고 센 불에서 10분, 약한 불에서 물이 2.4L가 될 때까지 끓인다.
   (기호에 따라 생강을 넣고 끓여도 좋다.)
2. 차를 식혀 냉장 보관하고, 하루에 200cc컵 3컵 정도를 3회에 나누어 마신다.

완성된 버섯차

Tip 버섯차 만들기에 좋은 버섯

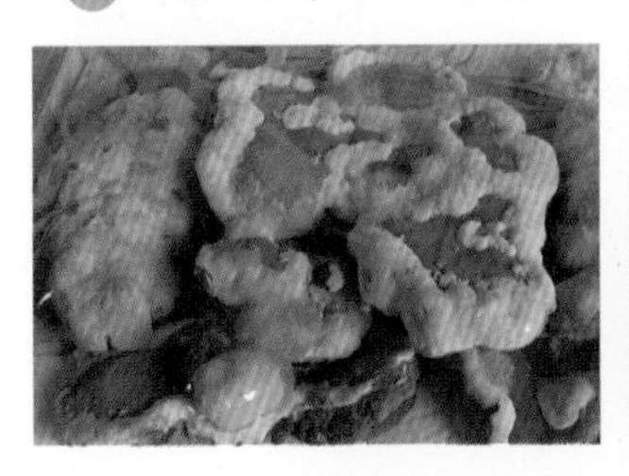

상황

영지

표고

느타리

동충하초

〈강희주〉

찾아보기

ㄴ

ㅂ

ㅅ

ㅇ

ㅈ

ㅊ

ㅋ

ㅌ

A

B

C

D

E

I

J

K

L

M

N

O

P

집필진(가나다순)

가강현 산림청 국립산림과학원
강희주 연천청산버섯
고철순 양양농업기술센터
고한규 산림조합중앙회 산림버섯연구센터
공원식 농촌진흥청 국립원예특작과학원
구창덕 충북대학교
김민경 한국농수산대학
김민근 경상남도농업기술원
김선철 산림조합중앙회 산림버섯연구센터
김용균 충청남도농업기술원
김정한 경기도농업기술원 버섯연구소
김한경 한국농수산대학
김홍규 충청남도농업기술원
남성희 농촌진흥청 국립농업과학원
노형준 농촌진흥청 국립원예특작과학원
류재산 한국농수산대학
문지원 농촌진흥청 국립원예특작과학원
박원철 산림청 국립산림과학원
박　현 산림청 국립산림과학원
서건식 한국농수산대학
성기호 가톨릭관동대학교
성재모 (주)머쉬텍
손형락 경상북도농업기술원
신평균 농촌진흥청 국립원예특작과학원
오득실 전라남도산림자원연구소 완도수목원
오연이 농촌진흥청 국립원예특작과학원
유영복 농촌진흥청 국립원예특작과학원
유영진 전라북도농업기술원
이강효 농촌진흥청 국립원예특작과학원
이병주 충청남도농업기술원
이윤혜 경기도농업기술원 버섯연구소
이재홍 강원도농업기술원
이준우 경북전문대학교
이찬중 농촌진흥청 국립원예특작과학원
장갑열 농촌진흥청 국립원예특작과학원
장명준 국립공주대학교
장현유 한국농수산대학
장후봉 충청북도농업기술원
전대훈 경기도농업기술원 버섯연구소
전창성 월간 버섯, J&K 버섯연구소
정경주 전라남도농업기술원
정종천 농촌진흥청 국립원예특작과학원
조우식 경상북도농업기술원
조재한 농촌진흥청 국립원예특작과학원
주영철 경기도농업기술원
지정현 경기도농업기술원 버섯연구소
최종인 경기도농업기술원 버섯연구소
하태문 경기도농업기술원
홍인표 농촌진흥청 국립농업과학원

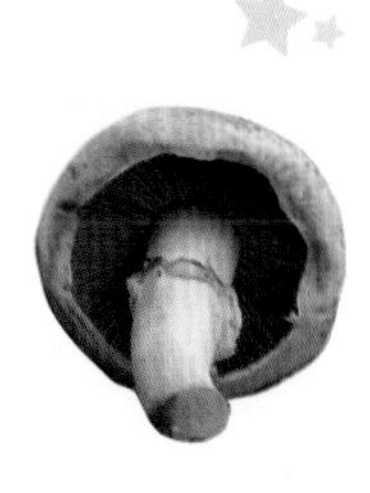

저자 대표

유영복(劉英福)

1955 경남 사천시 출생
1977 경상대학교 농과대학 농학과 졸업
1982 농촌진흥청 농업기술연구소 균이과 농업연구사
1983 영국 Nottingham 대학 식물학과 방문연구원
1989 경상대학교 대학원 농학박사
1991 농촌진흥청 농업연구대상 수상
1992 농업과학기술원 세포유전과, 분자유전과 농업연구관
1995 상명대, 충북대, 건국대 등 겸임교수
2008 농업과학기술원 응용미생물과장, 국립원예특작과학원 버섯과장
2013 한국버섯학회 회장, 아시아버섯학회 상임위원
현재 농촌진흥청 국립원예특작과학원 버섯과 농업연구관
저서 「버섯학」, 「신비로운 19가지 버섯이야기」, 「버섯 요리 100選」, 「Genetics and Breeding of Edible Mushrooms」 시집 「반딧불이」, 「조약돌」

버섯학 각론 – 재배 기술과 기능성
Mushroom Sciences Crop Details

1판 1쇄 발행 / 2015. 4. 30.
2판 2쇄 발행 / 2023. 2. 25.

지은이 / 유영복 외
펴낸이 / 양진오
펴낸곳 / (주)교학사

책임 편집 / 황정순
편집 · 교정 / 하유미, 최유미, 강혜정
디자인 / (주)교학사 디자인센터
일러스트 / 나무
제작 / 이재환
원색분해 · 인쇄 / (주)교학사

등록 / 1962. 6. 26.(18-7)
주소 / 서울특별시 마포구 마포대로14길 4(공덕동)
전화 / 편집부 · 707-5205 영업부 · 707-5146
팩스 / 편집부 · 707-5250 영업부 · 707-5160
홈페이지 / http://www.kyohak.co.kr

값 45,000 원

ISBN 978-89-09-54373-6 93480

이 도서의 국립중앙도서관 출판예정도서목록(CIP)은 서지정보유통지원시스템 홈페이지(http://seoji.nl.go.kr)와 국가자료종합목록 구축시스템(http://kolis-net.nl.go.kr)에서 이용하실 수 있습니다. (CIP제어번호: CIP2020023718)